PHYSICAL CONSTANTS

Quantity (Units)	Symbol	Best Experimental Value*	Approximate Value for Problem Work
Permittivity of free space (F/m)	ε_o	8.854×10^{-12}	$\frac{10^{-9}}{36\pi}$
Permeability of free space (H/m)	μ_o	$4\pi \times 10^{-7}$	12.6×10^{-7}
Intrinsic impedance of free space (Ω)	η_o	376.6	120π
Speed of light in vacuum (m/s)	c	2.998×10^{8}	3×10^{8}
Electron charge (C)	e	-1.6022×10^{-19}	-1.6×10^{-19}
Electron mass (kg)	m_e	9.1093×10^{-31}	9.1×10^{-31}
Proton mass (kg)	m_p	1.6726×10^{-27}	1.67×10^{-27}
Neutron mass (kg)	m_n	1.6749×10^{-27}	1.67×10^{-27}
Boltzmann constant (J/K)	κ	1.38065×10^{-23}	1.38×10^{-23}
Avogadro number (/kg-mole)	N	6.0221×10^{23}	6×10^{23}
Planck constant (J · s)	h	6.626×10^{-34}	6.62×10^{-34}
Acceleration due to gravity (m/s^2)	g	9.80665	9.8
Universal constant of gravitation N (m/kg)^2	G	6.673×10^{-11}	6.66×10^{-11}
Electron-volt (J)	eV	1.602176×10^{-19}	1.6×10^{-19}

* Values recommended by CODATA (Committee on Data for Science and Technology, Paris).

전자기학

Elements of Electromagnetics

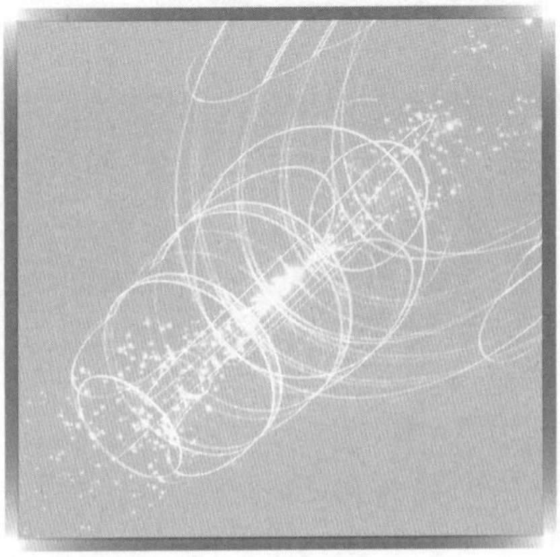

역자 소개

최재하 울산대학교 전기공학부

노영수 숭실대학교 전기공학부

염정덕 숭실대학교 전기공학부

이영순 금오공과대학교 전자공학부

정봉식 동아대학교 전자공학과

최상조 울산대학교 전기공학부

고지환 금오공과대학교 전자공학부

백운식 경희대학교 전자공학과

이성식 부산대학교 전자공학과

이호준 부산대학교 전기공학과

조윤현 동아대학교 전기공학과

전자기학 제7판

Elements of Electromagnetics

발 행 | 2022년 1월 20일

저 자 | Matthew N. O. Sadiku, Sudarshan R. Nelatury

역 자 | 최재하, 고지환, 노영수, 백운식, 염정덕, 이성식,
이영순, 이호준, 정봉식, 조윤현, 최상조

발행자 | 최봉조

발행처 | 진샘미디어

주 소 | 서울특별시 은평구 연서로 5길 28
부호아파트 102동 상가 5호

전 화 | (02)353-4421

FAX | (02)353-4431

www.jinsaem.co.kr

신고번호 제311-2005-000025호

ISBN | 979-11-91419-12-2

가격 37,000원

제7판

전자기학

ELEMENTS OF ELECTROMAGNETICS

MATTHEW N. O. SADIKU
SUDARSHAN R. NELATURY 원저

최재하 고지환 노영수 백운식 염정덕 이성식
이영순 이호준 정봉식 조윤현 최상조 공역

JINSAEM
진샘미디어

역자 서문

Matthew N. O. Sadiku는 텍사스 A&M 대학교(Prairie View)의 전기공학과 교수로 재직하고 있으며, 2015년에 "Elements of Electromagnetics"의 학부용 전자기학 교재의 여섯 번째 개정판을 출간하였다. 교재에서 대부분의 전자기학 교과서의 구성과 같이 책의 맨 앞에서 벡터 해석을 다룬 후에 전자기학에 학생들이 점차적으로 적응해 나가게 하며 이전 장과 연관성을 설명하여 이해하는 데 도움을 주고 있다. 이로써 정전장과 정자장으로의 각 장 간의 개념적인 연결이 자연스럽고, 시변장에 다수의 장을 할당하여 전송선 이론과의 연계성을 학생들이 이해하기 쉽도록 되어 있다.

본 교과서는 우리나라에서 널리 사용되고 있는 Hayt의 Engineering Electromagnetics, Derney의 Introduction to Modern Electromagnetics 그리고 Cheng의 Fundamentals of Engineering Electromagnetics와 함께 학부용 교재로 많이 사용되고 있다. 전자공학의 학부과정 중 주로 2학년 과정에서 개설되는 전자기학 과목은 난해한 과목으로 받아들여지고 있지만, 이번 개정판을 통해 전자기학을 처음 접하는 학생들이나, 이 분야에 관심을 갖고 공부를 시작하는 분들에게 전송선과 전자파 장애와 양립성, 광섬유와 같은 130개가 넘는 실례와 400개가 넘는 그림과 도표를 통해 추상적인 개념을 보다 쉽게 이해할 수 있도록 하고 있다. 또한 통신 분야에서 주로 사용하고 있는 Matlab을 통해 실제 문제들의 수치해석적인 방법을 소개하고 있다.

이번 개정판에서는 각장의 서문과 응용 노트를 통해 빠르게 발전해가고 있는 전자통신분야의 실례를 소개함으로써 전자기학에 대한 학생들의 관심을 유도하고 과목의 중요성을 일깨우고 있다. 또한 회로이론과 전송선 이론과의 연계성을 이해하도록 하였다. 두 학기 강좌의 교과서로 사용되거나, 저자가 소개하는 방법을 통해 한 학기 강좌에도 사용할 수 있다.

마지막으로 이 번역서의 출간을 맡아준 진샘미디어 사장님과 관계자 여러분께도 감사의 인사를 전한다.

2021년 역자 일동

저자 서문

보다 나은 책을 만들기 위하여 그동안의 각 개정판들에서 지속적으로 많은 변화가 이루어져 왔다. 그러나 전자기학의 핵심주제는 결코 변하지 않는다. 이 책은 전자기학의 개념을 다른 책들보다 더 분명하고 재미있는 방식으로 제공하기 위하여 초판에서의 기본적인 목표를 그대로 유지하고 있다. 다음에 열거한 방법들을 통하여 이 목표를 이루고자 한다.

1. 전자기학과 수학의 개념을 동시에 다룸으로써 문제를 복잡하게 만드는 것을 피하기 위하여 책의 첫 부분에서 벡터 해석을 다루고, 이후 점차적으로 적용해 나간다. 이러한 접근방법은 벡터 해석에 있어서 더 많은 기초지식에 대하여 되풀이하여 학습함에 따라 발생하는 사고의 흐름이 단절되는 것을 피할 수 있다. 또한 이것은 물리적 개념과 수학적 정리를 분리하여 학생들로 하여금 수학적 정리의 일반성을 보다 쉽게 이해할 수 있도록 한다.
2. 각 장은 전자기이론의 선구자들에 대한 역사적인 인물소개와 함께 각 장들과 현대적인 토픽들 사이의 관계에 대한 검토로 시작한다. 각 장은 간단한 서론으로 시작하는데 장 전반에 대하여 안내를 해주고 각 장과 책의 나머지 부분들을 이어준다. 서론은 학생들로 하여금 그 장의 필요성과 함께 이전 장과의 관계를 인식하는 데 도움이 된다. 중요한 사항들은 독자들의 관심을 끌 수 있도록 강조되어 있다. 주요 개념들에 대한 간단한 요약이 장의 마지막에서 논의된다.
3. 학생들이 중요한 요점을 확실히 이해할 수 있도록 핵심용어들이 정의되고 강조되어 있다. 중요한 공식들은 박스로 처리하여 학생들로 하여금 필수적인 공식으로 인식하는 데 도움이 되도록 하였다.
4. 각 장에는 풀이가 되어 있는 적절한 분량의 예제가 포함되어 있다. 예제는 본문의 일부분이므로 학생들이 빠진 부분을 채우도록 요구함이 없이 확실하게 설명되어 있다. 풀이의 작성은 해석의 효율성보다는 명확성을 목표로 하였다. 완전하게 만들어진 이들 예제들을 통하여 학생들이 문제를 스스로 풀고 개념을 적용하는 방법을 배우는 데 자신감을 줄 것이며, 이것은 공학교육에서 절대적으로 필요한 부분이다. 각 예제의 다음에는 연습문제 형식의 문제가 나온다.
5. 각 장의 마지막에는 다항객관식 형태의 복습문제 10개가 제공되어 있다. 주관식 문제는 생각을 하도록 자극을 줄 수는 있으나 대부분의 학생들은 무시하고 지나치는 경향이 있다. 객관식 복습문제는 바로 뒤에 답이 있어 학생들이 문제를 풀어보도록 장려

하며, 결과를 바로 얻을 수 있다. 많은 수의 문제들이 제공되었으며, 본문의 내용과 같은 순서로 제시되어 있다. 중간 난이도의 문제들은 별표 한 개(*)를 붙였으며, 아주 어려운 문제들은 별표 두 개(**)로 표시하였다. 문제를 충분히 제공하였으므로 교수가 이 문제들 중 일부를 예제로 선택하거나, 일부는 숙제로 내줄 수 있도록 하였다. 선택된 문제들에 대한 답은 부록 E에 제시하였다.

6. 가장 실용적으로 적용할 수 있는 분야가 시변전자기장(time-varying field)이므로 6개의 장(chapter)이 이와 같은 주제에 할당되었다. 정전자기장(static field)은 동전자기장(dynamic field)의 특별한 경우이므로 적절한 수준으로 강조되었다. 복사기나 컴퓨터 주변장치를 제조하는 기업들에서 정전기에 대한 확실한 이해가 있어야 하므로 정전기 분야를 무시해서는 안 된다.

7. 각 장의 마지막 절은 그 장에서 다룬 개념들에 대한 응용에 할당하였다. 이는 학생들이 다루었던 개념들이 많은 실생활에서 어떻게 응용되는가에 대하여 이해하는데 도움이 된다.

8. 마지막 장은 실제 응용과 컴퓨터 프로그램에 대한 수치해석법에 대하여 다루었다. 대부분의 실제문제들이 수치계산 기법에 의해서만 풀릴 수 있기 때문에 이 장은 보다 더 중요하다.

9. 이 책에는 130개 이상의 예제와 300개 이상의 그림이 들어 있으며, 학생들이 공부하는 데 도움이 되는 기본적인 수학공식과 항등식이 부록A에 포함되어 있다. 이 서문의 다음에 나오는 특별 노트도 도움이 될 것이다.

6판에서 새로운 것:

- 이 책에서 다루었던 개념들과 실생활과의 연관성을 설명하기 위하여 추가된 15개의 새로운 응용노트
- 학생들의 수학적 지식과 과정에 대한 준비정도를 교수가 판단할 수 있는 수학적 평가
- 파의 편파 추가(10장)

이 책은 혼자서도 공부할 수 있도록 만들어졌지만 수업에서 개별적인 지도가 항상 필요하다는 것을 잊지 말아야 한다. 주제의 강조와 마찬가지로 주제의 선택도 교수의 재량에 달려 있다. 예를 들어 교수들에 따라서 벡터 해석이나 정전자기장에 너무 많은 부분이 할당되어 있다고 생각한다면 이들 내용 중 일부분을 넘어갈 수 있다. 하지만 학생들은 그 부분을 참고자료로 사용하는 것이 좋을 것이다. 또 1~3장을 끝낸 후에 9장부터 14장까지를 바로 강의할 수도 있다. 벡터 미적분을 먼저 다루는 것에 동의하지 않는다면 1, 2장을 끝낸 후에 바

로 4장으로 넘어가고, 필요하다면 3장은 참고자료로 사용하면 된다. 이 책에는 두 학기 과정에 충분한 내용이 담겨져 있다. 만약 이 책을 한 학기 동안에 다루어야 한다면, 1~9장에 집중하기를 권하며, 여기서 일부 절은 넘어가거나, 자세히 설명하거나, 숙제로 내줄 수도 있다. 검표(†)로 된 절이 이 범주에 속한다.

Matthew N. O. Sadiku
Prairie View, Texas

Sudarshan R. Nelatury
Pennsylvania State University

학생들에게

전자장 이론은 대부분의 학생들에게 물리학이나 전기공학의 교과과정 중에서 가장 어려운 과목의 하나로 여겨지고 있다. 그러나 학생들이 조금만 대비한다면 이러한 오해는 잘못된 것임을 증명할 수 있을 것이다. 경험에 비추어 봤을 때 이 책을 사용하여 자신의 능력을 최대한 발휘하는 데 있어서 아래의 사항들이 큰 도움이 될 것이다.

1. 이 과목을 위한 수학적 도구인 벡터 해석을 다룬 1부에 특별한 주의를 기울여라. 이 부분에 대하여 충분히 이해하지 못한다면 이 책의 나머지 부분들을 공부하는 데 있어서 많은 어려움을 겪을 것이다.
2. 지나치게 많은 공식들을 암기하려고 노력하지 말라. 일반적으로 박스 안에 나열한 기본 공식들만 암기하고, 나머지 식들은 이들 기본 공식으로부터 유도하도록 하여라. 공식들이 서로 어떻게 연관되어 있는가를 이해하도록 하여라. 분명한 것은 모든 문제들을 풀 수 있는 보편적인 공식은 없다는 것이다. 각 공식은 그 식을 얻는 과정에서 제시한 가정 때문에 사용에 어느 정도의 제한을 두고 있다. 이러한 가정에 유의하여 공식들을 적절히 사용해야 한다.
3. 주어진 정의나 법칙에서 핵심이 되는 단어나 용어들을 확인하도록 하여라. 이들 핵심이 되는 단어들의 의미를 아는 것은 정의나 법칙들을 적절하게 응용하는 데 있어서 필수적이다.
4. 가능한 한 많은 문제들을 풀려고 노력하라. 뛰어난 능력을 갖추는 데 있어서 연습이 최선의 방법이다. 공식을 이해하고 중요한 것들을 소화시키는 최선의 방법은 문제를 풀어보는 것이다. 적어도 풀이가 되어 있는 각 예제들의 바로 뒤에 나오는 연습문제들은 풀어 보기를 권한다. 문제를 수학적으로 풀기 전에 문제를 설명하는 그림을 그려 보아라. 그림을 그려 보면 문제를 풀기가 더 쉬워질 뿐만 아니라, 생각하는 과정을 단순하게 하고, 체계화하여 문제를 이해하는 데 도움이 된다. 별다른 언급이 없으면 모든 거리의 단위는 미터(meters, m)로 한다. 예를 들면 (2, −1, 5)는 실제로 (2m, −1m, 5m)를 뜻한다.

대량의 수치계산을 위하여 MATLAB을 사용하여도 된다. 부록 C에 MATLAB에 대한 간단한 소개를 하였다.

이 책에서 일반적으로 사용되는 10의 승수와 그리스 문자는 이 책의 표지 안쪽에 표로 만들어 놓았다. 미적분, 벡터, 복소수 해석에 관한 중요한 공식들은 부록 A에 수록하였다. 선택된 문제들의 해답들을 부록 E에 수록하였다.

차례

2부 정전기

수학적 평가

1.1 벡터 **A**와 **B**의 사이각은 θ이다. 만약 (i) $|\mathbf{A}+\mathbf{B}|<|\mathbf{A}-\mathbf{B}|$, (ii) $|\mathbf{A}+\mathbf{B}|=|\mathbf{A}-\mathbf{B}|$, (iii) $|\mathbf{A}+\mathbf{B}|>|\mathbf{A}-\mathbf{B}|$ 이면, θ를 어떻게 표현할 수 있는가?

1.2 $\mathbf{p}=5\boldsymbol{a}_x$와 $\mathbf{q}=3\boldsymbol{a}_x+4\boldsymbol{a}_y$를 두 변으로 하는 평행사변형 $ABCD$가 그림 MA-1에 나타내었다. 두 대각선은 O에서 교차하고 각 α를 만든다. O의 좌표와 α의 크기를 구하라. α값을 바탕으로 $ABCD$를 무엇이라 하는가?

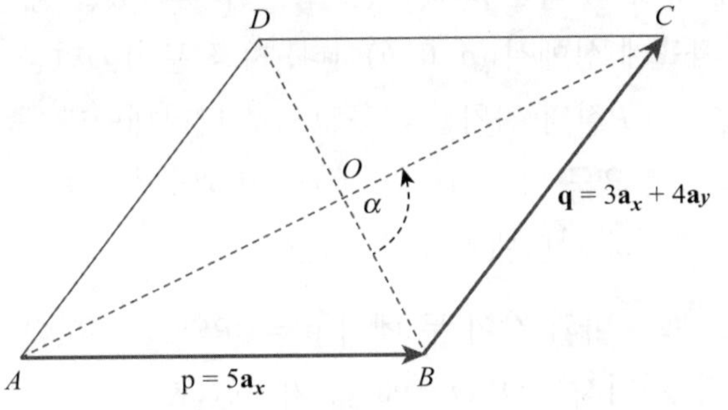

그림 MA–1 평행사변형 ABCD

1.3 두 점 $A(3, 5, 1)$과 $B(5, 7, 2)$ 사이의 거리 R을 구하라. 그리고 $\dfrac{1}{R}$을 구하라.

1.4 $A(3, 7, 1)$로부터 $B(8, 19, 2)$까지의 거리벡터 $\mathbf{R}_{AB}$와 $\mathbf{R}_{AB}$의 방향을 나타내는 단위벡터 $\mathbf{a}_{AB}$를 구하라.

1.5 단위벡터 **u**가 $|(x-2)\mathbf{u}|<|3\mathbf{u}|$를 만족하기 위한 x값의 범위를 구하라.

1.6 각각 1 m씩 서로 떨어져 있는 네 지점 A, B, C, D에 네 개의 전하가 놓여 있다. 이들 전하들에 대하여 좌표계의 선택에 관한 질문을 받으면, 네 전하들을 어떻게 배치하고 어떤 좌표계를 선택할 것인가? 유일한 방법은 없다.

1.7 차량을 운전하여 점 O를 출발하여 다음의 경로를 따라 이동하였다.

점 A를 향하여 북동쪽으로 15 km 이동
다시 점 B를 향하여 남서쪽으로 20 km 이동
다시 점 C를 향하여 북쪽으로 25 km 이동
다시 점 D를 향하여 남동쪽으로 10 km 이동
다시 점 E를 향하여 서쪽으로 15 km 이동 후 정지

이 차량은 출발지점으로부터 어떤 방향으로 어느 정도 떨어져 있는가?

1.8 단위벡터 $\mathbf{a}_n$은 x, y, z축과 각각 α, β, γ의 각도를 이루고 있다. $\mathbf{a}_n$을 직각좌표계로 나타내어라. 그리고 $\mathbf{a}_n$에 평행하고 길이가 ℓ인 벡터 $\overrightarrow{OP}$(단위벡터 아님)를 나타내어라.

1.9 세 벡터 $\mathbf{p}$, $\mathbf{q}$, $\mathbf{r}$의 합은 영 벡터이고, 벡터의 크기는 각각 10, 11, 15이다. $\mathbf{p}\cdot\mathbf{q}+\mathbf{q}\cdot\mathbf{r}+\mathbf{r}\cdot\mathbf{p}$를 구하라.

1.10 실험결과 점 $Q(x', y', z')$는 $P(2, 1, 4)$로부터 4 m 떨어져 있으며, 벡터 $\overrightarrow{QP}$는 x, y, z축과 각각 45.5225°, 59.4003°, 60°의 각도를 이루고 있었다. 점 Q의 위치를 구하라.

1.11 x, y, z축을 갖는 좌표계에서 제1 팔분공간에 출입문이 있는 방이 있다고 가정한다. 문의 높이는 h이고, 폭은 ρ라고 한다. 문이 닫혀있을 때 문의 오른쪽 꼭대기 지점 P는 직각좌표계 상에서 $(\rho, 0, h)$이다. 지금 문이 ϕ만큼 회전되어 방에 들어갈 수 있다면, 이 때 P점의 위치를 좌표값으로 나타내어라. 출입문의 대각선 길이 $r=\overline{OP}$를 ρ와 z의 항으로 나타내어라. 벡터 $\overrightarrow{OP}$와 z축 사이의 각을 θ라고 할 때 ρ와 h를 r과 θ의 항으로 나타내어라.

1.12 그림 MA-2에서 보는 바와 같이 두 벡터 $\mathbf{p}=\overrightarrow{OP}$와 $\mathbf{q}=\overrightarrow{OQ}$가 있다. 벡터 $\overrightarrow{QR}$을 $\mathbf{p}$와 $\mathbf{q}$로 표현하라. 여기서 $\angle ORQ = 90°$라 가정한다.

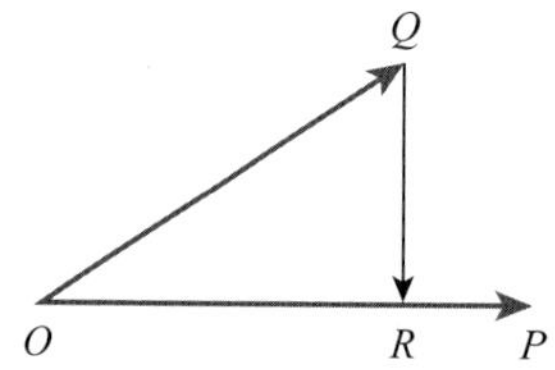

그림 MA-2 한 벡터의 다른 벡터로의 직교 투영

1.13 두 개의 평면 방정식이 있다:

$$3x - 2y - z = 8$$
$$2x + y + 4z = 3$$

두 방정식은 직선 ℓ을 따라 교차한다. ℓ이 xy와 yz 평면과 만나는 점의 좌표를 구하라. 또한 ℓ과 xz 평면 사이의 각을 구하라.

1.14 길이가 같은 두 벡터 $\mathbf{p}=\mathbf{a}_x+\mathbf{a}_y$와 $\mathbf{q}=\mathbf{a}_y+\mathbf{a}_z$가 있다. 길이가 같고 두 벡터 사이의 각이 60°인 세 번째 벡터 $\mathbf{r}$을 구하라.

1.15 $\mathbf{A}=2xy\ \mathbf{a}_x+3zy\ \mathbf{a}_y+5z\ \mathbf{a}_z$, $\mathbf{B}=\sin x\ \mathbf{a}_x+2y\ \mathbf{a}_y+5y\ \mathbf{a}_z$로 주어졌을 때 (i) $\nabla\cdot\mathbf{A}$ (ii) $\nabla\times\mathbf{A}$, (iii) $\nabla\cdot\nabla\times\mathbf{A}$, (iv) $\nabla\cdot(\mathbf{A}\times\mathbf{B})$를 구하라.

2.1 밑변이 $b=5$이고 높이가 $h=4$인 삼각형 판이 균일 표면 전하밀도 $\rho_s = 10\ \mathrm{C/m^2}$로 균일하게 충전되어 있다. 최대 전하량이 나오도록 직사각형 조각을 자르고자 한다. 직사각형의 크기 x와 y를 구하고, 추출된 전하의 크기를 구하라.

2.2 xy평면에 두 개의 고정 점 $F_1(-c, 0)$과 $F_2(c, 0)$가 있다. PF_1+PF_2의 합이 $2a$로 일정하게 유지된다는 조건을 만족하는 점 $P(x, y)$의 궤적은 타원임을 보여라. 길이가 $2c$인 균일 선전하에 의한 등전위 궤적은 전하를 포함하는 평면에서 타원의 집합이다. 이 문제는 이를 증명하는데 도움이 된다.

2.3 점 P에서의 일반각은 평면상에 놓여 있는 폐곡선을 주변으로 하여 점 P가 폐곡선으로 둘러싸여 있으면 2π 라디안, 그렇지 않으면 0임을 보여라.

2.4 점 P에서의 입체각은 폐곡면을 주변으로 하여 점 P가 폐곡면으로 둘러싸여 있으면 4π 스테라디안, 그렇지 않으면 0임을 보여라.

2.5 정전기 전위 $V(r)$는 방정식 $V(r)=2\ V(2r)$와 경계조건 $V(5)=3$을 만족한다. $V(15)$를 구하라.

2.6 부정적분 (i) $\int \mathrm{cosec}\,\theta\, d\theta$와 (ii) $\int \sec\theta\, d\theta$를 구하라. 임의의 상수는 무시하라.

2.7 액체 방울은 그림 MA-3에서 보는 바와 같이 타원체 형태 $\dfrac{x^2}{a^2}+\dfrac{y^2}{b^2}+\dfrac{z^2}{c^2}=1$이고 비균일한 전하밀도 $\rho_v = x^2\ \mathrm{C/m^3}$로 채워져 있다. 방울내의 총 전하를 구하라.

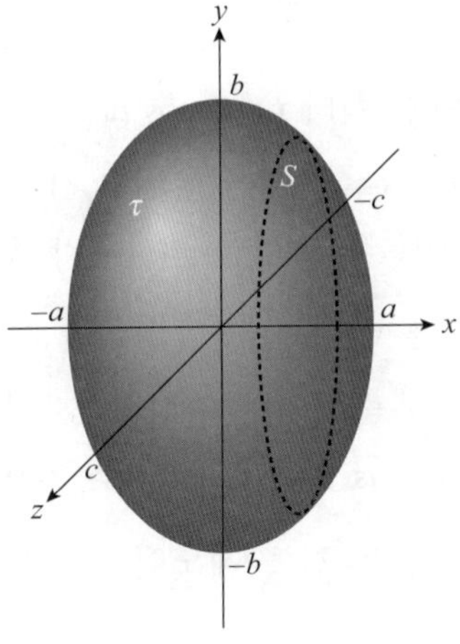

그림 MA-3 비균일하게 충전된 액체 방울

2.8 두 개의 곡선 집합이 90°로 교차하면 서로 직교하다고 한다. 집합 $y^2 = cx^3$이 주어질 때, 직교궤적에 대한 방정식을 구하고, 각 궤적에 대해 3~4개의 요소를 같은 그래프에 그려라.

2.9 벡터함수가 $\mathbf{E} = (4xy + z)\mathbf{a}_x + 2x^2\mathbf{a}_y + x\mathbf{a}_z$로 주어졌다. $A(3, 7, 1)$에서 $B(8, 9, 2)$까지 다음의 경로를 따라 선적분을 계산하라.

(i) A와 B를 바로 잇는 경로를 따라 $V_{AB} = -\int_A^B \mathbf{E} \cdot \mathbf{dl}$

(ii) $\left\{-\int_A^C \mathbf{E} \cdot \mathbf{dl} - \int_C^D \mathbf{E} \cdot \mathbf{dl} - \int_D^B \mathbf{E} \cdot \mathbf{dl}\right\}$, 여기서 $C(8, 7, 1)$, $D(8, 9, 1)$

2.10 구간 $-\pi < x < \pi$에서 정의되는 함수 $f(x) = x + x^2$의 삼각 푸리에 급수를 구하라.

2.11 특정한 정전기 시스템에서는 무한개의 영상 점전하 집합이 발견된다. 한 점에서 장의 세기는 아래와 같이 표현할 수 있다. 이중 합을 간단하게 표현하라.

$$E = A\sum_{m=1}^{\infty}\sum_{n=m}^{\infty}\frac{(-1)^{(n-1)}}{n^2}$$

힌트: 다음 급수를 항목별로 적분하고 $x = 1$로 치환하면 해를 구하는데 도움이 된다.

$$\frac{1}{1+x} = 1 - x + x^2 - x^3 + \cdots + - \cdots$$

2.12 경계조건 $\left.\frac{dV}{dx}\right|_{x=0} = 0$와 $V(0) = 0$를 만족하는 아래의 미분방정식을 풀어라. 여기서 k는 상수라고 가정한다.

$$\frac{d^2V(x)}{dx^2} = \frac{k}{\sqrt{V(x)}}$$

3.1 이동하는 전하의 위치는 시변 반경 벡터 $\mathbf{r} = 2\cos t\mathbf{a}_x + 2\sin t\mathbf{a}_y + 3\,t\mathbf{a}_z$로 주어진다. 운동 궤적을 설명하라. 임의의 순간 t에서 속도와 가속도 벡터를 구하라. 특히, 특정 순간 $t = 0$와 $t = \pi/2$에서 이들의 방향을 표시하라. 임의의 순간에 이들의 크기를 구하라.

3.2 그림 MA-4에서 보는 바와 같이 z-축상의 한 점에서 자기장의 세기 $H(z)$는 각의 코사인의 합에 비례하고 $H = k(\cos\theta_1 + \cos\theta_2)$로 주어진다. 또한 $a \ll \ell$이면 $H(\pm\ell) \approx \frac{1}{2}H(0)$임을 보여라. 이것은 긴 솔레노이드 축을 따라 자기장을 찾는데

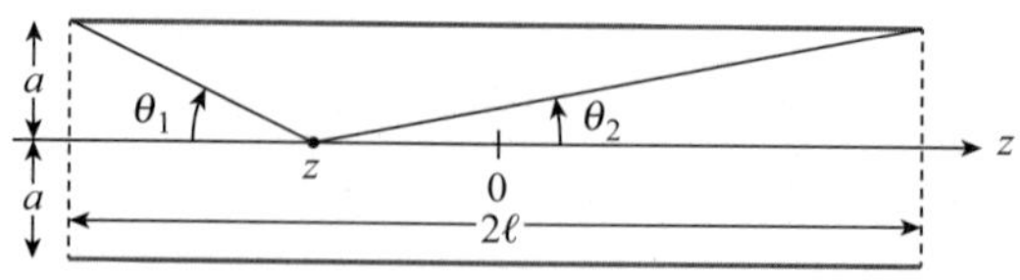

그림 MA-4 솔레노이드의 축을 따라 자기장을 찾는 쪽으로

도움이 된다.

3.3 $\mathbf{k}$가 상수 벡터이고 $\mathbf{r} = r\mathbf{a}_r$인 $\mathbf{B} = r(\mathbf{k} \times \mathbf{r})$가 자속밀도 벡터라 가정할 때, 솔레노이드인지 증명하라.

3.4 선적분 $\oint_C \frac{(x + y)dx + (x - y)dy}{x^2 + y^2}$를 구하라. 여기서 C는 반경이 a인 원 $x^2 + y^2 = a^2$이다.

3.5 선적분 $\oint_C \frac{xdy - ydx}{x^2 + y^2}$를 구하라. 여기서 C는 (i) 원점을 n번 둘러싼, (ii) 원점을 둘러싸지 않은 폐곡선이다.

4.1 $\nabla \cdot \nabla \times \mathbf{A} = 0$이 됨을 보여라.

4.2 $\nabla \times \nabla\psi = 0$이 됨을 보여라.

4.3 허수단위가 $j = \sqrt{-1}$ 이고 $x = j^j$인 경우, x값이 실수일 수 있는가? 만약 그렇다면, 그것은 유일한가? x가 구간 (100, 120)에서 하나의 값을 가질 수 있는가?

4.4 $\nabla \cdot \mathbf{A} \times \mathbf{B} = \mathbf{B} \cdot \nabla \times \mathbf{A} - \mathbf{A} \cdot \nabla \times \mathbf{B}$가 됨을 보여라.

4.5 드무아브르의 정리를 사용하여 $\cos 3\theta = \cos^3 \theta - 3 \cos \theta \sin^2 \theta$임을 증명하라.

4.6 $\sqrt{j}$ 를 산정하라.

4.7 Euler 공식을 사용하여 $\sqrt{j}$ 를 산정하라.

4.8 다음의 장들을 페이저로 나타내어라.

(a) $E_x(z, t) = E_o \cos(\omega t - \beta z + \phi)$ (V/m)
(b) $E_y(z, t) = 100e^{-3z} \cos(\omega t - 5z + \pi/4)$ (V/m)
(c) $H_x(z, t) = H_o \cos(\omega t + \beta z)$ (A/m)
(d) $H_y(z, t) = 120\pi e^{-5z} \cos(\omega t + \beta z + \phi_h)$ (A/m)

4.9 다음의 페이저들을 순시정현함수로 나타내어라.

(a) $E_x(z) = E_o e^{j\beta z}$ (V/m)
(b) $E_y(z) = 100e^{-3z}e^{-j5z}$ (V/m)
(c) $I_s(z) = 5 + j4$ (A)
(d) $V_s(z) = j10e^{j\pi/3}$ (V)

4.10 다음의 전류를 코사인을 기준으로 사용하여 페이저 표현식 $\tilde{I}$로 나타내어라.

(a) $i(t) = I_o \cos(\omega t - \pi/6)$
(b) $i(t) = I_o \sin(\omega t + \pi/3)$

4.11 특정 공진기에서 공진모드는 음이 아닌 정수 m, n, p의 3중으로 표현된다. 부등식 조건 하에서 가능한 해를 구하라.

$$mn + np + pm \neq 0$$

$$\frac{13}{16} \leq \frac{m^2}{4} + \frac{n^2}{9} + p^2 \leq \frac{5}{4}$$

4.12 $v(t) = 100\cos(6\pi\, 10^9\, t - 45^\circ)$ (V)인 전압원이 그림 MA-5에서와 같이 RLC 직렬회로에 연결되어 있다. $R = 10$ MΩ, $C = 100$ pF, 그리고 $L = 1$ H로 주어졌을 때, 페이저를 사용하여 다음을 구하라.

(a) $i(t)$

(b) 커패시터 양단의 전압 $V_c(t)$

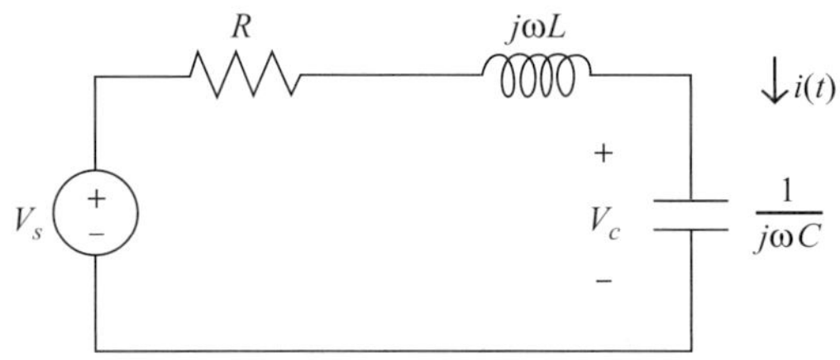

그림 MA–5 문제 4.12의 RLC 직렬회로

4.13 (i) 원을 나타내는 다음의 방정식을 따르는 점 $P(x, y)$의 위치를 나타내어라.

$$x^2 + y^2 + 2gx + 2fy + c = 0$$

(ii) 중심점의 좌표와 반경을 구하라. 아래와 같은 원의 방정식을 사용하여 중심점과 반경을 구하라.

$$x^2 + y^2 + 8x - 4y + 11 = 0$$
$$x^2 + y^2 - 10x - 6y + 9 = 0$$
$$225x^2 + 225y^2 + 90x - 300y + 28 = 0$$

4.14 벡터항등식 $\nabla \times \psi\mathbf{A} \equiv \psi\nabla \times \mathbf{A} + \nabla\psi \times \mathbf{A}$를 상기하라. 여기서 ψ는 스칼라함수, $\mathbf{A}$는 벡터함수이다. $\mathbf{A} = A_z\mathbf{a}_z$로 가정한다. 여기서 $A_z = \frac{e^{-jkr}}{r}$, k는 상수이다. $\nabla \times \mathbf{A}$를 간단히 하라.

4.15 원형 연못의 가장자리에 있는 두 지점 A와 B 사이에 전송선을 이어야 한다. 가장자리를 따라 설치하는 것보다 물을 통해 케이블을 설치하는 것이 미터당 2배의 비용이 든다. 케이블은 (a) 호숫가의 주변 땅에 또는 (b) 호수 물을 통해 똑바로, (c) 일부는 호숫가의 땅으로 나머지는 호수 물을 통해 똑바로 설치할 수 있다. (i) 최

대 비용이 드는 경로는 무엇인가? (ii) 비용을 최소로하는 배열을 구하라. 수치적 인 값으로 비용 함수를 그려라.

4.16 $|x| < 1$이라고 가정할 때 다음 급수전개식과 같이 됨을 보여라.

$$\frac{1}{(1-x)^2} = 1 + 2x + 3x^2 + 4x^3 + \cdots$$

1부

벡터 해석

윤리강령

공학 기술은 전 세계적으로 사람들을 경제적, 사회적으로 번영할 수 있게 이바지한 학문이며, 공학자란 이러한 학문을 하는 사람이다. 이러한 직업을 지닌 공학자들은 정직함과 성실함에 관해 높은 잣대를 가져야 한다. 하지만, 복잡한 공학 교육과정은 윤리와 관련된 교육이 거의 없는 실정이다. 전 세계적으로 다양한 전문직을 위해 850개가 넘는 윤리강령이 있으며, 그 중 여기에 적혀 있는 IEEE의 윤리강령은 학생들에게 공학자로서 윤리의 중요성을 일깨워준다.

우리 IEEE 회원들은 전 세계를 통하여 삶의 질에 영향을 미치는 우리의 공학 기술의 중요성을 인식하고, 우리의 직업, 조직의 구성원, 또 우리가 봉사하는 공동체에 대하여 개인적인 의무를 짊어짐에 있어서 최상의 윤리적, 직업적 행위를 수행할 것을 서약하고, 다음 사항에 동의하는 바이다.

1. 공공의 안전, 건강, 복지에 맞는 공학적 결정을 하는 것에 책임을 지고, 사람이나 환경에 위험을 줄 요인들을 즉각적으로 알린다.
2. 실질적인 혹은 이해관계의 충돌은 어떤 상황에서도 피하고, 충돌이 있을 시에는 당사자들에게 이를 공개한다.
3. 유효한 자료에 근거하여 청구나 평가를 진술함에 있어 정직하고 현실적이어야 한다.
4. 어떠한 형태이든 뇌물은 거절한다.
5. 공학 기술과 그 적절한 응용, 그리고 잠정적 결과에 대한 이해를 향상한다.
6. 우리의 기술적 역량을 유지하고 향상하며, 오직 수련이나 경험에 의해 자격이 부여될 때나 관련된 한계점을 완전히 드러낸 후에 타인을 위한 기술적 과제를 맡는다.
7. 기술적인 일에 대한 진솔한 비판을 추구하며, 수용하고 그리고 제공한다. 또한, 잘못을 범했을 시에는 이를 인정하고 바로 잡으며, 다른 사람이 이바지한 바를 올바르게 인정한다.
8. 인종, 종교, 성별, 장애, 나이, 출신국가에 상관없이 모든 사람을 공평하게 대한다.
9. 다른 사람의 신체, 재산, 명성이나 직업을 거짓되고 악의적 행동으로 상해하는 것을 피한다.
10. 동료나 동업자가 직업적인 발전이 있도록 돕고, 이 윤리강령을 준수하도록 조력한다.

IEEE 제공

1장

벡터 대수

책은 가장 조용하고 가장 끊임없는 친구이다; 책은 가장 접근하기 쉽고 현명한 상담자이며, 가장 인내심이 있는 선생님이다.

– 찰스 W. 엘리어트

1.1 서론

전자기학은 정지해 있거나 운동하고 있는 전하들 사이의 상호작용에 관해 연구하는 학문이다. 전자기학은 전기장과 자기장의 해석, 합성, 물리적 이해, 그리고 응용을 포함한다.

전자기학은 전기, 자기적 현상을 공부하는 물리학 혹은 전기공학의 한 분야이다.

전자기학의 원리는 초고주파, 안테나, 전기기계, 위성통신, 생체전자기, 프라즈마, 핵 연구, 광섬유, 전자기 간섭과 양립, 전기기계적 에너지 변환, 레이더 기상학, 그리고 원격탐사 등의 다양한 분야에서 응용되고 있다.[1), 2)] 예를 들어 물리치료 분야에서는 어떤 병리학적 상태를 호전시키기 위해 단파나 마이크로파 형태의 전자파를 사용하여 인체내부의 심층조직을 가열하거나, 생리학적인 반응을 자극하기도 한다. 전자장은 금속을 녹이거나, 표면처리, 용접 등의 가공을 위한 유도가열장치에도 사용된다. 유전체 가열장치는 단파를 이용하며, 플라스틱판을 접합 또는 봉합시키는데 사용된다. 전자기 에너지는 농업분야에 있어서도 새롭고 흥미 있는 많은 응용가능성을 제공해준다. 예를 들어 전자파는 산도를 줄여 채소의 맛을 변화시키는데 사용되기도 한다.

전자기 소자에는 변압기, 전기 계전기, 라디오/TV, 전화, 전동기, 전송선로, 도파관, 안테나, 광섬유, 레이더, 레이저 등이 있는데, 이러한 소자를 설계하려면 전자기학의 법칙과 원리에 대한 철저한 지식이 요구된다.

---

1) 전자기학의 여러 응용은 다음 문헌을 참고; J. M. Crowley, *Fundamentals of Applied Electrostatics*, New York: John Wiley & Sons, 1986.

2) 그 밖의 전자기학의 응용분야는 다음 문헌을 참고; D. Teplitz, ed., *Electromagnetism: Paths to Research*. New York: Plenum Press, 1982.

†1.2 이 책의 사전 검토

이 책에서 다루는 전자기 현상의 주제는 Maxwell 방정식으로 요약된다:

$$\nabla \cdot \mathbf{D} = \rho_v \tag{1.1}$$

$$\nabla \cdot \mathbf{B} = 0 \tag{1.2}$$

$$\nabla \times \mathbf{E} = -\frac{\partial \mathbf{B}}{\partial t} \tag{1.3}$$

$$\nabla \times \mathbf{H} = \mathbf{J} + \frac{\partial \mathbf{D}}{\partial t} \tag{1.4}$$

여기서 ∇ = 벡터 미분 연산자
$\mathbf{D}$ = 전속밀도
$\mathbf{B}$ = 자속밀도
$\mathbf{E}$ = 전기장의 세기
$\mathbf{H}$ = 자기장의 세기
ρ_v = 체적전하밀도
$\mathbf{J}$ = 전류밀도

Maxwell은 이전의 실험과 이론을 통하여 알려진 결과들을 근거로 이 식들을 정립하였다. 이 식들을 보면 앞으로 벡터량을 다룰 것이라는 것을 쉽게 알 수 있다. 따라서 1부에서는 이 과목에서 필요한 수학적 도구를 공부하게 될 것이다. 시불변 조건하에서 식 (1.1)에서 (1.4)까지를 유도하고, **D**, **B**, **E**, **H**, **J**, ρ_v와 같은 물리량의 중요성을 이해하는 것은 이 책의 2부와 3부에서 다룰 것이다. 4부에서는 이 방정식들을 시변 조건하에서 다시 다루고, 이 식들을 전송선, 도파관, 안테나, 광섬유 및 레이더 시스템과 같은 실제 전자기소자를 공부하는 데 적용할 것이다.

1.3 스칼라와 벡터

벡터 해석은 전자장의 개념을 가장 편리하게 표현하고 가장 잘 이해할 수 있는 수학적인 도구이다. 따라서 그 규칙과 기법을 공부해서 자신있게 사용할 수 있어야 한다. 이 과목을 택한 대부분의 학생들은 벡터 해석에 익숙하지 않으므로 이 장과 다음 두 장에 많은 주의를

† 교재가 한 학기 과정에서 사용되는 경우 †가 표시된 절은 생략하거나 간단히 설명하여도 되고, 경우에 따라서는 과제로 부과할 수 있다.

기울여야 한다.[3] 이 장에서는 직각좌표계에서의 벡터대수만 소개하고 다음 장에서 다른 좌표계로 확장한다.

모든 양은 벡터 또는 스칼라로 표현할 수 있다. 스칼라는 크기에 의해서 완전하게 정의되는 양이다.

스칼라(scalar)는 크기만 갖는 양이다.

시간, 질량, 거리, 온도, 엔트로피, 전위, 인구와 같은 양들은 스칼라이다. 벡터는 공간에서 크기와 방향을 갖는다.

벡터(vector)는 크기와 방향을 갖는 양이다.

속도, 힘, 운동량, 가속도, 변위, 전기장의 세기 등은 벡터량이다. 또 다른 종류의 물리량은 텐서라고 부르며, 스칼라와 벡터는 **텐서**의 특별한 경우이다. 대부분의 경우 스칼라와 벡터만을 다룬다.[4]

스칼라와 벡터를 구별하기 위하여 벡터는 $\vec{A}$ 또는 $\vec{B}$ 같이 윗부분에 화살표를 붙인 문자를 사용하거나 **A** 또는 **B**와 같이 획이 굵은 문자를 사용한다. 스칼라는 단순히 A, B, U, V와 같은 문자를 사용한다. 전자장이론은 몇 가지 특정한 장을 연구하는 것이다.

장(field)이란 어떤 영역 내의 모든 곳에서 특정한 양을 규정하는 함수이다.

장은 공간 내에서 시간에 따른 양의 변화를 나타낼 수 있다. 만일 물리량이 스칼라(또는 벡터)이면 그 장을 스칼라(또는 벡터)장이라고 한다. 스칼라장의 예로는 건물 내의 온도분포, 극장 내에서 소리의 세기, 어떤 영역 내의 전위분포, 층을 이룬 매질의 굴절률 분포 등이 있다. 공간 내의 물체에 작용하는 중력, 대기 중에서 빗방울의 속도 등은 벡터장의 예이다.

1.4 단위벡터

벡터 $\mathbf{A}$는 크기와 방향을 갖는다. $\mathbf{A}$의 크기는 스칼라이며, A 또는 $|\mathbf{A}|$로 쓴다. $\mathbf{A}$의 **단위벡터** $\mathbf{a}_A$는 크기가 1이고 방향이 $\mathbf{A}$와 같은 벡터로 정의된다. 즉

---

3) 벡터대수학의 복습이 필요없는 독자는 이 장을 생략할 수 있다.

4) 텐서의 기본적인 설명은 다음 문헌을 참고: A. I. Borisenko and I. E. Tarapor, *Vector and Tensor Analysis with Applications*, New York: Dover, 1979.

$$\mathbf{a}_A = \frac{\mathbf{A}}{|\mathbf{A}|} = \frac{\mathbf{A}}{A} \tag{1.5}$$

$|\mathbf{a}_A| = 1$임에 유의하여야 한다. 따라서 **A**를 다음과 같이 쓸 수 있다.

$$\mathbf{A} = A\mathbf{a}_A \tag{1.6}$$

이고, 크기 A와 방향 $\mathbf{a}_A$로 **A**를 완전하게 규정한다.

벡터 **A**는 직각좌표계에서 다음과 같이 표현한다.

$$(A_x, A_y, A_z) \qquad \text{또는} \qquad A_x\mathbf{a}_x + A_y\mathbf{a}_y + A_z\mathbf{a}_z \tag{1.7}$$

여기서 A_x, A_y, A_z는 각각 **A**의 x, y, z방향 성분, $\mathbf{a}_x, \mathbf{a}_y, \mathbf{a}_z$는 각각 x, y, z방향의 단위벡터이다. 예를 들어, $\mathbf{a}_x$는 x축 방향으로 증가하는 크기가 1인 단위가 없는 벡터이다. 단위벡터 $\mathbf{a}_x, \mathbf{a}_y, \mathbf{a}_z$를 그림 1.1(a)에 보였으며, 좌표축에 따른 벡터 **A**의 성분을 그림 1.1(b)에 나타내었다. 이때 벡터 **A**의 크기는 다음과 같이 주어진다.

$$A = \sqrt{A_x^2 + A_y^2 + A_z^2} \tag{1.8}$$

A에 대한 단위벡터는

$$\mathbf{a}_A = \frac{A_x\mathbf{a}_x + A_y\mathbf{a}_y + A_z\mathbf{a}_z}{\sqrt{A_x^2 + A_y^2 + A_z^2}} \tag{1.9}$$

로서 주어진다.

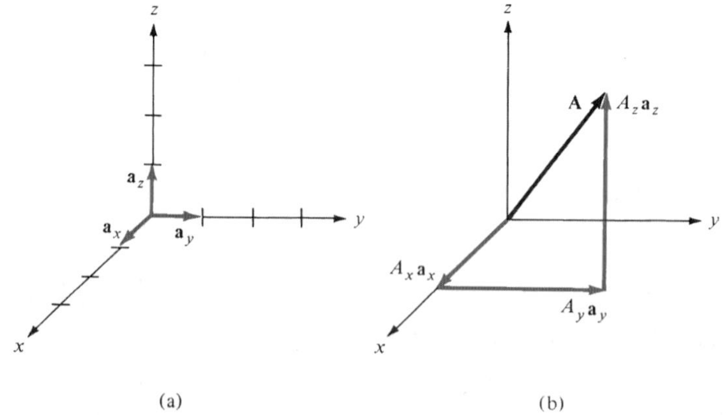

그림 1.1 (a) 단위벡터 $\mathbf{a}_x$, $\mathbf{a}_y$, $\mathbf{a}_z$, (b) $\mathbf{a}_x$, $\mathbf{a}_y$, $\mathbf{a}_z$방향에 대한 **A**의 성분

1.5 벡터의 덧셈과 뺄셈

두 개의 벡터 **A**와 **B**를 더하면 다른 벡터 **C**가 된다. 즉

$$\mathbf{C} = \mathbf{A} + \mathbf{B} \tag{1.10}$$

벡터의 덧셈은 성분과 성분에 의하여 수행한다. 따라서 만일 $\mathbf{A} = (A_x, A_y, A_z)$이고, $\mathbf{B} = (B_x, B_y, B_z)$이면 다음과 같이 된다.

$$\mathbf{C} = (A_x + B_x)\mathbf{a}_x + (A_y + B_y)\mathbf{a}_y + (A_z + B_z)\mathbf{a}_z \tag{1.11}$$

벡터의 뺄셈도 동일한 방법으로 다음과 같이 수행한다.

$$\begin{aligned}\mathbf{D} &= \mathbf{A} - \mathbf{B} = \mathbf{A} + (-\mathbf{B}) \\ &= (A_x - B_x)\mathbf{a}_x + (A_y - B_y)\mathbf{a}_y + (A_z - B_z)\mathbf{a}_z\end{aligned} \tag{1.12}$$

벡터의 덧셈과 뺄셈은 그림 1.2와 1.3에 보인 것처럼 평행사변형법이나 삼각형법을 사용하여 도식적으로 구할 수 있다.

임의의 벡터 **A**, **B**, **C**에 대하여 세 가지 기본 연산법칙을 요약하면 다음과 같다.

법칙	덧셈	곱셈
교환법칙	$\mathbf{A} + \mathbf{B} = \mathbf{B} + \mathbf{A}$	$k\mathbf{A} = \mathbf{A}k$
결합법칙	$\mathbf{A} + (\mathbf{B} + \mathbf{C}) = (\mathbf{A} + \mathbf{B}) + \mathbf{C}$	$k(\ell\mathbf{A}) = (k\ell)\mathbf{A}$
분배법칙	$k(\mathbf{A} + \mathbf{B}) = k\mathbf{A} + k\mathbf{B}$	

여기서 k와 ℓ은 스칼라이다. 벡터의 곱셈은 1.7절에서 논의할 것이다.

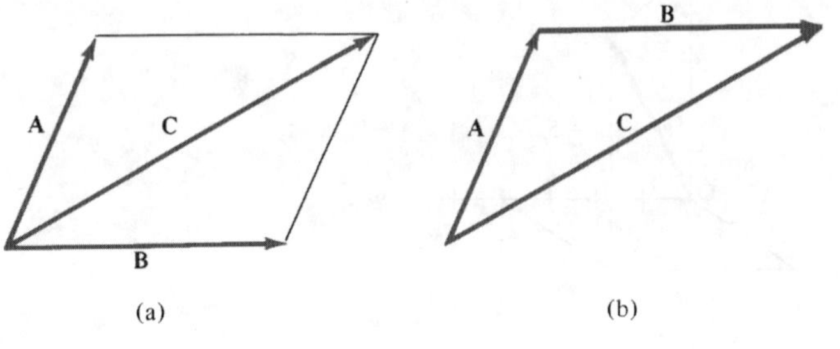

그림 1.2 (a) 벡터의 덧셈 **C** = **A** + **B**: (a) 평행사변형법, (b) 삼각형법

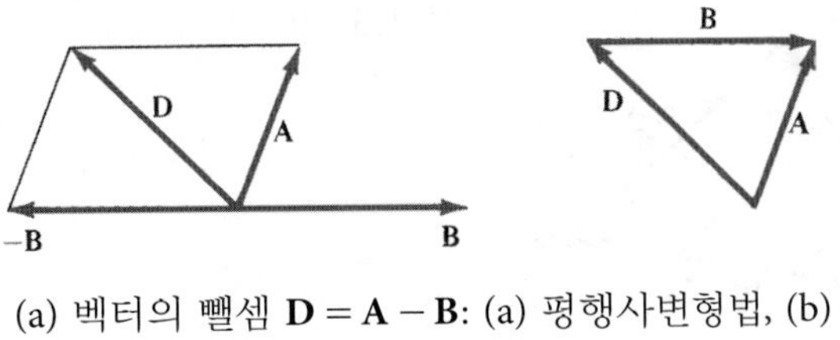

그림 1.3 (a) 벡터의 뺄셈 **D** = **A** − **B**: (a) 평행사변형법, (b) 삼각형법

1.6 위치벡터와 거리벡터

직각좌표계에서 한 점 P는 (x, y, z)로서 표현할 수 있다.

점 P의 **위치벡터**(또는 **반경벡터**) $\mathbf{r}_p$는 원점 O에서 P까지의 거리로 정의한다. 즉

$$\mathbf{r}_P = OP = x\mathbf{a}_x + y\mathbf{a}_y + z\mathbf{a}_z \tag{1.13}$$

점 P의 위치벡터는 공간에서 그 위치를 정의하는데 유용하다. 예를 들어 점 (3, 4, 5)와 그 위치벡터 $3\mathbf{a}_x + 4\mathbf{a}_y + 5\mathbf{a}_z$를 그림 1.4에 나타내었다.

거리벡터는 한 점에서 다른 점까지의 변위이다.

만일 두 점 P와 Q가 각각 (x_P, y_P, z_P)와 (x_Q, y_Q, z_Q)로 주어질 때, 거리벡터는 그림 1.5에서와 같이 P에서 Q까지의 변위이다 ; 즉

$$\begin{aligned}\mathbf{r}_{PQ} &= \mathbf{r}_Q - \mathbf{r}_P \\ &= (x_Q - x_P)\mathbf{a}_x + (y_Q - y_P)\mathbf{a}_y + (z_Q - z_P)\mathbf{a}_z\end{aligned} \tag{1.14}$$

한 점 P와 벡터 $\mathbf{A}$의 차이에 유의해야 한다. 점 P와 벡터 $\mathbf{A}$는 각각 (x, y, z)와 (A_x, A_y, A_z)로서 모두 같은 형식으로 표현되지만 점 P는 벡터가 아니다; 즉, 위치벡터 $\mathbf{r}_\mathrm{p}$만이 벡터이

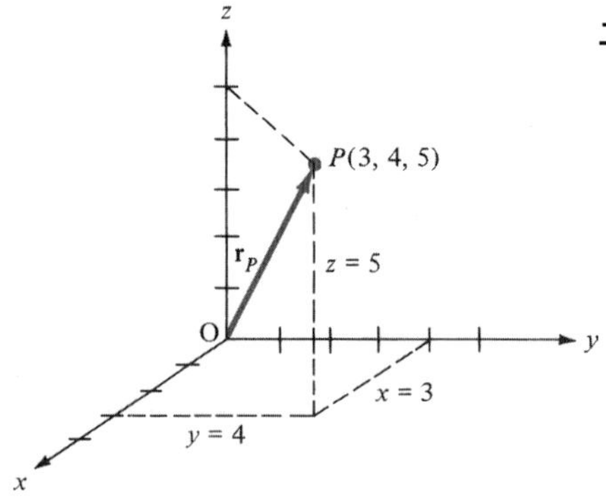

그림 1.4 위치벡터 $\mathbf{r}_p = 3\mathbf{a}_x + 4\mathbf{a}_x + 5\mathbf{a}_z$의 예시

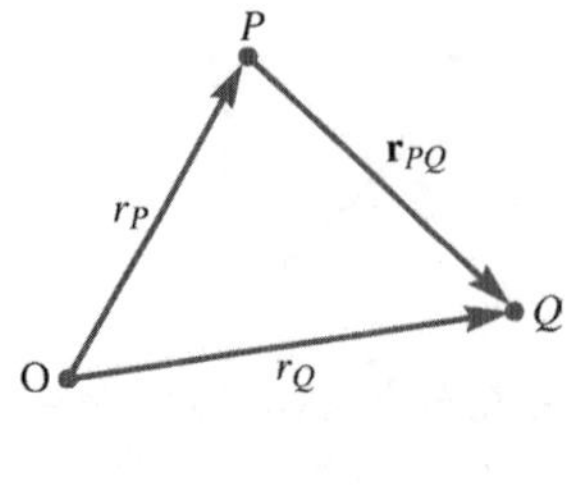

그림 1.5 거리벡터 $\mathbf{r}_{pQ}$

다. 그러나 벡터 **A**는 점 P에 의존할 수 있다. 예를 들어 $\mathbf{A} = 2xy\mathbf{a}_x + y^2\mathbf{a}_y - xz^2\mathbf{a}_z$이고 P는 $(2, -1, 4)$이면, 점 P에서 **A**는 $-4\mathbf{a}_x + \mathbf{a}_y - 32\mathbf{a}_z$가 된다. 어떤 벡터장이 공간변수 x, y, z에 의존하지 않는다면 그 벡터장을 **상수벡터장** 또는 **균일벡터장**이라고 한다. 예를 들어, 벡터 $\mathbf{B} = 3\mathbf{a}_x - 2\mathbf{a}_y + 10\mathbf{a}_z$는 균일벡터인 반면에 벡터 $\mathbf{A} = 2xy\mathbf{a}_x + y^2\mathbf{a}_y - xz^2\mathbf{a}_z$는 균일벡터가 아니다. 왜냐하면 **B**는 모든 점에서 같은 값을 갖지만 **A**는 각 지점마다 값이 변화하기 때문이다.

예제 1.1

$\mathbf{A} = 10\mathbf{a}_x - 4\mathbf{a}_y + 6\mathbf{a}_z$이고 $\mathbf{B} = 2\mathbf{a}_x + \mathbf{a}_y$일 때 (a) **A**의 $\mathbf{a}_y$방향 성분, (b) $3\mathbf{A} - \mathbf{B}$의 크기, (c) $\mathbf{A} + 2\mathbf{B}$ 방향의 단위벡터를 구하라.

풀이

(a) **A**의 $\mathbf{a}_y$방향 성분은 $A_y = -4$이다.

(b) $3\mathbf{A} - \mathbf{B} = 3(10, -4, 6) - (2, 1, 0)$
$= (30, -12, 18) - (2, 1, 0)$
$= (28, -13, 18)$

따라서

$$|3\mathbf{A} - \mathbf{B}| = \sqrt{28^2 + (-13)^2 + (18)^2} = \sqrt{1277}$$
$$= 35.74$$

(c) $\mathbf{C} = \mathbf{A} + 2\mathbf{B} = (10, -4, 6) + (4, 2, 0) = (14, -2, 6)$으로 놓자.

C방향의 단위벡터는

$$\mathbf{a}_c = \frac{\mathbf{C}}{|\mathbf{C}|} = \frac{(14, -2, 6)}{\sqrt{14^2 + (-2)^2 + 6^2}}$$

또는

$$\mathbf{a}_c = 0.9113\mathbf{a}_x - 0.1302\mathbf{a}_y + 0.3906\mathbf{a}_z$$

이다. 그리고 $|\mathbf{a}_c| = 1$임을 알 수 있다.

연습문제 1.1

벡터 $\mathbf{A} = \mathbf{a}_x + 3\mathbf{a}_z$이고 $\mathbf{B} = 5\mathbf{a}_x + 2\mathbf{a}_y - 6\mathbf{a}_z$일 때 다음을 구하라.

(a) $|\mathbf{A} + \mathbf{B}|$

(b) $5\mathbf{A} - \mathbf{B}$

(c) **A**의 $\mathbf{a}_y$방향 성분

(d) 3**A** + **B**에 평행한 단위벡터

해답: (a) 7, (b) (0, −2, 21), (c) 0, (d) ±(0.9117, 0.2279, 0.3419)

예제 1.2

점 P와 Q의 위치가 (0, 2, 4)와 (−3, 1, 5)일 때 다음을 구하라.

(a) 위치벡터 $\mathbf{r}_P$

(b) P에서 Q까지의 거리벡터

(c) P와 Q 사이의 거리

(d) 크기가 10이고 PQ와 평행한 벡터

풀이

(a) $\mathbf{r}_P = 0\mathbf{a}_x + 2\mathbf{a}_y + 4\mathbf{a}_z = 2\mathbf{a}_y + 4\mathbf{a}_z$

(b) $\mathbf{r}_{PQ} = \mathbf{r}_Q - \mathbf{r}_P = (-3, 1, 5) - (0, 2, 4) = (-3, -1, 1)$ 또는 $\mathbf{r}_{PQ} = -3\mathbf{a}_x - \mathbf{a}_y + \mathbf{a}_z$

(c) $\mathbf{r}_{PQ}$는 P에서 Q까지의 거리벡터이므로 P와 Q 사이의 거리는 이 벡터의 크기와 같다. 즉

$$d = |\mathbf{r}_{PQ}| = \sqrt{9 + 1 + 1} = 3.317$$

또는

$$\begin{aligned} d &= \sqrt{(x_Q - x_P)^2 + (y_Q - y_P)^2 + (z_Q - z_P)^2} \\ &= \sqrt{9 + 1 + 1} = 3.317 \end{aligned}$$

(d) 구하려는 벡터를 **A**라고 하면

$$\mathbf{A} = A\mathbf{a}_A$$

여기서 $A = 10$은 **A**의 크기이다. 그리고 **A**는 PQ에 평행하므로 $\mathbf{r}_{PQ}$ 또는 $\mathbf{r}_{QP}$와 동일한 단위벡터를 갖는다. 따라서

$$\mathbf{a}_A = \pm\frac{\mathbf{r}_{PQ}}{|\mathbf{r}_{PQ}|} = \pm\frac{(-3, -1, 1)}{3.317}$$

이므로

$$\mathbf{A} = \pm\frac{10(-3, -1, 1)}{3.317} = \pm(-9.045\mathbf{a}_x - 3.015\mathbf{a}_y + 3.015\mathbf{a}_z)$$

연습문제 1.2

점 $P(1, -3, 5)$, $Q(2, 4, 6)$, 그리고 $R(0, 3, 8)$이 주어졌을 때 다음을 구하라.
(a) P와 R의 위치벡터, (b) 거리벡터 $\mathbf{r}_{QR}$, (c) Q와 R 사이의 거리

해답: (a) $\mathbf{a}_x - 3\mathbf{a}_y + 5\mathbf{a}_z$, $3\mathbf{a}_y + 8\mathbf{a}_z$, (b) $-2\mathbf{a}_x - \mathbf{a}_y + 2\mathbf{a}_z$, (c) 3

예제 1.3

강물이 10 km/hr의 속도로 남동방향으로 흐르고 있는데 어떤 보트가 강물을 따라서 표류하고 있다. 한 사람이 보트와 수직인 방향에서 2 km/hr의 속도로 갑판 위를 걷고 있을 때 육지에 대한 그 사람의 속도를 구하라.

풀이

그림 1.6은 이 문제를 보인 것이다. 보트의 속도는

$$\begin{aligned}\mathbf{u}_b &= 10(\cos 45°\,\mathbf{a}_x - \sin 45°\,\mathbf{a}_y)\\ &= 7.071\mathbf{a}_x - 7.071\mathbf{a}_y \text{ km/hr}\end{aligned}$$

보트에 대한 사람의 속도(상대속도)는

$$\begin{aligned}\mathbf{u}_m &= 2(-\cos 45°\,\mathbf{a}_x - \sin 45°\,\mathbf{a}_y)\\ &= -1.414\mathbf{a}_x - 1.414\mathbf{a}_y \text{ km/hr}\end{aligned}$$

이므로 사람의 절대속도는 다음과 같이 쓸 수 있다.

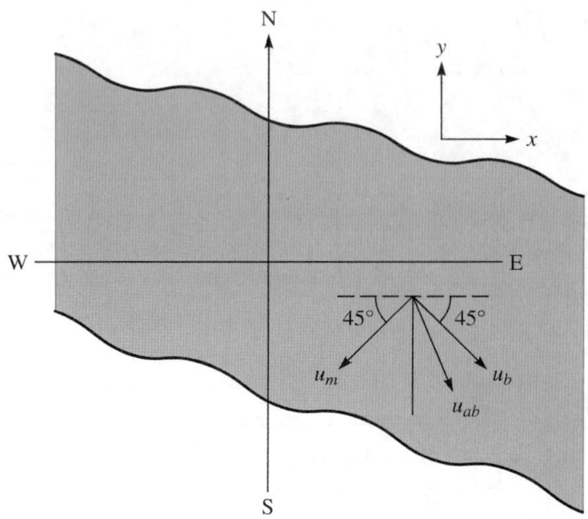

그림 1.6 예제 1.3의 그림

$$\mathbf{u}_{ab} = \mathbf{u}_m + \mathbf{u}_b = 5.657\mathbf{a}_x - 8.485\mathbf{a}_y$$
$$|\mathbf{u}_{ab}| = 10.2\underline{/-56.3°}$$

즉, 동남쪽으로 56.3°방향으로 시속 10.2 km/hr이다.

연습문제 1.3

어떤 비행기가 350 km/hr의 대지속도로 서쪽을 향해 가고 있다. 40 km/hr의 속도로 북서방향으로 바람이 불고 있을 때 비행기의 실제 대기비행속도와 방향을 구하라.

해답: 379.3 km/hr, 서북쪽으로 4.275°방향

1.7 벡터의 곱셈

두 벡터 **A**와 **B**를 곱할 때 두 벡터를 곱하는 방법에 따라 그 결과는 스칼라 또는 벡터가 될 수 있다. 즉, 벡터의 곱에는 두 가지 형태가 있다.

1. 스칼라적(또는 내적): $\mathbf{A} \cdot \mathbf{B}$
2. 벡터적(또는 외적): $\mathbf{A} \times \mathbf{B}$

세 벡터 **A**, **B**, **C**의 곱셈에도 두 가지 형태가 있다.

3. 스칼라 삼중적: $\mathbf{A} \cdot (\mathbf{B} \times \mathbf{C})$
4. 벡터 삼중적: $\mathbf{A} \times (\mathbf{B} \times \mathbf{C})$

A. 내적

두 벡터 **A**와 **B**의 **내적**은 $\mathbf{A} \cdot \mathbf{B}$로 나타내고, 기하학적으로는 **A**와 **B**의 크기를 곱하고 여기에 두 벡터의 꼬리를 서로 이어 만든 작은 각의 cosine을 취한 값을 곱하여 정한다.

즉,

$$\boxed{\mathbf{A} \cdot \mathbf{B} = AB\cos\theta_{AB}} \tag{1.15}$$

여기서 θ_{AB}는 $\mathbf{A}$와 $\mathbf{B}$ 사이의 각이다. $\mathbf{A}\cdot\mathbf{B}$의 결과는 스칼라이므로 **스칼라적**이라고 부르기도 하고, $\cdot$ (dot)기호를 사용하기 때문에 **내적**(dot product)이라 하기도 한다.

$\mathbf{A} = (A_x, A_y, A_z)$이고 $\mathbf{B} = (B_x, B_y, B_z)$일 때,

$$\boxed{\mathbf{A}\cdot\mathbf{B} = A_xB_x + A_yB_y + A_zB_z} \tag{1.16}$$

이고, 이것은 $\mathbf{A}$와 $\mathbf{B}$의 각 성분끼리 곱하여 구할 수 있다. 두 벡터 $\mathbf{A}$와 $\mathbf{B}$가 만일 $\mathbf{A}\cdot\mathbf{B} = 0$이면 그 두 벡터는 서로 **직교**(또는 수직)한다고 말한다.

내적은 다음의 법칙을 따르고 있다.

(i) 교환법칙:

$$\mathbf{A}\cdot\mathbf{B} = \mathbf{B}\cdot\mathbf{A} \tag{1.17}$$

(ii) 분배법칙:

$$\mathbf{A}\cdot(\mathbf{B} + \mathbf{C}) = \mathbf{A}\cdot\mathbf{B} + \mathbf{A}\cdot\mathbf{C} \tag{1.18}$$

$$\mathbf{A}\cdot\mathbf{A} = |\mathbf{A}|^2 = A^2 \tag{1.19}$$

(iii) 그리고 단위벡터 사이의 관계는

$$\mathbf{a}_x\cdot\mathbf{a}_y = \mathbf{a}_y\cdot\mathbf{a}_z = \mathbf{a}_z\cdot\mathbf{a}_x = 0 \tag{1.20a}$$

$$\mathbf{a}_x\cdot\mathbf{a}_x = \mathbf{a}_y\cdot\mathbf{a}_y = \mathbf{a}_z\cdot\mathbf{a}_z = 1 \tag{1.20b}$$

임을 유의하라. 식 (1.17)에서 (1.20)까지의 공식은 식 (1.15) 또는 (1.16)을 적용하여 쉽게 증명할 수 있다. 만약 $\mathbf{A}\cdot\mathbf{B} = 0$이면, 두 벡터 $\mathbf{A}$와 $\mathbf{B}$는 직교 또는 수직이다.

B. 외적

두 벡터 $\mathbf{A}$와 $\mathbf{B}$의 **외적**은 $\mathbf{A}\times\mathbf{B}$로 나타내며 벡터이다. 그 크기는 $\mathbf{A}$와 $\mathbf{B}$가 만드는 평행사변형의 면적과 같고(그림 1.7 참고), 그 방향은 A에서 B로 회전시킬 때 오른나사의 진행 방향이다.

즉,

$$\boxed{\mathbf{A}\times\mathbf{B} = AB\sin\theta_{AB}\mathbf{a}_n} \tag{1.21}$$

여기서 $\mathbf{a}_n$은 $\mathbf{A}$와 $\mathbf{B}$를 포함하는 평면에 수직인 단위벡터이며, $\mathbf{a}_n$의 방향은 그림 1.8(a)에서

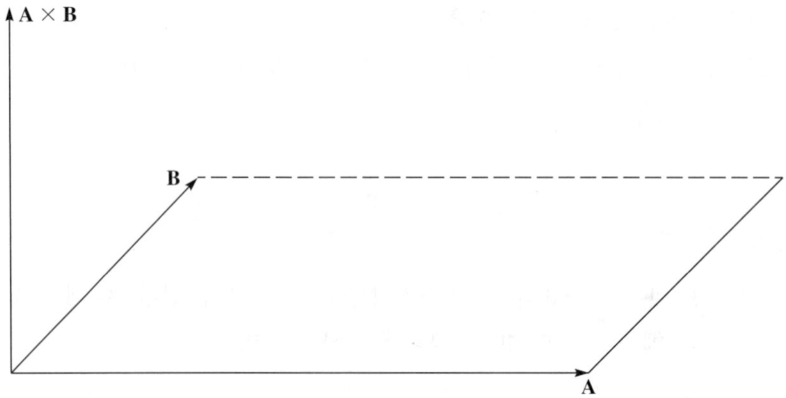

그림 1.7 **A**와 **B**의 외적은 크기가 평행사변형의 면적과 같으며, 그림에서 보여준 방향을 갖는 벡터이다.

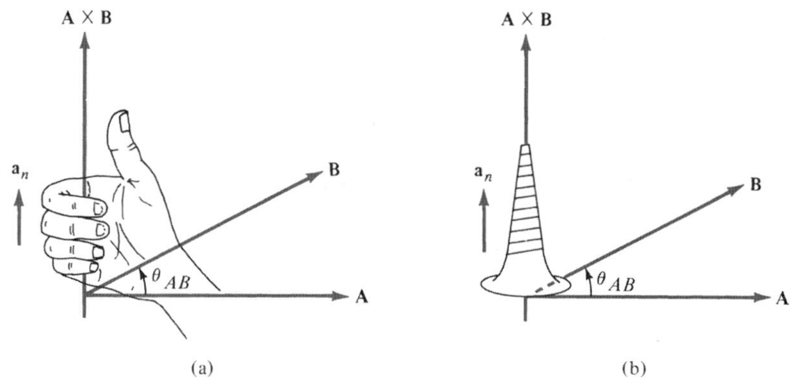

그림 1.8 $\mathbf{A} \times \mathbf{B}$와 $\mathbf{a}_n$의 방향 표현: (a) 오른손 법칙, (b) 오른나사 법칙

와 같이 오른손의 네 손가락들을 **A**에서 **B**로 회전시킬 때 오른손의 엄지손가락이 가리키는 방향을 취한다. 또는 그림 1.8(b)에서와 같이 **A**에서 **B**로 회전시킬 때 오른나사의 진행방향을 취한다.

식 (1.21)을 **외적**(cross product) 또는 **벡터적**이라고 부른다. $\mathbf{A} = (A_x, A_y, A_z)$이고 $\mathbf{B} = (B_x, B_y, B_z)$일 때,

$$\mathbf{A} \times \mathbf{B} = \begin{vmatrix} \mathbf{a}_x & \mathbf{a}_y & \mathbf{a}_z \\ A_x & A_y & A_z \\ B_x & B_y & B_z \end{vmatrix} \tag{1.22a}$$

$$= (A_yB_z - A_zB_y)\mathbf{a}_x + (A_zB_x - A_xB_z)\mathbf{a}_y + (A_xB_y - A_yB_x)\mathbf{a}_z \tag{1.22b}$$

이 식은 모든 항들을 순환 순열방식으로 곱해줌으로써 얻어진다.

외적은 다음과 같은 기본 성질을 가지고 있다.

(i) 교환법칙이 성립하지 않는다.

$$\mathbf{A} \times \mathbf{B} \neq \mathbf{B} \times \mathbf{A} \tag{1.23a}$$

반교환법칙이 성립한다.

$$\mathbf{A} \times \mathbf{B} = -\mathbf{B} \times \mathbf{A} \tag{1.23b}$$

(ii) 결합법칙이 성립하지 않는다.

$$\mathbf{A} \times (\mathbf{B} \times \mathbf{C}) \neq (\mathbf{A} \times \mathbf{B}) \times \mathbf{C} \tag{1.24}$$

(iii) 분배법칙이 성립한다.

$$\mathbf{A} \times (\mathbf{B} + \mathbf{C}) = \mathbf{A} \times \mathbf{B} + \mathbf{A} \times \mathbf{C} \tag{1.25}$$

(iv) 스케일링

$$k\mathbf{A} \times \mathbf{B} = \mathbf{A} \times k\mathbf{B} = k(\mathbf{A} \times \mathbf{B}) \tag{1.26}$$

(v)

$$\mathbf{A} \times \mathbf{A} = \mathbf{0} \tag{1.27}$$

그리고 다음의 관계식에 유의해야 한다.

$$\begin{aligned} \mathbf{a}_x \times \mathbf{a}_y &= \mathbf{a}_z \\ \mathbf{a}_y \times \mathbf{a}_z &= \mathbf{a}_x \\ \mathbf{a}_z \times \mathbf{a}_x &= \mathbf{a}_y \end{aligned} \tag{1.28}$$

이 관계식들은 순환 순열방식으로 얻어지며, 그림 1.9에 예시하였다. 식 (1.23)에서 (1.28)까지의 공식은 식 (1.21) 또는 (1.22)를 이용하여 쉽게 증명할 수 있다. 여기서 유의할 점은 $\mathbf{a}_n$을 얻을 때 오른손 법칙 또는 오른나사 법칙을 사용한다는 것인데, 그 이유는 오른손 법

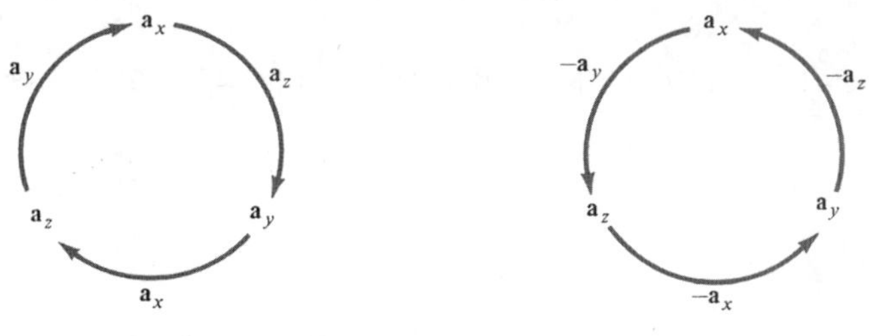

그림 1.9 순환 순열방식을 이용한 외적: (a) 시계방향으로의 이동은 양의 결과로 나타나고, (b) 반시계방향으로의 이동은 음의 결과로 나타난다.

칙을 적용하여 그림 1.1에서 나타낸 좌표계와 일치하도록 하기 위한 것이다. 오른손 좌표계는 오른손 법칙을 만족한다: 즉, $\mathbf{a}_x \times \mathbf{a}_y = \mathbf{a}_z$로 된다. 왼손 좌표계에서는 왼손 또는 왼나사 법칙을 따르며 $\mathbf{a}_x \times \mathbf{a}_y = -\mathbf{a}_z$를 만족한다. 앞으로 이 책에서는 오른손 좌표계만 사용할 것이다.

두 벡터의 곱의 결과가 스칼라 또는 벡터인 것처럼, 세 벡터 **A**, **B**, **C**의 곱의 결과도 그들 벡터를 곱하는 방법에 따라 스칼라 또는 벡터가 될 수 있다.

C. 스칼라 삼중적

세 벡터 **A**, **B**, **C**가 주어져 있을 때, 스칼라 삼중적은 다음과 같이 정의한다.

$$\boxed{\mathbf{A}\cdot(\mathbf{B}\times\mathbf{C}) = \mathbf{B}\cdot(\mathbf{C}\times\mathbf{A}) = \mathbf{C}\cdot(\mathbf{A}\times\mathbf{B})} \tag{1.29}$$

이 식은 순환 순열방식으로 얻어진다. $\mathbf{A} = (A_x, A_y, A_z)$, $\mathbf{B} = (B_x, B_y, B_z)$, 그리고 $\mathbf{C} = (C_x, C_y, C_z)$이면 $\mathbf{A}\cdot(\mathbf{B}\times\mathbf{C})$는 **A**, **B**, **C**를 세 변으로 하는 평행육면체의 체적이 되며, 그 값은 **A**, **B**, **C**로 만들어지는 3×3행렬식에 의해 쉽게 얻을 수 있다. 즉

$$\mathbf{A}\cdot(\mathbf{B}\times\mathbf{C}) = \begin{vmatrix} A_x & A_y & A_z \\ B_x & B_y & B_z \\ C_x & C_y & C_z \end{vmatrix} \tag{1.30}$$

이 벡터 곱의 결과는 스칼라이므로 식 (1.28) 또는 (1.29)를 **스칼라 삼중적**이라고 부른다.

D. 벡터 삼중적

세 벡터 **A**, **B**, **C**에 대하여 벡터 삼중적은 다음과 같이 정의한다.

$$\boxed{\mathbf{A}\times(\mathbf{B}\times\mathbf{C}) = \mathbf{B}(\mathbf{A}\cdot\mathbf{C}) - \mathbf{C}(\mathbf{A}\cdot\mathbf{B})} \tag{1.31}$$

이 식은 'bac-cab'법을 이용하여 얻어진다. 다음 두 식의 차이에 유의하라.

$$(\mathbf{A}\cdot\mathbf{B})\mathbf{C} \neq \mathbf{A}(\mathbf{B}\cdot\mathbf{C}) \tag{1.32}$$

그러나

$$(\mathbf{A}\cdot\mathbf{B})\mathbf{C} = \mathbf{C}(\mathbf{A}\cdot\mathbf{B}) \tag{1.33}$$

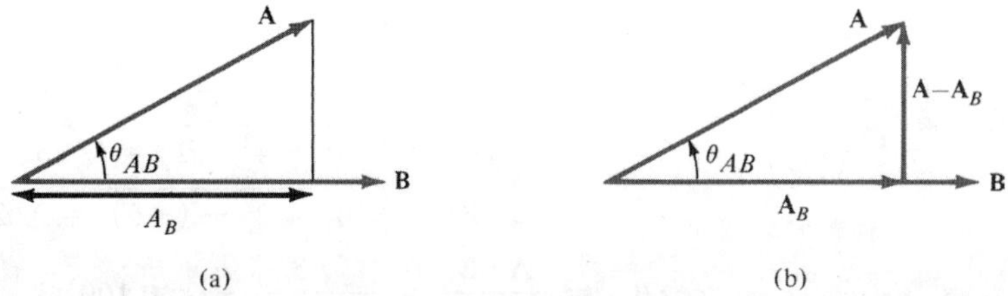

그림 1.10 **B**에 대한 **A**의 성분: (a) 스칼라성분 A_B, (b) 벡터성분 $\mathbf{A}_B$

1.8 벡터의 성분

내적은 주어진 방향에서 어떤 벡터의 투영(또는 성분)을 구할 때 사용된다. 투영의 결과는 스칼라 또는 벡터가 될 수 있다. 벡터 **A**가 주어졌을 때, 벡터 **B**에 대한 **A**의 **스칼라성분** A_B는 다음과 같이 정의한다[그림 1.10(a) 참조].

$$A_B = A\cos\theta_{AB} = |\mathbf{A}||\mathbf{a}_B|\cos\theta_{AB}$$

또는

$$\boxed{A_B = \mathbf{A}\cdot\mathbf{a}_B} \tag{1.34}$$

B에 대한 **A**의 벡터성분 $\mathbf{A}_B$는 단순히 식 (1.34)로 주어진 스칼라성분에 **B**방향의 단위벡터를 곱한 것이 된다. 즉,

$$\boxed{\mathbf{A}_B = A_B\mathbf{a}_B = (\mathbf{A}\cdot\mathbf{a}_B)\mathbf{a}_B} \tag{1.35}$$

A의 스칼라성분과 벡터성분을 그림 1.10에 나타내었다. 그림 1.10(b)에서 알 수 있듯이 한 벡터는 서로 수직인 두 방향의 성분으로 분해될 수 있음을 주목하라. 즉, 하나의 성분 $\mathbf{A}_B$는 **B**에 평행하고, 다른 하나의 성분 $(\mathbf{A}-\mathbf{A}_B)$는 **B**에 수직이다. 실제로 어떤 벡터를 직교좌표계에서 나타낼 때, 그 벡터는 그림 1.1(b)와 같이 서로 수직인 세 방향의 성분으로 분해된다.

지금까지는 벡터의 덧셈, 뺄셈, 곱셈에 대하여 고찰하였다. 그러나 벡터의 나눗셈 **A**/**B**는 고려하지 않았는데, 이는 **A**와 **B**가 평행하여 $\mathbf{A} = k\mathbf{B}$(k는 상수)의 관계가 있는 경우를 제외하고는 정의되지 않기 때문이다. 벡터의 미분과 적분은 3장에서 다룰 것이다.

예제 1.4

두 벡터 $\mathbf{A} = 3\mathbf{a}_x + 4\mathbf{a}_y + \mathbf{a}_z$와 $\mathbf{B} = 2\mathbf{a}_y - 5\mathbf{a}_z$가 주어졌을 때, 두 벡터 **A**와 **B** 사이의 각을 구하라.

풀이

두 벡터 사이의 각 θ_{AB}는 두 벡터의 내적 또는 외적을 이용하여 구할 수 있다.

$$\begin{aligned}
\mathbf{A}\cdot\mathbf{B} &= (3,4,1)\cdot(0,2,-5)\\
&= 0+8-5=3\\
|\mathbf{A}| &= \sqrt{3^2+4^2+1^2}=\sqrt{26}\\
|\mathbf{B}| &= \sqrt{0^2+2^2+(-5)^2}=\sqrt{29}\\
\cos\theta_{AB} &= \frac{\mathbf{A}\cdot\mathbf{B}}{|\mathbf{A}||\mathbf{B}|}=\frac{3}{\sqrt{(26)(29)}}=0.1092\\
\theta_{AB} &= \cos^{-1}0.1092=83.73°
\end{aligned}$$

다른 방법으로는

$$\begin{aligned}
\mathbf{A}\times\mathbf{B} &= \begin{vmatrix}\mathbf{a}_x & \mathbf{a}_y & \mathbf{a}_z\\ 3 & 4 & 1\\ 0 & 2 & -5\end{vmatrix}\\
&= (-20-2)\mathbf{a}_x+(0+15)\mathbf{a}_y+(6-0)\mathbf{a}_z\\
&= (-22,15,6)\\
|\mathbf{A}\times\mathbf{B}| &= \sqrt{(-22)^2+15^2+6^2}=\sqrt{745}\\
\sin\theta_{AB} &= \frac{|\mathbf{A}\times\mathbf{B}|}{|\mathbf{A}||\mathbf{B}|}=\frac{\sqrt{745}}{\sqrt{(26)(29)}}=0.994\\
\theta_{AB} &= \sin^{-1}0.994=83.73°
\end{aligned}$$

연습문제 1.4

$\mathbf{A}=\mathbf{a}_x+3\mathbf{a}_z$, $\mathbf{B}=5\mathbf{a}_x+2\mathbf{a}_y-6\mathbf{a}_z$일 때 θ_{AB}를 구하라.

해답: 120.6°

예제 1.5

세 개의 장이 다음과 같이 주어졌다.

$$\begin{aligned}
\mathbf{P} &= 2\mathbf{a}_x-\mathbf{a}_z\\
\mathbf{Q} &= 2\mathbf{a}_x-\mathbf{a}_y+2\mathbf{a}_z\\
\mathbf{R} &= 2\mathbf{a}_x-3\mathbf{a}_y+\mathbf{a}_z
\end{aligned}$$

다음을 구하라.

(a) $(\mathbf{P}+\mathbf{Q})\times(\mathbf{P}-\mathbf{Q})$

(b) $\mathbf{Q}\cdot\mathbf{R}\times\mathbf{P}$

(c) $\mathbf{P}\cdot\mathbf{Q}\times\mathbf{R}$

(d) $\sin\theta_{QR}$

(e) $\mathbf{P} \times (\mathbf{Q} \times \mathbf{R})$

(f) $\mathbf{Q}$와 $\mathbf{R}$에 수직인 단위벡터

(g) $\mathbf{P}$의 $\mathbf{Q}$ 방향으로의 벡터성분

풀이

(a)

$$\begin{aligned}
(\mathbf{P} + \mathbf{Q}) \times (\mathbf{P} - \mathbf{Q}) &= \mathbf{P} \times (\mathbf{P} - \mathbf{Q}) + \mathbf{Q} \times (\mathbf{P} - \mathbf{Q}) \\
&= \mathbf{P} \times \mathbf{P} - \mathbf{P} \times \mathbf{Q} + \mathbf{Q} \times \mathbf{P} - \mathbf{Q} \times \mathbf{Q} \\
&= \mathbf{0} + \mathbf{Q} \times \mathbf{P} + \mathbf{Q} \times \mathbf{P} - \mathbf{0} \\
&= 2\mathbf{Q} \times \mathbf{P} \\
&= 2\begin{vmatrix} \mathbf{a}_x & \mathbf{a}_y & \mathbf{a}_z \\ 2 & -1 & 2 \\ 2 & 0 & -1 \end{vmatrix} \\
&= 2(1 - 0)\,\mathbf{a}_x + 2(4 + 2)\,\mathbf{a}_y + 2(0 + 2)\,\mathbf{a}_z \\
&= 2\mathbf{a}_x + 12\mathbf{a}_y + 4\mathbf{a}_z
\end{aligned}$$

(b) $\mathbf{Q} \cdot \mathbf{R} \times \mathbf{P}$가 의미를 갖기 위한 유일한 연산방법은 다음과 같다.

$$\begin{aligned}
\mathbf{Q} \cdot (\mathbf{R} \times \mathbf{P}) &= (2, -1, 2) \cdot \begin{vmatrix} \mathbf{a}_x & \mathbf{a}_y & \mathbf{a}_z \\ 2 & -3 & 1 \\ 2 & 0 & -1 \end{vmatrix} \\
&= (2, -1, 2) \cdot (3, 4, 6) \\
&= 6 - 4 + 12 = 14
\end{aligned}$$

또 다른 방법으로는

$$\mathbf{Q} \cdot (\mathbf{R} \times \mathbf{P}) = \begin{vmatrix} 2 & -1 & 2 \\ 2 & -3 & 1 \\ 2 & 0 & -1 \end{vmatrix}$$

3×3 행렬식을 구하기 위해서는 처음 두 행을 반복하여 쓰고 교차되게 곱한다; 오른쪽에서 왼쪽으로 교차 곱하기를 행할 경우에는 아래에서 보여주는 것처럼 곱셈결과에 음의 부호를 취한다. 이러한 방법으로 행렬식을 구하는 것은 3×3 행렬식에만 적용이 된다. 따라서 앞에서 얻어진 결과와 같음을 볼 수 있다.

$$\begin{aligned}
\mathbf{Q} \cdot (\mathbf{R} \times \mathbf{P}) &= \begin{array}{c|ccc|c} & 2 & -1 & 2 & \\ & 2 & -3 & 1 & \\ - & 2 & 0 & -1 & + \\ - & 2 & -1 & 2 & + \\ - & 2 & -3 & 1 & + \end{array} \\
&= +6 + 0 - 2 + 12 - 0 - 2 \\
&= 14
\end{aligned}$$

(c) 식 (1.29)를 이용하면

$$\mathbf{P} \cdot (\mathbf{Q} \times \mathbf{R}) = \mathbf{Q} \cdot (\mathbf{R} \times \mathbf{P}) = 14$$

또는

$$\begin{aligned} \mathbf{P} \cdot (\mathbf{Q} \times \mathbf{R}) &= (2, 0, -1) \cdot (5, 2, -4) \\ &= 10 + 0 + 4 \\ &= 14 \end{aligned}$$

(d)

$$\begin{aligned} \sin \theta_{QR} &= \frac{|\mathbf{Q} \times \mathbf{R}|}{|\mathbf{Q}||\mathbf{R}|} = \frac{|(5, 2, -4)|}{|(2, -1, 2)||(2, -3, 1)|} \\ &= \frac{\sqrt{45}}{3\sqrt{14}} = \frac{\sqrt{5}}{\sqrt{14}} = 0.5976 \end{aligned}$$

(e)

$$\begin{aligned} \mathbf{P} \times (\mathbf{Q} \times \mathbf{R}) &= (2, 0, -1) \times (5, 2, -4) \\ &= (2, 3, 4) \end{aligned}$$

다른 방법으로 bac-cab법을 이용하면,

$$\begin{aligned} \mathbf{P} \times (\mathbf{Q} \times \mathbf{R}) &= \mathbf{Q}(\mathbf{P} \cdot \mathbf{R}) - \mathbf{R}(\mathbf{P} \cdot \mathbf{Q}) \\ &= (2, -1, 2)(4 + 0 - 1) - (2, -3, 1)(4 + 0 - 2) \\ &= (2, 3, 4) \end{aligned}$$

(f) **Q**와 **R**에 모두 수직인 단위벡터는 다음과 같다.

$$\begin{aligned} \mathbf{a} &= \frac{\pm \mathbf{Q} \times \mathbf{R}}{|\mathbf{Q} \times \mathbf{R}|} = \frac{\pm(5, 2, -4)}{\sqrt{45}} \\ &= \pm(0.745, 0.298, -0.596) \end{aligned}$$

$|a| = 1$, $\mathbf{a} \cdot \mathbf{Q} = 0 = \mathbf{a} \cdot \mathbf{R}$임을 유의하라. 이들 관계식은 **a**를 확인하기 위하여 사용할 수 있다.

(g) **P**의 **Q** 방향으로의 벡터성분

$$\begin{aligned} \mathbf{P}_Q &= |\mathbf{P}| \cos \theta_{PQ} \mathbf{a}_Q \\ &= (\mathbf{P} \cdot \mathbf{a}_Q)\mathbf{a}_Q = \frac{(\mathbf{P} \cdot \mathbf{Q})\mathbf{Q}}{|\mathbf{Q}|^2} \\ &= \frac{(4 + 0 - 2)(2, -1, 2)}{(4 + 1 + 4)} = \frac{2}{9}(2, -1, 2) \\ &= 0.4444\mathbf{a}_x - 0.2222\mathbf{a}_y + 0.4444\mathbf{a} \end{aligned}$$

연습문제 1.5

$\mathbf{E} = 3\mathbf{a}_y + 4\mathbf{a}_z$, $\mathbf{F} = 4\mathbf{a}_x - 10\mathbf{a}_y + 5\mathbf{a}_z$이다. 다음을 구하라.

(a) **E**의 **F**방향 성분벡터

(b) **E**와 **F**에 수직인 단위벡터

해답: (a) $(-0.2837, 0.7092, -0.3546)$, (b) $\pm(0.9398, 0.2734, -0.205)$

예제 1.6

내적과 외적을 사용하여 cosine 공식

$$a^2 = b^2 + c^2 - 2bc\cos A$$

와 sine 공식

$$\frac{\sin A}{a} = \frac{\sin B}{b} = \frac{\sin C}{c}$$

을 유도하라.

풀이

그림 1.11에서 보여준 삼각형을 생각해 보자. 이 그림에서 다음을 알 수 있다.

$$\mathbf{a} + \mathbf{b} + \mathbf{c} = \mathbf{0}$$

즉

$$\mathbf{b} + \mathbf{c} = -\mathbf{a}$$

그러므로

$$\begin{aligned} a^2 &= \mathbf{a}\cdot\mathbf{a} = (\mathbf{b} + \mathbf{c})\cdot(\mathbf{b} + \mathbf{c}) \\ &= \mathbf{b}\cdot\mathbf{b} + \mathbf{c}\cdot\mathbf{c} + 2\mathbf{b}\cdot\mathbf{c} \\ a^2 &= b^2 + c^2 - 2bc\cos A \end{aligned}$$

여기서 $(\pi - A)$는 **b**와 **c** 사이의 각이다.

삼각형의 면적은 밑변과 높이의 곱의 반이다. 따라서

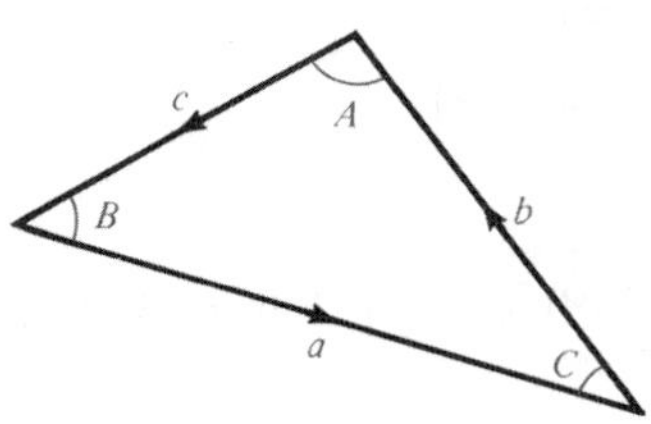

그림 1.11 예제 1.6의 그림

$$\left|\frac{1}{2}\mathbf{a} \times \mathbf{b}\right| = \left|\frac{1}{2}\mathbf{b} \times \mathbf{c}\right| = \left|\frac{1}{2}\mathbf{c} \times \mathbf{a}\right|$$

$$ab \sin C = bc \sin A = ca \sin B$$

위의 식 전체를 abc로 나누면 다음의 관계식을 얻을 수 있다.

$$\frac{\sin A}{a} = \frac{\sin B}{b} = \frac{\sin C}{c}$$

연습문제 1.6

벡터 $\mathbf{a} = (4, 0, -1)$, $\mathbf{b} = (1, 3, 4)$, $\mathbf{c} = (-5, -3, -3)$가 삼각형의 세 변이 됨을 보여라. 이 삼각형은 직각삼각형인가? 이 삼각형의 면적을 계산하라.

해답: 그렇다, 10.5

예제 1.7

세 점 $P_1(5, 2, -4)$, $P_2(1, 1, 2)$, $P_3(-3, 0, 8)$가 모두 일직선상에 있음을 보여라. 이 직선과 점 $P_4(3, -1, 0)$ 사이의 최단거리를 구하라.

풀이

거리벡터 $\mathbf{r}_{P_1P_2}$는 다음과 같다.

$$\begin{aligned}\mathbf{r}_{P_1P_2} = \mathbf{r}_{P_2} - \mathbf{r}_{P_1} &= (1, 1, 2) - (5, 2, -4)\\ &= (-4, -1, 6)\end{aligned}$$

마찬가지로

$$\begin{aligned}\mathbf{r}_{P_1P_3} = \mathbf{r}_{P_3} - \mathbf{r}_{P_1} &= (-3, 0, 8) - (5, 2, -4)\\ &= (-8, -2, 12)\\ \mathbf{r}_{P_1P_4} = \mathbf{r}_{P_4} - \mathbf{r}_{P_1} &= (3, -1, 0) - (5, 2, -4)\\ &= (-2, -3, 4)\\ \mathbf{r}_{P_1P_2} \times \mathbf{r}_{P_1P_3} &= \begin{vmatrix} \mathbf{a}_x & \mathbf{a}_y & \mathbf{a}_z \\ -4 & -1 & 6 \\ -8 & -2 & 12 \end{vmatrix}\\ &= (0, 0, 0)\end{aligned}$$

이는 $\mathbf{r}_{P_1P_2}$와 $\mathbf{r}_{P_1P_3}$ 사이의 각이 $0(\sin\theta = 0)$임을 보여준다. 따라서 이것은 P_1, P_2, P_3가 일직선상에 있음을 의미한다.

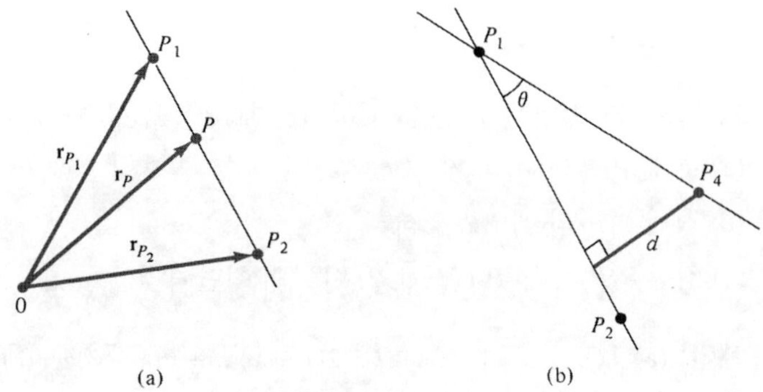

그림 1.12 예제 1.7의 그림

또 다른 방법으로, 직선의 벡터방정식은 그림 1.12(a)로부터 쉽게 구할 수 있다. P_1과 P_2를 연결하는 선상의 임의의 점 P에서

$$\mathbf{r}_{P_1P} = \lambda \mathbf{r}_{P_1P_2}$$

여기서 λ는 상수이다. 따라서 점 P의 위치벡터 $\mathbf{r}_P$는 다음 관계식을 만족한다.

$$\mathbf{r}_P - \mathbf{r}_{P_1} = \lambda(\mathbf{r}_{P_2} - \mathbf{r}_{P_1})$$

즉,

$$\begin{aligned} \mathbf{r}_P &= \mathbf{r}_{P_1} + \lambda(\mathbf{r}_{P_2} - \mathbf{r}_{P_1}) \\ &= (5, 2, -4) - \lambda(4, 1, -6) \\ \mathbf{r}_P &= (5 - 4\lambda, 2 - \lambda, -4 + 6\lambda) \end{aligned}$$

이 식이 P_1과 P_2를 잇는 직선의 벡터방정식이다. 만일 P_3가 이 직선상에 있다면 P_3의 위치벡터는 위의 방정식을 만족해야 한다. 실제로 $\mathbf{r}_3$는 $\lambda = 2$일 때 이 방정식을 만족한다.

이 직선과 점 $P_4(3, -1, 0)$ 사이의 최단거리는 이 점에서 직선까지의 수직거리이다. 그림 1.12(b)를 보면 다음의 결과는 명백해진다.

$$\begin{aligned} d &= r_{P_1P_4} \sin\theta = |\mathbf{r}_{P_1P_4} \times \mathbf{a}_{P_1P_2}| \\ &= \frac{|(-2, -3, 4) \times (-4, -1, 6)|}{|(-4, -1, 6)|} \\ &= \frac{\sqrt{312}}{\sqrt{53}} = 2.426 \end{aligned}$$

직선상의 임의의 점을 기준점으로 사용할 수 있다. 따라서 P_1을 기준점으로 사용하는 대신 P_3를 사용할 수 있고, 그 결과는 다음과 같다. 만약 $\angle P_4P_3P_2 = \theta'$이면

$$d = |\mathbf{r}_{P_3P_4}| \sin\theta' = |\mathbf{r}_{P_3P_4} \times \mathbf{a}_{P_3P_2}|$$

연습문제 1.7

P_1은 $(1, 2, -3)$이고, P_2는 $(-4, 0, 5)$일 때 다음을 구하라.

(a) 두 점 P_1P_2 사이의 거리

(b) 직선 P_1P_2의 벡터방정식

(c) 직선 P_1P_2와 점 $P_3(7, -1, 2)$ 사이의 최단거리

해답: (a) 9.644, (b) $(1 - 5\lambda)\mathbf{a}_x + 2(1 - \lambda)\mathbf{a}_y + (8\lambda - 3)\mathbf{a}_z$, (c) 8.2

MATLAB 1.1

```
% This script allows the user to input two vectors and
% then compute their dot product, cross product, sum,
% and difference
clear
vA = input('Enter vector A in the format [x y z]... \n >  ');
if isempty(vA); vA = [0 0 0]; end     % if the input is
                % entered incorrectly set the vector to 0
vB = input('Enter vector B in the format [x y z]... \n >  ');
if isempty(vB); vB = [0 0 0]; end
disp('Magnitude of A:')
disp(norm(vA))              % norm finds the magnitude of a
                            % multi-dimensional vector
disp('Magnitude of B:')
disp(norm(vB))
disp('Unit vector in direction of A:')
disp(vA/norm(vA))           % unit vector is the vector
                            % divided by its magnitude
disp('Unit vector in direction of B:')
disp(vB/norm(vB))
disp('Sum A+B:')
disp(vA+vB)
disp('Difference A-B:')
disp(vA-vB)
disp('Dot product (A . B):')
disp(dot(vA,vB))           % dot takes the dot product of vectors
disp('Cross product (A x B):')
disp(cross(vA,vB))         % cross takes cross product of vectors
```

요약

1. 장(혹은 계)은 공간에서 하나의 양을 규정하는 함수이다. 예를 들면, $\mathbf{A}(x, y, z)$는 벡터공간이고 반면에 $V(x, y, z)$는 스칼라공간이다.
2. 벡터 $\mathbf{A}$는 크기와 단위벡터의 형태로 명기된다. 즉, $\mathbf{A} = A\mathbf{a}_A$이다.
3. 두 벡터 $\mathbf{A}$와 $\mathbf{B}$의 곱은 스칼라 $\mathbf{A} \cdot \mathbf{B} = AB \cos \theta_{AB}$ 또는 벡터 $\mathbf{A} \times \mathbf{B} = AB \sin \theta_{AB}\mathbf{a}_n$이

된다. 세 벡터 **A**, **B**, **C**의 삼중적은 스칼라 $\mathbf{A} \cdot (\mathbf{B} \times \mathbf{C})$ 또는 벡터 $\mathbf{A} \times (\mathbf{B} \times \mathbf{C})$이다.

4. **B**에 대한 **A**의 스칼라 투영(또는 성분)은 $A_B = \mathbf{A} \cdot \mathbf{a}_B$이고, **B**에 대한 **A**의 벡터투영은 $\mathbf{A}_B = A_B \mathbf{a}_B$이다.
5. MATLAB 명령어 dot(A,B)와 cross(A,B)는 각각 내적과 외적에 사용된다.

복습 문제

1.1 다음 중 벡터가 아닌 것은 무엇인가?

(a) 힘 (b) 운동량
(c) 가속도 (d) 일
(e) 무게

1.2 다음 중 스칼라장이 아닌 것은 무엇인가?

(a) 공간상에서 모기의 이동 (b) 제도실 내에서의 조도
(c) 강의실 내에서의 온도분포 (d) 어떤 영역 내에서의 대기압
(e) 도시의 습도

1.3 그림 1.13에 있는 직각좌표계에서 오른손 좌표계가 아닌 것은?

1.4 다음 중 맞는 것은?

(a) $\mathbf{A} \times \mathbf{A} = |\mathbf{A}|^2$ (b) $\mathbf{A} \times \mathbf{B} + \mathbf{B} \times \mathbf{A} = \mathbf{0}$
(c) $\mathbf{A} \cdot \mathbf{B} \cdot \mathbf{C} = \mathbf{B} \cdot \mathbf{C} \cdot \mathbf{A}$ (d) $\mathbf{a}_x \cdot \mathbf{a}_y = \mathbf{a}_z$
(e) $\mathbf{a}_k = \mathbf{a}_x - \mathbf{a}_y$, 여기서 $\mathbf{a}_k$는 단위벡터이다.

1.5 다음 항등식들 중 틀린 것은?

(a) $\mathbf{a}(\mathbf{b} + \mathbf{c}) = \mathbf{ab} + \mathbf{bc}$ (b) $\mathbf{a} \times (\mathbf{b} + \mathbf{c}) = \mathbf{a} \times \mathbf{b} + \mathbf{a} \times \mathbf{c}$
(c) $\mathbf{a} \cdot \mathbf{b} = \mathbf{b} \cdot \mathbf{a}$ (d) $\mathbf{c} \cdot (\mathbf{a} \times \mathbf{b}) = -\mathbf{b} \cdot (\mathbf{a} \times \mathbf{c})$

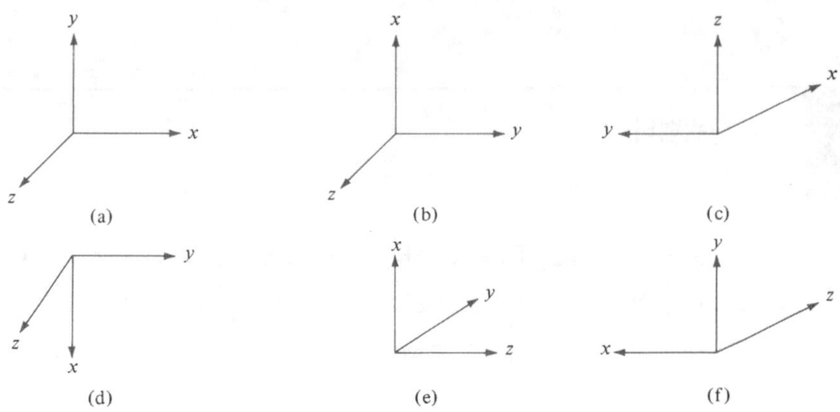

그림 1.13 복습문제 1.3의 그림

(e) $\mathbf{a}_A \cdot \mathbf{a}_B = \cos\theta_{AB}$

1.6 다음의 표현 중 의미가 없는 것은?

(a) $\mathbf{A}\cdot\mathbf{B} + 2\mathbf{A} = 0$
(b) $\mathbf{A}\cdot\mathbf{B} + 5 = 2\mathbf{A}$
(c) $\mathbf{A}(\mathbf{A} + \mathbf{B}) + 2 = 0$
(d) $\mathbf{A}\cdot\mathbf{A} + \mathbf{B}\cdot\mathbf{B} = 0$

1.7 $\mathbf{F} = 2\mathbf{a}_x - 6\mathbf{a}_y + 10\mathbf{a}_z$와 $\mathbf{G} = \mathbf{a}_x + G_y\mathbf{a}_y + 5\mathbf{a}_z$이다. $\mathbf{F}$와 $\mathbf{G}$가 같은 단위벡터를 가질 때 G_y는 얼마인가?

(a) 6
(b) -3
(c) 0
(d) 6

1.8 $\mathbf{A} = \mathbf{a}_x + \alpha\mathbf{a}_y + \mathbf{a}_z$와 $\mathbf{B} = \alpha\mathbf{a}_x + \mathbf{a}_y + \mathbf{a}_z$이다. $\mathbf{A}$와 $\mathbf{B}$가 서로 수직이라면 α는 얼마인가?

(a) -2
(b) $-1/2$
(c) 0
(d) 1
(e) 2

1.9 $3\mathbf{a}_x - 4\mathbf{a}_y$방향에 대한 $6\mathbf{a}_x + 2\mathbf{a}_y - 3\mathbf{a}_z$의 투영을 구하라.

(a) $-12\mathbf{a}_x - 9\mathbf{a}_y - 3\mathbf{a}_z$
(b) $30\mathbf{a}_x - 40\mathbf{a}_y$
(c) 10/7
(d) 2
(e) 10

1.10 $\mathbf{A} = -6\mathbf{a}_x + 3\mathbf{a}_y + 2\mathbf{a}_z$일 때 $\mathbf{a}_y$방향에 대한 $\mathbf{A}$의 투영을 구하라.

(a) -12
(b) -4
(c) 3
(d) 7
(e) 12

해답: 1.1d, 1.2a, 1.3b,e, 1.4b, 1.5a, 1.6a,b,c, 1.7b, 1.8b, 1.9d, 1.10c.

문제

1.4 단위벡터

1.1 점 O는 원점, 점 P는 (4, −5, 1)이라고 할 때 OP방향의 단위벡터를 구하라.

1.2 $\mathbf{a}_n = l\mathbf{a}_x + m\mathbf{a}_y + n\mathbf{a}_z$는 상수 단위벡터이고 $\mathbf{r} = x\mathbf{a}_x + y\mathbf{a}_y + z\mathbf{a}_z$는 임의의 점 $P(x, y, z)$의 위치벡터라 가정하자. $(\mathbf{r} - \mathbf{a}_n)\cdot\mathbf{a}_n = 0$로 표현되는 면이 있다. 원점에서 이 면까지의 수직 거리를 구하라.

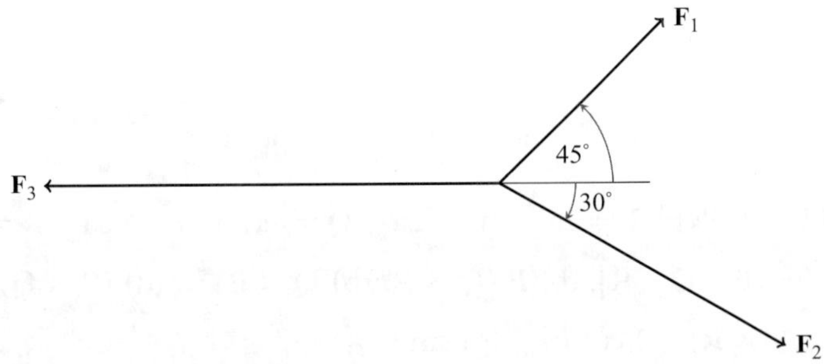

그림 1.14 문제 1.5의 그림

1.5~1.7 벡터의 덧셈, 뺄셈, 곱셈

1.3 $\mathbf{A} = 4\mathbf{a}_x - 2\mathbf{a}_y + 6\mathbf{a}_z$이고 $\mathbf{B} = 12\mathbf{a}_x + 18\mathbf{a}_y - 8\mathbf{a}_z$일 때 다음을 구하라.

(a) $\mathbf{A} - 3\mathbf{B}$

(b) $(2\mathbf{A} + 5\mathbf{B})/|\mathbf{B}|$

(c) $\mathbf{a}_x \times \mathbf{A}$

(d) $(\mathbf{B} \times \mathbf{a}_x) \cdot \mathbf{a}_y$

1.4 세 점 $A(2, 0, 1)$, $B(3, -1, 5)$, $C(12, -2, 13)$가 동일 직선상에 있음을 벡터 개념을 사용하여 보여라.

1.5 그림 1.14와 같이 세 개의 힘 $\mathbf{F}_1$, $\mathbf{F}_2$, $\mathbf{F}_3$이 평형상태에 있다. 즉, $\mathbf{F}_1+\mathbf{F}_2+\mathbf{F}_3 = 0$이다. $F_3 = 30$ N일 때, 두 힘 $\mathbf{F}_1$, $\mathbf{F}_2$의 크기를 구하라. 두 힘이 수평선과 이루는 각은 그림에 주어져 있다.

1.6 $\mathbf{A} = 10\mathbf{a}_x + 5\mathbf{a}_y - 2\mathbf{a}_z$가 있다. (a) $\mathbf{A} \times \mathbf{a}_y$, (b) $\mathbf{A} \cdot \mathbf{a}_z$, (c) $\mathbf{A}$와 $\mathbf{a}_z$ 사이의 각을 구하라.

1.7 작은 배는 조류에 의해 $\mathbf{F}_1 = -5\mathbf{a}_x + 3\mathbf{a}_y$의 힘을 받고, 바람에 의해 $\mathbf{F}_2 = 3\mathbf{a}_x - 6\mathbf{a}_y$의 힘을 받는다. 배가 움직이지 않기 위해 필요한 힘을 구하라.

1.8 $\mathbf{A} = 4\mathbf{a}_x + 2\mathbf{a}_y - \mathbf{a}_z$와 $\mathbf{B} = \alpha\mathbf{a}_x + \beta\mathbf{a}_y + 3\mathbf{a}_z$가 있다.

(a) $\mathbf{A}$와 $\mathbf{B}$가 평행일 때, α와 β를 구하라.

(b) $\mathbf{A}$와 $\mathbf{B}$가 수직일 때, α와 β를 구하라.

1.9 두 점 $A(-5, 0)$와 $B(5, 0)$가 있다. 점 P는 xy평면의 원 $x^2+y^2 = 25$에 위치한다. $\overrightarrow{AP} \cdot \overrightarrow{BP}$를 구하라.

1.10 (a) 다음을 증명하라.

$$(\mathbf{A} \cdot \mathbf{B})^2 + |\mathbf{A} \times \mathbf{B}|^2 = (AB)^2$$

(b) 다음을 증명하라.

$$\mathbf{a}_x = \frac{\mathbf{a}_y \times \mathbf{a}_z}{\mathbf{a}_x \cdot \mathbf{a}_y \times \mathbf{a}_z}, \quad \mathbf{a}_y = \frac{\mathbf{a}_z \times \mathbf{a}_x}{\mathbf{a}_x \cdot \mathbf{a}_y \times \mathbf{a}_z}, \quad \mathbf{a}_z = \frac{\mathbf{a}_x \times \mathbf{a}_y}{\mathbf{a}_x \cdot \mathbf{a}_y \times \mathbf{a}_z}$$

1.11 세 벡터 $\mathbf{P} = 2\mathbf{a}_x - \mathbf{a}_y - 2\mathbf{a}_z$, $\mathbf{Q} = 4\mathbf{a}_x + 3\mathbf{a}_y + 2\mathbf{a}_z$, $\mathbf{R} = -\mathbf{a}_x + \mathbf{a}_y + 2\mathbf{a}_z$에 대해 (a) $|\mathbf{P} + \mathbf{Q} - \mathbf{R}|$, (b) $\mathbf{P} \cdot \mathbf{Q} \times \mathbf{R}$, (b) $\mathbf{Q} \times \mathbf{P} \cdot \mathbf{R}$, (d) $(\mathbf{P} \times \mathbf{Q}) \cdot (\mathbf{Q} \times \mathbf{R})$, (e) $(\mathbf{P} \times \mathbf{Q}) \times (\mathbf{Q} \times \mathbf{R})$, (f) $\cos \theta_{PR}$, (g) $\sin \theta_{PQ}$를 구하라.

1.12 만약 $\mathbf{P} + \mathbf{Q}$와 $\mathbf{P} - \mathbf{Q}$가 평형 혹은 역평형이면, $\mathbf{P}$와 $\mathbf{Q}$도 평형 혹은 역평형임을 증명하라.

1.13 그림 1.15와 같이 평행사변형 $ABCD$가 있다. P는 AD의 중심점이고, 대각선 AC와 선 BP는 Q에서 만난다. BP가 AC를 3등분함을 보여라.

1.14 그림 1.16과 같이 4개의 임의의 점 A, B, C, D가 원주 상에 순차적으로 놓여 있다. $\angle ABC + \angle CDA = \pi$임을 보여라.

1.15 다음의 식들을 간단하게 하라.

(a) $\mathbf{A} \times (\mathbf{A} \times \mathbf{B})$

(b) $\mathbf{A} \times [\mathbf{A} \times (\mathbf{A} \times \mathbf{B})]$

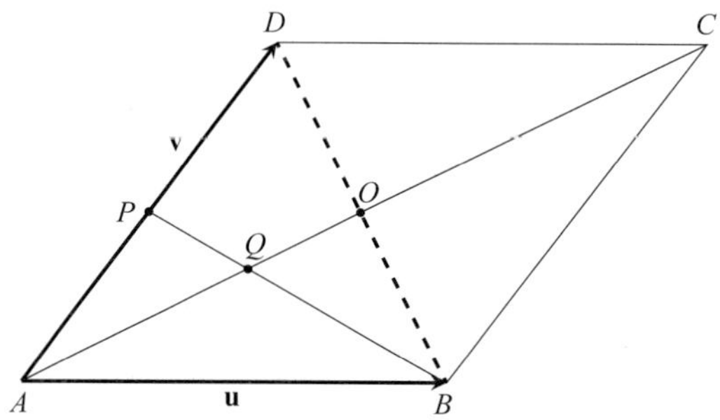

그림 1.15 문제 1.13의 그림

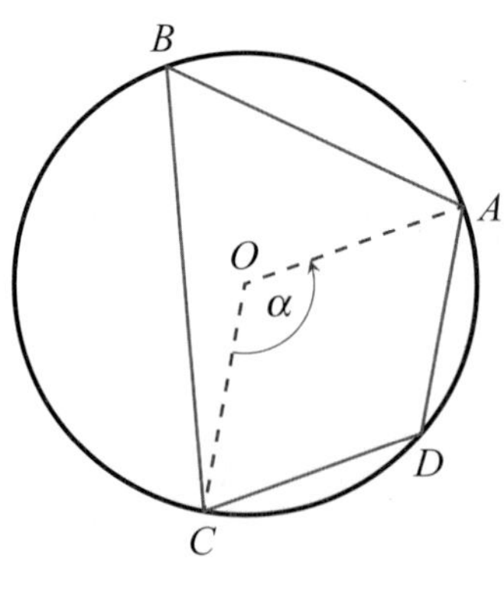

그림 1.16 문제 1.14의 그림

1.16 세 점 $P_1(5, -3, 1)$, $P_2(1, -2, 4)$, $P_3(3, 3, 5)$를 모서리로 하는 직각 삼각형이 있다.

(a) 어느 모서리가 직각인가?

(b) 삼각형의 면적을 계산하라.

1.17 $(\mathbf{A} \times \mathbf{B}) \cdot (\mathbf{C} \times \mathbf{D}) = \begin{vmatrix} \mathbf{A}\cdot\mathbf{C} & \mathbf{A}\cdot\mathbf{D} \\ \mathbf{B}\cdot\mathbf{C} & \mathbf{B}\cdot\mathbf{D} \end{vmatrix}$임을 보여라.

1.18 $(\mathbf{A} \times \mathbf{B}) \times (\mathbf{C} \times \mathbf{D}) = [\mathbf{ABD}]\mathbf{C} - [\mathbf{ABC}]\mathbf{D} = [\mathbf{ACD}]\mathbf{B} - [\mathbf{BCD}]\mathbf{A}$임을 보여라.

1.19 $[\mathbf{PQR}]\,[\mathbf{ABC}] = \begin{vmatrix} \mathbf{P}\cdot\mathbf{A} & \mathbf{P}\cdot\mathbf{B} & \mathbf{P}\cdot\mathbf{C} \\ \mathbf{Q}\cdot\mathbf{A} & \mathbf{Q}\cdot\mathbf{B} & \mathbf{Q}\cdot\mathbf{C} \\ \mathbf{R}\cdot\mathbf{A} & \mathbf{R}\cdot\mathbf{B} & \mathbf{R}\cdot\mathbf{C} \end{vmatrix}$임을 보여라.

(세 벡터 **A**, **B**, **C**의 스칼라 삼중적은 [**ABC**]로도 표시된다.)

***1.20** (a) $\mathbf{P} = \cos\theta_1\mathbf{a}_x + \sin\theta_1\mathbf{a}_y$, $\mathbf{Q} = \cos\theta_2\mathbf{a}_x + \sin\theta_2\mathbf{a}_y$가 각각 xy 평면에서 단위벡터임을 증명하라. 단 θ_1, θ_2는 x축과 이루는 각도이다.

(b) 내적을 이용하여 $\cos(\theta_2 - \theta_1)$에 대한 공식을 구하라. **P**와 **Q**를 마찬가지 방법으로 공식화하여 $\cos(\theta_2 + \theta_1)$에 대한 공식을 구하라.

(c) **P**와 **Q** 사이의 각을 θ라고 할 때 $\frac{1}{2}|\mathbf{P} - \mathbf{Q}|$를 θ의 항으로 구하라.

1.21 그림 1.17과 같이 축을 기점으로 일정한 각속도로 회전하는 강체를 고려한다. **r**이 O에서 강체의 위치 P까지의 거리벡터라고 하자. P에서 물체의 속도 **u**의 크기는 $|\mathbf{u}| = d|\omega| = |\mathbf{r}|\sin\theta|\boldsymbol{\omega}|$ 또는 $\mathbf{u} = \boldsymbol{\omega} \times \mathbf{r}$이라 한다.

만약 강체가 3 rad/s로 $\mathbf{a}_x - 2\mathbf{a}_y + 2\mathbf{a}_z$에 평행한 축 주위를 회전하며 (2, −3, 1)을 통과한다고 할 때 (1, 3, 4)에서의 강체의 속도를 구하라.

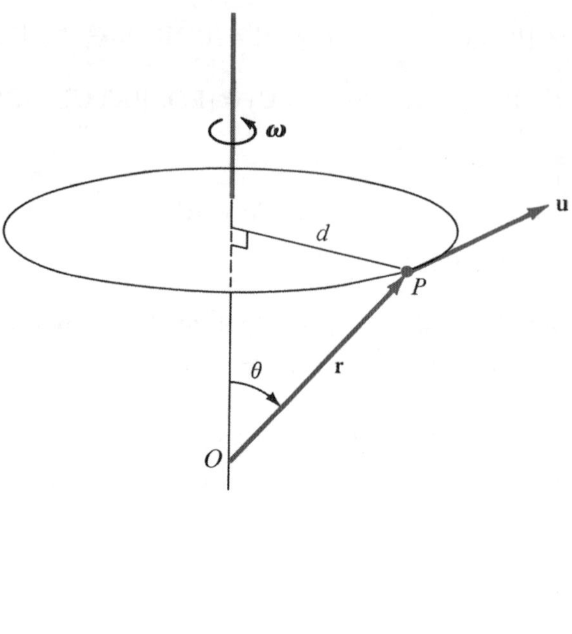

그림 1.17 문제 1.21의 그림

1.22 삼각형의 꼭짓점에서 반대편 변으로 내린 세 수선은 한 점(수심)에서 만남을 벡터기법을 사용하여 증명하라.

1.23 벡터 $\mathbf{T} = 2\mathbf{a}_x - 6\mathbf{a}_y + 3\mathbf{a}_z$, $\mathbf{S} = \mathbf{a}_x + 2\mathbf{a}_y + \mathbf{a}_z$일 때 다음을 구하라.
(a) **S**에 대한 **T**의 스칼라 투영
(b) **T**에 대한 **S**의 벡터 투영
(c) **T**와 **S**의 작은 사잇각

1.8 벡터의 성분

1.24 삼각형의 세 변의 수직 이등분선은 한 점(외심)에서 만남을 벡터기법을 사용하여 증명하라.

1.25 삼각형의 세 중선은 한 점(무게중심)에서 만남을 벡터기법을 사용하여 증명하라.

1.26 꼭짓점에서 내각의 각 이등분선은 이웃한 변의 길이 비율로 반대편 변을 나누게 됨을 벡터기법을 사용하여 증명하라.

1.27 삼각형의 내각 이등분선은 한 점(내심)에서 만남을 벡터기법을 사용하여 증명하라.

1.28 $\mathbf{P} \times \{\mathbf{Q} \times (\mathbf{R} \times \mathbf{S})\} = [\mathbf{PRS}]\mathbf{Q} - \mathbf{P} \cdot \mathbf{QR} \times \mathbf{S}$임을 보여라.

1.29 $\mathbf{P} \times \{\mathbf{Q} \times (\mathbf{R} \times \mathbf{S})\} = \mathbf{Q} \cdot \mathbf{SP} \times \mathbf{R} - \mathbf{Q} \cdot \mathbf{RP} \times \mathbf{S}$임을 보여라.

1.30 $[\mathbf{PQR}](\mathbf{G} \times \mathbf{H}) = \begin{vmatrix} \mathbf{P}\cdot\mathbf{G} & \mathbf{P}\cdot\mathbf{H} & \mathbf{P} \\ \mathbf{Q}\cdot\mathbf{G} & \mathbf{Q}\cdot\mathbf{H} & \mathbf{Q} \\ \mathbf{R}\cdot\mathbf{G} & \mathbf{R}\cdot\mathbf{H} & \mathbf{R} \end{vmatrix}$임을 보여라.

1.31 $\mathbf{P} \times (\mathbf{Q} \times \mathbf{R}) + \mathbf{Q} \times (\mathbf{R} \times \mathbf{P}) + \mathbf{R} \times (\mathbf{P} \times \mathbf{Q}) = 0$임을 보여라.

1.32 스칼라 삼중적 $[\mathbf{P} \times \mathbf{Q} \quad \mathbf{Q} \times \mathbf{R} \quad \mathbf{R} \times \mathbf{P}] = [\mathbf{PQR}]^2$임을 보여라.

1.33 스칼라 삼중적 $[\mathbf{P} \times \mathbf{Q} \quad \mathbf{R} \times \mathbf{S} \quad \mathbf{T} \times \mathbf{U}] = [\mathbf{PQS}][\mathbf{RTU}] - [\mathbf{PQR}][\mathbf{STU}]$임을 보여라.

1.34 스칼라 삼중적의 합 $[\mathbf{K} \times \mathbf{P} \quad \mathbf{L} \times \mathbf{Q} \quad \mathbf{M} \times \mathbf{R}] + [\mathbf{K} \times \mathbf{Q} \quad \mathbf{L} \times \mathbf{R} \quad \mathbf{M} \times \mathbf{P}] + [\mathbf{K} \times \mathbf{R} \quad \mathbf{L} \times \mathbf{P} \quad \mathbf{M} \times \mathbf{Q}] = 0$임을 보여라.

1.35 평행사변형 $ABCD$의 대각선이 $\mathbf{a} = 3\mathbf{p} + 2\mathbf{q}$와 $\mathbf{b} = 5\mathbf{p} + 8\mathbf{q}$로 주어진다. $|\mathbf{p} \times \mathbf{q}| = 10$이라는 사실을 감안하여 면적을 구하라.

1.36 벡터 $\mathbf{A} = 12\mathbf{a}_x - 7\mathbf{a}_y + 8\mathbf{a}_z$는 $\mathbf{A} = \alpha\mathbf{P} + \beta\mathbf{Q} + \gamma\mathbf{R}$로 분해된다. 여기서 $\mathbf{P} = 5\mathbf{a}_x - 3\mathbf{a}_y + 2\mathbf{a}_z$이고 $\mathbf{R} = -\mathbf{a}_x + 5\mathbf{a}_y + 7\mathbf{a}_z$이다. α, β, γ를 구하라.

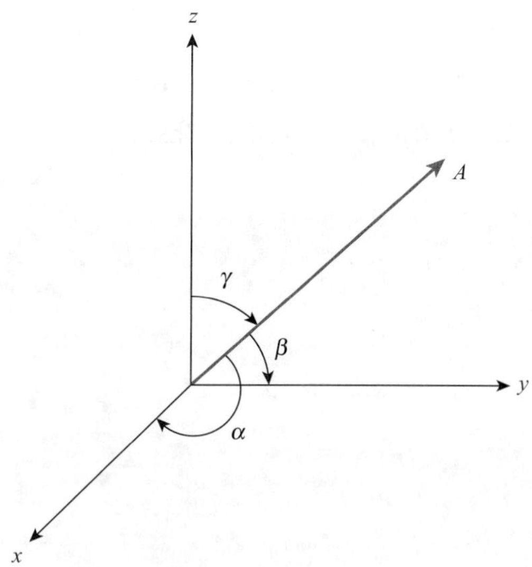

그림 1.18 문제 1.41의 그림

1.37 벡터 **B**는 크기가 6이고 **A**와 60°의 각을 이룬다. 내적이 $\mathbf{A}\cdot\mathbf{B}=30$인 경우, **A**의 크기를 구하라.

1.38 $\mathbf{A}_n = \cos\left(\frac{\pi n}{5}\right)\mathbf{a}_x + \sin\left(\frac{\pi n}{5}\right)$가 있다. 벡터합 $\sum_{n=0}^{10} A_n$을 구하라.

1.39 벡터 **A**와 **B**가 있다. **B**에 수직한 **A**의 벡터성분이 $\mathbf{C} = \mathbf{A} - \frac{\mathbf{A}\cdot\mathbf{B}}{\mathbf{B}\cdot\mathbf{B}}\mathbf{B}$임을 증명하라.

1.40 $\mathbf{A} = 20\mathbf{a}_x + 15\mathbf{a}_y - 10\mathbf{a}_z$와 $\mathbf{B} = \mathbf{a}_x + \mathbf{a}_y$가 있다. (a) $\mathbf{A}\cdot\mathbf{B}$, (b) $\mathbf{A}\times\mathbf{B}$, (c) **B** 방향으로의 **A**의 성분을 구하라.

1.41 그림 1.18은 **A**가 각 축과 특정한 각을 이루고 있음을 보여준다. $\mathbf{A} = 2\mathbf{a}_x - 4\mathbf{a}_y + 6\mathbf{a}_z$인 경우, 각 α, β, γ를 구하라.

1.42 $\mathbf{H} = 2xy\mathbf{a}_x - (x+z)\mathbf{a}_y + z^2\mathbf{a}_z$일 때 다음을 구하라.
(a) $P(1, 3, -2)$에서 **H**와 평행한 단위벡터
(b) $|\mathbf{H}| = 10$인 표면의 방정식

1.43 $\mathbf{P} = 2\mathbf{a}_x - 4\mathbf{a}_y + \mathbf{a}_z$와 $\mathbf{Q} = \mathbf{a}_x + 2\mathbf{a}_y$가 있다. 크기가 4이고, **P**와 **Q**에 수직인 벡터 **R**을 구하라.

1.44 두 벡터장 $\mathbf{E} = 2x\mathbf{a}_x + \mathbf{a}_y + yz\mathbf{a}_z$, $\mathbf{F} = xy\mathbf{a}_x - y^2\mathbf{a}_y + xyz\mathbf{a}_z$가 있다. 다음을 구하라.
(a) (1, 2, 3)에서 $|\mathbf{E}|$
(b) 점 (1, 2, 3)에서 **F**에 대한 **E**의 벡터성분
(c) 점 (0, 1, −3)에서 벡터 **E**와 **F**를 모두 만족하는 크기가 1인 수직벡터

1.45 $\mathbf{D} = yz\mathbf{a}_x + xz\mathbf{a}_y + xy\mathbf{a}_z$, $\mathbf{E} = 5xy\mathbf{a}_x + 6(x^2 + 3)\mathbf{a}_y + 8z^2\mathbf{a}_z$가 있다.

(a) 점 $P(-1, 2, 4)$에서 $\mathbf{C} = \mathbf{D} + \mathbf{E}$를 구하라.

(b) $\mathbf{C}$가 P에서 x축과 이루는 각도

기술과 경력 향상

공학기술 인증 위원회(ABET: The Accreditation Board for Engineering and Technology)는 공학, 기술과 컴퓨터 과학 프로그램을 인증하기 위한 열한 가지의 기준을 설정했다. 그 기준은 아래와 같다.

A. 수학과 공학 원칙을 적용할 수 있는 능력
B. 실험 설계 및 실행과 자료를 설명할 수 있는 능력
C. 바라는 요구를 충족하기 위한 시스템, 요소 또는 과정을 설계할 수 있는 능력
D. 다학제 팀을 다룰 수 있는 능력
E. 공학 문제를 확인하고, 정의하고, 해결할 수 있는 능력
F. 전문적, 윤리적 책임을 이해할 수 있는 능력
G. 효과적으로 의사소통을 할 수 있는 능력
H. 전반적 문맥에서 공학적 해결의 효과를 이해할 수 있는 능력
I. 평생의 배움에서 필요를 인지하고 이끌어낼 수 있는 능력
J. 현대의 이슈들을 알 수 있는 능력
K. 기술, 기량 그리고 현대의 공학적 실천을 위해 필요한 도구를 사용할 수 있는 능력

기준 A는 전자기학에 직접적으로 적용된다. 학생 여러분은 공학의 제 문제에 응용할 목적으로 수학, 과학 그리고 공학을 공부한다. 여기서 필요로 하는 기술은 공학 문제를 해결하는데 전자기학의 기초 지식을 적용하는 능력이다. 최고의 접근방법은 가능한 많은 문제들을 풀어보려고 시도하는 것이다. 기본이 되는 수학, 과학, 그리고 공학 교과서들을 가까이 하도록 노력하라. 그러면 가끔씩 교과서들을 참고하게 될 것이다.

2장

좌표계와 변환

역사는 우리에게 인간이 역사로부터 아무것도 배우지 못한다는 것을 가르쳐준다.

– 헤겔

2.1 서론

일반적으로 우리가 다루게 될 전자기학의 물리량들은 공간과 시간의 함수이다. 이 양의 공간적 변화를 기술하기 위해서는 적절한 방법으로 공간에서의 모든 점을 유일하게 정의할 수 있어야 한다. 이를 위하여 적절한 좌표계를 사용하는 것이 필요하다.

점이나 벡터는 직교성의 유무에 관계없이 임의의 곡면좌표계에서 표현할 수 있다.

직교좌표계는 좌표축이 서로 수직인 좌표계이다.

비직교좌표계는 다루기가 힘들고 실용적이지도 못하다. 직교좌표계의 예로는 직각, 원통, 구, 타원 원통, 포물선 원통, 원뿔, 편장구면, 편원구면, 그리고 타원형 좌표계 등이 있다.[1)] 주어진 문제에 가장 적합한 좌표계를 선택할 때 많은 시간과 노력을 절약하게 된다. 한 좌표계에서의 어려운 문제는 다른 좌표계에서 쉬운 문제가 될 수도 있다.

이 책에서는 가장 잘 알려져 있는 다음의 세 좌표계, 즉 직각, 원통, 구좌표계 만을 다룰 것이다. 직각좌표계는 1장에서 다루었지만 이 장에서 더 상세히 다룰 것이다. 1장에서 다룬 직각좌표계의 개념은 다른 좌표계에서도 동일하게 적용될 수 있음을 알아야 한다. 예를 들어, 원통좌표계에서 두 벡터의 내적 또는 외적을 구하는 과정은 1장의 직각좌표계에서 사용된 과정과 동일하다.

때로는 점과 벡터를 한 좌표계에서 다른 좌표계로 변환하는 것이 필요할 경우가 있다. 이 장에서는 그것을 행하기 위한 방법들은 제시하고 예제들을 통해서 보여준다.

---

1) 이들 좌표계의 취급방법이 소개된 문헌; M. R. Spigel and J. Liu, *Mathematical Handbook of Formulas and Tables*. New York: McGraw-Hill, 2nd ed., 1999, pp. 126-130.

2.2 직각좌표계(x, y, z)

1장에서 언급했던 것처럼 점 P는 그림 1.1과 같이 (x, y, z)로 표현할 수 있다. 좌표계 변수 x, y, z의 범위는 다음과 같다.

$$\begin{aligned} -\infty &< x < \infty \\ -\infty &< y < \infty \\ -\infty &< z < \infty \end{aligned} \tag{2.1}$$

직각좌표계에서 벡터 **A**는 다음과 같이 쓸 수 있다.

$$(A_x, A_y, A_z) \text{ 또는 } A_x\mathbf{a}_x + A_y\mathbf{a}_y + A_z\mathbf{a}_z \tag{2.2}$$

여기서 $\mathbf{a}_x$, $\mathbf{a}_y$, $\mathbf{a}_z$는 그림 1.1과 같이 x, y, z방향에 대한 단위벡터이다. 좌표계는 우선회 혹은 좌선회 일 수 있다. 그림 1.13을 보면, 우선회 시스템을 사용하는 것이 일반적이다.

2.3 원통좌표계(ρ, ϕ, z)

원통좌표계는 동축 전송선로를 다루는 것과 같이 원통대칭을 갖는 문제를 다루는데 매우 편리하다.

원통좌표계에서 점 P는 (ρ, ϕ, z)로 표현되며, 그림 2.1에 나타내었다. 그림 2.1을 자세히 관찰하고 각각의 변수가 어떻게 정의되는지를 주목하라. ρ는 P를 지나는 원통의 반지름 또는 z축으로부터의 반경이다. ϕ는 **방위각**이라고 부르며, xy평면에서 x축으로부터 측정된다. 그리고 z는 직각좌표계에서와 동일하다. 각 변수의 범위는 다음과 같다.

$$\begin{aligned} 0 \le \rho &< \infty \\ 0 \le \phi &< 2\pi \\ -\infty < z &< \infty \end{aligned} \tag{2.3}$$

벡터 **A**는 원통좌표계에서 다음과 같이 쓸 수 있다.

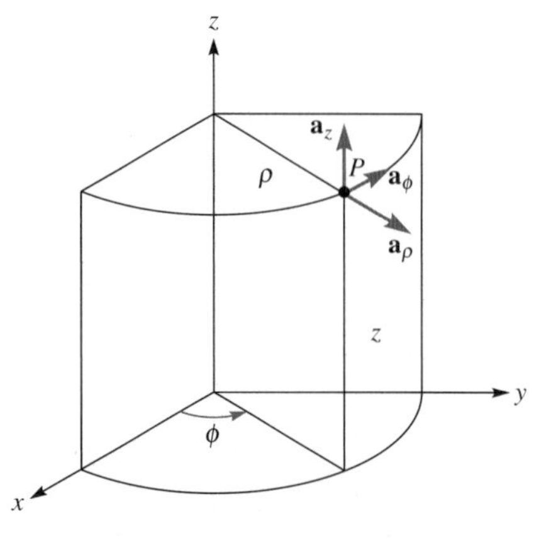

그림 2.1 원통좌표계에서 점 P와 단위벡터

$$(A_\rho, A_\phi, A_z) \quad \text{또는} \quad A_\rho \mathbf{a}_\rho + A_\phi \mathbf{a}_\phi + A_z \mathbf{a}_z \tag{2.4}$$

여기서 $\mathbf{a}_\rho$, $\mathbf{a}_\phi$, $\mathbf{a}_z$는 그림 2.1에서 보인 것과 같이 ρ, ϕ, z방향의 단위벡터이다. $\mathbf{a}_\phi$의 단위는 도(degree)가 아니며, 당연히 **A**의 단위이다. 예를 들어 10 N의 힘이 원운동 하고 있는 입자에 가해지면 그 힘은 $\mathbf{F} = 10\mathbf{a}_\phi$ N과 같이 표현할 수 있다. 이 경우에 $\mathbf{a}_\phi$는 단위가 뉴턴(N)이다.

A의 크기는 다음과 같다.

$$|\mathbf{A}| = (A_\rho^2 + A_\phi^2 + A_z^2)^{1/2} \tag{2.5}$$

좌표계가 직교좌표계이므로 단위벡터 $\mathbf{a}_\rho$, $\mathbf{a}_\phi$, $\mathbf{a}_z$는 서로 수직이라는 점에 유의하라. $\mathbf{a}_\rho$는 ρ의 증가하는 방향, $\mathbf{a}_\phi$는 ϕ의 증가하는 방향, 그리고 $\mathbf{a}_z$는 양의 z방향을 가리킨다. 따라서

$$\mathbf{a}_\rho \cdot \mathbf{a}_\rho = \mathbf{a}_\phi \cdot \mathbf{a}_\phi = \mathbf{a}_z \cdot \mathbf{a}_z = 1 \tag{2.6a}$$

$$\mathbf{a}_\rho \cdot \mathbf{a}_\phi = \mathbf{a}_\phi \cdot \mathbf{a}_z = \mathbf{a}_z \cdot \mathbf{a}_\rho = 0 \tag{2.6b}$$

$$\mathbf{a}_\rho \times \mathbf{a}_\phi = \mathbf{a}_z \tag{2.6c}$$

$$\mathbf{a}_\phi \times \mathbf{a}_z = \mathbf{a}_\rho \tag{2.6d}$$

$$\mathbf{a}_z \times \mathbf{a}_\rho = \mathbf{a}_\phi \tag{2.6e}$$

여기서 식 (2.6c)부터 (2.6e)까지는 순환 순열로 얻을 수 있다(그림 1.9 참조). 또한 $\rho \to \phi \to z \to \rho \to \phi \to \cdots$의 순환 순서를 따르는 우선회 시스템임을 보여준다.

직각좌표계의 변수 (x, y, z)와 원통좌표계의 변수 (ρ, ϕ, z) 사이의 관계식은 다음과 같이 그림 2.2로부터 쉽게 구할 수 있다.

$$\boxed{\rho = \sqrt{x^2 + y^2}, \quad \phi = \tan^{-1}\frac{y}{x}, \quad z = z} \tag{2.7}$$

또는

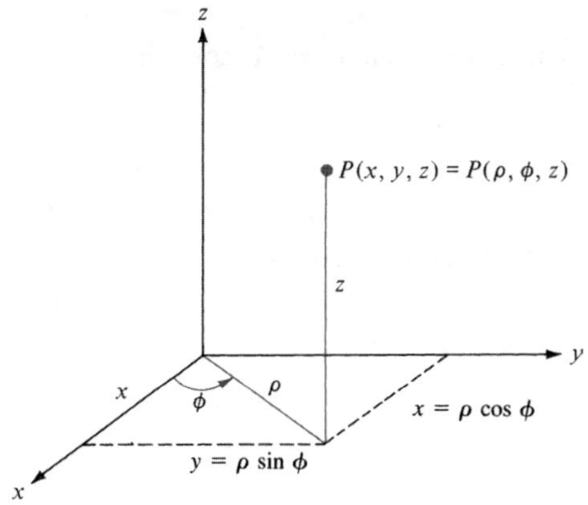

그림 2.2 (x, y, z)와 (ρ, ϕ, z) 사이의 관계

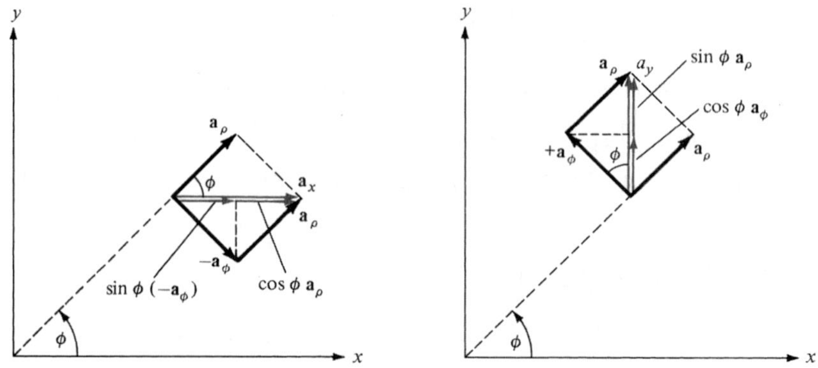

그림 2.3 단위벡터의 변환: (a) $\mathbf{a}_x$의 원통좌표계 성분, (b) $\mathbf{a}_y$의 원통좌표계 성분

$$\boxed{x = \rho\cos\phi, \quad y = \rho\sin\phi, \quad z = z} \tag{2.8}$$

여기서 식 (2.7)은 직각좌표 (x, y, z)를 원통좌표 (ρ, ϕ, z)로 변환하는 식이고, 식 (2.8)은 (ρ, ϕ, z)를 (x, y, z)로 변환하는 식이다.

$(\mathbf{a}_x, \mathbf{a}_y, \mathbf{a}_z)$와 $(\mathbf{a}_\rho, \mathbf{a}_\phi, \mathbf{a}_z)$ 사이의 관계는 그림 2.3으로부터 기하학적으로 구할 수 있다.

$$\begin{aligned} \mathbf{a}_x &= \cos\phi\,\mathbf{a}_\rho - \sin\phi\,\mathbf{a}_\phi \\ \mathbf{a}_y &= \sin\phi\,\mathbf{a}_\rho + \cos\phi\,\mathbf{a}_\phi \\ \mathbf{a}_z &= \mathbf{a}_z \end{aligned} \tag{2.9}$$

또는

$$\begin{aligned} \mathbf{a}_\rho &= \cos\phi\,\mathbf{a}_x + \sin\phi\,\mathbf{a}_y \\ \mathbf{a}_\phi &= -\sin\phi\,\mathbf{a}_x + \cos\phi\,\mathbf{a}_y \\ \mathbf{a}_z &= \mathbf{a}_z \end{aligned} \tag{2.10}$$

마지막으로, (A_x, A_y, A_z)와 (A_ρ, A_ϕ, A_z) 사이의 관계식은 식 (2.9)를 식 (2.2)에 대입하여 정리하면 간단하게 얻을 수 있다. 그 결과는 다음과 같다.

$$\mathbf{A} = (A_x\cos\phi + A_y\sin\phi)\mathbf{a}_\rho + (-A_x\sin\phi + A_y\cos\phi)\mathbf{a}_\phi + A_z\mathbf{a}_z \tag{2.11}$$

또는

$$\begin{aligned} A_\rho &= A_x\cos\phi + A_y\sin\phi \\ A_\phi &= -A_x\sin\phi + A_y\cos\phi \\ A_z &= A_z \end{aligned} \tag{2.12}$$

벡터 $\mathbf{A}$를 (A_x, A_y, A_z)에서 (A_ρ, A_ϕ, A_z)로 변환하는 것을 행렬 형태로 나타내면 다음과 같다.

$$\begin{bmatrix} A_\rho \\ A_\phi \\ A_z \end{bmatrix} = \begin{bmatrix} \cos\phi & \sin\phi & 0 \\ -\sin\phi & \cos\phi & 0 \\ 0 & 0 & 1 \end{bmatrix} \begin{bmatrix} A_x \\ A_y \\ A_z \end{bmatrix} \tag{2.13}$$

(A_ρ, A_ϕ, A_z)에서 (A_x, A_y, A_z)로의 역변환은 다음과 같이 얻을 수 있다.

$$\begin{bmatrix} A_x \\ A_y \\ A_z \end{bmatrix} = \begin{bmatrix} \cos\phi & \sin\phi & 0 \\ -\sin\phi & \cos\phi & 0 \\ 0 & 0 & 1 \end{bmatrix}^{-1} \begin{bmatrix} A_\rho \\ A_\phi \\ A_z \end{bmatrix} \tag{2.14}$$

또는 식 (2.4)와 (2.10)으로부터 직접 얻을 수 있다.

$$\begin{bmatrix} A_x \\ A_y \\ A_z \end{bmatrix} = \begin{bmatrix} \cos\phi & -\sin\phi & 0 \\ \sin\phi & \cos\phi & 0 \\ 0 & 0 & 1 \end{bmatrix} \begin{bmatrix} A_\rho \\ A_\phi \\ A_z \end{bmatrix} \tag{2.15}$$

식 (2.14) 또는 (2.15)를 얻을 수 있는 다른 방법은 내적을 사용하는 것이다. 예를 들면 다음 식과 같다.

$$\begin{bmatrix} A_x \\ A_y \\ A_z \end{bmatrix} = \begin{bmatrix} \mathbf{a}_x \cdot \mathbf{a}_\rho & \mathbf{a}_x \cdot \mathbf{a}_\phi & \mathbf{a}_x \cdot \mathbf{a}_z \\ \mathbf{a}_y \cdot \mathbf{a}_\rho & \mathbf{a}_y \cdot \mathbf{a}_\phi & \mathbf{a}_y \cdot \mathbf{a}_z \\ \mathbf{a}_z \cdot \mathbf{a}_\rho & \mathbf{a}_z \cdot \mathbf{a}_\phi & \mathbf{a}_z \cdot \mathbf{a}_z \end{bmatrix} \begin{bmatrix} A_\rho \\ A_\phi \\ A_z \end{bmatrix} \tag{2.16}$$

이 식에 대한 유도는 연습문제로 남겨둔다.

식 (2.7)과 (2.8)은 점→점 변환이고, 식 (2.13)과 (2.15)는 벡터→벡터 변환이다.

2.4 구좌표계(r, θ, ϕ)

원통좌표계는 미적분 책에 언급되고 있지만 구좌표계는 거의 언급되고 있지 않다. 구좌표계는 구대칭 구조를 갖는 문제를 다룰 때 가장 적합하다. 점 P는 (r, θ, ϕ)로서 표현할 수 있고, 그림 2.4에 나타내었다. 그림 2.4로부터 r은 원점에서 점 P까지의 거리 또는 원점에 중심을 두고 점 P를 지나는 구의 반경으로 정의된다. **천정각**이라고 부르는 θ는 z축과 P의 위치 벡터 사이의 각이고, ϕ(방위각)는 x축으로부터 측정되는 각이다. 이 정의에 따르면 각 변수들의 범위는 다음과 같다.

$$\begin{aligned} 0 &\le r < \infty \\ 0 &\le \theta \le \pi \\ 0 &\le \phi < 2\pi \end{aligned} \tag{2.17}$$

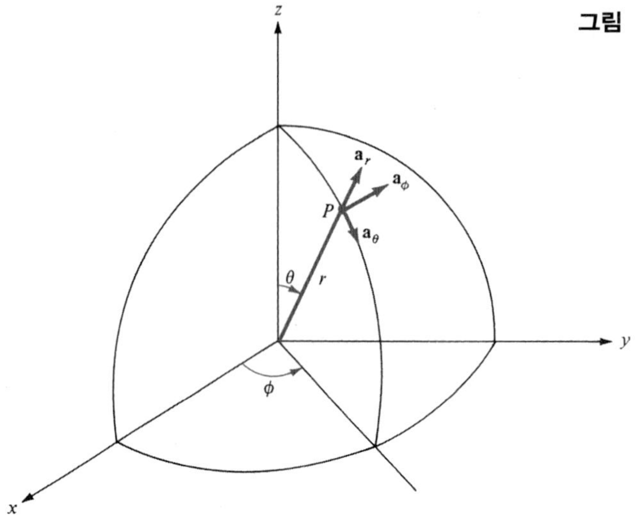

그림 2.4 구좌표계에서 점 P와 단위벡터

구좌표계에서 벡터 $\mathbf{A}$는 다음과 같이 표현된다.

$$(A_r, A_\theta, A_\phi) \quad \text{또는} \quad A_r\mathbf{a}_r + A_\theta\mathbf{a}_\theta + A_\phi\mathbf{a}_\phi \tag{2.18}$$

여기서 $\mathbf{a}_r, \mathbf{a}_\theta, \mathbf{a}_\phi$는 각각 r, θ, ϕ방향의 단위벡터이다. $\mathbf{A}$의 크기는 다음과 같다.

$$|\mathbf{A}| = (A_r^2 + A_\theta^2 + A_\phi^2)^{1/2} \tag{2.19}$$

단위벡터 $\mathbf{a}_r, \mathbf{a}_\theta, \mathbf{a}_\phi$는 서로 직교한다. $\mathbf{a}_r$은 반경방향 또는 r이 증가하는 방향을, $\mathbf{a}_\theta$는 θ의 증가하는 방향을, $\mathbf{a}_\phi$는 ϕ가 증가하는 방향을 가리킨다.

그러므로

$$\begin{aligned} \mathbf{a}_r \cdot \mathbf{a}_r = \mathbf{a}_\theta \cdot \mathbf{a}_\theta = \mathbf{a}_\phi \cdot \mathbf{a}_\phi = 1 \\ \mathbf{a}_r \cdot \mathbf{a}_\theta = \mathbf{a}_\theta \cdot \mathbf{a}_\phi = \mathbf{a}_\phi \cdot \mathbf{a}_r = 0 \\ \mathbf{a}_r \times \mathbf{a}_\theta = \mathbf{a}_\phi \\ \mathbf{a}_\theta \times \mathbf{a}_\phi = \mathbf{a}_r \\ \mathbf{a}_\phi \times \mathbf{a}_r = \mathbf{a}_\theta \end{aligned} \tag{2.20}$$

식 (2.20)은 좌표계가 직교이고 우선회임을 보여준다. 직각좌표계의 공간변수 (x, y, z)는 구좌표계의 변수 (r, θ, ϕ)와 연관시킬 수 있다. 그림 2.5로부터 다음 관계식을 쉽게 알 수 있다.

$$\boxed{r = \sqrt{x^2 + y^2 + z^2}, \quad \theta = \tan^{-1}\frac{\sqrt{x^2 + y^2}}{z}, \quad \phi = \tan^{-1}\frac{y}{x}} \tag{2.21}$$

$$\boxed{x = r\sin\theta\cos\phi, \quad y = r\sin\theta\sin\phi, \quad z = r\cos\theta} \tag{2.22}$$

식 (2.21)을 이용하면 $(x, y, z) \rightarrow (r, \theta, \phi)$로 점 변환을 할 수 있고, 식 (2.22)를 이용하면 $(r,$

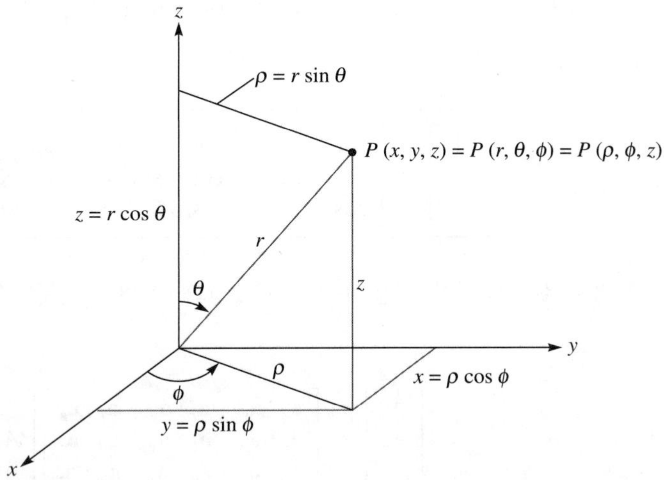

그림 2.5 공간변수 (x, y, z), (r, θ, ϕ), 그리고 (ρ, ϕ, z) 사이의 관계

$\theta, \phi) \rightarrow (x, y, z)$로 점 변환을 할 수 있다.

단위벡터 $\mathbf{a}_x, \mathbf{a}_y, \mathbf{a}_z$와 $\mathbf{a}_r, \mathbf{a}_\theta, \mathbf{a}_\phi$는 다음과 같이 서로 연관지을 수 있다.

$$\begin{aligned} \mathbf{a}_x &= \sin\theta\cos\phi\,\mathbf{a}_r + \cos\theta\cos\phi\,\mathbf{a}_\theta - \sin\phi\,\mathbf{a}_\phi \\ \mathbf{a}_y &= \sin\theta\sin\phi\,\mathbf{a}_r + \cos\theta\sin\phi\,\mathbf{a}_\theta + \cos\phi\,\mathbf{a}_\phi \\ \mathbf{a}_z &= \cos\theta\,\mathbf{a}_r - \sin\theta\,\mathbf{a}_\theta \end{aligned} \tag{2.23}$$

$$\begin{aligned} \mathbf{a}_r &= \sin\theta\cos\phi\,\mathbf{a}_x + \sin\theta\sin\phi\,\mathbf{a}_y + \cos\theta\,\mathbf{a}_z \\ \mathbf{a}_\theta &= \cos\theta\cos\phi\,\mathbf{a}_x + \cos\theta\sin\phi\,\mathbf{a}_y - \sin\theta\,\mathbf{a}_z \\ \mathbf{a}_\phi &= -\sin\phi\,\mathbf{a}_x + \cos\phi\,\mathbf{a}_y \end{aligned} \tag{2.24}$$

벡터 $\mathbf{A} = (A_x, A_y, A_z)$와 $\mathbf{A} = (A_r, A_\theta, A_\phi)$의 성분들은 식 (2.23)을 식 (2.2)에 대입하고 정리함으로서 다음과 같이 관련지을 수 있다.

$$\begin{aligned} \mathbf{A} = {} & (A_x\sin\theta\cos\phi + A_y\sin\theta\sin\phi + A_z\cos\theta)\mathbf{a}_r + (A_x\cos\theta\cos\phi \\ & + A_y\cos\theta\sin\phi - A_z\sin\theta)\mathbf{a}_\theta + (-A_x\sin\phi + A_y\cos\phi)\mathbf{a}_\phi \end{aligned} \tag{2.25}$$

그리고 이 식으로부터 다음의 관계식을 얻을 수 있다.

$$\begin{aligned} A_r &= A_x\sin\theta\cos\phi + A_y\sin\theta\sin\phi + A_z\cos\theta \\ A_\theta &= A_x\cos\theta\cos\phi + A_y\cos\theta\sin\phi - A_z\sin\theta \\ A_\phi &= -A_x\sin\phi + A_y\cos\phi \end{aligned} \tag{2.26}$$

행렬 형태에서 $(A_r, A_\theta, A_\phi) \rightarrow (A_x, A_y, A_z)$로의 벡터 변환은 다음과 같이 수행된다.

$$\boxed{\begin{bmatrix} A_r \\ A_\theta \\ A_\phi \end{bmatrix} = \begin{bmatrix} \sin\theta\cos\phi & \sin\theta\sin\phi & \cos\theta \\ \cos\theta\cos\phi & \cos\theta\sin\phi & -\sin\theta \\ -\sin\phi & \cos\phi & 0 \end{bmatrix} \begin{bmatrix} A_x \\ A_y \\ A_z \end{bmatrix}} \tag{2.27}$$

이의 역변환 $(A_x, A_y, A_z)\rightarrow(A_r, A_\theta, A_\phi)$도 마찬가지 방법으로 얻거나 또는 식 (2.23)으로부터 얻을 수 있다. 따라서

$$\boxed{\begin{bmatrix} A_x \\ A_y \\ A_z \end{bmatrix} = \begin{bmatrix} \sin\theta\cos\phi & \cos\theta\cos\phi & -\sin\phi \\ \sin\theta\sin\phi & \cos\theta\sin\phi & \cos\phi \\ \cos\theta & -\sin\theta & 0 \end{bmatrix} \begin{bmatrix} A_r \\ A_\theta \\ A_\phi \end{bmatrix}} \tag{2.28}$$

다른 방법으로는 내적을 이용하여 식 (2.27)과 (2.28)을 얻을 수 있다. 예를 들면 다음과 같다.

$$\begin{bmatrix} A_r \\ A_\theta \\ A_\phi \end{bmatrix} = \begin{bmatrix} \mathbf{a}_r\cdot\mathbf{a}_x & \mathbf{a}_r\cdot\mathbf{a}_y & \mathbf{a}_r\cdot\mathbf{a}_z \\ \mathbf{a}_\theta\cdot\mathbf{a}_x & \mathbf{a}_\theta\cdot\mathbf{a}_y & \mathbf{a}_\theta\cdot\mathbf{a}_z \\ \mathbf{a}_\phi\cdot\mathbf{a}_x & \mathbf{a}_\phi\cdot\mathbf{a}_y & \mathbf{a}_\phi\cdot\mathbf{a}_z \end{bmatrix} \begin{bmatrix} A_x \\ A_y \\ A_z \end{bmatrix} \tag{2.29}$$

원통좌표계와 구좌표계 사이의 점 또는 벡터 변환 관계식을 그림 2.5와 2.6을 이용하여 얻을 수 있다(여기서 ϕ는 두 좌표계에서 공통이므로 상수로 둘 수 있다). 점 또는 벡터 변환에서 점 또는 벡터는 변하지 않고, 단지 표현만 달라졌음을 유의하라. 예를 들면 벡터의 크기는 변환 후에도 같으며, 이것은 변환의 결과를 확인하는 방법으로 사용할 수 있다.

두 점 사이의 거리는 전자기학 이론에서 항상 필요하다. 위치벡터 $\mathbf{r}_1$과 $\mathbf{r}_2$를 이용한 두 점 사이의 거리는 일반적으로 다음과 같이 주어진다.

$$d = |\mathbf{r}_2 - \mathbf{r}_1| \tag{2.30}$$

$$d^2 = (x_2 - x_1)^2 + (y_2 - y_1)^2 + (z_2 - z_1)^2 \text{ (직각)} \tag{2.31}$$

$$d^2 = \rho_2^2 + \rho_1^2 - 2\rho_1\rho_2\cos(\phi_2 - \phi_1) + (z_2 - z_1)^2 \text{ (원통)} \tag{2.32}$$

$$\begin{aligned} d^2 = {} & r_2^2 + r_1^2 - 2r_1r_2\cos\theta_2\cos\theta_1 \\ & - 2r_1r_2\sin\theta_2\sin\theta_1\cos(\phi_2 - \phi_1) \text{ (구)} \end{aligned} \tag{2.33}$$

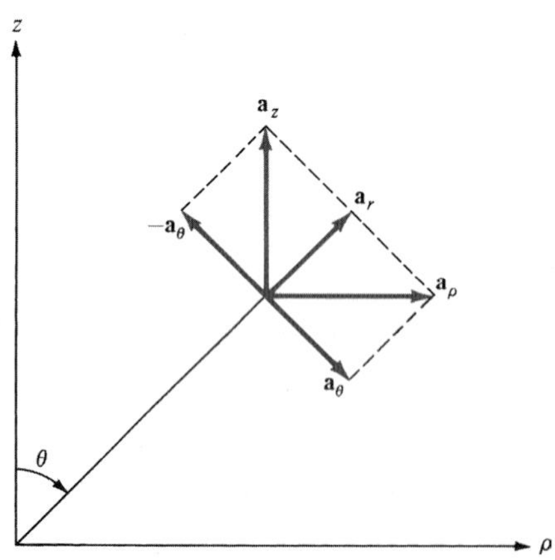

그림 2.6 원통 및 구좌표계에서 단위벡터 변환

예제 2.1

점 $P(-2, 6, 3)$와 벡터 $\mathbf{A} = y\mathbf{a}_x + (x+z)\mathbf{a}_y$가 주어졌을 때, P와 $\mathbf{A}$를 원통좌표계와 구좌표계로 표현하라. 직각, 원통, 구좌표계에서 점 P에서의 $\mathbf{A}$를 계산하라.

풀이

점 P에서 $x = -2, y = 6, z = 3$이다. 따라서

$$\rho = \sqrt{x^2 + y^2} = \sqrt{4 + 36} = 6.32$$

$$\phi = \tan^{-1}\frac{y}{x} = \tan^{-1}\frac{6}{-2} = 108.43°$$

$$z = 3$$

$$r = \sqrt{x^2 + y^2 + z^2} = \sqrt{4 + 36 + 9} = 7$$

$$\theta = \tan^{-1}\frac{\sqrt{x^2 + y^2}}{z} = \tan^{-1}\frac{\sqrt{40}}{3} = 64.62°$$

그러므로

$$P(-2, 6, 3) = P(6.32, 108.43°, 3) = P(7, 64.62°, 108.43°)$$

점 P에서의 $\mathbf{A}$를 직각좌표계로 나타내면

$$\mathbf{A} = 6\mathbf{a}_x + \mathbf{a}_y$$

벡터 $\mathbf{A}$에서 $A_x = y, A_y = x + z, A_z = 0$이다. 따라서 원통좌표계에서는

$$\begin{bmatrix} A_\rho \\ A_\phi \\ A_z \end{bmatrix} = \begin{bmatrix} \cos\phi & \sin\phi & 0 \\ -\sin\phi & \cos\phi & 0 \\ 0 & 0 & 1 \end{bmatrix} \begin{bmatrix} y \\ x + z \\ 0 \end{bmatrix}$$

$$A_\rho = y\cos\phi + (x + z)\sin\phi$$
$$A_\phi = -y\sin\phi + (x + z)\cos\phi$$
$$A_z = 0$$

$x = \rho\cos\phi, y = \rho\sin\phi$이므로, 이들 값을 대입하면 다음 식을 얻는다.

$$(A_\rho, A_\phi, A_z) = [\rho\cos\phi\sin\phi + (\rho\cos\phi + z)\sin\phi]\mathbf{a}_\rho + [-\rho\sin^2\phi + (\rho\cos\phi + z)\cos\phi]\mathbf{a}_\phi$$

점 P에서

$$\rho = \sqrt{40}, \quad \tan\phi = \frac{6}{-2}$$

그러므로

$$\cos\phi = \frac{-2}{\sqrt{40}}, \quad \sin\phi = \frac{6}{\sqrt{40}}$$

$$\begin{aligned}\mathbf{A} &= \left[\sqrt{40}\cdot\frac{-2}{\sqrt{40}}\cdot\frac{6}{\sqrt{40}} + \left(\sqrt{40}\cdot\frac{-2}{\sqrt{40}} + 3\right)\cdot\frac{6}{\sqrt{40}}\right]\mathbf{a}_\rho \\ &\quad + \left[-\sqrt{40}\cdot\frac{36}{40} + \left(\sqrt{40}\cdot\frac{-2}{\sqrt{40}} + 3\right)\cdot\frac{-2}{\sqrt{40}}\right]\mathbf{a}_\phi \\ &= \frac{-6}{\sqrt{40}}\mathbf{a}_\rho - \frac{38}{\sqrt{40}}\mathbf{a}_\phi = -0.9487\mathbf{a}_\rho - 6.008\mathbf{a}_\phi\end{aligned}$$

마찬가지 방법으로, 구좌표계에서

$$\begin{bmatrix} A_r \\ A_\theta \\ A_\phi \end{bmatrix} = \begin{bmatrix} \sin\theta\cos\phi & \sin\theta\sin\phi & \cos\theta \\ \cos\theta\cos\phi & \cos\theta\sin\phi & -\sin\theta \\ -\sin\phi & \cos\phi & 0 \end{bmatrix}\begin{bmatrix} y \\ x+z \\ 0 \end{bmatrix}$$

또는

$$\begin{aligned} A_r &= y\sin\theta\cos\phi + (x+z)\sin\theta\sin\phi \\ A_\theta &= y\cos\theta\cos\phi + (x+z)\cos\theta\sin\phi \\ A_\phi &= -y\sin\phi + (x+z)\cos\phi \end{aligned}$$

$x = r\sin\theta\cos\phi$, $y = r\sin\theta\sin\phi$, $z = r\cos\theta$이므로, 이들 값을 대입하면 다음 식을 얻는다.

$$\begin{aligned}\mathbf{A} &= (A_r, A_\theta, A_\phi) \\ &= r[\sin^2\theta\cos\phi\sin\phi + (\sin\theta\cos\phi + \cos\theta)\sin\theta\sin\phi]\mathbf{a}_r \\ &\quad + r[\sin\theta\cos\theta\sin\phi\cos\phi + (\sin\theta\cos\phi + \cos\theta)\cos\theta\sin\phi]\mathbf{a}_\theta \\ &\quad + r[-\sin\theta\sin^2\phi + (\sin\theta\cos\phi + \cos\theta)\cos\phi]\mathbf{a}_\phi\end{aligned}$$

점 P에서

$$r = 7, \quad \tan\phi = \frac{6}{-2}, \quad \tan\theta = \frac{\sqrt{40}}{3}$$

그러므로

$$\cos\phi = \frac{-2}{\sqrt{40}}, \quad \sin\phi = \frac{6}{\sqrt{40}}, \quad \cos\theta = \frac{3}{7}, \quad \sin\theta = \frac{\sqrt{40}}{7}$$

$$\begin{aligned}\mathbf{A} &= 7\cdot\left[\frac{40}{49}\cdot\frac{-2}{\sqrt{40}}\cdot\frac{6}{\sqrt{40}} + \left(\frac{\sqrt{40}}{7}\cdot\frac{-2}{\sqrt{40}} + \frac{3}{7}\right)\cdot\frac{\sqrt{40}}{7}\cdot\frac{6}{\sqrt{40}}\right]\mathbf{a}_r \\ &\quad + 7\cdot\left[\frac{\sqrt{40}}{7}\cdot\frac{3}{7}\cdot\frac{6}{\sqrt{40}}\cdot\frac{-2}{\sqrt{40}} + \left(\frac{\sqrt{40}}{7}\cdot\frac{-2}{\sqrt{40}} + \frac{3}{7}\right)\cdot\frac{3}{7}\cdot\frac{6}{\sqrt{40}}\right]\mathbf{a}_\theta \\ &\quad + 7\cdot\left[\frac{-\sqrt{40}}{7}\cdot\frac{36}{40} + \left(\frac{\sqrt{40}}{7}\cdot\frac{-2}{\sqrt{40}} + \frac{3}{7}\right)\cdot\frac{-2}{\sqrt{40}}\right]\mathbf{a}_\phi\end{aligned}$$

$$= \frac{-6}{7}\mathbf{a}_r - \frac{18}{7\sqrt{40}}\mathbf{a}_\theta - \frac{38}{\sqrt{40}}\mathbf{a}_\phi$$
$$= -0.8571\mathbf{a}_r - 0.4066\mathbf{a}_\theta - 6.008\mathbf{a}_\phi$$

$|\mathbf{A}|$는 세 개의 좌표계에서 동일함을 주목하라. 즉,

$$|\mathbf{A}(x, y, z)| = |\mathbf{A}(\rho, \phi, z)| = |\mathbf{A}(r, \theta, \phi)| = 6.083$$

연습문제 2.1

(a) 점 $P(1, 3, 5)$, $T(0, -4, 3)$, $S(-3, -4, -10)$를 직각좌표계에서 원통과 구좌표계로 변환하라.

(b) 다음의 벡터를 원통과 구좌표계로 변환하라.

$$\mathbf{Q} = \frac{\sqrt{x^2 + y^2}\mathbf{a}_x}{\sqrt{x^2 + y^2 + z^2}} - \frac{yz\mathbf{a}_z}{\sqrt{x^2 + y^2 + z^2}}$$

(c) 점 T에서의 Q를 세 종류의 좌표계로 변환하라.

해답: (a) $P(3.162, 71.56°, 5)$, $P(5.916, 32.31°, 71.56°)$, $T(4, 270°, 3)$, $T(5, 53.13°, 270°)$, $S(5, 233.1°, -10)$, $S(11.18, 153.43°, 233.1°)$

(b) $\frac{\rho}{\sqrt{\rho^2 + z^2}}(\cos\phi\, \mathbf{a}_\rho - \sin\phi\, \mathbf{a}_\phi - z\sin\phi\, \mathbf{a}_z)$, $\sin\theta(\sin\theta\cos\phi - r\cos^2\theta\sin\phi)\mathbf{a}_r + \sin\theta\cos\theta(\cos\phi + r\sin\theta\sin\phi)\mathbf{a}_\theta - \sin\theta\sin\phi\, \mathbf{a}_\phi$

(c) $0.8\mathbf{a}_x + 2.4\mathbf{a}_z$, $0.8\mathbf{a}_\phi + 2.4\mathbf{a}_z$, $1.44\mathbf{a}_r - 1.92\mathbf{a}_\theta + 0.8\mathbf{a}_\phi$

예제 2.2

다음 벡터를 직각좌표계와 원통좌표계로 변환하라.

$$\mathbf{B} = \frac{10}{r}\mathbf{a}_r + r\cos\theta\, \mathbf{a}_\theta + \mathbf{a}_\phi$$

그리고 $\mathbf{B}(-3, 4, 0)$와 $\mathbf{B}(5, \pi/2, -2)$를 구하라.

풀이

식 (2.28)을 사용하면

$$\begin{bmatrix} B_x \\ B_y \\ B_z \end{bmatrix} = \begin{bmatrix} \sin\theta\cos\phi & \cos\theta\cos\phi & -\sin\phi \\ \sin\theta\sin\phi & \cos\theta\sin\phi & \cos\phi \\ \cos\theta & -\sin\theta & 0 \end{bmatrix} \begin{bmatrix} \frac{10}{r} \\ r\cos\theta \\ 1 \end{bmatrix}$$

또는

$$B_x = \frac{10}{r}\sin\theta\cos\phi + r\cos^2\theta\cos\phi - \sin\phi$$

$$B_y = \frac{10}{r}\sin\theta\sin\phi + r\cos^2\theta\sin\phi + \cos\phi$$

$$B_z = \frac{10}{r}\cos\theta - r\cos\theta\sin\theta$$

그러나

$$r = \sqrt{x^2 + y^2 + z^2}, \theta = \tan^{-1}\frac{\sqrt{x^2+y^2}}{z}, \text{ and } \phi = \tan^{-1}\frac{y}{x}$$

따라서

$$\sin\theta = \frac{\rho}{r} = \frac{\sqrt{x^2+y^2}}{\sqrt{x^2+y^2+z^2}}, \quad \cos\theta = \frac{z}{r} = \frac{z}{\sqrt{x^2+y^2+z^2}}$$

$$\sin\phi = \frac{y}{\rho} = \frac{y}{\sqrt{x^2+y^2}}, \quad \cos\phi = \frac{x}{\rho} = \frac{x}{\sqrt{x^2+y^2}}$$

대입하면

$$B_x = \frac{10\sqrt{x^2+y^2}}{(x^2+y^2+z^2)}\cdot\frac{x}{\sqrt{x^2+y^2}} + \frac{\sqrt{x^2+y^2+z^2}}{(x^2+y^2+z^2)}\cdot\frac{z^2x}{\sqrt{x^2+y^2}} - \frac{y}{\sqrt{x^2+y^2}}$$

$$= \frac{10x}{x^2+y^2+z^2} + \frac{xz^2}{\sqrt{(x^2+y^2)(x^2+y^2+z^2)}} - \frac{y}{\sqrt{(x^2+y^2)}}$$

$$B_y = \frac{10\sqrt{x^2+y^2}}{(x^2+y^2+z^2)}\cdot\frac{y}{\sqrt{x^2+y^2}} + \frac{\sqrt{x^2+y^2+z^2}}{x^2+y^2+z^2}\cdot\frac{z^2y}{\sqrt{x^2+y^2}} + \frac{x}{\sqrt{x^2+y^2}}$$

$$= \frac{10y}{x^2+y^2+z^2} + \frac{yz^2}{\sqrt{(x^2+y^2)(x^2+y^2+z^2)}} + \frac{x}{\sqrt{x^2+y^2}}$$

$$B_z = \frac{10z}{x^2+y^2+z^2} - \frac{z\sqrt{x^2+y^2}}{\sqrt{x^2+y^2+z^2}}$$

$$\mathbf{B} = B_x\mathbf{a}_x + B_y\mathbf{a}_y + B_z\mathbf{a}_z$$

여기서 B_x, B_y, B_z는 위에서 주어진 것과 같다.

$(-3, 4, 0)$에서 $x = -3, y = 4, z = 0$이므로

$$B_x = -\frac{30}{25} + 0 - \frac{4}{5} = -2$$

$$B_y = \frac{40}{25} + 0 - \frac{3}{5} = 1$$

$$B_z = 0 - 0 = 0$$

그러므로

$$\mathbf{B} = -2\mathbf{a}_x + \mathbf{a}_y$$

구좌표에서 원통좌표로 벡터 변환을 하면

$$\begin{bmatrix} B_\rho \\ B_\phi \\ B_z \end{bmatrix} = \begin{bmatrix} \sin\theta & \cos\theta & 0 \\ 0 & 0 & 1 \\ \cos\theta & -\sin\theta & 0 \end{bmatrix} \begin{bmatrix} \dfrac{10}{r} \\ r\cos\theta \\ 1 \end{bmatrix}$$

또는

$$B_\rho = \frac{10}{r}\sin\theta + r\cos^2\theta$$
$$B_\phi = 1$$
$$B_z = \frac{10}{r}\cos\theta - r\sin\theta\cos\theta$$

그러나 $r = \sqrt{\rho^2 + z^2}$이고 $\theta = \tan^{-1}\dfrac{\rho}{z}$이므로

$$\sin\theta = \frac{\rho}{\sqrt{\rho^2 + z^2}}, \quad \cos\theta = \frac{z}{\sqrt{\rho^2 + z^2}}$$
$$B_\rho = \frac{10\rho}{\rho^2 + z^2} + \sqrt{\rho^2 + z^2} \cdot \frac{z^2}{\rho^2 + z^2}$$
$$B_z = \frac{10z}{\rho^2 + z^2} - \sqrt{\rho^2 + z^2} \cdot \frac{\rho z}{\rho^2 + z^2}$$

그러므로

$$\mathbf{B} = \left(\frac{10\rho}{\rho^2 + z^2} + \frac{z^2}{\sqrt{\rho^2 + z^2}}\right)\mathbf{a}_\rho + \mathbf{a}_\phi + \left(\frac{10z}{\rho^2 + z^2} - \frac{\rho z}{\sqrt{\rho^2 + z^2}}\right)\mathbf{a}_z$$

$(5, \pi/2, -2)$에서 $\rho = 5, \phi = \pi/2, z = -2$이므로

$$\begin{aligned}\mathbf{B} &= \left(\frac{50}{29} + \frac{4}{\sqrt{29}}\right)\mathbf{a}_\rho + \mathbf{a}_\phi + \left(\frac{-20}{29} + \frac{10}{\sqrt{29}}\right)\mathbf{a}_z \\ &= 2.467\mathbf{a}_\rho + \mathbf{a}_\phi + 1.167\mathbf{a}_z\end{aligned}$$

$(-3, 4, 0)$에서

$$|\mathbf{B}(x, y, z)| = |\mathbf{B}(\rho, \phi, z)| = |\mathbf{B}(r, \theta, \phi)| = 2.907$$

임을 주목하라. 이것은 변환된 결과의 정확성을 검증하는데 사용될 수 있다.

연습문제 2.2

다음 벡터들을 직각좌표로 표현하라.

(a) $\mathbf{A} = \rho z \sin\phi\, \mathbf{a}_\rho + 3\rho\cos\phi\, \mathbf{a}_\phi + \rho\cos\phi\sin\phi\, \mathbf{a}_z$

(b) $\mathbf{B} = r^2\, \mathbf{a}_r + \sin\theta\, \mathbf{a}_\phi$

해답: (a) $\mathbf{A} = \dfrac{1}{\sqrt{x^2+y^2}}[(xyz - 3xy)\mathbf{a}_x + (zy^2 + 3x^2)\mathbf{a}_y + xy\mathbf{a}_z]$.

(b) $\mathbf{B} = \dfrac{1}{\sqrt{x^2+y^2+z^2}}\{[x(x^2+y^2+z^2) - y]\mathbf{a}_x + [y(x^2+y^2+z^2) + x]\mathbf{a}_y + z(x^2+y^2+z^2)\mathbf{a}_z\}$.

2.5 일정좌표면

직각, 원통, 그리고 구좌표계에서 면은 좌표변수 중 하나를 일정하게 유지하고 다른 두변수를 변화시킴으로써 쉽게 만들어진다. 직각좌표계에서 x를 상수라 하고 y와 z를 변화시키면 무한평면이 만들어진다. 따라서 다음과 같은 무한평면을 생각할 수 있다.

$$\begin{aligned} x &= \text{상수} \\ y &= \text{상수} \\ z &= \text{상수} \end{aligned} \tag{2.34}$$

이들은 그림 2.7과 같이 각각 x, y, z축에 수직이다. 두 평면이 교차하면 선이 된다. 예를 들어

$$x = \text{상수}, \quad y = \text{상수} \tag{2.35}$$

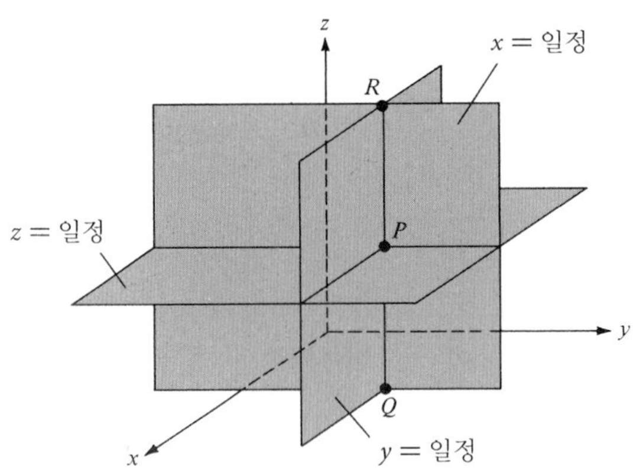

그림 2.7 x, y, z가 상수인 평면들

인 면이 교차하면 z축에 평행한 RPQ선이 된다. 세 평면이 교차하면 점이 된다. 예를 들어

$$x = \text{상수}, \quad y = \text{상수}, \quad z = \text{상수} \tag{2.36}$$

인 면들이 교차하면 점 $P(x, y, z)$가 된다. 그러므로 점 P는 세 개의 직교하는 무한평면의 교차점으로 정의 될 수 있다. 만약 P가 $(1, -5, 3)$이면 P는 평면 $x = 1, y = -5, z = 3$의 교차점이다. 원통좌표계에서의 직교평면들도 마찬가지로 만들 수 있다.

원통좌표계에서의 직교 평면들도 마찬가지로 만들 수 있다.

$$\begin{aligned} \rho &= \text{상수} \\ \phi &= \text{상수} \\ z &= \text{상수} \end{aligned} \tag{2.37}$$

인 면들을 그림 2.8에 나타내었다. 여기 $\rho = \text{상수}$인 면은 원통의 측면이고, $\phi = \text{상수}$인 면은 z축이 가장자리인 반 무한평면인 것을 쉽게 알 수 있다. 그리고 $z = \text{상수}$인 면은 직각좌표계에서와 같은 무한평면이다. 두 개의 면이 만나면 직선 또는 곡선이 된다. 그러므로

$$z = \text{상수}, \quad \rho = \text{상수} \tag{2.38}$$

인 면이 교차하면 반지름이 ρ인 원 QPR이 된다. 반면에 $z = \text{상수}$, $\phi = \text{상수}$인 면이 교차하면 반 무한선이 된다. 점 P는 식 (2.37)로 주어지는 세 면의 교차점이다. 그러므로

$$\rho = 2, \quad \phi = 60°, \quad z = 5 \tag{2.39}$$

는 점 $P(2, 60°, 5)$이다.

구좌표계의 직교성은 세 개의 면을 고려함으로써 명확해진다.

$$\begin{aligned} r &= \text{상수} \\ \theta &= \text{상수} \\ \phi &= \text{상수} \end{aligned} \tag{2.40}$$

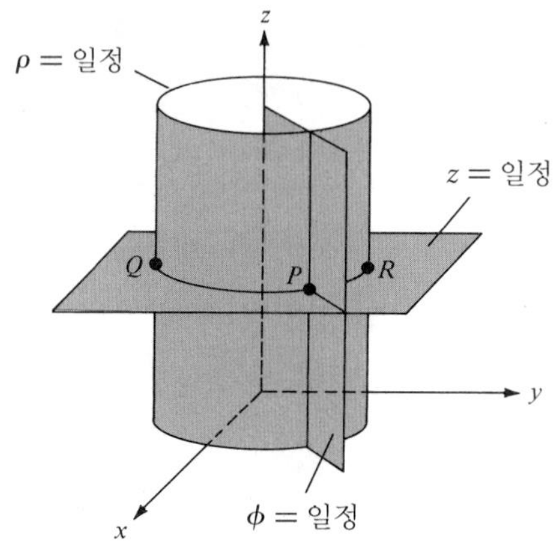

그림 2.8 ρ, ϕ, z가 상수인 면들

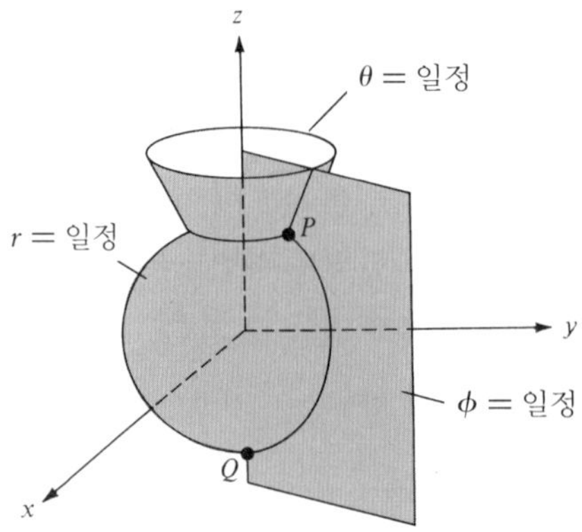

그림 2.9 r, θ, ϕ가 상수인 면들

이 세 개의 면은 그림 2.9와 같다. 여기서 r = 상수이면 중심이 원점인 구 표면이다. θ = 상수이면 원점에 꼭짓점을 갖고 z축을 따라 원추형을 이룬다. ϕ = 상수이면 원통좌표계에서와 같은 반 무한면이다. 선은 두 면의 교차에 의해 만들어 진다. 예를 들면

$$r = \text{상수}, \quad \phi = \text{상수} \tag{2.41}$$

인 면이 교차하면 Q와 P를 지나는 반원이 된다. 세 면이 교차하면 점이 된다. 그러므로

$$r = 5, \quad \theta = 30°, \quad \phi = 60° \tag{2.42}$$

는 점 $P(5, 30°, 60°)$이다. 일반적으로 3차원 공간에서의 점은 세 개의 서로 직교하는 면의 교차로서 표현된다. 그리고 n = 상수인 면에 대한 단위법선벡터는 $\pm\mathbf{a}_n$인데, n은 x, y, z, ρ, ϕ, r 혹은 θ이다. 예를 들면, $x = 5$인 평면에 대해 단위법선벡터는 $\pm\mathbf{a}_x$이고 $\phi = 20°$인 평면에 대해 단위법선벡터는 $\pm\mathbf{a}_\phi$이다.

예제 2.3

두 개의 균일 벡터장이 $\mathbf{E} = -5\mathbf{a}_\rho + 10\mathbf{a}_\phi + 3\mathbf{a}_z$와 $\mathbf{F} = \mathbf{a}_\rho + 2\mathbf{a}_\phi - 6\mathbf{a}_z$일 때 다음을 계산하라.

(a) $|\mathbf{E} \times \mathbf{F}|$

(b) 점 $P(5, \pi/2, 3)$에서 선 $x = 2, z = 3$에 평행한 $\mathbf{E}$의 벡터성분

(c) 점 P에서 $z = 3$인 평면과 이루는 $\mathbf{E}$의 각

풀이

$$\text{(a)} \quad \mathbf{E} \times \mathbf{F} = \begin{vmatrix} \mathbf{a}_\rho & \mathbf{a}_\phi & \mathbf{a}_z \\ -5 & 10 & 3 \\ 1 & 2 & -6 \end{vmatrix}$$

$$= (-60 - 6)\mathbf{a}_\rho + (3 - 30)\mathbf{a}_\phi + (-10 - 10)\mathbf{a}_z$$
$$= (-66, -27, -20)$$

$$|\mathbf{E} \times \mathbf{F}| = \sqrt{66^2 + 27^2 + 20^2} = 74.06$$

(b) 선 $x = 2, z = 3$은 y축에 평행하다. 그러므로 주어진 선에 평행한 $\mathbf{E}$의 성분은

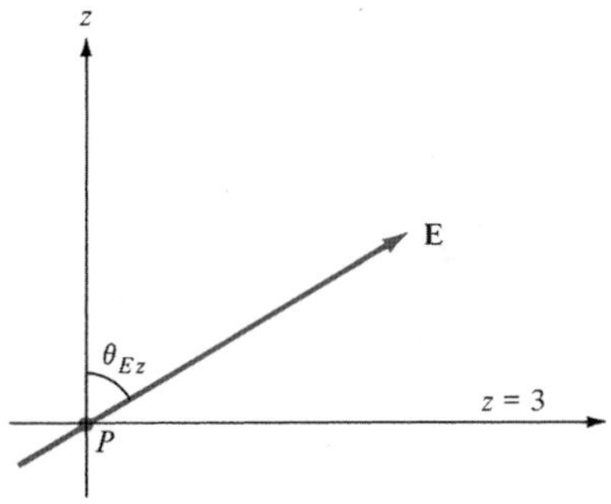

그림 2.10 예제 2.3(c)의 그림

$$(\mathbf{E} \cdot \mathbf{a}_y)\mathbf{a}_y$$

이다. 그러나 점 $P(5, \pi/2, 3)$에서

$$\begin{aligned}\mathbf{a}_y &= \sin\phi\,\mathbf{a}_\rho + \cos\phi\,\mathbf{a}_\phi \\ &= \sin\pi/2\,\mathbf{a}_\rho + \cos\pi/2\,\mathbf{a}_\phi = \mathbf{a}_\rho\end{aligned}$$

이므로

$$(\mathbf{E} \cdot \mathbf{a}_y)\mathbf{a}_y = (\mathbf{E} \cdot \mathbf{a}_\rho)\mathbf{a}_\rho = -5\mathbf{a}_\rho \quad (\text{또는 } -5\mathbf{a}_y)$$

(c) z축은 $z = 3$인 면에 수직임을 이용하여 그림 2.10과 같이 z축과 $\mathbf{E}$가 이루는 각을 내적으로 풀 수 있다.

$$\mathbf{E} \cdot \mathbf{a}_z = |E|(1)\cos\theta_{Ez} \rightarrow 3 = \sqrt{134}\cos\theta_{Ez}$$

$$\cos\theta_{Ez} = \frac{3}{\sqrt{134}} = 0.2592 \rightarrow \theta_{Ez} = 74.98^\circ$$

그러므로 $z = 3$과 $\mathbf{E}$ 사이의 각은 다음과 같다.

$$90^\circ - \theta_{Ez} = 15.02^\circ$$

연습문제 2.3

벡터장이 다음과 같이 주어졌다.

$$\mathbf{H} = \rho z\cos\phi\,\mathbf{a}_\rho + e^{-2}\sin\frac{\phi}{2}\,\mathbf{a}_\phi + \rho^2\mathbf{a}_z$$

점 $(1, \pi/3, 0)$에서 다음을 구하라.

(a) $\mathbf{H} \cdot \mathbf{a}_x$

(b) $\mathbf{H} \times \mathbf{a}_\theta$

(c) $\rho = 1$인 면에 수직한 **H**의 벡터성분

(d) $z = 0$인 평면에 접하는 **H**의 스칼라성분

해답: (a) -0.0586, (b) $-0.06767\ \mathbf{a}_\rho$, (c) $0\ \mathbf{a}_\rho$, (d) 0.06767

예제 2.4

벡터장이 다음과 같이 주어졌다.

$$\mathbf{D} = r \sin \phi\ \mathbf{a}_r - \frac{1}{r} \sin \theta \cos \phi\ \mathbf{a}_\theta + r^2 \mathbf{a}_\phi$$

다음을 구하라.

(a) 점 $P(10, 150^\circ, 330^\circ)$에서의 **D**

(b) 점 P에서 $r = 10$인 구면에 접하는 **D**의 벡터성분

(c) 점 P에서 **D**에 수직이고 $\theta = 150^\circ$인 원추에 접하는 단위벡터

풀이

(a) 점 P에서 $r = 10, \theta = 150^\circ, \phi = 330^\circ$이다. 따라서

$$\mathbf{D} = 10 \sin 330^\circ\ \mathbf{a}_r - \frac{1}{10} \sin 150^\circ \cos 330^\circ\ \mathbf{a}_\theta + 100\ \mathbf{a}_\phi = (-5, -0.043, 100)$$

(b) 임의의 벡터 **D**는 직교하는 두 성분으로 분해할 수 있다.

$$\mathbf{D} = \mathbf{D}_t + \mathbf{D}_n$$

여기서 $\mathbf{D}_t$는 주어진 면에 대하여 접선성분이고, $\mathbf{D}_n$은 수직성분이다. 이 경우에 $\mathbf{a}_r$이 $r = 1$인 면에 수직이므로

$$\mathbf{D}_n = r \sin \phi\ \mathbf{a}_r = -5\mathbf{a}_r$$

따라서

$$\mathbf{D}_t = \mathbf{D} - \mathbf{D}_n = -0.043\mathbf{a}_\theta + 100\mathbf{a}_\phi$$

(c) 점 P에서 **D**에 수직이고, $\theta = 150^\circ$인 원추에 접하는 벡터는 **D**와 $\mathbf{a}_\theta$에 수직인 벡터와 같다. 따라서

$$\mathbf{D} \times \mathbf{a}_\theta = \begin{vmatrix} \mathbf{a}_r & \mathbf{a}_\theta & \mathbf{a}_\phi \\ -5 & -0.043 & 100 \\ 0 & 1 & 0 \end{vmatrix}$$

$$= -100\mathbf{a}_r - 5\mathbf{a}_\phi$$

이에 대한 단위벡터는

$$\mathbf{a} = \frac{-100\mathbf{a}_r - 5\mathbf{a}_\phi}{\sqrt{100^2 + 5^2}} = -0.9988\mathbf{a}_r - 0.0499\mathbf{a}_\phi$$

이다.

연습문제 2.4

만약 $\mathbf{A} = 3\mathbf{a}_r + 2\mathbf{a}_\theta - 6\mathbf{a}_\phi$이고 $\mathbf{B} = 4\mathbf{a}_r + 3\mathbf{a}_\phi$일 때 다음을 구하라.

(a) $\mathbf{A} \cdot \mathbf{B}$

(b) $|\mathbf{A} \times \mathbf{B}|$

(c) $(1, \pi/3, 5\pi/4)$에서 $\mathbf{a}_z$에 대한 $\mathbf{A}$의 벡터성분

해답: (a) -6, (b) 34.38, (c) $-0.116\,\mathbf{a}_r + 0.201\,\mathbf{a}_\theta$

MATLAB 2.1

```
% This script allows the user to input a coordinate in either
% rectangular, cylindrical, or spherical coordinates and
% retrieve the answer in the other coordinate systems
clear
% prompt the user for the coordinate system
disp('Enter the coordinate system of the input coordinate');
coord_sys = input(' (r, c, or s)... \n >  ','s');
% if user entered something other than "r" "c" or "s"
% set default as "r"
if isempty(coord_sys); coord_sys = 'r'; end
if coord_sys == 'r';
    % prompt the user for the coordinate
    disp('Enter the rectangular coordinate in the ');
    crd = input('format [x y z]... \n >  ');
    % check input to see if empty and set to 0 if so
    if isempty(crd); crd = [0 0 0]; end
    disp('Cylindrical coordinates [rho phi(rad) z]:')
    % display the result... the [ ] and enclose a
    % three-dimensional vector
    disp([sqrt(crd(1)^2+crd(2)^2) atan2(crd(2),crd(1)) crd(3)])
    disp('Spherical coordinates [r phi(rad) theta(rad]:')
    disp([norm(crd) atan2(crd(2),crd(1)) acos(crd(3)/
    norm(crd))])
elseif coord_sys == 'c';    % if not r but c execute this block
    disp('Enter the cylindrical coordinate in the format');
    crd = input(' [\rho \phi z]... \n >  ');
```

```
     % check input to see if empty and set to 0 if so
     if isempty(crd); crd = [0 0 0]; end
     disp('Rectangular coordinates [x y z]:')
     disp([crd(1)*cos(crd(2)) crd(1)*sin(crd(2)) crd(3)])
     disp('Spherical coordinates [r phi(rad) theta(rad]:')
     disp([sqrt(crd(1)^2+crd(3)^2) crd(2) crd(3)*cos(crd(3))])
else coord_sys == 's';  % if not r nor c but s execute this block
     disp('Enter the spherical coordinate in the');
     crd = input('format [\rho \phi \theta]... \n >  ');
     if isempty(crd); crd = [0 0 0]; end
     disp('Rectangular coordinates [x y z]:')
     disp([crd(1)*cos(crd(2))*sin(crd(3)) ...
     crd(1)*sin(crd(2))*sin(crd(3)) crd(1)*cos(crd(3))])
     disp('Cylindrical coordinates [r phi(rad) theta(rad]:')
     disp([crd(1)*sin(crd(3)) crd(2) crd(1)*cos(crd(3))])
end
```

MATLAB 2.2

```
% This script allows the user to input a non-variable vector
% in rectangular coordinates and obtain the cylindrical, or
% spherical components. The user must also enter the point
% location where this transformation occurs; the result
% depends on the vector's observation point
clear
% prompt the user for the vectors and check to see if entered
% properly, else set to 0
disp('Enter the rectangular vector (in the ');
v = input(' format [x y z])... \n >  ');
if isempty(v); v = [0 0 0]; end
disp('Enter the location of the vector (in the ');
p = input(' format [x y z])... \n >  ');
if isempty(p); p = [0 0 0]; end
disp('Cylindrical components [rho phi(rad) z]:')
phi = atan2(p(2),p(1));
% Create the transformation matrix
cyl_p=[cos(phi) sin(phi) 0; ...   % The ellipses allow a single
                                  % command over multiple lines
       -sin(phi) cos(phi) 0; ...
       0 0 1];
disp((cyl_p*v')')    % the '  denotes a transpose from a row
                     % vector to a column vector
                   % The second transpose converts the column
                 % vector back to a row vector
disp('Spherical components [r phi(rad) theta(rad]:')
phi = atan2(p(3),sqrt(p(1)^2+p(2)^2));
theta = atan2(p(2),p(1));
% Create the transformation matrix
sph_p=[sin(theta)*cos(phi) sin(theta)*sin(phi) cos(theta); ...
       cos(theta)*cos(phi) cos(theta)*sin(phi) -sin(theta);...
       -sin(phi) cos(phi) 0];
disp((sph_p*v')')
```

요약

1. 이 책에서는 직각, 원통, 구 3개의 좌표계를 사용한다.
2. 점 P는 직각좌표계에서 $P(x, y, z)$, 원통좌표계에서 $P(\rho, \phi, z)$, 구좌표계에서 $P(r, \theta, \phi)$로 나타낸다. 벡터장 **A**는 직각좌표계에서 (A_x, A_y, A_z) 또는 $A_x\mathbf{a}_x + A_y\mathbf{a}_y + A_z\mathbf{a}_z$, 원통좌표계에서는 (A_ρ, A_ϕ, A_z) 또는 $A_\rho\mathbf{a}_\rho + A_\phi\mathbf{a}_\phi + A_z\mathbf{a}_z$, 구좌표계에서는 (A_r, A_θ, A_ϕ) 또는 $A_r\mathbf{a}_r + A_\theta\mathbf{a}_\theta + A_\phi\mathbf{a}_\phi$로 표현한다. 수학연산(더하기, 빼기, 내적, 외적 등)은 동일한 좌표계에서 수행하는 것이 바람직하기 때문에 점과 벡터의 변환이 필요하다.
3. 고정된 한 개의 공간변수는 평면을 정의하고, 두 개의 공간변수는 선, 세 개의 공간변수는 점을 정의한다.
4. n이 상수인 평면이 있을 때 단위법선벡터는 $\pm\mathbf{a}_n$이다.

복습문제

2.1 θ와 ϕ의 범위는 식 (2.17) 외에도 다수 존재한다. 아래의 범위 중 맞지 않는 것은?

(a) $0 \le \theta < 2\pi, 0 \le \phi \le \pi$

(b) $0 \le \theta < 2\pi, 0 \le \phi < 2\pi$

(c) $-\pi \le \theta \le \pi, 0 \le \phi \le \pi$

(d) $-\pi/2 \le \theta \le \pi/2, 0 \le \phi < 2\pi$

(e) $0 \le \theta \le \pi, -\pi \le \phi < \pi$

(f) $-\pi \le \theta < \pi, -\pi \le \phi < \pi$

2.2 직각좌표계에서 점 $(-3, 4, -1)$이 주어졌다. 않는 것은?

(a) $\rho = -5$　(b) $r = \sqrt{26}$

(c) $\theta = \tan^{-1}\dfrac{5}{-1}$　(d) $\phi = \tan^{-1}\dfrac{4}{-3}$

2.3 점 $(0, 4, 0)$이 있을 때, 다음 중 맞지 않는 것은?

(a) $\mathbf{a}_\phi = -\mathbf{a}_x$　(b) $\mathbf{a}_\theta = -\mathbf{a}_z$

(c) $\mathbf{a}_r = 4\mathbf{a}_y$　(d) $\mathbf{a}_\rho = \mathbf{a}_y$

2.4 $\theta = 30°$인 원추면에 대한 단위 법선벡터는?

(a) $\mathbf{a}_r$　(b) $\mathbf{a}_\theta$

(c) $\mathbf{a}_\phi$　(d) 없음

2.5 공간의 모든 점에서 $\mathbf{a}_\phi \cdot \mathbf{a}_\theta = 1$이다.

(a) 참　(b) 거짓

2.6 $\mathbf{H} = 4\mathbf{a}_\rho - 3\mathbf{a}_\phi + 5\mathbf{a}_z$일 때, 점 $(1, \pi/2, 0)$에서 $\rho = 1$인 면에 평행한 **H**의 성분은?

(a) $4\mathbf{a}_\rho$ (b) $5\mathbf{a}_z$

(c) $-3\mathbf{a}_\phi$ (d) $-3\mathbf{a}_\phi + 5\mathbf{a}_z$

(e) $5\mathbf{a}_\phi + 3\mathbf{a}_z$

2.7 $\mathbf{G} = 20\mathbf{a}_r + 50\mathbf{a}_\theta + 40\mathbf{a}_\phi$일 때, 점 $(1, \pi/2, \pi/6)$에서 $\theta = \pi/2$인 면에 수직한 **G**의 성분은?

(a) $20\mathbf{a}_r$ (b) $50\mathbf{a}_\theta$

(c) $40\mathbf{a}_\phi$ (d) $20\mathbf{a}_r + 40\mathbf{a}_\theta$

(e) $-40\mathbf{a}_r + 20\mathbf{a}_\phi$

2.8 $\rho = 2$와 $z = 1$인 면이 서로 교차하면

(a) 무한평면 (b) 반무한평면

(c) 원 (d) 원통

(e) 원뿔

2.9 왼쪽의 항목들과 오른쪽의 항목들을 서로 일치시켜라. 각각의 답은 하나 또는 그 이상일 수도 있으며, 없을 수도 있다.

(a) $\theta = \pi/4$ (i) 무한평면

(b) $\phi = 2\pi/3$ (ii) 반무한평면

(c) $x = -10$ (iii) 원

(d) $r = 1, \theta = \pi/3, \phi = \pi/2$ (iv) 반원

(e) $\rho = 5$ (v) 직선

(f) $\rho = 3, \phi = 5\pi/3$ (vi) 원추

(g) $\rho = 10, z = 1$ vii) 원통

(h) $r = 4, \phi = \pi/6$ (viii) 구

(i) $r = 5, \theta = \pi/3$ (ix) 정육면체

(x) 점

2.10 $z = 0$, $30° < \phi < 60°$인 쐐기가 있다. 다음 설명 중 틀린 것은?

(a) 쐐기는 xy 평면에 있다.

(b) 쐐기는 무한히 길다.

(c) 쐐기는 $0 < \rho < \infty$에 존재한다.

(d) 쐐기의 단위법선벡터는 $\pm\mathbf{a}_z$이다.

(e) 쐐기는 x축과 y축 어디에도 속하지 않는다.

해답: 2.1b,f, 2.2a, 2.3c, 2.4b, 2.5b, 2.6d, 2.7b, 2.8c, 2.9a-(vi), b-(ii), c-(i), d-(x), e-(vii), f-(v), g-(iii), h-(iv), i-(iii), 2.10b.

문제

2.3~2.4 원통좌표계와 구좌표계

2.1 다음의 직각좌표를 원통좌표와 구좌표로 변환하라.

(a) $P(2, 5, 1)$

(b) $Q(-3, 4, 0)$

(c) $R(6, 2, -4)$

2.2 다음 점들을 직각좌표계로 나타내어라.

(a) $P_1(2, 30^\circ, 5)$

(b) $P_2(1, 90^\circ, -3)$

(c) $P_3(10, \pi/4, \pi/3)$

(d) $P_4(4, 30^\circ, 90^\circ)$

2.3 구좌표계에서 점 $P(1, 50^\circ, 75^\circ)$가 주어져 있다. P에서 $\mathbf{a}_x$, $\mathbf{a}_y$, $\mathbf{a}_z$를 $\mathbf{a}_r$, $\mathbf{a}_\theta$, $\mathbf{a}_\phi$로 표현하라.

2.4 원통좌표계에서 두 점 $A(3, 36^\circ, -4)$와 $B(7, 150^\circ, 3.5)$가 주어져 있다. A와 B 사이의 거리를 구하라.

2.5 구좌표계에서 두 점 $A(4, 28^\circ, 35^\circ)$와 $B(8, 68^\circ, 110^\circ)$가 주어져 있다. A와 B 사이의 거리를 구하라.

2.6 (a) $V = xz - xy + yz$일 때 V를 원통좌표계로 나타내어라.

(b) $U = x^2 + 2y^2 + 3z^2$일 때 U를 구좌표계로 나타내어라.

2.7 다음의 벡터들을 원통좌표계와 구좌표계로 변환하라.

(a) $\mathbf{F} = \dfrac{x\mathbf{a}_x + y\mathbf{a}_y + 4\mathbf{a}_z}{\sqrt{x^2 + y^2 + z^2}}$

(b) $\mathbf{G} = (x^2 + y^2)\left[\dfrac{x\mathbf{a}_x}{\sqrt{x^2 + y^2 + z^2}} + \dfrac{y\mathbf{a}_y}{\sqrt{x^2 + y^2 + z^2}} + \dfrac{z\mathbf{a}_z}{\sqrt{x^2 + y^2 + z^2}}\right]$

2.8 $\mathbf{B} = \sqrt{x^2 + y^2}\,\mathbf{a}_x + \dfrac{y}{\sqrt{x^2 + y^2}}\mathbf{a}_y + z\mathbf{a}_z$라 하자. 이 때의 $\mathbf{B}$를 구좌표계로 변환하라.

2.9 벡터 $\mathbf{A} = 2\mathbf{a}_\rho + 3\mathbf{a}_\phi + 4\mathbf{a}_z$가 주어졌다. 이 때 $\mathbf{A}$를 $(2, \pi/2, -1)$에서 직각좌표계로 변환하라.

2.10 다음 벡터들을 직각좌표계로 나타내어라.

(a) $\mathbf{A} = \rho \sin\phi\, \mathbf{a}_\rho + \rho\cos\phi\,\mathbf{a}_\phi - 2z\,\mathbf{a}_z$

(b) $\mathbf{B} = 4r\cos\phi\,\mathbf{a}_r + r\,\mathbf{a}_\theta$

2.11 벡터장 $\mathbf{F} = \dfrac{4\mathbf{a}_r}{r^2}$이 주어져 있다. **F**를 직각좌표계로 표현하라.

2.12 세 점의 원통좌표는 $A(2, 30°, 3)$, $B(4, 45°, -2)$, $C(7, 60°, 5)$이다. $ABCD$가 평행사변형일 때 네 번째 점 D의 원통좌표를 구하라.

2.13 세 점의 구좌표는 $A(5, 30°, 45°)$, $B(6, 45°, 30°)$, $C(r, 60°, 45°)$이다. 삼각형 ABC가 $\angle B = 90°$인 직각삼각형일 때 r을 구하라.

2.14 T_{cs}는 벡터의 원통좌표 성분을 구좌표 성분으로 변환하는 변환행렬이고, T_{sc}는 벡터의 구좌표 성분을 원통좌표 성분으로 변환하는 변환행렬이다. $T_{cs}T_{sc}$를 구하라.

2.15 두 점의 원통좌표는 $A(2, 15°, 4)$와 $B(5, \phi_2, 13)$로 주어진다. A와 B 사이의 거리가 10일 때, ϕ_2를 구하라.

2.16 반지름이 2인 구면에 있는 두 점의 구좌표는 $A(2, 30°, 15°)$와 $B(2, 60°, 75°)$로 표현된다. 구면에서 측정된 A와 B 사이의 최소거리 s를 구하라.

2.17 점 $P(2, 0, -1)$에서 다음의 내적을 구하라.

(a) $\mathbf{a}_\rho \cdot \mathbf{a}_x$ (b) $\mathbf{a}_\phi \cdot \mathbf{a}_y$

(c) $\mathbf{a}_r \cdot \mathbf{a}_z$

2.18 직각좌표 $P(5, 12, 8)$와 중심이 원점이고 $r = 2$인 구가 있다.

(i) P에서 가장 가까운 구면상의 점 Q의 구좌표를 구하라.

(ii) Q를 직각좌표계로 표현하라.

(iii) P에서 가장 먼 구상의 점 Q'의 구좌표를 구하라.

(iv) Q'을 직각좌표계로 표현하라.

2.19 $\mathbf{A} = 3\mathbf{a}_\rho + 2\mathbf{a}_\phi + \mathbf{a}_z$와 $\mathbf{B} = 5\mathbf{a}_\rho - 8\mathbf{a}_z$가 주어졌다. 다음을 구하라.

(a) $\mathbf{A} + \mathbf{B}$ (b) $\mathbf{A} \cdot \mathbf{B}$

(c) $\mathbf{A} \times \mathbf{B}$ (d) **A**와 **B** 사이의 각

2.20 $\mathbf{G} = 3\rho\mathbf{a}_\rho + \rho\cos\phi\mathbf{a}_\phi - z^2\mathbf{a}_z$가 있다. 점 $Q(3, -4, 6)$에서 **G**의 $\mathbf{a}_x$방향성분을 구하라.

2.21 $\mathbf{G} = yz\mathbf{a}_x + xz\mathbf{a}_y + xy\mathbf{a}_z$가 있다. **G**를 원통좌표계로 변환하라.

2.22 식 (2.15)에서 $(A_\rho, A_\phi, A_z) \rightarrow (A_x, A_y, A_z)$의 변환은 완전하지 않다. $\cos\phi$와 $\sin\phi$를 x, y, z의 항으로 나타내어 완성하라. 식 (2.28)에서의 $(A_r, A_\theta, A_\phi) \rightarrow (A_x, A_y, A_z)$의 변환도 같은 방법으로 완성하라.

2.23 연습문제 2.2의 **A**를 구좌표계로, **B**를 원통좌표계로 나타내어라. 또, $(10, \pi/2, 3\pi/4)$에서의 **A**와 $(2, \pi/6, 1)$에서의 **B**를 구하라.

2.24 다음 두 점 사이의 거리를 계산하라.

(a) (2, 1, 5)와 (6, −1, 2)

(b) (3, $\pi/2$, −1)과 (5, $3\pi/2$, 5)

(c) (10, $\pi/4$, $3\pi/4$)와 (5, $\pi/6$, $7\pi/4$)

2.25 두 점 $P(4, 30°, 0°)$와 $Q(6, 90°, 180°)$ 사이의 거리를 구하라.

2.26 점 (0, 4, −1)에서 $\mathbf{a}_\rho$와 $\mathbf{a}_\phi$를 직각좌표계로 표현하라.

2.27 $\mathbf{A} = (2z - \sin\phi)\mathbf{a}_\rho + (4\rho + 2\cos\phi)\mathbf{a}_\phi - 3\rho z\mathbf{a}_z$와 $\mathbf{B} = \rho\cos\phi\mathbf{a}_\rho + \sin\phi\mathbf{a}_\phi + \mathbf{a}_z$가 있다.

(a) (1, 60°, −1)에서 **A**와 **B** 사이의 최소각을 구하라.

(b) (1, 90°, 0)에서 **A**와 **B** 모두에 수직인 단위법선벡터를 구하라.

2.28 $\mathbf{A} = 2\mathbf{a}_x + 4\mathbf{a}_y + 10\mathbf{a}_z$, $\mathbf{B} = -5\mathbf{a}_\rho + \mathbf{a}_\phi - 3\mathbf{a}_z$로 주어졌다.

(a) 점 $P(0, 2, -5)$에서의 $\mathbf{A} + \mathbf{B}$

(b) 점 P에서 **A**와 **B** 사이의 각

(c) 점 P에서 **B**에 대한 **A**의 스칼라 성분

2.29 $\mathbf{B} = \rho^2\sin\phi\mathbf{a}_\rho + (z-1)\cos\phi\mathbf{a}_\phi + z^2\mathbf{a}_z$가 있다. (4, $\pi/4$, −1)에서 $\mathbf{B}\cdot\mathbf{a}_x$를 구하라.

2.30 좌표 변수들이 혼합된 벡터장이 다음과 같이 주어졌다.

$$\mathbf{G} = \frac{x\cos\phi}{\rho}\mathbf{a}_x + \frac{2yz}{\rho^2}\mathbf{a}_y + \left(1 - \frac{x^2}{\rho^2}\right)\mathbf{a}_z$$

G를 구좌표계로 완전하게 표현하라.

2.5 일정좌표면

2.31 다음 면들의 교차 결과를 구하라.

(a) $x = 2,\ \ y = 5$

(b) $x = 2,\ \ y = -1,\ z = 10$

(c) $r = 10,\ \ \theta = 30°$

(d) $\rho = 5,\ \ \phi = 40°$

(e) $\phi = 60°,\ \ z = 10$

(f) $r = 5,\ \ \phi = 90°$

2.32 $\mathbf{J} = r\sin\theta\cos\phi\ \mathbf{a}_r - \cos 2\theta\sin\phi\ \mathbf{a}_\theta + \tan\frac{\theta}{2}\ln r\ \mathbf{a}_\phi$일 때, $T(2, \pi/2, 3\pi/2)$에서 벡터 **J**의 성분을 구하라.

(a) $\mathbf{a}_z$에 평행 성분

(b) $\phi = 3\pi/2$ 면에 수직 성분

(c) $r = 2$인 구 표면에서 접선 성분

(d) $y = -2$, $z = 0$인 선에 평행 성분

2.33 직각좌표계로 면의 방정식이 $x^2 + y^2 - 3z^2 = 0$, $z \geq 0$이다. 이것이 무엇인지를 알아보고, 이를 구좌표계로 표현하라.

2.34 $\mathbf{r} = x\mathbf{a}_x + y\mathbf{a}_y + z\mathbf{a}_z$일 때 아래와 같이 정의되는 표면을 구하라.

(a) $\mathbf{r} \cdot \mathbf{a}_x + \mathbf{r} \cdot \mathbf{a}_y = 5$

(b) $|\mathbf{r} \times \mathbf{a}_z| = 10$

2.35 직각좌표계로 면의 방정식이 $y - \sqrt{3x} = 0$, $x \geq 0$이다. 이것이 무엇인지를 알아보고, 이를 구좌표계로 표현하라.

2.36 z축을 중심으로 반지름이 1인 원통에서 $\rho = 1$인 면을 생각하자. $x + y + z = 1$인 면은 원통을 절단한다. 면과 원통에 동시에 위치하면서 원점으로부터 가장 먼 점의 직각좌표를 구하라.

2.37 $r = 5$와 $\theta = 30°$인 두 좌표면의 교선이 있다. 교선 C는 곡선이다.

(i) 점 $P(0, -10, 12)$에서 C상의 모든 점까지의 거리 s에 대한 식을 세우고, ϕ의 함수로 그려라.

(ii) 점 $P(0, -10, 12)$에서 가장 가까운 C상의 점의 좌표와 P로부터 가장 먼 점의 좌표를 구하라.

George Gabriel Stokes(1819~1903) 수학자이자 과학자인 Stokes는 아일랜드의 뛰어난 과학자이다. 유체역학 · 광학 · 수리물리학 분야에 큰 공헌을 하였다.

아일랜드의 Sligo에서 Reverend Gabriel Stokes의 막내로 태어났고, 신앙심이 깊었다. 그의 저서 중에는 하느님에 대한 자신의 관점을 표현한 책도 있었다.

Stokes의 전공은 물리학이었지만, 유체역학 중 점성유체의 거동 분야에 큰 공헌을 하였다. 현재 이 방정식들은 Navier-Stokes 방정식으로 알려져 있다. Stokes는 물리학에 종사하는 응용 수학자였다. 그리고 많은 그의 전임자들과 같이 여러 분야에서 독특한 연구를 계속하였다. 그의 수학 · 물리학 분야의 논문은 5권 분량으로 출판되었다. 몇몇 업적은 그의 이름을 따서 사용했다. 그 중에는 Stokes 정리가 있으며, 이번 장에 언급될 것이다. Stokes 정리는 면적분을 선적분으로 변환시킨다.

Carl Friedrich Gauss(1777~1855) 독일의 수학자 · 천문학자 · 물리학자이며, 여러 방면에서 뛰어난 업적을 남긴 수학자이다.

Brunswick에서 노동자의 아들로 태어나 가난하였지만 일찍부터 믿기 어려울 정도의 재능을 가지고 있었다. Gauss는 3세에 읽기와 산수를 터득했다. 1792년 소질을 인정받아 Brunswick의 백작에게 급료를 받으며 연구를 계속하였다. 25세 생일 전 그는 이미 유명인사가 되었다. 30세에 Göttingen대학에서 관측소의 책임자가 되었다. 죽기 직전인 78세까지 47년간 연구하였다. 연구 대부분을 혼자 수행하였으며, 과학 활동을 통하여 엄청난 부자가 되었다. 그는 관측 천문학을 비롯하여 천체역학 · 측량학 · 측지학 · 지자기학 · 전자기학 · 보험계리 · 광학 등 여러 분야의 연구를 하였고, 특히 실험 및 이론 연구에 집중하였다. 1833년 그는 첫 번째 전신을 만들었다. 그는 수학의 모든 분야에서 150여 가지의 중요한 업적을 남겼다. 이런 이유로 그는 수학의 왕자라고 불렸다. 그의 업적에는 최소제곱법, 가우시안 분포, 가우시안 구적법, 발산정리(이번 장에서 논의됨), Gauss의 법칙(4장에서 논의됨), Gauss-Markov의 법칙, Gauss-Jordan 소거법 등이 있다. Gauss는 신앙심이 깊었으며, 보수주의자였다. 그는 사후에도 수학계에서 뛰어난 인물로 칭송받았다.

3장

벡터 미적분학

이 나라는 다양한 민족과 배경을 가지고 수립되었다. 모든 인간은 평등하게 태어났다는 것에 기초하며, 개인의 권리가 위협받을 때 모든 사람의 권리는 약화되게 된다.

–존 F. 케네디

3.1 서론

1장에서는 직각좌표계에서의 벡터 덧셈, 뺄셈, 그리고 곱셈을 주로 다루었고, 2장에서는 이를 다른 좌표계로 확장하였다. 이 장에서는 벡터 미적분학을 다룬다.

이 장에서 소개하는 개념은 일반적으로 전자기학이나 수학에서의 기본적인 생각을 표현하기 위한 편리한 언어를 제공한다. 학생들은 아마도 처음에는 이 개념들에 대해 익숙하지 않다고 느낄 수 있고, 이 개념이 왜 편리한지 모를 것이다. 그런 학생들은 수학적 풀이 기법을 익히는 데 관심을 갖기 바라며, 이러한 개념들의 응용은 이후의 장들에서 기대하기 바란다.

3.2 미소 길이, 면적, 체적

길이, 면적, 그리고 체적에서의 미분요소는 벡터 미적분학에서 중요하다. 직각, 원통, 그리고 구좌표계에서 이들을 정의한다.

A. 직각좌표계

그림 3.1로부터 점 S에서 미소변위 $d\mathbf{l}$은 점 $S(x, y, z)$로부터 점 $B(x + dx, y + dy, z + dz)$로 향하는 벡터임을 알 수 있다.

1. 미소변위는 다음과 같다.

$$\boxed{d\mathbf{l} = dx\,\mathbf{a}_x + dy\,\mathbf{a}_y + dz\,\mathbf{a}_z} \tag{3.1}$$

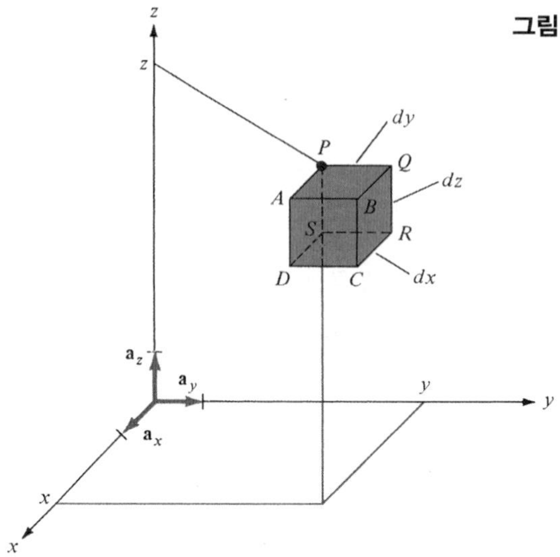

그림 3.1 오른손 직각좌표계에서의 미분요소

2. 법선방향의 미소면적은 다음과 같으며, 그림 3.2에 나타내었다.

$$\boxed{\begin{aligned} d\mathbf{S} &= dy\,dz\,\mathbf{a}_x \\ &\quad dx\,dz\,\mathbf{a}_y \\ &\quad dx\,dy\,\mathbf{a}_z \end{aligned}} \tag{3.2}$$

3. 미소체적은 다음과 같다.

$$\boxed{dv = dx\,dy\,dz} \tag{3.3}$$

이러한 미분요소는 이 책 전체에 걸쳐 반복해서 언급되므로 매우 중요하다. 학생들은 이것을 암기하지 말고 그림 3.1과 그림 3.2로부터 유도하는 방법을 아는 것이 중요하다. 식 (3.1)~(3.3)까지에서 $d\mathbf{l}$과 $d\mathbf{S}$는 벡터인 반면에 dv는 스칼라이다. 그림 3.1에서 만약 점 P에서 Q(또는 Q에서 P)로 이동한다면 y방향으로 움직이는 것이기 때문에 $d\mathbf{l} = dy\,\mathbf{a}_y$로 표

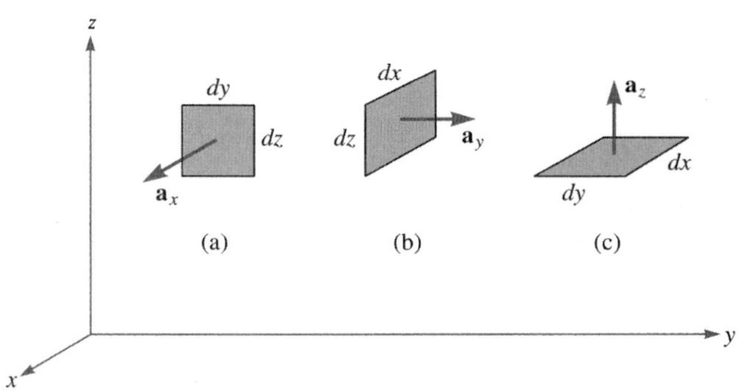

그림 3.2 직각좌표계에서의 법선방향 미소면적: (a) $d\mathbf{S} = dy\ dz\ \mathbf{a}_x$, (b) $d\mathbf{S} = dx\ dz\ \mathbf{a}_y$, (c) $d\mathbf{S} = dx\ dy\ \mathbf{a}_z$

현되고, 점 Q에서 S(또는 S에서 Q)로 움직일 때는 y축을 따라 dy, z축을 따라 dz, 그리고 $dx = 0$(x방향으로의 이동은 없다)이기 때문에 $d\mathbf{l} = dy\ \mathbf{a}_y + dz\ \mathbf{a}_z$이다. 마찬가지로, 점 D에서 Q(또는 Q에서 D)로 이동시킬 때는 $d\mathbf{l} = dx\ \mathbf{a}_x + dy\ \mathbf{a}_y + dz\ \mathbf{a}_z$가 된다.

$d\mathbf{S}$를 정의하는 것은 중요하다. 미소면(또는 면적) 요소 $d\mathbf{S}$는 일반적으로 다음과 같이 정의한다.

$$d\mathbf{S} = dS\ \mathbf{a}_n \tag{3.4}$$

여기서 dS는 면요소의 면적이고, $\mathbf{a}_n$은 면 dS에 수직인 단위법선벡터(만약 dS가 체적을 나타내는 면의 일부분이라면 체적으로부터 멀어지는 방향)이다. 예를 들어 그림 3.1에서 면 $ABCD$에 대해서는 $d\mathbf{S} = dy\ dz\ \mathbf{a}_x$인 반면에 면 $PQRS$에서는 $\mathbf{a}_n = -\mathbf{a}_x$가 $PQRS$에 법선벡터이므로 $d\mathbf{S} = -dy\ dz\ \mathbf{a}_x$이다.

미분요소에 대해서 항상 기억해야 할 것은 $d\mathbf{l}$이며, 이것으로부터 어떻게 $d\mathbf{S}$와 dv를 얻는가 하는 것이다. $d\mathbf{l}$을 기억하고 있으면 $d\mathbf{S}$와 dv는 쉽게 구할 수 있다. 예를 들어 $d\mathbf{S}$의 $\mathbf{a}_x$성분은 식 (3.1)에서 $d\mathbf{l}$로부터 $d\mathbf{l}$의 $\mathbf{a}_y$와 $\mathbf{a}_z$성분을 곱하여 구할 수 있다. 즉 $dy\ dz\ \mathbf{a}_x$를 구할 수 있다. 마찬가지로 $d\mathbf{S}$의 $\mathbf{a}_z$성분은 $d\mathbf{l}$의 $\mathbf{a}_x$와 $\mathbf{a}_y$성분을 곱하여 $dx\ dy\ \mathbf{a}_z$를 구할 수 있다. 또한 dv는 $d\mathbf{l}$의 세 성분의 곱으로, 즉 $dx\ dy\ dz$를 구할 수 있다. 직각좌표계에서 전개한 개념을 다른 좌표계로 확장해 보자.

B. 원통좌표계

그림 3.3으로부터 원통좌표계에서 미분요소는 다음과 같다.

1. 미소변위는 다음과 같다.

$$\boxed{d\mathbf{l} = d\rho\ \mathbf{a}_\rho + \rho\ d\phi\ \mathbf{a}_\phi + dz\ \mathbf{a}_z} \tag{3.5}$$

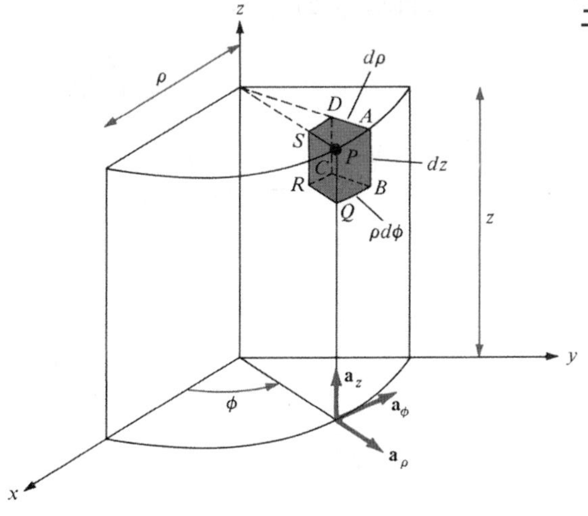

그림 3.3 원통좌표계에서의 미분요소

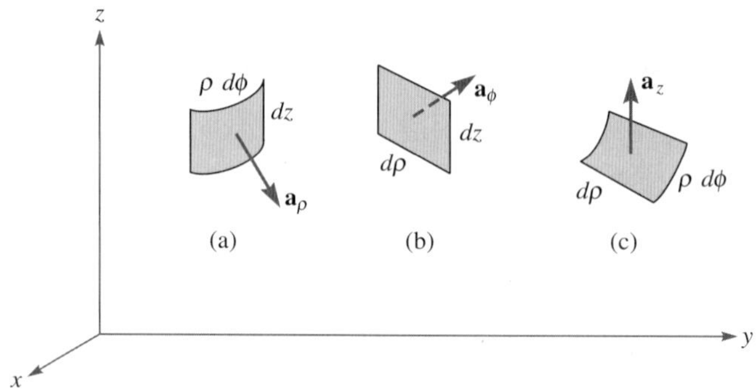

그림 3.4 원통좌표계에서의 법선방향 미소면적:
(a) $d\mathbf{S} = \rho\ d\phi\ dz\ \mathbf{a}_\rho$, (b) $d\mathbf{S} = d\rho\ dz\ \mathbf{a}_\phi$, (c) $d\mathbf{S} = \rho\ d\rho\ d\phi\ \mathbf{a}_z$

2. 법선방향의 미소면적은 다음과 같으며, 그림 3.4에 나타내었다.

$$\boxed{\begin{aligned} d\mathbf{S} = &\ \rho\, d\phi\, dz\, \mathbf{a}_\rho \\ &\ d\rho\, dz\, \mathbf{a}_\phi \\ &\ \rho\, d\rho\, d\phi\, \mathbf{a}_z \end{aligned}} \tag{3.6}$$

3. 미소체적은 다음과 같다.

$$\boxed{dv = \rho\, d\rho\, d\phi\, dz} \tag{3.7}$$

앞 절의 직각좌표계에서 언급했던 것처럼 $d\mathbf{l}$만 기억하면 된다. $d\mathbf{S}$와 dv는 $d\mathbf{l}$로부터 쉽게 구할 수 있다. 예를 들어 $d\mathbf{S}$의 $\mathbf{a}_z$성분은 $d\mathbf{l}$의 $\mathbf{a}_\rho$와 $\mathbf{a}_\phi$ 성분의 곱, 즉 $d\rho\ \rho\ d\phi\ \mathbf{a}_z$이다. 또한 dv는 $d\mathbf{l}$의 세 성분의 곱, $d\rho\ \rho\ d\phi\ dz$이다.

C. 구좌표계

그림 3.5로부터 구좌표계의 미분요소는 다음과 같다.

1. 미소변위는 다음과 같다.

$$\boxed{d\mathbf{l} = dr\, \mathbf{a}_r + r\, d\theta\, \mathbf{a}_\theta + r \sin\theta\, d\phi\, \mathbf{a}_\phi} \tag{3.8}$$

2. 법선방향의 미소면적은 다음과 같으며, 그림 3.6에 나타내었다.

$$\boxed{\begin{aligned} d\mathbf{S} = &\ r^2 \sin\theta\, d\theta\, d\phi\, \mathbf{a}_r \\ &\ r \sin\theta\, dr\, d\phi\, \mathbf{a}_\theta \\ &\ r\, dr\, d\theta\, \mathbf{a}_\phi \end{aligned}} \tag{3.9}$$

3. 미소체적은 다음과 같다.

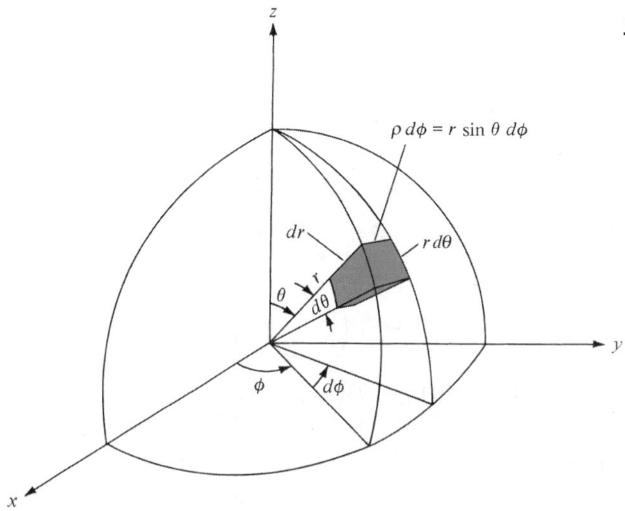

그림 3.5 구좌표계에서의 미분요소

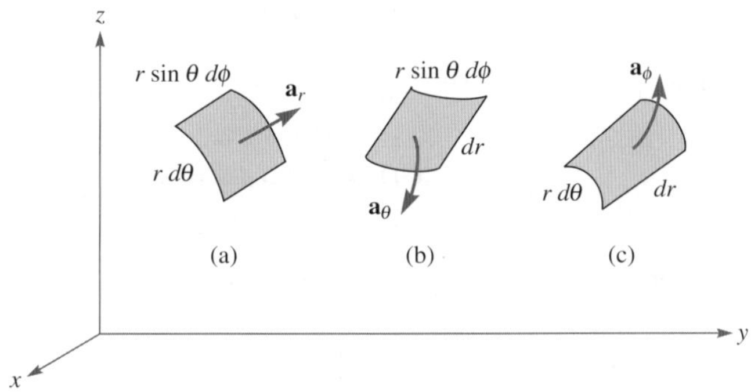

그림 3.6 구좌표계에서의 법선방향 미소면적: (a) $d\mathbf{S} = r^2 \sin\theta\, d\theta\, d\phi\, \mathbf{a}_r$, (b) $d\mathbf{S} = r \sin\theta\, dr\, d\phi\, \mathbf{a}_\theta$, (c) $d\mathbf{S} = r\, dr\, d\theta\, \mathbf{a}_\phi$

$$\boxed{dv = r^2 \sin\theta\, dr\, d\theta\, d\phi} \tag{3.10}$$

여기서도 $d\mathbf{l}$만 기억하면 된다. $d\mathbf{S}$와 dv는 $d\mathbf{l}$로부터 쉽게 구할 수 있다. 예를 들어 $d\mathbf{S}$의 $\mathbf{a}_\theta$성분은 $d\mathbf{l}$의 $\mathbf{a}_r$과 $\mathbf{a}_\phi$성분의 곱으로 구할 수 있으며, 즉 $dr \cdot r \sin\theta\, d\phi$이다. dv는 $d\mathbf{l}$의 세 성분의 곱, 즉 $dr \cdot r\, d\theta \cdot r \sin\theta\, d\phi$를 구할 수 있다.

예제 3.1

그림 3.7에서 다음을 계산하라.

(a) BC의 길이

(b) CD의 길이

(c) $ABCD$의 면적

(d) ABO의 면적

(e) $AOFD$의 면적

(f) $ABDCFO$의 체적

풀이

점 A, B, C, D가 직각좌표계로 주어졌지만 물체는 원통형 대칭성을 가지고 있다. 그러므로 이 문제는 원통좌표계에서 푼다. 점들은 직각좌표에서 원통좌표로 다음과 같이 변환된다.

$$A(5,0,0) \rightarrow A(5,0°,0)$$

$$B(0,5,0) \rightarrow B\left(5,\frac{\pi}{2},0\right)$$

$$C(0,5,10) \rightarrow C\left(5,\frac{\pi}{2},10\right)$$

$$D(5,0,10) \rightarrow D(5,0°,10)$$

(a) BC를 따라 $dl = dz$이다. 그러므로

$$BC = \int_L dl = \int_0^{10} dz = 10$$

(b) CD를 따라 $dl = \rho\, d\phi$이고, $\rho = 5$이므로

$$CD = \int_0^{\pi/2} \rho\, d\phi = 5\,\phi\Big|_0^{\pi/2} = 2.5\pi$$

(c) $ABCD$에 대해 $dS = \rho\, d\phi\, dz, \rho = 5$이므로

$$ABCD\text{의 면적} = \int_S d\mathbf{S} = \int_{\phi=0}^{\pi/2}\int_{z=0}^{10} \rho\, d\phi\, dz = 5\int_0^{\pi/2} d\phi \int_0^{10} dz\Big|_{\rho=5} = 25\pi$$

(d) ABO에 대해 $dS = \rho\, d\phi\, d\rho$이고, $z = 0$이므로

$$ABO\text{의 면적} = \int_{\phi=0}^{\pi/2}\int_{\rho=0}^{5} \rho\, d\phi\, d\rho = \int_0^{\pi/2} d\phi \int_0^5 \rho\, d\rho = 6.25\pi$$

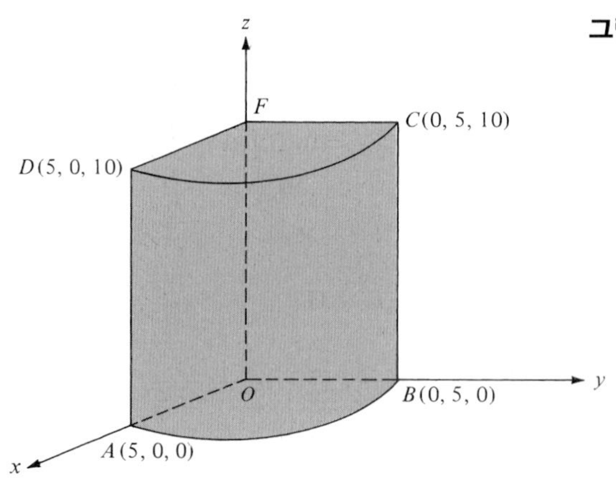

그림 3.7 예제 3.1의 그림

(e) $AOFD$에 대해 $dS = d\rho\, dz$이고, $\phi = 0°$이므로

$$AOFD\text{의 면적} = \int_{\rho=0}^{5} \int_{z=0}^{10} d\rho\, dz = 50$$

(f) $ABDCFO$에 대해 $dv = \rho\, d\phi\, dz\, d\rho$이므로

$$v = \int_v dv = \int_{\rho=0}^{5} \int_{\phi=0}^{\pi/2} \int_{z=0}^{10} \rho\, d\phi\, dz\, d\rho = \int_0^{10} dz \int_0^{\pi/2} d\phi \int_0^5 \rho\, d\rho = 62.5\pi$$

연습문제 3.1

그림 3.8에서 미소길이는 무시하고 물체는 구각의 한 부분이라고 가정한다. 이 구각은 $3 \leq r \leq 5$, $60° \leq \theta \leq 90°$, $45° \leq \phi \leq 60°$로 표현되고, $r = 3$인 면은 $AEHD$, $\theta = 60°$인 면은 $AEFB$이고, $\phi = 45°$인 면은 $ABCD$이다. 다음을 계산하라.

(a) DH호의 길이

(b) FG호의 길이

(c) $AEHD$의 면적

(d) $ABCD$의 면적

(e) 물체의 체적

해답: (a) 0.7854, (b) 2.618, (c) 1.179, (d) 4.189, (e) 4.276

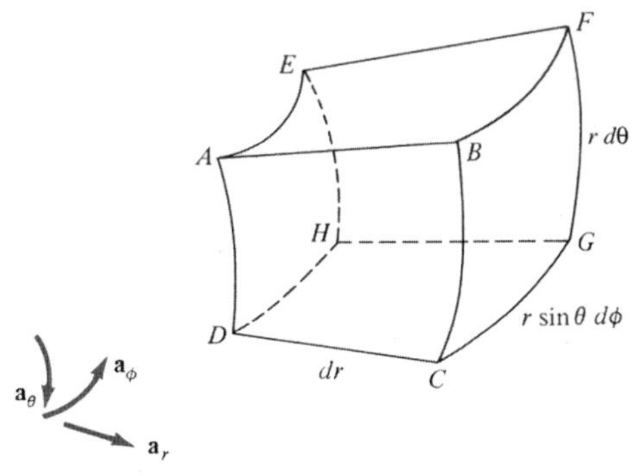

그림 3.8 연습문제 3.1(그리고 복습문제 3.3)의 그림

3.3 선, 면, 체적적분

잘 알려진 적분의 개념을 벡터를 포함하는 적분의 경우로 확장한다. 선이란 공간에서의 곡선을 따른 경로를 의미한다. 이 책에서 **선**, **곡선**, **경로**와 같은 용어를 호환성 있게 섞어서 사용할 것이다.

> **선적분** $\int_L \mathbf{A} \cdot d\mathbf{l}$은 곡선 L을 따른 $\mathbf{A}$의 접선성분의 적분이다.

벡터장 $\mathbf{A}$와 곡선 L이 주어졌을 때, 적분은 경로 L을 따른 $\mathbf{A}$의 **선적분**이라고 정의한다(그림 3.9 참조).

$$\int_L \mathbf{A} \cdot d\mathbf{l} = \int_a^b |\mathbf{A}| \cos\theta \, dl \tag{3.11}$$

만약 적분경로가 그림 3.9에서와 같이 $abca$로 된 폐곡선이면, 식 (3.11)은 폐경로에 대한 적분

$$\oint_L \mathbf{A} \cdot d\mathbf{l} \tag{3.12}$$

이 되고, 이를 L을 따른 $\mathbf{A}$의 **순환**(circulation)이라고 부른다. 선적분에 대한 흔한 예로 입자에 대하여 한 일을 들 수 있다. 이 경우에 $\mathbf{A}$는 $\mathbf{F}$이며, 수식은 다음과 같이 표현할 수 있다.

$$\int_P^Q F \cdot d1 = \int_{X_P}^{X_Q} F_x \, dx + \int_{Y_P}^{Y_Q} F_y \, dy + \int_{Z_P}^{Z_Q} F_z \, dz$$

주어진 벡터장 $\mathbf{A}$가 매끄러운 표면 S를 포함하는 영역에서 연속일 때, S를 통한 $\mathbf{A}$의 **면적분** 또는 **선속**(flux)은(그림 3.10 참조)

$$\Psi = \int_S |\mathbf{A}| \cos\theta \, dS = \int_S \mathbf{A} \cdot \mathbf{a}_n \, dS$$

또는 간단하게

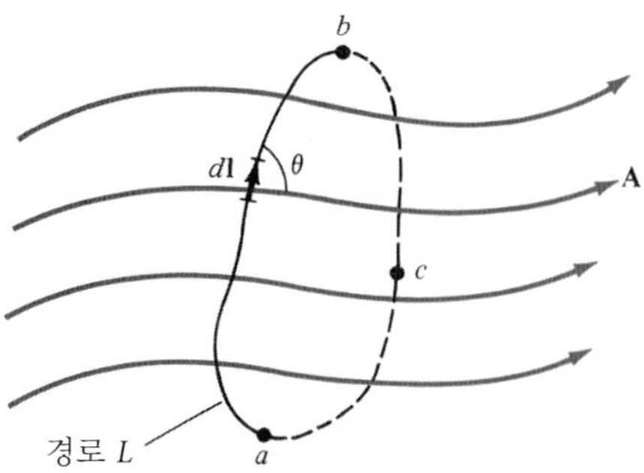

그림 3.9 벡터장 $\mathbf{A}$의 적분경로

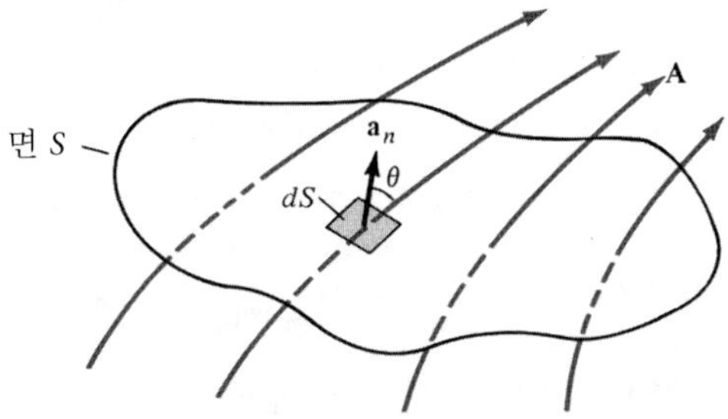

그림 3.10 표면 S를 통과하는 벡터장 $\mathbf{A}$의 선속

$$\boxed{\Psi = \int_S \mathbf{A} \cdot d\mathbf{S}} \tag{3.13}$$

로 정의한다. 여기서 면 S상의 임의의 점에서 $\mathbf{a}_n$은 S에 대한 단위법선벡터이다. 폐곡면(어떤 체적을 정의하는)의 경우 식 (3.13)은

$$\Psi = \oint_S \mathbf{A} \cdot d\mathbf{S} \tag{3.14}$$

가 되며, 이것은 S를 통하여 밖으로 나가는 **A의 순 선속**이라고 한다. 폐경로는 개곡면을 정의하는 반면에, 폐곡면은 체적을 정의한다는 것에 주목하라(그림 3.12와 3.17 참조).

아래의 적분

$$\int_v \rho_v \, dv \tag{3.15}$$

를 체적 v에 대한 스칼라 ρ_v의 **체적적분**이라고 정의한다. 선, 면, 또는 체적적분의 물리적인 의미는 $\mathbf{A}$나 ρ_v에 의해 표현되는 물리량의 성질에 의존한다. $d\mathbf{l}$, $d\mathbf{S}$, dv는 3.2절에서 모두 정의되었다.

예제 3.2

$\mathbf{F} = x^2\mathbf{a}_x - xz\mathbf{a}_y - y^2\mathbf{a}_z$일 때 그림 3.11에서 나타낸 폐경로를 따른 $\mathbf{F}$의 순환을 계산하라.

풀이

경로 L에 따른 $\mathbf{F}$의 순환은

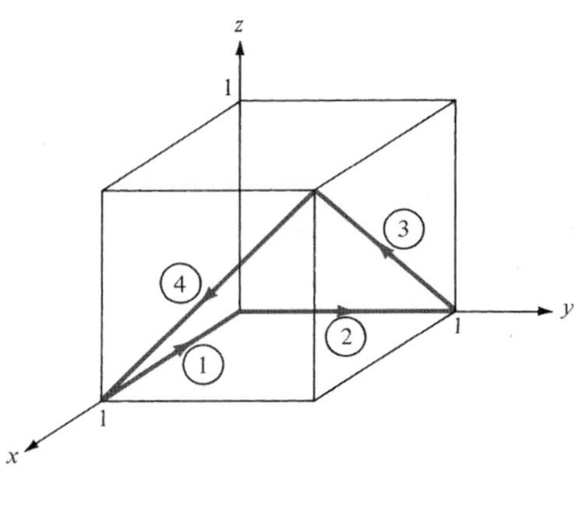

그림 3.11 예제 3.2의 그림

$$\oint_L \mathbf{F}\cdot d\mathbf{l} = \left(\int_{①} + \int_{②} + \int_{③} + \int_{④}\right)\mathbf{F}\cdot d\mathbf{l}$$

로 주어진다. 여기서 경로는 그림 3.11과 같이 1에서 4까지의 구간으로 나눈다.

선분 ①에서는 $y = 0 = z$이므로

$$\mathbf{F} = x^2\mathbf{a}_x - xz\mathbf{a}_y - y^2\mathbf{a}_z, \quad d\mathbf{l} = dx\,\mathbf{a}_x$$

$d\mathbf{l}$은 항상 $+\mathbf{a}_x$방향을 취하기 때문에 선분 ①에서의 적분방향은 적분의 극한에 의해 결정됨에 유의하라. 또한 $d\mathbf{l}$은 $\mathbf{a}_x$방향을 취하기 때문에 내적의 정의에 따라 벡터 $\mathbf{F}$의 $\mathbf{a}_x$성분에 대해서만 적분이 행하여진다. 그러므로

$$\int_1 \mathbf{F}\cdot d\mathbf{l} = \int_1^0 x^2dx = \left.\frac{x^3}{3}\right|_1^0 = -\frac{1}{3}$$

선분 ②에서는 $x = 0 = z$, $\mathbf{F} = -y^2\mathbf{a}_z$, $d\mathbf{l} = dy\,\mathbf{a}_y$이므로 $\mathbf{F}\cdot d\mathbf{l} = 0$이다. 따라서

$$\int_{②} \mathbf{F}\cdot d\mathbf{l} = 0$$

선분 ③에서는 $y = 1$, $\mathbf{F} = x^2\mathbf{a}_x - xz\mathbf{a}_y - \mathbf{a}_z$, 그리고 $d\mathbf{l} = dx\,\mathbf{a}_x + dz\,\mathbf{a}_z$이므로

$$\int_{③} \mathbf{F}\cdot d\mathbf{l} = \int (x^2dx - dz)$$

그러나 ③에서 $z = x$, 즉 $dx = dz$이므로

$$\int_{③} \mathbf{F}\cdot d\mathbf{l} = \int_0^1 (x^2 - 1)\,dx = \left.\frac{x^3}{3} - x\right|_0^1 = -\frac{2}{3}$$

선분 ④에서는 $x = 1$, $\mathbf{F} = \mathbf{a}_x - z\mathbf{a}_y - y^2\mathbf{a}_z$, 그리고 $d\mathbf{l} = dy\,\mathbf{a}_y + dz\,\mathbf{a}_z$이다. 따라서

$$\int_{④} \mathbf{F}\cdot d\mathbf{l} = \int (-z\,dy - y^2dz)$$

그러나 ④에서는 $z = y$, 즉 $dz = dy$이므로

$$\int_{④} \mathbf{F}\cdot d\mathbf{l} = \int_1^0 (-y - y^2)\,dy = \left.-\frac{y^2}{2} - \frac{y^3}{3}\right|_1^0 = \frac{5}{6}$$

이들을 모두 합치면 다음을 얻는다.

$$\oint_L \mathbf{F}\cdot d\mathbf{l} = -\frac{1}{3} + 0 - \frac{2}{3} + \frac{5}{6} = -\frac{1}{6}$$

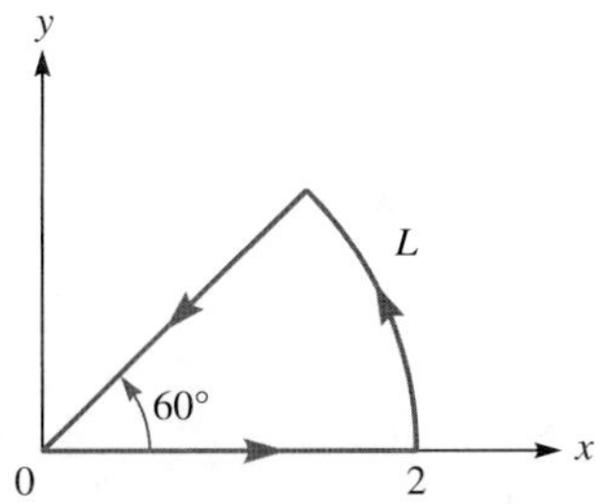

그림 3.12 연습문제 3.2의 그림

연습문제 3.2

다음 벡터의 순환을 계산하라.

$$\mathbf{A} = \rho \cos \phi \, \mathbf{a}_\rho + z \sin \phi \, \mathbf{a}_z$$

경로는 그림 3.12와 같이 $0 \leq \rho \leq 2$, $0 \leq \phi \leq 60°$, $z = 0$으로 정의되는 쐐기모양의 가장자리 L의 둘레이다.

해답: 1

3.4 델 연산자

델 연산자는 ∇로 표시되는 미분연산자이다. 직각좌표계인 경우

$$\boxed{\nabla = \frac{\partial}{\partial x}\mathbf{a}_x + \frac{\partial}{\partial y}\mathbf{a}_y + \frac{\partial}{\partial z}\mathbf{a}_z} \tag{3.16}$$

기울기 연산자로 알려진 이 벡터 미분연산자는 그 자체가 벡터는 아니지만, 스칼라 함수에 사용하면 벡터로 된다. 이 연산자는 다음과 같이 정의하는 데 유용하다.

1. 스칼라 V의 기울기는 ∇V로 나타낸다.
2. 벡터 $\mathbf{A}$의 발산은 $\nabla \cdot \mathbf{A}$로 나타낸다.
3. 벡터 $\mathbf{A}$의 회전은 $\nabla \times \mathbf{A}$로 나타낸다.
4. 스칼라 V의 Laplacian은 $\nabla^2 V$로 나타낸다.

이들 각각에 대해서는 이후의 절에서 상세히 다룰 것이다. 그 전에 원통좌표계와 구좌표계에서 델 연산자 ∇의 표현식을 얻는 것이 적절하며, 2.3절과 2.4절의 변환공식을 사용하여 쉽게 구할 수 있다.

ρ, ϕ, z로 표현된 ∇을 얻기 위해서[1]

$$\rho = \sqrt{x^2 + y^2}, \quad \tan\phi = \frac{y}{x}$$

그러므로

$$\frac{\partial}{\partial x} = \cos\phi\,\frac{\partial}{\partial\rho} - \frac{\sin\phi}{\rho}\,\frac{\partial}{\partial\phi} \tag{3.17}$$

$$\frac{\partial}{\partial y} = \sin\phi\,\frac{\partial}{\partial\rho} + \frac{\cos\phi}{\rho}\,\frac{\partial}{\partial\phi} \tag{3.18}$$

식 (3.16)에 식 (3.17)과 (3.18)을 대입하고 식 (2.9)를 이용하면 원통좌표계에서의 ∇을 다음과 같이 구할 수 있다.

$$\boxed{\nabla = \mathbf{a}_\rho\,\frac{\partial}{\partial\rho} + \mathbf{a}_\phi\,\frac{1}{\rho}\,\frac{\partial}{\partial\phi} + \mathbf{a}_z\,\frac{\partial}{\partial z}} \tag{3.19}$$

비슷하게 r, θ, ϕ로 표현된 ∇을 얻기 위해서 식 (2.7)로부터

$$r = \sqrt{x^2 + y^2 + z^2}, \quad \tan\theta = \frac{\sqrt{x^2 + y^2}}{z}, \quad \tan\phi = \frac{y}{x}$$

을 사용하면

$$\frac{\partial}{\partial x} = \sin\theta\cos\phi\,\frac{\partial}{\partial r} + \frac{\cos\theta\cos\phi}{r}\,\frac{\partial}{\partial\theta} - \frac{\sin\phi}{\rho}\,\frac{\partial}{\partial\phi} \tag{3.20}$$

$$\frac{\partial}{\partial y} = \sin\theta\sin\phi\,\frac{\partial}{\partial r} + \frac{\cos\theta\sin\phi}{r}\,\frac{\partial}{\partial\theta} + \frac{\cos\phi}{\rho}\,\frac{\partial}{\partial\phi} \tag{3.21}$$

$$\frac{\partial}{\partial z} = \cos\theta\,\frac{\partial}{\partial r} - \frac{\sin\theta}{r}\,\frac{\partial}{\partial\theta} \tag{3.22}$$

가 된다. 식 (3.16)에 식 (3.20)부터 (3.22)까지를 대입하고 식 (2.23)을 사용하면 구좌표계에서의 ∇은 다음과 같다.

$$\boxed{\nabla = \mathbf{a}_r\,\frac{\partial}{\partial r} + \mathbf{a}_\theta\,\frac{1}{r}\,\frac{\partial}{\partial\theta} + \mathbf{a}_\phi\,\frac{1}{r\sin\theta}\,\frac{\partial}{\partial\phi}} \tag{3.23}$$

---

1) 보다 일반적인 델 연산자 ∇의 파생 형태인 $\nabla \cdot \mathbf{A}$, $\nabla \times \mathbf{A}$, $\nabla^2 V$에서는 곡선좌표가 사용된다. [참고] M. R. Spiegel, *Vector Analysis and an Introduction to Tensor Analysis*. New York: McGraw-Hill, 1959, pp. 135~165.

식 (3.19)와 (3.23)에서 단위벡터는 각도에 의존하기 때문에 미분연산자의 왼쪽에 위치하는 것에 유의하라.

3.5 스칼라의 기울기

어떤 점에서 스칼라장의 기울기는 그점에서의 장의 최대 변화율이다.

> 스칼라장 V의 **기울기**는 V의 최대 공간증가율의 크기와 방향을 동시에 나타내는 벡터이다.

기울기의 수학적 표현식은 그림 3.13의 점 P_1과 P_2 사이의 장의 차이 dV를 구하여 얻는다. 여기서 V_1, V_2, V_3는 V가 일정한 곳의 경로이다. 미적분학으로부터

$$\begin{aligned} dV &= \frac{\partial V}{\partial x} dx + \frac{\partial V}{\partial y} dy + \frac{\partial V}{\partial z} dz \\ &= \left(\frac{\partial V}{\partial x} \mathbf{a}_x + \frac{\partial V}{\partial y} \mathbf{a}_y + \frac{\partial V}{\partial z} \mathbf{a}_z \right) \cdot (dx\,\mathbf{a}_x + dy\,\mathbf{a}_y + dz\,\mathbf{a}_z) \end{aligned} \tag{3.24}$$

간단하게 표현하기 위해서

$$\mathbf{G} = \frac{\partial V}{\partial x} \mathbf{a}_x + \frac{\partial V}{\partial y} \mathbf{a}_y + \frac{\partial V}{\partial z} \mathbf{a}_z \tag{3.25}$$

라고 하면

$$dV = \mathbf{G} \cdot d\mathbf{l} = G \cos\theta \, dl$$

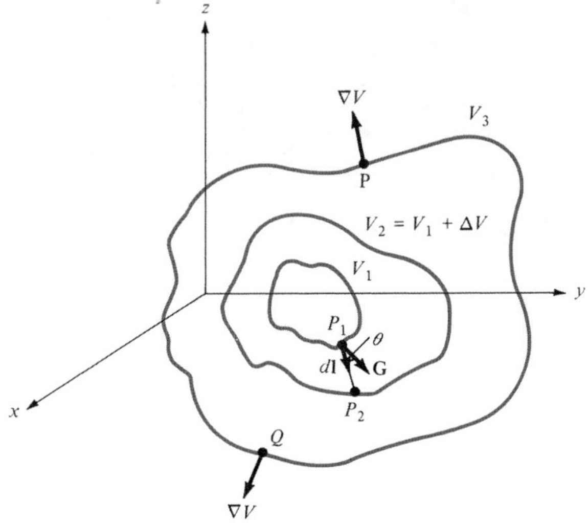

그림 3.13 스칼라의 기울기

또는

$$\frac{dV}{dl} = G\cos\theta \tag{3.26}$$

이다. 여기서 $d\mathbf{l}$은 점 P_1으로부터 P_2까지의 미소변위이고, θ는 $\mathbf{G}$와 $d\mathbf{l}$ 사이의 각이다. 식 (3.26)으로부터 $\theta = 0$일 때, 즉 $\mathbf{G}$와 $d\mathbf{l}$의 방향이 같을 때 dV/dl가 최대임을 알 수 있다. 그러므로

$$\left.\frac{dV}{dl}\right|_{\max} = \frac{dV}{dn} = G \tag{3.27}$$

여기서 dV/dn는 법선 도함수이다. G는 V의 최대 변화율의 크기와 방향을 갖는다. 정의에 의해 $\mathbf{G}$는 V의 기울기이다. 그러므로

$$\text{grad } V = \nabla V = \frac{\partial V}{\partial x}\mathbf{a}_x + \frac{\partial V}{\partial y}\mathbf{a}_y + \frac{\partial V}{\partial z}\mathbf{a}_z \tag{3.28}$$

식 (3.16), (3.19), 그리고 (3.23)과 함께 식 (3.28)을 사용하면 V의 기울기를 직각, 원통, 구 좌표계로 나타낼 수 있다.

직각좌표계의 경우

$$\boxed{\nabla V = \frac{\partial V}{\partial x}\mathbf{a}_x + \frac{\partial V}{\partial y}\mathbf{a}_y + \frac{\partial V}{\partial z}\mathbf{a}_z}$$

원통좌표계의 경우

$$\boxed{\nabla V = \frac{\partial V}{\partial \rho}\mathbf{a}_\rho + \frac{1}{\rho}\frac{\partial V}{\partial \phi}\mathbf{a}_\phi + \frac{\partial V}{\partial z}\mathbf{a}_z} \tag{3.29}$$

구좌표계의 경우

$$\boxed{\nabla V = \frac{\partial V}{\partial r}\mathbf{a}_r + \frac{1}{r}\frac{\partial V}{\partial \theta}\mathbf{a}_\theta + \frac{1}{r\sin\theta}\frac{\partial V}{\partial \phi}\mathbf{a}_\phi} \tag{3.30}$$

쉽게 증명이 되는 다음의 기울기에 관한 계산공식을 주목하여야 한다.

(i) $\nabla(V + U) = \nabla V + \nabla U$ (3.31a)

(ii) $\nabla(VU) = V\nabla U + U\nabla V$ (3.31b)

(iii) $\nabla\left[\frac{V}{U}\right] = \frac{U\nabla V - V\nabla U}{U^2}$ (3.31c)

(iv) $\nabla V^n = nV^{n-1}\nabla V$ (3.31d)

여기서 U와 V는 스칼라이고, n은 정수이다.

또한 스칼라장 V의 기울기는 다음과 같은 기본적인 성질을 가지고 있다.

1. ∇V의 크기는 단위길이당 V의 최대 변화율과 같다.
2. ∇V는 V의 최대 변화율의 방향을 가리킨다.
3. 임의의 점에서의 ∇V는 이 점을 지나는 V가 일정한 면에 수직이다(그림 3.13의 점 P와 Q 참고).
4. 단위벡터 $\mathbf{a}$방향으로의 ∇V의 투영(또는 성분)은 $\nabla V \cdot \mathbf{a}$이고, $\mathbf{a}$방향에 따른 V의 **방향성 도함수**라 한다. 이것은 $\mathbf{a}$방향에서의 V의 변화율이다. 예를 들어 식 (3.26)에서 dV/dl는 그림 3.13과 같이 P_1P_2방향에 따른 V의 방향성 도함수이다. 그러므로 스칼라 함수 V의 기울기로부터 V가 가장 급격하게 변하는 방향과 V의 최대 방향성 도함수의 크기를 알 수 있다.
5. 만약 $\mathbf{A} = \nabla V$이면 V를 $\mathbf{A}$의 스칼라 포텐셜이라고 한다.

예제 3.3

다음 스칼라장의 기울기를 계산하라.

(a) $V = e^{-z} \sin 2x \cosh y$

(b) $U = \rho^2 z \cos 2\phi$

(c) $W = 10r \sin^2 \theta \cos \phi$

풀이

(a)
$$\begin{aligned}\nabla V &= \frac{\partial V}{\partial x}\mathbf{a}_x + \frac{\partial V}{\partial y}\mathbf{a}_y + \frac{\partial V}{\partial z}\mathbf{a}_z \\ &= 2e^{-z}\cos 2x \cosh y\,\mathbf{a}_x + e^{-z}\sin 2x \sinh y\,\mathbf{a}_y - e^{-z}\sin 2x \cosh y\,\mathbf{a}_z\end{aligned}$$

(b)
$$\begin{aligned}\nabla U &= \frac{\partial U}{\partial \rho}\mathbf{a}_\rho + \frac{1}{\rho}\frac{\partial U}{\partial \phi}\mathbf{a}_\phi + \frac{\partial U}{\partial z}\mathbf{a}_z \\ &= 2\rho z \cos 2\phi\,\mathbf{a}_\rho - 2\rho z \sin 2\phi\,\mathbf{a}_\phi + \rho^2 \cos 2\phi\,\mathbf{a}_z\end{aligned}$$

(c)
$$\begin{aligned}\nabla W &= \frac{\partial W}{\partial r}\mathbf{a}_r + \frac{1}{r}\frac{\partial W}{\partial \theta}\mathbf{a}_\theta + \frac{1}{r\sin\theta}\frac{\partial W}{\partial \phi}\mathbf{a}_\phi \\ &= 10\sin^2\theta\cos\phi\,\mathbf{a}_r + 10\sin 2\theta \cos\phi\,\mathbf{a}_\theta - 10\sin\theta\sin\phi\,\mathbf{a}_\phi\end{aligned}$$

연습문제 3.3

다음 스칼라장의 기울기를 계산하라.

(a) $U = x^2 y + xyz$

(b) $V = \rho z \sin \phi + z^2 \cos^2 \phi + \rho^2$

(c) $f = \cos\theta \sin\phi \ln r + r^2\phi$

해답: (a) $y(2x + z)\mathbf{a}_x + x(x + z)\mathbf{a}_y + xy\mathbf{a}_z$

(b) $(z \sin\phi + 2\rho)\mathbf{a}_\rho + \left(z\cos\phi - \dfrac{z^2}{\rho}\sin 2\phi\right)\mathbf{a}_\phi +$
$(\rho\sin\phi + 2z\cos^2\phi)\mathbf{a}_z$

(c) $\left(\dfrac{\cos\theta\sin\phi}{r} + 2r\phi\right)\mathbf{a}_r - \dfrac{\sin\theta\sin\phi}{r}\ln r\,\mathbf{a}_\theta +$
$\left(\dfrac{\cot\theta}{r}\cos\phi\ln r + r\csc\theta\right)\mathbf{a}_\phi$

예제 3.4

$W = x^2y^2 + xyz$로 주어졌을 때 ∇W와 $(2, -1, 0)$에서 $3\mathbf{a}_x + 4\mathbf{a}_y + 12\mathbf{a}_z$ 방향에 대한 방향성 도함수 dW/dl를 계산하라.

풀이

$$\begin{aligned}\nabla W &= \frac{\partial W}{\partial x}\mathbf{a}_x + \frac{\partial W}{\partial y}\mathbf{a}_y + \frac{\partial W}{\partial z}\mathbf{a}_z \\ &= (2xy^2 + yz)\mathbf{a}_x + (2x^2y + xz)\mathbf{a}_y + (xy)\mathbf{a}_z\end{aligned}$$

$(2, -1, 0)$에서 $\nabla W = 4\mathbf{a}_x - 8\mathbf{a}_y - 2\mathbf{a}_z$이다.
그러므로

$$\frac{dW}{dl} = \nabla W \cdot \mathbf{a}_l = (4, -8, -2) \cdot \frac{(3, 4, 12)}{13} = -\frac{44}{13}$$

연습문제 3.4

$\Phi = xy + yz + zx$로 주어졌을 때 점 $(1, 2, 3)$에서 Φ의 기울기를 구하고, 동일 지점에서 점 $(3, 4, 4)$ 방향으로 향하는 Φ의 방향성 도함수를 구하라.

해답: $5\mathbf{a}_x + 4\mathbf{a}_y + 3\mathbf{a}_z$, 7

예제 3.5

$x = y = 2z$인 직선이 $x^2 + y^2 + 2z^2 = 10$인 타원과 교차할 때 그 각을 계산하라.

풀이

그림 3.14와 같이 직선과 타원이 각 ψ를 이룬다고 하자. 직선 $x = y = 2z$ 상에서 z 방향으로 두 단위 증가에 대한 것으로, x 방향으로 단위 증가와 y 방향으로 단위 증가가 있다. 그리하여 직선은 다음과 같이 나타낼 수 있다.

$$\mathbf{r}(\lambda) = 2\lambda\,\mathbf{a}_x + 2\lambda\,\mathbf{a}_y + \lambda\,\mathbf{a}_z$$

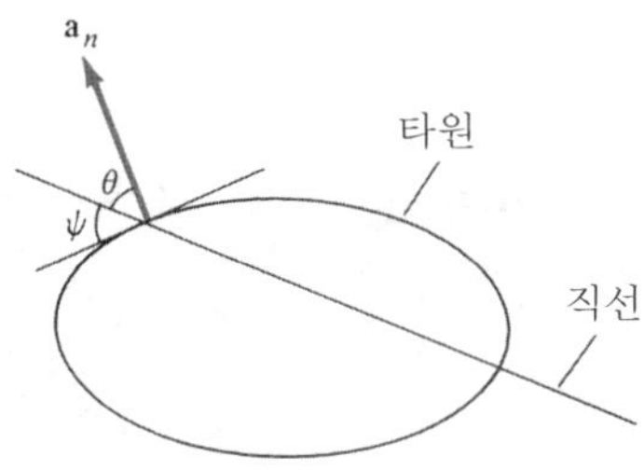

그림 3.14 예제 3.5의 그림; 타원과 직선이 교차하는 평면

여기서 λ는 변수이다. 직선과 타원이 만나므로

$$(2\lambda)^2 + (2\lambda)^2 + 2\lambda^2 = 10 \rightarrow \lambda = \pm 1$$

$\lambda = 1$로 하면 교차점은 $(x, y, z) = (2, 2, 1)$이다. 이 점에서 $\mathbf{r} = 2\mathbf{a}_x + 2\mathbf{a}_y + \mathbf{a}_z$이다.

타원의 표면은 다음과 같이 정의된다.

$$f(x, y, z) = x^2 + y^2 + 2z^2 - 10$$

f의 기울기는

$$\nabla f = 2x\mathbf{a}_x + 2y\mathbf{a}_y + 4z\mathbf{a}_z$$

(2, 2, 1)에서 $\nabla f = 4\mathbf{a}_x + 4\mathbf{a}_y + 4\mathbf{a}_z$이다. 그러므로 교차점에서 타원에 대한 단위법선벡터는

$$\mathbf{a}_n = \pm\frac{\nabla f}{|\nabla f|} = \pm\frac{\mathbf{a}_x + \mathbf{a}_y + \mathbf{a}_z}{\sqrt{3}}$$

이다. 양의 기호를 취하면 $\mathbf{a}_n$과 r 사이의 각은 다음과 같다.

$$\cos\theta = \frac{\mathbf{a}_n \cdot \mathbf{r}}{|\mathbf{a}_n \cdot \mathbf{r}|} = \frac{2 + 2 + 1}{\sqrt{3}\sqrt{9}} = \frac{5}{3\sqrt{3}} = \sin\psi$$

그러므로 $\psi = 74.21°$이다. + 또는 − 의 $\mathbf{a}_n$을 선택할 수 있으므로 실제로는 4개의 가능한 각이 존재하며, $\sin\psi = \pm 5/(3\sqrt{3})$ 로 주어진다.

연습문제 3.5

교차점 (−1, 2, 1)에서 면 $x^2y + z = 3$과 $x \log z - y^2 = -4$의 법선 사이의 각을 계산하라.

해답: 73.4°

3.6 벡터의 발산과 발산정리

3.3절에서 폐곡면 S로부터 밖으로 유출되는 벡터장 $\mathbf{A}$의 순 선속은 적분 $\oint \mathbf{A} \cdot d\mathbf{S}$를 이용하여 구할 수 있다고 하였다. $\mathbf{A}$의 발산은 폐증분면에 대한 단위체적당 밖으로 유출되는 선속으로 정의된다.

> 점 P에서 $\mathbf{A}$의 발산은 체적이 점 P 근처로 줄어들 때 단위체적당 밖으로 유출되는 선속이다.

그러므로

$$\text{div}\,\mathbf{A} = \nabla \cdot \mathbf{A} = \lim_{\Delta v \to 0} \frac{\oint_S \mathbf{A} \cdot d\mathbf{S}}{\Delta v} \tag{3.32}$$

여기서 Δv는 P가 위치한 폐곡면 S에 의해 둘러싸인 체적을 의미한다. 물리적으로는 주어진 점에서 벡터장 $\mathbf{A}$의 발산은 그 점에서 장이 얼마나 많이 발산하거나 퍼지는지를 의미한다. 그림 3.15(a)의 경우 점 P에서 벡터가 발산하기 때문에 벡터장의 발산이 양의 값을 갖는 것을 보여준다. 그림 3.15(b)에서는 벡터장이 점 P에서 음의 발산(또는 수렴)을 하는 것을 보여주고, 그림 3.15(c)에서는 점 P에서 발산이 '0' 되는 것을 보여준다. 또한 벡터장의 발산은 단위체적당 장의 원천(또는 원천밀도)이 미치는 힘의 범위로써 정의된다. 즉, 장의 **원천점**에서 양의 값이거나 **싱크(sink)점**에서 음의 값, 또는 싱크도 원천도 아닌 점에서는 0이 된다.

식 (3.32)의 정의에 의해 직각좌표계에서의 $\nabla \cdot \mathbf{A}$에 대한 표현식을 구할 수 있다. 점 $P(x_o, y_o, z_o)$에서 벡터장 $\mathbf{A}$의 발산을 구한다고 가정하자. 그림 3.16에서처럼 그 점이 미소체적에 의해 둘러싸여 있다고 하면 식 (3.32)의 면적분은 다음과 같다.

$$\oint_S \mathbf{A} \cdot d\mathbf{S} = \left(\iint_{\text{front}} + \iint_{\text{back}} + \iint_{\text{left}} + \iint_{\text{right}} + \iint_{\text{top}} + \iint_{\text{bottom}} \right) \mathbf{A} \cdot d\mathbf{S} \tag{3.33}$$

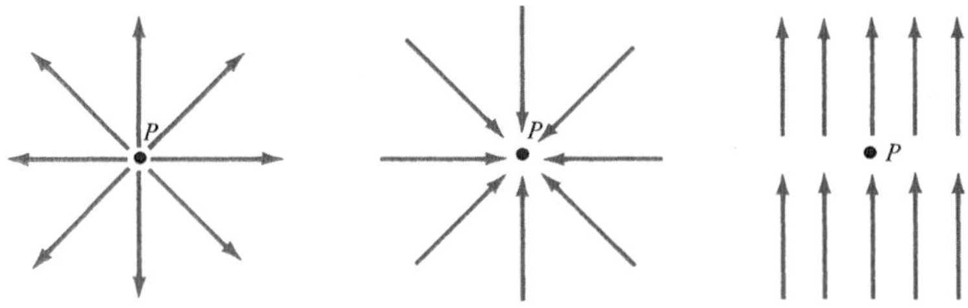

그림 3.15 점 P에서 벡터장의 발산: (a) 양의 발산, (b) 음의 발산, (c) 발산이 0

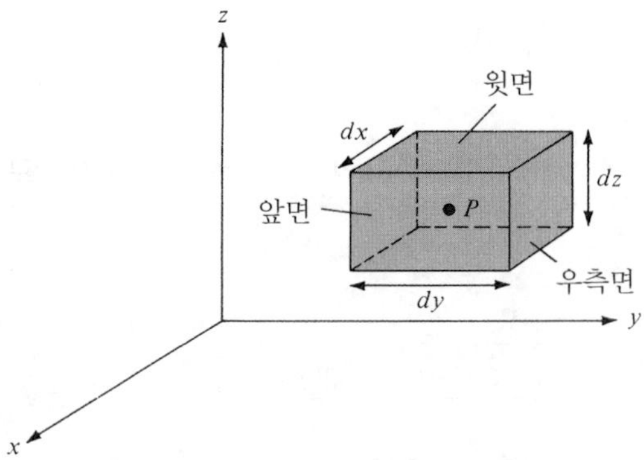

그림 3.16 점 $P(x_o, y_o, z_o)$에서 $\nabla \cdot \mathbf{A}$의 계산

점 P에서 3차원 Taylor 급수전개식으로 A_x를 전개하면

$$
\begin{aligned}
A_x(x, y, z) = A_x(x_o, y_o, z_o) + (x - x_o)\frac{\partial A_x}{\partial x}\bigg|_P + (y - y_o)\frac{\partial A_x}{\partial y}\bigg|_P \\
+ (z - z_o)\frac{\partial A_x}{\partial z}\bigg|_P + \text{고차항}
\end{aligned}
\tag{3.34}
$$

앞면의 경우 $x = x_o + dx/2$이고, $d\mathbf{S} = dy\, dz\, \mathbf{a}_x$이다. 그러면

$$\iint_f \mathbf{A} \cdot d\mathbf{S} = dy\, d \quad A_x(x_o, y_o, z_o) + \frac{dx}{2}\frac{\partial A_x}{\partial}\bigg]_P + \text{고차항}$$

뒷면의 경우 $x = x_o - dx/2$이고, $d\mathbf{S} = dy\, dz(-\mathbf{a}_x)$이다. 그러면

$$\iint_{\text{back}} \mathbf{A} \cdot d\mathbf{S} = -dy\, dz\left[A_x(x_o, y_o, z_o) - \frac{dx}{2}\frac{\partial A_x}{\partial x}\bigg|_P\right] + \text{고차항}$$

그러므로

$$\iint_{\text{front}} \mathbf{A} \cdot d\mathbf{S} + \iint_{\text{back}} \mathbf{A} \cdot d\mathbf{S} = dx\, dy\, dz\frac{\partial A_x}{\partial x}\bigg|_P + \text{고차항} \tag{3.35}$$

비슷한 방법으로 다음을 얻을 수 있다.

$$\iint_{\text{left}} \mathbf{A} \cdot d\mathbf{S} + \iint_{\text{right}} \mathbf{A} \cdot d\mathbf{S} = dx\, dy\, dz\frac{\partial A_y}{\partial y}\bigg|_P + \text{고차항} \tag{3.36}$$

그리고

$$\iint_{\text{top}} \mathbf{A} \cdot d\mathbf{S} + \iint_{\text{bottom}} \mathbf{A} \cdot d\mathbf{S} = dx\, dy\, dz\frac{\partial A_z}{\partial z}\bigg|_P + \text{고차항} \tag{3.37}$$

식 (3.35)에서 (3.37)까지를 식 (3.33)에 대입하고, $\Delta v = dx\ dy\ dz$임을 유의하면

$$\lim_{\Delta v \to 0} \frac{\oint_S \mathbf{A} \cdot d\mathbf{S}}{\Delta v} = \left(\frac{\partial A_x}{\partial x} + \frac{\partial A_y}{\partial y} + \frac{\partial A_z}{\partial z} \right) \bigg|_{\text{at } P} \tag{3.38}$$

를 얻게 되는데, 이는 $\Delta v \to 0$이 될 때 고차항은 무시되기 때문이다. 그러므로 직각좌표계에서 점 $P(x_o, y_o, z_o)$에서의 벡터장 $\mathbf{A}$의 발산은

$$\boxed{\nabla \cdot \mathbf{A} = \frac{\partial A_x}{\partial x} + \frac{\partial A_y}{\partial y} + \frac{\partial A_z}{\partial z}} \tag{3.39}$$

다른 좌표계에서의 $\nabla \cdot \mathbf{A}$에 대한 표현식은 식 (3.32)로부터 직접 구하거나 식 (3.39)를 적당한 좌표계로 변환함으로써 얻을 수 있다. 원통좌표계에서 식 (2.15), (3.17), 그리고 (3.18)을 식 (3.39)에 대입하면

$$\boxed{\nabla \cdot \mathbf{A} = \frac{1}{\rho} \frac{\partial}{\partial \rho} (\rho A_\rho) + \frac{1}{\rho} \frac{\partial A_\phi}{\partial \phi} + \frac{\partial A_z}{\partial z}} \tag{3.40}$$

이 되고, 식 (2.28)과 (3.20)에서 식 (3.22)까지를 식 (3.39)에 대입하면 구좌표계에서의 $\mathbf{A}$의 발산을 구할 수 있다.

$$\boxed{\nabla \cdot \mathbf{A} = \frac{1}{r^2} \frac{\partial}{\partial r} (r^2 A_r) + \frac{1}{r \sin\theta} \frac{\partial}{\partial \theta} (A_\theta \sin\theta) + \frac{1}{r \sin\theta} \frac{\partial \mathbf{A}_\phi}{\partial \phi}} \tag{3.41}$$

벡터장의 발산은 다음의 특성을 갖는다.

1. 스칼라장을 만든다(스칼라곱이 포함되기 때문이다).
2. $\nabla \cdot (\mathbf{A} + \mathbf{B}) = \nabla \cdot \mathbf{A} + \nabla \cdot \mathbf{B}$
3. $\nabla \cdot (V\mathbf{A}) = V\nabla \cdot \mathbf{A} + \mathbf{A} \cdot \nabla V$

식 (3.22)에서 $\mathbf{A}$의 발산의 정의로부터 다음 관계를 예상하는 것은 어렵지 않다.

$$\boxed{\oint_S \mathbf{A} \cdot d\mathbf{S} = \int_v \nabla \cdot \mathbf{A} \, dv} \tag{3.42}$$

이것을 **발산정리**라고 하며, 다르게는 Gauss-Ostrogradsky **정리**로 알려져 있다.

> **발산정리**는 폐곡면 S를 통해 밖으로 유출되는 벡터장 $\mathbf{A}$의 총 선속은 $\mathbf{A}$의 발산을 체적적분한 것과 같다는 것을 의미한다.

발산정리를 증명하기 위해 체적 v를 많은 수의 작은 셀로 나눈다. 만약 k번째 셀을 체적 Δv_k라 하고, 표면 S_k로 둘러싸였다고 하면

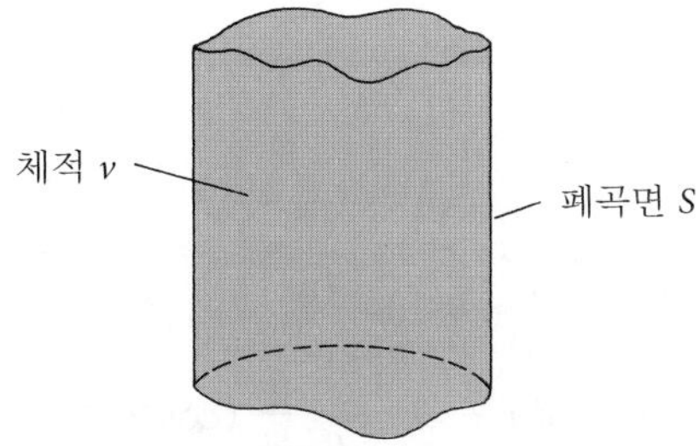

그림 3.17 표면 S로 둘러싸인 체적 v

$$\oint_S A \cdot d\mathbf{S} = \sum_k \oint_{S_k} \mathbf{A} \cdot d\mathbf{S} = \sum_k \frac{\oint_{S_k} \mathbf{A} \cdot d\mathbf{S}}{\Delta v_k} \Delta v_k \tag{3.43}$$

하나의 셀에서 나가는 선속은 인접 셀로 들어가는 것과 같으므로, 내부에 존재하는 모든 셀의 표면 상에서 상쇄되어 S_k에 대한 면적분의 합은 전체 표면 S에 대한 면적분과 같다. 식 (3.43)의 우변에 극한을 취하고 식 (3.32)를 결합하면

$$\oint_S \mathbf{A} \cdot d\mathbf{S} = \int_v \nabla \cdot \mathbf{A} \, dv \tag{3.44}$$

가 되며, 이것이 발산정리이다. 이 정리는 그림 3.17에 나타낸 것처럼 **A**와 $\nabla \cdot \mathbf{A}$가 이 영역에서 연속이라면 폐곡면 S에 의해 둘러싸인 임의의 체적 v에 적용할 수 있다. 몇 번 해보면 식 (3.42)의 우변에 있는 체적적분을 계산하는 것이 좌변의 면적분을 계산하는 것보다 쉽다는 것을 알게 될 것이다. 이런 이유로, 폐곡면을 통과하는 **A**의 선속을 구하기 위해서는 식 (3.42)의 좌변의 식 대신 우변의 식을 사용한다.

예제 3.6

다음 벡터장의 발산을 구하라.

(a) $\mathbf{P} = x^2yz\mathbf{a}_x + xz\mathbf{a}_z$

(b) $\mathbf{Q} = \rho \sin\phi \, \mathbf{a}_\rho + \rho^2 z \, \mathbf{a}_\phi + z\cos\phi \, \mathbf{a}_z$

(c) $\mathbf{T} = \dfrac{1}{r^2}\cos\theta \, \mathbf{a}_r + r\sin\theta\cos\phi \, \mathbf{a}_\theta + \cos\theta \, \mathbf{a}_\phi$

풀이

(a) $$\nabla \cdot \mathbf{P} = \frac{\partial}{\partial x}P_x + \frac{\partial}{\partial y}P_y + \frac{\partial}{\partial z}P_z$$

$$= \frac{\partial}{\partial x}(x^2yz) + \frac{\partial}{\partial y}(0) + \frac{\partial}{\partial z}(xz)$$

$$= 2xyz + x$$

(b) $$\nabla \cdot \mathbf{Q} = \frac{1}{\rho}\frac{\partial}{\partial \rho}(\rho Q_\rho) + \frac{1}{\rho}\frac{\partial}{\partial \phi}Q_\phi + \frac{\partial}{\partial z}Q_z$$

$$= \frac{1}{\rho}\frac{\partial}{\partial \rho}(\rho^2 \sin\phi) + \frac{1}{\rho}\frac{\partial}{\partial \phi}(\rho^2 z) + \frac{\partial}{\partial z}(z\cos\phi)$$

$$= 2\sin\phi + \cos\phi$$

(c) $$\nabla \cdot \mathbf{T} = \frac{1}{r^2}\frac{\partial}{\partial r}(r^2 T_r) + \frac{1}{r\sin\theta}\frac{\partial}{\partial \theta}(T_\theta \sin\theta) + \frac{1}{r\sin\theta}\frac{\partial}{\partial \phi}(T_\phi)$$

$$= \frac{1}{r^2}\frac{\partial}{\partial r}(\cos\theta) + \frac{1}{r\sin\theta}\frac{\partial}{\partial \theta}(r\sin^2\theta\cos\phi) + \frac{1}{r\sin\theta}\frac{\partial}{\partial \phi}(\cos\theta)$$

$$= 0 + \frac{1}{r\sin\theta}2r\sin\theta\cos\theta\cos\phi + 0$$

$$= 2\cos\theta\cos\phi$$

연습문제 3.6

다음 벡터장의 발산을 구하고, 주어진 점에서 그 값을 계산하라.

(a) 점 (1, −2, 3)에서 $\mathbf{A} = yz\mathbf{a}_x + 4xy\mathbf{a}_y + y\mathbf{a}_z$

(b) 점 (5, π/2, 1)에서 $\mathbf{B} = \rho z\sin\phi\ \mathbf{a}_\rho + 3\rho z^2\cos\phi\ \mathbf{a}_\phi$

(c) 점 (1, π/6, π/3)에서 $\mathbf{C} = 2r\cos\theta\cos\phi\ \mathbf{a}_r + r^{1/2}\mathbf{a}_\phi$

해답: (a) $4x$, 4, (b) $(2-3z)z\sin\phi$, −1, (c) $6\cos\theta\cos\phi$, 2.598

예제 3.7

$\mathbf{G}(r) = 10\,e^{-2z}(\rho\mathbf{a}_\rho + \mathbf{a}_z)$일 때 $\rho = 1$, $0 \le z \le 1$인 원통의 전체 표면의 밖으로 나오는 **G**의 선속을 계산하라. 발산정리를 사용하여 그 결과를 확인하라.

풀이

그림 3.18에서와 같이 Ψ가 주어진 표면을 통과하는 **G**의 선속이라 하면, 선속 Ψ는

$$\Psi = \oint_s \mathbf{G}\cdot d\mathbf{S} = \Psi_t + \Psi_b + \Psi_s$$

여기서 Ψ_t, Ψ_b, Ψ_s는 그림 3.18에서처럼 원통의 위, 아래, 그리고 옆면(곡면)을 통해 나오는 선속들이다.

Ψ_t의 경우 $z = 1$, $d\mathbf{S} = \rho\, d\rho\, d\phi\ \mathbf{a}_z$이므로

$$\Psi_t = \iint \mathbf{G}\cdot d\mathbf{S} = \int_{\phi=0}^{2\pi}\int_{\rho=0}^{1} 10e^{-2}\rho\, d\rho\, d\phi = 10e^{-2}(2\pi)\left.\frac{\rho^2}{2}\right|_0^1$$

$$= 10\pi e^{-2}$$

Ψ_b의 경우 $z = 0$, $d\mathbf{S} = \rho\, d\rho\, d\phi(-\mathbf{a}_z)$이므로

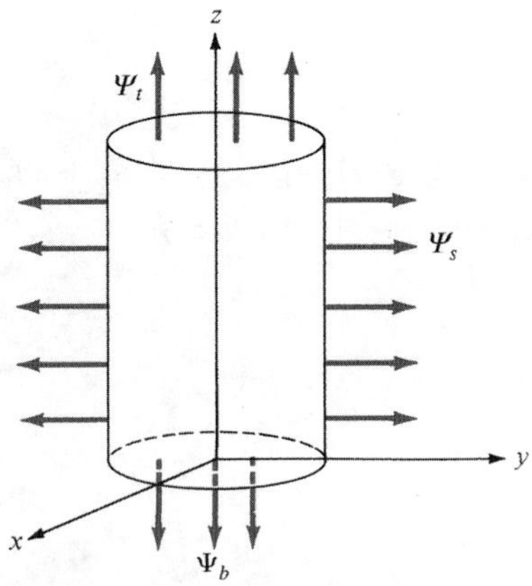

그림 3.18 예제 3.7의 그림

$$\Psi_b = \int_b \mathbf{G} \cdot d\mathbf{S} = \int_{\phi=0}^{2\pi} \int_{\rho=0}^{1} 10e^0 \rho \, d\rho \, d\phi = -10(2\pi) \frac{\rho^2}{2} \Big|_0^1$$
$$= -10\pi$$

Ψ_s의 경우 $\rho = 1$, $d\mathbf{S} = \rho \, d\phi \, dz \, \mathbf{a}_\rho$이므로

$$\Psi_s = \int_s \mathbf{G} \cdot d\mathbf{S} = \int_{z=0}^{1} \int_{\phi=0}^{2\pi} 10e^{-2z} \rho^2 \, d\phi \, dz = 10(1)^2(2\pi) \frac{e^{-2z}}{-2} \Big|_0^1$$
$$= 10\pi(1 - e^{-2})$$

그러므로

$$\Psi = \Psi_t + \Psi_b + \Psi_s = 10\pi e^{-2} - 10\pi + 10\pi(1 - e^{-2}) = 0$$

다른 방법으로, S는 폐곡면이므로 발산정리를 적용할 수 있다.

$$\Psi = \oint_S G \cdot d\mathbf{S} = \int_v (\nabla \cdot \mathbf{G}) \, dv$$

그러나

$$\nabla \cdot \mathbf{G} = \frac{1}{\rho} \frac{\partial}{\partial \rho} (\rho G_\rho) + \frac{1}{\rho} \frac{\partial}{\partial \phi} G_\phi + \frac{\partial}{\partial z} G_z$$
$$= \frac{1}{\rho} \frac{\partial}{\partial \rho} (\rho^2 10e^{-2z}) - 20e^{-2z}$$
$$= \frac{1}{\rho}(20\rho e^{-2z}) - 20e^{-2z} = 0$$

$\mathbf{G}$는 원천이 없음을 보여준다. 그러므로

$$\Psi = \int_v (\nabla \cdot G) \, dv = 0$$

연습문제 3.7

$0 \le z \le 1, \rho = 4$인 원통의 폐곡면을 통해 나오는 $\mathbf{D} = \rho^2 \cos^2 \phi \, \mathbf{a}_\rho + z \sin \phi \, \mathbf{a}_\phi$의 선속을 계산하라. 이 경우에 대하여 발산정리가 성립하는지 확인하라.

해답: 64π

3.7 벡터의 회전과 Stokes의 정리

3.3절에서 폐경로 L에 대한 벡터장 $\mathbf{A}$의 순환을 적분 $\oint_L \mathbf{A} \cdot d\mathbf{l}$로 정의하였다.

$\mathbf{A}$의 회전은 축(회전)벡터로 그것의 크기는 면적이 0으로 될 때 단위면적당 $\mathbf{A}$의 최대 순환을 의미하고, 방향은 최대 회전을 만드는 면의 법선방향이다.[2)]

즉,

$$\text{curl } \mathbf{A} = \nabla \times \mathbf{A} = \left(\lim_{\Delta S \to 0} \frac{\oint_L \mathbf{A} \cdot d\mathbf{l}}{\Delta S} \right)_{\max} \mathbf{a}_n \tag{3.45}$$

여기서 면적 ΔS는 곡선 L로 둘러싸여 있으며, $\mathbf{a}_n$은 ΔS의 단위법선벡터로 오른손 법칙에 의해 결정된다.

식 (3.45)의 정의로부터 $\nabla \times \mathbf{A}$에 대한 표현식을 구하기 위하여 그림 3.19와 같이 yz평면상의 미소면적을 고려하자. 식 (3.45)에서의 선적분은 다음과 같다.

$$\oint_L \mathbf{A} \cdot d\mathbf{l} = \left(\int_{ab} + \int_{bc} + \int_{cd} + \int_{da} \right) \mathbf{A} \cdot d\mathbf{l} \tag{3.46}$$

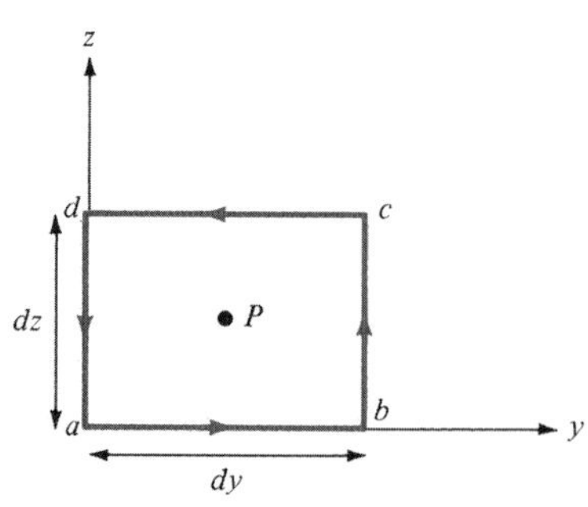

그림 3.19 점 $P(x_o, y_o, z_o)$에서 $\nabla \times \mathbf{A}$의 x성분을 구하기 위한 경로

2) 회전의 성질 때문에 어떤 저자는 curl $\mathbf{A}$ 대신에 rot $\mathbf{A}$를 사용한다.

식 (3.34)에서와 같이 중심점 $P(x_o, y_o, z_o)$에 대하여 Taylor 급수전개식을 사용하여 장의 성분들을 확장하고, 그리고 식 (3.46)을 계산한다. 변 ab에서 $d\mathbf{l} = dy\,\mathbf{a}_y$이고 $z = z_o - dz/2$이므로,

$$\int_{ab} \mathbf{A} \cdot d\mathbf{l} = dy\left[A_y(x_o, y_o, z_o) - \frac{dz}{2}\frac{\partial A_y}{\partial z}\bigg|_P\right] \tag{3.47}$$

변 bc에서 $d\mathbf{l} = dz\,\mathbf{a}_z$이고 $y = y_o + dy/2$이므로,

$$\int_{bc} \mathbf{A} \cdot d\mathbf{l} = dz\left[A_z(x_o, y_o, z_o) + \frac{dy}{2}\frac{\partial A_z}{\partial y}\bigg|_P\right] \tag{3.48}$$

변 cd에서 $d\mathbf{l} = dy\,\mathbf{a}_y$이고 $z = z_o + dz/2$이므로,

$$\int_{cd} \mathbf{A} \cdot d\mathbf{l} = -dy\left[A_y(x_o, y_o, z_o) + \frac{dz}{2}\frac{\partial A_y}{\partial z}\bigg|_P\right] \tag{3.49}$$

변 da에서는 $d\mathbf{l} = dz\,\mathbf{a}_z$이고 $y = y_o - dy/2$이므로,

$$\int_{da} \mathbf{A} \cdot d\mathbf{l} = -dz\left[A_z(x_o, y_o, z_o) - \frac{dy}{2}\frac{\partial A_z}{\partial y}\bigg|_P\right] \tag{3.50}$$

식 (3.46)에 식 (3.47)부터 (3.50)까지를 대입하고 $\Delta S = dy\,dz$임을 이용하면

$$\lim_{\Delta S \to 0} \oint_L \frac{\mathbf{A} \cdot d\mathbf{l}}{\Delta S} = \frac{\partial A_z}{\partial y} - \frac{\partial A_y}{\partial z}$$

또는

$$(\text{curl}\,\mathbf{A})_x = \frac{\partial A_z}{\partial y} - \frac{\partial A_y}{\partial z} \tag{3.51}$$

A의 회전의 y성분과 z성분도 같은 방법으로 구할 수 있다.

$$(\text{curl}\,\mathbf{A})_y = \frac{\partial A_x}{\partial z} - \frac{\partial A_z}{\partial x} \tag{3.52a}$$

$$(\text{curl}\,\mathbf{A})_z = \frac{\partial A_y}{\partial x} - \frac{\partial A_x}{\partial y} \tag{3.52b}$$

식 (3.45)에서 $\nabla \times \mathrm{A}$의 정의는 좌표계와 무관하다. 직각좌표계에서 **A**의 회전은 다음 식을 사용하여 쉽게 얻을 수 있다.

$$\nabla \times \mathbf{A} = \begin{vmatrix} \mathbf{a}_x & \mathbf{a}_y & \mathbf{a}_z \\ \dfrac{\partial}{\partial x} & \dfrac{\partial}{\partial y} & \dfrac{\partial}{\partial z} \\ A_x & A_y & A_z \end{vmatrix} \tag{3.53}$$

또는

$$\nabla \times \mathbf{A} = \left[\frac{\partial A_z}{\partial y} - \frac{\partial A_y}{\partial z}\right]\mathbf{a}_x + \left[\frac{\partial A_x}{\partial z} - \frac{\partial A_z}{\partial x}\right]\mathbf{a}_y + \left[\frac{\partial A_y}{\partial x} - \frac{\partial A_x}{\partial y}\right]\mathbf{a}_z \tag{3.54}$$

2장에서 사용하였던 지점과 벡터 변환법을 이용하여 식 (3.54)를 변환시키면 원통좌표계에서의 **A**의 회전은

$$\nabla \times \mathbf{A} = \frac{1}{\rho}\begin{vmatrix} \mathbf{a}_\rho & \rho\,\mathbf{a}_\phi & \mathbf{a}_z \\ \dfrac{\partial}{\partial \rho} & \dfrac{\partial}{\partial \phi} & \dfrac{\partial}{\partial z} \\ A_\rho & \rho A_\phi & A_z \end{vmatrix}$$

또는

$$\nabla \times \mathbf{A} = \left[\frac{1}{\rho}\frac{\partial A_z}{\partial \phi} - \frac{\partial A_\phi}{\partial z}\right]\mathbf{a}_\rho + \left[\frac{\partial A_\rho}{\partial z} - \frac{\partial A_z}{\partial \rho}\right]\mathbf{a}_\phi + \frac{1}{\rho}\left[\frac{\partial(\rho A_\phi)}{\partial \rho} - \frac{\partial A_\rho}{\partial \phi}\right]\mathbf{a}_z \tag{3.55}$$

그리고 구좌표계에서는

$$\mathbf{A} = \frac{1}{r^2 \sin\theta}\begin{vmatrix} \mathbf{a}_r & r\,\mathbf{a}_\theta & r\sin\theta\,\mathbf{a}_\phi \\ \dfrac{\partial}{\partial r} & \dfrac{\partial}{\partial \theta} & \dfrac{\partial}{\partial \phi} \\ A_r & rA_\theta & r\sin\theta\,A_\phi \end{vmatrix}$$

또는

$$\nabla \times \mathbf{A} = \frac{1}{r\sin\theta}\left[\frac{\partial(A_\phi \sin\theta)}{\partial \theta} - \frac{\partial A_\theta}{\partial \phi}\right]\mathbf{a}_r + \frac{1}{r}\left[\frac{1}{\sin\theta}\frac{\partial A_r}{\partial \phi} - \frac{\partial(rA_\phi)}{\partial r}\right]\mathbf{a}_\theta + \frac{1}{r}\left[\frac{\partial(rA_\theta)}{\partial r} - \frac{\partial A_r}{\partial \theta}\right]\mathbf{a}_\phi \tag{3.56}$$

다음과 같은 회전의 특성에 주목하라:

1. 벡터장의 회전은 또 다른 벡터장이 된다.
2. $\nabla \times (\mathbf{A} + \mathbf{B}) = \nabla \times \mathbf{A} + \nabla \times \mathbf{B}$

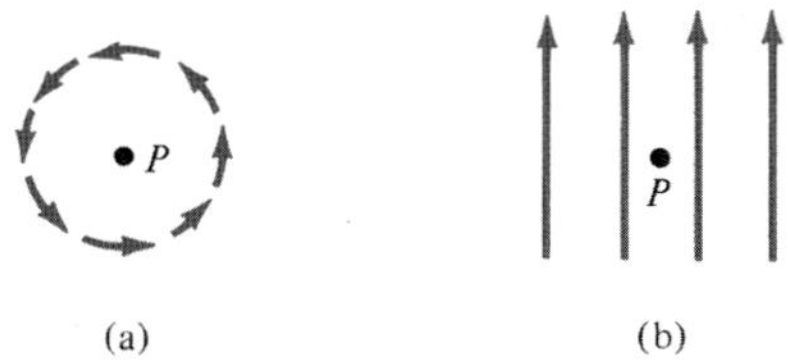

그림 3.20 회전의 예: (a) P점에서의 회전은 지면 밖을 향한다. (b) P점에서의 회전은 0이다.

3. $\nabla \times (\mathbf{A} \times \mathbf{B}) = \mathbf{A}(\nabla \cdot \mathbf{B}) - \mathbf{B}(\nabla \cdot \mathbf{A}) + (\mathbf{B} \cdot \nabla)\mathbf{A} - (\mathbf{A} \cdot \nabla)\mathbf{B}$
4. $\nabla \times (V\mathbf{A}) = V\nabla \times \mathbf{A} + \nabla V \times \mathbf{A}$
5. 벡터장의 회전의 발산은 0이다; 즉, $\nabla \cdot (\nabla \times \mathbf{A}) = 0$
6. 스칼라장의 기울기에 대한 회전은 0이다; 즉, $\nabla \times \nabla V = 0$ 또는 $\nabla \times \nabla = 0$

회전의 그 밖의 특성들은 부록 A.10에 있다.

벡터장의 회전의 물리적 중요성은 식 (3.45)에 분명하게 나타난다. 회전은 단위면적당 장의 회전(또는 회전밀도)의 최대값을 제공하고 이 최대값이 일어나는 방향을 가리킨다. 임의의 점 P에서 벡터장 $\mathbf{A}$의 회전은 회전의 정도 또는 P 주위에서 얼마나 많은 장이 회전하는지를 알려준다. 예를 들면, 그림 3.20(a)는 P 주변에서 벡터장의 회전이 지면 밖으로 향하는 것을 보여준다. 그림 3.20(b)는 벡터장의 회전이 0인 것을 보여준다.

또한 식 (3.45)에서 $\mathbf{A}$의 회전의 정의로부터 다음을 유도할 수 있다.

$$\boxed{\oint_L \mathbf{A} \cdot d\mathbf{l} = \int_S (\nabla \times \mathbf{A}) \cdot d\mathbf{S}} \tag{3.57}$$

이것을 Stokes의 정리라 한다.

Stokes의 정리는 개곡면 S 전체에 걸쳐 $\mathbf{A}$와 $\nabla \times \mathbf{A}$가 연속일 때, 폐경로 L로 둘러싼 $\mathbf{A}$의 회전은 L로 이루어진(그림 3.21 참고) 개곡면 S에 대한 $\mathbf{A}$의 회전을 면적분한 것과 같다는 것을 의미한다.

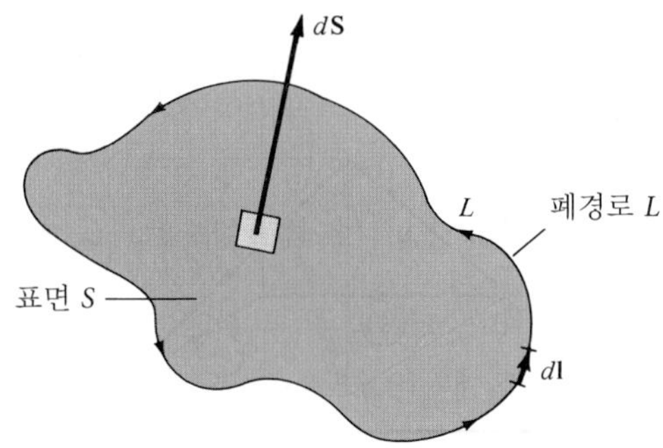

그림 3.21 Stokes의 정리에 포함된 $d\mathbf{l}$과 $d\mathbf{S}$의 의미

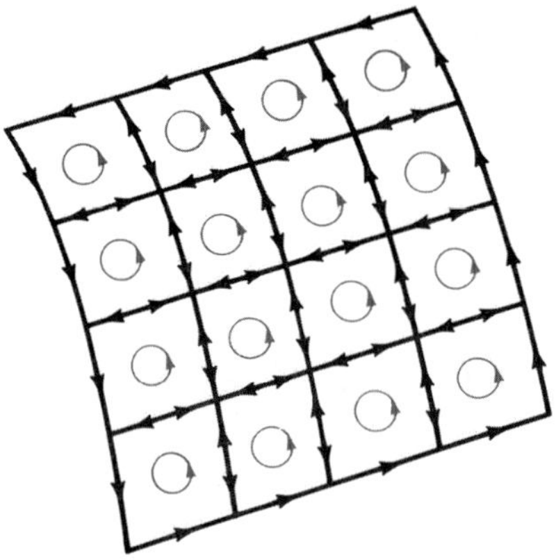

그림 3.22 Stokes의 정리의 예

Stokes의 정리의 증명은 발산정리를 증명하는 방법과 비슷하다. 표면 S를 그림 3.22와 같이 많은 수의 셀로 나눈다. 만약 경로 L_k를 주변으로 하는 k번째 셀의 면적이 ΔS_k라면

$$\oint_L \mathbf{A}\cdot d\mathbf{l} = \sum_k \oint_{L_k} \mathbf{A}\cdot d\mathbf{l} = \sum_k \frac{\oint_{L_k} \mathbf{A}\cdot d\mathbf{l}}{\Delta S_k}\Delta S_k \tag{3.58}$$

그림 3.22에 나타낸 것처럼, 모든 내부경로들은 서로 상쇄되어 L_k 주위의 선적분의 합은 바깥쪽 가장자리의 곡선 L 주위의 선적분과 같다. 그러므로 식 (3.58)의 우변에 $\Delta S_k \to 0$으로 극한을 취하고, 식 (3.45)와 결합하면

$$\oint_L \mathbf{A}\cdot d\mathbf{l} = \int_S (\nabla \times \mathbf{A})\cdot d\mathbf{S}$$

이 되며, 이것이 Stokes의 정리이다.

식 (3.57)에서 $d\mathbf{l}$과 $d\mathbf{S}$의 방향은 오른손 법칙이나 오른나사 법칙을 사용하여 정한다. 오른손 법칙이란 오른손의 엄지를 제외한 다른 손가락들이 $d\mathbf{l}$의 방향을 가리킬 때 엄지손가락이 $d\mathbf{S}$의 방향을 가리키는 것이다(그림 3.21 참조). 발산정리는 면적분이 체적적분과 관련되는 반면에, Stokes의 정리는 선적분(순환)이 면적분과 관련된다.

예제 3.8

예제 3.6에서의 벡터장의 회전을 구하라.

풀이

(a) $$\begin{aligned}\nabla \times \mathbf{P} &= \left(\frac{\partial P_z}{\partial y} - \frac{\partial P_y}{\partial z}\right)\mathbf{a}_x + \left(\frac{\partial P_x}{\partial z} - \frac{\partial P_z}{\partial x}\right)\mathbf{a}_y + \left(\frac{\partial P_y}{\partial x} - \frac{\partial P_x}{\partial y}\right)\mathbf{a}_z \\ &= (0 - 0)\mathbf{a}_x + (x^2y - z)\mathbf{a}_y + (0 - x^2z)\mathbf{a}_z \\ &= (x^2y - z)\mathbf{a}_y - x^2z\mathbf{a}_z\end{aligned}$$

$$\text{(b)}\quad \nabla \times \mathbf{Q} = \left[\frac{1}{\rho}\frac{\partial Q_z}{\partial \phi} - \frac{\partial Q_\phi}{\partial z}\right]\mathbf{a}_\rho + \left[\frac{\partial Q_\rho}{\partial z} - \frac{\partial Q_z}{\partial \rho}\right]\mathbf{a}_\phi + \frac{1}{\rho}\left[\frac{\partial}{\partial \rho}(\rho Q_\phi) - \frac{\partial Q_\rho}{\partial \phi}\right]\mathbf{a}_z$$

$$= \left(\frac{-z}{\rho}\sin\phi - \rho^2\right)\mathbf{a}_\rho + (0 - 0)\mathbf{a}_\phi + \frac{1}{\rho}(3\rho^2 z - \rho\cos\phi)\mathbf{a}_z$$

$$= -\frac{1}{\rho}(z\sin\phi + \rho^3)\mathbf{a}_\rho + (3\rho z - \cos\phi)\mathbf{a}_z$$

$$\text{(c)}\quad \nabla \times \mathbf{T} = \frac{1}{r\sin\theta}\left[\frac{\partial}{\partial\theta}(T_\phi \sin\theta) - \frac{\partial}{\partial\phi}T_\theta\right]\mathbf{a}_r$$

$$+ \frac{1}{r}\left[\frac{1}{\sin\theta}\frac{\partial}{\partial\phi}T_r - \frac{\partial}{\partial r}(rT_\phi)\right]\mathbf{a}_\theta + \frac{1}{r}\left[\frac{\partial}{\partial r}(rT_\theta) - \frac{\partial}{\partial\theta}T_r\right]\mathbf{a}_\phi$$

$$= \frac{1}{r\sin\theta}\left[\frac{\partial}{\partial\theta}(\cos\theta\sin\theta) - \frac{\partial}{\partial\phi}(r\sin\theta\cos\phi)\right]\mathbf{a}_r$$

$$+ \frac{1}{r}\left[\frac{1}{\sin\theta}\frac{\partial}{\partial\phi}\frac{(\cos\theta)}{r^2} - \frac{\partial}{\partial r}(r\cos\theta)\right]\mathbf{a}_\theta$$

$$+ \frac{1}{r}\left[\frac{\partial}{\partial r}(r^2\sin\theta\cos\phi) - \frac{\partial}{\partial\theta}\frac{(\cos\theta)}{r^2}\right]\mathbf{a}_\phi$$

$$= \frac{1}{r\sin\theta}(\cos 2\theta + r\sin\theta\sin\phi)\mathbf{a}_r + \frac{1}{r}(0 - \cos\theta)\mathbf{a}_\theta$$

$$+ \frac{1}{r}\left(2r\sin\theta\cos\phi + \frac{\sin\theta}{r^2}\right)\mathbf{a}_\phi$$

$$= \left(\frac{\cos 2\theta}{r\sin\theta} + \sin\phi\right)\mathbf{a}_r - \frac{\cos\theta}{r}\mathbf{a}_\theta + \left(2\cos\phi + \frac{1}{r^3}\right)\sin\theta\,\mathbf{a}_\phi$$

연습문제 3.8

연습문제 3.6의 벡터장의 회전을 구하고 주어진 점에서의 값을 계산하라.

해답: (a) $\mathbf{a}_x + y\mathbf{a}_y + (4y - z)\mathbf{a}_z$, $\mathbf{a}_x - 2\mathbf{a}_y - 11\mathbf{a}_z$
(b) $-6\rho z\cos\phi\,\mathbf{a}_\rho + \rho\sin\phi\,\mathbf{a}_\phi + (6z - 1)z\cos\phi\,\mathbf{a}_z$, $5\mathbf{a}_\phi$
(c) $\dfrac{\cot\theta}{r^{1/2}}\mathbf{a}_r - \left(2\cot\theta\sin\phi + \dfrac{3}{2r^{1/2}}\right)\mathbf{a}_\theta + 2\sin\theta\cos\phi\,\mathbf{a}_\phi$,
$1.732\mathbf{a}_r - 4.5\mathbf{a}_\theta + 0.5\mathbf{a}_\phi$

예제 3.9

$\mathbf{A} = \rho\cos\phi\,\mathbf{a}_\rho + \sin\phi\,\mathbf{a}_\phi$일 때, 그림 3.23에 나타낸 경로 주위로 $\oint \mathbf{A}\cdot d\mathbf{l}$을 계산하라. Stokes의 정리를 사용하여 결과를 확인하라.

풀이

$$\oint_L \mathbf{A}\cdot d\mathbf{l} = \left[\int_a^b + \int_b^c + \int_c^d + \int_d^a\right]\mathbf{A}\cdot d\mathbf{l}$$

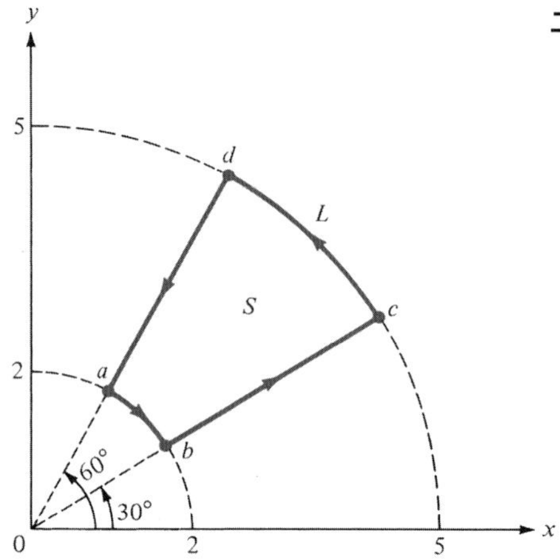

그림 3.23 예제 3.9의 그림

여기서 경로 L을 그림 3.23과 같이 ab, bc, cd, da로 나눈다.

ab에서는 $\rho = 2$, $d\mathbf{l} = \rho\ d\phi\ \mathbf{a}_\phi$이므로

$$\int_a^b \mathbf{A} \cdot d\mathbf{l} = \int_{\phi=60°}^{30°} \rho \sin\phi\ d\phi = 2(-\cos\phi)\Big|_{60°}^{30°} = -(\sqrt{3} - 1)$$

bc에서는 $\phi = 30°$, $d\mathbf{l} = d\rho\ \mathbf{a}_\rho$이므로

$$\int_b^c \mathbf{A} \cdot d\mathbf{l} = \int_{\rho=2}^{5} \rho \cos\phi\ d\rho = \cos 30° \frac{\rho^2}{2}\Big|_2^5 = \frac{21\sqrt{3}}{4}$$

cd에서는 $\rho = 5$, $d\mathbf{l} = \rho\ d\phi\ \mathbf{a}_\phi$이므로

$$\int_c^d \mathbf{A} \cdot d\mathbf{l} = \int_{\phi=30°}^{60°} \rho \sin\phi\ d\phi = 5(-\cos\phi)\Big|_{30°}^{60°} = \frac{5}{2}(\sqrt{3} - 1)$$

da에서는 $\phi = 60°$, $d\mathbf{l} = d\rho\ \mathbf{a}_\rho$이므로

$$\int_d^a \mathbf{A} \cdot d\mathbf{l} = \int_{\rho=5}^{2} \rho \cos\phi\ d\rho = \cos 60° \frac{\rho^2}{2}\Big|_5^2 = -\frac{21}{4}$$

결과들을 종합하면

$$\oint_L \mathbf{A} \cdot d\mathbf{l} = -\sqrt{3} + 1 + \frac{21\sqrt{3}}{4} + \frac{5\sqrt{3}}{2} - \frac{5}{2} - \frac{21}{4}$$
$$= \frac{27}{4}(\sqrt{3} - 1) = 4.941$$

Stokes의 정리를 사용하면(L은 폐경로이므로)

$$\oint_L \mathbf{A} \cdot d\mathbf{l} = \int_S (\nabla \times \mathbf{A}) \cdot d\mathbf{S}$$

그러나 $d\mathbf{S} = \rho\, d\phi\, d\rho\, \mathbf{a}_z$이고

$$\nabla \times \mathbf{A} = \mathbf{a}_\rho\left[\frac{1}{\rho}\frac{\partial A_z}{\partial \phi} - \frac{\partial A_\phi}{\partial z}\right] + \mathbf{a}_\phi\left[\frac{\partial A_\rho}{\partial z} - \frac{\partial A_z}{\partial \rho}\right] + \mathbf{a}_z\frac{1}{\rho}\left[\frac{\partial}{\partial \rho}(\rho A_\phi) - \frac{\partial A_\rho}{\partial \phi}\right]$$

$$= (0 - 0)\mathbf{a}_\rho + (0 - 0)\mathbf{a}_\phi + \frac{1}{\rho}(1 + \rho)\sin\phi\, \mathbf{a}_z$$

그러므로

$$\int_S (\nabla \times \mathbf{A}) \cdot d\mathbf{S} = \int_{\phi=30°}^{60°}\int_{\rho=2}^{5}\frac{1}{\rho}(1 + \rho)\sin\phi\, \rho\, d\rho\, d\phi$$

$$= \int_{30°}^{60°}\sin\phi\, d\phi \int_2^5 (1 + \rho)d\rho$$

$$= -\cos\phi\Big|_{30°}^{60°}\left(\rho + \frac{\rho^2}{2}\right)\Big|_2^5$$

$$= \frac{27}{4}(\sqrt{3} - 1) = 4.941$$

연습문제 3.9

Stokes의 정리를 사용하여 연습문제 3.2의 결과를 확인하라.

해답: 1

예제 3.10

벡터장 $\mathbf{A}$에 대하여 $\nabla \cdot \nabla \times \mathbf{A} = 0$, 즉 임의의 벡터장의 회전에 대한 발산이 0이 됨을 보여라.

풀이

이 벡터 항등식은 연습문제 3.10의 벡터 항등식과 함께 전자기학에서 매우 유용하다. 간단히 하기 위해 직각좌표계에서의 $\mathbf{A}$를 가정하자.

$$\nabla \cdot \nabla \times \mathbf{A} = \left(\frac{\partial}{\partial x}, \frac{\partial}{\partial y}, \frac{\partial}{\partial z}\right) \cdot \begin{vmatrix} \mathbf{a}_x & \mathbf{a}_y & \mathbf{a}_z \\ \frac{\partial}{\partial x} & \frac{\partial}{\partial y} & \frac{\partial}{\partial z} \\ A_x & A_y & A_z \end{vmatrix}$$

$$= \left(\frac{\partial}{\partial x}, \frac{\partial}{\partial y}, \frac{\partial}{\partial z}\right) \cdot \left[\left(\frac{\partial A_z}{\partial y} - \frac{\partial A_y}{\partial z}\right), -\left(\frac{\partial A_z}{\partial x} - \frac{\partial A_x}{\partial z}\right), \left(\frac{\partial A_y}{\partial x} - \frac{\partial A_x}{\partial y}\right)\right]$$

$$= \frac{\partial}{\partial x}\left(\frac{\partial A_z}{\partial y} - \frac{\partial A_y}{\partial z}\right) - \frac{\partial}{\partial y}\left(\frac{\partial A_z}{\partial x} - \frac{\partial A_x}{\partial z}\right) + \frac{\partial}{\partial z}\left(\frac{\partial A_y}{\partial x} - \frac{\partial A_x}{\partial y}\right)$$

$$= \frac{\partial^2 A_z}{\partial x\, \partial y} - \frac{\partial^2 A_y}{\partial x\, \partial z} - \frac{\partial^2 A_z}{\partial y\, \partial x} + \frac{\partial^2 A_x}{\partial y\, \partial z} + \frac{\partial^2 A_y}{\partial z\, \partial x} - \frac{\partial^2 A_x}{\partial z\, \partial y}$$

$$= 0$$

여기서 $\frac{\partial^2 A_z}{\partial x\, \partial y} = \frac{\partial^2 A_z}{\partial y\, \partial x}$ 등의 식을 이용하였다.

연습문제 3.10

스칼라장 V에 대하여 $\nabla \times \nabla V$, 즉 임의의 스칼라장의 기울기에 대한 회전은 0이 됨을 보여라.

해답: 증명

3.8 스칼라의 Laplacian

실용적인 이유로, 기울기와 발산 연산자가 복합된 하나의 연산자를 도입하는 것이 편리하다. 이 연산자가 Laplacian이다.

스칼라장 V의 Laplacian $\nabla^2 V$는 V의 기울기에 대한 발산으로 정의된다.

그러므로 직각좌표계에서는

$$\text{Laplacian } V = \nabla \cdot \nabla V = \nabla^2 V$$
$$= \left[\frac{\partial}{\partial x}\mathbf{a}_x + \frac{\partial}{\partial y}\mathbf{a}_y + \frac{\partial}{\partial z}\mathbf{a}_z\right] \cdot \left[\frac{\partial V}{\partial x}\mathbf{a}_x + \frac{\partial V}{\partial y}\mathbf{a}_y + \frac{\partial V}{\partial z}\mathbf{a}_z\right] \tag{3.59}$$

즉,

$$\boxed{\nabla^2 V = \frac{\partial^2 V}{\partial x^2} + \frac{\partial^2 V}{\partial y^2} + \frac{\partial^2 V}{\partial z^2}} \tag{3.60}$$

스칼라장의 Laplacian이 또 다른 스칼라장으로 되는 것에 주목하라.

다른 좌표계에서 V의 Laplacian은 식 (3.60)을 변환하여 구할 수 있다. 원통좌표계에서는

$$\boxed{\nabla^2 V = \frac{1}{\rho}\frac{\partial}{\partial \rho}\left(\rho \frac{\partial V}{\partial \rho}\right) + \frac{1}{\rho^2}\frac{\partial^2 V}{\partial \phi^2} + \frac{\partial^2 V}{\partial z^2}} \tag{3.61}$$

구좌표계에서는

$$\nabla^2 V = \frac{1}{r^2}\frac{\partial}{\partial r}\left(r^2\frac{\partial V}{\partial r}\right) + \frac{1}{r^2 \sin\theta}\frac{\partial}{\partial\theta}\left(\sin\theta\frac{\partial V}{\partial\theta}\right) + \frac{1}{r^2\sin^2\theta}\frac{\partial^2 V}{\partial\phi^2} \tag{3.62}$$

어떤 영역에서 스칼라장 V의 Laplacian이 0이면, 그 영역에서 스칼라장은 **조화함수**(harmonic)라 한다. 다시 말하면,

$$\nabla^2 V = 0 \tag{3.63}$$

이면 식 (3.63)을 만족하는 V의 해는 조화함수이다(사인 또는 코사인 형태이다). 식 (3.63)은 **Laplace 방정식**이다. 이 식은 6장에서 풀 것이다.

지금까지는 스칼라의 Laplacian에 대해서만 다루었다. Laplacian 연산자 ∇^2이 스칼라 연산자이므로 벡터 **A**의 Laplacian도 정의할 수 있다. 이 경우 $\nabla^2\mathbf{A}$를 **A**의 기울기에 대한 발산으로 생각해서는 안 된다. 왜냐하면 벡터의 기울기란 의미가 없기 때문이다. 그보다는 $\nabla^2\mathbf{A}$는 **A**의 발산에 대한 기울기에서 **A**의 회전에 대한 회전을 뺀 것으로 정의된다. 즉,

$$\nabla^2\mathbf{A} = \nabla(\nabla\cdot\mathbf{A}) - \nabla\times\nabla\times\mathbf{A} \tag{3.64}$$

이 식은 어떠한 좌표계에 대해서도 ∇^2A를 찾는 데 적용될 수 있다. 직각좌표계에서 식 (3.64)는 다음과 같다.[3)]

$$\nabla^2\mathbf{A} = \nabla^2 A_x\mathbf{a}_x + \nabla^2 A_y\mathbf{a}_y + \nabla^2 A_z\mathbf{a}_z \tag{3.65}$$

예제 3.11

다음 스칼라장의 Laplacian을 구하라.

(a) $V = e^{-z}\sin 2x\cosh y$
(b) $U = \rho^2 z\cos 2\phi$
(c) $W = 10r\sin^2\theta\cos\phi$

풀이

직각좌표계에서 Laplacian은 한 번 미분하고 또 한 번 미분하여 얻는다.

(a) $$\begin{aligned}\nabla^2 V &= \frac{\partial^2 V}{\partial x^2} + \frac{\partial^2 V}{\partial y^2} + \frac{\partial^2 V}{\partial z^2} \\ &= \frac{\partial}{\partial x}(2e^{-z}\cos 2x\cosh y) + \frac{\partial}{\partial y}(e^{-z}\sin 2x\sinh y) \\ &\quad + \frac{\partial}{\partial z}(-e^{-z}\sin 2x\cosh y) \\ &= -4e^{-z}\sin 2x\cosh y + e^{-z}\sin 2x\cosh y + e^{-z}\sin 2x\cosh y \\ &= -2e^{-z}\sin 2x\cosh y\end{aligned}$$

3) $\nabla^2\mathbf{A}$에 대한 명확한 수식을 확인하기 위해서 M. N. O. Sadiku, *Numerical Techniques in Electromagnetics with MATLAB*. 3rd ed. Boca Raton, FL: CRC Press, 2009, p.647 참조

$$\text{(b)}\ \nabla^2 U = \frac{1}{\rho}\frac{\partial}{\partial\rho}\left(\rho\frac{\partial U}{\partial\rho}\right) + \frac{1}{\rho^2}\frac{\partial^2 U}{\partial\phi^2} + \frac{\partial^2 U}{\partial z^2}$$
$$= \frac{1}{\rho}\frac{\partial}{\partial\rho}(2\rho^2 z\cos 2\phi) - \frac{1}{\rho^2}4\rho^2 z\cos 2\phi + 0$$
$$= 4z\cos 2\phi - 4z\cos 2\phi$$
$$= 0$$

$$\text{(c)}\ \nabla^2 W = \frac{1}{r^2}\frac{\partial}{\partial r}\left(r^2\frac{\partial W}{\partial r}\right) + \frac{1}{r^2\sin\theta}\frac{\partial}{\partial\theta}\left(\sin\theta\frac{\partial W}{\partial\theta}\right) + \frac{1}{r^2\sin^2\theta}\frac{\partial^2 W}{\partial\phi^2}$$
$$= \frac{1}{r^2}\frac{\partial}{\partial r}(10r^2\sin^2\theta\cos\phi) + \frac{1}{r^2\sin\theta}\frac{\partial}{\partial\theta}(10r\sin 2\theta\sin\theta\cos\phi) - \frac{10r\sin^2\theta\cos\phi}{r^2\sin^2\theta}$$
$$= \frac{20\sin^2\theta\cos\phi}{r} + \frac{20r\cos 2\theta\sin\theta\cos\phi}{r^2\sin\theta} + \frac{10r\sin 2\theta\cos\theta\cos\phi}{r^2\sin\theta} - \frac{10\cos\phi}{r}$$
$$= \frac{10\cos\phi}{r}(2\sin^2\theta + 2\cos 2\theta + 2\cos^2\theta - 1)$$
$$= \frac{10\cos\phi}{r}(1 + 2\cos 2\theta)$$

연습문제 3.11

다음 스칼라장의 Laplacian을 구하라.

(a) $U = x^2y + xyz$

(b) $V = \rho z\sin\phi + z^2\cos^2\phi + \rho^2$

(c) $f = \cos\theta\sin\phi\ln r + r^2\phi$

해답: (a) $2y$, (b) $4 + 2\cos^2\phi - \frac{2z^2}{\rho^2}\cos 2\phi$, (c) $\frac{1}{r^2}\cos\theta\sin\phi(1 - 2\ln r - \csc^2\theta\ln r) + 6\phi$

MATLAB 3.1

```
% This script allows the user to compute the integral of
% a function using two different methods:
%   1. the built-in matlab 'quad' function
%   2. user-defined summation
%
%  The user must first create a separate file for the function
%      y = (-1/20)*x^3+(3/5)*x.^2-(21/10)*x+4;
%  The file should be named fun.m and stored in the same
%  directory as this file, and it should contain the following
%  two lines:
%        function y = fun(x)
```

```
%        y = (-1/20)*x.^3+(3/5)*x.^2—2.1*x+4;
%
% We will determine the integral of this function from x = 0
% to x = 8
clear

% First we'll plot the function, creating a vector x and y
x=0:0.01:8;
y=fun(x);
figure(1)   % create a figure
plot(x,y, 'LineWidth', 2)      % plot x versus y
axis([0 10 0 4]) % sets the axis appropriately
xlabel('x variable')    % axes labels
ylabel('y variable')    % axes labels

% Next we'll use the built-in Matlab function to find the
% quadrature integral

Q = quad(@fun,0,8);    % The @ is an address operator to
                       % point to fun.m

% Finally we'll create a custom summation to compute the
% integral quadrature integral
disp('Enter a increment size for the integral, recommended ');
disp(' 0.1 to 1 (the smaller the better, but');
dx=input('smaller requires more computation time)! ... >');

sum=0; % set initial total sum to zero
for x=0:dx:8,
    sum=sum+fun(x)*dx;  % add the partial sums to the total sum
end

disp('')
disp('The computed integrals of the function y(x) between');
disp(' x = 0 and x = 8 are')
% The tab %f outputs the floating point number given in the
% variables Q and sum, similar to C/C++
disp(sprintf(' quad integral =');
disp(sprintf(' %f\n custom summation integral = %f', Q, sum))

% Now plot the function with the sub-areas used in the
% approximation create rectangular patches for each sub-area
figure(2)   % create another figure number 2
for x=0:dx:8,
    patch([x—dx/2; x—dx/2; x+dx/2; x+dx/2], ...
          [0; fun(x); fun(x); 0], [0.5 0.5 0.5])
end
% now plot original function
hold on
x=0:0.01:8;
y=fun(x);
h=plot(x,y, 'LineWidth', 2)      % plot x versus y
axis([0 10 0 4]) % sets the axis appropriately
xlabel('x variable')    % axes labels
ylabel('y variable')    % axes labels
function y = fun(x)
y = (—1/20)*x.^3+(3/5)*x.^2—2.1*x+4;
```

MATLAB 3.2

```
% This script allows the user to find the divergence and curl
% of a vector field given in symbolic form
% It uses the built-in symbolic derivative function
% called diff() to compute the derivatives
clear
syms x y z   % declare x,y,z to be symbols (variables)

% Prompt the user to enter the symbolic vector
%    For example the user could enter [y*z 4*x*y y]
disp('Enter the symbolic vector (in the format ');
A = input('[ fx(x,y,z) fy(x,y,z) fz(x,y,z)])... \n >  ');

% The divergence of A
% e.g. diff(A(2),z) means the derivative of the
% y-component of vector A with respect to z
divA=diff(A(1),x)+...
    diff(A(2),y)+...
    diff(A(3),z)
% evaluate divergence at point (x,y,z) = (1, -2, 3)
subs(divA,{x,y,z},{1, -2, 3})

% The curl of A
% e.g. diff(A(2),z) means the derivative of the
% y-component of vector A with respect to z
curlA=[diff(A(3),y)-diff(A(2),z),...
    -diff(A(3),x)+diff(A(1),z),...
    diff(A(2),x)-diff(A(1),y)]
% evaluate curl at point (x,y,z) = (1, -2, 3)
subs(curlA,{x,y,z},{1, -2, 3})
```

요약

1. 직각, 원통, 구형좌표계에서 미소변위는 각각

$$d\mathbf{l} = dx\,\mathbf{a}_x + dy\,\mathbf{a}_y + dz\,\mathbf{a}_z$$
$$d\mathbf{l} = d\rho\,\mathbf{a}_\rho + \rho\,d\phi\,\mathbf{a}_\phi + dz\,\mathbf{a}_z$$
$$d\mathbf{l} = dr\,\mathbf{a}_r + r\,d\theta\,\mathbf{a}_\theta + r\sin\theta\,d\phi\,\mathbf{a}_\phi$$

이다. $d\mathbf{l}$은 항상 양의 방향인 점에 유의; 변위의 방향이 적분의 극한으로 고려된다.

2. 직각, 원통, 구형 좌표계에서 법선방향 미소면적은

$$d\mathbf{S} = dy\,dz\,\mathbf{a}_x \\ dx\,dz\,\mathbf{a}_y \\ dx\,dy\,\mathbf{a}_z$$

$$d\mathbf{S} = \rho\,d\phi\,dz\,\mathbf{a}_\rho \\ d\rho\,dz\,\mathbf{a}_\phi \\ \rho\,d\rho\,d\phi\,\mathbf{a}_z$$

$$d\mathbf{S} = r^2\sin\theta\,d\theta\,d\phi\,\mathbf{a}_r \\ r\sin\theta\,dr\,d\phi\,\mathbf{a}_\theta \\ r\,dr\,d\theta\,\mathbf{a}_\phi$$

$d\mathbf{S}$는 면에 대해 양의 방향 또는 음의 방향으로 나타낼 수 있다.

3. 직각, 원통, 구형 좌표계에서 미소체적은

$$dv = dx\,dy\,dz$$
$$dv = \rho\,d\rho\,d\phi\,dz$$
$$dv = r^2 \sin\theta\,dr\,d\theta\,d\phi$$

4. 경로 L에 따른 벡터 $\mathbf{A}$의 선적분은 $\int_L \mathbf{A}\cdot d\mathbf{l}$로 주어진다. 폐경로에 대해서는 L을 따라 주회하는 $\mathbf{A}$의 선적분으로 한다. 즉, $\oint_L \mathbf{A}\cdot d\mathbf{l}$.
5. 면 S를 통과하는 벡터 $\mathbf{A}$의 선속 또는 면적분은 $\int_S \mathbf{A}\cdot d\mathbf{S}$로 정의한다. 폐곡면의 경우, 면적분은 S를 통해 밖으로 나가는 $\mathbf{A}$의 순 선속이다. 즉, $\oint_S \mathbf{A}\cdot d\mathbf{S}$이다.
6. 체적 v에 대해 스칼라 ρ_v의 체적적분은 $\int_v \rho_v\,dv$로 정의한다.
7. 벡터 미분은 벡터 미분연산자 ∇을 이용하여 수행한다. 스칼라장 V의 기울기는 ∇V, 벡터장 $\mathbf{A}$ 발산은 $\nabla\cdot\mathbf{A}$이고, 회전은 $\nabla\times\mathbf{A}$, 그리고 V의 Laplacian은 $\nabla^2 V$로 표시한다.
8. 발산정리 $\oint_S \mathbf{A}\cdot d\mathbf{S} = \int_v \nabla\cdot\mathbf{A}\,dv$는 폐곡면에 대한 면적분과 체적적분 간의 관계식이다.
9. Stokes의 정리 $\oint_L \mathbf{A}\cdot d\mathbf{l} = \int_S (\nabla\times\mathbf{A})\cdot d\mathbf{S}$는 폐경로에 대한 선적분과 면적분 간의 관계식이다.
10. 주어진 영역에서 스칼라장 V가 라플라스 방정식 $\nabla^2 V = 0$을 만족하면, V를 그 영역에서의 조화함수라 한다.
11. $\nabla\cdot\mathbf{A} = 0$이면 벡터장은 솔레노이드장, $\nabla\times\mathbf{A} = \mathbf{0}$이면 비회전장 또는 보존장이다.
12. 세 가지 좌표계에서 벡터 연산은 이 책의 뒷표지 안쪽에 요약되어 있다.
13. 벡터 항등식 $\nabla\cdot\nabla\times\mathbf{A} = 0$, 그리고 $\nabla\times\nabla V = \mathbf{0}$은 전자기학에서 매우 유용하다. 다른 벡터 항등식은 부록 A.10에 있다.

복습문제

3.1 그림 3.24의 미소체적에 대해 왼쪽 행과 오른쪽 행을 각각 연결시켜라.

(a) A에서 B로의 $d\mathbf{l}$ (i) $dy\ dz\ \mathbf{a}_x$

(b) A에서 D로의 $d\mathbf{l}$ (ii) $-dx\ dz\ \mathbf{a}_y$

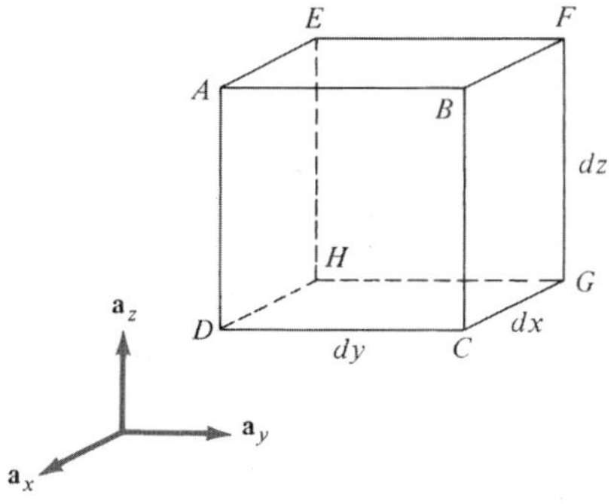

그림 3.24 복습문제 3.1의 그림

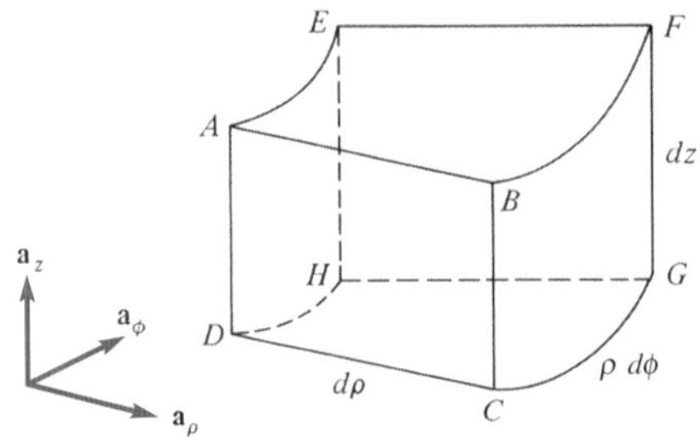

그림 3.25 복습문제 3.2의 그림

(c) A에서 E로의 $d\mathbf{l}$	(iii) $dx\ dy\ \mathbf{a}_z$
(d) 면 $ABCD$에 대한 $d\mathbf{S}$	(iv) $-dx\ dy\ \mathbf{a}_z$
(e) 면 $AEHD$에 대한 $d\mathbf{S}$	(v) $dx\ \mathbf{a}_x$
(f) 면 $DCGH$에 대한 $d\mathbf{S}$	(vi) $dy\ \mathbf{a}_y$
(g) 면 $ABFE$에 대한 $d\mathbf{S}$	(vii) $dz\ \mathbf{a}_z$

3.2 그림 3.25의 미소체적에 대해 왼쪽 행과 오른쪽 행을 각각 연결시켜라.

(a) E에서 A로의 $d\mathbf{l}$	(i) $-\rho\ d\phi\ dz\ \mathbf{a}_\rho$
(b) B에서 A로의 $d\mathbf{l}$	(ii) $-d\rho\ dz\ \mathbf{a}_\phi$
(c) D에서 A로의 $d\mathbf{l}$	(iii) $-\rho\ d\rho\ d\phi\ \mathbf{a}_z$
(d) 면 $ABCD$에 대한 $d\mathbf{S}$	(iv) $\rho\ d\rho\ d\phi\ \mathbf{a}_z$
(e) 면 $AEHD$에 대한 $d\mathbf{S}$	(v) $d\rho\ \mathbf{a}_\rho$
(f) 면 $ABFE$에 대한 $d\mathbf{S}$	(vi) $\rho\ d\phi\ \mathbf{a}_\phi$
(g) 면 $DCGH$에 대한 $d\mathbf{S}$	(vii) $dz\ \mathbf{a}_z$

3.3 그림 3.8을 대상으로 하여 미소체적 요소에 대해 왼쪽 행과 오른쪽 행을 각각 연결시켜라.

(a) A에서 D로의 $d\mathbf{l}$	(i) $-r^2 \sin\theta\ d\theta\ d\phi\ \mathbf{a}_r$
(b) E에서 A로의 $d\mathbf{l}$	(ii) $-r \sin\theta\ dr\ d\phi\ \mathbf{a}_\theta$
(c) A에서 B로의 $d\mathbf{l}$	(iii) $r\ dr\ d\theta\ \mathbf{a}_\phi$
(d) 면 $EFGH$에 대한 $d\mathbf{S}$	(iv) $dr\ \mathbf{a}_r$
(e) 면 $AEHD$에 대한 $d\mathbf{S}$	(v) $r\ d\theta\ \mathbf{a}_\theta$
(f) 면 $ABFE$에 대한 $d\mathbf{S}$	(vi) $r \sin\theta\ d\phi\ \mathbf{a}_\phi$

3.4 $\mathbf{r} = x\mathbf{a}_x + y\mathbf{a}_y + z\mathbf{a}_z$는 점 (x, y, z)의 위치벡터이고, $r = |\mathbf{r}|$일 때 다음 중 틀린 것은?

(a) $\nabla r = \mathbf{r}/r$	(b) $\nabla \cdot \mathbf{r} = 1$
(c) $\nabla^2(\mathbf{r} \cdot \mathbf{r}) = 6$	(d) $\nabla \times \mathbf{r} = \mathbf{0}$

3.5 다음 중 수학적으로 올바르게 정의된 것은?

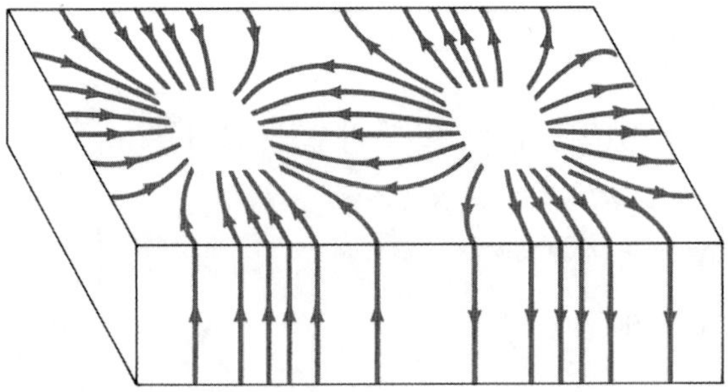

그림 3.26 복습문제 3.8의 그림

(a) $\nabla \times \nabla \cdot \mathbf{A}$ (b) $\nabla \cdot (\nabla \cdot \mathbf{A})$

(c) $\nabla(\nabla V)$ (d) $\nabla(\nabla \cdot \mathbf{A})$

3.6 다음 중 값이 0인 것은?

(a) $\nabla(\nabla \cdot \mathbf{A})$ (b) $\nabla \cdot (\nabla V)$

(c) $\nabla \times (\nabla V)$ (d) $\nabla \times (\nabla \times \mathbf{A})$

3.7 $\mathbf{A} = 3x^2yz\mathbf{a}_x + x^3z\mathbf{a}_y + (x^3y + 2z)\mathbf{a}_z$가 주어졌을 때 $\mathbf{A}$는?

(a) 고조파장 (b) 비발산장

(c) 솔레노이드장 (d) 회전장

(e) 보존장

3.8 구형 도파관에서 표면전류밀도 **J**가 그림 3.26과 같이 그려져 있다. **J**는 도파관의 상부벽에서 발산하는 반면 측면 벽에서는 발산하지 않는다.

(a) 맞다. (b) 틀리다.

3.9 Stokes의 정리는 폐경로가 존재하고 폐경로 내에서 벡터장과 그것의 미분이 연속적일 때 적용 가능하다.

(a) 맞다. (b) 틀리다.

(c) 항상 그런 것은 아니다.

3.10 벡터장 **Q**가 솔레노이드장(비발산장)이라면 옳은 것은?

(a) $\oint_L \mathbf{Q} \cdot d\mathbf{l} = 0$ (b) $\oint_S \mathbf{Q} \cdot d\mathbf{S} = 0$

(c) $\nabla \times \mathbf{Q} = 0$ (d) $\nabla \times \mathbf{Q} \neq 0$

(e) $\nabla^2 \mathbf{Q} = 0$

해답: 3.1a-(vi), b-(vii), c-(v), d-(i), e-(ii), f-(iv), g-(iii), 3.2a-(vi), b-(v), c-(vii), d-(ii), e-(i), f-(iv), g-(iii), 3.3a-(v), b-(vi), c-(iv), d-(iii), e-(i), f-(ii), 3.4b, 3.5d, 3.6c, 3.7e, 3.8a, 3.9a, 3.10b.

문제

3.2 미소 길이, 면적, 체적

3.1 미소길이 dl을 사용하여 다음과 같은 곡선의 길이를 구하라.

(a) $\rho = 3, \pi/4 < \phi < \pi/2, z =$ 일정

(b) $r = 1, \theta = 30°, 0 < \phi < 60°$

(c) $r = 4, 30° < \theta < 90°, \phi =$ 일정

3.2 미소면적 dS를 사용하여 다음 면의 면적을 구하라.

(a) $\rho = 2, 0 < z < 5, \pi/3 < \phi < \pi/2$

(b) $z = 1, 1 < \rho < 3, 0 < \phi < \pi/4$

(c) $r = 10, \pi/4 < \theta < 2\pi/3, 0 < \phi < 2\pi$

(d) $0 < r < 4, 60° < \theta < 90°, \phi =$ 일정

3.3 미소체적 dv를 사용하여 다음과 같은 영역의 체적을 구하라.

(a) $0 < x < 1, 1 < y < 2, -3 < z < 3$

(b) $2 < \rho < 5, \pi/3 < \phi < \pi, -1 < z < 4$

(c) $1 < r < 3, \pi/2 < \theta < 2\pi/3, \pi/6 < \phi < \pi/2$

3.4 $P_1(4, 0°, 0)$에서 $P_2(4, 30°, 0)$까지 경로의 길이를 구하라.

3.5 $r = 5, 0 < \theta < \pi/4, 0 < \phi < \pi/2$로 정의되는 면의 면적을 구하라.

3.6 $2 < \rho < 5, 0 < \phi < 30°, 0 < z < 10$로 정의되는 면의 면적을 계산하라.

3.3 선, 면, 체적적분

3.7 $\boldsymbol{H} = xy^2\mathbf{a}_x + x^2y\mathbf{a}_y$로 주어졌을 때 점 $P(1, 1, 0)$에서 점 $Q(16, 4, 0)$까지 연결된 포물선 $x = y^2$을 따라 선적분을 구하라.

3.8 $\mathbf{C}$가 벡터이고, S는 단위 체적을 둘러싸는 폐곡면이라고 할 때 다음의 수식이 성립함을 보여라.

$$\oiint_S \mathbf{r}(\mathbf{C} \cdot d\mathbf{S}) = \oiint_S (\mathbf{C} \cdot \mathbf{r})\, d\mathbf{S} = \mathbf{C}$$

3.9 적분 $\int_A^B \mathbf{F} \cdot d\mathbf{l}$이 A에서 B로 입자를 움직일 때 한 일이라고 한다면, $A(0, 0, 0)$에서 $B(2, 1, 3)$로 아래의 경로를 따라 이동하는 입자에 힘 $\mathbf{F} = 2xy\mathbf{a}_x + (x^2 - z^2)\mathbf{a}_y - 3xz^2\mathbf{a}_z$가 가해질 때 한 일을 구하라.

(a) $(0, 0, 0) \to (0, 1, 0) \to (2, 1, 0) \to (2, 1, 3)$의 선분

(b) $(0, 0, 0)$에서 $(2, 1, 3)$까지의 직선

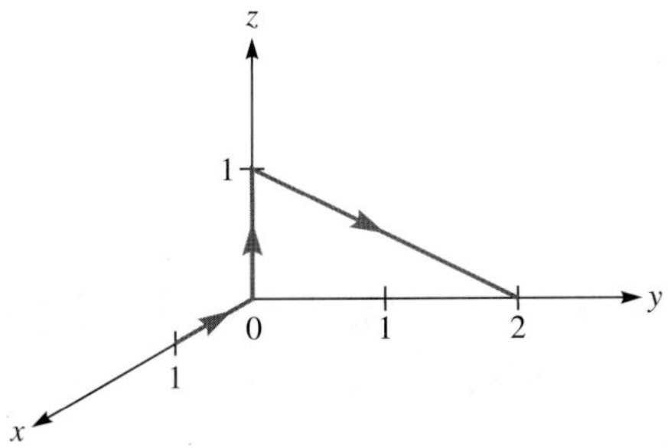

그림 3.27 문제 3.11의 그림

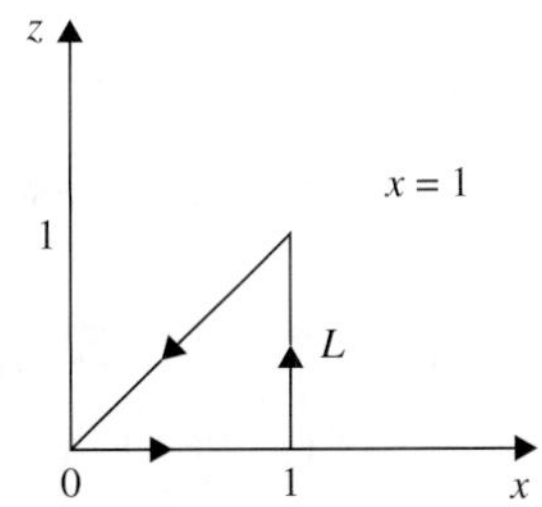

그림 3.28 문제 3.12의 그림

3.10 $\mathbf{F} = \rho^2\mathbf{a}_\rho + z\mathbf{a}_\phi + \cos\phi\mathbf{a}_z$[N]인 벡터장이 주어졌다. 경로 L이 $P(2, 0°, 0)$으로부터 $Q(2, \pi/4, 3)$으로 주어졌을 때 한 일 또는 $\int_L \mathbf{F}\cdot d\mathbf{l}$을 구하라. 여기서 경로 L은 $\rho = 2, 0 < \phi < \pi/4, z = 0$을 지나 $\rho = 2, \phi = \pi/4, 0 < z < 3$을 따른다.

3.11 $\mathbf{H} = (x - y)\mathbf{a}_x + (x^2 + zy)\mathbf{a}_y + 5yz\mathbf{a}_z$일 때 그림 3.27의 경로를 따라 $\int_L \mathbf{H}\cdot d\mathbf{l}$을 계산하라.

3.12 그림 3.28과 같이 $x = 1$인 평면에 있는 경로 L을 따라 벡터 $\mathbf{B} = xy\mathbf{a}_x - yz\mathbf{a}_y + xz\mathbf{a}_z$의 주회적분을 구하라.

3.13 $x = -2, x = 5, y = 3, y = 6, z = -1$ 그리고 $z = 8$인 벽으로 둘러싸인 체적 τ를 고려한다. 스칼라 함수 $f = x^2y - xy^3 = 5z$를 사용하여 (i) 박스의 체적에 대한 벡터량 $\iiint_\tau \nabla f dv$를 계산하라. (ii) τ를 둘러싼 표면에서 $\oiint f d\mathbf{S}$를 계산하라. 이 두 결과는 같은가?

3.14 면적분 $\psi = \iint_S \mathbf{A}\cdot d\mathbf{S}$를 구하라. 여기서 $\mathbf{A} = r^2\theta\mathbf{a}_r + (1 - r^2)\sin^2\theta\cos\phi\mathbf{a}_\theta$이며, 면 S는 반구의 면적이며, $r = 5, 0 \le \theta \le \pi/2$이다.

3.15 벡터장이 $\mathbf{A} = r\mathbf{a}_r - 3\mathbf{a}_\theta + 5\phi\mathbf{a}_\phi$로 주어졌다. $0 < r < 4, 0 < \theta < \pi/2, 0 < \phi < 3 < \pi/2$로 정의된 폐곡면의 바깥으로 유출되는 벡터장의 선속을 구하라.

3.16 공간에 점 $P(x_0, y_0, z_0)$가 주어졌다고 가정하고, $x^2 + y^2 + z^2 = a^2$인 구를 S라 하자. 다음 두 경우에 대해서 $\oiint_S \dfrac{a^2 \sin\theta d\theta d\phi}{\sqrt{(x - x_0)^2 + (y - y_0)^2 + (z - z_0)^2}}$를 계산하라.

(i) $x_0^2 + y_0^2 + z_0^2 > a^2$

(ii) $x_0^2 + y_0^2 + z_0^2 < a^2$

3.5 스칼라의 기울기

3.17 다음 스칼라장의 기울기를 구하라.

(a) $V_1 = 6xy - 2xz + z$

(b) $V_2 = 10\rho\cos\phi - \rho z$

(c) $V_3 = \dfrac{2}{r}\cos\phi$

3.18 다음 스칼라장의 기울기를 구하고, 주어진 점에서 기울기를 계산하라.

(a) $P(-1, 4, 3)$에서 $V(x, y, z) = 10xyz - 2x^2z$

(b) $Q(2, 90°, -1)$에서 $U(\rho, \phi, z) = 2\rho\sin\phi + \rho z$

(c) $R(1, \pi/6, \pi/2)$에서 $W(\mathrm{r}, \theta, \phi) = \dfrac{4}{r}\sin\theta\cos\phi$

3.19 $\mathbf{r} = x\mathbf{a}_x + y\mathbf{a}_y + z\mathbf{a}_z$가 점 (x, y, z)의 위치벡터, $r = |\mathbf{r}|$, 그리고 $n =$ 정수라고 가정할 때, $\nabla r^n = nr^{n-2}\mathbf{r}$임을 보여라.

3.20 강당의 온도가 $T = x^2 + y^2 - z$로 주어졌다. 강당 내 (1, 1, 2)에 있는 모기가 최대한 빨리 따듯한 곳으로 날아가고 싶어 한다. 어디로 날아가야 하는가?

3.21 면의 한 부분이 $F = x - 2y + z$로 묘사되었다. 이 면의 법선벡터 $\mathbf{a}_n$을 구하라.

3.22 원통형 체적 τ는 $\rho = 6$인 원통 표면, 그리고 $z = 5$와 $z = 8$인 평면으로 둘러싸여 있다. 스칼라 함수 $f = \rho^2\cos\phi + \rho\sin^2\phi + 3z$를 사용하여 (i) 벡터량 $\iiint_\tau \nabla f dv$를 계산하라. (ii) 원통형 체적 τ를 둘러싼 표면에서 벡터량 $\oiint f d\mathbf{S}$를 계산하라. 이 두 결과는 같은가?

3.23 체적이 τ인 고체 반구가 식 $0 \le r \le 3$, $y \ge 0$으로 묘사되었다. 스칼라 함수 $f = \dfrac{3\cos\theta + \sin\phi}{r}$를 사용하여 (i) 벡터량 $\iiint_\tau \nabla f dv$를 계산하라. (ii) 또한 τ를 둘러싼 표면에서 벡터값 $\oiint f d\mathbf{S}$를 계산하라. 이 두 결과는 같은가?

3.24 (a) 기울기 개념을 이용하여 다음 두 평면

$$ax + by + cz = d$$
$$\alpha x + \beta y + \gamma z = \delta$$

사이의 각도가

$$\theta = \cos^{-1}\frac{a\alpha + b\beta + c\gamma}{\sqrt{(a^2 + b^2 + c^2)(\alpha^2 + \beta^2 + \gamma^2)}}$$

임을 증명하라.

(b) $x + 2y + 3z = 5$와 $x + y = 0$인 두 평면 사이의 각도를 계산하라.

3.25 스칼라 함수가 $f = xy + yz + zx$로 주어졌다. 점 $P(2, -1, 3)$에서 최대 변화값은?

최대 변화가 일어나는 방향은 어느 방향인가?

3.26 (a) 스칼라장 V와 U에 대하여

$$\nabla(UV) = U\nabla V + V\nabla U$$

가 됨을 증명하라.

(b) $V = 5x^2y + 2yz$, $U = 3xyz$라고 가정하고 (a)가 성립함을 확인하라.

3.6 벡터의 발산과 발산정리

3.27 다음 벡터장의 발산을 구하라.

(a) $\mathbf{A} = xy\mathbf{a}_x + y^2\mathbf{a}_y - xz\mathbf{a}_z$

(b) $\mathbf{B} = \rho z^2\mathbf{a}_\rho + \rho\sin^2\phi\,\mathbf{a}_\phi + 2\rho z\sin^2\phi\,\mathbf{a}_z$

(c) $\mathbf{C} = r\mathbf{a}_r + r\cos^2\theta\,\mathbf{a}_\phi$

3.28 yz 평면에서 고리모양 영역의 1/4인 면 S가 주어졌다. 그림 3.29에 보인 쐐기모양 면의 가장자리를 따라 폐경로 C를 고려한다. 스칼라장 $T = -\dfrac{\cos\theta}{r^2}$가 주어졌다고 할 때 $\oint_C T\mathbf{dl} = \iint_S \mathbf{dS} \times \nabla T$ 의 양변을 계산하라.

3.29 열흐름 벡터가 $\mathbf{H} = k\nabla T$이며, 여기서 T는 온도, k는 열전도율이다.

$$T = 50\sin\frac{\pi x}{2}\cosh\frac{\pi y}{2}$$

로 주어졌을 때 $\nabla\cdot\mathbf{H} = 0$임을 보여라.

3.30 (a) $\nabla\cdot(V\mathbf{A}) = V\nabla\cdot\mathbf{A} + \mathbf{A}\cdot\nabla V$가 됨을 증명하라. 여기서 V는 스칼라장, $\mathbf{A}$는 벡터장이다.

(b) $\mathbf{A} = 2x\mathbf{a}_x + 3y\mathbf{a}_y - 4z\mathbf{a}_z$, $V = xyz$일 때 $\nabla\cdot(V\mathbf{A})$를 계산하라.

3.31 $\mathbf{r} = x\mathbf{a}_x + y\mathbf{a}_y + z\mathbf{a}_z$, $\mathbf{T} = 2zy\mathbf{a}_x + xy^2\mathbf{a}_y + x^2yz\mathbf{a}_z$일 때 다음을 구하라.

(a) $(\nabla\cdot\mathbf{r})\mathbf{T}$

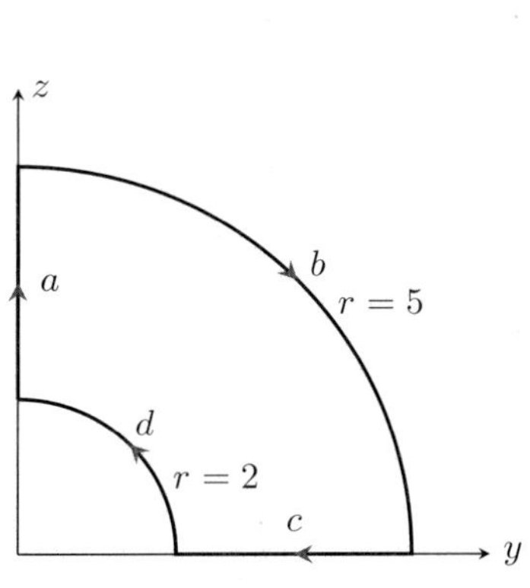

그림 3.29 문제 3.28의 그림

(b) $(\mathbf{r}\cdot\nabla)\mathbf{T}$

(c) $\nabla\cdot\mathbf{r}(\mathbf{r}\cdot\mathbf{T})$

(d) $(\mathbf{r}\cdot\nabla)r^2$

3.32 β는 상수이다. 다음과 같은 결과가 얻어짐을 보여라.

(i) $\nabla\left(\frac{e^{j\beta r}}{r}\right) = j\beta\left(1 - \frac{1}{j\beta r}\right)\frac{e^{j\beta r}}{r}\mathbf{a}_r$

(ii) $\nabla\cdot\left(\frac{e^{j\beta r}}{r}\mathbf{a}_r\right) = j\beta\left(1 + \frac{1}{j\beta r}\right)\frac{e^{j\beta r}}{r}$

3.33 $\mathbf{D} = 2\rho z^2\mathbf{a}_\rho + \rho\ \cos^2\ \phi\mathbf{a}_z$이다. $2\le\rho\le5,\ -1\le z\le1,\ 0<\phi<2\pi$로 정의된 영역에 대해서 다음을 계산하라.

(a) $\oint_S \mathbf{D}\cdot d\mathbf{S}$

(b) $\int_v \nabla\cdot\mathbf{D}\,dv$

3.34 스칼라 함수 $f(r,\theta,\phi) = 3r\ \sin\ \theta\ \cos\ \phi + 2r\ \sin\ \theta\ \sin\ \phi + 4r\ \cos\ \theta$이며, 체적 τ는 원점을 중심으로 한 단위구 내의 3차원 공간에 있다고 하자. 즉 $0<r<1$에 있으며, 이 체적은 표면 S로 둘러싸여 있다. f로 구성된 벡터장 $f\nabla f$에 대한 발산정리의 양변을 계산하라.

$$\iiint_\tau \nabla\cdot(f\ \nabla f)\ dv = \oiint_S f\nabla f\cdot\mathbf{dS}$$

3.35 xy 평면에서 $\rho=2,\ z=0$으로 주어진 원형의 폐경로 C를 고려하자. C로 둘러싸인 원모양의 면을 S라 한다. 스칼라장 $T = 2\rho\ \cos\ \phi + z^2\ \sin\ \phi$가 주어졌을 때 다음 양변을 계산하라.

$$\oint_C T\mathbf{dl} = \iint_S \mathbf{dS}\times\nabla T$$

3.36 $\mathbf{H} = 4\rho^2\mathbf{a}_\rho - 2z\mathbf{a}_z$라고 할 때 $\rho=10,\ 0<\phi<2\pi,\ 0<z<3$으로 정의되는 원통형 영역에 대하여 발산정리가 성립하는지 확인하라.

***3.37** 발산정리를 적용하여 $\oint_S \mathbf{A}\cdot d\mathbf{S}$를 계산하라. 여기서 $\mathbf{A} = x^2\mathbf{a}_x + y^2\mathbf{a}_y + z^2\mathbf{a}_z$이며, S는 $\rho=1$과 평면 $z=2,\ z=4$로 둘러싸인 원통형 입체의 표면이다.

3.38 $0<r<3,\ 0<\phi<\pi/2,\ 0<\theta<\pi/2$으로 정의되는 반구의 1/4인 면을 대상으로 함수 $\mathbf{A} = r^2\mathbf{a}_r + r\ \sin\ \theta\ \cos\ \phi\ \mathbf{a}_\theta$에 대하여 발산정리가 성립하는지 확인하라.

3.39 스칼라 함수 $f(r,\theta,\phi) = 3r\ \sin\ \theta\ \cos\ \phi + 2r\ \sin\ \theta\ \sin\ \phi + 4r\ \cos\ \theta$일 때 $\nabla^2 f = 0$이 됨을 확인하라. τ는 원점을 중심으로 둘러싸인 단위구의 내부, 즉 $0<r<1$인 영역

내부에 위치한 3차원 공간이다. 다음 수식 양변을 계산하고,

$$\iiint_\tau \nabla \cdot (f\, \nabla f)\, dv = \iiint |\nabla f|^2 dv$$

결과를 확인하라.

3.7 벡터의 회전과 Stokes의 정리

3.40 다음 벡터장의 회전을 구하라.

(a) $\mathbf{A} = xy\mathbf{a}_x + y^2\mathbf{a}_y - xz\mathbf{a}_z$

(b) $\mathbf{B} = \rho z^2\mathbf{a}_\rho + \rho \sin^2\phi\, \mathbf{a}_\phi + 2\rho z \sin^2\phi\, \mathbf{a}_z$

(c) $\mathbf{C} = r\mathbf{a}_r + r\cos^2\theta\, \mathbf{a}_\phi$

3.41 $\nabla \times \mathbf{A}$와 $\nabla \cdot (\nabla \times \mathbf{A})$을 계산하라.

(a) $\mathbf{A} = x^2y\mathbf{a}_x + y^2z\mathbf{a}_y - 2xz\mathbf{a}_z$

(b) $\mathbf{A} = \rho^2z\mathbf{a}_\rho + \rho^3\mathbf{a}_\phi + 3\rho z^2\mathbf{a}_z$

(c) $\mathbf{A} = \dfrac{\sin\phi}{r^2}\mathbf{a}_r - \dfrac{\cos\phi}{r^2}\mathbf{a}_\theta$

3.42 $f = (3r^2 + 5)$, $\mathbf{r} = r\mathbf{a}_r$일 때 다음을 구하라. (i) ∇f, (ii) $\nabla \cdot \mathbf{r}$, (iii) $\nabla \times \mathbf{r}$, (iv) $\nabla \times f\mathbf{r}$

3.43 $f(r)$는 단지 r에 따라 변하는 스칼라장이며, **A**와 **B** 역시 r에 따라서만 변하는 벡터장이다. 다음 식을 전개하라. (i) $\nabla(\mathbf{A} \cdot \mathbf{B})$, (ii) $\nabla \times f\mathbf{A}$, (iii) $\nabla \cdot f\mathbf{A}$

***3.44** $\mathbf{F} = x^2y\mathbf{a}_x - y\mathbf{a}_y$로 주어졌을 때 다음을 구하라.

(a) 그림 3.30의 경로 L을 따르는 $\oint_L \mathbf{F} \cdot d\mathbf{l}$

(b) 경로 L을 주변으로 하는 면 S에 대해 $\int_S (\nabla \times \mathbf{F}) \cdot d\mathbf{S}$

(c) Stokes 정리를 만족하는가?

3.45 **p**는 상수 벡터이며 $\mathbf{r} = r\mathbf{a}_r$이다. 다음 수식을 나타내어라.

(i) $\nabla(\mathbf{p} \cdot \mathbf{r})$, (ii) $\nabla\left(\dfrac{\mathbf{p} \cdot \mathbf{r}}{r^3}\right)$, (iii) $(\mathbf{p} \cdot \nabla)\mathbf{r}$, (iv) $\nabla \cdot (\mathbf{p} \times \mathbf{r})$, (v) $\nabla \times (\mathbf{r} \times \mathbf{p})$

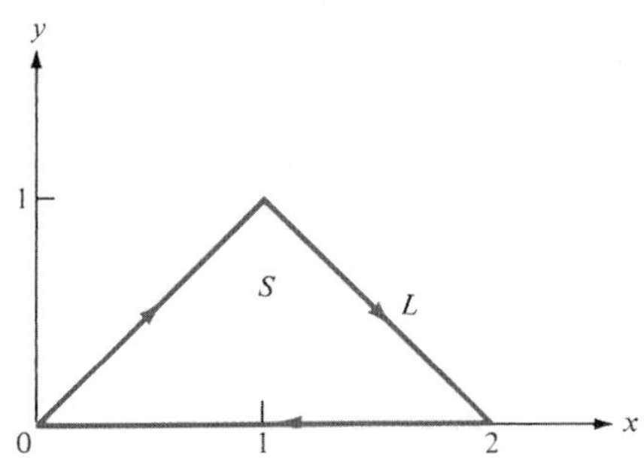

그림 3.30 문제 3.44의 그림

3.46 $x=-2, x=5, y=3, y=6, z=-1$ 그리고 $z=8$인 벽으로 둘러싸인 체적 τ를 고려한다. 벡터함수가 $\mathbf{A}=(x+y)\mathbf{a}_x+5xy^2\mathbf{a}_y+(3z^2+xy)\mathbf{a}_z$로 주어졌을 때, (i) 박스의 체적에 대한 벡터량 $\iiint_\tau \nabla \times \mathbf{A}dv$를 계산하라. (ii) τ를 둘러싼 표면에서 벡터량 $\oiint \mathbf{dS} \times \mathbf{A}$를 구하라. 이 두 결과는 같은가?

3.47 $\mathbf{A}=4x^2e^{-y}\mathbf{a}_x-8xe^{-y}\mathbf{a}_y$라고 할 때 $\nabla \times [\nabla(\nabla \cdot \mathbf{A})]$를 계산하라.

3.48 $V=\dfrac{\sin\theta\cos\phi}{r}$일 때 다음을 구하라.

(a) ∇V (b) $\nabla \times \nabla V$ (c) $\nabla \cdot \nabla V$

****3.49** 벡터장이 아래와 같이 주어졌다.

$$\mathbf{Q}=\frac{\sqrt{x^2+y^2+z^2}}{\sqrt{x^2+y^2}}[(x-y)\mathbf{a}_x+(x+y)\mathbf{a}_y]$$

다음 적분들을 계산하라.

(a) $\int_L \mathbf{Q}\cdot d\mathbf{l}$. 여기서 L은 그림 3.31과 같은 아이스크림콘 형태의 체적에서 원의 가장자리이다.

(b) $\int_{S_1}(\nabla \times \mathbf{Q})\cdot d\mathbf{S}$. 여기서 S_1은 체적의 윗면이다.

(c) $\int_{S_2}(\nabla \times \mathbf{Q})\cdot d\mathbf{S}$. 여기서 S_2는 체적의 경사면이다.

(d) $\int_{S_1}\mathbf{Q}\cdot d\mathbf{S}$

(e) $\int_{S_2}\mathbf{Q}\cdot d\mathbf{S}$

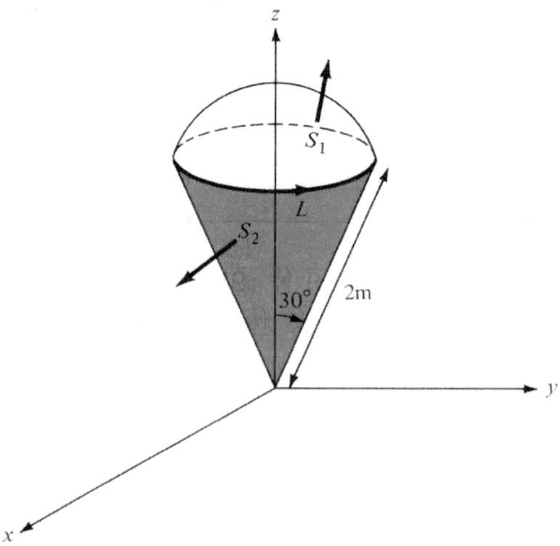

그림 3.31 문제 3.49의 아이스크림콘 형태의 체적

** 두 개의 별표는 매우 높은 난이도의 문제임을 표시한다.

(f) $\int_v \nabla \cdot \mathbf{Q}\, dv$

이 결과들을 비교하라.

***3.50** 어떤 강체가 그 중심을 지나는 고정축에 대하여 각속도 ω로 회전한다. 만약 $\mathbf{u}$가 강체의 한 점에서의 속도라면, $\boldsymbol{\omega} = 1/2\, \nabla \times \mathbf{u}$임을 보여라.

3.51 원통형 체적 τ는 $\rho = 6$인 원통면, 그리고 $z = 5$와 $z = 8$인 평면으로 이루어져 있다. 벡터함수가 $\mathbf{A} = \rho\ \cos^2\ \phi \mathbf{a}_\rho + \rho\ \sin^2\ \phi \mathbf{a}_\phi + 3z^2 \mathbf{a}_z$일 때, (i) 체적 τ에 대한 벡터량 $\iiint_\tau \nabla \times \mathbf{A} dv$를 계산하라. (ii) 체적 τ를 둘러싼 표면에서 벡터값 $\oiint \mathbf{dS} \times \mathbf{A}$를 구하라. 이 두 결과는 같은가?

3.52 체적이 τ인 고체 반구가 $0 \le r \le 3,\ y \ge 0$으로 주어졌다. 벡터함수 $\mathbf{A} = 3\cos\theta \mathbf{a}_r + 2r \sin\phi \mathbf{a}_\theta + \sin\theta \mathbf{a}_\phi$를 사용하여 체적 τ에 대한 벡터 $\iiint_\tau \nabla \times \mathbf{A} dv$를 계산하라. 이 결과를 체적 τ를 둘러싸고 있는 표면에서의 $\oiint d\mathbf{S} \times \mathbf{A}$의 벡터값과 비교하라. 이 두 값은 같은가?

3.53 다음 벡터장 $\mathbf{A}$와 스칼라장 V에 대한 식을 직교좌표계로 나타내어라.

(a) $\nabla \cdot (V \nabla V) = V \nabla^2 V + |\nabla V|^2$

(b) $\nabla \times (V\mathbf{A}) = V \nabla \times \mathbf{A} + \nabla V \times \mathbf{A}$

3.54 $O(0, 0, 0)$, $P(2, 0, 0)$, $Q(2, 5, 0)$, $R(0, 5, 0)$으로 이루어진 직사각형 폐경로 C를 고려한다. $z = 0$인 평면에서 직사각형 표면을 S라 하자. 스칼라장 $T = 8xz^2 + yx^3 - 6yz$가 주어졌을 때 다음 식의 양변을 계산하라.

$$\oint_C T\mathbf{dl} = \iint_S \mathbf{dS} \times \nabla T$$

3.8 스칼라의 Laplacian

3.55 다음 각각의 스칼라장들에 대하여 $\nabla^2 V$를 구하라.

(a) $V_1 = x^3 + y^3 + z^3$

(b) $V_2 = \rho z^2 \sin 2\phi$

(c) $V_3 = r^2(1 + \cos\theta \sin\phi)$

3.56 구좌표계에서 $V = \dfrac{1}{2} r^2 (3\cos^2\theta - 1)$로 주어졌을 때 $\nabla^2 V = 0$임을 보여라.

3.57 $\mathbf{r} = x\mathbf{a}_x + y\mathbf{a}_y + z\mathbf{a}_z$이 점 (x, y, z)의 위치벡터이고, $r = |\mathbf{r}|$일 때 다음을 구하라.

(a) $\nabla(\ln r) = \dfrac{\mathbf{r}}{r^2}$

(b) $\nabla^2(\ln r) = \dfrac{1}{r^2}$

3.58 **A**가 구좌표계로 주어졌다. 식 (3.64)를 사용하여 $\nabla^2\mathbf{A}$의 세 가지 구좌표 성분을 다음과 같이 나타낼 수 있음을 증명하라.

$$(\nabla^2\mathbf{A})_r = \nabla^2 A_r - \frac{2A_r}{r^2} - \frac{2}{r^2}\frac{\partial A_\theta}{\partial\theta} - \frac{2A_\theta}{r^2}\cot\theta - \frac{2}{r^2\sin\theta}\frac{\partial A_\phi}{\partial\phi}$$

$$(\nabla^2\mathbf{A})_\theta = \nabla^2 A_\theta + \frac{2}{r^2}\frac{\partial A_r}{\partial\theta} - \frac{A_\theta}{r^2\sin^2\theta} - \frac{2\cos\theta}{r^2\sin^2\theta}\frac{\partial A_\phi}{\partial\phi}$$

$$(\nabla^2\mathbf{A})_\phi = \nabla^2 A_\phi - \frac{A_\phi}{r^2\sin^2\theta} + \frac{\quad}{r^2\sin\theta}\frac{\partial A_r}{\partial\phi} + \frac{2\cos\theta}{r^2\sin^2\theta}\frac{\partial A_\theta}{\partial\phi}$$

3.59 $V(x, y, z)$가 $\nabla^2 V = 0$을 만족하는 스칼라장이라 하자. $\nabla\cdot(V\nabla V) = |\nabla V|^2$임을 보여라. $V = 3x^2 - 2y^2 - z^2$로 주어졌을 때 $\nabla^2 V = 0$임을 확인하라. 주어진 결과의 양변을 계산하고 같음을 확인하라.

3.60 다음 관계식이 성립함을 증명하라.

$$\nabla\times(\mathbf{A}\times\mathbf{B}) \equiv (\mathbf{B}\cdot\nabla)\mathbf{A} - \mathbf{B}\nabla\cdot\mathbf{A} + \mathbf{A}(\nabla\cdot\mathbf{B}) - (\mathbf{A}\cdot\nabla)\mathbf{B}$$

3.61 다음 관계식이 성립함을 증명하라.

$$\nabla(\mathbf{A}\cdot\mathbf{B}) \equiv (\mathbf{A}\cdot\nabla)\mathbf{B} + (\mathbf{B}\cdot\nabla)\mathbf{A} + \mathbf{A}\times(\nabla\times\mathbf{B}) + \mathbf{B}\times(\nabla\times\mathbf{A})$$

***3.62** 원통좌표계에서

$$\nabla^2\mathbf{A} = \left(\nabla^2 A_\rho - \frac{2}{\rho^2}\frac{\partial A_\phi}{\partial\phi} - \frac{A_\rho}{\rho^2}\right)\mathbf{a}_\rho + \left(\nabla^2 A_\phi + \frac{2}{\rho^2}\frac{\partial A_\rho}{\partial\phi} - \frac{A_\phi}{\rho^2}\right)\mathbf{a}_\phi + \nabla^2 A_z\mathbf{a}_z$$

이다. $\mathbf{G} = 2\rho\sin\phi\mathbf{a}_\rho + 4\rho\cos\phi\mathbf{a}_\phi + (z^2+1)\rho\mathbf{a}_z$일 때 $\nabla^2\mathbf{G}$를 구하라.

3.63 식 (3.64)에 따르면 $\nabla\times(\nabla\times\mathbf{A}) = \nabla(\nabla\cdot\mathbf{A}) - \nabla^2\mathbf{A}$이다. $\mathbf{A} = xz\mathbf{a}_x + z^2\mathbf{a}_y + yz\mathbf{a}_z$가 이 벡터 항등식을 만족함을 보여라.

3.64 $\mathbf{A} = x\mathbf{a}_x + y\mathbf{a}_y + z\mathbf{a}_z$
$\mathbf{B} = 2\rho\cos\phi\mathbf{a}_\rho - 4\rho\sin\phi\mathbf{a}_\phi + 3\mathbf{a}_z$
$\mathbf{C} = \sin\theta\mathbf{a}_r + r\sin\theta\mathbf{a}_\phi$

위의 벡터장에 대하여 (a) 솔레노이드장, 또는 (b) 비회전장을 구분하라.

3.65 $\mathbf{G} = (16xy - z)\mathbf{a}_x + 8x^2\mathbf{a}_y - x\mathbf{a}_z$가 주어졌다.

(a) **G**가 비회전장(또는 보존장)인가 확인하라.

(b) $0 < x, y, z < 1$의 정육면체를 통과하는 선속을 구하라.

(c) 사각형 변 $z = 0$, $0 < x, y < 1$에 대한 **G**의 회전을 구하라.

3.66 선전하에 의한 기장이 다음과 같이 주어졌다.

$$|\boldsymbol{E}| = \frac{\lambda}{2\pi\epsilon\rho}\mathbf{a}_\rho$$

여기서 λ는 상수이다. $|\boldsymbol{E}|$가 솔레노이드장임을 보여라. 또한 보존적 성질을 갖는지 보여라.

3.67 벡터장이 $|\boldsymbol{H}| = \frac{10}{r^2}\mathbf{a}_r$로 주어졌다. 임의의 폐경로 L에 대한 적분이 $\oint_L \mathbf{H} \cdot d\mathbf{l} = 0$이 됨을 보여라.

3.68 벡터장 $\mathbf{A} = -y\mathbf{a}_x + x\mathbf{a}_y$에 대한 선적분 $\int_C \mathbf{A} \cdot d\mathbf{l}$을 계산하라. 여기서 경로 C는 (i) $O(0, 0)$과 $P(1, 1)$를 연결하는 직선 경로, (ii) 포물선 $y = x^2$이다. 선적분의 결과는 적분 경로에 의존하는가? 따라서 **A**는 비회전장인가?

3.69 벡터장 $|\boldsymbol{D}| = (3\rho + 1)\sin\phi\mathbf{a}_z$가 솔레노이드장임을 보여라.

3.70 원통좌표계에서 벡터장이 다음과 같이 주어졌다.

$$\mathbf{A} = \left(\frac{1}{\rho}\tan^{-1} z + 1 + \cos\phi\right)\mathbf{a}_\rho - \left(1 + \frac{1}{\rho}\right)\sin\phi\mathbf{a}_\phi + \frac{\ln\rho}{(1 + z^2)}\mathbf{a}_z$$

보전장임을 보여라. 만약 $\mathbf{A} = \nabla f(\rho, \phi, z)$로 쓸 수 있다면, $f(2, 0, 1) = 8$인 것과 같이 $f(\rho, \phi, z)$를 구하라.

3.71 f와 g는 스칼라 함수이다. $\nabla f \times \nabla g$가 솔레노이드장임을 증명하라.

2부

정전기

Charles Augustin de Coulomb(1736~1806) Coulomb는 프랑스 물리학자이다. 그는 전자기현상들에 대한 발견으로 유명하다. 그는 Coulomb의 법칙을 정립하였다. 이 법칙은 이 장에서 논의할 것이다.

Coulomb은 프랑스 Angoulême 출생으로 부유하며 사회적 지위가 있는 집안에서 태어났다. 그의 친가는 법조계에서 잘 알려진 집안이었고, 외가 또한 아주 부유하였다. Coulomb은 파리에서 교육을 받았으며, 직업군인으로서 공병 병과를 선택하였다. 1789년 전역을 한 후 물리학을 연구하며 7권의 전기와 자기에 관련된 책을 집필하였다. 그는 전기 및 자기 그리고 역학에 대한 업적으로 잘 알려졌다. 그는 자기 검출기, 자기력계, 비틀림 저울을 발명하였고 Coulomb의 법칙을 정립하였다(두 전하 사이의 힘에 관한 법칙). Coulomb은 뉴턴 물리학을 새로운 영역의 물리학으로까지 확장하였다. 전하의 단위는 그의 이름을 따서 Coulomb이라고 부르게 되었다.

4장

정전기장

현명한 사람은 누구인가? 바로 모든 사람으로부터 배울 줄 아는 사람. 힘을 가진 사람은 누구인가? 바로 자신의 열정을 다룰 줄 아는 사람. 부유한 사람은 누구인가? 바로 만족할 줄 아는 사람. 그리고 누구나 이런 사람이 될 수 있다.

– 벤자민 프랭클린

4.1 서론

지금까지는 전자기학 과정을 공부하기 위해 필요한 수학적인 내용을 배웠으며, 이제 전자기학의 기초 개념들을 공부하기로 한다. 먼저 자유공간(또는 진공상태)에서의 정(또는 시불변)전기장에 적용할 수 있는 기본적인 개념들을 가지고 시작한다. 정전기장은 정전하분포에 의해서 만들어지며, 음극선관은 전형적인 예라 할 수 있다.

정전기장을 공부하기 전에 그 중요성에 대해 간단히 살펴보는 것이 도움이 될 것이다. 정전기학은 여러 가지 다양한 응용분야에서 부각되어 온 흥미 있는 분야이다. 강한 정전기장과 관련이 있는 전력전송, X선 장비, 낙뢰방지 등의 장비를 이해하고 설계하기 위해서는 정전기학에 대한 지식이 필수적이다. 고체 전자공학에 사용되는 소자들은 정전기학에 기초를 두고 있다. 이러한 소자들은 저항, 커패시터 등과 함께 쌍극형 트랜지스터, 전계효과 트랜지스터와 같은 능동소자들이 있으며, 정전기장에 의해서 전자의 운동을 제어하는데 그 기초를 두고 있다. 자기메모리를 제외한 거의 모든 컴퓨터 소자들도 정전기학에 기초한 것들이다. 터치패드, 정전용량을 이용한 키보드, 음극선관, 액정화면, 정전기 프린터 등도 역시 전형적인 응용 예이다. 심전도, 뇌전도 등과 귀, 눈, 위장 등의 기관들에 대한 전기적 반응의 기록 등 의료용 진단장비에서도 정전기학이 응용되고 있다. 산업에서는 페인트 분무, 전기증착, 전기화학적 기계가공, 분진 분리 등에도 정전기학이 이용되고 있다. 농업분야에서는 씨를 고르고, 살충제를 뿌리고, 작물의 수분함량을 측정하고, 목화 실을 돌리고, 빵과 고기를 빨리 굽는 등에도 정전기학이 응용되고 있다.[1), 2)]

---

1) 다양한 정전기학의 응용에 관한 참고문헌; J. M. Crowley, *Fundamentals of Applied Electrostatics*. New York: John Wiley & Sons, 1999; A. D. Moore, ed., *Electrostatics and Its Applications*. New York: John Wiley & Sons, 1973; and C. E. Jowett, *Electrostatics in the Electronics Environment*. New York: John Wiley & Sons, 1976.

이제 정전기장을 지배하는 두 가지 기본 법칙인 (1) Coulomb의 법칙과 (2) Gauss의 법칙을 살펴봄으로써 정전기학에 대해 공부를 시작한다. 이 두 법칙은 모두 실험결과에 기초한 법칙이고 서로 독립적인 법칙이다. 전하분포에 의한 전기장을 구하기 위하여 Coulomb의 법칙을 사용할 수 있지만 전하분포가 대칭적일 때는 Gauss의 법칙을 사용하는 것이 더 편리하다. Coulomb의 법칙에 근거해서 전기장에 대한 개념을 소개하고, 점전하(point charge), 선전하(line charge), 면전하(surface charge), 체적전하(volume charge)를 포함한 여러 경우에 적용할 것이다. Coulomb의 법칙을 사용하면 매우 힘들게 풀어야 할 특별한 문제들을 Gauss의 법칙을 사용하여 쉽게 풀 수 있다. 이 장에서는 진공 또는 자유공간에서의 전기장을 가정한다. 물질 내에서의 전기장에 대한 내용은 다음 장에서 다루기로 한다.

4.2 Coulomb의 법칙과 전기장의 세기

Coulomb의 법칙은 프랑스 육군 대령이었던 Charles Augustin de Coulomb에 의해 1785년에 공식화된 실험법칙이다. 이 법칙은 하나의 **점전하**가 다른 점전하에 미치는 힘에 대해 다룬 것이다. 여기서 점전하라는 것은 물체 상에 있는 전하가 이에 상응하는 다른 크기에 비해서 상대적으로 매우 작은 전하를 말한다. 예를 들면 바늘 끝에 모여 있는 전하들을 점전하라 할 수 있다. 전하의 극성은 양 또는 음이며, 같은 극성의 전하들은 서로 밀어내며 반대 극성의 전하들은 서로 끌어당긴다. 전하의 단위는 쿨롱(coulombs, C)이다. 1 C은 약 6×10^{18}개의 전자에 해당한다. 전자 하나의 전하량이 $e = -1.6 \times 10^{-19}$ C인 것을 생각하면 1 C은 매우 큰 양임을 알 수 있다.

Coulomb의 **법칙**은 두 점전하 Q_1, Q_2 사이의 힘 F가

1. 두 점전하를 연결하는 직선을 따라 작용하고,
2. 두 점전하의 곱 Q_1Q_2에 정비례하고,
3. 두 점전하 사이의 거리 R의 제곱에 반비례한다는 것이다.[3)]

수학적으로 표현하면

$$F = \frac{k\,Q_1Q_2}{R^2} \tag{4.1}$$

2) 정전기학의 마술에 대한 재미있는 이야기; B. Bolton, *Electromagnetism and Its Applications: An Introduction*. London: Van Nostrand, 1980, p. 2.

3) Coulomb의 법칙의 실험적 증명에 대한 참고문헌; W. F. Magie, *A Source Book in Physics*. Cambridge: Harvard Univ. Press, pp. 408~420.

여기서 k는 비례상수이다. SI 단위로 전하 Q_1, Q_2는 쿨롱(C), 거리 R은 미터(m), 힘 F는 뉴턴(N)이므로 $k = 1/4\pi\varepsilon_o$이 된다. 상수 ε_o는 **자유공간의 유전율**(F/m)로 알려져 있다. 이 값은 다음과 같다.

$$\varepsilon_o = 8.854 \times 10^{-12} \simeq \frac{10^{-9}}{36\pi}\ \text{F/m} \quad \text{또는} \quad k = \frac{1}{4\pi\varepsilon_o} \simeq 9 \times 10^9\ \text{m/F} \tag{4.2}$$

이다. 따라서 식 (4.1)은 다음과 같다.

$$F = \frac{Q_1 Q_2}{4\pi\varepsilon_o R^2} \tag{4.3}$$

만약 그림 4.1과 같이 전하 Q_1, Q_2가 원점으로부터 위치벡터 $\mathbf{r}_1$, $\mathbf{r}_2$로 표현되는 지점에 놓여 있다면 Q_1에 의해 Q_2에 미치는 힘 $\mathbf{F}_{12}$는 다음과 같다.

$$\mathbf{F}_{12} = \frac{Q_1 Q_2}{4\pi\varepsilon_o R^2}\mathbf{a}_{R_{12}} \tag{4.4}$$

여기서

$$\mathbf{R}_{12} = \mathbf{r}_2 - \mathbf{r}_1 \tag{4.5a}$$

$$R = |\mathbf{R}_{12}| \tag{4.5b}$$

$$\mathbf{a}_{R_{12}} = \frac{\mathbf{R}_{12}}{R} \tag{4.5c}$$

식 (4.5)를 식 (4.4)에 대입하면 식 (4.4)는

$$\mathbf{F}_{12} = \frac{Q_1 Q_2}{4\pi\varepsilon_o R^3}\mathbf{R}_{12} \tag{4.6a}$$

또는

$$\mathbf{F}_{12} = \frac{Q_1 Q_2 (\mathbf{r}_2 - \mathbf{r}_1)}{4\pi\varepsilon_o |\mathbf{r}_2 - \mathbf{r}_1|^3} \tag{4.6b}$$

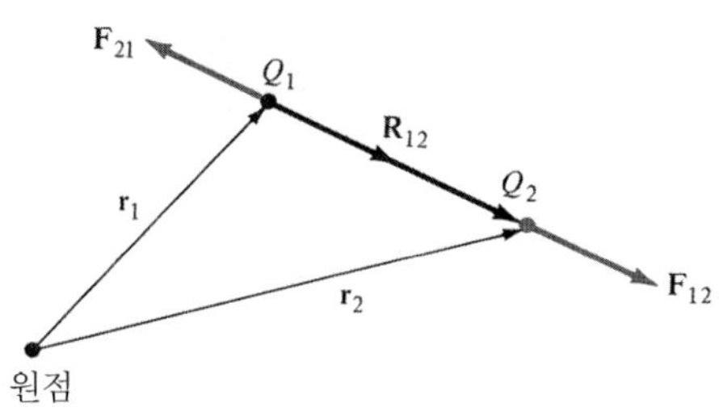

그림 4.1 점전하 Q_1, Q_2에 작용하는 Coulomb의 힘 벡터

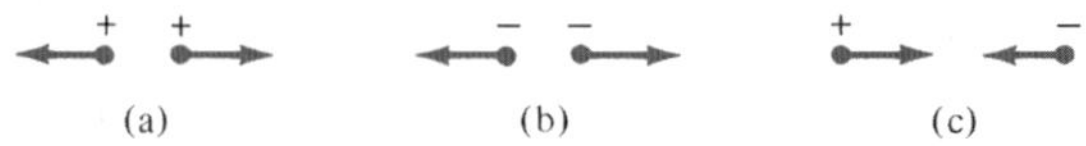

그림 4.2 (a), (b) 부호가 같은 전하는 서로 밀어낸다. (c) 부호가 다른 전하는 서로 끌어당긴다.

로 쓸 수 있다. 주의할 사항은 다음과 같다:

1. 그림 4.1에서와 같이 Q_2에 의해 Q_1에 작용하는 힘 $\mathbf{F}_{21}$은 $\mathbf{a}_{R_{21}} = -\mathbf{a}_{R_{12}}$이므로

$$\mathbf{F}_{21} = |\mathbf{F}_{12}|\mathbf{a}_{R_{21}} = |\mathbf{F}_{12}|(-\mathbf{a}_{R_{12}})$$

또는

$$\mathbf{F}_{21} = -\mathbf{F}_{12} \tag{4.7}$$

따라서

$$\mathbf{a}_{R_{21}} = -\mathbf{a}_{R_{12}}$$

2. 그림 4.2와 같이 부호가 같은 전하는 서로 밀어내는 반면에 부호가 다른 전하는 서로 끌어당긴다.
3. 대전체 Q_1과 Q_2 사이의 거리는 대전체의 크기에 비해 매우 커야 한다. 즉, Q_1, Q_2는 점전하이어야 한다.
4. Q_1, Q_2는 정지해 있어야 한다.
5. 식 (4.4)에서 Q_1, Q_2의 부호를 고려하여야 한다. 즉, 같은 부호인 경우 $Q_1Q_2 > 0$, 서로 다른 부호인 경우 $Q_1Q_2 < 0$이다.
6. 전하는 새롭게 생성되거나 없어지지 않으며, 총 전하량은 보존된다.

만약 두 개 이상의 점전하들이 있다면 특정한 전하에 작용하는 힘을 구하기 위하여 **중첩의 원리**(principle of superposition)를 사용할 수 있다. 즉, 위치벡터 $\mathbf{r}_1, \mathbf{r}_2, \cdots, \mathbf{r}_N$에 N개의 전하 $Q_1, Q_2, \cdots, Q_N$이 각각 있다면 $\mathbf{r}$점에 있는 전하 Q가 받는 결과적인 힘은 $Q_1, Q_2, \cdots, Q_N$의 전하 각각이 Q에 미치는 힘의 벡터 합으로 나타낸다.

$$\begin{aligned}\mathbf{F} &= \mathbf{F}_1 + \mathbf{F}_2 + \mathbf{F}_3 + \cdots + \mathbf{F}_N \\ &= \frac{QQ_1(\mathbf{r} - \mathbf{r}_1)}{4\pi\varepsilon_o|\mathbf{r} - \mathbf{r}_1|^3} + \frac{QQ_2(\mathbf{r} - \mathbf{r}_2)}{4\pi\varepsilon_o|\mathbf{r} - \mathbf{r}_2|^3} + \cdots + \frac{QQ_N(\mathbf{r} - \mathbf{r}_N)}{4\pi\varepsilon_o|\mathbf{r} - \mathbf{r}_N|^3}\end{aligned}$$

또는

$$\boxed{\mathbf{F} = \frac{Q}{4\pi\varepsilon_o}\sum_{k=1}^{N}\frac{Q_k(\mathbf{r} - \mathbf{r}_k)}{|\mathbf{r} - \mathbf{r}_k|^3}} \tag{4.8}$$

이제 **전기장의 세기**에 대한 개념을 소개하기로 한다.

> **전기장의 세기**(또는 **전계강도**) **E**는 단위전하에 대한 쿨롱의 힘으로 정의되며 전기장의 세기를 의미한다.

따라서

$$\mathbf{E} = \lim_{Q\to 0} \frac{\mathbf{F}}{Q} \tag{4.9}$$

또는 간단하게

$$\boxed{\mathbf{E} = \frac{\mathbf{F}}{Q}} \tag{4.10}$$

$Q > 0$인 경우, 전기장의 세기 **E**의 방향은 분명히 힘 F의 방향과 같고, N/C 또는 V/m의 단위로 측정된다. 위치 $\mathbf{r}'$의 점전하에 의한 위치 $\mathbf{r}$에서의 전기장의 세기는 식 (4.6)과 (4.10)으로부터 다음과 같이 주어진다.

$$\mathbf{E} = \frac{Q}{4\pi\varepsilon_o R^2}\mathbf{a}_R = \frac{Q(\mathbf{r} - \mathbf{r}')}{4\pi\varepsilon_o|\mathbf{r} - \mathbf{r}'|^3} \tag{4.11a}$$

또는 간단하게

$$\boxed{\mathbf{E} = \frac{Q}{4\pi\varepsilon_o r^2}\mathbf{a}_r} \tag{4.11b}$$

$\mathbf{r}_1, \mathbf{r}_2, \cdots, \mathbf{r}_N$에 있는 N개의 전하 $Q_1, Q_2, \cdots, Q_N$에 대하여 위치 $\mathbf{r}$에서의 전기장의 세기는 식 (4.8)과 (4.10)으로부터 다음과 같이 구할 수 있다.

$$\begin{aligned}\mathbf{E} &= \mathbf{E}_1 + \mathbf{E}_2 + \mathbf{E}_3 + \cdots + \mathbf{E}_N \\ &= \frac{Q_1(\mathbf{r} - \mathbf{r}_1)}{4\pi\varepsilon_o|\mathbf{r} - \mathbf{r}_1|^3} + \frac{Q_2(\mathbf{r} - \mathbf{r}_2)}{4\pi\varepsilon_o|\mathbf{r} - \mathbf{r}_2|^3} + \cdots + \frac{Q_N(\mathbf{r} - \mathbf{r}_N)}{4\pi\varepsilon_o|\mathbf{r} - \mathbf{r}_N|^3}\end{aligned}$$

또는

$$\mathbf{E} = \frac{1}{4\pi\varepsilon_o}\sum_{k=1}^{N}\frac{Q_k(\mathbf{r} - \mathbf{r}_k)}{|\mathbf{r} - \mathbf{r}_k|^3} \tag{4.12}$$

이다.

예제 4.1

1 mC과 −2 mC의 점전하가 각각 (3, 2, −1), (−1, −1, 4)의 위치에 놓여 있다. 점 (0, 3, 1)에 있는 10 nC의 점전하가 받는 힘과 이 점에서의 전기장의 세기를 구하라.

풀이

$$\begin{aligned}
\mathbf{F} &= \sum_{k=1,2} \frac{QQ_k}{4\pi\varepsilon_o R^2}\mathbf{a}_R = \sum_{k=1,2} \frac{QQ_k(\mathbf{r}-\mathbf{r}_k)}{4\pi\varepsilon_o|\mathbf{r}-\mathbf{r}_k|^3} \\
&= \frac{Q}{4\pi\varepsilon_o}\left\{\frac{10^{-3}[(0,3,1)-(3,2,-1)]}{|(0,3,1)-(3,2,-1)|^3} - \frac{2\cdot 10^{-3}[(0,3,1)-(-1,-1,4)]}{|(0,3,1)-(-1,-1,4)|^3}\right\} \\
&= \frac{10^{-3}\cdot 10\cdot 10^{-9}}{4\pi\cdot\dfrac{10^{-9}}{36\pi}}\left[\frac{(-3,1,2)}{(9+1+4)^{3/2}} - \frac{2(1,4,-3)}{(1+16+9)^{3/2}}\right] \\
&= 9\cdot 10^{-2}\left[\frac{(-3,1,2)}{14\sqrt{14}} + \frac{(-2,-8,6)}{26\sqrt{26}}\right] \\
\mathbf{F} &= -6.512\mathbf{a}_x - 3.713\mathbf{a}_y + 7.509\mathbf{a}_z \text{ mN}
\end{aligned}$$

이 지점에서

$$\begin{aligned}
\mathbf{E} &= \frac{\mathbf{F}}{Q} \\
&= (-6.512, -3.713, 7.509)\cdot\frac{10^{-3}}{10\cdot 10^{-9}} \\
\mathbf{E} &= -651.2\mathbf{a}_x - 371.3\mathbf{a}_y + 750.9\mathbf{a}_z \text{ kV/m}
\end{aligned}$$

연습문제 4.1

5 nC과 −2 nC의 점전하가 (2, 0, 4)와 (−3, 0, 5)에 각각 놓여 있다.

(a) (1, −3, 7)에 놓여 있는 1 nC의 점전하에 작용하는 힘을 구하라.

(b) (1, −3, 7)에서의 전기장 **E**를 구하라.

해답: (a) $-1.004\mathbf{a}_x - 1.284\mathbf{a}_y + 1.4\mathbf{a}_z$ nN

(b) $-1.004\mathbf{a}_x - 1.284\mathbf{a}_y + 1.4\mathbf{a}_z$ V/m

예제 4.2

질량 m이고 전하량 Q인 동일한 두 개의 점전하가 질량을 무시할 수 있는 길이 ℓ인 실에 의해 한 점에 매달려 있다. 평형상태에서 각 실의 수직선에 대한 경사각 α가

$$Q^2 = 16\pi\,\varepsilon_o mg\ell^2 \sin^2\alpha \tan\alpha$$

와 같이 주어짐을 보여라. α가 매우 작은 경우 다음과 같이 됨을 보여라.

$$\alpha = \sqrt[3]{\frac{Q^2}{16\pi\varepsilon_o mg\ell^2}}$$

풀이

그림 4.3에서 F_e는 전기력 또는 쿨롱력이고, T는 각 실에 걸린 장력이고, mg는 각 전하의 무게이다. A 또는 B에서

$$T \sin\alpha = F_e$$
$$T \cos\alpha = mg$$

그러므로

$$\frac{\sin\alpha}{\cos\alpha} = \frac{F_e}{mg} = \frac{1}{mg} \cdot \frac{Q^2}{4\pi\varepsilon_o r^2}$$

그러나

$$r = 2\ell \sin\alpha$$

그러므로

$$Q^2 \cos\alpha = 16\pi\varepsilon_o mg\ell^2 \sin^3\alpha$$

또는

$$Q^2 = 16\pi\varepsilon_o mg\ell^2 \sin^2\alpha \tan\alpha$$

로 원하는 식을 얻었다. α가 매우 작으면

$$\tan\alpha \simeq \alpha \simeq \sin\alpha$$

따라서

$$Q^2 = 16\pi\varepsilon_o mg\ell^2\alpha^3$$

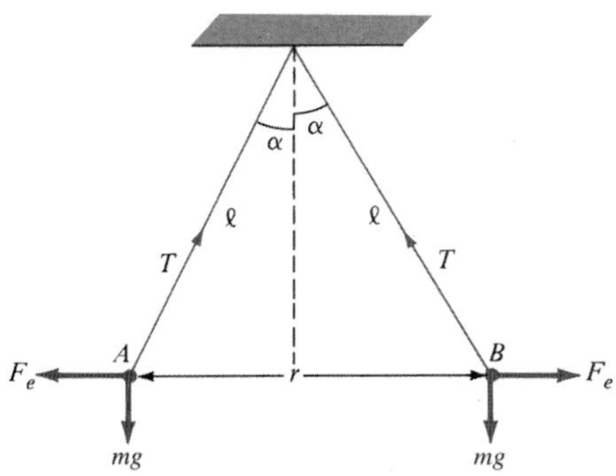

그림 4.3 예제 4.2의 그림; 실에 매달려 있는 두 개의 대전입자

또는

$$\alpha = \sqrt[3]{\frac{Q^2}{16\pi\varepsilon_o mg\ell^2}}$$

연습문제 4.2

질량이 m인 동일한 작은 구 세 개가 질량을 무시할 수 있는 길이 ℓ인 세 개의 실에 매달려 있고 각 실의 한쪽 끝점은 공통으로 묶여 있다. 전하 Q가 이 구들에 똑같이 나뉘어져 한 변의 길이 d인 정삼각형의 꼭짓점에서 평형을 이룬다. Q가 다음과 같이 됨을 보여라.

$$Q^2 = 12\pi\varepsilon_o mgd^3\left[\ell^2 - \frac{d^2}{3}\right]^{-1/2}$$

여기서 g는 중력가속도이다.

해답: 증명

예제 4.3

정전기학을 실제적으로 응용하는 예는 고체의 정전분리이다. 예를 들어 플로리다 인산염, 즉 수정과 인산염의 작은 입자로 구성되어 있는 광석은 그림 4.4에서와 같이 균일한 전기장을 가해줌으로써 성분별로 분리할 수 있다. 초기속도와 초기변위가 0이라고 가정하고 입자들이 x축으로부터 80 cm 떨어진 후에 입자 간의 거리를 구하라. $E = 500$ kV/m, 양전하로 대전된 입자와 음전하로 대전된 입자 모두 $Q/m = 9\ \mu$C/kg으로 하라.

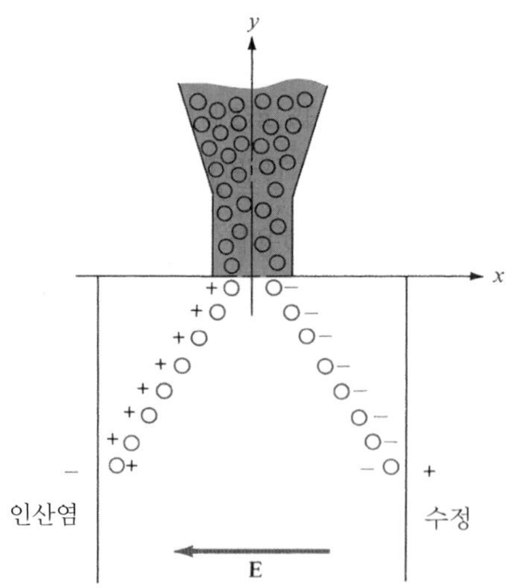

그림 4.4 예제 4.3의 그림; 고체의 정전분리

풀이

입자들 사이의 쿨롱력을 무시하면 정전기력은 수평으로, 중력(무게)은 수직으로 입자에 작용하고 있다. 그러므로

$$Q\mathbf{E} = m\frac{d^2x}{dt^2}\mathbf{a}_x$$

또는

$$\frac{d^2x}{dt^2} = \frac{Q}{m}E$$

두 번 적분하면

$$x = \frac{Q}{2m}Et^2 + c_1t + c_2$$

여기서 c_1, c_2는 적분상수이다. 마찬가지로

$$-mg = m\frac{d^2y}{dt^2}$$

또는

$$\frac{d^2y}{dt^2} = -g$$

이 식을 두 번 적분하면

$$y = -1/2gt^2 + c_3t + c_4$$

가 되고, 처음의 변위가 0이므로

$$x(t = 0) = 0 \rightarrow c_2 = 0$$
$$y(t = 0) = 0 \rightarrow c_4 = 0$$

또한 초기속도가 0이므로

$$\left.\frac{dx}{dt}\right|_{t=0} = 0 \rightarrow c_1 = 0$$
$$\left.\frac{dy}{dt}\right|_{t=0} = 0 \rightarrow c_3 = 0$$

그러므로

$$x = \frac{QE}{2m}t^2, \quad y = -\frac{1}{2}gt^2$$

$y = -80$ cm $= -0.8$ m일 때

$$t^2 = \frac{0.8 \times 2}{9.8} = 0.1633$$

그리고

$$x = 1/2 \times 9 \times 10^{-6} \times 5 \times 10^5 \times 0.1633 = 0.3673 \text{ m}$$

입자 간 거리는 $2x = 73.47$ cm이다.

연습문제 4.3

이온 로켓은 세슘 양이온을 쐐기모양의 전극으로부터 $x > |y|$인 영역으로 방출한다. 전기장은 $\mathbf{E} = -400\mathbf{a}_x + 200\mathbf{a}_y$ kV/m이다. 이온들은 전자의 전하량 $e = -1.6019 \times 10^{-19}$ C, 질량 $m = 2.22 \times 10^{-25}$ kg이며, 진공에서 초기속도가 0인 상태로부터 운동을 한다. 방출이 -40 cm $< y < 40$ cm로 제한될 때 도달할 수 있는 x의 최대값을 구하라.

해답: 0.8 m

4.3 연속적인 전하분포에 의한 전기장

지금까지는 매우 작은 물리적인 공간을 차지하고 있는 점전하에 의한 힘과 전기장에 대하여 살펴보았다. 그림 4.5에서 보인 것과 같이 전하가 선을 따라, 혹은 표면 위에, 혹은 체적 내에 분포해 있을 수 있다.

이 경우 보통 선전하밀도(line charge density), 면전하밀도(surface charge density), 체적전하밀도(volume charge density)를 각각 ρ_L(C/m), ρ_S(C/m^2), ρ_v(C/m^3)로 나타낸다. 이들을 원통좌표계에서 반경으로 사용하는 ρ(아래첨자가 없이 쓰이는)와 혼동해서는 안 된다.

전하분포에 의한 전하요소 dQ와 총 전하 Q는 그림 4.5에서

$$dQ = \rho_L \, dl \rightarrow Q = \int_L \rho_L \, dl \quad \text{(선전하)} \tag{4.13a}$$

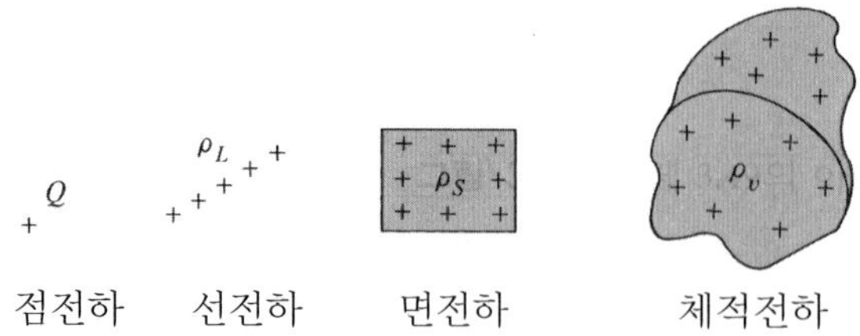

그림 4.5 다양한 전하분포와 전하요소들

$$dQ = \rho_S \, dS \rightarrow Q = \int_S \rho_S \, dS \quad \text{(면전하)} \tag{4.13b}$$

$$dQ = \rho_v \, dv \rightarrow Q = \int_v \rho_v \, dv \quad \text{(체적전하)} \tag{4.13c}$$

로 구해질 수 있다.

전하분포 ρ_L, ρ_S, ρ_v 각각에 의한 전기장의 세기는 전하분포를 이루는 수많은 점전하들에 의해 형성되는 전기장의 합으로 생각할 수 있다. 따라서 식 (4.11)에서 Q를 전하요소 $dQ = \rho_L \, dl, \rho_S \, dS$, 또는 $\rho_v \, dv$로 바꾸고 적분하면 다음과 같은 식을 얻을 수 있다.

$$\mathbf{E} = \int_L \frac{\rho_L \, dl}{4\pi\varepsilon_o R^2} \mathbf{a}_R \quad \text{(선전하)} \tag{4.14}$$

$$\mathbf{E} = \int_S \frac{\rho_S \, dS}{4\pi\varepsilon_o R^2} \mathbf{a}_R \quad \text{(면전하)} \tag{4.15}$$

$$\mathbf{E} = \int_v \frac{\rho_v \, dv}{4\pi\varepsilon_o R^2} \mathbf{a}_R \quad \text{(체적전하)} \tag{4.16}$$

여기서 유의해야 할 것은 R^2과 $\mathbf{a}_R$은 식 (4.13)에서 (4.16)까지의 적분을 계산할 때 변한다는 것이다. 이제 특정 전하분포에 대하여 이 공식들을 적용해 보자.

A. 선전하(Line Charge)

그림 4.6에서 보이는 것처럼 z축을 따라 A와 B 사이에 놓여 있는 균일전하밀도 ρ_L인 선전하를 생각해 보자. 미소길이 $dl = dz$에 대한 미소전하 dQ는

$$dQ = \rho_L \, dl = \rho_L \, dz$$

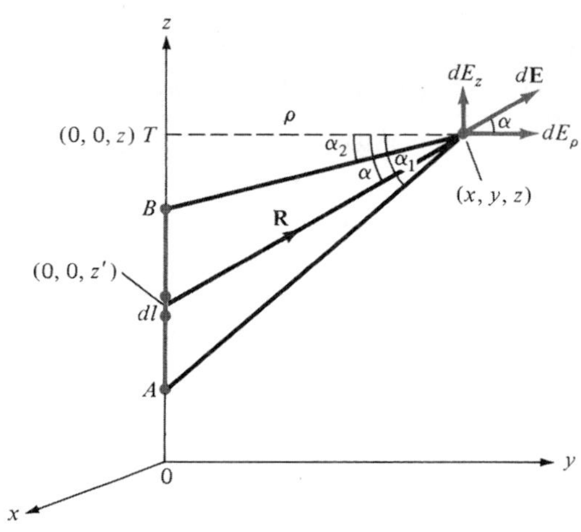

그림 4.6 선전하에 의한 전기장 계산

따라서 총 전하 Q는

$$Q = \int_{z_A}^{z_B} \rho_L \, dz \tag{4.17}$$

임의의 점 $P(x, y, z)$에서 전기장의 세기 $\mathbf{E}$는 식 (4.14)를 이용하여 구할 수 있다. 중요한 것은 주어진 전하분포에 대하여 식 (4.14)부터 (4.16)까지에서 각 항들을 유도하고 대입하는 방법을 배우는 것이다. 통상적으로 장점(field point)[4]은 (x, y, z)로 표시하고, 원천점(source point)은 (x', y', z')으로 나타낸다. 그림 4.6에서

$$\begin{aligned} dl &= dz' \\ \mathbf{R} &= (x, y, z) - (0, 0, z') = x\mathbf{a}_x + y\mathbf{a}_y + (z - z')\mathbf{a}_z \end{aligned}$$

또는

$$\begin{aligned} \mathbf{R} &= \rho\mathbf{a}_\rho + (z - z')\mathbf{a}_z \\ R^2 &= |\mathbf{R}|^2 = x^2 + y^2 + (z - z')^2 = \rho^2 + (z - z')^2 \\ \frac{\mathbf{a}_R}{R^2} &= \frac{\mathbf{R}}{|\mathbf{R}|^3} = \frac{\rho\mathbf{a}_\rho + (z - z')\mathbf{a}_z}{[\rho^2 + (z - z')^2]^{3/2}} \end{aligned}$$

식 (4.14)에 이들을 모두 대입하면

$$\mathbf{E} = \frac{\rho_L}{4\pi\varepsilon_o} \int \frac{\rho\mathbf{a}_\rho + (z - z')\mathbf{a}_z}{[\rho^2 + (z - z')^2]^{3/2}} \, dz' \tag{4.18}$$

이 된다. 전기장을 구하기 위해 그림 4.6에서와 같이 $\alpha, \alpha_1, \alpha_2$를 정의한다.

$$R = [\rho^2 + (z - z')^2]^{1/2} = \rho \sec\alpha$$

$$z' = OT - \rho\tan\alpha, \quad dz' = -\rho\sec^2\alpha \, d\alpha$$

따라서 식 (4.18)은

$$\begin{aligned} \mathbf{E} &= \frac{-\rho_L}{4\pi\varepsilon_o} \int_{\alpha_1}^{\alpha_2} \frac{\rho\sec^2\alpha \, [\cos\alpha \, \mathbf{a}_\rho + \sin\alpha \, \mathbf{a}_z] \, d\alpha}{\rho^2 \sec^2\alpha} \\ &= -\frac{\rho_L}{4\pi\varepsilon_o\rho} \int_{\alpha_1}^{\alpha_2} [\cos\alpha \, \mathbf{a}_\rho + \sin\alpha \, \mathbf{a}_z] \, d\alpha \end{aligned} \tag{4.19}$$

그러므로 **유한한 길이의 선전하**인 경우

---

4) 장점(field point)은 장의 세기를 구하고자 하는 지점이다.

$$\mathbf{E} = \frac{\rho_L}{4\pi\varepsilon_o\rho}\left[-(\sin\alpha_2 - \sin\alpha_1)\mathbf{a}_\rho + (\cos\alpha_2 - \cos\alpha_1)\mathbf{a}_z\right] \tag{4.20}$$

특별한 경우로서 **길이가 무한히 긴 선전하**의 경우를 생각해 보면 B점은 (0, 0, ∞)에, A점은 (0, 0, −∞)에 있는 것이 되어 $\alpha_1 = \pi/2$, $\alpha_2 = -\pi/2$가 된다. 따라서 z방향 성분은 소멸되고, 식 (4.20)은

$$\boxed{\mathbf{E} = \frac{\rho_L}{2\pi\varepsilon_o\rho}\mathbf{a}_\rho} \tag{4.21}$$

가 된다. 기억해야 할 것은 식 (4.21)의 경우 무한한 길이의 선전하가 z축을 따라 놓여 있으면 ρ와 $\mathbf{a}_\rho$가 통상적인 의미를 갖는다는 사실이다. 만일 이 선전하가 z축을 따라 놓여 있지 않았다면 r는 선전하로부터 관측점까지의 수직거리이고, $\mathbf{a}_\rho$는 선전하로부터 관측점으로 향하는 직선거리에 따른 단위벡터가 된다.

B. 면전하(Surface Charge)

xy평면에 놓여 있고 균일전하밀도 ρ_S인 무한한 넓이의 면전하를 생각해 보자. 미소면적소 dS에 대한 미소전하소는

$$dQ = \rho_S\, dS \tag{4.22}$$

그림 4.7과 같이 미소면적소 ①에 있는 미소전하소 dQ에 의한 점 $P(0, 0, h)$에서의 전기장 $\mathbf{E}$는 식 (4.15)로부터

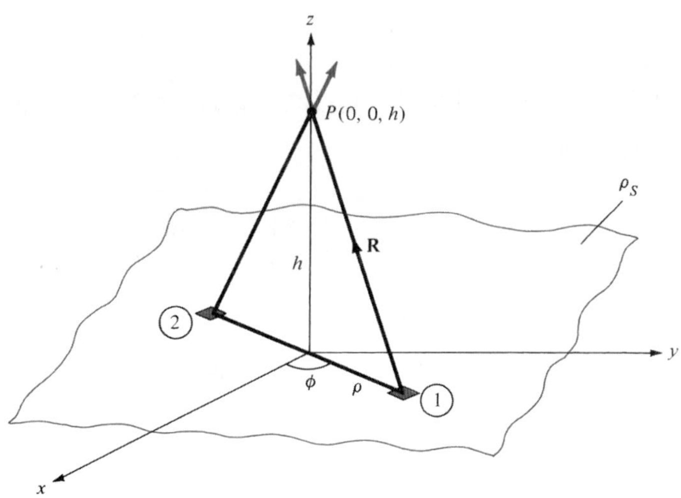

그림 4.7 무한한 넓이의 면전하에 의한 전기장 **E**의 계산

$$d\mathbf{E} = \frac{dQ}{4\pi\varepsilon_o R^2}\mathbf{a}_R \tag{4.23}$$

그림 4.7로부터

$$\mathbf{R} = \rho(-\mathbf{a}_\rho) + h\mathbf{a}_z, \quad R = |\mathbf{R}| = [\rho^2 + h^2]^{1/2}$$
$$\mathbf{a}_R = \frac{\mathbf{R}}{\mathrm{R}}, \quad \mathrm{dQ} = \rho_{\mathrm{S}}\,\mathrm{dS} = \rho_{\mathrm{S}}\,\rho\,\mathrm{d}\phi\,\mathrm{d}\rho$$

식 (4.23)에 이것을 대입하면

$$d\mathbf{E} = \frac{\rho_S\,\rho\,d\phi\,d\rho\,[-\rho\mathbf{a}_\rho + h\mathbf{a}_z]}{4\pi\varepsilon_o[\rho^2 + h^2]^{3/2}} \tag{4.24}$$

전하분포의 대칭성 때문에 그림 4.7에서 보이는 것처럼 모든 미소면적소 ①에 대응되는 미소면적소 ②가 존재하므로 미소면적소 ①에 의해 생기는 전기장의 $\mathbf{a}_\rho$성분이 상쇄된다. 따라서 전기장의 E_ρ성분은 0이 되어 z축 방향 성분만 갖게 된다. 이것을 수학적으로 나타내려면 $\mathbf{a}_\rho$를 $\cos\phi\ \mathbf{a}_x + \sin\phi\ \mathbf{a}_y$로 바꾸어 놓은 다음 $0 < \phi < 2\pi$에 대하여 $\cos\phi$ 또는 $\sin\phi$를 적분하면 되는데, 이것이 0이 됨을 알 수 있다. 따라서

$$\begin{aligned}
\mathbf{E} &= \int_S d\mathbf{E}_z = \frac{\rho_S}{4\pi\varepsilon_o}\int_{\phi=0}^{2\pi}\int_{\rho=0}^{\infty}\frac{h\rho\,d\rho\,d\phi}{[\rho^2 + h^2]^{3/2}}\mathbf{a}_z \\
&= \frac{\rho_S h}{4\pi\varepsilon_o}2\pi\int_0^\infty [\rho^2 + h^2]^{-3/2}\frac{1}{2}d(\rho^2)\mathbf{a}_z \\
&= \frac{\rho_S h}{2\varepsilon_o}\left\{-[\rho^2 + h^2]^{-1/2}\right\}_0^\infty \mathbf{a}_z
\end{aligned}$$

$$\mathbf{E} = \frac{\rho_S}{2\varepsilon_o}\mathbf{a}_z \tag{4.25}$$

즉, 전하가 xy평면 상에 있다면 $\mathbf{E}$는 z방향 성분만 가지게 된다. 일반적으로 무한한 넓이의 면전하에 대해

$$\boxed{\mathbf{E} = \frac{\rho_S}{2\varepsilon_o}\mathbf{a}_n} \tag{4.26}$$

이 되는데, 여기서 $\mathbf{a}_n$은 면에 수직인 단위벡터이다. 식 (4.25)와 (4.26)으로부터 전기장은 면에 수직이고, 면과 관측점 P 사이의 거리에 무관하다는 것을 알 수 있다. 평행판 커패시터에서 크기가 같고 부호가 서로 반대인 전하들을 가진 두 극판 사이에 존재하는 전기장은 다음과 같다.

$$\mathbf{E} = \frac{\rho_S}{2\varepsilon_o}\mathbf{a}_n + \frac{-\rho_S}{2\varepsilon_o}(-\mathbf{a}_n) = \frac{\rho_S}{\varepsilon_o}\mathbf{a}_n \tag{4.27}$$

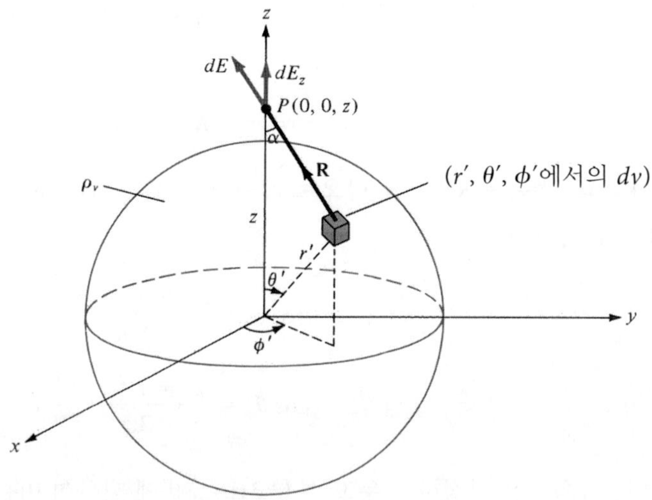

그림 4.8 체적전하분포에 의한 전기장의 계산

C. 체적전하(Volume Charge)

다음으로 원점을 중심으로 반경이 a인 구를 고려한다. 그림 4.8과 같이 균일전하밀도 ρ_v(C/m^3)인 체적전하분포를 생각하자. 점 (ρ', θ', ϕ')의 미소체적 dv에서 미소전하 dQ는

$$dQ = \rho_v \, dv$$

가 되고, 따라서 반경이 a인 구 내부의 총 전하량은

$$\begin{aligned} Q &= \int_v \rho_v \, dv = \rho_v \int_v dv \\ &= \rho_v \frac{4\pi a^3}{3} \end{aligned} \tag{4.28}$$

이다. 구 외부의 점 $P(0, 0, z)$에서 미소체적소에 의한 전기장 $d\mathbf{E}$는

$$d\mathbf{E} = \frac{\rho_v \, dv}{4\pi\varepsilon_o R^2} \mathbf{a}_R$$

이며, 여기서 $\mathbf{a}_R = \cos\alpha \, \mathbf{a}_z + \sin\alpha \, \mathbf{a}_\rho$이다. 전하분포의 대칭성 때문에 E_x, E_y 성분은 없어지게 되며, 다음과 같은 E_z성분만 남게 된다.

$$E_z = \mathbf{E} \cdot \mathbf{a}_z = \int_v dE \cos\alpha = \frac{\rho_v}{4\pi\varepsilon_o} \int_v \frac{dv \cos\alpha}{R^2} \tag{4.29}$$

이제 dv, R^2, $\cos\alpha$를 구좌표계로 표시해야 한다.

$$dv = r'^2 \sin\theta' \, dr' \, d\theta' \, d\phi' \tag{4.30}$$

그림 4.8에 코사인법칙을 적용하면 다음과 같이 얻을 수 있다.

$$R^2 = z^2 + r'^2 - 2zr' \cos\theta'$$
$$r'^2 = z^2 + R^2 - 2zR \cos\alpha$$

식 (4.29)의 적분은 R과 r'의 항으로 계산하는 것이 편리하다. $\cos\theta'$, $\cos\alpha$, $\sin\theta'$, $d\theta'$을 R과 r'항으로 나타내면

$$\cos\alpha = \frac{z^2 + R^2 - r'^2}{2zR} \tag{4.31a}$$

$$\cos\theta' = \frac{z^2 + r'^2 - R^2}{2zr'} \tag{4.31b}$$

이 된다. z와 r'은 일정하게 두고 식 (4.31b)를 θ'에 대하여 미분하면

$$\sin\theta'\, d\theta' = \frac{R\, dR}{z\, r'} \tag{4.32}$$

가 된다. 만약 P가 구 외부에 있다면 θ'은 0에서 π까지 변하고, R은 $(z - r')$에서 $(z + r')$까지 변한다. 식 (4.30)부터 (4.32)까지를 식 (4.29)에 대입하면

$$\begin{aligned}
E_z &= \frac{\rho_v}{4\pi\varepsilon_o}\int_{\phi'=0}^{2\pi} d\phi' \int_{r'=0}^{a}\int_{R=z-r'}^{z+r'} r'^2 \frac{R\, dR}{zr'}\, dr' \frac{z^2 + R^2 - r'^2}{2zR}\frac{1}{R^2} \\
&= \frac{\rho_v 2\pi}{8\pi\varepsilon_o z^2}\int_{r'=0}^{a}\int_{R=z-r'}^{z+r'} r'\left[1 + \frac{z^2 - r'^2}{R^2}\right] dR\, dr' \\
&= \frac{\rho_v \pi}{4\pi\varepsilon_o z^2}\int_0^a r'\left[R - \frac{(z^2 - r'^2)}{R}\right]_{z-r'}^{z+r'} dr' \\
&= \frac{\rho_v \pi}{4\pi\varepsilon_o z^2}\int_0^a 4r'^2\, dr' = \frac{1}{4\pi\varepsilon_o}\frac{1}{z^2}\left(\frac{4}{3}\pi a^3 \rho_v\right)
\end{aligned}$$

또는

$$\mathbf{E} = \frac{Q}{4\pi\varepsilon_o z^2}\mathbf{a}_z \tag{4.33}$$

가 된다. 이 결과가 $P(0, 0, z)$에서의 전기장의 세기이다. 전하분포의 대칭성 때문에 $P(r, \theta, \phi)$에서의 전기장의 세기는 식 (4.33)으로부터 다음과 같이 구해진다.

$$\mathbf{E} = \frac{Q}{4\pi\varepsilon_o r^2}\mathbf{a}_r \tag{4.34}$$

그런데 이 식은 구전하분포의 중심 또는 원점에 점전하 Q가 놓여 있을 때의 전기장의 세기와 동일하다. 그 이유는 4.5절에서 다룰 Gauss의 법칙을 배우고 나면 명백해질 것이다.

예제 4.4

균일전하밀도가 ρ_L C/m인 반경 a의 원형 고리모양의 선전하가 있다. 이 원형 고리가 xy평면에 있고, 중심을 통과하는 축이 z축과 같을 때

(a) 전기장이 다음과 같음을 보여라.

$$\mathbf{E}(0, 0, h) = \frac{\rho_L a h}{2\varepsilon_o[h^2 + a^2]^{3/2}} \mathbf{a}_z$$

(b) $\mathbf{E}$의 값이 최대가 되는 h의 값을 구하라.

(c) 이 원형 고리 모양 선전하의 총 전하량이 Q라면, $a \to 0$이 될 때 $\mathbf{E}$는 얼마가 되는가?

풀이

(a) 그림 4.9를 보자. 식 (4.14)를 이용하여 $\mathbf{E}$를 구하는 요령은 식의 각 항을 유도하는 것이다. 이 경우

$$dl = a\, d\phi, \quad \mathbf{R} = a(-\mathbf{a}_\rho) + h\mathbf{a}_z$$

$$R = |\mathbf{R}| = [a^2 + h^2]^{1/2}, \quad \mathbf{a}_R = \frac{\mathbf{R}}{R}$$

또는

$$\frac{\mathbf{a}_R}{R^2} = \frac{\mathbf{R}}{|\mathbf{R}|^3} = \frac{-a\mathbf{a}_\rho + h\mathbf{a}_z}{[a^2 + h^2]^{3/2}}$$

그러므로

$$\mathbf{E} = \frac{\rho_L}{4\pi\varepsilon_o} \int_{\phi=0}^{2\pi} \frac{(-a\mathbf{a}_\rho + h\mathbf{a}_z)}{[a^2 + h^2]^{3/2}}\, a\, d\phi$$

대칭성에 의해 $\mathbf{a}_\rho$성분은 모두 더해지면 0이 된다. 모든 미소길이요소 dl에 대해 크기는 같고 부호가 반대인 dE_ρ를 만들어내는 직경방향으로 마주보고 있는 미소길이요소가

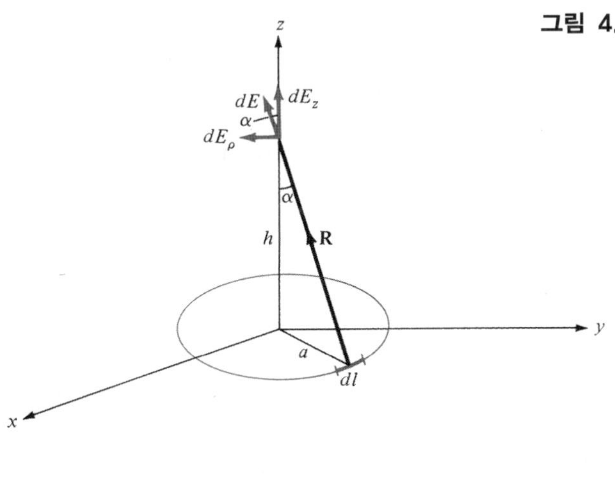

그림 4.9 예제 4.4의 그림; 대전된 원형 고리

서로 상쇄되어 ρ방향 성분이 0이 된다. 따라서 z방향 성분만 남는다. 즉, 다음과 같이 된다.

$$\mathbf{E} = \frac{\rho_L ah\mathbf{a}_z}{4\pi\varepsilon_o[h^2 + a^2]^{3/2}}\int_0^{2\pi} d\phi = \frac{\rho_L ah\mathbf{a}_z}{2\varepsilon_o[h^2 + a^2]^{3/2}}$$

(b)

$$\frac{d|\mathbf{E}|}{dh} = \frac{\rho_L a}{2\varepsilon_o}\left\{\frac{[h^2 + a^2]^{3/2}(1) - \frac{3}{2}(h)2h[h^2 + a^2]^{1/2}}{[h^2 + a^2]^3}\right\}$$

$\mathbf{E}$가 최대가 되기 위해서는 $\frac{d|\mathbf{E}|}{dh} = 0$이 되어야 하고, 이것은 다음과 같음을 의미한다.

$$[h^2 + a^2]^{1/2}\,[h^2 + a^2 - 3h^2] = 0$$

$$a^2 - 2h^2 = 0 \quad \text{또는} \quad h = \pm\frac{a}{\sqrt{2}}$$

(c) 전하가 균일하게 분포되어 있으므로 선전하밀도는

$$\rho_L = \frac{Q}{2\pi a}$$

따라서

$$\mathbf{E} = \frac{Qh}{4\pi\varepsilon_o[h^2 + a^2]^{3/2}}\mathbf{a}_z$$

이다. $a \rightarrow 0$이 되면

$$\mathbf{E} = \frac{Q}{4\pi\varepsilon_o h^2}\mathbf{a}_z$$

또는 일반적으로

$$\mathbf{E} = \frac{Q}{4\pi\varepsilon_o r^2}\mathbf{a}_R$$

이 되는데, 예상했던 것처럼 점전하의 경우와 같음을 알 수 있다.

연습문제 4.4

반경이 a인 원판이 ρ_S C/m^{2}로 균일하게 대전되어 있다. $z = 0$에 원판이 놓여 있으며, 원판의 중심축이 z축과 일치한다.

(a) $(0, 0, h)$에서 다음과 같음을 보여라.

$$\mathbf{E} = \frac{\rho_S}{2\varepsilon_o}\left\{1 - \frac{h}{[h^2 + a^2]^{1/2}}\right\}\mathbf{a}_z$$

(b) 이로부터 $z = 0$인 평면 상의 무한 대전판에 의한 $\mathbf{E}$를 유도하라.

(c) $a \ll h$일 때, $\mathbf{E}$가 점전하에 의한 전기장과 유사함을 보여라.

해답: (a) 증명, (b) $\frac{\rho_S}{2\varepsilon_o}\mathbf{a}_z$, (c) 증명

예제 4.5

$z = 0$인 평면 상에서 크기가 $0 \le x \le 1$, $0 \le y \le 1$이고, 전하밀도 $\rho_S = xy(x^2 + y^2 + 25)^{3/2}$ nC/m^{2}인 유한한 크기의 대전판이 놓여 있다. 다음을 구하라.

(a) 대전판 상에서의 총 전하량

(b) $(0, 0, 5)$에서 전기장의 세기

(c) $(0, 0, 5)$에 놓여 있는 -1 mC의 전하가 받는 힘

풀이

(a) $Q = \int_S \rho_S\, dS = \int_0^1\int_0^1 xy(x^2 + y^2 + 25)^{3/2}\, dx\, dy$ nC

$x\,dx = 1/2\; d(x^2)$이므로 x^2에 대하여 적분하기로 한다(또는 변수를 $x^2 = u$로 바꾸면 $x\,dx = du/2$가 된다).

$$\begin{aligned} Q &= \frac{1}{2}\int_0^1 y \int_0^1 (x^2 + y^2 + 25)^{3/2}\, d(x^2)\, dy \text{ nC} \\ &= \frac{1}{2}\int_0^1 y\, \frac{2}{5}(x^2 + y^2 + 25)^{5/2}\Big|_0^1 dy \\ &= \frac{1}{5}\int_0^1 \frac{1}{2}\left[(y^2 + 26)^{5/2} - (y^2 + 25)^{5/2}\right] d(y^2) \\ &= \frac{1}{10}\cdot\frac{2}{7}\left[(y^2 + 26)^{7/2} - (y^2 + 25)^{7/2}\right]\Big|_0^1 \\ &= \frac{1}{35}\left[(27)^{7/2} + (25)^{7/2} - 2(26)^{7/2}\right] \\ Q &= 33.15 \text{ nC} \end{aligned}$$

(b) $\mathbf{E} = \int_S \frac{\rho_S\, dS\, \mathbf{a}_R}{4\pi\varepsilon_o r^2} = \int_S \frac{\rho_S\, dS\,(\mathbf{r} - \mathbf{r}')}{4\pi\varepsilon_o|\mathbf{r} - \mathbf{r}'|^3}$

여기서 $\mathbf{r}-\mathbf{r}'=(0,0,5)-(x,y,0)=(-x,-y,5)$이다. 따라서

$$\mathbf{E}=\int_0^1\int_0^1 \frac{10^{-9}xy(x^2+y^2+25)^{3/2}(-x\mathbf{a}_x-y\mathbf{a}_y+5\mathbf{a}_z)dx\,dy}{4\pi\cdot\dfrac{10^{-9}}{36\pi}(x^2+y^2+25)^{3/2}}$$

$$=9\left[-\int_0^1 x^2\,dx\int_0^1 y\,dy\,\mathbf{a}_x-\int_0^1 x\,dx\int_0^1 y^2dy\,\mathbf{a}_y+5\int_0^1 x\,dx\int_0^1 y\,dy\,\mathbf{a}_z\right]$$

$$=9\left(\frac{-1}{6},\frac{-1}{6},\frac{5}{4}\right)$$

$$=(-1.5,-1.5,11.25)\ \text{V/m}$$

(c) $\mathbf{F}=q\mathbf{E}=(1.5,1.5,-11.25)$ mN

연습문제 4.5

$-2\le x\le 2, -2\le y\le 2, z=0$으로 그려지며, 전하밀도가 $12\,|y|$ mC/m^{2}인 정사각형 모양의 면전하가 있다. 이 대전판의 총 전하량과 (0, 0, 10)에서의 전기장을 구하라.

해답: 192 mC, 16.46 $\mathbf{a}_z$ MV/m

예제 4.6

$x=2$와 $y=-3$인 위치에 각각 10 nC/m^{2}과 15 nC/m^{2}인 면전하가 있으며, $x=0, z=2$인 위치에 10π nC/m인 선전하가 있다. 이 세 전하분포에 의한 (1, 1, −1)에서 전기장의 세기를 구하라.

풀이

$$\mathbf{E}=\mathbf{E}_1+\mathbf{E}_2+\mathbf{E}_3$$

로 놓자. 그림 4.10(a)에서 나타낸 것처럼 $\mathbf{E}_1, \mathbf{E}_2, \mathbf{E}_3$는 각각 무한 평면 ①, 무한 평면 ②, 무한 직선 ③에 의하여 발생하는 (1, 1, −1)에서의 전기장 성분이다. 식 (4.26)과 (4.21)을 적용하면

$$\mathbf{E}_1=\frac{\rho_{S_1}}{2\varepsilon_o}(-\mathbf{a}_x)=-\frac{10\cdot 10^{-9}}{2\cdot\dfrac{10^{-9}}{36\pi}}\mathbf{a}_x=-180\pi\mathbf{a}_x$$

$$\mathbf{E}_2=\frac{\rho_{S_2}}{2\varepsilon_o}\mathbf{a}_y=\frac{15\cdot 10^{-9}}{2\cdot\dfrac{10^{-9}}{36\pi}}\mathbf{a}_y=270\pi\mathbf{a}_y$$

그리고

$$\mathbf{E}_3 = \frac{\rho_L}{2\pi\varepsilon_o\rho}\mathbf{a}_\rho$$

가 된다. 여기서 $\mathbf{a}_\rho$(정상적인 의미의 $\mathbf{a}_\rho$는 아니지만 비슷한 의미를 갖는)는 선전하에 수직인 LP 방향에 따르는 단위벡터이고, ρ는 그림 4.10(b)로부터 결정되는 길이 LP이다. $\mathbf{E}_3$가 놓여 있는 $y=1$인 평면을 생각해 보면, 그림 4.10(b)는 그림 4.10(a)로부터 얻어진다. 그림 4.10(b)로부터 L에서 P까지의 거리벡터는

$$\mathbf{R} = -3\mathbf{a}_z + \mathbf{a}_x$$

$$\rho = |\mathbf{R}| = \sqrt{10}, \quad \mathbf{a}_\rho = \frac{\mathbf{R}}{|\mathbf{R}|} = \frac{1}{\sqrt{10}}\mathbf{a}_x - \frac{3}{\sqrt{10}}\mathbf{a}_z$$

이므로

$$\mathbf{E}_3 = \frac{10\pi \cdot 10^{-9}}{2\pi \cdot \dfrac{10^{-9}}{36\pi}} \cdot \frac{1}{10}(\mathbf{a}_x - 3\mathbf{a}_z)$$
$$= 18\pi(\mathbf{a}_x - 3\mathbf{a}_z)$$

이다. $\mathbf{E}_1$, $\mathbf{E}_2$, $\mathbf{E}_3$를 더하면 총 전기장의 세기는 다음과 같다.

$$\mathbf{E} = -162\pi\mathbf{a}_x + 270\pi\mathbf{a}_y - 54\pi\mathbf{a}_z \text{ V/m}$$

주의해야 할 것은 $\mathbf{F}$나 $\mathbf{E}$를 구하는 데 항상 필요한 $\mathbf{a}_r$, $\mathbf{a}_\rho$, 또는 $\mathbf{a}_n$을 구할 때 방향을 반드시 전하로부터(위치벡터 $\mathbf{r}'$) 장점(위치벡터 $\mathbf{r}$)쪽으로 잡아야 한다는 것이다. 따라서 $\mathbf{a}_r$, $\mathbf{a}_\rho$, $\mathbf{a}_n$은 $\mathbf{r} - \mathbf{r}'$방향으로의 단위벡터이다. 그림 4.6부터 4.10까지에서 이것을 잘 살펴보기 바란다.

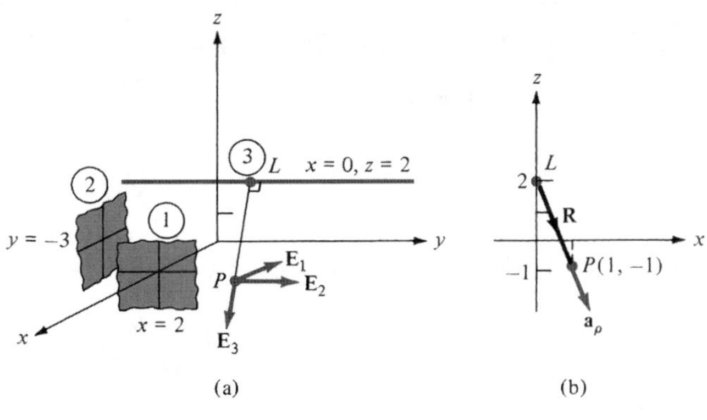

그림 4.10 예제 4.6의 그림: (a) 세 개의 전하분포, (b) $y=1$인 평면에서 ρ와 $\mathbf{a}_\rho$ 구하기

연습문제 4.6

예제 4.6에서 $x=0$, $z=2$인 직선을 점 (0, 2, 2)에 대하여 90°만큼 회전시켜서 $x=0$, $y=2$가 되었을 때 (1, 1, −1)에서 **E**를 구하라.

해답: $-282.7\mathbf{a}_x + 564.5\mathbf{a}_y$ V/m

4.4 전속밀도

전기장 **E**에 의해 생기는 선속(flux)은 식 (3.13)의 선속의 일반적인 정의를 사용하여 계산할 수 있다. 그렇지만 실제로 이 양을 정전기학에서 가장 유용한 선속으로 생각하지는 않는다. 식 (4.11)부터 (4.16)까지를 보면 전기장의 세기는 전하가 놓여 있는 매질에 의존하는 것을 알 수 있다(이 장에서는 자유공간이다). 매질에 무관한 새로운 벡터장 **D**를 다음과 같이 정의해 보자.

$$\boxed{\mathbf{D} = \varepsilon_o \mathbf{E}} \tag{4.35}$$

식 (3.13)을 사용하여 **D**의 항으로 전속(electric flux) Ψ를 정의한다. 즉,

$$\Psi = \int_S \mathbf{D} \cdot d\mathbf{S} \tag{4.36}$$

SI 단위계에서는 하나의 전속선이 +1 C에서 나와서 −1 C에서 끝난다. 그러므로 전속은 쿨롱이란 단위로 측정된다. 따라서 이 벡터장 **D**를 **전속밀도**(electric flux density)라 한다. 과거에 사용되었던 명칭 때문에 전속밀도를 **전기변위**(electric displacement)라고도 한다.

4.2절과 4.3절에서 Coulomb의 법칙으로부터 **E**를 구하기 위해서 유도한 모든 식들에 ε_o만 곱해줌으로써 **D**를 계산할 수 있다는 것을 식 (4.35)로부터 알 수 있다. 예를 들어 무한 면전하의 경우, 식 (4.26)과 (4.35)로부터

$$\mathbf{D} = \frac{\rho_S}{2}\mathbf{a}_n \tag{4.37}$$

이 되고, 체적전하분포의 경우 식 (4.16)과 (4.35)로부터

$$\mathbf{D} = \int_v \frac{\rho_v \, dv}{4\pi R^2}\mathbf{a}_R \tag{4.38}$$

이 된다. 식 (4.37)과 (4.38)에서 **D**는 오직 전하량과 위치만의 함수이며, 매질과는 무관하다는 것에 유의하라.

예제 4.7

(4, 0, 0)에 -5π mC의 점전하가 있고, y축을 따라 3π mC/m의 선전하가 놓여 있을 때, (4, 0, 3)에서 **D**를 구하라.

풀이

$\mathbf{D} = \mathbf{D}_Q + \mathbf{D}_L$로 놓자. 그림 4.11에 보인 바와 같이 $\mathbf{D}_Q$와 $\mathbf{D}_L$은 각각 점전하와 선전하에 의한 전속밀도이다.

$$\mathbf{D}_Q = \varepsilon_o\mathbf{E} = \frac{Q}{4\pi R^2}\mathbf{a}_R = \frac{Q(\mathbf{r} - \mathbf{r}')}{4\pi|\mathbf{r} - \mathbf{r}'|^3}$$

여기서 $\mathbf{r} - \mathbf{r}' = (4, 0, 3) - (4, 0, 0) = (0, 0, 3)$이다. 그러므로

$$\mathbf{D}_Q = \frac{-5\pi \cdot 10^{-3}(0, 0, 3)}{4\pi|(0, 0, 3)|^3} = -0.139\,\mathbf{a}_z \text{ mC/m}^2$$

또한

$$\mathbf{D}_L = \frac{\rho_L}{2\pi\rho}\mathbf{a}_\rho$$

이 경우

$$\mathbf{a}_\rho = \frac{(4, 0, 3) - (0, 0, 0)}{|(4, 0, 3) - (0, 0, 0)|} = \frac{(4, 0, 3)}{5}$$

$$\rho = |(4, 0, 3) - (0, 0, 0)| = 5$$

따라서

$$\mathbf{D}_L = \frac{3\pi}{2\pi(25)}(4\mathbf{a}_x + 3\mathbf{a}_z) = 0.24\mathbf{a}_x + 0.18\mathbf{a}_z \text{ mC/m}^2$$

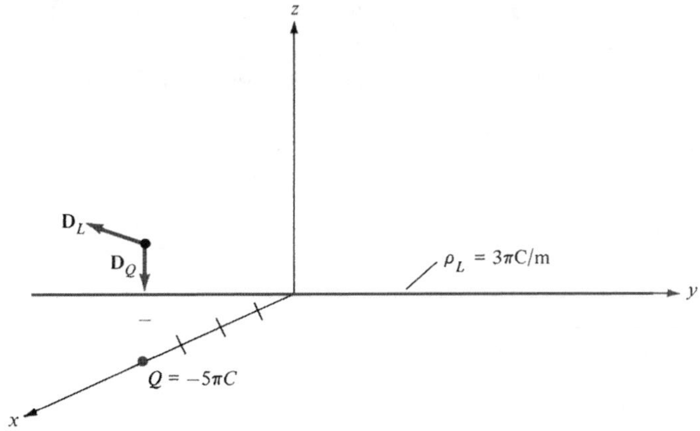

그림 4.11 점전하와 무한 선전하에 의한 전속밀도 **D**

그러므로

$$\mathbf{D} = \mathbf{D}_Q + \mathbf{D}_L$$
$$= 240\mathbf{a}_x + 41.1\mathbf{a}_z \ \mu\text{C/m}^2$$

연습문제 4.7

30 nC의 점전하가 원점에 놓여 있고, $y = 3$인 평면에 10 nC/m^{2}의 면전하가 있을 때 (0, 4, 3)에서 **D**를 구하라.

해답: $5.076\mathbf{a}_y + 0.0573\mathbf{a}_z$ nC/m^2

4.5 Gauss의 법칙–Maxwell 방정식

Gauss의 법칙[5)]은 전자기학의 기본법칙 중 하나이다.

Gauss의 법칙은 임의의 **폐곡면**을 통해 나가는 총 전속 Ψ는 그 폐곡면에 의해 둘러싸인 총 전하와 같다는 것이다.

그러므로

$$\Psi = Q_{\text{enc}} \tag{4.39}$$

즉,

$$\Psi = \oint_S d\Psi = \oint_S \mathbf{D} \cdot d\mathbf{S}$$
$$= \text{폐곡면 내의 총 전하} = \int_v \rho_v \, dv \tag{4.40}$$

또는

$$Q = \oint_S \mathbf{D} \cdot d\mathbf{S} = \int_v \rho_v \, dv \tag{4.41}$$

---

5) 독일의 수학자인 Karl Friedrich Gauss는 3.6절에서 소개된 발산정리를 제안하였다. 그는 전기량과 자기량을 절대단위로써 측정한 최초의 물리학자였다. Gauss의 측정에 대한 보다 상세한 내용에 관한 참고문헌; W. F. Magie, *A Source Book in Physics*. Cambridge: Harvard Univ. Press, 1963, pp. 519~524.

식 (4.41)의 중간 항에 발산정리를 적용하면

$$\oint_S \mathbf{D} \cdot d\mathbf{S} = \int_v \nabla \cdot \mathbf{D} \, dv \tag{4.42}$$

식 (4.41)과 (4.42)의 두 체적적분을 비교하면

$$\boxed{\rho_v = \nabla \cdot \mathbf{D}} \tag{4.43}$$

가 된다. 이 식은 앞으로 유도할 4개의 **Maxwell 방정식**의 첫 번째 식이다. 식 (4.43)은 체적전하밀도가 전속밀도의 발산과 같다는 것을 의미한다.[6)]

다음에 유의하라:

1. 식 (4.41)과 (4.43)은 기본적으로 Gauss의 법칙의 다른 표현방법이다. 식 (4.41)은 Gauss의 법칙의 적분형인 반면에 식 (4.43)은 미분형 혹은 점형이다.
2. Gauss의 법칙은 Coulomb의 법칙을 다르게 나타낸 것이다. Coulomb의 법칙에 적절히 발산정리를 적용하면 Gauss의 법칙을 얻을 수 있다.
3. Gauss의 법칙은 점전하, 무한 선전하, 무한 원통형 면전하, 그리고 구 모양으로 분포된 전하처럼 대칭적인 전하분포에 의한 **E** 또는 **D**를 구하기 쉬운 방법을 제공한다. 연속적인 전하분포가 x(또는 y나 z)만의 함수라면 이것은 직각사각 대칭성을 가지고 있고, ρ만의 함수라면 원통 대칭성을 가지고 있고, r(θ와 ϕ에 무관한)만의 함수라면 구 대칭성을 가지고 있는 것이다. 여기서 강조해야 할 것은 전하분포가 대칭적이든 아니든 간에 Gauss의 법칙은 항상 성립한다는 것이다. 예를 들어 그림 4.12에서 v_1, v_2가 폐곡면(또는 체적)이라 하고 전하분포를 생각해 보자. 10 nC과 −5 nC의 전하들만 v_1으

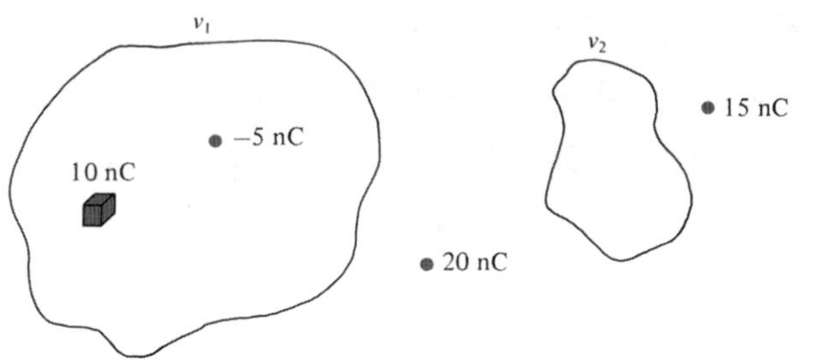

그림 4.12 Gauss 법칙의 예시: v_1을 통과해 나오는 전속은 5 nC이고, v_2를 통과해 나오는 전속은 0 C이다.

---

6) 이 사실은 식 (3.32)에서 어떤 벡터의 발산을 정의한 방법을 감안한다면 놀라운 것은 아니다.
$\nabla \cdot \mathbf{D} = \lim_{\Delta v \to \phi} \dfrac{\oint \mathbf{D} \cdot d\mathbf{S}}{\Delta}$로 정의되며, 다음과 같이 간략히 나타낼 수 있다. $\dfrac{\Delta Q}{\Delta v} = \rho_v$.

로 둘러싸여 있으므로 v_1 밖으로 나가는 총 전속은 10 − 5 = 5 nC이다. v_1 밖에 있는 20 nC과 15 nC의 전하도 v_1을 통과하는 전속에 영향을 주지만, Gauss의 법칙에 의해 v_1을 지나는 총 전속(net flux)은 v_1 밖의 전하들에 영향받지 않는다. 비슷하게 v_2에 둘러싸여 있는 전하가 없기 때문에 v_2를 떠나는 총 전속은 0이다. 그러므로 Gauss의 법칙, 즉 $\Psi = Q_{\text{폐곡면}}$은 전하분포가 대칭이 아닐 때에도 여전히 성립함을 알 수 있다. 그러나 전하분포가 대칭이 아닐 때는 이 법칙을 이용하여 **E**나 **D**를 구할 수 없고, 이 경우에는 **E**나 **D**를 결정하기 위해서는 Coulomb의 법칙을 사용하여야 한다.

4.6 Gauss의 법칙의 응용

Gauss의 법칙을 적용하여 전기장을 계산하는 과정 중 먼저 할 일은 대칭성이 존재하는지를 확인하는 것이다. 일단 전하분포에 대칭성이 존재하면 수학적인 폐곡면을 구성한다[이 폐곡면을 **Gauss면**(Gaussian surface)이라 한다]. **D**가 Gauss면에 대하여 수직 또는 접선이 되도록 Gauss면이 선택된다. **D**가 면에 수직일 때는 $\mathbf{D} \cdot d\mathbf{S} = D\, dS$가 되는데, 이것은 면 상에서 **D**가 상수이기 때문이다. **D**가 면에 접선일 때는 $\mathbf{D} \cdot d\mathbf{S} = 0$이다. 그러므로 전하분포에 의해 나타나는 대칭성을 가지는 면을 선택하여야 한다. Coulomb의 법칙을 적용하는 데 있어서 전하분포가 대칭성을 가질 경우 약간의 노련미와 직관적 추리를 통하여 적절한 Gauss면을 선택할 수 있다. 이제 이러한 기본 개념들을 다음 경우들에 적용해 보자.

A. 점전하

점전하 Q가 원점에 있다고 가정한다. P점에서의 **D**를 결정하기 위해서 P를 포함하는 구면을 택하는 것이 대칭조건을 만족시킨다는 것을 쉽게 알 수 있다. 그러므로 그림 4.13과 같이 원점을 중심으로 하는 구면이 이 경우에서의 Gauss면이 된다.

D는 어디에서나 Gauss면에 수직이므로 $\mathbf{D} = D_r\, \mathbf{a}_r$이다. Gauss의 법칙($\Psi = Q_{\text{폐곡면}}$)을 적용하면

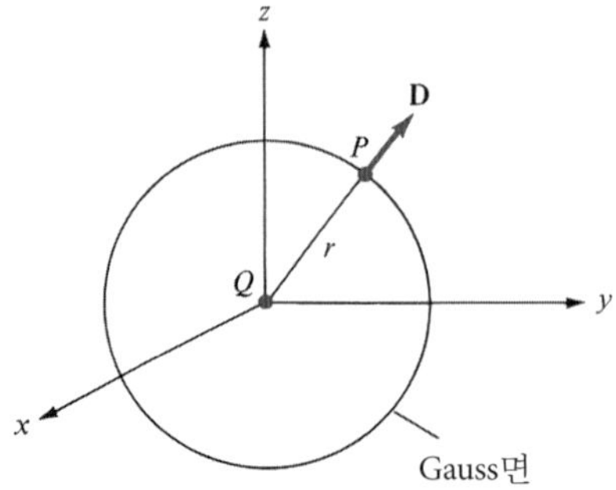

그림 4.13 점전하 주변에서의 Gauss면

$$Q = \oint_S \mathbf{D} \cdot d\mathbf{S} = D_r \oint_S dS = D_r 4\pi r^2 \tag{4.44}$$

여기서 $\oint dS = \int_{\phi=0}^{2\pi} \int_{\theta=0}^{\pi} r^2 \sin\theta \, d\theta \, d\phi = 4\pi r^2$은 Gauss면의 면적이다. 그러므로 식 (4.11)과 (4.35)에서 예상했던 것과 같이

$$\mathbf{D} = \frac{Q}{4\pi r^2} \mathbf{a}_r \tag{4.45}$$

이 된다.

B. 무한한 길이의 선전하

길이가 무한대이며, 균일전하밀도 ρ_L C/m인 선전하가 z축을 따라 놓여 있다고 가정한다. 점 P에서의 **D**를 결정하기 위해서 그림 4.14에서 나타낸 것처럼 대칭조건을 만족시키면서 점 P를 포함하는 원통면을 선택한다. 전속밀도 **D**는 원통형 Gauss면에 수직이고 상수이다. 즉, $\mathbf{D} = D_\rho \, \mathbf{a}_\rho$이다. Gauss의 법칙을 길이가 ℓ인 임의의 직선에 적용하면

$$\rho_L \ell = Q = \int_S \mathbf{D} \cdot d\mathbf{S} = D_\rho \int_S dS = D_\rho 2\pi\rho\ell \tag{4.46}$$

여기서 $\oint dS = 2\pi\rho\ell$은 Gauss면의 면적이다. **D**는 z방향 성분이 없기 때문에 원통의 윗면과 아랫면에서 계산한 $\int \mathbf{D} \cdot d\mathbf{S}$의 결과는 0이라는 사실에 유의하라. 이는 **D**가 원통의 윗면과 아랫면에 접선성분임을 의미한다. 그러므로 식 (4.21)과 (4.35)에서 예상했던 것과 같이

$$\mathbf{D} = \frac{\rho_L}{2\pi\rho} \mathbf{a}_\rho \tag{4.47}$$

가 된다.

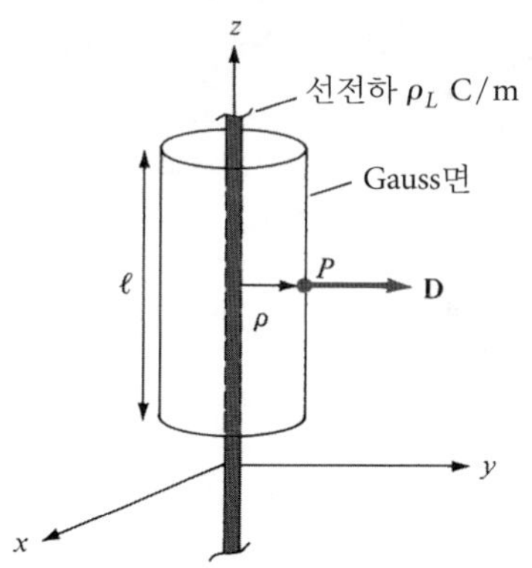

그림 4.14 무한한 길이의 선전하 주변에서의 Gauss면

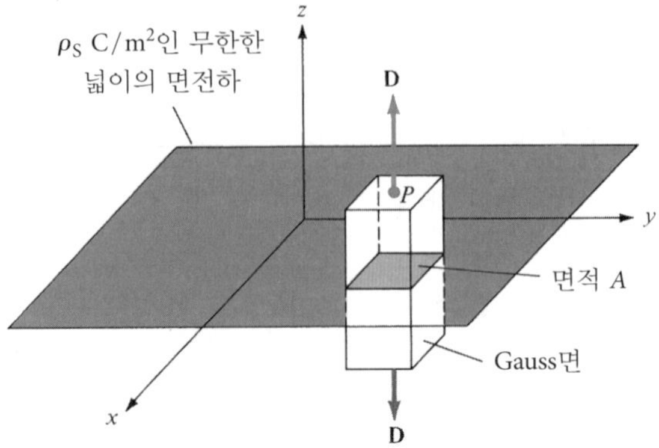

그림 4.15 무한한 넓이의 면전하에 대한 Gauss면

C. 무한한 넓이의 면전하

$z = 0$인 평면에 놓여 있고 전하밀도가 ρ_S C/m^{2}인 무한한 넓이의 균일면전하를 생각하자. 점 P에서의 **D**를 결정하기 위해서 그림 4.15와 같이 면전하와 평행하게 마주보는 면을 가지는 직육면체를 생각하자. 이 직육면체는 면전하에 의하여 대칭적으로 분리된다. **D**는 면에 수직이기 때문에 $\mathbf{D} = D_z\mathbf{a}_z$이고, Gauss의 법칙을 적용하면

$$\rho_S \int_S dS = Q = \oint_S \mathbf{D} \cdot d\mathbf{S} = D_z\left[\int_{\text{top}} dS + \int_{\text{bottom}} dS\right] \tag{4.48}$$

가 된다. **D**는 $\mathbf{a}_x$, $\mathbf{a}_y$방향의 성분이 없기 때문에 직육면체의 옆면들에서 계산한 $\mathbf{D} \cdot d\mathbf{S}$는 0이 됨을 유의하라. 직육면체의 윗면과 아랫면의 면적이 A라면 식 (4.48)은

$$\rho_S A = D_z(A + A) \tag{4.49}$$

가 되고, 따라서

$$\mathbf{D} = \frac{\rho_S}{2}\mathbf{a}_z$$

또는 식 (4.25)에서 예상했던 것과 같이

$$\mathbf{E} = \frac{\mathbf{D}}{\varepsilon_o} = \frac{\rho_S}{2\varepsilon_o}\mathbf{a}_z \tag{4.50}$$

가 된다.

D. 균일하게 대전된 구

균일전하밀도가 ρ_o C/m^{3}이며, 반경이 a인 구를 생각하자. 모든 지점에서 **D**를 구하기 위해 $r \leq a$인 경우와 $r \geq a$인 경우에 대하여 각각 Gauss면을 만든다. 전하분포가 구대칭이기 때문에 구면이 적절한 Gauss면이 될 것이다.

$r \leq a$의 경우 반지름 r인 구면으로 둘러싸인 총 전하는 그림 4.16(a)에서 보듯이

$$\begin{aligned} Q_{\text{enc}} &= \int_v \rho_v dv = \rho_o \int_v dv = \rho_o \int_{\phi=0}^{2\pi} \int_{\theta=0}^{\pi} \int_{r=0}^{r} r^2 \sin\theta \, dr \, d\theta \, d\phi \\ &= \rho_o \frac{4}{3}\pi r^3 \end{aligned} \tag{4.51}$$

이고

$$\begin{aligned} \Psi &= \oint_S \mathbf{D} \cdot d\mathbf{S} = D_r \oint_S dS = D_r \int_{\phi=0}^{2\pi} \int_{\theta=0}^{\pi} r^2 \sin\theta \, d\theta \, d\phi \\ &= D_r 4\pi r^2 \end{aligned} \tag{4.52}$$

이다. 그러므로 $\Psi = Q_{\text{폐곡면}}$으로부터

$$D_r 4\pi r^2 = \frac{4\pi r^3}{3} \rho_o$$

즉,

$$\mathbf{D} = \frac{r}{3} \rho_o \mathbf{a}_r \quad 0 < r \leq a \tag{4.53}$$

로 주어진다.

$r \geq a$의 경우 Gauss면은 그림 4.16(b)와 같다. 이 경우 구면으로 둘러싸인 전하가 총 전하이므로

$$\begin{aligned} Q_{\text{enc}} &= \int_v \rho_v \, dv = \rho_o \int_v dv = \rho_o \int_{\phi=0}^{2\pi} \int_{\theta=0}^{\pi} \int_{r=0}^{a} r^2 \sin\theta \, dr \, d\theta \, d\phi \\ &= \rho_o \frac{4}{3}\pi a^3 \end{aligned} \tag{4.54}$$

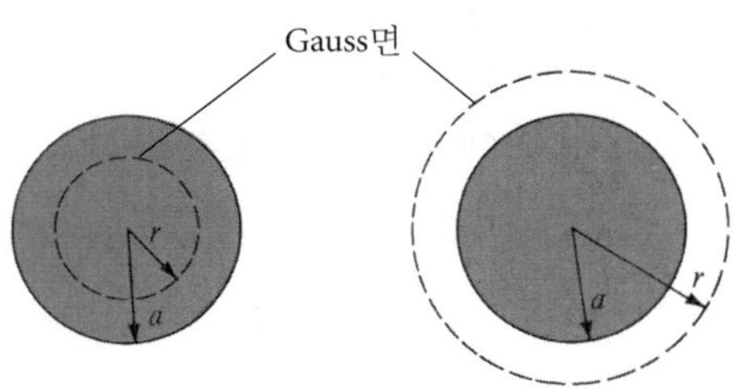

그림 4.16 균일하게 대전된 구에 대한 Gauss면: (a) $r \leq a$, (b) $r \geq a$

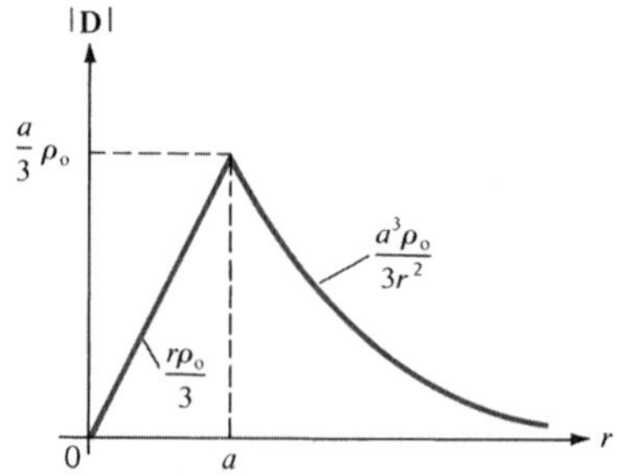

그림 4.17 균일하게 대전된 구에서 r에 대한 $|\mathbf{D}|$의 그림

한편

$$\psi = \oint_S \mathbf{D} \cdot d\mathbf{S} = D_r 4\pi r^2 \tag{4.55}$$

으로 식 (4.52)와 같다. 따라서

$$D_r 4\pi r^2 = \frac{4}{3}\pi a^3 \rho_o$$

즉,

$$\mathbf{D} = \frac{a^3}{3r^2}\rho_o \mathbf{a}_r, \qquad r \geq a \tag{4.56}$$

식 (4.53)과 (4.56)으로부터, 모든 지점에서 **D**는

$$\mathbf{D} = \begin{cases} \dfrac{r}{3}\rho_o \mathbf{a}_r, & 0 < r \leq a \\ \dfrac{a^3}{3r^2}\rho_o \mathbf{a}_r, & r \geq a \end{cases} \tag{4.57}$$

로 주어지며, $|\mathbf{D}|$를 그려보면 그림 4.17과 같다.

식 (4.44), (4.46), (4.48), (4.52)로부터 적분기호 내의 **D**를 밖으로 꺼내는 것이 Gauss의 법칙을 이용하여 **D**를 구하는 열쇠임을 알 수 있다. 즉, **D**는 Gauss면에서 상수이어야 한다.

예제 4.8

$\mathbf{D} = z\rho\cos^2\phi\,\mathbf{a}_z$ C/m^{2}로 주어졌을 때 $(1, \pi/4, 3)$에서의 전하밀도를 구하고, 반경이 1 m이고, 높이가 $-2 \leq z \leq 2$ m인 원통으로 둘러싸인 전하들의 총 전하량을 구하라.

풀이

$$\rho_v = \nabla \cdot \mathbf{D} = \frac{\partial D_z}{\partial z} = \rho \cos^2 \phi$$

$(1, \pi/4, 3)$에서 $\rho_v = 1 \cdot \cos^2(\pi/4) = 0.5\ \mathrm{C/m^3}$이다. 원통에 의해 둘러싸인 전하들의 총 전하량은 두 가지 방법으로 구할 수 있다.

방법 1: 이 방법은 총 체적전하의 정의에 기초를 두고 있다.

$$\begin{aligned} Q &= \int_v \rho_v\, dv = \int_v \rho \cos^2 \phi\, \rho\, d\phi\, d\rho\, dz \\ &= \int_{z=-2}^{2} dz \int_{\phi=0}^{2\pi} \cos^2 \phi\, d\phi \int_{\rho=0}^{1} \rho^2\, d\rho = 4(\pi)(1/3) \\ &= \frac{4\pi}{3}\,\mathrm{C} \end{aligned}$$

방법 2: 또 다른 방법으로 Gauss의 법칙을 사용할 수 있다.

$$\begin{aligned} Q = \Psi &= \oint_S \mathbf{D} \cdot d\mathbf{S} = \left[\int_s + \int_t + \int_b\right] \mathbf{D} \cdot d\mathbf{S} \\ &= \Psi_s + \Psi_t + \Psi_b \end{aligned}$$

여기서 Ψ_s, Ψ_t, Ψ_b는 각각 옆면, 윗면, 아랫면을 통해서 나가는 전속이다(그림 3.17 참조). $\mathbf{D}$는 $\mathbf{a}_\rho$방향 성분이 없기 때문에 $\Psi_s = 0$이고, Ψ_t의 경우 $d\mathbf{S} = \rho\, d\phi\, d\rho\, \mathbf{a}_z$이므로

$$\begin{aligned} \Psi_t &= \int_{\rho=0}^{1} \int_{\phi=0}^{2\pi} z\rho \cos^2 \phi\, \rho\, d\phi\, d\rho \bigg|_{z=2} = 2\int_0^1 \rho^2\, d\rho \int_0^{2\pi} \cos^2 \phi\, d\phi \\ &= 2\left(\frac{1}{3}\right)\pi = \frac{2\pi}{3} \end{aligned}$$

그리고 Ψ_b의 경우 $d\mathbf{S} = -\rho\, d\phi\, dr\, \mathbf{a}_z$이므로

$$\begin{aligned} \Psi_b &= -\int_{\rho=0}^{1} \int_{\phi=0}^{2\pi} z\rho \cos^2 \phi\, \rho\, d\phi\, d\rho \bigg|_{z=-2} = 2\int_0^1 \rho^2\, d\rho \int_0^{2\pi} \cos^2 \phi\, d\phi \\ &= \frac{2\pi}{3} \end{aligned}$$

그러므로

$$Q = \Psi = 0 + \frac{2\pi}{3} + \frac{2\pi}{3} = \frac{4\pi}{3}\,\mathbf{C}$$

가 된다.

연습문제 4.8

$\mathbf{D} = (2y^2 + z)\mathbf{a}_x + 4xy\mathbf{a}_y + x\mathbf{a}_z$ C/m^{2}일 때 다음을 구하라.

(a) $(-1, 0, 3)$에서 체적전하밀도

(b) $0 \leq x \leq 1, 0 \leq y \leq 1, 0 \leq z \leq 1$로 정의되는 정육면체의 표면을 통과하는 전속

(c) 이 정육면체로 둘러싸인 총 전하

해답: (a) -4 C/m^3, (b) 2 C, (c) 2 C

예제 4.9

구대칭성을 가진 전하분포의 밀도가 다음과 같다.

$$\rho_v = \begin{cases} \dfrac{\rho_o r}{R}, & 0 \leq r \leq R \\ 0, & r > R \end{cases}$$

모든 지점에서 $\mathbf{E}$를 구하라.

풀이

전하분포는 그림 4.16의 것과 비슷하다. 대칭성이 존재하므로 Gauss의 법칙을 사용하여 $\mathbf{E}$를 구할 수 있다.

$$\varepsilon_o \oint_S \mathbf{E} \cdot d\mathbf{S} = Q_{\text{enc}} = \int_v \rho_v \, dv$$

(a) $r < R$인 경우

$$\begin{aligned} \varepsilon_o E_r 4\pi r^2 &= Q_{\text{enc}} = \int_0^r \int_0^\pi \int_0^{2\pi} \rho_v r^2 \sin\theta \, d\phi \, d\theta \, dr \\ &= \int_0^r 4\pi r^2 \frac{\rho_o r}{R} dr = \frac{\rho_o \pi r^4}{R} \end{aligned}$$

즉,

$$\mathbf{E} = \frac{\rho_o r^2}{4\varepsilon_o R} \mathbf{a}_r$$

(b) $r > R$인 경우

$$\varepsilon_o E_r 4\pi r^2 = Q_{enc} = \int_0^r \int_0^\pi \int_0^{2\pi} \rho_v r^2 \sin\theta \, d\phi \, d\theta \, dr$$

$$= \int_0^R \frac{\rho_o r}{R} 4\pi r^2 \, dr + \int_R^r 0 \cdot 4\pi r^2 \, dr$$

$$= \pi \rho_o R^3$$

즉,

$$\mathbf{E} = \frac{\rho_o R^3}{4\varepsilon_o r^2} \mathbf{a}_r$$

연습문제 4.9

자유공간에서 전하분포가 $0 \leq r \leq 10$ m인 영역에서 $\rho_v = 2r$ nC/m^{3}이고, 그 밖의 영역에서는 0이다. $r = 2$ m와 $r = 12$ m에서 $\mathbf{E}$를 구하라.

해답: 226$\mathbf{a}_r$ V/m, 3.927$\mathbf{a}_r$ kV/m

4.7 전위

앞의 절들에서 설명하였듯이 어떤 전하분포에 의한 전기장의 세기 $\mathbf{E}$는 일반적으로 Coulomb의 법칙을 사용하여 얻을 수 있거나, 전하분포가 대칭적일 때는 Gauss의 법칙으로부터 구할 수 있다. 또 한 가지 방법은 이 절에서 정의될 스칼라전위(electric scalar potential) V로부터 구하는 것이다. 어떤 의미에서는 벡터보다 스칼라를 다루는 것이 쉽기 때문에 이 방법으로 $\mathbf{E}$를 구하는 것이 더 쉽다.

그림 4.18에서 나타낸 것과 같이 전기장 $\mathbf{E}$에서 점전하를 A점에서 B점으로 움직이고자 한다. Coulomb의 법칙으로부터 Q에 작용하는 힘은 $\mathbf{F} = Q\mathbf{E}$이므로 전하를 $d\mathbf{l}$만큼 옮기는

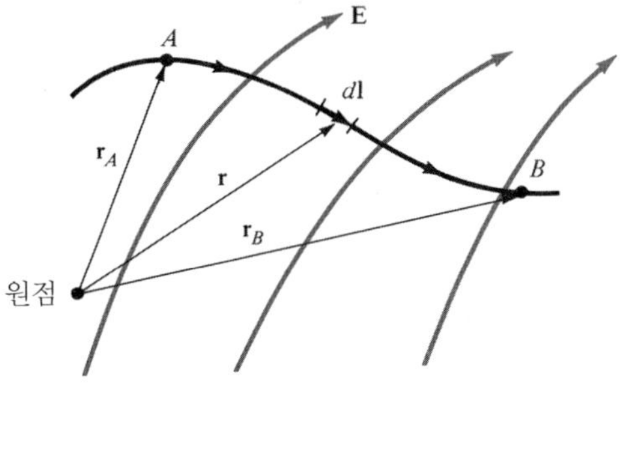

그림 4.18 정전기장 $\mathbf{E}$ 내에서 점전하 Q의 이동

데 필요한 **일의 양**은

$$dW = -\mathbf{F} \cdot d\mathbf{l} = -Q\mathbf{E} \cdot d\mathbf{l} \tag{4.58}$$

이다. 음의 부호는 외부의 작용에 의해 일이 행하여졌음을 나타낸다. 그러므로 Q를 A에서 B로 옮기는 데 필요한 일의 양, 또는 위치에너지는

$$\boxed{W = -Q\int_A^B \mathbf{E} \cdot d\mathbf{l}} \tag{4.59}$$

이 된다. 식 (4.59)에서 W를 Q로 나누면 단위전하당 위치에너지가 된다. V_{AB}로 나타내는 이 양을 A와 B 사이의 **전위차**(potential difference)라고 한다. 그러므로

$$\boxed{V_{AB} = \frac{W}{Q} = -\int_A^B \mathbf{E} \cdot d\mathbf{l}} \tag{4.60}$$

이 된다. 다음에 대하여 유의하라.

1. V_{AB}를 정하는데 A는 초기점이고 B는 최종점이다.
2. V_{AB}가 음이라는 것은 A에서 B로 Q를 옮길 때 위치에너지가 감소한다는 것이다. 이것은 전기장에 의해서 일이 행하여졌다는 것을 의미한다. 그러나 V_{AB}가 양이라면 전하를 옮기는 데 위치에너지의 증가가 있고 외부에서 일을 행하였음을 의미한다.
3. V_{AB}는 경로와 상관없다(조금 뒤에서 설명하였다).
4. V_{AB}는 J/C의 단위로 측정되는데 보통은 볼트(V)로 나타낸다.

예를 들면 그림 4.18의 전기장 **E**가 원점에 있는 점전하 Q에 의한 것이라면

$$\mathbf{E} = \frac{Q}{4\pi\varepsilon_o r^2}\,\mathbf{a}_r \tag{4.61}$$

그러면 식 (4.60)은 다음과 같이 된다.

$$\begin{aligned} V_{AB} &= -\int_{r_A}^{r_B} \frac{Q}{4\pi\varepsilon_o r^2}\,\mathbf{a}_r \cdot dr\,\mathbf{a}_r \\ &= \frac{Q}{4\pi\varepsilon_o}\left[\frac{1}{r_B} - \frac{1}{r_A}\right] \end{aligned} \tag{4.62a}$$

또는

$$V_{AB} = V_B - V_A \tag{4.62b}$$

여기서 V_B와 V_A는 B와 A에서의 **전위**(혹은 **절대전위**)이다. 그러므로 전위차 V_{AB}는 A점을 기준으로 했을 때 B점에서의 전위라고 생각할 수 있다. 점전하를 포함하는 문제에서 보통은 무한대를 기준으로 삼는다. 즉, 무한대에서의 전위를 0으로 가정한다. 그러므로 식 (4.62)에서 $r_A \rightarrow \infty$일 때 $V_A = 0$이라면, 원점에 있는 점전하 Q에 의한 임의의 점($r_B \rightarrow r$)에서의 전위는

$$\boxed{V = \frac{Q}{4\pi\varepsilon_o r}} \tag{4.63}$$

식 (4.62a)에서 유의할 것은 $\mathbf{E}$가 $\mathbf{a}_r$방향이기 때문에 내적 $\mathbf{E} \cdot d\mathbf{l} = E\cos\alpha\, dl = E\,dr$이 되어 θ 또는 ϕ 방향은 생각할 필요가 없다는 것이다. 여기서 α는 $\mathbf{E}$와 $d\mathbf{l}$ 사이의 각이다. 따라서 전위차 V_{AB}는 앞에서 설명한 것처럼 경로에 무관하다. 일반적으로 선적분의 결과가 적분경로와 무관한 벡터를 보존적 성질을 가진다고 한다. 따라서 $\mathbf{E}$는 보존장이다.

임의의 점에서의 **전위**는 그 점과 전위가 0인 어떤 점(또는 기준점) 사이의 전위차이다.

다시 말하면, 무한원점에서 전위가 0이라고 가정하면 점전하로부터 거리 r만큼 떨어진 점의 전위는 시험전하를 무한원점에서 그 점까지 옮길 때 외부의 작용에 의하여 단위전하당 행해진 일이다. 그러므로

$$V = -\int_{\infty}^{r} \mathbf{E} \cdot d\mathbf{l} \tag{4.64}$$

만약 식 (4.63)의 점전하 Q가 원점에 있지 않고 위치벡터가 $\mathbf{r}'$점에 있다면 전위 $V(x, y, z)$ 또는 간단히 $V(\mathbf{r})$은

$$V(\mathbf{r}) = \frac{Q}{4\pi\varepsilon_o|\mathbf{r} - \mathbf{r}'|} \tag{4.65}$$

가 된다.

지금까지 점전하에 의한 전위를 살펴보았다. 다른 종류의 전하분포에도 기본적으로 같은 방법이 적용되는데, 이것은 어떤 종류의 전하분포라도 점전하들이 모여 있는 것으로 생각할 수 있기 때문이다. 전기장에 적용했던 중첩의 원리가 전위에도 적용된다. 위치벡터가 $\mathbf{r}_1, \mathbf{r}_2, \cdots, \mathbf{r}_n$인 점에 위치한 n개의 점전하 $Q_1, Q_2, \cdots, Q_n$에 대하여 $\mathbf{r}$에서의 전위는

$$V(\mathbf{r}) = \frac{Q_1}{4\pi\varepsilon_o|\mathbf{r} - \mathbf{r}_1|} + \frac{Q_2}{4\pi\varepsilon_o|\mathbf{r} - \mathbf{r}_2|} + \cdots + \frac{Q_n}{4\pi\varepsilon_o|\mathbf{r} - \mathbf{r}_n|}$$

또는

$$V(\mathbf{r}) = \frac{1}{4\pi\varepsilon_o}\sum_{k=1}^{n}\frac{Q_k}{|\mathbf{r}-\mathbf{r}_k|} \quad \text{(점전하)} \tag{4.66}$$

가 된다. 연속적인 전하분포에 대해서는 식 (4.66)에 있는 Q_k를 전하소 $\rho_L\, dl, \rho_S\, dS, \rho_v\, dv$로 바꾸고 덧셈을 적분으로 바꾸면 $\mathbf{r}$에서의 전위는

$$V(\mathbf{r}) = \frac{1}{4\pi\varepsilon_o}\int_L \frac{\rho_L(\mathbf{r}')dl'}{|\mathbf{r}-\mathbf{r}'|} \quad \text{(선전하)} \tag{4.67}$$

$$V(\mathbf{r}) = \frac{1}{4\pi\varepsilon_o}\int_S \frac{\rho_S(\mathbf{r}')dS'}{|\mathbf{r}-\mathbf{r}'|} \quad \text{(면전하)} \tag{4.68}$$

$$V(\mathbf{r}) = \frac{1}{4\pi\varepsilon_o}\int_v \frac{\rho_v(\mathbf{r}')dv'}{|\mathbf{r}-\mathbf{r}'|} \quad \text{(체적전하)} \tag{4.69}$$

가 되는데, 여기서 프라임(′) 부호를 붙인 것은 관례상 원천점을 나타내고, 프라임 부호가 없는 것은 장점(field point, V가 구해지는 점)을 나타낸다.

다음 사항들을 유의하라.

1. 식 (4.63)에서 (4.69)까지 얻는데 무한원점을 영전위(기준)점으로 정하였다. 만약 다른 점을 기준으로 삼는다면 식 (4.65)는 다음과 같이 된다.

$$V = \frac{Q}{4\pi\varepsilon_o r} + C \tag{4.70}$$

여기서 C는 기준으로 선택한 점에서 결정되는 상수이다. 식 (4.63)에서 (4.69)까지 같은 개념을 적용할 수 있다.

2. 어떤 점에서의 전위는 전하분포나 $\mathbf{E}$를 알고 있는가에 따라 두 가지 방법으로 구할 수 있다. 전하분포를 알고 있다면 식 (4.65)에서 (4.70)까지의 식 중 하나를 사용하면 된다. 만약 $\mathbf{E}$를 알고 있다면 간단히

$$V = -\int \mathbf{E}\cdot d\mathbf{l} + C \tag{4.71}$$

를 사용할 수 있다. 전위차 V_{AB}는 일반적으로

$$V_{AB} = V_B - V_A = -\int_A^B \mathbf{E}\cdot d\mathbf{l} = \frac{W}{Q} \tag{4.72}$$

로부터 구할 수 있다.

예제 4.10

$-4\,\mu$C과 $5\,\mu$C의 두 점전하가 $(2, -1, 3)$과 $(0, 4, -2)$에 각각 놓여 있다. 무한원점에서의 전위를 0이라고 가정할 때 $(1, 0, 1)$에서의 전위를 구하라.

풀이

$$Q_1 = -4\,\mu\text{C}, \quad Q_2 = 5\,\mu\text{C}$$

$$V(\mathbf{r}) = \frac{Q_1}{4\pi\varepsilon_o|\mathbf{r} - \mathbf{r}_1|} + \frac{Q_2}{4\pi\varepsilon_o|\mathbf{r} - \mathbf{r}_2|} + C_o$$

로 놓고, 만약 $V(\infty) = 0$이라고 한다면 $C_o = 0$이고

$$|\mathbf{r} - \mathbf{r}_1| = |(1, 0, 1) - (2, -1, 3)| = |(-1, 1, -2)| = \sqrt{6}$$
$$|\mathbf{r} - \mathbf{r}_2| = |(1, 0, 1) - (0, 4, -2)| = |(1, -4, 3)| = \sqrt{26}$$

그러므로

$$\begin{aligned} V(1, 0, 1) &= \frac{10^{-6}}{4\pi \times \dfrac{10^{-9}}{36\pi}}\left[\frac{-4}{\sqrt{6}} + \frac{5}{\sqrt{26}}\right] \\ &= 9 \times 10^3\,(-1.633 + 0.9806) \\ &= -5.872\ \text{kV} \end{aligned}$$

연습문제 4.10

예제 4.10의 두 점전하에 추가하여 원점에 $3\,\mu$C의 점전하가 더 놓여 있다. $V(\infty) = 0$이라고 가정할 때 $(-1, 5, 2)$에서의 전위를 구하라.

해답: 10.23 kV

예제 4.11

5 nC의 점전하가 $(-3, 4, 0)$에 놓여 있고, $y = 1$, $z = 1$로 주어지는 직선을 따라 2 nC/m의 균일 선전하가 있다.

(a) $O(0, 0, 0)$에서 $V = 0$ V일 때 $A(5, 0, 1)$에서의 V를 구하라.

(b) $B(1, 2, 1)$에서 $V = 100$ V일 때 $C(-2, 5, 3)$에서의 V를 구하라.

(c) O에서 $V = -5$ V일 때 V_{BC}를 구하라.

풀이

임의의 점에서 전위가 $V = V_Q + V_L$이라고 하자. 여기서 V_Q와 V_L은 각각 점전하와 선전하

에 의한 전위이다. 점전하의 경우

$$V_Q = -\int \mathbf{E} \cdot d\mathbf{l} = -\int \frac{Q}{4\pi\varepsilon_o r^2}\mathbf{a}_r \cdot dr\,\mathbf{a}_r$$
$$= \frac{Q}{4\pi\varepsilon_o r} + C_1$$

무한길이의 선전하에 대해서는

$$V_L = -\int \mathbf{E} \cdot d\mathbf{l} = -\int \frac{\rho_L}{2\pi\varepsilon_o \rho}\mathbf{a}_\rho \cdot d\rho\,\mathbf{a}_\rho$$
$$= -\frac{\rho_L}{2\pi\varepsilon_o}\ln\rho + C_2$$

그러므로

$$V = -\frac{\rho_L}{2\pi\varepsilon_o}\ln\rho + \frac{Q}{4\pi\varepsilon_o r} + C$$

여기서 $C = C_1 + C_2 =$ 상수이고, ρ는 $y = 1$, $z = 1$로 주어지는 직선에서 관측점까지의 수직거리이며, r은 점전하에서 장점까지의 거리이다.

(a) $O(0, 0, 0)$에서 $V = 0$일 때 $A(5, 0, 1)$에서의 V를 구하려면 먼저 O와 A에서 ρ와 r의 값을 정해야 한다. r을 찾는 것은 쉽다. 식 (2.31)을 사용하면 된다. 임의의 점 (x, y, z)에 대한 ρ를 찾으려면 ρ가 (x, y, z)로부터 x축에 평행인 직선 $y = 1$, $z = 1$까지의 수직거리임을 이용한다. 따라서 ρ는 (x, y, z)와 $(x, 1, 1)$ 사이의 거리이다. 왜냐하면 두 점 사이의 거리 벡터는 $\mathbf{a}_x$에 수직이기 때문이다. 그러므로

$$\rho = |(x, y, z) - (x, 1, 1)| = \sqrt{(y-1)^2 + (z-1)^2}$$

ρ에 대해 이 식을 적용하고, O와 A점에서 r에 대해 식 (2.31)을 적용하면

$$\begin{aligned} \rho_O &= |(0, 0, 0) - (0, 1, 1)| = \sqrt{2} \\ r_O &= |(0, 0, 0) - (-3, 4, 0)| = 5 \\ \rho_A &= |(5, 0, 1) - (5, 1, 1)| = 1 \\ r_A &= |(5, 0, 1) - (-3, 4, 0)| = 9 \end{aligned}$$

를 얻을 수 있다. 그러므로

$$V_O - V_A = -\frac{\rho_L}{2\pi\varepsilon_o}\ln\frac{\rho_O}{\rho_A} + \frac{Q}{4\pi\varepsilon_o}\left[\frac{1}{r_O} - \frac{1}{r_A}\right]$$
$$= \frac{-2\cdot 10^{-9}}{2\pi\cdot\frac{10^{-9}}{36\pi}}\ln\frac{\sqrt{2}}{1} + \frac{5\cdot 10^{-9}}{4\pi\cdot\frac{10^{-9}}{36\pi}}\left[\frac{1}{5} - \frac{1}{9}\right]$$

$$0 - V_A = -36 \ln \sqrt{2} + 45\left(\frac{1}{5} - \frac{1}{9}\right)$$

또는

$$V_A = 36 \ln \sqrt{2} - 4 = 8.477 \text{ V}$$

유의할 점은 한 전위에서 다른 전위를 빼줌으로써 상수 C를 계산하는 것을 피했다는 것이며, 어느 것에서 어느 것을 빼느냐 하는 것은 중요하지 않다.

(b) $B(1, 2, 1)$에서 $V = 100$일 때 $C(-2, 5, 3)$에서 V를 구하면

$$\rho_B = |(1, 2, 1) - (1, 1, 1)| = 1$$
$$r_B = |(1, 2, 1) - (-3, 4, 0)| = \sqrt{21}$$
$$\rho_C = |(-2, 5, 3) - (-2, 1, 1)| = \sqrt{20}$$
$$r_C = |(-2, 5, 3) - (-3, 4, 0)| = \sqrt{11}$$
$$V_C - V_B = -\frac{\rho_L}{2\pi\varepsilon_o} \ln \frac{\rho_C}{\rho_B} + \frac{Q}{4\pi\varepsilon_o}\left[\frac{1}{r_C} - \frac{1}{r_B}\right]$$
$$V_C - 100 = -36 \ln \frac{\sqrt{20}}{1} + 45 \cdot \left[\frac{1}{\sqrt{11}} - \frac{1}{\sqrt{21}}\right]$$
$$= -50.175 \text{ V}$$

또는

$$V_C = 49.825 \text{ V}$$

(c) 두 점 사이의 전위차를 구하기 위해 공통의 기준을 가정한다면 기준전위가 필요하지 않다.

$$V_{BC} = V_C - V_B = 49.825 - 100$$
$$= -50.175 \text{ V}$$

연습문제 4.11

5 nC의 점전하가 원점에 놓여 있다. $(0, 6, -8)$에서 $V = 2$ V일 때 다음을 구하라.

(a) $A(-3, 2, 6)$에서의 전위

(b) $B(1, 5, 7)$에서의 전위

(c) 전위차 V_{AB}

해답: (a) 3.929 V, (b) 2.696 V, (c) −1.233 V

4.8 E와 *V* 사이의 관계—Maxwell 방정식

앞 절에서 설명한 것처럼 *A*점과 *B*점 사이의 전위차는 경로와 무관하다. 그러므로

$$V_{BA} = -V_{AB}$$

즉, $V_{BA} + V_{AB} = \oint \mathbf{E} \cdot d\mathbf{l} = 0$

또는

$$\boxed{\oint_L \mathbf{E} \cdot d\mathbf{l} = 0} \tag{4.73}$$

그림 4.19에서 보이는 바와 같이 폐곡선을 따르는 **E**의 선적분은 0이 되어야 함을 보여주고 있다. 물리적으로 이것은 정전기장 내에서 폐곡선을 따라 전하를 움직일 때 순수하게 한 일은 없다는 것을 뜻한다. 식 (4.73)에 Stokes의 정리를 적용하면

$$\oint_L \mathbf{E} \cdot d\mathbf{l} = \int_S (\nabla \times \mathbf{E}) \cdot d\mathbf{S} = 0$$

또는

$$\boxed{\nabla \times \mathbf{E} = \mathbf{0}} \tag{4.74}$$

식 (4.73)이나 (4.74)를 만족시키는 벡터장을 **보존장** 또는 3.9절에서 논의된 바와 같이 **비회전장**이라고 한다. 그러므로 정전기장은 보존장이다. 식 (4.73)이나 (4.74)를 정전기장에 대한 **Maxwell 방정식**이라고 한다(Maxwell의 두 번째 법칙이 유도되었다). 식 (4.73)은 적분형이고, 식 (4.74)는 미분형이다. 두 식 모두 정전기장의 보존적 성질을 보여준다.

전위를 정의한 방법으로부터 $V = \int \mathbf{E} \cdot d\mathbf{l}$이다. 이로부터 다음과 같이 된다.

$$dV = -\mathbf{E} \cdot d\mathbf{l} = -E_x\,dx - E_y\,dy - E_z\,dz$$

그러나

$$dV = \frac{\partial V}{\partial x}dx + \frac{\partial V}{\partial y}dy + \frac{\partial V}{\partial z}dz$$

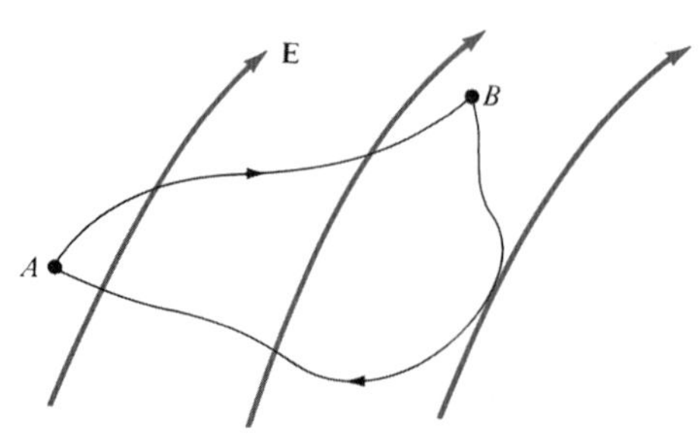

그림 4.19 전기장의 보존적 성질

dV에 대한 두 가지 표현식을 비교하면

$$E_x = -\frac{\partial V}{\partial x}, \quad E_y = -\frac{\partial V}{\partial y}, \quad E_z = -\frac{\partial V}{\partial z} \tag{4.75}$$

따라서

$$\boxed{\mathbf{E} = -\nabla V} \tag{4.76}$$

즉, 전기장의 세기는 V의 기울기이다. 음의 부호는 **E**의 방향이 V가 증가하는 방향과 반대임을 나타낸다. **E**는 V가 높은 쪽에서 낮은 쪽으로 방향을 취한다. 스칼라함수에 기울기를 취하고 그 다음에 회전을 취하면 항상 0이기 때문에($\nabla \times \nabla V = 0$) 식 (4.74)는 **E**가 어떤 스칼라함수의 기울기이어야 함을 분명히 보여준다. 따라서 식 (4.76)은 식 (4.74)로부터 얻을 수 있다.

식 (4.76)은 Coulomb의 법칙이나 Gauss의 법칙을 사용하지 않고 **E**를 구할 수 있는 또 하나의 방법을 보여준다. 즉, 전위를 알게 되면 식 (4.76)을 사용하여 **E**를 구할 수 있다. 어떻게 하나의 함수 **E**가 세 방향 성분에 대한 정보를 모두 포함할 수 있는가를 궁금해 할 수 있다. 세 방향에 대한 **E**의 성분들은 서로 독립이 아니다. 이들은 $\nabla \times \mathbf{E} = 0$이라는 조건에 의하여 명백히 연관되어 있다. 전위를 사용하는 방법의 가장 큰 장점은 벡터 문제를 스칼라 문제로 간단하게 한다는 것이다.

예제 4.12

전위가 $V = \dfrac{10}{r^2} \sin\theta \cos\phi$일 때

(a) $(2, \pi/2, 0)$에서 전속밀도 **D**를 구하라.

(b) 점 $A(1, 30°, 120°)$에서 점 $B(4, 90°, 60°)$까지 $10\ \mu$C의 전하를 움직일 때 한 일을 계산하라.

풀이

(a) $\mathbf{D} = \varepsilon_0 \mathbf{E}$

그러나

$$\mathbf{E} = -\nabla V = -\left[\frac{\partial V}{\partial r}\mathbf{a}_r + \frac{1}{r}\frac{\partial V}{\partial \theta}\mathbf{a}_\theta + \frac{1}{r\sin\theta}\frac{\partial V}{\partial \phi}\mathbf{a}_\phi\right]$$
$$= \frac{20}{r^3}\sin\theta\cos\phi\,\mathbf{a}_r - \frac{10}{r^3}\cos\theta\cos\phi\,\mathbf{a}_\theta + \frac{10}{r^3}\sin\phi\,\mathbf{a}_\phi$$

$(2, \pi/2, 0)$에서

$$\mathbf{D} = \varepsilon_o \mathbf{E}\,(r = 2, \theta = \pi/2, \phi = 0) = \varepsilon_o\left(\frac{20}{8}\mathbf{a}_r - 0\mathbf{a}_\theta + 0\mathbf{a}_\phi\right)$$
$$= 2.5\varepsilon_o \mathbf{a}_r\ \text{C/m}^2 = 22.1\ \mathbf{a}_r\ \text{pC/m}^2$$

(b) 전하를 움직일 때 한 일은 두 가지 방법, 즉 **E**나 V를 사용하여 구할 수 있다.

방법 1:

$$W = -Q\int_L \mathbf{E}\cdot d\mathbf{l} \quad \text{또는} \quad -\frac{W}{Q} = \int_L \mathbf{E}\cdot d\mathbf{l}$$

그리고 정전기장은 보존장이기 때문에 적분경로는 중요하지 않다. 그러므로 Q를 점 $A(1, 30°, 120°)$에서 점 $B(4, 90°, 60°)$까지 움직이는 데 한 일은 Q를 A에서 A'으로, A'에서 B'으로, B'에서 B로 움직이는 데 한 일과 같다. 여기서 $A'B'$은

$$\begin{array}{ccc} A(1, 30°, 120°) & & B(4, 90°, 60°) \\ \downarrow d\mathbf{l} = dr\,\mathbf{a}_r & d\mathbf{l} = r\,d\theta\,\mathbf{a}_\theta & \uparrow d\mathbf{l} = r\sin\theta \\ A'(4, 30°, 120°) & \rightarrow & B'(4, 90°, 120°) \end{array}$$

즉, 직접 A에서 B로 옮기는 대신 $A\to A'$, $A'\to B'$, $B'\to B$로 옮겨서 한 번에 한 개의 변수만 변화시키도록 한다. 이렇게 하면 선적분 계산이 쉬워진다. 그러므로

$$\begin{aligned}
\frac{-W}{Q} &= -\frac{1}{Q}(W_{AA'} + W_{A'B'} + W_{B'B}) \\
&= \left(\int_{AA'} + \int_{A'B'} + \int_{B'B}\right)\mathbf{E}\cdot d\mathbf{l} \\
&= \int_{r=1}^{4} \frac{20\sin\theta\cos\phi}{r^3}\,dr\,\Big|_{\theta=30°,\,\phi=120°} \\
&\quad + \int_{\theta=30°}^{90°} \frac{-10\cos\theta\cos\phi}{r^3}\,r\,d\theta\,\Big|_{r=4,\,\phi=120°} \\
&\quad + \int_{\phi=120°}^{60°} \frac{10\sin\phi}{r^3}\,r\sin\theta\,d\phi\,\Big|_{r=4,\,\theta=90°} \\
&= 20\left(\frac{1}{2}\right)\left(\frac{-1}{2}\right)\left[-\frac{1}{2r^2}\Big|_{r=1}^{4}\right] \\
&\quad - \frac{10}{16}\frac{(-1)}{2}\sin\theta\Big|_{30°}^{90°} + \frac{10}{16}(1)\left[-\cos\phi\Big|_{120°}^{60°}\right] \\
-\frac{W}{Q} &= \frac{-75}{32} + \frac{5}{32} - \frac{10}{16}
\end{aligned}$$

즉,

$$W = \frac{45}{16}Q = 28.125\ \mu\text{J}$$

방법 2: V를 알고 있기 때문에 이 방법이 더 쉽다.

$$\begin{aligned} W &= -Q\int_A^B \mathbf{E}\cdot d\mathbf{l} = QV_{AB} \\ &= Q(V_B - V_A) \\ &= 10\left(\frac{10}{16}\sin 90^\circ \cos 60^\circ - \frac{10}{1}\sin 30^\circ \cos 120^\circ\right)\cdot 10^{-6} \\ &= 10\left(\frac{10}{32} - \frac{-5}{2}\right)\cdot 10^{-6} \\ &= 28.125\ \mu\text{J} \end{aligned}$$

연습문제 4.12

$\mathbf{E} = (3x_2 + y)\mathbf{a}_x + x\mathbf{a}_y$ kV/m로 주어졌을 때 $-2\ \mu$C의 전하를 (0, 5, 0)에서 (2, −1, 0)으로 다음과 같은 직선 경로를 따라 옮긴다면, 이 때 한 일은 얼마인가?

(a) (0, 5, 0) → (2, 5, 0) → (2, −1, 0)

(b) $y = 5 - 3x$

해답: (a) 12 mJ, (b) 12 mJ

4.9 정전기장에서의 에너지밀도

전하가 모여 있는 곳에서의 에너지를 구하기 위해서는 먼저 그 전하들을 모으는 데 필요한 일의 양을 구해야 한다. 그림 4.20에서 어둡게 보이는 부분이 처음에는 빈 공간이었는데 이 공간에 3개의 점전하 Q_1, Q_2, Q_3를 옮겨 놓는다고 하자. Q_1을 무한원점에서 점 P_1까지 옮기는 데는 아무 일도 필요하지 않다. 왜냐하면 그 공간은 원래 전하가 없었고, 따라서 전기장도 없기 때문이다[식 (4.59)로부터 $W = 0$이다]. Q_2를 무한원점에서 점 P_2까지 옮기는 데 필요한 일은 Q_1에 의해 점 P_2에 생기는 전위 V_{21}과 Q_2의 곱과 같다. 마찬가지로 Q_2와 Q_1에 의해 생기는 P_3에서의 전위 V_{32}와 V_{31}의 합과 Q_3의 곱, 즉 $Q_3(V_{32} + V_{31})$이 Q_3를 P_3로 가져

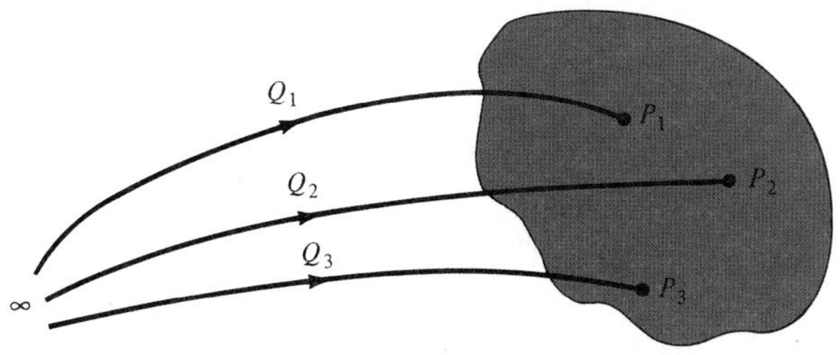

그림 4.20 전하의 집합

다 놓기 위한 일이 된다. 그러므로 세 개의 전하를 옮기는 데 필요한 총 일의 합은

$$\begin{aligned} W_E &= W_1 + W_2 + W_3 \\ &= 0 + Q_2 V_{21} + Q_3(V_{31} + V_{32}) \end{aligned} \tag{4.77}$$

이 세 전하를 순서를 바꾸어 옮기면,

$$\begin{aligned} W_E &= W_3 + W_2 + W_1 \\ &= 0 + Q_2 V_{23} + Q_1(V_{12} + V_{13}) \end{aligned} \tag{4.78}$$

여기서 V_{23}는 Q_3에 의한 P_2에서의 전위이고, V_{12}, V_{13}는 각각 Q_2와 Q_3에 의한 P_1에서의 전위이다. 식 (4.77)과 (4.78)을 합하면

$$\begin{aligned} 2W_E &= Q_1(V_{12} + V_{13}) + Q_2(V_{21} + V_{23}) + Q_3(V_{31} + V_{32}) \\ &= Q_1 V_1 + Q_2 V_2 + Q_3 V_3 \end{aligned}$$

즉,

$$W_E = \frac{1}{2}(Q_1 V_1 + Q_2 V_2 + Q_3 V_3) \tag{4.79}$$

여기서 V_1, V_2, V_3는 각각 P_1, P_2, P_3에서의 총 전위이다. 일반적으로 n개의 점전하가 있다면 식 (4.79)는

$$\boxed{W_E = \frac{1}{2}\sum_{k=1}^{n} Q_k V_k} \quad (\text{단위는 joules}) \tag{4.80}$$

만약 점전하 대신 연속적인 전하분포가 존재한다면 식 (4.80)에서의 합산은 적분으로 바뀐다. 즉

$$W_E = \frac{1}{2}\int_L \rho_L V\, dl \quad (\text{선전하}) \tag{4.81}$$

$$W_E = \frac{1}{2}\int_S \rho_S V\, dS \quad (\text{면전하}) \tag{4.82}$$

$$W_E = \frac{1}{2}\int_v \rho_v V\, dv \quad (\text{체적전하}) \tag{4.83}$$

$\rho_v = \nabla \cdot \mathbf{D}$이므로 식 (4.83)은

$$W_E = \frac{1}{2}\int_v (\nabla \cdot \mathbf{D})\, V\, dv \tag{4.84}$$

가 된다. 임의의 벡터 $\mathbf{A}$와 스칼라 V에 대하여 항등식

$$\nabla \cdot V\mathbf{A} = \mathbf{A} \cdot \nabla V + V(\nabla \cdot \mathbf{A})$$

또는

$$(\nabla \cdot \mathbf{A})V = \nabla \cdot V\mathbf{A} - \mathbf{A} \cdot \nabla V \tag{4.85}$$

가 성립한다. 따라서 식 (4.85)의 항등식을 식 (4.84)에 적용하면

$$W_E = \frac{1}{2}\int_v (\nabla \cdot V\mathbf{D})\, dv - \frac{1}{2}\int_v (\mathbf{D} \cdot \nabla V)\, dv \tag{4.86}$$

를 얻는다. 이 식의 우변의 첫 번째 항에 발산정리를 적용하면

$$W_E = \frac{1}{2}\oint_S (V\mathbf{D}) \cdot d\mathbf{S} - \frac{1}{2}\int_v (\mathbf{D} \cdot \nabla V)\, dv \tag{4.87}$$

가 된다. 점전하에 대해 V는 $1/r$에 비례하고 $\mathbf{D}$는 $1/r^2$에 비례하며, 쌍극자에 대해 V는 $1/r^2$에 비례하고 $\mathbf{D}$는 $1/r^3$에 비례한다고 하였다. 따라서 식 (4.87)의 우변의 첫 번째 항에 있는 $\nabla \cdot \mathbf{D}$는 적어도 $1/r^3$에 비례하게 된다. 반면에 dS는 r^2에 비례한다. 결과적으로 식 (4.87)에서 첫 번째 적분항은 면적 S가 커질수록 0에 수렴하게 된다. 그러므로 식 (4.87)은 $\mathbf{E} = -\nabla V$이므로

$$W_E = -\frac{1}{2}\int_v (\mathbf{D} \cdot \nabla V)\, dv = \frac{1}{2}\int_v (\mathbf{D} \cdot \mathbf{E})\, dv \tag{4.88}$$

로 간단히 되고, $\mathbf{D} = \varepsilon_o \mathbf{E}$이므로

$$\boxed{W_E = \frac{1}{2}\int_v \mathbf{D} \cdot \mathbf{E}\, dv = \frac{1}{2}\int_v \varepsilon_o E^2\, dv} \tag{4.89}$$

가 된다. 이로부터 정전에너지밀도 w_E(단위는 J/m^3)를

$$w_E = \frac{dW_E}{dv} = \frac{1}{2}\mathbf{D} \cdot \mathbf{E} = \frac{1}{2}\varepsilon_o E^2 = \frac{D^2}{2\varepsilon_o} \tag{4.90}$$

로 정의할 수 있다. 그러므로 식 (4.88)은

$$W_E = \int_v w_E\, dv \tag{4.91}$$

로 쓸 수 있다.

예제 4.13

전하량이 -1 nC, 4 nC, 3 nC인 세 개의 점전하가 각각 (0, 0, 0), (0, 0, 1), (1, 0, 0)에 놓여 있다. 이 전하계에서의 에너지를 구하라.

풀이

방법 1:

$$
\begin{aligned}
W &= W_1 + W_2 + W_3 \\
&= 0 + Q_2V_{21} + Q_3(V_{31} + V_{32}) \\
&= Q_2 \cdot \frac{Q_1}{4\pi\varepsilon_o\,|(0,0,1) - (0,0,0)|} \\
&\quad + \frac{Q_3}{4\pi\varepsilon_o}\left[\frac{Q_1}{|(1,0,0) - (0,0,0)|} + \frac{Q_2}{|(1,0,0) - (0,0,1)|}\right] \\
&= \frac{1}{4\pi\varepsilon_o}\left(Q_1Q_2 + Q_1Q_3 + \frac{Q_2Q_3}{\sqrt{2}}\right) \\
&= \frac{1}{4\pi \cdot \dfrac{10^{-9}}{36\pi}}\left(-4 - 3 + \frac{12}{\sqrt{2}}\right) \cdot 10^{-18} \\
&= 9\left(\frac{12}{\sqrt{2}} - 7\right)\text{nJ} = 13.37\text{ nJ}
\end{aligned}
$$

방법 2:

$$
\begin{aligned}
W &= \frac{1}{2}\sum_{k=1}^{3} Q_kV_k = \frac{1}{2}(Q_1V_1 + Q_2V_2 + Q_3V_3) \\
&= \frac{Q_1}{2}\left[\frac{Q_2}{4\pi\varepsilon_o(1)} + \frac{Q_3}{4\pi\varepsilon_o(1)}\right] + \frac{Q_2}{2}\left[\frac{Q_1}{4\pi\varepsilon_o(1)} + \frac{Q_3}{4\pi\varepsilon_o(\sqrt{2})}\right] \\
&\quad + \frac{Q_3}{2}\left[\frac{Q_1}{4\pi\varepsilon_o(1)} + \frac{Q_2}{4\pi\varepsilon_o(\sqrt{2})}\right] \\
&= \frac{1}{4\pi\varepsilon_o}\left(Q_1Q_2 + Q_1Q_3 + \frac{Q_2Q_3}{\sqrt{2}}\right) \\
&= 9\left(\frac{12}{\sqrt{2}} - 7\right)\text{nJ} = 13.37\text{ nJ}
\end{aligned}
$$

연습문제 4.13

$Q_1 = 1$ nC, $Q_2 = -2$ nC, $Q_3 = 3$ nC, $Q_4 = -4$ nC의 점전하가 (0, 0, 0), (1, 0, 0), (0, 0, −1), (0, 0, 1)의 순서로 한번에 하나씩 놓인다. 각 전하들이 놓인 후에 형성된 전하계의 에너지를 계산하라.

해답: 0, 218 nJ, 229.18 nJ, 268.27 nJ

예제 4.14

구대칭성을 갖는 전하분포가 다음과 같은 밀도를 가진다.

$$\rho_v = \begin{cases} \rho_o, & 0 \leq r \leq R \\ 0, & r > R \end{cases}$$

모든 점에서 V를 결정하고, $r < R$인 영역에 저장된 에너지를 구하라.

풀이

앞의 4.6절에서 Gauss의 법칙을 이용하여 **D**를 구한 바 있다.

(a) $r \geq R$, $\mathbf{E} = \dfrac{\rho_o R^3}{3\varepsilon_o r^2}\mathbf{a}_r$의 경우

일단 **E**를 알면 V는 다음과 같이 결정된다.

$$V = -\int \mathbf{E} \cdot d\mathbf{l} = -\frac{\rho_o R^3}{3\varepsilon_o}\int \frac{1}{r^2}\,dr$$

$$= \frac{\rho_o R^3}{3\varepsilon_o r} + C_1, \quad r \geq R$$

$V(r = \infty) = 0$이므로 $C_1 = 0$이다.

(b) $r \leq R$, $\mathbf{E} = \dfrac{\rho_o r}{3\varepsilon_o}\mathbf{a}_r$의 경우

그러므로

$$V = -\int \mathbf{E} \cdot d\mathbf{l} = -\frac{\rho_o}{3\varepsilon_o}\int r\,dr$$

$$= -\frac{\rho_o r^2}{6\varepsilon_o} + C_2$$

(a)로부터 $V(r = R) = \dfrac{\rho_o R^2}{3\varepsilon_o}$이다. 그러므로

$$\frac{R^2\rho_o}{3\varepsilon_o} = -\frac{R^2\rho_o}{6\varepsilon_o} + C_2 \;\rightarrow\; C_2 = \frac{R^2\rho_o}{2\varepsilon_o}$$

이고

$$V = \frac{\rho_o}{6\varepsilon_o}(3R^2 - r^2)$$

(a)와 (b)에서

$$V = \begin{cases} \dfrac{\rho_o R^3}{3\varepsilon_o r}, & r \geq R \\[2ex] \dfrac{\rho_o}{6\varepsilon_o}(3R^2 - r^2), & r \leq R \end{cases}$$

(c) 저장된 에너지는

$$W = \frac{1}{2}\int_v \mathbf{D}\cdot\mathbf{E}\, dv = \frac{1}{2}\varepsilon_o \int_v E^2\, dv$$

로 주어진다. $r \le R$의 경우

$$\mathbf{E} = \frac{\rho_o r}{3\varepsilon_o}\mathbf{a}_r$$

그러므로

$$W = \frac{1}{2}\varepsilon_o \frac{\rho_o^2}{9\varepsilon_o^2}\int_{r=0}^{R}\int_{\theta=0}^{\pi}\int_{\phi=0}^{2\pi} r^2 \cdot r^2 \sin\theta\, d\phi\, d\theta\, dr$$

$$= \frac{\rho_o^2}{18\varepsilon_o} 4\pi \cdot \frac{r^5}{5}\bigg|_0^R = \frac{2\pi\rho_o^2 R^5}{45\varepsilon_o}\ \text{J}$$

연습문제 4.14

$V = x - y + xy + 2z$ V일 때 (1, 2, 3)에서의 전기장 **E**를 구하고, 중심이 원점에 있고, 한 변의 길이가 2 m인 정육면체 내에 저장된 정전에너지를 구하라.

해답: $-3\mathbf{a}_x - 2\mathbf{a}_z$ V/m, 0.2358 nJ

MATLAB 4.1

```
% This script allows the user to input a number of charges
% and compute the electric field at a particular coordinate
% observation point due to these charges
clear

n = input('Enter number of charges in the system... \n >  ');
if isempty(n); n = 1; end
Q=zeros(n,4);       % create a matrix of zeros, with n rows
                                   % and 4 columns

r=input('Enter observation location [x y z]... \n >  ');
if isempty(r); r = [0 0 0]; end

% loop through all the charges that the user input
% and collect the observation points for each charge
for index=1:n,
     disp(sprintf('Enter position of charge number '));
     disp(sprintf('%d in the format [x y z]...',index));
     Q(index,1:3) = input('>  ');
```

```
    disp(sprintf('Enter the charge value of charge '));
    disp(sprintf('number %d...',index));
    Q(index,4) = input('>  ');
end

% add the E-field at the observation point due to all charges
Etotal=0;   % set the initial total field sum to zero
for index=1:n,
  rtemp=r-Q(index,1:3);
  rtemp_unitvector = rtemp/norm(rtemp);
  % electric field due to a charge
  Etemp=Q(index,4)/(4*pi*8.86e-12*(norm(rtemp))^2)*rtemp_unit-
vector;
  Etotal=Etemp+Etotal; % add the partial sums to the total
end
% Display output
disp(sprintf('The total electric field at point [x y z] '))
disp(sprintf(' = [%d %d %d] is ', r(1), r(2), r(3)))
Etotal
```

MATLAB 4.2

```
% This script computes the results of example 4.5 by
% numerical integration
clear
format short   % prints only 6 decimal places

% Part (a) Computation of total charge
% prompt user for the integration increment used by the
% summation loop
dx = input('Enter the integration increment dx... \n > ');
dy = input('Enter the integration increment dy... \n > ');

% perform the double integral
total_charge=0;
for x=0:dx:1,  % loop through 0 <= x <= 1
    for y=0:dy:1,   % loop through 0 <= x <= 1
        total_charge=rho_s_fun(x,y)*dx*dy+total_charge;
    end
end
% Display results
disp(sprintf('The total charge computed by manual double'));
disp(sprintf(' integration is %d nC',total_charge))
% Double integral evaluation using the built-in
% function dblquad
% The user must write the integrand function as a
% separate file, in this case rho_s_fun
total_charge=dblquad(@rho_s_fun, 0, 1, 0, 1);
disp(sprintf('The total charge computed by the functional'))
disp(sprintf(' double integration is %d nC',total_charge))
% Part (b) Evaluation of electric field
% perform the double integral
```

```
Etotal=0;    % initial sum
for x=0:dx:1,
    for y=0:dy:1,
        rminusrprime=[-x -y 5];    % | r - rprime |
        numerator=rho_s_fun(x,y)*1e-9*dx*dy*rminusrprime;
             % the 1e-9 is because the charge is in nC
        denominator=4*pi*1e-9/(36*pi)*norm(rminusrprime)^3;
             % | r - rprime | ^ 3
        Etotal=Etotal+numerator/denominator;
             % add partial sum to initial sum
    end
end
% Display results
disp(sprintf('The electric field computed by manual double'));
disp(sprintf(' integration is (%d, %d, %d) V/m',...
    Etotal(1), Etotal(2), Etotal(3)))
```

요약

1. 이 장에서는 정전기장에 대한 2개의 기본법칙(Coulomb의 법칙, Gauss의 법칙)을 제시하였다. 힘에 대한 Coulomb의 법칙은 다음과 같다.

$$\mathbf{F} = \frac{Q_1 Q_2}{4\pi\varepsilon_o R^2}\mathbf{a}_R$$

2. Coulomb의 법칙을 기초로 하여 단위전하당 힘으로 전계의 세기 $\mathbf{E}$를 정의한다.

$$\mathbf{E} = \frac{Q}{4\pi\varepsilon_o R^2}\mathbf{a}_R = \frac{Q\,\mathbf{R}}{4\pi\varepsilon_o R^3} \quad \text{(점전하)}$$

3. 연속적인 전하분포에 대해 총 전하는 다음에서 주어진다.

$$Q = \int_L \rho_L \, dl \qquad \text{(선전하)}$$

$$Q = \int_S \rho_S \, dS \qquad \text{(면전하)}$$

$$Q = \int_v \rho_v \, dv \qquad \text{(체적전하)}$$

연속적인 전하분포에 의한 전기장의 세기 $\mathbf{E}$는 점전하에 대한 공식으로 Q를 $dQ = \rho_L\, dl$, $dQ = \rho_S\, dS$ 또는 $dQ = \rho_v\, dv$로 바꾸고 선, 면, 체적에 대해 적분하면 된다.

4. 무한길이의 선전하에 대해서는

$$\mathbf{E} = \frac{\rho_L}{2\pi\varepsilon_o \rho}\mathbf{a}_\rho$$

무한넓이의 면전하에 대해서는

$$\mathbf{E} = \frac{\rho_S}{2\varepsilon_o}\mathbf{a}_n$$

5. 전속밀도 **D**는 전계의 세기(자유공간에서)와 다음과 같은 관계가 있다.

$$\mathbf{D} = \varepsilon_o\mathbf{E}$$

표면 S를 통과하는 전속은

$$\Psi = \int_S \mathbf{D} \cdot d\mathbf{S}$$

6. Gauss의 법칙은 폐곡면을 통과하는 순 전속은 폐곡면에 둘러싸인 총 전하와 같다는 것을 말한다. 즉 $\Psi = Q_{\text{enc}}$이다. 따라서

$$\Psi = \oint_S \mathbf{D} \cdot d\mathbf{S} = Q_{\text{enc}} = \int_v \rho_v \, dv$$

또는

$$\rho_v = \nabla \cdot \mathbf{D} \qquad \text{(Maxwell의 제1방정식)}$$

전하분포가 대칭적이어서 Gauss면(여기서 $\mathbf{D} = D_n\mathbf{a}_n$은 일정)을 찾을 수 있으면 Gauss의 법칙은 **D**를 결정하는 데 유용하다. 즉

$$D_n \oint_S dS = Q_{\text{enc}} \quad \text{또는} \quad D_n = \frac{Q_{\text{enc}}}{S}$$

7. 전기장 **E** 내에서 점 A에서 B까지 점전하 Q를 옮기는 데 필요한 일, 또는 위치에너지는

$$W = -Q\int_A^B \mathbf{E} \cdot d\mathbf{l}$$

8. $\mathbf{r}'$에서의 점전하 Q에 의한 $\mathbf{r}$에서의 전위는

$$V(\mathbf{r}) = \frac{Q}{4\pi\varepsilon_o|\mathbf{r} - \mathbf{r}'|} + C$$

여기서 C는 주어진 기준전위점에서 계산된다. 예를 들어 $V(\mathbf{r} \to \infty) = 0$일 때, $C = 0$이다. 연속적인 전하분포에 의한 전위를 결정하기 위해 점전하의 공식에서 Q를 $dQ = \rho_L \, dl$, $dQ = \rho_S \, dS$ 또는 $dQ = \rho_v \, dv$로 바꾸고 각각 선, 면, 체적에 대해 적분하면 된다.

9. 전하분포를 모르더라도 전기장의 세기 **E**가 주어지면, 다음의 식을 사용하여 전위를 구할 수 있다.

$$V = -\int_L \mathbf{E} \cdot d\mathbf{l} + C$$

10. 전위차 V_{AB}, 즉 A점을 기준으로 한 B점의 전위는 다음과 같다.

$$V_{AB} = -\int_A^B \mathbf{E} \cdot d\mathbf{l} = \frac{W}{Q} = V_B - V_A$$

11. 정전기장은 보존장이므로(정전기장 내에서 폐경로를 따라 행한 실제 일은 0이다).

$$\oint_L \mathbf{E} \cdot d\mathbf{l} = 0$$

또는

$$\nabla \times \mathbf{E} = \mathbf{0} \qquad \text{(Maxwell의 제2방정식)}$$

12. 주어진 전위에 대한 전기장의 세기는 다음의 식을 사용하여 구할 수 있다.

$$\mathbf{E} = -\nabla V$$

13. 쌍극자 모멘트가 $\mathbf{p}$인 쌍극자의 중심이 $\mathbf{r}'$에 있을 때, $\mathbf{r}$에서의 전위는 다음 식으로 주어진다.

$$V(\mathbf{r}) = \frac{\mathbf{p} \cdot (\mathbf{r} - \mathbf{r}')}{4\pi\varepsilon_o|\mathbf{r} - \mathbf{r}'|^3}$$

14. 전속밀도 $\mathbf{D}$는 모든 점에서 전속선에 접선방향이다. 등전위면(또는 선)은 V가 일정한 면(선)이다. 모든 점에서 등전위선은 전속선에 수직이다.

15. n개의 점전하에 의한 정전에너지는 다음과 같다.

$$W_E = \frac{1}{2}\sum_{k=1}^{n} Q_k V_k$$

연속적인 체적전하분포에 대해서는 다음 식으로 주어진다.

$$W_E = \frac{1}{2}\int_v \mathbf{D} \cdot \mathbf{E}\, dv = \frac{1}{2}\int_v \varepsilon_o|\mathbf{E}|^2\, dv$$

16. 정전기방전(ESD)은 전위가 다른 두 물체 사이에서 정전하의 갑작스러운 이동에 기인한다. 모든 반도체 소자들은 ESD에 민감하므로 산업분야에서 ESD를 잘 이해하는 것이 요구된다.

복습 문제

4.1 $Q_1 = 1$ nC, $Q_2 = 2$ nC인 점전하 서로 떨어져 있다. 다음 중 잘못된 것은?

(a) Q_1에 미는 힘이 작용한다.

(b) Q_2에 작용하는 힘은 Q_1에 작용하는 힘과 같다.

(c) 두 전하 사이의 거리가 감소하면 Q_1에 작용하는 힘은 선형적으로 증가한다.

(d) Q_2에 작용하는 힘은 두 전하를 연결하는 직선을 따라 작용한다.

(e) Q_1과 Q_2 사이의 중간지점에 위치한 $Q_3 = -3$ nC의 점전하는 실제로 힘을 받지 않는다.

4.2 $z = 10$ m인 평면에 20 nC/m^{2}의 전하가 있다. 원점에서 전기장의 세기는?

(a) $-10\mathbf{a}_z$ V/m (b) $-18\pi\mathbf{a}_z$ V/m

(c) $-72\pi\mathbf{a}_z$ V/m (d) $-360\pi\mathbf{a}_z$ V/m

4.3 30 nC, −20 nC, 10 nC의 점전하가 각각 (−1, 0, 2), (0, 0, 0), (1, 5, −1)에 놓여있다. 원점에 중심이 있고, 한 변의 길이가 6 m인 정육면체로부터 나오는 총 선속을 구하라.

(a) −20 nC (b) 10 nC

(c) 20 nC (d) 30 nC

(e) 60 nC

4.4 $r = b$인 구의 표면에서 전속밀도는 원점에 위치한 점전하 Q와 같고, $r = a(a<b)$인 면위에 균일하게 분포된 전하 Q와 같다.

(a) 그렇다. (b) 아니다.

(c) 반드시 그런 것은 아니다.

4.5 1 nC의 전하를 $10\mathbf{a}_x + 2\mathbf{a}_y + 7\mathbf{a}_z$ m만큼 이동시킬 때 가해진 $\mathbf{F} = 4\mathbf{a}_x - 3\mathbf{a}_y + 2\mathbf{a}_z$ N의 힘이 한 일은 얼마인가?

(a) 103 nJ (b) 60 nJ

(c) 64 nJ (d) 20 nJ

4.6 정전기장이 보존적이라고 할 때 다음 중 틀린 것은?

(a) 스칼라전위의 기울기다.

(b) 정전기장의 순환은 0이다.

(c) 정전기장의 회전은 0이다.

(d) 정전기장 내에서 폐경로를 따라 행한 일은 0이다.

(e) 임의의 두 점 사이의 전위차는 0이다.

4.7 사무실 내에서 전기장이 균일하고, 전기력선은 수평이고 한쪽 벽에 수직이라고 가정한다. 방안으로 전기력선을 내고 있는 벽을 향하여 걸을 때, 당신은 어딜 향하여 걷고 있는가?

(a) 전위가 더 높은 지점으로?

(b) 전위가 더 낮은 지점으로?

(c) 전위가 같은 지점으로(등전위선)?

4.8 반지름 a인 구 내부에 전하 Q가 균일하게 분포되어 있다. 무한원점의 전위를 0이라 할 때 $r=b<a$의 전위는?

(a) $-\int_{\infty}^{b} \frac{Qr}{4\pi\varepsilon_o a^3} dr$

(b) $-\int_{\infty}^{b} \frac{Q}{4\pi\varepsilon_o r^2} dr$

(c) $-\int_{\infty}^{a} \frac{Q}{4\pi\varepsilon_o r^2} dr - \int_{a}^{b} \frac{Qr}{4\pi\varepsilon_o a^3} dr$

(d) $-\int_{\infty}^{a} \frac{Q}{4\pi\varepsilon_o r^3} dr$

4.9 포텐셜장이 $V=3x^2y-yz$로 주어졌다. 사실이 아닌 것은?

(a) 점 $(1, 0, -1)$에서 V와 $\mathbf{E}$는 소멸한다.

(b) xy-평면상에서 $x^2y=1$은 등전위선이다.

(c) $V=-8$인 등전위면은 점 $P(2, -1, 4)$를 통과한다.

(d) P에서의 전기장은 $12\mathbf{a}_x - 8\mathbf{a}_y - \mathbf{a}_z$ V/m이다.

(e) P에서 $V=-8$인 등전위면에 수직인 단위법선벡터는 $-0.83\mathbf{a}_x + 0.55\mathbf{a}_y + 0.07\mathbf{a}_z$이다.

4.10 전위장이 $(-2, 1, 5)$와 $(1, 3, -1)$에 각각 위치한 1 μC과 4 μC의 점전하에 의해서 형성되었다. 이 장에 저장된 에너지는?

(a) 2.57 mJ (b) 5.14 mJ

(c) 10.28 mJ (d) 해답이 없음

해답: 4.1c,e, 4.2d, 4.3b, 4.4a, 4.5d, 4.6e, 4.7a, 4.8c, 4.9a, 4.10b

문제

4.2 Coulomb의 법칙과 전기장의 세기

4.1 점전하 $Q_1 = 5\ \mu$C과 $Q_2 = -4\ \mu$C이 각각 $(3, 2, 1)$과 $(-4, 0, 6)$에 놓여 있다. 이 때 Q_1에 작용하는 힘을 구하라.

4.2 점전하 Q_1과 Q_2가 각각 $(4, 0, -3)$ 그리고 $(2, 0, 1)$에 놓여 있다. 만약 $Q_2 = 4$ nC일 때, 다음의 경우에 Q_1을 구하라.

(a) (5, 0, 6)에서 z-성분이 없는 **E**

(b) (5, 0, 6)에 있는 x-성분이 없는 시험 전하가 받는 힘

4.3 자유공간에서 54C의 양의 점전하가 (−10, 0)에 놓여 있고, −2C의 음의 전하가 원점에 놓여 있다. 전기장의 세기가 (i) 0, 그리고 (ii) 절대값이 최대가 되는 지점의 좌표를 양의 x축에서 찾아라.

4.4 −4 mC으로 대전된 2 kg의 물체를 들어올리기 위한 전기장의 세기를 구하라.

4.3 연속적인 전하분포에 의한 전기장

4.5 다음의 경우에 총 전하를 구하라.

(a) $\rho_L = 12x^2$ mC/m일 때 $0 < x < 5$ m의 선

(b) $\rho_s = \rho z^2$ nC/m^{2}일 때 $\rho = 3$, $0 < z < 4$ m의 원통

(c) $\rho_v = \dfrac{10}{r \sin\theta}$ C/m^{3}일 때 $r = 4$ m인 구 내부

4.6 $0 < x < a$, $0 < y < a$ 그리고 $0 < z < a$인 직육면체에서 $\rho_v = \dfrac{\rho_o x}{a}$이다. 이 때 정육면체 내의 총 전하량을 구하라(단 ρ_o는 상수).

4.7 xy평면에서 $y = x$와 $y = x^2$으로 둘러싸인 영역에 $\rho_s = 2x - y + 3$의 전하밀도가 분포되어 있다. 총 전하량을 구하라.

4.8 $\rho_s = 6xy$ C/m^{2}로 주어졌을 때, 그림 4.21과 같은 삼각형의 영역에서 총 전하량을 구하라.

4.9 자유공간에서 y축에 2 μC/m의 균일한 밀도를 가진 선전하가 있고, x축에는 6 μC/m의 균일한 밀도를 가진 선전하가 있다. 제1사분면에 있는 총 전기장 벡터가 원점을 지나는 직선과 일치할 때, 그 때 x축과 이루는 각도를 구하라.

4.10 84 cm 길이의 얇은 선이 2.3 μC/m의 균일한 선전하밀도로 대전되어 있다. 만약 이것이 변 a, b, c(cm)로 이루어진 직각삼각형 모양으로 구부려진다면, $a^2 + b^2$

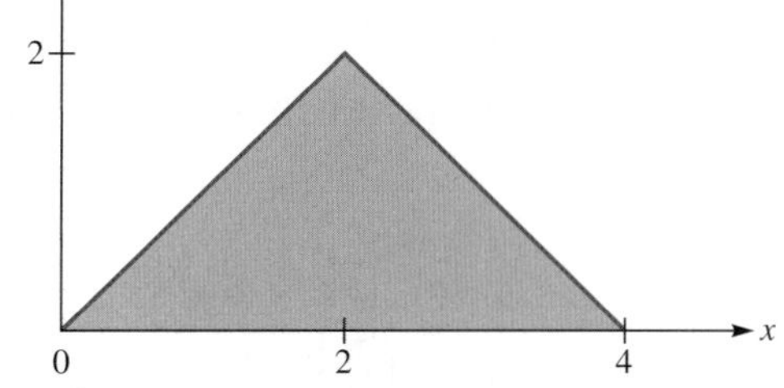

그림 4.21 문제 4.8의 그림

$+ c^2 = 2450$일 때 각 변의 총 전하량을 각각 구하라.

4.11 xy평면에서 $R: \rho \le 1; z = 0$인 원형 영역은 $\rho s = \frac{1}{\sqrt{1+\rho^2}}$로 전하가 분포되어 있다. 이 원의 사분원에서의 총 전하량을 구하라.

4.12 $\rho_1 = 4\ \mu\text{C/m}$의 균일한 밀도를 가진 무한한 선전하가 z축에 놓여 있다. $\rho_2 = 5\ \mu\text{C/m}$의 균일한 밀도를 가진 또 다른 유한한 선전하는 $y = 3$부터 $y = 15$까지 y축을 따라 분포되어 있다. 이 유한한 선전하에 의해 받는 총 힘을 구하라.

4.13 $\rho_1 = 4\ \mu\text{C/m}$의 균일한 밀도를 가진 무한한 선전하가 z축에 놓여 있다. $\rho_2 = 5\ \mu\text{C/m}$의 균일한 밀도를 가진 또 다른 무한한 선전하는 x축과 평행하고 $(0, a, 0)$를 지난다. 서로에 의해 받는 총 힘을 각각 구하라. 이는 a에 의존하는가?

4.14 xy평면에서 전하가 $\rho_L = 3\ \mu\text{C/m}$의 밀도로 무한한 직선을 따라 분포되어 있다. 점 $P(x_0, y_0)$에서의 전기장의 세기 **E**를 찾아야 한다. 직선의 방정식과 P의 좌표는 아래의 표에 네 가지 경우 (i)~(iv)로 주어져 있다. 각각의 경우에 **E**를 구하라.

Case	Equation of line	$P(x_0, y_0)$
(i)	$2x + 3y = 7$	(5, 6)
(ii)	$4x - 9y = 36$	(1, 2)
(iii)	$2x + 5y = 20$	(−6, 1)
(iv)	$3x + 5y = -30$	(2, 5)

4.15 xy평면에서 전하가 S와 T를 연결하는 유한한 선에 $\rho_L = 3\ \mu\text{C/m}$의 밀도로 분포되어 있다. 점 P에서의 전기장의 세기 **E**를 구하라. S, T 그리고 P의 좌표는 네 가지 경우로 주어져 있다. 각각의 경우에 **E**를 구하라.

Case	S	T	P
(i)	(1, 2)	(4, −4)	(5, 6)
(ii)	(1, 0)	(3, 1)	(1, 2)
(iii)	(−1, 4)	(2, 0)	(−6, 1)
(iv)	(−8, 2)	(4, 7)	(2, 5)

4.16 $x = 0$의 평면에 ρ_s의 균일면전하가 있고, $x = a$의 평면에 $-\rho_s$의 균일면전하가 분포되어 있다. 이 때 (a) $x < 0$, (b) $0 < x < a$, (c) $x > a$의 영역에서 전기장의 세기를 구하라.

4.17 $a < \rho < b$, $0 < \phi < 2\pi$, $0 < z < h$인 영역에 총 20pC의 전하가 균일하게 분포되어 있다. $(0, 0, 2h)$에서 전기장 벡터 **E**를 구하라. a, b 그리고 h의 값은 네 가지 다른

경우로 주어져 있다. 각각의 경우에 대하여 **E**를 구하라.

Case	a	b	h
(i)	2	4	5
(ii)	3	6	2
(iii)	4	7	3
(iv)	0	2	4

4.18 두 물체 m_1, m_2 사이에 작용하는 중력이 $\mathbf{F}_g = \frac{Gm_1m_2}{r^2}\mathbf{a}_r$이다. 이 때 두 전자 사이에서의 정전기력과 중력의 비율을 구하라. 단, $G = 6.67 \times 10^{-11}$ N(m/kg)^2

4.4 전속밀도

***4.19** Gauss의 법칙을 설명하라. Gauss의 법칙으로부터 Coulomb의 법칙을 유도하라. 이로부터 Gauss의 법칙이 Coulomb의 법칙의 또 다른 표현이며, Coulomb의 법칙은 Maxwell 방정식 $\nabla \cdot \mathbf{D} = \rho_v$에 명시되어 있다는 사실을 확인하라.

4.20 각각 $(-1, 0)$에 $+Q$, $(1, 0)$에 $+Q$, 그리고 $(0, 1)$에 $-2Q$의 점전하가 $z = 0$인 평면에 놓여 있다. 이 때 $(0, 0)$에서의 전속밀도를 구하라.

4.21 $y^2 + z^2 = 4$, $x = 0$인 위치에 균일 원형 전하 5 μC/m가 분포되어 있다. 이 때 (a) $P(3, 0, 0)$에서의 **D**를 구하라. (b) 원형 전하 외에 크기가 같은 두 점전하 Q가 각각 $(0, -3, 0)$, $(0, 3, 0)$가 있을 때, 점 P에서 $\mathbf{D} = 0$가 되기 위한 Q의 값을 구하라.

4.22 자유공간에서 전속밀도가 $\mathbf{D} = y^2\mathbf{a}_x + 2xy\mathbf{a}_y - 4z\mathbf{a}_z$ nC/m^{2}와 같다. (a) 체적전하밀도를 구하라. (b) $x = 3$, $0 < y < 6$, $0 < z < 5$인 면을 통과하는 전속을 구하라.

4.23 자유공간에서 $\mathbf{E} = 12\rho z\cos\phi\,\mathbf{a}_\rho - 6\rho z\sin\phi\,\mathbf{a}_\phi + 6\rho^2\cos\phi\,\mathbf{a}_z$ V/m이다. $\phi = 90°$, $0 < \rho < 2$, $0 < z < 5$인 면을 통과하는 전속을 구하라.

4.24 $\mathbf{D} = \sin\theta\sin\phi\,\mathbf{a}_r + \cos\theta\sin\phi\,\mathbf{a}_\theta + \cos\phi\,\mathbf{a}_\phi$ nC/m^{2}일 때, (a) $(2, 30°, 60°)$에서의 전하밀도를 구하라. (b) $r = 2$, $0 < \theta < 30°$, $0 < \phi < 60°$를 통과하는 전속을 구하라.

4.5~4.6 Gauss의 법칙과 그 응용

4.25 전속밀도가 다음과 같을 때 각각의 전하밀도를 구하라.

(a) $\mathbf{D} = 8xy\mathbf{a}_x + 4x^2\mathbf{a}_y$ C/m^2

(b) $\mathbf{D} = 4\rho\sin\phi\,\mathbf{a}_\rho + 2\rho\cos\phi\,\mathbf{a}_\phi + 2z^2\mathbf{a}_z$ C/m^2

(c) $\mathbf{D} = \frac{2\cos\theta}{r^3}\mathbf{a}_r + \frac{\sin\theta}{r^3}\mathbf{a}_\theta$ C/m^2

4.26 밑변 $b = 12$이고, 높이 $h = 8$인 삼각형의 판이 있다. 이는 면전하밀도 $\rho_s = 10$ C/m^{2}으로 균일하게 분포되어 있다. 전하량이 최대로 얻어지도록 삼각형의 밑변과 맞닿으면서 너비 x이고 높이 y인 직사각형의 조각으로 잘라낸다. 직사각형의 x와 y 값은 얼마이어야 하나? 얻어지는 전하량의 크기는 얼마인가?

4.27 $r = 1$ m, $r = 2$ m인 구 표면에 8 nC/m^2, -6 mC/m^{2}의 균일 전하가 각각 분포되어 있을 때, $r = 3$ m에서의 **D**를 구하라.

4.28 중심이 원점에 있는 반지름 a의 구가 있고, $\rho_v = \begin{cases} 5r^{1/2}, & 0 < r < a \\ 0, & \text{그 외} \end{cases}$ 이다. 이 때 공간상의 임의의 점에서 **E**를 구하라.

4.29 $\mathbf{D} = 2xy\mathbf{a}_x + x^2\mathbf{a}_y$일 때 다음을 구하라.

(a) 체적전하밀도 ρ_v

(b) $0 < x < 1$, $0 < z < 1$, $y = 1$인 면을 통과하는 전속

(c) $0 < x < 1$, $0 < y < 1$, $0 < z < 1$인 영역 내에 포함되는 총 전하량

4.30 특정 영역에서 전속밀도가 다음과 같이 주어졌다.

$$\mathbf{D} = 2\rho(z+1)\cos\phi\,\mathbf{a}_\rho - \rho(z+1)\sin\phi\,\mathbf{a}_\phi + \rho^2\cos\phi\,\mathbf{a}_z \ \mu\text{C/m}^2$$

(a) 전하밀도를 구하라.

(b) $0 < r < 2$, $0 < \phi < \pi/2$, $0 < z < 4$의 체적 안의 총 전하량

(c) (b)의 표면적을 뚫고 나오는 전속선을 Gauss의 법칙을 통해 확인하라.

***4.31** 수소원자의 Thomson 모델은 그 중심에서 양전자와 그 중심을 도는 전자를 갖는 구체이다. 양전하의 총량은 전자 e와 같다. 전자가 양전하의 중심으로부터 r만큼의 떨어져 있다면, $F = \dfrac{e^2 r}{4\pi\varepsilon_o R^3}$의 힘으로 끌어당겨짐을 증명하라. 이 때 R은 구체의 반지름이다.

4.32 긴 동축 케이블이 반경 a인 내부 도체와 반경 b인 외부 도체로 이루어져 있다. 내부 도체가 $\rho_s = \rho_o/\rho$(ρ_o는 상수)일 때 모든 영역에서 **E**를 구하라.

4.33 $\rho_v = \begin{cases} \dfrac{10}{r^2}\ \text{mC/m}^3, & 1 < r < 4 \\ 0, & r > 4 \end{cases}$ 일 때 다음을 구하라.

(a) $r = 2$ m와 $r = 6$ m인 면을 통과하는 총 전속

(b) $r = 1$ m와 $r = 5$ m에서의 **D**

4.34 전속밀도벡터 (C/m^2)가 다음과 같이 주어진다.

$$\mathbf{D} = \begin{cases} x\mathbf{a}_x + y\mathbf{a}_y + z\mathbf{a}_z, & R < 4 \\ 0, & R > 4 \end{cases}$$

$R=4$인 구 내부의 총 전하량을 구하라.

4.7~4.8 전위와 E와의 관계

4.35 $Q=2$ nC과 $Q=-4$ nC의 두 점전하가 각각 (1, 0, 3)과 (−2, 1, 5)에 놓여 있다. 이 때 점 $P(1, -2, 3)$에서의 전위를 구하라.

4.36 8 nC의 전하가 변의 길이가 4 cm인 정사각형의 네 모서리에 각각 위치해 있다. 이 때 정사각형의 중심 위 3 cm 지점에서의 전위를 구하라.

4.37 (a) 총 전하 $Q=60\ \mu$C이 반지름 4 m의 원형 도체 위에 따라 180° 간격으로 두 개의 동일한 전하로 나뉘어져 있다. 루프 중심에서의 전위를 구하라.

(b) Q가 루프를 따라 120° 간격으로 위치한 세 개의 동일한 전하로 나뉘어져 있을 때 루프 중심에서의 전위를 구하라.

(c) $\rho_L = \dfrac{Q}{8\pi}$의 범위 내에 있을 때 중심에서의 전위를 구하라.

4.38 반지름이 a인 대전된 기름 방울이 전위가 V_0인 두 개의 평행 전도판들 사이로 흘러가도록 한다. 이 판들은 거리 d만큼 떨어져 있고, 기름의 밀도는 ρ이다. 오일 방울의 전하에 대한 표현식을 나타내어라.

4.39 자유공간에서 전위가 $V=\rho^2 e^{-z}\sin\phi$ V로 주어졌다. 점 $(4, \pi/4, -1)$에서 전기장의 세기를 구하라.

4.40 $V=x^2y(z+3)$ V이다. 다음을 구하라.

(a) (3, 4, −6)에서의 **E**

(b) $0<x<1,\ 0<y<1,\ 0<z<1$인 정육면체 내에서의 전하량

4.41 반경이 a인 원자핵 내부 체적전하밀도가 $\rho_v=\rho_o\left(\dfrac{1-r^2}{a^2}\right)$이다(단, ρ_o는 정수).

(a) 총 전하량을 구하라.

(b) 원자핵 외부의 **E**와 V를 구하라.

(c) 원자핵 내부의 **E**와 V를 구하라.

(d) $r=0.745a$일 때 **E**가 최대임을 증명하라.

4.42 그림 4.22에서 $a<\rho<b$로 정의된 원형 고리 도체에 전하 Q가 균일하게 분포되어 있다. 이 때 $(0, 0, h)$에서의 **D**를 구하라.

4.43 $\mathbf{D}=4x\mathbf{a}_x-10y^2\mathbf{a}_y+z^2\mathbf{a}_z$ C/m^{2}일 때 점 $P(1, 2, 3)$에서의 전하밀도를 구하라.

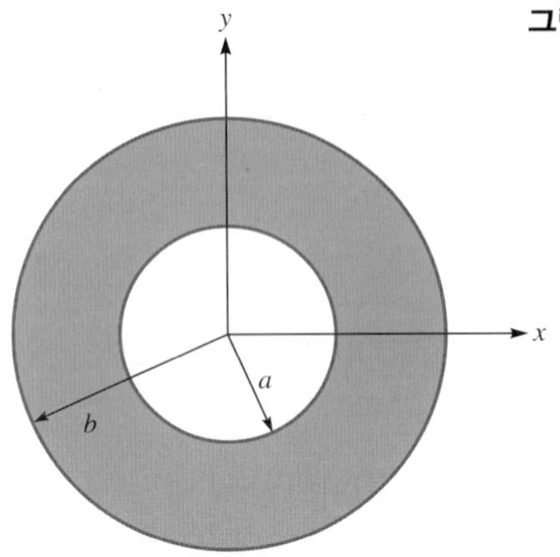

그림 4.22 문제 4.42의 그림

4.44 $r = 3$ cm의 구 표면에 10 nC의 전하가 균일하게 분포되어 있고, $r = 5$ cm의 구 표면에 −5 nC의 전하가 균일하게 분포되어 있다. 이 때 $r < 3$ cm, 3 cm $< r <$ 5 cm, $r > 5$ cm의 영역에서 $\mathbf{D}$를 구하라.

4.45 자유공간에서 전기장이 $\mathbf{E} = \begin{cases} E_0(\rho/a)\mathrm{a}_\rho, & 0 < \rho < a \\ 0, & \text{그 외} \end{cases}$ 로 주어졌다. 이 때 체적전하밀도를 구하라.

4.46 자유공간에서 전기장의 세기가 $\mathbf{E} = 2xyz\mathbf{a}_x + x^2z\mathbf{a}_y + x^2y\mathbf{a}_z$ V/m로 주어졌다. 이 때 2 μC의 전하를 (2, 1, −1)에서 (5, 1, 2)까지 옮기는 데 필요한 일의 양을 구하라.

4.47 $\mathbf{E} = 12\rho z \cos\phi\ \mathbf{a}_\rho - 6\rho z \sin\phi\ \mathbf{a}_\phi + 6\rho^2 \cos\phi\ \mathbf{a}_z$로 주어졌을 때 (a) $A(2, 180^\circ, -1)$에서의 체적전하밀도를 구하라. (b) 10 μC의 전하를 A에서 $B(2, 0^\circ, -1)$로 옮기는 데 필요한 일의 양을 구하라.

4.48 $\mathbf{E} = 20r \sin\theta\ \mathbf{a}_r + 10r \cos\theta\ \mathbf{a}_\theta$ V/m의 전기장 내에서 10 nC의 전하를 다음과 같이 이동시킬 때 필요한 에너지를 계산하라.

(a) $A(5, 30^\circ, 0^\circ)$에서 $B(5, 90^\circ, 0^\circ)$까지

(b) A에서 $C(10, 30^\circ, 0^\circ)$까지

(c) A에서 $D(5, 30^\circ, 60^\circ)$까지

(d) A에서 $E(10, 90^\circ, 60^\circ)$까지

4.49 $\mathbf{E} = \dfrac{10}{r^2}\mathbf{a}_z$ V/m라 하자. 이 때 $A(1, \pi/4, \pi/2)$, $B(5, \pi, 0)$에서의 V_{AB}를 구하라.

4.50 자유공간에서 $\mathbf{E} = 20x\mathbf{a}_x + 40y\mathbf{a}_y - 10z\mathbf{a}_z$ V/m이다. 2 mC의 전하를 $z = 0$인 평면에 있는 $\rho = 2$, $0 < \phi < \pi/2$의 원주를 따라 움직일 때 필요한 일의 양을 구하라.

4.51 $\rho_s = 40\ \text{nC/m}^2$의 밀도를 갖는 도체판이 $x = 0$인 평면에 있다. 이 때 10 μC의 전하를 점 $A(3, 4, -1)$에서 점 $B(1, 2, 6)$으로 옮길 때 필요한 일의 양을 구하라.

4.52 주어진 전위에 대해 전기장의 세기와 체적전하밀도를 구하라.

(a) $V = 2x^2 + 4y^2$

(b) $V = 10\rho^2 \sin\phi + 6\rho z$

(c) $V = 5r^2 \cos\theta \sin\phi$

4.53 $V = \rho e^{-z} \sin\phi$라고 하자. (a) **E**를 구하라. (b) **E**가 보존장임을 보여라.

4.54 자유공간에서 $V = \frac{1}{r^3} \sin\theta \cos\phi$일 때 $(1, 30°, 60°)$에서의 **D**를 구하라.

4.55 내부 반지름이 a이고 외부 반지름이 b인 동심의 도체구가 있다. 이 때 내부의 구 도체에 Q의 전하가 있고, 외부의 구 도체에 $-Q$의 전하를 있다면 도체 구 사이의 전위차 V_{ab}를 구하라.

4.56 ρ_s의 밀도를 갖는 균일한 표면 전하가 $r = a$, $\theta \le \pi/2$의 반구 표면에 있다. 이 때 중심에서의 전위를 구하라.

4.57 $\mathbf{D} = 2\rho \sin\phi \mathbf{a}_\rho - \frac{\cos\phi}{2\rho} \mathbf{a}_\phi\ \text{C/m}^2$일 때 전속인지 아닌지를 구별하라.

***4.58** (a) 질량과 전하량이 일정한 입자가 멈추어 있다가 전기장에 의해 가속되면, 이 물체의 최종 속도는 이 물체가 가속전위의 제곱근에 비례함을 증명하라.

(b) 이 입자가 전자라고 할 때 비례상수의 크기를 구하라.

(c) 전자의 질량에는 변화가 없다고 가정하고, 빛의 속도의 1/10이 되려면 전자를 얼마의 전위로 가속해야 하는가? (그런 속도에서는 물체의 질량은 정지질량보다 꽤 커져서 상수로 생각할 수 없다.)

***4.59** 한 전자가 초기 속도 $u_o = 10^7$ m/s로 그림 4.23의 평행한 두 판 사이의 균일 영역에 투사되어 두 판 사이의 가운데로 들어간다. 만약 전자가 그 영역으로부터 나와서 상판을 벗어난다면,

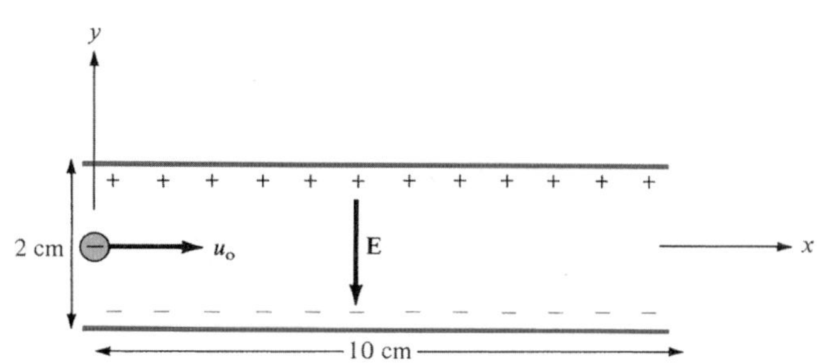

그림 4.23 문제 4.59의 그림

(a) 전계의 세기를 구하라.

(b) 영역으로부터 나올 때 전자의 속도를 구하라. 단, 에지 효과는 무시한다.

4.9 에너지밀도

4.60 매우 작은 전기 쌍극자의 모멘트 $\mathbf{p}$가 전계 $\mathbf{E}$에 위치해 있다. 이 쌍극자에 의한 토크에 대한 표현식을 구하라.

4.61 주어진 영역에서의 정전위가 점 P에서 V라고 하자. 아주 작은 쌍극자의 모멘트 $\mathbf{p}$를 점 P로 움직일 때 한 일에 대한 표현식을 구하라

4.62 매우 작은 쌍극자의 모멘트 $\mathbf{p}_1 = 2\mathbf{a}_z\ \mu\text{C}\cdot\text{m}$가 원점에 위치한다. 또 다른 매우 작은 쌍극자의 모멘트 $\mathbf{p}_2 = (3\mathbf{a}_y + 4\mathbf{a}_z)\mu\text{C}\cdot\text{m}$는 무한한 점에서 $P(0, -12, 5)$으로 옮겨진다. 한 일을 구하라.

4.63 매우 작은 쌍극자 $\mathbf{p}_1 = 4\mathbf{a}_x - 2\mathbf{a}_y + 5\mathbf{a}_z\ \mu\text{C}\cdot\text{m}$는 정전기장 $\mathbf{E} = 10\mathbf{a}_x + 12\mathbf{a}_y - 3\mathbf{a}_z$에 있다. 이 쌍극자에 의한 토크를 구하라.

4.64 매우 작은 쌍극자 $\mathbf{p} = 2\mathbf{a}_x - \mathbf{a}_y + 3\mathbf{a}_z\ \mu\text{C}\cdot\text{m}$는 $(5, 3, -1)$에 있다. $(12, 8, 3)$에서의 전위 V와 전계 세기 $\mathbf{E}$를 구하라.

4.65 $(2, 1, -3)$에 점전하 $8\ \mu\text{C}$가 있다. 매우 작은 쌍극자의 모멘트 $\mathbf{p} = 6\mathbf{a}_x - 3\mathbf{a}_y + 5\mathbf{a}_z\ \mu\text{C}\cdot\text{m}$는 $P(5, -2, 4)$로 옮겨진다. 이 쌍극자에 의한 토크를 구하라.

4.66 밀도 $\rho_L = 3\ \mu\text{C/m}$인 무한한 선전하가 직선 $2x + 3y = 7$을 따라 xy 평면에 놓여져 있다. 매우 작은 쌍극자의 모멘트 $\mathbf{p} = 2\mathbf{a}_x + 5\mathbf{a}_y - 3\mathbf{a}_z\ \mu\text{C}\cdot\text{m}$는 $P(5, 6, 0)$으로 옮겨진다. 이 쌍극자에 의한 토크를 구하라.

4.67 $y = 3$인 평면에 균일한 면전하밀도 $\rho_S = 12\ \mu\text{C/m}^2$의 전하가 분포되어 있다. 매우 작은 쌍극자의 모멘트 $\mathbf{p} = 6\mathbf{a}_x - 3\mathbf{a}_y + 5\mathbf{a}_z\ \mu\text{C}\cdot\text{m}$는 $P(-2, 8, 1)$로 옮겨진다. 쌍극자에 의한 토크를 구하라.

4.68 40 nC, −50 nC의 두 전하를 무한 원점에서 $(0, 0, 1)$과 $(2, 0, 0)$으로 각각 움직일 때 필요한 일의 양을 구하라.

4.69 자유공간에서 $V = 2x^2 + 6y^2$ V라면 $-1 \le x \le 1$, $-1 \le y \le 1$, $-1 \le z \le 1$로 정의된 체적에 저장되는 에너지를 구하라.

4.70 $\mathbf{E} = 2r \sin\theta \cos\phi\ \mathbf{a}_r + r\cos\theta\cos\phi\ \mathbf{a}_\theta - r\sin\phi\ \mathbf{a}_\theta$ V/m에 존재하는 $r \le 2$ m, $0 < \theta < \pi$, $0 < \phi < \pi$로 정의된 반구 영역에 저장되는 에너지를 구하라.

4.71 반지름이 a인 구모양의 전도체가 ρ_o의 밀도를 표면에 갖고 있다. 이 때 a에 관한

포텐셜 에너지를 구하라.

4.72 자유공간에서 $\mathbf{E} = y^2\mathbf{a}_x + 2xy\mathbf{a}_y - 4z\mathbf{a}_z$ V/m이다. $0 < x < 2$, $-1 < y < 1$, $0 < z < 4$인 영역에 저장된 에너지를 구하라.

4.73 자유공간에서 $V = \rho e^{-z} \sin \phi$이다 (a) $\mathbf{E}$를 구하라. (b) $0 < \rho < 1$, $-1 < \phi < 2\pi$, $0 < z < 2$인 영역에 저장된 에너지를 구하라.

4.74 반지름 3 cm의 구에 체적전하밀도 $\rho_v = 2.5\ \mu\text{C/m}^3$로 균일하게 전하가 분포되어 있다. 구의 부피 내에 있는 정전에너지를 구하라.

전자기학 관련 직업

전자기학은 전기장과 자기장의 해석과 응용을 다루는 전기공학(혹은 물리학)의 한 분야이다. 모든 종류의 빛(전자기파)을 이해하려면 전자기학을 공부하여야 한다. 전자기학에 대한 이해가 없었다면, 라디오, 텔레비전, 전화, 컴퓨터, CD 플레이어 등도 출현하지 못하였을 것이다.

전자기학의 원리는 전기기기, 전기-기계 에너지 변환, 레이더 기상학, 원격 탐사, 위성통신, 생체전자기, 전자기 간섭 및 양립성, 플라즈마, 광통신 등의 다양한 분야에 응용되고 있다.

전동기와 발전기, 변압기, 전자석, 자기부상 시스템, 안테나, 레이더, 마이크로웨이브 오븐, 마이크로웨이브 접시, 초전도장치, 심전도장치 등이 전자기기에 속한다.

많은 사람들이 전자기학을 전기공학 중에서 가장 어려운 분야의 하나로 생각한다. 주된 이유는 전자기학이 다소 추상적이기 때문이다. 그러나 수학을 좋아하고 보이지 않는 현상을 시각화 할 수 있다면 이 분야를 전문으로 하는 사람이 적기 때문에 전자기학 관련 분야의 직업을 고려해 봄직하다. 전자기학을 전문으로 하려면 안테나, 초고주파, 전자파 전파, 전자기 양립성, 전자장 수치해석 과목을 수강하여야 한다. 전자기학을 전공한 전기 기술자는 초고주파 산업, 라디오/TV 방송국, 전자기 연구실, 통신 산업과 중전기기 산업에서 필요로 한다.

5장

물질 공간에서의 전기장

지식은 영원히 무지를 지배한다: 그리고 그들 자신의 통치자가 되려는 민족은 지식이 주는 힘으로 스스로를 무장해야 한다.

– 제임스 매디슨

5.1 서론

앞 장에서 자유공간이나 매질이 없는 공간 내에서의 정전기장을 고찰하였다. 따라서 이제까지 배웠던 정전기장을 '진공'장이론으로 간주할 수도 있다. 이제 이 장에서 취급해야 할 것은 매질이 있는 공간에서의 전기현상이다. 4장에서 유도되었던 대부분의 공식들을 약간 수정하게 되면 매질이 있는 공간에서도 사용할 수 있음이 곧 분명해질 것이다.

전기장이 자유공간 내에서 존재할 수 있는 것과 같이 매질 내에서도 존재할 수 있다. 매질은 전기적 성질에 따라 도체와 부도체로 분류된다. 비전도성 매질은 보통 **절연체**나 **유전체**라고 부른다. 일반적으로 매질의 전기적인 성질의 검토는 전도, 전류, 그리고 분극의 개념을 이해하기 위한 기초를 제공한다. 다음으로 전화율(electric susceptibility), 유전율, 선형성(linearity), 등방성(isotropy), 균질성(homogeneity), 절연강도, 그리고 이완시간(relaxation time)과 같은 유전체 매질의 성질을 검토한다. 2개의 다른 매질이 존재할 때 전기장의 경계조건의 개념을 배우게 될 것이다.

5.2 물질의 성질

이런 종류의 책에서는 매질의 전기적인 성질을 논하는 것이 적합하지 않은 것 같이 보인다. 그러나 전자가 도체표면으로부터 벗어나지 않는 이유, 전류가 흐르는 전선은 대전되지 않는 이유, 매질들이 전기장 내에서 다른 성질을 갖는 이유, 유전체에서보다 도체 내에서 파의 진행속도가 더 느려지는 이유 등과 같은 질문에 대해 매질의 전기적인 성질을 고려함으로써 쉽게 답을 얻을 수 있다. 이러한 주제에 대한 전반적인 논의는 물리전자나 전기공학에 관한 책에서 보통 찾아볼 수 있다. 이 장에서의 간단한 논의가 매질이 전기장에 미치는 영향을 이해하는 데 충분히 도움이 될 것이다.

넓은 의미로 매질은 **도전율** σ(단위는 ℧/m 또는 S/m)에 의해 도체와 부도체로 분류되거나, 또는 기술적으로 금속과 절연체(혹은 유전체)로 분류된다. 매질의 도전율은 보통 온도와 주파수에 의존하며, **높은 도전율**($\sigma \gg 1$)을 갖는 매질을 **금속**이라고 하며, 반면에 **낮은 도전율**($\sigma \ll 1$)을 갖는 매질을 **절연체**라 한다. 도전율이 금속과 절연체 사이인 매질을 **반도체**라 한다. 몇 가지 일반적인 매질의 도전율 값을 부록 B의 표 B.1에 나타내었다. 이 표에서 구리와 알루미늄 같은 매질은 도체이고, 실리콘과 게르마늄은 반도체이며, 유리와 고무는 절연체임이 분명하다.

일반적으로 금속의 도전율은 온도가 감소할 때 증가한다. 어떤 도체는 절대온도($T = 0$ K) 근처에서 도전율이 무한대가 되는데, 이를 **초전도체**(superconductor)라 한다. 납과 알루미늄은 초전도체의 대표적인 예이다. 납의 도전율은 4 K에서 10^{20} S/m 대의 값을 갖는다. 이에 대하여 흥미를 갖는 독자는 초전도성에 관한 문헌을 참조하기 바란다.[1)]

이 책에서는 단지 도체와 절연체에 대해서만 취급할 것이다. 미시적인 관점에서 보면 도체와 절연체 사이의 중요한 차이점은 전도전류가 흐르기 위한 전자의 양이다. 유전체 매질은 도체에 비하여 전도전류를 흐르게 하는 전자가 거의 없으며, 따라서 자유전자가 거의 없다. 그 외에 전기장 내에 도체와 유전체가 존재할 때 이에 대한 영향은 이후의 절에서 취급하겠다.

5.3 대류전류와 전도전류

전압(혹은 전위차)과 전류는 전기공학에서 다루는 2개의 기본적인 양이다. 앞장에서는 전위를 고찰하였다. 도체나 유전체 내에서 전기장이 어떤 작용을 하는가를 알아보기 전에 전류를 고찰하는 것이 적절하다. 전류는 일반적으로 전하의 이동에 기인한다.

> 주어진 면을 통과하는 **전류**(단위는 ampere)는 단위시간당 그 면을 통과하는 전하량이다.

즉

$$I = \frac{dQ}{dt} \tag{5.1}$$

그러므로 1 A의 전류는 1초당 1 C의 비율로 이동하는 전하이다.

이제 **전류밀도 J**의 개념을 소개한다. 전류 ΔI가 ΔS인 면을 통하여 흐르면 전류밀도는

1) *Proceeding of IEEE*의 1989년 8월호의 이슈는 '초전도의 응용'이었다.

$$\mathbf{J} = \frac{\Delta I}{\Delta S}$$

또는

$$\Delta I = J\Delta S \tag{5.2}$$

이며, 이때 전류밀도는 면에 수직이라고 가정한다. 전류밀도가 면에 수직이 아니라면

$$\Delta I = \mathbf{J} \cdot \Delta \mathbf{S} \tag{5.3}$$

이다. 따라서 면 S를 통하여 흐르는 총 전류는

$$\boxed{I = \int_S \mathbf{J} \cdot d\mathbf{S}} \tag{5.4}$$

가 된다. I가 어떻게 발생하느냐에 따라 여러 종류의 전류밀도가 존재한다. 즉, 대류전류밀도, 전도전류밀도, 그리고 변위전류밀도이다. 여기서는 대류전류밀도와 전도전류밀도에 대해서만 공부하고, 변위전류밀도는 9장에서 공부하게 될 것이다. 관심을 가져야 할 것은 식 (5.4)를 어떤 종류의 전류밀도에 적용해야 할 것인가이다. 식 (3.13)의 선속에 대한 일반적인 정의와 비교하면 식 (5.4)는 면 S를 통과하는 전류 I는 단지 전류밀도 $\mathbf{J}$의 선속인 것을 나타낸다.

CASE A: 대류전류

대류전류밀도는 전도전류와는 다르게 도체가 관계되지 않으며, 결과적으로 Ohm의 법칙을 만족하지 않는다. 이것은 액체, 희유가스나 진공과 같은 절연매질을 통하여 흐르는 전류이다. 예를 들면 진공관 내의 전자빔은 대류전류이다.

그림 5.1의 가는 도선을 고려하자. 밀도 ρ_v인 전하가 속도 $\mathbf{u} = u_y\mathbf{a}_y$로 이동한다면 식 (5.1)로부터 가는 선을 통하여 흐르는 전류는 다음과 같이 표현된다.

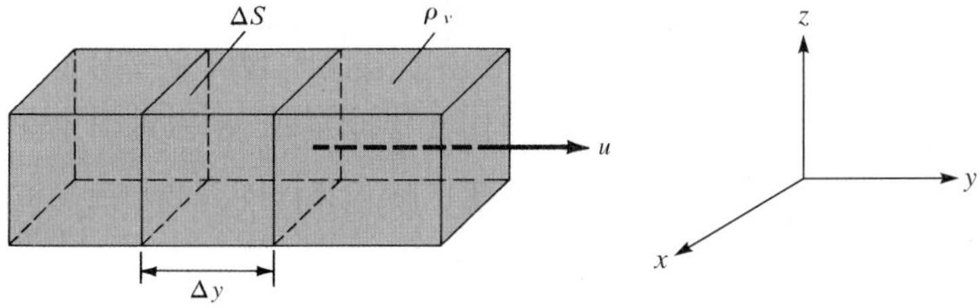

그림 5.1 가는 도선에 흐르는 전류

$$\Delta I = \frac{\Delta Q}{\Delta t} = \rho_v \, \Delta S \frac{\Delta y}{\Delta t} = \rho_v \, \Delta S \, u_y \tag{5.5}$$

주어진 점에서 **전류밀도**는 그 점에 수직한 단위면을 통하여 흐르는 전류이다.

y방향의 전류밀도 J_y는

$$J_y = \frac{\Delta I}{\Delta S} = \rho_v u_y \tag{5.6}$$

로 주어진다. 따라서 일반적으로

$$\boxed{\mathbf{J} = \rho_v \mathbf{u}} \tag{5.7}$$

가 된다. 전류 I는 **대류전류**(convection current), J는 **대류전류밀도**(convection current density)로 단위는 ampere/m^2(A/m^2)이다.

CASE B: 전도전류

전도전류는 도체를 필요로 한다. 도체는 많은 수의 자유전자를 갖고 있으며, 인가된 전기장에 의해 전도전류가 흐르게 된다. 전기장 $\mathbf{E}$를 인가할 때 전하량이 $-e$인 전자에 작용하는 힘은

$$\mathbf{F} = -e\mathbf{E} \tag{5.8}$$

이다. 전자는 자유공간에는 없으므로 전기장의 영향으로 가속되지는 않는다. 오히려 원자의 격자와 충돌하여 한 원자에서 다른 원자로 표류하게 된다. 질량 m인 전자가 평균표류속도 $\mathbf{u}$로 전기장 $\mathbf{E}$ 내에서 움직인다면 Newton의 법칙에 의해 자유전자의 운동량의 평균변화는 인가력과 같아야 한다. 따라서

$$\frac{m\mathbf{u}}{\tau} = -e\mathbf{E} \tag{5.9a}$$

또는

$$\mathbf{u} = -\frac{e\tau}{m}\mathbf{E} \tag{5.9b}$$

여기서 τ는 충돌 사이의 평균시간간격이다. 이 식은 전자의 표류속도가 인가 전기장에 직접 비례함을 나타내고 있다. 단위체적당 전자수를 n이라 하면 전자의 전하밀도는

$$\rho_v = -ne \tag{5.10}$$

로 주어진다. 따라서 **전도전류밀도**(conduction current density)는

$$\mathbf{J} = \rho_v \mathbf{u} = \frac{ne^2\tau}{m}\mathbf{E} = \sigma\mathbf{E}$$

또는

$$\boxed{\mathbf{J} = \sigma\mathbf{E}} \tag{5.11}$$

이다. 여기서 $\sigma = ne^2\tau/\mathrm{m}$는 도체의 도전율이다. 앞에서 언급한 바와 같이 일반 매질의 σ 값을 부록 B의 표 B.1에 제시하였다. 식 (5.11)의 관계는 **Ohm의 법칙**의 점형으로 알려져 있다.

5.4 도체

도체는 자유롭게 움직일 수 있는 전하를 풍부하게 가지고 있다. 도체와 관련하여 두 가지 경우를 고찰해 보고자 한다.

CASE A: 독립된 도체

그림 5.2(a)와 같이 독립된 도체를 고려해 보자. 외부전기장 $\mathbf{E}_e$을 인가하게 되면 양전하는 인가된 전기장과 같은 방향으로 이동하게 되고 음전하는 반대방향으로 이동한다. 전하의 이동은 매우 빨리 일어난다. 자유전자는 두 가지의 일을 한다. 첫째는 도체의 표면에 축적되어 **유도표면전하**를 형성한다. 둘째는 유도전하가 내부유도전기장 $\mathbf{E}_i$를 만들고, 이는 외부인가전기장 $\mathbf{E}_e$를 상쇄시킨다. 결과는 그림 5.2(b)와 같으며, 이것은 도체의 중요한 성질이다.

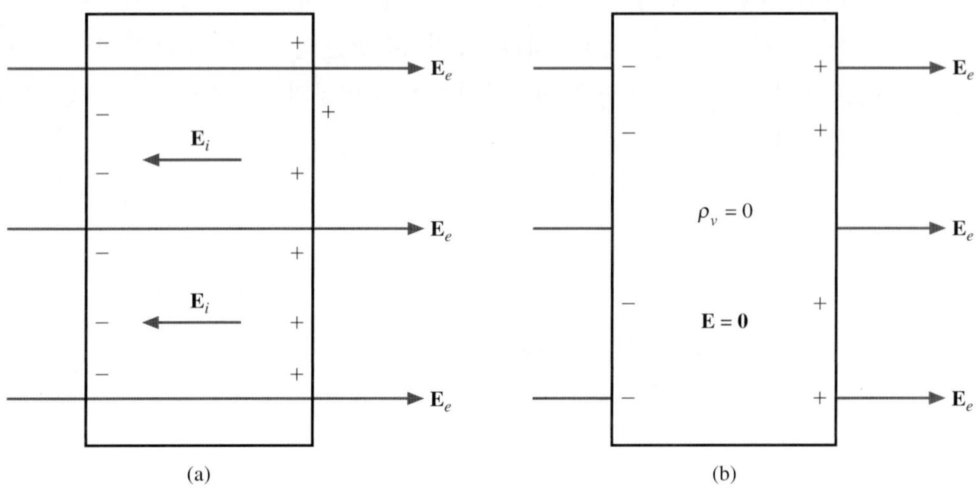

그림 5.2 (a) 인가전기장의 영향을 받는 독립된 도체, (b) 정적 조건 하에서 도체 내부의 전기장은 0이다.

완전도체 내에서 정전기장은 0이다.

도체 내의 모든 점에서 전위가 같기 때문에 도체의 전위는 **등전위**이다. 이것은 $\mathbf{E} = -\nabla V = 0$이라는 사실의 근거가 된다.

이와 같은 사실을 확인하기 위한 또 다른 방법은 Ohm의 법칙 $\mathbf{J} = \sigma\mathbf{E}$를 고려하는 것이다. 완전도체($\sigma \to \infty$) 내에서 전류밀도 $\mathbf{J}$가 유한하기 위해서는 도체 내부의 전기장이 0이 되어야만 한다. 다시 말하면, 완전도체에서는 $\sigma \to \infty$이기 때문에 $\mathbf{E} \to 0$이어야 한다. 만일 어떤 전하를 도체 내에 주입하게 되면 도체 내부에서의 전기장이 0이 됨을 다시 확인할 수 있다.

$$\boxed{\mathbf{E} = 0, \ \rho_v = 0, \ V_{ab} = 0 \ \ (\text{도체 내부})} \tag{5.12}$$

여기서 V_{ab}는 도체 내부의 점 a와 b 사이의 전위차이다. 이것은 도체가 등전위 매질이라는 것을 보여준다. 왜냐하면 모든 지점에서 전위는 같기 때문이다.

CASE B: 전위가 인가된 도체

그림 5.3과 같이 양쪽 끝에 전위차 V를 인가한 도체를 고려해 보자. 이 경우에는 그림 5.2에서와 같이 도체 내부에서 $\mathbf{E} \neq 0$임을 알아야 한다. 두 경우의 차이는 무엇인가? 그림 5.3에서는 독립도체가 아니고 기전력의 원천과 선으로 연결되어 있어 정전 평형상태가 아니다. 이때 기전력은 자유전하를 움직이도록 힘을 가하여 정전 평형상태를 이루지 못하게 한다. 따라서 그림 5.3의 경우에는 전류의 흐름을 계속 유지시키기 위하여 도체 내의 전기장이 존재하여야만 한다. 전자들은 이동할 때 **저항**이라 부르는 제동력(damping force)을 만나게 된다. 식 (5.11)의 Ohm의 법칙을 이용하여 도전매질의 저항을 유도할 수 있다. 도체가 **일정한** 단면 S를 가지며, 그 길이를 ℓ이라 하자. 전기장 $\mathbf{E}$는 양전하의 흐름의 방향, 즉 전류의 방향과 같도록 작용한다. 이 방향은 전자들의 흐름의 방향과는 반대이다. 인가된 전기장은 균일하고 크기가

$$E = \frac{V}{\ell} \tag{5.13}$$

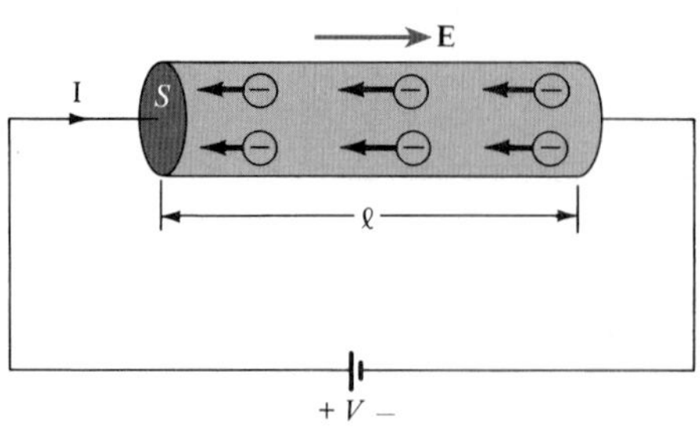

그림 5.3 전기장 $\mathbf{E}$가 인가된 균일한 단면을 갖는 도체

로 주어진다. 도체가 균일한 단면을 가졌으므로

$$J = \frac{I}{S} \tag{5.14}$$

가 되고, 식 (5.11)과 (5.13)을 식 (5.14)에 대입하면

$$\frac{I}{S} = \sigma E = \frac{\sigma V}{\ell} \tag{5.15}$$

따라서

$$\boxed{R = \frac{V}{I} = \frac{\ell}{\sigma S}} \tag{5.16}$$

또는

$$R = \frac{\rho_c \ell}{S}$$

여기서 $\rho_c = 1/\sigma$은 재료의 **저항률**(resistivity)이다. 식 (5.16)은 균일한 단면을 갖는 도체의 저항을 구하는 데 사용된다. 도체의 단면적이 균일하지 않다면 식 (5.16)은 적절하지 못하다. 그러나 도체의 양 끝 사이의 전위차 V와 도체에 흐르는 전류 I의 비인 저항의 기본 정의는 유용하다. 따라서 식 (4.60)과 식 (5.4)가 비균일 단면적을 갖는 도체의 저항을 계산하는 데 사용된다. 즉

$$\boxed{R = \frac{V}{I} = \frac{\int_L \mathbf{E} \cdot d\mathbf{l}}{\int_S \sigma \mathbf{E} \cdot d\mathbf{S}}} \tag{5.17}$$

앞 장에서 소개되었던 $V = -\int \mathbf{E} \cdot d\mathbf{l}$에서의 음(−)의 기호는 $I > 0$이면 $\int \mathbf{E} \cdot d\mathbf{l} < 0$이 되기 때문에 식 (5.17)에서 생략하였다.

전력 P(단위는 watts)는 에너지 W(단위는 joules)의 시간에 대한 변화율로써 정의하거나 힘에 속도를 곱한 값으로 정의한다. 따라서

$$P = \int_v \rho_v \, dv \, \mathbf{E} \cdot \mathbf{u} = \int_v \mathbf{E} \cdot \rho_v \mathbf{u} \, dv$$

또는

$$P = \int_v \mathbf{E} \cdot \mathbf{J} \, dv \tag{5.18}$$

이 식은 **Joule의 법칙**으로 알려져 있으며, 전력밀도 w_p(W/m^3)는 식 (5.18)의 피적분함수로 주어진다. 즉

$$w_P = \frac{dP}{dv} = \mathbf{E} \cdot \mathbf{J} = \sigma \, |\mathbf{E}|^2 \tag{5.19}$$

균일한 단면을 갖는 도체에서는 $dv = dS\ dl$이므로 식 (5.18)은

$$P = \int_L E\, dl \int_S J\, dS = VI$$

또는

$$P = I^2 R \tag{5.20}$$

이 되며, 전기회로이론에서의 Joule의 법칙보다 일반적인 형태이다.

예제 5.1

$\mathbf{J} = \frac{1}{r^3}(2\cos\theta\ \mathbf{a}_r + \sin\theta\ \mathbf{a}_\theta)$ A/m² 라고 할 때 다음과 같은 단면을 통하여 흐르는 전류를 구하라.

(a) 반경 20 cm의 반구각$(0 \le \theta \le \pi/2, 0 \le \phi \le 2\pi)$

(b) 반경 10 cm의 구각

풀이

$I = \int_s \mathbf{J} \cdot d\mathbf{S}$, 여기서 $d\mathbf{S} = r^2 \sin\theta\ d\theta\ d\phi\ \mathbf{a}_r$이므로

(a) $$I = \int_{\theta=0}^{\pi/2}\int_{\phi=0}^{2\pi} \frac{1}{r^3} 2\cos\theta\ r^2 \sin\theta\ d\phi\ d\theta \bigg|_{r=0.2}$$

$$= \frac{2}{r} 2\pi \int_{\theta=0}^{\pi/2} \sin\theta\ d(\sin\theta) \bigg|_{r=0.2}$$

$$= \frac{4\pi}{0.2} \frac{\sin^2\theta}{2}\bigg|_0^{\pi/2} = 10\pi = 31.4\ \text{A}$$

(b) 앞의 문제와의 차이는 단지 $0 \le \theta \le \pi/2$, $r = 0.2$를 $0 \le \theta \le \pi$, $r = 0.1$로 바꾼 것이다. 따라서

$$I = \frac{4\pi}{0.1} \frac{\sin^2\theta}{2}\bigg|_0^{\pi} = 0$$

다른 방법으로는 $\nabla \cdot \mathbf{J} = 0$, 즉

$$\nabla \cdot \mathbf{J} = \frac{1}{r^2}\frac{\partial}{\partial r}\left[\frac{2}{r}\cos\theta\right] + \frac{1}{r\sin\theta}\frac{\partial}{\partial\theta}\left[\frac{1}{r^3}\sin^2\theta\right] = \frac{-2}{r^4}\cos\theta + \frac{2}{r^4}\cos\theta = 0$$

이므로

$$I = \oint_S \mathbf{J} \cdot d\mathbf{S} = \int_v \nabla \cdot \mathbf{J}\, dv = 0$$

연습문제 5.1

전류밀도가 $\mathbf{J} = 10z \sin^2 \phi \, \mathbf{a}_\rho$ A/m^{2}일 때 $\rho = 2$, $1 \leq z \leq 5$ m인 원통표면을 통과하는 전류를 구하라.

해답: 754 A

예제 5.2

대류전하이동의 전형적인 예는 Van de Graaff 발전기로써 그림 5.4와 같이 바닥에서 둥근 천장까지 움직이는 벨트가 전하를 이동시킨다. 면전하밀도가 10^{-7} C/m^{2}인 전하가 2 m/s의 속도로 이동한다고 할 때 5초 동안에 축적된 전하량을 구하라. 벨트의 폭을 10 cm로 하라.

풀이

ρ_S를 면전하밀도, u를 벨트의 속도, w를 벨트의 폭이라고 하면 둥근 천장에서의 전류는

$$I = \rho_S u w$$

이며, 5초 동안에 축적된 총 전하는 아래와 같다.

$$\begin{aligned} Q &= It = \rho_S uwt = 10^{-7} \times 2 \times 0.1 \times 5 \\ &= 100 \text{ nC} \end{aligned}$$

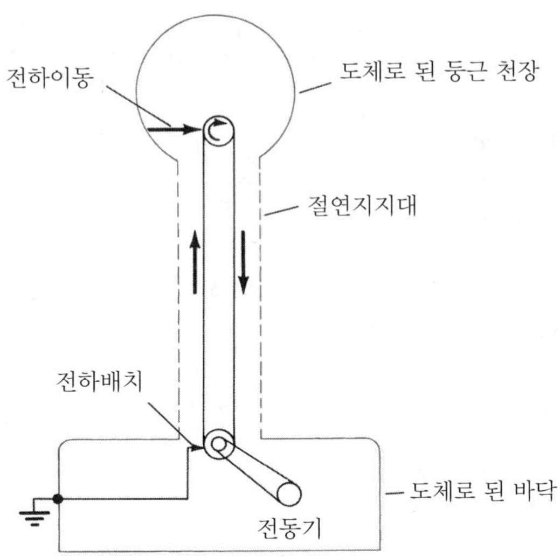

그림 5.4 예제 5.2의 Van de Graaff 발전기

연습문제 5.2

Van de Graaff 발전기에서 $w = 0.1$ m, $u = 10$ m/s이며, 둥근 천장과 바닥 사이에 총 저항이 10^{14} Ω인 누설경로가 존재한다. 벨트가 0.5 μC/m^{2}의 전하를 이동시킨다고 할 때 둥근 천장과 바닥 사이의 전위차를 구하라. **참고**: 정상상태에서 누설경로를 통하여 흐르는 전류는 벨트에 의해 단위시간당 이동하는 전하량과 같다.

해답: 50 mV

예제 5.3

직경이 1 mm이고 도전율이 5×10^7 S/m인 전선에 10 mV/m의 전기장을 인가하였을 때 단위체적당 자유전자의 수가 10^{29}개였다. 다음을 구하라.

(a) 자유전자에 의한 전하밀도

(b) 전류밀도

(c) 전선에 흐르는 전류

(d) 전자의 표류속도(전자의 전하량은 $e = -1.6 \times 10^{-19}$ C)

풀이

(이 특별한 문제에서는 대류전류와 전도전류가 같다.)

(a) $\rho_v = ne = (10^{29})(-1.6 \times 10^{-19}) = -1.6 \times 10^{10}\ \text{C/m}^3$

(b) $J = \sigma E = (5 \times 10^7)(10 \times 10^{-3}) = 500\ \text{kA/m}^2$

(c) $I = JS = (5 \times 10^5)\left(\dfrac{\pi d^2}{4}\right) = \dfrac{5\pi}{4} \times 10^{-6} \times 10^5 = 0.393\ \text{A}$

(d) 따라서 $J = \rho_v u$, $u = \dfrac{J}{\rho_v} = \dfrac{5 \times 10^5}{1.6 \times 10^{10}} = 3.125 \times 10^{-5}\ \text{m/s}$

연습문제 5.3

구리의 자유전하밀도가 1.81×10^{10} C/m^{3}이다. 전류밀도가 8×10^6 A/m^{2}인 경우 전기장의 세기와 표동속도를 구하라.

해답: 0.138 V/m, 4.42×10^{-4} m/s

예제 5.4

정사각형 단면을 갖는 납($\sigma = 5 \times 10^6$ S/m) 막대가 그림 5.5에서와 같이 중앙에 길이방향으로 구멍이 있으며, 길이가 4 m이다. 이 납 막대의 양 끝 사이의 저항을 구하라.

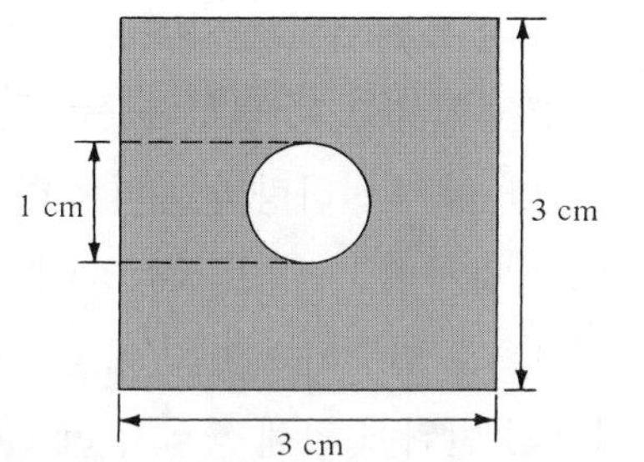

그림 5.5 예제 5.4의 납 막대 단면

풀이

막대의 단면적은 균일하므로 식 (5.16)을 사용할 수 있다. 즉

$$R = \frac{\ell}{\sigma S}$$

여기서 $S = d^2 - \pi r^2 = 3^2 - \pi\left(\frac{1}{2}\right)^2 = \left(9 - \frac{\pi}{4}\right)$ cm^2 이다.

그러므로

$$R = \frac{4}{5 \times 10^6(9 - \pi/4) \times 10^{-4}} = 974\ \mu\Omega$$

연습문제 5.4

예제 5.4의 납 막대에서 구멍이 구리($\sigma = 5.8 \times 10^7$ S/m)로 채워져 있다고 할 때 저항을 구하라.

해답: 461.7 $\mu\Omega$

5.5 유전체 내에서의 분극

5.2절에서 도체와 유전체의 주된 차이점은 전류를 흐르게 할 수 있는 원자의 최외각에 있는 자유전자들의 유용성에 있다고 언급하였다. 비록 유전체 내에서의 전하들이 자유롭게 이

동할 수 없지만 유한한 힘에 의해 구속받고 있고, 외부전기장이 인가되었을 때 틀림없이 변위를 예상할 수 있다.

유전체에서 전기장에 의한 미시적인 영향을 이해하기 위하여 그림 5.6(a)와 같이 음의 전하 $-Q$(전자운)와 양의 전하 $+Q$(원자핵)로 구성된 유전체의 원자에 대하여 고찰해 보자. 유전체 분자에서도 비슷한 형태를 갖는다. 즉, 분자의 핵들은 점전하들로 취급할 수 있고, 전자 구조는 음전하의 단일 운으로 취급할 수 있다. 양의 전하량과 음의 전하량이 같으므로 모든 원자나 분자는 전기적으로 중성이다. 전기장 $\mathbf{E}$가 인가되면 그림 5.6에서와 같이 양전하는 평형위치에서 힘 $\mathbf{F}_+ = Q\mathbf{E}$에 의해 $\mathbf{E}$의 방향으로 변위되고, 반면에 음전하는 $\mathbf{F}_- = Q\mathbf{E}$에 의해 반대방향으로 변위된다. 따라서 전하들의 변위에 의해 쌍극자(dipole)가 형성되며 이를 **분극되었다**고 한다. 분극상태에서는 평형상태의 전자운이 인가전기장 $\mathbf{E}$에 의해 찌그러지게 된다. 이러한 찌그러진 전하분포는 중첩의 원리에 의해서 아래와 같은 쌍극자모멘트를 원래의 분포에 더하여 주는 것과 같다.

$$\mathbf{p} = Q\mathbf{d} \tag{5.21}$$

여기서 $\mathbf{d}$는 그림 5.6(b)에 보인 바와 같이 쌍극자의 $-Q$에서 $+Q$까지의 거리벡터이다. 만일 유전체의 미소체적 Δv 내에 N개의 쌍극자가 있다면 전기장에 의한 총 쌍극자모멘트는

$$Q_1\mathbf{d}_1 + Q_2\mathbf{d}_2 + \cdots + Q_N\mathbf{d}_N = \sum_{k=1}^{N} Q_k\mathbf{d}_k \tag{5.22}$$

로 표현된다. 분극의 세기를 알아보기 위하여 **분극**(polarization) $\mathbf{P}$(C/m^2)를 유전체의 단위체적당 총 쌍극자모멘트로 정의하며, 다음과 같다.

$$\boxed{\mathbf{P} = \lim_{\Delta v \to 0} \frac{\sum_{k=1}^{N} Q_k\mathbf{d}_k}{\Delta v}} \tag{5.23}$$

그러므로 유전체에 대한 전기장 $\mathbf{E}$의 주된 영향은 쌍극자들이 $\mathbf{E}$의 방향으로 스스로 정렬되어 쌍극자모멘트를 만든다는 것이다. 이러한 형태의 유전체를 **무극성**(nonpolar) 매질이라 한다. 이러한 유전체의 예로는 수소, 산소, 질소, 그리고 희유가스 등이 있다. 무극성 유전체

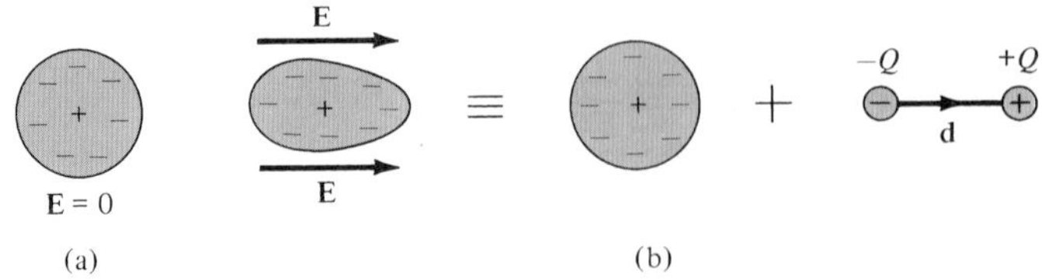

그림 5.6 무극성 원자나 분자의 분극

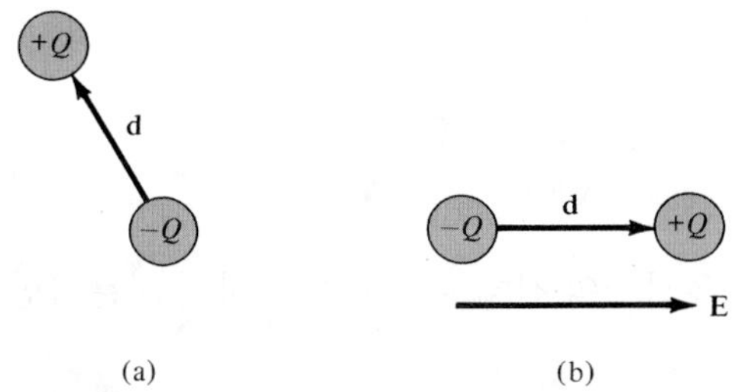

그림 5.7 유극성 분자의 분극: (a) 영구쌍극자 ($\mathbf{E}=0$), (b) 영구쌍극자의 배열($\mathbf{E}\neq 0$)

의 분자는 앞에서 언급한 것과 같이 전기장을 인가하기 전까지 쌍극자를 형성하지 않는다. 다른 형태의 분자로서 물, 아황산가스, 염화수소산 같은 경우는 그림 5.7(a)와 같이 불규칙한 방향의 영구쌍극자를 가지며, 이를 **유극성**(polar) 매질이라 한다. 전기장 $\mathbf{E}$를 유극성 매질에 인가하면 영구쌍극자는 그림 5.7(b)와 같이 $\mathbf{E}$와 평행하게 배열하기 위해 회전한다.

이제 분극된 유전체에 의해 생기는 전기장을 구해 보자. 단위체적당 쌍극자모멘트 $\mathbf{P}$인 쌍극자로 이루어진 그림 5.8과 같은 유전체를 고려하자. 쌍극자모멘트 $\mathbf{P}\,dv'$에 의한 외부점 O에서의 전위 dV는

$$dV = \frac{\mathbf{P}\cdot\mathbf{a}_R\,dv'}{4\pi\varepsilon_o R^2} \tag{5.24}$$

이며, 여기서 $R^2=(x-x')^2+(y-y')^2+(z-z')^2$이고, R은 점(x', y', z')에 존재하는 미소체적소 dv'에서 장점 $O(x, y, z)$까지의 거리이다. 물리적인 해석을 쉽게 하기 위하여 식 (5.24)를 다른 형태로 변환시켜 보자. 프라임좌표에 대한 $1/R$의 기울기는 다음과 같다(7.7절에서 증명).

$$\nabla'\left(\frac{1}{R}\right) = \frac{\mathbf{a}_R}{R^2}$$

여기서 ∇'는(x', y', z')에 대한 델(del) 연산자이다. 따라서

$$\frac{\mathbf{P}\cdot\mathbf{a}_R}{R^2} = \mathbf{P}\cdot\nabla'\left(\frac{1}{R}\right)$$

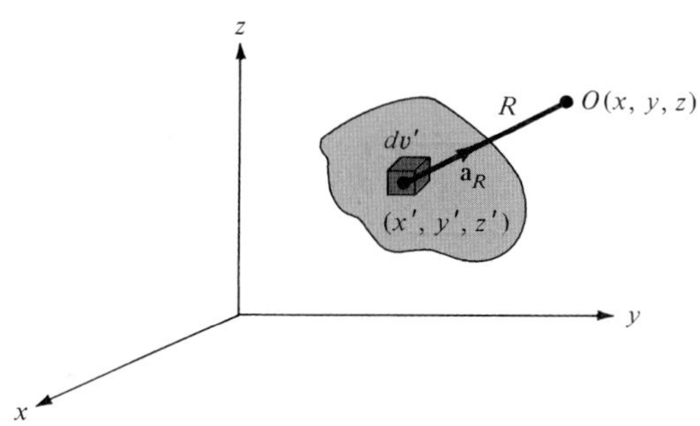

그림 5.8 단위체적당 쌍극자모멘트 $\mathbf{P}$를 갖는 유전체 매질

벡터등식 $\nabla' \cdot f\mathbf{A} = f\nabla' \cdot \mathbf{A} + \mathbf{A} \cdot \nabla' f$을 적용하면

$$\frac{\mathbf{P} \cdot \mathbf{a}_R}{R^2} = \nabla' \cdot \left(\frac{\mathbf{P}}{R}\right) - \frac{\nabla' \cdot \mathbf{P}}{R} \tag{5.25}$$

가 되며, 이것을 식 (5.24)에 대입하고 유전체의 전체 체적 v'에 대하여 적분하면

$$V = \int_{v'} \frac{1}{4\pi\varepsilon_o}\left[\nabla' \cdot \frac{\mathbf{P}}{R} - \frac{1}{R}\nabla' \cdot \mathbf{P}\right]dv'$$

이 얻어진다. 첫 번째 항에 발산정리를 적용하면

$$V = \oint_{S'} \frac{\mathbf{P} \cdot \mathbf{a}'_n}{4\pi\varepsilon_o R}\, dS' + \int_{v'} \frac{-\nabla' \cdot \mathbf{P}}{4\pi\varepsilon_o R}\, dv' \tag{5.26}$$

여기서 $\mathbf{a}'_n$은 유전체의 표면 dS'에 수직인 단위벡터이다. 식 (5.26)의 오른쪽 두 개 항을 식 (4.68), (4.69)와 비교하면 아래와 같은 밀도(프라임 생략)를 갖는 면전하분포와 체적전하분포에 의한 전위와 두 개의 항은 같음을 알 수 있다.

$$\rho_{ps} = \mathbf{P} \cdot \mathbf{a}_n \tag{5.27a}$$

$$\rho_{pv} = -\nabla \cdot \mathbf{P} \tag{5.27b}$$

다른 말로 표현하면 분극이 일어났을 때 유전체 전체에 걸쳐 등가 체적전하밀도 ρ_{pv}가 형성되고, 유전체의 표면에 등가 면전하밀도 ρ_{ps}가 형성된다는 것을 식 (5.26)은 나타내고 있다. 따라서 자유전하의 면전하밀도 ρ_S와 체적전하밀도 ρ_v와 구별하여 ρ_{ps}와 ρ_{pv}를 **속박**(혹은 **분극**)**면전하밀도**와 **구속체적전하밀도**라 한다. 속박전하(bound charge)란 유전체 내에서 자유롭게 움직이지 못하는 전하를 말한다. 이들은 분극이 일어나는 동안에 분자크기의 수준으로 발생하는 변위에 기인한다. 자유전하들은 도체 내의 전자와 같이 거시적인 거리 이상으로 움직일 수 있다. 자유전하는 우리가 제어해야 할 성분이다. 유전체를 둘러싸고 있는 표면 S에 존재하는 양의 총 속박전하는

$$Q_b = \oint \mathbf{P} \cdot d\mathbf{S} = \oint \rho_{ps}\, dS \tag{5.28a}$$

이며, S 내부에 존재하는 전하는

$$-Q_b = \int_v \rho_{pv}\, dv = -\int_v \nabla \cdot \mathbf{P}\, dv \tag{5.28b}$$

유전체에 전기장을 인가하기 이전에는 전기적으로 중성이었으며, 자유전하를 추가하지 않았다면 유전체는 전기적으로 중성을 유지할 것이다. 따라서 유전체 내의 총 전하는 0이다. 즉

$$총\ 전하 = \oint_S \rho_{ps}\, dS + \int_v \rho_{pv}\, dv = Q_b - Q_b = 0$$

유전체 내에 자유전하가 존재하는 경우를 고려해 보자. 만일 ρ_v를 자유전하의 체적전하 밀도라고 하면 총 전하밀도 ρ_t는

$$\rho_t = \rho_v + \rho_{pv} = \nabla \cdot \varepsilon_o \mathbf{E} \tag{5.29}$$

로 주어진다. 따라서

$$\begin{aligned} \rho_v &= \nabla \cdot \varepsilon_o \mathbf{E} - \rho_{pv} \\ &= \nabla \cdot (\varepsilon_o \mathbf{E} + \mathbf{P}) \\ &= \nabla \cdot \mathbf{D} \end{aligned} \tag{5.30}$$

여기서

$$\boxed{\mathbf{D} = \varepsilon_o \mathbf{E} + \mathbf{P}} \tag{5.31}$$

유전체에 전기장을 가하면 유전체 내의 **D**는 **P**의 양만큼 증가한다고 결론지을 수 있다. 다시 말하면, 유전체 물질에서는 **E** 때문에 전속밀도가 자유공간에 비해 더 커진다는 것이다. 자유공간에 대한 식 (4.35)에서의 **D**의 정의는 자유공간에서 $\mathbf{P} = 0$이기 때문에 식 (5.31)의 특별한 경우가 된다.

많은 유전체들에서 분극 **P**는 인가전기장 **E**에 직접 비례한다. 따라서

$$\boxed{\mathbf{P} = \chi_e \varepsilon_o \mathbf{E}} \tag{5.32}$$

로 주어지며, 여기서 χ_e는 매질의 **전화율**(electric susceptibility)이라 하며, 유전체가 전기장에 얼마나 감응이 되는가를 판단하는 양이다.

5.6 유전상수와 절연강도

식 (5.32)를 식 (5.31)에 대입하면

$$\mathbf{D} = \varepsilon_o (1 + \chi_e)\, \mathbf{E} = \varepsilon_o \varepsilon_r \mathbf{E} \tag{5.33}$$

이 얻어지며, 또한

$$\boxed{\mathbf{D} = \varepsilon \mathbf{E}} \tag{5.34}$$

가 된다. 여기서

$$\varepsilon = \varepsilon_o \varepsilon_r \tag{5.35}$$

그리고

$$\varepsilon_r = 1 + \chi_e = \frac{\varepsilon}{\varepsilon_o} \tag{5.36}$$

식 (5.33)으로부터 식 (5.36)까지에서 ε은 유전체의 **유전율**(permittivity), ε_o는 자유공간에서의 유전율이라 하며, 식 (4.2)에서 정의한 바와 같이 대략 $10^{-9}/36\pi$ F/m의 값을 갖는다. ε_r은 **유전상수**(dielectric constant) 또는 **비유전율**(relative permittivity)이라 한다.

> **유전상수**(또는 **비유전율**) ε_r은 자유공간의 유전율에 대한 유전체의 유전율의 비이다.

그리고 ε_r과 χ_e는 단위가 없는 양이며, ε과 ε_o의 단위는 farads/meter이다. 중요한 유전체의 유전상수를 부록 B의 표 B.2에 나타내었다. 표 B.2에 주어진 값은 정상상태나 낮은 주파수 ($<$1000 Hz)에서의 값이다. 이 값들은 높은 주파수에서 변한다. 표에서 보면 ε_r은 항상 1과 같거나 1보다 크다. 자유공간과 비유전체(금속과 같은 매질)에서는 $\varepsilon_r = 1$이다.

이제까지 논의한 유전체의 이론은 이상적인 유전체라 가정한 것이다. 그러나 실제로 이상적인 유전체는 존재하지 않는다. 유전체에 충분히 큰 전기장을 가하면 분자 밖으로 전자를 완전하게 끌어내기 시작하여 유전체는 전도성을 띠게 된다. 유전체가 전도성을 띠게 될 때 **절연파괴**(dielectric breakdown)가 일어났다고 한다. 절연파괴는 모든 종류의 유전체(기체, 액체, 고체)에서 일어나며, 물질의 성질, 온도, 습도, 그리고 전기장이 인가되는 시간에 의존한다.

절연파괴가 일어나는 전기장의 최소값을 유전체의 **절연강도**(dielectric strength)라 한다.

> **절연강도**란 유전체가 절연파괴 없이 견디어 낼 수 있고 최대 전기장의 세기이다.

표 B.2에 여러 유전체의 절연강도를 나타내었다. 이 책에서 다룬 유전체 이론은 절연파괴가 일어난 후에는 적용하지 않으므로 항상 이상적인 유전체라 가정할 것이고, 또한 절연파괴가 일어나지 않는 경우만 취급할 것이다.

†5.7 선형, 등방성과 균질성 유전체

D가 **E**에 따라 선형적으로 변화하면 **선형**(linear) 물질이라 하고, 그렇지 않으면 **비선형**(nonlinear) 물질이라 한다. ε(또는 σ)이 고려하고자 하는 영역에서는 변화하지 않는, 그래

서 모든 점에서(x, y, z에 무관) 같은 값을 갖는 물질을 **균질성**(homogeneous) 물질이라 부른다. ε이 공간 좌표에 따라 변하는 경우 이 물질을 **비균질성**(nonhomogeneous) 물질이라 한다. 대기는 비균질성 물질의 전형적인 예로써 유전율이 고도에 따라 변한다. **D**와 **E**가 같은 방향인 물질을 등방성(isotropic) 물질이라 한다. **D**, **E**와 **P**가 평행하지 않은 물질을 **비등방성**(anisotropic 또는 nonisotropic) 물질이라 하며, ε과 χ_e는 **텐서**(tensor)라고 부르는 9개의 성분을 갖는다. 예를 들어 비등방성 물질에서는 식 (5.34) 대신에

$$\begin{bmatrix} D_x \\ D_y \\ D_z \end{bmatrix} = \begin{bmatrix} \varepsilon_{xx} & \varepsilon_{xy} & \varepsilon_{xz} \\ \varepsilon_{yz} & \varepsilon_{yy} & \varepsilon_{yz} \\ \varepsilon_{zx} & \varepsilon_{zy} & \varepsilon_{zz} \end{bmatrix} \begin{bmatrix} E_x \\ E_y \\ E_z \end{bmatrix} \tag{5.37}$$

를 사용하며, 결정체 물질과 자화된 플라즈마는 비등방성 물질이다.

> **유전체 물질**($\mathbf{D} = \varepsilon \mathbf{E}$ 적용)은 인가전기장 **E**에 따라 ε이 변하지 않으면 선형이고, 한 점에서 다른 점으로 바뀔 때 ε이 변하지 않으면 균질이고, ε이 방향에 따라 변하지 않으면 등방성이다. 식 (5.24)에서 (5.31)까지는 일반적으로 유전체 물질에 대한 식이지만 식 (5.32)에서 (5.34)는 단지 선형, 등방성 물질에만 적용되는 식이다.

$\mathbf{J} = \sigma \mathbf{E}$인 전도성 매질에도 동일한 개념이 적용된다. σ가 **E**에 따라 변하지 않으면 선형이고, σ가 방향과 상관없이 일정하면 등방성이다.

앞으로 이 책에서는 선형이고 균질이며, 등방성인 물질에 대해서만 취급할 것이다. 이러한 매질을 단순 물질이라고 부른다. 4장에서 유도된 모든 공식들은 ε_o 대신에 $\varepsilon_o\varepsilon_r$을 대입하면 된다. 예를 들어 식 (4.4)의 Coulomb의 법칙은

$$\mathbf{F} = \frac{Q_1 Q_2}{4\pi\varepsilon_o\varepsilon_r R^2}\mathbf{a}_R \tag{5.38}$$

이며, 식 (4.96)은 유전체 매질에 적용할 때

$$W = \frac{1}{2}\int_v \varepsilon_o\varepsilon_r E^2\, dv \tag{5.39}$$

로 표현된다.

예제 5.5

한 변의 길이가 L이고, 원점에 중심이 있는 정육면체의 유전체가 $\mathbf{P} = a\mathbf{r}$로 분극되었다. 여기서 a는 상수이고, $\mathbf{r} = x\mathbf{a}_x + y\mathbf{a}_y + z\mathbf{a}_z$이다. 모든 구속전하밀도를 구하고, 총 구속전하량이 0이 됨을 보여라.

풀이

정육면체는 6개의 면이 있으며, 각 면의 면전하밀도를 ρ_{ps}라 하자. 예를 들어 $x = L/2$에 위치한 면에서는

$$\rho_{ps} = \mathbf{P} \cdot \mathbf{a}_x \Big|_{x=L/2} = ax \Big|_{x=L/2} = \frac{aL}{2}$$

이 되며, 총 구속면전하량은

$$\begin{aligned} Q_s &= \int_S \rho_{ps}\, dS = 6 \int_{-L/2}^{L/2} \int_{-L/2}^{L/2} \rho_{ps}\, dy\, dz = \frac{6aL}{2} L^2 \\ &= 3aL^3 \end{aligned}$$

이다. 구속체적전하밀도는

$$\rho_{pv} = -\nabla \cdot \mathbf{P} = -(a + a + a) = -3a$$

이며, 총 구속체적전하량은

$$Q_v = \int_v \rho_{pv}\, dv = -3\text{a} \int_v dv = -3aL^3$$

이므로, 총 전하량은

$$Q_t = Q_s + Q_v = 3aL^3 - 3aL^3 = 0$$

연습문제 5.5

x축을 따라 $x = 0$에서 $x = L$까지 놓여 있는 단면적이 A인 얇은 막대가 있다. 막대의 분극이 길이를 따라 발생하였으며, $P_x = ax^2 + b$로 주어졌다. ρ_{pv}와 양쪽 끝에서의 ρ_{ps}를 구하라. 이 경우에 총 구속전하량이 0이 됨을 보여라.

해답: $0, -2aL, -b, aL^2 + b$, 증명

예제 5.6

두 극판 사이에 폴리스티렌($\varepsilon_r = 2.55$)이 채워져 있는 평행평판 커패시터에 10 kV/m의 전기장을 인가하였다. 극판 사이의 간격을 1.5 mm라 할 때 다음을 구하라.

(a) D

(b) P

(c) 극판에서 자유전하의 면전하밀도

(d) 분극전하의 면전하밀도

(e) 두 극판 사이의 전위차

풀이

(a) $D = \varepsilon_o\varepsilon_r E = \dfrac{10^{-9}}{36\pi} \times (2.55) \times 10^4 = 225.4\ \text{nC/m}^2$

(b) $P = \chi_e\varepsilon_o E = (1.55) \times \dfrac{10^{-9}}{36\pi} \times 10^4 = 137\ \text{nC/m}^2$

(c) $\rho_S = \mathbf{D}\cdot\mathbf{a}_n = \pm D_n = \pm 225.4\ \text{nC/m}^2$

(d) $\rho_{ps} = \mathbf{P}\cdot\mathbf{a}_n = \pm P_n = \pm 137\ \text{nC/m}^2$

(e) $V = Ed = 10^4(1.5 \times 10^{-3}) = 15\ \text{V}$

연습문제 5.6

간격이 2 mm인 평행평판 커패시터에 1 kV의 전압을 인가하였다. 극판 사이를 폴리스티렌($\varepsilon_r = 2.55$)으로 채웠다고 할 때 **E**, **P**, ρ_{ps}를 구하라. 두 극판은 각각 $x = 0$과 $x = 2$ mm인 곳에 위치하고 있다고 가정한다.

해답: $500\mathbf{a}_x$ kV/m, $6.853\mathbf{a}_x\ \mu\text{C/m}^2$, $6.853\ \mu\text{C/m}^2$

예제 5.7

반경 10 cm의 유전체 구($\varepsilon_r = 5.7$)의 중심에 2 pC의 전하가 놓여 있다. 다음을 구하라.

(a) 구의 표면에서 분극전하의 면밀도

(b) 구의 표면에 놓여 있는 −4 pC의 전하에 작용하는 힘

풀이

(a) Coulomb의 법칙과 Gauss의 법칙을 사용하면

$$\mathbf{E} = \frac{Q}{4\pi\varepsilon_o\varepsilon_r r^2}\mathbf{a}_r$$

$$\mathbf{P} = \chi_e\varepsilon_o\mathbf{E} = \frac{\chi_e Q}{4\pi\varepsilon_r r^2}\mathbf{a}_r$$

$$\rho_{ps} = \mathbf{P}\cdot\mathbf{a}_r = \frac{(\varepsilon_r - 1)Q}{4\pi\varepsilon_r r^2} = \frac{(4.7)\,2 \times 10^{-12}}{4\pi(5.7)\,100 \times 10^{-4}}$$
$$= 13.12\ \text{pC/m}^2$$

(b) Coulomb의 법칙을 사용하면

$$\mathbf{F} = \frac{Q_1Q_2}{4\pi\varepsilon_o\varepsilon_r r^2}\mathbf{a}_r = \frac{(-4)(2)\times 10^{-24}}{4\pi \times \dfrac{10^{-9}}{36\pi}(5.7)\,100\times 10^{-4}}\mathbf{a}_r$$
$$= -1.263\mathbf{a}_r \text{ pN}$$

연습문제 5.7

유전체 물질에서 $E_x = 5$ V/m이고, $\mathbf{P} = \dfrac{1}{10\pi}(3\mathbf{a}_x - \mathbf{a}_y + 4\mathbf{a}_z)$ nC/m^{2}이다. 다음을 구하라.

(a) χ_e

(b) $\mathbf{E}$

(c) $\mathbf{D}$

해답: (a) 2.16, (b) $5\mathbf{a}_x - 1.67\mathbf{a}_y + 6.67\mathbf{a}_z$ V/m, (c) $139.7\mathbf{a}_x - 46.6\mathbf{a}_y + 186.3\mathbf{a}_z$ pC/m^2

예제 5.8

평행평판 커패시터의 양 극판 사이의 인력을 구하라. 또한 전기장에 기인하여 극판의 표면에 작용하는 압력을 구하라.

풀이

식 (4.26)으로부터 각 판의 표면에서의 전기장은

$$\mathbf{E} = \frac{\rho_S}{2\varepsilon}\mathbf{a}_n$$

이며, 여기서 $\mathbf{a}_n$은 극판에 수직인 방향의 단위벡터이며, ρ_S는 면전하밀도이다. 각 극판에 작용하는 총 힘은

$$\mathbf{F} = Q\mathbf{E} = \rho_S S \cdot \frac{\rho_S}{2\varepsilon}\mathbf{a}_n = \frac{\rho_S^2 S}{2\varepsilon_o\varepsilon_r}\mathbf{a}_n$$

또는

$$F = \frac{\rho_S^2 S}{2\varepsilon} = \frac{Q^2}{2\varepsilon S}$$

압력은 단위면적당 작용하는 힘이므로 $\dfrac{\rho_S^2}{2\varepsilon_o\varepsilon_r}$이다.

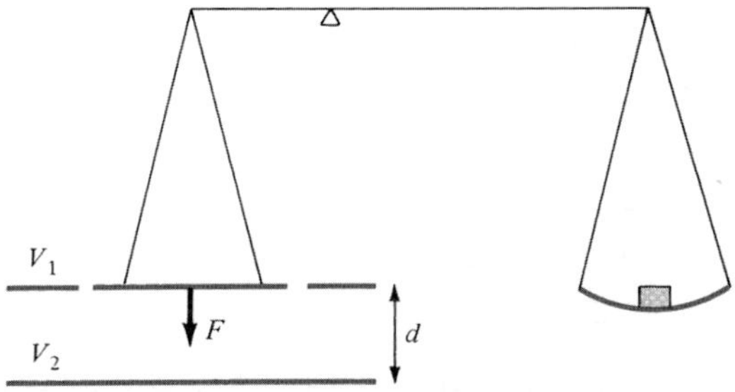

그림 5.9 연습문제 5.8의 전위계

연습문제 5.8

전위계로 알려진 전위측정장치를 그림 5.9에 나타내었다. 이 장치는 **평형저울**(balance arm)에 매달려 있는 평행평판 커패시터이며, 무게로 그것에 작용하는 힘을 측정할 수 있다. S를 각 극판의 면적이라고 할 때 아래의 식이 성립함을 증명하라.

$$V_1 - V_2 = \left[\frac{2\,Fd^2}{\varepsilon_o S}\right]^{1/2}$$

해답: 증명

5.8 연속방정식과 이완시간

전하보존의 원리에 의하면 주어진 체적 내에서 시간에 대한 전하의 감소율은 그 체적을 둘러싼 폐곡면을 통하여 밖으로 흐르는 순 전류와 같다. 따라서 폐곡면 밖으로 나가는 전류 I_{out}은

$$I_{\text{out}} = \oint_s \mathbf{J} \cdot d\mathbf{S} = \frac{-dQ_{\text{in}}}{dt} \tag{5.40}$$

이며, 여기서 Q_{in}은 폐곡면으로 둘러싸여 있는 총 전하이다. 발산정리에 의해서

$$\oint_S \mathbf{J} \cdot d\mathbf{S} = \int_v \nabla \cdot \mathbf{J}\, dv \tag{5.41}$$

가 된다.

$$\frac{-dQ_{\text{in}}}{dt} = -\frac{d}{dt}\int_v \rho_v\, dv = -\int_v \frac{\partial \rho_v}{\partial t}\, dv \tag{5.42}$$

이므로, 식 (5.41)과 (5.42)를 식 (5.40)에 대입하면

$$\int_v \nabla \cdot \mathbf{J}\, dv = -\int_v \frac{\partial \rho_v}{\partial t} dv$$

또는

$$\boxed{\nabla \cdot \mathbf{J} = -\frac{\partial \rho_v}{\partial t}} \tag{5.43}$$

가 얻어진다. 이 식을 **전류의 연속방정식**이라 한다. 전류의 연속방정식은 전하보존의 원리로부터 유도되었고, 어느 지점에서도 전하의 축적은 일어나지 않는다는 것을 의미함을 명심하라. 정상상태에서는 $\partial\rho_v/\partial t = 0$이므로 $\nabla \cdot \mathbf{J} = 0$이 되며, 체적으로부터 빠져 나가는 총 전하는 그 체적으로 유입되는 총 전하와 같다는 것을 의미한다. Kirchhoff의 전류법칙은 이 식의 결과로서 나온 것이다.

앞에서 전류의 연속방정식과 물질의 σ와 ε의 성질을 논의하였다. 주어진 물질(도체 또는 유전체)의 내부의 한 점에서 유기된 전하의 효과를 고려하자. 식 (5.43)을 Ohm의 법칙과 결합하면

$$\mathbf{J} = \sigma\, \mathbf{E} \tag{5.44}$$

그리고 Gauss의 법칙은

$$\nabla \cdot \mathbf{E} = \frac{\rho_v}{\varepsilon} \tag{5.45}$$

이며, 식 (5.44)와 (5.45)를 식 (5.43)에 대입하면

$$\nabla \cdot \sigma\mathbf{E} = \frac{\sigma\rho_v}{\varepsilon} = -\frac{\partial \rho_v}{\partial t}$$

또는

$$\frac{\partial \rho_v}{\partial t} + \frac{\sigma}{\varepsilon}\rho_v = 0 \tag{5.46}$$

이 얻어진다. 이 식은 동차 선형 상미분방정식이다. 식 (5.46)에서 변수분리법을 사용하면

$$\frac{\partial \rho_v}{\rho_v} = -\frac{\sigma}{\varepsilon}\partial t \tag{5.47}$$

가 얻어지고, 양변을 적분하면

$$\ln \rho_v = -\frac{\sigma t}{\varepsilon} + \ln \rho_{vo}$$

가 된다. 여기서 $\ln \rho_{vo}$는 적분상수이다. 따라서

$$\boxed{\rho_v = \rho_{vo} e^{-t/T_r}} \tag{5.48}$$

이 되며, 여기서

$$\boxed{T_r = \frac{\varepsilon}{\sigma}} \tag{5.49}$$

이고, T_r은 시정수로서 단위는 초이다.

식 (5.48)에서 ρ_{vo}는 초기전하밀도(즉, $t = 0$에서의 ρ_v)이다. 이 식은 물질 내의 주어진 점에서 형성된 전하의 상태로써 체적전하밀도의 감소 정도를 보여준다. 즉, 매질의 내부로부터 표면으로 전하가 이동함에 따라 내부에서 전하의 감소가 이루어진다. 시정수 T_r(초)을 **이완시간**(relaxation time) 또는 **재배치시간**(rearrangement time)이라 한다.

> **이완시간**은 매질 내부에 있는 전하가 초기값의 $e^{-1}(=36.8\%)$로 감소하는 데 걸리는 시간이다.

이완시간은 양도체에서는 짧고 양유전체에서는 길다. 예를 들어 $\sigma = 5.8 \times 10^7$ S/m이고, $\varepsilon_r = 1$인 구리에서는

$$\begin{aligned} T_r &= \frac{\varepsilon_r \varepsilon_o}{\sigma} = 1 \times \frac{10^{-9}}{36\pi} \times \frac{1}{5.8 \times 10^7} \\ &= 1.53 \times 10^{-19} \text{ s} \end{aligned} \tag{5.50}$$

이며, 구리 내부에서 전하가 빠르게 감소한다는 것을 보여준다. 양도체에 전기장을 가하면 이완시간이 매우 짧아서 도체 내부 어디에서도 전하는 거의 0이 되고 표면에 나타나게 될 것이다(표면전하로). 반면에 용해된 석영은 $\sigma = 10^{-17}$ S/m이고, $\varepsilon_r = 5.0$이므로

$$\begin{aligned} T_r &= 5 \times \frac{10^{-9}}{36\pi} \times \frac{1}{10^{-17}} \\ &= 51.2 \text{ days} \end{aligned} \tag{5.51}$$

이 되어 이완시간이 매우 길다. 따라서 양유전체에서 내부의 전하는 그 자리에 그대로 남아 있다고 생각할 수 있다.

5.9 경계조건

지금까지는 균질 매질에서의 전기장을 고려하였다. 만약에 전기장이 두 개의 서로 다른 매질로 이루어진 영역 내에 존재한다고 할 때 두 매질의 경계면에서 전기장이 만족해야 할 조건을 **경계조건**(boundary condition)이라 한다. 이러한 경계조건은 경계면의 한쪽에서 전기

장을 알고 있을 때 나머지 다른 쪽의 전기장을 구하는 데 도움이 된다. 이 조건들은 어떤 종류의 물질로 만들어진 매질인가에 따라 달라질 것이다. 여러 물질들 사이의 경계면에 대한 경계조건을 고찰해 보자.

- 유전체(ε_{r1})와 유전체(ε_{r2})
- 도체와 유전체
- 도체와 자유공간

경계조건을 구하기 위해서는 Maxwell 방정식을 이용하여야 한다.

$$\oint_L \mathbf{E} \cdot d\mathbf{l} = 0 \tag{5.52}$$

그리고

$$\oint_S \mathbf{D} \cdot d\mathbf{S} = Q_{\text{enc}} \tag{5.53}$$

여기서 Q_{enc}는 면 S에 의해 둘러싸인 자유전하이다. 또한 전기장 $\mathbf{E}$를 서로 직교하는 두 개의 성분으로 나눌 필요가 있다.

$$\mathbf{E} = \mathbf{E}_t + \mathbf{E}_n \tag{5.54}$$

여기서 $\mathbf{E}_t$와 $\mathbf{E}_n$은 각각 경계면에 대한 접선과 법선 성분이다. 비슷하게 전속밀도 $\mathbf{D}$에 대해서도 두 성분으로 나눌 수 있다.

A. 유전체-유전체 경계조건

그림 5.10(a)에서와 같이 유전율이 $\varepsilon_1 = \varepsilon_o \varepsilon_{r1}$과 $\varepsilon_2 = \varepsilon_o \varepsilon_{r2}$인 두 개의 유전체로 이루어진 영역에 존재하는 전기장을 고려하자. 매질 1과 2에서의 전기장 $\mathbf{E}_1$과 $\mathbf{E}_2$를 각각

$$\mathbf{E}_1 = \mathbf{E}_{1t} + \mathbf{E}_{1n} \tag{5.55a}$$

$$\mathbf{E}_2 = \mathbf{E}_{2t} + \mathbf{E}_{2n} \tag{5.55b}$$

으로 나눌 수 있다. 식 (5.52)를 그림 5.10(a)의 폐경로 $abcda$에 적용하며, $\mathbf{E}$의 공간적 변화에 대하여 경로는 매우 작다고 가정한다. 따라서

$$0 = E_{1t}\Delta w - E_{1n}\frac{\Delta h}{2} - E_{2n}\frac{\Delta h}{2} - E_{2t}\Delta w + E_{2n}\frac{\Delta h}{2} + E_{1n}\frac{\Delta h}{2} \tag{5.56}$$

를 얻는다. 여기서 $E_t = |\mathbf{E}_t|$ 이며, $\mathbf{E}_n = |\mathbf{E}_n|$ 이다. $\dfrac{\Delta h}{2}$ 항은 삭제되고, 식 (5.56)은

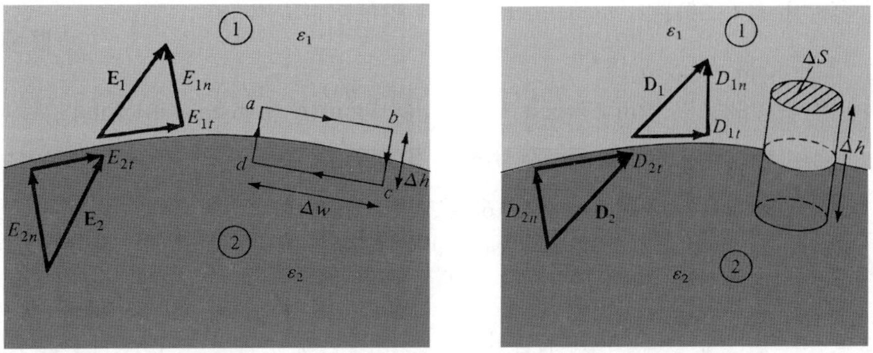

(a) (b)

그림 5.10 유전체-유전체 경계면; (a) $E_{1t} = E_{2t}$ 결정, (b) $D_{1n} = D_{2n}$ 결정

$$0 = (E_{1t} - E_{2t})\Delta w$$

즉

$$\boxed{E_{1t} = E_{2t}} \tag{5.57}$$

가 된다. 따라서 **E**의 접선성분은 경계면의 양쪽에서 같다. 즉, $\mathbf{E}_t$는 경계면에서 변하지 않으므로 경계면을 가로질러 **연속**(continuous)이라고 한다. $\mathbf{D} = \varepsilon\mathbf{E} = \mathbf{D}_t + \mathbf{D}_n$이므로 식 (5.57)은

$$\frac{D_{1t}}{\varepsilon_1} = E_{1t} = E_{2t} = \frac{D_{2t}}{\varepsilon_2}$$

또는

$$\frac{D_{1t}}{\varepsilon_1} = \frac{D_{2t}}{\varepsilon_2} \tag{5.58}$$

로 쓸 수 있으며, D_t는 경계면에서 변화가 일어난다. 따라서 D_t는 경계면에서 **불연속**(discontinuous)이라 한다.

비슷하게 식 (5.53)을 그림 5.10(b)와 같은 작은 원통(Gauss면)에 적용하면 $\Delta h \to 0$일 때

$$\Delta Q = \rho_S \Delta S = D_{1n}\Delta S - D_{2n}\Delta S$$

또는

$$\boxed{D_{1n} - D_{2n} = \rho_S} \tag{5.59}$$

가 얻어진다. 여기서 ρ_S는 경계면에서 자유전하에 의한 면전하밀도이다. 식 (5.59)는 **D**가 영역 2에서 영역 1로 향하는 방향이라는 가정 하에서 만든 식이라는 것을 명심하라. 따라서 식 (5.59)는 그에 따라서 적용하여야 한다. 자유전하가 경계면에 존재하지 않으면 $\rho_S = 0$이

며, 식 (5.59)는

$$\boxed{D_{1n} = D_{2n}} \tag{5.60}$$

이 된다. 따라서 **D**의 법선성분은 경계면에서 연속이다. 즉, D_n은 경계면에서 변화 없이 진행한다. $\mathbf{D} = \varepsilon\mathbf{E}$이므로 식 (5.60)은

$$\varepsilon_1 E_{1n} = \varepsilon_2 E_{2n} \tag{5.61}$$

으로 쓸 수 있으며, **E**의 법선성분은 경계면에서 불연속이다. 식 (5.57)과 (5.59) 또는 (5.60)을 총괄하여 **경계조건**이라고 하며, 이 조건은 두 개의 다른 유전체가 접하고 있는 경계면에서 전기장이 만족해야 할 조건이다.

앞에서 언급한 바와 같이 경계조건들은 일반적으로 경계면의 한쪽 매질의 전기장에 의해 다른 쪽 매질의 전기장을 구하는 데 적용한다. 이외에 경계면을 가로지르는 전기장의 굴절(refraction)을 구할 때도 사용된다. 그림 5.11에서와 같이 $\mathbf{D}_1$ 또는 $\mathbf{E}_1$과 $\mathbf{D}_2$ 또는 $\mathbf{E}_2$가 경계면의 **법선방향**과 이루는 각을 각각 θ_1과 θ_2라 하면 식 (5.57)을 사용하여

$$E_1 \sin\theta_1 = E_{1t} = E_{2t} = E_2 \sin\theta_2$$

또는

$$E_1 \sin\theta_1 = E_2 \sin\theta_2 \tag{5.62}$$

가 얻어지며, 비슷하게 식 (5.60) 또는 (5.61)을 사용함으로써

$$E_1 \cos\theta_1 = D_{1n} = D_{2n} = \varepsilon_2 E_2 \cos\theta_2$$

또는

$$\varepsilon_1 E_1 \cos\theta_1 = \varepsilon_2 E_2 \cos\theta_2 \tag{5.63}$$

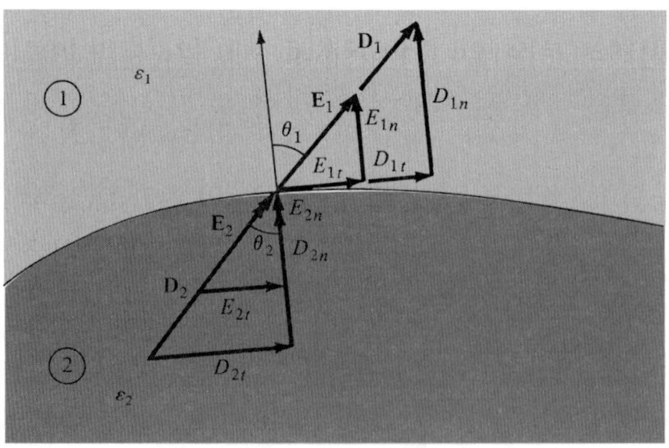

그림 5.11 유전체-유전체 경계면에서 **D** 또는 **E**의 굴절

가 얻어진다. 식 (5.62)를 식 (5.63)으로 나누면

$$\frac{\tan\theta_1}{\varepsilon_1} = \frac{\tan\theta_2}{\varepsilon_2} \tag{5.64}$$

가 되며, $\varepsilon_1 = \varepsilon_o\varepsilon_{r1}$과 $\varepsilon_2 = \varepsilon_o\varepsilon_{r2}$이므로 식 (5.64)는

$$\boxed{\frac{\tan\theta_1}{\tan\theta_2} = \frac{\varepsilon_{r1}}{\varepsilon_{r2}}} \tag{5.65}$$

이 된다. 이것은 자유전하가 없는 경계면($\rho_S = 0$으로 간주)에서의 전기장의 **굴절법칙**(law of refraction)이다. 따라서 일반적으로 경계면의 양쪽 부근에 축적되는 분극전하가 같지 않기 때문에 두 유전체의 경계면에서 전속선이 휘어지게 된다.

B. 도체-유전체 경계조건

이 경우를 그림 5.12에 나타내었다. 도체는 완전도체(즉, $\sigma\to\infty$ 또는 $\rho_c\to 0$)로 가정하였다. 이러한 도체가 실제로는 존재하지 않지만 구리나 은과 같은 도체는 완전도체로 간주하여도 된다.

도체와 유전체의 경계면에서 경계조건을 구하기 위해서는 도체의 내부에서 $\mathbf{E} = 0$이라는 사실을 포함시키는 것만 제외하고는 유전체와 유전체 사이의 경계조건에서와 동일한 과정을 따른다. 그림 5.12(a)의 폐경로 $abcda$에 식 (5.52)를 적용하면

$$0 = 0\cdot\Delta w + 0\cdot\frac{\Delta h}{2} + E_n\cdot\frac{\Delta h}{2} - E_t\cdot\Delta w - E_n\cdot\frac{\Delta h}{2} - 0\cdot\frac{\Delta h}{2} \tag{5.66}$$

가 얻어지며, $\Delta h\to 0$일 때

$$E_t = 0 \tag{5.67}$$

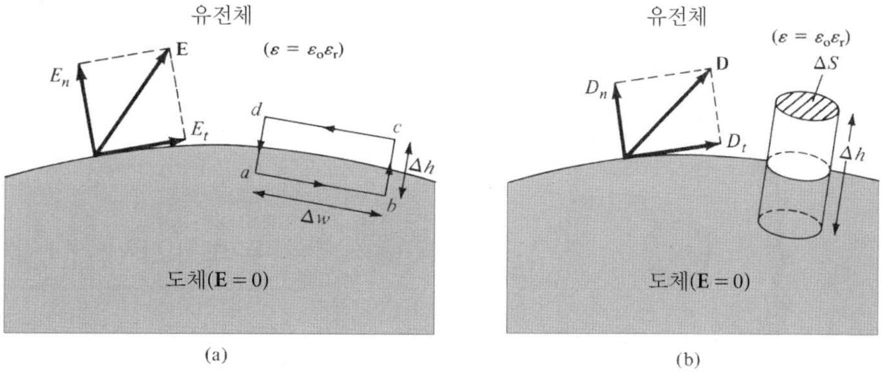

그림 5.12 도체-유전체 경계면

이 된다. 비슷하게 그림 5.12(b)의 원통에 식 (5.53)을 적용하고 $\Delta h \to 0$이라 놓으면 도체 내부에서는 $\mathbf{D} = \varepsilon\mathbf{E} = 0$이므로

$$\Delta Q = D_n \cdot \Delta S - 0 \cdot \Delta S \tag{5.68}$$

가 된다. 식 (5.68)은 다음과 같이 쓸 수 있다.

$$D_n = \frac{\Delta Q}{\Delta S} = \rho_S$$

또는

$$D_n = \rho_S \tag{5.69}$$

그러므로 정적인 조건에서 완전도체에 대하여 다음과 같은 결론을 내릴 수 있다.

1. 5.4절에서 밝힌 바와 같이, 전기장은 도체 내부에는 존재하지 않는다. 즉

$$\boxed{\rho_v = 0, \quad \mathbf{E} = 0} \tag{5.70}$$

2. $\mathbf{E} = -V = 0$이므로 도체 내의 임의의 두 점 사이의 전위차는 0이다. 즉, 도체는 등전위체이다.
3. 전기장은 도체 외부에만 존재하며, 도체의 표면에 수직이다. 즉

$$\boxed{D_t = \varepsilon_o \varepsilon_r E_t = 0, \quad D_n = \varepsilon_o \varepsilon_r E_n = \rho_S} \tag{5.71}$$

도체 내에서 $\mathbf{E} = 0$이란 사실의 중요한 응용은 **정전차폐**(electrostatic screening)이다. 그림 5.13과 같이 전위가 0인 도체 A가 도체 B를 둘러싸고 있다면, B는 A의 외부에 있는 도체 C와 같은 다른 전기장치로부터 A에 의해 전기적으로 차폐되었다고 말한다. 비슷하게 A의 외부에 있는 도체 C는 A에 의해 B로부터 차폐되었다고 할 수 있다. 그래서 도체 A는 차폐장치와 같은 역할을 하고, 차폐벽의 안쪽과 바깥쪽의 전기적인 조건들은 서로 완전히 무관하다.

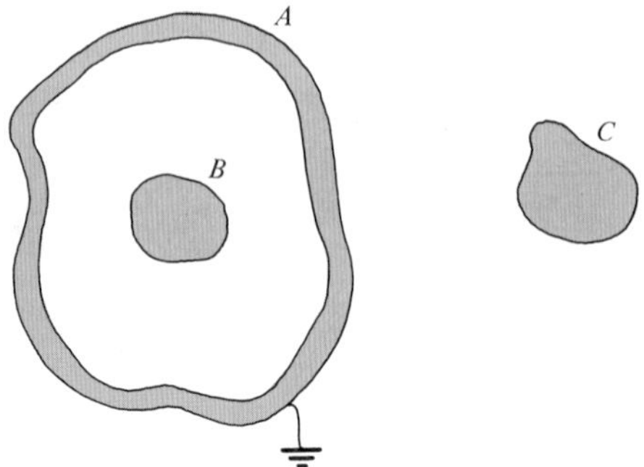

그림 5.13 정전차폐

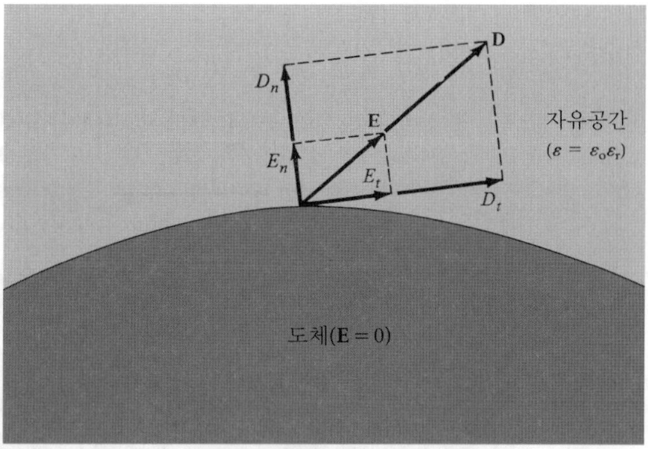

그림 5.14 도체-자유공간 경계면

C. 도체-자유공간 경계조건

이것은 도체와 유전체 사이의 경계면에서 경계조건은 식 (5.71)에서 ε_r을 1로 대치하면 얻어진다(자유공간은 $\varepsilon_r = 1$인 특별한 유전체로 간주한다). 전기장은 도체 외부에만 존재하며, 도체 표면에 수직임을 알 수 있다. 따라서 경계조건은

$$\boxed{D_t = \varepsilon_o E_t = 0, \quad D_n = \varepsilon_o E_n = \rho_S} \tag{5.72}$$

이며, 식 (5.72)는 **E**가 도체의 표면에 수직이 된다는 것을 의미하고 있음에 유의하라.

예제 5.9

두 개의 넓은 균질의 등방성 유전체가 $z = 0$인 평면을 경계로 접해 있다. $z > 0$에는 $\varepsilon_{r1} = 4$인 매질, $z < 0$에는 $\varepsilon_{r2} = 3$인 매질이 놓여 있다. $z \geq 0$인 영역에서 전기장이 $\mathbf{E}_1 = 5\mathbf{a}_x - 2\mathbf{a}_y + 3\mathbf{a}_z$ kV/m라고 할 때 다음을 구하라.

(a) $z \leq 0$에서의 $\mathbf{E}_2$

(b) $\mathbf{E}_1$과 $\mathbf{E}_2$가 경계면과 이루는 각

(c) 두 유전체에서의 에너지밀도(J/m^3)

(d) 점 (3, 4, −5)에 중심을 두고 한 변의 길이가 2 m인 정육면체 내의 에너지

풀이

이 문제를 그림 5.15에 나타내었다.

(a) $\mathbf{a}_z$가 경계면에 법선방향이므로 법선성분은 다음과 같이 구할 수 있다.

$$E_{1n} = \mathbf{E}_1 \cdot \mathbf{a}_n = \mathbf{E}_1 \cdot \mathbf{a}_z = 3$$
$$\mathbf{E}_{1n} = 3\mathbf{a}_z$$
$$\mathbf{E}_{2n} = (\mathbf{E}_2 \cdot \mathbf{a}_z)\mathbf{a}_z$$

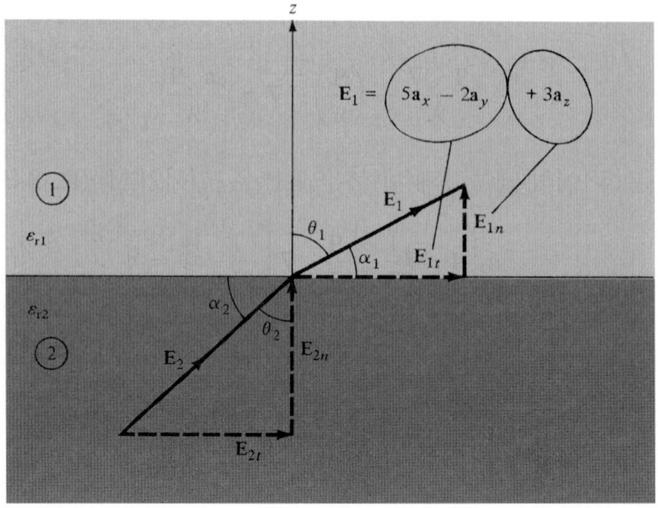

그림 5.15 예제 5.9의 그림

또한

$$\mathbf{E} = \mathbf{E}_n + \mathbf{E}_t$$

따라서

$$\mathbf{E}_{1t} = \mathbf{E}_1 - \mathbf{E}_{1n} = 5\mathbf{a}_x - 2\mathbf{a}_y$$

그러므로

$$\mathbf{E}_{2t} = \mathbf{E}_{1t} = 5\mathbf{a}_x - 2\mathbf{a}_y$$

비슷하게

$$\mathbf{D}_{2n} = \mathbf{D}_{1n} \rightarrow \varepsilon_{r2}\mathbf{E}_{2n} = \varepsilon_{r1}\mathbf{E}_{1n}$$

또는

$$\mathbf{E}_{2n} = \frac{\varepsilon_{r1}}{\varepsilon_{r2}}\mathbf{E}_{1n} = \frac{4}{3}(3\mathbf{a}_z) = 4\mathbf{a}_z$$

그러므로

$$\begin{aligned}\mathbf{E}_2 &= \mathbf{E}_{2t} + \mathbf{E}_{2n} \\ &= 5\mathbf{a}_x - 2\mathbf{a}_y + 4\mathbf{a}_z \text{ kV/m}\end{aligned}$$

(b) α_1과 α_2를 경계면과 $\mathbf{E}_1$, $\mathbf{E}_2$가 이루는 각이라 하고, θ_1과 θ_2는 그림 5.15에서와 같이 경계면에 법선 방향과의 사잇각이라 하자.

$$\alpha_1 = 90 - \theta_1$$
$$\alpha_2 = 90 - \theta_2$$

$E_{1n} = 3$, 그리고 $E_{1t} = \sqrt{25 + 4} = \sqrt{29}$ 이므로

$$\tan\theta_1 = \frac{E_{1t}}{E_{1n}} = \frac{\sqrt{29}}{3} = 1.795 \rightarrow \theta_1 = 60.9°$$

따라서

$$\alpha_1 = 29.1°$$

다른 방법으로 구해보면

$$\mathbf{E}_1 \cdot \mathbf{a}_n = |\mathbf{E}_1| \cdot 1 \cdot \cos\theta_1$$

또는

$$\cos\theta_1 = \frac{3}{\sqrt{38}} = 0.4867 \rightarrow \theta_1 = 60.9°$$

비슷하게

$$E_{2n} = 4, \quad E_{2t} = E_{1t} = \sqrt{29}$$
$$\tan\theta_2 = \frac{E_{2t}}{E_{2n}} = \frac{\sqrt{29}}{4} = 1.346 \rightarrow \theta_2 = 53.4°$$

따라서

$$\alpha_2 = 36.6°$$

$\dfrac{\tan\theta_1}{\tan\theta_2} = \dfrac{\varepsilon_{r1}}{\varepsilon_{r2}}$ 이 만족됨을 주목하라.

(c) 에너지밀도는 아래와 같다.

$$w_{E1} = \frac{1}{2}\varepsilon_1|\mathbf{E}_1|^2 = \frac{1}{2} \times 4 \times \frac{10^{-9}}{36\pi} \times (25 + 4 + 9) \times 10^6$$
$$= 672\ \mu\text{J/m}^3$$
$$w_{E2} = \frac{1}{2}\varepsilon_2|\mathbf{E}_2|^2 = \frac{1}{2} \times 3 \times \frac{10^{-9}}{36\pi}(25 + 4 + 16) \times 10^6$$
$$= 597\ \mu\text{J/m}^3$$

(d) 중심이 (3, 4, −5)이고 한 변의 길이가 2 m이므로 $z = -5 < 0$이 되어 정육면체는 영역 2에 존재하며, $2 \le x \le 4$, $3 \le y \le 5$, $-6 \le z \le -4$로 정의된다. 따라서

$$W_E = \int w_{E2}\, dv = \int_{x=2}^{4}\int_{y=3}^{5}\int_{z=-6}^{-4} w_{E2}\, dz\, dy\, dz = w_{E2}(2)(2)(2)$$
$$= 597 \times 8\ \mu\text{J} = 4.776\ \text{mJ}$$

연습문제 5.9

영역 1($x < 0$)에는 균질의 유전체($\varepsilon_r = 2.5$)가 있고, 영역 2($x > 0$)는 자유공간이다.

(a) $\mathbf{D}_1 = 12\mathbf{a}_x - 10\mathbf{a}_y + 4\mathbf{a}_z$ nC/m^{2}일 때 $\mathbf{D}_2$와 θ_2를 구하라.

(b) $E_2 = 12$ V/m이고 $\theta_2 = 60°$라 할 때, E_1과 θ_1을 구하라. 여기서 θ_1과 θ_2는 앞의 예제에서 정의했던 것과 같은 각이다.

해답: (a) $12\mathbf{a}_x - 4\mathbf{a}_y + 1.6\mathbf{a}_z$ nC/m^2, 19.75°, (b) 10.67 V/m, 77°

예제 5.10

그림 5.16과 같이 $y < 0$인 영역은 완전도체이고, $y > 0$인 영역은 유전체($\varepsilon_r = 2$)이다. 도체의 표면에 2 nC/m^{2}의 면전하가 있을 때 다음 지점에서 **E**와 **D**를 구하라.

(a) $A(3, -2, 2)$

(b) $B(-4, 1, 5)$

풀이

(a) 점 $A(3, -2, 2)$는 $y = -2 < 0$이므로 도체 내에 있다. 그러므로

$$\mathbf{E} = 0 = \mathbf{D}$$

(b) 점 $B(-4, 1, 5)$는 $y = 1 > 0$이므로 유전체 내에 있다.

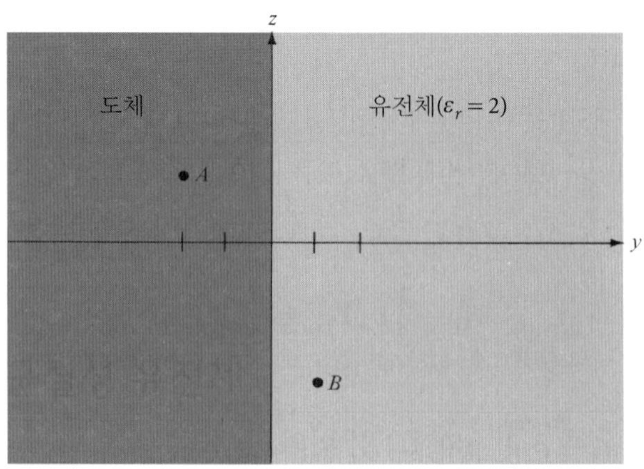

그림 5.16 예제 5.10의 그림

$$D_n = \rho_S = 2 \text{ nC/m}^2$$

따라서

$$\mathbf{D} = 2\mathbf{a}_y \text{ nC/m}^2$$

그리고

$$\mathbf{E} = \frac{\mathbf{D}}{\varepsilon_o \varepsilon_r} = 2 \times 10^{-9} \times \frac{36\pi}{2} \times 10^9 \mathbf{a}_y = 36\pi \mathbf{a}_y$$
$$= 113.1 \mathbf{a}_y \text{ V/m}$$

연습문제 5.10

공기와 도체 사이의 경계면 상의 특정 지점에서 $\mathbf{E} = 60\mathbf{a}_x + 20\mathbf{a}_y - 30\mathbf{a}_z$ mV/m이다. 이 지점에서 $\mathbf{D}$와 ρ_S를 구하라.

해답: $0.531\mathbf{a}_x + 0.177\mathbf{a}_y - 0.265\mathbf{a}_z$ pC/m^2, 0.619 pC/m^2

MATLAB 5.1

```
% This script computes parts (a) and (b) for Example 5.1
% using discrete summation approximation for the integration
clear
% the parameters of the shell
r = 0.2;
% Part (a)
sum=0;              % set initial total sum to zero
theta_inc=1/10;   % choose a suitably small increment
                                % for the integral
phi_inc=1/10;     % choose a suitably small increment
                             % for the integral
dtheta=theta_inc*pi/2;
dphi=phi_inc*2*pi;
for theta=0:dtheta:pi/2, % outer integral loop
  for phi=0:dphi:2*pi,  % inner integral loop
      % add the partial sums to the total sum
    sum=sum + 1/r^3*2*cos(theta)*r^2*sin(theta)*dtheta*dphi;
  end
end
% display the output
disp('')
disp(sprintf('The total current through the '))
disp(sprintf(' hemispherical shell is %f A', sum))
% Part (b)
sum=0;              % set initial total sum to zero
```

```
r = 0.1;
dtheta=theta_inc*pi;
dphi=phi_inc*2*pi;
for theta=0:dtheta:pi, % outer integral loop
  for phi=0:dphi:2*pi,  % inner integral loop
    % add the partial sums to the total sum
    sum=sum + 1/r^3*2*cos(theta)*r^2*sin(theta)*dtheta*dphi;
  end
end
% display the output
disp('')
disp(sprintf('The total current through the'))
disp(sprintf(' spherical shell is %f A', sum))
```

MATLAB 5.2

```
% This script allows the user to enter an electric field
% on either side of a dielectric boundary and compute the
% electric field on the other side of the boundary
%
% The boundary is assumed to be the plane z=0, with E1 the
% field in
% the region z >=0 and E2 the field in the region z <= 0
%
% inputs: E1 or E2, er1 and er2 (the relative permittivities
% of both media outputs: E1 or E2, the field not input by
% the user
clear
% prompt user for input materials
disp('Enter the relative permittivity in the region ');
er1 = input(' z > 0... \n >   ');
if isempty(er1); er1 = 1; elseif er1 < 1; er1 = 1; end
                            % check if dielectric is physical
disp('Enter the relative permittivity in the region ');
er2 = input(' z < 0... \n >   ');
if isempty(er2); er2 = 1; elseif er2 < 1; er2 = 1; end
                            % check if dielectric is physical
% prompt the user for the region
disp('Enter the side of the interface where the electric');
side = input('field is known (given)... \n >   ');
% if user entered something other than "r" "c" or "s"
% set default as "r"
if isempty(side); side = 1; elseif side > 2; side = 2; end
                             % check if dielectric is physical
if side == 1;
    % prompt the user for the field
    disp('Enter the electric field in side 1 in the ');
    E1 = input(' form [Ex Ey Ez]... \n >');
    E1n = E1(3)*[0 0 1];    % normal direction is +z
    E2n = E1n*er1/er2;  % e-field boundary condition
                                          % for normal component
```

```
    E1t = E1 - E1n;    % tangential component of E1
    E2t = E1t;          % e-field boundary condition for
                                  % tangential component
    E2 = E2t + E2n;
elseif side == 2;
    % prompt the user for the field
    disp('Enter the electric field in side 2 in the ');
    E2 = input(' form [Ex Ey Ez]... \n >');
    E2n = E2(3)*[0 0 1];      % normal direction is +z
    E1n = E2n*er2/er1;   % e-field boundary condition
                                      % for normal component
    E2t = E2 - E2n;    % tangential component of E2
    E1t = E2t;          % e-field boundary condition for
                                      %tangential component
    E1 = E1t + E1n;
else
    disp('Invalid specification, please re-try \n');
end
% Display results
disp(sprintf('The electric fields are '));
disp(sprintf('\n E1 = (%d, %d, %d) V/m',E1(1), E1(2), E1(3)));
disp(sprintf('\n E2 = (%d, %d, %d) V/m',E2(1), E2(2), E2(3)));
```

요약

1. 물질은 전기적 특성인 σ와 ε_r에 의해서 대략 도체($\sigma \gg 1, \varepsilon_r = 1$)와 유전체($\sigma \ll 1, \varepsilon_r \geq 1$)로 구분할 수 있다. 여기서 σ는 도전율, ε_r은 유전상수 또는 비유전율이다.
2. 전류는 임의의 면을 통과하는 전류밀도의 선속이다. 즉

$$I = \int \mathbf{J} \cdot d\mathbf{S}$$

3. 일정한 단면을 갖는 도체의 저항은 아래와 같다.

$$R = \frac{\ell}{\sigma S}$$

4. 주어진 체적의 유전체에서 분극의 거시적인 분극효과는 표면에 구속전하 $Q_b = \oint_S \rho_{ps}\, dS$를, 내부에는 축적된 구속전하 $Q_b = \int_v \rho_{pv}\, dv$를 남긴다. 여기서 $\rho_{ps} = \mathbf{P} \cdot \mathbf{a}_n$이고, $\rho_{pv} = -\nabla \cdot \mathbf{P}$이다.
5. 유전체에서 $\mathbf{E}$와 $\mathbf{D}$는 $\mathbf{D} = \varepsilon \mathbf{E}$의 관계를 가지며, 여기서 $\varepsilon = \varepsilon_0 \varepsilon_r$은 매질의 유전율이다.
6. 유전체의 전화율 $\chi_e(= \varepsilon_r - 1)$는 전기장에 대한 매질의 감응 정도를 나타낸다.
7. $\mathbf{D} = \varepsilon \mathbf{E}$, 즉 ε이 $\mathbf{E}$에 무관하면 유전체는 선형이다. ε이 위치에 무관하면 균질이고, ε이 스칼라이면 등방성이다.

8. 전하보존의 원리는 Kirchhoff의 전류법칙의 근본이며, 연속방정식에 의해 설명된다.

$$\nabla \cdot \mathbf{J} + \frac{\partial \rho_v}{\partial t} = 0$$

9. 물질의 이완시간 $T_r = \varepsilon/\sigma$은 물질 내부에 있는 전하가 초기값의 $\varepsilon^{-1}(\simeq 37\%)$로 감소하는 데 걸리는 시간이다.

10. 경계조건은 경계면에 의해 분리된 서로 다른 두 매질에 존재하는 전기장에 의해 만족되어야 할 조건이다. 유전체와 유전체 사이의 경계면에는

$$E_{1t} = E_{2t}$$

$$\rho_S = 0\text{이면 } D_{1n} - D_{2n} = \rho_S \text{ 또는 } D_{1n} = D_{2n}$$

이며, 유전체와 도체 사이의 경계면에서는 도체 내에서 $\mathbf{E} = 0$이므로 다음과 같다.

$$E_t = 0, \quad D_n = \varepsilon E_n = \rho_S$$

11. 고 유전상수의 물질들은 고성능 전자장치들에서 매우 중요하다.

복습 문제

5.1 대류전류의 예가 아닌 것은?

(a) 움직이는 대전된 벨트

(b) 진공관에서의 전자이동

(c) 텔레비전 브라운관에서의 전자빔

(d) 구리전선에 흐르는 전류

5.2 일정한 전압을 도선의 양 끝에 인가하였을 때

(a) 모든 전자들은 일정한 속도로 움직인다.

(b) 모든 전자들은 일정한 가속도로 움직인다.

(c) 평균적으로 전자의 불규칙적인 움직임은 각 전자의 일정 속도와 등가이다.

(d) 평균적으로 전자의 불규칙적인 움직임은 각 전자의 0이 아닌 일정 가속도와 등가이다.

5.3 공식 $R = \ell/(\sigma S)$은 가는 전선에 관한 것이다.

(a) 맞다. (b) 틀리다.

(c) 반드시 그렇지는 않다.

5.4 바닷물은 $\varepsilon_r = 80$이다. 유전율은 얼마인가?

(a) 81 (b) 79

(c) 5.162×10^{-10} F/m (d) 7.074×10^{-10} F/m

5.5 ε_o와 χ_e는 둘 다 단위가 없다.

(a) 맞다. (b) 틀리다.

5.6 주어진 물질에서 $\nabla \cdot \mathbf{D} = \varepsilon \nabla \cdot \mathbf{E}$와 $\nabla \cdot \mathbf{J} = \sigma \nabla \cdot \mathbf{E}$이면 그 물질은

(a) 선형 (b) 균질

(c) 등방성 (d) 선형과 균질

(e) 선형과 등방성 (f) 등방성과 균질

5.7 운모($\sigma = 10^{-15}$ S/m, $\varepsilon_r = 6$)의 이완시간은 얼마인가?

(a) 5×10^{-10}초 (b) 10^{-6}초

(c) 5시간 (d) 10시간

(e) 15시간

5.8 유전체-유전체 경계면 근처의 양쪽 영역에서의 균일장을 그림 5.17에 나타내었다. 어느 것이 옳은가? 경계면에는 전하가 없으며, $\varepsilon_2 > \varepsilon_1$이라고 가정한다.

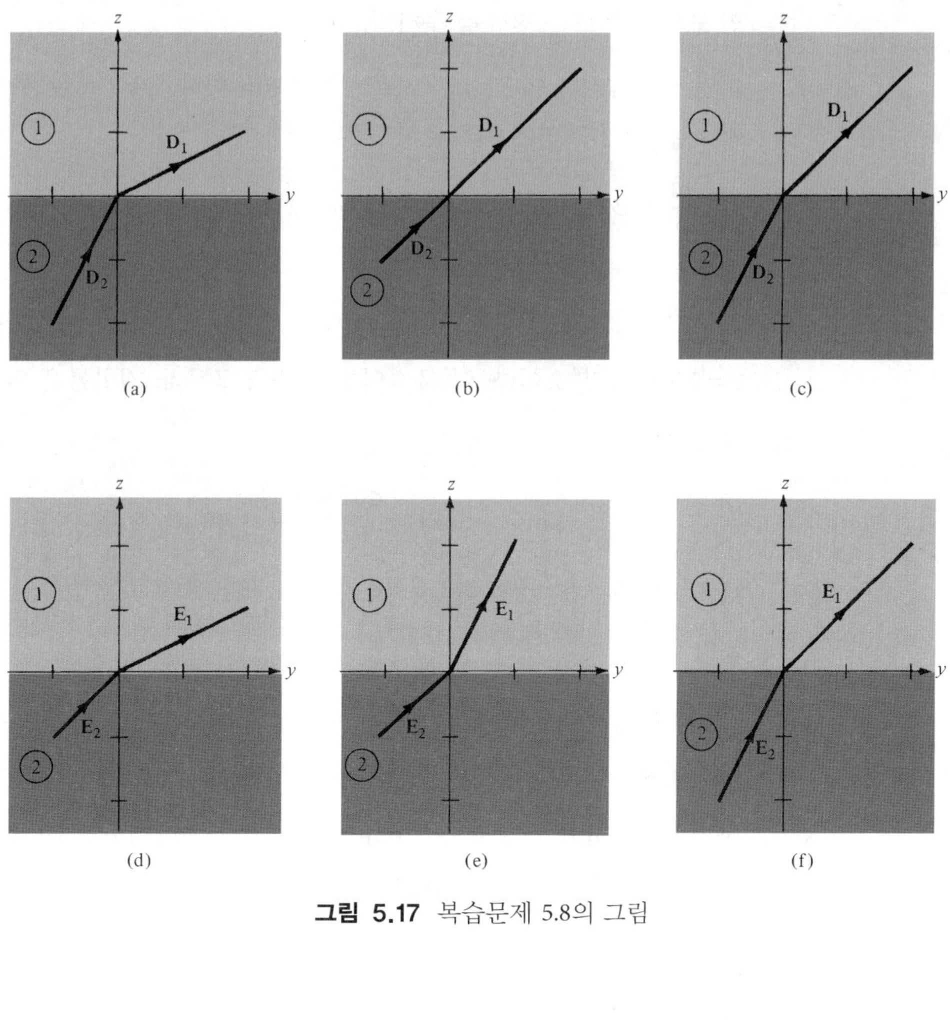

그림 5.17 복습문제 5.8의 그림

5.9 다음 설명 중 어떤 것이 틀렸는가?

(a) 도체와 절연체의 도전율은 온도와 주파수에 따라 변한다.

(b) 도체는 등전위체이며, **E**는 도체에 항상 접선방향이다.

(c) 무극성 분자는 영구쌍극자를 갖지 않는다.

(d) 선형 유전체에서 **P**는 **E**에 대해 선형적으로 변한다.

5.10 전기적으로 차폐된 영역의 내부와 외부의 전기적 조건(전하와 전위)은 서로 완전히 독립적이다.

(a) 맞다. (b) 틀리다.

해답: 5.1 d, 5.2 c, 5.3 c, 5.4 d, 5.5 b, 5.6 d, 5.7 e, 5.8 e, 5.9 b, 5.10 a

문제

5.3 대류전류와 전도전류

5.1 전류밀도 $\mathbf{J} = e^{-x}\cos 4y\mathbf{a}_x + e^{-x}\sin 4y\mathbf{a}_y$ A/m^{2}이다. $x = 2$, $0 < y < \pi/3$, $0 < z < 4$인 표면에 흐르는 전류를 구하라.

5.2 어떤 영역에서에서 $\mathbf{J} = 10/r \times e^{-10^3 t}\mathbf{a}_r$ A/m^{2}이다. $t = 2$ ms에서 얼마나 많은 전류가 $r = 4$ m인 표면에 흐르는지 구하라.

5.3 $\mathbf{J} = \dfrac{10}{\rho}\sin\phi\,\mathbf{a}_\rho$ A/m^{2}로 주어질 때, $\rho = 2$, $0 < \phi < \pi$, $0 < z < 5$ m인 표면에 흐르는 전류를 구하라.

5.4 어떤 금속의 전도 전자 수가 약 8.49×10^{28}개/m^{3}이다. 충돌 사이의 평균시간은 $\tau = 2.5 \times 10^{-14}$초이다. 이 물질의 도전율을 구하라. 저항률은 얼마인가?

5.5 전류밀도가

$$\mathbf{J} = \frac{20\cos\theta}{r+3}\mathbf{a}_r \text{ A/m}^2$$

일 때, $r = 3$, $\pi/4 < \theta < \pi/2$, $0 < \phi < 2\pi$인 표면에 흐르는 전류를 구하라.

5.4 도체

5.6 1 MΩ의 저항기를 흑연과 점토를 혼합하여 원통형으로 만들었으며, 길이가 2 cm, 반경이 4 mm이다. 저항기의 도전율을 구하라.

5.7 반경이 5 mm이고, 길이가 8 mm인 원통형 탄소막대($\sigma = 3 \times 10^4$ S/m)의 양 끝에 9 V의 전압을 인가하였을 때 다음을 구하라.

(a) 막대의 저항

(b) 막대를 통하여 흐르는 전류

(c) 막대에서 소비되는 전력

5.8 반지름이 2 mm이고 길이가 100 m인 도선에 9 V의 직류전압을 인가하여 0.3 A의 전류가 흐를 때, 다음을 구하라. (a) 도선내의 전기장 **E** (b) 도선의 도전율

5.9 두 도선은 동일한 지름과 같은 저항을 가지고 있다. 만약 하나는 구리로 만들어지고, 다른 하나는 은으로 만들어졌다면, 어느 도선이 더 긴가?

5.10 각각 반지름 $a = 2$ cm인 두 개의 작은 도체구가 저항률 2.5 Ωm인 균질의 저항 주매질 안에서 $D = 80$ cm의 큰 간격으로 분리되어 있다. 두 구의 중심 사이에서 저항 매질을 통해서 발생하는 저항을 구하라.

5.11 강철로 만든 반경이 1.5 cm인 내부 코어와 구리로 만든 두께 0.5 cm의 외피로 이루어진 길이 10 m의 복합도체가 있다.

(a) 도체의 저항을 구하라.

(b) 도체에 흐르는 총 전류가 60 A라 할 때 각 금속에 흐르는 전류를 구하라.

(c) 길이와 단면적이 외피와 같은 구리 도체의 저항을 구하라. 구리와 강철의 저항률은 각각 1.77×10^{-8}과 11.8×10^{-8} Ω·m이다.

5.12 ρ_1과 ρ_2의 저항률을 가진 두 물질로 만들어진 도체의 단면을 그림 5.18에 보였다. 길이가 ℓ인 도체의 저항을 구하라.

5.13 길이가 12.4 m이고 반지름이 0.84 mm인 은 전선의 양 끝에 12 V의 전압을 인가하였을 때, 전선에 흐르는 전류를 구하라.

5.5~5.7 분극과 유전상수

5.14 특정 온도와 압력에서 헬륨 기체에는 헬륨원자가 5×10^{25}개/m^3 포함되어 있다. 기체에 인가한 10 kV/m의 전기장에 의해 10^{-18} m의 평균 전자구름 변이가 일어났다고 할 때, 헬륨의 유전상수를 구하라.

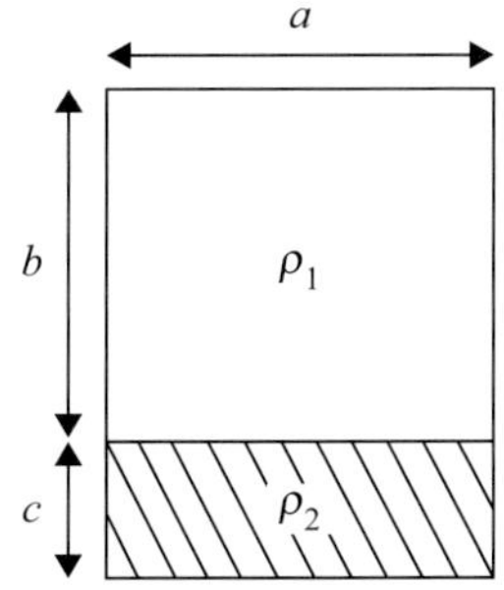

그림 5.18 문제 5.12의 그림

5.15 어떤 유전체에 1.8×10^{-27}의 쌍극자 모멘트를 갖는 극성분자 2×10^{19}개/m^3가 포함되어 있다. 모든 쌍극자가 $\mathbf{E} = 10^5\mathbf{a}_x$ V/m의 전기장 방향으로 정렬한다고 가정할 때, $\mathbf{P}$ 및 ε_r을 구하라.

5.16 $0 \le \rho \le a$, $0 \le z \le h$인 원통 모양의 유전체가 단위 체적당 $\mathbf{P} = (pz^2 + qz + r)\mathbf{a}_z$인 쌍극자로 분극되었으며, 이때 p, q, r은 상수이다. 구속체적전하밀도와 구속면전하밀도, 그리고 총 구속전하를 구하라.

5.17 어떤 유전체는 외부 전기장에 의해 분극되고, 주기적인 쌍극자 배열을 갖는다. 한 변의 길이가 10^{-3} m인 정육면체 형태의 대표적인 셀 안에 4개의 전하들이 아래의 좌표들에서 식별된다: 점 $(0.8, 0.2, 0.1) \times 10^{-3}$에서 전하 2 pC, 점 $(0.5, 0.3, 0.4) \times 10^{-3}$에서 전하 -2 pC, 점 $(0.4, 0.5, 0.6) \times 10^{-3}$에서 전하 3 pC, 점 $(0.6, 0.8, 0.1) \times 10^{-3}$에서 전하 -3 pC. 이때, 분극벡터 $\mathbf{P}$를 구하라. 유전체의 비유전율이 6일 때, 이 분극을 발생시킬 수 있는 전기장을 구하라.

5.18 xy평면 상의 점 (2, 0)에 $Q_1 = 2$ C, 점 (4, 0)에 $Q_2 = -1$ C, 점 (3, 1)에 $Q_3 = -1$ C인 세 개의 점전하가 놓여 있다.

(a) 순 쌍극자 모멘트를 구하라.

(b) xy평면 상에서 전하들의 위치를 점 (2, 5)에 $Q_1 = 2$ C, 점 (4, 5)에 $Q_2 = -1$ C, 점 (3, 6)에 $Q_3 = -1$ C로 바꾸었을 때 순 쌍극자 모멘트를 다시 구하라.

(c) 전하량 중 Q_3가 -2 C으로 바뀔 경우 순 쌍극자 모멘트를 구하라.

5.19 내부 및 외부 반지름이 각각 $r = 1.2$ cm와 $r = 2.6$ cm인 속이 빈 구체가 있다. $\mathbf{P} = 4r\mathbf{a}_r$ pC/m^2인 경우, (a) 내면에서의 총 구속 표면전하, (b) 외면에서의 총 구속 표면전하, (c) 총 구속 체적전하를 구하라.

5.20 중심이 원점 주위에 있고 변 a를 갖는 정육면체 모양의 유전체 속의 분극벡터가 $\mathbf{P} = r\mathbf{a}_r$ C/m^2일 때, 구속체적전하밀도과 구속면전하밀도를 구하고 총 구속전하를 구하라.

5.21 유전체 $(\varepsilon = 8\varepsilon_o)$ 안의 전위가 $V = 4x^2yz^3$ V일 때, 점 $(-2, 5, 3)$에서의 V, $\mathbf{E}$, $\mathbf{P}$를 구하라.

5.22 유전체 $(\varepsilon = 5\varepsilon_o)$에서 전위가 $V = 10x^2yz - 5z^2$ V일 때, (a) $\mathbf{E}$, (b) $\mathbf{D}$, (c) $\mathbf{P}$, (d) ρ_v를 구하라.

5.23 동심구들의 반지름이 각각 a, b, c이고, 각각 4 C, -6 C, 10 C의 전하량을 가지고 있다. 이 동심구들에 의해 분리된 영역들이 그림 5.19와 같이 각각 다른 유전체로

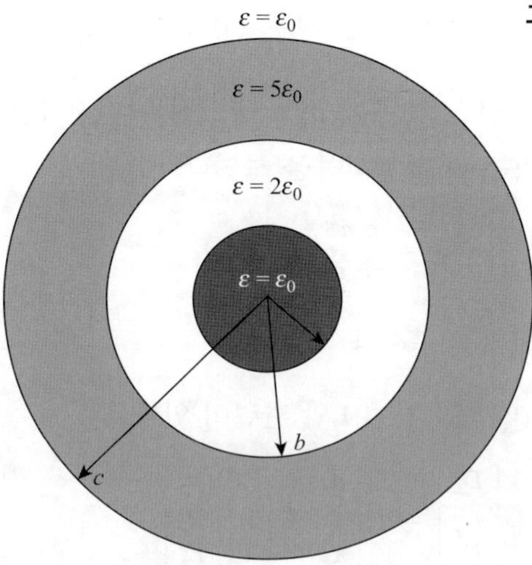

그림 5.19 문제 5.23의 그림

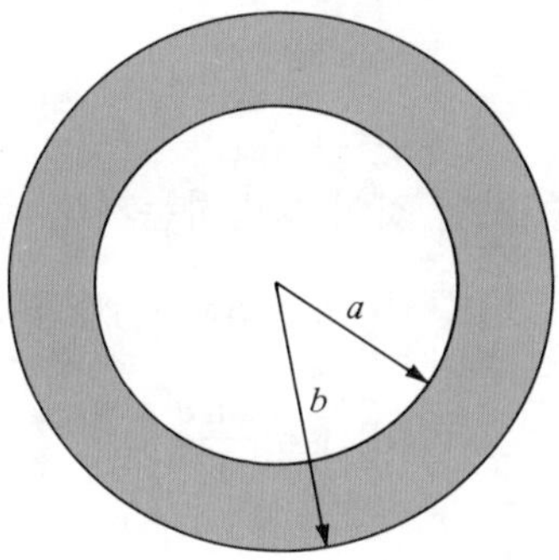

그림 5.20 문제 5.24의 그림

채워졌을 때, 각 영역에서의 **E**, **D**, **P**를 구하라.

5.24 $a < r < b$에서 $\varepsilon = \varepsilon_o\varepsilon_r$이고 $0 < r < a$에서 $\varepsilon = \varepsilon_o$인 그림 5.20과 같은 속이 빈 유전체구에서 전하 Q가 구각의 중앙에 위치한다고 할 때 다음을 구하라.

(a) $a < r < b$에서의 **P**

(b) $a < r < b$에서의 ρ_{pv}

(c) $r = a$ 및 $r = b$에서의 ρ_{ps}

5.25 자유공간에서 두 점전하는 거리 d만큼 떨어져 있고 서로 2.6 nN의 힘을 가한다. 균일한 유전 물질로 자유공간이 대체되었을 때 힘은 1.5 nN이 되었다. 물질의 유전상수를 계산하라.

***5.26** 총 전하 Q가 구의 표면에 균일하게 분포된 반지름 a인 도체구가 있다.

(a) 이 도체구가 유전율 ε인 매질 안에 삽입되어 있다고 할 때, 저장된 에너지를 구하라.

(b) 유전율이 $\varepsilon = \varepsilon_o \left(1 + \frac{a}{r}\right)^2$ 로 변할 경우, (a)를 반복하라.

5.27 반지름 a와 유전상수 ε_r인 고체 구가 ρ_o의 균일한 체적전하밀도를 가지고 있다.

(a) 구의 중심에서 전위는 다음과 같음을 보여라.

$$V = \frac{\rho_o a^2}{6\varepsilon_o \varepsilon_r}(2\varepsilon_r + 1)$$

(b) 구의 표면에서의 전위를 구하라.

5.28 이방성 매질에서 **D**는 다음과 같이 **E**와 관련이 있다.

$$\begin{bmatrix} D_x \\ D_y \\ D_z \end{bmatrix} = \varepsilon_o \begin{bmatrix} 4 & 1 & 1 \\ 1 & 3 & 1 \\ 1 & 1 & 2 \end{bmatrix} \begin{bmatrix} E_x \\ E_y \\ E_z \end{bmatrix}$$

$\mathbf{E} = E_o(\mathbf{a}_x + \mathbf{a}_y - \mathbf{a}_z)$ V/m일 때 **D**를 구하라.

5.8 연속방정식과 이완시간

5.29 정전기장에서 다음의 전류밀도 중 어떤 것이 성립하는가?

(a) $\mathbf{J} = 2x^3y\mathbf{a}_x + 4x^2z^2\mathbf{a}_y - 6x^2yz\mathbf{a}_z$

(b) $\mathbf{J} = xy\mathbf{a}_x + y(z+1)\mathbf{a}_y + 2y\mathbf{a}_z$

(c) $\mathbf{J} = \frac{z^2}{\rho}\mathbf{a}_\rho + z\cos\phi\,\mathbf{a}_z$

(d) $\mathbf{J} = \frac{\sin\theta}{r^2}\mathbf{a}_r$

5.30 $\mathbf{J} = e^{-2y}\sin 2x\mathbf{a}_x + e^{-2y}\cos 2x\mathbf{a}_y + z\mathbf{a}_z$ A/m^{2}일 때, 전하밀도의 변화율을 구하라.

5.31 $t = 0$에서 유전상수 $\epsilon_r = 81$, 도전율 $\sigma = 5$ ohm/m인 물질로 채워진 폐곡면 S안에 놓인 총전하 $Q = 20$ pC이 위치하고 있다. $t = 0$과 $t = 0.2$ ns에서 폐곡면 S를 통해서 밖으로 흐르는 전류를 각각 구하라.

5.32 전도성 매질 안에 있는 과잉 전하가 80 μs 동안에 초기값의 1/2이 되었다. 이 매질의 유전상수가 7.5라고 할 때, 도전율과 이완시간을 구하라.

5.33 ρ_v는 움직이는 전하의 체적전하밀도이다. u를 속도라 할 때,

$$(\boldsymbol{u}\cdot\nabla)\rho_v + \rho_v\boldsymbol{\nabla}\cdot\boldsymbol{u} + \frac{\partial\rho_v}{\partial t} = 0$$

임을 증명하라.

5.34 각각의 반지름이 $a = 3$, $b = 7$인 두 개의 동심 도체구가 접지되어 있다. 두 도체구 사이의 반지름 $r = 5$인 지점에 12 μC의 점전하가 놓여 있을 때, 두 개의 도체구에 유도되는 전하량을 구하라.

5.35 다음 각 매질에 대한 이완시간을 구하라.

(a) 경질고무 ($\sigma = 10^{-15}$ S/m, $\varepsilon = 3.1\varepsilon_o$)

(b) 운모 ($\sigma = 10^{-15}$ S/m, $\varepsilon = 6\varepsilon_o$)

(c) 증류수 ($\sigma = 10^{-4}$ S/m, $\varepsilon = 80\varepsilon_o$)

5.36 반지름이 각각 $a = 3$, $b = 7$인 두 개의 동축 원통형 도체가 접지되어 있다. 두 원통 도체 사이의 반지름 $\rho = 5$인 지점에 12 μC인 점전하가 놓여 있다. 두 원통에 유도된 전하량을 구하라.

5.9 경계조건

5.37 도전율이 각각 σ_1, σ_2인 두 매질의 경계면에서 전류밀도 **J**의 법선과 접선 성분들이

$$J_{1n} = J_{2n}, \quad \frac{J_{1t}}{J_{2t}} = \frac{\sigma_1}{\sigma_2}$$

임을 보여라.

5.38 $z < 0$은 유전상수 $\boldsymbol{\varepsilon}_{r1} = 4$인 영역 1이고 $z > 0$은 $\boldsymbol{\varepsilon}_{r2} = 7.5$인 영역 2이다. $\mathbf{E}_1 = 60\mathbf{a}_x - 100\mathbf{a}_y + 40\mathbf{a}_z$ V/m인 경우, (a) $\mathbf{P}_1$과 (b) $\mathbf{D}_2$를 구하라.

5.39 $\sqrt{3x} + y < 0$인 영역은 완전도체이고, $\sqrt{3x} + y > 0$인 영역은 $\boldsymbol{\varepsilon}_r = 2.6$인 유전체이다. 유전체 내에 $\mathbf{E} = 24\mathbf{a}_x + E_y\mathbf{a}_y$ V/m인 전기장이 있을 때, E_y를 구하고 이 전기장을 유지할 수 있는 면전하밀도를 구하라.

5.40 $\boldsymbol{\varepsilon}_{r1} = 2.4$인 $x + 2y < 0$ 영역과 $\boldsymbol{\varepsilon}_{r2} = 5.3$인 $x + 2y > 0$ 영역에서 첫 번째 영역내의 전기장이 $\mathbf{E}_1 = 10\mathbf{a}_x + 6\mathbf{a}_y$ V/m일 때, 두 번째 영역내의 전기장을 구하라.

5.41 유전율 $\boldsymbol{\varepsilon}_1 = 2\boldsymbol{\varepsilon}_o$인 영역 1과 유전율 $\boldsymbol{\varepsilon}_2 = 5\boldsymbol{\varepsilon}_o$인 영역 2는 평면 $x + 2y + z = 1$에 의해 분리되어 있다. $x + 2y + z > 1$인 영역을 영역 1로 하였을 때, $\mathbf{E}_1 = 20\mathbf{a}_x - 10\mathbf{a}_y + 40\mathbf{a}_z$ V/m인 경우,

(a) $\mathbf{E}_1$의 법선, 접선 성분을 구하고, (b) $\mathbf{E}_2$를 구하라.

5.42 그림 5.21에서 $\mathbf{E}_1 = 10\mathbf{a}_x - 6\mathbf{a}_y + 12\mathbf{a}_z$ V/m라 할 때 다음을 구하라.

(a) $\mathbf{P}_1$, (b) $\mathbf{E}_2$ 및 $\mathbf{E}_2$와 y축 사이의 각, (c) 각 영역에서의 에너지밀도

5.43 반지름이 a인 유전체 구가 $\mathbf{P} = P_0\mathbf{a}_z$ Cm^{2}의 단위 체적당 균일한 쌍극자로 분극되어 있다. (1) $h > a$인 경우 점 (0, 0, h), (2) 구의 중심 (0, 0, 0)에서의 분극과 연관된 전기장을 구하라.

5.44 반경 a인 도체구가 그림 5.22에서와 같이 유전율 ε_1인 액체로 된 유전체에 반만 묻혀있다. 액체 위의 영역은 유전율 ε_2인 가스라고 한다. 도체구 위의 총 자유전하

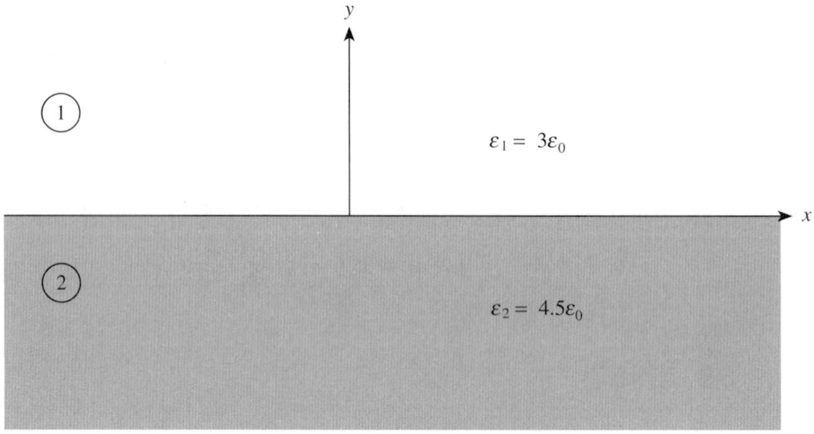

그림 5.21 문제 5.42의 그림

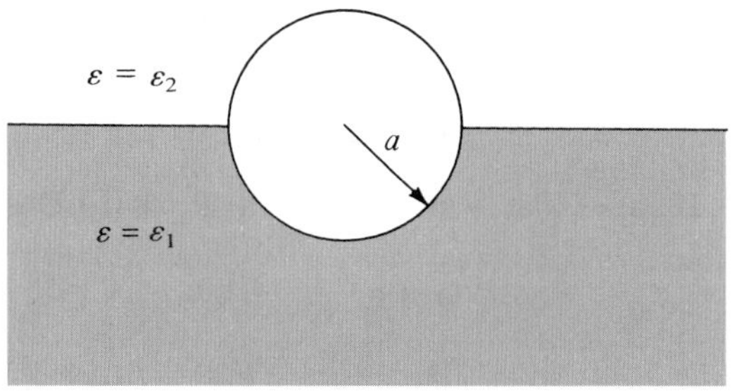

그림 5.22 문제 5.44의 그림

량을 Q라고 할 때 모든 점에서 전기장의 세기를 구하라.

5.45 비유전율이 $\varepsilon_r = 2.5$인 유전체의 자유 전하의 체적전하밀도가 $\rho_v = 20\ \mu\text{C/m}^2$일 때, 구속 전하밀도를 구하라.

***5.46** 수직으로 세운 두 장의 평행 평판 유리($\varepsilon_r = 8.5$)는 균일한 공극에 의해 그들의 안쪽 표면이 분리되어 있다. 그림 5.23에서 보인 것과 같이 완전히 밀봉된 이 평판들은 기름($\varepsilon_r = 3.0$) 속에 담겨 있다. 수평 방향으로 강도 2 kV/m의 균일한 전기장이 기름 속에 존재한다. (a) 전기장이 유리 표면과 수직인 경우 그리고 (b) 기름 안의 전기장이 유리면의 법선과 75도의 각도를 이루는 경우, 유리 안과 유리로 둘러싸인 공극 안에서의 전기장의 크기와 방향을 계산하라. 가장자리 효과는 무시하라.

5.47 전도성 표면 위의 한 지점에서 $\mathbf{E} = 30\mathbf{a}_x - 40\mathbf{a}_y + 20\mathbf{a}_z$ mV/m이다. 그 점에서의 표면전하밀도를 계산하라.

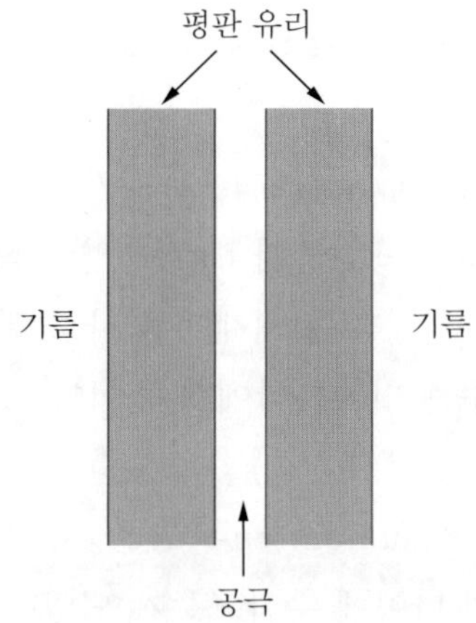

그림 5.23 문제 5.46의 그림

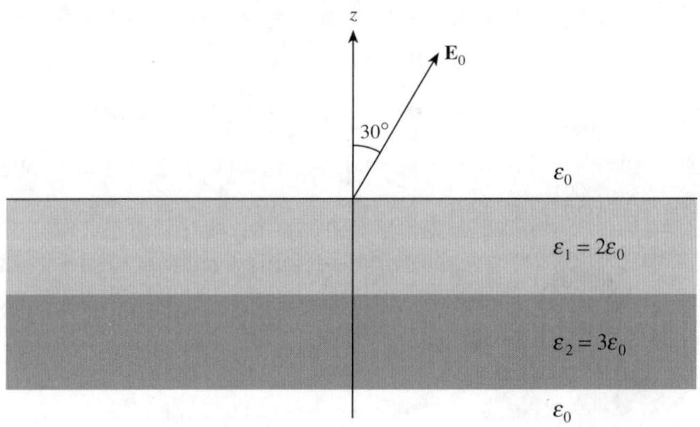

그림 5.24 문제 5.49의 그림

5.48 (a) 도체 표면상의 한 점에서 $\mathbf{E} = 15\mathbf{a}_x - 8\mathbf{a}_z$ V/m이 주어질 때, 그 점에서의 표면 전하밀도는 무엇인가? $\varepsilon = \varepsilon_0$으로 가정한다.

(b) $y \geq 2$인 영역은 도체로 채워져 있다. 도체의 표면 전하가 -20 nC/m^{2}인 경우, 도체 바로 밖에서의 **D**를 구하라.

5.49 그림 5.24는 동일한 두께와 서로 다른 유전상수를 가지는 두 개의 평판 조각들을 나타낸 것이다. 공기 중의 $\mathbf{E}_0$는 z축과 30°의 각도를 이룬다. 두 유전체 층들의 각각에서 **E**가 z축과 만드는 각도를 계산하라.

5.50 $\varepsilon_1 = 4\varepsilon_0$, $\varepsilon_2 = 3\varepsilon_0$인 두 유전매질이 무한평면에 의해 분리되어 있다. 첫 번째 매질 속에서 전기장 벡터가 법선과 $\theta_1 = 40°$의 각도를 이루는 경우, 두 번째 매질 속에서 전기장 벡터가 향하는 각 θ_2를 구하라.

Pierre-SIMON de Laplace(1749~1827) 프랑스의 천문학자이며 수학자인 그는 Laplace 변환과 Laplace 방정식을 발견했으며 이 장에서 논의 될 것이다. 그는 세계가 하나로 된 결정체라고 믿었다. Laplace에게 우주는 미적분학에서 풀어야 할 커다란 과제일 뿐이었다.

Normandy의 Beaumont-en-Auge에서 천한 신분으로 태어난 Laplace는 20세의 나이에 수학교수가 되었다. 그의 수학적 재능은 유명한 수학자 Siméon Poisson에게 감명을 주었으며, 그는 Laplace를 프랑스의 Isaac Newton이라고 불렀다. Laplace는 포텐셜이론, 확률이론, 천문학, 천체역학 등의 분야에서 큰 공헌을 이루었다. 그는 자신의 작품인 Traitéde Méanique Céleste(Celestial Mechanics)에 대해 폭넓게 알고 있었으며, 이것은 천문학에 대한 Newton의 업적을 보충해 주었다. Laplace는 확률과 통계에 관한 역사 속에서 소수 거장중의 한명이다. 그는 평생을 가톨릭 교인으로 살았다.

Siméon-Denis Poisson(1781~1840) 프랑스의 수학자이며 물리학자인 그의 이름은 여러 개념들에 광범위하게 붙여져 있다. 예를 들면, Poisson의 적분, (이 장에서 논의 되는) 포텐셜 이론에서 Poisson 방정식, 미분방정식에서 Poisson 괄호, 탄성학에서 Poisson 비율, 확률이론에서 Poisson 분포, 전기공학에서 Poisson 상수 등.

은퇴한 군인의 아들로서, 파리의 남부 Pithviers에서 태어난 Poisson은 본래 그의 가족들로부터 의학을 공부하라고 강요받았으나 1798년 17세의 나이에 Éole Polytechnique에서 수학을 공부하기 시작했다. 그의 능력은 그의 선생인 Lagrange와 Laplace의 관심을 끌었으며, 그들의 우정은 그들의 삶이 끝날 때까지 지속되었다. Poisson의 나이 18세일 때 쓰여진 유한 차분에 관한 논문은 Legendre의 관심을 끌었다. Poisson의 주 관심대상은 물리학을 위한 수학의 응용, 특히 정전기학과 자기학에 있었다.

Poisson은 역학, 탄성학이론, 미적분학, 미분기하학 및 확률이론 등에 중대한 기여를 하였다. 그는 300 내지 400편에 달하는 수학에 관한 업적을 발표하였다.

6장

정전 경계값 문제

어리석은 사람이 현명한 사람에게 배우는 것보다 현명한 사람이 어리석은 사람에게 배우는 것이 더 많다. 현명한 사람은 어리석은 사람의 실수를 피하지만, 어리석은 사람은 현명한 사람의 성공을 따라하지 않기 때문이다.

– 마르쿠스 포르치우스 카토

6.1 서론

앞 장에서는 전기장 **E**를 구하기 위한 과정으로서 일반적으로 전하분포를 알고 있을 때는 Coulomb의 법칙이나 Gauss의 법칙을 사용하였으며, 영역 전반에서 전위 V를 알고 있을 때는 $\mathbf{E} = -\nabla V$를 사용하였다. 그러나 대부분 실제의 경우 전하분포나 전위분포는 알려져 있지 않다.

이 장에서는 어떤 경계에서의 정전기장의 조건(전하와 전위)만을 알고 있는 실제적인 정전기장 문제를 고려하여 영역 전반에서의 V와 **E**를 구하도록 한다. 그러한 문제의 해는 Poisson이나 Laplace 방정식 또는 영상법에 의하여 구해지며, 이러한 방법을 일반적으로 **경계값** 문제라고 부른다. 저항과 정전용량의 개념을 다룰 것이며, 물체의 저항과 커패시터의 정전용량을 구하는데 Laplace 방정식이 사용될 것이다. 예제 6.5는 이 책의 나머지 부분에서 자주 인용되기 때문에 특별한 관심을 가져주기 바란다.

6.2 Poisson과 Laplace 방정식

Poisson과 Laplace 방정식은 Gauss의 법칙으로부터 쉽게 유도된다(선형, 등방성 매질에 대하여).

$$\nabla \cdot \mathbf{D} = \nabla \cdot \varepsilon \mathbf{E} = \rho_v \tag{6.1}$$

그리고

$$\mathbf{E} = -\nabla V \tag{6.2}$$

식 (6.2)를 식 (6.1)에 대입하면 비균질 매질에서는

$$\nabla \cdot (-\varepsilon \nabla V) = \rho_v \tag{6.3}$$

이며, 균질 매질에서 식 (6.3)은

$$\boxed{\nabla^2 V = -\frac{\rho_v}{\varepsilon}} \tag{6.4}$$

가 된다. 이 식을 Poisson **방정식**이라고 한다. 이 방정식의 특별한 경우로써 $\rho_v = 0$(전하가 없는 영역)에서 식 (6.4)는

$$\boxed{\nabla^2 V = 0} \tag{6.5}$$

이 되며, 이 식을 Laplace **방정식**이라고 한다. 식 (6.4)를 구하기 위하여 식 (6.3)의 좌변에서 ε을 꺼낼 수 있는 것은 V가 정의되는 영역 전반에 걸쳐서 ε이 일정하다고 가정했기 때문임을 유의하라. 비균질 매질에서는 ε이 일정하지 않으므로 식 (6.4)를 얻을 수 없다. 식 (6.3)은 비균질 매질에서의 Poisson 방정식이며, $\rho_v = 0$일 때 식 (6.3)은 비균질 매질에서의 Laplace 방정식이다.

Laplacian 연산자 ∇^2은 3.8절에서 유도한 바 있으며, Laplace 방정식을 직각, 원통, 구 좌표계로 각각 표시하면

$$\boxed{\frac{\partial^2 V}{\partial x^2} + \frac{\partial^2 V}{\partial y^2} + \frac{\partial^2 V}{\partial z^2} = 0} \tag{6.6}$$

$$\boxed{\frac{1}{\rho}\frac{\partial}{\partial \rho}\left(\rho \frac{\partial V}{\partial \rho}\right) + \frac{1}{\rho^2}\frac{\partial^2 V}{\partial \phi^2} + \frac{\partial^2 V}{\partial z^2} = 0} \tag{6.7}$$

$$\boxed{\frac{1}{r^2}\frac{\partial}{\partial r}\left(r^2 \frac{\partial V}{\partial r}\right) + \frac{1}{r^2 \sin\theta}\frac{\partial}{\partial \theta}\left(\sin\theta \frac{\partial V}{\partial \theta}\right) + \frac{1}{r^2 \sin^2\theta}\frac{\partial^2 V}{\partial \phi^2} = 0} \tag{6.8}$$

이며, 전위가 $V(x, y, z)$, $V(\rho, \phi, z)$ 또는 $V(r, \theta, \phi)$에 따라 선택해서 사용하여야 한다. 식 (6.6), (6.7)과 (6.8)의 오른쪽 항의 0 대신에 $-\rho_v/\varepsilon$을 대입하면 위의 좌표계 중에서 Poisson 방정식이 얻어진다.

서로 다른 전위를 갖는 도체 집단에서 정전문제를 푸는 데는 Laplace 방정식이 가장 중요하다. 이러한 문제의 예로서 커패시터와 2극 진공관을 들 수 있다. Laplace 방정식이나 Poisson 방정식은 정전기장 문제를 푸는 데 유용할 뿐만 아니라, 여러 다른 장 문제에도 사용된다. 예를 들어 V는 정자기장에서 자기 포텐셜로, 열전도에서는 온도로, 유체 흐름에서는 압력함수로, 그리고 누출량에서는 압력원으로 해석될 수 있다.

†6.3 유일성 정리

주어진 문제의 해를 구하는 여러 가지 방법(해석적, 도식적, 수치 해석적, 실험적 방법 등)이 있으므로 서로 다른 방법으로 Laplace 방정식을 풀게 되면 다른 해를 얻게 되지 않을까 하는 의문을 가질 수 있다. 따라서 Laplace 방정식을 풀기 전에 이 의문에 답을 해야 한다. Laplace 방정식의 해가 주어진 일련의 경계조건을 만족시킨다면 이 해는 유일한 해인가? 답은 그렇다이다. 단지 하나의 해만 존재할 때 해는 유일하다라고 말한다. 따라서 같은 경계조건을 만족시키는 Laplace 방정식의 해는 사용한 방법에 관계없이 단 하나이다. 이것을 **유일성 정리**(uniqueness theorem)라고 한다. 이 정리는 주어진 영역이나 폐곡면에서 Poisson이나 Laplace 방정식의 모든 풀이에 적용된다.

이 정리는 모순법에 의해 증명이 된다. 경계조건을 만족시키는 Laplace 방정식의 해를 V_1과 V_2라고 하자. 그러면

$$\nabla^2 V_1 = 0, \quad \nabla^2 V_2 = 0 \tag{6.9a}$$

$$V_1 = V_2 \quad (\text{경계에서}) \tag{6.9b}$$

두 해의 차를

$$V_d = V_2 - V_1 \tag{6.10}$$

이라고 할 때 식 (6.9)에 의해 다음 식이 성립한다.

$$\nabla^2 V_d = \nabla^2 V_2 - \nabla^2 V_1 = 0 \tag{6.11a}$$

$$V_d = 0 \quad (\text{경계에서}) \tag{6.11b}$$

발산정리에서

$$\int_v \nabla \cdot \mathbf{A}\, dv = \oint_S \mathbf{A} \cdot d\mathbf{S} \tag{6.12}$$

여기서 S는 체적 v를 둘러싸는 면이고, 본래의 문제의 경계이다. $\mathbf{A} = V_d\, \nabla V_d$라 놓고 벡터 등식을 사용하면

$$\nabla \cdot \mathbf{A} = \nabla \cdot (V_d \nabla V_d) = V_d \nabla^2 V_d + \nabla V_d \cdot \nabla V_d$$

식 (6.11a)에 의해 $\nabla^2 V_d = 0$이므로

$$\nabla \cdot \mathbf{A} = \nabla V_d \cdot \nabla V_d \tag{6.13}$$

가 얻어진다. 식 (6.13)을 식 (6.12)에 대입하면

$$\int_v \nabla V_d \cdot \nabla V_d \, dv = \oint_S V_d \nabla V_d \cdot d\mathbf{S} \tag{6.14}$$

가 된다. 식 (6.9)와 (6.11)로부터 식 (6.14)의 오른쪽 항이 0이 됨이 분명하다. 따라서

$$\int_v |\nabla V_d|^2 \, dv = 0$$

피적분함수는 항상 양이므로

$$|\nabla V|_d = 0 \tag{6.15a}$$

또는

$$V_d = V_2 - V_1 = v \text{ 내의 어디에서나 상수} \tag{6.15b}$$

의 결과가 얻어진다. 식 (6.15)는 식 (6.9b)와 같아야 하므로 어디에서나 $V_d = 0$ 또는 $V_1 = V_2$이어야 하고, 이는 V_1과 V_2가 동일한 문제에서 다른 해가 될 수 없다는 것을 보여준다.

경계조건을 만족시키는 Laplace 방정식의 해는 유일하게 하나만 존재한다는 것이 **유일성 정리**이다.

유일성 정리를 Poisson 방정식에 적용시키기 위한 과정은 앞에서와 마찬가지이고 경계에서 전기장(전위의 기울기)이 주어진 경우에 이 정리를 증명하기 위한 과정도 비슷하다.

경계값 문제를 풀기 전에 문제를 유일하게 설명하는 다음 세 가지 항목을 명심하여야 한다.

1. 적절한 미분방정식(이 장에서는 Laplace나 Poisson 방정식)
2. 풀이 영역
3. 주어진 경계조건

만일 위의 세 가지 항목 중 하나라도 빠뜨리면 유일한 해를 얻을 수 없을 뿐만 아니라 완전한 해를 얻을 수도 없다.

6.4 Poisson과 Laplace 방정식을 풀기 위한 일반적인 과정

주어진 경계조건에서 Poisson과 Laplace 방정식의 해를 얻기 위해서는 다음의 과정을 거쳐야 한다.

1. Laplace 방정식($\rho_v = 0$일 때) 또는 Poisson 방정식($\rho_v \neq 0$일 때)을 다음과 같이 푼다.
   (a) V의 변수가 하나인 경우 직접 적분한다.
   (b) V의 변수가 두 개 이상인 경우 변수분리법에 의하여 해를 구한다. 이 시점에서 해는 결정해야 할 미지의 적분상수의 항으로 표현되므로 유일하지 않다.

2. V에 대한 유일해를 얻기 위하여 경계조건을 적용한다. 주어진 경계조건을 사용하여 유일해를 만든다.

3. 구한 V를 $\mathbf{E} = -\nabla V$에 대입하여 $\mathbf{E}$를 구하고, $\mathbf{D} = \varepsilon\mathbf{E}$로부터 $\mathbf{D}$를, $\mathbf{J} = \sigma\mathbf{E}$로부터 $\mathbf{J}$를 구한다.

4. 원한다면 $Q = \int_s \rho_S \, dS$를 사용하여 도체에 유도된 전하 Q를 구한다. 여기서 $\rho_S = D_n$이고, D_n은 도체 표면에서 $\mathbf{D}$의 법선성분이다. 필요하다면 $C = Q/V$를 사용하여 두 도체 사이의 정전용량을 구하거나, $R = V/I$를 사용하여 대상이 되는 물질의 저항을 구할 수 있다. 여기서 $I = \int_s \mathbf{J} \cdot d\mathbf{S}$이다.

과정 1에서와 같이 Laplace(또는 Poisson) 방정식의 해를 구하는 것이 생각만큼 복잡하지 않다. 어떤 경우에는 문제가 간단한 관찰에 의해 해결되기도 한다. 또한, 어떤 해가 Laplace 방정식과 주어진 경계조건을 만족하는지를 확인하고자 할 때에는 다시 처음부터 검사하여야 한다.

예제 6.1

고전압 전력장비에서 전류가 흐르는 소자들은 저항성 손실 때문에 발생하는 열을 제거하기 위하여 냉각을 시켜야만 한다. 펌프작용은 전기장 내의 전하에 의해 냉각액에 전달되는 힘에 바탕을 둔다. 전기유체역학적(electrohydrodynamic, EHD)인 펌프작용을 그림 6.1에 나타내었다. 전극 사이는 일정한 전하밀도 ρ_o인 전하들로 채워져 있고, 왼쪽 전극에서 생성되어 오른쪽 전극에 모이게 된다. $\rho_o = 25 \text{ mC/m}^3$이고, $V_o = 22 \text{ kV}$일 때 펌프의 압력을 구하라.

풀이

$\rho_v \neq 0$이므로 Poisson 방정식을 적용한다.

$$\nabla^2 V = -\frac{\rho_v}{\varepsilon}$$

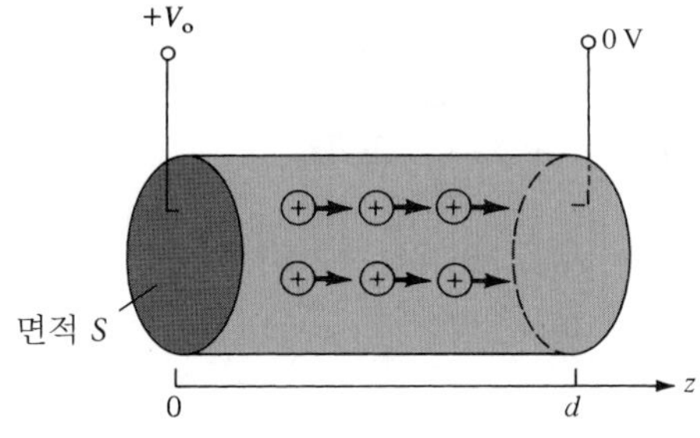

그림 6.1 예제 6.1의 전기유체역학적 펌프

경계조건은 $V(z=0)=V_o$, $V(z=d)=0$이므로 단지 z만의 함수이다(ρ 또는 ϕ와는 무관). 따라서

$$\frac{d^2V}{dz^2}=\frac{-\rho_o}{\varepsilon}$$

한 번 적분하면

$$\frac{dV}{dz}=\frac{-\rho_o z}{\varepsilon}+A$$

이고, 다시 적분하면

$$V=-\frac{\rho_o z^2}{2\varepsilon}+Az+B$$

가 된다. 여기서 A와 B는 적분상수로서 경계조건을 적용하여 구할 수 있다. $z=0$일 때 $V=V_o$이므로

$$V_o=-0+0+B \rightarrow B=V_o$$

$z=d$일 때 $V=0$이므로

$$0=-\frac{\rho_o d^2}{2\varepsilon}+Ad+V_o$$

즉,

$$A=\frac{\rho_o d}{2\varepsilon}-\frac{V_o}{d}$$

전기장은

$$\begin{aligned}\mathbf{E}&=-\nabla V=-\frac{dV}{dz}\mathbf{a}_z=\left(\frac{\rho_o z}{\varepsilon}-A\right)\mathbf{a}_z\\&=\left[\frac{V_o}{d}+\frac{\rho_o}{\varepsilon}\left(z-\frac{d}{2}\right)\right]\mathbf{a}_z\end{aligned}$$

이며, 작용하는 힘은

$$\begin{aligned}\mathbf{F}&=\int_v \rho_v\mathbf{E}\,dv=\rho_o\int dS\int_{z=0}^{d}\mathbf{E}\,dz\\&=\rho_o S\left[\frac{V_o z}{d}+\frac{\rho_o}{2\varepsilon}(z^2-dz)\right]\Bigg|_0^d\mathbf{a}_z\\\mathbf{F}&=\rho_o S V_o\mathbf{a}_z\end{aligned}$$

이며, 단위면적당 힘, 즉 압력은

$$\rho = \frac{F}{S} = \rho_o V_o = 25 \times 10^{-3} \times 22 \times 10^3 = 550 \text{ N/m}^2$$

연습문제 6.1

1차원적인 장치에서 전하밀도가 $\rho_v = \rho_o x/a$로 주어졌다. $x = 0$에서 $\mathbf{E} = 0$, $x = a$에서 $V = 0$이라 할 때, V와 $\mathbf{E}$를 구하라.

해답: $\dfrac{\rho_o}{6\varepsilon a}(a^3 - x^3)$, $\dfrac{\rho_o x^2}{2a\varepsilon}\mathbf{a}_x$

예제 6.2

복사기는 정전기장의 중요한 응용이다. 그림 6.2(a)에서와 같이 초기에는 광전도체의 표면에 균일하게 전하가 분포되어 있다. 복사해야 할 종이를 광전도체 위에 올려놓고 빛을 비추면 밑면의 전하들은 윗면의 전하들과 결합하여 중성으로 된다. 대전된 검은 분말을 광전도체의 표면 전체에 뿌려줌으로써 상이 나타나게 된다. 전기장은 대전된 분말을 끌어당겨 종이 쪽으로 옮겨오게 하고, 그 분말을 용해시켜 영구적인 상을 형성시킨다. 광전도체의 윗면

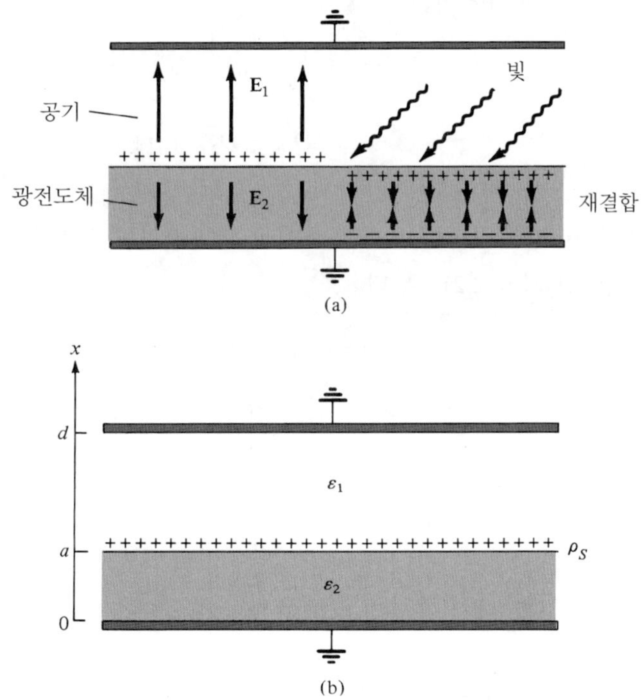

그림 6.2 예제 6.2의 그림

과 아랫면 사이의 전기장을 계산하라.

풀이

그림 6.2(a)를 그림 6.2(b)와 같은 모형으로 바꾸어 고려하자. $\rho_v = 0$이므로 Laplace 방정식을 적용하여야 한다. 전위는 단지 x만의 함수이다. 그러므로

$$\nabla^2 V = \frac{d^2 V}{dx^2} = 0$$

두 번 적분하면

$$V = Ax + B$$

가 되며, 윗면과 아랫면의 전위를 각각 V_1과 V_2라 하면

$$V_1 = A_1 x + B_1, \quad x > a \tag{6.2.1a}$$

$$V_2 = A_2 x + B_2, \quad x < a \tag{6.2.1b}$$

접지된 전극에서 경계조건은

$$V_1(x = d) = 0 \tag{6.2.2a}$$

$$V_2(x = 0) = 0 \tag{6.2.2b}$$

이며, 광전도체 표면에서는

$$V_1(x = a) = V_2(x = a) \tag{6.2.3a}$$

$$D_{1n} - D_{2n} = \rho_S \Big|_{x=a} \tag{6.2.3b}$$

가 된다. 식 (6.2.2)와 (6.2.3)의 4개 조건을 사용하여 미지의 상수인 A_1, A_2, B_1, B_2를 구할 수 있다. 식 (6.2.1)과 (6.2.2)로부터

$$0 = A_1 d + B_1 \rightarrow B_1 = -A_1 d \tag{6.2.4a}$$

$$0 = 0 + B_2 \rightarrow B_2 = 0 \tag{6.2.4b}$$

을 얻게 되며, 식 (6.2.1)과 (6.2.3a)로부터

$$A_1 a + B_1 = A_2 a \tag{6.2.5}$$

가 된다. 식 (6.2.3b)에 적용하기 위하여 $\mathbf{D} = \varepsilon \mathbf{E} = -\varepsilon \nabla V$를 대입하면

$$\rho_S = D_{1n} - D_{2n} = \varepsilon_1 E_{1n} - \varepsilon_2 E_{2n} = -\varepsilon_1 \frac{dV_1}{dx} + \varepsilon_2 \frac{dV_2}{dx}$$

또는

$$\rho_S = -\varepsilon_1 A_1 + \varepsilon_2 A_2 \tag{6.2.6}$$

가 된다. 식 (6.2.4)부터 (6.2.6)까지에서 A_1과 A_2를 구하면 다음과 같은 결과를 얻게 된다.

$$\mathbf{E}_1 = -A_1\mathbf{a}_x = \frac{\rho_S \mathbf{a}_x}{\varepsilon_1\left[1 + \frac{\varepsilon_2}{\varepsilon_1}\frac{d}{a} - \frac{\varepsilon_2}{\varepsilon_1}\right]}, \quad a \le x \le d$$

$$\mathbf{E}_2 = -A_2\mathbf{a}_x = \frac{-\rho_S\left(\frac{d}{a} - 1\right)\mathbf{a}_x}{\varepsilon_1\left[1 + \frac{\varepsilon_2}{\varepsilon_1}\frac{d}{a} - \frac{\varepsilon_2}{\varepsilon_1}\right]}, \quad 0 \le x \le a$$

연습문제 6.2

그림 6.2(b)에서 $\rho_S = 0$이고, 위쪽 전극의 전위는 V_o, 아래쪽 전극은 접지되어 있다고 할 때 다음을 증명하라.

$$\mathbf{E}_1 = \frac{-V_o\mathbf{a}_x}{d - a + \frac{\varepsilon_1}{\varepsilon_2}a}, \quad \mathbf{E}_2 = \frac{-V_o\mathbf{a}_x}{a + \frac{\varepsilon_2}{\varepsilon_1}d - \frac{\varepsilon_2}{\varepsilon_1}a}$$

해답: 증명

예제 6.3

그림 6.3에서와 같이 $\phi = 0$과 $\phi = \pi/6$에 반무한(semi-infinite) 도체평면이 아주 작은 간격을 두고 절연되어 분리되어 있다. $V(\phi = 0) = 0$, 그리고 $V(\phi = \pi/6) = 100$ V라 할 때, 두 면 사이의 영역에서 V와 $\mathbf{E}$를 구하라.

풀이

V는 단지 ϕ만의 함수이므로, 원통좌표계에서 Laplace 방정식은

$$\nabla^2 V = \frac{1}{\rho^2}\frac{d^2V}{d\phi^2} = 0$$

이 된다. $\rho = 0$은 절연 공극이어서 제외되므로 ρ^2을 양변에 곱할 수 있다. 따라서

$$\frac{d^2V}{d\phi^2} = 0$$

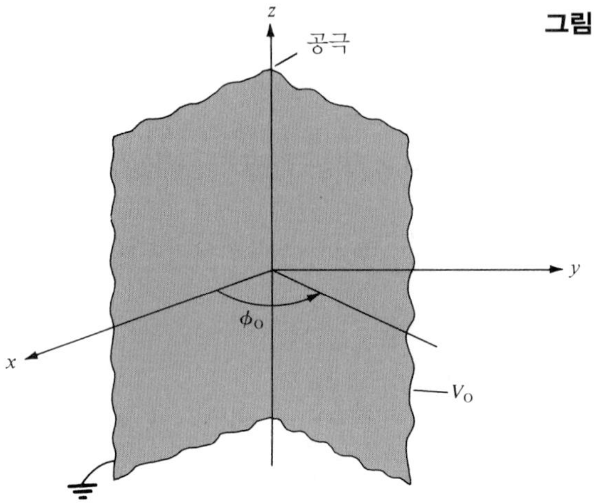

그림 6.3 반무한 도체평면에 의한 전위 $V(\phi)$

두 번 적분하면

$$V = A\phi + B$$

가 얻어진다. 적분상수 A와 B를 구하기 위하여 경계조건을 적용한다. $\phi = 0$일 때 $V = 0$이므로

$$0 = 0 + B \rightarrow B = 0$$

이 되며, $\phi = \phi_o$일 때 $V = V_o$이므로

$$V_o = A\phi_o \rightarrow A = \frac{V_o}{\phi_o}$$

가 된다. 따라서

$$V = \frac{V_o}{\phi_o}\phi$$

그리고

$$\mathbf{E} = -\nabla V = -\frac{1}{\rho}\frac{dV}{d\phi}\mathbf{a}_\phi = -\frac{V_o}{\rho\phi_o}\mathbf{a}_\phi$$

$V_0 = 100$과 $\phi_0 = \pi/6$를 대입하면

$$V = \frac{600}{\pi}\phi \quad \text{그리고} \quad \mathbf{E} = \frac{-600}{\pi\rho}\mathbf{a}_\phi$$

가 된다.

확인: $\nabla^2 V = 0,\ V(\phi = 0) = 0,\ V(\phi = \pi/6) = 100$

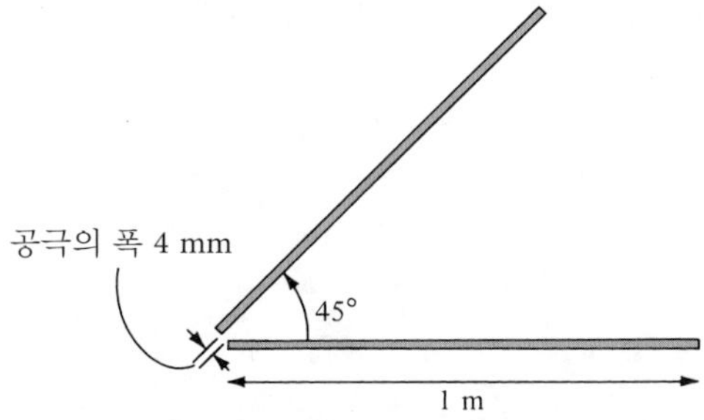

그림 6.4 연습문제 6.3의 그림

연습문제 6.3

크기가 1×5 m인 2개의 도체 평판이 그림 6.4와 같이 45°의 사잇각을 가지고 놓여 있으며, 두 평판 사이에는 4 mm의 공극이 있다. 평판 사이의 전위차가 50 V가 되도록 할 때, 평판당 전하량의 근사값을 구하라. 평판 사이의 매질의 비유전율은 $\varepsilon_r = 1.5$로 한다.

해답: 22.2 nC

예제 6.4

무한히 펼쳐 있는 2개의 원추형 도체($\theta = \pi/10$와 $\theta = \pi/6$)가 $r = 0$에서 아주 작은 간격을 두고 분리되어 있다. $V(\theta = \pi/10) = 0$, 그리고 $V(\theta = \pi/6) = 50$ V라고 할 때, 두 원추형 도체 사이의 V와 $\mathbf{E}$를 구하라.

풀이

그림 6.5의 동축 원추형 도체를 고려하자. 간격은 두 개의 원추형 도체 사이에서 절연체의 역할을 한다. V는 θ만의 함수이므로 구좌표계에서 Laplace 방정식은

$$\nabla^2 V = \frac{1}{r^2 \sin\theta} \frac{d}{d\theta}\left[\sin\theta \frac{dV}{d\theta}\right] = 0$$

$r = 0, \theta = 0$이므로 π인 곳은 제외되어 $r^2 \sin\theta$를 양변에 곱하여 풀면

$$\frac{d}{d\theta}\left[\sin\theta \frac{dV}{d\theta}\right] = 0$$

이 되고, 한 번 적분하면

$$\sin\theta \frac{dV}{d\theta} = A$$

또는

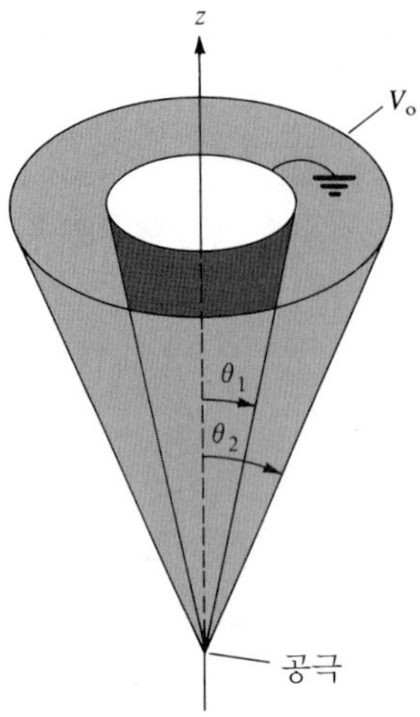

그림 6.5 원추형 도체에 의한 전위 $V(\theta)$

$$\frac{dV}{d\theta} = \frac{A}{\sin\theta}$$

가 된다. 윗 식을 적분하여 V를 구한다.

$$\begin{aligned} V &= A\int \frac{d\theta}{\sin\theta} = A\int \frac{d\theta}{2\cos\theta/2\,\sin\theta/2} \\ &= A\int \frac{1/2\,\sec^2\theta/2\,d\theta}{\tan\theta/2} \\ &= A\int \frac{d(\tan\theta/2)}{\tan\theta/2} \\ &= A\ln(\tan\theta/2) + B \end{aligned}$$

적분상수 A와 B를 구하기 위하여 경계조건을 적용한다.

$$V(\theta = \theta_1) = 0 \rightarrow 0 = A\ln(\tan\theta_1/2) + B$$

또는

$$B = -A\ln(\tan\theta_1/2)$$

따라서

$$V = A\ln\left[\frac{\tan\theta/2}{\tan\theta_1/2}\right]$$

또한

$$V(\theta = \theta_2) = V_o \rightarrow V_o = A\ln\left[\frac{\tan\theta_2/2}{\tan\theta_1/2}\right]$$

또는

$$A = \frac{V_o}{\ln\left[\dfrac{\tan \theta_2/2}{\tan \theta_1/2}\right]}$$

따라서

$$V = \frac{V_o \ln\left[\dfrac{\tan \theta/2}{\tan \theta_1/2}\right]}{\ln\left[\dfrac{\tan \theta_2/2}{\tan \theta_1/2}\right]}$$

$$\mathbf{E} = -\nabla V = -\frac{1}{r}\frac{dV}{d\theta}\mathbf{a}_\theta = -\frac{A}{r \sin \theta}\mathbf{a}_\theta$$

$$= -\frac{V_o}{r \sin \theta \ln\left[\dfrac{\tan \theta_2/2}{\tan \theta_1/2}\right]}\mathbf{a}_\theta$$

$\theta_1 = \pi/10, \theta_2 = \pi/6, V_o = 50$을 대입하면

$$V = \frac{50 \ln\left[\dfrac{\tan \theta/2}{\tan \pi/20}\right]}{\ln\left[\dfrac{\tan \pi/12}{\tan \pi/20}\right]} = 95.1 \ln\left[\frac{\tan \theta/2}{0.1584}\right] \text{V}$$

가 된다. 그리고

$$\mathbf{E} = -\frac{95.1}{r \sin \theta}\mathbf{a}_\theta \text{ V/m}$$

확인: $\nabla^2 V = 0,\ V(\theta = \pi/10) = 0,\ V(\theta = \pi/6) = V_o$

연습문제 6.4

큰 원추형 도체($\theta = 45°$)가 그림 6.6에서와 같이 도체 평면 위에 놓여 있으며, 이 도체를 분리시키기 위하여 작은 공극이 있다. 원추형 도체가 50 V의 전원에 연결되었다고 할 때, 점 $(-3, 4, 2)$에서 V와 $\mathbf{E}$를 구하라.

해답: 22.125 V, 11.346 $\mathbf{a}_\theta$ V/m

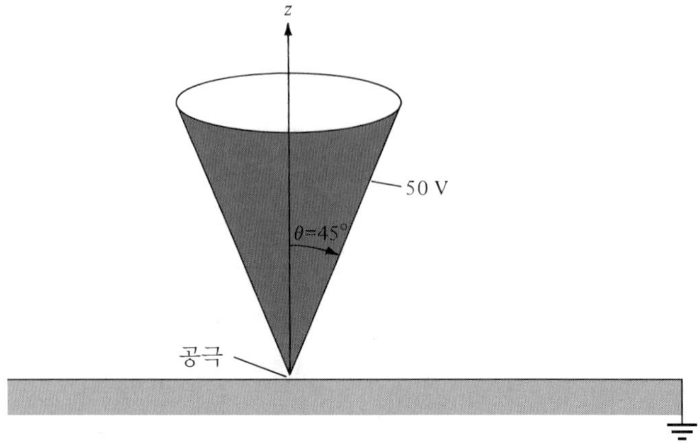

그림 6.6 연습문제 6.4의 그림

예제 6.5

(a) 그림 6.7과 같은 단면을 가지고, 길이가 무한대인 사각형의 관 내에서 전위를 구하라.
(b) $V_o = 100$ V, $b = 2a$일 때 $x = a/2$, $y = 3a/4$에서 전위를 구하라.

풀이

(a) 이 경우에 V는 x와 y의 함수이다. Laplace 방정식은

$$\nabla^2 V = \frac{\partial^2 V}{\partial x^2} + \frac{\partial^2 V}{\partial y^2} = 0 \tag{6.5.1}$$

이고, 이 방정식의 해를 구하기 위한 경계조건은

$$V(x = 0, 0 \le y < a) = 0 \tag{6.5.2a}$$

$$V(x = b, 0 \le y < a) = 0 \tag{6.5.2b}$$

$$V(0 \le x \le b, y = 0) = 0 \tag{6.5.2c}$$

$$V(0 < x < b, y = a) = V_o \tag{6.5.2d}$$

이며, 식 (6.5.1)은 **변수분리법**에 의해 구한다. V를 x만의 함수인 X와 y만의 함수인 Y의 곱으로 놓으면

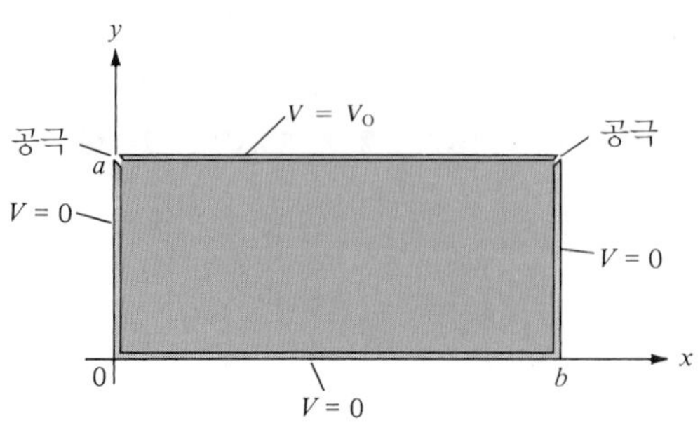

그림 6.7 사각형의 관도체에 대한 전위 $V(x, y)$

$$V(x, y) = X(x)\, Y(y) \tag{6.5.3}$$

가 된다. 식 (6.5.3)을 식 (6.5.1)에 대입하면

$$X''Y + Y''X = 0$$

이 얻어지며, XY로 나누어 X를 Y로부터 분리시키면

$$-\frac{X''}{X} = \frac{Y''}{Y} \tag{6.5.4a}$$

이 얻어진다. 이 식의 왼쪽 항은 x만의 함수이고, 오른쪽 항은 y만의 함수이므로 등식이 성립하기 위해서는 양측이 상수 λ와 같아야 한다. 즉

$$-\frac{X''}{X} = \frac{Y''}{Y} = \lambda \tag{6.5.4b}$$

상수 λ는 **분리상수**(separation constant)라 한다. 식 (6.5.4b)로부터 아래의 식이 얻어진다.

$$X'' + \lambda X = 0 \tag{6.5.5a}$$

그리고

$$Y'' - \lambda Y = 0 \tag{6.5.5b}$$

이 식들에서는 변수가 분리되어 있으므로 이 식을 **분리방정식**(separation equation)이라 한다. 분리된 $X(x)$와 $Y(y)$의 해를 구할 수 있으며, 이를 식 (6.5.3)에 대입하여 구하고자 하는 값을 얻을 수 있다. 이때 식 (6.5.2)의 경계조건도 가능하면 분리하는 것이 좋다. 이들을 분리하면

$$V(0, y) = X(0)Y(y) = 0 \rightarrow X(0) = 0 \tag{6.5.6a}$$

$$V(b, y) = X(b)Y(y) = 0 \rightarrow X(b) = 0 \tag{6.5.6b}$$

$$V(x, 0) = X(x)Y(0) = 0 \rightarrow Y(0) = 0 \tag{6.5.6c}$$

$$V(x, a) = X(x)Y(a) = V_o \text{ (분리 불가능)} \tag{6.5.6d}$$

가 된다. 식 (6.5.5)의 $X(x)$와 $Y(y)$의 완전한 해를 구하기 위해서는 식 (6.5.6)의 경계조건을 이용하여야 한다. 식 (6.5.5)의 분리식과 식 (6.5.6)의 경계조건 두 가지 모두를 만족시킬 수 있는 λ의 가능한 값에 대하여 알아보자.

경우 1

$\lambda = 0$이면 식 (6.5.5a)는 다음과 같이 된다.

$$X'' = 0 \quad \text{또는} \quad \frac{d^2X}{dx^2} = 0$$

두 번 적분하면

$$X = Ax + B \tag{6.5.7}$$

가 되며, 식 (6.5.6a)와 (6.5.6b)의 경계조건은

$$X(x = 0) = 0 \rightarrow 0 = 0 + B \quad \text{또는} \quad B = 0$$

그리고 $b \neq 0$이기 때문에

$$X(x = b) = 0 \rightarrow 0 = A \cdot b + 0 \text{ 또는 } \quad A = 0$$

이 된다. 식 (6.5.7)의 X에 대한 해는

$$X(x) = 0$$

이므로 식 (6.5.3)에서 $V = 0$이 된다. 따라서 $X(x) = 0$은 자명해(trivial solution)이므로 $\lambda \neq 0$ 이어야 한다.

경우 2

만일 $\lambda < 0$이면 $\lambda = -\alpha^2$이라고 쓸 수 있으므로 식 (6.5.5a)는

$$X'' - \alpha^2 X = 0 \quad \text{또는} \quad (D^2 - \alpha^2)X = 0$$

이 되며, 여기서 $D = \dfrac{d}{dx}$, 즉

$$DX = \pm \alpha X \tag{6.5.8}$$

가 되며, 양과 음의 부호를 갖는 2개의 가능한 해가 존재한다. 양의 부호를 택하면 식 (6.5.8)은

$$\frac{dX}{dx} = \alpha X \quad \text{또는} \quad \frac{dX}{X} = \alpha\, dx$$

가 된다. 따라서

$$\int \frac{dX}{X} = \int \alpha\, dx \quad \text{또는} \quad \ln X = \alpha x + \ln A_1$$

여기서 $\ln A_1$은 적분상수이다. 따라서

$$X = A_1 e^{\alpha x} \tag{6.5.9a}$$

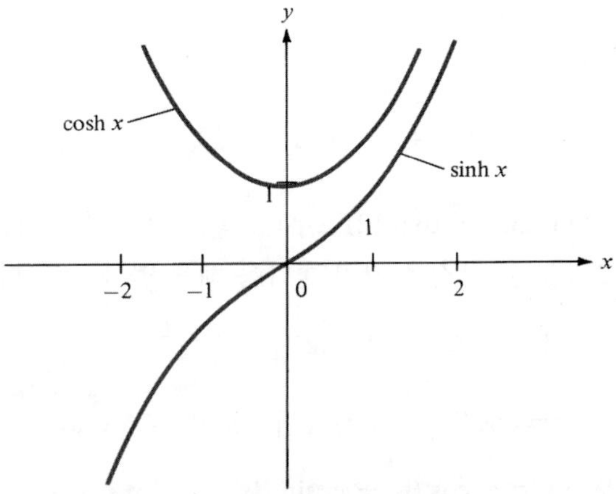

그림 6.8 $x=0$에서만 $\sinh x=0$이 됨을 보여주는 $\cosh x$와 $\sinh x$의 그림; 예제 6.5의 경우 2

비슷하게 음의 부호에 대하여 식 (6.5.8)을 풀면

$$X = A_2 e^{-\alpha x} \tag{6.5.9b}$$

이다. 전체 해는 식 (6.5.9a)와 (6.5.9b)로 이루어져 있으므로 다음과 같이 된다.

$$X(x) = A_1 e^{\alpha x} + A_2 e^{-\alpha x} \tag{6.5.10}$$

$\cosh \alpha x = (e^{\alpha x} + e^{-\alpha x})/2$이고, $\sinh \alpha x = (e^{\alpha x} - e^{-\alpha x})/2$ 또는 $e^{\alpha x} = \cosh \alpha x + \sinh \alpha x$, $e^{-\alpha x} = \cosh \alpha x - \sinh \alpha x$이므로 식 (6.5.10)은

$$X(x) = B_1 \cosh \alpha x + B_2 \sinh \alpha x \tag{6.5.11}$$

로 쓸 수 있다. 여기서 $B_1 = A_1 + A_2$이고, $B_2 = A_1 - A_2$이다. 주어진 경계조건의 관점에서 본다면 식 (6.5.10)보다는 식 (6.5.11)이 해로서는 더 낫다. 식 (6.5.6a)와 (6.5.6b)는

$$X(x=0) = 0 \rightarrow 0 = B_1 \cdot (1) + B_2 \cdot (0) \quad \text{또는} \quad B_1 = 0$$

그리고

$$X(x=b) = 0 \rightarrow 0 = 0 + B_2 \sinh \alpha b$$

가 된다. $\alpha \neq 0$, $b \neq 0$이므로 $\sinh \alpha b$는 0이 될 수 없다. 이것은 그림 6.8에서와 같이 $x=0$에서만 $\sinh x = 0$이 되기 때문이다. $B_2 = 0$이 되어야 하며, 따라서

$$X(x) = 0$$

이것 또한 자명해이며, λ가 0보다 작을 수 없다는 결론을 내릴 수 있다.

경우 3

$\lambda > 0$이면 $\lambda = \beta^2$이라고 쓸 수 있으며, 따라서 식 (6.5.5a)는

$$X'' + \beta^2 X = 0$$

즉,

$$(D^2 + \beta^2)X = 0 \quad \text{또는} \quad DX = \pm j\beta X \tag{6.5.12}$$

가 된다. 여기서 $j = \sqrt{-1}$ 이다. 식 (6.5.8)과 (6.5.12)로부터 경우 2와 3의 차이는 α가 $j\beta$로 대치된다는 것에 유의하라. 경우 2와 같은 과정을 거치면 다음 해를 얻을 수 있다.

$$X(x) = C_o e^{j\beta x} + C_1 e^{-j\beta x} \tag{6.5.13a}$$

$e^{j\beta x} = \cos\beta x + j\sin\beta x$이고, $e^{-j\beta x} = \cos\beta x - j\sin\beta x$이므로 식 (6.5.13a)는

$$X(x) = g_o \cos\beta x + g_1 \sin\beta x \tag{6.5.13b}$$

와 같이 쓸 수 있다. 여기서 $g_o = C_o + C_1$이고, $g_1 = C_o - jC_1$이다.

주어진 경계조건의 관점에서 보면 식 (6.5.13b)를 사용하는 것이 더 낫다. 식 (6.5.6a)와 (6.5.6b)의 경계조건에서

$$X(x=0) = 0 \rightarrow 0 = g_o \cdot (1) + 0 \quad \text{또는} \quad g_o = 0$$

그리고

$$X(x=b) = 0 \rightarrow 0 = 0 + g_1 \sin\beta b$$

가 된다. $g_1 \neq 0$이라고 가정하자(그렇지 않으면 자명해를 얻게 된다). 그러면

$$\sin\beta b = 0 = \sin n\pi \rightarrow \beta b = n\pi$$

$$\beta = \frac{n\pi}{b}, \quad n = 1, 2, 3, 4, \ldots \tag{6.5.14}$$

$\sinh x$와 다르게 $\sin x$는 $x = 0$일 때 뿐만 아니라, 그림 6.9에서 보여준 바와 같이 0이 되는 점이 무한히 많다. 그리고 $\beta \neq 0$이기 때문에 $n \neq 0$이 됨에 유의해야 한다. 이미 경우 1에서 $\beta = 0$일 때 자명해가 됨을 보여주었다. 또한, $\lambda = \beta^2$에서 n이 양이나 음에서 같은 값을 갖기 때문에 $n = -1, -2, -3, -4, \cdots$의 경우를 고려할 필요가 없다. 그러므로 주어진 n에 대하여 식 (6.5.13b)는

$$X_n(x) = g_n \sin\frac{n\pi x}{b} \tag{6.5.15}$$

가 되어 $X(x)$와 함께 상수 λ가 다음과 같이 구해진다.

$$\lambda = \beta^2 = \frac{n^2\pi^2}{b^2} \tag{6.5.16}$$

식 (6.5.5b)를 풀면

$$Y'' - \beta^2 Y = 0$$

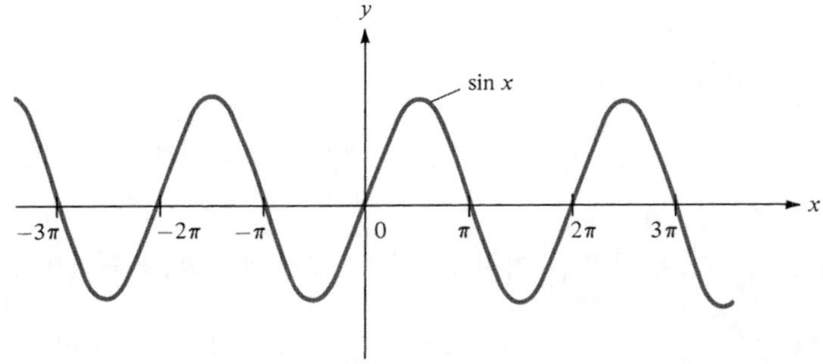

그림 6.9 무한히 많은 점에서 sin $x = 0$이 됨을 보여주는 sin x의 그래프; 예제 6.5의 경우 3

이 식의 해는 경우 2에서 구한 식 (6.5.11)과 비슷하다. 즉

$$Y(y) = h_o \cosh \beta y + h_1 \sinh \beta y$$

식 (6.5.6c)의 경계조건에서

$$Y(y = 0) = 0 \rightarrow 0 = h_o \cdot (1) + 0 \quad \text{또는} \quad h_o = 0$$

따라서 $Y(y)$에 대한 해는

$$Y_n(y) = h_n \sinh \frac{n\pi y}{b} \tag{6.5.17}$$

가 된다. 식 (6.5.5)의 분리방정식의 해인 식 (6.5.15)와 (6.5.17)을 식 (6.5.3)에 대입하면

$$V_n(x, y) = g_n h_n \sin \frac{n\pi x}{b} \sinh \frac{n\pi y}{b}$$

가 된다. 이것은 $n = 1, 2, 3, 4, \cdots$에 대해 많은 가능한 해 $V_1, V_2, V_3, V_4, \cdots$이 존재한다는 것을 보여준다.

만일 $V_1, V_2, V_3, \cdots, V_n$이 Laplace 방정식의 해라고 하면 **중첩의 원리**에 의해 선형조합은

$$V = c_1 V_1 + c_2 V_2 + c_3 V_3 + \cdots + c_n V_n$$

이 되며(여기서 $c_1, c_2, c_3, \cdots, c_n$은 상수), 이것 역시 Laplace 방정식의 해이다. 따라서 식 (6.5.1)에 대한 해는

$$V(x, y) = \sum_{n=1}^{\infty} c_n \sin \frac{n\pi x}{b} \sinh \frac{n\pi y}{b} \tag{6.5.18}$$

이며, 여기서 $c_n = g_n h_n$은 식 (6.5.6d)의 경계조건으로부터 구할 수 있다. 이 조건을 적용하면

$$V(x, y = a) = V_o = \sum_{n=1}^{\infty} c_n \sin \frac{n\pi x}{b} \sinh \frac{n\pi a}{b} \tag{6.5.19}$$

이며, 이 식은 V_o의 Fourier 급수전개식이다. 식 (6.5.19)의 양변에 $\sin m\pi x/b$를 곱하고 $0 < x < b$의 구간에 대하여 적분하면

$$\int_0^b V_o \sin\frac{m\pi x}{b}\,dx = \sum_{n=1}^{\infty} c_n \sinh\frac{n\pi a}{b}\int_0^b \sin\frac{m\pi x}{b}\sin\frac{n\pi x}{b}\,dx \tag{6.5.20}$$

가 얻어진다. 정현 또는 여현 함수의 직교성에 의해(부록 A.9 참조)

$$\int_0^{\pi} \sin mx \sin nx\,dx = \begin{cases} 0, & m \neq n \\ \pi/2, & m = n \end{cases}$$

가 되며, 이를 식 (6.5.20)에 적용하면 식 (6.5.20)의 오른쪽 항은 $m = n$인 한 개의 항을 제외하고는 모든 항이 0이 된다. 따라서 식 (6.5.20)은 다음과 같이 된다.

$$\int_0^b V_o \sin\frac{n\pi x}{b}\,dx = c_n \sinh\frac{n\pi a}{b}\int_0^b \sin^2\frac{n\pi x}{b}\,dx$$

$$-V_o\frac{b}{n\pi}\cos\frac{n\pi x}{b}\Big|_0^b = c_n \sinh\frac{n\pi a}{b}\,\frac{1}{2}\int_0^b\left(1 - \cos\frac{2n\pi x}{b}\right)dx$$

$$\frac{V_o b}{n\pi}(1 - \cos n\pi) = c_n \sinh\frac{n\pi a}{b}\cdot\frac{b}{2}$$

또는

$$c_n \sinh\frac{n\pi a}{b} = \frac{2V_o}{n\pi}(1 - \cos n\pi)$$

$$= \begin{cases} \dfrac{4V_o}{n\pi}, & n = 1, 3, 5, \ldots \\ 0, & n = 2, 4, 6, \ldots \end{cases}$$

즉,

$$c_n = \begin{cases} \dfrac{4V_o}{n\pi \sinh\dfrac{n\pi a}{b}}, & n = \text{홀수} \\ 0, & n = \text{짝수} \end{cases} \tag{6.5.21}$$

식 (6.5.18)에 이것을 대입하면 아래와 같은 완전한 해를 얻을 수 있다.

$$\boxed{V(x, y) = \frac{4V_o}{\pi}\sum_{n=1,3,5,\ldots}^{\infty}\frac{\sin\dfrac{n\pi x}{b}\sinh\dfrac{n\pi y}{b}}{n\sinh\dfrac{n\pi a}{b}}} \tag{6.5.22}$$

확인: $\nabla^2 V = 0$, $V(x = 0, y) = 0 = V(x = b, y) = V(x, y = 0)$, $V(x, y = a) = V_o$. 식 (6.5.22)의 해는 놀라울 일이 아니다. 그림 6.7의 전위계를 관찰함으로써 짐작할 수 있다. 그림으로부터

x에 따라 V는 $0(x=0)$에서 $0(x=b)$으로 변하며, 정현함수가 이 조건을 만족시킬 수 있다. 비슷하게 y에 따라 V는 $0(y=0)$에서 $V_o(y=a)$로 변하며, 쌍곡선 정현함수(hyperbolic sine function)가 이 조건을 만족시킨다. 그래서 식 (6.5.22)와 같은 해를 예상할 수 있다.

관 내부의 각 점에 대한 전위 $V(x, y)$를 구하기 위하여 식 (6.5.22)의 수렴하는 무한급수의 처음 몇 개 항을 취한다. 4~5개 항이면 충분하다.

(b) $b = 2a$에서 $x = a/2, y = 3a/4$일 때

$$
\begin{aligned}
V\left(\frac{a}{2}, \frac{3a}{4}\right) &= \frac{4V_o}{\pi} \sum_{n=1,3,5,\ldots}^{\infty} \frac{\sin n\pi/4 \sinh 3n\pi/8}{n \sinh n\pi/2} \\
&= \frac{4V_o}{\pi} \left[\frac{\sin \pi/4 \sinh 3\pi/8}{\sinh \pi/2} + \frac{\sin 3\pi/4 \sinh 9\pi/8}{3 \sinh 3\pi/2} \right. \\
&\quad \left. + \frac{\sin 5\pi/4 \sinh 15\pi/8}{5 \sinh 5\pi/2} + \cdots \right] \\
&= \frac{4V_o}{\pi} (0.4517 + 0.0725 - 0.01985 - 0.00645 + 0.00229 + \cdots) \\
&= 0.6374 V_o
\end{aligned}
$$

$a = b = 1$ m이고, $V_o = 100$ V일 때의 특별한 경우를 생각해 보는 것이 유익하다. 어떤 특정 지점에서의 전위는 식 (6.5.22)를 사용하여 계산하며, 그 결과를 그림 6.10(a)에 도시하였다. 이에 대응하는 전속선과 등전위선을 그림 6.10(b)에 도시하였다. 식 (6.5.22)에 바탕을 둔 간단한 Matlab 프로그램은 그림 6.11에 나타냈다. 이 프로그램은 골 내의 임의의 점에서 $V(x, y)$를 계산하기 위하여 사용하였다. 그림 6.11에서 $V(x = b/4, y = 3a/4)$를 대표적으로 계산하였고, 그 값은 43.2 V이다.

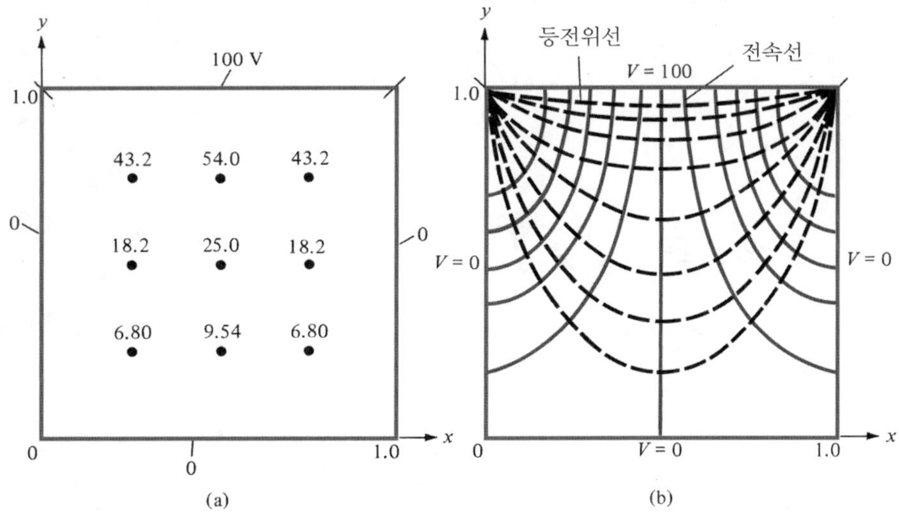

그림 6.10 예제 6.5의 그림: (a) 임의의 점에서 계산된 $V(x, y)$, (b) 전속선과 등전위선의 그림

(a)

```
h=0.1;
vo=100;
a=1.0;
b=a;
c=4*vo/pi;
IMAX = a/h;
JMAX = b/h;
NMAX = 13;
for I=1:IMAX
     x=h*I;
     for J=1:JMAX
          y=h*J;
          sum=0.0;
          for n =1:2:NMAX
               a1=sin(n*pi*x/b);
               a2=sinh(n*pi*y/b);
               a3=n*sinh(n*pi*a/b);
               sum= sum + c*a1*a2/a3;
          end
          V(I,J)=sum;
     end
end
mesh(V);
```

(b)

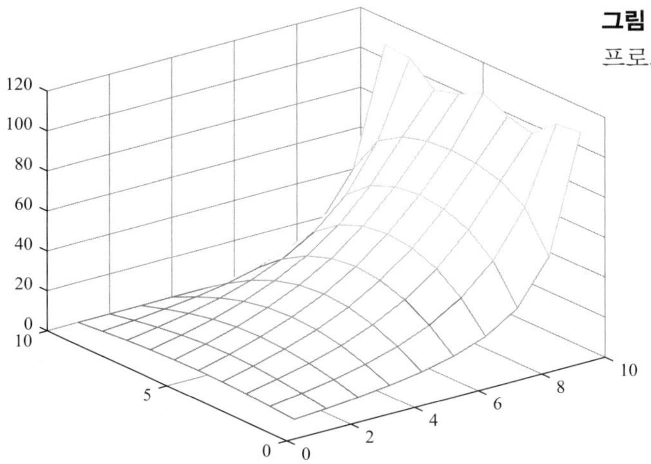

그림 6.11 예제 6.5에 대한 Matlab 프로그램

연습문제 6.5

예제 6.5에서 $V_o = 100$ V, $b = 2a = 2$ m라 하고, 아래의 점에서 V와 $\mathbf{E}$를 구하라.

(a) $(x, y) = (a, a/2)$

(b) $(x, y) = (3a/2, a/4)$

해답: (a) 44.51 V, $-99.25\mathbf{a}_y$ V/m, (b) 16.5 V, $20.6\mathbf{a}_x - 70.34\mathbf{a}_y$ V/m

예제 6.6

예제 6.5에서 V_o가 상수가 아니고 아래의 값을 가질 때, 전위분포를 구하라.

(a) $V_o = 10 \sin 3\pi x/b,\ y = a,\ 0 \le x \le b$

(b) $V_o = 2 \sin \dfrac{\pi x}{b} + \dfrac{1}{10} \sin \dfrac{5\pi x}{b},\ y = a,\ 0 \le x \le b$

풀이

(a) 예제 6.5에서 식 (6.5.19) 이전까지의 모든 과정은 같다. 즉, 해는 식 (6.5.18)에 따라 아래와 같은 형태가 된다.

$$V(x, y) = \sum_{n=1}^{\infty} c_n \sin \frac{n\pi x}{b} \sinh \frac{n\pi y}{b} \tag{6.6.1}$$

그러나 식 (6.5.19) 대신에

$$V(y = a) = V_o = 10 \sin \frac{3\pi x}{b} = \sum_{n=1}^{\infty} c_n \sin \frac{n\pi x}{b} \sinh \frac{n\pi a}{b}$$

로 쓸 수 있으며, 양변에서 정현항의 계수가 같도록 놓음으로써

$$c_n = 0, \quad n \neq 3$$

이 얻어진다. $n = 3$에 대해서

$$10 = c_3 \sinh \frac{3\pi a}{b}$$

또는

$$c_3 = \frac{10}{\sinh \dfrac{3\pi a}{b}}$$

이 되며, 식 (6.6.1)의 해는

$$V(x, y) = 10 \sin \frac{3\pi x}{b} \frac{\sinh \dfrac{3\pi y}{b}}{\sinh \dfrac{3\pi a}{b}}$$

로 된다.

(b) 비슷하게 식 (6.5.19) 대신에

$$V_o = V(y = a)$$

또는

$$2 \sin \frac{\pi x}{b} + \frac{1}{10} \sin \frac{5\pi x}{b} = \sum_{n=1}^{\infty} c_n \sin \frac{n\pi x}{b} \sinh \frac{n\pi a}{b}$$

정현항의 계수를 같게 놓으면

$$c_n = 0, \quad n \neq 1, 5$$

가 되고, $n = 1$에 대해서는

$$2 = c_1 \sinh \frac{\pi a}{b} \quad \text{또는} \quad c_1 = \frac{2}{\sinh \dfrac{\pi a}{b}}$$

$n = 5$에 대해서는

$$\frac{1}{10} = c_5 \sinh \frac{5\pi a}{b} \quad \text{또는} \quad c_5 = \frac{1}{10 \sinh \dfrac{5\pi a}{b}}$$

따라서

$$V(x, y) = \frac{2 \sin \dfrac{\pi x}{b} \sinh \dfrac{\pi y}{b}}{\sinh \dfrac{\pi a}{b}} + \frac{\sin \dfrac{5\pi x}{b} \sinh \dfrac{5\pi y}{b}}{10 \sinh \dfrac{5\pi a}{b}}$$

연습문제 6.6

예제 6.5에서 V_o가 $V_o \sin \dfrac{7\pi x}{b}$, $0 \leq x \leq b$, $y = a$로 대치된 것을 제외하고는 똑같다. $V(x, y)$를 구하라.

해답: $\dfrac{V_o \sin \dfrac{7\pi x}{b} \sinh \dfrac{7\pi y}{b}}{\sinh \dfrac{7\pi a}{b}}$

예제 6.7

전하가 없는 영역에서 전위분포 $V(\rho, \phi, z)$에 대한 분리된 미분방정식을 구하라.

풀이

예제 6.5와 같이 이 예에서는 변수분리법에 대해 더 자세히 설명한다. 전하가 없는 영역이므로 원통좌표계로 Laplace 방정식을 풀어야 한다.

$$\nabla^2 V = \frac{1}{\rho} \frac{\partial}{\partial \rho}\left(\rho \frac{\partial V}{\partial \rho}\right) + \frac{1}{\rho^2} \frac{\partial^2 V}{\partial \phi^2} + \frac{\partial^2 V}{\partial z^2} = 0 \tag{6.7.1}$$

$$V(\rho, \phi, z) = R(\rho)\, \Phi(\phi)\, Z(z) \tag{6.7.2}$$

로 놓자. 여기서 R, Φ, Z는 각각 ρ, ϕ, z만의 함수이다. 식 (6.7.2)를 식 (6.7.1)에 대입하면

$$\frac{\Phi Z}{\rho}\frac{d}{d\rho}\left(\frac{\rho\, dR}{d\rho}\right) + \frac{RZ}{\rho^2}\frac{d^2\Phi}{d\phi^2} + R\Phi\frac{d^2Z}{dz^2} = 0 \tag{6.7.3}$$

가 된다. 이 식을 $R\Phi Z$로 나누면

$$\frac{1}{\rho R}\frac{d}{d\rho}\left(\frac{\rho\, dR}{d\rho}\right) + \frac{1}{\rho^2\Phi}\frac{d^2\Phi}{d\phi^2} = -\frac{1}{Z}\frac{d^2Z}{dz^2} \tag{6.7.4}$$

가 된다. 이 식의 우변은 z만의 함수인 반면에 좌변은 z와 무관하다. 양변이 같게 되기 위해서는 양변 모두 상수가 되어야만 한다. 즉,

$$\frac{1}{\rho R}\frac{d}{d\rho}\left(\frac{\rho\, dR}{d\rho}\right) + \frac{1}{\rho^2\Phi}\frac{d^2\Phi}{d\phi^2} = -\frac{1}{Z}\frac{d^2Z}{dz^2} = -\lambda^2 \tag{6.7.5}$$

여기서 $-\lambda^2$은 분리상수이다. 식 (6.7.5)는 두 부분으로 나눌 수 있다.

$$\frac{1}{Z}\frac{d^2Z}{dz^2} = \lambda^2 \tag{6.7.6}$$

또는

$$Z'' - \lambda^2 Z = 0 \tag{6.7.7}$$

그리고

$$\frac{\rho}{R}\frac{d}{d\rho}\left(\frac{\rho\, dR}{d\rho}\right) + \lambda^2\rho^2 + \frac{1}{\Phi}\frac{d^2\Phi}{d\phi^2} = 0 \tag{6.7.8}$$

식 (6.7.8)은

$$\frac{\rho^2}{R}\frac{d^2R}{d\rho^2} + \frac{\rho}{R}\frac{dR}{d\rho} + \lambda^2\rho^2 = -\frac{1}{\Phi}\frac{d^2\Phi}{d\phi^2} = \mu^2 \tag{6.7.9}$$

으로 쓸 수 있으며, 여기서 μ^2은 또 하나의 분리상수이다. 식 (6.7.9)는

$$\Phi'' + \mu^2\Phi = 0 \tag{6.7.10}$$

그리고

$$\rho^2 R'' + \rho R' + (\rho^2\lambda^2 - \mu^2)R = 0 \tag{6.7.11}$$

으로 나눌 수 있다. 식 (6.7.7), (6.7.10), (6.7.11)은 구하고자 하는 분리된 미분방정식이다. 식 (6.7.7)은 예제 6.5의 경우 2에서 얻은 해와 유사한 해를 갖는다.

$$Z(z) = c_1 \cosh \lambda z + c_2 \sinh \lambda z \tag{6.7.12}$$

식 (6.7.10)의 해는 예제 6.5의 경우 3에서 얻은 해와 비슷하다. 즉,

$$\Phi(\phi) = c_3 \cos \mu\phi + c_4 \sin \mu\phi \tag{6.7.13}$$

식 (6.7.11)은 Bessel **미분방정식**으로 알려져 있으며, 이 식의 해는 이 책의 범주를 벗어나므로 취급하지 않는다.[1)]

연습문제 6.7

$V(r, \theta, \phi)$에 대하여 예제 6.7을 반복하라.

해답: $V(r, \theta, \phi) = R(r)\, F(\theta)\, \Phi(\phi)$이면, $\Phi'' + \lambda^2\Phi = 0,\ R'' + \frac{2}{r}R' - \frac{\mu^2}{r^2}R = 0,$
$F'' + \cos\theta\, F' + (\mu^2 \sin\theta - \lambda^2 \operatorname{cosec}\theta)\, F = 0$

6.5 저항과 정전용량

5.4절에서 저항의 개념을 다루었으며, 일정한 단면을 갖는 도체의 저항을 구하기 위한 식 (5.16)을 유도하였다. 도체의 단면이 일정하지 않다면 식 (5.16)으로 구할 수 없고, 저항은 식 (5.17)로 얻어진다. 즉,

$$\boxed{R = \frac{V}{I} = \frac{\int_L \mathbf{E} \cdot d\mathbf{l}}{\int_S \sigma\mathbf{E} \cdot d\mathbf{S}}} \tag{6.16}$$

단면이 일정하지 않은 도체의 저항을 구하는 문제는 경계값 문제로 처리할 수 있다. 식 (6.16)을 사용하여 주어진 도체 매질의 저항 R(또는 컨덕턴스 $G = 1/R$)은 다음 단계들을 거쳐 구할 수 있다.

1. 적당한 좌표계를 선택한다.
2. 도체 양단 사이의 전위차를 V_o로 가정한다.
3. V를 구하기 위하여 Laplace 방정식 $\nabla^2 V$의 해를 구한다. 그 다음에 $\mathbf{E} = -\nabla V$로부터 $\mathbf{E}$를, 그리고 $I = \int_S \sigma\mathbf{E} \cdot d\mathbf{S}$로부터 I를 구한다.
4. 마지막으로 V_o/I에 의해 R을 구한다.

근본적으로 V_o를 가정하고 I와 $R = V_o/I$를 계산하거나, 전류 I_o를 가정하여 전위차 V와

1) 원통 또는 구좌표계로 표시된 Laplace 방정식의 완전한 해는 다음을 참조하라; D. T. Paris and F. K. Hurd, *Basic Electromagnetic theory*, New York: McGraw-Hill, 1969, pp. 150-159.

$R = V/I_0$로부터 R을 구한다. 커패시터의 커패시턴스도 비슷한 방법을 사용하여 구하므로 짧게 논의될 것이다.

일반적으로 말하면, 커패시터가 되기 위해서는 2개(또는 그 이상)의 도체가 크기는 같지만 부호가 반대인 전하를 가져야 한다. 이것은 한 도체에서 출발한 모든 전속이 다른 도체에서 끝나야 된다는 것을 의미한다. 도체를 때때로 커패시터의 **극판**으로 간주한다. 극판들은 자유공간이나 유전체로 분리되어 있다.

2개의 도체로 된 그림 6.12의 커패시터를 고려해 보자. 도체들 사이의 전위차 V는

$$V = V_1 - V_2 = -\int_2^1 \mathbf{E} \cdot d\mathbf{l} \tag{6.17}$$

이며, 여기서 $\mathbf{E}$는 도체들 사이에 존재하는 전기장이다. 도체 1은 양전하로 대전되어 있다고 가정한다($\mathbf{E}$는 도체 표면에 항상 수직이다).

정전용량 C는 두 도체 사이의 전위차 V에 대한 한쪽 극판에 대전된 전하량의 크기의 비로서 정의한다. 즉

$$\boxed{C = \frac{Q}{V} = \frac{\varepsilon \int_S \mathbf{E} \cdot d\mathbf{S}}{\int_L \mathbf{E} \cdot d\mathbf{l}}} \tag{6.18}$$

이미 사용해왔던 $V = -\int_L \mathbf{E} \cdot d\mathbf{l}$의 식에서 음의 부호는 V의 절대값만 관심을 가지기 때문에 생략하였다. 정전용량 C는 커패시터의 물리적인 성질을 나타내며, 단위는 패럿(F)이다. 대부분의 정전용량은 실제로 1패럿(F)보다 매우 작으며 수 마이크로패럿(μF) 또는 수 피코패럿(pF) 정도이다. 다음의 방법 중 하나를 선택하여 두 도체로 이루어진 어떤 구조의 정전용량도 식 (6.18)을 사용하여 구할 수 있다.

1. Q를 가정하고, Q의 항으로 V를 결정(Gauss의 법칙 포함)

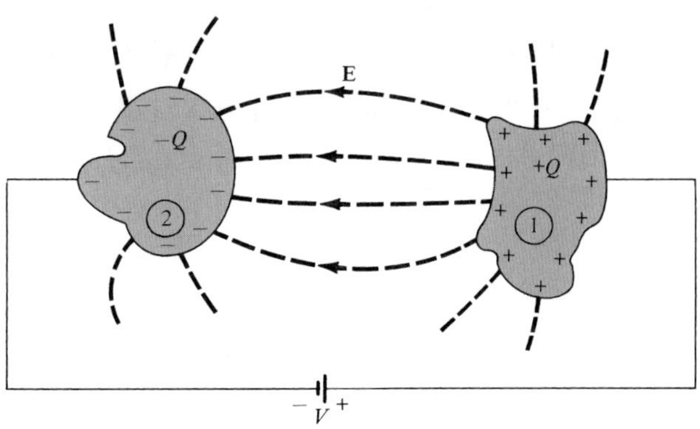

그림 6.12 두 도체로 이루어진 커패시터

$$C = \frac{Q \text{ (가정)}}{V \text{ (구함)}}$$

2. V를 가정하고, V의 항으로 Q를 결정(Laplace 방정식 풀이 포함)

$$C = \frac{Q \text{ (구함)}}{V \text{ (가정)}}$$

여기서는 첫 번째 방법을 사용하여 C를 구하고, 예제 6.10과 6.11에서는 두 번째 방법을 사용할 것이다. 앞의 방법은 다음 단계를 거치게 된다.

1. 적당한 좌표계를 선택한다.
2. 두 도체가 $+Q$와 $-Q$로 대전되어 있는 것으로 한다.
3. Coulomb의 법칙이나 Gauss의 법칙을 사용하여 $\mathbf{E}$를 구하고, $V = -\int_L \mathbf{E} \cdot d\mathbf{l}$로부터 V를 구한다. V의 절대값만 필요하기 때문에 음의 부호는 무시해도 된다.
4. 최종적으로 $C = Q/V$로부터 C를 구한다.

두 개의 도체로 이루어진 몇 가지 중요한 구조의 정전용량을 구하기 위해서 이러한 수학적 과정을 적용할 것이다.

A. 평행평판 커패시터

그림 6.13(a)의 평행평판 커패시터를 고려해 보자. 각 극판의 면적은 S이고, 두 극판은 거리 d만큼 떨어져 있다. 극판 1과 2에 각각 $+Q$와 $-Q$의 전하가 균일하게 분포되어 있다고 가정하면 전하밀도는 다음과 같다.

$$\rho_S = \frac{Q}{S} \tag{6.19}$$

이상적인 평행평판 커패시터는 두 극판 사이의 간격 d가 극판의 면적에 비하여 대단히 작다. 그림 6.13(b)에 보인 바와 같이 이상적인 경우라고 가정하면 극판의 가장자리에서의 전기장(fringing field)을 무시할 수 있으므로 극판 사이에서 전기장은 균일하다고 간주한다. 만일 두 극판 사이의 공간이 유전율 ε인 균질의 유전체로 채워져 있고, 극판의 가장자리에서의 전속을 무시한다면 식 (4.27)로부터 $\mathbf{D} = -\rho_S \mathbf{a}_x$ 또는

$$\begin{aligned} \mathbf{E} &= \frac{\rho_S}{\varepsilon}(-\mathbf{a}_x) \\ &= -\frac{Q}{\varepsilon S}\mathbf{a}_x \end{aligned} \tag{6.20}$$

따라서

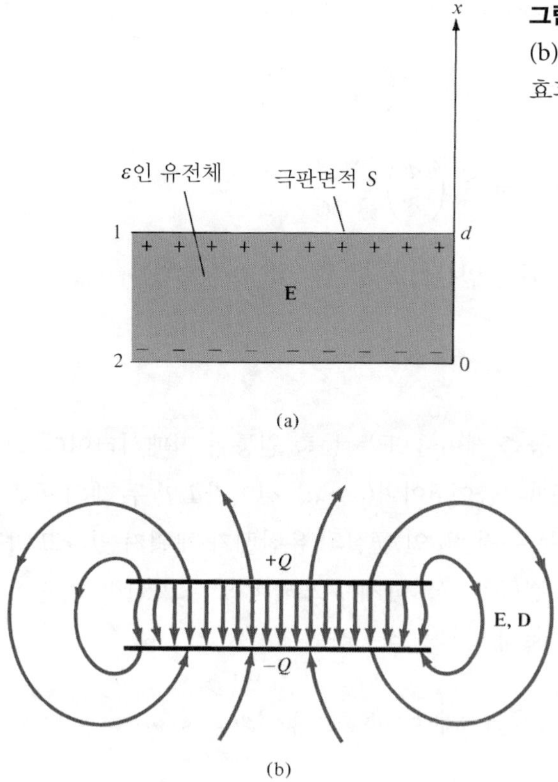

그림 6.13 (a) 평행평판 커패시터, (b) 평행평판 커패시터의 가장자리 효과

$$V = -\int_2^1 \mathbf{E} \cdot d\mathbf{l} = -\int_0^d \left[-\frac{Q}{\varepsilon S} \mathbf{a}_x \right] \cdot dx\, \mathbf{a}_x = \frac{Qd}{\varepsilon S} \tag{6.21}$$

이므로, 평행평판 커패시터의 정전용량은

$$\boxed{C = \frac{Q}{V} = \frac{\varepsilon S}{d}} \tag{6.22}$$

가 된다. 이 공식은 주어진 유전체의 비유전율 ε_r을 측정하는 방법을 제공한다. 두 극판 사이에 유전체가 채워져 있을 때의 평행평판 커패시터의 정전용량 C와 공기가 채워져 있을 때의 정전용량 C_o을 측정하여

$$\varepsilon_r = \frac{C}{C_o} \tag{6.23}$$

로부터 비유전율을 구할 수 있다. 식 (4.96)을 사용하면 커패시터에 축적된 에너지는 다음과 같이 쓸 수 있다.

$$\boxed{W_E = \frac{1}{2} CV^2 = \frac{1}{2} QV = \frac{Q^2}{2C}} \tag{6.24}$$

평행평판 커패시터에서 이것을 증명하기 위하여 식 (6.20)을 식 (4.96)에 대입하면

$$W_E = \frac{1}{2}\int_v \varepsilon \frac{Q^2}{\varepsilon^2 S^2} dv = \frac{\varepsilon Q^2 Sd}{2\varepsilon^2 S^2}$$

$$= \frac{Q^2}{2}\left(\frac{d}{\varepsilon S}\right) = \frac{Q^2}{2C} = \frac{1}{2}QV$$

가 되어 예상했던 바와 같은 결과를 얻는다.

B. 동축 커패시터

동축 커패시터는 근복적으로 동축 케이블 또는 동축 원통형 커패시터이다. 그림 6.14와 같이 내부 반지름이 a이고 외부 반지름이 b이며($b > a$), 길이가 L인 두 개의 동축 도체를 고려해 보자. 두 개의 도체 사이에는 유전율 ε인 균질의 유전체가 채워져 있다고 가정한다. 도체 1과 2에는 각각 $+Q$와 $-Q$인 전하가 균일하게 분포되어 있다고 한다. 반경이 $\rho(a < \rho < b)$인 임의의 Gauss 원통면에 Gauss의 법칙을 적용하면

$$Q = \varepsilon \oint_S \mathbf{E} \cdot d\mathbf{S} = \varepsilon E_\rho 2\pi\rho L \tag{6.25}$$

따라서

$$\mathbf{E} = \frac{Q}{2\pi\varepsilon\rho L}\mathbf{a}_\rho \tag{6.26}$$

가 된다. 원통의 끝부분에서 전속의 가장자리 효과를 무시하면

$$V = -\int_2^1 \mathbf{E} \cdot d\mathbf{l} = -\int_b^a \left[\frac{Q}{2\pi\varepsilon\rho L}\mathbf{a}_\rho\right] \cdot d\rho\, \mathbf{a}_\rho \tag{6.27a}$$

$$= \frac{Q}{2\pi\varepsilon L}\ln\frac{b}{a} \tag{6.27b}$$

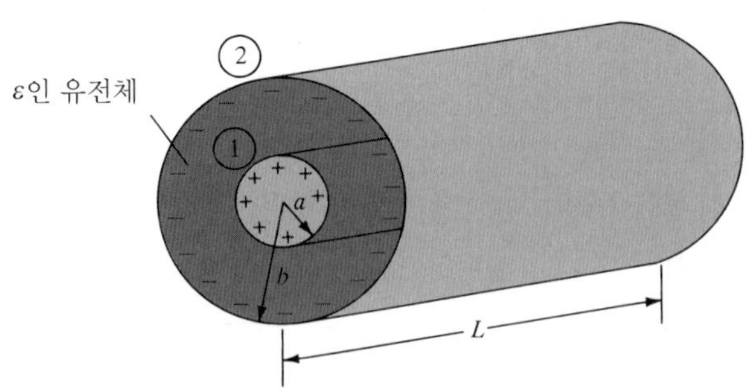

그림 6.14 동축 커패시터

따라서 동축 원통형 도체의 정전용량은 아래와 같다.

$$\boxed{C = \frac{Q}{V} = \frac{2\pi\varepsilon L}{\ln\dfrac{b}{a}}} \tag{6.28}$$

C. 구형 커패시터

이것은 두 개의 동심 도체구의 경우이다. 내부 구의 반경이 a, 외부 구의 반경이 $b(b > a)$이며, 두 도체구가 그림 6.15에서와 같이 유전율 ε인 유전체로 분리되어 있는 구조에 대하여 고려해 보자. 내부와 외부 도체구에 각각 $+Q$와 $-Q$의 전하가 균일하게 분포되어 있다고 가정하자. 반경 $r(a < r < b)$인 임의의 Gauss 구면에 Gauss의 법칙을 적용하면

$$Q = \varepsilon \oint_S \mathbf{E} \cdot \mathbf{dS} = \varepsilon E_r 4\pi r^2 \tag{6.29}$$

이며, 따라서

$$\mathbf{E} = \frac{Q}{4\pi\varepsilon r^2}\,\mathbf{a}_r \tag{6.30}$$

가 된다. 두 도체 사이의 전위차는

$$\begin{aligned} V &= -\int_2^1 \mathbf{E} \cdot d\mathbf{l} = -\int_b^a \left[\frac{Q}{4\pi\varepsilon r^2}\,\mathbf{a}_r\right] \cdot dr\,\mathbf{a}_r \\ &= \frac{Q}{4\pi\varepsilon}\left[\frac{1}{a} - \frac{1}{b}\right] \end{aligned} \tag{6.31}$$

이며, 따라서 구형 커패시터의 정전용량은 아래와 같다.

$$\boxed{C = \frac{Q}{V} = \frac{4\pi\varepsilon}{\dfrac{1}{a} - \dfrac{1}{b}}} \tag{6.32}$$

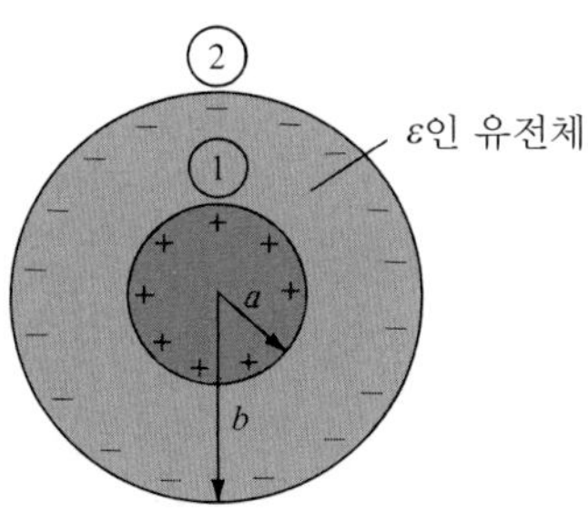

그림 6.15 구형 커패시터

$b \to \infty$로 하면 $C = 4\pi\varepsilon a$가 되며, 이것은 외부 도체가 무한히 큰 구형 커패시터의 정전용량이다. 이는 다른 한 전도체로부터 멀리 떨어져 있는 어떤 도체구, 즉 **고립된 도체구**의 경우이다. 구와 같은 크기이지만 불규칙한 모양의 도체라도 거의 같은 값의 정전용량을 갖는다. 이 사실은 고립된 물체(도체)나 장비의 일부분에서의 기생용량을 추정하는 데 유용하다.

회로이론에 의하면, 정전용량이 각각 C_1과 C_2인 두 개의 커패시터가 그림 6.16(a)와 같이 직렬(C_1과 C_2는 같은 전하량을 갖는다)로 접속되어 있을 때 총 정전용량은

$$\frac{1}{C} = \frac{1}{C_1} + \frac{1}{C_2}$$

또는

$$C = \frac{C_1 C_2}{C_1 + C_2} \tag{6.33}$$

이며, 두 개의 커패시터가 그림 6.16(b)와 같이 병렬(각각의 두 극판 사이의 전위차가 같다)로 접속되어 있다면, 총 정전용량은

$$C = C_1 + C_2 \tag{6.34}$$

가 된다. 전기시스템에서 저항 R와 정전용량 C를 구하기 위한 표현식을 다시 고려해 보자. 저항 R와 정전용량 C를 구하는 식은 식 (6.16)과 (6.18)에서 주어졌다. 즉

$$R = \frac{V}{I} = \frac{\int_L \mathbf{E} \cdot d\mathbf{l}}{\int_S \sigma \mathbf{E} \cdot d\mathbf{S}} \tag{6.16}$$

$$C = \frac{\mathrm{Q}}{\mathrm{V}} = \frac{\varepsilon \oint_S \mathbf{E} \cdot d\mathbf{S}}{\int_L \mathbf{E} \cdot d\mathbf{l}} \tag{6.18}$$

이 식들의 곱은

$$\boxed{RC = \frac{\varepsilon}{\sigma}} \tag{6.35}$$

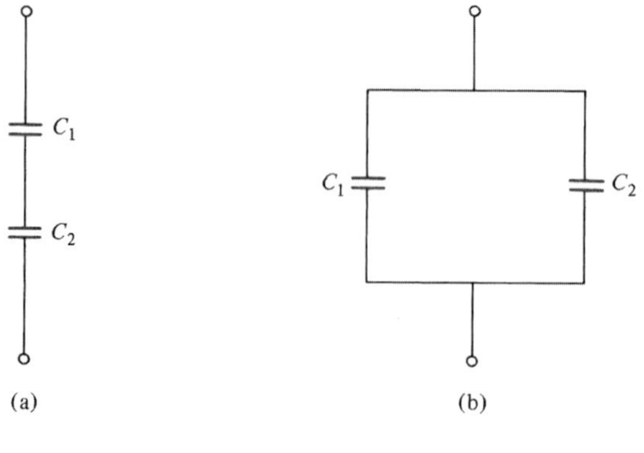

그림 6.16 커패시터의 (a) 직렬연결, (b) 병렬연결

으로 된다. 이 식은 도체 사이에 존재하는 매질의 이완시간(relaxation time) T_r이다. 식 (6.35)는 매질이 균질일 때만 성립함을 명심해야 한다. 이 식은 식 (6.16)과 (6.18)로부터 쉽게 추측할 수 있다. 균질성 매질이라고 가정하면 위에서 언급한 여러 종류의 커패시터의 저항값은 식 (6.35)를 사용하여 쉽게 구할 수 있다. 다음 예에서 이러한 개념을 설명하고 있다.

평행평판 커패시터의 경우

$$C = \frac{\varepsilon S}{d}, \quad R = \frac{d}{\sigma S} \tag{6.36}$$

동축 원통형 커패시터의 경우

$$C = \frac{2\pi\varepsilon L}{\ln \dfrac{b}{a}}, \quad R = \frac{\ln \dfrac{b}{a}}{2\pi\sigma L} \tag{6.37}$$

구형 커패시터의 경우

$$C = \frac{4\pi\varepsilon}{\dfrac{1}{a} - \dfrac{1}{b}}, \quad R = \frac{\dfrac{1}{a} - \dfrac{1}{b}}{4\pi\sigma} \tag{6.38}$$

마지막으로 고립된 도체구의 경우

$$C = 4\pi\varepsilon a, \quad R = \frac{1}{4\pi\sigma a} \tag{6.39}$$

식 (6.35)에서 (6.39)까지의 각 식에서 저항은 커패시터 극판의 저항이 아니라 극판 사이의 누설저항이다. 그러므로 이들 식에서 σ는 극판 사이의 유전체 매질의 도전율이다.

예제 6.8

도전율 σ인 금속막대가 그림 6.17과 같이 내부 반지름 a, 외부 반지름 b, 두께 t이며, 평탄하게 90°로 구부러져 있다. (a) $\rho = a$와 $\rho = b$에 있는 구부러진 수직면 사이의 저항이

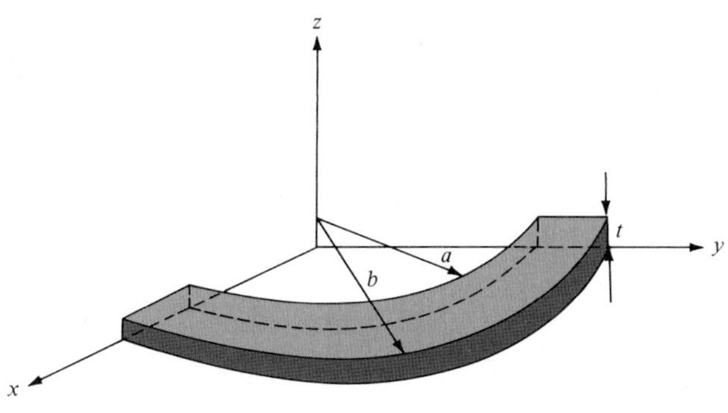

그림 6.17 예제 6.8의 구부러진 금속막대

$$R = \frac{2\ln\dfrac{b}{a}}{\sigma\pi t}$$

임을 증명하고, (b) $z=0$과 $z=t$에 있는 두 수평면 사이의 저항이 아래와 같음을 증명하라.

$$R' = \frac{4t}{\sigma\pi(b^2 - a^2)}$$

풀이

(a) $\rho=a$와 $\rho=b$에 위치한 구부러진 두 수직면 사이에서 막대의 단면적은 균일하지 않으므로 식 (5.16)을 적용할 수 없다. 따라서 식 (6.16)을 사용해야 한다. $\rho=a$와 $\rho=b$의 구부러진 면 사이의 전위차를 V_0라 하자. 즉, $V(\rho=a)=0$이고, $V(\rho=b)=V_o$이다. 원통좌표계에서의 Laplace 방정식 $\nabla^2 V=0$을 풀어 V를 구한다. $V=V(\rho)$이므로

$$\nabla^2 V = \frac{1}{\rho}\frac{d}{d\rho}\left(\rho\frac{dV}{d\rho}\right) = 0$$

$\rho=0$인 곳은 제외되므로 ρ를 양변에 곱하고 한 번 적분하면

$$\rho\frac{dV}{d\rho} = A$$

또는

$$\frac{dV}{d\rho} = \frac{A}{\rho}$$

가 되며, 다시 적분하면

$$V = A\ln\rho + B$$

가 된다. 여기서 A와 B는 경계조건에 의해 정해지는 적분상수이다.

$$V(\rho=a) = 0 \rightarrow 0 = A\ln a + B \quad \text{또는} \quad B = -A\ln a$$

$$V_o \rightarrow V_o = A\ln b + B = A\ln b - A\ln a = A\ln\frac{b}{a} \quad \text{또는} \quad A = \frac{V_o}{\ln\dfrac{b}{a}}$$

따라서

$$V = A\ln\rho - A\ln a = A\ln\frac{\rho}{a} = \frac{V_o}{\ln\dfrac{b}{a}}\ln\frac{\rho}{a}$$

$$\mathbf{E} = -\nabla V = -\frac{dV}{d\rho}\mathbf{a}_\rho = -\frac{A}{\rho}\mathbf{a}_\rho = -\frac{V_o}{\rho\ln\dfrac{b}{a}}\mathbf{a}_\rho$$

$$\mathbf{J} = \sigma\mathbf{E}, \quad d\mathbf{S} = -\rho\, d\phi\, dz\, \mathbf{a}_\rho$$

$$I = \int_S \mathbf{J} \cdot d\mathbf{S} = \int_{\phi=0}^{\pi/2} \int_{z=0}^{t} \frac{V_o \sigma}{\rho \ln \dfrac{b}{a}} dz\, \rho\, d\phi = \frac{\pi}{2} \frac{t V_o \sigma}{\ln \dfrac{b}{a}}$$

그러므로

$$R = \frac{V_o}{I} = \frac{2 \ln \dfrac{b}{a}}{\sigma \pi t}$$

임이 증명되었다.

(b) $V(z=0)=0$과 $V(z=t)=V_o$가 되도록 두 개의 수평면 사이의 전위차를 V_o라 하자. $V=V(z)$이므로 Laplace 방정식 $\nabla^2 V=0$은

$$\frac{d^2V}{dz^2} = 0$$

두 번 적분하면

$$V = Az + B$$

가 되며, A와 B를 구하기 위하여 경계조건을 적용하면

$$V(z=0)=0 \quad \to 0 = 0 + B \quad \text{또는 } B=0$$

$$V(z=t)=V_o \quad \to V_o = At \quad \text{또는 } A = \frac{V_o}{t}$$

따라서

$$V = \frac{V_o}{t} z$$

$$\mathbf{E} = -\nabla V = -\frac{dV}{dz}\mathbf{a}_z = -\frac{V_o}{t}\mathbf{a}_z$$

$$\mathbf{J} = \sigma\mathbf{E} = -\frac{\sigma V_o}{t}\mathbf{a}_z, \quad d\mathbf{S} = -\rho\, d\phi\, d\rho\, \mathbf{a}_z$$

$$I = \int_S \mathrm{J} \cdot d\mathrm{S} = \int_{\rho=0}^{b} \int_{\phi=0}^{\pi/2} \frac{V_0 \sigma}{t} \rho\, d\phi\, d\rho$$

$$= \frac{V_0\sigma}{t} \cdot \frac{\pi}{2} \frac{\rho^2}{2}\bigg|_a^b = \frac{V_o\, \sigma\, \pi\, (b^2 - a^2)}{4t}$$

그러므로

$$R' = \frac{V_o}{I} = \frac{4t}{\sigma\pi(b^2 - a^2)}$$

다른 방법으로 풀면, 이 경우 막대의 단면적은 $z = 0$과 $z = t$인 수평면 사이에서 일정하므로 식 (5.16)을 적용할 수 있다.

$$R' = \frac{\ell}{\sigma S} = \frac{t}{\sigma \frac{\pi}{4}(b^2 - a^2)} = \frac{4t}{\sigma\pi(b^2 - a^2)}$$

가 된다.

연습문제 6.8

두께 t인 얇은 원판의 반경이 b이며, 중앙에 반경이 a인 구멍이 있다. 원판의 도전율을 σ라 할 때, 다음을 구하라.

(a) 구멍과 바깥쪽 가장자리 사이의 저항

(b) 원판의 두 평탄면 사이의 저항

해답: (a) $\dfrac{\ln \frac{b}{a}}{2\pi t\sigma}$, (b) $\dfrac{t}{\sigma\pi(b^2 - a^2)}$

예제 6.9

동축 케이블에 도전율 σ인 절연매질이 채워져 있다. 내부도체의 반경을 a, 외부도체의 반경을 b라 할 때, 케이블의 단위길이당 컨덕턴스가 다음과 같이 됨을 보여라[식 (6.37) 참조].

$$G = \frac{2\pi\sigma}{\ln \frac{b}{a}}$$

풀이

그림 6.14와 같은 길이 L인 동축 케이블에 대하여 알아보자. 내부도체와 외부도체 사이의 전위차를 V_o로 놓으면 $V(\rho = a) = 0$과 $V(\rho = b) = V_o$가 된다. V와 $\mathbf{E}$는 예제 6.8의 (a)에서 구한 값과 같다. 따라서

$$\mathbf{J} = \sigma\mathbf{E} = \frac{-\sigma V_o}{\rho \ln \frac{b}{a}} \mathbf{a}_\rho, \quad d\mathbf{S} = -\rho \, d\phi \, dz \, \mathbf{a}_\rho$$

$$I = \int_S \mathbf{J} \cdot d\mathbf{S} = \int_{\phi=0}^{2\pi} \int_{z=0}^{L} \frac{V_o \sigma}{\rho \ln \dfrac{b}{a}} \rho \, dz \, d\phi$$

$$= \frac{2\pi L \sigma V_o}{\ln \dfrac{b}{a}}$$

단위길이당 저항은

$$R = \frac{V_o}{I} \cdot \frac{1}{L} = \frac{\ln \dfrac{b}{a}}{2\pi\sigma}$$

단위길이당 컨덕턴스는

$$G = \frac{1}{R} = \frac{2\pi\sigma}{\ln\left(\dfrac{b}{a}\right)}$$

연습문제 6.9

동축 케이블의 위쪽 반은 도전율이 σ_1인 절연물질, 아래쪽 반은 도전율이 σ_2인 절연물질로 채워져 있다(그림 6.19b 참조). 내부도체의 반경을 a, 외부도체의 반경을 b라 할 때, 길이 ℓ인 동축 케이블의 누설저항이 아래와 같음을 보여라.

$$R = \frac{1}{\pi\ell(\sigma_1 + \sigma_2)} \ln \frac{b}{a}$$

해답: 증명

예제 6.10

그림 6.18과 같이 반경 $a = 10$ cm, $b = 30$ cm인 도체구각의 전위차가 100 V로서 $V(r = b) = 0$이고, $V(r = a) = 100$ V이다. 구각 사이의 영역에서 V와 $\mathbf{E}$를 구하라. 두 구각 사이의 영역에서 $\varepsilon_r = 2.5$라고 할 때, 구각에 유도되는 총 전하와 커패시터의 정전용량을 구하라.

그림 6.18 도체구각에 의한 전위 $V(r)$

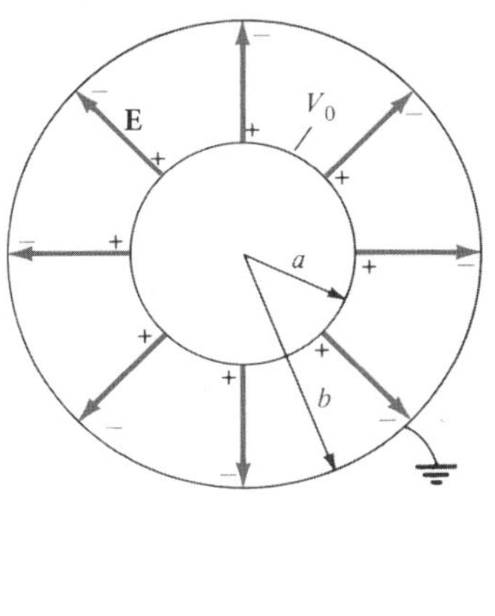

풀이

그림 6.18과 같은 구각을 고려하자. V는 오직 r에만 의존하므로 Laplace 방정식은

$$\nabla^2 V = \frac{1}{r^2}\frac{d}{dr}\left[r^2\frac{dV}{dr}\right] = 0$$

이 된다. 구하고자 하는 영역은 $r \neq 0$이므로 r^2을 양변에 곱하여 주면

$$\frac{d}{dr}\left[r^2\frac{dV}{dr}\right] = 0$$

이 되며, 한 번 적분하면

$$r^2\frac{dV}{dr} = A$$

또는

$$\frac{dV}{dr} = \frac{A}{r^2}$$

가 된다. 다시 적분하면

$$V = -\frac{A}{r} + B$$

상수 A와 B는 경계조건에 의해 구해진다.

$r = b$에서 $V = 0 \to 0 = -\dfrac{A}{b} + B$ 또는 $B = \dfrac{A}{b}$

따라서

$$V = A\left[\frac{1}{b} - \frac{1}{r}\right]$$

또한 $r = a$에서 $V = V_o \to V_o = A\left[\dfrac{1}{b} - \dfrac{1}{a}\right]$

또는

$$A = \frac{V_o}{\dfrac{1}{b} - \dfrac{1}{a}}$$

따라서

$$V = V_o\frac{\left[\dfrac{1}{r} - \dfrac{1}{b}\right]}{\dfrac{1}{a} - \dfrac{1}{b}}$$

$$\mathbf{E} = -\nabla V = -\frac{dV}{dr}\mathbf{a}_r = -\frac{A}{r^2}\mathbf{a}_r$$

$$= \frac{V_o}{r^2\left[\dfrac{1}{a} - \dfrac{1}{b}\right]}\mathbf{a}_r$$

$$Q = \int_S \varepsilon\mathbf{E}\cdot d\mathbf{S} = \int_{\theta=0}^{\pi}\int_{\phi=0}^{2\pi} \frac{\varepsilon_o\varepsilon_r V_o}{r^2\left[\dfrac{1}{a} - \dfrac{1}{b}\right]} r^2 \sin\theta \, d\phi \, d\theta$$

$$= \frac{4\pi\varepsilon_o\varepsilon_r V_o}{\dfrac{1}{a} - \dfrac{1}{b}}$$

$$\rho_s = D_n = \boldsymbol{\varepsilon}E_r, \quad Q = \int_s \rho_s dS$$

정전용량은 다음과 같이 쉽게 결정된다.

$$C = \frac{Q}{V_o} = \frac{4\pi\varepsilon}{\dfrac{1}{a} - \dfrac{1}{b}}$$

이 식은 식 (6.32)에서 얻은 결과와 같다. 6.5절에서는 C를 계산하기 위해서 Q를 가정하고 V_o를 계산하였으나, 여기서는 V_o을 가정하고 대응하는 Q를 구하였다. $a = 0.1$ m, $b = 0.3$ m, $V_o = 100$ V를 대입하면

$$V = 100\frac{\left[\dfrac{1}{r} - \dfrac{10}{3}\right]}{10 - 10/3} = 15\left[\frac{1}{r} - \frac{10}{3}\right] V$$

를 얻는다.

확인: $\nabla^2 V = 0$, $V(r = 0.3 \text{ m}) = 0$, $V(r = 0.1 \text{ m}) = 100$

$$\mathbf{E} = \frac{100}{r^2[10 - 10/3]}\mathbf{a}_r = \frac{15}{r^2}\mathbf{a}_r \text{ V/m}$$

$$Q = \pm 4\pi \cdot \frac{10^{-9}}{36\pi} \cdot \frac{(2.5)\cdot(100)}{10 - 10/3}$$

$$= \pm 4.167 \text{ nC}$$

양전하는 내부구각에 유도되고, 음전하는 외부구각에 유도된다. 또한

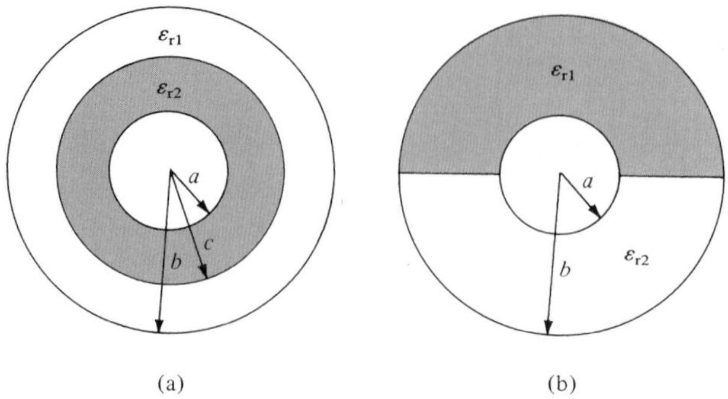

그림 6.19 연습문제 6.9, 6.10, 6.12의 그림

$$C = \frac{|Q|}{V_o} = \frac{4.167 \times 10^{-9}}{100} = 41.67 \text{ pF}$$

연습문제 6.10

구형 커패시터의 단면이 그림 6.19와 같을 때 정전용량을 구하라. $a = 1$ mm, $b = 3$ mm, $c = 2$ mm, $\varepsilon_{r1} = 2.5$, $\varepsilon_{r2} = 3.5$로 한다.

해답: (a) 0.53 pF, (b) 0.5 pF

예제 6.11

6.5절에서 커패시터의 정전용량 $C = Q/V$는 6.5절에서와 같이 Q를 가정하고 V를 구하거나, 예제 6.10에서와 같이 V를 가정하고 Q를 구할 수 있다고 언급하였다. 후자의 방법을 사용하여 식 (6.22)를 유도하라.

풀이

그림 6.13의 평행평판에서 전위차는 V_o가 되어 $V(x = 0) = 0$, $V(x = d) = V_o$로 가정하였다. 이것은 1차원 경계값 문제를 푸는 데 필요하다. Laplace 방정식의 해를 구하자.

$$\nabla^2 V = \frac{d^2V}{dx^2} = 0$$

두 번 적분하면

$$V = Ax + B$$

여기서 A와 B는 경계조건으로부터 정해지는 적분상수이다. $x = 0$에서 $V = 0 \rightarrow 0 = 0 + B$ 또는 $B = 0$이며, $x = d$에서 $V = V_o \rightarrow V_o = Ad + 0$ 또는 $A = V_o/d$이다. 따라서

$$V = \frac{V_o}{d}x$$

이 해는 Laplace 방정식과 경계조건을 만족한다.

극판 사이의 전위차를 V_o라 가정한다. 어느 한쪽 극판에 축적된 전하량 Q를 구하여 정전용량 $C = Q/V_o$를 구하는 것이 목적이다.

어느 한쪽 극판의 전하량은

$$Q = \int_S \rho_S \, dS$$

그러나 $\rho_S = \mathbf{D} \cdot \mathbf{a}_n = \varepsilon \mathbf{E} \cdot \mathbf{a}_n$이며, 여기서

$$\mathbf{E} = -\nabla V = -\frac{dV}{dx}\mathbf{a}_x = -A\mathbf{a}_x = -\frac{V_o}{d}\mathbf{a}_x$$

아래쪽 극판에서는 $\mathbf{a}_n = \mathbf{a}_x$이므로

$$\rho_S = -\frac{\varepsilon V_o}{d} \quad \text{그리고} \quad Q = -\frac{\varepsilon V_o S}{d}$$

위쪽 극판에서는 $\mathbf{a}_n = -\mathbf{a}_x$이므로

$$\rho_S = \frac{\varepsilon V_o}{d} \quad \text{그리고} \quad Q = \frac{\varepsilon V_o S}{d}$$

예상한 바와 같이 Q는 각 극판에서 크기는 같으며, 극성은 반대이다. 따라서

$$C = \frac{|Q|}{V_o} = \frac{\varepsilon S}{d}$$

로서 식 (6.22)에서 얻은 결과와 같다.

연습문제 6.11

V_o를 가정하고 Q를 구하여 식 (6.28)에서 동축 원통형 커패시터의 정전용량 $C = Q/V_o$를 유도하라.

예제 6.12

그림 6.20에 있는 커패시터 각각에 대한 정전용량을 구하라. $\varepsilon_{r1} = 4$, $\varepsilon_{r2} = 6$, $d = 5$ mm, $S = 30$ cm^{2}로 한다.

풀이

(a) **D**와 **E**는 유전체 경계면에 수직이므로 그림 6.20(a)의 커패시터는 그림 6.16(a)에서와 같이 두 개의 커패시터 C_1과 C_2가 직렬로 연결된 것으로 취급할 수 있다.

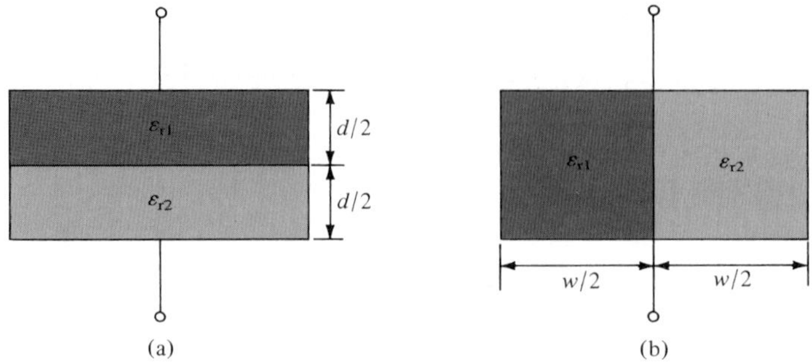

그림 6.20 예제 6.12의 그림

$$C_1 = \frac{\varepsilon_o \varepsilon_{r1} S}{d/2} = \frac{2\varepsilon_o \varepsilon_{r1} S}{d}, \quad C_2 = \frac{2\varepsilon_o \varepsilon_{r2} S}{d}$$

총 정전용량 C는

$$C = \frac{C_1 C_2}{C_1 + C_2} = \frac{2\varepsilon_o S}{d} \frac{(\varepsilon_{r1}\varepsilon_{r2})}{\varepsilon_{r1} + \varepsilon_{r2}}$$

$$= 2 \cdot \frac{10^{-9}}{36\pi} \cdot \frac{30 \times 10^{-4}}{5 \times 10^{-3}} \cdot \frac{4 \times 6}{10} \tag{6.12.1}$$

$$C = 25.46 \text{ pF}$$

(b) 이 경우에는 **D**와 **E**가 유전체 경계면에 평행하다. 그림 6.16(b)와 같이 2개의 커패시터 C_1과 C_2가 병렬로 연결된 것으로 취급할 수 있다(C_1과 C_2 양단의 전압은 같다).

$$C_1 = \frac{\varepsilon_o \varepsilon_{r1} S/2}{d} = \frac{\varepsilon_o \varepsilon_{r1} S}{2d}, \quad C_2 = \frac{\varepsilon_o \varepsilon_{r2} S}{2d}$$

총 정전용량은

$$C = C_1 + C_2 = \frac{\varepsilon_o S}{2d}(\varepsilon_{r1} + \varepsilon_{r2})$$

$$= \frac{10^{-9}}{36\pi} \cdot \frac{30 \times 10^{-4}}{2 \cdot (5 \times 10^{-3})} \cdot 10 \tag{6.12.2}$$

$$C = 26.53 \text{ pF}$$

$\varepsilon_{r1} = \varepsilon_{r2} = \varepsilon_r$이면, 식 (6.12.1)과 (6.12.2)는 예상했던 대로 식 (6.22)와 일치한다.

연습문제 6.12

그림 6.19와 같은 10 m 길이의 동축 원통형 커패시터의 정전용량을 구하라. 여기서 $a = 1$ mm, $b = 3$ mm, $c = 2$ mm, $\varepsilon_{r1} = 2.5$ 그리고 $\varepsilon_{r2} = 3.5$로 한다.

해답: (a) 1.41 nF, (b) 1.52 nF

예제 6.13

동축 원통형 커패시터의 반경이 $a = 1$ cm, $b = 2.5$ cm이다. 두 극판 사이에 $\varepsilon_r = (10 + \rho)/\rho$인 비균질 유전체가 채워져 있다고 할 때, 커패시터의 단위길이당 정전용량을 구하라. 여기서 ρ는 센티미터의 단위를 갖는다.

풀이

식 (6.27a)가 아래와 같이 되는 것을 제외하고는 6.5절에서 취했던 과정과 동일하다.

$$V = -\int_b^a \frac{Q}{2\pi\varepsilon_o\varepsilon_r\rho L}\,d\rho = -\frac{Q}{2\pi\varepsilon_o L}\int_b^a \frac{d\rho}{\rho\left(\dfrac{10+\rho}{\rho}\right)}$$

$$= \frac{-Q}{2\pi\varepsilon_o L}\int_b^a \frac{d\rho}{10+\rho} = \frac{-Q}{2\pi\varepsilon_o L}\ln(10+\rho)\Big|_b^a$$

$$= \frac{Q}{2\pi\varepsilon_o L}\ln\frac{10+b}{10+a}$$

단위길이당 정전용량은($L = 1$ m)

$$C = \frac{Q}{V} = \frac{2\pi\varepsilon_o}{\ln\dfrac{10+b}{10+a}} = 2\pi\cdot\frac{10^{-9}}{36\pi}\cdot\frac{1}{\ln\dfrac{12.5}{11.0}}$$

$$C = 434.6 \text{ pF/m}$$

연습문제 6.13

$a = 1.5$ cm이고 $b = 4$ cm인 구형 커패시터가 $\varepsilon = 10\varepsilon_o/r$인 비균질 유전체로 채워져 있다. 이 커패시터의 정전용량을 구하라.

해답: 1.13 nF

MATLAB 6.1

Consider a trace of thickness $t = 15\ \mu$m, length $l = 8$ mm, and with exponentially increasing width from $w_1 = 0.2$ mm to $w_2 = 2.5$ mm connected to a 10 V source by perfect electric conductor (PEC) slabs at the ends. Such a shape is commonly encountered around via pads or near impedance transformers. The trace has conductivity $\sigma = 6.5 \times 10^5$ S/m. Determine the total resistance of the trace by integrating the incremental cross-sectional resistance.

To simplify, we can place the origin between the PEC–trace junction on the wide side of the trace, at the center of the bottom side.

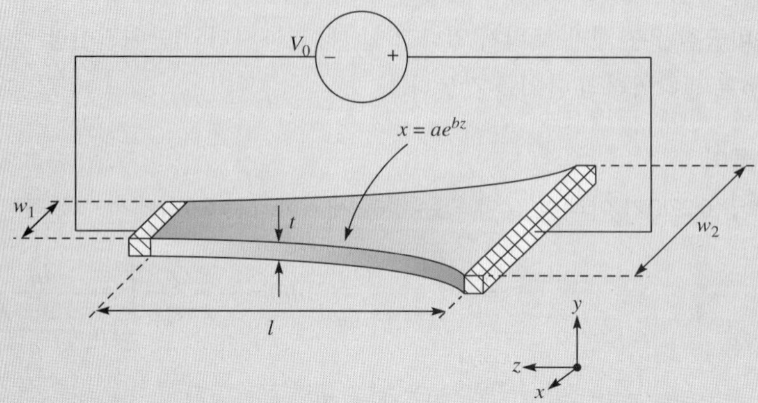

The incremental resistance is a slab of length dz in the xy-plane given by

$$dR = \frac{dz}{\sigma t w(z)}$$

We must determine the function $w(z)$. Since the trace tapers according to a known expression, we can determine the coefficients a, b:

$$\frac{w(z)}{2} = x(z) = ae^{bz}$$

We know that

$$x(z=0) = \frac{w_2}{2}, x(z=l) = \frac{w_1}{2}$$

So,

$$x(z=0) = a = \frac{w_2}{2}$$

And

$$x(z=l) = ae^{bl} = \frac{w_2}{2}e^{bl} = \frac{w_1}{2}$$

$$w_2 e^{bl} = w_1$$

$$b = \frac{1}{\ell}\ln\frac{w_1}{w_2}$$

This integral can be solved as

$$R = \int_0^l dR = \int_0^l \frac{dz}{\sigma t w(\ z)} = \int_0^l \frac{dz}{\sigma t 2x(\ z)} = \frac{1}{2\sigma t}\int_0^l \frac{dz}{x(\ z)}$$

$$= \frac{1}{w_2 \sigma t}\int_0^l e^{-\frac{1}{l}\ln\frac{w_1}{w_2}z}\,dz$$

Plugging in numbers for the geometric parameters, $R = 1.49\ \Omega$.

```
% This script computes the integral of an exponential trace
% a function using two different methods:
%   1. the built-in matlab 'quad' function
%   2. user-defined summation
%
% The user must first create a separate file for the function
%        y = (-1/20)*x^3+(3/5)*x.^2-(21/10)*x+4;
% The file should be named fun.m and stored in the same directory
% as this file, and it should contain the following two lines:
%          function y = fun(x)
%          y = (-1/20)*x.^3+(3/5)*x.^2-2.1*x+4;
%
% We will determine the integral of this function from
% x = 0 to x = 8
clear

% the parameters of the trace
w1 = 0.2e-3;
w2 = 2.5e-3;
cond =  6.5e5; % conductivity
t = 15e-6; % thickness
l = 8e-3;  % length

sum=0; % set initial total sum to zero
dz=l/1000;
for z=0:dz:l,
    sum=sum+1/(w2*cond*t)*exp(-1/l*log(w1/w2)*z)*dz;
                        % add the partial sums to the total sum
end

disp('')
disp(sprintf('The total resistance of the trace is %f', sum))
```

요약

1. 경계값 문제는 영역의 경계에서 전위 혹은 전위의 미분이 정해진 문제이며 영역 내부에서 전위를 구하는 것이다. 이는 $\rho_v \neq 0$이면 Poisson 방정식, $\rho_v = 0$이면 Laplace 방정식을 사용하여 풀게 된다.
2. 비균질 매질에서 Poisson 방정식은

$$\nabla \cdot \varepsilon \nabla V = -\rho_v$$

이며, 균질 매질에서는 ε이 공간변수와 무관하다. 따라서 Poisson 방정식은

$$\nabla^2 V = -\frac{\rho_v}{\varepsilon}$$

가 된다. 전하가 없는 영역에서($\rho_v = 0$) Poisson 방정식은 Laplace 방정식이 된다. 즉

$$\nabla^2 V = 0$$

3. V가 단지 하나의 변수만을 가지면 두 번 적분하여 Laplace나 Poisson 방정식으로 주어지는 미분방정식으로 풀고, V가 두 개 이상의 변수를 가지면 변수분리법에 의하여 미분방정식을 구할 수 있다. 그 다음에 유일해를 얻기 위해서 경계조건을 적용한다.
4. 유일성 정리란 V가 Poisson이나 Laplace 방정식을 만족하고, 규정된 경계조건을 만족한다면, 주어진 문제에서 V의 가능한 해는 하나만 존재한다는 것을 말한다. 하나의 해를 갖기 때문에 주어진 문제에 대한 해임을 확신할 수 있다.
5. 어떤 물체의 저항 R이나 커패시터의 정전용량 C를 구하는 문제는 경계값 문제로 취급될 수 있다. R을 구하기 위해서는 구하고자 하는 물체의 양쪽 끝 사이의 전위차를 V_o라고 가정하고, Laplace 방정식을 풀어 $I = \int_S \sigma \mathbf{E} \cdot d\mathbf{S}$를 구하고, $R = V_o/I$를 구하면 된다. 비슷하게 C를 구하기 위해서는 커패시터의 극판 사이의 전위차를 V_o라고 가정하여 Laplace 방정식의 해를 구하고, $Q = \int_S \varepsilon \mathbf{E} \cdot d\mathbf{S}$를 구하여 $C = Q/V_o$에 의하여 구할 수 있다.

복습 문제

6.1 방정식 $\nabla \cdot (-\varepsilon \nabla V) = \rho_v$는 비균질 매질에서의 Poisson 방정식이다.

(a) 맞다. (b) 틀리다.

6.2 원통좌표계에서 식

$$\frac{\partial^2 \psi}{\partial \rho^2} + \frac{1}{\rho}\frac{\partial \psi}{\partial \rho} + \frac{\partial^2 \psi}{\partial z^2} + 10 = 0$$

을 무엇이라고 부르는가?

(a) Maxwell 방정식 (b) Laplace 방정식
(c) Poisson 방정식 (d) Helmholtz 방정식
(e) Lorentz 방정식

6.3 두 개의 전위함수 V_1과 V_2가 폐곡면 내에서 Laplace 방정식을 만족하고 폐곡면상에서 크기가 같다고 가정한다. V_1은 V_2와 반드시 같아야 한다.

(a) 맞다. (b) 틀리다.
(c) 반드시 그럴 필요가 없다.

6.4 다음 전위 중 어떤 것이 Laplace 방정식을 만족하지 않는가?

(a) $V = 2x + 5$ (b) $V = 10xy$
(c) $V = r \cos \phi$ (d) $V = \dfrac{10}{r}$
(e) $V = \rho \cos \phi + 10$

6.5 다음 중 어떤 것이 사실이 아닌가?

(a) $-5 \cos 3x$는 $\phi''(x) + 9\phi(x) = 0$의 해이다.

(b) $10 \sin 2x$는 $\phi''(x) - 4\phi(x) = 0$의 해이다.

(c) $-4 \cosh 3y$는 $R''(y) - 9R(y) = 0$의 해이다.

(d) $\sinh 2y$는 $R''(y) - 4R(y) = 0$의 해이다.

(e) $\dfrac{g''(x)}{g(x)} = -\dfrac{h''(y)}{h(y)} = f(z) = -1$, 여기서 $g(x) = \sin x$이고 $h(y) = \sinh y$이다.

6.6 만일 $V_1 = X_1Y_1$이 Laplace 방정식의 곱의 해라면, 이들 중 어떤 것이 Laplace 방정식의 해가 아닌가?

(a) $-10X_1Y_1$
(b) $X_1Y_1 + 2xy$
(c) $X_1Y_1 - x + y$
(d) $X_1 + Y_1$
(e) $(X_1 - 2)(Y_1 + 3)$

6.7 선형 유전체로 채워진 커패시터의 정전용량은 극판상의 전하와 두 극판 사이의 전위차와는 무관하다.

(a) 맞다.
(b) 틀리다.

6.8 건전지에 연결된 평행평판 커패시터는 공기를 유전체로 사용할 때보다 어떤 주어진 유전체를 사용하게 되면 축적된 전하가 2배가 된다. 이 유전체의 전화율은?

(a) 0
(b) 1
(c) 2
(d) 3
(e) 4

6.9 원통형 용기에 있는 수은 기둥에 전위차 V_0를 인가하였다. 지금 수은을 용기의 반경의 반이 되는 다른 용기에 붓고 같은 전위차 V_0를 양단에 인가하였다. 이와 같은 용기의 변화로 저항은 얼마나 증가하는가?

(a) 2배
(b) 4배
(c) 8배
(d) 16배

해답: 6.1a, 6.2c, 6.3a, 6.4c, 6.5d, 6.6d, 6.7a, 6.8b, 6.9d.

문제

6.2 Poisson과 Laplace 방정식

6.1 $V = 5x^3y^2z$, $\varepsilon = 2.25\varepsilon_0$로 주어졌다. 다음을 구하라. (a) 점 $P(-3, 1, 2)$에서 $\mathbf{E}$, (b) P에서 ρ_v

6.2 xy-평면에서 정전기장이

$$\mathbf{E} = \begin{cases} 15\left(1 - 9\dfrac{x^2 - y^2}{(x^2 + y^2)^2}\right)\mathbf{a}_x - 270\left(\dfrac{xy}{(x^2 + y^2)^2}\right)\mathbf{a}_y & x^2 + y^2 \geq 9 \\ 30\mathbf{a}_x & x^2 + y^2 < 9 \end{cases}$$

로 주어졌다. 전위 V를 구하라. 단, $V(3, 0) = -90$ V

6.3 $y = 1$과 $y = 3$인 면에 도체판이 놓여 있다. 두 도체판 사이의 공간은 $\rho_v = \dfrac{y}{4\pi}$ nC/m^3, 그리고 $\varepsilon = 4\varepsilon_o$인 비균질 매질로 채워져 있다. $V(y = 1) = 0$, $V(y = 3) = 50$ V일 때 $V(y = 2)$를 구하라.

6.4 구좌표계에서 $V = \dfrac{1}{2}r^2(3\cos^2\theta - 1)$일 때, $\nabla^2 V = 0$임을 보여라.

6.5 $y = \pm 2$ cm에 위치한 두 개의 도체 평판들 사이의 공간이 특정 매질로 채워져 있다. 가열하면 이 매질은 전자를 방출하여 $\rho_v = 50(1 - y^2)$ μC/m^{3}이 된다. 두 평판들의 전위가 모두 30 kV로 유지될 때, 평판들 사이의 전위분포를 구하라. 단, $\varepsilon = 3\varepsilon_o$이다.

6.6 $z = 0$과 $z = d$에 있는 두 개의 넓고 평탄한 금속 박판들의 전위가 각각 0과 V_o로 유지된다. 박판들 사이의 전하밀도는 $\rho_v(z) = \rho_0 z/d$이고, 여기서 ρ_0는 상수이다. 박판들 사이의 모든 점에서 전위를 구하라.

6.7 원통좌표계에서 $\rho_v = \dfrac{10}{\rho}$ pC/m^{3}인 전하분포에 의하여 $\rho = 2$ m에서 $V = 0$, $\rho = 5$ m에서 $V = 60$ V이 된다. $\varepsilon_r = 3.6$일 때 $\mathbf{E}$를 구하라.

6.8 모든 공간에서 체적전하밀도(nC/m^3)는 다음과 같이 주어졌다.

$$\rho_v(x, y, z) = \sin 5x \sin 8y \sin 2z$$

$P(2, 1, 3)$에서 전위 V는 얼마인가? (Poisson 방정식을 이용하라.)

6.9 정전위 $V(r)$는 경계조건이 $V(5) = 3$ V인 전위함수 $V(r) = 2V(2r)$에 따라 정해진다. $V(15)$을 구하라.

6.10 반지름이 각각 $a = 3$ m, $b = 5$ m인 두 동심 도체구의 전위는 각각 4 V와 0 V이다. 전기장 내에 저장된 에너지 밀도가 일정하게 되도록 두 구 사이 공간에 비균질 유전체를 채우려고 한다. 이 유전체의 유전율을 구하라. 두 구 사이에 이 유전체가 채워지면 전위와 전기장에 어떤 변화가 생기는가? Laplace 방정식을 풀고 반지름 r의 함수로 V와 E를 도시하라.

6.11 반지름이 a인 속이 빈 구의 비균일 표면전하밀도는 $\rho_s = \cos\theta$이다. 전위함수를 구

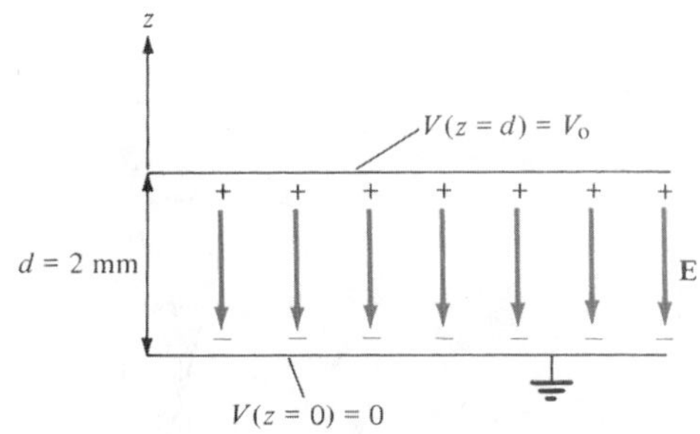

그림 6.21 문제 6.14의 그림

하고자 한다. 아래와 같이 힌트가 주어졌다.

$$V(r,\theta) = \begin{cases} Ar\cos\theta & r < a \\ \dfrac{B}{r^2}\cos\theta & r > a \end{cases}$$

경계조건을 이용하여 해를 완성하라.

6.12 유전율이 $\varepsilon = 2\varepsilon_o$인 유전체에서 전위는 $V = 2x^2yz - y^3z$이다. (a) V는 Laplace 방정식을 만족하는가? (b) $0 < x < 1$ m, $0 < y < 1$ m, $0 < z < 1$ m인 육면체 내부의 총 전하를 계산하라.

6.13 다음 부정 적분을 구하라. (i) $\int \text{cosec}\,\theta d\theta$ and (ii) $\int \sec\theta d\theta$. 적분 상수는 무시하라.*

6.14 그림 6.21과 같은 도체판을 고려하자. $V(z=0)=0$, 그리고 $V(z=2\text{ mm})=50$ V일 때 도체 극판 사이의 유전체 영역($\varepsilon_r = 1.5$)에서 V, **E**와 **D**, 그리고 도체 극판에서의 ρ_s를 구하라.

6.15 그림 6.22와 같은 단면의 원통형 커패시터에서 내부와 외부 반지름은 각각 5 mm와 15 mm이다. $V(\rho = 5\text{ mm}) = 100$ V, $V(\rho = 15\text{ mm}) = 0$ V일 때 $\rho = 10$ mm에서 V,

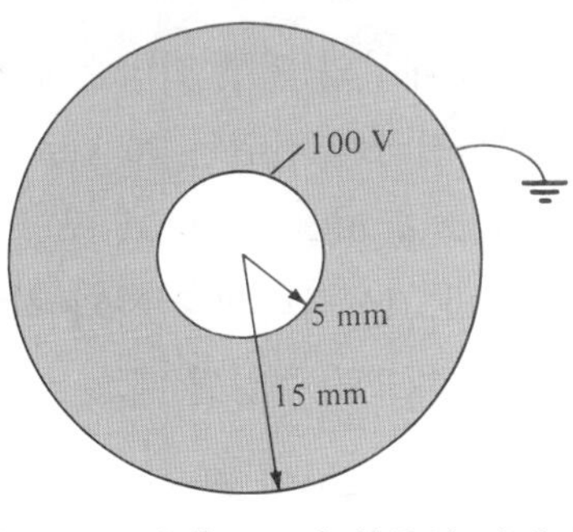

그림 6.22 문제 6.15의 원통형 커패시터

---

* 예제 6.4를 참조하라.

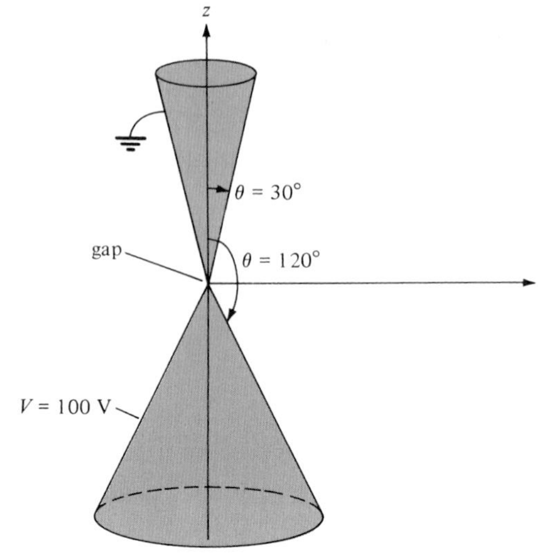

그림 6.23 문제 6.20의 도체 원뿔

E와 **D** 그리고 각 판에서 ρ_s를 구하라. 단, $\varepsilon_r = 2.0$.

6.16 $f(x) = x + x^2$, $-\pi < x < \pi$의 삼각 Fourier 급수를 구하라.

***6.17** (a) $V = V_o(1 - a^2/\rho^2)\rho \sin\phi$ (V_o는 상수)가 Laplace 방정식을 만족시킴을 보여라. (b) $\rho^2 \gg a^2$일 때 **E**를 구하라.

6.18 $x = 0$과 $x = 50$ mm에 두 개의 도체판이 놓여 있다. 영전위 기준은 $x = 20$ mm에 있다. $\mathbf{E} = -110\mathbf{a}_x$ V/m일 때 두 도체의 전위를 계산하라.

6.19 $r = 0.5$ m와 $r = 1$ m인 동심 도체 구각 사이의 공간에는 전하가 존재하지 않는다. $V(r = 0.5) = -50$ V, $V(r = 1) = 50$ V일 때, 구각 사이에서 전위분포와 전기장의 세기를 구하라.

6.20 그림 6.23에 도시된 무한히 긴 도체 원뿔에 의한 V, **E**를 (3, 0, 4)에서 구하라.

***6.21** 다이오드의 내부와 외부 전극은 반경이 각각 $a = 0.6$ mm, $b = 30$ mm인 동축 원통이다. 내부 전극의 전위는 70 V로 유지되고 외부 전극은 접지되어 있다. (a) 전극의 길이 $\ell \gg a, b$로 가정하고 공간전하의 효과를 무시할 때 $\rho = 15$ mm에서 전위를 계산하라. (b) 하나의 전자가 작은 구멍을 통하여 내부 전극에 반지름 방향으로 10^7 m/s 속도로 주입될 때, $\rho = 15$ mm에서 전자의 속도를 구하라.

6.22 쌍곡선 형태($xy = 4$)의 전극이 그림 6.24와 같이 접지된 직각 모서리 위에 놓여 있다. 전극이 20 V 전원에 연결될 때, 점 (1, 2, 0)에서 V와 **E**를 계산하라.

***6.23** 그림 6.25와 같은 2차원 정전시스템에 대한 Laplace 방정식을 풀고 전위 $V(x, y)$를

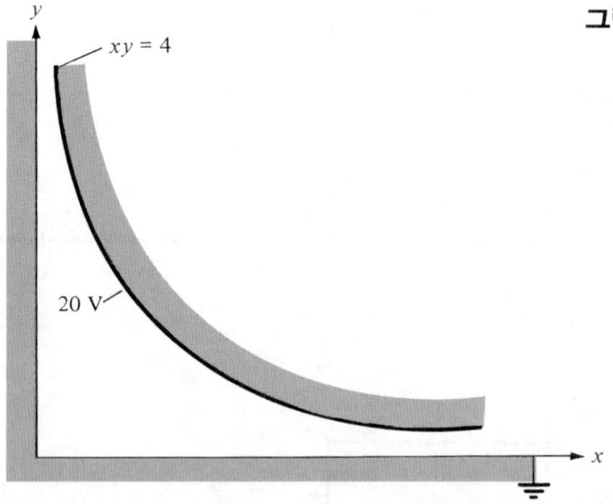

그림 6.24 문제 6.22의 그림

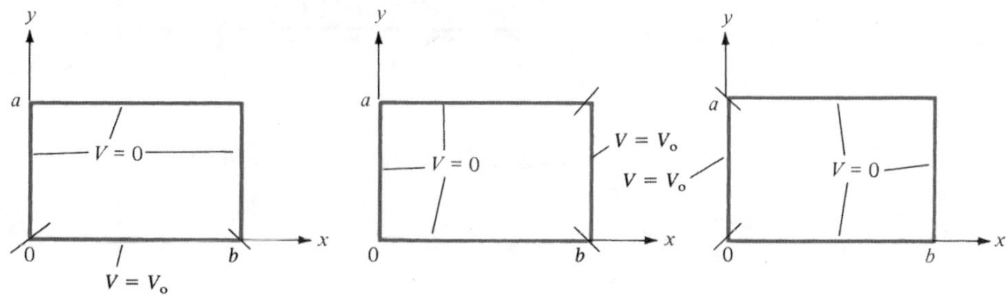

(a) (b) (c)

그림 6.25 문제 6.23의 그림

구하라.

***6.24** 그림 6.26과 같은 2차원 시스템에 의한 전위 $V(x, y)$를 구하라.

6.25 그림 6.26(b)에 도시된 바와 같이 도체 스트립이 정의되었다. 전위분포가 아래와 같이 주어졌다.

$$V(x, y) = \frac{4V_o}{\pi} \sum_{n=\text{odd}}^{\infty} \frac{\sin\left(\frac{n\pi y}{a}\right)}{n} \exp(-n\pi x/a)$$

전기장의 세기 **E**를 구하라.

6.26 그림 6.27은 무한히 긴 직사각형 슬롯의 단면도를 나타낸다. 슬롯 내에서 전위분포를 구하라.

6.27 $\rho \neq 0$인 영역에서 $V(\rho, \phi) = R(\rho)\Phi(\phi)$를 Laplace 방정식의 해로 하고, R과 Φ에 대한 분리된 미분방정식이 다음과 같음을 증명하라. 여기서, λ는 분리상수이다.

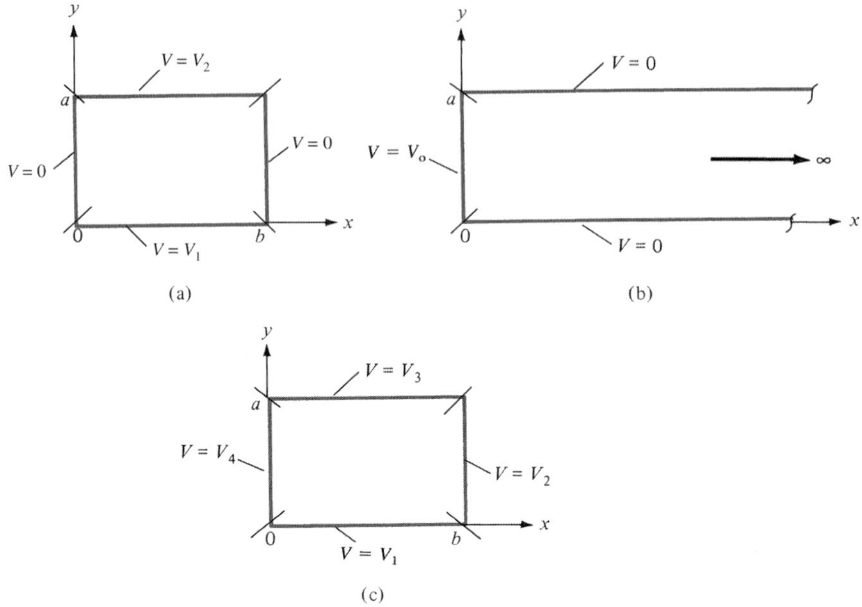

그림 6.26 문제 6.24와 6.25의 그림

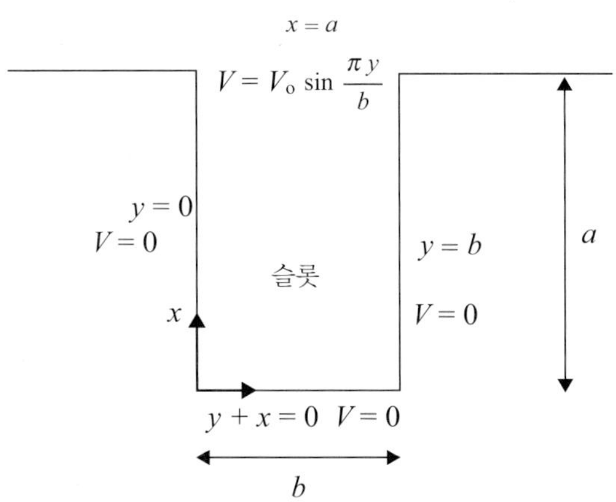

그림 6.27 문제 6.26의 그림

$$R'' + \frac{R'}{\rho} - \frac{\lambda}{\rho^2}R = 0$$

$$\Phi'' + \lambda\Phi = 0$$

6.28 구좌표계에서 전위는 r과 θ의 함수이며, ϕ와는 무관하다. $V(r, \theta) = R(r)F(\theta)$로 가정하고 $\rho_v = 0$인 영역 내에서 R과 F에 대한 분리된 미분방정식을 구하라.

6.5 저항과 정전용량

6.29 그림 6.17과 같은 금속 막대에서 $\phi = 0$과 $\phi = \pi/2$에 위치한 수직면 사이의 저항이

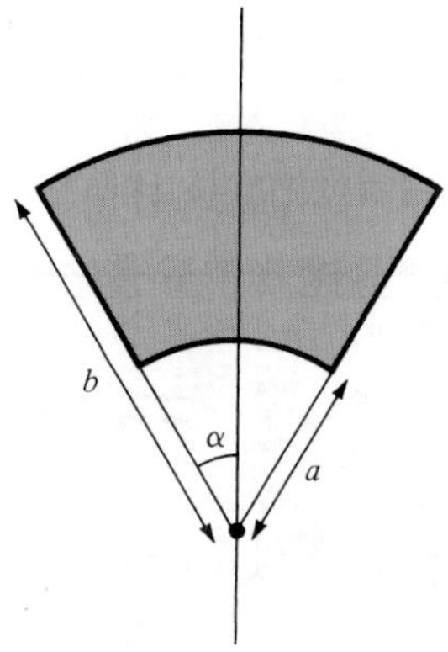

그림 6.28 문제 6.30의 그림

다음과 같음을 증명하라.

$$R = \frac{\pi}{2\sigma t \ln \dfrac{b}{a}}$$

***6.30** 그림 6.28과 같은 단면을 가지는 도전율 σ인 구각의 부채꼴 부분에서($0 \le \phi \le 2\pi$) 밑변과 윗변(즉, $r = a$와 $r = b$) 사이의 저항이 다음과 같음을 증명하라.

$$R = \frac{1}{2\pi\sigma(1 - \cos\alpha)}\left[\frac{1}{a} - \frac{1}{b}\right]$$

6.31 구각의 내부와 외부 반지름이 각각 a와 b이다. 구각의 도전율 σ는 균일하며, 내부와 외부 표면에 구리 전극이 도금되어 있다고 가정하자. 다음을 증명하라.

$$R = \frac{1}{4\pi\sigma}\left(\frac{1}{a} - \frac{1}{b}\right)$$

***6.32** 반지름이 a인 속이 빈 도체 반구의 평탄면이 지표와 동일한 높이로 매장되어 접지 전극 역할을 한다. 지구의 도전율을 σ라고 할 때, 전극과 지구 사이의 누설 컨덕턴스가 $2\pi a\sigma$임을 보여라.

6.33 커패시터의 정전용량을 구하는 다른 방법은 에너지를 고려하는 것이다. 즉,

$$C = \frac{2W_E}{V_o^2} = \frac{1}{V_o^2}\int \varepsilon|\mathbf{E}|^2\, dv$$

이 방법을 사용하여 식 (6.22), (6.28) 그리고 (6.32)를 유도하라.

6.34 원통형 커패시터의 내부 반지름은 a, 외부 반지름은 b이다. 두 원통 사이 영역의 도전율은 σ이다. 커패시터의 단위길이당 커패시턴스를 구하라.

6.35 내부 반지름이 a, 외부 반지름이 b인 동축형 커패시터의 양단에 정상 전압 V가 인

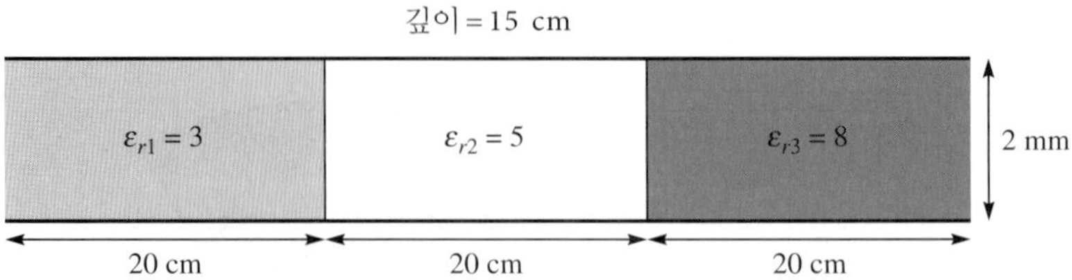

그림 6.29 문제 6.37의 그림

가된다. 단위길이당 전력손실을 구하라. 두 원통 사이 영역의 도전율은 σ로 가정한다.

6.36 집적회로에서 도전성 실리콘 기판 위에 두께가 1 μm인 SiO_2층($\varepsilon_r = 4$)을 생성시키고, 그 위에 면적이 S인 금속전극을 씌우면 커패시터가 형성된다. 2 nF의 정전용량을 갖기 위한 S를 구하라.

6.37 그림 6.29에 도시된 평행평판 커패시터의 정전용량을 계산하라.

6.38 그림 6.30에서와 같이 커패시터가 면적이 A인 무한히 넓은 두 개의 평판으로 구성되어 있고, 이 평판들은 $3a$만큼 떨어져 있다. 평판들 사이 중간에 두께가 a인 유전체 판이 있을 때 정전용량을 구하라.

6.39 그림 6.31의 평행평판 커패시터는 4분의 1이 운모($\varepsilon_r = 6$)로 채워져 있다. 커패시터의 정전용량을 구하라.

6.40 정전용량이 1 F인 커패시터의 실제 크기를 알기 위하여 이격 거리가 1 mm이고 공기로 채워진 평행평판 커패시터를 고려하자. 1 F의 정전용량을 제공할 수 있는 극판의 면적을 구하라.

***6.41** 길이 L, 폭 a, 그리고 극판 간격 d인 공기로 채워진 평행평판 커패시터가 일정한 전위차 V_o로 유지되고 있다. 유전상수 ε_r인 유전체 평판을 두 판 사이에 넣은 후

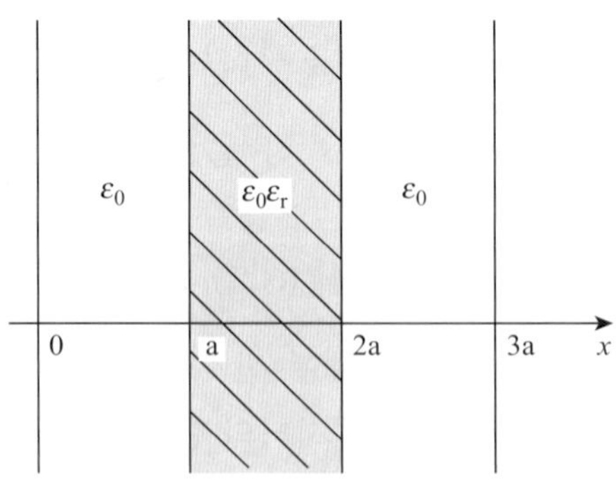

그림 6.30 문제 6.38의 그림

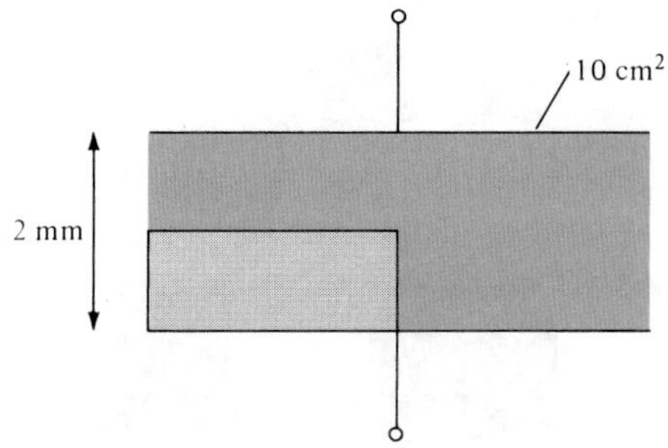

그림 6.31 문제 6.39의 그림

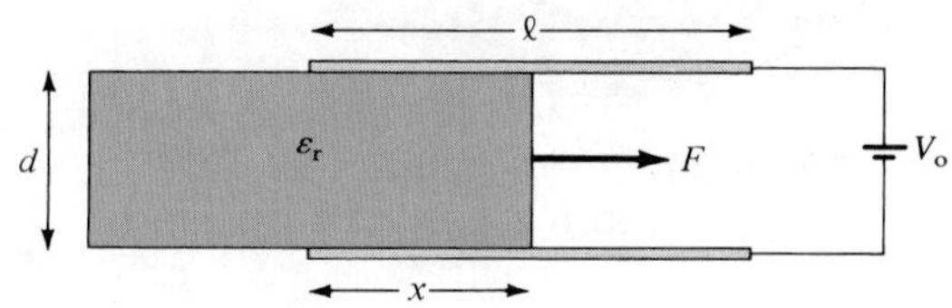

그림 6.32 문제 6.41의 그림

그림 6.32와 같이 길이 x가 남도록 끌어낸다면 유전체 평판이 원래의 위치로 복귀하려는 힘이 다음과 같음을 증명하라.

$$F = \frac{\varepsilon_o(\varepsilon_r - 1)\, a\, V_o^2}{2d}$$

6.42 평행평판 커패시터의 극판 면적은 200 cm^2, 그리고 극판 간격은 3 mm이다. 전하밀도는 1 μC/m^{2}이고 유전체는 공기이다. 다음을 구하라. (a) 커패시터의 정전용량, (b) 극판 사이의 전압, (c) 극판 사이에 작용하는 상호 인력

6.43 두 평행 원통형 도선(전송선)이 $d = 8$ cm 떨어져 있다. 이 원통형 도선들의 반지름이 각각 $r_1 = 3$ cm와 $r_2 = 1$ cm라고 할 때 단위길이당 커패시터를 구하라.

6.44 반지름이 3 cm인 도체구가 저항률 $\rho = 0.8\ \Omega \cdot$m, 두께 4 mm인 균질이며, 낮은 도전율의 막으로 둘러싸여 있다. 도체구에서 측정되는 이 막의 저항을 구하라.

6.45 두 평행 원통형 도선(전송선)이 d만큼 떨어져 있다. 각 원통형 도선의 단면의 반지름 a를 $a \ll d$로 가정하고 이 도선들을 선전하로 근사화하여 단위길이당 커패시터를 구하라. 특별한 경우로써 $a = 1$ cm, $d = 15$ cm를 사용하라. 구한 답을 정확한 공식과 비교하라.

6.46 $r = 5$ cm와 $r = 10$ cm인 도체 구각 사이의 공간이 $\varepsilon = 2.25\varepsilon_o$인 유전체로 채워져 있다. 두 도체 구각 사이의 전위차가 80 V로 유지될 때 (a) 정전용량을 구하라. (b) $r = 5$ cm인 구각의 표면에서 전하밀도를 계산하라.

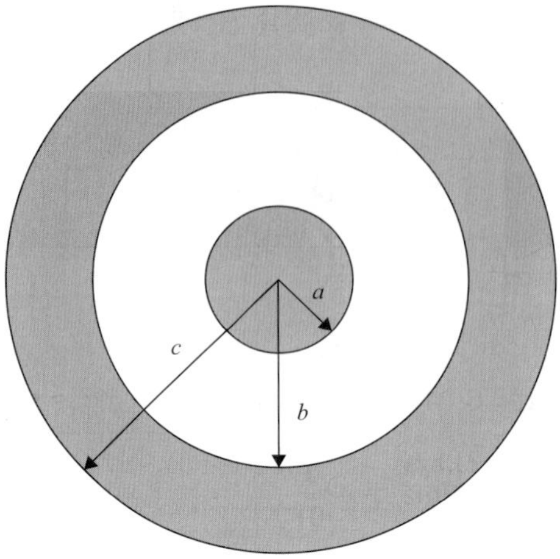

그림 6.33 문제 6.48의 그림

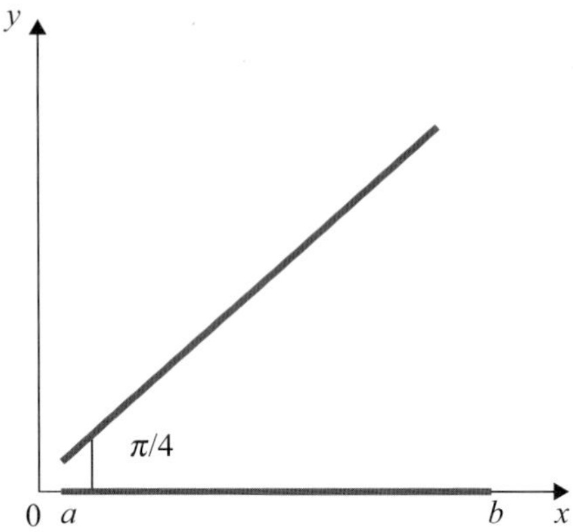

그림 6.34 문제 6.51의 그림

6.47 극판에 수직인 방향을 따라 한 극판으로부터 다른 극판까지 유전율이 ε_1에서 ε_2로 변하는 비균질 유전체로 채워진 평행평판 커패시터를 고려하자. 극판의 면적은 A, 두 극판 사이의 거리가 d라고 할 때 정전용량을 구하라. 유전율의 변화가 없을 때의 답을 자세히 설명하라.

6.48 그림 6.33과 같이 두꺼운 구각으로 둘러싸인 도체 구의 정전용량을 구하라.

6.49 그림 6.19의 동축 케이블에서 $a < \rho < c$에는 ε_{r1}, $c < \rho < b$에서 ε_{r2}인 유전체가 채워져 있으며, 여기서 $a < c < b$이다. 동축 케이블의 정전용량을 구하라.

6.50 다음 미분방정식을 풀어라.

$$\frac{d^2V(x)}{dx^2} = \frac{k}{\sqrt{V(x)}}$$

경계조건은 $\left.\frac{dV}{dx}\right|_{x=0} = 0$, $V(0) = 0$이며, k는 상수로 가정하라.

6.51 커패시터가 폭이 $(b - a)$이고 z축 방향의 길이가 L인 두 평판으로 구성되어 있다. 그림 6.34와 같이 두 평판은 $\phi = \pi/4$ 만큼 분리되어 있다. 평판은 유전체$(\varepsilon = \varepsilon_o \varepsilon_r)$에 의하여 분리된다고 가정하고 가장자리 효과를 무시한다. 정전용량을 구하라.

6.52 원통형 커패시터의 일부분이 $\rho_1 < \rho < \rho_2$. $0 < \phi < \alpha$로 정의되었다. 만약 $V(\phi = 0) = 0$, $(\phi = \alpha) = V_o$일 때 이 부분의 정전용량이 $C = \frac{\varepsilon L}{\alpha} \ln\left(\frac{\rho_2}{\rho_1}\right)$임을 보여라. 여기서 L은 길이, ε은 유전체의 유전율이다.

***6.53** 잉크젯 프린터에서 그림 6.35와 같이 반지름이 20 μm인 잉크 분사구를 반지름이

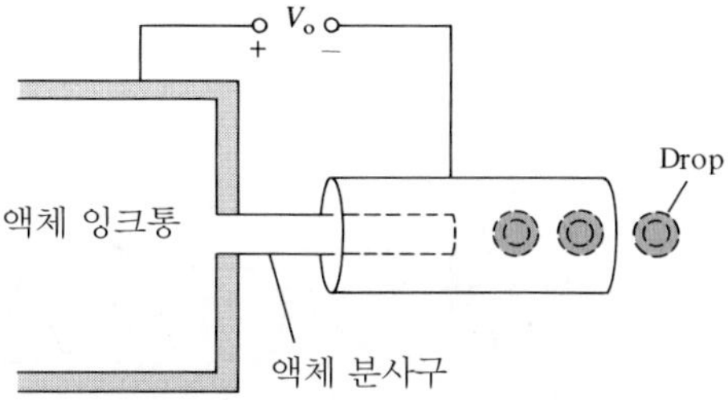

그림 6.35 문제 6.53의 잉크젯 프린터의 간단한 구조

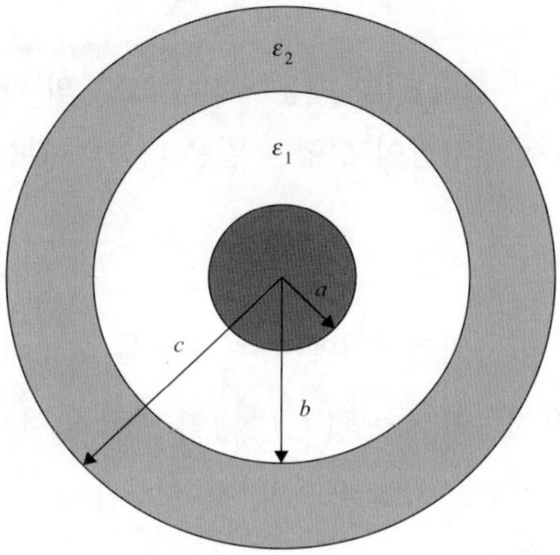

그림 6.36 문제 6.54의 그림

600 μm인 동심 원통으로 둘러싸면 잉크 방울은 대전된다. 원통 내의 잉크 분사구의 길이가 100 μm일 때 방울을 50 fC의 전하로 대전시킬 수 있는 최소 전압을 계산하라. 단, $\varepsilon = \varepsilon_o$.

6.54 케이블의 단면이 그림 6.36에 보인 바와 같다. 단위길이당 정전용량을 구하라.

6.55 구형 커패시터의 내부 반지름은 $a = 2$ cm, 외부 반지름은 $b = 4$ cm이다. 커패시터 내부는 유전율이 $\varepsilon_o\varepsilon_r$인 유전체로 채워져 있다. 외부 도체는 접지되어 있고 내부 도체는 100 V로 유지된다. (a) 내부 도체의 표면전하밀도가 400 nC/m^{2}일 때 ε_r을 구하라. (b) 커패시터의 정전용량을 구하라.

6.56 그림 6.37에 도시된 바와 같이 구형 커패시터에서 유전체 절반의 유전율은 ε_1이고 다른 절반의 유전율은 ε_2이다. 커패시터의 정전용량이 다음과 같음을 보여라.

$$C = \frac{2\pi(\varepsilon_1 + \varepsilon_2)ab}{b - a}$$

***6.57** 구형 커패시터에서 반지름 a와 전하 Q를 가진 내부 도체는 0 전위로 유지된다. 만

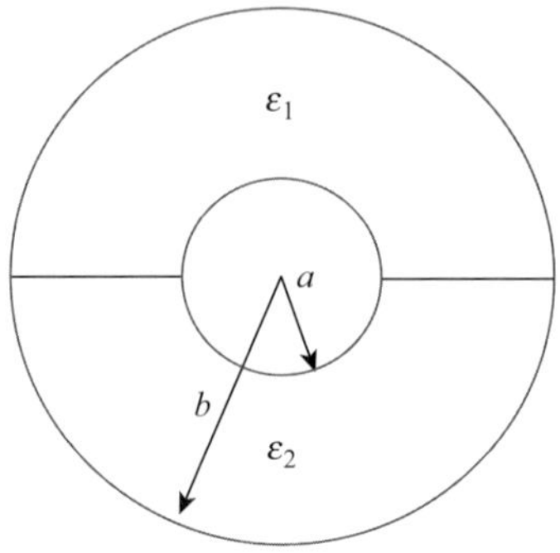

그림 6.37 문제 6.56의 그림

약 내부 힘의 영향 때문에 외부 도체의 반지름이 b에서 c로 수축된다면 수축의 결과로서 전기장이 수행한 일은 다음과 같음을 증명하라.

$$W = \frac{Q^2(b - c)}{8\pi\varepsilon bc}$$

***6.58** 평행평판 커패시터에서 두 평판들은 $x = 0$, d에 놓여 있으며, 두 평판 사이의 공간은 유전율이 $\varepsilon = \varepsilon_o\left(1 + \frac{x}{d}\right)$인 비균질 물질로 채워져 있다. $x = d$에 위치한 평판의 전위는 V_o이고 $x = 0$에 위치한 평판은 접지되어 있다. 다음을 구하라.

(a) V와 $\mathbf{E}$

(b) $\mathbf{P}$

(c) $x = 0$, d에서 ρ_{ps}

(d) 극판 면적이 S일 때 정전용량

6.59 두 평행 도체 평판이 $x = d$와 $x = -d$에 놓여 있다. $x = d$에 있는 평판의 전위는 V_o이고 $x = -d$에 위치한 평판은 접지되어 있다. 두 평판 사이의 공간은 유전율이 아래와 같은 비균질 유전체로 채워져 있다.

$$\varepsilon = \frac{2\varepsilon_o}{1 + \left(\frac{x}{d}\right)^2}$$

각 평판의 면적이 S일 때 정전용량을 구하라.

6.60 내부 반지름이 a, 외부 반지름이 b인 구형 커패시터가 비균질 유전체($\varepsilon = \varepsilon_o k/r^2$)로 채워져 있다. 커패시터의 정전용량이 다음과 같음을 증명하라.

$$C = \frac{4\pi\varepsilon_o k}{b - a}$$

6.61 지구를 구형 커패시터로 간주할 때 지구의 정전용량은 얼마인가? 지구의 반지름

은 약 6370 km라고 가정하라.

6.62 반지름이 $a = 1$ mm와 $b = 5$ mm인 두 개의 동축 금속 원통으로 커패시터가 만들어졌다. 두 원통 사이의 공간($a < \rho < b$)은 $\varepsilon_r = 3(1 + \rho)$인 유전체로 채워져 있다. 단위 미터당 정전용량을 구하라.

6.63 평행 2선식 전송선은 멀리 떨어진 두 개의 동일한 도선으로 이루어져 있다. 각 도선의 반지름은 a, 두 도선의 중심 사이의 간격이 D라고 할 때 단위길이당 정전용량에 대한 근사식은 다음과 같다.

$$C = \frac{\pi\varepsilon}{\ln\left(\frac{D - a}{a}\right)}$$

여기서 $D \gg a$이다. $\varepsilon = 4\varepsilon_o$, $D/a = 12$일 때 C를 계산하라.

3부

정자기

Jean-Baptiste Biot(1774~1862) 프랑스의 물리학자이며 수학자인 그는 기하학, 천문학, 탄성학, 전기, 자기학, 열역학과 같은 물리학과 광학분야에서 큰 진전을 이루었다. 파리에서 태어나 그의 잠재력을 파리의 Éole Polytechnique에서 수학하며 실현하였다. 그는 광범위한 수학분야를 연구하여 응용수학에 적용하였다. 프랑스 물리학자인 Felix Savart와 함께 전선을 통해 흐르는 전류에 의해 발생되는 자기장의 세기는 전선으로부터의 거리에 반비례함을 발견하였다. 이를 Biot-Savart의 법칙이라고 하며 이 장에서 다룰 것이다. Biot는 빛이 설탕 용액을 포함하는 어떤 매질을 통과할 때, 빛의 편광면 회전양이 색상에 의존함을 발견하였다. 그는 과학자일 뿐 아니라, 다작의 작가이기도 하였다. 그는 다양한 주제로 250편 이상의 작품을 남겼고, 그 중 가장 알려진 것은 Elementary Treatise on Physical Astronomy(1805)이다.

André-Marie Ampère(1775~1836) 프랑스의 물리학자이며 수학자, 자연 과학자인 그는 전류의 흐름을 측정하는 방법의 발견으로 잘 알려져 있다. 그는 전기 분야의 Newton이라고 불린다. Lyons에 가까운 Polemieux에서 태어나 어린 시절부터 지식의 추구에 열정적으로 매진했다. 비록 학교에 다니지 못했지만, 훌륭한 교육을 받았다. 그의 아버지는 그에게 라틴어를 가르쳐 Euler와 Bernouilli의 작업을 이해할 수 있게 하였다. 그는 수학연구에 매진했고 곧 자신의 이론과 생각을 만들어내기 시작했다. 그의 독서는 역사, 여행, 시, 철학, 그리스어와 자연과학에 이르는 광범위한 지식 분야를 포함하였다. 성인이 되어 Ampère는 나중에 College de France가 되는 Éole Polytechnique의 수학교수가 되었다. 그는 전기장과 자기장 사이의 연결성에 관한 Oersted의 발견을 발전시켰고, 전류 요소의 개념 및 전류요소 사이의 힘에 관한 개념을 도입하였다. Ampère는 나중에 그의 이름을 딴 법칙을 포함하여 전자기학에 대한 수많은 공헌을 하였고, 이 장에서는 이에 대하여 논의할 것이다. 전류의 단위는 그의 이름을 따서 지은 것이다.

7장

정자기장

지구상에서 가장 큰 행복은 결혼 생활이다. 행복하게 결혼한 사람은 다른 일에 실패하더라도 성공한 사람이다.

– *윌리엄 라이언 펠프스*

7.1 서론

4장에서 6장까지는 **E**나 **D**에 의하여 특징지어지는 정전기장에 한정하여 논의하였다. 이제 **H**와 **B**에 의하여 특징지어지는 정자기장에 관심의 초점을 맞춘다. 전기장과 자기장 사이에는 유사성과 상이성이 있다. 선형, 등방성 물질 내에서 $\mathbf{D} = \varepsilon\mathbf{E}$에 의하여 **E**와 **D**의 관계를 나타내는 것처럼 $\mathbf{B} = \mu\mathbf{H}$에 의하여 **H**와 **B**의 관계를 나타낸다. 자기장에 관한 양들 중 일부는 이 장에서 소개할 것이며, 나머지는 다음 장에서 설명할 것이다. 여기서 소개한 유사성이란 등가의 유사한 양으로 바꾼다면 전기장에서 유도되었던 식들이 손쉽게 자기장에서의 대응식을 구하는데 사용할 수 있다는 것을 보여준다. 따라서 이 방법은 새로운 개념을 배우고 있는 것처럼 보이지 않을 것이다.

전기장과 자기장 사이의 관계는 1820년 Oersted[1)]에 의하여 확립되었다. 앞에서 언급한 바와 같이 정전기장은 정전하 또는 정지상태의 전하에 의하여 발생한다. 전하가 일정한 속도로 움직이면 정자기장이 발생한다. 정자기장은 일정한 전류의 흐름(즉, 직류)에 의해 발생한다. 전류의 흐름은 영구자석에서의 자화전류, 진공관에서의 전자빔에 의한 전류나 전선에 흐르는 전도전류에 기인한다. 이 장에서는 자유공간에서 직류에 의한 자기장만을 고려하고 매질 내에서의 자기장은 8장에서 다룰 것이다.

정자기장에 대한 연구는 매우 중요하다. 모터, 변압기, 마이크로폰, 나침반, 전화벨 울림 장치, TV초점조절장치, 광고용 전광판, 자기부상열차, 기억저장장치, 자기분리기 등은 자기현상의 이해 없이는 개발될 수 없었으며, 우리들의 일상생활[2)]에서 중요한 역할을 한다.

---

1) Hans Christian Oersted(1777~1851): 덴마크의 물리학 교수이며, 13년간의 노력 끝에 전기가 자기작용을 일으킨다는 것을 발견하였다.

2) 자기작용의 다양한 응용에 관한 참고문헌; J. K. Watson. Applications of Magnetism. New York: John Wiley & Sons, 1980.

정자기장에는 두 개의 중요한 법칙 (1) Biot-Savart의 법칙[3)]과 (2) Ampère의 주회법칙이 있다. Coulomb의 법칙과 같이 Biot-Savart의 법칙은 정자기장에 관한 가장 일반적인 법칙이고, Coulomb의 법칙의 특별한경우인 Gauss의 법칙과 마찬가지로 Ampère의 법칙은 Biot-Savart의 법칙의 특별한 경우로서 전류분포가 대칭성을 갖는 경우 쉽게 자기장을 구할 수 있다. 먼저 자기장의 두 법칙을 설명, 응용하고서 이 장의 뒷부분에서 그 법칙의 유도과정을 다룰 것이다.

7.2 Biot-Savart의 법칙

Biot-Savart의 법칙은 미소전류소 $I\,dl$에 의한 P점에서의 미소자기장의 세기 $d\mathbf{H}$는 그림 7.1과 같이 점 P와 전류소를 연결하는 직선과 전류소 사이의 각 α에 사인을 취한 값과 $I\,dl$의 곱에 비례하며, 점 P와 전류소 사이의 거리 R의 제곱에 반비례한다는 것을 나타낸다.

즉,

$$dH \propto \frac{I\,dl \sin\alpha}{R^2} \tag{7.1}$$

또는

$$dH = \frac{kI\,dl \sin\alpha}{R^2} \tag{7.2}$$

여기서 k는 비례상수이고, SI 단위계에서 $k = 1/4\pi$이므로 식 (7.2)는

$$dH = \frac{I\,dl \sin\alpha}{4\pi R^2} \tag{7.3}$$

가 된다. 식 (1.21)의 외적의 정의에 의하여 식 (7.3)은 쉽게 벡터 형식으로 나타낼 수 있다.

$$\boxed{d\mathbf{H} = \frac{I\,d\mathbf{l} \times \mathbf{a}_R}{4\pi R^2} = \frac{I\,d\mathbf{l} \times \mathbf{R}}{4\pi R^3}} \tag{7.4}$$

여기서 $R = |\mathbf{R}|$, $\mathbf{a}_R = \mathbf{R}/R$이며, $\mathbf{R}$과 $d\mathbf{l}$은 그림 7.1에서 설명하였다. 따라서 $d\mathbf{H}$의 방향은 그

3) 전류소자의 영향에 대한 실험과 분석은 1820년대에 Ampère, 그리고 Jean-Bapiste와 Felix Savart에 의해 수행되었다.

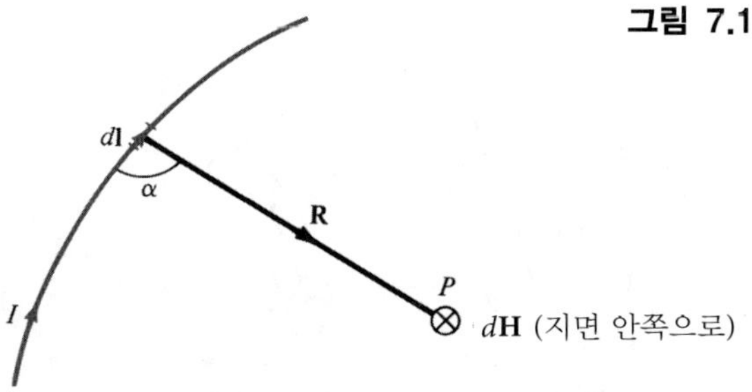

그림 7.1 전류소사 $I\ d\mathbf{l}$에 의한 P점의 자기장 $d\mathbf{H}$

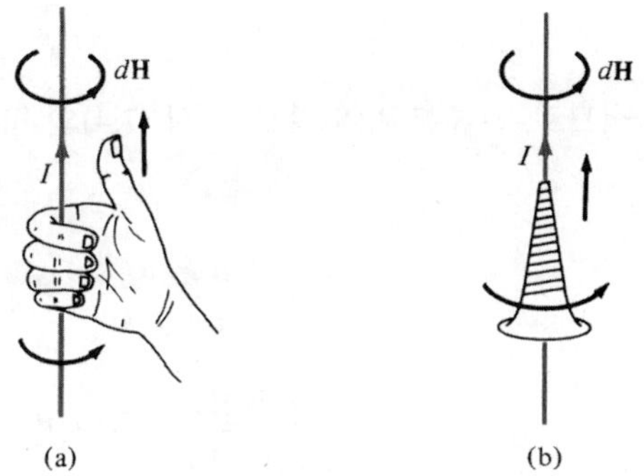

그림 7.2 (a) 오른손 법칙 또는 (b) 오른나사 법칙을 사용한 $d\mathbf{H}$의 방향

림 7.2(a)와 같이 오른손 엄지손가락이 전류의 방향을 가리킬 때 도선을 둘러싸는 오른손의 나머지 손가락의 방향으로 결정된다. 또 다른 방법으로서, 오른나사 법칙을 이용할 수 있다. 그림 7.2(b)에서와 같이 나사를 도선을 따라 전류의 흐름 방향을 가리키도록 놓았을 때 나사의 진행을 위한 회전방향이 $d\mathbf{H}$의 방향이 된다.

통상적으로 자기장의 세기 **H**(또는 전류 I)의 방향은 그림 7.3에서와 같이 **H**(또는 I)가 지면의 바깥으로, 또는 안쪽으로 향하는 것을 ⊙ 또는 ⊗로 표시하여 나타낸다.

여러 형태의 전하분포가 있는 것처럼(그림 4.5 참조) 여러 형태의 전류분포도 존재한다. 그림 7.4와 같이 선전류, 면전류, 체적전류가 있다. **K**를 면전류밀도(A/m), 그리고 **J**를 체적전류밀도(A/m^2)로 정의하면, 미소전류소는

$$I\, d\mathbf{l} \equiv \mathbf{K}\, dS \equiv \mathbf{J}\, dv \tag{7.5}$$

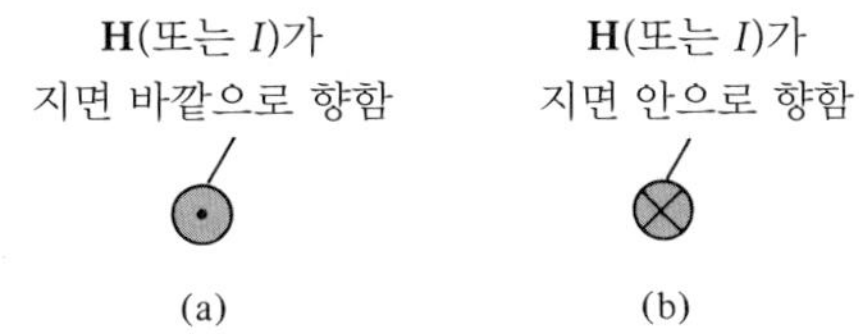

그림 7.3 **H**(또는 I)의 전통적인 표시 방법: (a) 지면 밖으로의 방향, (b) 지면 안으로의 방향

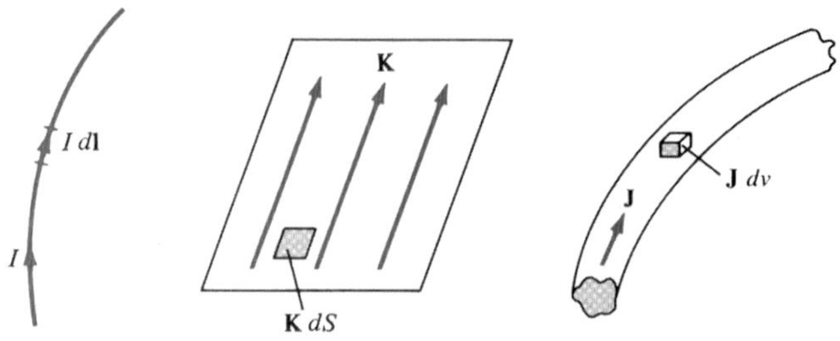

그림 7.4 전류분포: (a) 선전류, (b) 면전류, (c) 체적전류

로 표시된다. 그러므로 전류분포의 항으로 식 (7.4)의 Biot-savart의 법칙을 나타내면 다음과 같다.

$$\mathbf{H} = \int_L \frac{I\, d\mathbf{l} \times \mathbf{a}_R}{4\pi R^2} \quad (\text{선전류}) \tag{7.6}$$

$$\mathbf{H} = \int_S \frac{\mathbf{K}\, dS \times \mathbf{a}_R}{4\pi R^2} \quad (\text{면전류}) \tag{7.7}$$

$$\mathbf{H} = \int_v \frac{\mathbf{J}\, dv \times \mathbf{a}_R}{4\pi R^2} \quad (\text{체적전류}) \tag{7.8}$$

여기서 $\mathbf{a}_R$은 미소전류소자에서 구하고자 하는 점까지 거리의 단위벡터이다.

한 예로 식 (7.6)은 그림 7.5에서와 같이 유한한 길이 AB의 선조도체(filamentary conductor)를 통해 흐르는 직선전류에 의한 자기장을 구하는 데 적용된다. z축을 따라 놓여 있는 도선의 양쪽 끝점과 자기장 $\mathbf{H}$를 구하고자 하는 P점을 잇는 직선과 도선 사이의 각을 α_1과

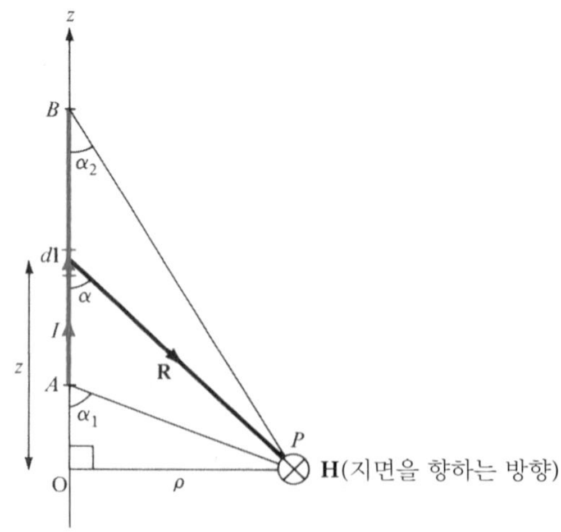

그림 7.5 직선 선도체에 의한 P점에서의 자기장

α_2라고 하자. 유도한 공식이 석설히 적용되기 위하여 이러한 가정을 하였음을 특히 유의하라. $(0, 0, z)$에 있는 $d\mathbf{l}$에 의한 P점의 $d\mathbf{H}$는

$$d\mathbf{H} = \frac{I\,d\mathbf{l} \times \mathbf{R}}{4\pi R^3} \tag{7.9}$$

이다. 여기서 $d\mathbf{l} = dz\,\mathbf{a}_z$, $\mathbf{R} = \rho\mathbf{a}_\rho - z\mathbf{a}_z$이므로

$$d\mathbf{l} \times \mathbf{R} = \rho\,dz\,\mathbf{a}_\phi \tag{7.10}$$

따라서

$$\mathbf{H} = \int \frac{I\rho\,dz}{4\pi[\rho^2 + z^2]^{3/2}}\mathbf{a}_\phi \tag{7.11}$$

가 된다. $z = \rho\cot\alpha$로 놓으면 $dz = -\rho\csc^2\alpha\,d\alpha$이고, 식 (7.11)은

$$\begin{aligned}\mathbf{H} &= -\frac{I}{4\pi}\int_{\alpha_1}^{\alpha_2}\frac{\rho^2\csc^2\alpha\,d\alpha}{\rho^3\csc^3\alpha}\mathbf{a}_\phi \\ &= -\frac{I}{4\pi\rho}\mathbf{a}_\phi\int_{\alpha_1}^{\alpha_2}\sin\alpha\,d\alpha\end{aligned}$$

또는

$$\boxed{\mathbf{H} = \frac{I}{4\pi\rho}(\cos\alpha_2 - \cos\alpha_1)\mathbf{a}_\phi} \tag{7.12}$$

가 된다. 이 식은 일반적으로 유한한 길이의 직선 선조도체에 적용할 수 있다. 식 (7.12)로부터 **H**는 도선의 길이나 P점에 관계없이 항상 단위벡터 $\mathbf{a}_\phi$방향(즉, 동심고리모양의 경로)을 따름을 주목하라. 특별한 경우로서 도선이 **반무한**이면 A점은 $O(0, 0, 0)$이며, B점은 $(0, 0, \infty)$가 되어 $\alpha_1 = 90°$, $\alpha_2 = 0°$가 된다. 따라서 식 (7.12)는

$$\mathbf{H} = \frac{I}{4\pi\rho}\mathbf{a}_\phi \tag{7.13}$$

가 된다. 또 다른 특별한 경우로써 도선의 길이가 **무한대**이면, A점은 $(0, 0, -\infty)$가 되고, B점은 $(0, 0, \infty)$가 되어 $\alpha_1 = 180°$, $\alpha_2 = 0°$가 되고, 식 (7.12)는 다음과 같이 된다.

$$\boxed{\mathbf{H} = \frac{I}{2\pi\rho}\mathbf{a}_\phi} \tag{7.14}$$

식 (7.12)부터 식 (7.14)까지에서 $\mathbf{a}_\phi$방향을 구하는 것은 쉽지만은 않다. $\mathbf{a}_\phi$를 구하는 식은

$$\boxed{\mathbf{a}_\phi = \mathbf{a}_\ell \times \mathbf{a}_\rho} \tag{7.15}$$

이며, 여기서 $\mathbf{a}_\ell$은 선전류가 흐르는 방향의 단위벡터이고, $\mathbf{a}_\rho$는 도선으로부터 장점을 수직으로 잇는 선분의 단위벡터이다.

예제 7.1

그림 7.6(a)와 같이 삼각형의 도체루프에 10 A의 전류가 흐르고 있다. 도체루프의 ①번 도선에 의한 $\mathbf{H}$를 (0, 0, 5)에서 구하라.

풀이

이 예제는 전류가 흐르는 임의의 가느다란 직선도체에 식 (7.12)를 어떻게 적용하는가를 설명한 것이다. 식 (7.12)를 적용하기 위해서는 α_1, α_2, ρ, 그리고 $\mathbf{a}_\phi$를 계산하는 것이 중요하다. 그림 7.6(a)에서 변 ①에 의한 (0, 0, 5)에서 $\mathbf{H}$를 구하기 위하여 변 ①을 직선도체로 취급한 그림 7.6(b)를 생각해 보자. 전류가 흐르는 도선의 시작점과 끝점을 (0, 0, 5)에 연결하였음에 유의하라. 그림 7.5에서와 같은 방법으로 α_1, α_2, ρ를 정하여 식 (7.12)에 대입한다.

$$\cos\alpha_1 = \cos 90° = 0, \quad \cos\alpha_2 = \frac{2}{\sqrt{29}}, \quad \rho = 5$$

$\mathbf{a}_\phi$를 구하는 것은 식 (7.12)를 적용하는 데 있어서 때때로 가장 어려운 부분일 수 있다. 식 (7.15)에서 $\mathbf{a}_\ell = \mathbf{a}_x$ 그리고 $\mathbf{a}_\rho = \mathbf{a}_z$이므로 다음과 같다.

$$\mathbf{a}_\phi = \mathbf{a}_x \times \mathbf{a}_z = -\mathbf{a}_y$$

따라서

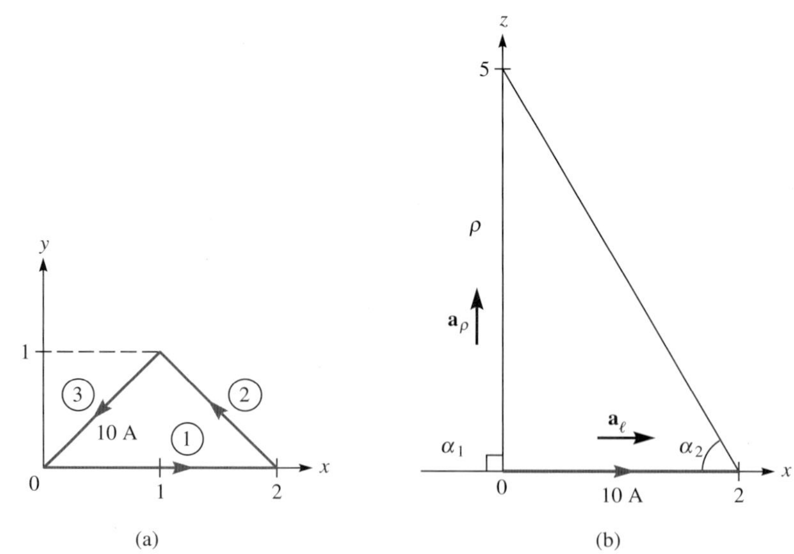

그림 7.6 예제 7.1 (a) 삼각형 도체루프, (b) 루프의 변 ①

$$\mathbf{H}_1 = \frac{I}{4\pi\rho}(\cos\alpha_2 - \cos\alpha_1)\mathbf{a}_\phi = \frac{10}{4\pi(5)}\left(\frac{2}{\sqrt{29}} - 0\right)(-\mathbf{a}_y)$$
$$= -59.1\mathbf{a}_y \text{ mA/m}$$

가 된다.

연습문제 7.1

그림 7.6(a)의 삼각형 루프의 변 ③에 의한 점 (0, 0, 5)에서의 $\mathbf{H}$를 구하라.

해답: $-30.63\mathbf{a}_x + 30.63\mathbf{a}_y$ mA/m

예제 7.2

그림 7.7(a)에서 보여준 선조전류에 의한 점 (−3, 4, 0)에서 $\mathbf{H}$를 구하라.

풀이

x방향과 z방향으로 흐르는 선조전류에 의한 $P(-3, 4, 0)$에서의 자기장의 세기를 각각 $\mathbf{H}_1$과 $\mathbf{H}_2$라 하면 $\mathbf{H} = \mathbf{H}_1 + \mathbf{H}_2$가 된다. $\mathbf{H}_2$는

$$\mathbf{H}_2 = \frac{I}{4\pi\rho}(\cos\alpha_2 - \cos\alpha_1)\mathbf{a}_\phi$$

점 $P(-3, 4, 0)$에서 $\rho = (9 + 16)^{1/2} = 5$, $\alpha_1 = 90^\circ$, $\alpha_2 = 0^\circ$이며, $\mathbf{a}_\phi$는 그림 7.7(b)에서와 같이 $z = 0$ 평면에서 P점을 지나는 원둘레를 따르는 단위벡터이다. $\mathbf{a}_\phi$방향은 오른나사 법칙 또는 오른손 법칙에 의하여 정해진다. 그림 7.7(b)에서

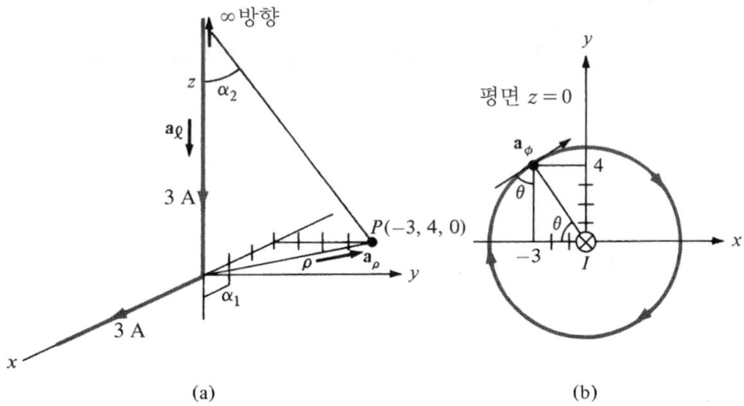

그림 7.7 예제 7.2: (a) x축과 z축을 따라 흐르는 반무한 선전류, $\mathbf{H}_2$를 구하기 위한 $\mathbf{a}_\ell$과 $\mathbf{a}_\rho$, (b) $\mathbf{H}_2$를 구하기 위한 $\mathbf{a}_\rho$의 결정

$$\mathbf{a}_\phi = \sin\theta\,\mathbf{a}_x + \cos\theta\,\mathbf{a}_y = \frac{4}{5}\mathbf{a}_x + \frac{3}{5}\mathbf{a}_y$$

또 다른 방법으로, 식 (7.15)로부터 $\mathbf{a}_\phi$를 구할 수 있다. 점 P에서 $\mathbf{H}$에 대한 $\mathbf{a}_\ell$과 $\mathbf{a}_\rho$를 그림 7.7(a)에 나타내었다. 그러므로

$$\mathbf{a}_\phi = -\mathbf{a}_z \times \left(-\frac{3}{5}\mathbf{a}_x + \frac{4}{5}\mathbf{a}_y\right) = \frac{4}{5}\mathbf{a}_x + \frac{3}{5}\mathbf{a}_y$$

이며, 앞에서 구한 결과와 같다. 따라서

$$\begin{aligned}\mathbf{H}_2 &= \frac{3}{4\pi(5)}(1-0)\frac{(4\mathbf{a}_x + 3\mathbf{a}_y)}{5}\\ &= 38.2\mathbf{a}_x + 28.65\mathbf{a}_y \text{ mA/m}\end{aligned}$$

가 된다. 이 경우에 $\mathbf{a}_\phi$는 원통좌표계에서 정의한 양의 $\mathbf{a}_\phi$방향과는 반대임을 주목하라. 따라서 $\mathbf{H}_2$ 역시 다음과 같이 원통좌표계로 구해질 수 있다.

$$\begin{aligned}\mathbf{H}_2 &= \frac{3}{4\pi(5)}(1-0)(-\mathbf{a}_\phi)\\ &= -47.75\mathbf{a}_\phi \text{ mA/m}\end{aligned}$$

비슷하게, P점에서의 $\mathbf{H}_1$은 $\rho = 4$, $\alpha_2 = 0°$, $\cos\alpha_1 = 3/5$이고, $\mathbf{a}_\phi = \mathbf{a}_z$ 또는 $\mathbf{a}_\phi = \mathbf{a}_\ell \times \mathbf{a}_\rho = \mathbf{a}_x \times \mathbf{a}_y = \mathbf{a}_z$이다. 따라서

$$\begin{aligned}\mathbf{H}_1 &= \frac{3}{4\pi(4)}\left(1 - \frac{3}{5}\right)\mathbf{a}_z\\ &= 23.87\mathbf{a}_z \text{ mA/m}\end{aligned}$$

그러므로

$$\mathbf{H} = \mathbf{H}_1 + \mathbf{H}_2 = 38.2\mathbf{a}_x + 28.65\mathbf{a}_y + 23.87\mathbf{a}_z \text{ mA/m}$$

또는

$$\mathbf{H} = -47.75\mathbf{a}_\phi + 23.87\mathbf{a}_z \text{ mA/m}$$

비록 선조전류가 z축이나 x축을 따라 반무한대의 길이(양의 z축과 x축을 따라 놓여있다)가 되더라도 z축을 따라 놓인 선조전류만 P점에 대하여 반무한대의 길이가 된다. 따라서 $\mathbf{H}_1$은 식 (7.13)을 사용하여 구할 수 있으나, x축을 따라 놓인 선조전류는 P점에 대하여 반무한이 아니기 때문에 식 (7.13)을 사용하여 구할 수 없다.

연습문제 7.2

양의 y축(원점에 대하여 반무한 선로)에 놓인 도선에 2 A의 전류가 $-\mathbf{a}_y$방향으로 흐르고 있다. 큰 회로의 일부분이라고 가정하고 아래의 점에서 $\mathbf{H}$를 구하라.

(a) $A(2, 3, 0)$

(b) $B(3, 12, -4)$

해답: (a) $145.8\mathbf{a}_z$ mA/m, (b) $48.97\mathbf{a}_x + 36.73\mathbf{a}_z$ mA/m

예제 7.3

$z = 0$, $x^2 + y^2 = 9$인 원형루프에서 $\mathbf{a}_\phi$방향으로 10 A의 직류전류가 흐른다. (0, 0, 4)와 (0, 0, −4)에서 $\mathbf{H}$를 구하라.

풀이

그림 7.8(a)와 같은 원형루프를 고려하자. 미소전류소 $I\,d\mathbf{l}$에 의한 $P(0, 0, h)$에서 자기장의 세기 $d\mathbf{H}$는 Biot-Savart의 법칙에 의하면 다음과 같다.

$$d\mathbf{H} = \frac{I\,d\mathbf{l} \times \mathbf{R}}{4\pi R^3}$$

여기서 $d\mathbf{l} = \rho\, d\phi\, \mathbf{a}_\phi$, $\mathbf{R} = (0, 0, h) - (x, y, 0) = -\rho\mathbf{a}_\rho + h\mathbf{a}_z$이며,

$$d\mathbf{l} \times \mathbf{R} = \begin{vmatrix} \mathbf{a}_\rho & \mathbf{a}_\phi & \mathbf{a}_z \\ 0 & \rho\, d\phi & 0 \\ -\rho & 0 & h \end{vmatrix} = \rho h\, d\phi\, \mathbf{a}_\rho + \rho^2\, d\phi\, \mathbf{a}_z$$

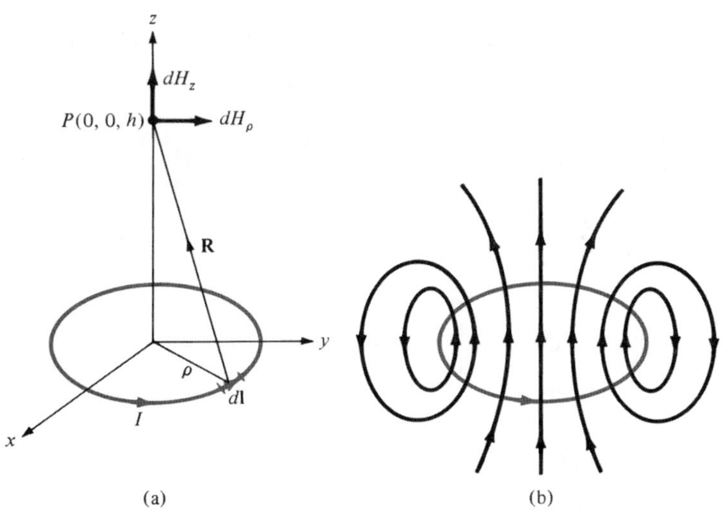

그림 7.8 예제 7.3: (a) 원형 전류루프, (b) 전류루프에 의한 선속

이다. 따라서

$$d\mathbf{H} = \frac{I}{4\pi[\rho^2 + h^2]^{3/2}}(\rho h\, d\phi\, \mathbf{a}_\rho + \rho^2\, d\phi\, \mathbf{a}_z) = dH_\rho\, \mathbf{a}_\rho + dH_z\, \mathbf{a}_z$$

대칭성에 의하여 180°떨어져 있는 쌍을 이루는 미소전류소에 의해 발생하는 방사상의 성분은 상쇄되기 때문에 $\mathbf{a}_\rho$성분은 합하면 0이 된다. 이는 또한 $\mathbf{a}_\rho$를 직각좌표계로 표현하여 수학적으로 보여줄 수 있다(즉, $\mathbf{a}_\rho = \cos\phi\, \mathbf{a}_x + \sin\phi\, \mathbf{a}_y$). $\cos\phi$나 $\sin\phi$를 $0 \leq \phi \leq 2\pi$에서 적분하면 0이 되므로 $\mathbf{H}_\rho = 0$이 됨을 알 수 있다.

$$\mathbf{H} = \int dH_z\, \mathbf{a}_z = \int_0^{2\pi} \frac{I\rho^2\, d\phi\, \mathbf{a}_z}{4\pi[\rho^2 + h^2]^{3/2}} = \frac{I\rho^2 2\pi \mathbf{a}_z}{4\pi[\rho^2 + h^2]^{3/2}}$$

또는

$$\mathbf{H} = \frac{I\rho^2 \mathbf{a}_z}{2[\rho^2 + h^2]^{3/2}}$$

가 된다.

(a) $I = 10$ A, $\rho = 3$, $h = 4$를 대입하면

$$\mathbf{H}(0, 0, 4) = \frac{10(3)^2 \mathbf{a}_z}{2[9 + 16]^{3/2}} = 0.36\mathbf{a}_z \text{ A/m}$$

(b) 위의 $d\mathbf{l} \times \mathbf{R}$에서 h 대신 $-h$를 대입하면 $d\mathbf{H}$의 z성분은 동일하나, ρ성분은 루프의 대칭성에 의해 여전히 0이 된다. 따라서

$$\mathbf{H}(0, 0, -4) = \mathbf{H}(0, 0, 4) = 0.36\mathbf{a}_z \text{ A/m}$$

원형 전류루프에 의한 선속을 그림 7.8(b)에 나타내었다.

연습문제 7.3

$z = 1$ cm인 평면 상에 중심점이 (0, 0, 1 cm)이고 반경이 5 cm인 가느다란 루프가 있다. 이 루프에 $\mathbf{a}_\phi$방향으로 50 mA의 전류가 흐르고 있을 때 아래의 점에서 $\mathbf{H}$를 구하라.

(a) (0, 0, −1 cm)

(b) (0, 0, 10 cm)

해답: (a) $400\mathbf{a}_z$ mA/m, (b) $57.3\mathbf{a}_z$ mA/m

예제 7.4

길이 ℓ, 반경 a이며, 권선수가 N인 솔레노이드(solenoid)에 전류 I가 흐르고 있다. 축 상의 P점에서의 자기장이

$$\mathbf{H} = \frac{nI}{2}(\cos\theta_2 - \cos\theta_1)\mathbf{a}_z$$

임을 증명하라. 여기서 $n = N/\ell$이고, θ_1과 θ_2는 그림 7.9에서와 같이 솔레노이드의 양쪽 끝과 P점 사이의 각이다. $\ell \gg a$이면 솔레노이드의 중심에서

$$\mathbf{H} = nI\mathbf{a}_z$$

임을 보여라.

풀이

그림 7.9와 같이 솔레노이드의 단면을 고려하자. 솔레노이드는 원형 루프로 이루어져 있으므로 예제 7.3의 결과를 적용할 수 있다. 솔레노이드의 길이 dz구간에 있는 전류소에 의한 P점에서의 자기장의 세기는

$$dH_z = \frac{I\,dl\,a^2}{2[a^2 + z^2]^{3/2}} = \frac{Ia^2 n\,dz}{2[a^2 + z^2]^{3/2}}$$

이며, 여기서 $dl = n\,dz = (N/\ell)\,dz$이다. 그림 7.9로부터 $\tan\theta = a/z$이므로

$$dz = -a\csc^2\theta\,d\theta = -\frac{[z^2 + a^2]^{3/2}}{a^2}\sin\theta\,d\theta$$

따라서

$$dH_z = -\frac{nI}{2}\sin\theta\,d\theta$$

또는

$$H_z = -\frac{nI}{2}\int_{\theta_1}^{\theta_2}\sin\theta\,d\theta$$

그러므로

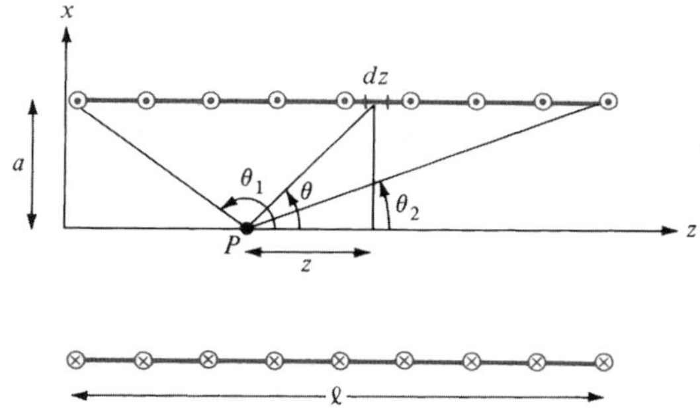

그림 7.9 예제 7.4의 그림; 솔레노이드의 단면

$$\mathbf{H} = \frac{nI}{2}(\cos\theta_2 - \cos\theta_1)\mathbf{a}_z$$

가 된다. $n = N/\ell$을 대입하면

$$\mathbf{H} = \frac{NI}{2\ell}(\cos\theta_2 - \cos\theta_1)\mathbf{a}_z$$

이며, 솔레노이드의 중심에서는

$$\cos\theta_2 = \frac{\ell/2}{[a^2 + \ell^2/4]^{1/2}} = -\cos\theta_1$$

이므로

$$\mathbf{H} = \frac{In\ell}{2[a^2 + \ell^2/4]^{1/2}}\mathbf{a}_z$$

가 된다. 만일 $\ell \gg a$, 또는 $\theta_2 \simeq 0°, \theta_1 \simeq 180°$라면

$$\mathbf{H} = nI\,\mathbf{a}_z = \frac{NI}{\ell}\mathbf{a}_z$$

가 된다.

연습문제 7.4

그림 7.9의 솔레노이드는 권선수가 2000회, 길이가 75 cm, 반경이 5 cm이다. $\mathbf{a}_\phi$방향으로 50 mA의 전류가 흐른다고 할 때, 아래의 점에서 **H**를 구하라.

(a) (0, 0, 0)

(b) (0, 0, 75 cm)

(c) (0, 0, 50 cm)

해답: (a) 66.52$\mathbf{a}_z$ A/m, (b) 66.52$\mathbf{a}_z$ A/m, (c) 131.7$\mathbf{a}_z$ A/m

7.3 Ampère의 주회법칙-Maxwell 방정식

Ampère의 주회법칙은 폐경로를 따른 **H**의 접선성분에 대한 선적분은 폐경로에 의해 둘러싸이는 순전류 I_{enc}와 같다는 것을 말한다.

다시 말하면 **H**의 주회적분은 I_{enc}와 같다. 즉,

$$\boxed{\oint_L \mathbf{H} \cdot d\mathbf{l} = I_{enc}} \tag{7.16}$$

Ampère의 법칙은 Gauss의 법칙과 유사하며, 전류분포가 대칭일 때 **H**를 쉽게 구할 수 있는 법칙이다. 식 (7.16)은 전류분포의 대칭성 여부와 상관없이 적용할 수 있지만, 전류분포가 대칭성을 가질 때에만 **H**를 구하기 위하여 식을 사용하게 됨을 유의하라. Ampère의 법칙은 Biot-Savart의 법칙의 특별한 경우로, Biot-Savart의 법칙으로부터 Ampère의 법칙을 유도할 수 있다.

식 (7.16)의 왼쪽 항에 Stokes 정리를 적용하면

$$I_{enc} = \oint_L \mathbf{H} \cdot d\mathbf{l} = \int_S (\nabla \times \mathbf{H}) \cdot d\mathbf{S} \tag{7.17}$$

를 얻을 수 있다. 그러나

$$I_{enc} = \int_S \mathbf{J} \cdot d\mathbf{S} \tag{7.18}$$

이므로, 식 (7.17)과 (7.18)의 면적분을 비교하면 다음과 같이 됨을 알 수 있다.

$$\boxed{\nabla \times \mathbf{H} = \mathbf{J}} \tag{7.19}$$

이 식은 Maxwell 방정식의 세 번째 식이며, 본질적으로 Ampère의 법칙의 미분형(혹은 점형)이고, 식 (7.16)은 적분형이다. 식 (7.19)로부터 $\nabla \times \mathbf{H} = \mathbf{J} \neq 0$이므로 정자기장은 보존장이 아니다.

7.4 Ampère의 법칙의 응용

Gauss의 법칙에서 그랬던 것처럼 전류분포가 대칭성을 갖는 몇 가지 경우에 대하여 **H**를 구하기 위해 Ampere의 주회법칙을 적용한다. 무한선전류, 무한면전류, 무한히 긴 동축전송선로를 고려한다. 각각의 경우에 $\oint_L \mathbf{H} \cdot d\mathbf{l} = I_{enc}$를 적용한다. 대칭전류분포에서는 **H**가 $d\mathbf{l}$에 평행이거나 수직이다. **H**가 $d\mathbf{l}$에 평행하면 $|\mathbf{H}|$는 상수이다.

A. 무한 선전류

그림 7.10에서와 같이 z축을 따라 놓여있는 무한히 긴 선조전류 I를 고려하자. 관측점 P에

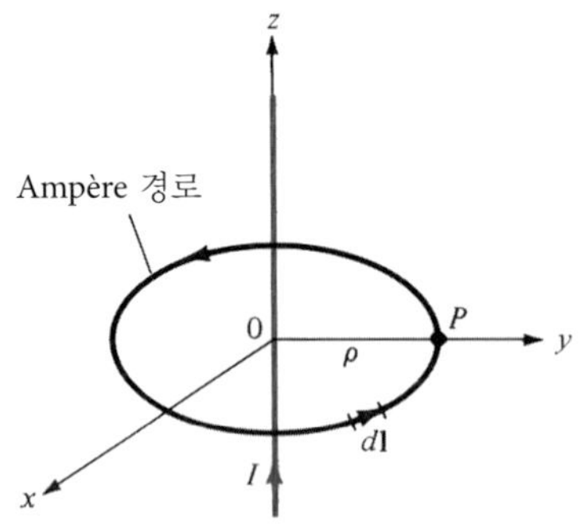

그림 7.10 무한 선전류에 적용한 Ampère의 법칙

서 **H**를 구하기 위하여 P점을 통하는 폐경로를 택하자. Ampère의 법칙을 적용하기 위해 만든 이 폐경로를 **Ampère 경로**라 한다(Gauss면이라는 용어와 유사하다). 식 (7.14)를 고려하여 Ampère 경로로 동심원을 선택할 경우 ρ가 상수이면 **H**가 상수라는 것을 보여준다. 이 경로는 전류 I를 완전히 둘러싸므로 Ampère의 법칙에 의하여

$$I = \int_L H_\phi \mathbf{a}_\phi \cdot \rho \, d\phi \, \mathbf{a}_\phi = H_\phi \int_L \rho \, d\phi = H_\phi \cdot 2\pi\rho$$

또는

$$\mathbf{H} = \frac{I}{2\pi\rho} \mathbf{a}_\phi \tag{7.20}$$

가 되며, 식 (7.14)로부터 예상한 바와 같다.

B. 무한 면전류

$z = 0$인 평면에 존재하는 무한 면전류를 고려하자. 그림 7.11에서와 같이 면이 균일한 전류밀도 $\mathbf{K} = K_y \mathbf{a}_y$ A/m를 갖는다면, 사각형의 폐경로(Ampère 경로)에 Ampère의 법칙을 적용하여 아래의 결과를 얻는다.

$$\oint \mathbf{H} \cdot d\mathbf{l} = I_{\text{enc}} = K_y b \tag{7.21a}$$

적분을 하기 위해서 먼저 **H**가 어떤 모양인가를 생각할 필요가 있다. 이를 위하여 무한 면전류가 선조전류들로 이루어져 있다고 간주한다. 한 쌍의 선조전류에 의한 면의 위나 아래에서의 $d\mathbf{H}$는 식 (7.14)와 식 (7.15)를 사용하여 구할 수 있다. 분명히 그림 7.11(b)에서 $d\mathbf{H}$는 단지 x성분만 존재한다. 또한 면의 한쪽에서의 **H**는 다른 쪽에서의 **H**와는 반대가 된다. 면의 무한한 넓이 때문에 면은 이와 같은 선조전류의 쌍들로 이루어져 있다고 생각할 수 있으므로, 한 쌍에 대한 **H**의 특성은 무한 면전류에 대한 것과 같다. 즉,

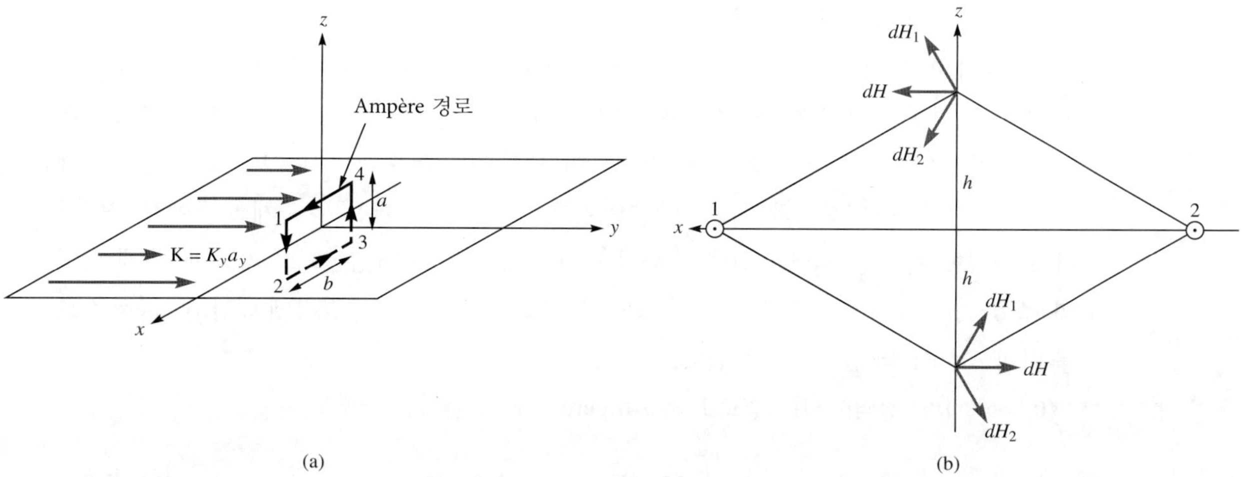

그림 7.11 무한 평면에 대한 Ampère의 법칙의 응용: (a) 폐경로 1-2-3-4-1, (b) $\mathbf{a}_y$방향으로 흐르는 선전류의 대칭쌍

$$\mathbf{H} = \begin{cases} H_o \mathbf{a}_x & z > 0 \\ -H_o \mathbf{a}_x & z < 0 \end{cases} \tag{7.21b}$$

여기서 H_o는 아직 정해지지 않았다. 그림 7.11(a)의 폐경로를 따라 식 (7.21b)의 $\mathbf{H}$에 대한 선적분을 계산하면

$$\begin{aligned} \oint \mathbf{H} \cdot d\mathbf{l} &= \left(\int_1^2 + \int_2^3 + \int_3^4 + \int_4^1 \right) \mathbf{H} \cdot d\mathbf{l} \\ &= 0(-a) + (-H_o)(-b) + 0(a) + H_o(b) \\ &= 2H_o b \end{aligned} \tag{7.21c}$$

가 되며, 식 (7.21a)와 식 (7.21c)로부터 $H_o = \dfrac{1}{2} K_y$를 얻는다. 식 (7.21b)에 H_o를 대입하면

$$\mathbf{H} = \begin{cases} \dfrac{1}{2} K_y \mathbf{a}_x, & z > 0 \\ -\dfrac{1}{2} K_y \mathbf{a}_x, & z < 0 \end{cases} \tag{7.22}$$

가 된다. 일반적으로 전류밀도 **K** A/m인 무한 면전류에서는

$$\boxed{\mathbf{H} = \frac{1}{2} \mathbf{K} \times \mathbf{a}_n} \tag{7.23}$$

이며, 여기서 $\mathbf{a}_n$은 전류판에서 장점으로 향하는 단위법선벡터이다.

C. 무한히 긴 동축전송선로

z축을 따라 이 축과 동축인 두 개의 동심원통으로 이루어진 무한히 긴 전송선로를 고려하자. 선로의 단면은 그림 7.12와 같으며, 여기서 z축은 지면의 밖으로 향하는 방향이다. 내부도체의 반경은 a이고 전류 I가 흐르고 있으며, 반면에 외부도체의 내부반경은 b이고 두께가 t이며, 전류 I가 내부도체와 반대방향으로 흐르고 있다. 전류는 두 도체 모두에서 균일하다고 가정할 때 모든 점에서 **H**를 구하여 보자. 전류분포가 대칭이므로 가능한 네 개의 영역, 즉 $0 \le \rho \le a$, $a \le \rho \le b$, $b \le \rho \le b + t$, 그리고 $\rho \ge b + t$에서 각각에 대한 Ampère 경로를 따라 Ampère의 법칙을 적용한다.

$0 \le \rho \le a$인 영역에서는 경로 L_1에 Ampère의 법칙을 적용하면

$$\oint_{L_1} \mathbf{H} \cdot d\mathbf{l} = I_{\text{enc}} = \int_S \mathbf{J} \cdot d\mathbf{S} \tag{7.24}$$

이며, 전류가 단면을 통해 균일하게 분포되어 있으므로

$$\mathbf{J} = \frac{I}{\pi a^2}\mathbf{a}_z, \quad d\mathbf{S} = \rho\, d\phi\, d\rho\, \mathbf{a}_z$$

$$I_{\text{enc}} = \int_S \mathbf{J} \cdot d\mathbf{S} = \frac{I}{\pi a^2}\int_{\phi=0}^{2\pi}\int_{\rho=0}^{\rho} \rho\, d\phi\, d\rho = \frac{I}{\pi a^2}\pi\rho^2 = \frac{I\rho^2}{a^2}$$

이 된다. 따라서 식 (7.24)는

$$H_\phi \int_{L_1} dl = H_\phi\, 2\pi\rho = \frac{I\rho^2}{a^2}$$

또는

$$H_\phi = \frac{I\rho}{2\pi a^2} \tag{7.25}$$

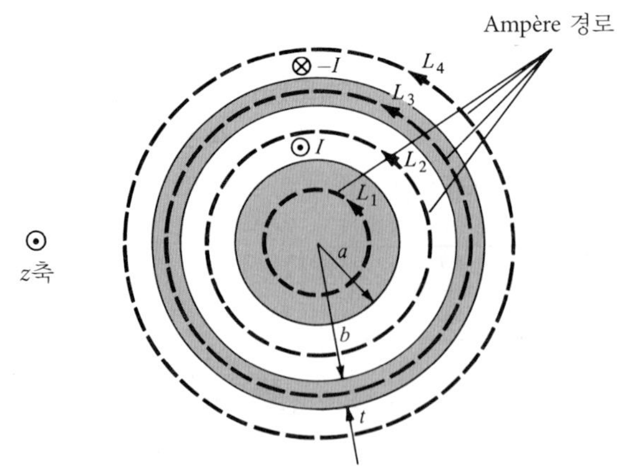

그림 7.12 전송선의 단면; 양의 z방향은 지면 밖으로 향하는 방향이다.

가 된다. $a \le \rho \le b$인 영역에서는 Ampère 경로를 L_2로 하면 L_2에 의해 완전히 둘러싸인 전류는 I이므로

$$\oint_{L_2} \mathbf{H} \cdot d\mathbf{l} = I_{\text{enc}} = I$$
$$H_\phi 2\pi\rho = I$$

또는

$$H_\phi = \frac{I}{2\pi\rho} \tag{7.26}$$

가 된다. 식 (7.26)은 식 (7.14)와 같으며, a와는 무관함에 유의하라. $b \le \rho \le b + t$인 영역에서는 경로 L_3를 사용한다.

$$\oint_{L_3} \mathbf{H} \cdot d\mathbf{l} = H_\phi \cdot 2\pi\rho = I_{\text{enc}} \tag{7.27a}$$

가 되며, 여기서

$$I_{\text{enc}} = I + \int \mathbf{J} \cdot d\mathbf{S}$$

이며, 이 경우 $\mathbf{J}$는 외부도체의 전류밀도(A/m^2)이고 방향은 $-\mathbf{a}_z$이다. 즉,

$$\mathbf{J} = -\frac{I}{\pi[(b+t)^2 - b^2]}\mathbf{a}_z$$

따라서

$$\begin{aligned} I_{\text{enc}} &= I - \frac{I}{\pi[(b+t)^2 - b^2]} \int_{\phi=0}^{2\pi} \int_{\rho=b}^{\rho} \rho \, d\rho \, d\phi \\ &= I\left[1 - \frac{\rho^2 - b^2}{t^2 + 2bt}\right] \end{aligned}$$

이다. 이 식을 식 (7.27a)에 대입하면 다음과 같이 된다.

$$H_\phi = \frac{I}{2\pi\rho}\left[1 - \frac{\rho^2 - b^2}{t^2 + 2bt}\right] \tag{7.27b}$$

$\rho \ge b + t$인 영역에서는 경로 L_4를 사용하며

$$\oint_{L_4} \mathbf{H} \cdot d\mathbf{l} = I - I = 0$$

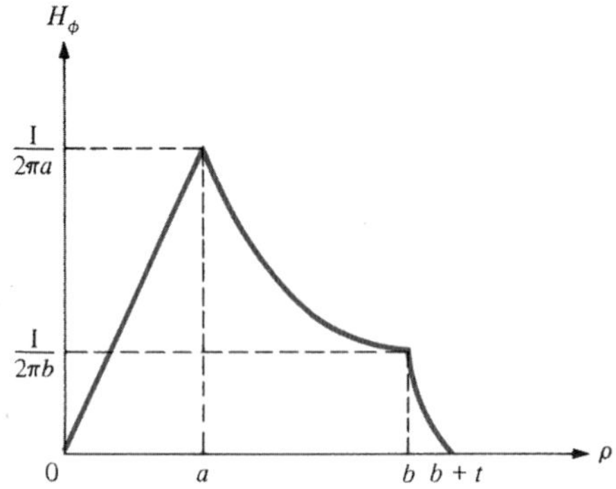

그림 7.13 ρ에 대한 H_ϕ의 값

또는

$$H_\phi = 0 \tag{7.28}$$

이 된다. 식 (7.25)에서 식 (7.28)까지의 결과를 정리하여 다시 쓰면 아래와 같다.

$$\mathbf{H} = \begin{cases} \dfrac{I\rho}{2\pi a^2}\,\mathbf{a}_\phi, & 0 \leq \rho \leq a \\ \dfrac{I}{2\pi\rho}\,\mathbf{a}_\phi, & a \leq \rho \leq b \\ \dfrac{I}{2\pi\rho}\left[1 - \dfrac{\rho^2 - b^2}{t^2 + 2bt}\right]\mathbf{a}_\phi, & b \leq \rho \leq b + t \\ 0, & \rho \geq b + t \end{cases} \tag{7.29}$$

H의 크기를 그림 7.13에 나타내었다.

이 예에서 알 수 있듯이 **H**를 적분기호 밖으로 꺼낼 수 있도록 하는 것이 Ampère의 법칙을 사용하여 **H**를 구하는 방법의 핵심임을 유의하라. 다른 말로 하면, Ampère의 법칙은 **H**의 크기가 상수인 폐경로를 만들 수 있는 대칭적인 전류분포에 의한 **H**를 구하는 데에만 사용될 수 있다.

예제 7.5

$z = 0$과 $z = 4$인 평면에 각각 $\mathbf{K} = -10\mathbf{a}_x$ A/m와 $\mathbf{K} = 10\mathbf{a}_x$ A/m인 전류가 흐른다. 아래의 점에서 **H**를 구하라.

(a) (1, 1, 1)

(b) (0, −3, 10)

풀이

그림 7.14와 같은 평행전류판을 고려하자 그러면 다음과 같이 놓을 수 있다.

$$\mathbf{H} = \mathbf{H}_o + \mathbf{H}_4$$

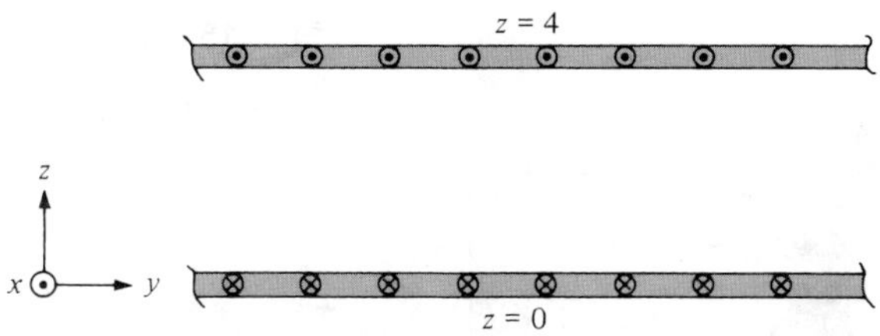

그림 7.14 예제 7.5의 그림: 무한 평행 전류판

여기서 $\mathbf{H}_0$와 $\mathbf{H}_4$는 $z = 0$과 $z = 4$인 전류판에 의한 자기장이다. 식 (7.23)을 사용하면 아래와 같다.

(a) 두 평판 사이의 점(1, 1, 1)에서($0 < z = 1 < 4$)

$$\mathbf{H}_o = 1/2\,\mathbf{K} \times \mathbf{a}_n = 1/2(-10\mathbf{a}_x) \times \mathbf{a}_z = 5\mathbf{a}_y \text{ A/m}$$
$$\mathbf{H}_4 = 1/2\,\mathbf{K} \times \mathbf{a}_n = 1/2(10\mathbf{a}_x) \times (-\mathbf{a}_z) = 5\mathbf{a}_y \text{ A/m}$$

이며, 따라서

$$\mathbf{H} = 10\mathbf{a}_y \text{ A/m}$$

(b) 두 전류판의 위쪽에 있는 점(0, −3, 10)에서($z = 10 > 4 > 0$)

$$\mathbf{H}_o = 1/2(-10\mathbf{a}_x) \times \mathbf{a}_z = 5\mathbf{a}_y \text{ A/m}$$
$$\mathbf{H}_4 = 1/2(10\mathbf{a}_x) \times \mathbf{a}_z = -5\mathbf{a}_y \text{ A/m}$$

따라서

$$\mathbf{H} = 0 \text{ A/m}$$

연습문제 7.5

$y = 1$인 평면에 $\mathbf{K} = 50\mathbf{a}_z$ mA/m인 면전류가 흐른다. 아래의 점에서 **H**를 구하라.

(a) (0, 0, 0)

(b) (1, 5, −3)

해답: (a) $25\mathbf{a}_x$ mA/m, (b) $-25\mathbf{a}_x$ mA/m

예제 7.6

그림 7.15와 같은 치수를 갖는 토로이드에서 권선수가 N이고, 전류 I가 흐른다. 토로이드의 내부와 외부에서 H를 구하라.

풀이

그림 7.15에서 점선으로 나타낸 반경 ρ인 원을 Ampère 경로로 하여 Ampère의 주회법칙을

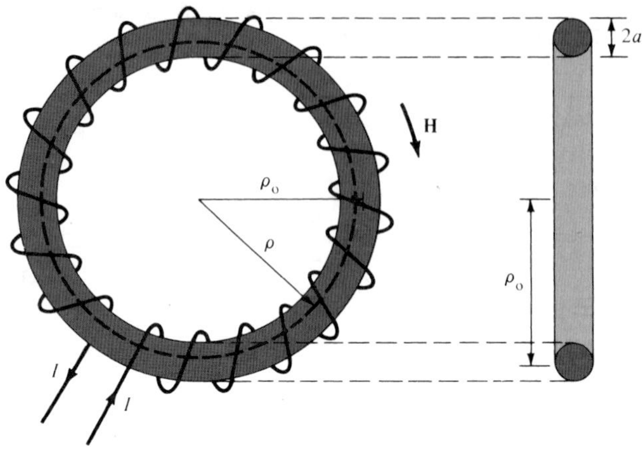

그림 7.15 예제 7.6의 그림: 원형 단면을 갖는 토로이드

적용한다. 이러한 경로를 각각 관통하는 N개의 도선에 전류 I가 흐르므로 Ampère 경로에 의하여 둘러싸이는 순 전류는 NI이다. 따라서

$$\oint \mathbf{H} \cdot d\mathbf{l} = I_{\text{enc}} \rightarrow H \cdot 2\pi\rho = NI$$

또는 $\rho_o - a < \rho < \rho_o + a$에서는

$$H = \frac{NI}{2\pi\rho}, \quad \text{for } \rho_o - a < \rho < \rho_o + a$$

여기서 ρ_o는 그림 7.15에서와 같이 토로이드의 평균반경이다. H의 근사값은

$$H_{\text{approx}} = \frac{NI}{2\pi\rho_o} = \frac{NI}{\ell}$$

이며, 매우 긴 솔레노이드($\ell \gg a$) 내부의 점에서 구한 식과 같음을 주목하라. 직선 솔레노이드는 $\rho_o \rightarrow \infty$인 토로이드로 간주할 수 있다. 토로이드 외부에서 Ampère 경로에 둘러싸인 전류는 $NI - NI = 0$이 되므로 $H = 0$이다.

연습문제 7.6

중심이 원점에 있고, 중심을 통과하는 축이 z축과 같은 원형단면을 갖는 토로이드에서 권선수가 1000회이고, $\rho_o = 10$ cm, $a = 1$ cm이다. 100 mA의 전류가 흐를 때 아래의 점에서 $|\mathbf{H}|$를 구하라.

(a) (3 cm, −4 cm, 0)

(b) (6 cm, 9 cm, 0)

해답: (a) 0, (b) 147.1 A/m

7.5 자속밀도-Maxwell 방정식

자속밀도 **B**는 전속밀도 **D**와 유사하다. 자유공간에서 $\mathbf{D} = \varepsilon_0\mathbf{E}$와 비슷하게 자속밀도 **B**는 자기장의 세기 **H**와

$$\boxed{\mathbf{B} = \mu_o\mathbf{H}} \tag{7.30}$$

의 관계를 갖는다. 여기서 μ_o는 **자유공간의 투자율**이라는 상수이다. 투자율의 단위는 henrys/meter(H/m)이며, 그 값은

$$\boxed{\mu_o = 4\pi \times 10^{-7}\ \text{H/m}} \tag{7.31}$$

이다. 자기력에 의한 자속밀도 **B**의 명확한 정의는 다음 장에서 언급할 것이다.

면 S를 통과하는 자속은

$$\boxed{\Psi = \int_S \mathbf{B} \cdot d\mathbf{S}} \tag{7.32}$$

가 되며, 여기서 자속 Ψ의 단위는 webers(Wb)이고, 자속밀도의 단위는 Wb/m^2 또는 Teslas(T)이다.

자속선은 자기장 내의 모든 점에서 **B**의 접선성분을 이어놓은 것이다. 자기장 내에 놓여 있는 나침반의 바늘이 가리키는 방향이다. 예를 들어 긴 직선전류에 의한 자속선은 그림 7.16과 같다. 자속선은 4.9절에서 전속선을 구했던 것과 같은 원리에 의해 구해진다. **B**의 방향은 나침반의 바늘이 가리키는 '북극'방향을 취한다. 자속선은 폐곡선으로서 시작점과 끝점이 없음을 유의하라. 비록 그림 7.16은 전류가 흐르는 직선도체지만 자속선은 폐경로이고, 전류분포에 상관없이 자속선은 서로 교차하지 않는다.

정전기장에서 폐곡면을 통과하는 전속은 폐곡면으로 둘러싸인 전하와 같다. 즉 $\Psi = \oint \mathbf{D} \cdot d\mathbf{S} = Q$이다. 따라서 그림 7.17(a)에서 보여준 바와 같이 독립된 전하가 존재하는 것이 가능하여 전속선은 폐곡선일 필요가 없다. 전속선과 달리 자속선은 그림 7.17(b)와 같이 항

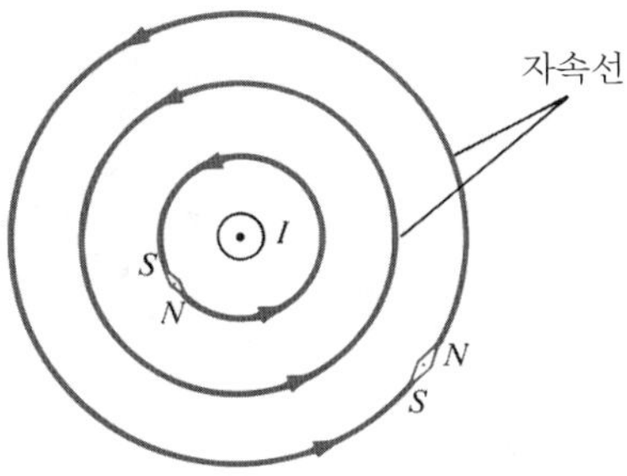

그림 7.16 지면 밖으로 전류가 흐르는 직선 도선에 의한 자속선

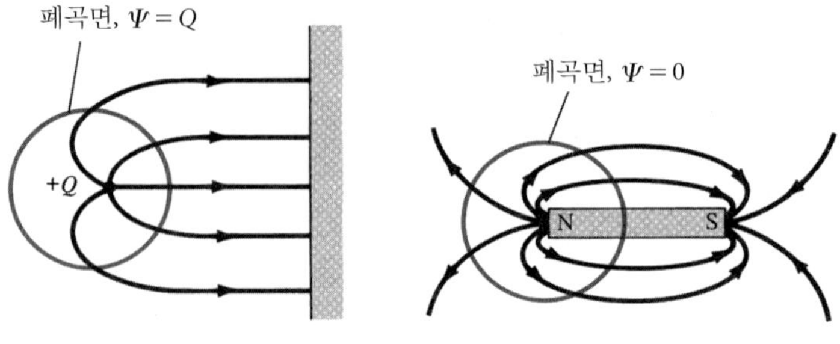

(a) (b)

그림 7.17 폐곡면을 통과하는 선속: (a) 독립된 전하 $\psi = \oint_s \mathbf{D} \cdot d\mathbf{S} = Q$, (b) 자하 $\psi = \oint_s \mathbf{B} \cdot d\mathbf{S} = 0$

상 폐곡선을 이룬다. 이것은 **독립된 자극**(magnetic poles) 또는 **자하**(magnetic charges)를 가질 수 없기 때문이다. 예를 들어 독립된 자극을 얻기 위하여 자석을 계속해서 두 개로 나누어주면 그림 7.18과 같이 양 끝에 북극과 남극을 갖는 조각들로 된다. 북극과 남극을 분리하는 것은 불가능하다는 것을 알 수 있다.

독립된 자하는 존재하지 않는다.

따라서 자기장 내에서 폐곡면을 통과하는 총 자속은 0이 되어야 한다. 즉,

$$\boxed{\oint_S \mathbf{B} \cdot d\mathbf{S} = 0} \tag{7.33}$$

이 식은 $\oint \mathbf{D} \cdot d\mathbf{S} = Q$가 정전기장에서 Gauss의 법칙이라고 부르는 것과 같이 정자기장에서 **자속보존의 법칙** 또는 정자기장에서 Gauss의 법칙이라고 부른다. 자기장은 보존장이 아닐지라도 자속은 보존된다.

식 (7.33)에 발산정리를 적용하면 아래와 같은 식이 얻어진다.

$$\oint_S \mathbf{B} \cdot d\mathbf{S} = \int_v \nabla \cdot \mathbf{B}\, dv = 0$$

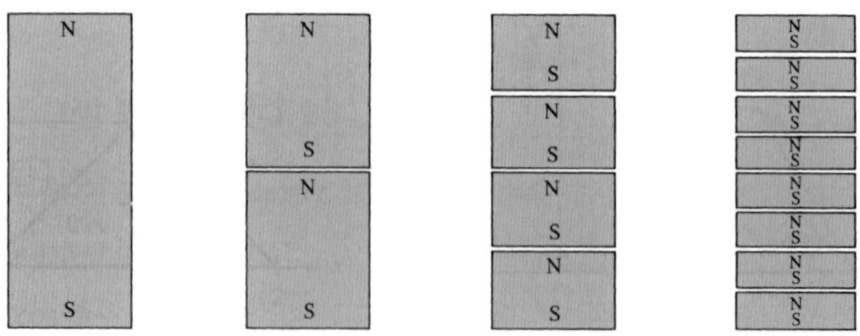

그림 7.18 막대자석을 계속해서 나누어도 각 조각들이 N극과 S극을 갖게 되므로 자극을 분리할 수 없다는 것을 보여준다.

또는

$$\boxed{\nabla \cdot \mathbf{B} = 0} \tag{7.34}$$

이 식이 Maxwell 방정식의 네 번째 식이다. 식 (7.33)이나 (7.34)는 정자기장은 원천(source)이나 흡수원(sink)을 갖지 않는다는 것을 나타내며, 식 (7.34)는 자력선이 항상 연속임을 시사한다.

7.6 정전자기장에서의 Maxwell 방정식

이제까지 정전기장과 정자기장에서 네 개의 Maxwell 방정식을 유도하였다. 정전기장에서는

$$\nabla \cdot \mathbf{D} = \rho_v \quad \text{또는} \quad \oint_S \mathbf{D} \cdot d\mathbf{S} = \int_v \rho_v \, dv \qquad \text{(Gauss의 법칙)}$$

$$\nabla \times \mathbf{E} = 0 \quad \text{또는} \quad \int_\ell \mathbf{E} \cdot d\mathbf{l} = 0 \qquad \text{(정전기장의 보존성)}$$

그리고 정자기장에서는

$$\nabla \cdot \mathbf{B} = 0 \quad \text{또는} \quad \oint_S \mathbf{B} \cdot d\mathbf{S} = 0 \qquad \text{(단일 자극이 없음)}$$

$$\nabla \times \mathbf{H} = \mathbf{J} \quad \text{또는} \quad \int_\ell \mathbf{H} \cdot d\mathbf{l} = \oint_S \mathbf{J} \cdot d\mathbf{S} \qquad \text{(Ampère의 법칙)}$$

주어진 문제에 따라 미분형이나 적분형을 선택한다. 회전이나 발산을 취함으로써 벡터장이 완전하게 기술된다는 것이 분명해진다. 어떤 벡터장이 대응되는 Maxwell 방정식을 만족하면 그 벡터장은 전기장 또는 자기장이 된다(문제 7.47과 7.48). 이 식들은 정전기장과 정자기장에서만 유효함을 유의하라. 9장에서도 논의하게 되겠지만 시변장에서는 발산식들은 같지만, 회전식들은 수정되어야 한다.

7.7 자기 스칼라포텐셜과 자기 벡터포텐셜

정전기장 문제에서 전기 스칼라포텐셜(즉, 전위) V를 전기장의 세기 $\mathbf{E}$와 관련시킴으로써 ($\mathbf{E} = -\nabla V$) 간단히 취급할 수 있었다. 비슷하게 자기장 $\mathbf{B}$와 관련된 포텐셜을 정의할 수 있다. 사실 자기포텐셜은 스칼라 V_m 또는 벡터 $\mathbf{A}$가 될 수 있다. V_m과 $\mathbf{A}$를 정의하기 위하여

다음과 같은 두 개의 중요한 항등식(예제 3.10과 연습문제 3.10 참조)을 상기해야 한다.

$$\nabla \times (\nabla V) = 0 \tag{7.35a}$$

$$\nabla \cdot (\nabla \times \mathbf{A}) = 0 \tag{7.35b}$$

이 식은 어떤 스칼라함수 V나 벡터 함수 $\mathbf{A}$에 대해서도 항상 성립한다.

$\mathbf{E} = -\nabla V$와 같이 $\mathbf{H}$에 관련된 **자기 스칼라포텐셜** V_m을 정의하면

$$\boxed{\mathbf{H} = -\nabla V_m} \qquad (\mathbf{J} = 0) \tag{7.36}$$

이며, 이 식에 첨부된 조건은 중요하므로 뒤에 설명될 것이다. 식 (7.36)과 식 (7.19)를 결합하면 V_m은 식 (7.35a)의 조건을 만족해야 하므로 다음과 같이 된다.

$$\mathbf{J} = \nabla \times \mathbf{H} = \nabla \times (-\nabla V_m) = 0 \tag{7.37}$$

따라서 자기 스칼라포텐셜 V_m은 $\mathbf{J} = 0$인 영역에서만 정의될 수 있다. 그리고 정전기장에서의 V와 마찬가지로 V_m은 Laplace 방정식을 만족함을 유의하라. 따라서

$$\nabla^2 V_m = 0, \quad (\mathbf{J} = 0) \tag{7.38}$$

정자기장에서는 식 (7.34)에서 설명한 바와 같이 $\nabla \cdot \mathbf{B} = 0$임을 알고 있다. 식 (7.34)와 (7.35b)를 동시에 만족시키기 위해 **자기 벡터포텐셜** $\mathbf{A}$(Wb/m)를 다음과 같이 정의할 수 있다.

$$\boxed{\mathbf{B} = \nabla \times \mathbf{A}} \tag{7.39}$$

전위에 대한 정의식

$$V = \int \frac{dQ}{4\pi\varepsilon_o R} \tag{7.40}$$

와 같이 $\mathbf{A}$를 다음과 같이 정의할 수 있다.

$$\boxed{\mathbf{A} = \int_L \frac{\mu_o I\, d\mathbf{l}}{4\pi R}} \qquad \text{(선전류)} \tag{7.41}$$

$$\boxed{\mathbf{A} = \int_S \frac{\mu_o \mathbf{K}\, dS}{4\pi R}} \qquad \text{(면전류)} \tag{7.42}$$

$$\boxed{\mathbf{A} = \int_v \frac{\mu_o \mathbf{J}\, dv}{4\pi R}} \qquad \text{(체적전류)} \tag{7.43}$$

식 (7.40)으로부터 식 (7.41)에서 (7.43)까지의 식을 구하는 방법 외에 다른 방법으로는 식

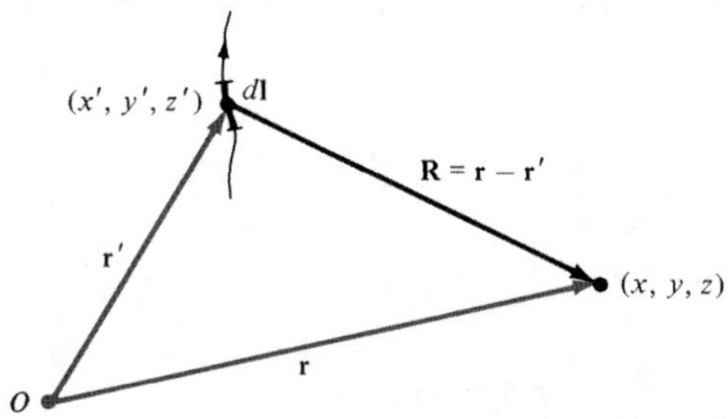

그림 7.19 원천점 (x', y', z')과 장점 (x, y, z)의 설명

(7.6)에서 (7.8)까지를 이용하여 식 (7.41)에서 (7.43)까지의 식들을 구하는 방법이 있다. 예를 들어 식 (7.6)을 식 (7.39)와 함께 사용하여 식 (7.41)을 유도할 수 있다. 이를 위해 식 (7.6)을 다시 쓰면

$$\mathbf{B} = \frac{\mu_o}{4\pi}\int_L \frac{I\,d\mathbf{l}' \times \mathbf{R}}{R^3} \tag{7.44}$$

이고, 여기서 $\mathbf{R}$은 그림 7.19에서와 같이 미소길이요소 $d\mathbf{l}'$이 위치한 원천점 $(x'\ y'\ z')$에서 장점 (x, y, z)까지의 거리벡터로서 $R = |\mathbf{R}|$, 즉

$$R = |\mathbf{r} - \mathbf{r}'| = [(x - x')^2 + (y - y')^2 + (z - z')^2]^{1/2} \tag{7.45}$$

따라서

$$\nabla\left(\frac{1}{R}\right) = -\frac{(x - x')\mathbf{a}_x + (y - y')\mathbf{a}_y + (z - z')\mathbf{a}_z}{[(x - x')^2 + (y - y')^2 + (z - z')^2]^{3/2}} = -\frac{\mathbf{R}}{R^3}$$

또는

$$\frac{\mathbf{R}}{R^3} = -\nabla\left(\frac{1}{R}\right) \quad \left(= \frac{\mathbf{a}_R}{R^2}\right) \tag{7.46}$$

여기서 미분은 x, y, z에 대하여 하여야 한다. 이 식을 식 (7.44)에 대입하면

$$\mathbf{B} = -\frac{\mu_o}{4\pi}\int_L I\,d\mathbf{l}' \times \nabla\left(\frac{1}{R}\right) \tag{7.47}$$

이 되며, 다음의 벡터 항등식을 적용한다.

$$\nabla \times (f\mathbf{F}) = f\nabla \times \mathbf{F} + (\nabla f) \times \mathbf{F} \tag{7.48}$$

여기서 f는 스칼라함수이고, $\mathbf{F}$는 벡터함수이다. $f = 1/R$, $\mathbf{F}$를 $d\mathbf{l}'$으로 놓으면

$$d\mathbf{l}' \times \nabla\left(\frac{1}{R}\right) = \frac{1}{R}\nabla \times d\mathbf{l}' - \nabla \times \left(\frac{d\mathbf{l}'}{R}\right)$$

여기서 ∇는 (x, y, z)에 대한 미분연산자이고, $d\mathbf{l}'$는$(x'\ y'\ z')$의 함수이므로 $\nabla \times d\mathbf{l}' = 0$이 된다. 따라서

$$d\mathbf{l}' \times \nabla\left(\frac{1}{R}\right) = -\nabla \times \frac{d\mathbf{l}'}{R} \tag{7.49}$$

이 식을 식 (7.47)에 대입하면

$$\mathbf{B} = \nabla \times \int_L \frac{\mu_o I\, d\mathbf{l}'}{4\pi R} \tag{7.50}$$

이 된다. 식 (7.39)와 (7.50)을 비교하면

$$\mathbf{A} = \int_L \frac{\mu_o I\, d\mathbf{l}'}{4\pi R}$$

이 얻어지며, 식 (7.41)이 됨을 알 수 있다.

식 (7.39)를 식 (7.32)에 대입하고 Stokes의 정리를 적용하면

$$\Psi = \int_S \mathbf{B} \cdot d\mathbf{S} = \int_S (\nabla \times \mathbf{A}) \cdot d\mathbf{S} = \oint_L \mathbf{A} \cdot d\mathbf{l}$$

또는

$$\boxed{\Psi = \oint_L \mathbf{A} \cdot d\mathbf{l}} \tag{7.51}$$

그러므로 주어진 면을 통과하는 자속은 식 (7.32)이나 식 (7.51)을 사용하여 구할 수 있다. 또한 자기장은 V_m이나 **A**를 사용하여 구할 수 있으며, 주어진 문제에 따라 하나를 선택하여 구하여야 한다. 그러나 V_m은 원천이 없는 영역에서만 사용할 수 있다. 자기 벡터포텐셜을 사용하는 것은 전자기장 문제의 해결에, 특히 안테나와 관련된 문제에 강력하고 훌륭한 방법이다. 13장에서 언급하겠지만 안테나 문제에서 **A**를 먼저 구하고 **B**를 구하는 것이 보다 편리하다.

예제 7.7

벡터포텐셜이 $\mathbf{A} = -\rho^2/4\ \mathbf{a}_z$ Wb/m로 주어졌을 때 $\phi = \pi/2$, $1 \le \rho \le 2$ m, $0 \le z \le 5$ m인 면을 통과하는 자속을 구하라.

풀이

이 문제는 두 가지의 다른 방법인 식 (7.32) 또는 식 (7.51)을 사용하여 풀 수 있다.

방법 1:

$$\mathbf{B} = \nabla \times \mathbf{A} = -\frac{\partial A_z}{\partial \rho}\mathbf{a}_\phi = \frac{\rho}{2}\mathbf{a}_\phi, \quad d\mathbf{S} = d\rho\, dz\, \mathbf{a}_\phi$$

따라서

$$\Psi = \int_S \mathbf{B} \cdot d\mathbf{S} = \frac{1}{2}\int_{z=0}^{5}\int_{\rho=1}^{2} \rho\, d\rho\, dz = \frac{1}{4}\rho^2\Big|_2^1 (5) = \frac{15}{4}$$

$$\Psi = 3.75 \text{ Wb}$$

방법 2:

$$\Psi = \oint_L \mathbf{A} \cdot d\mathbf{l} = \Psi_+ + \Psi_2 + \Psi_3 + \Psi_4$$

여기서 L은 면 S의 경계를 짓는 경로이며, Ψ_1, Ψ_2, Ψ_3, Ψ_4는 그림 7.20에서 1부터 4까지로 분류된 구간을 따라 각각 $\int_L \mathbf{A} \cdot d\mathbf{l}$을 계산한 값이다. $\mathbf{A}$는 z성분만 가지므로

$$\Psi_1 = 0 = \Psi_3$$

따라서

$$\begin{aligned}\Psi = \Psi_2 + \Psi_4 &= -\frac{1}{4}\left[(1)^2\int_0^5 dz + (2)^2\int_5^0 dz\right] \\ &= -\frac{1}{4}(1-4)(5) = \frac{15}{4} \\ &= 3.75 \text{ Wb}\end{aligned}$$

가 되며, 방법 1에서 얻은 결과와 같다. 여기서 경로 L의 방향은 $d\mathbf{S}$의 방향과 일치해야 한다.

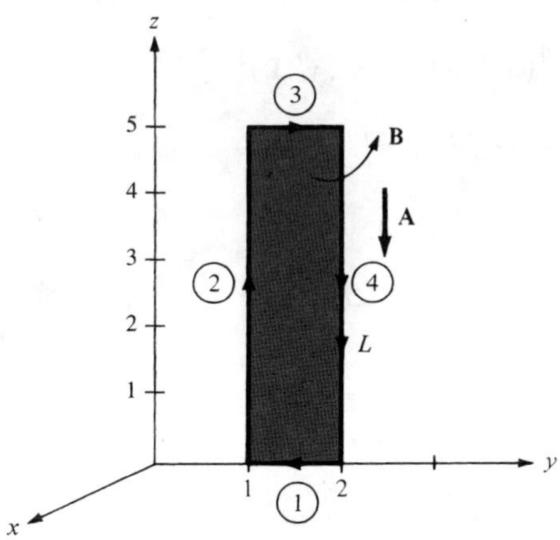

그림 7.20 예제 7.7의 그림

연습문제 7.7

어떤 전류분포에 의한 자기 벡터포텐셜이 $\mathbf{A} = x^2y\mathbf{a}_x + y^2x\mathbf{a}_y - 4xyz\mathbf{a}_z$ Wb/m로 주어졌다. 다음을 구하라.

(a) 점 $(-1, 2, 5)$에서 $\mathbf{B}$

(b) $z = 1, 0 \leq x \leq 1, -1 \leq y \leq 4$로 정의된 면을 통과하는 자속

해답: (a) $20\mathbf{a}_x + 40\mathbf{a}_y + 3\mathbf{a}_z$ Wb/m^2, (b) 20 Wb

예제 7.8

$z = 0$인 면에 $\mathbf{K} = K_y\mathbf{a}_y$인 전류가 균일하게 흐르고 있다면

$$\mathbf{H} = \begin{cases} 1/2\, K_y\mathbf{a}_x, & z > 0 \\ -1/2\, K_y\mathbf{a}_x, & z < 0 \end{cases}$$

가 된다. 이 결과는 Ampère의 법칙을 사용하여 7.4절에서 구하였다. 자기 벡터포텐셜의 개념을 사용하여 이 값을 구하라.

풀이

그림 7.21과 같은 면전류라고 하자. 식 (7.42)로부터

$$d\mathbf{A} = \frac{\mu_o \mathbf{K}\, dS}{4\pi R}$$

이 문제에서 $\mathbf{K} = K_y\mathbf{a}_y$, $dS = dx'dy'$이며, $z > 0$에 대해

$$\begin{aligned} R = |\mathbf{R}| &= |(0, 0, z) - (x', y', 0)| \\ &= [(x')^2 + (y')^2 + z^2]^{1/2} \end{aligned} \tag{7.8.1}$$

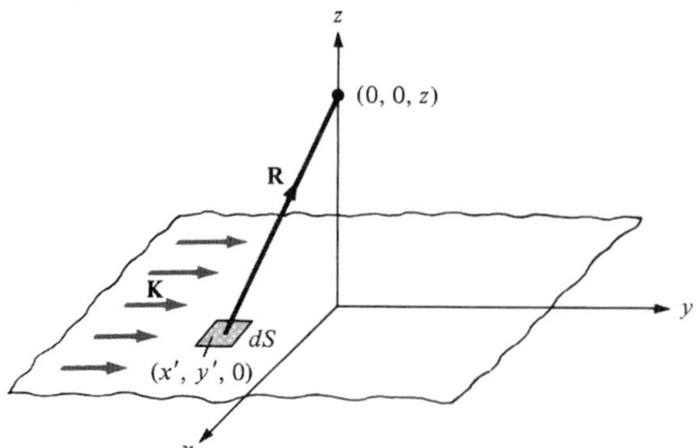

그림 7.21 예제 7.8: 무한 면전류

이 된다. 여기서 프라임이 붙은 좌표계는 원천점을, 표시되지 않는 좌표는 장점을 나타낸다. 혼란을 피하기 위하여 두 점들을 구별하는 것이 필요하다(그림 7.19를 참조).

$$dA = \frac{\mu_o K_y \, dx' \, dy' \, \mathbf{a}_y}{4\pi[(x')^2 + (y')^2 + z^2]^{1/2}}$$

$$d\mathbf{B} = \nabla \times d\mathbf{A} = -\frac{\partial}{\partial z} d\,A_y\,\mathbf{a}_x$$

$$= \frac{\mu_o K_y z \, dx' \, dy' \, \mathbf{a}_x}{4\pi[(x')^2 + (y')^2 + z^2]^{3/2}}$$

$$\mathbf{B} = \frac{\mu_o K_y z \mathbf{a}_x}{4\pi} \int_{-\infty}^{\infty} \int_{-\infty}^{\infty} \frac{dx' \, dy'}{[(x')^2 + (y')^2 + z^2]^{3/2}} \tag{7.8.2}$$

적분에서 계산상의 편의를 위해 직각좌표를 원통좌표로 바꾸면

$$\mathbf{B} = \frac{\mu_o K_y z \mathbf{a}_x}{4\pi} \int_{\rho'=0}^{\infty} \int_{\phi'=0}^{2\pi} \frac{\rho' \, d\phi' \, d\rho'}{[(\rho')^2 + z^2]^{3/2}}$$

$$= \frac{\mu_o K_y z \mathbf{a}_x}{4\pi} 2\pi \int_0^{\infty} [(\rho')^2 + z^2]^{-3/2} \, 1/2 \, d[(\rho')^2]$$

$$= \frac{\mu_o K_y z \mathbf{a}_x}{2} \left. \frac{-1}{[(\rho')^2 + z^2]^{1/2}} \right|_{\rho'=0}^{\infty}$$

$$= \frac{\mu_o K_y \mathbf{a}_x}{2}$$

따라서

$$\mathbf{H} = \frac{\mathbf{B}}{\mu_o} = \frac{K_y}{2} \mathbf{a}_x, \quad \text{for } z > 0$$

식 (7.8.2)에서 간단하게 z를 $-z$로 대치하고 같은 과정을 따르면 다음의 결과를 얻는다.

$$\mathbf{H} = -\frac{K_y}{2} \mathbf{a}_x, \quad \text{for } z < 0$$

연습문제 7.8

점 $(0, 0, h)$와 $(0, 0, -h)$에서 **H**를 구하기 위하여 Biot-Savart의 법칙을 사용하여 예제 7.8을 반복하라.

†7.8 Biot-Savart의 법칙과 Ampère의 법칙 유도

Biot-Savart의 법칙과 Ampère의 법칙은 자기 벡터포텐셜의 개념을 사용하여 유도할 수 있다. 식의 유도를 위해 식 (7.48)과 아래의 벡터항등식을 사용한다.

$$\nabla \times \nabla \times \mathbf{A} = \nabla(\nabla \cdot \mathbf{A}) - \nabla^2 \mathbf{A} \tag{7.52}$$

식 (7.4)로 표시된 Biot-Savart의 법칙은 기본적으로 선전류에 대한 것이므로 식 (7.39)와 식 (7.41)을 가지고 유도해보자. 즉

$$\mathbf{B} = \nabla \times \oint_L \frac{\mu_o I\, d\mathbf{l}'}{4\pi R} = \frac{\mu_o I}{4\pi} \oint_L \nabla \times \frac{1}{R} d\mathbf{l}' \tag{7.53}$$

여기서 R은 식 (7.45)에서 정의되었다. 식 (7.48)에 표시된 벡터항등식에서 $\mathbf{F} = d\mathbf{l}'$, $f = 1/R$로 놓고 적용하면 식 (7.53)은

$$\mathbf{B} = \frac{\mu_o I}{4\pi} \oint_L \left[\frac{1}{R} \nabla \times d\mathbf{l}' + \left(\nabla \frac{1}{R} \right) \times d\mathbf{l}' \right] \tag{7.54}$$

이 된다. ∇은 (x, y, z)에 대한 연산자이고, $d\mathbf{l}'$은 $(x'\ y'\ z')$의 함수이므로 $\nabla \times d\mathbf{l}' = 0$이 된다. 또한

$$\frac{1}{R} = [(x - x')^2 + (y - y')^2 + (z - z')^2]^{-1/2} \tag{7.55}$$

$$\nabla \left[\frac{1}{R} \right] = -\frac{(x - x')\mathbf{a}_x + (y - y')\mathbf{a}_y + (z - z')\mathbf{a}_z}{[(x - x')^2 + (y - y')^2 + (z - z')^2]^{3/2}} = -\frac{\mathbf{a}_R}{R^2} \tag{7.56}$$

여기서 $\mathbf{a}_R$은 원천점에서 장점으로 향하는 방향의 단위벡터이다. 따라서 식 (7.54)는 아래와 같다($d\mathbf{l}'$에서 프라임 생략).

$$\mathbf{B} = \frac{\mu_o I}{4\pi} \oint_L \frac{d\mathbf{l} \times \mathbf{a}_R}{R^2} \tag{7.57}$$

이 식이 Biot-Savart 법칙이다.

식 (7.39)에 식 (7.52)의 벡터항등식을 적용하면

$$\nabla \times \mathbf{B} = \nabla(\nabla \cdot \mathbf{A}) - \nabla^2 \mathbf{A} \tag{7.58}$$

가 되며, 9장에서 명백해지겠지만

$$\boxed{\nabla \cdot \mathbf{A} = 0} \tag{7.59}$$

을 선택하며, 이를 Coulomb 게이지(gauge)라고 한다. **B**를 μ_o**H**로 대치하고 식 (7.19)를 사용하면 식 (7.58)은

$$\nabla^2 \mathbf{A} = -\mu_o \nabla \times \mathbf{H}$$

또는

$$\boxed{\nabla^2 \mathbf{A} = -\mu_o \mathbf{J}} \qquad (7.60)$$

가 된다. 이 식을 **벡터 Poisson 방정식**이라 부른다. 이 식은 정전기장에서의 Poisson 방정식 ($\nabla^2 V = -\rho_v/\varepsilon$)과 유사하다. 직각좌표계에서 식 (7.60)은 세 개의 스칼라 식으로 표시된다.

$$\begin{aligned} \nabla^2 A_x &= -\mu_o J_x \\ \nabla^2 A_y &= -\mu_o J_y \\ \nabla^2 A_z &= -\mu_o J_z \end{aligned} \qquad (7.61)$$

이 식을 **스칼라 Poisson 방정식**으로 간주한다.

Ampère의 법칙은 자기 벡터포텐셜의 정의와 일치함을 알 수 있다. Stokes의 정리와 식 (7.39)로부터

$$\begin{aligned} \oint_L \mathbf{H} \cdot d\mathbf{l} &= \int_S \nabla \times \mathbf{H} \cdot d\mathbf{S} \\ &= \frac{1}{\mu_o} \int_S \nabla \times (\nabla \times \mathbf{A}) \cdot d\mathbf{S} \end{aligned} \qquad (7.62)$$

가 얻어진다. 식 (7.52), (7.59)와 (7.60)으로부터

$$\nabla \times \nabla \times \mathbf{A} = -\nabla^2 \mathbf{A} = \mu_o \mathbf{J}$$

이 식을 식 (7.62)에 대입하면

$$\oint_L \mathbf{H} \cdot d\mathbf{l} = \int_S \mathbf{J} \cdot d\mathbf{S} = I$$

가 되며, 이 식이 Ampère의 주회법칙이다.

MATLAB 7.1

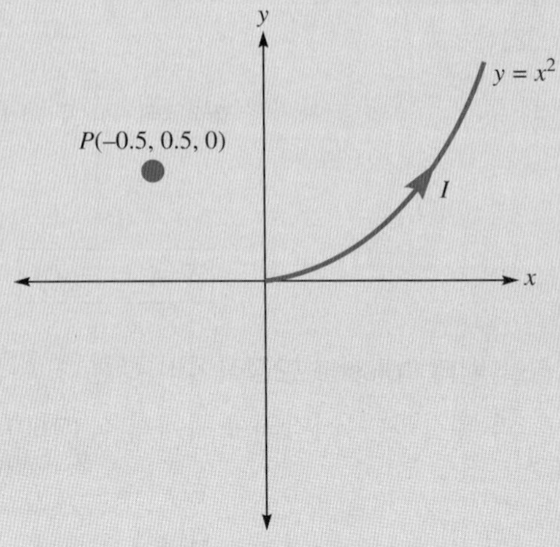

Suppose a 0.5 mA segment of current travels along the parabola $y = x^2$ between $a = (0, 0, 0)$ and $b = (1, 1, 0)$ cm. Using the Biot–Savart law, determine the magnetic field at point $P(-0.5, 0.5, 0)$ due to the segment.

We will find the general solution and evaluate at the observation point. We use the Biot–Savart law to obtain the magnetic field at point P:

$$\mathbf{H} = \int_L \frac{Id\mathbf{l} \times \mathbf{a}_R}{4\pi R^2}$$

The unit vector from the incremental current filament at $(x', y', 0)$ to the observation point P (x, y, z) is

$$\mathbf{a}_R = \frac{(x - x')\mathbf{a}_x + (y - y')\mathbf{a}_y + z\mathbf{a}_z}{R}$$

$$R = \sqrt{(x - x')^2 + (y - y')^2 + z^2}$$

The incremental current element is given by

$$Id\mathbf{L} = I(dx'\mathbf{a}_x + dy'\mathbf{a}_y)$$

The cross product is

$$Id\mathbf{L} \times \mathbf{a}_R = I(dx'\mathbf{a}_y + dy'\mathbf{a}_y) \times \frac{(x - x')\mathbf{a}_x + (y - y')\mathbf{a}_y + z\mathbf{a}_z}{\sqrt{(x - x')^2 + (y - y')^2 + (z - z')^2}}$$

Thus

$$\mathbf{H} = \int_L \frac{Id\mathbf{L} \times \mathbf{a}_R}{4\pi R^2} = \frac{I}{4\pi}\int_a^b \frac{[(y - y')dx' - (x - x')dy']\mathbf{a}_z - zdx'\mathbf{a}_y + zdy'\mathbf{a}_x}{[(x - x')^2 + (y - y')^2 + z^2]^{1.5}}$$

This integral is numerically evaluated as $0.85I$; thus the magnetic field at P is given by:

$$\mathbf{H} = 1.9437\mathbf{a}_z \frac{\text{mA}}{\text{m}}$$

```
clear
I=0.5e-3;    % the current value

% prompt for observation point
disp('Enter the observation point (in the ');
p0 = input('format [x y z])... \n >   ');

if isempty(p0); p0 = [0 0 0]; end

xpstart = 0; xpend = 1e-2;    % start and end points for
                              %integration variable x prime
dxp=1e-7;    % integration variable increment dx

H = [0, 0, 0]; % initial field values before integration sum
zp = 0;          % current lies only in the xy-plane

for xp=xpstart:dxp:xpend,    % begin integration loop
    yp=xp^2*1e2;    % make substitution for y prime in terms
                          % of x prime

                    % the 1e2 is to offset the 1e-2 squared
                    % term which relates x prime and y prime
                    % in space
    dyp=2*X*dxp;    % make substitution for dy prime in terms
                          % of dx prime

    num = [(p0(3)-zp)*dyp,-(p0(3)-zp)*dxp,((p0(2)-yp)*dxp-...
    (p0(1)-xp)*dyp)];    % numerator
    den = ((p0(1)-xp)^2+(p0(2)-yp)^2)^(3/2);    % denominator

    H = H + num/den; % total field including all three coordinates

end

H=H*I/(4*pi);

% display the output
disp('')
disp('The magnetic field at');
disp(sprintf(' (%f, %f, %f) cm \nis (%f %f %f) A/m', ...
    p0(1), p0(2), p0(2), H(1), H(2), H(3)))
```

MATLAB 7.2

```
% This script allows the user to specify a current
% directed out of the page (+z direction) that lies on the origin,
% is assumed infinite, and points in the z direction
% and plot the vector magnetic field in the xy-plane
%
%
% inputs: I (value of the current), x and y limits of the plot
% outputs: the magnetic field vector plot
clear

% prompt user for input materials
```

```
disp('Enter the graph limits ');
plotlim = input(' [xmin xmax ymin ymax]... \n >  ');
if isempty(plotlim); plotlim = [-1 1 -1 1]; end
                                           % check if entered
correctly
I = input('Enter the current in Amperes... \n >  ');
if isempty(I); I = 1; end    % check if current is entered

dx=(plotlim(2)-plotlim(1))/10;
dy=(plotlim(4)-plotlim(3))/10;
xrange=plotlim(1):dx:plotlim(2);
yrange=plotlim(3):dy:plotlim(4);

[X,Y]=meshgrid(xrange,yrange);
U=zeros(length(xrange), length(yrange));
V=zeros(length(xrange), length(yrange));
for x=1:length(xrange)
    for y=1:length(yrange)
        r=sqrt(xrange(x)^2+yrange(y)^2);
                        % the distance from the current
        phiuvector=[-yrange(y),xrange(x)]/r;
                        % the unit vector in the phi direction
        H=I/(2*pi*r)*phiuvector;
                        % Ampere's law for an infinite current
                        % fill matrices which contain the vector
                        % components in x and y direction
        U(y, x)=H(1);   % vector x corresponds to columns
        V(y, x)=H(2);   % vector x corresponds to columns
    end

end

% Display results
figure
quiver(xrange,yrange,U,V)
axis square
axis(plotlim)
xlabel('X location (m)')
ylabel('Y location (m)')
disp('Value of first vector to the right of');
disp(sprintf(' origin = %f A/m',I/(2*pi*dx)))
```

요약

1. 자기장과 관련된 기본법칙(Biot-Savart의 법칙과 Ampère의 법칙)을 논의하였으며, Biot-Savart의 법칙은 Coulomb의 법칙과 유사하고, $\mathbf{r}'$에 있는 미소전류소 $I\,d\mathbf{l}$에 의한 $\mathbf{r}$에서의 자기장의 세기 $d\mathbf{H}$는

$$d\mathbf{H} = \frac{I\,d\mathbf{l} \times \mathbf{R}}{4\pi R^3} \quad \text{(A/m)}$$

이며, 여기서 $\mathbf{R} = \mathbf{r} - \mathbf{r}'$, 그리고 $R = |\mathbf{R}|$이다. 면전류분포 또는 체적전류분포에서는

$I\,d\mathbf{l}$ 대신 $\mathbf{K}\,dS$ 또는 $\mathbf{J}\,dv$로 대치한다.

$$I\,d\mathbf{l} \equiv \mathbf{K}\,dS \equiv \mathbf{J}\,dv$$

2. Ampère의 주회법칙은 Gauss의 법칙과 유사하며, 폐경로 주변에 대한 $\mathbf{H}$의 회전은 폐경로로 둘러싸여 있는 전류와 같다는 것을 뜻한다. 즉

$$\oint_L \mathbf{H} \cdot d\mathbf{l} = I_{\text{enc}} = \int_S \mathbf{J} \cdot d\mathbf{S}$$

또는

$$\nabla \times \mathbf{H} = \mathbf{J} \quad \text{(Maxwell 방정식의 세 번째 식)}$$

Ampère의 경로를 정할 수 있도록($\mathbf{H} = H_\phi \mathbf{a}_\phi$가 상수) 전류분포가 대칭일 때 Ampère의 법칙은 $\mathbf{H}$를 구하는데 유용하다. 즉

$$H_\phi \oint_L dl = I_{\text{enc}} \quad \text{또는} \quad H_\phi = \frac{I_{\text{enc}}}{\ell}$$

3. 면 S를 통과하는 자속은

$$\Psi = \int_S \mathbf{B} \cdot d\mathbf{S} \quad \text{(Wb)}$$

로 주어지며, $\mathbf{B}$는 자속밀도로써 Wb/m^{2}의 단위를 갖는다. 자유공간에서는

$$\mathbf{B} = \mu_o \mathbf{H}$$

이며, 여기서 $\mu_o = 4\pi \times 10^{-7}$ H/m는 자유공간에서의 투자율이다.

4. 독립된 자극이나 자유로운 단일 자극은 존재하지 않기 때문에 폐곡면을 통과하는 순 자속은 0이다.

$$\Psi = \oint_S \mathbf{B} \cdot d\mathbf{S} = 0$$

또는

$$\nabla \cdot \mathbf{B} = 0 \quad \text{(Maxwell 방정식의 네 번째 식)}$$

5. 정전자기장에서의 네 개의 Maxwell 방정식이 유도되었다. 즉

$$\nabla \cdot \mathbf{D} = \rho_v$$
$$\nabla \cdot \mathbf{B} = 0$$
$$\nabla \times \mathbf{E} = 0$$
$$\nabla \times \mathbf{H} = \mathbf{J}$$

6. 자기 스칼라포텐셜은

$$\mathbf{H} = -\nabla V_m, \quad (\mathbf{J} = 0)$$

으로 정의되고, 자기 벡터포텐셜은

$$\mathbf{B} = \nabla \times \mathbf{A}$$

이며, 여기서 $\nabla \cdot \mathbf{A} = 0$이다. 면 S를 통과하는 자속은 다음 식으로부터 구할 수 있다.

$$\Psi = \oint_L \mathbf{A} \cdot d\mathbf{l}$$

여기서 L은 면 S를 정의하는 폐경로이다(그림 3.20 참조). 전류분포에 의한 자기장은 Biot-Savart의 법칙을 이용해서 구하는 것보다 **A**를 이용하는 것이 더 유리할 수 있으며, 특히 안테나 이론에 매우 유용하다. 거리 $\mathbf{r}'$에서의 미소전류소 $I\,d\mathbf{l}$에 의한 $\mathbf{r}$에서의 자기 벡터포텐셜은 다음과 같다.

$$\mathbf{A} = \int \frac{\mu_o I\, d\mathbf{l}}{4\pi R}, \quad R = |\mathbf{r} - \mathbf{r}'|$$

7. 전기장과 자기장 사이에는 유사성이 존재한다. 이들 몇 가지를 표 7.1에 열거하였다. 예를 들어 Poisson 방정식 $\nabla^2 V = -\rho_v/\varepsilon$에 대응되는 식은 아래와 같다.

$$\nabla^2 \mathbf{A} = -\mu_o \mathbf{J}$$

복습문제

7.1 정자기장의 원천이 아닌 것은?

(a) 도선에 흐르는 직류 (b) 영구자석
(c) 가속된 전하 (d) 시간에 대해 선형적으로 변하는 자기장
(e) 일정한 속도로 회전하는 전하판

7.2 그림 7.22에서 I와 **H**의 올바른 표현이 아닌 것을 골라라.

7.3 그림 7.23에서와 같이 반경 2인 원 상의 점 A, B, C, D, E를 고려한다. 오른쪽에

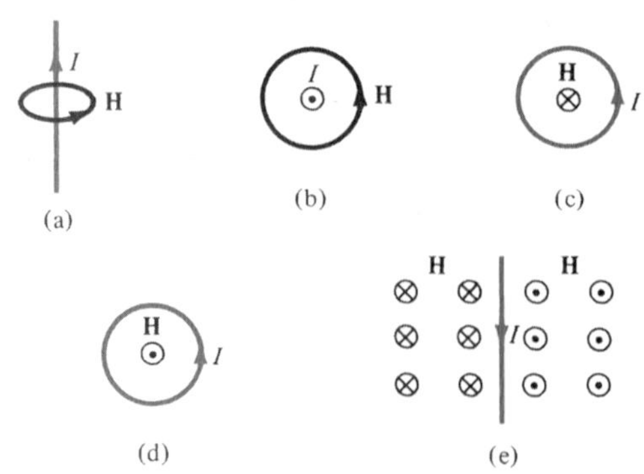

그림 7.22 복습문제 7.2의 그림

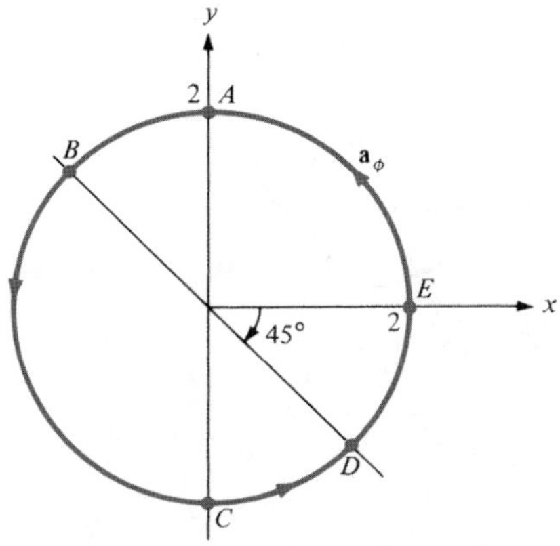

그림 7.23 복습문제 7.3의 그림

나열된 항은 원 상의 각기 다른 점에서의 $\mathbf{a}_\phi$의 값이다. 이들 항목과 왼쪽에 나열된 지점들을 연결하라.

(a) A (i) $\mathbf{a}_x$

(b) B (ii) $-\mathbf{a}_x$

(c) C (iii) $\mathbf{a}_y$

(d) D (iv) $-\mathbf{a}_y$

(e) E (v) $\dfrac{\mathbf{a}_x + \mathbf{a}_y}{\sqrt{2}}$

(vi) $\dfrac{-\mathbf{a}_x - \mathbf{a}_y}{\sqrt{2}}$

(vii) $\dfrac{-\mathbf{a}_x + \mathbf{a}_y}{\sqrt{2}}$

(viii) $\dfrac{\mathbf{a}_x - \mathbf{a}_y}{\sqrt{2}}$

7.4 z축을 따라 $\mathbf{a}_z$방향으로 10π A의 선조전류가 흐른다. 이들 중 틀린 것은?

(a) (0, 5, 0)에서 $\mathbf{H} = -\mathbf{a}_x$ A/m

(b) (5, $\pi/4$, 0)에서 $\mathbf{H} = \mathbf{a}_\phi$ A/m

(c) (−3, 4, 0)에서 $\mathbf{H} = -0.8\mathbf{a}_x - 0.6\mathbf{a}_y$

(d) (5, $3\pi/2$, 0)에서 $\mathbf{H} = -\mathbf{a}_\phi$

7.5 $y = 0$인 평면에 $30\mathbf{a}_z$ mA/m인 균일전류가 흐른다. 점 (1, 10, −2)에서 자기장의 세기는?

(a) $-15\mathbf{a}_x$ mA/m

(b) $15\mathbf{a}_x$ mA/m

(c) $477.5\mathbf{a}_y$ μA/m

(d) $18.85\mathbf{a}_y$ nA/m

(e) 위에는 답이 없다.

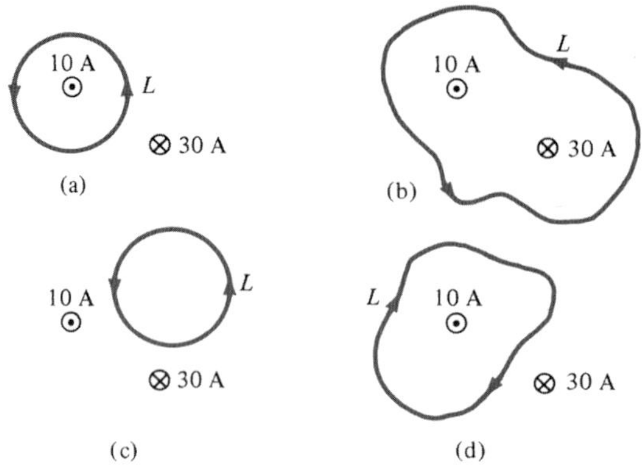

그림 7.24 복습문제 7.6의 그림

7.6 그림 7.24의 전류와 폐경로에 대하여 $\oint \mathbf{H} \cdot d\mathbf{l}$의 값을 구하라.

7.7 아래의 설명 중 정자기장의 특성이 아닌 것은?

(a) 솔레노이드장이다.

(b) 보존성이 있다.

(c) 흡수원이나 원천이 없다.

(d) 자속선은 항상 폐곡선이다.

(e) 주어진 영역에 유입되는 총 자속은 이 영역에서 나가는 총 자속과 같다.

7.8 두 개의 동일한 동축원형코일에 크기는 같고 방향이 반대인 전류가 흐르고 있다. 코일 사이의 축의 중간 지점에서 자기장 **B**의 크기는?

(a) 0

(b) 한 개의 코일에서 발생한 것과 같다.

(c) 한 개의 코일에서 발생한 것의 두배

(d) 한 개의 코일에서 발생한 것의 반

7.9 다음 방정식 중 선형 균질인 매질 내에서 정전자기장에 관한 Maxwell 방정식이 아니다.

(a) $\nabla \cdot \mathbf{B} = 0$

(b) $\nabla \times \mathbf{D} = 0$

(c) $\oint_L \mathbf{B} \cdot d\mathbf{l} = \mu_o I$

(d) $\oint_S \mathbf{D} \cdot d\mathbf{S} = Q$

(e) $\nabla^2 \mathbf{A} = \mu_o \mathbf{J}$

7.10 N극의 세기가 각각 $Q_{m1} = 20$ A · m, $Q_{m2} = 10$ A · m(자하)인 두 개의 막대자석이 그림 7.25와 같은 체적 내에 놓여 있다. 이 체적으로부터 유출되는 자속은?

(a) 200 Wb

(b) 30 Wb

(c) 10 Wb

(d) 0 Wb

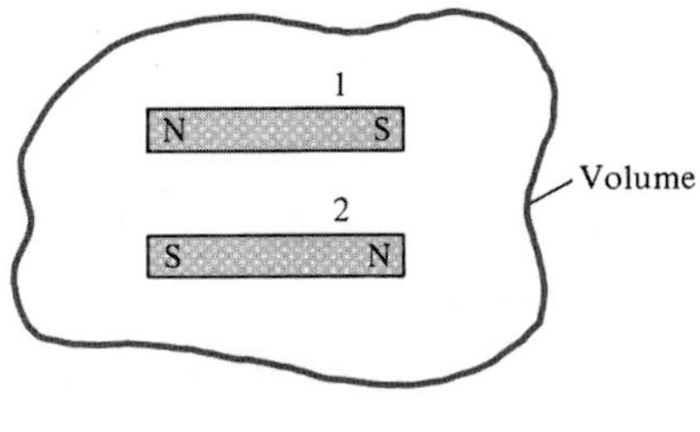

그림 7.25 복습문제 7.10의 그림

(e) -10 Wb

해답: 7.1c, 7.2c, 7.3 (a)-(ii), (b)-(vi), (c)-(i), (d)-(v), (e)-(iii), 7.4d, 7.5a, 7.6 (a) 10 A, (b) -20 A, (c) 0, (d) -10 A, 7.7b, 7.8a, 7.9e, 7.10d.

문제

7.2 Biot-Savart의 법칙

7.1 (a) Biot-Savart의 법칙을 기술하라.

(b) y축에 $\mathbf{a}_y$방향으로 10 A, z축에 $-\mathbf{a}_y$방향으로 20 A의 전류가 흐른다. $(-3, 4, 5)$에서 $\mathbf{H}$를 구하라.

7.2 xy 평면 상에서 경로 $y = \tan \alpha|x|$로 표시되는 무한길이의 선조도체에 정상전류 I가 흐르고 있다. $0 \leq a \leq \pi/2$인 조건을 가정하고 $(0, d, 0)$ 위치에서 자기장이 다음과 같이 주어짐을 보여라.

$$H = \frac{I}{2\pi d}\left(\frac{1 + \tan \alpha/2}{1 - \tan \alpha/2}\right)$$

α값이 0으로 접근할 때 이 표현식이 무한 직선전류에 의한 자기장을 나타냄을 보여라.

7.3 무한히 긴 2개의 직선도체가 z축과 평행하게 있고 각각의 도체에 그림 7.26과 같이 서로 반대 방향으로 10 A의 전류가 흐르고 있다. 점 P에서 $\mathbf{H}$를 구하라.

7.4 자유공간에서 두 개의 전류소 $I_1 d\mathbf{l}_1 = 4 \times 10^{-5}\ \mathbf{a}_x$ A · m, $I_2 d\mathbf{l}_2 = 6 \times 10^{-5}\ \mathbf{a}_y$ A · m가 각각 $(0, 0, 0)$ 및 $(0, 0, 1)$ 위치에 있다. $(3, 1, -2)$에서 $\mathbf{H}$를 구하라.

7.5 가는 도체에 전류 I가 $A(0, 0, a)$에서 $B(0, 0, b)$로 흐르고 있다. $P(x, y, 0)$에서 $\mathbf{H}$가 다음과 같음을 보여라.

$$\mathbf{H} = \frac{\mathrm{I}}{4\pi\sqrt{x^2 + y^3}}\left[\frac{b}{\sqrt{x^2 + y^2 + b^2}} - \frac{a}{\sqrt{x^2 + y^2 + a^2}}\right]\mathbf{a}_\phi$$

7.6 그림 7.27의 선분 AB에 6 A의 전류가 흐른다. 원점에서 AB에 의한 $\mathbf{H}$를 구하라.

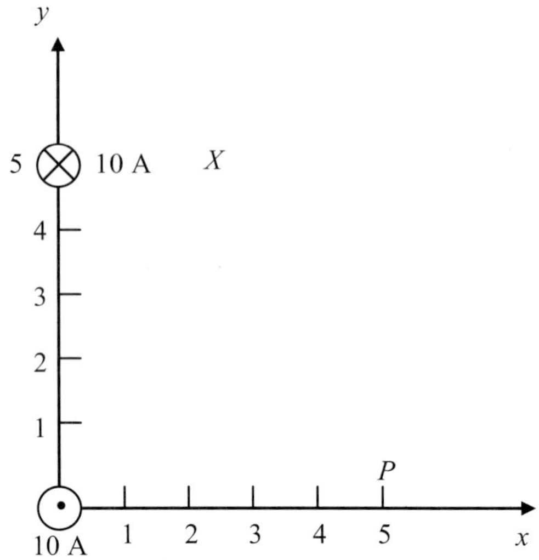

그림 7.26 문제 7.3의 그림

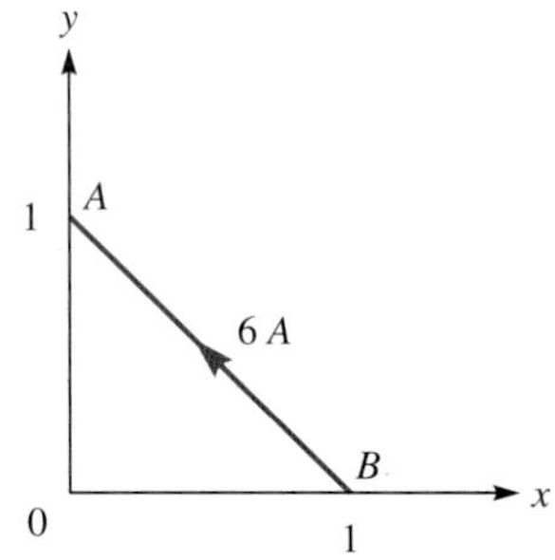

그림 7.27 문제 7.6의 그림

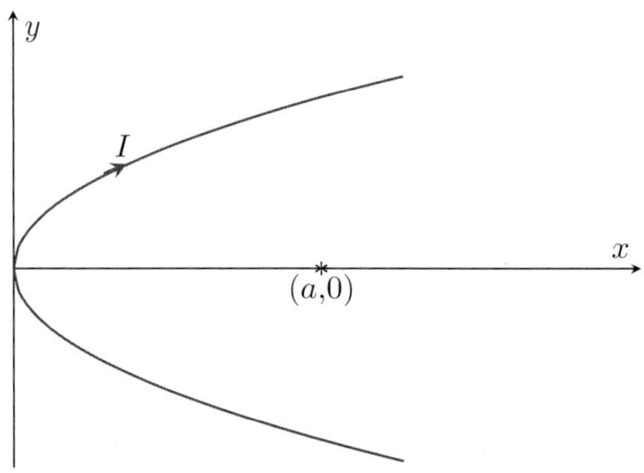

그림 7.28 문제 7.7의 그림

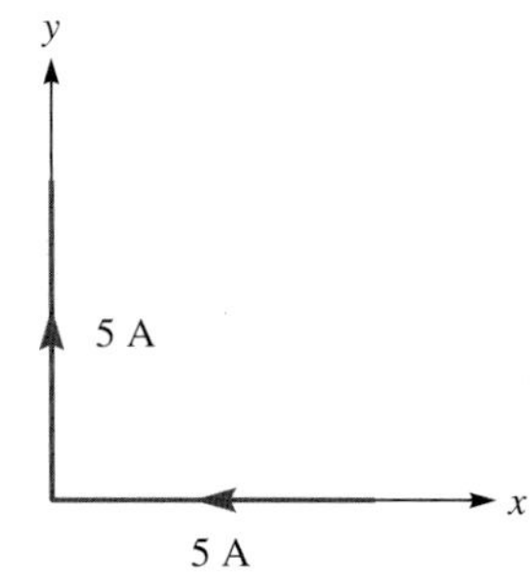

그림 7.29 문제 7.9의 선전류

7.7 xy 평면 위에 $y^2 = 4ax$로 표현되는 포물선을 따라 $y = -\infty$부터 $y = \infty$까지 영역에서 I(A)의 정상전류가 흐르고 있다(그림 7.28). Biot-Savart의 법칙을 사용하여 포물선 초점 (a, 0)에서 자기장 **H**를 구하라.

***7.8** (a) 그림 7.6(a)의 삼각형 도체루프의 ②번 도선에 의한 (0, 0, 5)에서의 **H**를 구하라.
(b) 전체 도체루프에 의한 **H**를 (0, 0, 5)에서 구하라.

7.9 무한히 긴 도체가 그림 7.29와 같이 L 모양으로 굽었다. 이 도체에 흐르는 전류가 5 A일 때 **H**를 다음 위치에서 구하라. (a) (2, 2, 0), (b) (0, −2, 0), (c) (0, 0, 2)

7.10 그림 7.30과 같이 한 변의 길이가 4 m인 정삼각형 도체루프에 5 A의 전류가 흐를 때 중심 C에서 **H**를 구하라.

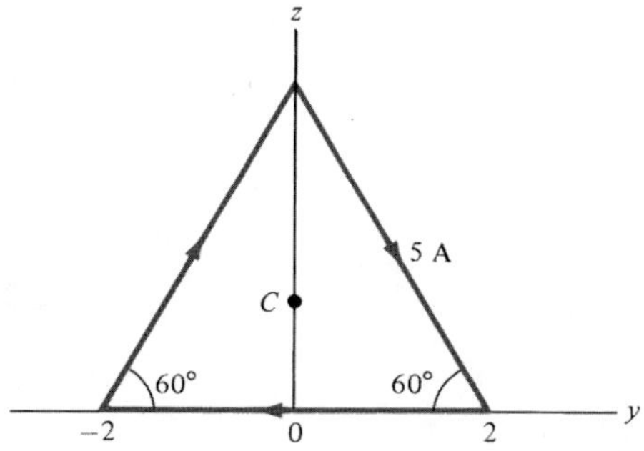

그림 7.30 문제 7.10의 정삼각형 회로

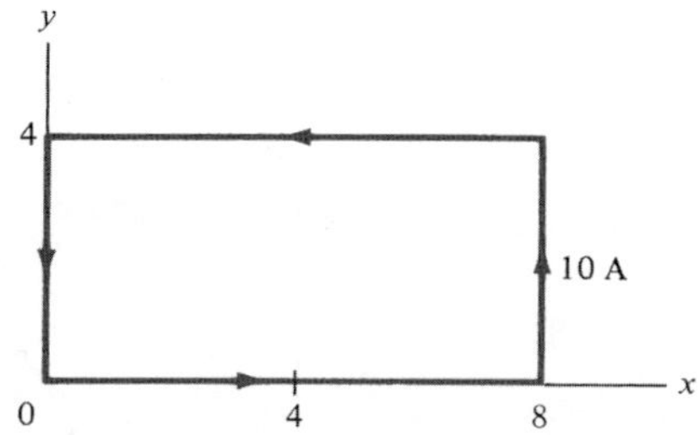

그림 7.31 문제 7.11의 사각형 회로

7.11 그림 7.31과 같은 직사각형 회로가 $z = 0$인 평면에 놓여 있다. 다음 위치에서 **H**를 구하라.

(a) (2, 2, 0) (b) (4, 2, 0)

(c) (4, 8, 0) (d) (0, 0, 2)

7.12 $x = 0$, $y = 0$ 및 $x = 0$, $y = 10$의 위치에서 $+z$방향으로 각각 9 A 및 6 A의 무한 선전류가 흐른다. 자기장의 세기가 0이 되는 y축상의 위치를 구하라.

***7.13** (a) n개의 변을 가진 다각형 도체루프에 전류 I가 흐를 때 중심에서의 **H**가 다음과 같음을 보여라. r은 내접원의 반지름이다.

$$H = \frac{nI}{2\pi r}\sin\frac{\pi}{n}$$

(b) $n = 3$, $n = 4$인 경우를 계산하고 $n = 3$일 때 문제 7.10과 일치하는지 여부를 판단하라.

7.14 그림 7.32에 주어진 전류루프에 대해서 원점에서 자기장의 세기를 구하라.

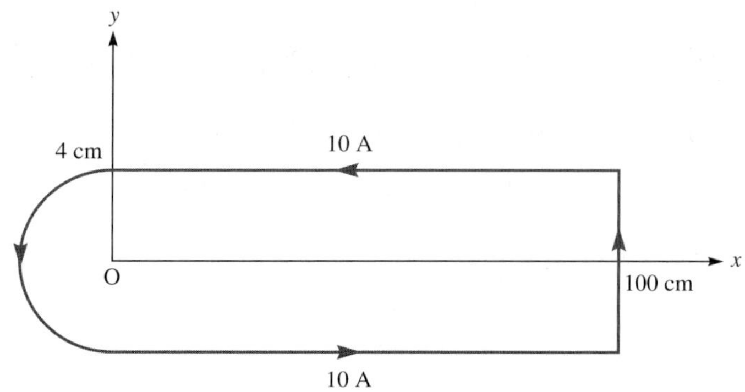

그림 7.32 선전류 폐경로(스케일에 맞추어 표시되어 있지 않음

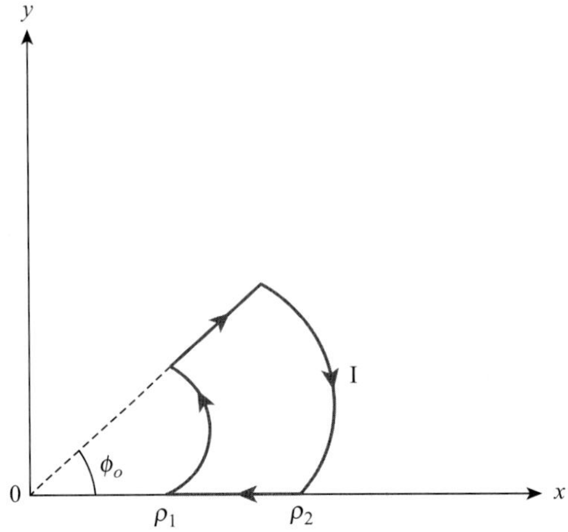

그림 7.33 문제 7.15의 그림

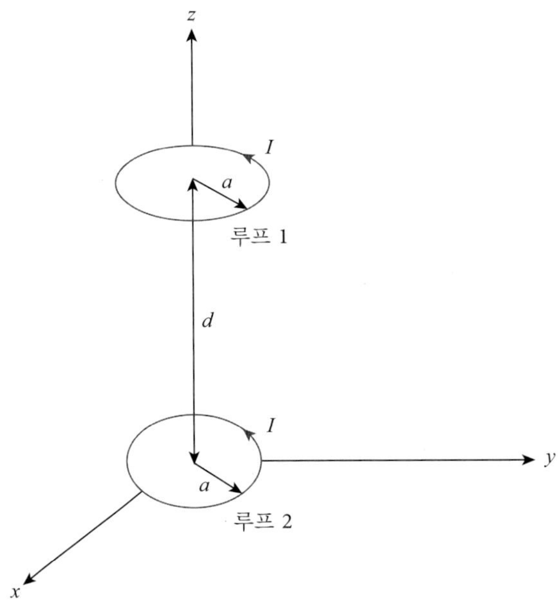

그림 7.34 문제 7.16의 그림

7.15 그림 7.33은 원형루프의 일부분을 보인 것이다. 원점에서 **H**를 구하라.

7.16 그림 7.34에 나타낸 바와 같이 두 개의 동일한 전류루프가 평행하게 거리 d 만큼 떨어져 있다. $a = 3$ cm, $d = 4$ cm, $I = 10$ A인 경우 (0, 0, d)에서 **H**를 구하라.

7.17 반지름 4 mm, 길이 2 cm, 권선수 밀도 150회/m인 솔레노이드에 500 mA의 전류가 흐른다. 다음을 구하라.

(a) 중심에서의 |**H**|

(b) 솔레노이드 양단에서의 |**H**|

7.18 $x=10$인 평면에 $\mathbf{a}_z$방향을 따라 100 mA/m의 면전류가 흐르고 $x=1$, $y=-2$에 위치한 선조도체를 통해 $\mathbf{a}_z$방향으로 20π mA의 전류가 흐른다. (4, 3, 2)에서 $\mathbf{H}$를 구하라.

7.3 Ampère의 주회법칙

7.19 x축과 y축을 따라 놓여 있는 무한히 긴 가는 도체를 통해 $\mathbf{a}_x$ 및 $\mathbf{a}_y$방향으로 각각 3 A, 2 A의 전류가 흐르고 있다. xy 평면상에서 자기장이 0이 되는 점들의 자취를 구하라.

7.20 정상전류밀도 $\mathbf{J}$가 체적 τ를 둘러싼 폐곡면 S 내부에만 존재한다고 할 때, 이 전류에 의한 자기장의 세기가 아래와 같이 표현됨을 보여라.

$$\mathbf{H} = \iiint_\tau \frac{\nabla' \times \mathbf{J}}{4\pi R} dv'$$

여기서 R은 원천점 (x', y', z')으로부터 $\mathbf{H}$를 구하는 관측점 (x, y, z)까지의 거리를 나타내고, ∇'은 원천점 (x', y', z')에 대한 미분 연산을 의미한다.

7.21 길이가 ℓ인 매우 긴 유한한 길이의 선전류와 이 선전류로부터 거리 ρ m만큼 떨어져 있는 무한 선전류에 의한 자기장의 표현식을 고려하자. 무한 선전류에 의한 자기장의 표현식을 유한 선전류 대신에 사용한다고 할 때, 오차를 2% 이내로 하기 위한 $\frac{\rho}{\ell}$의 비는 얼마인가?

7.22 원통좌표계에서 $\rho=a$, $0 \le \phi \le \pi$로 정의되는 면에서 z방향으로 균일하게 전류 I가 흐르고 있다. 원점에서 자기장의 세기 $\mathbf{H}$를 구하라. Biot-Savart 법칙이나 무한 선전류에 의한 자기장 관계식을 사용하라.

7.23 $-2.3094 \le x \le 6.9282$ 및 $y=4$로 정의되는 리본 모양의 무한도체에 $\mathbf{K}=3\mathbf{a}_z$ A/m인 면전류가 흐른다. 원점에서 자계강도 $\mathbf{H}$를 구하라. Biot-Savart 법칙이나 무한 선전류에 의한 자기장의 세기를 사용하라.

7.24 $\rho=a$, $z=0$ 및 $\rho=a$, $z=h$로 표현되는 반경이 a인 두 개의 동축 원형루프에 ϕ방향으로 전류 I가 흐르고 있다. $(0, 0, h/2)$에서 $\frac{\partial H}{\partial z} = \frac{\partial^2 H}{\partial z^2} = 0$의 조건을 만족하도록 h를 최적화하라.

7.25 $0 \le \rho \le a$, $z=0$로 정의되는 원판 도체에 일정한 크기의 면전류 $\mathbf{K}=K_0\mathbf{a}_z$가 흐르고 있다. $(0, 0, h)$에서 자기장의 세기 $\mathbf{H}$를 구하라. 이 결과가 원판의 반경이 무한대일 때 균일 무한 면전류 $\mathbf{J}_s$에 의한 자기강의 표현식과 같아짐을 보여라.

7.26 (a) Ampère의 주회법칙을 설명하라.

(b) 안쪽의 반지름이 a, 바깥쪽의 반지름이 b인 무한한 길이의 도체관이 z축을 중심축으로 하여 놓여 있으며, $+z$방향으로 전류 I가 흐른다. 모든 영역에서 $\mathbf{H}$를 구하라.

7.27 $20\mathbf{a}_x$ A/m의 면전류와 $-20\mathbf{a}_x$ A/m의 면전류가 각각 $y = 1$과 $y = -1$에 위치하고 있다. $-1 < y < 1$에서 $\mathbf{H}$를 구하라.

7.28 평면 $z = 0$에 전류 $K = 10\mathbf{a}_x$ A/m가 흐르고 $y = 0$, $z = 6$인 위치에서 전류 I가 $\mathbf{a}_x$방향으로 흐른다. $\mathbf{H}(0, 0, 3) = 0$이 되도록 I를 구하라.

7.29 반경이 a인 원통형 도체에서 전류 I가 $+\mathbf{a}_z$방향으로 흐른다.

(a) Ampère의 법칙을 이용하여 $\rho < a$ 및 $\rho > a$ 영역에서 $\mathbf{H}$를 구하라.

(b) 전류밀도 $\mathbf{J}$를 구하라.

7.30 반경이 a인 무한히 긴 원통형 도체가 z축을 따라 놓여 있다. 전류밀도가 $\mathbf{J} = \dfrac{J_o}{\rho}\mathbf{a}_z$라고 할 때($J_0$는 상수) 모든 영역에서 $\mathbf{H}$를 구하라.

7.31 $\mathbf{H} = y^2\mathbf{a}_x + x^2\mathbf{a}_y$ A/m라고 할 때, (a) $\mathbf{J}$를 구하라. (b) $z = 1$, $0 < x < 2$, $1 < y < 5$로 정의되는 면을 통과하는 전류를 계산하라.

7.5 자속밀도

7.32 $\rho < a$에서 $\mathbf{H} = k_o\left(\dfrac{\rho}{a}\right)\mathbf{a}_\phi$이며, 여기서 k_o는 상수이다. (a) $\rho < a$에서 $\mathbf{J}$를 구하라. (b) $\rho > a$에서 $\mathbf{H}$를 구하라.

7.33 반경이 a이고 단면이 $x^2 + y^2 \le 4$로 표시되는 긴 원통형 도체의 단면을 통해 10 A의 전류가 균일하게 흐르고 있다. 꼭짓점 (0, −10, 0), ($\sqrt{3}$, −10, 0), ($\sqrt{3}$, 10, 0), (0, 10, 0)으로 표시되는 사각형 둘레를 따라 형성되는 기자력은 얼마인가?

7.34 $\mathbf{H} = 10^3\rho^2\mathbf{a}_\phi$ A/m라고 가정하자. (a) $\mathbf{J}$를 구하라. (b) $0 < \rho < 2$, $0 < \phi < 2\pi$, $z = 0$인 면을 통과하는 전류를 계산하라.

***7.35** 전류 I가 흐르는 반경 $a = 1$ cm인 원통형 도체에서 $\mathbf{H} = \rho\mathbf{a}_\phi$ A/m인 자기장이 발생한다. 전류 I를 구하라.

7.36 z축을 따라 놓여 있는 무한히 긴 선조도체를 통해 $+z$방향으로 2 A의 전류가 흐른다. 다음을 계산하라.

(a) (−3, 4, 7)에서 $\mathbf{B}$

(b) $2 \le \rho \le 6$, $0 \le z \le 4$, $\phi = 90^\circ$인 면을 통과하는 자속

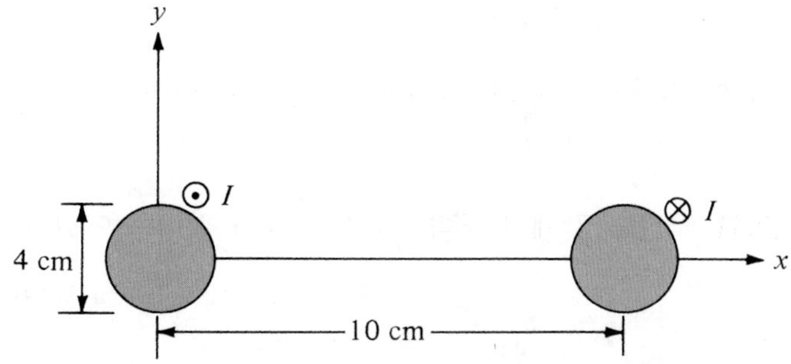

그림 7.35 문제 7.37의 두 개의 전송선

7.37 그림 7.35와 같이 두 개의 전송선이 있다. 각각의 전송선의 반지름은 2 cm이고, 전송선 사이의 간격은 10 cm이다. 원점에 위치한 전송선에 5 A의 전류가 흐르고 (10 cm, 0)에 위치한 전송선으로 되돌아온다. 다음의 위치에서 **H**를 구하라.

(a) (5 cm, 0)

(b) (10 cm, 5 cm)

7.38 전자의 흐름에 따라 다음과 같은 전류가 생성되었다.

$$\mathbf{J} = \begin{cases} J_o(1-\rho^2/a^2)\mathbf{a}_z, & \rho < a \\ 0, & \rho > a \end{cases}$$

(a) 총 전류를 구하라.

(b) 모든 영역에서 자기장의 세기를 구하라.

7.39 그림 7.36과 같이 무한히 긴 직선도체를 통해 전류 I가 흐를 때 직사각형 루프($a \times b$)를 통과하는 자속을 구하라. 직선도체와 루프는 d만큼 떨어져 있다.

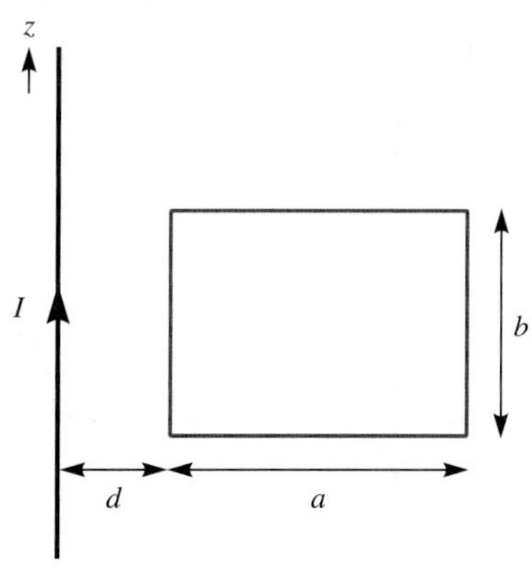

그림 7.36 문제 7.39의 그림

7.6 Maxwell 방정식

7.40 자유공간에 반지름 a이고 전류가 I인 반원형 루프가 있다. 루프의 중심에서의 자속밀도를 구하라.

7.41 자유공간에서 자속밀도가 다음과 같이 주어졌다.

$$\mathbf{B} = y^2\mathbf{a}_x + z^2\mathbf{a}_y + x^2\mathbf{a}_z \text{ Wb/m}^2$$

(a) $\mathbf{B}$가 자기장임을 보여라.

(b) $x = 1, 0 < y < 1, 1 < z < 4$인 면을 통과하는 자속을 구하라.

(c) $\mathbf{J}$를 계산하라.

(d) $0 < x < 2, 0 < y < 2, 0 < z < 2$로 정의되는 정육면체 표면을 통과하는 총 자속을 구하라.

7.7 자기 스칼라포텐셜과 자기 벡터포텐셜

7.42 그림 7.37과 같이 단면이 삼각형인 놋쇠로 된 고리로 둘러싸인 중심에 매우 긴 직선도체가 통과한다. 도체를 통해 전류 I가 흐를 때 고리 내부를 통과하는 총 자속이 다음과 같음을 보여라.

$$\Psi = \frac{\mu_o Ih}{2\pi b}\left[b - a\ln\frac{a+b}{b}\right]$$

$a = 30$ cm, $b = 10$ cm, $h = 5$ cm, $I = 10$ A일 때 자속 Ψ을 계산하라.

7.43 그림 7.38의 전동기에서 자기장의 세기가 다음과 같다.

$$\mathbf{H} = \frac{10^6}{\rho}\sin 2\phi\,\mathbf{a}_\rho \text{ A/m}$$

전기자와 극 사이의 공극을 통과하는 극당 자속을 계산하라.

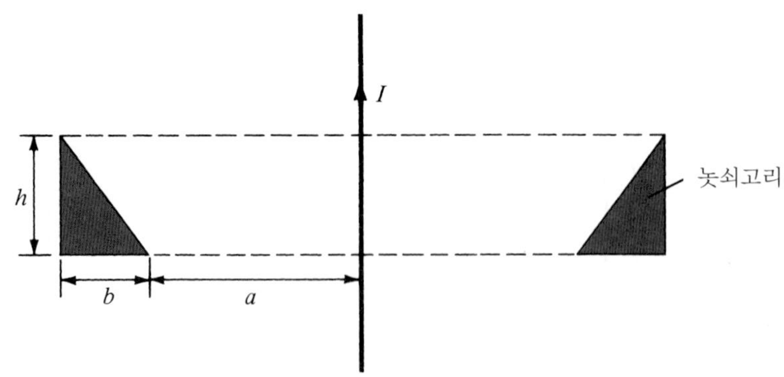

그림 7.37 직선도체를 둘러싸고 있는 놋쇠고리의 단면; 문제 7.42의 그림

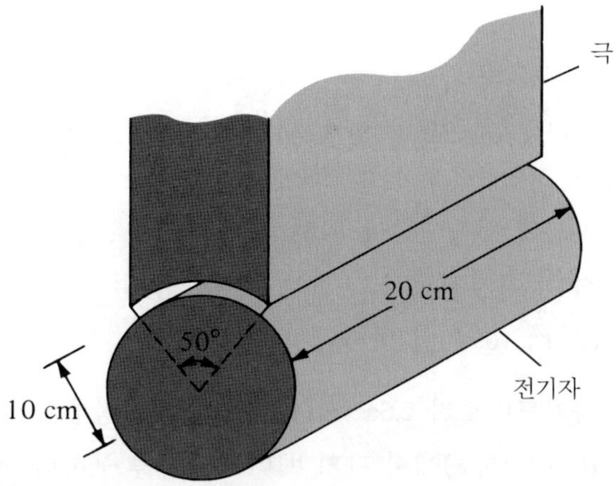

그림 7.38 문제 7.43의 전동기의 극

7.44 자유공간에서 $\mathbf{B} = \dfrac{20}{\rho}\sin^2\phi\mathbf{a}_z$ Wb/m²이다. $z = 0$, $1 < \rho < 2$ m, $0 < \phi < \pi/4$인 면을 통과하는 자속을 구하라.

7.45 $\mathbf{B} = \dfrac{2}{r^3}\cos\theta\mathbf{a}_r + \dfrac{1}{r^3}\sin\theta\mathbf{a}_\theta$라고 할 때 $r = 1$, $\theta < \pi/3$로 정의되는 구결(spherical cap)을 통과하는 자속을 구하라.

7.46 수소원자에서 전자가 2.2×10^6 m/s의 속도로 핵 주위를 돈다. 전자궤도의 중심에서 자속밀도를 구하라. 궤도의 반지름 $R = 5.3 \times 10^{-11}$ m라고 가정한다.

7.47 다음과 같은 임의의 장들을 고려한다. 자유공간에서 이 장들이 정자기장 또는 정전기장을 나타내는지 밝혀라.

(a) $\mathbf{A} = y\cos ax\mathbf{a}_x + (y + e^{-x})\mathbf{a}_z$

(b) $\mathbf{B} = \dfrac{20}{\rho}\mathbf{a}_\rho$

(c) $\mathbf{C} = r^2\sin\theta\,\mathbf{a}_\phi$

7.48 다음 장들에 대하여 문제 7.47을 반복하라.

(a) $\mathbf{D} = y^2z\mathbf{a}_x + 2(x + 1)yz\mathbf{a}_y - (x + 1)z^2\mathbf{a}_z$

(b) $\mathbf{E} = \dfrac{(z + 1)}{\rho}\cos\phi\,\mathbf{a}_\rho + \dfrac{\sin\phi}{\rho}\mathbf{a}_z$

(c) $\mathbf{F} = \dfrac{1}{r^2}(2\cos\theta\,\mathbf{a}_r + \sin\theta\,\mathbf{a}_\theta)$

7.49 z축상에서 $(0, 0, -L)$부터 $(0, 0, L)$까지의 긴 구간을 따라 선전류 I가 흐른다. $\rho \ll L$인 경우, 자기 벡터포텐셜이 다음과 같음을 보여라.

$$\mathbf{A} = \frac{\mu_0 I}{4\pi}\ln\left(1 + \frac{4L^2}{\rho^2}\right)$$

또한 $L \to \infty$로 될 때 $\mathbf{B} = \dfrac{\mu_0 I}{2\pi\rho}\mathbf{a}_\phi$임을 보여라.

7.50 가상의 정상전류에 의해 자기 벡터포텐셜이 $\mathbf{A} = (ax + by)\mathbf{a}_x + (gx + hy)\mathbf{a}_y$로 주어졌다. 여기서 a, b, g, h는 스칼라 상수이다. xy 평면상에서 꼭짓점이 $(0, 0)$, $(\ell, 0)$, (ℓ, ℓ), $(0, \ell)$인 정사각형을 쇄교하는 자속을 구하라.

7.51 자기모멘트가 $2.5\mathbf{a}_z$ $\text{A} \cdot \text{m}^2$인 작은 원형루프가 원점에 놓여 있다. 직각좌표계상의 P (10, 15, 8)에서 자기 벡터포텐셜을 구하라.

7.52 z축을 따라 놓여 있는 무한히 긴 선조도체를 통해 $+z$방향으로 5 A의 전류가 흐른다. 또한 $x = 0$, $y = 4$에 위치한 선조도체를 통해 $-z$방향으로 5 A의 전류가 흐른다. xy 평면상의 (i) $(0, -8, 0)$, (ii) $(0, -4, 0)$, (iii) $(0, 2, 0)$ 및 (iv) $(0, 8, 0)$ 위치에서 자기 벡터포텐셜 $\mathbf{A} = A_z\mathbf{a}_z$ 및 자속밀도 $\mathbf{B} = B_x\mathbf{a}_x + B_y\mathbf{a}_y$를 직각좌표계에서 구하라.

7.53 반경 0.03 m, 길이 2 m인 긴 원통형 도체의 단면을 통해 4.2 A의 전류가 균일하게 흐른다. 이 도체는 대칭이 되도록 z축을 따라 놓여 있다고 하자. 원통좌표계를 사용하여 다음의 위치에서 자기 벡터포텐셜의 z 성분 A_z를 구하라.
(i) $\rho = 0$, (ii) $\rho = 0.01$, (iii) $\rho = 0.02$ 및 (iv) $\rho = 0.03$

7.54 자유공간에서 $\mathbf{A} = 10\sin\pi y\mathbf{a}_x + (4 + \cos\pi x)\mathbf{a}_z$ Wb/m로 주어졌다. **H**와 **J**를 구하라.

7.55 자유공간에서 $\mathbf{A} = \dfrac{2\cos\theta}{r^3}\mathbf{a}_r + \dfrac{\sin\theta}{r^3}\mathbf{a}_\theta$ Wb/m로 주어졌다.
(a) $\nabla \cdot \mathbf{A} = 0$임을 보여라.
(b) $T(1, 30°, 60°)$에서 **B**를 구하라.

7.56 자유공간에서 자기 벡터포텐셜이 다음과 같다.

$$\mathbf{A} = (2x^2y + yz)\mathbf{a}_x + (xy^2 - xz^3)\mathbf{a}_y - (6xyz - 2x^2y^2)\mathbf{a}_z \text{ Wb/m}$$

(a) **B**를 계산하라.
(b) $x = 1$, $0 < y < 2$, $0 < z < 2$인 면을 통과하는 자속을 구하라.
(c) $\nabla \cdot \mathbf{A} = 0$, $\nabla \cdot \mathbf{B} = 0$을 보여라.

7.57 자유공간에서 자기 벡터포텐셜이 다음과 같다.

$$\mathbf{A} = 15e^{-\rho}\sin\phi\,\mathbf{a}_z \text{ Wb/m}$$

$(3, \pi/4, -10)$에서 **H**를 구하라. $\rho = 5,\ 0 \le \phi \le \pi/2,\ 0 \le z \le 10$인 면을 통과하는 자속을 계산하라.

7.58 다음의 자기 벡터포텐셜에 상응하는 **B**를 구하라.

$$\mathbf{A} = \sin\frac{\pi x}{2}\cos\frac{\pi y}{2}\,\mathbf{a}_z$$

7.59 작은 원형루프로부터 멀리 떨어진 곳에서 자기 벡터포텐셜이 다음과 같이 주어졌다. 여기서 A_o는 상수이다. 자속밀도 **B**를 구하라.

$$\mathbf{A} = \frac{A_o}{r^2}\sin\theta\,\mathbf{a}_\phi \text{ Wb/m}$$

7.60 어떤 도체물질 내에서 **H**가 다음과 같이 주어졌다.

$$\mathbf{H} = xy^2\mathbf{a}_x + x^2z\mathbf{a}_y - y^2z\mathbf{a}_z \text{ A/m}$$

(a) $P(2, -1, 3)$에서 **J**를 구하라.

(b) P에서 $\dfrac{\partial\rho_v}{\partial t}$는?

7.61 $\mathbf{A} = 10\rho^2\mathbf{a}_z\ \mu\text{Wb/m}$일 때

(a) **H**와 **J**를 구하라.

(b) $z = 1,\ 0 \le \rho \le 2,\ 0 \le \phi \le \pi/2$인 면을 통과하는 전류를 구하라.

7.62 그림 7.8(a)에 보인 반지름 a인 원형루프에 의한 $(0, 0, z)$에서의 자기 스칼라포텐셜이 다음과 같음을 증명하라.

$$V_m = \frac{I}{2}\left[1 - \frac{z}{[z^2 + a^2]^{1/2}}\right]$$

7.63 z축을 따라 놓여 있는 선조도체를 통해 $+\mathbf{a}_z$방향으로 12 A의 전류가 흐른다. $(10, 60^\circ, 7)$에서 $V_m = 0$일 때 $(4, 30^\circ, -2)$에서 V_m을 구하라.

7.64 $z = -2$인 평면상에 $50\mathbf{a}_y$ A/m의 면전류가 흐른다. 원점에서 $V_m = 0$일 때 다음 위치에서 V_m을 구하라.

(a) $(-2, 0, 5)$ (b) $(10, 3, 1)$

자기공명영상(MRI)

인체를 조사하기 위한 흥미로운 기술인 자기공명영상은 1980년 초반에 임상 실험에 도입되었다. 10년도 채 되기 전에 일부 신경과 및 정형외과와 같은 임상분야에서 이것은 주요한 진단 장비가 되었다. MRI와 컴퓨터 기술의 발전은 임상 기술능력을 지속적으로 성장을 시켜왔다. 어떠한 다른 기술도 그와 같은 신축성과 역동성을 갖지 못한다는 것이 입증되었다.

MRI는 무엇인가? 원자핵이 정자기장 내에 놓여있을 때 그 핵은 두 가지 상태 중 하나의 상태에 있다고 가정된다. 하나는 높은 에너지를 갖는 반면에 다른 하나는 낮은 에너지를 갖는다. 두 상태의 에너지의 차이는 가해진 자기장의 세기에 선형적으로 비례한다(이를 Zeeman 효과라 한다). 탐침에 의해 수신된 MRI 신호는 원자핵의 특성과 그 환경을 연구하기 위해 분석될 수 있다. MRI는 핵자기 공명의 응용에서 방사능 영상까지 그 범위를 넓히고 있다. X-ray의 컴퓨터 단층촬영과 같은 다른 영상 기술과는 달리 MRI는 이온화 방사선에 피사체의 노출을 필요로 하지 않으므로 보다 안전하다. MRI 신호는 몇 가지의 조직 매개변수에 민감하기 때문에 다른 영상 기술보다 보다 많은 정보를 제공한다.

새로운 모델은 빠르게 소형화되고 있지만 MRI 장비는 자석과 7피트의 높이와 넓이, 10피트의 길이(2 m×2 m×3 m)를 가지는 거대한 입방체로 구성된다. 그리고 전면에서 후면까지 자석으로 구성된 수평관이 있다. 현재 MRI 장비에서 사용되는 자석은 0.5 T에서 2 T의 범위이다(이 범위의 자기장은 인체에 유해한 영향을 미친다는 과학적인 증거가 없다). 환자는 특별한 작업대에 놓여있는 입방체에 들어가서 누워 있게 된다. 조사하려는 입체의 부분이 자기장의 중심에 정확히 놓여있을 때 스캔이 시작된다.

MRI는 인체의 여러 곳에 발병할 수 있는 광범위한 질병에 대한 호기심으로부터 선택의 기술로 발전되어 왔다. 이것은 의료 진단학에서 하나의 돌파구를 제시하는 기술로서 찬양할 만하다. 오늘날 매년 대략 6천만 번의 MRI 스캔이 환자의 내부 구조를 영상화하고 암, 뇌졸중, 심장과 뇌의 질병, 그리고 척추 문제 등과 같은 수많은 질병을 진단한다.

8장

자기력, 자성재료, 그리고 자기장치

A와 B 학생들에게 항상 친절하게 대하라. 언젠가 그들 중 한 명이 좋은 교수가 되어 당신의 캠퍼스로 돌아올 것이다. C 학생들에게도 친절하게 대하라. 언젠가 그들 중 한 명이 돌아와서 당신에게 2백만 달러짜리 과학 실험실을 지어줄 것이다.

– 예일대학 총장

8.1 서론

지금까지는 전류소자에 의해 생기는 자기장 **B**를 구하기 위해 일반적으로 사용되고 있는 기본법칙들과 기술에 대해 고찰하였다. 이제부터는 자기장이 하전입자, 전류소자, 전류루프 등에 작용하는 힘에 대해 공부해 보자. 이러한 공부는 전류계, 전압계, 검류계, 사이클로트론(cyclotron), 플라즈마(plasma), 모터와 자기 수력발전기와 같은 전기기기 이론의 기본으로 매우 중요하다. 앞 장에서 제쳐놓았던 자기장의 정확한 정의를 이 장에서 할 것이다. 또한 자기 모멘트와 쌍극자에 대한 개념도 다룰 것이다.

그 밖에 앞 장에서는 진공이나 자유공간 내에서의 자기장만 고찰하였으나 이 장에서는 자성매질이 존재하는 공간에서의 자기장에 대해 공부하게 될 것이다. 매질 내에서는 매질의 영향을 고려해야 하기 때문에 7장에서의 결과들은 조금 수정할 필요가 있다. 그 외에도 인덕터, 인덕턴스, 자기에너지와 자기회로에 대해서 이 장에서 공부하게 될 것이다.

8.2 자기장에 의한 힘

자기장에 의한 힘은 다음과 같이 세 가지 방식으로 나눌 수 있다. 즉, (a) 자기장 **B** 내에서 움직이는 하전입자에 작용하는 힘, (b) 외부 자기장 **B**에 의해 전류소자에 작용하는 힘, (c) 두 전류소자 사이에 작용하는 힘 등이다.

A. 하전입자에 작용하는 힘

4장에서 공부한 바에 의하면 전기장 내에서 정지상태에 있거나 이동하는 하전입자에 작용하는 힘 $\mathbf{F}_e$는 Coulomb의 실험법칙에 의해 구해졌으며, 전기장 **E**와의 관계는

$$\mathbf{F}_e = Q\mathbf{E} \tag{8.1}$$

로 쓸 수 있다. 이 식에서 Q가 양전하이면 $\mathbf{F}_e$와 $\mathbf{E}$는 방향이 같음을 나타내고 있다.

자기장은 움직이는 전하에만 힘을 작용한다. 실험에 의하면 자기장 $\mathbf{B}$ 내에서 속도 $\mathbf{u}$로 이동하는 전하 Q에 작용하는 힘, 즉 자기력 $\mathbf{F}_m$은

$$\mathbf{F}_m = Q\mathbf{u} \times \mathbf{B} \tag{8.2}$$

로 주어지며, 힘 $\mathbf{F}_m$의 방향은 $\mathbf{u}$와 $\mathbf{B}$에 모두 수직임을 알 수 있다.

식 (8.1)과 (8.2)로부터 전기력 $\mathbf{F}_e$와 자기력 $\mathbf{F}_m$의 차이를 알 수 있다. $\mathbf{F}_e$는 전하의 속도에는 무관하지만 전하에 힘이 작용하여 운동하게 되므로 운동에너지를 변화시킬 수 있다. $\mathbf{F}_e$와는 다르게 $\mathbf{F}_m$은 전하의 이동속도에 따라 변하고 방향은 속도에 수직이다. 따라서 $\mathbf{F}_m$은 전하의 운동방향과 직각을 이루기 때문에 일을 수행하지는 못한다($\mathbf{F}_m \cdot d\mathbf{l} = 0$). 즉, 전하의 운동에너지를 증가시킬 수 없다. 빠른 속도가 아니면 일반적으로 $\mathbf{F}_m$의 크기는 $\mathbf{F}_e$에 비하여 작다.

전기장과 자기장이 함께 존재하는 공간에서 움직이는 전하 Q가 받는 힘은

$$\mathbf{F} = \mathbf{F}_e + \mathbf{F}_m$$

또는

$$\boxed{\mathbf{F} = Q(\mathbf{E} + \mathbf{u} \times \mathbf{B})} \tag{8.3}$$

로 주어진다. 이 식은 **Lorentz 힘의 방정식**(Lorentz force equation)으로 알려져 있다.[1] 이 식은 전기적 힘을 기계적 힘과 관련시킨다. $\mathbf{E}$와 $\mathbf{B}$ 내에서 움직이는 하전입자의 질량을 m이라 하면 Newton의 제2운동법칙에 의해

$$\mathbf{F} = m\frac{d\mathbf{u}}{dt} = Q(\mathbf{E} + \mathbf{u} \times \mathbf{B}) \tag{8.4}$$

와 같이 표현되며, 이 식의 해는 $\mathbf{E}$와 $\mathbf{B}$ 내에서 전하의 운동을 결정하는 데 있어서 중요하다. 이러한 장에서는 단지 전기장만이 에너지를 전달한다는 것을 명심해야 한다. 하전입자에 작용하는 힘을 표 8.1에 요약하였다.

식 (8.2)는 전기장을 정의하였던 식 (8.1)과 비슷하므로 저자들에 따라서는 Coulomb의 법칙으로부터 정전기장의 논의를 시작했던 것처럼 식 (8.2)로부터 정자기장의 논의를 시작하기도 한다.

---

1) Hendrick Lorentz(1853-1928); 전기장에서의 입자운동에 관한 식을 최초로 적용

표 8.1 하전입자에 작용하는 힘

입자의 상태	E장	B장	E와 B장의 결합
정지	$Q\mathbf{E}$	—	$Q\mathbf{E}$
이동	$Q\mathbf{E}$	$Q\mathbf{u} \times \mathbf{B}$	$Q(\mathbf{E} + \mathbf{u} \times \mathbf{B})$

B. 전류소자에 작용하는 힘

자기장 $\mathbf{B}$에 의해 전류가 흐르는 도선의 미소전류소자 $I d\mathbf{l}$에 작용하는 힘을 구하기 위해 아래 대류전류[식 (5.7) 참조]에 관한 식을 사용하여 식 (8.2)를 수정하자.

$$\mathbf{J} = \rho_v \mathbf{u} \tag{8.5}$$

식 (7.5)로부터 전류소자 사이의 관계는

$$I\, d\mathbf{l} = \mathbf{K}\, dS = \mathbf{J}\, dv \tag{8.6}$$

와 같으므로 식 (8.5)와 (8.6)을 결합시키면

$$I\, d\mathbf{l} = \rho_v \mathbf{u}\, dv = dQ\, \mathbf{u}$$

가 되며, 다르게 표현하면 $I\, d\mathbf{l} = \dfrac{dQ}{dt} d\mathbf{l} = dQ \dfrac{d\mathbf{l}}{dt} = dQ\, \mathbf{u}$가 된다. 따라서

$$\boxed{I\, d\mathbf{l} = dQ\, \mathbf{u}} \tag{8.7}$$

가 된다. 이 식은 미소전하 dQ가 속도 $\mathbf{u}$로 이동할 때(그러므로 대류전류소자 $dQ\, \mathbf{u}$를 만든다) $dQ\, \mathbf{u}$는 전도전류소자 $I\, d\mathbf{l}$과 같음을 보여준다. 따라서 자기장 $\mathbf{B}$ 내에 있는 전류소자 $I\, d\mathbf{l}$에 작용하는 힘을 구할 때 $Q\mathbf{u}$ 대신에 $I\, d\mathbf{l}$로 대치하여 식 (8.2)로부터 구할 수 있다. 즉,

$$d\mathbf{F} = I\, d\mathbf{l} \times \mathbf{B} \tag{8.8}$$

이며, 전류 I가 폐경로 L 또는 회로를 통하여 흐른다고 할 때, 회로에 작용하는 힘은

$$\boxed{\mathbf{F} = \oint_L I\, d\mathbf{l} \times \mathbf{B}} \tag{8.9}$$

로 주어진다. 점전하에 의해 만들어진 전기장이 자신에게 힘을 작용하지 않듯이 전류소자 $I\, d\mathbf{l}$에 의해 만들어진 자기장 역시 전류소자 자신에게 힘을 작용하지 못한다. $I\, d\mathbf{l}$에 힘이 작용하기 위해서는 $\mathbf{B}$가 다른 전류소자에 의해 형성된 것이어야 한다. 다시 말하면, 식 (8.8)이나 (8.9)에서 $\mathbf{B}$는 전류소자 $I\, d\mathbf{l}$에 의한 것이 아니고 다른 전류소자에 의한 것이다. 선전류소자 $I\, d\mathbf{l}$ 대신에 면전류소자 $\mathbf{K}\, dS$나 체적전류소자 $\mathbf{J}\, dv$를 사용할 수도 있다. 즉, 식 (8.6)을 사

용하면 식 (8.8)은 간단히

$$d\mathbf{F} = \mathbf{K}\,dS \times \mathbf{B} \quad \text{또는} \quad d\mathbf{F} = \mathbf{J}\,dv \times \mathbf{B} \tag{8.8'}$$

로 되며, 식 (8.9)는 아래의 식으로 된다.

$$\mathbf{F} = \int_S \mathbf{K}\,dS \times \mathbf{B} \quad \text{또는} \quad \mathbf{F} = \int_v \mathbf{J}\,dv \times \mathbf{B} \tag{8.9'}$$

식 (8.8)로부터

자기장 B는 단위전류소자당 작용하는 힘이다.

다시 말하면, 전기장 **E**를 단위전하에 작용하는 힘, 즉 $\mathbf{F}_e/q$로 정의했듯이 자기장 **B**는 식 (8.2)로부터 $\mathbf{F}_m/q = \mathbf{U} \times \mathbf{B}$를 만족시키는 벡터라 정의할 수 있다. 위에서 말한 **B**에 대한 정의 2가지 모두 자기력의 특성으로 **B**를 표현하였다.

C. 두 전류소자 사이의 힘

이제 두 전류소자 $I_1\,d\mathbf{l}_1$과 $I_2\,d\mathbf{l}_2$ 사이에 작용하는 힘을 고찰해 보자. Biot-Savart의 법칙에 의해 두 전류소자는 각각 자기장을 만든다. 따라서 그림 8.1에서와 같이 전류소자 $I_2\,d\mathbf{l}_2$에 의해 만들어진 자기장 $d\mathbf{B}_2$에 의해 전류소자 $I_1\,d\mathbf{l}_1$에 작용하는 힘 $d(d\mathbf{F}_1)$을 구해 보자. 식 (8.8)로부터

$$d(d\mathbf{F}_1) = I_1\,d\mathbf{l}_1 \times d\mathbf{B}_2 \tag{8.10}$$

가 얻어지며, Biot-Savart의 법칙은

$$d\mathbf{B}_2 = \frac{\mu_o I_2\,d\mathbf{l}_2 \times \mathbf{a}_{R_{21}}}{4\pi R_{21}^2} \tag{8.11}$$

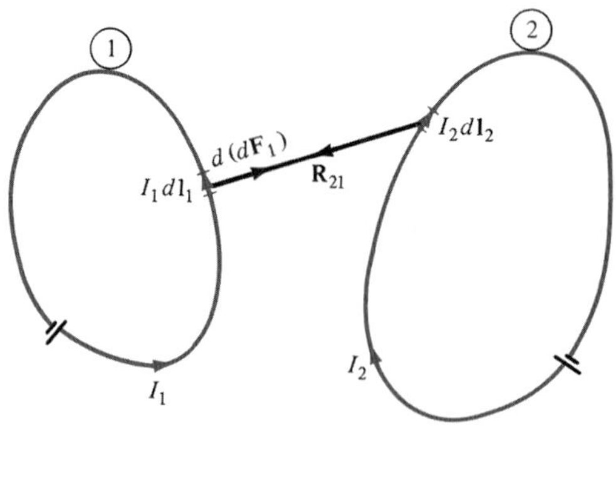

그림 8.1 두 전류루프 사이의 힘

이므로, 두 식을 결합하면

$$d(d\mathbf{F}_1) = \frac{\mu_o I_1 \, d\mathbf{l}_1 \times (I_2 \, d\mathbf{l}_2 \times \mathbf{a}_{R_{21}})}{4\pi R_{21}^2} \tag{8.12}$$

가 된다. 이 식은 근본적으로 두 전류소자 사이에 작용하는 힘으로 정지상태에 있는 2개의 전하 사이에 작용하는 힘과 유사하다. 식 (8.12)로부터 그림 8.1에서 보인 전류루프 ②에 의해 전류루프 ①에 작용하는 총 힘 $\mathbf{F}_1$은 아래와 같다.

$$\mathbf{F}_1 = \frac{\mu_o I_1 I_2}{4\pi} \oint_{L_1} \oint_{L_2} \frac{d\mathbf{l}_1 \times (d\mathbf{l}_2 \times \mathbf{a}_{R_{21}})}{R_{21}^2} \tag{8.13}$$

비록 이 식은 복잡하게 표현되었지만 식 (8.10)에 기초한 것임을 기억하라. 식 (8.9)나 (8.10)은 근본적으로 매우 중요한 식이다.

루프 ①에 흐르는 전류 I_1에 의해 생긴 자기장 $\mathbf{B}_1$에 의해 루프 ②에 흐르는 전류 I_2에 작용하는 힘 $\mathbf{F}_2$는 식 (8.13)에서 첨자 1과 2를 바꾸어 주면 구해진다. 계산 결과는 $\mathbf{F}_2 = -\mathbf{F}_1$이 된다. 따라서 $\mathbf{F}_1$과 $\mathbf{F}_2$는 작용과 반작용은 크기는 같지만 방향이 반대가 된다는 Newton의 제3법칙을 따른다. 식 (8.13)은 Oersted와 Ampère에 의해 실험적으로 얻어진 결과이고, Biot와 Savart(Ampère의 동료)는 이 결과를 바탕으로 하여 Biot-Savart의 법칙을 유도하였다.

예제 8.1

전기장 $12\mathbf{a}_x + 10\mathbf{a}_y$ V/m 내에서 질량이 2 kg이고 전하량이 3 C인 하전입자가 점 (1, −2, 0)에서 $4\mathbf{a}_x + 3\mathbf{a}_z$ m/s의 속도로 출발하였다. $t = 1$ s에서 다음을 구하라.

(a) 입자의 가속도

(b) 입자의 속도

(c) 입자의 운동에너지

(d) 입자의 위치

풀이

(a) 이 문제는 초기값이 주어졌기 때문에 초기값 문제이다. Newton의 운동에 관한 제2법칙에 의하면

$$\mathbf{F} = m\mathbf{a} = Q\mathbf{E}$$

이며, 여기서 $\mathbf{a}$는 입자의 가속도이다. 따라서 다음과 같다.

$$\mathbf{a} = \frac{Q\mathbf{E}}{m} = \frac{3}{2}(12\mathbf{a}_x + 10\mathbf{a}_y) = 18\mathbf{a}_x + 15\mathbf{a}_y \text{ m/s}^2$$

$$\mathbf{a} = \frac{d\mathbf{u}}{dt} = \frac{d}{dt}(u_x, u_y, u_z) = 18\mathbf{a}_x + 15\mathbf{a}_y$$

(b) 각 방향들을 계산하고, 적분하면

$$\frac{du_x}{dt} = 18 \rightarrow u_x = 18t + A \tag{8.1.1}$$

$$\frac{du_y}{dt} = 15 \rightarrow u_y = 15t + B \tag{8.1.2}$$

$$\frac{du_z}{dt} = 0 \rightarrow u_z = C \tag{8.1.3}$$

여기서 A, B, C는 적분상수로서 $t = 0$에서 $\mathbf{u} = 4\mathbf{a}_x + 3\mathbf{a}_z$이므로

$$u_x(t = 0) = 4 \rightarrow 4 = 0 + A \quad \text{또는 } A = 4$$
$$u_y(t = 0) = 0 \rightarrow 0 = 0 + B \quad \text{또는 } B = 0$$
$$u_z(t = 0) = 3 \rightarrow 3 = C$$

가 된다. 이를 식 (8.1.1)에서 (8.1.3)까지에 대입하면

$$\mathbf{u}(t) = (u_x, u_y, u_z) = (18t + 4, 15t, 3)$$

이 된다. 따라서

$$\mathbf{u}(t = 1 \text{ s}) = 22\mathbf{a}_x + 15\mathbf{a}_y + 3\mathbf{a}_z \text{ m/s}$$

(c) 운동에너지(K.E.) $= \frac{1}{2}m\,|\mathbf{u}|^2 = \frac{1}{2}(2)(22^2 + 15^2 + 3^2)$
$= 718 \text{ J}$

(d) $\mathbf{u} = \frac{d\mathbf{l}}{dt} = \frac{d}{dt}(x, y, z) = (18t + 4, 15t, 3)$

각 성분들을 계산하면

$$\frac{dx}{dt} = u_x = 18t + 4 \rightarrow x = 9t^2 + 4t + A_1 \tag{8.1.4}$$

$$\frac{dy}{dt} = u_y = 15t \rightarrow y = 7.5t^2 + B_1 \tag{8.1.5}$$

$$\frac{dz}{dt} = u_z = 3 \rightarrow z = 3t + C_1 \tag{8.1.6}$$

$t = 0$에서 $(x, y, z) = (1, -2, 0)$이므로

$$x(t = 0) = 1 \rightarrow 1 = 0 + A_1 \quad \text{또는 } A_1 = 1$$
$$y(t = 0) = -2 \rightarrow -2 = 0 + B_1 \quad \text{또는 } B_1 = -2$$
$$z(t = 0) = 0 \rightarrow 0 = 0 + C_1 \quad \text{또는 } C_1 = 0$$

이 되며, 이 값들을 식 (8.1.4)에서 (8.1.6)까지에 대입하면

$$(x, y, z) = (9t^2 + 4t + 1, 7.5t^2 - 2, 3t) \tag{8.1.7}$$

가 된다. $t = 1$에서는 $(x, y, z) = (14, 5.5, 3)$이다.

식 (8.1.7)에서 t를 제거하면 입자의 운동식을 x, y, z의 항으로 쓸 수 있다.

연습문제 8.1

전기장 $\mathbf{E} = 3\mathbf{a}_z$ V/m인 영역에서 질량이 1 kg이고, 전하량이 2 C인 하전입자가 초기속도 0으로 원점에서 출발하였다. 다음을 구하라.

(a) 입자에 작용하는 힘

(b) 점 $P(0, 0, 12 \text{ m})$에 도달하는 데 걸리는 시간

(c) P점에서 속도와 가속도

(d) 입자의 운동에너지

해답: (a) $6\mathbf{a}_z$ N, (b) 2 s, (c) $12\mathbf{a}_z$ m/s, $6\mathbf{a}_z$ m/s^2, (d) 72 J

예제 8.2

질량이 2 kg이고, 전하량이 1 C인 하전입자가 속도 $3\mathbf{a}_y$ m/s로 원점에서 출발하여 균일자기장 $\mathbf{B} = 10\mathbf{a}_z$ Wb/m^{2}인 영역 내에서 이동하고 있다. $t = 4$ s에서 다음을 구하라.

(a) 입자의 속도와 가속도

(b) 입자에 작용하는 힘

(c) 입자의 운동에너지와 위치

(d) t를 제거하여 입자의 운동궤적을 구하라.

(e) 운동에너지가 상수임을 증명하라.

풀이

(a) $\mathbf{F} = m\dfrac{d\mathbf{u}}{dt} = Q\mathbf{u} \times \mathbf{B}$

$$\mathbf{a} = \frac{d\mathbf{u}}{dt} = \frac{Q}{m}\mathbf{u} \times \mathbf{B}$$

따라서

$$\frac{d}{dt}(u_x\mathbf{a}_x + u_y\mathbf{a}_y + u_z\mathbf{a}_z) = \frac{1}{2}\begin{vmatrix} \mathbf{a}_x & \mathbf{a}_y & \mathbf{a}_z \\ u_x & u_y & u_z \\ 0 & 0 & 10 \end{vmatrix} = 5(u_y\mathbf{a}_x - u_x\mathbf{a}_y)$$

각 성분을 계산하면

$$\frac{du_x}{dt} = 5u_y \tag{8.2.1}$$

$$\frac{du_y}{dt} = -5u_x \tag{8.2.2}$$

$$\frac{du_z}{dt} = 0 \rightarrow u_z = C_o \tag{8.2.3}$$

이며, 식 (8.2.1)과 (8.2.2)에서 한 식을 미분하고 다른 식을 대입하면 u_x나 u_y를 제거시킬 수 있다. 따라서

$$\frac{d^2u_x}{dt^2} = 5\frac{du_y}{dt} = -25u_x$$

또는

$$\frac{d^2u_x}{dt^2} + 25u_x = 0$$

이 되며, 이 식은 선형미분방정식(예제 6.5의 경우 3 참조)으로서 그 해는

$$u_x = C_1 \cos 5t + C_2 \sin 5t \tag{8.2.4}$$

가 된다. 식 (8.2.4)를 식 (8.2.1)에 대입하면

$$5u_y = \frac{du_x}{dt} = -5C_1 \sin 5t + 5C_2 \cos 5t \tag{8.2.5}$$

또는

$$u_y = -C_1 \sin 5t + C_2 \cos 5t$$

를 얻는다. 이제 초기조건을 이용하여 상수 C_o, C_1, C_2를 구하자. $t = 0$에서 $\mathbf{u} = 3\mathbf{a}_y$이므로

$$u_x = 0 \rightarrow 0 = C_1 \cdot 1 + C_2 \cdot 0 \rightarrow C_1 = 0$$
$$u_y = 3 \rightarrow 3 = -C_1 \cdot 0 + C_2 \cdot 1 \rightarrow C_2 = 3$$
$$u_z = 0 \rightarrow 0 = C_o$$

가 되며, 식 (8.2.3)에서 (8.2.5)까지에 C_o, C_1, C_2를 대입하면

$$\mathbf{u} = (u_x, u_y, u_z) = (3 \sin 5t, 3 \cos 5t, 0) \tag{8.2.6}$$

따라서

$$\mathbf{u}(t = 4) = (3 \sin 20, 3 \cos 20, 0)$$
$$= 2.739\mathbf{a}_x + 1.224\mathbf{a}_y \text{ m/s}$$
$$\mathbf{a} = \frac{d\mathbf{u}}{dt} = (15 \cos 5t, -15 \sin 5t, 0)$$

그리고

$$\mathbf{a}(t = 4) = 6.121\mathbf{a}_x - 13.694\mathbf{a}_y \text{ m/s}^2$$

(b)
$$\mathbf{F} = m\mathbf{a} = 12.2\mathbf{a}_x - 27.4\mathbf{a}_y \text{ N}$$

또는

$$\mathbf{F} = Q\mathbf{u} \times \mathbf{B} = (1)(2.739\mathbf{a}_x + 1.224\mathbf{a}_y) \times 10\mathbf{a}_z$$
$$= 12.2\mathbf{a}_x - 27.4\mathbf{a}_y \text{ N}$$

(c) K.E. $= \frac{1}{2}m|\mathbf{u}|^2 = \frac{1}{2}(2)\,(2.739^2 + 1.224^2) = 9$ J

$$u_x = \frac{dx}{dt} = 3 \sin 5t \rightarrow x = -\frac{3}{5}\cos 5t + b_1 \tag{8.2.7}$$
$$u_y = \frac{dy}{dt} = 3 \cos 5t \rightarrow y = \frac{3}{5}\sin 5t + b_2 \tag{8.2.8}$$
$$u_z = \frac{dz}{dt} = 0 \rightarrow z = b_3 \tag{8.2.9}$$

여기서 b_1, b_2, b_3는 적분상수로서 $t = 0$에서 $(x, y, z) = (0, 0, 0)$이므로

$$x(t = 0) = 0 \rightarrow 0 = -\frac{3}{5}\cdot 1 + b_1 \rightarrow b_1 = 0.6$$
$$y(t = 0) = 0 \rightarrow 0 = \frac{3}{5}\cdot 0 + b_2 \rightarrow b_2 = 0$$
$$z(t = 0) = 0 \rightarrow 0 = b_3$$

가 되며, 이 값을 식 (8.2.7)에서 (8.2.9)까지에 대입하면

$$(x, y, z) = (0.6 - 0.6 \cos 5t, 0.6 \sin 5t, 0) \tag{8.2.10}$$

이 되며, $t = 4$ s에서는 아래와 같다.

$$(x, y, z) = (0.3552, 0.5478, 0)$$

(d) 식 (8.2.10)에서 t를 제거시키기 위해 정리하면

$$(x - 0.6)^2 + y^2 = (0.6)^2\,(\cos^2 5t + \sin^2 5t), \quad z = 0$$

또는

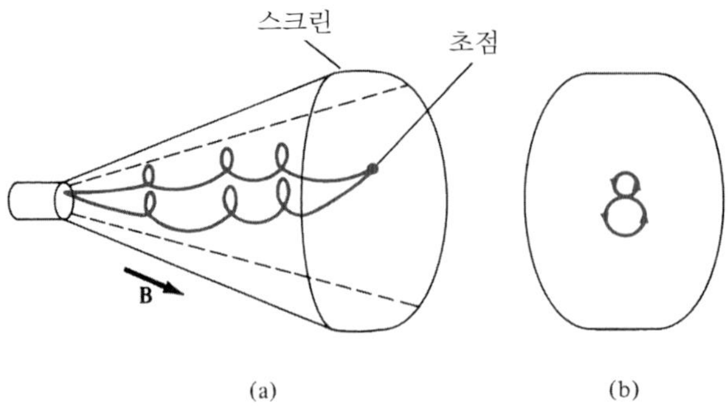

그림 8.2 전자빔의 자기초점: (a) 전자의 나선형 경로, (b) 끝부분에서 본 경로

$$(x - 0.6)^2 + y^2 = (0.6)^2, \quad z = 0$$

이 된다. 이 식은 $z = 0$인 평면에서 원의 방정식으로 중심이 (0.6, 0, 0)이고 반경이 0.6 m이다. 따라서 입자는 자기력선의 궤적에 따라 회전함을 알 수 있다.

(e) $$\text{K.E.} = \frac{1}{2}m|\mathbf{u}|^2 = \frac{1}{2}(2)(9\cos^2 5t + 9\sin^2 5t) = 9\text{ J}$$

$t = 0$에서의 K.E.와 $t = 4$에서의 K.E.는 같음을 알 수 있다. 따라서 균일자기장은 입자의 운동에너지에 어떠한 영향도 주지 않음을 알 수 있다.

초기속도를 u_0라 할 때 각속도는 $\omega = QB/\text{m}$이고, 궤적의 반경은 $r = u_o/\omega$임을 명심하라. 이 식은 전자빔의 초점을 맞추는 데 사용된다. 그림 8.2에서 보여준 바와 같이 원하는 전자빔의 방향과 평행한 방향으로 균일자기장을 인가한다. 전자총에서 방출된 전자들 각각은 나선형의 경로를 따라 진행하다가 같은 초점에 도달한다. 만약 음극선관(cathode-ray tube)의 스크린이 초점에 놓여 있다면 단일점으로 나타날 것이다.

연습문제 8.2

질량이 m인 양자(proton)가 초기속도 $\alpha\mathbf{a}_x + \beta\mathbf{a}_z$로 균일자기장 $\mathbf{B} = B_o\mathbf{a}_z$ 내로 주입되었다. (a) 위치벡터 $\mathbf{r} = x\mathbf{a}_x + y\mathbf{a}_y + z\mathbf{a}_z$를 만족시키는 미분방정식을 구하라. (b) 이 방정식의 해가

$$x = \frac{\alpha}{\omega}\sin\omega t, \quad y = \frac{\alpha}{\omega}\cos\omega t, \quad z = \beta t$$

임을 증명하라. 여기서 $\omega = eB_o/\text{m}$이며, e는 양자의 전하량이다. (c) 이 해는 자유공간에서 원형나선을 나타냄을 보여라.

해답: (a) $\dfrac{dx}{dt} = \alpha\cos\omega t$, $\dfrac{dy}{dt} = -\alpha\sin\omega t$, $\dfrac{dz}{dt} = \beta$, (b)와 (c)는 증명

예제 8.3

하전입자가 일정한 속도 $4\mathbf{a}_x$ m/s로 $\mathbf{E} = 20\ \mathbf{a}_y$ V/m와 $\mathbf{B} = B_o\mathbf{a}_z$ Wb/m^{2}인 장 내에서 이동하고 있다. 입자의 속도가 상수가 되기 위한 B_o값을 구하라.

풀이

만약 입자가 일정한 속도로 움직인다면, 입자의 가속도는 0임을 의미한다. 다시 말하면, 입자가 받는 순수한 힘은 0이다. 따라서

$$0 = \mathbf{F} = m\mathbf{a} = Q(\mathbf{E} + \mathbf{u} \times \mathbf{B})$$
$$0 = Q(20\mathbf{a}_y + 4\mathbf{a}_x \times B_o\mathbf{a}_z)$$

또는

$$-20\mathbf{a}_y = -4B_o\mathbf{a}_y$$

가 된다. 따라서 $B_o = 5$이다.

이것은 그림 8.3에서 보여준 속도필터(velocity filter)에 사용되는 중요한 원리를 설명한 것이다. 이 응용에서 양전하나 음전하에 관계없이 $Q\mathbf{u} \times \mathbf{B}$가 $Q\mathbf{E}$와 반대방향이 되도록 **E**, **B**, **u**가 상호 수직이어야 한다. 두 벡터의 크기가 같을 때는

$$QuB = QE$$

또는

$$u = \frac{E}{B}$$

가 된다. 이것은 Lorentz 힘의 방정식에서 두 힘이 평행이 되기 위한 속도(임계속도)를 구하는 식이다. 이 속도를 갖는 입자는 장에 의해 휘어지지 않는다. 따라서 입자들은 개구부를 통하여 걸러진다. 즉, 다른 속도를 갖는 입자는 임계속도보다 크거나 작음에 따라 위나 아래로 휘어지기 때문에 개구부를 통과하지 못한다.

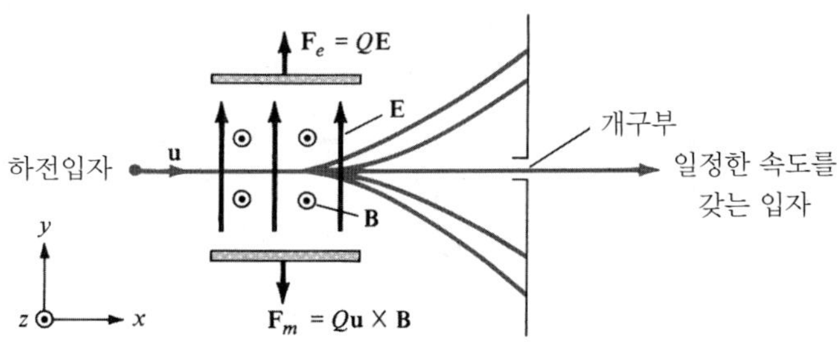

그림 8.3 예제 8.3의 그림: 하전입자에 대한 속도필터

연습문제 8.3

균일한 전기장과 자기장이 상호 수직으로 인가되었다. 이 장들 모두에 수직으로 8×10^6 m/s의 속도로 전자가 장 내를 이동하면서 휘어지지 않고 통과하고 있다.
(a) **B**의 크기가 0.5 mWb/m²라고 할 때 **E**의 크기를 구하라.
(b) 이 필터는 양전하나 음전하 또는 어떤 질량의 전하에 대해서도 동작하는가?

해답: (a) 4 kV/m, (b) 그렇다.

예제 8.4

전류 I_2가 흐르는 사각형 루프가 그림 8.4(a)와 같이 전류 I_1이 흐르는 무한히 긴 직선 도선과 나란히 놓여 있다. 루프에 작용하는 힘이 아래와 같음을 증명하라.

$$\mathbf{F}_\ell = -\frac{\mu_o I_1 I_2 b}{2\pi}\left[\frac{1}{\rho_o} - \frac{1}{\rho_o + a}\right]\mathbf{a}_\rho \text{ N}$$

풀이

직선 도선에 흐르는 전류 I_1에 의한 자기장에 의해 그림 8.4(b)의 사각형 루프의 각 변 ①, ②, ③, ④에 작용하는 힘을 $\mathbf{F}_1$, $\mathbf{F}_2$, $\mathbf{F}_3$, $\mathbf{F}_4$라고 할 때, 루프에 작용하는 힘은

$$\mathbf{F}_\ell = \mathbf{F}_1 + \mathbf{F}_2 + \mathbf{F}_3 + \mathbf{F}_4 = I_2 \oint_L d\mathbf{l}_2 \times \mathbf{B}_1$$

으로 표시된다. 무한히 긴 직선 도선에 의한 자기장은

$$\mathbf{B}_1 = \frac{\mu_o I_1}{2\pi\rho_o}\mathbf{a}_\phi$$

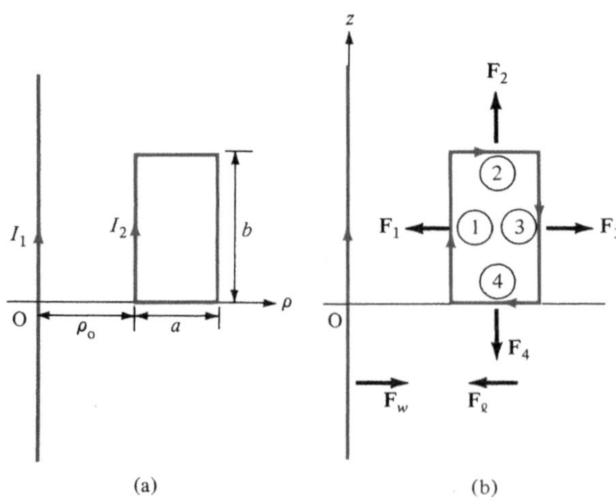

그림 8.4 예제 8.4의 그림: (a) 무한히 긴 직선 도선에 의해 발생한 장 내에 존재하는 사각형 루프, (b) 루프와 도선에 작용하는 힘

이다. 따라서

$$\mathbf{F}_1 = I_2 \int_L d\mathbf{l}_2 \times \mathbf{B}_1 = I_2 \int_{z=0}^{b} dz\,\mathbf{a}_z \times \frac{\mu_o I_1}{2\pi\rho_o}\mathbf{a}_\phi$$

$$= -\frac{\mu_o I_1 I_2 b}{2\pi\rho_o}\mathbf{a}_\rho \quad \text{(당기는 힘)}$$

가 되며, $\mathbf{F}_1$은 긴 직선 도선 쪽으로 향하는 방향이므로 당기는 힘이다. 즉, $\mathbf{F}_1$은 직선 도선과 변 ①에 흐르는 전류의 방향이 같기 때문에 $-\mathbf{a}_\rho$이다. 비슷하게 하여 아래의 결과를 얻게 된다.

$$\mathbf{F}_3 = I_2 \int_L d\mathbf{l}_2 \times \mathbf{B}_1 = I_2 \int_{z=b}^{0} dz\,\mathbf{a}_z \times \frac{\mu_o I_1}{2\pi(\rho_o + a)}\mathbf{a}_\phi$$

$$= \frac{\mu_o I_1 I_2 b}{2\pi(\rho_o + a)}\mathbf{a}_\rho \quad \text{(밀어내는 힘)}$$

$$\mathbf{F}_2 = I_2 \int_{\rho=\rho_o}^{\rho_o+a} d\rho\,\mathbf{a}_\rho \times \frac{\mu_o I_1\,\mathbf{a}_\phi}{2\pi\rho}$$

$$= \frac{\mu_o I_1 I_2}{2\pi}\ln\frac{\rho_o + a}{\rho_o}\mathbf{a}_z \quad \text{(평행한 힘)}$$

$$\mathbf{F}_4 = I_2 \int_{\rho=\rho_o+a}^{\rho_o} d\rho\,\mathbf{a}_\rho \times \frac{\mu_o I_1 \mathbf{a}_\phi}{2\pi\rho}$$

$$= -\frac{\mu_o I_1 I_2}{2\pi}\ln\frac{\rho_o + a}{\rho_o}\mathbf{a}_z \quad \text{(평행한 힘)}$$

따라서 루프 전체에 작용하는 힘은

$$\mathbf{F}_\ell = \frac{\mu_o I_1 I_2 b}{2\pi}\left[\frac{1}{\rho_o} - \frac{1}{\rho_o + a}\right](-\mathbf{a}_\rho)$$

이며, 긴 직선 도선 쪽으로 사각형 루프를 끌어당기는 힘이다. 사각형 루프에 의해 직선 도선이 받는 힘은 Newton의 제3법칙에 의해 $-\mathbf{F}_\ell$이다. 그림 8.4(b)를 참조하라.

연습문제 8.4

예제 8.4에서 $I_1 = 10$ A, $I_2 = 5$ A, $\rho_o = 20$ cm, $a = 10$ cm, $b = 30$ cm라 할 때 긴 직선 도선에 작용하는 힘을 구하라.

해답: $5\mathbf{a}_\rho$ μN

8.3 자기회전력과 자기쌍극자 모멘트

자기장 내에서 전류루프에 작용하는 힘을 구하였으므로, 이제 전류루프에 작용하는 회전력을 구할 수 있다. 자기장에 의해 전류루프에 작용하는 회전력의 개념을 이용하여 궤도운동을 하는 하전입자의 성질을 규명할 수 있으며, 직류모터나 발전기의 동작 원리를 설명할 수 있다. 루프가 자기장과 나란히 놓여 있을 때 루프를 회전시키려는 힘이 작용한다.

> 루프의 **회전력 T**(또는 힘의 기계적 모멘트)는 힘 **F**와 모멘트암(moment arm) **r**과의 벡터곱이다.

즉,

$$\mathbf{T} = \mathbf{r} \times \mathbf{F} \tag{8.14}$$

이며, 단위는 newton-meters(N·m)이다.

그림 8.5(a)에서와 같이 균일자기장 **B** 내에 놓여 있는 길이가 ℓ이고 폭이 w인 사각형 루프에 이 식을 적용해 보자. 변 AB와 CD를 따르는 $d\mathbf{l}$의 방향이 **B**와 평행하므로 이 변들에는 힘을 작용하지 않는다. 따라서

$$\begin{aligned}\mathbf{F} &= I\int_{\mathrm{B}}^{\mathrm{C}} d\mathbf{l} \times \mathbf{B} + I\int_{\mathrm{D}}^{\mathrm{A}} d\mathbf{l} \times \mathbf{B} \\ &= I\int_{0}^{\ell} dz\,\mathbf{a}_z \times \mathbf{B} + I\int_{\ell}^{0} dz\,\mathbf{a}_z \times \mathbf{B}\end{aligned}$$

또는

$$\mathbf{F} = \mathbf{F}_o - \mathbf{F}_o = 0 \tag{8.15}$$

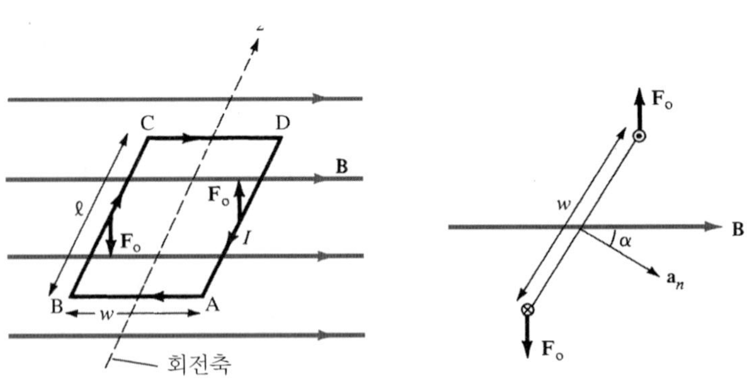

그림 8.5 (a) 균일자기장 내에 있는 직사각형 루프, (b) (a)의 단면도

이며, 여기서 $\mathbf{B}$는 균일하므로 $|\mathbf{F}_o| = IB\ell$이다. 따라서 루프 전체에 아무 힘도 작용하지 않는다. 그러나 $\mathbf{F}_o$와 $-\mathbf{F}_o$는 루프의 다른 점에 작용한다. 그림 8.5(b)의 단면도 상에서와 같이 루프의 면에 수직인 방향과 $\mathbf{B}$가 α만큼 벌어져 있다면 루프에 작용하는 회전력은

$$|\mathbf{T}| = |\mathbf{F}_o|\, w \sin\alpha$$

또는

$$T = BI\ell w \sin\alpha \tag{8.16}$$

이며, 루프의 면적을 S라 놓으면 $\ell w = S$이다. 따라서

$$T = BIS \sin\alpha \tag{8.17}$$

가 된다. 여기서 $\mathbf{m}$을

$$\boxed{\mathbf{m} = IS\mathbf{a}_n} \tag{8.18}$$

이라 놓고, 이를 루프의 **자기쌍극자 모멘트**($\mathrm{A \cdot m^2}$)라 한다. 식 (8.18)에서 $\mathbf{a}_n$은 루프의 면에 수직인 방향의 단위벡터이고, 오른손 법칙에 따라 결정된다. 즉, 전류의 방향을 나머지 손가락들이 가리킬 때 엄지손가락은 $\mathbf{a}_n$의 방향을 가리킨다.

> **자기쌍극자 모멘트**의 크기는 루프를 흐르는 전류와 루프의 면적의 곱이며 방향은 루프의 면에 수직이다.

식 (8.17)을 식 (8.18)에 대입하면

$$\boxed{\mathbf{T} = \mathbf{m} \times \mathbf{B}} \tag{8.19}$$

를 얻는다. 비록 식 (8.19)는 사각형 루프를 사용하여 얻어졌지만 일반적으로 어떤 모양의 평면루프에 대한 회전력을 구하는 데에도 사용될 수 있다. 그러나 자기장이 균일한 경우에만 적용된다. 회전력의 방향은 회전축의 방향이며[그림 8.5(a)의 z축], α를 감소시켜 $\mathbf{m}$과 $\mathbf{B}$가 같은 방향이 되도록 회전을 한다. 평형위치($\mathbf{m}$과 $\mathbf{B}$가 같은 방향)에서 루프는 자기장에 수직이고, 루프에 작용하는 힘의 합이 0이 되는 것처럼 회전력도 0이 될 것이다.

8.4 자기쌍극자

자기쌍극자는 막대 자석이나 미소전류루프로 이루어진다. 그 이유와 '미소' 루프라는 의미

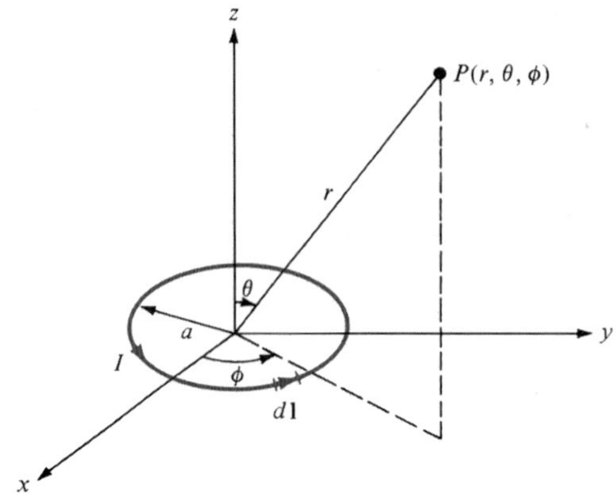

그림 8.6 전류루프에 의한 P점의 자기장

에 대해서는 곧 확인하게 될 것이다. 그림 8.6과 같이 전류 I가 흐르는 원형루프에 의한 점 $P(r, \theta, \phi)$에서의 자기장 $\mathbf{B}$를 구해 보자. P점에서 자기 벡터포텐셜은 다음과 같다.

$$\mathbf{A} = \frac{\mu_o I}{4\pi} \oint \frac{d\mathbf{l}}{r} \tag{8.20}$$

$r \gg a$인 멀리 떨어진 지점에서 루프는 작게 보일 것이고, 따라서 $\mathbf{A}$는 단지 ϕ성분만 갖는다. 그러므로

$$\mathbf{A} = \frac{\mu_o I \pi a^2 \sin\theta\, \mathbf{a}_\phi}{4\pi r^2} \tag{8.21a}$$

또는

$$\boxed{\mathbf{A} = \frac{\mu_o\, \mathbf{m} \times \mathbf{a}_r}{4\pi r^2}} \tag{8.21b}$$

로 쓸 수 있다. 여기서 $\mathbf{m} = I\pi a^2 \mathbf{a}_z$로 루프의 자기모멘트이고, $\mathbf{a}_z \times \mathbf{a}_r = \sin\theta\, \mathbf{a}_\phi$이다. $\mathbf{B} = \nabla \times \mathbf{A}$로부터 $\mathbf{B}$를 구하면 아래와 같다.

$$\boxed{\mathbf{B} = \frac{\mu_o m}{4\pi r^3}(2\cos\theta\, \mathbf{a}_r + \sin\theta\, \mathbf{a}_\theta)} \tag{8.22}$$

식 (8.21)과 (8.22)를 전기쌍극자에 의한 전위 V와 전기장 $\mathbf{E}$에 대한 유사한 표현식과 비교해 보면 흥미롭다. 이에 대한 비교를 표 8.2에 정리하였으며, 원거리 장에서의 미소전류루프에 의한 $\mathbf{B}$와 전기쌍극자에 의한 $\mathbf{E}$는 두드러진 유사성이 있음을 알 수 있다. 그래서 미소전류루프를 자기쌍극자로 간주해도 된다. 자기쌍극자에 의한 자기력선과 전기쌍극자에 의한 전기력선은 유사한 형태를 갖고 있다. 그림 8.7(a)는 자기쌍극자 $\mathbf{m} = I\mathbf{S}$ 주위의 자기력선을 나타낸 것이다.

표 8.2 전기와 자기단극자 그리고 쌍극자 사이의 비교

전기	자기
$V = \dfrac{Q}{4\pi\varepsilon_o r}$ $\mathbf{E} = \dfrac{Q\mathbf{a}_r}{4\pi\varepsilon_o r^2}$ 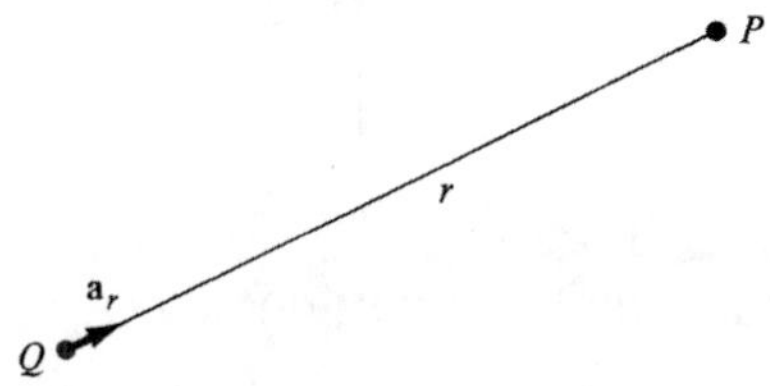 단극자(점전하)	존재하지 않음 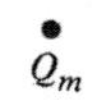 단극자(점자하)
$V = \dfrac{Q\cos\theta}{4\pi\varepsilon_o r^2}$ $\mathbf{E} = \dfrac{Qd}{4\pi\varepsilon_o r^3}(2\cos\theta\,\mathbf{a}_r + \sin\theta\,\mathbf{a}_\theta)$ 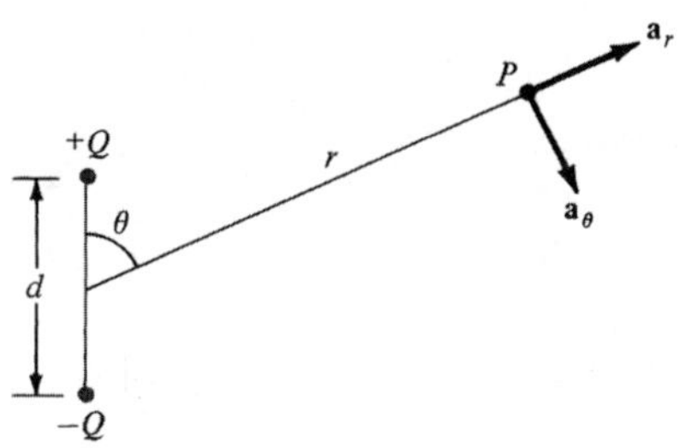 쌍극자(2개의 점전하)	$\mathbf{A} = \dfrac{\mu_o m\sin\theta\,\mathbf{a}_\phi}{4\pi r^2}$ $\mathbf{B} = \dfrac{\mu_o m}{4\pi r^3}(2\cos\theta\,\mathbf{a}_r + \sin\theta\,\mathbf{a}_\theta)$ 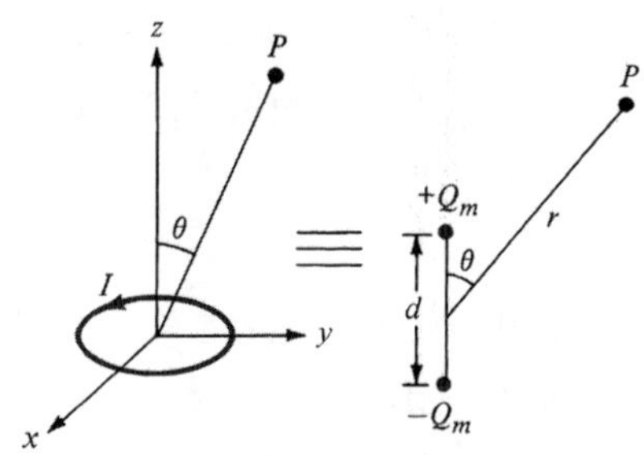 쌍극자(미소전류루프 또는 막대자석)

그림 8.7(b)와 같은 작은 영구막대자석 역시 자기쌍극자로 간주할 수 있다. 막대자석에 의해 생긴 자기력선은 그림 8.7(a)의 미소전류루프에 의해 생긴 자기력선과 유사하다.

그림 8.8의 막대자석을 고려해 보자. Q_m을 단일자하(자극의 세기)라 하고, ℓ을 자석의 길이라 하면 자석의 쌍극자 모멘트는 $Q_m\ell$이다(Q_m은 존재한다. 그러나 $-Q_m$이 없으면 존재하지 않는다: 표 8.2를 참조). 막대자석이 균일자기장 **B** 내에 존재하게 되면 아래와 같은 회전력이 작용한다.

$$\mathbf{T} = \mathbf{m} \times \mathbf{B} = Q_m\boldsymbol{\ell} \times \mathbf{B} \tag{8.23}$$

여기서 ℓ은 남극에서 북극을 가리킨다. 외부자기장 **B**를 인가하면 막대자석은 **B**의 방향으

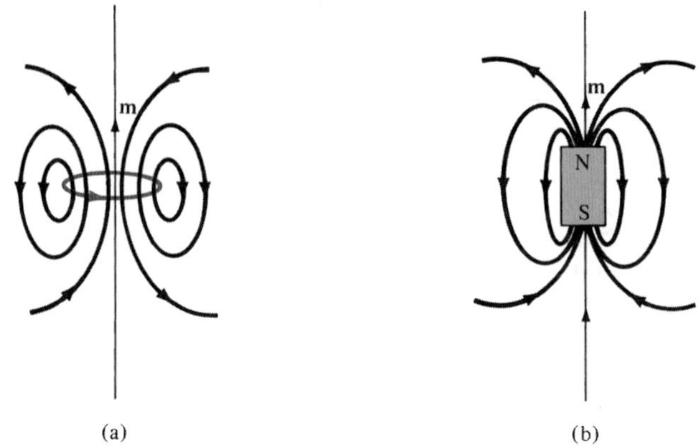

그림 8.7 자기쌍극자에 의한 자기력선: (a) $\mathbf{m} = I\mathbf{S}$인 전류루프, (b) $\mathbf{m} = Q_m \boldsymbol{\ell}$ 막대자석

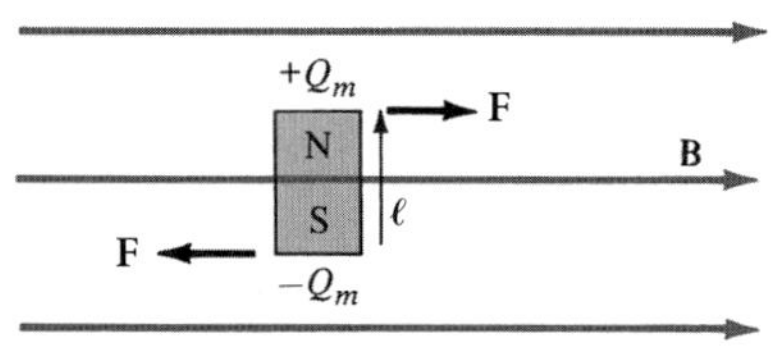

그림 8.8 외부자기장 내의 막대자석

로 배열하기 위해 회전하게 된다. 자극에 작용하는 힘은

$$\mathbf{F} = Q_m \mathbf{B} \tag{8.24}$$

로 주어진다. 미소전류루프나 막대자석은 자기쌍극자이므로 주어진 자기장 **B** 내에서 회전력이 같을 경우

$$T = Q_m \ell B = ISB \tag{8.25}$$

이며, 따라서

$$Q_m \ell = IS \tag{8.26}$$

가 되어 자기쌍극자 모멘트가 같음을 알 수 있다.

예제 8.5

그림 8.9의 삼각형 루프로 만들어진 전기회로의 자기쌍극자 모멘트를 구하라.

풀이

한 평면이 점 $(a, 0, 0)$, $(0, b, 0)$, $(0, 0, c)$에서 좌표축과 교차한다면, 이 평면의 방정식은

$$\frac{x}{a} + \frac{y}{b} + \frac{z}{c} = 1 \longrightarrow bcx + cay + abz = abc$$

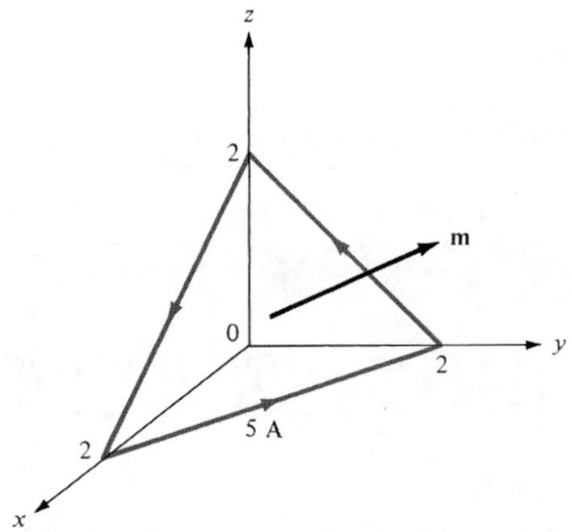

그림 8.9 예제 8.5의 삼각형 루프

과 같이 주어진다. 여기서 $a = b = c = 2$라고 두면, 위의 방정식은 다음과 같이 된다.

$$x + y + z = 2$$

따라서 다음의 식을 이용할 수 있다.

$$\mathbf{m} = IS\mathbf{a}_n$$

이며, 여기서

$$S = \text{루프의 면적} = \frac{1}{2} \times \text{밑변} \times \text{높이} = \frac{1}{2}(2\sqrt{2})(2\sqrt{2})\sin 60°$$
$$= 4 \sin 60°$$

이다. 평면의 방정식을 정의하면

$$f(x, y, z) = x + y + z - 2 = 0$$
$$\mathbf{a}_n = \pm\frac{\nabla f}{|\nabla f|} = \pm\frac{(\mathbf{a}_x + \mathbf{a}_y + \mathbf{a}_z)}{\sqrt{3}}$$

이다. $\mathbf{a}_n$의 방향은 전류의 방향을 고려하여 양의 부호를 선택한다(오른손 법칙을 사용하면 그림 8.9에서 $\mathbf{m}$이 가리키는 방향). 따라서

$$\mathbf{m} = 5(4 \sin 60°)\frac{(\mathbf{a}_x + \mathbf{a}_y + \mathbf{a}_z)}{\sqrt{3}}$$
$$= 10(\mathbf{a}_x + \mathbf{a}_y + \mathbf{a}_z)\ \text{A} \cdot \text{m}^2$$

연습문제 8.5

50 A의 전류가 흐르는 면적 10 cm^2인 직각사각형 코일이 $2x + 6y - 3z = 7$인 평면에 놓여 있다. 이 사각형 코일의 자기모멘트의 방향은 원점에서 멀어지는 방향이다. 자기쌍극자 모멘트를 구하라.

해답: $(1.429\mathbf{a}_x + 4.286\mathbf{a}_y - 2.143\mathbf{a}_z) \times 10^{-2}\ \text{A} \cdot \text{m}^2$

예제 8.6

자기쌍극자 모멘트가 $5\mathbf{a}_z\ \text{A} \cdot \text{m}^2$인 미소전류루프 L_1이 원점에 놓여 있으며, 자기쌍극자 모멘트가 $3\mathbf{a}_y\ \text{A} \cdot \text{m}^2$인 미소전류루프 L_2는 점 (4, −3, 10)에 놓여 있다. L_2에 작용하는 회전력을 구하라.

풀이

루프 L_1에 의해 발생된 자기장 $\mathbf{B}_1$에 의해 루프 L_2에 작용하는 회전력 $\mathbf{T}_2$는

$$\mathbf{T}_2 = \mathbf{m}_2 \times \mathbf{B}_1$$

이며, 루프 L_1에 의한 $\mathbf{m}_1$의 방향은 $\mathbf{a}_z$이므로 식 (8.22)를 사용하여 $\mathbf{B}_1$을 구하면

$$\mathbf{B}_1 = \frac{\mu_o m_1}{4\pi r^3}(2\cos\theta\,\mathbf{a}_r + \sin\theta\,\mathbf{a}_\theta)$$

이며, 식 (2.23)을 사용하여 직각좌표계로 표시된 $\mathbf{m}_2$를 구좌표계로 변환시키면

$$\mathbf{m}_2 = 3\mathbf{a}_y = 3(\sin\theta\sin\phi\,\mathbf{a}_r + \cos\theta\sin\phi\,\mathbf{a}_\theta + \cos\phi\,\mathbf{a}_\phi)$$

가 된다. 점 (4, −3, 10)에서

$$r = \sqrt{4^2 + (-3)^2 + 10^2} = 5\sqrt{5}$$

$$\tan\theta = \frac{\rho}{z} = \frac{5}{10} = \frac{1}{2} \rightarrow \sin\theta = \frac{1}{\sqrt{5}}, \quad \cos\theta = \frac{2}{\sqrt{5}}$$

$$\tan\phi = \frac{y}{x} = \frac{-3}{4} \rightarrow \sin\phi = \frac{-3}{5}, \quad \cos\phi = \frac{4}{5}$$

이며, 따라서

$$\mathbf{B}_1 = \frac{4\pi \times 10^{-7} \times 5}{4\pi\, 625\sqrt{5}}\left(\frac{4}{\sqrt{5}}\mathbf{a}_r + \frac{1}{\sqrt{5}}\mathbf{a}_\theta\right)$$

$$= \frac{10^{-7}}{625}(4\mathbf{a}_r + \mathbf{a}_\theta)$$

$$\mathbf{m}_2 = 3\left[-\frac{3\mathbf{a}_r}{5\sqrt{5}} - \frac{6\mathbf{a}_\theta}{5\sqrt{5}} + \frac{4\mathbf{a}_\phi}{5}\right]$$

그리고

$$\begin{aligned}\mathbf{T} &= \frac{10^{-7}(3)}{625(5\sqrt{5})}(-3\mathbf{a}_r - 6\mathbf{a}_\theta + 4\sqrt{5}\mathbf{a}_\phi) \times (4\mathbf{a}_r + \mathbf{a}_\phi) \\ &= 4.293 \times 10^{-11}(-8.944\mathbf{a}_r + 35.777\mathbf{a}_\theta + 21\mathbf{a}_\phi) \\ &= -0.384\mathbf{a}_r + 1.536\mathbf{a}_\theta + 0.9015\mathbf{a}_\phi \text{ nN}\cdot\text{m}\end{aligned}$$

가 된다.

연습문제 8.6

연습문제 8.5에서 주어진 코일이 균일자기장 $0.6\mathbf{a}_x + 0.4\mathbf{a}_y + 0.5\mathbf{a}_z$ Wb/m^2 내에 놓여 있다.

(a) 코일에 작용하는 회전력을 구하라.

(b) 코일이 $2x - 8y + 4z = \sqrt{84}$ 인 평면에 놓여 있을 때 코일에 작용하는 회전력이 최대가 됨을 보이고, 최대 회전력의 크기를 구하라.

해답: (a) $0.03\mathbf{a}_x - 0.02\mathbf{a}_y - 0.02\mathbf{a}_z$ N · m, (b) 0.0439 N · m

8.5 물질의 자화

이 절에서 다룰 내용은 전기장 내에서 일어나는 물질의 분극현상과 유사하다. 양의 원자핵 주위에서 전자가 궤도원운동을 하는 원자모델을 가정할 것이다.

우리가 알고 있듯이 모든 물질은 원자로 구성되어 있고 중앙에 양의 원자핵이 있고 핵 주위의 전자궤도를 따라 전자가 회전하고 있으며, 전자들은 그 자신의 축을 갖고 회전(자전)한다. 따라서 그림 8.10(a)에서와 같이 핵 주위를 궤도원운동을 하는 전자들에 의해서, 또는 그림 8.10(b)에서와 같이 전자들의 자전운동에 의해서 내부자기장이 발생한다. 이러한 전자운동에 의해 만들어지는 내부자기장 $\mathbf{B}_i$는 그림 8.11과 같은 전류루프에 의해 형성된 자기장과 유사하다. 등가전류의 자기쌍극자 모멘트는 $\mathbf{m} = I_b S\mathbf{a}_n$이며, 여기서 S는 루프의 면적이고, I_b는 구속전류(원자에 구속된)이다.

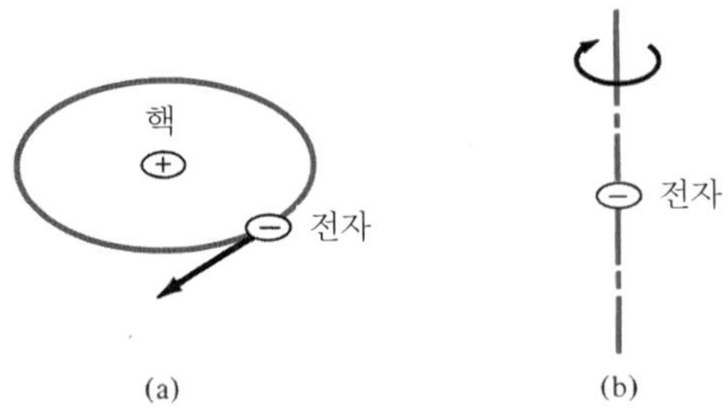

그림 8.10 (a) 핵 주위 궤도를 회전하는 전자, (b) 전자의 자전

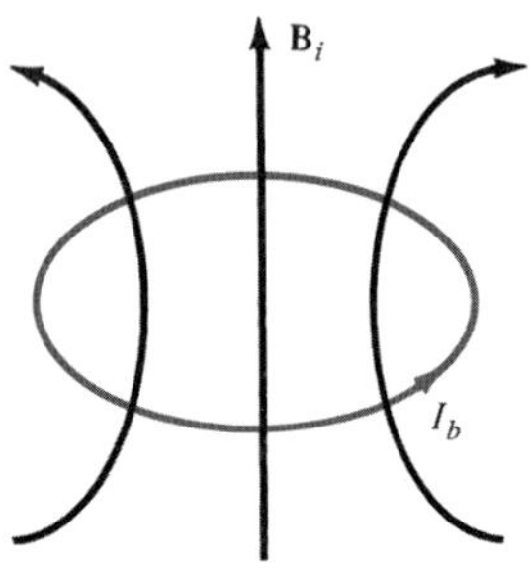

그림 8.11 그림 8.10의 전자운동과 등가인 전류루프

외부자기장 **B**가 물질에 인가되지 않으면 **m**의 합은 그림 8.12(a)에서와 같이 원자가 불규칙하게 놓여 있기 때문에 0이 된다. 그러나 외부자기장 **B**가 매질에 인가되면 자기쌍극자가 그림 8.12(b)와 같이 **B**의 방향으로 배열하게 되어 자기쌍극자 모멘트의 합은 0이 되지 않는다.

단위가 Ampère/meter인 **자화**(자화세기) **M**은 단위체적당 자기쌍극자 모멘트이다.

주어진 체적 Δv 내에 N개의 원자가 있고, k번째 원자가 갖는 자기모멘트를 $\mathbf{m}_k$라 하면

$$\boxed{\mathbf{M} = \lim_{\Delta v \to 0} \frac{\sum_{k=1}^{N} \mathbf{m}_k}{\Delta v}} \tag{8.27}$$

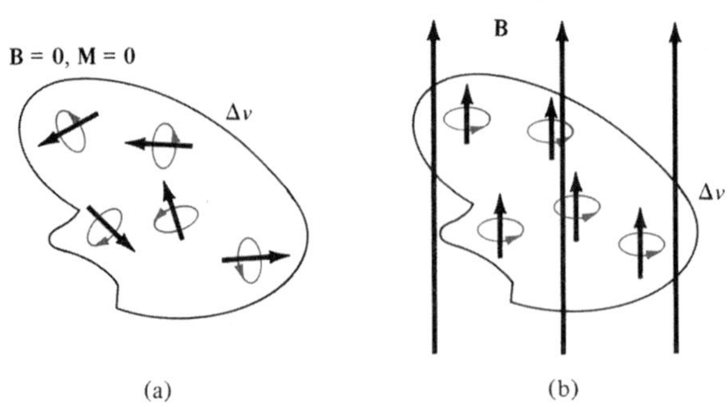

그림 8.12 체적 Δv 내에서의 자기쌍극자 모멘트: (a) **B**가 인가되기 전, (b) **B**가 인가된 후

가 된다. 매질에 외부자기장를 인가했을 때 $\mathbf{M}$이 0이 아니면 그 매질은 자화되었다고 한다. 미소체적 dv'에서 자기쌍극자 모멘트는 $d\mathbf{m} = \mathbf{M}\, dv'$이다. 식 (8.21b)에서 $d\mathbf{m}$에 의한 자기 벡터포텐셜은

$$d\mathbf{A} = \frac{\mu_o \mathbf{M} \times \mathbf{a}_R}{4\pi R^2} dv' = \frac{\mu_o \mathbf{M} \times \mathbf{R}}{4\pi R^3} dv'$$

식 (7.46)에 의해

$$\frac{\mathbf{R}}{R^3} = \nabla' \frac{1}{R}$$

이며, 대입하면

$$\mathbf{A} = \frac{\mu_o}{4\pi} \int_{v'} \mathbf{M} \times \nabla' \frac{1}{R} dv' \tag{8.28}$$

이 된다. 식 (7.48)을 사용하면

$$\mathbf{M} \times \nabla' \frac{1}{R} = \frac{1}{R} \nabla' \times \mathbf{M} - \nabla' \times \frac{\mathbf{M}}{R}$$

이 되므로, 이를 식 (8.28)에 대입하면

$$\mathbf{A} = \frac{\mu_o}{4\pi} \int_{v'} \frac{\nabla' \times \mathbf{M}}{R} dv' - \frac{\mu_o}{4\pi} \int_{v'} \nabla' \times \frac{\mathbf{M}}{R} dv'$$

이 된다. 벡터 항등식

$$\int_{v'} \nabla' \times \mathbf{F}\, dv' = -\oint_{S'} \mathbf{F} \times d\mathbf{S}'$$

을 두 번째 적분식에 대입하면

$$\mathbf{A} = \frac{\mu_o}{4\pi} \int_{v'} \frac{\nabla' \times \mathbf{M}}{R} dv' + \frac{\mu_o}{4\pi} \oint_{S'} \frac{\mathbf{M} \times \mathbf{a}_n}{R} dS'$$

$$= \frac{\mu_o}{4\pi} \int_{v'} \frac{\mathbf{J}_b\, dv'}{R} + \frac{\mu_o}{4\pi} \oint_{S'} \frac{\mathbf{K}_b\, dS'}{R} \tag{8.29}$$

을 얻는다. 식 (8.29)를 식 (7.42)와 (7.43)(′을 생략하였음)과 비교하면

$$\boxed{\mathbf{J}_b = \nabla \times \mathbf{M}} \tag{8.30}$$

그리고

$$\boxed{\mathbf{K}_b = \mathbf{M} \times \mathbf{a}_n} \tag{8.31}$$

이 된다. 여기서 $\mathbf{J}_b$를 **구속체적전류밀도**(bound volume current density) 또는 **자화체적전류밀도**(magnetization volume current density)라 하며 단위는 A/m^2이다. 그리고 $\mathbf{K}_b$를 **구속면전류밀도**(bound surface curreut density)라 하며 단위는 A/m이고, $\mathbf{a}_n$은 면에 수직한 방향의 단위벡터이다. 식 (8.29)는 자성체 내부를 통해 흐르는 체적전류밀도 $\mathbf{J}_b$에 의한 포텐셜과 자성체 표면에 흐르는 면전류밀도 $\mathbf{K}_b$에 의한 포텐셜임을 말해준다. 벡터 **M**은 유전체에서의 분극 **P**와 유사하다. 그래서 때때로 매질의 자기분극밀도라 부르기도 한다. 다른 의미에서 **M**은 **H**와 유사하며 단위도 같다. 이러한 관계로 $\mathbf{J} = \nabla \times \mathbf{H}$이므로 $\mathbf{J}_b = \nabla \times \mathbf{M}$이라 할 수도 있다. 또한 자성체에서의 $\mathbf{J}_b$와 $\mathbf{K}_b$는 유전체에서 분극이 일어날 때의 ρ_{pv} 및 ρ_{ps}와 유사하다. 식 (8.29)에서부터 (8.31)까지에서 분명히 $\mathbf{J}_b$와 $\mathbf{K}_b$는 **M**으로부터 유도될 수 있으며, 따라서 $\mathbf{J}_b$와 $\mathbf{K}_b$는 일반적으로 사용되지 않는다.

자유공간에서는 $\mathbf{M} = 0$이므로

$$\nabla \times \mathbf{H} = \mathbf{J}_f \quad \text{또는} \quad \nabla \times \left(\frac{\mathbf{B}}{\mu_o}\right) = \mathbf{J}_f \tag{8.32}$$

이며, 여기서 $\mathbf{J}_f$는 자유전하에 의한 체적전류밀도이다. $\mathbf{M} \neq 0$인 매질에서는

$$\begin{aligned}\nabla \times \left(\frac{\mathbf{B}}{\mu_o}\right) &= \mathbf{J}_f + \mathbf{J}_b = \mathbf{J} \\ &= \nabla \times \mathbf{H} + \nabla \times \mathbf{M}\end{aligned}$$

또는

$$\boxed{\mathbf{B} = \mu_o(\mathbf{H} + \mathbf{M})} \tag{8.33}$$

이 된다. 식 (8.33)은 매질이 선형이든 아니든 모든 물질에 적용된다. 5.7절에서 고찰한 유전체에서의 선형성, 등방성, 그리고 균질성에 대한 개념은 자성 매질에서도 똑같이 적용된다. 선형성 물질에서 **M**(A/m)은 **H**에 의해 선형적으로 변한다. 즉,

$$\boxed{\mathbf{M} = \chi_m \mathbf{H}} \tag{8.34}$$

이며, 여기서 χ_m은 단위가 없는 양(M과 H의 비)으로 매질의 **자기감수율** 또는 **자화율**(magnetic susceptibility)이라 부른다. 이것은 매질이 자기장에 의해 얼마만큼 영향을 받는지(민감한지)를 나타내는 척도이다. 식 (8.34)를 식 (8.33)에 대입하면

$$\mathbf{B} = \mu_o(1 + \chi_m)\mathbf{H} = \mu\mathbf{H} \tag{8.35}$$

또는

$$\boxed{\mathbf{B} = \mu_o \mu_r \mathbf{H}} \tag{8.36}$$

가 된다. 여기서

$$\boxed{\mu_r = 1 + \chi_m = \frac{\mu}{\mu_o}} \tag{8.37}$$

이다. $\mu = \mu_o \mu_r$을 **투자율**(permeability)이라 하며, henry/meter의 단위를 갖는다. 여기서 henry는 인덕턴스의 단위이며, 조금 뒤에 정의될 것이다. 단위가 없는 μ_r은 주어진 매질의 투자율과 자유공간의 투자율의 비로서 매질의 **비투자율**(relative permeability)이라 한다.

식 (8.34)에서부터 (8.37)까지의 관계식은 단지 선형, 등방성 매질에서만 성립함을 명심하자. 만일 매질이 비등방성(예를 들면 크리스탈)이라면 식 (8.33)은 성립하나 식 (8.34)에서부터 (8.37)까지는 성립하지 않는다. 이 경우에 μ는 9개의 항[식 (5.37)의 ε과 같다]을 가지며, **B**, **H** 그리고 **M**은 더이상 같은 방향이 되지 않는다.

†8.6 자성재료의 분류

일반적으로 자기적 성질이나 동작 형태에 의해 재료를 분류하기 위해서는 자화율 χ_m이나 비투자율 μ_r를 사용한다. $\chi_m = 0$(또는 $\mu_r \approx 1$)인 물질을 **비자성체**(nonmagnetic material)라 한다. 그렇지 않으면 자성체이다. 자유공간, 공기 등과 함께 $\chi_m = 0$(또는 $\mu_r = 1$)인 물질은 모두 비자성체이다.

대략적으로 말하면 자성체는 3개의 그룹, 즉 반자성체, 상자성체, 그리고 강자성체로 분류된다. 대략적인 분류표를 그림 8.13에 도시하였다. $\mu_r \lesssim 1$(즉, 매우 작은 음의 값을 갖는 χ_m)이면 **반자성체**(diamagnetic material)라 한다. 그리고 $\mu_r \gtrsim 1$(즉, χ_m이 매우 작은 양의 값을 갖는 물질)이면 **상자성체**(paramagnetic material)라 한다. 만약 $\mu_r \gg 1$(즉, χ_m이 매우 큰 양의 값을 갖는 물질)이면 **강자성체**(ferromagnetic)라 한다. 부록 B의 표 B.3에 몇 가지 재료의 μ_r 값을 표시하였다. 표에서 본 바와 같이 실제로 사용되고 있는 대부분의 반자성체나 상자성체의 비투자율은 $\mu_r \simeq 1$로 해도 된다. 그래서 반자성체나 상자성체는 비자성 물질이고 선형 물질이라고 간주해도 된다. 그러나 강자성체는 항상 비선형이고, Curie 온도(뒤에 설명) 이상일 때를 제외하고는 강한 자기적 성질을 갖는다. 이러한 이유는 3가지 그룹의 자성체 각각을 좀더 자세히 설명하고 비교하게 되면 분명하게 알게 될 것이다.

반자성은 전자궤도운동에 의해 생긴 자기장과 전자자전운동에 의해 생긴 자기장이 크기가 거의 같고 방향이 반대가 되어 상쇄되는 물질에서 나타난다. 따라서 영구(고유)자기쌍

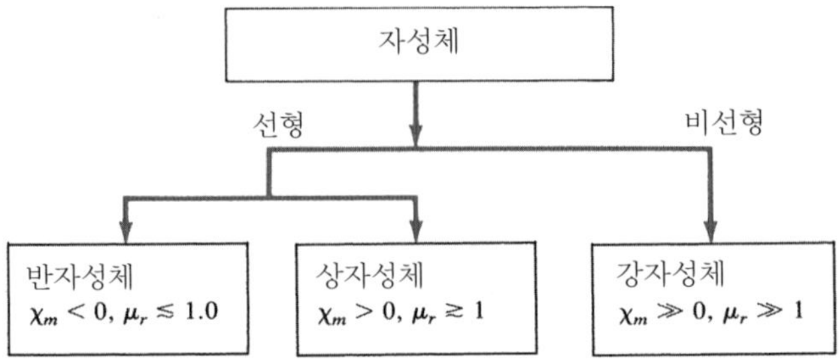

그림 8.13 자성체의 분류

극자 모멘트가 거의 0에 가까워 외부자기장의 영향을 매우 약하게 받는다. 대부분의 반자성체(비스무스, 납, 구리, 실리콘, 다이아몬드, 염화나트륨)의 χ_m 값은 -10^{-5} 정도이다. **초전도체**(superconductor)라 부르는 물질은 절대온도 0도 근처에서는 '완전반자성'이 나타난다. 즉, $\chi_m = -1$ 또는 $\mu_r = 0$이 되어 $\mathbf{B} = 0$이 된다. 이러한 초전도체 내에서는 자기장이 존재하지 않는다.[2] 초전도체를 제외하고는 실제로 반자성체를 거의 사용하지 않는다. 비록 반자성 효과가 어떤 재료에서는 다른 더 큰 효과에 가려져 있더라도 모든 물질은 반자성의 성질을 갖고 있다.

원자의 영구자기쌍극자 모멘트가 0이 아닌 물질을 상자성체 또는 강자성체라 한다. 물질 내에서 전자들이 궤도운동과 자전에 의해 발생된 자기장이 완전히 상쇄되지 않는 물질을 상자성체라 한다. 반자성체와는 다르게 상자성체는 온도에 따라 투자율이 변한다. 대부분의 상자성체(공기, 백금, 텅스텐, 칼륨)는 χ_m이 $+10^{-5}$에서 $+10^{-3}$ 이내의 값을 가지며 온도에 따라 값이 변한다. 이러한 매질은 메이저(maser)에 사용된다.

비교적 큰 쌍극자 모멘트를 갖는 원자로 이루어진 물질을 **강자성체**라 하며 가장 많이 알려져 있는 것이 철이다. 그 외에도 코발트, 니켈과 이들의 합금도 강자성체이다. 강자성체는 실제로 많이 사용된다. 반자성체나 상자성체와는 달리 강자성체는 다음과 같은 성질을 갖고 있다.

1. 자기장에 의해 매우 강하게 자화된다.
2. 자기장을 제거하더라도 얼마간은 자화상태를 유지한다.
3. 온도가 **Curie 온도** 이상이 되면 강자성의 성질이 없어지고 선형 상자성체가 된다. 따라서 영구자석을 Curie 온도(철은 770°C) 이상으로 가열하면 자기 성질이 완전히 없어진다.

---

2) 초전도체에 관한 여러 기술은 다음의 책에서 다루어지고 있다: M. A. Plonus, *Applied Electromagnetics*. New York: McGraw-Hill, 1978, pp. 375-388. 또한 August 1989 issue of the Proceedings of IEEE에서도 초전도체에 대하여 집중적으로 다루었다.

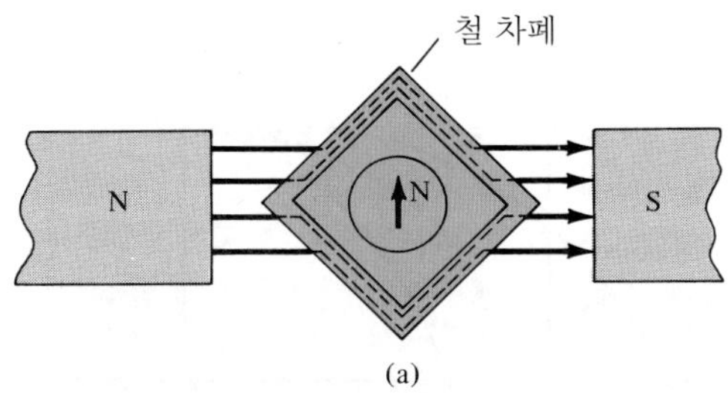

그림 8.14 자기장의 차폐: (a) 소형 나침판을 보호하기 위하여 철을 사용한 차폐, (b) 차폐를 하지 않을 경우 나침판이 틀린 방향을 가리킨다.

4. 강자성체는 비선형이다. 즉, μ_r 값이 **B**에 따라 정해지므로 μ_r를 하나의 값으로 정의할 수 없다. 그래서 $\mathbf{B} = \mu_o\mu_r\mathbf{H}$ 식이 성립하지 않는다.

따라서 부록 B.3에 표시된 μ_r 값은 단지 대표적인 값이다. 예로서, 니켈은 어떤 조건에서는 $\mu_r = 50$이나 다른 조건에서는 600이 된다.

5.9절에서 정전차폐를 하기 위해 도체를 사용했던 바와 같이 철과 강철 같은 강자성체는 강한 외부자기장으로부터 전자기기를 보호하기 위해 차폐하는데 사용된다. 철로 만든 전형적인 차폐장치를 그림 8.14(a)에서 보여주었다. 차폐장치가 없으면 그림 8.14(b)와 같이 외부자기장 때문에 나침판의 눈금은 틀리게 된다. 완전한 차폐를 위해서는 무한히 큰 투자율을 갖는 자성체로 차폐시켜야 한다.

강자성체를 포함한 모든 자성체에서 $\mathbf{B} = \mu_o(\mathbf{H} + \mathbf{M})$의 관계가 성립한다. 그러나 강자성체에서는 이전의 자화상태, 즉 '자기이력(magnetic history)'에 의해 **B**와 **H** 사이의 관계가 달라진다. 따라서 **B**와 **H** 사이의 선형관계($\mathbf{B} = \mu\mathbf{H}$) 대신에 **자화곡선** 또는 $B-H$ 곡선에 의해 얻어지는 관계로 표시하여야 한다.

전형적인 $B-H$ 곡선을 그림 8.15에 나타내었다. 무엇보다 첫째로 B와 H 사이는 비선형 관계임을 알 수 있으며, 둘째로 곡선의 임의점에서 B/H의 비가 그 점에서의 μ값이며, 곡선의 기울기 dB/dH가 아님을 유의하라.

한 번도 자화되지 않았던 강자성체의 $B-H$ 곡선을 그림 8.15에 도시하였다. 자기장 H를 O에서 최대값인 $H_{\max}$까지 증가시키면(전류를 증가) O에서 P까지의 곡선이 얻어진다. 이 곡선을 **처녀** 또는 **초기자화곡선**(virgin or initial magnetization curve)이라 한다. P에서 포화가 되어 H를 증가시켜도 강자성체 내의 B는 더 증가하지 않는다. 이제 H를 감소시키면 B는 초기자화곡선을 따르지 않고 H보다 뒤쳐진다. 이와 같이 H에 뒤쳐지는 B의 현상을 **자기이력**(hysteresis, 그리스어로 '뒤처짐')이라 한다.

만약 H가 감소하여 0이 되어도 B는 0이 되지 않고 B_r의 값을 갖는다. B_r을 **잔류자속밀도**(permanent flux density)라 한다. B_r의 값은 인가자기장의 최대값 $H_{\max}$에 따라 결정된다. B_r

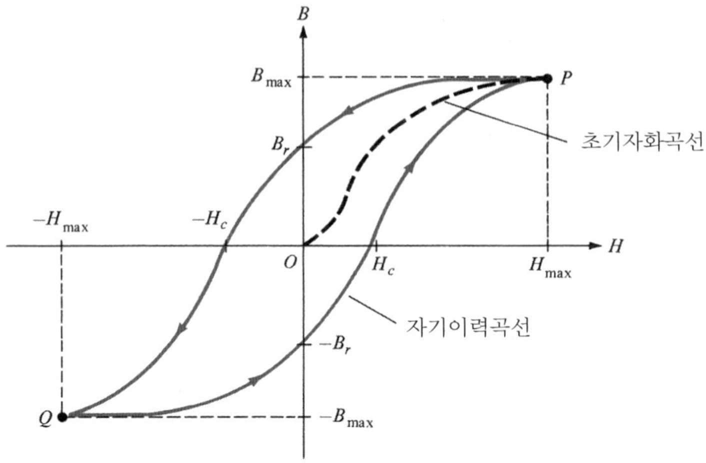

그림 8.15 전형적인 자화($B-H$)곡선

이 생기는 이유는 영구자석이 되어 있기 때문이다. 그리고 H를 반대쪽으로 증가시키면(전류의 방향을 반대로 하여 증가시키면) H가 H_c가 될 때 B가 0이 된다 H_c를 **항자력**(coercive field intensity)이라 한다. H_c가 작은 재료는 강하게 자화되기 어렵다. H_c의 값 또한 H_{max}에 의존한다.

음의 방향으로 Q점에 도달할 때까지 H를 계속 증가시키면 포화가 되며 다시 반대방향으로 H를 증가시키면 그림 8.15에 나타낸 바와 같이 P점에 도달하게 되어 폐곡선을 만든다. 이 폐곡선을 **자기이력곡선**(hysteresis loop)이라 한다. 자기이력곡선은 매질에 따라 모양이 다르다. 예로서 페라이트의 자기이력곡선은 거의 직각사각형의 형태이며, 디지털 컴퓨터의 자기정보장치로 사용된다. 자기이력곡선이 만드는 면적은 강자성체가 자화되는 한 주기 동안에 발생되는 단위체적당 에너지 손실(hysteresis loss)을 나타낸다. 이 에너지 손실은 열로 발산된다. 발전기, 모터와 변압기에 사용되는 자성체는 에너지 손실이 최소가 되도록 높고 좁은 자기이력곡선을 갖는 것이 좋다.

예제 8.7

$0 \leq z \leq 2$인 영역이 무한대 크기의 평판(slab) 자성물질($\mu_r = 2.5$)로 채워져 있다. 평판 내에서 $\mathbf{B} = 10y\mathbf{a}_x - 5x\mathbf{a}_y$ mWb/m^{2}라 할 때 $z = 0$에서 (a) $\mathbf{J}$, (b) $\mathbf{J}_b$, (c) $\mathbf{M}$, (d) $\mathbf{K}_b$를 구하라.

풀이

(a) 정의에 의해

$$\mathbf{J} = \nabla \times \mathbf{H} = \nabla \times \frac{\mathbf{B}}{\mu_o \mu_r} = \frac{1}{4\pi \times 10^{-7}(2.5)}\left(\frac{\partial B_y}{\partial x} - \frac{\partial B_x}{\partial y}\right)\mathbf{a}_z$$

$$= \frac{10^6}{\pi}(-5 - 10)10^{-3}\mathbf{a}_z = -4.775\mathbf{a}_z \text{ kA/m}^2$$

(b) $\mathbf{J}_b = \chi_m \mathbf{J} = (\mu_r - 1)\mathbf{J} = 1.5(-4.775\mathbf{a}_z) \cdot 10^3$
$= -7.163\mathbf{a}_z \text{ kA/m}^2$

(c) $\mathbf{M} = \chi_m \mathbf{H} = \chi_m \dfrac{\mathbf{B}}{\mu_o \mu_r} = \dfrac{1.5(10y\mathbf{a}_x - 5x\mathbf{a}_y) \cdot 10^{-3}}{4\pi \times 10^{-7}(2.5)}$
$= 4.775y\mathbf{a}_x - 2.387x\mathbf{a}_y \text{ kA/m}$

(d) $\mathbf{K}_b = \mathbf{M} \times \mathbf{a}_n$. $z = 0$은 $0 \leq z \leq 2$에 채워져 있는 평판의 아랫면이므로 $\mathbf{a}_n = -\mathbf{a}_z$이다. 따라서

$$\begin{aligned}\mathbf{K}_b &= (4.775y\mathbf{a}_x - 2.387x\mathbf{a}_y) \times (-\mathbf{a}_z) \\ &= 2.387x\mathbf{a}_x + 4.775y\mathbf{a}_y \text{ kA/m}\end{aligned}$$

가 된다.

연습문제 8.7

어떤 영역($\mu = 4.6\mu_o$)에서

$$\mathbf{B} = 10e^{-y}\mathbf{a}_z \text{ mWb/m}^2$$

이다. (a) χ_m, (b) **H**, (c) **M**을 구하라.

해답: (a) 3.6, (b) $1730e^{-y}\mathbf{a}_z$ A/m, (c) $6228e^{-y}\mathbf{a}_z$ A/m

8.7 자기 경계조건

2개의 서로 다른 매질이 접해 있는 경계면에서 자기장 **H**(또는 **B**)가 만족해야 할 조건을 자기 경계조건(magnetic boundary condition)이라고 정의한다. 이 경계조건의 유도는 5.9절에서 전기장의 경계조건을 구했던 방법과 유사하다. 자기장에 대해 Gauss 법칙을 사용한다.

$$\oint_S \mathbf{B} \cdot d\mathbf{S} = 0 \tag{8.38}$$

또한 Ampère의 주회법칙을 사용하여 조건을 구한다.

$$\oint_L \mathbf{H} \cdot d\mathbf{l} = I \tag{8.39}$$

그림 8.16과 같이 투자율이 μ_1과 μ_2인 2개의 자성체 ①과 ② 사이의 경계면에서 경계조건

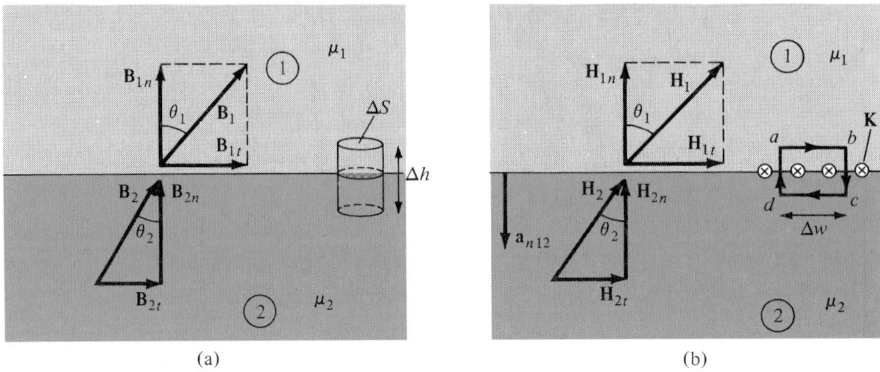

그림 8.16 두 자성 매질의 경계조건: (a) **B**, (b) **H**

을 구하자. 작은 원통(Gauss 면)을 그림 8.16(a)와 같이 가정하고 이 원통에 식 (8.38)을 적용해 보자. 경계면이므로 $\Delta h \to 0$으로 놓으면

$$B_{1n}\,\Delta S - B_{2n}\,\Delta S = 0 \tag{8.40}$$

이 되며, 따라서

$$\boxed{\mathbf{B}_{1n} = \mathbf{B}_{2n}} \quad \text{또는} \quad \mu_1\mathbf{H}_{1n} = \mu_2\mathbf{H}_{2n} \tag{8.41}$$

이 된다. 여기서 $\mathbf{B} = \mu\mathbf{H}$를 사용하였다. 식 (8.41)은 **B**의 법선성분이 경계면에서 항상 연속임을 말해준다. 그러나 **H**의 법선성분은 경계면에서 같지 않고 불연속임을 보여준다. 즉, **H**는 경계면에서 변화되고 있음을 알 수 있다.

비슷하게, 그림 8.16(b)의 폐곡선 *abcda*에 식 (8.39)를 적용해 보자. 이때 경계면에 흐르는 면전류밀도 K는 폐경로에 수직으로 흐른다고 하자.

$$\begin{aligned} K \cdot \Delta w = {} & H_{1t} \cdot \Delta w + H_{1n} \cdot \frac{\Delta h}{2} + H_{2n} \cdot \frac{\Delta h}{2} \\ & - H_{2t} \cdot \Delta w - H_{2n} \cdot \frac{\Delta h}{2} - H_{1n} \cdot \frac{\Delta h}{2} \end{aligned} \tag{8.42}$$

$\Delta h \to 0$일 때 식 (8.42)는

$$H_{1t} - H_{2t} = K \tag{8.43}$$

가 된다. 이 식에서 H의 접선성분은 경계면에서 불연속임을 보여준다. 식 (8.43)을 B로 표시하면

$$\frac{B_{1t}}{\mu_1} - \frac{B_{2t}}{\mu_2} = K \tag{8.44}$$

가 된다. 식 (8.43)을 벡터로 표시하면

$$\boxed{(\mathbf{H}_1 - \mathbf{H}_2) \times \mathbf{a}_{n12} = \mathbf{K}} \tag{8.45}$$

가 된다 여기서 $\mathbf{a}_{n12}$는 경계면에 수직인 단위벡터이며, 매질 1에서 2로 향하는 방향이다. 경계면에 흐르는 전류가 없거나, 또는 도체가 아니라면($\mathbf{K}$는 자유전류밀도) $\mathbf{K} = 0$이 되어 식 (8.43)은

$$\boxed{\mathbf{H}_{1t} = \mathbf{H}_{2t}} \quad 또는 \quad \frac{\mathbf{B}_{1t}}{\mu_1} = \frac{\mathbf{B}_{2t}}{\mu_2} \tag{8.46}$$

가 된다. 이 경우 **H**의 접선성분은 경계면에서 연속이나 **B**는 불연속임을 알 수 있다.

자기장의 방향이 경계면에 수직인 방향과 θ의 각을 이룬다면 식 (8.41)은

$$B_1 \cos\theta_1 = B_{1n} = B_{2n} = B_2 \cos\theta_2 \tag{8.47}$$

로 표시할 수 있고, 식 (8.46)은

$$\frac{B_1}{\mu_1}\sin\theta_1 = H_{1t} = H_{2t} = \frac{B_2}{\mu_2}\sin\theta_2 \tag{8.48}$$

로 쓸 수 있다. 식 (8.48)을 식 (8.47)로 나누어 주면

$$\boxed{\frac{\tan\theta_1}{\tan\theta_2} = \frac{\mu_1}{\mu_2}} \tag{8.49}$$

이 된다. 이 식은 면전류가 흐르지 않는 경계면에서 자속선에 대한 굴절법칙으로 식 (5.65)와 유사하다.

예제 8.8

$y - x - 2 \leq 0$인 영역 내에서 자기장 $\mathbf{H}_1 = -2\mathbf{a}_x + 6\mathbf{a}_y + 4\mathbf{a}_z$ A/m로 주어졌다. 이 영역의 투자율은 $\mu_1 = 5\mu_o$이다. 다음을 구하라.

(a) $\mathbf{M}_1$과 $\mathbf{B}_1$

(b) $\mu_2 = 2\mu_o$일 때, $y - x - 2 \geq 0$인 영역에서 $\mathbf{H}_2$와 $\mathbf{B}_2$

풀이

$y - x - 2 = 0$은 평면이므로 $y - x \leq 2$ 또는 $y \leq x + 2$인 영역이 그림 8.17에서 보여준 바와 같이 영역 1이다. 이 영역 내의 한 점을 대입하면 위의 사실을 확인할 수 있다. 예로서, 원점 (0, 0)은 $0 - 0 - 2 < 0$이므로 이 영역 내에 있는 점이다. 평면인 경계면 방정식은 $f(x, y) = y - x - 2$로 표시할 수 있기 때문에 경계면에 수직한 방향의 단위벡터는

$$\mathbf{a}_n = \frac{\nabla f}{|\nabla f|} = \frac{\mathbf{a}_y - \mathbf{a}_x}{\sqrt{2}}$$

로 주어진다.

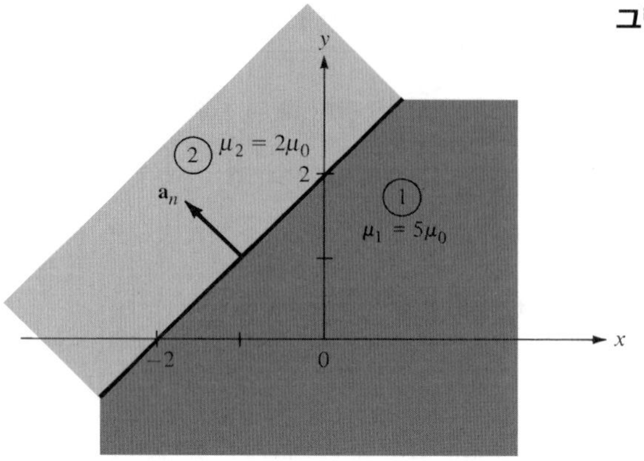

그림 8.17 예제 8.8에 대한 그림

(a)
$$\mathbf{M}_1 = \chi_{m1}\mathbf{H}_1 = (\mu_{r1} - 1)\,\mathbf{H}_1 = (5-1)(-2, 6, 4)$$
$$= -8\mathbf{a}_x + 24\mathbf{a}_y + 16\mathbf{a}_z \text{ A/m}$$
$$\mathbf{B}_1 = \mu_1\mathbf{H}_1 = \mu_o\mu_{r1}\mathbf{H}_1 = 4\pi \times 10^{-7}(5)(-2, 6, 4)$$
$$= -12.57\mathbf{a}_x + 37.7\mathbf{a}_y + 25.13\mathbf{a}_z\,\mu \text{ Wb/m}^2$$

(b)
$$\mathbf{H}_{1n} = (\mathbf{H}_1 \cdot \mathbf{a}_n)\mathbf{a}_n = \left[(-2, 6, 4) \cdot \frac{(-1, 1, 0)}{\sqrt{2}}\right]\frac{(-1, 1, 0)}{\sqrt{2}}$$
$$= -4\mathbf{a}_x + 4\mathbf{a}_y$$

그러나

$$\mathbf{H}_1 = \mathbf{H}_{1n} + \mathbf{H}_{1t}$$

이고, 따라서

$$\mathbf{H}_{1t} = \mathbf{H}_1 - \mathbf{H}_{1n} = (-2, 6, 4) - (-4, 4, 0)$$
$$= 2\mathbf{a}_x + 2\mathbf{a}_y + 4\mathbf{a}_z$$

가 된다. 경계조건을 사용하면

$$\mathbf{H}_{2t} = \mathbf{H}_{1t} = 2\mathbf{a}_x + 2\mathbf{a}_y + 4\mathbf{a}_z$$
$$\mathbf{B}_{2n} = \mathbf{B}_{1n} \rightarrow \mu_2\mathbf{H}_{2n} = \mu_1\mathbf{H}_{1n}$$

또는

$$\mathbf{H}_{2n} = \frac{\mu_1}{\mu_2}\mathbf{H}_{1n} = \frac{5}{2}(-4\mathbf{a}_x + 4\mathbf{a}_y) = -10\mathbf{a}_x + 10\mathbf{a}_y$$

가 된다. 따라서

$$\mathbf{H}_2 = \mathbf{H}_{2n} + \mathbf{H}_{2t} = -8\mathbf{a}_x + 12\mathbf{a}_y + 4\mathbf{a}_z \text{ A/m}$$

그리고

$$\mathbf{B}_2 = \mu_2\mathbf{H}_2 = \mu_o\mu_{r2}\mathbf{H}_2 = (4\pi \times 10^{-7})(2)(-8, 12, 4)$$
$$= -20.11\mathbf{a}_x + 30.16\mathbf{a}_y + 10.05\mathbf{a}_z \,\mu\ \text{Wb/m}^2$$

이다.

연습문제 8.8

$3x + 4y \geq 10$인 영역 1은 자유공간이고, $3x + 4y \leq 10$인 영역 2는 $\mu \simeq 10\mu_o$인 자성체로 채워져 있다. 경계면에 흐르는 면전류가 0이다. $\mathbf{B}_1 = 0.1\mathbf{a}_x + 0.4\mathbf{a}_y + 0.2\mathbf{a}_z$ Wb/m^{2}라고 할 때 $\mathbf{B}_2$를 구하라.

해답: $-1.052\mathbf{a}_x + 1.264\mathbf{a}_y + 2\mathbf{a}_z$ Wb/m^2

예제 8.9

2개의 다른 매질 사이의 경계면을 xy 평면이라 하자. 매질 1($z < 0$)은 $\mu_r = 6$인 물질로, 매질 2($z > 0$)는 $\mu_r = 4$인 물질로 채워져 있다. 경계면에 흐르는 전류가 $(1/\mu_o)\mathbf{a}_y$ mA/m이고, $\mathbf{B}_2 = 5\mathbf{a}_x + 8\mathbf{a}_z$ mWb/m^{2}이라 할 때 $\mathbf{H}_1$과 $\mathbf{B}_1$을 구하라.

풀이

예제 8.8에서는 $\mathbf{K} = 0$이었으므로 식 (8.46)을 사용하였으나 이 예제에서는 $\mathbf{K} \neq 0$이므로 식 (8.45)와 (8.41)을 사용하여야 한다. 이 예제를 그림 8.18과 같이 그려서 고찰해 보자. $\mathbf{B}_1 = (B_x, B_y, B_z)$ (mWb/m^2)라고 하면

$$\mathbf{B}_{1n} = \mathbf{B}_{2n} = 8\mathbf{a}_z \rightarrow B_z = 8 \tag{8.9.1}$$

그러나

$$\mathbf{H}_2 = \frac{\mathbf{B}_2}{\mu_2} = \frac{1}{4\mu_o}(5\mathbf{a}_x + 8\mathbf{a}_z)\text{mA/m} \tag{8.9.2}$$

그리고

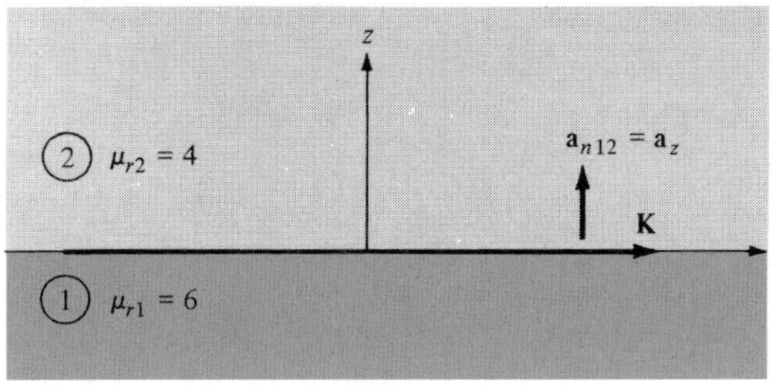

그림 8.18 예제 8.9에 대한 그림

$$\mathbf{H}_1 = \frac{\mathbf{B}_1}{\mu_1} = \frac{1}{6\mu_o}(B_x\mathbf{a}_x + B_y\mathbf{a}_y + B_z\mathbf{a}_z) \text{ mA/m} \tag{8.9.3}$$

이다. 법선성분을 구하면 아래의 경계조건을 사용하여 접선성분을 구할 수 있다.

$$(\mathbf{H}_1 - \mathbf{H}_2) \times \mathbf{a}_{n12} = \mathbf{K}$$

또는

$$\mathbf{H}_1 \times \mathbf{a}_{n12} = \mathbf{H}_2 \times \mathbf{a}_{n12} + \mathbf{K} \tag{8.9.4}$$

식 (8.9.2)와 (8.9.3)을 식 (8.9.4)에 대입하면

$$\frac{1}{6\mu_o}(B_x\mathbf{a}_x + B_y\mathbf{a}_y + B_z\mathbf{a}_z) \times \mathbf{a}_z = \frac{1}{4\mu_o}(5\mathbf{a}_x + 8\mathbf{a}_z) \times \mathbf{a}_z + \frac{1}{\mu_o}\mathbf{a}_y$$

이 되고, 같은 방향 성분끼리 정리하면

$$B_y = 0, \quad \frac{-B_x}{6} = \frac{-5}{4} + 1, \quad \text{또는} \quad B_x = \frac{6}{4} = 1.5 \tag{8.9.5}$$

가 구해진다. 식 (8.9.1)과 (8.9.5)에서

$$\mathbf{B}_1 = 1.5\mathbf{a}_x + 8\mathbf{a}_z \text{ mWb/m}^2$$

$$\mathbf{H}_1 = \frac{\mathbf{B}_1}{\mu_1} = \frac{1}{\mu_o}(0.25\mathbf{a}_x + 1.33\mathbf{a}_z) \text{ mA/m}$$

그리고

$$\mathbf{H}_2 = \frac{1}{\mu_o}(1.25\mathbf{a}_x + 2\mathbf{a}_z) \text{ mA/m}$$

가 된다. H_{1x}는 면전류 때문에 H_{2x}보다 $1/\mu_o$ mA/m가 작으며, $B_{1n} = B_{2n}$임을 명심하라.

연습문제 8.9

영역 2($\mu = 2\mu_o$)에서 영역 1($\mu = \mu_o$)로 향하는 단위법선벡터가 $\mathbf{a}_{n21} = (6\mathbf{a}_x + 2\mathbf{a}_y - 3\mathbf{a}_z)/7$이다. $\mathbf{H}_1 = 10\mathbf{a}_x + \mathbf{a}_y + 12\mathbf{a}_z$ A/m이고, $\mathbf{H}_2 = H_{2x}\mathbf{a}_x - 5\mathbf{a}_y + 4\mathbf{a}_z$ A/m일 때 다음을 구하라.

(a) $\mathbf{H}_{2x}$

(b) 경계면에 흐르는 면전류밀도 $\mathbf{K}$

(c) $\mathbf{B}_1$과 $\mathbf{B}_2$의 방향과 경계면에 수직인 방향 사이의 각

해답: (a) 5.833, (b) $4.86\mathbf{a}_x - 8.64\mathbf{a}_y + 3.95\mathbf{a}_z$ A/m, (c) 76.27°, 77.62°

8.8 인덕터와 인덕턴스

전류 I가 흐르는 회로(전도성 폐경로)는 자기장 $\mathbf{B}$를 만들며, 그림 8.19에서 보여준 바와 같이 회로의 각 권선은 $\Psi = \int \mathbf{B} \cdot d\mathbf{S}$만큼의 자속과 쇄교한다. 만약 회로가 동일하게 N회의 권선수를 갖는다면 **쇄교자속** λ는

$$\lambda = N\Psi \tag{8.50}$$

로 계산된다. 또한 회로 주위의 매질이 선형이면 쇄교자속 λ는 자속을 만드는 전류 I에 비례한다. 즉,

$$\lambda \propto I$$

또는

$$\lambda = LI \tag{8.51}$$

이며, 여기서 L은 비례상수로서 회로의 **인덕턴스**(inductance)라 부른다. 인덕턴스 L은 회로에서 소자들을 어떻게 배치하느냐에 따라 달라진다. 인덕턴스는 자기에너지를 얼마나 저장하는가 하는 물리적 능력을 나타낸다. 인덕턴스를 갖도록 만든 회로나 소자를 **인덕터**(inductor)라 한다. 인덕터의 인덕턴스 L은 인덕터를 통과하는 전류 I에 대한 쇄교 자속 λ의 비율이다.

$$\boxed{L = \frac{\lambda}{I} = \frac{N\Psi}{I}} \tag{8.52}$$

이며, 인덕턴스의 단위는 webers/ampere와 같은 henry(H)이다. henry는 매우 큰 단위이므로 보통 millihenrys(mH)를 사용한다.

식 (8.52)로 정의된 인덕턴스는 인덕터에 흐르는 전류에 의해 생긴 자속이 인덕터 자체와 쇄교하여 생긴 것이므로 **자기인덕턴스**(self-inductance)라 한다. 정전용량처럼 인덕턴스도 자기에너지의 저장능력을 나타내는 척도이다. 인덕터에 저장되는 자기에너지(joules로 표시)는 회로이론에서 다음과 같이 표현한다.

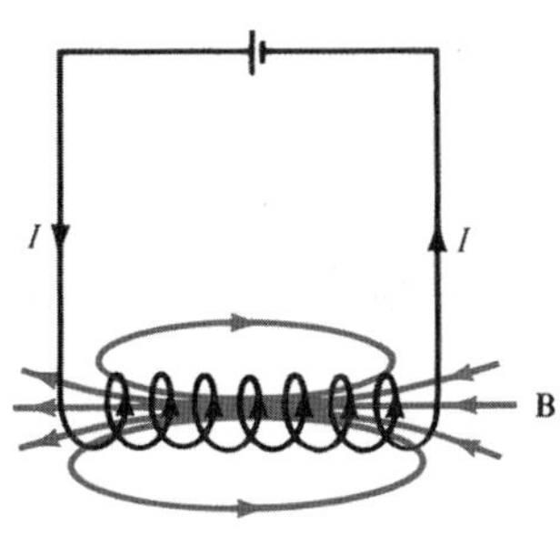

그림 8.19 회로에 의해 발생하는 자기장 B

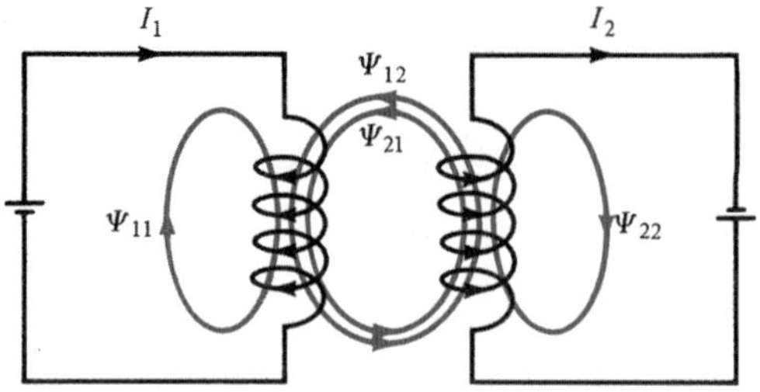

그림 8.20 두 회로 사이의 자기 상호작용

$$W_m = \frac{1}{2}LI^2 \tag{8.53}$$

또는

$$\boxed{L = \frac{2W_m}{I^2}} \tag{8.54}$$

따라서 회로의 자기인덕턴스는 에너지를 고려하여 정의되거나, 또는 계산될 수 있다.

단일 회로 대신에 그림 8.20과 같이 각각 I_1과 I_2의 전류가 흐르는 2개의 회로가 있다면, 회로들 사이에는 자기 상호작용이 존재한다. 4개의 자속성분 Ψ_{11}, Ψ_{12}, Ψ_{21}, Ψ_{22}가 발생한다. 예를 들어 Ψ_{12}는 회로 2에 흐르는 전류 I_2에 의해 발생된 자속 중 회로 1과 쇄교하는 자속이다. 만일 I_2에 의해 생긴 자속밀도를 $\mathbf{B}_2$라 하고 회로 1의 단면적을 S_1이라 하면, Ψ_{12}는

$$\Psi_{12} = \int_{S_1} \mathbf{B}_2 \cdot d\mathbf{S}_1 \tag{8.55}$$

으로 구할 수 있다. 전류 I_2에 의한 자속이 회로 1과 쇄교하는 총자속 $\lambda_{12} = N_1\Psi_{12}$를 전류 I_2로 나눈 값을 M_{12}라 하고 이를 **상호인덕턴스**(mutual inductance)라 한다.

$$\boxed{M_{12} = \frac{\lambda_{12}}{I_2} = \frac{N_1\Psi_{12}}{I_2}} \tag{8.56}$$

마찬가지로, 상호인덕턴스 M_{21}은 전류 I_1에 의해 생긴 자속 중 회로 2와 쇄교하는 총자속을 전류 I_1으로 나눈 값이다. 즉, 다음과 같이 된다.

$$M_{21} = \frac{\lambda_{21}}{I_1} = \frac{N_2\Psi_{21}}{I_1} \tag{8.57a}$$

두 회로가 놓여 있는 주위의 매질이 선형이라면(강자성 재료가 없는 경우), 에너지 개념을 사용하여 다음 식이 성립됨을 알 수 있다.

$$M_{12} = M_{21} \tag{8.57b}$$

상호인덕턴스 M_{12} 또는 M_{21}의 단위는 henry이며, Ampere/meter의 단위를 갖는 자화의 세기 **M**과 혼동하지 않도록 하라. 상호인덕턴스는 변압기 동작의 핵심이다.

회로 1과 2의 자기인덕턴스는 각각

$$L_1 = \frac{\lambda_{11}}{I_1} = \frac{N_1\Psi_1}{I_1} \tag{8.58}$$

그리고

$$L_2 = \frac{\lambda_{22}}{I_2} = \frac{N_2\Psi_2}{I_2} \tag{8.59}$$

로 정의하며, 여기서 $\Psi_1 = \Psi_{11} + \Psi_{12}$이고, $\Psi_2 = \Psi_{21} + \Psi_{22}$이다. 자기장에 저장된 총 에너지는 L_1, L_2, M_{12}(또는 M_{21})에 의한 에너지의 합이다. 즉,

$$\begin{aligned} W_m &= W_1 + W_2 + W_{12} \\ &= \frac{1}{2}L_1I_1^2 + \frac{1}{2}L_2I_2^2 \pm M_{12}I_1I_2 \end{aligned} \tag{8.60}$$

이며, 여기서 + 부호는 두 회로에 의한 자기장이 서로 합해지도록 전류 I_1과 I_2가 흐르는 경우이고, 두 회로의 자기장이 서로 반대가 되도록 전류 I_1과 I_2가 흐르는 경우에는 음의 부호를 택한다.

앞에서 언급한 바와 같이 인덕터는 자기에너지를 저장시키기 위해 도체를 적절한 모양으로 만든 것이다. 가장 많이 사용되는 보편적인 인덕터는 토로이드(toroid), 솔레노이드(solenoid), 동축선로 그리고 평행전송선로이다. 이들 인덕터의 인덕턴스는 다음 과정에 의해 계산된다. 이는 커패시터의 정전용량을 구했던 방법과 유사하다. 주어진 인덕터에 대하여 아래의 단계를 거쳐서 자기인덕턴스 L을 구한다.

1. 적절한 좌표계를 선택한다.
2. 인덕터에 전류 I가 흐른다고 가정한다.
3. Biot-Savart의 법칙(또는 대칭성이 있으면 Ampère의 법칙)에 의해 **B**를 구하고, 그런 다음 $\Psi = \int_s \mathbf{B} \cdot d\mathbf{S}$로부터 Ψ를 계산한다.
4. 마지막으로 $L = \dfrac{\lambda}{I} = \dfrac{N\Psi}{I}$에 의해 L을 구한다.

두 회로 사이의 상호인덕턴스도 같은 과정을 거쳐서 구할 수 있다.

동축전송선로나 평행전송선로와 같은 인덕터에서는 인덕턴스를 둘로 나누어 생각할 수 있다. 도체 내부를 통과하는 자속이 쇄교하여 얻어지는 인덕턴스를 **내부인덕턴스**(internal inductance) L_{in}이라 하고, 반면에 도체 외부의 자속에 의해 생기는 것을 **외부인덕터스**(external inductance) L_{ext}라 한다. 따라서 총 인덕턴스는

$$L = L_{\text{in}} + L_{\text{ext}} \tag{8.61}$$

이다. 커패시터에서 보여주었던 식 (6.35)의

$$RC = \frac{\varepsilon}{\sigma} \tag{8.35}$$

과 같이 인덕터에서도

$$\boxed{L_{\text{ext}}C = \mu\varepsilon} \tag{8.62}$$

이 성립한다. 따라서 C를 구할 수 있다면 식 (8.62)를 사용하여 L_{ext}를 구할 수 있다.

몇 가지 기본소자에 대한 인덕턴스를 표 8.3에 나타내었다. 모든 인덕턴스 값은 앞에서 설명한 과정을 거쳐 구하였다.[3]

8.9 자기에너지

정전기장에서 포텐셜에너지가

$$W_E = \frac{1}{2}\int \mathbf{D}\cdot\mathbf{E}\,dv = \frac{1}{2}\int \varepsilon E^2\,dv \tag{4.89}$$

로 유도되었던 것처럼 정자기장에서의 에너지를 유사한 표현식으로 유도할 수 있다. 간단한 접근방법은 인덕터에서의 자기에너지를 사용하는 것이다. 식 (8.53)으로부터

$$W_m = \frac{1}{2}LI^2 \tag{8.53}$$

이며, 인덕터의 자기장 $\mathbf{B}$에 저장된 에너지이다. 식 (8.53)을 $\mathbf{B}$와 $\mathbf{H}$로 표현해 보자.

그림 8.21에서와 같이 자기장 $\mathbf{B}$ 내에 있는 미소체적을 고찰해 보자. 체적의 윗면과 아랫면은전류 ΔI가 흐르는 도체판으로 되어 있다고 하자. 자기장이 존재하는 전체 영역이 이와 같은 미소체적으로 차 있다고 가정한다. 식 (8.52)에서 각 미소체적은

$$\Delta L = \frac{\Delta\Psi}{\Delta I} = \frac{\mu H\,\Delta x\,\Delta z}{\Delta I} \tag{8.63}$$

만큼의 인덕턴스를 갖고 있다. 여기서 $\Delta I = H\,\Delta y$이다. 식 (8.63)을 식 (8.53)에 대입하면

$$\Delta W_m = \frac{1}{2}\Delta L\,\Delta I^2 = \frac{1}{2}\mu H^2\,\Delta x\,\Delta y\,\Delta z \tag{8.64}$$

3) 추가적인 공식은 표준전기편람이나 H. Knoepfel이 저술한 책 *Pulsed High Magnetic Fields*. Amsterdam: North-Holland, 1970, pp. 312-324. 참조

표 8.3 일반소자들의 인덕턴스에 대한 공식

1. 도선

$$L = \frac{\mu_o \ell}{8\pi}$$

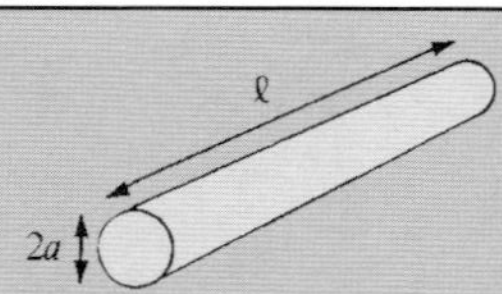

2. 비어 있는 원통

$$L = \frac{\mu_o \ell}{2\pi}\left(\ln\frac{2\ell}{\mathbf{a}} - 1\right)$$

$$\ell \gg \mathbf{a}$$

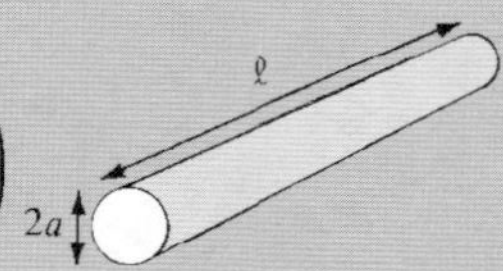

3. 평행도선

$$L = \frac{\mu_o \ell}{\pi}\ln\frac{d}{a}$$

$$\ell \gg d,\ d \gg a$$

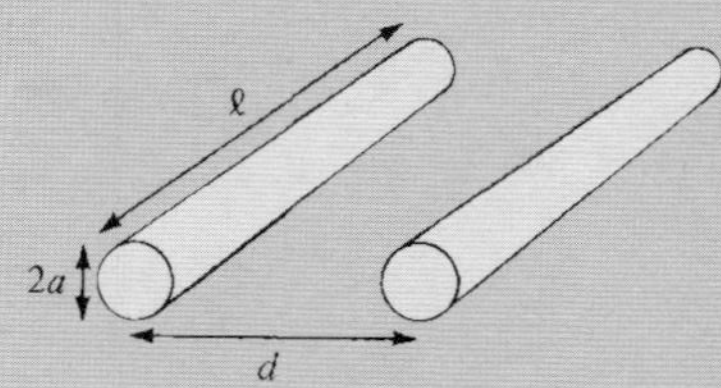

4. 동축선로

$$L = \frac{\mu_o \ell}{2\pi}\ln\frac{b}{a}$$

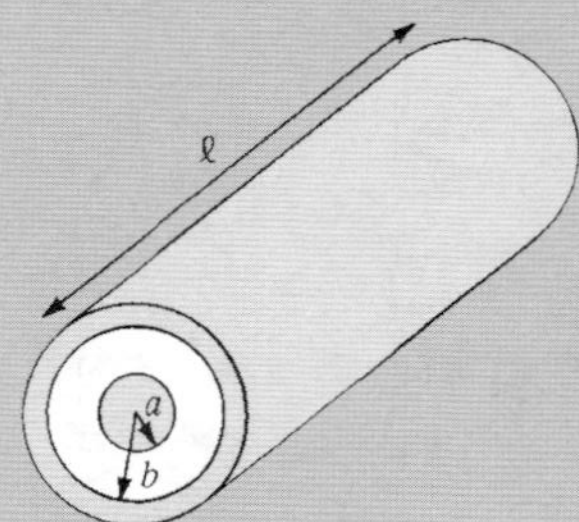

5. 원형루프

$$L = \frac{\mu_o \ell}{2\pi}\left(\ln\frac{4\ell}{d} - 2.45\right)$$

$$\ell = 2\pi\rho_o,\ \rho_o \gg d$$

6. 솔레노이드

$$L = \frac{\mu_o N^2 S}{\ell}$$

$$\ell \gg a$$

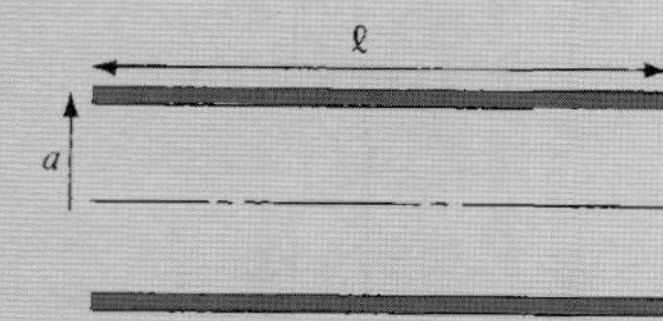

7. 토로이드(원형 단면)

$$L = \mu_o N^2[\rho_o - \sqrt{\rho_o^2 - a^2}]$$

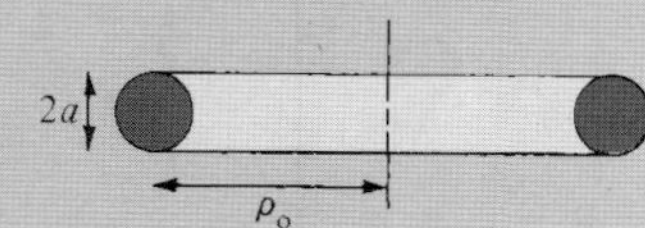

8. 도체판

$$L = \mu_o\, 2\ell\left(\ln\frac{2\ell}{b + t} + 0.5\right)$$

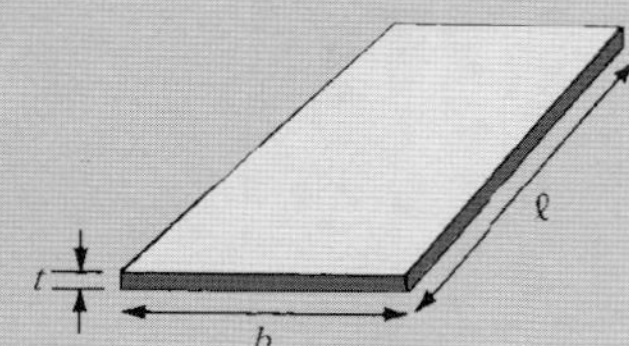

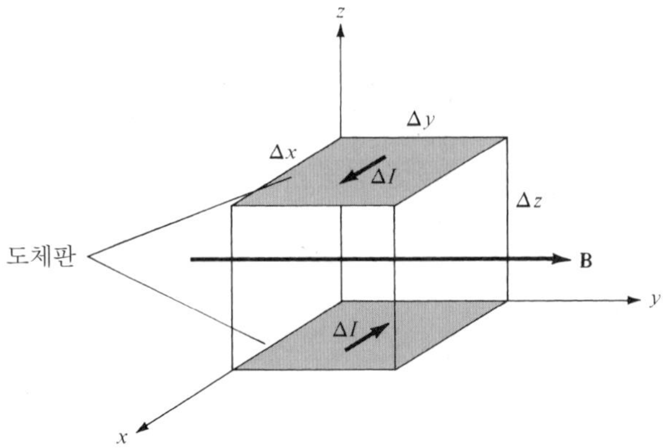

그림 8.21 자기장 내의 미소체적

또는

$$\Delta W_m = \frac{1}{2}\mu H^2 \, \Delta v$$

가 된다. 정자기에너지밀도 w_m(J/m^3)은 아래와 같이 정의된다.

$$w_m = \lim_{\Delta v \to 0} \frac{\Delta W_m}{\Delta v} = \frac{1}{2}\mu H^2$$

따라서

$$w_m = \frac{1}{2}\mu H^2 = \frac{1}{2}\mathbf{B} \cdot \mathbf{H} = \frac{B^2}{2\mu} \tag{8.65}$$

이 된다. 그러므로 선형매질에서 정자기장 내의 에너지는

$$W_m = \int_v w_m \, dv$$

또는

$$\boxed{W_m = \frac{1}{2}\int_v \mathbf{B} \cdot \mathbf{H} \, dv = \frac{1}{2}\int_v \mu \mathrm{H}^2 \, dv} \tag{8.66}$$

이며, 이 식은 정전기장에 대한 식 (4.89)와 유사하다.

예제 8.10

무한히 긴 솔레노이드의 단위길이당 자기인덕턴스를 구하라.

풀이

무한히 긴 솔레노이드에 대한 예제 7.4를 참조하면 단위길이당 솔레노이드 내부의 자속밀도는

$$B = \mu H = \mu In$$

이며, 여기서 $n = N/\ell$ = 단위길이당 권선수이다. S를 솔레노이드의 단면적이라 하면 단면을 통과하는 총 자속은

$$\Psi = BS = \mu InS$$

이다. 이 자속은 솔레노이드의 단위길이당 자속이므로 단위길이당 쇄교자속은

$$\lambda' = \frac{\lambda}{\ell} = n\Psi = \mu n^2 IS$$

이다. 따라서 단위길이당 인덕턴스는 다음과 같다.

$$L' = \frac{L}{\ell} = \frac{\lambda'}{I} = \mu n^2 S$$

$$\boxed{L' = \mu n^2 S} \quad \text{H/m}$$

연습문제 8.10

2×2 cm의 단면적을 갖는 매우 긴 솔레노이드의 내부가 철심($\mu_r = 1000$)으로 채워져 있으며, 단위길이당 권선수가 4000회이다. 500 mA의 전류가 흐를 때 다음을 구하라.

(a) 단위길이당 자기인덕턴스

(b) 솔레노이드에 저장되는 단위길이당 에너지

해답: (a) 8.042 H/m, (b) 1.005 J/m

예제 8.11

내부 반경이 a이고 외부 반경이 b인 동축선로의 자기인덕턴스를 구하라.

풀이

인덕터의 자기인덕턴스는 두 가지 방법으로 구할 수 있다. 즉, 8.8절에서 제시된 4단계의 과정을 거쳐서 구하는 방법과 식 (8.54)와 (8.66)을 사용하여 구하는 방법이다.

방법 1: 동축선로의 단면이 그림 8.22와 같다고 하자. Ampère의 주회법칙으로 구한 식 (7.29)로부터 영역 1($0 \le \rho \le a$)에서는

$$\mathbf{B}_1 = \frac{\mu I \rho}{2\pi a^2}\,\mathbf{a}_\phi$$

그리고 영역 2($a \le \rho \le b$)에서는

$$\mathbf{B}_2 = \frac{\mu I}{2\pi\rho}\mathbf{a}_\phi$$

이다. 내부도체에 의한 내부인덕턴스 L_{in}은 내부도체와 쇄교하는 자속을 구하면 알 수 있다. 그림 8.22(a)에서 두께 $d\rho$인 미소원통각(shell)을 통과하는 자속은

$$d\Psi_1 = B_1\,d\rho\,dz = \frac{\mu I\rho}{2\pi a^2}\,d\rho\,dz$$

이다. 쇄교자속은 전체 면적(πa^2)과 구하고자 하는 경로가 만드는 내부면적($\pi\rho^2$)과의 비를 $d\Psi_1$에 곱해야 된다. 즉,

$$d\lambda_1 = d\Psi_1\cdot\frac{I_{\text{enc}}}{I} = d\Psi_1\cdot\frac{\pi\rho^2}{\pi a^2}$$

이며, 이는 단면 전체에 걸쳐 균일하게 분포하는 직류전류이기 때문이다. 따라서 미소 자속 성분 중에서 총 쇄교자속은

$$d\lambda_1 = \frac{\mu I\rho\,d\rho\,dz}{2\pi a^2}\cdot\frac{\rho^2}{a^2}$$

이며, 선로의 길이 ℓ에 대하여

$$\lambda_1 = \int_{\rho=0}^{a}\int_{z=0}^{\ell}\frac{\mu I\rho^3\,d\rho\,dz}{2\pi a^4} = \frac{\mu I\ell}{8\pi}$$

$$L_{\text{in}} = \frac{\lambda_1}{I} = \frac{\mu\ell}{8\pi} \tag{8.11.1}$$

이 된다. 단위길이당 내부인덕턴스는

$$\boxed{L'_{\text{in}} = \frac{L_{\text{in}}}{\ell} = \frac{\mu}{8\pi} \qquad \text{H/m}} \tag{8.11.2}$$

이고, 도체나 도선의 반경과는 무관하다. 인덕턴스는 a에 의존하지 않기 때문에 도선을 가

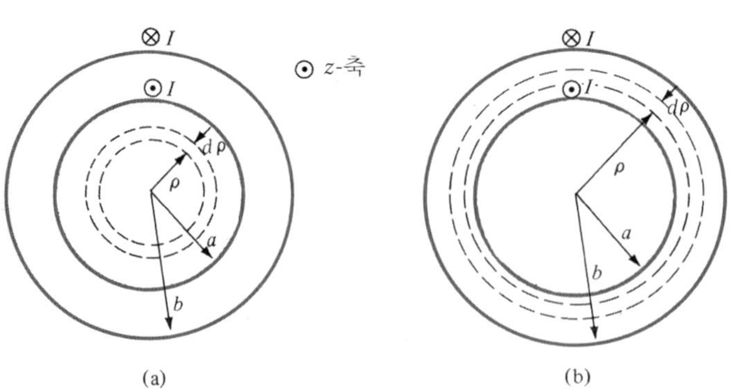

그림 8.22 예제 8.11의 동축 케이블의 단면: (a) 영역 1, 0 $<\rho<a$, (b) 영역 2, $a<\rho<b$

능한 얇게 만들 수 있다. 또한 식 (8.11.1)과 (8.11.2)는 유한한 반경을 갖는 무한히 긴 직선도체의 인덕턴스를 구하는 데도 적용된다.

그림 8.22(b)에서 보여준 내부도체와 외부도체 사이의 면과 쇄교하는 자속을 구하면 외부인덕턴스 L_{ext}를 구할 수 있다. 두께 $d\rho$의 미소원통각을 통하는 자속은

$$d\Psi_2 = B_2\, d\rho\, dz = \frac{\mu I}{2\pi\rho}\, d\rho\, dz$$

이며, 이 경우에는 전체 전류 I가 자속을 둘러싸는 경로 내에 있다. 그러므로

$$\lambda_2 = \Psi_2 = \int_{\rho=a}^{b}\int_{z=0}^{\ell} \frac{\mu I\, d\rho\, dz}{2\pi\rho} = \frac{\mu I \ell}{2\pi}\ln\frac{b}{a}$$

$$L_{\text{ext}} = \frac{\lambda_2}{I} = \frac{\mu\ell}{2\pi}\ln\frac{b}{a}$$

가 된다. 따라서

$$L = L_{\text{in}} + L_{\text{ext}} = \frac{\mu\ell}{2\pi}\left[\frac{1}{4} + \ln\frac{b}{a}\right]$$

또는 단위길이당 인덕턴스는 아래와 같다.

$$\boxed{L' = \frac{L}{\ell} = \frac{\mu}{2\pi}\left[\frac{1}{4} + \ln\frac{b}{a}\right]} \qquad \text{H/m}$$

방법 2: L을 결정하기 위해 식 (8.54)와 (8.66)을 사용하는 것이 쉽다. 즉,

$$W_m = \frac{1}{2}LI^2 \quad \text{또는} \quad L = \frac{2W_m}{I^2}$$

여기서

$$W_m = \frac{1}{2}\int \mathbf{B}\cdot\mathbf{H}\, dv = \int \frac{B^2}{2\mu}\, dv$$

이다. 따라서

$$L_{\text{in}} = \frac{2}{I^2}\int_v \frac{B_1^2}{2\mu}\, dv = \frac{1}{I^2\mu}\iiint \frac{\mu^2 I^2 \rho^2}{4\pi^2 a^4}\,\rho\, d\rho\, d\phi\, dz$$

$$= \frac{\mu}{4\pi^2 a^4}\int_0^{\ell} dz \int_0^{2\pi} d\phi \int_0^{a} \rho^3\, d\rho = \frac{\mu\ell}{8\pi}$$

$$L_{\text{ext}} = \frac{2}{I^2}\int_v \frac{B_2^2}{2\mu}\, dv = \frac{1}{I^2\mu}\iiint \frac{\mu^2 I^2}{4\pi^2\rho^2}\,\rho\, d\rho\, d\phi\, dz$$

$$= \frac{\mu}{4\pi^2}\int_0^{\ell} dz \int_0^{2\pi} d\phi \int_a^{b} \frac{d\rho}{\rho} = \frac{\mu\ell}{2\pi}\ln\frac{b}{a}$$

그리고

$$L = L_{in} + L_{ext} = \frac{\mu\ell}{2\pi}\left[\frac{1}{4} + \ln\frac{b}{a}\right]$$

가 되어 앞에서 구한 결과와 같다.

연습문제 8.11

예제 8.11의 동축선로에서 내부도체와 외부도체 사이의 공간이 투자율 $\mu = 2\mu_o/(1+\rho)$인 비균질 매질로 채워져 있다고 할 때 자기인덕턴스를 구하라.

해답: $\dfrac{\mu_o\ell}{8\pi} + \dfrac{\mu_o\ell}{\pi}\left[\ln\dfrac{b}{a} - \ln\dfrac{(1+b)}{(1+a)}\right]$

예제 8.12

간격 d인 평행 2선식 선로의 단위길이당 인덕턴스를 구하라. 각 선로는 표 8.3의 3에서 보여준 바와 같이 반경 a이다.

풀이

예제 8.11에서와 같이 두 가지 방법이 있다.

방법 1: 예제 8.11에서 구했던 방법과 똑같이 L_{in}을 구하자. $0 \le \rho \le a$인 영역에서는

$$\lambda_1 = \frac{\mu I\ell}{8\pi}$$

이며, $a \le \rho \le d-a$인 영역으로 표시되는 두 도선 사이에서의 쇄교자속은

$$\lambda_2 = \Psi_2 = \int_{\rho=a}^{d-a}\int_{z=0}^{\ell}\frac{\mu I}{2\pi\rho}\,d\rho\,dz = \frac{\mu I\ell}{2\pi}\ln\frac{d-a}{a}$$

이며, 따라서 도선 1에 의해 발생하는 쇄교자속은

$$\lambda_1 + \lambda_2 = \frac{\mu I\ell}{8\pi} + \frac{\mu I\ell}{2\pi}\ln\frac{d-a}{a}$$

이다. 대칭성에 따라 선로 2에 흐르는 전류 $-I$에 의해 같은 양의 자속이 발생하므로 총 쇄교자속은

$$\lambda = 2(\lambda_1 + \lambda_2) = \frac{\mu I\ell}{\pi}\left[\frac{1}{4} + \ln\frac{d-a}{a}\right] = LI$$

가 된다. $d \gg a$이면 단위길이당 자기인덕턴스는 다음과 같다.

$$\boxed{L' = \frac{L}{\ell} = \frac{\mu}{\pi}\left[\frac{1}{4} + \ln\frac{d}{a}\right]} \qquad \text{H/m}$$

방법 2: 예제 8.11에서

$$L_{\text{in}} = \frac{\mu\ell}{8\pi}$$

이며,

$$L_{ext} = \frac{2}{I^2}\int\frac{B^2\,dv}{2\mu} = \frac{1}{I^2\mu}\iiint\frac{\mu^2I^2}{4\pi^2\rho^2}\rho\,d\rho\,d\phi\,dz$$

$$= \frac{\mu}{4\pi^2}\int_0^{\ell}dz\int_0^{2\pi}d\phi\int_a^{d-a}\frac{d\rho}{\rho}$$

$$= \frac{\mu\ell}{2\pi}\ln\frac{d-a}{a}$$

이다. 두 도선은 대칭이므로

$$L = 2\,(L_{\text{in}} + L_{\text{ext}})$$

$$= \frac{\mu\ell}{\pi}\left[\frac{1}{4} + \ln\frac{d-a}{a}\right]\text{H}$$

가 되어 앞에서 얻은 결과와 같다.

연습문제 8.12

2개의 10번 구리도선(직경이 2.588 mm)이 공기 중에 간격 d만큼 떨어져서 나란히 놓여 있다. 각 도선의 인덕턴스가 1.2 μH/m라 할 때, 다음을 구하라.

(a) 각 도선의 단위길이당 L_{in}과 L_{ext}

(b) 간격 d

해답: (a) 0.05 그리고 1.15 μH/m, (b) 40.79 cm

예제 8.13

그림 8.23에서와 같이 반경이 a와 $b(b < a)$인 2개의 동심 원형 도선이 간격 $h(h \gg a, b)$만큼 떨어져 있다. 두 도선 사이의 상호인덕턴스를 구하라.

풀이

도선 1에 전류 I_1이 흐른다고 하자. 도선 2 상의 임의점 P에서 도선 1의 I_1에 의한 자기 벡터

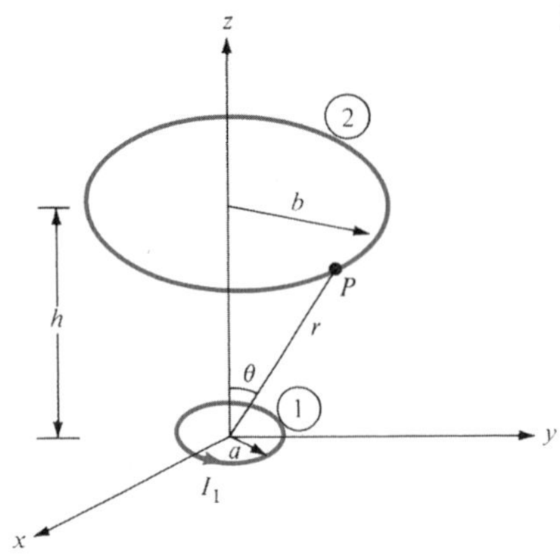

그림 8.23 2개의 동심 원형 도선(예제 8.13의 그림)

포텐셜은 식 (8.21a)로 주어졌다. 즉,

$$\mathbf{A}_1 = \frac{\mu I_1 a^2 \sin\theta}{4r^2}\mathbf{a}_\phi = \frac{\mu I_1 a^2 b\,\mathbf{a}_\phi}{4[h^2 + b^2]^{3/2}}$$

만일 $h \gg b$이면

$$\mathbf{A}_1 \simeq \frac{\mu I_1 a^2 b}{4h^3}\mathbf{a}_\phi$$

가 된다. 따라서

$$\Psi_{12} = \oint \mathbf{A}_1 \cdot d\mathbf{l}_2 = \frac{\mu I_1 a^2 b}{4h^3} 2\pi b = \frac{\mu \pi I_1 a^2 b^2}{2h^3}$$

그리고

$$M_{12} = \frac{\Psi_{12}}{I_1} = \frac{\mu \pi a^2 b^2}{2h^3}$$

연습문제 8.13

반경이 2 m와 3 m인 2개의 동심 원형루프가 한 평면 상에 놓여 있다. 이 두 루프 사이의 상호인덕턴스를 구하라.

해답: 2.632 mH

†8.10 자기회로

자기회로의 개념은 회로적 접근법을 사용하여 자기장 문제들을 푸는데 기초를 두고 있다. 토로이드, 변압기, 모터, 발전기 그리고 계전기와 같은 자기장치들은 자기회로와 같이 생각할 수 있다. 자기회로와 전기회로 간의 유사성을 이용한다면 이러한 자기회로의 해석은 간단하게 해낼 수 있다. 자기회로의 해는 유사한 전기회로의 개념을 직접 적용할 수 있다면 쉽게 얻을 수 있다.

전기회로와 자기회로 사이의 유사성을 표 8.4에 요약하였고, 그림 8.24에 그림으로 나타내었다. 독자들은 표 8.4와 그림 8.24를 계속 공부하기 바란다. 먼저 표에는 2개의 새로운 항이 있다는 것을 주시하자. **기자력**(magnetomotive force, mmf) $\mathscr{F}$는

$$\boxed{\mathscr{F} = NI = \oint \mathbf{H} \cdot d\mathbf{l}} \tag{8.67}$$

표 8.4 전기회로와 자기회로의 비교

전기회로	자기회로
도전율 σ	투자율 μ
전기장의 세기 E	자기장의 세기 H
전류 $I = \int \mathbf{J} \cdot d\mathbf{S}$	자속 $\Psi = \int \mathbf{B} \cdot d\mathbf{S}$
전류밀도 $J = \dfrac{I}{S} = \sigma E$	자속밀도 $B = \dfrac{\Psi}{S} = \mu H$
기전력(emf) V	기자력(mmf) $\mathscr{F}$
저항 R	자기저항 $\mathscr{R}$
콘덕턴스 $G = \dfrac{1}{R}$	퍼미언스 $\mathscr{P} = \dfrac{1}{\mathscr{R}}$
Ohm의 법칙 $R = \dfrac{V}{I} = \dfrac{\ell}{\sigma S}$	Ohm의 법칙 $\mathscr{R} = \dfrac{\mathscr{F}}{\Psi} = \dfrac{\ell}{\mu S}$
또는 $V = E\ell = IR$	또는 $\mathscr{F} = H\ell = \Psi\mathscr{R} = NI$
Kirchhoff의 법칙:	Kirchhoff의 법칙:
$\sum I = 0$	$\sum \Psi = 0$
$\sum V - \sum RI = 0$	$\sum \mathscr{F} - \sum \mathscr{R}\Psi = 0$

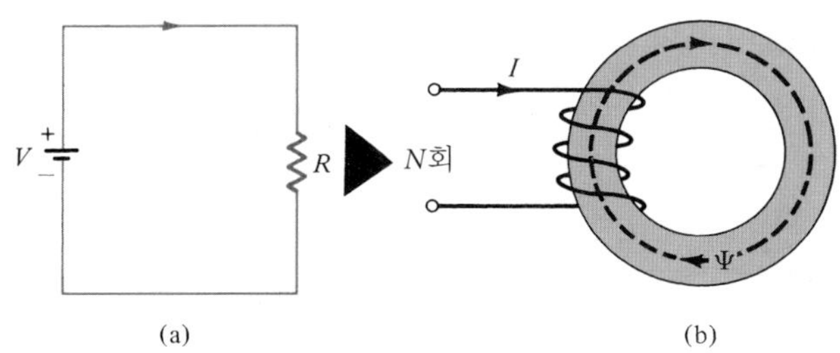

그림 8.24 (a) 전기회로와 (b) 자기회로 사이의 유사성

로 정의되며, 단위는 ampere-turn(A · t)이다. 자기회로에서 기자력의 원천은 그림 8.24에서 보인 바와 같이 전류가 흐르는 코일이다. 또한 **자기저항**(reluctance) $\mathcal{R}$을 정의하자.

$$\boxed{\mathcal{R} = \frac{\ell}{\mu S}} \tag{8.68}$$

단위는 ampere-turns/weber(A · t/Wb)이다. 여기서 ℓ과 S는 각각 자기코어의 평균길이와 단면적이다. 자기저항의 역수를 **퍼미언스**(permeance) $\mathcal{P}$라 한다. 회로소자들에 대한 기본적인 관계는 Ohm의 법칙($V = IR$)이다.

$$\boxed{\mathcal{F} = \Psi \mathcal{R}} \tag{8.69}$$

이것을 기본으로 하여 Kirchhoff의 전류와 전압법칙을 전기회로와 같이 자기회로의 노드와 루프에 적용할 수 있다. 전압을 더하는 방법이 곧 기자력을 더하는 방법과 같으며, 저항의 직 · 병렬 결합에 의한 계산방법이 자기저항에서도 똑같이 계산된다. 따라서 직렬로 연결된 n개의 소자들에 대해서

$$\Psi_1 = \Psi_2 = \Psi_3 = \cdots = \Psi_n \tag{8.70}$$

이 되며, 그리고

$$\mathcal{F} = \mathcal{F}_1 + \mathcal{F}_2 + \cdots + \mathcal{F}_n \tag{8.71}$$

이 된다. n개의 소자가 병렬로 접속된 자기회로에서는 아래와 같은 관계가 성립한다.

$$\Psi = \Psi_1 + \Psi_2 + \Psi_3 + \cdots + \Psi_n \tag{8.72}$$

그리고

$$\mathcal{F}_1 = \mathcal{F}_2 = \mathcal{F}_3 = \cdots = \mathcal{F}_n \tag{8.73}$$

이제 전기회로와 자기회로와의 다른 점을 지적할 것이다. 전기회로에는 전류 I가 흐른다. 이와는 달리 자속은 흐르지 않는다. 또한 전기회로에서 도전율 σ는 전류밀도 J와는 무관하나 자기회로에서 투자율 μ는 자속밀도 B에 따라 변한다. 이것은 대부분 실제 사용되는 자기장치들이 강자성체(비선형)로 만들어졌기 때문이다. 그럼에도 불구하고 실제 자기장치를 근사적으로 해석하는 데는 자기회로 개념을 사용한다.

†8.11 자성체에 작용하는 힘

실제 응용에서 자기장 내에서 자성체에 작용하는 힘을 구하는 것이 필요하다. 이 응용은 전

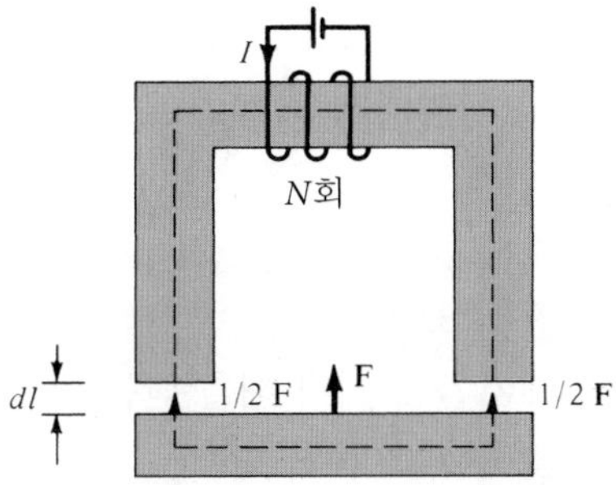

그림 8.25 전자석

자석, 계전기 그리고 회전기계와 같은 전기기계 시스템에서 유용하다. 예를 들어 그림 8.25와 같이 일정한 비투자율을 갖는 철로 만들어진 전자석을 고려해 보자. 권선수가 N회이고, 전류 I가 흐르는 코일에서 가장자리 효과를 무시하면 공극에서의 자기장의 세기는 철 내에서의 세기와 같다($B_{1n} = B_{2n}$). 2개의 철편 사이에 작용하는 힘을 구하기 위해 자기회로의 두 철편이 미소변위 $d\mathbf{l}$만큼 떨어지게 될 때 총에너지의 변화를 계산하여야 한다. 변위(이동)를 시키기 위해 필요한 일은 공극에 저장된 에너지의 변화와 같다(전류가 일정하다고 가정). 즉

$$-F\,d\ell = dW_m = 2\left[\frac{1}{2}\frac{B^2}{\mu_o}S\,d\ell\right] \tag{8.74}$$

이며, 여기서 S는 공극의 단면적이고, 공극이 2개가 있기 때문에 괄호 밖에 2를 곱하였다. 그리고 음의 부호는 공극을 감소시키도록 힘이 작용함을 의미한다(즉, 힘은 인력이다). 따라서

$$F = -2\left(\frac{B^2 S}{2\mu_o}\right) \tag{8.75}$$

가 된다. 힘은 아래쪽 철편에 작용하며, 전류가 흐르는 위쪽 철편에는 작용하지 않는다. **단일** 공극에서 끌어당기는 힘은 식 (8.75)로부터 아래와 같이 구할 수 있다.

$$\boxed{F = -\frac{B^2 S}{2\mu_o}} \tag{8.76}$$

식 (8.76)은 정전기장 예제 5.8에서 구한 결과식과 유사하다. 식 (8.76)은 계전기, 회전기계, 그리고 자기부상을 포함한 많은 형태의 장치에서 힘을 구하는 데 사용된다. 자화된 자성체의 표면에서 끌어당기는 압력(N/m^2)은

$$p = \frac{F}{S} = \frac{B^2}{2\mu_o} = \frac{1}{2}BH \tag{8.77}$$

로 계산되며, 공극에서의 에너지밀도 w_m과 같다.

예제 8.14

그림 8.26(a)의 토로이드 코어의 평균 반경이 $\rho_o = 10$ cm이고, $a = 1$ cm인 원형 단면을 갖는다. 코어는 강철($\mu = 1000\ \mu_o$)로 만들어졌고, 코일의 권선수는 200회라 할 때 코어 내에서 자속이 0.5 mWb가 되기 위한 전류를 구하라.

풀이

2가지 다른 방법으로 풀 수 있다. 즉, 자기장의 세기를 구해서 해를 얻는 방법(직접방법)과 전기회로와의 유사성(간접방법)을 이용하는 방법이 있다.

방법 1: ρ_o가 a에 비해 크므로 예제 7.6에서

$$B = \frac{\mu NI}{\ell} = \frac{\mu_o \mu_r NI}{2\pi\rho_o}$$

따라서

$$\Psi = BS = \frac{\mu_o \mu_r NI\, \pi a^2}{2\pi\rho_o}$$

또는

$$I = \frac{2\rho_o \Psi}{\mu_o \mu_r N a^2} = \frac{2(10 \times 10^{-2})(0.5 \times 10^{-3})}{4\pi \times 10^{-7}(1000)(200)(1 \times 10^{-4})}$$

$$= \frac{100}{8\pi} = 3.979 \text{ A}$$

가 된다.

방법 2: 그림 8.26(a)에서 토로이드 코어는 그림 8.26(b)의 전기회로와 유사하다. 회로와 표 8.4에서

$$\mathscr{F} = NI = \Psi\mathscr{R} = \Psi\frac{\ell}{\mu S} = \Psi\frac{2\pi\rho_o}{\mu_o\mu_r\pi a^2}$$

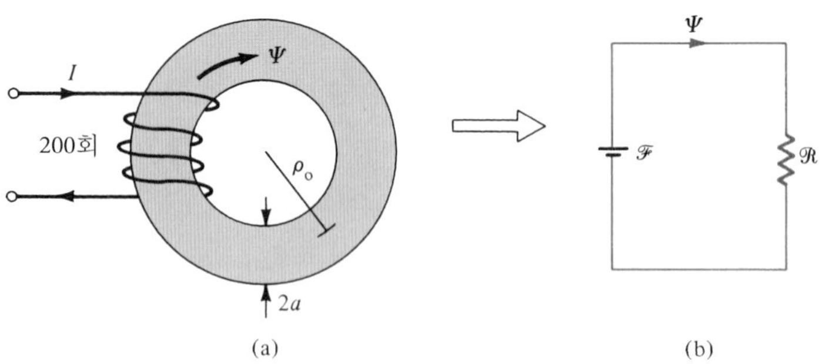

그림 8.26 (a) 예제 8.14의 토로이드 코어, (b) 등가 유사전기회로

(c) ε과 μ (d) IR과 $H\mathcal{R}$

(e) $\Sigma I = 0$과 $\Sigma \Psi = 0$

8.10 매우 가는 도선으로 이루어진 다층 코일의 권선수는 2000회이고, 길이는 20 mm이며, 두께는 5 mm이다. 코일에 5 mA의 전류가 흐를 때 발생하는 기자력은?

(a) 10 A · t (b) 500 A · t

(c) 2000 A · t (d) 위의 값 중 어느 것도 해당되지 않음.

해답: 8.1b,c, 8.2b, 8.3a, 8.4d, 8.5c, 8.6a, 8.7b, 8.8c, 8.9c,d, 8.10a.

문제 8.2 자기장에 의한 힘

8.1 $\mathbf{E} = 2xyz\mathbf{a}_x + x^2z\mathbf{a}_y + x^2y\mathbf{a}_z$ V/m와 $\mathbf{B} = y^2\mathbf{a}_x + z^2\mathbf{a}_y + x^2\mathbf{a}_z$ Wb/m^{2}가 존재하는 영역에서 4 mC의 전하가 점 $P(2, 5, -3)$에서 $\mathbf{u} = 1.4\mathbf{a}_x - 3.2\mathbf{a}_y - \mathbf{a}_z$ m/s인 속도를 갖는다. 점 P에서 전하가 받는 힘을 구하라.

8.2 $B = 0.2 \times 10^{-4} T$인 자속밀도에 수직이 되는 원형 경로를 따라 2 μC인 하전 입자가 원형으로 돌고 있다. 회전 반경이 10 cm일 때 입자의 운동량을 구하라.

8.3 1 mC인 전하가 $10\mathbf{a}_x - 2\mathbf{a}_y + 6\mathbf{a}_z$ m/s의 속도로 자속밀도 $25\mathbf{a}_z$ Wb/m^{2}인 영역으로 들어간다. (a) 이 전하가 받는 힘을 계산하라. (b) 이 전하의 속도가 일정하도록 하는데 필요한 전기장의 세기를 구하라.

8.4 전기장이 20 kV/m이고 자속밀도가 5 μWb/m^{2}인 영역이 있다고 가정한다. 전자가 0.5×10^8 m/s의 속도로 이르렀다고 할 때 전기력과 자기력의 비를 구하라.

8.5 질량 $m = 1.7 \times 10^{-27}$ kg이고, 전하량 $q = 1.6 \times 10^{-19}$ C인 하전입자가 자속밀도 $\mathbf{B} = 1.7\mathbf{a}_z$ T인 장 내에서 회전하고 있다. 입자의 속도가 $\mathbf{u} = (-3\mathbf{a}_\phi + 2.5\mathbf{a}_z) \times 10^6$ m/s로 주어졌을 때 (i) 입자에 작용하는 힘, (ii) 궤도의 반경, (iii) 회전 주기, (iv) 사이클로트론(cyclotron) 주파수, 그리고 (v) 나선 경로의 간격(pitch)을 구하라.

8.6 그림 8.31과 같이 $B_o\mathbf{a}_z$인 균일 자기장에 수직으로 전자빔을 투입시키면 전자들이 속도에 따라 분산될 수 있다.

(a) 그림과 같이 입사 빔 방향에 평행한 경로를 따라 전자들이 자기장으로부터 방출됨을 보여라.

(b) 입구점으로부터 출구점까지의 거리 d에 대한 식을 유도하라.

8.7 두 개의 평면 도체가 8 cm로 떨어져 있고, 전위차가 12 kV이다. 두 도체 평면 사

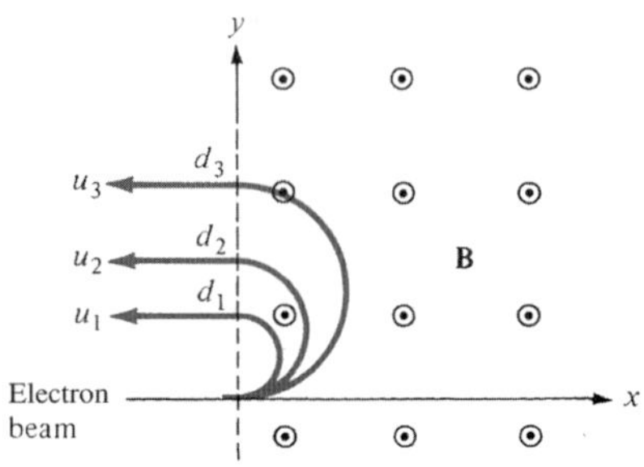

그림 8.31 문제 8.6의 그림

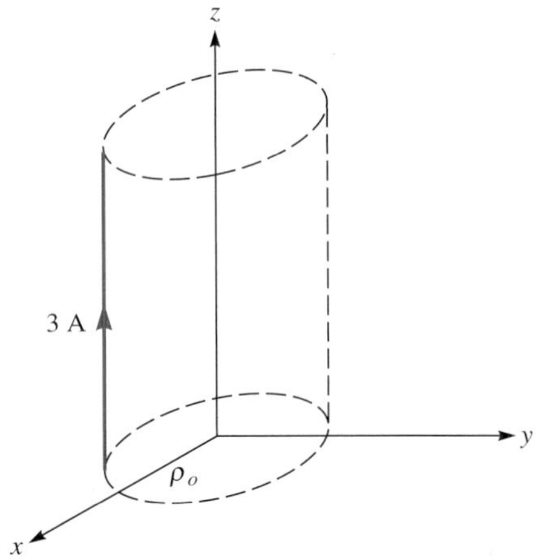

그림 8.32 문제 8.12의 그림

이에 0.4 g의 오일 한 방울이 떨어지지 않고 매달려 있다. 이 오일 방울에 충전된 전하량을 구하라.

8.8 반경이 62 cm인 사이클로트론의 D 형태의 공진기에 1.3 T인 자속이 존재한다. 방출되는 전자의 운동에너지를 구하라.

8.9 12 kV/m인 전기장에 의해 140 m/s의 속도로 움직이는 하전입자가 받는 힘과 동일한 힘을 생성하기 위한 자속밀도 $|\mathbf{B}|$를 구하라.

***8.10** $x = 0, y = 0$; $x = 0, y = 4$; $x = 3, y = 4$로 각각 정의되는 세 개의 무한히 긴 선분 L_1, L_2, L_3를 따라 $\mathbf{a}_z$방향으로 -100 A, 200 A, 300 A의 전류가 각각 흐르고 있다. 다음의 경우에 대하여 단위길이당 작용하는 힘을 구하라.

(a) L_1에 의해 L_2에 작용하는 힘

(b) L_2에 의해 L_1에 작용하는 힘

(c) L_1에 의해 L_3에 작용하는 힘

(d) L_1과 L_2에 의해 L_3에 작용하는 힘

그리고 각 힘들이 반발력인지 혹은 인력인지를 설명하라.

8.11 $0 \leq x \leq 3$, $y = 0$과 $0 \leq x \leq 3$, $y = 4$에 위치한 두 개의 무한한 도체 스트립이 평행하게 놓여 있다고 하자. 각각 $+\mathbf{a}_z$방향과 $-\mathbf{a}_z$방향으로 5 A의 전류가 흐를 때 단위길이당 밀어내는 힘을 구하라.

8.12 그림 8.32와 같이 3 A의 전류가 흐르는 길이가 2 m인 도선이 $\rho_o = 10$ cm인 지점에서 z축 방향으로 평행하게 놓여 있다. 만약 이 영역에서 자기장이 $\cos(\phi/3)\mathbf{a}_\rho$

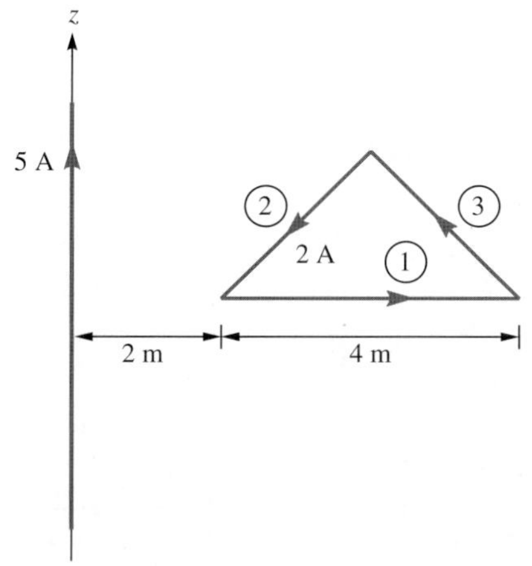

그림 8.33 문제 8.13의 그림

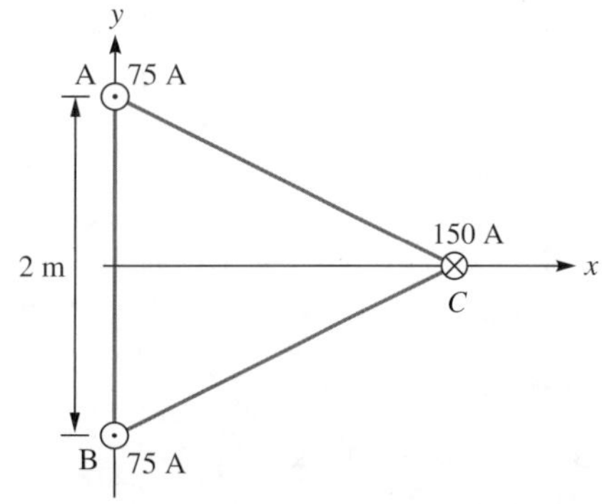

그림 8.34 문제 8.14의 그림

Wb/m^{2}이면, 이 도선이 z축 주위를 한 바퀴 회전하는데 필요한 일의 양은 얼마인가?

***8.13** 그림 8.33에 보인 바와 같이 2 A의 전류가 흐르는 삼각형 도체루프가 5 A의 전류가 흐르는 무한히 긴 직선도체의 근처에 놓여 있다. (a) 삼각형 도체 루프의 ①번 변이 받는 힘을 구하라. (b) 삼각형 도체루프가 받는 전체 힘을 구하라.

***8.14** 그림 8.34에서 보인 것처럼 정삼각형의 꼭짓점 A, B, C에 위치한 세 개의 도체로 이루어진 3상 전송선로가 있다. 어느 순간에 도선 A와 B에는 75 A의 전류가 흐르고, 도선 C에는 150 A의 전류가 반대 방향으로 흐른다. 그 순간에 도선 C에 작용하는 단위길이당 힘을 구하라.

8.15 무한히 긴 가는 도선이 z축에 놓여 있고, z축의 양의 방향으로 5 A의 전류가 흐른다. 또한 $(y-5)^2+z^2=9$, $x=0$로 묘사되는 원형 도체루프에 3 A의 전류가 흐른다. 이들 도선 사이에서 서로 당기는 힘은 얼마인가?

8.16 $0 \le x \le 0.1$, $y=0$과 $0 \le x \le 0.1$, $y=4$에 위치한 두 개의 무한한 도체 스트립이 평행하게 놓여 있다고 하자. 각각 z축의 양의 방향으로, 음의 방향으로 5 A의 전류가 흐를 때 (i) 적분에 의해 정확하게, 그리고 (ii) 두께를 무시하고 스트립을 가는 도선으로 취급하여 단위길이당 밀어내는 힘을 구하라. 두 결과의 차이와 근사에 의한 오차 백분율을 구하라.

8.3~8.4 회전력, 모멘트, 그리고 쌍극자

***8.17** 그림 8.35와 같이 사각형 도체루프에 $I=10$ A의 전류가 흐르고, $\mathbf{B}=4.5(\mathbf{a}_y-\mathbf{a}_z)$ Wb/m^{2}인 영역에 놓여 있다. 루프의 회전력을 구하라.

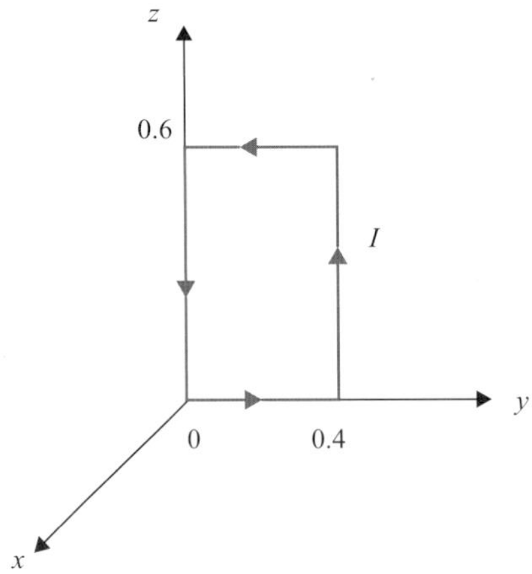

그림 8.35 문제 8.17의 그림

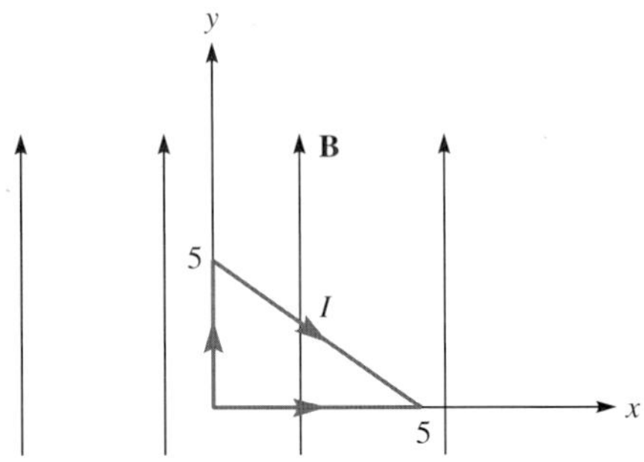

그림 8.36 문제 8.20의 그림

8.18 $x + 2y - 5z = 12$인 평면에 권선수가 60이고, 2 A의 전류가 흐르는 코일이 있다. 코일의 자기쌍극자 모멘트 **m**은 원점으로부터 바깥쪽으로 향한다. 코일의 면적이 8 cm^2일 때 **m**을 계산하라.

8.19 지구는 약 8×10^{22} $A \cdot m^2$의 자기 모멘트를 갖는다. 지구의 반경은 6370 km이다. 적도 둘레에 도체루프가 존재한다고 생각하고, 동일한 자기 모멘트를 발생시키려면 도체루프에 얼마만큼의 전류를 흘려야 하는가?

8.20 그림 8.36에서와 같이 삼각형 도체루프가 x-z면에 놓여 있다. $I = 2$ A의 직류가 도체루프에 흐르고, 이 영역에 $\mathbf{B} = 30\mathbf{a}_z$ mWb/m^2의 자기장이 존재한다. 루프에 작용하는 힘과 회전력을 구하라.

8.21 50회의 권선수와 12 cm^2 표면적을 갖는 도체루프에 4 A의 전류가 흐른다. 이 루프가 100 mWb/m^2의 균일 자기장 내에서 회전할 때, 루프에 미치는 회전력을 구하라.

8.22 고전류 회로 차단기는 접촉이 개방될 때 형성되는 아크(arc)를 없애기 위해 전형적으로 자기장을 발생시키는 코일로 구성된다. 0.4 mWb/m^2의 자속밀도에 수직으로 30 mm 길이의 아크에 250 A의 전류가 흐른다. 이때 아크에 작용하는 자기력을 구하라.

8.5 물질의 자화

8.23 선형, 등방성 그리고 균질인 자성체에 대하여 $M = \dfrac{\chi_m}{\mu_o(1 + \chi_m)}B$임을 보여라.

8.24 1.5 Wb/m^2인 균일 자기장 내에 철($\mu = 5000\,\mu_o$)로 만들어진 블록이 있다. 철의 단

위 체적당 원자수가 8.5×10^{28} atoms/m^{3}라고 할 때 다음을 계산하라.

(a) 자화 M (b) 평균 쌍극자 모멘트

8.25 투자율 μ의 단위인 H/m가 N/Amp^{2}과 동일함을 보여라.

8.26 강자성체($\mu = 80\ \mu_o$)에서

$$\mathbf{B} = 20x\ \mathbf{a}_y \text{ mWb/m}^2$$

이다. (a) μ_r, (b) χ_m, (c) $\mathbf{H}$, (d) $\mathbf{M}$, (e) $\mathbf{J}_b$를 계산하라.

8.27 전자석은 강자성체로 만들어지는데, 이 자화곡선은 다음과 같이 근사화시킬 수 있다.

$$B(H) = B_o H/(H_o + H) \text{ mWb/m}^2$$

여기서 $B_o = 2$ Wb/m^2 그리고 $H_o = 100$ A/m이다. $H = 250$ A/m일 때 μ_r을 구하라.

8.28 z축을 따라 반경이 0.1 m인 원통형 구조물($\rho < 0.1$)에 비투자율이 4인 물질이 채워져 있으며, 자속밀도가 $\mathbf{B} = \dfrac{0.48}{\rho}\mathbf{a}_\phi$ T에 따라 변한다. 원통 외부는 자유공간이다. 자속밀도는 자유공간에서도 반경에 반비례하여 변화한다. 꼭짓점 (0.1, 0, 0), (0.1, 0, 0.5), (0.3, 0, 0.5) 그리고 (0.3, 0, 0)를 잇는 사각형이 xz-평면에 놓여 있을 때 쇄교자속을 구하라.

8.7 자기 경계조건

***8.29** (a) 그림 8.16에서 보여준 두 자성체의 경계면에서 자화벡터의 경계조건이 다음 식과 같음을 보여라.

$$\frac{M_{1t}}{\chi_{m1}} - \frac{M_{2t}}{\chi_{m2}} = K \quad \text{그리고} \quad \frac{\mu_1}{\chi_{m1}} M_{1n} = \frac{\mu_2}{\chi_{m2}} M_{2n}$$

(b) 경계면에 전류가 흐르면 식 (8.49) 대신에 아래의 식을 얻을 수 있음을 보여라.

$$\frac{\tan\theta_1}{\tan\theta_2} = \frac{\mu_1}{\mu_2}\left[1 + \frac{K\mu_2}{B_2 \sin\theta_2}\right]$$

8.30 xy-평면에 $\mathbf{K} = \mathbf{a}_x$인 균일한 면전류가 흐른다고 하자. $\mathbf{A}$는 자기벡터포텐셜, 그리고 $\mathbf{B}$는 자속밀도라고 가정할 때 면전류의 위와 아래 영역에서 $2\mathbf{A} - \mathbf{B} \times \mathbf{r} = 0$임을 보여라.

8.31 xy-평면 아래쪽 영역에는 $\mu_r = 7.81$인 물질이 채워져 있고, 윗쪽 영역은 자유공간이라 하자. $z > 0$인 영역에서 자속밀도가 $\mathbf{B}_o = 0.02(\sin 30^\circ\,\mathbf{a}_y + \cos 30^\circ\,\mathbf{a}_z)$ T라고 할 때 xy-평면 아래 영역에서 자속밀도의 크기와 방향을 구하라.

8.32 $x<0$의 영역에서 $\mu=\mu_o$이고, 균일한 자기장 벡터의 방향이 경계면에 수직인 방향에 42° 기울어져 있다. $x>0$의 영역에서 $\mu=6.5\ \mu_o$이라면 자기장 벡터와 경계면에 수직인 방향 사이의 각도를 계산하라.

8.33 영역 $1(x<0)$은 $\mu=2\mu_o$, 영역 $2(x>0)$는 $\mu=4\mu_o$이며, $x=0$에 $\mathbf{K}=12\mathbf{a}_y$ A/m인 면전류가 흐르고 있다고 하자. 영역 1에서 $\mathbf{H}_1=10\mathbf{a}_x+6\mathbf{a}_z$ A/m일 때 영역 2에서 $\mathbf{H}_2$을 구하라.

8.34 공간이 영역 $1(y<0,\ \mu_1=\mu_o\mu_{r1})$과 영역 $2(y<0,\ \mu_2=\mu_o\mu_{r2})$로 나누어져 있다고 가정하자. $\mathbf{H}_1=\alpha\mathbf{a}_x+\beta\mathbf{a}_y+\delta\mathbf{a}_z$ A/m^{2}일 때 $\mathbf{H}_2$를 구하라.

8.35 영역 $1(0<\phi<\pi)$은 $\mu_1=2\mu_o$이고, 영역 $2(\pi<\phi<2\pi)$는 $\mu_2=5\mu_o$이며, $\mathbf{B}_2=10\mathbf{a}_\rho+15\mathbf{a}_\phi-20\mathbf{a}_z$ mWb/m^{2}이다. (a) $\mathbf{B}_1$, (b) 두 매질 내의 에너지밀도를 계산하라.

***8.36** $\mu_1=2\mu_o$인 영역 1은 $x-y+2z>5$로 정의되고, $\mu_2=5\mu_o$인 영역 2는 $x-y+2z<5$로 정의된다. $\mathbf{H}_1=40\mathbf{a}_x+20\mathbf{a}_y-30\mathbf{a}_z$ A/m라고 할 때 (a) $\mathbf{H}_{1n}$, (b) $\mathbf{H}_{2t}$, (c) $\mathbf{B}_2$를 구하라.

8.37 원통 모양의 영역 내부는 $\mu_1=800\mu_o$이며, 외부는 자유공간이다. $\mathbf{B}_1=\mu_o(22\mathbf{a}_\rho+45\mathbf{a}_\phi)$ Wb/m^{2}로 주어졌을 때 원통형 영역 바로 바깥쪽에서의 $\mathbf{B}_2$를 구하라.

8.38 $z=0$인 평면을 중심으로 자유공간$(z\geq 0,\ \mu=\mu_o)$과 철$(z\leq 0,\ \mu=200\mu_o)$로 분리되어 있다. 자유공간에 $\mathbf{H}=10\mathbf{a}_x+15\mathbf{a}_y-3\mathbf{a}_z$ A/m가 존재한다면 철 영역에서의 $\mathbf{B}$를 구하고, $\mathbf{B}$와 경계면이 이루는 각을 구하라.

8.39 영역 $0\leq z\leq 2$ m는 자성체$(\mu=2.5\mu_o)$의 무한한 평판으로 채워져 있다. 그림 8.37과 같이 $z=0$과 $z=2$인 평판 표면에서 각각 $30\mathbf{a}_x$ A/m와 $-40\mathbf{a}_x$ A/m인 면전류가 흐를 때, 다음의 경우에 대하여 $\mathbf{H}$와 $\mathbf{B}$를 계산하라.

(a) $z<0$ (b) $0<z<2$

(c) $z>2$

8.40 자유공간인 매질 1은 $r<a$로 정의되고, 매질 2는 투자율이 μ_2인 자성체이고 $r>a$로 정의된다. 각 매질에서 자속밀도는

$$\mathbf{B}_1 = B_{o1}\left[\left(1+\frac{1.6a^3}{r^3}\right)\cos\theta\,\mathbf{a}_r-\left(1-\frac{0.8a^3}{r^3}\right)\sin\theta\,\mathbf{a}_\theta\right]$$

$$\mathbf{B}_2 = B_{o2}(\cos\theta\,\mathbf{a}_r-\sin\theta\,\mathbf{a}_\theta)$$

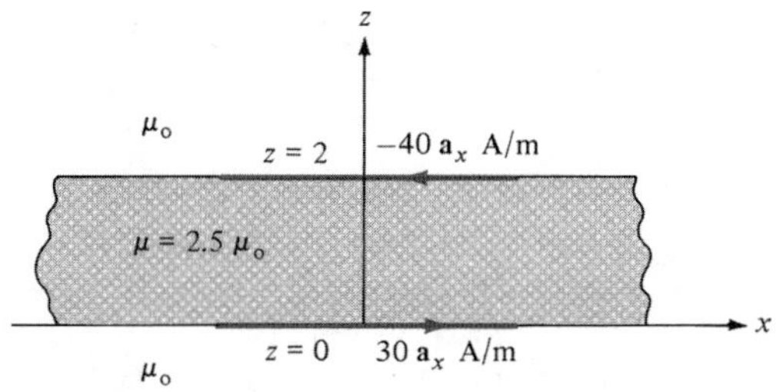

그림 8.37 문제 8.39의 그림

이다. μ_2를 구하라.

8.8 인덕터와 인덕턴스

***8.41** (a) 그림 7.15의 토로이드 단면적이 변 a의 제곱이라면, 그 토로이드의 자기인덕턴스가 다음과 같음을 보여라.

$$L = \frac{\mu_o N^2 a}{2\pi} \ln\left[\frac{2\rho_o + a}{2\rho_o - a}\right]$$

(b) 그림 7.15와 같이 토로이드가 원형 단면을 가진다면, $\rho_o \gg a$일 때 다음과 같음을 보여라.

$$L = \frac{\mu_o N^2 a^2}{2\rho_o}$$

8.42 단면이 정사각형인 공기로 채워진 토로이드는 내경이 3 cm, 외경은 5 cm 그리고 높이는 2 cm이다. 인덕턴스가 45 μH가 되려면 트로이드의 권선수는 얼마이어야 하는가?

8.43 반경이 2 mm이고 길이가 40 m인 도선이 있다. $\mu = \mu_o$라고 할 때 도선의 인덕턴스를 계산하라.

8.44 동축케이블이 외부 인덕턴스의 두 배가 되는 내부 인덕턴스를 갖는다. 내부 반경이 6.5 mm라고 할 때 외부 반경을 계산하라.

8.45 반경 $a = 2$ cm이고, 길이가 10 m인 원통의 속이 비어 있다. 이 원통의 인덕턴스를 구하라(표 8.3 참조).

8.46 그림 8.4와 같이 직각사각형 루프와 무한한 길이의 도선 사이에서 상호 인덕턴스는

$$M_{12} = \frac{\mu b}{2\pi} \ln\left[\frac{a + \rho_o}{\rho_o}\right]$$

임을 보여라. $a = b = \rho_o = 1$ m일 때 M_{12}를 계산하라.

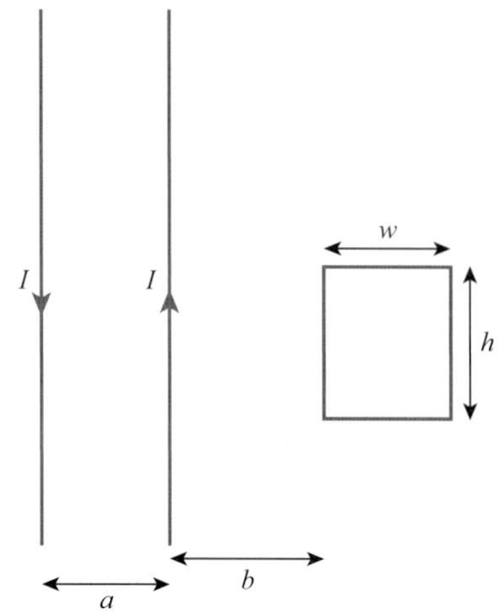

그림 8.38 문제 8.49의 그림

***8.47** 길이가 각각 ℓ_1과 $\ell_2(\ell_1 \gg \ell_2)$, 권선수는 각각 N_1과 N_2, 반경은 각각 r_1과 $r_2(r_1 \simeq r_2)$인 동축 솔레노이드들 사이의 상호 인덕턴스가 다음과 같음을 증명하라.

$$M_{12} = \frac{\mu N_1 N_2}{\ell_1} \pi r_1^2$$

8.48 다음의 규격과 같은 한 쌍의 솔레노이드를 고려하자.

$$N_1 = 800,\ \ell_1 = 10\ \text{cm},\ r_1 = 1\ \text{cm}$$
$$N_2 = 600,\ \ell_1 = 8\ \text{cm},\ r_2 = 1.5\ \text{cm}$$

상호 인덕턴스를 구하라.

***8.49** 그림 8.38에 보인 바와 같이 평행한 두 도선에 전류가 흐르고 그 옆에 사각형 루프가 놓여 있다. 루프에 쇄교하는 총자속을 구하라.

8.50 권선수가 200회, 길이가 15 cm이고 반경이 1 cm인 공기로 채워진 솔레노이드의 자기 인덕턴스를 구하라.

8.51 직경이 0.4 mm인 두꺼운 도선으로 감겨진 단층 솔레노이드가 만들어져 있다. 솔레노이드의 반경은 5 cm이고 길이는 20 cm이며, 내부가 공기로 채워져 있다. 코일에 2.5 A 전류가 흐른다고 할 때, 솔레노이드의 중심에서 자속밀도와 자기 인덕턴스를 구하라.

8.52 내경 $a = 5.6$ cm, 외경 $b = 6.8$ cm 그리고 높이 $h = 1.8$ cm인 사각형 단면을 갖는 토로이드가 있다. 권선수 $N = 320$회이고 $\mu_r = 230$인 코어 둘레를 감고 있다. 자기 인덕턴스 L을 구하라.

8.53 반경 1 cm와 12 cm인 두 개의 평면 동심원인 도체루프를 고려하자. 이들의 상호

인덕턴스를 구하라.

8.54 무한히 긴 가는 도선이 z축에 놓여 있고, 꼭짓점 (0, 2, −1), (0, 2, 1) 그리고 (0, 3.732, 0)을 잇는 삼각형 도체루프가 있다고 하자. 두 도선간에 상호 인덕턴스를 구하라.

8.9 자기 에너지

8.55 내경이 a이고 외경이 b인 동축 케이블을 고려하자. 내부 도체의 표면에 전류 I가 흐르고 부하를 거쳐 외부 도체로 되돌아온다. 두 도체 사이에 존재하는 자기장 내에 단위길이당 축적되는 에너지를 구하라. 또한 두 도체 사이에 비투자율 μ_r인 매질이 채워졌다고 할 때 케이블의 단위길이당 자기 인덕턴스를 구하라.

8.56 2 A의 전류가 흐르는 도체루프와 쇄교하는 자속에 0.3 Wb의 변화가 일어났다. 루프에 행하여진 일을 구하라.

8.57 6 A의 전류가 흐르는 긴 선조도체가 z축에 놓여 있다. 꼭짓점 (0, 2, 0), (0, 5, 0), (0, 5, 4) 그리고 (0, 2, 4)를 잇는 사각형 도체 루프에 2.5 A의 전류가 흐른다. 이 루프가 $x=0$, $y=3.5$인 축을 중심으로 90° 로 회전한다고 할 때 사각형 도체루프에 행하여진 일을 구하라.

8.58 6 A의 전류가 흐르는 긴 선조도체가 z축에 놓여 있다. 꼭짓점 (0, 2, 0), (0, 5, 0), (0, 5, 4) 그리고 (0, 2, 4)를 잇는 사각형 도체 루프에 2.5 A의 전류가 흐른다. 이 루프가 $x=0$, $y=3.5$인 축을 중심으로 임의의 각도 α만큼 회전한다고 할 때 사각형 도체루프에 행하여진 일을 구하고, 이를 α의 함수로 그려라.

8.59 내부 도체의 반경이 1.2 cm, 외부 도체의 반경이 1.8 cm인 동축케이블이 있다. 두 도체 사이에는 절연체($\mu=4\mu_o$)가 채워져 있다. 케이블의 길이가 3 m이고 25 mA의 전류가 흐른다고 할 때, 매질에 저장되는 에너지를 계산하라.

8.60 어떤 매질($\mu=15\mu_o$)에서 $\mathbf{B}=4\mathbf{a}_x+12\mathbf{a}_y$ mWb/m^{2}의 자기장이 주어졌을 때 $0<x<2$, $0<y<3$, $0<z<4$인 영역에 저장되는 에너지를 계산하라.

8.61 1 T인 일정한 자속밀도가 자유공간에 존재한다고 할 때, 단위체적당 에너지를 구하라. 자유공간에 동일한 에너지가 저장되기 위해서 전기장의 크기는 얼마가 되어야 하는가?

8.10 자기회로

8.62 평균반경이 30 cm인 코발트 링($\mu_r=600$)이 있다. 링에 감겨 있는 코일에 12 A의 전류가 흐른다고 할 때, 링 내에서 1.5 Wb/m^{2}의 평균 자속밀도가 형성되는데 필

요한 권선수를 계산하라.

8.63 그림 8.27에서 코일에 0.5 A의 전류가 흐른다고 할 때, 공극(air gap)에서 mmf와 자기장을 구하라. 여기서 $\mu = 500\mu_o$이고 모든 분기(branch)의 단면적이 10 cm^2라고 가정한다.

8.64 그림 8.39의 자기회로에서 권선수가 2000회인 코일에 10 A의 전류가 흐른다. 모든 분기(branch)들의 단면적은 2 cm^2이며, 코어의 재료는 $\mu_r = 1500$인 철이다. 아래의 부분에서 R, $\mathscr{F}$, Ψ를 계산하라.

(a) 코어 (b) 공극

8.65 그림 8.40의 자기회로를 고려해 보자. 코어($\mu = 1000\,\mu_o$)가 4 cm^2의 균일한 단면적을 가질 때 공극에서 자속밀도를 구하라.

8.66 그림 8.41의 자기회로에 대하여 등가회로를 그려라. 모든 구간에서 단면적이 일정하다고 가정한다.

8.67 단면이 사각형이고 단면적이 $A = 1$ cm^2이며, 길이가 $\ell = 8$ cm인 긴 자성체 막대의 투자율이 다음과 같이 선형적으로 변화한다.

$$\mu = \mu_0 \left[1 + \frac{4999x}{8} \right]$$

여기서 x의 단위는 cm이다. 막대의 한쪽 끝에서 반대쪽 끝까지에서 자기저항을

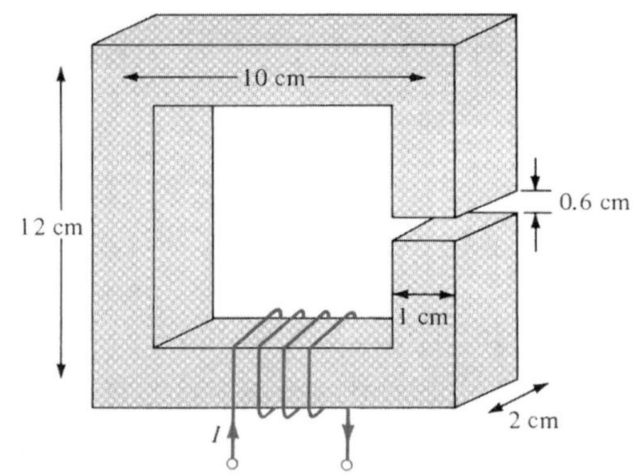

그림 8.39 문제 8.64의 그림

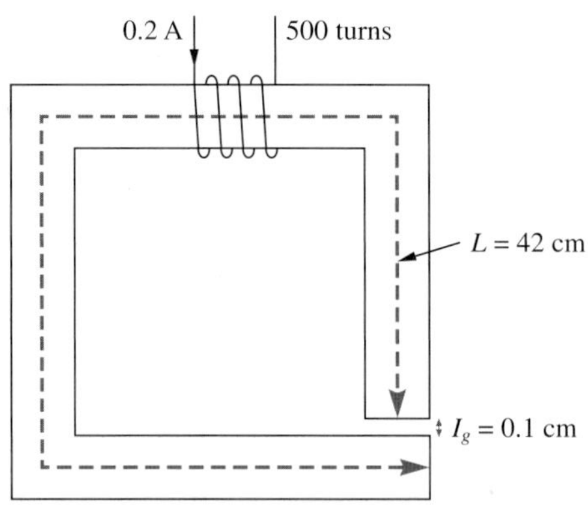

그림 8.40 문제 8.65의 그림

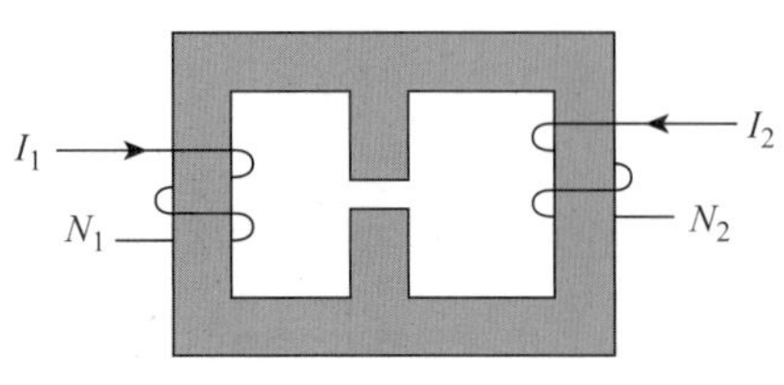

그림 8.41 문제 8.66의 그림

구하라.

8.11 자성체에 작용하는 힘

8.68 전자기 계전기는 그림 8.42와 같이 간단히 모형화할 수 있다. 공극에서 자속이 2 mWb라면 계전기의 전기자(armature)에 얼마의 힘이 미치는가? 여기서 공극의 단면적은 0.3 cm^2이고 공극의 길이는 1.5 mm이다.

8.69 내부가 공기이고 길이가 10 cm이며 권선수가 800, 600인 두 개의 솔레노이드가 있다. 그리고 각각 5 A와 3 A의 전류가 같은 방향으로 흐른다. 권선수가 800인 첫 번째 솔레노이드의 반경이 $r_1 = 1$ cm이고, 두 번째 솔레노이드의 반경은 $r_2 \lesseqgtr 1$ cm이며, 동일 축상에 놓여 있다면 두 번째 솔레노이드는 첫 번째 솔레노이드 내부로 미끄러져 들어갈 수 있다. 끌어당기는 힘을 구하라.

8.70 그림 8.43에서 보는 바와 같이 공극을 갖는 토로이드의 단면은 사각형이다. 전류 I_2가 흐르는 긴 도선은 공극에 삽입되어 있다. $I_1 = 200$ mA, $N = 750$, $\rho_o = 10$ cm, $a = 5$ mm 그리고 $\ell_a = 1$ mm일 때 다음을 계산하라.

(a) $I_2 = 0$, 그리고 토로이드의 비투자율이 300일 때 공극을 가로지르는 힘

(b) $I_2 = 2$ mA, 그리고 토로이드의 투자율이 무한대일 때 도선에 작용하는 힘. 여기서 두 경우 모두 공극에서 가장자리(fringing) 효과를 무시한다.

8.71 짐을 운반하는 평판 전자석의 단면을 그림 8.44에 나타내었다. 전자석은 각 막대 기둥당 200 cm^2의 접촉면을 가지며, 가운데 기둥에서는 권선수가 1000이고 $I = 3$

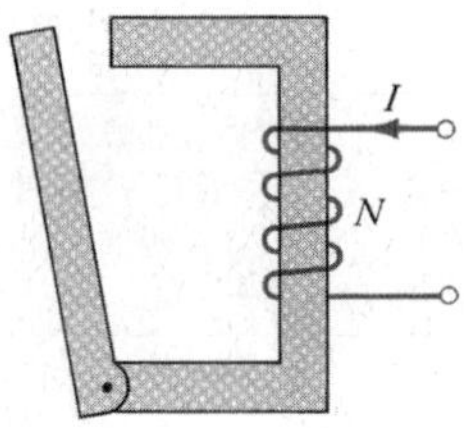

그림 8.42 문제 8.68의 그림

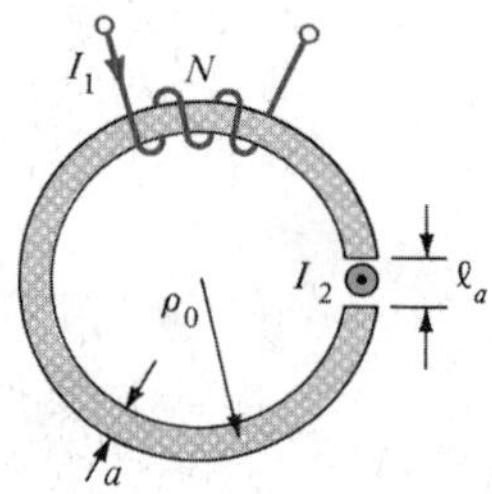

그림 8.43 문제 8.70의 그림

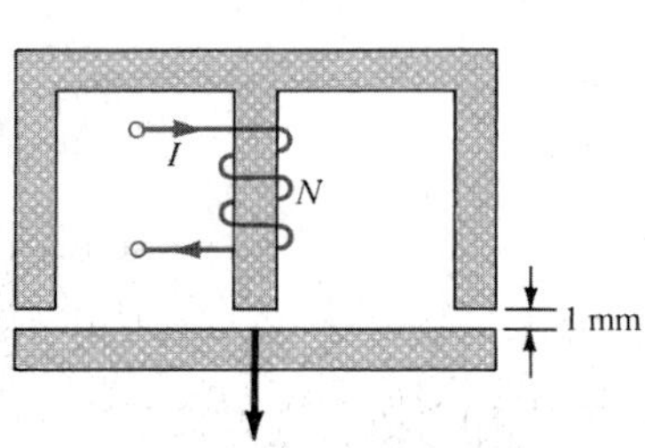

그림 8.44 문제 8.71의 그림

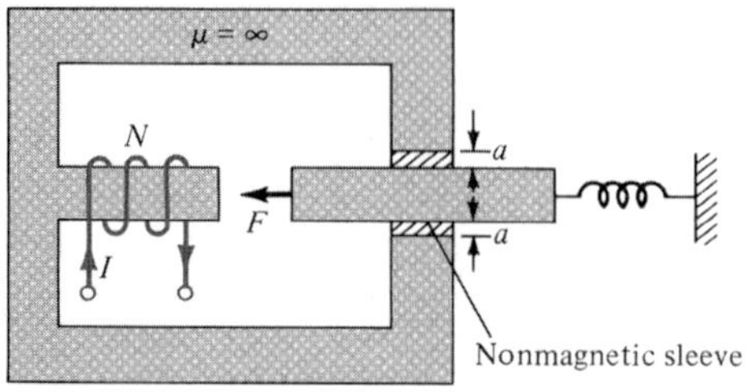

그림 8.45 문제 8.72의 그림

A가 흐른다. 들어올릴 수 있는 최대 무게를 계산하라. 여기서 전자석과 평판의 자기저항은 무시한다.

8.72 그림 8.45는 두 개의 비자성 슬리브(nonmagnetic sleeve) 사이에 자유롭게 움직이는 플런저(plunger)가 있는 전기기계 시스템의 단면을 보여주고 있다. 모든 분기들이 동일한 단면적 S를 갖는다면, 힘 F는 다음 식임을 보여라.

$$\mathbf{F} = -\frac{2\,N^2 I^2 \mu_o S}{(a + 2x)^2}\,\mathbf{a}_x$$

8.73 그림 8.46과 같이 U 모양의 전자석이 철 막대를 들어 올리려 한다. 자속밀도가 1.1 T가 되도록 코일 전류를 맞췄고, 공극의 면적은 $A = 0.02\ \text{m}^2$이다. 들어올릴 수 있는 철 막대의 무게를 구하라.

8.74 표면적이 $0.04\ \text{m}^2$이고 무게가 200 kg인 물체를 전자석으로 들어 올리려 할 때 필요한 자속밀도를 구하라. 길이가 $\ell = 50$ cm, 권선수가 $N = 500$인 솔레노이드로 이 자속밀도를 구현하려면 코일에 흐르는 전류는 얼마이어야 하는가? 여기서 솔레노이드의 내부는 $\mu_r = 1000$인 매질로 채워져 있다고 한다.

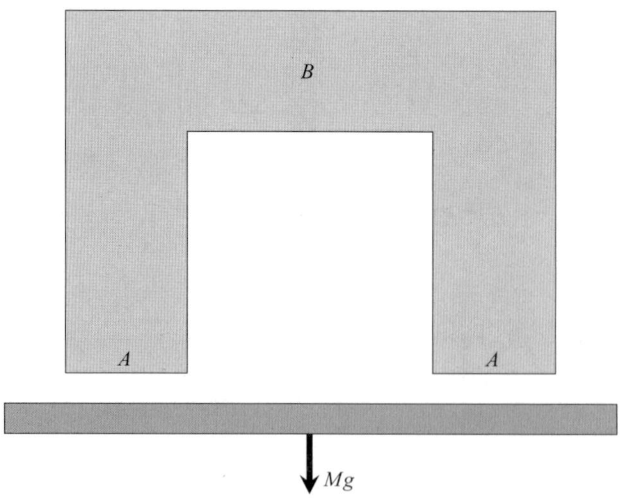

그림 8.46 문제 8.73의 그림

4부

파(波)와 응용

Michael Faraday(1791~1867) Faraday는 영국의 화학자이자 물리학자로서 전기와 자기에 대해 선구적인 실험을 한 것으로 알려져 있으며, 역사상 가장 위대한 실험 학자로 간주된다.

그는 런던 근교 Newington의 가난한 집안에서 태어나 초등 교육 밖에 받지 못했다. Faraday는 7년간 책 제본 견습공으로 일하면서 과학, 특히 화학에 대한 흥미를 키워 나갔다. 그 결과 그는 화학 분야에서 두 번째 견습기간을 시작하게 된다. Benjamin Franklin과 이전 과학자들의 발자취를 따르면서 Faraday는 전기의 성질에 대해 연구하게 되고, 오랜 세월 후 왕립 연구기관의 교수가 되었다. 그는 벤젠을 발견하고 전기분해의 제2법칙에 대한 공식을 만들어 내었다. Faraday의 가장 위대한 과학적 기여는 전기장에 관한 것이다. 그가 도입한 역선(lines of force)에 대한 개념은 초기에는 유럽의 대부분의 수리 물리학자들에 의해 거부된 적도 있다. 그는 전자기 유도(이 장에서 다루어짐), 전지, 전기 아크(플라즈마), Faraday 상자(정전기장)를 발견하였다. 그의 가장 큰 성과는 전기 모터와 동력 발전기의 발명이었다. 그의 업적에도 불구하고 Faraday는 항상 소박하고 겸손하였으며, 신앙심이 매우 깊었다. 정전용량의 단위인 farad는 그의 이름을 딴 것이다.

James Clerk Maxwell(1831~1879) Maxwell은 스코틀랜드의 수학자이자 물리학자로서 전자기장에 관한 물리적, 수학적 이론을 발표하였다.

스코틀랜드 Edinburgh에서 태어난 Maxwell은 어릴 때부터 수학 분야를 잘 이해하고 좋아하였다. 그는 주어진 장난감이 불만족스러워, 8살 때 스스로 과학적인 장난감을 만들기도 하였다. Maxwell은 진정한 천재로서 과학분야에 여러 가지 기여를 하였지만, 그의 가장 중요한 업적은 오늘날 Maxwell 방정식이라 불리는 전자기파에 관한 방정식을 전개한 것이다. 1931년 Maxwell 탄생 100주년을 기념하기 위해 Einstein은 Maxwell의 업적을 "Newton 이래 물리학이 경험한 가장 심오하고, 가장 큰 수확"이라고 평하였다. Maxwell의 연구가 없었다면 라디오나 텔레비전은 존재하지 않았을 것이다. 1888년에 독일의 물리학자인 Heinrich Rudolf Herz(제10장 참조)는 전자파를 송신 및 수신했다고 발표함으로써 Maxwell 방정식이 확증되게 되었다. cm-gram-second(cgs) 단위계에서 자속의 단위인 Maxwell(Mx)은 그의 이름을 기린 것이다.

9장

Maxwell 방정식

어떤 사람들은 친구 대신 적을 만든다. 왜냐하면 그것이 덜 번거롭기 때문이다.

— E. C. 맥켄지

9.1 서론

이 책의 제2부(4장에서 6장까지)에서는 $\mathbf{E}(x, y, z)$로 표시되는 정전기장을 주로 공부하였고 제3부(7장과 8장)에서는 $\mathbf{H}(x, y, z)$로 표현되는 정자기장에 대하여 공부하였다. 그러므로 정적 또는 시불변 전자기장만을 취급하였다. 이제부터는 전기장과 자기장이 시간에 따라 변하는 동적인 경우를 다루기로 한다. 첫째로, 정전자기장에서 전기장과 자기장은 상호 관련이 없이 독립적이었으나 시변장에서는 2개의 장이 상호 의존한다. 다시 말하면, 시변 전기장에는 대응되는 시변자기장이 포함되어 있다. 둘째로, $\mathbf{E}(x, y, z, t)$와 $\mathbf{H}(x, y, z, t)$로 표현되는 시변전자기장은 실제로 정전자기장보다 더 많이 사용된다. 그러나 정적인 장은 시변장을 이해하는 데 많은 도움을 준다. 셋째로, 정전기장은 정지상태에 있는 전하에 의해 발생되며, 또한 정자기장은 전하가 일정한 속도로 이동(직류)할 때나 정지상태의 자하(자극)에 의해 발생한다. 그러나 시변장 또는 전자파는 일반적으로 가속된 전하나 그림 9.1과 같은 시변전류에 의해 발생한다. 어떠한 맥동전류라도 복사(시변장)를 시킬 것이다. 그림 9.1(b)에 보인 맥동전류들은 디지털 논리회로에서 복사방출의 원인이 된다. 이상을 요약하면 아래와 같다.

정지상태의 전하	→ 정전기장
정상전류	→ 정자기장
시변전류	→ 전자기장(또는 전자파)

이 장의 목표는 앞으로의 공부를 위하여 기초를 확고하게 다지는 데 있다. 여기에는 다음 2가지의 중요한 개념을 소개하는 것이 포함되어 있다. (1) Faraday의 실험에 기초를 둔 기전력과 (2) Maxwell의 가설로 제기된 변위전류이다. 이 개념들의 결과로서, 7.6절에서 나타낸 Maxwell 방정식과 정전자기장에서의 경계조건이 시변장에서는 수정될 것이다. 전자기 법칙들을 요약한 Maxwell 방정식은 이 책의 나머지 부분에서 논의의 기초가 될 것이고, 이러

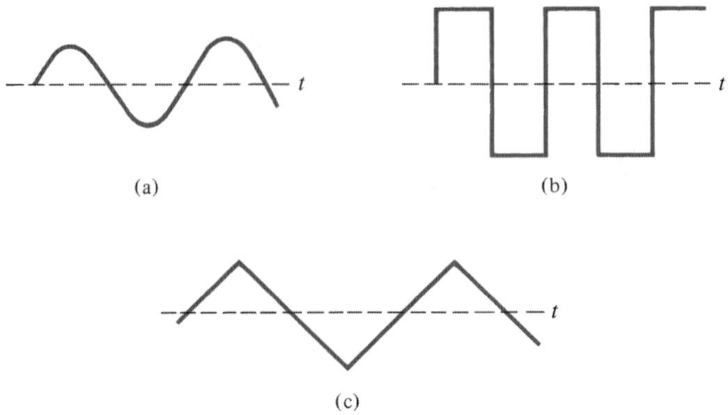

그림 9.1 시변전류의 예: (a) 정현신호, (b) 구형 신호, (c) 삼각형 신호

한 이유 때문에 9.5절은 이 책의 핵심이라고 할 수 있다.

9.2 Faraday의 법칙

정상전류가 자기장을 만들어낸다는 Oersted의 실험에 의한 발견(Biot-Savart의 법칙과 Ampère의 법칙은 이 법칙에 기초를 두었음) 이후 자기작용(magnetism)이 전기를 만들어 낼 수 있음을 알아내는 것은 필연적이라고 볼 수 있다. Oersted의 발견 이후 약 11년이 지난 1831년에 London의 Michael Faraday와 NewYork의 Joseph Henry가 시변자기장은 전류를 만들어낼 수 있다는 것을 발견하였다.[1)]

Faraday의 실험에 의하면 정자기장은 전류의 흐름을 만들어내지 못하나 시변자기장은 폐회로에 유도전압[**기전력**(electromotive force) 또는 간단히 emf라 부른다]을 발생시키고, 이 전압에 의해 전류가 흐르게 된다.

Faraday는 임의의 폐회로에 **유도되는 전압** V_{emf}(단위는 volts)는 회로에 쇄교하는 자속의 시간에 대한 변화율과 같다는 것을 발견하였다.

이것을 **Faraday의 법칙**이라 하며 다음과 같이 표현된다.

$$V_{\text{emf}} = -\frac{d\lambda}{dt} = -N\frac{d\Psi}{dt} \tag{9.1}$$

1) Michael Faraday(1791~1867)와 Joseph Henry(1797~1878)의 실험에 관한 상세한 내용은 다음 문헌을 참고; W. F. Magie, *A Source Book in Physics*. Cambridge, MA: Harvard Univ. Press, 1963, pp. 472~519.

여기서 $\lambda = N\Psi$는 쇄교자속이고, N은 회로의 권선수이며, Ψ는 각 권선과 쇄교하는 자속이다. 이 식에서 음의 부호는 유도전압을 만들어낸 자속과는 반대방향으로 유도전압이 작용한다는 것을 말한다. 이것을 Lenz의 법칙[2]이라 한다. 이 법칙은 유도전류에 의해 생성되는 유도자기장은 원래 자기장과는 반대방향이 되도록 회로에서 전류가 흐른다는 사실을 강조한 것이다.

앞에서 전기장 내에 있는 전하는 전기장에 의해 힘을 받는다고 설명하였다. 지금까지 전기장은 전하에 의해 생성된다고 생각하였다. 그러한 장에서 전속은 양전하에서 시작하여 음전하에서 끝났다. 그러나 전하로부터 직접 발생하지 않는 다른 종류의 전기장이 있다. 이것은 기전력에 의해 만들어진 장이다. 기전력의 원천은 발전기, 건전지, 열전지, 연료전지 그리고 광전지 등이 있으며, 이들은 비전기에너지를 전기에너지로 변환시키는 것이다.

그림 9.2의 전기회로를 고찰해 보자. 전지는 기전력의 원천이다. 전지의 전기화학작용에 의해 기전력을 발생시키는 장 $\mathbf{E}_f$가 만들어진다. 전지 단자에 전하가 축적되면 정전기장 $\mathbf{E}_e(= -\nabla V)$로 만들어진다. 임의의 점에서 총 전기장은

$$\mathbf{E} = \mathbf{E}_f + \mathbf{E}_e \tag{9.2}$$

가 된다. $\mathbf{E}_f$는 전지 외부에서는 0이다. $\mathbf{E}_f$와 $\mathbf{E}_e$는 전지 내에서는 서로 반대방향이고, 전지 내부에서 $\mathbf{E}_e$의 방향은 외부에서의 방향과는 반대이다. 식 (9.2)를 폐회로에 대한 적분을 취하면

$$\oint_L \mathbf{E}_f \cdot d\mathbf{l} + 0 = \int_N^P \mathbf{E}_f \cdot d\mathbf{l} \quad \text{(전지를 통하여)} \tag{9.3a}$$

이며, 여기서 $\mathbf{E}_e$가 보존장이기 때문에 $\oint \mathbf{E}_e \cdot d\mathbf{l} = 0$이다. 전지의 기전력은 기전력을 발생시키는 장의 선적분과 같다. 즉,

$$V_{\text{emf}} = \int_N^P \mathbf{E}_f \cdot d\mathbf{l} = -\int_N^P \mathbf{E}_e \cdot d\mathbf{l} = IR \tag{9.3b}$$

이다. $\mathbf{E}_f$와 $\mathbf{E}_e$는 전지 내부에서 크기는 같고 방향은 반대이므로(그림 9.2 참조) 식 (9.3b)가 성립한다. 기전력은 전지의 개방회로 단자 사이의 전위차 $(V_P - V_N)$로 간주될 수 있다. 다

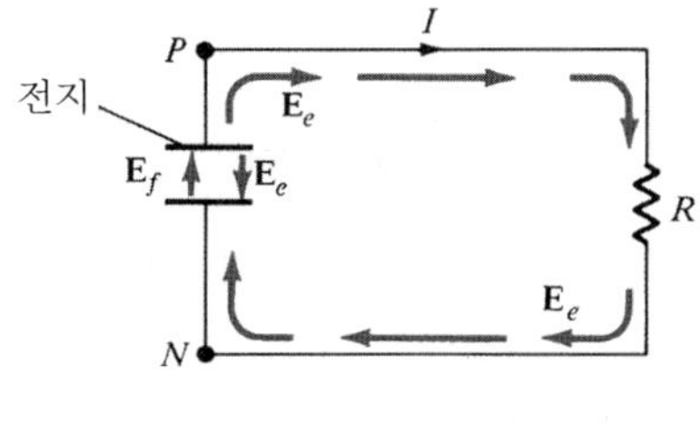

그림 9.2 기전력을 발생시키는 장 $\mathbf{E}_f$와 정전기장 $\mathbf{E}_e$를 보여주는 회로

---

2) Heinrich Friedrich Emil Lenz(1804~1865), 러시아의 물리학자

음과 같은 사실이 중요하다.

1. 정전기장 $\mathbf{E}_e$는 $\oint_L \mathbf{E}_e \cdot d\mathbf{l} = 0 = IR$이므로 전기회로 내에 정상전류를 흐르게 할 수 없다.
2. 기전력을 발생시키는 장 $\mathbf{E}_f$는 보존장이 아니다.
3. 정전기장을 제외하고는 전압과 전위차는 보통 같지 않다.

9.3 변압기 기전력과 운동에 의한 기전력

기전력과 전기장과의 관계를 고려하면 Faraday의 법칙에서 전기장과 자기장이 어떻게 연관되어 있는지를 알 수 있다. 단일 권선수($N = 1$)로 구성된 회로에서 식 (9.1)은

$$V_{\text{emf}} = -\frac{d\psi}{dt} \tag{9.4}$$

가 된다. $\mathbf{E}$와 $\mathbf{B}$를 사용하여 식 (9.4)를 표현하면

$$V_{\text{emf}} = \oint_L \mathbf{E} \cdot d\mathbf{l} = -\frac{d}{dt}\int_S \mathbf{B} \cdot d\mathbf{S} \tag{9.5}$$

로 쓸 수 있다. 여기서 Ψ는 $\int_S \mathbf{B} \cdot d\mathbf{S}$로 표현하였고, S는 폐경로 L로 둘러싸여 있는 회로의 표면적이다. 식 (9.5)로부터 시변장에서는 전기장과 자기장이 둘 다 존재하며, 서로 밀접한 관계가 있음을 알 수 있다. 식 (9.5)에서 $d\mathbf{l}$과 $d\mathbf{S}$의 방향은 Stokes의 정리와 오른손 법칙을 따른다. 이는 그림 9.3에서 관찰할 수 있다. 식 (9.1) 또는 (9.5)에서 시간에 대한 자속의 변화는 다음의 3가지 방법으로 나타낼 수 있다.

1. 시변자기장 $\mathbf{B}$ 내에서 루프가 정지하고 있을 때
2. 정자기장 $\mathbf{B}$ 내에서 루프의 면적이 시간에 따라 변화할 때
3. 시변자기장 $\mathbf{B}$ 내에서 루프의 면적이 시간에 따라 변화할 때

이들 각각에 대해 고찰해 보자.

A. 시변자기장 B 내에서 정지상태의 루프(변압기 기전력)

그림 9.3에서 정지상태의 도체루프가 시변자기장 $\mathbf{B}$ 내에 놓여 있다. 식 (9.5)는

$$V_{\text{emf}} = \oint_L \mathbf{E} \cdot d\mathbf{l} = -\int_S \frac{\partial \mathbf{B}}{\partial t} \cdot d\mathbf{S} \tag{9.6}$$

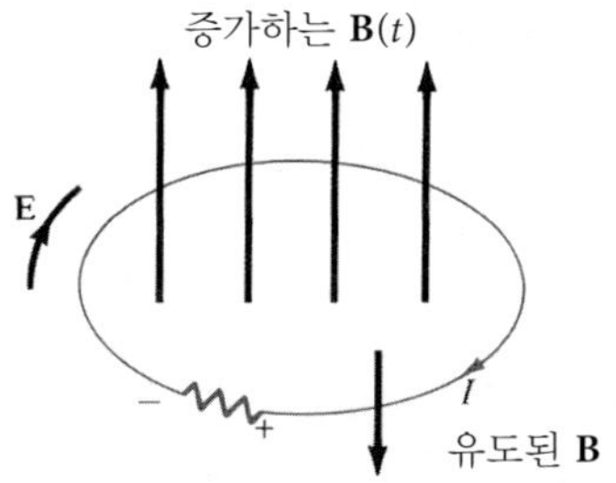

그림 9.3 시변장 **B** 내에서 정지상태의 루프에 유도된 기전력

으로 표현된다. 시변전류에 의해 정지상태의 루프에 유기된 이 기전력을 전력 해석에서는 **변압기 기전력**(transformer emf)이라고 한다. 이는 변압기 동작이기 때문이다. 식 (9.6)의 가운데 있는 항에 Stokes의 정리를 적용시키면

$$\int_S (\nabla \times \mathbf{E}) \cdot d\mathbf{S} = -\int_S \frac{\partial \mathbf{B}}{\partial t} \cdot d\mathbf{S} \tag{9.7}$$

을 얻게 된다. 두 적분이 같게 되기 위해서는 피적분 함수가 같아야 한다. 즉, 다음과 같이 된다.

$$\boxed{\nabla \times \mathbf{E} = -\frac{\partial \mathbf{B}}{\partial t}} \tag{9.8}$$

이 식은 시변장에 사용되는 Maxwell 방정식 중의 하나이며, 이 식으로부터 시변장 **E**는 보존장($\nabla \times \mathbf{E} \neq 0$)이 아님을 알 수 있다. 그러나 에너지 보존법칙이 성립하지 않는다는 것을 의미하지는 않는다. 예로서, 시변전기장 내에 있는 폐곡선을 따라 전하를 이동시킬 때 한 일은 시변자기장에서 얻은 에너지이다. 그림 9.3은 Lenz의 법칙을 따른다. 즉, 유도전류 I는 $\mathbf{B}(t)$의 변화와는 반대방향으로 자기장을 만든다.

B. 정자기장 B 내에서 움직이는 루프(운동에 의한 기전력)

정자기장 **B** 내에서 도체루프가 움직일 때 이 루프에 기전력이 유도된다. 식 (8.2)로부터 자기장 **B** 내에서 일정한 속도 **u**로 움직이는 전하에 작용하는 힘은

$$\mathbf{F}_m = Q\mathbf{u} \times \mathbf{B} \tag{8.2}$$

이며, **운동에 의한 전기장**(motional electric field) $\mathbf{E}_m$을

$$\mathbf{E}_m = \frac{\mathbf{F}_m}{Q} = \mathbf{u} \times \mathbf{B} \tag{9.9}$$

로 정의한다. 많은 수의 자유전자가 존재하는 도체루프가 일정한 속도 **u**로 운동한다고 할 때, 루프에 유도되는 기전력은

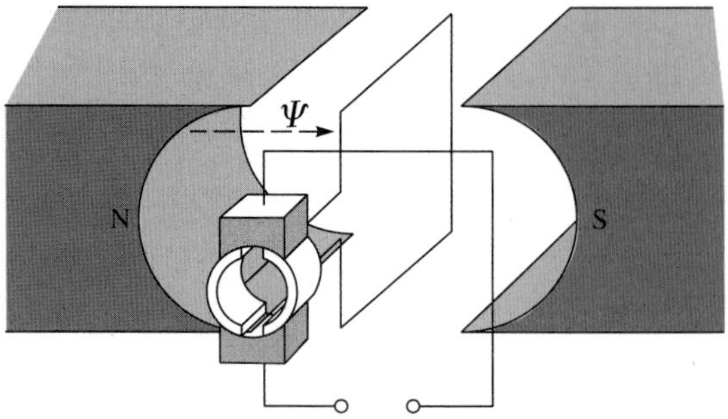

그림 9.4 직류기기

$$V_{\text{emf}} = \oint_L \mathbf{E}_m \cdot d\mathbf{l} = \oint_L (\mathbf{u} \times \mathbf{B}) \cdot d\mathbf{l} \tag{9.10}$$

이다. 이 형태의 기전력을 **운동에 의한 기전력**(motional emf) 또는 **자속절단기전력**(flux-cutting emf)이라 한다. 이러한 종류의 기전력은 모터, 발전기 그리고 교류발전기와 같은 전기기계에서 찾아 볼 수 있다. 그림 9.4는 하나의 전기자 코일과 2개의 막대 정류자를 갖는 2극 직류기기(two-pole dc machine)를 보여주고 있다. 직류기기의 해석은 이 책의 범주를 벗어나기 때문에 설명하지는 않겠지만 코일이 자기장 내에서 회전하므로 전압이 생긴다는 것을 알 수 있다. 운동에 의한 기전력에 대한 또 다른 예를 그림 9.5에 보였다. 여기서는 하나의 막대가 한 쌍의 레일을 따라 이동하고 있다. 이 예에서 **B**와 **u**는 서로 수직이므로 식 (9.9)에 식 (8.2)를 결합시키면

$$\mathbf{F}_{\text{m}} = \text{I}\ell \times \mathbf{B} \tag{9.11}$$

또는

$$F_m = I\ell B \tag{9.12}$$

가 되며, 식 (9.10)은

$$V_{\text{emf}} = uB\ell \tag{9.13}$$

이 된다. 식 (9.10)에 Stokes의 정리를 적용하면

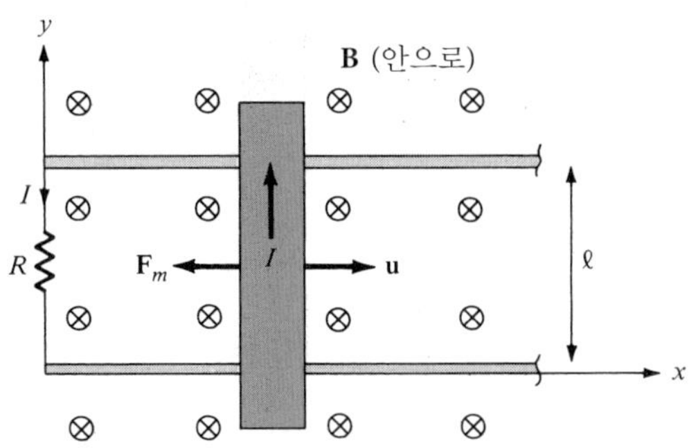

그림 9.5 정자기장 **B** 내에서 움직이는 루프에 의한 유도기전력

$$\int_S (\nabla \times \mathbf{E}_m) \cdot d\mathbf{S} = \int_S \nabla \times (\mathbf{u} \times \mathbf{B}) \cdot d\mathbf{S}$$

또는

$$\boxed{\nabla \times \mathbf{E}_m = \nabla \times (\mathbf{u} \times \mathbf{B})} \tag{9.14}$$

가 된다. Lenz의 법칙이 이미 고려되었기 때문에 식 (9.6)과는 달리 식 (9.10)에서는 음의 부호가 필요하지 않다.

식 (9.10)을 적용하는 것이 항상 쉽지는 않으며, 약간의 주의가 필요하다. 다음 사항을 유의해야 한다.

1. 루프의 일부가 $\mathbf{u} = 0$이라면 그 부분에 대한 식 (9.10)의 적분은 0이다. 그러므로 자속이 쇄교하는 루프에서 $\mathbf{u}$가 0이 아닌 부분에 $d\mathbf{l}$를 적용하여야 한다(그림 9.5에서 막대를 따라).
2. 유도전류가 흐르는 방향은 $\mathbf{E}_m$이나 $\mathbf{u} \times \mathbf{B}$의 방향과 같다. 식 (9.10)에서 적분 구간은 유도전류와 반대방향으로 선택해야만 Lenz의 법칙이 만족된다. 예로서, 그림 9.5에서 L에 대한 적분은 $-\mathbf{a}_y$ 방향으로 해야 하며, 막대에서 유도전류는 $\mathbf{a}_y$ 방향으로 흐른다.

C. 시변장 내에서 움직이는 루프

움직이는 도체루프가 시변장 내에 존재하는 일반적인 경우이다. 변압기 기전력과 운동에 의한 기전력이 동시에 존재한다. 총 기전력은 식 (9.6)과 (9.10)을 결합하여 얻어진다. 즉,

$$\boxed{V_{\text{emf}} = \oint_L \mathbf{E} \cdot d\mathbf{l} = -\int_S \frac{\partial \mathbf{B}}{\partial t} \cdot d\mathbf{S} + \oint_L (\mathbf{u} \times \mathbf{B}) \cdot d\mathbf{l}} \tag{9.15}$$

또는 식 (9.8)과 (9.14)에서

$$\nabla \times \mathbf{E} = -\frac{\partial \mathbf{B}}{\partial t} + \nabla \times (\mathbf{u} \times \mathbf{B}) \tag{9.16}$$

가 얻어진다. 식 (9.15)는 식 (9.4)와 등가이므로, V_{emf}는 식 (9.15)나 (9.4)를 사용하여 구할 수 있다. 사실상 식 (9.4)는 항상 식 (9.6), (9.10), (9.15) 대신에 사용할 수 있다.

예제 9.1

그림 9.6과 같이 도체막대가 두 개의 도체레일을 따라 자유롭게 이동할 수 있다. 막대에 유도되는 전압을 계산하라.

(a) 막대가 $y = 8$ cm의 위치에 고정되어 있고, $\mathbf{B} = 4 \cos 10^6 t \mathbf{a}_z$ mWb/m^2

(b) 막대가 속도 $\mathbf{u} = 20\mathbf{a}_y$ m/s로 이동하며, $\mathbf{B} = 4\,\mathbf{a}_z$ mWb/m^2

(c) 막대가 속도 $\mathbf{u} = 20\mathbf{a}_y$ m/s로 이동하고, $\mathbf{B} = 4\cos(10^6 t - y)\,\mathbf{a}_z$ mWb/m^2

풀이

(a) 이 경우 변압기 기전력은 아래와 같다.

$$\begin{aligned} V_{\text{emf}} &= -\int_S \frac{\partial \mathbf{B}}{\partial t} \cdot d\mathbf{S} = \int_{y=0}^{0.08}\int_{x=0}^{0.06} 4(10^{-3})(10^6)\sin 10^6 t\, dx\, dy \\ &= 4(10^3)(0.08)(0.06)\sin 10^6 t \\ &= 19.2 \sin 10^6 t \text{ V} \end{aligned}$$

B가 증가할 때 막대의 P점이 Q점보다 낮은 전위의 유도전압 극성(Lenz의 법칙에 의해)을 가진다.

(b) 이것은 운동에 의한 기전력의 경우이다.

$$\begin{aligned} V_{\text{emf}} &= \int_L (\mathbf{u} \times \mathbf{B}) \cdot d\mathbf{l} = \int_{x=\ell}^{0} (u\mathbf{a}_y \times B\mathbf{a}_z) \cdot dx\, \mathbf{a}_x \\ &= -\text{uB}\ell = -20(4 \times 10^{-3})(0.06) \\ &= -4.8 \text{ mV} \end{aligned}$$

(c) 이 경우에는 변압기 기전력과 운동에 의한 기전력이 동시에 존재한다. 이 문제는 2가지 방법으로 해를 구할 수 있다.

방법 1: 식 (9.15)를 사용하여 구한다. 즉,

$$\begin{aligned} V_{\text{emf}} &= -\int_S \frac{\partial \mathbf{B}}{\partial t} \cdot d\mathbf{S} + \int_L (\mathbf{u} \times \mathbf{B}) \cdot d\mathbf{l} \\ &= \int_{x=0}^{0.06}\int_0^{y} 4 \cdot 10^{-3}(10^6)\sin(10^6 t - y')dy'\,dx \\ &\quad + \int_{0.06}^{0} [20\mathbf{a}_y \times 4 \cdot 10^{-3}\cos(10^6 t - y)\mathbf{a}_z] \cdot dx\,\mathbf{a}_x \qquad (9.1.1) \\ &= 240\cos(10^6 t - y')\Big|_0^y - 80(10^{-3})(0.06)\cos(10^6 t - y) \\ &= 240\cos(10^6 t - y) - 240\cos 10^6 t - 4.8(10^{-3})\cos(10^6 t - y) \\ &\simeq 240\cos(10^6 t - y) - 240\cos 10^6 t \qquad (9.1.2) \end{aligned}$$

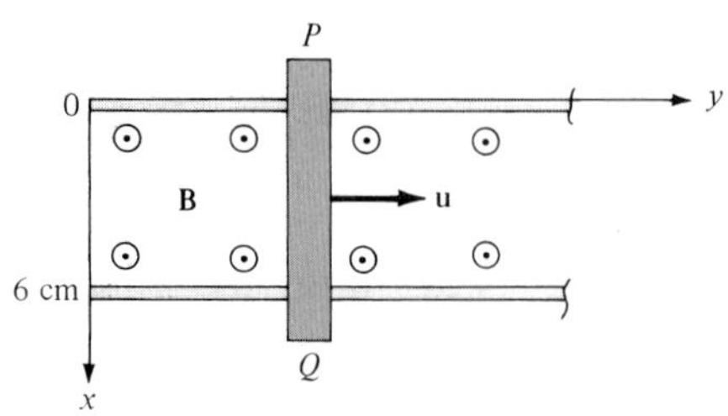

그림 9.6 예제 9.1의 그림

위의 식에서 운동에 의한 기전력은 변압기 기전력에 비해 매우 작기 때문에 무시하였다. 삼각함수 공식을 사용하면 아래와 같다.

$$\cos A - \cos B = -2\sin\frac{A+B}{2}\sin\frac{A-B}{2}$$

$$V_{\text{emf}} = -480\sin\left(10^6 t - \frac{y}{2}\right)\sin\frac{y}{2}\ \text{V} \tag{9.1.3}$$

방법 2: 식 (9.4)를 사용하여 구한다. 즉,

$$V_{\text{emf}} = -\frac{\partial \Psi}{\partial t} \tag{9.1.4}$$

이며, 여기서

$$\begin{aligned}\Psi &= \int \mathbf{B}\cdot d\mathbf{S}\\ &= \int_{y=0}^{y}\int_{x=0}^{0.06} 4\cos(10^6 t - y)\,dx\,dy\\ &= -4(0.06)\sin(10^6 t - y)\Big|_{y=0}^{y}\\ &= -0.24\sin(10^6 t - y) + 0.24\sin 10^6 t\ \text{mWb}\end{aligned}$$

이다. 그러나

$$\frac{dy}{dt} = u \rightarrow y = ut = 20t$$

따라서

$$\begin{aligned}\Psi &= -0.24\sin(10^6 t - 20t) + 0.24\sin 10^6 t\ \text{mWb}\\ V_{\text{emf}} &= -\frac{\partial \Psi}{\partial t} = 0.24(10^6 - 20)\cos(10^6 t - 20t) - 0.24(10^6)\cos 10^6 t\ \text{mV}\\ &\simeq 240\cos(10^6 t - y) - 240\cos 10^6 t\ \text{V}\end{aligned} \tag{9.1.5}$$

가 되며, 이는 식 (9.1.2)의 결과와 같다. 식 (9.1.1)에서 $\int(\mathbf{u}\times\mathbf{B})\cdot d\mathbf{l}$을 계산하는 데는 시간에 대한 y의 변화를 고려하여야 한다. $\partial\mathbf{B}/\partial t$의 계산에서는 이를 고려하지 않아도 된다. 왜냐하면 변압기 기전력을 계산할 때에는 루프가 정지상태라고 가정하였기 때문이다. 식 (9.1.1)로 구하고자 할 때는 이러한 미묘한 문제가 생기게 된다. 따라서 방법 2가 항상 더 쉬운 방법이다.

연습문제 9.1

그림 9.5의 루프에서 $\mathbf{B} = 0.5\mathbf{a}_z$ Wb/m^2, $R = 20\ \Omega$, $\ell = 10$ cm이고, 막대가 $8\mathbf{a}_x$ m/s인 일정한 속도로 움직일 때 다음을 구하라.

(a) 막대에 유도되는 기전력

(b) 저항에 흐르는 전류

(c) 막대에서의 운동력

(d) 저항에서 소비되는 전력

해답: (a) 0.4 V, (b) 20 mA, (c) $-\mathbf{a}_x$ mN, (d) 8 mW

예제 9.2

그림 9.7과 같이 균일 자기장 $\mathbf{B} = 50\mathbf{a}_x$ mWb/m^2 내에 루프가 존재한다. 루프의 한 변 DC가 50 Hz의 주파수로 자속과 쇄교하고 있으며, 루프는 $t = 0$에서 yz-평면에 놓여 있다. 다음을 구하라.

(a) $t = 1$ ms에서의 유도기전력

(b) $t = 3$ ms에서의 유도전류

풀이

(a) 자기장 **B**는 시간에 무관하므로 유도 기전력은 운동에 의한 기전력이다. 즉,

$$V_{\text{emf}} = \int_L (\mathbf{u} \times \mathbf{B}) \cdot d\mathbf{l}$$

이며, 여기서

$$d\mathbf{l} = d\mathbf{l}_{DC} = dz\,\mathbf{a}_z, \quad \mathbf{u} = \frac{d\mathbf{l}'}{dt} = \frac{\rho\, d\phi}{dt}\mathbf{a}_\phi = \rho\omega\mathbf{a}_\phi$$

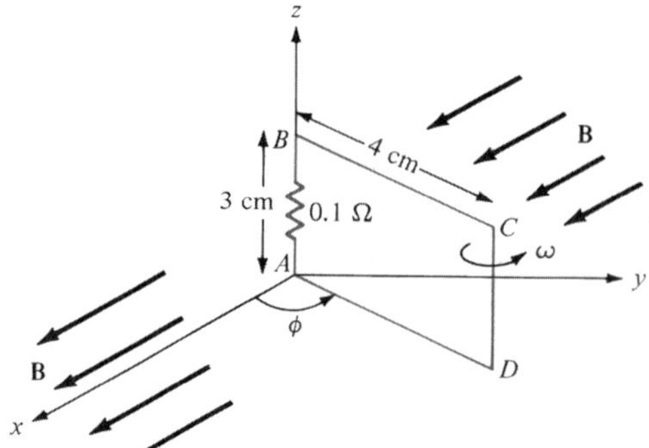

그림 9.7 예제 9.2의 그림; 증가하는 기전력에 대한 극성

$$\rho = AD = 4\text{ cm}, \quad \omega = 2\pi f = 100\pi$$

가 된다. $\mathbf{u}$와 $d\mathbf{l}$은 원통좌표계로 표시되어 있기 때문에 $\mathbf{B}$를 식 (2.9)를 사용하여 원통좌표계로 변환시키면

$$\mathbf{B} = B_o \mathbf{a}_x = B_o(\cos\phi\,\mathbf{a}_\rho - \sin\phi\,\mathbf{a}_\phi)$$

가 된다. 여기서 $B_o = 0.05$이다. 따라서

$$\mathbf{u} \times \mathbf{B} = \begin{vmatrix} \mathbf{a}_\rho & \mathbf{a}_\phi & \mathbf{a}_z \\ 0 & \rho\omega & 0 \\ B_o \cos\phi & -B_o \sin\phi & 0 \end{vmatrix} = -\rho\omega B_o \cos\phi\,\mathbf{a}_z$$

가 된다. 그리고

$$\begin{aligned}(\mathbf{u} \times \mathbf{B}) \cdot d\mathbf{l} &= -\rho\omega B_o \cos\phi\,dz = -0.04(100\pi)(0.05)\cos\phi\,dz \\ &= -0.2\pi\cos\phi\,dz\end{aligned}$$

$$V_{\text{emf}} = \int_{z=0}^{0.03} -0.2\pi\cos\phi\,dz = -6\pi\cos\phi\text{ mV}$$

가 된다. ϕ를 구하면

$$\omega = \frac{d\phi}{dt} \rightarrow \phi = \omega t + C_o$$

이며, 여기서 C_o는 적분상수이다. $t = 0$에서 루프가 yz-평면에 놓여 있기 때문에 $\phi = \pi/2$이므로, $C_o = \pi/2$가 된다. 따라서

$$\phi = \omega t + \frac{\pi}{2}$$

가 된다. 그리고

$$V_{\text{emf}} = -6\pi\cos\left(\omega t + \frac{\pi}{2}\right) = 6\pi\sin(100\pi t)\text{ mV}$$

$$t = 1\text{일 때}, \; V_{\text{emf}} = 6\pi\sin(0.1\pi) = 5.825\text{ mV}$$

(b) 유도전류는

$$i = \frac{V_{\text{emf}}}{R} = 60\pi\sin(100\pi t)\text{ mA}$$

이며, $t = 3$ ms에서는

$$i = 60\pi\sin(0.3\pi)\text{ mA} = 0.1525\text{ A}$$

이다.

연습문제 9.2

자기장 **B**가 아래와 같음을 제외하고는 모든 것이 같을 때 예제 9.2를 반복하라.

(a) $\mathbf{B} = 50\,\mathbf{a}_y$ mWb/m^2 즉, 자기장은 y방향으로 향한다.

(b) $\mathbf{B} = 0.02t\mathbf{a}_x$ Wb/m^2 즉, 자기장은 시간의 함수이다.

해답: (a) -17.93 mV, -0.1108 A, (b) $20.5\ \mu$V, -41.92 mA

예제 9.3

그림 9.8의 자기회로는 10^{-3} m^{2}의 균일단면적을 가지고 있다. 권선수가 $N_1 = 200$회인 코일에 $i_1(t) = 3 \sin 100\,\pi t$ A의 전류가 흐를 때 권선수가 $N_2 = 100$회인 코일에 유도되는 기전력을 구하라. 여기서 $\mu = 500\,\mu_o$로 가정하라.

풀이

회로에서 자속은

$$\Psi = \frac{\mathcal{F}}{\mathcal{R}} = \frac{N_1 i_1}{\ell/\mu S} = \frac{N_1 i_1 \mu S}{2\pi\rho_o}$$

이며, Faraday의 법칙에 의해 2차 코일에 유도되는 기전력은 다음과 같다.

$$\begin{aligned} V_2 &= -N_2 \frac{d\Psi}{dt} = -\frac{N_1 N_2 \mu S}{2\pi\rho_o}\frac{di_1}{dt} \\ &= -\frac{100 \cdot (200) \cdot (500) \cdot (4\pi \times 10^{-7}) \cdot (10^{-3}) \cdot 300\pi \cos 100\pi t}{2\pi(10 \times 10^{-2})} \\ &= -6\pi \cos 100\pi t \text{ V} \end{aligned}$$

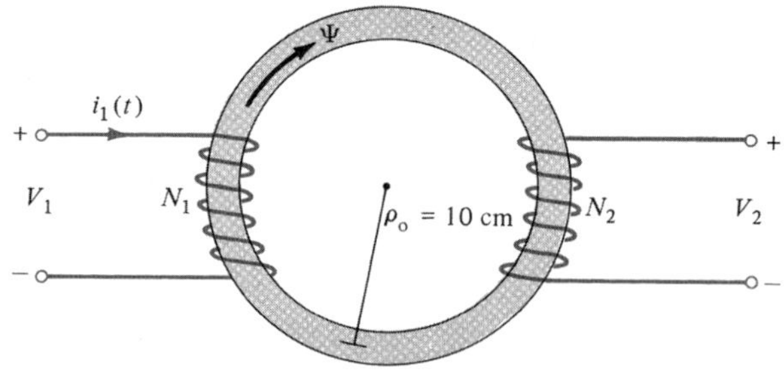

그림 9.8 예제 9.3의 자기회로

연습문제 9.3

4 cm^2의 균일한 단면적을 가지는 자기코어가 그림 9.9와 같이 120 V, 60 Hz인 발전기와 연결되어 있다. 2차 코일에 유도되는 기전력 V_2를 계산하라.

해답: 72 V

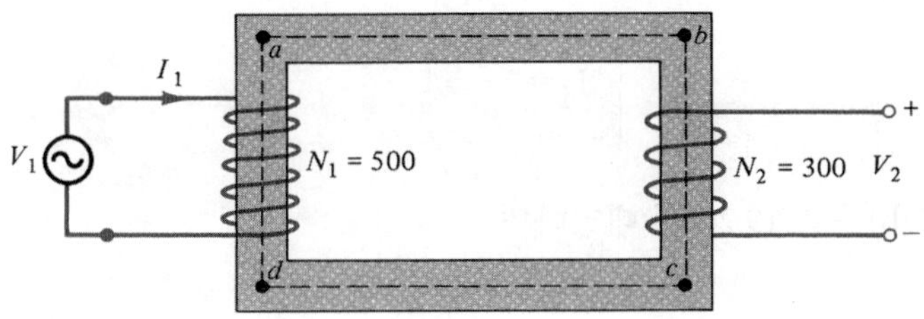

그림 9.9 연습문제 9.3의 그림

9.4 변위전류

9.3절에서는 정전기장에 대한 Maxwell의 회전방정식을 다시 고찰하였고, Faraday의 법칙을 만족시키는 시변전기장을 위해 그 식을 수정하였다. 이제 자기장에 대한 Maxwell의 회전방정식(Ampère의 주회법칙)을 다시 고찰하면서 시변장의 조건을 구해보도록 한다.

정전자기장에서는 아래 식이 성립하였다.

$$\nabla \times \mathbf{H} = \mathbf{J} \tag{9.17}$$

임의의 벡터장의 회전에 발산을 취하면 0이 된다(예제 3.10 참조). 따라서

$$\nabla \cdot (\nabla \times \mathbf{H}) = 0 = \nabla \cdot \mathbf{J} \tag{9.18}$$

가 된다. 그렇지만 식 (5.43)의 전류의 연속식은

$$\nabla \cdot \mathbf{J} = -\frac{\partial \rho_v}{\partial t} \neq 0 \tag{9.19}$$

이다. 따라서 식 (9.18)과 (9.19)는 시변장의 조건에서는 분명히 서로 모순된다. 식 (9.19)와 일치시키기 위해서는 식 (9.17)을 수정해야 한다. 이를 위해 식 (9.17)에 하나의 항을 추가하여

$$\nabla \times \mathbf{H} = \mathbf{J} + \mathbf{J}_d \tag{9.20}$$

로 표현한다. 여기서 $\mathbf{J}_d$를 구하고, 정의하여야 한다. 다시 임의 벡터의 회전에 발산을 취하

면 0이므로

$$\nabla \cdot (\nabla \times \mathbf{H}) = 0 = \nabla \cdot \mathbf{J} + \nabla \cdot \mathbf{J}_d \tag{9.21}$$

가 된다. 식 (9.21)을 식 (9.19)에 일치시키려면

$$\nabla \cdot \mathbf{J}_d = -\nabla \cdot \mathbf{J} = \frac{\partial \rho_v}{\partial t} = \frac{\partial}{\partial t}(\nabla \cdot \mathbf{D}) = \nabla \cdot \frac{\partial \mathbf{D}}{\partial t} \tag{9.22a}$$

또는

$$\boxed{\mathbf{J}_d = \frac{\partial \mathbf{D}}{dt}} \tag{9.22b}$$

이어야 한다. 식 (9.22b)를 식 (9.20)에 대입하면

$$\boxed{\nabla \times \mathbf{H} = \mathbf{J} + \frac{\partial \mathbf{D}}{\partial t}} \tag{9.23}$$

가 된다. 이 식은 시변장에 대한 Maxwell 방정식(Ampère의 주회법칙에 기초를 둔)이다. $\mathbf{J}_d = \partial\mathbf{D}/\partial t$항을 **변위전류밀도**(displacement current density)라 하고, $\mathbf{J}$는 전도전류밀도 ($\mathbf{J} = \sigma\mathbf{E}$)라 한다.[3] 식 (9.17)에 $\mathbf{J}_d$를 삽입한 것은 Maxwell의 중요한 공헌 중 하나이다. $\mathbf{J}_d$항이 없으면 전자파(즉, 라디오 또는 TV 파)의 전파는 불가능하다. 낮은 주파수에서 $\mathbf{J}_d$는 $\mathbf{J}$에 비해 보통 작기 때문에 무시한다. 그러나 무선주파수에서는 2개의 항이 엇비슷하다. Maxwell이 생존한 시기에는 고주파 발생장치를 만들 수 없었으므로 식 (9.23)은 실험적으로 증명할 수 없었다. 몇년 후 Hertz가 전자파를 발생시키고, 검출하는 데 성공함으로써 식 (9.23)을 증명하게 되었다. 이것은 수학적 논리에 의해 실험 연구의 길이 열리게 된 드문 경우 중의 하나이다.

변위전류밀도에 의해 **변위전류**(displacement current)는

$$I_d = \int_S \mathbf{J}_d \cdot d\mathbf{S} = \int_S \frac{\partial \mathbf{D}}{\partial t} \cdot d\mathbf{S} \tag{9.24}$$

와 같이 정의된다. 변위전류는 시변전기장에 의해 생긴다는 것을 명심해야 한다. 이러한 전류의 대표적인 예는 커패시터의 양극판에 교류전압을 인가할 때 커패시터 내에 흐르는 전류이다. 그림 9.10은 변위전류의 필요성을 설명해 준다. 그림 9.10(a)에서 폐경로 L에 수정되지 않은 Ampère의 주회법칙을 적용하면

3) 대류전류밀도는 $\mathbf{J} = \rho_v \mathbf{u}$로 표시됨을 상기하라.

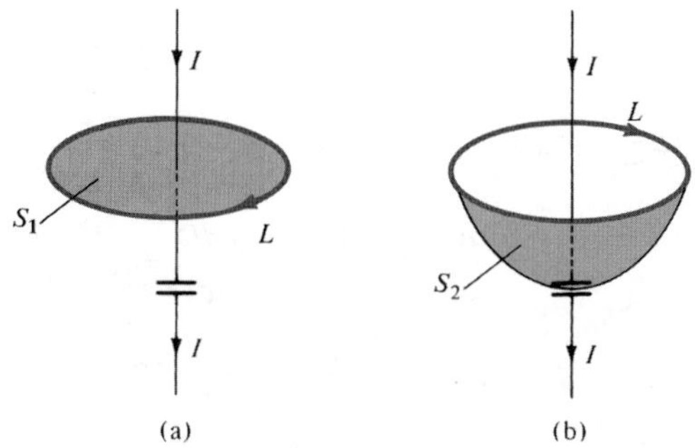

그림 9.10 Ampère의 주회법칙에서 $\mathbf{J}_d$에 필요한 2개의 적분면

$$\oint_L \mathbf{H} \cdot d\mathbf{l} = \int_{S_1} \mathbf{J} \cdot d\mathbf{S} = I_{\text{enc}} = I \tag{9.25}$$

가 되며, 여기서 I는 도체를 통해 흐르는 전류이고, S_1은 L로 둘러싸인 면의 면적이다. 그림 9.10(b)와 같이 커패시터의 두 극판 사이를 지나는 풍선 모양의 겉표면을 S_2라 하면,

$$\oint_L \mathbf{H} \cdot d\mathbf{l} = \int_{S_2} \mathbf{J} \cdot d\mathbf{S} = I_{\text{enc}} = 0 \tag{9.26}$$

이 되는데, 이는 S_2를 통해 흐르는 전도전류가 없기 때문이다($\mathbf{J} = 0$). 같은 폐경로 L이 사용되었다는 사실을 생각하면 이는 모순으로 보인다. 이것을 해결하기 위해 Ampère의 법칙에 변위전류를 포함시키면 총 전류밀도는 $\mathbf{J} + \mathbf{J}_d$가 된다. 식 (9.25)에서는 $\mathbf{J}_d = 0$이므로 이 식은 여전히 성립된다. 그리고 식 (9.26)은 $\mathbf{J}_d = 0$이므로

$$\oint_L \mathbf{H} \cdot d\mathbf{l} = \int_{S_2} \mathbf{J}_d \cdot d\mathbf{S} = \frac{d}{dt}\int_{S_2} \mathbf{D} \cdot d\mathbf{S} = \frac{dQ}{dt} = I \tag{9.27}$$

가 된다. 따라서 S_1에는 전도전류가 흐르고 S_2에는 변위전류가 흐르지만 어느 표면에서든지 같은 전류가 흐른다.

예제 9.4

극판면적이 5 cm^2이고 극판 사이의 간격이 3 mm인 평행평판 커패시터에 $50 \sin 10^3 t$ V인 전압을 인가하였다. $\varepsilon = 2\varepsilon_o$라고 할 때, 변위전류를 계산하라.

풀이

$$D = \varepsilon E = \varepsilon \frac{V}{d}$$

$$J_d = \frac{\partial D}{\partial t} = \frac{\varepsilon}{d}\frac{dV}{dt}$$

이고, 따라서

$$I_d = J_d \cdot S = \frac{\varepsilon S}{d}\frac{dV}{dt} = C\frac{dV}{dt}$$

이다. 이 전류는 아래와 같은 전도전류와 같다.

$$I_c = \frac{dQ}{dt} = S\frac{d\rho_s}{dt} = S\frac{dD}{dt} = \varepsilon S\frac{dE}{dt} = \frac{\varepsilon S}{d}\frac{dV}{dt} = C\frac{dV}{dt}$$

$$I_d = 2 \cdot \frac{10^{-9}}{36\pi} \cdot \frac{5 \times 10^{-4}}{3 \times 10^{-3}} \cdot 10^3 \times 50 \cos 10^3 t$$

$$= 147.4 \cos 10^3 t \text{ nA}$$

연습문제 9.4

자유공간에서 $\mathbf{E} = 20 \cos(\omega t + 50x)\, \mathbf{a}_y$ V/m이다. 다음을 구하라.

(a) $\mathbf{J}_d$

(b) $\mathbf{H}$

(c) ω

해답: (a) $-20\omega e_o \sin(\omega t - 50x)\mathbf{a}_y$ A/m^2, (b) $0.4\omega\varepsilon_o \cos(\omega t + 50x)\mathbf{a}_z$ A/m, (c) 1.5×10^{10} rad/s

9.5 완성된 Maxwell 방정식

스코틀랜드 물리학자인 James Clerk Maxwell(1831~1879)은 현재의 형태로 전자기 이론을 정립한 선구자이다. Maxwell을 칭찬할 만한 업적은 전자파의 발견이다.[4] 그는 35세에서 40세 사이에 이론적인 연구에 의해 처음으로 전기와 자기의 통합이론을 발표하였다. 이 이론은 모두 이전에 알려진 것으로 전기와 자기에 관한 이론과 실험에서 얻어진 결과들로 이루어져 있다. 여기에 더 나아가서 변위전류를 도입하여 전자파의 존재를 예언하였다. Maxwell 방정식은 Heinrich Rudolf Hertz(1857~1894)에 의해 전자파의 존재를 확인하기 전인 1888년까지는 많은 과학자들에게 받아들여지지 못하였다. 독일 물리학자인 Hertz는 전자파를 발생시키고, 이를 성공적으로 검출하였다.

Maxwell이 4개의 방정식으로 나타낸 정적조건에서의 전자기 법칙들의 더 일반화된 형태는 표 9.1에 보인 바와 같이 시변조건에서의 방정식이다. 이 표로부터 발산식들은 정적조

4) Maxwell의 업적은 *Treatise on Electricity and Magnetism*(New York: Dover, 1954)에서 찾아볼 수 있다.

표 9.1 일반적인 Maxwell 방정식

미분형	적분형	비고
$\nabla \cdot \mathbf{D} = \rho_v$	$\oint_S \mathbf{D} \cdot d\mathbf{S} = \int_v \rho_v \, dv$	Gauss의 법칙
$\nabla \cdot \mathbf{B} = 0$	$\oint_S \mathbf{B} \cdot d\mathbf{S} = 0$	독립된 자하가 존재하지 않음*
$\nabla \times \mathbf{E} = -\dfrac{\partial \mathbf{B}}{\partial t}$	$\oint_L \mathbf{E} \cdot d\mathbf{l} = -\dfrac{d}{dt}\int_S \mathbf{B} \cdot d\mathbf{S}$	Faraday의 법칙
$\nabla \times \mathbf{H} = \mathbf{J} + \dfrac{\partial \mathbf{D}}{\partial t}$	$\oint_L \mathbf{H} \cdot d\mathbf{l} = \int_S \left(\mathbf{J} + \dfrac{\partial \mathbf{D}}{\partial t}\right) \cdot d\mathbf{S}$	Ampère의 주회법칙

* 이 식은 자기장에 대한 Gauss의 법칙으로 간주한다.

건이나 시변조건에서 같으나 회전식은 수정되어 있음을 알 수 있다. Maxwell 방정식의 적분형은 물리적인 법칙을 표현하는 데 사용되며, 미분형은 문제를 푸는데 더 자주 사용된다. 어떤 장이 전자기장으로 판명되기 위해서는 4개의 Maxwell 방정식 모두를 만족시켜야만 된다. Maxwell 방정식은 전자기의 중요 법칙들이 요약되어 있기 때문에 그 중요성은 아무리 강조해도 지나치지 않는다. 이 책의 나머지 부분에서는 이 식들을 자주 인용할 것이다.

이 절은 이 책에서 배운 내용들의 요약이므로 Maxwell 방정식에 연관되어 있는 다른 식들을 언급해 보도록 한다.

Lorentz 힘의 방정식은

$$\mathbf{F} = Q(\mathbf{E} + \mathbf{u} \times \mathbf{B}) \tag{9.28}$$

이며, Maxwell 방정식과 연관되어 있다. 또한 전류의 연속방정식

$$\nabla \cdot \mathbf{J} = -\frac{\partial \rho_v}{\partial t} \tag{9.29}$$

은 Maxwell 방정식에 내포되어 있다. 매질의 선형성, 등방성, 균질성의 개념은 시변장에도 그대로 적용된다. 즉, σ, ε, μ에 의해 특징지어지는 선형, 균질, 등방성인 매질 내에서 구성요소 방정식들은

$$\mathbf{D} = \varepsilon \mathbf{E} = \varepsilon_o \mathbf{E} + \mathbf{P} \tag{9.30a}$$

$$\mathbf{B} = \mu \mathbf{H} = \mu_o(\mathbf{H} + \mathbf{M}) \tag{9.30b}$$

$$\mathbf{J} = \sigma \mathbf{E} + \rho_v \mathbf{u} \tag{9.30c}$$

로서, 이들은 시변장에서도 성립된다. 결과적으로 시변장에서도 경계조건은 유효하다. $\mathbf{a}_n$을 경계면에 대한 단위법선벡터라 하면, 경계조건은

$$E_{1t} - E_{2t} = 0 \quad \text{or} \quad (\mathbf{E}_1 - \mathbf{E}_2) \times \mathbf{a}_n = 0 \tag{9.31a}$$

$$H_{1t} - H_{2t} = K \quad \text{or} \quad (\mathbf{H}_1 - \mathbf{H}_2) \times \mathbf{a}_n = \mathbf{K} \tag{9.31b}$$

$$D_{1n} - D_{2n} = \rho_s \quad \text{or} \quad (\mathbf{D}_1 - \mathbf{D}_2) \cdot \mathbf{a}_n = \rho_s \tag{9.31c}$$

$$B_{1n} - B_{2n} = 0 \quad \text{or} \quad (\mathbf{B}_2 - \mathbf{B}_1) \cdot \mathbf{a}_n = 0 \tag{9.31d}$$

가 된다. 그러나 시변장 내의 완전도체($\sigma \simeq \infty$)에 대해서는

$$\mathbf{E} = 0, \quad \mathbf{H} = 0, \quad \mathbf{J} = 0 \tag{9.32}$$

이며, 따라서

$$\mathbf{B}_n = 0, \quad \mathbf{E}_t = 0 \tag{9.33}$$

이 성립한다. 완전유전체($\sigma \simeq 0$)에서는 식 (9.31)은 $\mathbf{K} = 0$을 제외하고는 성립한다. 식 (9.28)부터 (9.33)까지는 Maxwell 방정식이 아니고 이와 관련된 식들이다.

이 요약 절을 완성시키기 위해 전기장과 자기장의 여러 가지 포텐셜과 벡터장들을 연결한 구조를 그림 9.11에 나타내었다. 이 전자기의 흐름도는 장들 사이의 기본적인 관계를 가시화시킨 것이다. 이로부터 비교적 간단한 방법으로 주어진 문제에 대한 또 다른 공식을 구하는 것이 가능하다. 그림 9.11(b)와 (c)에서 자유자하밀도 ρ^m(ρ_v와 유사)과 전기 벡터 포텐

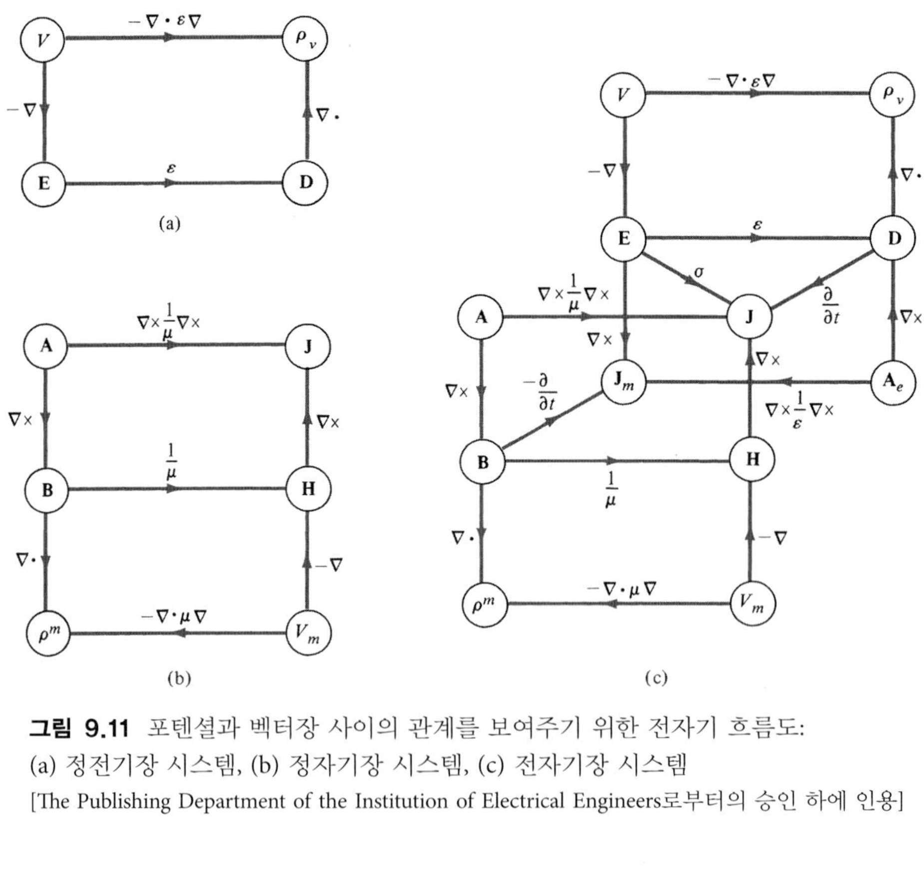

그림 9.11 포텐셜과 벡터장 사이의 관계를 보여주기 위한 전자기 흐름도: (a) 정전기장 시스템, (b) 정자기장 시스템, (c) 전자기장 시스템
[The Publishing Department of the Institution of Electrical Engineers로부터의 승인 하에 인용]

셜 $\mathbf{A}_e$($\mathbf{A}$와 유사) 그리고 자기전류밀도 $\mathbf{J}_m$($\mathbf{J}$와 유사)를 도입하였으나 물론 그 값은 0이다. 그리고 이와 같은 항들을 사용하여 주요관계를 나타내면 다음과 같다.

(a) 양립성 방정식

$$\nabla \cdot \mathbf{B} = \rho^m = 0 \tag{9.34}$$

그리고

$$\nabla \times \mathbf{E} = -\frac{\partial \mathbf{B}}{\partial t} = \mathbf{J}_m \tag{9.35}$$

(b) 구성요소 방정식

$$\mathbf{B} = \mu \mathbf{H} \tag{9.36}$$

그리고

$$\mathbf{D} = \varepsilon \mathbf{E} \tag{9.37}$$

(c) 평형방정식

$$\nabla \cdot \mathbf{D} = \rho_v \tag{9.38}$$

그리고

$$\nabla \times \mathbf{H} = \mathbf{J} + \frac{\partial \mathbf{D}}{\partial t} \tag{9.39}$$

†9.6 시변포텐셜

정전자기장에서 전기 스칼라포텐셜은

$$V = \int_v \frac{\rho_v \, dv}{4\pi\varepsilon R} \tag{9.40}$$

이고, 자기 벡터포텐셜은

$$\mathbf{A} = \int_v \frac{\mu \mathbf{J} \, dv}{4\pi R} \tag{9.41}$$

으로 유도되었다. 시변장에서도 이 포텐셜을 사용할 수 있는지를 검토해 보기로 한다. $\mathbf{A}$는 시변장에서도 성립하는 $\nabla \cdot \mathbf{B} = 0$로부터 정의되었다. 그러므로

$$\boxed{\mathbf{B} = \nabla \times \mathbf{A}} \tag{9.42}$$

인 관계는 시변장에도 적용된다. 식 (9.8)에서 나타낸 Faraday의 법칙을 식 (9.4.2)와 결합시

키면

$$\nabla \times \mathbf{E} = -\frac{\partial}{\partial t}(\nabla \times \mathbf{A}) \tag{9.43a}$$

또는

$$\nabla \times \left(\mathbf{E} + \frac{\partial \mathbf{A}}{\partial t}\right) = \mathbf{0} \tag{9.43b}$$

가 된다. 스칼라 함수의 기울기의 회전은 0이므로(연습문제 3.10 참조), 식 (9.43b)의 해는

$$\mathbf{E} + \frac{\partial \mathbf{A}}{\partial t} = -\nabla V \tag{9.44}$$

또는

$$\boxed{\mathbf{E} = -\nabla V - \frac{\partial \mathbf{A}}{\partial t}} \tag{9.45}$$

가 된다. 식 (9.42)와 (9.45)로부터 **A**와 V가 알려지면 벡터장 **B**와 **E**를 구할 수 있다. 그러나 식 (9.40)과 (9.41)의 포텐셜과 같이 시변장에 적합한 **A**와 V에 관한 식을 유도하는 것이 필요하다.

표 9.1 또는 식 (9.38)에서 $\nabla \cdot \mathbf{D} = \rho_v$는 시변장에서도 분명히 성립함을 알 수 있다. 식 (9.45)에 발산을 취하고 식 (9.37)과 (9.38)을 사용하면

$$\nabla \cdot \mathbf{E} = \frac{\rho_v}{\varepsilon} = -\nabla^2 V - \frac{\partial}{\partial t}(\nabla \cdot \mathbf{A})$$

또는

$$\nabla^2 V + \frac{\partial}{\partial t}(\nabla \cdot \mathbf{A}) = -\frac{\rho_v}{\varepsilon} \tag{9.46}$$

를 얻는다. 식 (9.42)에 회전을 취하고 식 (9.23)과 (9.45)를 결합시키면

$$\begin{aligned}\nabla \times \nabla \times \mathbf{A} &= \mu \mathbf{J} + \varepsilon\mu \frac{\partial}{\partial t}\left(-\nabla V - \frac{\partial \mathbf{A}}{\partial t}\right) \\ &= \mu \mathbf{J} - \mu\varepsilon \nabla\left(\frac{\partial V}{\partial t}\right) - \mu\varepsilon \frac{\partial^2 \mathbf{A}}{\partial t^2}\end{aligned} \tag{9.47}$$

가 된다. 여기서 $\mathbf{D} = \varepsilon \mathbf{E}$와 $\mathbf{B} = \mu \mathbf{H}$를 사용하였다. 벡터 항등식인

$$\nabla \times \nabla \times \mathbf{A} = \nabla(\nabla \cdot \mathbf{A}) - \nabla^2 \mathbf{A} \tag{9.48}$$

를 식 (9.47)에 적용하면

$$\nabla^2 \mathbf{A} - \nabla(\nabla \cdot \mathbf{A}) = -\mu \mathbf{J} + \mu\varepsilon \nabla\left(\frac{\partial V}{\partial t}\right) + \mu\varepsilon \frac{\partial^2 \mathbf{A}}{\partial t^2} \tag{9.49}$$

가 된다. 벡터장은 회전과 발산이 정해지면 유일하게 정의된다. **A**의 회전은 식 (9.42)에 주어져 있다. **A**의 발산은

$$\boxed{\nabla \cdot \mathbf{A} = -\mu\varepsilon \frac{\partial V}{\partial t}} \tag{9.50}$$

로 주어질 수 있으며, 그 이유는 잠시 후 분명해질 것이다. 이 식은 **A**와 V의 관계로 나타내며, **포텐셜에 대한 Lorenz 조건**(Lorenz condition for potentials)[5]이라 한다. 식 (7.59)에서 정자기장에 대해서는 $\nabla \cdot \mathbf{A} = 0$로 주어졌었다. 식 (9.50)의 Lorenz 조건을 식 (9.46)과 (9.49)에 각각 대입하면

$$\boxed{\nabla^2 V - \mu\varepsilon \frac{\partial^2 V}{\partial t^2} = -\frac{\rho_v}{\varepsilon}} \tag{9.51}$$

그리고

$$\boxed{\nabla^2 \mathbf{A} - \mu\varepsilon \frac{\partial^2 \mathbf{A}}{\partial t^2} = -\mu \mathbf{J}} \tag{9.52}$$

가 된다. 이 식들은 다음 장에서 다루게 될 **파동방정식**이다. 식 (9.51)과 (9.52)로부터 Lorenz 조건을 설정한 이유를 분명하게 알 수 있다. Lorenz 조건은 식 (9.46)과 (9.49)를 풀게 함과 동시에 식 (9.51)과 (9.52) 사이의 대칭성을 만들어낸다. Lorenz 조건은 전류의 연속방정식으로부터도 유도될 수 있으므로 식 (9.50)은 임의로 설정한 것이 아니다. 식 (6.4)와 (7.60)은 각각 식 (9.51)과 (9.52)의 정적인 특별한 경우이다. 다시 말하면 포텐셜 V와 **A**는 시변조건에서 Poisson 방정식을 만족한다. 식 (9.40)과 (9.41)이 각각 식 (6.4)와 (7.60)의 해 또는 적분형이라면 식 (9.51)과 (9.52)의 해[6]는

$$V = \int_v \frac{[\rho_v]\, dv}{4\pi\varepsilon R} \tag{9.53}$$

그리고

$$\mathbf{A} = \int_v \frac{\mu[\mathbf{J}]\, dv}{4\pi R} \tag{9.54}$$

로 표현된다. 여기서 $[\rho_v]$(또는 $[\mathbf{J}]$) 항은 $\rho_v(x, y, z, t)$[또는 $\mathbf{J}(x, y, z, t)$]에서 시간 t를 아래와 같이 **지연시간**(retarded time) t'으로 대치한 것이다.

---

5) Hendrick A. Lorentz와 혼동하지 말것. Ludvig V. Lorenz(1829~1891)는 덴마크의 수학자이며 물리학자이다.

6) 참고문헌: D. K. Cheng, *Fundamental of Engineering Electromagnetics*. Reading, MA: Addison-Wesley, 1993, pp. 253~254.

$$t' = t - \frac{R}{u} \tag{9.55}$$

여기서 $R = |\mathbf{r} - \mathbf{r}'|$은 원천점 $\mathbf{r}'$과 관측점 $\mathbf{r}$ 사이의 거리이다. 그리고

$$u = \frac{1}{\sqrt{\mu\varepsilon}} \tag{9.56}$$

은 파의 전파속도이다. 자유공간에서는 $u = c \simeq 3 \times 10^8$ m/s로 진공에서의 빛의 속도와 같다. 식 (9.53)과 (9.54)의 포텐셜 V와 $\mathbf{A}$를 각각 지연 전기 스칼라포텐셜(retarded electric scalar potential)과 지연 자기 벡터포텐셜(retarded magnetic vector potential)이라 한다. ρ_v와 $\mathbf{J}$가 주어지면 식 (9.53)과 (9.54)를 사용하여 V와 $\mathbf{A}$를 계산할 수 있고, V와 $\mathbf{A}$로부터 식 (9.45)와 (9.42)를 사용하여 $\mathbf{E}$와 $\mathbf{B}$를 각각 구할 수 있다.

9.7 시정현장

지금까지는 전자기장을 시간에 대한 임의의 함수로 취급하였다. 특별한 경우로, 장을 **시정현장**(time-harmonic fields)이라고 가정할 것이다.

> **시정현장**은 시간에 대해 주기적으로 혹은 정현적으로 변하는 장이다.

시정현장은 실제 값을 정현적 해석에 의해 나타낼 수 있을 뿐만 아니라, Fourier 해석에 의해 대부분의 파형을 나타낼 수 있다. 정현함수는 페이저(phasor)로 쉽게 나타낼 수 있으며, 이 페이저는 취급하기에 매우 편리하다. 전자기장에 페이저를 적용하기 전에 페이저의 개념을 간단히 복습하기로 한다.

페이저는 정현적으로 진동하는 신호의 크기와 위상을 나타내는 복소수이다. 복소수로서 페이저 z는

$$z = x + jy = r \angle\phi \tag{9.57}$$

또는

$$z = r\,e^{j\phi} = r(\cos\phi + j\sin\phi) \tag{9.58}$$

로 나타낼 수 있다. 여기서 $j = \sqrt{-1}$ 이다. x를 z의 실수부, y를 z의 허수부, r을 z의 크기라 하면

$$r = |z| = \sqrt{x^2 + y^2} \tag{9.59}$$

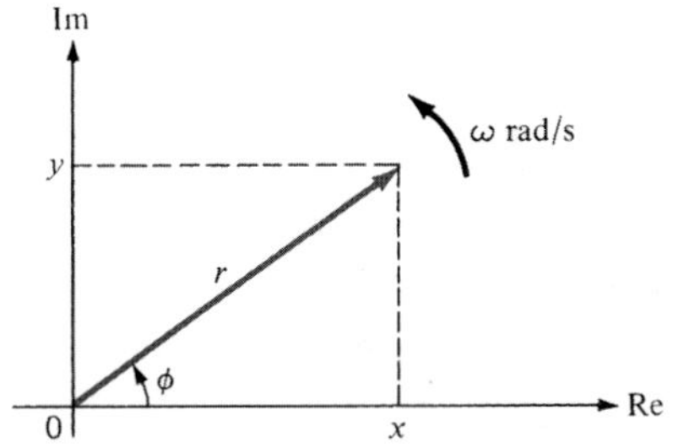

그림 9.12 페이저 $z = x + jy = r \angle \phi$의 표현

으로 주어진다. ϕ는 z의 위상이며

$$\phi = \tan^{-1}\frac{y}{x} \tag{9.60}$$

로 주어진다. 여기서 x, y, z, r, ϕ는 좌표계에서 사용되는 변수와 비슷하게 보이지만 좌표계의 변수는 아니다(다른 글자를 사용하여 표현할 수도 있지만 더 나은 다른 글자를 찾기가 쉽지 않다). 페이저 z는 **직각좌표형식**(rectangular form)으로는 $z = x + jy$로, **극좌표형식**(polar form)으로는 $z = r \angle \phi = re^{j\phi}$로 표현할 수 있다. z를 나타내는 2가지 형식은 식 (9.57)에서 (9.60)까지 관련되어지며, 그림 9.12에 도시하였다. 페이저의 덧셈과 뺄셈은 직각좌표형식을 이용하면 편리하며, 곱셈과 나눗셈은 극좌표형식을 이용하면 계산하기 편리하다.

주어진 복소수가

$$z = x + jy = r\,\underline{/\phi}, \quad z_1 = x_1 + jy_1 = r_1\,\underline{/\phi_1}, \quad \text{그리고} \quad z_2 = x_2 + jy_2 = r_2\,\underline{/\phi_2}$$

라고 할 때 다음과 같은 기본법칙이 성립한다.

덧셈:

$$z_1 + z_2 = (x_1 + x_2) + j(y_1 + y_2) \tag{9.61a}$$

뺄셈:

$$z_1 - z_2 = (x_1 - x_2) + j(y_1 - y_2) \tag{9.61b}$$

곱셈:

$$z_1 z_2 = r_1 r_2\,\underline{/\phi_1 + \phi_2} \tag{9.61c}$$

나눗셈:

$$\frac{z_1}{z_2} = \frac{r_1}{r_2}\,\underline{/\phi_1 - \phi_2} \tag{9.61d}$$

제곱근:

$$\sqrt{z} = \sqrt{r}\,\underline{/\phi/2} \tag{9.61e}$$

공액복소수:

$$z^* = x - jy = r\angle{-\phi} = re^{-j\phi} \tag{9.61f}$$

복소수의 다른 성질은 부록 A.2에서 볼 수 있다.

시간요소를 도입하기 위해

$$\phi = \omega t + \theta \tag{9.62}$$

라 놓는다. 여기서 θ는 시간과 공간좌표의 함수이거나 상수이다.

$$re^{j\phi} = re^{j(\omega t+\theta)} = re^{j\theta}\, e^{j\omega t} \tag{9.63}$$

위 식을 실수부(Re)와 허수부(Im)로 구분하면 각각

$$\text{Re}\left(re^{j\phi}\right) = r\cos(\omega t + \theta) \tag{9.64a}$$

그리고

$$\text{Im}\left(re^{j\phi}\right) = r\sin(\omega t + \theta) \tag{9.64b}$$

로 주어진다. 따라서 예를 들면 정현 전류 $I(t) = I_o \cos(\omega t + \theta)$는 $I_o e^{j\theta} e^{j\omega t}$의 실수부이다. 전류 $I'(t) = I_o \sin(\omega t + \theta)$는 $I_o e^{j\theta} e^{j\omega t}$의 허수부이며, $\sin\alpha = \cos(\alpha - 90^\circ)$의 관계가 있으므로 $I_o e^{j\theta} e^{j\omega t} e^{-j90^\circ}$의 실수부이기도 하다. 그러나 수학적인 연산을 위해서는 실수부와 허수부를 동시에 사용하지 말고 둘 중 어느 하나를 일관되게 사용하여야 한다.

복소항 $I_o e^{j\theta}$는 $I(t)$에서 시간항 $e^{j\omega t}$를 생략한 것으로 **페이저** 전류라 하고 I_s로 표현한다. 즉,

$$I_s = I_o e^{j\theta} = I_o \angle\theta \tag{9.65}$$

이며, 여기서 첨자 s는 $I(t)$의 페이저형임을 의미한다. 따라서 **순시형**인 $I(t) = I_o \cos(\omega t + \theta)$는

$$I(t) = \text{Re}\left(I_s e^{j\omega t}\right) \tag{9.66}$$

로 표현한다. 일반적으로 페이저는 복소량으로 스칼라일 수도 있고 벡터일 수도 있다. 만약 벡터 $\mathbf{A}(x, y, z, t)$가 시정현장이라면 $\mathbf{A}$의 **페이저형**은 $\mathbf{A}_s(x, y, z)$이므로 아래의 관계가 성립한다.

$$\boxed{\mathbf{A}(x, y, z, t) = \text{Re}[\mathbf{A}_s(x, y, z)e^{j\omega t}]} \tag{9.67}$$

페이저는 위치의 함수이며, 시간의 함수가 아님을 주의하라. 예를 들어 $\mathbf{A} = \mathbf{A}_o \cos(\omega t - \beta x)\, \mathbf{a}_y$이면 $\mathbf{A}$를

$$\mathbf{A} = \text{Re}\left(A_o e^{-j\beta x}\mathbf{a}_y e^{j\omega t}\right) \tag{9.68}$$

로 쓸 수 있다. 이 식을 식 (9.67)과 비교하면 **A**의 페이저형은 아래와 같다.

$$\mathbf{A}_s = A_o e^{-j\beta x}\mathbf{a}_y \tag{9.69}$$

식 (9.67)로부터

$$\begin{aligned}\frac{\partial \mathbf{A}}{\partial t} &= \frac{\partial}{\partial t}\mathrm{Re}\left(\mathbf{A}_s e^{j\omega t}\right)\\ &= \mathrm{Re}\left(j\omega \mathbf{A}_s e^{j\omega t}\right)\end{aligned} \tag{9.70}$$

가 되어, 순시값을 시간에 대해 미분하면 페이저형에 $j\omega$를 곱한 것과 같음을 주목하라. 즉,

$$\frac{\partial \mathbf{A}}{\partial t} \rightarrow j\omega \mathbf{A}_s \tag{9.71}$$

가 된다. 이와 유사하게

$$\int \mathbf{A}\,\partial t \rightarrow \frac{\mathbf{A}_s}{j\omega} \tag{9.72}$$

회로 해석에서와 같이 실수부는 식 (9.67)과 같이 표현되며, 허수부도 같은 형태로 표현된다. 또한 순시형 $\mathbf{A}(x, y, z, t)$와 페이저형 $\mathbf{A}_s(x, y, z)$의 기본적인 차이를 유념하라. 즉, 전자는 시간의 함수이고 실수값이지만, 후자는 시간에 무관하고 일반적으로 복소수라는 것이다. $\mathbf{A}_s$로 문제를 해결하는 것이 더 쉽고, 필요하다면 식 (9.67)을 사용하여 $\mathbf{A}_s$로부터 **A**를 구할 수 있다.

이제 시변 전자기장에 페이저 개념을 적용해 보자. $\mathbf{E}(x, y, z, t)$, $\mathbf{D}(x, y, z, t)$, $\mathbf{H}(x, y, z, t)$, $\mathbf{B}(x, y, z, t)$, $\mathbf{J}(x, y, z, t)$, $\rho_v(x, y, z, t)$와 이들의 미분값은 식 (9.67)과 (9.71)을 사용하여 페이저형으로 표현될 수 있다.

페이저형의 맥스웰 방정식을 어떻게 쓸 수 있는지 알아보자. 한 예로,

$$\nabla \times \mathbf{E}(x, y, z, t) = -\frac{\partial}{\partial t}\mathbf{B}(x, y, z, t) \tag{9.73}$$

을 고려해 보자. 여기서

$$\mathbf{E}(x, y, z, t) = \mathrm{Re}\left(\mathbf{E}_s(x, y, z)e^{j\omega t}\right)$$

그리고

$$\mathbf{B}(x, y, z, t) = \mathrm{Re}\left(\mathbf{B}_s(x, y, z)e^{j\omega t}\right)$$

라고 두자. 이 식을 식 (9.73)에 대입하면 다음과 같다.

표 9.2 시간항 $e^{j\omega t}$를 가정한 시정현 Maxwell 방정식

점형	적분형
$\nabla \cdot \mathbf{D}_s = \rho_{vs}$	$\oint \mathbf{D}_s \cdot d\mathbf{S} = \int \rho_{vs}\, dv$
$\nabla \cdot \mathbf{B}_s = 0$	$\oint \mathbf{B}_s \cdot d\mathbf{S} = 0$
$\nabla \times \mathbf{E}_s = -j\omega \mathbf{B}_s$	$\oint \mathbf{E}_s \cdot d\mathbf{l} = -j\omega \int \mathbf{B}_s \cdot d\mathbf{S}$
$\nabla \times \mathbf{H}_s = \mathbf{J}_s + j\omega \mathbf{D}_s$	$\oint \mathbf{H}_s \cdot d\mathbf{l} = \int (\mathbf{J}_s + j\omega \mathbf{D}_s) \cdot d\mathbf{S}$

$$\nabla \times \left\{ \mathrm{Re}\left[\mathbf{E}_s e^{j\omega t}\right] \right\} = -\frac{\partial}{\partial t}\left\{ \mathrm{Re}\left[\mathbf{B}_s e^{j\omega t}\right] \right\} \tag{9.74}$$

식 (9.74)의 왼쪽 항을 고려하자. 회전 연산은 오직 (x, y, z)에만 적용되므로 다음과 같이 쓸 수 있다.

$$\nabla \times \left\{ \mathrm{Re}\left[\mathbf{E}_s e^{j\omega t}\right] \right\} = \mathrm{Re}\left\{ \left[\nabla \times \mathbf{E}_s\right] e^{j\omega t} \right\} \tag{9.75}$$

유사하게 식 (9.74)의 오른쪽 항을 고려하면, $\mathbf{B}_s$는 시간에 의존하지 않는다는 것을 명심한다.

$$-\frac{\partial}{\partial t}\left\{ \mathrm{Re}\left[\mathbf{B}_s e^{j\omega t}\right] \right\} = -\mathrm{Re}\left\{ \mathbf{B}_s \frac{\partial}{\partial t} e^{j\omega t} \right\} = -\mathrm{Re}\{ j\omega \mathbf{B}_s e^{j\omega t} \} \tag{9.76}$$

식 (9.75)와 식 (9.76)을 비교하면 다음과 같은 수식을 얻는다.

$$\nabla \times \mathbf{E}_s = -j\omega \mathbf{B}_s \tag{9.77}$$

위 식이 바로 식 (9.73)의 페이저형이다. Maxwell 방정식의 다른 식들도 유사한 방법으로 유도할 수 있으며 표 9.2와 같은 결과를 얻는다. 표 9.2에서 시간항 $e^{j\omega t}$는 모든 항에 관련되어 있으므로 빠져있으며, 결과적으로 방정식들은 시간의 함수가 아니다. 이것이 페이저를 사용하는 이유이다. 즉, 시간항은 시정현장에 대한 해석에서 빠질 수 있으며, 필요할 때마다 삽입시킬 수 있다. 따라서 표 9.2는 시간항 $e^{j\omega t}$가 가정되어 있다는 것에 주목할 필요가 있다. 마찬가지로 시간항 $e^{-j\omega t}$가 가정된 것으로도 생각할 수 있으며, 이 경우는 표 9.2에서 모든 j를 $-j$로 대치하면 된다.

예제 9.5

다음 복소수를 계산하라.

(a) $z_1 = \dfrac{j(3 - j4)^*}{(-1 + j6)(2 + j)^2}$

(b) $z_2 = \left[\frac{1 + j}{4 - j8}\right]^{1/2}$

풀이

(a) 2가지 방법, 즉 z를 직각좌표형식이나 극좌표형식으로 풀 수 있다.

방법 1(직각좌표형식):

$$z_1 = \frac{z_3 z_4}{z_5 z_6}$$

로 두자. 여기서

$$\begin{aligned} z_3 &= j \\ z_4 &= (3 - j4)^* = (3 - j4)\text{의 공액복소수} \\ &= 3 + j4 \end{aligned}$$

이다. 복소수의 공액복소수를 구하기 위해서는 간단히 괄호 안의 j를 $-j$로 대치하면 된다.

$$z_5 = -1 + j6$$

그리고

$$z_6 = (2 + j)^2 = 4 - 1 + j4 = 3 + j4$$

이다. 따라서

$$\begin{aligned} z_3 z_4 &= j(3 + j4) = -4 + j3 \\ z_5 z_6 &= (-1 + j6)(3 + j4) = -3 - j4 + j18 - 24 \\ &= -27 + j14 \end{aligned}$$

그러므로

$$z_1 = \frac{-4 + j3}{-27 + j14}$$

가 된다. z_1에 $-27 - j14$를 곱하고 나누어주면(유리화) 아래의 결과를 얻는다.

$$\begin{aligned} z_1 &= \frac{(-4 + j3)(-27 - j14)}{(-27 + j14)(-27 - j14)} = \frac{150 - j25}{27^2 + 14^2} \\ &= 0.1622 - j0.027 = 0.1644 \angle -9.46^\circ \end{aligned}$$

방법 2(극좌표형식):

$$\begin{aligned} z_3 &= j = 1 \angle 90^\circ \\ z_4 &= (3 - j4)^* = (5 \angle -53.13)^* = 5 \angle 53.13^\circ \end{aligned}$$

$$z_5 = (-1 + j6) = \sqrt{37}\ \angle 99.46°$$
$$z_6 = (2 + j)^2 = (\sqrt{5}\ \angle 26.56)^2 = 5\ \angle 53.13°$$

따라서

$$z_1 = \frac{(1\ \angle 90°)(5\ \angle 53.13°)}{(\sqrt{37}\ \angle 99.46°)(5\ \angle 53.13°)}$$
$$= \frac{1}{\sqrt{37}}\ \angle 90° - 99.46° = 0.1644\ \angle -9.46°$$
$$= 0.1622 - j0.027$$

이 되며, 앞에서 구한 결과와 같다.

(b)

$$z_2 = \left[\frac{z_7}{z_8}\right]^{1/2}$$

로 두자. 여기서

$$z_7 = 1 + j = \sqrt{2}\ \angle 45°$$

그리고

$$z_8 = 4 - j8 = 4\sqrt{5}\ \angle -63.4°$$

이다. 따라서

$$\frac{z_7}{z_8} = \frac{\sqrt{2}\ \angle 45°}{4\sqrt{5}\ \angle -63.4°} = \frac{\sqrt{2}}{4\sqrt{5}}\ \angle 45° - -63.4°$$
$$= 0.1581\ \angle 108.4°$$

그러므로

$$z_2 = \sqrt{0.1581}\ \angle 108.4°/2$$
$$= 0.3976\ \angle 54.2°$$

가 된다.

연습문제 9.5

다음 복소수를 계산하라.

(a) $j^3\left[\dfrac{1+j}{2-j}\right]^2$

(b) $6\angle 30° + j5 - 3 + e^{j45°}$

해답: (a) $0.24 + j0.32$, (b) $2.903 + j8.707$

예제 9.6

$\mathbf{A} = 10\cos(10^8 t - 10x + 60°)\,\mathbf{a}_z$, 그리고 $\mathbf{B}_s = (20/j)\,\mathbf{a}_x + 10\,e^{j2\pi x/3}\mathbf{a}_y$일 때 $\mathbf{A}$는 페이저형으로, $\mathbf{B}_s$는 순시형으로 표현하라.

풀이

$$\mathbf{A} = \text{Re}[10e^{j(\omega t - 10x + 60°)}\,\mathbf{a}_z]$$

가 되며, 여기서 $\omega = 10^8$이다. 따라서

$$\mathbf{A} = \text{Re}[10e^{j(60° - 10x)}\,\mathbf{a}_z\,e^{j\omega t}] = \text{Re}(\mathbf{A}_s e^{j\omega t})$$

또는

$$\mathbf{A}_s = 10\,e^{j(60° - 10x)}\,\mathbf{a}_z$$

그리고

$$\begin{aligned}
\mathbf{B}_s &= \frac{20}{j}\,\mathbf{a}_x + 10e^{j2\pi x/3}\,\mathbf{a}_y = -j20\,\mathbf{a}_x + 10e^{j2\pi x/3}\,\mathbf{a}_y \\
&= 20e^{-j\pi/2}\,\mathbf{a}_x + 10e^{j2\pi x/3}\,\mathbf{a}_y
\end{aligned}$$

$$\begin{aligned}
\mathbf{B} &= \text{Re}(\mathbf{B}_s e^{j\omega t}) \\
&= \text{Re}\left[20e^{j(\omega t - \pi/2)}\,\mathbf{a}_x + 10e^{j(\omega t + 2\pi x/3)}\,\mathbf{a}_y\right] \\
&= 20\cos(\omega t - \pi/2)\,\mathbf{a}_x + 10\cos\left(\omega t + \frac{2\pi x}{3}\right)\mathbf{a}_y \\
&= 20\sin\omega t\,\mathbf{a}_x + 10\cos\left(\omega t + \frac{2\pi x}{3}\right)\mathbf{a}_y
\end{aligned}$$

연습문제 9.6

$\mathbf{P} = 2\sin(10t + x - \pi/4)\,\mathbf{a}_y$, 그리고 $\mathbf{Q}_s = e^{jx}(\mathbf{a}_x - \mathbf{a}_z)\sin \pi y$일 때, $\mathbf{P}$의 페이저형과 $\mathbf{Q}_s$의 순시형을 구하라.

해답: $2e^{j(x - 3\pi/4)}\mathbf{a}_y$, $\sin \pi y \cos(\omega t + x)(\mathbf{a}_x - \mathbf{a}_z)$

예제 9.7

자유공간에서 전기장과 자기장이

$$\mathbf{E} = \frac{50}{\rho}\cos(10^6 t + \beta z)\mathbf{a}_\phi \text{ V/m}$$

$$\mathbf{H} = \frac{H_o}{\rho}\cos(10^6 t + \beta z)\mathbf{a}_\rho \text{ A/m}$$

로 주어졌다. 이들을 페이저형으로 표현하고, Maxwell 방정식을 만족시키기 위한 상수 H_o와 β를 구하라.

풀이

$\mathbf{E}$와 $\mathbf{H}$의 순시형은

$$\mathbf{E} = \text{Re}(\mathbf{E}_s e^{j\omega t}), \quad \mathbf{H} = \text{Re}(\mathbf{H}_s e^{j\omega t}) \tag{9.7.1}$$

이며, 여기서 $\omega = 10^6$이다. 페이저 $\mathbf{E}_s$와 $\mathbf{H}_s$는 아래와 같다.

$$\mathbf{E}_s = \frac{50}{\rho}e^{j\beta z}\mathbf{a}_\phi, \quad \mathbf{H}_s = \frac{H_o}{\rho}e^{j\beta z}\mathbf{a}_\rho \tag{9.7.2}$$

자유공간에서는 $\rho_v = 0, \sigma = 0, \varepsilon = \varepsilon_o, \mu = \mu_o$이므로 Maxwell 방정식은

$$\nabla \cdot \mathbf{D} = \varepsilon_o \nabla \cdot \mathbf{E} = 0 \rightarrow \nabla \cdot \mathbf{E}_s = 0 \tag{9.7.3}$$

$$\nabla \cdot \mathbf{B} = \mu_o \nabla \cdot \mathbf{H} = 0 \rightarrow \nabla \cdot \mathbf{H}_s = 0 \tag{9.7.4}$$

$$\nabla \times \mathbf{H} = \sigma \mathbf{E} + \varepsilon_o \frac{\partial \mathbf{E}}{\partial t} \rightarrow \nabla \times \mathbf{H}_s = j\omega\varepsilon_o \mathbf{E}_s \tag{9.7.5}$$

$$\nabla \times \mathbf{E} = -\mu_o \frac{\partial \mathbf{H}}{\partial t} \rightarrow \nabla \times \mathbf{E}_s = -j\omega\mu_o \mathbf{H}_s \tag{9.7.6}$$

로 표현된다. 식 (9.7.2)를 식 (9.7.3)과 (9.7.4)에 대입하면 두 개의 Maxwell 방정식을 만족함이 쉽게 증명된다. 즉,

$$\nabla \cdot \mathbf{E}_s = \frac{1}{\rho}\frac{\partial}{\partial \phi}(E_{\phi s}) = 0$$

$$\nabla \cdot \mathbf{H}_s = \frac{1}{\rho} \frac{\partial}{\partial \rho} (\rho H_{\rho s}) = 0$$

그리고

$$\nabla \times \mathbf{H}_s = \nabla \times \left(\frac{H_o}{\rho} e^{j\beta z} \mathbf{a}_\rho \right) = \frac{jH_o\beta}{\rho} e^{j\beta z} \mathbf{a}_\phi \tag{9.7.7}$$

이므로, 식 (9.7.2)와 (9.7.7)을 식 (9.7.5)에 대입하면

$$\frac{jH_o\beta}{\rho} e^{j\beta z} \mathbf{a}_\phi = j\omega\varepsilon_o \frac{50}{\rho} e^{j\beta z} \mathbf{a}_\phi$$

또는

$$H_o\beta = 50\, \omega\varepsilon_o \tag{9.7.8}$$

가 된다. 이와 유사하게 식 (9.7.2)를 식 (9.7.6)에 대입하면

$$-j\beta \frac{50}{\rho} e^{j\beta z} \mathbf{a}_\rho = -j\omega\mu_o \frac{H_o}{\rho} e^{j\beta z} \mathbf{a}_\rho$$

또는

$$\frac{H_o}{\beta} = \frac{50}{\omega\mu_o} \tag{9.7.9}$$

이 된다. 식 (9.7.8)을 식 (9.7.9)에 곱하면

$$H_o^2 = (50)^2 \frac{\varepsilon_o}{\mu_o}$$

또는

$$H_o = \pm 50\sqrt{\varepsilon_o/\mu_o} = \pm \frac{50}{120\pi} = \pm 0.1326$$

이 된다. 식 (9.7.8)을 식 (9.7.9)로 나누면

$$\beta^2 = \omega^2\mu_o\varepsilon_o$$

또는

$$\beta = \pm\omega\sqrt{\mu_o\varepsilon_o} = \pm\frac{\omega}{c} = \pm\frac{10^6}{3 \times 10^8}$$

$$= \pm 3.33 \times 10^{-3}$$

이 된다. 식 (9.7.8)로부터 $H_o = 0.1326$, $\beta = 3.33 \times 10^{-3}$ 또는 $H_o = -0.1326$, $\beta = -3.33 \times 10^{-3}$이 되어야 하며, 이 값들이 Maxwell의 4개 방정식을 만족시키게 된다.

연습문제 9.7

공기 중에서 $\mathbf{E} = \dfrac{\sin\theta}{r}\cos(6\times10^7 t - \beta r)\mathbf{a}_\phi$ V/m이다. β와 $\mathbf{H}$를 구하라.

해답: 0.2 rad/m, $-\dfrac{1}{12\pi r^2}\cos\theta\sin(6\times10^7 t - 0.2r)\mathbf{a}_r - \dfrac{1}{120\pi r}\sin\theta\times$ $\cos(6\times10^7 t - 0.2r)\mathbf{a}_\theta$ A/m

예제 9.8

$\sigma = 0, \mu = \mu_o, \varepsilon = 4\varepsilon_o$인 매질에서

$$\mathbf{E} = 20\sin(10^8 t - \beta z)\mathbf{a}_y \text{ V/m}$$

이다. β와 $\mathbf{H}$를 계산하라.

풀이

이 문제는 시간 영역에서 직접 해를 구할 수도 있고, 페이저를 사용하여 구할 수도 있다. 예제 9.7에서와 같이 $\mathbf{E}$와 $\mathbf{H}$가 Maxwell의 4개 방정식을 만족시키는 β와 $\mathbf{H}$를 구한다.

방법 1(시간 영역): 이 문제를 좀더 어려운 방법인 시간 영역에서 풀어보도록 하자. 전기장은 Gauss의 법칙을 분명히 만족한다. 즉,

$$\nabla\cdot\mathbf{E} = \frac{\partial E_y}{\partial y} = 0$$

이고, Faraday의 법칙으로부터

$$\nabla\times\mathbf{E} = -\mu\frac{\partial\mathbf{H}}{\partial t} \quad\rightarrow\quad \mathbf{H} = -\frac{1}{\mu}\int(\nabla\times\mathbf{E})\,dt$$

가 되고,

$$\nabla\times\mathbf{E} = \begin{vmatrix}\mathbf{a}_x & \mathbf{a}_y & \mathbf{a}_z\\ \dfrac{\partial}{\partial x} & \dfrac{\partial}{\partial y} & \dfrac{\partial}{\partial z}\\ 0 & E_y & 0\end{vmatrix} = -\frac{\partial E_y}{\partial z}\mathbf{a}_x + \frac{\partial E_y}{\partial x}\mathbf{a}_z$$
$$= 20\beta\cos(10^8 t - \beta z)\,\mathbf{a}_x + 0$$

이다. 따라서

$$\mathbf{H} = -\frac{20\beta}{\mu}\int\cos(10^8 t - \beta z)\,dt\,\mathbf{a}_x$$
$$= -\frac{20\beta}{\mu 10^8}\sin(10^8 t - \beta z)\,\mathbf{a}_x \tag{9.8.1}$$

이며, 쉽게

$$\nabla \cdot \mathbf{H} = \frac{\partial H_x}{\partial x} = 0$$

이 증명된다. 이는 자기장에 대한 Gauss의 법칙이 만족됨을 보여준다. 마지막으로 Ampère의 법칙으로부터 $\sigma = 0$이기 때문에

$$\nabla \times \mathbf{H} = \sigma \mathbf{E} + \varepsilon \frac{\partial \mathbf{E}}{\partial t} \quad \rightarrow \quad \mathbf{E} = \frac{1}{\varepsilon} \int (\nabla \times \mathbf{H})\, dt \tag{9.8.2}$$

이다. 그리고 식 (9.8.1)의 **H**를 대입시키면

$$\nabla \times \mathbf{H} = \begin{vmatrix} \mathbf{a}_x & \mathbf{a}_y & \mathbf{a}_z \\ \dfrac{\partial}{\partial x} & \dfrac{\partial}{\partial y} & \dfrac{\partial}{\partial z} \\ H_x & 0 & 0 \end{vmatrix} = \frac{\partial H_x}{\partial z}\mathbf{a}_y - \frac{\partial H_x}{\partial y}\mathbf{a}_z$$

$$= \frac{20\beta^2}{\mu 10^8} \cos(10^8 t - \beta z)\, \mathbf{a}_y + 0$$

이 된다. 따라서 식 (9.8.2)는

$$\mathbf{E} = \frac{20\beta^2}{\mu\varepsilon 10^8} \int \cos(10^8 t - \beta z)\, dt\, \mathbf{a}_y$$

$$= \frac{20\beta^2}{\mu\varepsilon 10^{16}} \sin(10^8 t - \beta z)\, \mathbf{a}_y$$

가 된다. 이 식을 문제에서 주어진 **E**와 비교하면

$$\frac{20\beta^2}{\mu\varepsilon 10^{16}} = 20$$

또는

$$\beta = \pm 10^8 \sqrt{\mu\varepsilon} = \pm 10^8 \sqrt{\mu_o \cdot 4\varepsilon_o} = \pm \frac{10^8(2)}{c} = \pm \frac{10^8(2)}{3 \times 10^8}$$

$$= \pm \frac{2}{3}$$

가 구해진다. 여기서 β는 메타물질에서 오직 음수일 것이며, 등방성 매질에 대해서는 $\beta = \frac{2}{3}$이다. 식 (9.8.1)로부터

$$\mathbf{H} = +\frac{20\,(2/3)}{4\pi \cdot 10^{-7}(10^8)} \sin\left(10^8 t + \frac{2z}{3}\right) \mathbf{a}_x$$

또는

$$\mathbf{H} = +\frac{1}{3\pi}\sin\left(10^8 t + \frac{2z}{3}\right)\mathbf{a}_x \text{ A/m}$$

가 된다.

방법 2(페이저 사용):

$$\mathbf{E} = \text{Im}(E_s e^{j\omega t}) \quad \rightarrow \quad \mathbf{E}_s = 20e^{-j\beta z}\,\mathbf{a}_y \tag{9.8.3}$$

이며, 여기서 $\omega = 10^8$이다. 반복하면

$$\nabla \cdot \mathbf{E}_s = \frac{\partial E_{ys}}{\partial y} = 0$$

$$\nabla \times \mathbf{E}_s = -j\omega\mu\mathbf{H}_s \quad \rightarrow \quad \mathbf{H}_s = \frac{\nabla \times \mathbf{E}_s}{-j\omega\mu}$$

또는

$$\mathbf{H}_s = \frac{1}{-j\omega\mu}\left[-\frac{\partial E_{ys}}{\partial z}\mathbf{a}_x\right] = -\frac{20\beta}{\omega\mu}e^{-j\beta z}\mathbf{a}_x \tag{9.8.4}$$

가 되며, $\nabla \cdot \mathbf{H}_s = 0$이 만족됨을 알 수 있다.

$$\nabla \times \mathbf{H}_s = j\omega\varepsilon\mathbf{E}_s \quad \rightarrow \quad \mathbf{E}_s = \frac{\nabla \times \mathbf{H}_s}{j\omega\varepsilon} \tag{9.8.5}$$

식 (9.8.4)의 $\mathbf{H}_s$를 식 (9.8.5)에 대입하면

$$\mathbf{E}_s = \frac{1}{j\omega\varepsilon}\frac{\partial H_{xs}}{\partial z}\mathbf{a}_y = \frac{20\beta^2 e^{-j\beta z}}{\omega^2\mu\varepsilon}\mathbf{a}_y$$

가 되고, 이 식을 식 (9.8.3)에 주어진 $\mathbf{E}_s$와 비교하면

$$20 = \frac{20\beta^2}{\omega^2\mu\varepsilon}$$

또는

$$\beta = +\omega\sqrt{\mu\varepsilon} = +\frac{2}{3}$$

가 되어 앞에서 구한 결과와 같다. 식 (9.8.4)로부터

$$\mathbf{H}_s = +\frac{20(2/3)\,e^{+j\beta z}}{10^8(4\pi \times 10^{-7})}\mathbf{a}_x = +\frac{1}{3\pi}e^{+j\beta z}\mathbf{a}_x$$

$$\mathbf{H} = \text{Im}(\mathbf{H}_s e^{j\omega t})$$
$$= \pm \frac{1}{3\pi} \sin(10^8 t + \beta z)\mathbf{a}_x \text{ A/m}$$

가 되어 역시 앞에서와 구한 결과와 같다. 여기서 페이저를 사용하여 구하는 것이 시간 영역에서 직접 구하는 것보다 매우 간단함을 알 수 있다. 그리고

$$\mathbf{A} = \text{Im}(\mathbf{A}_s e^{j\omega t})$$

의 관계를 사용하였는데, 이는 주어진 **E**가 코사인 함수가 아닌 사인 함수이기 때문이다. 만약

$$\mathbf{A} = \text{Re}(\mathbf{A}_s e^{j\omega t})$$

의 관계를 사용하고자 한다면 사인 함수가 아닌 코사인 함수로 표현되어야 하고, 식 (9.8.3)은

$$\mathbf{E} = 20\cos(10^8 t - \beta z - 90°)\mathbf{a}_y = \text{Re}(\mathbf{E}_s e^{j\omega t})$$

또는

$$\mathbf{E}_s = 20e^{-j\beta z - j90°}\mathbf{a}_y = -j20e^{-j\beta z}\,\mathbf{a}_y$$

가 될 것이다. 그리고 같은 과정을 거치게 된다.

연습문제 9.8

$\sigma = 0$, $\mu = 2\mu_o$, 그리고 $\varepsilon = 5\varepsilon_o$인 매질에서 $\mathbf{H} = 2\cos(\omega t - 3y)\,\mathbf{a}_z$ A/m이다. ω와 **E**를 구하라.

해답: 2.846×10^8 rad/s, $-476.86\cos(2.846 \times 10^8 t - 3y)\,\mathbf{a}_x$ V/m

MATLAB 9.1

```
% This script illustrates Matlab's complex arithmetic abilities
% and assists the user to solve Practice Exercise 9.5
%
clear
% Matlab recognizes the input of complex numbers using i or j
% for example z = 7 - 6*j sets variable z to the complex value of
% 7 plus sqrt(-1) times 6, thus it is interactive with respect to
% entering and displaying complex values
z = input('Enter the complex number z in the format a+j*b... \n > ');
```

```
disp(sprintf('The real part of z is %f', real(z)))
                                    % display the real part
disp(sprintf('The imaginary part of z is %f', imag(z)))
                                        % display the imag part
disp(sprintf('The magnitude of z is %f', abs(z)))
                                    % display the magnitude
disp(sprintf('The phase of z is %f degrees', angle(z)*180/pi))
                                % display the phase (degrees)

% Matlab also recognises complex  numbers in polar form
% the exponential function accepts imaginary arguments, however it
% interprets the value as being in radians, not degrees, so if
% degrees are desired a conversion must be made
disp('Enter the complex number z in the a*exp(j*b) where b is');
z = input(' in radians... \n >   ');

disp(sprintf('The real part of z is %f', real(z)))
disp(sprintf('The imaginary part of z is %f', imag(z)))
disp(sprintf('The magnitude of z is %f', abs(z)))
disp(sprintf('The phase of z is %f degrees', angle(z)*180/pi))

% part a
% complex numbers may be handled with the same math operators
% as real numbers in matlab....
z = j^3 * ((1+j)/(2-j))^2;

disp(sprintf('\nPart (a)\nz = %0.2f ', real(z)))
disp(sprintf(' + j%0.2f ', imag(z)))

% part b
% note the conversion from degrees to radians in the
% exponential
z = 6*exp(j*30*pi/180) + j*5 - 3 +exp(j*45*pi/180);

disp(sprintf('\nPart (b)\nz = %0.3f ', real(z)))
disp(sprintf(' + j%0.3f ', imag(z)))
```

요약

1. 이 장에서는 두 가지 기본 개념을 소개하였다: Faraday의 실험에 기초를 둔 기전력(emf)과 Maxwell의 가설로 제기된 변위전류이다. 이 개념들은 정전자기장에 대한 Maxwell의 회전 방정식을 수정시켜 장의 시간 의존성을 설명하게 한다.
2. Faraday의 법칙에서 유도기전력은 다음과 같다($N = 1$).

$$V_{\text{emf}} = -\frac{\partial \Psi}{\partial t}$$

변압기 기전력은 $V_{\text{emf}} = -\int \frac{\partial \mathbf{B}}{\partial t} \cdot d\mathbf{S}$

운동에 의한 기전력은 $V_{\text{emf}} = \int (\mathbf{u} \times \mathbf{B}) \cdot d\mathbf{l}$

3. 변위전류

$$I_d = \int \mathbf{J}_d \cdot d\mathbf{S}$$

는 Ampère의 주회법칙을 수정하게 된다. 여기서 $\mathbf{J}_d = \dfrac{\partial \mathbf{D}}{\partial t}$(변위전류밀도)이다. Maxwell에 의한 이 수정으로부터 여러 해 동안 전자파가 예언되어 오다가, Hertz에 의해 실험적으로 증명되었다.

4. 시변장에서 Maxwell 방정식의 미분형은 다음과 같다.

$$\nabla \cdot \mathbf{D} = \rho_v$$

$$\nabla \cdot \mathbf{B} = 0$$

$$\nabla \times \mathbf{E} = -\frac{\partial \mathbf{B}}{\partial t}$$

$$\nabla \times \mathbf{H} = \mathbf{J} + \frac{\partial \mathbf{D}}{\partial t}$$

각각의 미분방정식에 대응하는 적분방정식(표 9.1과 9.2 참조)을 가지고 있으며, 이 적분방정식들은 Stokes의 정리 또는 발산정리를 사용하여 미분형으로부터 유도할 수 있다. 모든 전자기장은 이 4개의 Maxwell 방정식을 동시에 만족해야 한다.

5. 시변 스칼라전위 $V(x, y, z, t)$와 자기 벡터포텐셜 $\mathbf{A}(x, y, z, t)$는 Lorenz 조건을 만족하면 파동방정식을 만족시킨다.

6. 시정현장은 시간에 따라 정현적으로 변화하는 장이다. 이 장들은 계산하기에 더욱 편리한 페이저 형태로 쉽게 표현된다. 코사인을 기준으로 하면 순시형 벡터 $\mathbf{A}(x, y, z, t)$와 그 페이저형 $\mathbf{A}_s(x, y, z)$의 관계는 다음과 같다.

$$\mathbf{A}(x, y, z, t) = \text{Re}[\mathbf{A}_s(x, y, z)\, e^{j\omega t}]$$

복습문제

9.1 권선수가 100회인 코일을 관통하는 자속이 $(t^3 - 2t)$ mWb이다. 여기서 t의 단위는 초이다. $t = 2$초에서 유도되는 기전력은?

(a) 1 V　　(b) −1 V

(c) 4 mV　　(d) 0.4 V

(e) −0.4 V

9.2 각 루프는 정지해 있고, 시변 자기장 **B**가 전류 I를 유도한다고 가정할 때 그림 9.13 중 어느 그림이 틀렸는가?

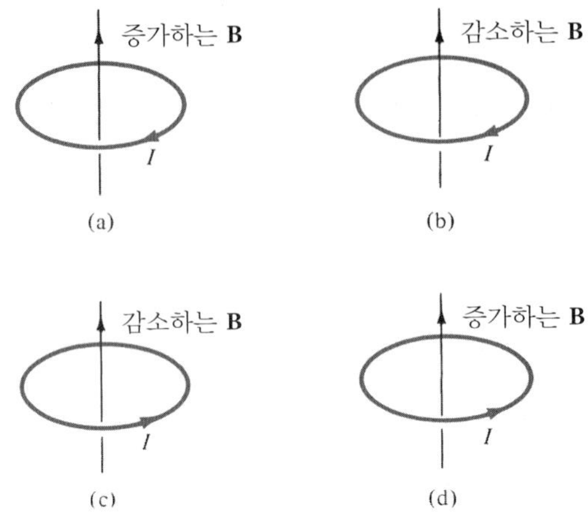

그림 9.13 복습문제 9.2의 그림

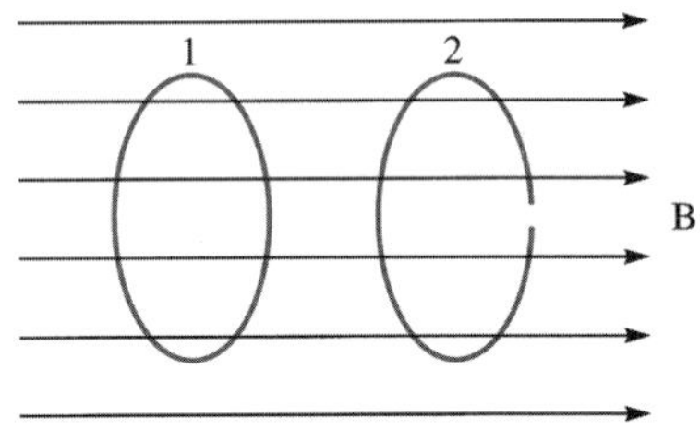

그림 9.14 보습문제 9.3의 그림

9.3 두 개의 전도성 코일 1과 2(2가 끊어져 있는 것 외에는 서로 동일함)가 그림 9.14와 같이 일정한 비율로 감소하는 균일 자기장 내에 놓여 있다. 코일 면들이 자기장 방향에 수직하다면 다음 설명 중 맞는 것은?

(a) 두 코일 모두에 기전력이 유도된다.

(b) 끊어져 있는 코일 2에 기전력이 유도된다.

(c) 두 코일 모두에 같은 Joule열이 발생한다.

(d) 어느 하나의 코일에는 Joule열이 발생하지 않는다.

9.4 어떤 루프가 자기장 $\mathbf{B} = B_o \sin \omega t \, \mathbf{a}_x$ Wb/m^2 내에서 y축을 중심으로 회전하고 있다. 루프에 유도되는 전압은 다음 중 어느 것에 기인하는가?

(a) 운동에 의한 기전력

(b) 변압기 기전력

(c) 운동에 의한 기전력과 변압기 기전력의 조합

(d) 위의 어느 것도 해당 없다.

9.5 그림 9.15와 같이 직사각형 루프가 시변 자기장 $\mathbf{B} = 0.2 \cos 150\pi t \, \mathbf{a}_z$ Wb/m^2 내에 위치하고 있다. 이 때 V_1은 V_2와 같지 않다.

(a) 참 (b) 거짓

9.6 다음 중 변위전류 개념에 중요한 기여를 한 사람은?

(a) Faraday (b) Lenz

(c) Maxwell (d) Lorenz

(e) 독자의 교수

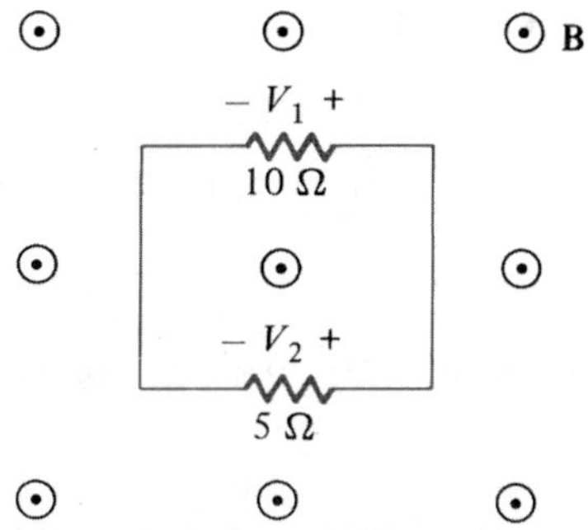

그림 9.15 복습문제 9.5의 그림

9.7 다음 중 시변장에 대한 Maxwell 방정식이 아닌 식은?

(a) $\nabla \cdot \mathbf{J} + \dfrac{\partial \rho_v}{\partial t} = 0$

(b) $\nabla \cdot \mathbf{D} = \rho_v$

(c) $\nabla \cdot \mathbf{E} = -\dfrac{\partial \mathbf{B}}{\partial t}$

(d) $\oint_L \mathbf{H} \cdot d\mathbf{l} = \int_S \left(\sigma \mathbf{E} + \varepsilon \dfrac{\partial \mathbf{E}}{\partial t}\right) \cdot d\mathbf{S}$

(e) $\oint_S \mathbf{B} \cdot \mathrm{d}\mathbf{S} = 0$

9.8 자유공간에서 다음 전자기장 중 Maxwell 방정식과 그 방정식으로부터 유도된 파동방정식을 만족하지 않는 것은?

(a) $\mathbf{H} = \cos x \cos 10^6 t\, \mathbf{a}_y$

(b) $\mathbf{E} = 100 \cos \omega t\, \mathbf{a}_x$

(c) $\mathbf{D} = e^{-10y} \sin(10^5 t - 10y)\, \mathbf{a}_z$

(d) $\mathbf{B} = 0.4 \sin 10^4 t\, \mathbf{a}_z$

(e) $\mathbf{H} = 10 \cos\left(10^5 t - \dfrac{z}{10}\right) \mathbf{a}_x$

(f) $\mathbf{E} = \dfrac{\sin \theta}{r} \cos(\omega t - r\omega\sqrt{\mu_o \varepsilon_o})\, \mathbf{a}_\theta$

(g) $\mathbf{B} = (1 - \rho^2) \sin \omega t\, \mathbf{a}_z$

9.9 페이저에 대한 다음 설명 중 사실이 아닌 것은?

(a) 스칼라 또는 벡터일 수 있다.

(b) 시간에 의존하는 양이다.

(c) 페이저 V_s는 $V_o \angle \theta$ 또는 $V_o e^{j\theta}$로 표현할 수 있다. 여기서 $V_o = |V_s|$.

(d) 복소량이다.

9.10 $\mathbf{E}_s = 10\, e^{j4x}\, \mathbf{a}_y$일 때, 다음 중 전기장 **E**에 대한 정확한 표현이 아닌 것은?

(a) $\mathrm{Re}(\mathbf{E}_s e^{j\omega t})$

(b) $\mathrm{Re}(\mathbf{E}_s e^{-j\omega t})$

(c) $\mathrm{Im}(\mathbf{E}_s e^{j\omega t})$

(d) $10\cos(\omega t + j4x)\,\mathbf{a}_y$

(e) $10\cos(\omega t + 4x)\,\mathbf{a}_y$

해답: 9.1b, 9.2b, d, 9.3a, 9.4c, 9.5a, 9.6c, 9.7a,c, 9.8b, d, 9.9b, 9.10d.

문제

9.2~9.3 Faraday 법칙 그리고 기전력

9.1 $\mathbf{B} = 10\cos 377t\, \mathbf{a}_z$ mWb/m^{2}인 자기장 내에서 반경이 20 cm인 원형 도체 루프가 $z = 0$인 평면에 놓여 있다. 루프에 유도되는 전압을 계산하라.

9.2 그림 9.16에서 보는 바와 같이 도체루프가 $\mathbf{B} = 4\cos(20t)\,\mathbf{a}_z$ Wb/m^{2}인 자기장 내에 놓여 있다. 여기서 $\mathbf{a}_z$는 이 페이지의 바깥쪽을 향한다. 이 회로에 둘러싸인 면적이 2 cm^{2}라고 할 때 전류 $i(t)$를 구하라.

9.3 그림 9.17에서 보는 바와 같이 도체 루프 회로가 xy-평면에 놓여 있다. 루프의 반경이 0.2 m이고 저항 $R = 4\ \Omega$이다. $\mathbf{B} = 40\sin 10^4\, t\, \mathbf{a}_z$ mWb/m^{2}라고 할 때 루프에 흐르는 전류를 구하라.

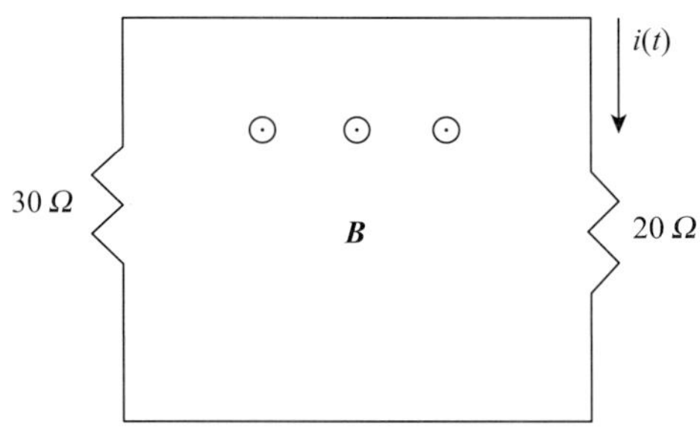

그림 9.16 문제 9.2의 그림

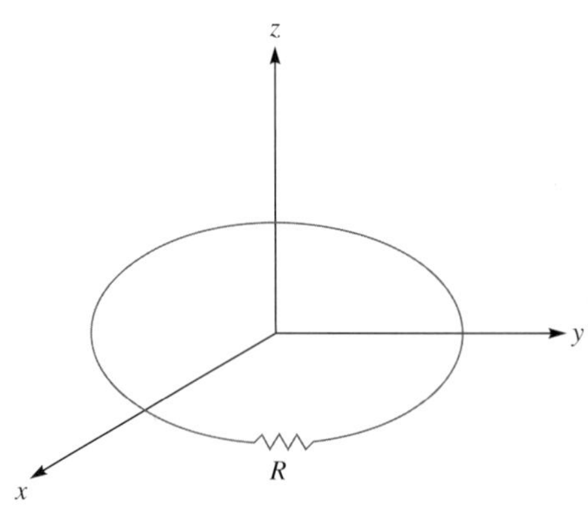

그림 9.17 문제 9.3의 그림

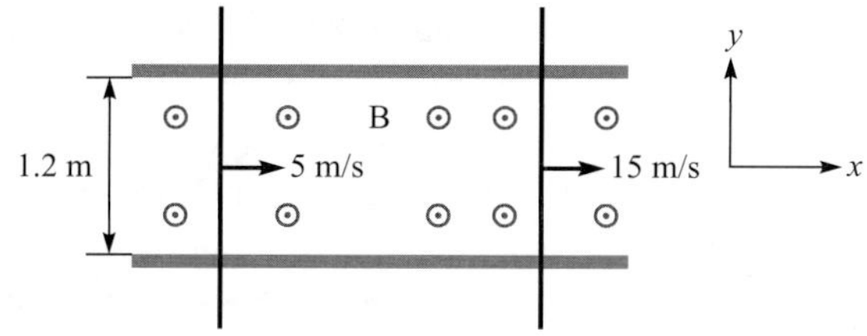

그림 9.18 문제 9.4의 그림

9.4 그림 9.18에서 보는 바와 같이 두 개의 레일 위를 미끄러지며 움직일 수 있는 두 개의 도체 막대가 놓여 있다. $\mathbf{B} = 0.2\mathbf{a}_z$ Wb/m^{2}라면, 형성된 루프에 유도되는 기전력을 구하라.

9.5 $\mathbf{B} = 0.6\mathbf{a}_z$ T인 균일 자속밀도가 공간에 존재한다. xy-평면에 $y = \pm(2x+3)$, $x \geq 0$로 표시되는 기울어진 한쌍의 도선이 놓여 있고 $x = 0$에서 단락되어 있다. 이 도선은 $x = 30t$로 $t = 0$으로부터 양의 x축 방향으로 이동한다. 이 폐회로에 유도되는 기전력에 대한 표현식을 구하라.

9.6 그림 9.19와 같이 한 변의 길이가 a인 정사각형 루프가 $\mathbf{a}_z$방향으로 전류 I가 흐르는 무한히 긴 직선 도선으로부터 일정한 속도 $u_o\mathbf{a}_y$로 멀어져 가고 있다. $t = 0$에서 $\rho = \rho_o$라 할 때 $t > 0$에서 루프에 유도되는 기전력이 다음과 같음을 증명하라.

$$V_{\text{emf}} = \frac{u_o a^2 \mu_o I}{2\pi\rho(\rho + a)}$$

9.7 그림 9.20과 같이 15 A의 전류가 흐르는 긴 직선 도선과 평행하게 도체 막대가 3 $\mathbf{a}_z$ m/s의 속도로 움직이고 있다. 막대에 유도되는 기전력을 계산하고, 막대의 양끝 중에서 어느 부분의 전위가 높은지를 말하라.

9.8 $\mathbf{B} = B_o\mathbf{a}_z$인 균일 자속밀도가 3차원 공간에 존재한다. $y = 0$, $y = \ell$, $x \geq 0$로 표시되는 두 개의 평행한 도체 레일이 xy-평면에 놓여 있고 $x = 0$인 끝부분에 저항 R이

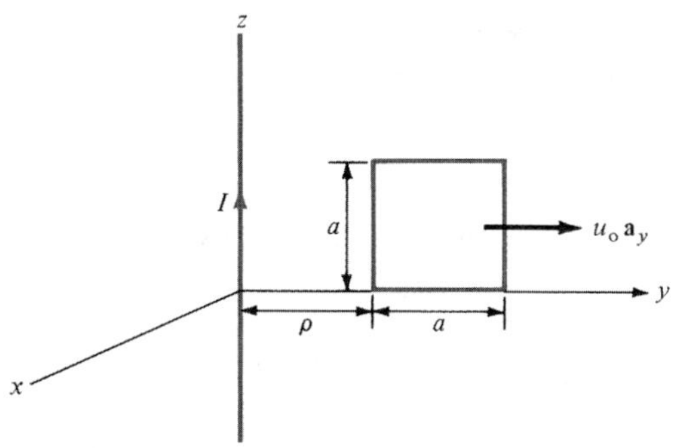

그림 9.19 문제 9.6의 그림

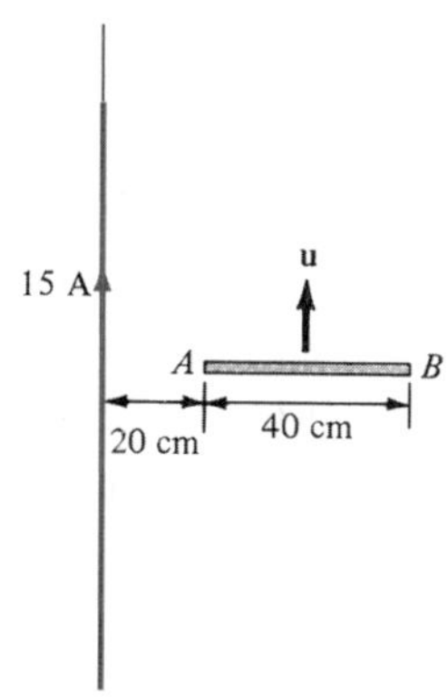

그림 9.20 문제 9.7의 그림

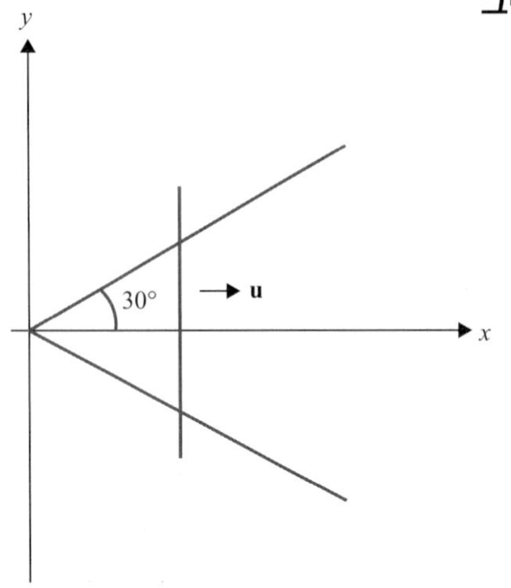

그림 9.21 문제 9.10의 그림

연결되어 있다. 또 다른 도선이 기계력에 의해 x축 방향으로 식 $x = vt$와 같이 균일한 속도로 레일 위를 미끄러져 움직인다. 기계력에 의해 쓰여진 전력과 저항에서 소비되는 전력을 구하라. 이 두 양이 전력보존법칙에 일치함을 보여라.

9.9 xy-평면에서 원점을 중심으로 반경 b인 작은 원형 루프에 전류 I가 흐를때 3차원 공간에서 자기쌍극자로 볼 수 있다. $r = R$, $0 \le \theta \le \frac{\pi}{2}$, $\phi = 2\pi nt$로 묘사되는 움직이는 도체 원호(arc)가 있으며 z축을 중심으로 초당 n번 회전한다. $R \gg b$라고 할 때 회전하는 도선에 유도되는 기전력을 구하라.

9.10 그림 9.21의 V-형태 루프에 대해 유도되는 기전력을 구하라. 여기서 $\mathbf{B} = 0.6x\,\mathbf{a}_z$ Wb/m^2, $\mathbf{u} = 5\,\mathbf{a}_x$ m/s이며, $t = 0$일 때 이동하는 막대가 원점에서 출발한다.

9.11 자동차가 120 km/hr의 속도로 달리고 있다. 지구 자기장이 4.3×10^{-5} Wb/m^{2}일 때, 길이가 1.6 m인 자동차 범퍼에 유도되는 전압을 구하라. 여기서 자동차에 수직인 방향과 지구 자기장 사이의 각은 65°라고 가정한다.

9.12 비행기가 280 m/s 속도로 비행하면서 40 A/m인 지구 자기장을 쇄교한다. 비행기의 날개 양쪽 끝 사이에 유도되는 기전력이 600 mV로 관찰되었다. 날개의 폭은 얼마인가?

9.13 그림 9.22와 같이 권선수가 10회이고, 저항이 15 Ω인 코일의 중심을 향하여 막대자석이 이동하고 있다. 코일을 관통하는 자속이 0.02초 동안 0.45 Wb에서 0.64 Wb로 변화하였다고 할 때, 유도전류의 크기와 방향(화살표로)을 구하라.

9.14 단극 발전기의 원판의 단면을 그림 9.23에 보였다. 원판의 내부 반경은 $\rho_1 = 2$ cm, 외부 반경은 $\rho_2 = 10$ cm이며, 균일자기장 15 mWb/m^2 내에서 60 rad/s의 속력으

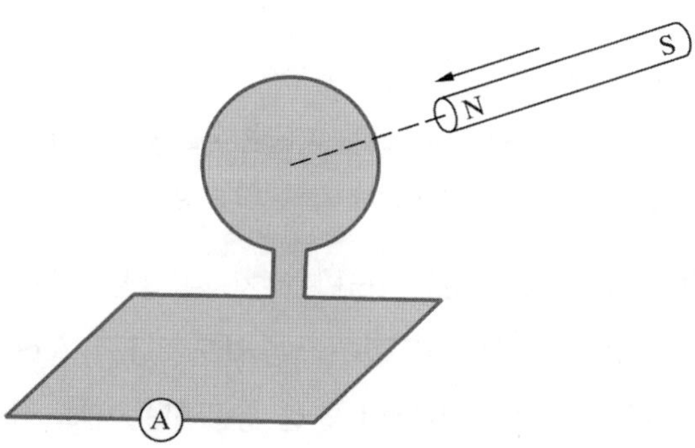

그림 9.22 문제 9.13의 그림

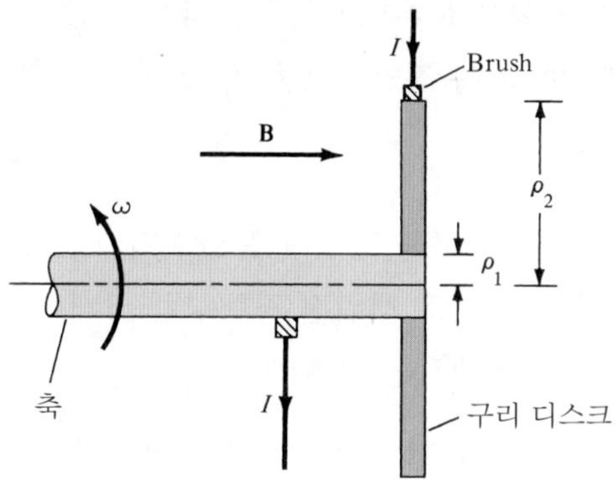

그림 9.23 문제 9.14의 그림

로 회전하고 있다. 유도전압을 계산하라.

9.15 $x = \frac{1}{m}|y|$로 표현되는 무한히 긴 도선이 정지상태로 놓여 있다. 또 다른 무한히 긴 도선은 y축에 평행하고 초기 속도가 영이고, $t = 0$에서 $x = 0$인 초기 지점에서 일정한 가속도 $a\mathbf{a}_x$로 움직인다. 전 영역이 자속밀도 $\mathbf{B} = B_0\mathbf{a}_z$로 채워져 있다고 할 때, Faraday의 법칙을 사용하여 이동하는 도선에 유도되는 기전력을 구하라.

9.16 저항이 거의 없는 코일의 단자에서 50 A/s의 비로 변화하는 전류에 의해 6 V 기전력이 유기된다. 이 코일의 인덕턴스는 얼마인가?

9.17 무한한 길이의 도선이 $y^2 = 4cx$인 형태이고 정지상태로 있다. y축에 평행한 또 다른 무한한 길이의 도선은 초기 속도가 영이고 $t = 0$일 때 $x = 0$인 초기 위치에서 가속도 $a\mathbf{a}_x$로 이동한다. 전 영역에서 자속밀도가 $\mathbf{B} = B_0\mathbf{a}_z$라고 할 때 시간에 따라 이동하는 도선에 유도되는 기전력을 구하라. Faraday의 법칙을 사용하라.

9.18 무한히 긴 가는 도선이 z축에 놓여 있고 $i(t) = 8 \cos 100\pi t$인 전류가 흐른다. 권선수가 800인 토로이드 코일은 $2 < \rho < 5$, $0 < z < 4$ 영역에 감겨져 있다. 코일에 유도되는 기전력을 구하라. 여기서 공간은 공기로 채워져 있다.

9.19 공기로 채워진 긴 솔레노이드는 단위길이당 권선수가 n이며 $i(t) = At$인 경사형 전류원에 연결되어 있다. 여기서 A는 상수이다. 솔레노이드의 내부에 있는 동축 솔레노이드의 단면 내부의 원형 경로를 따라 유도되는 기전력은 얼마인가? 솔레노이드 내부의 반경 ρ에서 전기장의 세기를 구하라.

9.20 시변 자기장이 $\mathbf{H} = -y \cos \omega t \, \mathbf{a}_x$ A/m라 하자. 원 $x^2 + y^2 = 4$, $z = 0$로 주어진 원으로 둘러싸인 총전류는 얼마인가? 변위전류밀도가 $\mathbf{J}_d = (\cos \omega t - 2 \sin \omega t) \, \mathbf{a}_z$ A/m^{2}이라 가정하면, 이 원으로 둘러싸인 면을 통과하는 전도전류를 구하라.

9.21 식 $x^2 + y^2 = 4$로 표현되는 반경이 2인 원형루프가 xy-평면에 놓여 있다. 이 루프의 인덕턴스는 $L = 1$ μH, 저항은 $R = 2$ Ω이다. 순시 자기장이 $\mathbf{H} = x \cos(4 \times 10^6 \, t) \, \mathbf{a}_y$라고 할 때 이 루프에 유도되는 전압을 구하라.

9.4 변위전류

9.22 주파수 20 MHz이고 전압 50 V를 생성하는 발전기가 극판 면적이 2.8 cm^{2}이고, 극판 간격이 0.2 mm이며, 공기로 채워진 평행평판 커패시터와 연결되어 있다. 변위전류밀도와 변위전류의 최대값을 구하라.

9.23 $\mu = \mu_o$, $\varepsilon = 9\varepsilon_o$, $\sigma = 5$ S/m인 유전체가 평행평판 커패시터의 두 극판 사이에 채워져 있다. 전도전류와 변위전류가 동일할 때의 주파수를 계산하라.

9.24 J/J_d(변위전류밀도에 대한 전도전류밀도의 비)는 높은 주파수대에서 매우 중요하다. 1 GHz에서 다음 매질에서의 비를 계산하라.

(a) 증류수 ($\mu = \mu_o$, $\varepsilon = 81\varepsilon_o$, $\sigma = 2 \times 10^{-3}$ S/m)

(b) 바닷물 ($\mu = \mu_o$, $\varepsilon = 81\varepsilon_o$, $\sigma = 25$ S/m)

(c) 석회암 ($\mu = \mu_o$, $\varepsilon = 5\varepsilon_o$, $\sigma = 2 \times 10^{-4}$ S/m)

9.25 바닷물($\sigma = 4$ S/m, $\varepsilon = 81\varepsilon_o$, $\mu = \mu_o$)에서 10 MHz일 때 전도전류와 변위전류의 비율을 구하라.

9.26 어떤 유전체($\sigma = 10^{-4}$ S/m, $\mu_r = 1$, $\varepsilon_r = 4.5$)에서 전도전류밀도는 $J_c = 0.4 \cos(2\pi \times 10^8 \, t)$ A/m^{2}로 주어진다. 변위전류밀도를 구하라.

9.27 전원이 없는 영역에 $\mathbf{H} = H_o \cos(\omega t - \beta z)\mathbf{a}_x$ A/m인 자기장이 존재한다. 변위전류밀도를 구하라.

9.5 Maxwell 방정식

9.28 식 $x^2 + y^2 = 4$로 표현되는 반경이 2인 원형루프가 xy-평면에 놓여 있다. 이 루프의 저항은 $R = 3$ Ω이다. 페이저 전기장이 $\mathbf{E} = \rho^2 \, \mathbf{a}_\phi$라고 할 때 루프에 유도되는

전도전류를 구하라.

9.29 자기 벡터포텐셜 $\mathbf{A} = (x^2 + 2yz^2)\mathbf{a}_x + (z^2 + 4xy^2)\mathbf{a}_y$ μWb/m가 관계식 $\mathbf{B} = \nabla \times \mathbf{A}$를 사용하여 정의되고, 자유공간에서 동작 주파수가 $\omega = 6 \times 10^8$ rad/s이다. 이러한 자기장을 발생시킬 수 있는 원천의 전류밀도 $\mathbf{J}$를 구하라. 또한 점 $P(1, 2, 0)$에서 자기장을 구하라.

9.30 Maxwell은 전속밀도의 시간에 대한 변화율로 변위전류밀도를 정의했다. 점 전하 q가 z축을 따라 일정한 속도 $v\,\mathbf{a}_z$로 이동한다. 특정한 순간 t에 전하는 원점에 있다고 하자. 임의의 점 $P(r, \theta, \phi)$에서 전속밀도는 얼마인가? 임의의 r에 대해 $0 \le \theta \le \alpha$로 표시되는 구면 S를 통과하는 전속을 구하라. 지금 Maxwell의 변위전류와 기자력 사이의 관계에 대한 뛰어난 발상을 이용하여 임의의 r에 대해 $\theta = \alpha$로 표시되는 원 즉, 등가로 직교좌표에서 $x^2 + y^2 = r^2 \sin^2 \alpha$, $z = r\cos\alpha$로 표시되는 원 주위에 유도되는 기전력을 구하라. 자기장에 대한 수식을 표현하고 Biot-Savart의 법칙이 어떻게 일치하는지 설명하라.

9.31 원점에 놓인 이상적인 전류 소자 $Id\ell\mathbf{a}_z$를 고려하자.

(i) Biot-Savart의 법칙에 따라서 점 $P(r, \theta, \phi)$에서 $\mathbf{H}$는 얼마인가?

(ii) $\nabla \times \mathbf{H}$를 구하라.

(iii) 전류 소자 양 끝에 시간 t에 따라 $+q$ 그리고 $-q$인 전하가 쌓인다고 하자. 이 배열을 쌍극자로 생각한다고 할 때 점 $P(r, \theta, \phi)$에서 $\mathbf{D}$를 구하라.

(iv) $\dfrac{\partial \mathbf{D}}{\partial t}$를 구하라.

(v) $\nabla \times \mathbf{H}$와 $\dfrac{\partial \mathbf{D}}{\partial t}$를 비교하고, Maxwell의 변위전류에 대한 발상을 정당화하라.

9.32 전기장과 자기장이 각각

$$\mathbf{E} = E_o \cos x \cos t\,\mathbf{a}_y, \quad \text{그리고} \quad \mathbf{H} = \frac{E_o}{\mu_o} \sin x \sin t\,\mathbf{a}_z$$

일 때 Maxwell 방정식을 만족시키지 않음을 보여라.

9.33 어떤 영역 내의 전류밀도가 다음과 같다.

$$\mathbf{J} = (2y\,\mathbf{a}_x + xz\,\mathbf{a}_y + z^3\mathbf{a}_z) \sin 10^4 t \text{ A/m}^2$$

$\rho_v(x, y, 0, t) = 0$일 때 ρ_v를 구하라.

9.34 자유공간에서

$$\mathbf{E} = \frac{50}{\rho} \cos(10^8 t - kz)\,\mathbf{a}_\rho \text{V/m}$$

이다. k, $\mathbf{J}_d$ 그리고 $\mathbf{H}$를 구하라.

9.35 자유공간에서 구면파의 전기장이

$$\mathbf{E} = \frac{10}{r}\sin\theta\cos(\omega t - \beta r)\,\mathbf{a}_\theta \ \text{V/m}$$

로 주어졌다. 이에 상응하는 자기장 $\mathbf{H}$를 구하라.

9.36 자유공간에서 전파하는 AM 라디오 신호가 다음과 같다.

$$\mathbf{E} = \mathbf{E}_o \sin(1200\pi t - \beta z)\,\mathbf{a}_x$$

$$\mathbf{H} = \frac{E_o}{\eta}\sin(1200\pi t - \beta z)\,\mathbf{a}_y$$

β와 η를 구하라.

9.6 시변포텐셜

9.37 자유공간($\rho_v = 0$, $\mathbf{J} = 0$)에서

$$\mathbf{A} = \frac{\mu_0}{4\pi r}(\cos\theta\,\mathbf{a}_r - \sin\theta\,\mathbf{a}_\theta)e^{j\omega(t-r/c)}$$

은 식 (9.52)의 파동방정식을 만족시킴을 보여라. 이것에 상응하는 V를 구하라. 여기서 c는 자유공간에서 빛의 속도이다.

9.38 다음의 식으로부터 미분 형태의 Faraday의 법칙을 구하라.

$$\mathbf{E} = -\nabla V - \frac{\partial \mathbf{A}}{\partial t}$$

9.39 자유공간에서 지연 포텐셜(retarded potential)은

$$V = x(z - ct)\ \text{V}, \qquad \mathbf{A} = x(z/c - t)\mathbf{a}_z\ \text{Wb/m}$$

로 주어지며, 여기서 $c = \dfrac{1}{\sqrt{\mu_o\varepsilon_o}}$이다.

(a) $\nabla \cdot \mathbf{A} = -\mu_o\varepsilon_o \dfrac{\partial V}{\partial t}$임을 증명하라.

(b) $\mathbf{E}$를 구하라.

9.40 자유공간에서 $\mathbf{A} = A_0 \sin(\omega t - \beta z)\mathbf{a}_x$ Wb/m라고 하자. (a) V와 $\mathbf{E}$를 구하라. (b) ω, ε_0, 그리고 μ_0의 항으로 β를 표현하라.

9.7 시정현장

9.41 다음의 복소수들을 계산하고, 그 결과를 극좌표 형식으로 표현하라.

(a) $(4\,\underline{/30^\circ} - 10\,\underline{/50^\circ})^{1/2}$

(b) $\dfrac{1 + j2}{6 + j8 - 7\angle 15^\circ}$

(c) $\dfrac{(3 + j4)^2}{12 - j7 + (-6 + j10)^*}$

(d) $\dfrac{(3.6\angle -200^\circ)^{1/2}}{(2.4\angle 45^\circ)^2(-5 + j8)^*}$

9.42 다음의 시정현 벡터장을 페이저형으로 표현하라.

(a) $\mathbf{H} = -10\cos(10^6 t + \pi/3)\mathbf{a}_x$

(b) $\mathbf{E} = 4\cos(4y)\cos(10^4 t - 2x)\mathbf{a}_z$

(c) $\mathbf{D} = 5\sin(10^4 t + \pi/3)\mathbf{a}_x - 8\cos(10^4 t - \pi/4)\mathbf{a}_y$

9.43 다음의 페이저 벡터장을 시정현 벡터장으로 나타내어라.

(a) $\mathbf{A}_s = j10\mathbf{a}_x + \dfrac{20}{j}\mathbf{a}_y$

(b) $\mathbf{B}_s = j4e^{-j2x}\mathbf{a}_x + 6e^{+j2x}\mathbf{a}_z$

(c) $\mathbf{C}_s = j2e^{-20z}e^{-j\pi/4}\mathbf{a}_z$

9.44 $|z| \le \dfrac{d}{2}$로 표시되는 공간에 도전율이 $\sigma = 10^7$ S/m인 큰 도체판이 채워져 있고, 도체판의 양쪽에 시변 자기장이 형성되어 있다. 자속밀도는 $\mathbf{B} = B_o\,\mathbf{a}_x = 1.5\,\mathbf{a}_x$ T로 주어졌다. 도체판의 비투자율이 $\mu_r = 5000$이고, 동작주파수는 60 Hz라고 할 때

(a) 파동방정식을 풀고 자속밀도를 구하라.

(b) $d = 2$ mm라고 할 때 도체판에서의 자속밀도를 그려라.

(c) 유도되는 전류밀도 $\mathbf{J}$를 구하라.

(d) 와전류의 흐름에 기인한 단위 면적당 전력 손실 P_e를 구하라.

(e) 동작주파수가 반으로 줄면 와전류에 의한 손실이 1/4로 감소함을 보여라.

(f) 도체판의 두께가 반으로 줄면 와전류에 의한 손실이 1/8로 감소함을 보여라.

9.45 어떤 균질 매질에서 $\varepsilon = 81\varepsilon_o$, 그리고 $\mu = \mu_o$이다.

$$\mathbf{E}_s = 10e^{j(\omega t + \beta z)}\,\mathbf{a}_y\ \text{V/m}$$

$$\mathbf{H}_s = H_o e^{j(\omega t + \beta z)}\,\mathbf{a}_x\ \text{A/m}$$

여기서 $\omega = 2\pi \times 10^9$ rad/m일 때 β와 H_o를 구하라.

9.46 공기 중에 평면파가 전파될 때 페이저 자기장이 다음과 같다.

$$\mathbf{H}_s(x) = 12e^{j\alpha x}\,\mathbf{a}_z$$

α와 전기장 $\mathbf{E}_s(x)$를 구하라. 여기서 $\omega = 10^9$ rad/s이다.

9.47 다음과 같은 미분방정식이 주어졌다.

$$\frac{d^2y}{dt^2} + 4\frac{dy}{dt} + y = 2\cos 3t$$

페이저를 사용하여 y를 구하라.

9.48 선형 균질, 등방성인 원천이 없는 영역에서 전기장 $\mathbf{E}_s$와 자기장 $\mathbf{H}_s$는 다음의 파동방정식을 만족해야 함을 보여라.

$$\nabla^2\mathbf{A}_s + \gamma^2\mathbf{A}_s = \mathbf{0}$$

여기서 $\gamma^2 = \omega^2\mu\varepsilon - j\omega\mu\sigma$, 그리고 $\mathbf{A}_s = \mathbf{E}_s$ 또는 $\mathbf{H}_s$이다.

Hermann von Helmholtz(1821~1894) Helmholtz는 독일 물리학자로서, Joule의 결과들을 하나의 일반적인 원리로 전개하고 파동방정식(이 장에서 다룰 예정)을 유도해 내었다.

Helmholtz는 Potsdam에서 태어났고 젊었을 때는 병치레를 자주 하였다. 그는 1843년에 Berlin에 있는 의과대학을 졸업하고 Potsdam에 있는 군대에 배속되었지만, 거기서 남는 시간은 연구를 하면서 보냈다. 1858년에 그는 Bonn에서 해부학과 생리학 교수가 되었으며, 1871년에는 Berlin에서 물리학 교수가 되었다. Helmholtz는 의약, 생리학, 해부학, 물리학 등의 다양한 분야들을 통합시켰을 뿐만 아니라 이러한 보편적 견해를 예술에도 연관시킴으로써 모든 주요 과학분야들에 중요한 기여를 하였다. 그는 역학, 열, 빛, 전기, 자기 사이의 관계를 한 개의 힘으로 표현하였다. 그는 힘의 집중 정리(central force theorem)를 통하여 빛에 대한 Maxwell의 전자기 이론의 통합을 모색하였다.

Heinrich Rudolf Hertz(1857~1894) Hertz는 독일의 실험 물리학자로서, 전자파는 빛에 대한 기본 법칙들을 따른다는 것을 증명하였다. 그의 연구는 그 유명한 Maxwell의 이론과 전자파의 존재 예언을 확증하였다.

Hertz는 독일 Hamburg의 부유한 가정에서 태어났다. 그는 Berlin 대학에 들어가 Helmholtz의 지도로 박사학위를 받았고 Karlsruhe에서 교수가 되었으며, 거기서 전자파에 대한 연구를 시작하였다. Hertz는 전자파의 발생 및 검출에 성공함으로써 빛이 전자기 에너지라는 것을 최초로 밝혀 내었다. 1887년에 Hertz는 분자 구조 내에서 전자의 광전효과를 처음으로 주목하였다. 그는 37세의 나이로 사망하였지만 그의 전자파 발견은 라디오, 텔레비전 및 그 외의 통신시스템에서 사용하는 파의 실용화의 길을 열었다. 주파수의 단위인 헤르츠(Hz)는 그의 이름을 기린 것이다.

10장

전자파의 전파

젊은이들은 자신이 하는 일을 말하며, 늙은이들은 자신이 한 일을 말하며, 어리석은 자들은 바라는 일을 말한다.

– 프랑스 속담

10.1 서론

Maxwell 방정식의 첫 번째 응용은 전자파의 전파와 관련된 것일 것이다. Maxwell 방정식에 의해 예견된 전자파의 존재는 Heinrich Hertz에 의해 처음으로 연구되었다. Hertz는 몇 차례의 계산과 실험 후에 라디오파를 생성하고 검출하는 데 성공하였다. 이 라디오파는 Hertz를 기리기 위해 Hertz파라고도 불린다.

일반적으로 **파**(wave)는 에너지 혹은 정보를 전송하는 수단이다.

전자파의 대표적인 예로는 라디오파, TV 신호, 레이더 빔, 그리고 빛 등을 들 수 있다. 모든 전자파 에너지는 다음의 3가지 기본적 특성들을 가지고 있다: 즉, 모두 빠른 속도로 진행한다; 진행 중에 파동의 성질을 유지한다; 어떤 물리적 운반도구 없이도 전자파의 원천으로부터 바깥쪽으로 에너지를 복사한다. 복사(radiation)의 문제는 13장에서 다루게 될 것이다.

이 장의 주된 목표는 Maxwell 방정식을 풀고, 다음과 같은 매질에서 전자파의 움직임을 유도하는 것이다:

1. 자유공간($\sigma = 0, \varepsilon = \varepsilon_o, \mu = \mu_o$)
2. 무손실 유전체($\sigma \simeq 0, \varepsilon = \varepsilon_r\varepsilon_o, \mu = \mu_r\mu_o$ 또는 $\sigma \ll \omega\varepsilon$)
3. 손실 유전체($\sigma \neq 0, \varepsilon = \varepsilon_r\varepsilon_o, \mu = \mu_r\mu_o$)
4. 양도체($\sigma \simeq \infty, \varepsilon = \varepsilon_o, \mu = \mu_r\mu_o$ 또는 $\sigma \gg \omega\varepsilon$)

여기서 ω는 파의 각주파수이다. 손실 유전체에 대한 3번의 경우가 가장 일반적인 경우로서 우선적으로 다룰 예정이다. 이 일반적인 경우가 해결되면 나머지 다른 경우(1, 2, 4번)들은 σ, ε, μ의 값들을 변화시킨 특별한 경우로 취급하여 간단히 유도할 수 있다. 그러나 이러한 매질 내에서의 파의 움직임을 고려하기 전에 파의 특성을 보다 일반적으로 고찰하는 것이 적절할 것이다. 이것은 전자파의 올바른 이해를 위해 중요하다. 파의 개념에 익숙한 독자는 10.2절을 건너뛰어도 좋다. 전력에 대한 고찰과 두 개의 서로 다른 매질 사이에서의 반사 및 투과 등의 문제는 이 장의 후반부에서 다루게 된다.

†10.2 일반적인 파

전자파의 전파에 관한 명확한 이해는 일반적으로 파가 무엇인가를 파악하는 데 달려 있다.

파는 공간과 시간 모두의 함수이다.

시간 t_o에 점 A에서의 교란이 시간 $t > t_o$에 점 B에서 일어나는 일과 관련될 때 파의 이동이 일어난다. 식 (9.51)과 (9.52)에서 표현된 것처럼 파동방정식은 2계 편미분방정식이다. 1차원 스칼라 파동방정식은 다음과 같은 형태를 취한다.

$$\frac{\partial^2 E}{\partial t^2} - u^2 \frac{\partial^2 E}{\partial z^2} = 0 \tag{10.1}$$

여기서 u는 파의 **속도**이다. 식 (10.1)은 식 (9.51)에서 매질에 원천이 없는($\rho_v = 0, \mathbf{J} = 0$) 특별한 경우이다. 윗식은 예제 6.5와 마찬가지의 과정으로 풀 수 있으며, 그 해의 형태는 다음과 같다.

$$E^+ = f(z - ut) \tag{10.2a}$$

$$E^- = g(z + ut) \tag{10.2b}$$

또는

$$E = f(z - ut) + g(z + ut) \tag{10.2c}$$

여기서 f와 g는 각각 $z - ut$와 $z + ut$의 함수를 의미한다. 그러한 함수들의 예에는 $z \pm ut$, $\sin k(z \pm ut)$, $\cos k(z \pm ut)$, 그리고 $e^{jk(z \pm ut)}$ 등이 포함되며, 여기서 k는 상수이다. 이 함수들이 모두 식 (10.1)을 만족함은 쉽게 증명할 수 있다.

특히 시간에 관한 시정현함수 $e^{j\omega t}$를 가정하면, 식 (10.1)은

$$\frac{d^2 E_s}{dz^2} + \beta^2 E_s = 0 \tag{10.3}$$

이 된다. 여기서 $\beta = \omega / u$이고, E_s는 E의 페이저이다. 식 (10.3)의 해는 예제 6.5의 경우 3과 비슷하다[식 (6.5.12) 참조]. 시간에 관한 항을 삽입하면 식 (10.3)의 해는

$$E^+ = Ae^{j(\omega t - \beta z)} \tag{10.4a}$$

$$E^- = Be^{j(\omega t+\beta z)} \tag{10.4b}$$

가 되고, 여기서 E^+는 양의 z방향으로의 진행을 의미하며, E^-는 음의 방향으로의 진행을 의미한다. E^+와 E^-를 결합하면

$$E = Ae^{j(\omega t-\beta z)} + Be^{j(\omega t+\beta z)} \tag{10.4c}$$

가 되고, 여기서 A와 B는 실수로서 상수이다.

잠시 식 (10.4a)을 생각해 보자. 이 식의 허수부를 취하면

$$E = A\sin(\omega t - \beta z) \tag{10.5}$$

를 얻는다. 이것은 편의상 선택된 사인파이다; 식 (10.4a)의 실수부를 취했으면 코사인파가 얻어졌을 것이다. 식 (10.5)에 표현된 파의 다음과 같은 특징들에 주목하라.

1. 식 (10.5)를 얻기 위해 시간에 의존하는 $e^{j\omega t}$를 가정했기 때문에, 이 파는 시정현함수이다.
2. 파의 **진폭** A는 E와 같은 단위를 갖는다.
3. $(\omega t - \beta z)$의 항으로 표시되는 **위상**(단위는 radian)은 시간 t와 공간변수 z에 의존한다.
4. **각주파수** ω의 단위는 rad/s이며, **위상상수**(phase constant) 또는 **파수**(wave number)인 β의 단위는 rad/m이다.

E가 시간 t와 공간변수 z에 따라 변하기 때문에 E는 z를 상수로 고정시켜 놓고 시간 t의 함수로서 그릴 수 있고, 그 역도 가능하다. $E(z, t = \text{상수})$와 $E(t, z = \text{상수})$의 그림들을 각각 그림 10.1(a)와 (b)에 나타내었다. 그림 10.1(a)로부터 파가 거리 λ마다 반복됨을 관찰할 수 있으므로 λ를 **파장**(단위는 m)이라 한다. 또한 그림 10.1(b)로부터 파가 시간 T마다 반복됨을 관찰할 수 있으므로 T를 **주기**(단위는 초)라 한다. 파가 u의 속도로 거리 λ를 진행하는 데 시간 T가 걸리므로

$$\lambda = uT \tag{10.6a}$$

가 된다. 한편 $T = 1/f$이고, 여기서 f는 **주파수**(단위는 Hz)이다. 그러므로

$$\boxed{u = f\lambda} \tag{10.6b}$$

가 된다. 이와 같이 파장과 주파수 사이에 일정한 관계가 있기 때문에, 주파수 혹은 파장을 사용하여 라디오 방송 대역 내에서 방송국들을 판별할 수 있다. 통상적으로 주파수가 선호된다. 또한

$$\omega = 2\pi f \tag{10.7a}$$

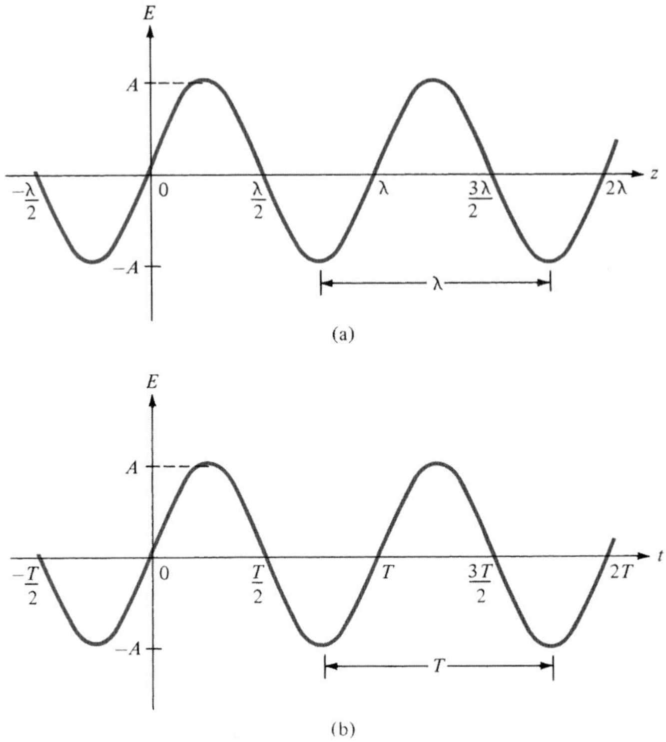

그림 10.1 $E(z, t) = A \sin(\omega t - \beta z)$의 그림: (a) t가 상수인 경우, (b) z가 상수인 경우

$$\beta = \frac{\omega}{u} \tag{10.7b}$$

그리고

$$T = \frac{1}{f} = \frac{2\pi}{\omega} \tag{10.7c}$$

이므로, 식 (10.6)과 (10.7)로부터

$$\boxed{\beta = \frac{2\pi}{\lambda} = \frac{\omega}{u}} \tag{10.8}$$

가 된다. 식 (10.8)은 파가 한 파장만큼 진행할 때마다 2π radian의 위상변화를 겪게 된다는 것을 보여주고 있다.

이제 식 (10.5)로 표현된 파가 $+z$방향으로 u의 속도로 진행하는 경우를 살펴보자. 이를 위해서 파동 위에 고정된 점 P를 고려한다. 그림 10.2와 같이 시간 $t = 0$, $T/4$, $T/2$에서 P점을 그려보면 시간이 경과함에 따라 P점이 $+z$방향으로 움직인다는 사실이 분명하다. P점은 위상이 일정한 점이므로,

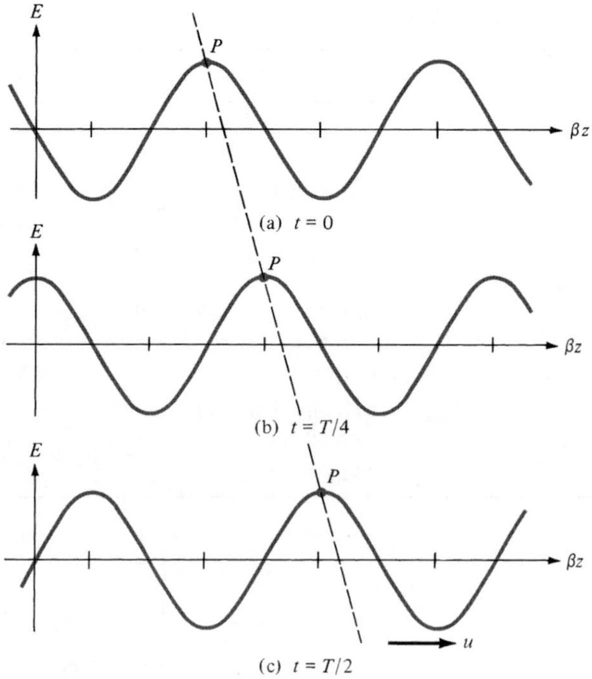

그림 10.2 (a) $t=0$, (b) $t=T/4$, (c) $t=T/2$에서의 $E(z,\,t)=A\,\sin(\omega t-\beta z)$의 그림; P는 $+z$방향으로 u의 속도로 이동

$$\omega t - \beta z = \text{상수}$$

또는

$$\frac{dz}{dt} = \frac{\omega}{\beta} = u \tag{10.9}$$

로 표현되며, 이 식은 식 (10.7b)와 같다. 식 (10.9)는 파가 $+z$방향으로 u의 속도로 진행함을 보여주고 있다. 마찬가지로 식 (10.4b)의 파 $B\,\sin\,(\omega t+\beta z)$는 $-z$방향으로 u의 속도로 진행함을 알 수 있다.

요약하면 다음과 같다.

1. 파는 공간과 시간의 함수이다.
2. 시간 $t=0$은 기준점으로서 임의로 설정되었을 뿐으로, 파는 시작과 끝이 없다.
3. $(\omega t \pm \beta z)$에서 $-$부호는 $+z$방향으로 전파하는 파(전진파 또는 양의 방향 진행파)를 의미하며, $+$부호는 $-z$방향으로 전파하는 파(후진파 또는 음의 방향 진행파)를 의미한다.
4. $\sin(-\psi)=-\sin(\psi)=\sin(\psi \pm \pi)$이고, $\cos(-\psi)=\cos(\psi)$이므로

$$\sin(\psi \pm \pi/2) = \pm\cos\psi \tag{10.10a}$$

그림 10.1 전자기 스펙트럼

전자기 현상	사용 예	근사적인 주파수 범위
우주선	물리학, 천문학	10^{14} GHz 이상
감마선	암 치료	10^{10}~10^{13} GHz
X선	X선 검사	10^{8}~10^{9} GHz
자외선 복사	살균, 소독	10^{6}~10^{8} GHz
가시광선	사람의 가시범위	10^{5}~10^{6} GHz
적외선 복사	사진	10^{3}~10^{4} GHz
초고주파	레이더, 초고주파 중계기 위성통신	3~300 GHz
라디오파	UHF TV	470~806 MHz
	VHF TV, FM 라디오	54~216 MHz
	단파 라디오	3~26 MHz
	AM 라디오	535~1605 kHz

$$\sin(\psi \pm \pi) = -\sin\psi \tag{10.10b}$$

$$\cos(\psi \pm \pi/2) = \mp\sin\psi \tag{10.10c}$$

$$\cos(\psi \pm \pi) = -\cos\psi \tag{10.10d}$$

여기서 $\psi = \omega t \pm \beta z$이다. 식 (10.10)으로부터 모든 시정현파는 사인과 코사인의 형태로 표현할 수 있다.

5. E와 H가 진행하는 방향에 수직인 평면에서 크기가 일정하면 균일파(uniform waves)라고 한다.

수치상의 순서로 나타내는 많은 수의 주파수들은 **스펙트럼**을 이룬다. 표 10.1은 전자기 스펙트럼의 여러 주파수에서 다양한 형태의 에너지가 존재함을 보여주고 있다. 무선통신에 사용되는 주파수는 전자파 스펙트럼의 낮은 쪽 근처에 존재한다. 주파수가 증가함에 따라 전자파 에너지는 사람에게 해로울 수가 있다. 예를 들면, 마이크로파 오븐은 적절히 차폐되지 않으면 위험하다. 전자파 에너지를 통신 목적으로 사용할 경우에 주파수가 증가함에 따라 실제적인 어려움이 증가하며, 매우 높은 주파수는 더 이상 사용할 수 없게 된다. 그러나 통신방식이 발전함에 따라, 사용가능한 주파수의 한계가 점점 높아져 왔다. 오늘날 통신위성은 14 GHz 근처의 주파수를 사용한다. 이것은 빛의 주파수에 비하면 아주 낮은 주파수에 불과하지만, 광섬유의 내부에서는 빛 자체가 무선통신에 사용될 수 있다.

예제 10.1

자유공간에서의 전기장이 다음과 같이 주어졌다.

$$\mathbf{E} = 50\cos(10^8 t + \beta x)\,\mathbf{a}_y \text{ V/m}$$

(a) 파의 전파방향을 구하라.

(b) β를 계산하고, $\lambda/2$만큼의 거리를 진행하는 동안 걸리는 시간을 구하라.

(c) $t = 0$, $T/4$, 그리고 $T/2$에서의 파를 그려라.

풀이

(a) $(\omega t + \beta x)$에서의 양의 부호는 파가 $-\mathbf{a}_x$방향으로 전파한다는 것을 뜻한다. 이것은 이 예제의 (c)에서도 확인된다.

(b) 자유공간에서 $u = c$이므로

$$\beta = \frac{\omega}{c} = \frac{10^8}{3 \times 10^8} = \frac{1}{3}$$

또는

$$\beta = 0.3333 \text{ rad/m}$$

만약 T가 파의 주기라면 c의 속도로 거리 λ만큼 진행하는 데 걸리는 시간은 T가 된다. 따라서 거리 l/2만큼 진행하는 데 걸리는 시간은

$$t_1 = \frac{T}{2} = \frac{1}{2}\frac{2\pi}{\omega} = \frac{\pi}{10^8} = 31.42 \text{ ns}$$

다른 방법으로, 파는 빛의 속도 c로 진행하기 때문에

$$\frac{\lambda}{2} = ct_1 \quad \text{또는} \quad t_1 = \frac{\lambda}{2c}$$

그러나

$$\lambda = \frac{2\pi}{\beta} = 6\pi$$

따라서

$$t_1 = \frac{6\pi}{2(3 \times 10^8)} = 31.42 \text{ ns}$$

이며, 이는 앞서 구한 결과와 같다.

(c) $t = 0$에서 $E_y = 50 \cos \beta x$

$$t = T/4\text{에서, } E_y = 50 \cos\left(\omega \cdot \frac{2\pi}{4\omega} + \beta x\right) = 50 \cos(\beta x + \pi/2)$$
$$= -50 \sin \beta x$$

$$t = T/2\text{에서 } E_y = 50 \cos\left(\omega \cdot \frac{2\pi}{2\omega} + \beta x\right) = 50 \cos(\beta x + \pi)$$
$$= -50 \cos \beta x$$

$t = 0, T/4, T/2$에서의 x에 대한 E_y는 그림 10.3과 같이 그려진다. 파 위의 점 P(임의로 선택된)가 시간 t가 증가함에 따라 $-\mathbf{a}_x$방향을 따라 이동한다는 사실에 주목하라. 이는 파가 $-\mathbf{a}_x$방향으로 진행한다는 것을 보여준다.

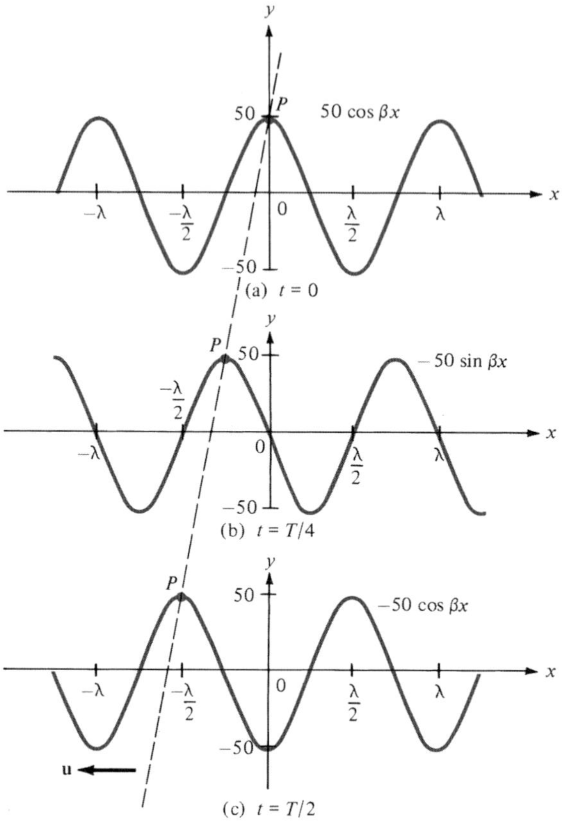

그림 10.3 예제 10.1의 그림; $-\mathbf{a}_x$방향으로 진행하는 파

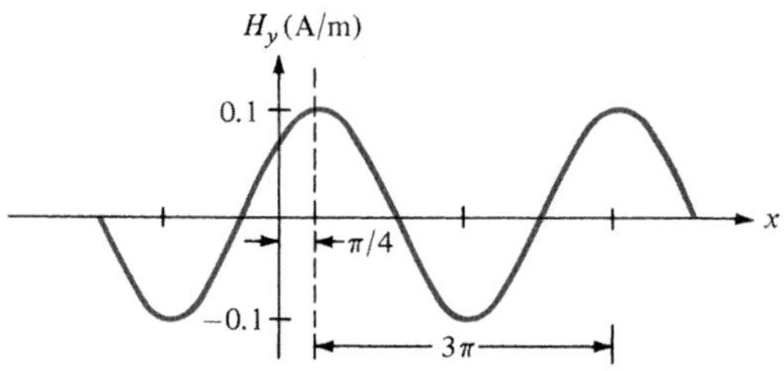

그림 10.4 연습문제 10.1(c)의 그림

연습문제 10.1

자유공간에서 $\mathbf{H} = 0.1 \cos(2 \times 10^8 t - kx)\, \mathbf{a}_y$ A/m일 때 다음을 계산하라.

(a) k, λ, T

(b) $\lambda/8$ 만큼 이동하는 데 걸리는 시간 t_1

(c) 시간 t_1에서의 파를 그려라.

해답: (a) 0.667 rad/m, 9.425 m, 31.42 ns, (b) 3.927 ns, (c) 그림 10.4 참조

10.3 손실 유전체에서의 파의 전파

10.1절에서 언급했듯이 손실 유전체에서의 파의 전파는 일반적인 경우로서, 이로부터 다른 종류의 매질에서의 파의 전파를 특별한 경우로 간주하여 유도할 수 있다. 그러므로 이 절은 이어지는 3개의 절에 대한 기초가 된다.

> **손실 유전체**(lossy dielectric)는 불완전 유전체이므로 전자파가 전파하면서 전력이 손실이 발생되는 매질이다.

다시 말하면, 무손실 유전체(완전 또는 양유전체)가 $\sigma = 0$인 반면에 손실 유전체는 $\sigma \neq 0$인 약간의 도전성을 갖는 매질(불완전 유전체 또는 불완전 도체)이다.

전하가 존재하지 않는(거시적 관점에서 $\rho_v = 0$) 선형, 등방성, 균질인 손실 유전체 매질을 고려해 보자. 시간에 관한 항 $e^{j\omega t}$을 생략하면 Maxwell 방정식(표 9.2 참조)은 다음과 같이 된다.

$$\nabla \cdot \mathbf{E}_s = 0 \tag{10.11}$$

$$\nabla \cdot \mathbf{H}_s = 0 \tag{10.12}$$

$$\nabla \times \mathbf{E}_s = -j\omega\mu\mathbf{H}_s \tag{10.13}$$

$$\nabla \times \mathbf{H}_s = (\sigma + j\omega\varepsilon)\mathbf{E}_s \tag{10.14}$$

식 (10.13)의 양변에 회전을 취하면

$$\nabla \times \nabla \times \mathbf{E}_s = -j\omega\mu(\nabla \times \mathbf{H}_s) \tag{10.15}$$

가 되고, 벡터 항등식

$$\nabla \times (\nabla \times \mathbf{A}) = \nabla(\nabla \cdot \mathbf{A}) - \nabla^2\mathbf{A} \tag{10.16}$$

를 식 (10.15)의 좌변에 적용하고, 식 (10.11)과 식 (10.14)를 대입하면

$$\underbrace{\nabla(\nabla \cdot \mathbf{E}_s)}_{0} - \nabla^2\mathbf{E}_s = -j\omega\mu(\sigma + j\omega\varepsilon)\mathbf{E}_s$$

또는

$$\boxed{\nabla^2\mathbf{E}_s - \gamma^2\mathbf{E}_s = 0} \tag{10.17}$$

가 된다. 여기서

$$\gamma^2 = j\omega\mu(\sigma + j\omega\varepsilon) \tag{10.18}$$

이며, γ는 매질의 **전파상수**(propagation constant)라고 부르며, 단위는 meter의 역수이다. 비슷한 과정에 의해서 자기장 $\mathbf{H}$에 대해서도

$$\nabla^2 \mathbf{H}_s - \gamma^2 \mathbf{H}_s = 0 \tag{10.19}$$

을 얻을 수 있다. 식 (10.17)과 (10.19)는 동차 벡터 Helmholtz **방정식** 혹은 단순히 벡터 **파동방정식**으로 알려져 있다. 직각좌표계에서 식 (10.17)은 전기장 $\mathbf{E}$의 $\mathbf{a}_x$, $\mathbf{a}_y$, $\mathbf{a}_z$방향에 대한 각각의 성분들로 구성된 3개의 스칼라 파동방정식과 같다.

식 (10.17)에서 (10.19)까지에서 γ는 복소수이므로 다음과 같이 표현할 수 있다.

$$\boxed{\gamma = \alpha + j\beta} \tag{10.20}$$

아래의 관계식을 참고하면 식 (10.18)과 (10.20)으로부터 α와 β를 얻을 수 있다.

$$-\text{Re}\,\gamma^2 = \beta^2 - \alpha^2 = \omega^2 \mu \varepsilon \tag{10.21}$$

그리고

$$|\gamma^2| = \beta^2 + \alpha^2 = \omega\mu\sqrt{\sigma^2 + \omega^2\varepsilon^2} \tag{10.22}$$

식 (10.21)과 (10.22)로부터 다음의 표현식을 얻을 수 있다.

$$\alpha = \omega\sqrt{\frac{\mu\varepsilon}{2}\left[\sqrt{1 + \left[\frac{\sigma}{\omega\varepsilon}\right]^2} - 1\right]} \tag{10.23}$$

$$\beta = \omega\sqrt{\frac{\mu\varepsilon}{2}\left[\sqrt{1 + \left[\frac{\sigma}{\omega\varepsilon}\right]^2} + 1\right]} \tag{10.24}$$

일반성을 잃지 않고, 전자파가 $+\mathbf{a}_z$방향으로 진행하고, $\mathbf{E}_s$가 x성분만 갖는다고 가정하면

$$\mathbf{E}_s = E_{xs}(z)\mathbf{a}_x \tag{10.25}$$

가 되고, 이를 식 (10.17)에 대입하면

$$(\nabla^2 - \gamma^2)E_{xs}(z) = 0 \tag{10.26}$$

가 된다. 무한한 매질에서 전자파가 $+\mathbf{a}_z$방향으로 진행하고, $\mathbf{E}$가 x 또는 y에 무관한 x성분만 갖는다고 가정하면

$$\underbrace{\frac{\partial^2 E_{xs}(z)}{\partial x^2}}_{0} + \underbrace{\frac{\partial^2 E_{xs}(z)}{\partial y^2}}_{0} + \frac{\partial^2 E_{xs}(z)}{\partial z^2} - \gamma^2 E_{xs}(z) = 0$$

또는

$$\left[\frac{d^2}{dz^2} - \gamma^2\right]E_{xs}(z) = 0 \tag{10.27}$$

가 된다. 이것은 스칼라 파동방정식으로서 아래와 같은 해를 갖는 선형 동차 미분방정식이다[예제 6.5의 경우 3에 있는 6.5.13a 참조].

$$E_{xs}(z) = E_o e^{-\gamma z} + E'_o e^{\gamma z} \tag{10.28}$$

여기서 E_o와 E'_o은 상수이다. 무한히 먼 곳에서 전기장의 세기는 유한한 값을 가져야 하므로 $E'_o = 0$이 되어야 한다. 달리 설명하면 $e^{\gamma z}$항은 $-\mathbf{a}_z$방향으로 진행하는 파를 의미하므로, 파가 $+\mathbf{a}_z$방향으로 진행하는 상황에서는 $E'_o = 0$이 된다. 어떻든 $E'_o = 0$이다. 식 (10.28)에 시간항 $e^{j\omega t}$을 삽입하고 식 (10.20)을 이용하면

$$\mathbf{E}(z, t) = \text{Re}[E_{xs}(z)e^{j\omega t}\,\mathbf{a}_x] = \text{Re}[E_o e^{-\alpha z} e^{j(\omega t - \beta z)}\mathbf{a}_x]$$

또는

$$\boxed{\mathbf{E}(z, t) = E_o e^{-\alpha z}\cos(\omega t - \beta z)\mathbf{a}_x} \tag{10.29}$$

를 얻게 된다. $t = 0$과 $t = \Delta t$에서의 $|\mathbf{E}|$의 그림을 그림 10.5에 나타내었다. 이 그림에서 $\mathbf{E}$는 x성분만을 갖고 있으며, $+z$방향으로 진행하고 있음을 명백히 보여주고 있다. 일단 $\mathbf{E}(z, t)$를 얻게 되면, 비슷한 과정으로 식 (10.19)를 풀거나 혹은 예제 9.8에서와 같이 Maxwell 방정식과 연관시켜 식 (10.29)를 사용함으로써 자기장 $\mathbf{H}(z, t)$도 구할 수 있다. 결국 아래의 표현식을 얻게 된다.

$$\mathbf{H}(z, t) = \text{Re}[H_o e^{-\alpha z} e^{j(\omega t - \beta z)}\,\mathbf{a}_y] \tag{10.30}$$

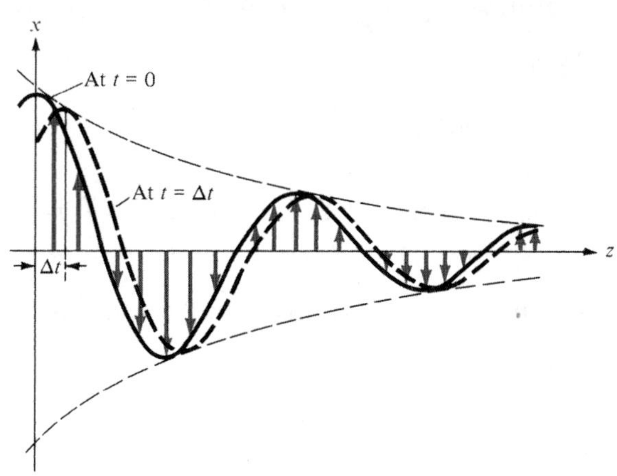

그림 10.5 시간 $t = 0$과 $t = \Delta t$에서 $+z$ 방향으로 진행하는 E의 x성분; 화살표는 E의 순시값을 나타낸다.

여기서

$$H_o = \frac{E_o}{\eta} \tag{10.31}$$

이고, η는 복소수로서 매질의 **고유임피던스**(intrinsic impedance)라고 하며, 단위는 ohms이다. 예제 9.8에서와 같은 단계를 거치면 다음의 식을 얻을 수 있다.

$$\eta = \sqrt{\frac{j\omega\mu}{\sigma + j\omega\varepsilon}} = |\eta| \angle\theta_\eta = |\eta| e^{j\theta_\eta} \tag{10.32}$$

여기서

$$\boxed{|\eta| = \frac{\sqrt{\mu/\varepsilon}}{\left[1 + \left(\dfrac{\sigma}{\omega\varepsilon}\right)^2\right]^{1/4}}, \quad \tan 2\theta_\eta = \frac{\sigma}{\omega\varepsilon}} \tag{10.33}$$

이고, $0 \le \theta_\eta \le 45°$의 범위를 갖는다. 식 (10.31)과 (10.32)를 식 (10.30)에 대입하면

$$\mathbf{H} = \text{Re}\left[\frac{E_o}{|\eta| e^{j\theta_\eta}} e^{-\alpha z} e^{j(\omega t - \beta z)} \mathbf{a}_y\right]$$

또는

$$\mathbf{H} = \frac{E_o}{|\eta|} e^{-\alpha z} \cos(\omega t - \beta z - \theta_\eta)\, \mathbf{a}_y \tag{10.34}$$

를 얻을 수 있다. 식 (10.29)와 (10.34)로부터 파가 $+\mathbf{a}_z$방향으로 진행함에 따라 진폭이 $e^{-\alpha z}$만큼 감쇠한다는 사실에 주목하라. 따라서 α를 매질의 **감쇠상수**(attenuation constant) 또는 **감쇠계수**(attenuation coefficient)라고 하고, 매질 내에서 파의 공간적 감쇠율의 척도로서 nepers/m (Np/m)로 측정되며, decibels/m(dB/m)로 나타낼 수도 있다. 1 neper의 감쇠는 원래 값에서 e^{-1}만큼 줄어든 것을 의미하며, 반면에 1 neper의 증가는 e만큼 증가한 것을 의미한다. 그러므로 전압에 대해서는

$$1 \text{ Np} = 20 \log_{10} e = 8.686 \text{ dB} \tag{10.35}$$

가 된다. 식 (10.23)으로부터 $\sigma = 0$이면 무손실 매질과 자유공간의 경우로서 $\alpha = 0$이고, 이때 파는 전파하는 동안 감쇠하지 않는다. β는 단위길이당 위상변화의 척도로서 **위상상수**(phase constant) 혹은 **파수**(wave number)라고 한다. 파의 속도 u와 파장 λ를 위상상수 β의 항으로 표현하면 각각 아래와 같다[식 (10.7b)와 (10.8) 참조].

$$u = \frac{\omega}{\beta}, \quad \lambda = \frac{2\pi}{\beta} \tag{10.36}$$

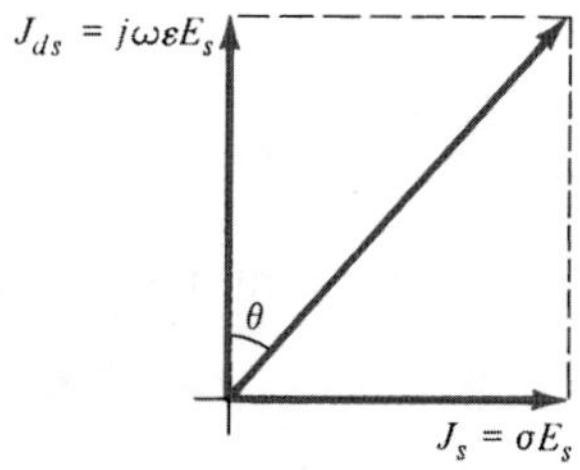

그림 10.6 손실 매질에서의 손실각

또한 식 (10.29)와 (10.34)로부터 **E**와 **H**는 매질의 복소 고유임피던스 때문에 어느 순간이라도 θ_η만큼 위상차가 난다. 그러므로 항상 **E**가 **H**를 θ_η만큼 앞선다(혹은 **H**가 **E**에 뒤진다). 마지막으로, 손실 매질 내에서 도전전류밀도 **J**의 크기와 변위전류밀도 $\mathbf{J}_d$의 크기의 비는

$$\frac{|\mathbf{J}_{cs}|}{|\mathbf{J}_{ds}|} = \frac{|\sigma \mathbf{E}_s|}{|j\omega\varepsilon \mathbf{E}_s|} = \frac{\sigma}{\omega\varepsilon} = \tan\theta$$

또는

$$\boxed{\tan\theta = \frac{\sigma}{\omega\varepsilon}} \tag{10.37}$$

가 되며, 여기서 $\tan\theta$는 **손실탄젠트**(loss tangent)라고 불리고, θ는 그림 10.6에 보인 것처럼 매질의 **손실각**(loss angle)이다. 양도체와 손실 유전체 사이에 경계선을 긋는 것이 쉽지는 않지만 매질에서 손실이 어느 정도인가를 결정하는 데 $\tan\theta$ 또는 θ가 사용될 수 있다. $\tan\theta$가 매우 작으면($\sigma \ll \omega\varepsilon$) 그 매질은 양유전체(무손실 또는 완전 유전체)라고 말할 수 있으며, $\tan\theta$가 매우 크면($\sigma \gg \omega\varepsilon$) 양도체라고 할 수 있다. 파의 전파 관점에서 매질의 특성은 구성요소 파라미터들인 σ, ε, μ뿐만 아니라 동작주파수에도 의존한다. 낮은 주파수에서 양도체로 간주되는 매질이 높은 주파수에서는 양유전체가 될 수도 있다. 식 (10.33)과 식 (10.37)로부터

$$\theta = 2\theta_\eta \tag{10.38}$$

식 (10.14)로부터

$$\begin{aligned}\nabla \times \mathbf{H}_s &= (\sigma + j\omega\varepsilon)\mathbf{E}_s = j\omega\varepsilon\left[1 - \frac{j\sigma}{\omega\varepsilon}\right]\mathbf{E}_s \\ &= j\omega\varepsilon_c \mathbf{E}_s\end{aligned} \tag{10.39}$$

여기서

$$\boxed{\varepsilon_c = \varepsilon\left[1 - j\frac{\sigma}{\omega\varepsilon}\right] = \varepsilon[1 - j\tan\theta]} \tag{10.40a}$$

또는

$$\varepsilon_c = \varepsilon' - j\varepsilon'' \tag{10.40b}$$

이고, $\varepsilon' = \varepsilon, \varepsilon'' = \sigma/\omega$이다. ε_c는 매질의 **복소유전율**(complex permittivity)이라고 한다. ε''과 ε'의 비가 바로 손실탄젠트가 됨을 알 수 있다. 즉,

$$\tan\theta = \frac{\varepsilon''}{\varepsilon'} = \frac{\sigma}{\omega\varepsilon} \tag{10.41}$$

다음 절에서는 이 절에서 다룬 매질의 특별한 경우로 간주할 수 있는 다른 종류의 매질들에서 파의 전파를 고찰할 것이다. 따라서 이 절에서 취급한 일반적인 경우에 대하여 구한 식들로부터 관련 공식들을 간단히 추론할 것이다. 그러므로 독자들은 그 공식들을 단순히 외우려 하지 말고, 어떻게 그 공식들이 일반적인 경우의 공식들로부터 쉽게 얻어지는지를 관찰하기 바란다.

예제 10.2

손실 유전체가 특정한 각주파수 ω에서 $200\underline{/30°}\ \Omega$의 고유임피던스를 갖는다. 만약 그 주파수에서 유전체를 통해 전파되는 평면파의 자기장 성분이

$$\mathbf{H} = 10\,e^{-\alpha x}\cos\left(\omega t - \frac{1}{2}x\right)\mathbf{a}_y \text{ A/m}$$

일 때 $\mathbf{E}$와 α를 구하라.

풀이

파가 $\mathbf{a}_x$방향을 따라 진행하므로 $\mathbf{a}_k = \mathbf{a}_x$, $\mathbf{a}_H = \mathbf{a}_y$이다. 따라서

$$-\mathbf{a}_E = \mathbf{a}_k \times \mathbf{a}_H = \mathbf{a}_x \times \mathbf{a}_y = \mathbf{a}_z$$

또는

$$\mathbf{a}_E = -\mathbf{a}_z$$

또한 $H_o = 10$이므로

$$\frac{E_o}{H_o} = \eta = 200\underline{/30°} = 200\,e^{j\pi/6} \rightarrow E_o = 2000e^{j\pi/6}$$

진폭과 위상차를 제외하고 $\mathbf{E}$와 $\mathbf{H}$는 항상 같은 형태를 유지한다. 따라서

$$\mathbf{E} = \text{Re}\left(2000e^{j\pi/6}e^{-\gamma x}e^{j\omega t}\,\mathbf{a}_E\right)$$

또는

$$\mathbf{E} = -2e^{-\alpha x}\cos\left(\omega t - \frac{x}{2} + \frac{\pi}{6}\right)\mathbf{a}_z \text{ kV/m}$$

$\beta = 1/2$로 주어졌으므로 α를 구할 수 있다.

$$\alpha = \omega\sqrt{\frac{\mu\varepsilon}{2}\left[\sqrt{1+\left[\frac{\sigma}{\omega\varepsilon}\right]^2}-1\right]}$$

그리고

$$\beta = \omega\sqrt{\frac{\mu\varepsilon}{2}\left[\sqrt{1+\left[\frac{\sigma}{\omega\varepsilon}\right]^2}+1\right]}$$

$$\frac{\alpha}{\beta} = \left[\frac{\sqrt{1+\left[\frac{\sigma}{\omega\varepsilon}\right]^2}-1}{\sqrt{1+\left[\frac{\sigma}{\omega\varepsilon}\right]^2}+1}\right]^{1/2}$$

그러나 $\dfrac{\sigma}{\omega\varepsilon} = \tan 2\theta_\eta = \tan 60° = \sqrt{3}$. 따라서

$$\frac{\alpha}{\beta} = \left[\frac{2-1}{2+1}\right]^{1/2} = \frac{1}{\sqrt{3}}$$

또는

$$\alpha = \frac{\beta}{\sqrt{3}} = \frac{1}{2\sqrt{3}} = 0.2887 \text{ Np/m}$$

연습문제 10.2

$\varepsilon_r = 8$, $\mu_r = 2$인 매질을 통해 전파되는 평면파가 $\mathbf{E} = 0.5\ e^{-z/3}\sin(10^8 t - \beta z)\ \mathbf{a}_x$이다. 다음을 구하라.

(a) β

(b) 손실탄젠트

(c) 고유임피던스

(d) 파의 속도

(e) 자기장 $\mathbf{H}$

해답: (a) 1.374 rad/m, (b) 0.5154, (c) $177.72\ \angle 13.63°\ \Omega$, (d) 7.278×10^7 m/s,
(e) $2.817\ e^{-z/3}\sin(10^8 t - \beta z - 13.63°)\ \mathbf{a}_y$ mA/m

10.4 무손실 유전체에서의 평면파

무손실 유전체에서는 $\sigma \ll \omega\varepsilon$이다. 이 매질은 다음과 같은 차이점을 제외하곤 10.3절에서 다룬 매질의 특별한 경우이다.

$$\boxed{\sigma \simeq 0, \quad \varepsilon = \varepsilon_o\varepsilon_r, \quad \mu = \mu_o\mu_r} \tag{10.42}$$

이들을 식 (10.23)과 (10.24)에 대입하면

$$\alpha = 0, \quad \beta = \omega\sqrt{\mu\varepsilon} \tag{10.43a}$$

$$u = \frac{\omega}{\beta} = \frac{1}{\sqrt{\mu\varepsilon}}, \quad \lambda = \frac{2\pi}{\beta} \tag{10.43b}$$

가 된다. 그리고

$$\eta = \sqrt{\frac{\mu}{\varepsilon}}\angle 0° \tag{10.44}$$

가 되어, 이 경우 **E**와 **H**는 서로 동위상이다.

10.5 자유공간에서의 평면파

자유공간에서의 평면파는 10.3절에서 다룬 내용의 특별한 경우에 포함된다. 이 경우는

$$\boxed{\sigma = 0, \quad \varepsilon = \varepsilon_o, \quad \mu = \mu_o} \tag{10.45}$$

이며, 또한 10.4절의 특별한 경우라고도 말할 수 있다. 그러므로 식 (10.43)에서 ε을 ε_o로, μ를 μ_o로 대치하거나 식 (10.45)를 직접 식 (10.23)과 (10.24)에 대입한다. 어떤 방법으로 하여도 다음의 관계식을 얻을 수 있다.

$$\alpha = 0, \quad \beta = \omega\sqrt{\mu_o\varepsilon_o} = \frac{\omega}{c} \tag{10.46a}$$

$$u = \frac{1}{\sqrt{\mu_o\varepsilon_o}} = c, \quad \lambda = \frac{2\pi}{\beta} \tag{10.46b}$$

여기서 $c \simeq 3 \times 10^8$ m/s는 진공 내에서의 빛의 속도이다. 전자파가 자유공간에서 빛의 속도로 진행한다는 사실은 중요하다. 이는 빛도 전자파의 한 형태임을 의미한다. 다시 말하면, 빛은 전자파의 특성을 갖는다.

식 (10.45)의 구성 파라미터들을 식 (10.33)에 대입하면, $\theta_\eta = 0$과 $\eta = \eta_o$가 되며, 여기서

η_o는 **자유공간의 고유임피던스**라고 하며, 다음과 같은 값을 갖는다.

$$\boxed{\eta_o = \sqrt{\frac{\mu_o}{\varepsilon_o}} = 120\pi \simeq 377\ \Omega} \tag{10.47}$$

$$\mathbf{E} = E_o \cos(\omega t - \beta z)\,\mathbf{a}_x \tag{10.48a}$$

그리고

$$\mathbf{H} = H_o \cos(\omega t - \beta z)\,\mathbf{a}_y = \frac{E_o}{\eta_o} \cos(\omega t - \beta z)\,\mathbf{a}_y \tag{10.48b}$$

가 된다. **E**와 **H**를 그림 10.7(a)에 나타내었다. 일반적으로 $\mathbf{a}_E$, $\mathbf{a}_H$, $\mathbf{a}_k$를 각각 전기장, 자기장, 파의 진행방향에 대한 단위벡터라고 했을 때 이들 사이에는 다음과 같은 관계가 성립한다(문제 10.74 참조).

$$\mathbf{a}_k \times \mathbf{a}_E = \mathbf{a}_H$$

또는

$$\mathbf{a}_k \times \mathbf{a}_H = -\mathbf{a}_E$$

또는

$$\boxed{\mathbf{a}_E \times \mathbf{a}_H = \mathbf{a}_k} \tag{10.49}$$

전기장 **E**와 자기장 **H**(또는 전자기파)는 모두 어느 곳에서나 파의 전파방향 $\mathbf{a}_k$에 수직이다. 이것은 전자기장이 파의 전파방향의 횡방향 또는 수직이 되는 평면에 놓여 있다는 것을 의미한다. 따라서 전파방향으로 전기장과 자기장 성분이 없는 전자파를 형성하며, 이러한 파를 **횡전자기**(transverse electromagnetic, TEM)파라고 한다. **E**(또는 **H**)가 $z =$ 상수로 정의되

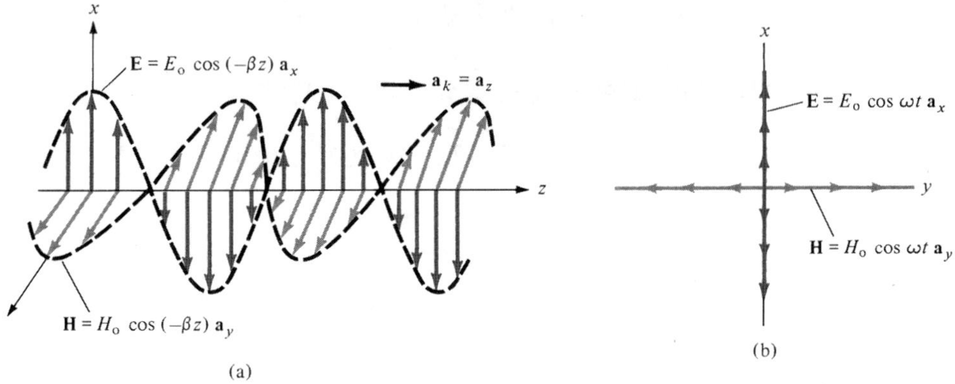

그림 10.7 (a) $t = 0$에서 z의 함수로서 **E**와 **H**의 그림; (b) $z = 0$에서의 **E**와 **H**의 그림 화살표는 순시값을 나타낸다.

는 횡방향 평면 전체에 걸쳐 같은 크기를 가지므로 이러한 전자파를 **균일평면파**(uniform plane wave)라고 부른다. 전기장이 가리키는 방향을 TEM파의 **편파**(polarization)라 한다.[1] 예를 들면 식 (10.29)의 파는 x방향으로 편파되었다고 한다. 균일평면파를 나타낸 그림 10.7(b)에서 이를 관찰할 수 있다. 균일평면파는 무한대로 펼쳐지고, 무한대의 에너지를 가져야 하므로 물리적으로 존재할 수 없다. 그러나 이 평면파는 특성이 단순하지만 기본적으로 매우 중요하다. 무선통신 안테나로부터의 전자파와 같이 복사원으로부터 충분히 멀리 떨어진 곳에서 실제의 전자파에 대한 근사에 도움이 된다. 식 (10.48) 이후부터는 자유공간을 다루고 있지만, 이 식은 다른 등방성 매질에도 적용될 수 있다.

10.6 양도체에서의 평면파

양도체에서의 평면파는 10.3절에서 다룬 내용의 또 다른 특별한 경우에 포함된다. 완전도체 또는 양도체는 $\sigma \gg \omega\varepsilon$이므로 $\sigma/\omega\varepsilon \gg 1$로 놓을 수 있다. 즉

$$\boxed{\sigma \simeq \infty, \quad \varepsilon = \varepsilon_o, \quad \mu = \mu_o\mu_r} \tag{10.50}$$

그러므로 식 (10.23)과 (10.24)는 다음과 같이 된다.

$$\alpha = \beta = \sqrt{\frac{\omega\mu\sigma}{2}} = \sqrt{\pi f\mu\sigma} \tag{10.51a}$$

$$u = \frac{\omega}{\beta} = \sqrt{\frac{2\omega}{\mu\sigma}}, \quad \lambda = \frac{2\pi}{\beta} \tag{10.51b}$$

또한 식 (10.32)로부터

$$\eta = \sqrt{\frac{j\omega\mu}{\sigma}} = \sqrt{\frac{\omega\mu}{\sigma}}\angle 45° \tag{10.52}$$

가 되며, 따라서 **E**는 **H**에 45°만큼 위상이 앞선다. 만약

$$\mathbf{E} = E_o e^{-\alpha z}\cos(\omega t - \beta z)\mathbf{a}_x \tag{10.53a}$$

이면

$$\mathbf{H} = \frac{E_o}{\sqrt{\frac{\omega\mu}{\sigma}}} e^{-\alpha z}\cos(\omega t - \beta z - 45°)\mathbf{a}_y \tag{10.53b}$$

---

1) 편파는 10.7절에서 다룬다.

가 된다. 그러므로 **E**(또는 **H**)파가 도체매질 내에서 진행함에 따라 그 진폭은 $e^{-\alpha z}$만큼 감쇠한다. 그림 10.8에서와 같이 파의 진폭이 e^{-1}(초기값의 약 37%)만큼 감쇠하는 거리 δ를 그 매질의 **표피깊이**(skin depth) 혹은 **침투깊이**(penetration depth)라고 한다. 즉,

$$E_o e^{-\alpha\delta} = E_o e^{-1}$$

또는

$$\delta = \frac{1}{\alpha} \tag{10.54a}$$

> **표피깊이**는 전자파가 매질 내부로 침투할 수 있는 깊이의 척도이다.

식 (10.54a)는 일반적으로 모든 매질에 대하여 유효하다. 양도체의 경우 식 (10.51a)와 (10.54a)로부터

$$\boxed{\delta = \frac{1}{\sqrt{\pi f \mu \sigma}} = \frac{1}{\alpha}} \tag{10.54b}$$

가 된다. 양도체에 대한 그림 10.8은 약간 과장되어 있다. 그러나 부분적으로 도전성이 있는 매질에서 표피깊이는 상당히 클 수 있다. 양도체의 경우 식 (10.51a), (10.52), 그리고 (10.54b)로부터

$$\eta = \frac{1}{\sigma\delta}\sqrt{2}\, e^{j\pi/4} = \frac{1+j}{\sigma\delta} \tag{10.55}$$

가 된다. 또한 양도체에서 $\alpha = \beta = \dfrac{1}{\delta}$이므로 식 (10.53a)는 다음과 같이 표현할 수 있다.

$$\mathbf{E} = E_o e^{-z/\delta} \cos\left(\omega t - \frac{z}{\delta}\right) \mathbf{a}_x$$

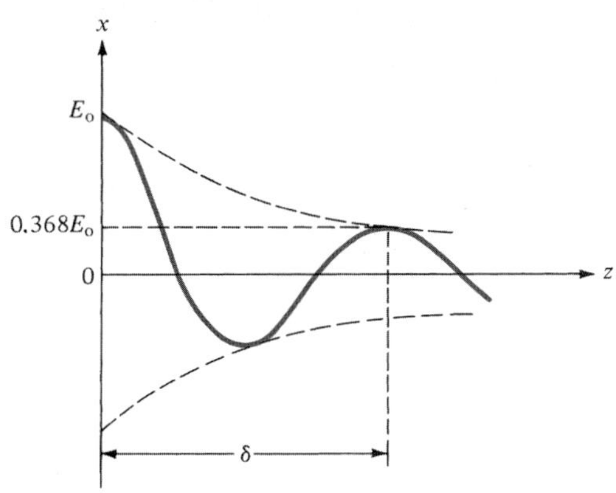

그림 10.8 표피깊이의 예

표 10.2 구리의 표피깊이*

주파수(Hz)	10	60	100	500	10^4	10^8	10^{10}
표피깊이(mm)	20.8	8.6	6.6	2.99	0.66	6.6×10^{-3}	6.6×10^{-4}

*구리의 경우 $\sigma = 5.8 \times 10^7$ S/m, $\mu = \mu_o$, $\delta = 66.1/\sqrt{f}$ (단위는 mm)

도체를 통해 파가 진행할 때 δ는 파의 지수적인 감쇠의 정도를 나타냄을 알 수 있다. 주파수에 따른 구리의 표피깊이를 표 10.2에 나타내었다. 주파수가 증가함에 따라 표피깊이는 감소함을 표에서 알 수 있다. 그러므로 **E**와 **H**는 양도체를 통해서 전파하기 어렵다.

도체 내에서 장의 세기가 급격히 감쇠하는 현상을 **표피효과**(skin effect)라 한다. 도체 물질의 내부로부터 표면 쪽으로 전하들이 이동하는 경향이 있어 높은 저항이 발생된다. 전자기장과 이와 관련된 전류는 도체의 매우 얇은 층(표피)에 국한된다. 예를 들어 그림 10.9에 보인 것처럼 반경이 a인 도선의 경우, 높은 주파수에서 모든 전류는 두께가 δ인 원형고리 내부로 흐른다는 가정은 좋은 근사가 될 수 있다. 표피효과는 여러 형태로 나타날 수 있는데 대표적인 예로는 도파관에서의 감쇠, 전송선로에서의 유효 또는 교류 저항, 그리고 전자기 차폐 등을 들 수 있다. 이 현상은 여러 응용에서 장점이 되었다. 예를 들면 은에서의 표피깊이는 매우 작기 때문에 순은으로 만든 소자와 은도금 황동으로 만든 소자 사이에 성능상의 차이는 무시할 수 있으므로 도파관 소자의 재료비를 줄이기 위하여 은도금은 자주 사용된다. 같은 이유로, 옥외 TV 안테나의 재료로 속이 찬 도체 대신 속이 빈 튜브 형태의 도체를 사용한다. 또한 표피깊이의 수 배 정도의 두께를 가진 전도성 물질로 둘러싸면 전기장치의 효과적인 전자기 차폐를 이룰 수 있다.

표피깊이는 표피효과에 의한 **교류저항**을 계산하는 데 유용하다. 식 (5.16)의 저항은 **직류저항**이라 한다.

$$R_{dc} = \frac{\ell}{\sigma S}$$

표면저항(surface resistance) 또는 **표피저항**(skin resistance) R_s(단위는 Ω)는 양도체의 경우 η의 실수부로서 정의된다. 따라서 식 (10.55)로부터

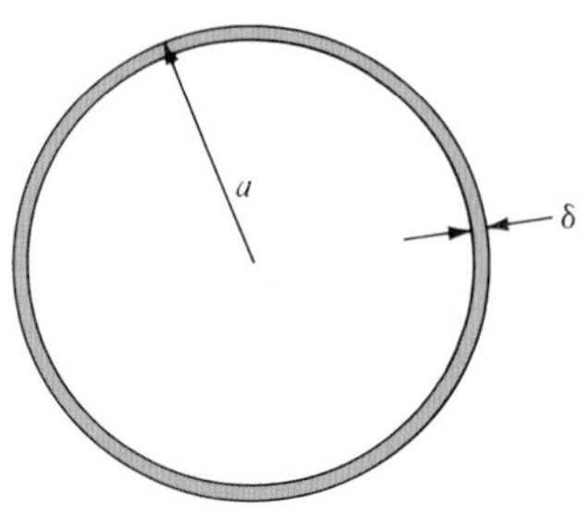

그림 10.9 높은 주파수에서의 표피깊이 $\delta \ll a$

표 10.3 $\alpha, \beta, \eta, u, \lambda$에 관한 공식

	손실 매질	무손실 매질	자유공간	양도체
$\alpha =$	$\omega\left[\frac{\mu\varepsilon}{2}\left\{\sqrt{1+\left(\frac{\sigma}{\omega\varepsilon}\right)^2}-1\right\}\right]^{1/2}$	0	0	$\sqrt{\pi f\mu\sigma}$
$\beta =$	$\omega\left[\frac{\mu\varepsilon}{2}\left\{\sqrt{1+\left(\frac{\sigma}{\omega\varepsilon}\right)^2}+1\right\}\right]^{1/2}$	$\omega\sqrt{\mu\varepsilon}$	$\omega\sqrt{\mu_o\varepsilon_o}$	$\sqrt{\pi f\mu\sigma}$
$\eta =$	$\sqrt{\frac{j\omega\mu}{\sigma + j\omega\varepsilon}}$	$\sqrt{\frac{\mu}{\varepsilon}}$	$\sqrt{\frac{\mu_o}{\varepsilon_o}} \simeq 377$	$(1+j)\frac{\alpha}{\sigma}$
$u = \frac{\omega}{\beta},$	$\lambda = \frac{2\pi}{\beta}$			

$$\boxed{R_s = \frac{1}{\sigma\delta} = \sqrt{\frac{\pi f\mu}{\sigma}}} \tag{10.56}$$

가 되며, 도체의 단위폭과 단위길이당의 저항값이다. 이것은 단면적이 $1 \times \delta$인 도체의 단위길이당 직류저항과 같다. 그러므로 폭이 w이고 길이가 ℓ인 도체에 대한 교류저항은 두께가 δ인 도체 내에서 전류가 균일하게 흐른다는 가정 하에서 식 (5.16)의 직류저항 관계식을 이용하여 계산할 수 있다. 즉,

$$\boxed{R_{\text{ac}} = \frac{\ell}{\sigma\delta w} = \frac{R_s\ell}{w}} \tag{10.57}$$

여기서 $S \simeq \delta w$이다. 반경 a인 도선(그림 10.9 참조)의 경우 $w = 2\pi a$이므로,

$$\frac{R_{\text{ac}}}{R_{\text{dc}}} = \frac{\dfrac{\ell}{\sigma 2\pi a\delta}}{\dfrac{\ell}{\sigma\pi a^2}} = \frac{a}{2\delta} = \frac{a}{2}\sqrt{\pi f\mu\sigma}$$

가 된다. 높은 주파수에서는 $\delta \ll a$이므로 R_{ac}가 R_{dc}보다 훨씬 큰 값을 갖는다. 일반적으로 교류저항과 직류저항의 비는 직류 및 낮은 주파수에서 1.0으로부터 시작하며, 주파수가 높아짐에 따라 증가한다. 또한 도체의 5δ의 두께에 걸쳐서 전류가 균일하지 않게 분포되어 있다고 하여도 δ인 두께에 걸쳐서 균일하게 전류가 분포되고 그 밖의 영역에서는 전류가 0인 경우와 전력손실이 같다. 이것이 δ를 표피깊이라 부르는 또 하나의 이유이다. 쉽게 참조할 수 있도록, 다양한 매질의 전파상수에 관한 공식이 표10.3에 요약되어 있다.

예제 10.3

$\eta = 60\pi$, $\mu_r = 1$, 그리고 $\mathbf{H} = -0.1\cos(\omega t - z)\,\mathbf{a}_x + 0.5\sin(\omega t - z)\,\mathbf{a}_y$ A/m인 무손실 매질에서 ε_r, ω, $\mathbf{E}$를 계산하라.

풀이

이 경우에 $\sigma = 0, \alpha = 0, \beta = 1$이므로

$$\eta = \sqrt{\mu/\varepsilon} = \sqrt{\frac{\mu_o}{\varepsilon_o}}\sqrt{\frac{\mu_r}{\varepsilon_r}} = \frac{120\pi}{\sqrt{\varepsilon_r}}$$

또는

$$\sqrt{\varepsilon_r} = \frac{120\pi}{\eta} = \frac{120\pi}{60\pi} = 2 \quad \rightarrow \quad \varepsilon_r = 4$$

$$\beta = \omega\sqrt{\mu\varepsilon} = \omega\sqrt{\mu_o\varepsilon_o}\sqrt{\mu_r\varepsilon_r} = \frac{\omega}{c}\sqrt{4} = \frac{2\omega}{c}$$

또는

$$\omega = \frac{\beta c}{2} = \frac{1\,(3 \times 10^8)}{2} = 1.5 \times 10^8 \text{ rad/s}$$

주어진 자기장 **H**로부터 전기장 **E**는 2가지 방법으로 계산할 수 있다; 이 장에서 전개된 기법(Maxwell 방정식에 기초)을 이용하거나 9장에서와 같이 Maxwell 방정식을 직접 이용할 수 있다.

방법 1: 이 장에서 소개된 기법을 이용하기 위해 다음과 같이 놓는다.

$$\mathbf{H} = \mathbf{H}_1 + \mathbf{H}_2$$

여기서 $\mathbf{H}_1 = -0.1\cos(\omega t - z)\mathbf{a}_x$이고, $\mathbf{H}_2 = 0.5\sin(\omega t - z)\mathbf{a}_y$이며, 이에 대응하는 전기장은

$$\mathbf{E} = \mathbf{E}_1 + \mathbf{E}_2$$

여기서 $\mathbf{E}_1 = E_{1o}\cos(\omega t - z)\mathbf{a}_{E1}$이고, $\mathbf{E}_2 = E_{2o}\sin(\omega t - z)\mathbf{a}_{E2}$이다. **H**가 $\mathbf{a}_x$와 $\mathbf{a}_y$의 성분을 가지고는 있지만 전파방향 성분은 가지고 있지 않다는 것에 유의하라. 따라서 이는 TEM파이다.

$\mathbf{E}_1$의 경우

$$\mathbf{a}_{E_1} = -(\mathbf{a}_k \times \mathbf{a}_{H_1}) = -(\mathbf{a}_z \times -\mathbf{a}_x) = \mathbf{a}_y$$

$$E_{1o} = \eta H_{1o} = 60\pi\,(0.1) = 6\pi$$

따라서

$$\mathbf{E}_1 = 6\pi\cos(\omega t - z)\mathbf{a}_y$$

$\mathbf{E}_2$의 경우

$$\mathbf{a}_{E_2} = -(\mathbf{a}_k \times \mathbf{a}_{H_2}) = -(\mathbf{a}_z \times \mathbf{a}_y) = \mathbf{a}_x$$
$$E_{2o} = \eta H_{2o} = 60\pi(0.5) = 30\pi$$

따라서

$$\mathbf{E}_2 = 30\pi \sin(\omega t - z)\mathbf{a}_x$$

$\mathbf{E}_1$과 $\mathbf{E}_2$를 더하여 $\mathbf{E}$를 구할 수 있다.

$$\mathbf{E} = 94.25 \sin(1.5 \times 10^8 t - z)\mathbf{a}_x + 18.85 \cos(1.5 \times 10^8 t - z)\mathbf{a}_y \text{ V/m}$$

방법 2: Maxwell 방정식을 직접 적용할 수 있다. $\sigma = 0$이기 때문에

$$\nabla \times \mathbf{H} = \underbrace{\sigma \mathbf{E}}_{0} + \varepsilon \frac{\partial \mathbf{E}}{\partial t} \quad \rightarrow \quad \mathbf{E} = \frac{1}{\varepsilon}\int \nabla \times \mathbf{H}\, dt$$

이 된다. 그러나

$$\nabla \times \boldsymbol{H} = \begin{vmatrix} a_x & a_y & a_z \\ \dfrac{\partial}{\partial x} & \dfrac{\partial}{\partial y} & \dfrac{\partial}{\partial z} \\ H_x(z) & H_y(z) & 0 \end{vmatrix} = -\frac{\partial H_y}{\partial z}\mathbf{a}_x + \frac{\partial H_x}{\partial z}\mathbf{a}_y$$
$$= H_{2o}\cos(\omega t - z)\mathbf{a}_x + H_{1o}\sin(\omega t - z)\mathbf{a}_y$$

여기서 $H_{1o} = -0.1$이고, $H_{2o} = 0.5$이다. 따라서

$$\mathbf{E} = \frac{1}{\varepsilon}\int \nabla \times \mathbf{H}\, dt = \frac{H_{2o}}{\varepsilon\omega}\sin(\omega t - z)\mathbf{a}_x - \frac{H_{1o}}{\varepsilon\omega}\cos(\omega t - z)\mathbf{a}_y$$
$$= 94.25 \sin(\omega t - z)\mathbf{a}_x + 18.85 \cos(\omega t - z)\mathbf{a}_y \text{ V/m}$$

이 되며, 예상했던 바와 같다.

연습문제 10.3

비자성 매질 내에서 평면파가 $\mathbf{E} = 50 \sin(10^8 t + 2z)\mathbf{a}_y$ V/m 일 때 다음을 구하라.

(a) 파의 전파방향

(b) λ, f, 그리고 ε_r

(c) $\mathbf{H}$

해답: (a) $-z$방향, (b) 3.142 m, 15.92 MHz, 36, (c) $0.7958 \sin(10^8 t + 2z)\mathbf{a}_x$ A/m

예제 10.4

매질 내에서 전파되는 균일평면파가

$$\mathbf{E} = 2e^{-\alpha z}\sin(10^8 t - \beta z)\mathbf{a}_y \text{ V/m}$$

이다. 만약 매질이 $\varepsilon_r = 1, \mu_r = 20$ 그리고 $\sigma = 3$ S/m의 특성을 나타낸다고 할 때 α, β 그리고 $\mathbf{H}$를 구하라.

풀이

매질이 손실 유전체인지 또는 양도체인지를 알기 위해서는 손실탄젠트를 구해야 한다.

$$\frac{\sigma}{\omega\varepsilon} = \frac{3}{10^8 \times 1 \times \dfrac{10^{-9}}{36\pi}} = 3393 \gg 1$$

동작주파수에서 매질은 양도체로 간주할 수 있다. 따라서

$$\alpha = \beta = \sqrt{\frac{\mu\omega\sigma}{2}} = \left[\frac{4\pi \times 10^{-7} \times 20(10^8)(3)}{2}\right]^{1/2}$$
$$= 61.4$$
$$\alpha = 61.4 \text{ Np/m}, \quad \beta = 61.4 \text{ rad/m}$$

또한

$$|\eta| = \sqrt{\frac{\mu\omega}{\sigma}} = \left[\frac{4\pi \times 10^{-7} \times 20(10^8)}{3}\right]^{1/2}$$
$$= \sqrt{\frac{800\pi}{3}}$$
$$\tan 2\theta_\eta = \frac{\sigma}{\omega\varepsilon} = 3393 \quad \rightarrow \quad \theta_\eta = 45° = \frac{\pi}{4}$$

그러므로

$$\mathbf{H} = H_o e^{-\alpha z}\sin\left(\omega t - \beta z - \frac{\pi}{4}\right)\mathbf{a}_H$$

여기서

$$\mathbf{a}_H = \mathbf{a}_k \times \mathbf{a}_E = \mathbf{a}_z \times \mathbf{a}_y = -\mathbf{a}_x$$

그리고

$$H_o = \frac{E_o}{|\eta|} = 2\sqrt{\frac{3}{800\pi}} = 69.1 \times 10^{-3}$$

따라서

$$\mathbf{H} = -69.1\, e^{-61.4z}\sin\left(10^8 t - 61.42z - \frac{\pi}{4}\right)\mathbf{a}_x \text{ mA/m}$$

연습문제 10.4

손실매질($\varepsilon_r = 4, \mu_r = 1, \sigma = 10^{-2}$ S/m) 내에서 $+y$방향으로 진행하는 평면파가 $y = 0$에서 $\mathbf{E} = 30 \cos(10^9 \pi t + \pi/4)\mathbf{a}_z$ V/m일 때 다음을 구하라.

(a) $y = 1$ m, $t = 2$ ns에서의 $\mathbf{E}$

(b) 위상천이가 10°가 되기 위한 파의 진행거리

(c) 파의 크기가 40%만큼 감소되기 위한 파의 진행거리

(d) $y = 2$ m, $t = 2$ ns에서의 $\mathbf{H}$

해답: (a) $2.844\mathbf{a}_z$ V/m, (b) 8.349 mm, (c) 542 mm, (d) $-22.6\mathbf{a}_x$ mA/m

예제 10.5

$\mathbf{E} = E_o \cos(\omega t - \beta z)\mathbf{a}_x$인 평면파가 $z \geq 0$의 양도체로 입사된다. 도체 내에서의 전류밀도를 구하라.

풀이

전류밀도는 $\mathbf{J} = \sigma\mathbf{E}$이기 때문에 $\mathbf{J}$가 식 (10.17)의 파동방정식을 만족해야 한다고 생각할 수 있다. 즉,

$$\nabla^2 \mathbf{J}_s - \gamma^2 \mathbf{J}_s = 0$$

또한 입사된 $\mathbf{E}$는 오직 x성분만 가지고 있으며, z에 따라 변화한다. 따라서 $\mathbf{J} = J_x(z, t)\mathbf{a}_x$이고

$$\frac{d^2}{dz^2} J_{sx} - \gamma^2 J_{sx} = 0$$

이 된다. 이 식은

$$J_{sx} = Ae^{-\gamma z} + Be^{+\gamma z}$$

의 해를 가지는 보통의 미분방정식이다(예제 6.5의 경우 2 참조).

$z \to \infty$에 따라 J_{sx}가 무한대가 되므로 상수 B는 0이 되어야만 한다. 그러나 양도체에서는 $\sigma \gg \omega\varepsilon$이므로 $\alpha = \beta = 1/\delta$이다. 따라서

$$\gamma = \alpha + j\beta = \alpha(1 + j) = \frac{(1 + j)}{\delta}$$

그리고

$$J_{sx} = Ae^{-z(1+j)/\delta}$$

또는

$$J_{sx} = J_{sx}(0)\, e^{-z(1+j)/\delta}$$

여기서 $J_{sx}(0)$는 도체표면에서의 전류밀도이다.

연습문제 10.5

예제 10.5의 전류밀도를 이용하여, z방향을 따라 무한대의 깊이를 가지고 있고, y방향을 따라 폭이 w인 도체의 얇은 띠를 따라 흐르는 총 전류의 크기를 구하라.

해답: $\dfrac{J_{sx}(0) w\delta}{\sqrt{2}}$

예제 10.6

그림 7.12의 구리로 만들어진 동축 케이블에서 $a = 2$ mm, $b = 6$ mm, 그리고 $t = 1$ mm라고 하자. 직류일 때와 100 MHz일 때 길이가 2 m인 케이블의 저항을 계산하라.

풀이

R_o와 R_i가 외부도체와 내부도체의 저항이라 할 때

$$R = R_o + R_i$$

라 하자. 직류에서

$$R_i = \frac{\ell}{\sigma S} = \frac{\ell}{\sigma \pi a^2} = \frac{2}{5.8 \times 10^7 \pi [2 \times 10^{-3}]^2} = 2.744 \text{ m}\Omega$$

$$\begin{aligned} R_o &= \frac{\ell}{\sigma S} = \frac{\ell}{\sigma\pi[[b+t]^2 - b^2]} = \frac{\ell}{\sigma\pi[t^2 + 2bt]} \\ &= \frac{2}{5.8 \times 10^7 \pi\,[1 + 12] \times 10^{-6}} \\ &= 0.8429 \text{ m}\Omega \end{aligned}$$

그러므로 $R_{dc} = 2.744 + 0.8429 = 3.587$ mΩ이다.

$f = 100$ MHz에서

$$\begin{aligned} R_i &= \frac{R_s \ell}{w} = \frac{\ell}{\sigma\delta 2\pi a} = \frac{\ell}{2\pi a}\sqrt{\frac{\pi f \mu}{\sigma}} \\ &= \frac{2}{2\pi \times 2 \times 10^{-3}} \sqrt{\frac{\pi \times 10^8 \times 4\pi \times 10^{-7}}{5.8 \times 10^7}} \\ &= 0.41\ \Omega \end{aligned}$$

$\delta = 6.6$ mm $\ll t = 1$ mm이므로 도체 외부에서 $w = 2\pi b$이다. 따라서

$$R_o = \frac{R_s \ell}{w} = \frac{\ell}{2\pi b}\sqrt{\frac{\pi f \mu}{\sigma}}$$
$$= \frac{2}{2\pi \times 6 \times 10^{-3}}\sqrt{\frac{\pi \times 10^8 \times 4\pi \times 10^{-7}}{5.8 \times 10^7}}$$
$$= 0.1384\ \Omega$$

그러므로

$$R_{\text{ac}} = 0.41 + 0.1384 = 0.5484\ \Omega$$

이며, R_{dc}보다 약 150배 크다. 따라서 같은 유효전류 i에 대해서 100 MHz에서 케이블의 저항성 손실(i^2R)은 직류 전력손실보다 150배 정도 더 크다.

연습문제 10.6

직경이 2.6 mm인 알루미늄 도선에 대하여 다음 조건에서 직류에 대한 교류저항의 비를 계산하라.

(a) 10 MHz

(b) 2 GHz

해답: (a) 24.16, (b) 341.7

10.7 파의 편파

파의 편파로 전자기파를 묘사하는 것은 일반적이다. 편파는 전자기파의 중요한 특성이며, 편파의 개념은 다양한 종류의 전기장의 변화와 방향을 표현하기 위해 사용되어왔다. 전자기파의 편파는 송신 안테나 또는 소스에 달려 있고, 하나 이상의 성분을 가지는 파에 대한 전기장의 방향에 의해 결정된다.

편파는 시간의 함수로 주어진 한 점에서 전기장 벡터(전파 방향에 수직인 면에서)의 끝부분의 궤적이라고 볼 수 있다.

편파는 선형 또는 평면, 원형, 타원형의 세 종류가 있다. 그림 10.10에서 보는 바와 같이 전기장 벡터의 끝이 시간에 따라 직선, 원, 타원으로 표현된다. 전자파의 편파는 라디오 및 TV 방송을 위해서도 중요하다. AM 라디오 방송은 지구 표면에 수직인 편파를 사용하며,

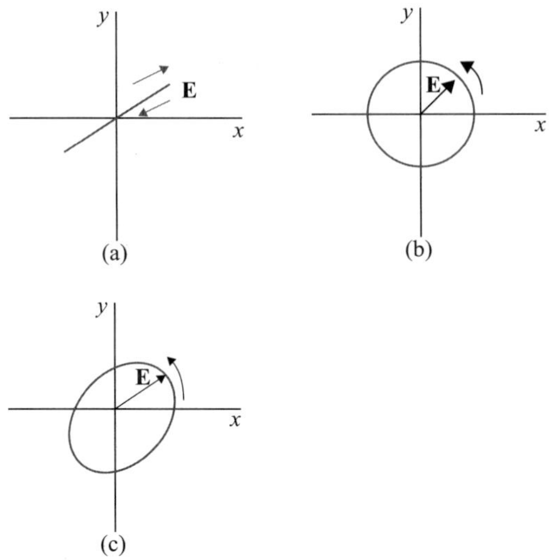

그림 10.10 파의 편파: (a) 선형 (b) 원형 (c) 타원형

반면에 FM 라디오 방송은 일반적으로 원 편파를 사용한다.

균일평면파가 오직 하나의 방향 성분만 갖고 있거나 또는 하나의 방향 성분과 그것의 직교 성분들이 동위상이라면, 이 평면파는 선형 편파이다. $+z$방향으로 진행하는 파는

$$\begin{aligned} E_x &= E_{ox}\cos(\omega t - \beta z + \phi_x) \\ E_y &= E_{oy}\cos(\omega t - \beta z + \phi_y) \end{aligned} \tag{10.58}$$

로 표현할 수 있으며, 여기서 E_{ox}, E_{oy}는 실수이다. 이 합성파는

$$\mathbf{E} = E_{ox}\cos(\omega t - \beta z + \phi_x)\mathbf{a}_x + E_{oy}\cos(\omega t - \beta z + \phi_y)\mathbf{a}_y \tag{10.59}$$

가 되며, 다음과 같은 위상차 Δf를 가질 때 선형 편파가 된다.

$$\Delta\phi = \phi_y - \phi_x = n\pi, \qquad n = 0, 1, 2, \ldots \tag{10.60}$$

이것은 항상 두 개의 성분이 같은 비율을 유지하게 한다. 파가 진행하는 방향(이 경우에는 z방향)에서 관찰하면 전기장 벡터의 끝은 선의 형태를 이룸을 주목하라. 이를 **선형 편파**(linear polarization)라 부른다. 선형으로 편파된 평면파는 간단한 안테나(다이폴 안테나와 같은) 또는 레이저에 의해서 발생될 수 있다.

원형 편파는 x성분과 y성분의 크기가 동일하고($E_{ox} = E_{oy} = E_o$) 두 성분 사이에 위상차가 $\pi/2$의 홀수배일 때 발생한다. 즉,

$$\Delta\phi = \phi_y - \phi_x = \pm(2n + 1)\pi/2, \qquad n = 0, 1, 2, \ldots \tag{10.61}$$

예를 들어, 이것의 x와 y성분은 다음과 같이 쓸 수 있다.

$$E_x = E_o\cos(\omega t - \beta z)$$
$$E_y = E_o\cos(\omega t - \beta z + \pi/2) \qquad (10.62)$$

이런 전기장 벡터의 끝이 xy평면상의 한 지점에서 시간에 따라 원형으로 움직이는 모습이 관찰된다. 원형으로 편파된 파는 나선형으로 감겨진 도선 안테나에 의해 발생될 수 있고 또한 두 선형 신호원이 서로 수직으로 놓여 있고 90°의 위상차가 있을 때도 발생될 수 있다. 한 지점(예를 들면, $z=0$)에서 전기장의 성분을 조사하면 원의 자취를 형성하는 모습을 볼 수 있다.

$$E_o\cos(\omega t), \qquad E_y = E_o\cos(\omega t + \pi/2) = -E_o\sin(\omega t) \qquad (10.63)$$

$$|E|^2 = E_x^2 + E_y^2 = E_o^2 \qquad (10.64)$$

위의 수식은 원의 방정식이다.

선형 및 원형 편파는 일반적인 타원 편파의 특별한 경우이다. 타원으로 편파된 파는 시간이 지나감에 따라 전기장 벡터의 끝은 진행방향의 횡단면에 타원 형태의 궤적을 그린다. 타원 편파는 x, y성분의 크기가 $E_{ox} \neq E_{oy}$이고, 이들 두 성분간의 위상차가 $\pi/2$의 홀수배일 때 만들어진다. 즉,

$$\Delta\phi = \phi_y - \phi_x = \pm(2n+1)\pi/2, \qquad n = 0, 1, 2, \ldots \qquad (10.65)$$

위 조건이 전기장 벡터의 끝이 xy평면에 타원을 그리게 한다. 이 경우를 보여주기 위해서 $z=0$, $\Delta\phi = \phi_y - \phi_x = \pi/2$일 때 식 (10.58)을 살펴보자.

$$E_x = E_{ox}\cos(\omega t) \longrightarrow \cos(\omega t) = \frac{E_x}{E_{ox}}$$
$$E_y = E_{oy}\cos(\omega t + \pi/2) = -E_{oy}\sin(\omega t) \longrightarrow -\sin(\omega t) = \frac{E_y}{E_{oy}} \qquad (10.66)$$

위의 각 식을 제곱하고 더하면 그림 10.10에서 보는 바와 같이 타원 방정식을 제시한다.

$$\cos^2(\omega t) + \sin^2(\omega t) = 1 \longrightarrow \frac{E_x^2}{E_{ox}^2} + \frac{E_y^2}{E_{oy}^2} = 1 \qquad (10.67)$$

$E_{ox} = E_{oy}$이면, 원형 편파임을 주목하자. 그러므로 원형 편파는 타원형 편파의 특별한 경우이다. 사실, 선형 편파도 타원형 편파의 특별한 경우임을 보여줄 수 있다. 따라서 가장 일반적인 형태가 바로 타원형 편파이다.

예제 10.7

다음 평면파의 편파를 결정하라.

(a) $\mathbf{E}(z,t) = 4e^{-0.25z}\cos(\omega t - 0.8z)\mathbf{a}_x + 3e^{-0.25z}\sin(\omega t - 0.8z)\mathbf{a}_y$ V/m

(b) $\mathbf{H}_s(z) = H_o e^{-j\beta z}\mathbf{a}_x - 2H_o e^{-j\beta z}\mathbf{a}_y$

풀이

(a) 주어진 **E**로부터

$$E_x = 4e^{-0.25z}\cos(\omega t - 0.8z)$$
$$E_y = 3e^{-0.25z}\sin(\omega t - 0.8z)$$

$z = 0$인 면에서

$$\frac{1}{4}E_x(0, t) = \cos(\omega t)$$

$$\frac{1}{3}E_y(0, t) = \sin(\omega t)$$

위 식을 제곱해서 더하면 다음과 같이 주어진다.

$$\frac{1}{16}E_x^2(0, t) + \frac{1}{9}E_y^2(0, t) = 1$$

이것은 타원을 그린다. 따라서, 이 평면파는 타원 편파이다.

(b) **H**의 두 성분은 동위상이므로 편파는 선형이다. 적절한 특성 표현을 위해서 전기장의 성분을 구하는 것이 편리하다. 전기장을 구할 수 있는 여러 방법이 있지만 Maxwell 방정식을 이용하여,

$$\nabla \times \mathbf{H}_s = j\omega\varepsilon\mathbf{E}_s \longrightarrow \mathbf{E}_s = \frac{1}{j\omega\varepsilon}\nabla \times \mathbf{H}_s$$

$$\nabla \times \mathbf{H}_s = \begin{vmatrix} \mathbf{a}_x & \mathbf{a}_y & \mathbf{a}_z \\ \dfrac{\partial}{\partial x} & \dfrac{\partial}{\partial y} & \dfrac{\partial}{\partial z} \\ H_o e^{-j\beta z} & -2H_o e^{-j\beta z} & 0 \end{vmatrix} = j2\beta H_o e^{-j\beta z}\mathbf{a}_x - j\beta H_o e^{-j\beta z}\mathbf{a}_y$$

위 식의 양변에 대해 $j\omega\varepsilon$으로 나누고 $\eta = \beta/\omega\varepsilon$으로 두면, 다음과 같은 전기장을 얻는다.

$$\mathbf{E}_s = 2\eta H_o e^{-j\beta z}\mathbf{a}_x - \eta H_o e^{-j\beta z}\mathbf{a}_y$$

시간영역에서는

$$\mathbf{E}(z, t) = \mathrm{Re}[\mathbf{E}_s e^{-j\omega t}] = 2\eta H_o\cos(\omega t - \beta z)\mathbf{a}_x - \eta H_o\cos(\omega t - \beta z)\mathbf{a}_y$$

$z = 0$으로 두면

$$\mathbf{E}(0, t) = (2\eta H_o\mathbf{a}_x - \eta H_o\mathbf{a}_y)\cos(\omega t)$$

$t = 0$에서 전기장 **E**의 x방향 성분은 $2\eta H_o$이고 y방향 성분은 ηH_o이다. 이것은 시간 t가 변화하여도 E_y/E_x의 비는 일정하게 유지함을 의미한다. 따라서, 전기장 **E**는 선형 편파이다.

연습문제 10.7

$\mathbf{E}_s = E_o(\mathbf{a}_y - j\mathbf{a}_y)e^{-j\beta z}$로 주어질 때 편파를 결정하라.

해답: 원형 편파

10.8 전력과 Poynting 벡터

앞에서 언급했듯이 에너지는 전자파를 수단으로 하여 한 지점(송신기가 있는)에서 다른 지점(수신기가 있는)으로 전달될 수 있다. 이와 같은 에너지전달율은 아래의 Maxwell 방정식들로부터 얻을 수 있다.

$$\nabla \times \mathbf{E} = -\mu \frac{\partial \mathbf{H}}{\partial t} \tag{10.68a}$$

$$\nabla \times \mathbf{H} = \sigma \mathbf{E} + \varepsilon \frac{\partial \mathbf{E}}{\partial t} \tag{10.68b}$$

식 (10.68b)의 양변에 전기장 **E**와 내적을 취하면

$$\mathbf{E} \cdot (\nabla \times \mathbf{H}) = \sigma E^2 + \mathbf{E} \cdot \varepsilon \frac{\partial \mathbf{E}}{\varepsilon t} \tag{10.69}$$

가 되고, 임의의 벡터 **A**와 **B**에 대한 다음의 벡터 항등식(부록 A.10 참조)을 고려한다.

$$\nabla \cdot (\mathbf{A} \times \mathbf{B}) = \mathbf{B} \cdot (\nabla \times \mathbf{A}) - \mathbf{A} \cdot (\nabla \times \mathbf{B})$$

이 벡터 항등식을 식 (10.69)에 적용($\mathbf{A} = \mathbf{H}, \mathbf{B} = \mathbf{E}$)하면

$$\begin{aligned} \mathbf{H} \cdot (\nabla \times \mathbf{E}) + \nabla \cdot (\mathbf{H} \times \mathbf{E}) &= \sigma E^2 + \mathbf{E} \cdot \varepsilon \frac{\partial \mathbf{E}}{\partial t} \\ &= \sigma E^2 + \frac{1}{2} \varepsilon \frac{\partial}{\partial t} E^2 \end{aligned} \tag{10.70}$$

을 얻을 수 있다. 식 (10.68a)의 양변에 자기장 **H**와 내적을 취하면

$$\mathbf{H} \cdot (\nabla \times \mathbf{E}) = \mathbf{H} \cdot \left(-\mu \frac{\partial \mathbf{H}}{\partial t} \right) = -\frac{\mu}{2} \frac{\partial}{\partial t} (\mathbf{H} \cdot \mathbf{H}) \tag{10.71}$$

가 되고, 식 (10.70)은

$$-\frac{\mu}{2} \frac{\partial H^2}{\partial t} - \nabla \cdot (\mathbf{E} \times \mathbf{H}) = \sigma E^2 + \frac{1}{2} \varepsilon \frac{\partial E^2}{\partial t}$$

이 된다. 항들을 정리하고, 양변에 체적적분을 취하면

$$\int_v \nabla \cdot (\mathbf{E} \times \mathbf{H}) dv = -\frac{\partial}{\partial t} \int_v \left[\frac{1}{2} \varepsilon E^2 + \frac{1}{2} \mu H^2 \right] dv - \int_v \sigma E^2 \, dv \tag{10.72}$$

위 식의 좌변에 발산정리를 적용하면

$$\oint_S (\mathbf{E} \times \mathbf{H}) \cdot d\mathbf{S} = -\frac{\partial}{\partial t} \int_v \left[\frac{1}{2} \varepsilon E^2 + \frac{1}{2} \mu H^2 \right] dv - \int_v \sigma E^2 dv \tag{10.73}$$

↓ ↓ ↓

체적을 떠나는 총 전력 = 전기장과 자기장에 저장된 에너지의 감소율 − 저항성 전력손실 (10.74)

식 (10.73)을 **Poynting 정리**라 한다.[2] 이 식의 각 항들은 전자기장의 에너지 보존법칙으로 설명될 수 있다. 식 (10.73)의 오른쪽 첫 번째 항은 전기장과 자기장에 저장된 에너지의 감소율로서 해석된다. 두 번째 항은 매질의 도전성에 기인하는 전력손실이다($\sigma \neq 0$). 식 (10.73)의 좌변에 있는 $\mathbf{E} \times \mathbf{H}$는 **Poynting 벡터** $\mathcal{P}$이고, 단위는 W/m^2이다.

$$\boxed{\mathcal{P} = \mathbf{E} \times \mathbf{H}} \tag{10.75}$$

이는 주어진 점에서의 전자기장과 관련한 순시전력밀도 벡터를 나타낸다. 임의의 폐곡면에 대한 Poynting 벡터의 적분은 폐곡면의 바깥으로 흘러나가는 순 전력을 나타낸다.

> **Poynting 정리**는 주어진 체적 v로부터 흘러나가는 순 전력이 v 내에 저장된 에너지의 시간에 따른 감소율에서 도전손실을 뺀 것과 같다.

이 정리를 그림 10.11에 나타내었다.

$\mathcal{P}$가 $\mathbf{E}$와 $\mathbf{H}$ 모두에 수직이며, 따라서 균일평면파의 전파방향 $\mathbf{a}_k$와 같은 방향이라는 사실에 주목하기 바란다. 그러므로

$$\mathbf{a}_k = \mathbf{a}_E \times \mathbf{a}_H \tag{10.49}$$

$\mathcal{P}$가 $\mathbf{a}_k$방향이라는 것 때문에 이 벡터를 '가리키는(pointing)' 벡터로 여겨지기도 한다.

또한

$$\mathbf{E}(z, t) = E_o e^{-\alpha z} \cos(\omega t - \beta z) \mathbf{a}_x$$

---

2) J. H. Poynting, "On the transfer of Energy in the Electromagnetic Field", *Philosophical Transactions*, vol. 174, 1883, P.343.

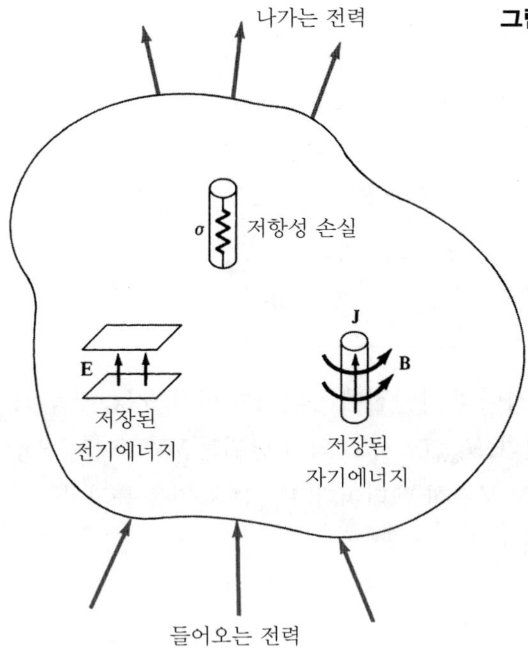

그림 10.11 전자기장의 전력 균형에 대한 그림

라고 가정하면

$$\mathbf{H}(z, t) = \frac{E_o}{|\eta|} e^{-\alpha z} \cos(\omega t - \beta z - \theta_\eta)\mathbf{a}_y$$

그리고

$$\mathcal{P}(z, t) = \frac{E_o^2}{|\eta|} e^{-2\alpha z} \cos(\omega t - \beta z) \cos(\omega t - \beta z - \theta_\eta)\mathbf{a}_z$$

$$= \frac{E_o^2}{2|\eta|} e^{-2\alpha z} [\cos \theta_\eta + \cos(2\omega t - 2\beta z - \theta_\eta)]\mathbf{a}_z \qquad (10.76)$$

이며, 이는 $\cos A \cos B = \frac{1}{2}[\cos(A - B) + \cos(A + B)]$이기 때문이다. 순시 Poynting 벡터 $\mathcal{P}(z, t)$보다 더 실용적인 값인 시평균 Poynting 벡터 $\mathcal{P}_{ave}(z)$(단위는 W/m^2)를 구하기 위해 식 (10.76)을 주기 $T = 2\pi/\omega$에 걸쳐 적분한다. 즉,

$$\mathcal{P}_{ave}(z) = \frac{1}{T}\int_0^T \mathcal{P}(z, t)\, dt \qquad (10.77)$$

이 식은 다음 식과 등가이다(문제 10.42 참조).

$$\boxed{\mathcal{P}_{ave}(z) = \frac{1}{2}\mathrm{Re}(\mathbf{E}_s \times \mathbf{H}_s^*)} \qquad (10.78)$$

식 (10.76)을 식 (10.77)에 대입하면

$$\boxed{\mathcal{P}_{\text{ave}}(z) = \frac{E_o^2}{2|\eta|} e^{-2\alpha z} \cos\theta_\eta \, \mathbf{a}_z} \tag{10.79}$$

를 얻는다. 주어진 표면 S를 통과하는 총 시평균전력은

$$\boxed{P_{\text{ave}} = \int_S \mathcal{P}_{\text{ave}} \cdot d\mathbf{S}} \tag{10.80}$$

가 된다. $\mathcal{P}$, $\mathcal{P}_{\text{ave}}$, 그리고 P_{ave} 사이의 차이점에 유의해야 한다. $\mathcal{P}(x, y, z, t)$는 단위가 W/m^2이며, 이는 시간적으로 변화한다. $\mathcal{P}_{\text{ave}}(x, y, z)$ 역시 단위는 W/m^2이고, Poynting 벡터 $\mathcal{P}$의 시평균이지만, 이것은 시간과는 무관한 벡터이다. P_{ave}는 표면을 통과하는 총 시평균전력으로서 단위는 W이고, 스칼라 양이다.

예제 10.8

비자성 매질에서

$$\mathbf{E} = 4\sin(2\pi \times 10^7 t - 0.8x)\mathbf{a}_z \text{ V/m}$$

일 때 다음을 구하라.

(a) ε_r, η

(b) 파에 의해 전달되는 시평균전력

(c) $2x + y = 5$인 평면상의 100 cm^2 되는 면을 통과하는 총 전력

풀이

(a) $\alpha = 0$이고 $\beta \neq \omega/c$이기 때문에, 매질은 자유공간이 아니지만 무손실 매질이다.

$$\beta = 0.8, \ \omega = 2\pi \times 10^7, \ \mu = \mu_o \text{(비자성)}, \ \varepsilon = \varepsilon_o \varepsilon_r$$

그러므로

$$\beta = \omega\sqrt{\mu\varepsilon} = \omega\sqrt{\mu_o\varepsilon_o\varepsilon_r} = \frac{\omega}{c}\sqrt{\varepsilon_r}$$

또는

$$\sqrt{\varepsilon_r} = \frac{\beta c}{\omega} = \frac{0.8(3 \times 10^8)}{2\pi \times 10^7} = \frac{12}{\pi}$$

$$\varepsilon_r = 14.59$$

$$\eta = \sqrt{\frac{\mu}{\varepsilon}} = \sqrt{\frac{\mu_o}{\varepsilon_o\varepsilon_r}} = \frac{120\pi}{\sqrt{\varepsilon_r}} = 120\pi \cdot \frac{\pi}{12} = 10\pi^2$$

$$= 98.7 \ \Omega$$

(b) $\mathcal{P} = \mathbf{E} \times \mathbf{H} = \dfrac{E_o^2}{\eta} \sin^2(\omega t - \beta x)\mathbf{a}_x$

$$\mathcal{P}_{\text{ave}} = \frac{1}{T}\int_0^T \mathcal{P}\, dt = \frac{E_o^2}{2\eta}\mathbf{a}_x = \frac{16}{2 \times 10\pi^2}\mathbf{a}_x$$
$$= 81\mathbf{a}_x \text{ mW/m}^2$$

(c) $2x + y = 5$(예제 3.5 또는 8.5 참조)인 평면의 방향은

$$\mathbf{a}_n = \frac{2\mathbf{a}_x + \mathbf{a}_y}{\sqrt{5}}$$

그러므로 총 전력은

$$P_{\text{ave}} = \int \mathcal{P}_{\text{ave}} \cdot d\mathbf{S} = \mathcal{P}_{\text{ave}} \cdot S\,\mathbf{a}_n$$
$$= (81 \times 10^{-3}\mathbf{a}_x) \cdot (100 \times 10^{-4}) \left[\frac{2\mathbf{a}_x + \mathbf{a}_y}{\sqrt{5}}\right]$$
$$= \frac{162 \times 10^{-5}}{\sqrt{5}} = 724.5\ \mu\text{W}$$

연습문제 10.8

자유공간에서 $\mathbf{H} = 0.2\cos(\omega t - \beta x)\mathbf{a}_z$ A/m이다. 이때 아래와 같은 면을 통과하는 총 전력을 구하라.

(a) $x + z = 1$인 평면 위에 놓인 한 변의 길이가 10 cm인 정사각형 평판

(b) $x = 1$인 평면 위의 반경 5 cm의 원판

해답: (a) 53.31 mW, (b) 59.22 mW

10.9 수직입사 시 평면파의 반사

지금까지는 경계가 없는 균질의 등방성 매질 내를 진행하는 균일평면파를 다루었다. 평면파가 어떤 매질로부터 다른 매질로 진행할 때, 일부는 반사하고 일부는 투과하게 된다. 입사파가 반사 또는 투과되는 정도는 두 매질이 가지고 있는 구성요소 파라미터들(ε, μ, σ)에 의존한다. 여기서 입사파가 두 매질의 경계면에 수직인 방향으로 진행한다고 가정하자. 평면파의 경사입사에 관해서는 좀 더 간단한 수직입사의 경우를 이해한 후 다음 절에서 다루게

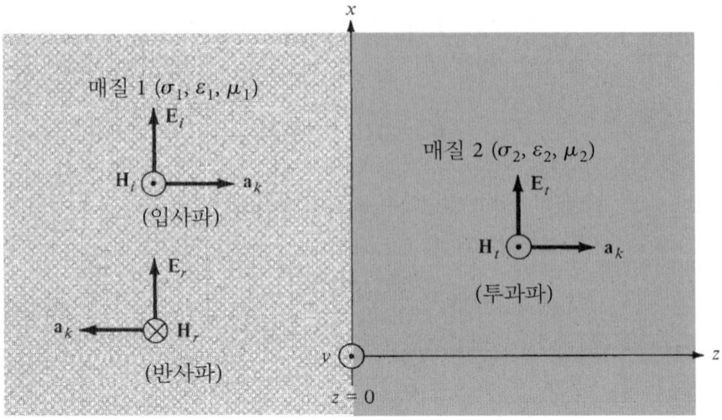

그림 10.12 두 매질 사이의 경계면에 수직으로 입사하는 평면파

될 것이다.

그림 10.12에서와 같이 $+z$방향으로 진행하는 평면파가 $\varepsilon_1, \mu_1, \sigma_1$의 특성을 갖는 매질 1($z < 0$)과 $\varepsilon_2, \mu_2, \sigma_2$의 특성을 갖는 매질 2($z > 0$) 사이에 있는 $z = 0$인 경계면에 수직으로 입사한다고 가정하자. 그림에서 아래첨자 i, r, t는 각각 입사파, 반사파, 투과파를 의미한다. 그림 10.12에 나타낸 입사파, 반사파, 그리고 투과파들은 다음과 같이 구해진다.

입사파(Incident Wave):

($\mathbf{E}_i, \mathbf{H}_i$)가 매질 1에서 $+\mathbf{a}_z$방향으로 진행한다. 시간인자 $e^{j\omega t}$을 생략하고

$$\mathbf{E}_{is}(z) = E_{io}e^{-\gamma_1 z}\mathbf{a}_x \tag{10.81}$$

을 가정하면

$$\mathbf{H}_{is}(z) = H_{io}e^{-\gamma_1 z}\mathbf{a}_y = \frac{E_{io}}{\eta_1}e^{-\gamma_1 z}\mathbf{a}_y \tag{10.82}$$

가 된다.

반사파(Reflected Wave):

($\mathbf{E}_r, \mathbf{H}_r$)가 매질 1에서 $-\mathbf{a}_z$방향으로 진행한다. 만약

$$\mathbf{E}_{rs}(z) = E_{ro}e^{\gamma_1 z}\mathbf{a}_x \tag{10.83}$$

이면

$$\mathbf{H}_{rs}(z) = H_{ro}\,e^{\gamma_1 z}(-\mathbf{a}_y) = -\frac{E_{ro}}{\eta_1}e^{\gamma_1 z}\mathbf{a}_y \tag{10.84}$$

가 되며, 여기서 $\mathbf{E}_{rs}$는 $\mathbf{a}_x$방향으로 가정한다. 경계면에서 경계조건을 만족하기 위하여, 수직입사의 경우 $\mathbf{E}_i$, $\mathbf{E}_r$, 그리고 $\mathbf{E}_t$는 같은 편파를 갖는다고 가정하자.

투과파(Transmitted Wave):

$(\mathbf{E}_t, \mathbf{H}_t)$가 매질 2에서 $+\mathbf{a}_z$방향으로 진행한다. 만약

$$\mathbf{E}_{ts}(z) = E_{to}\, e^{-\gamma_2 z}\mathbf{a}_x \tag{10.85}$$

이면

$$\mathbf{H}_{ts}(z) = H_{to}\, e^{-\gamma_2 z}\,\mathbf{a}_y = \frac{E_{to}}{\eta_2}\, e^{-\gamma_2 z}\mathbf{a}_y \tag{10.86}$$

가 된다. 식 (10.81)에서 (10.86)까지에서 E_{io}, E_{ro}, 그리고 E_{to}는 각각 $z = 0$에서의 입사 전기장, 반사 전기장, 그리고 투과 전기장의 크기이다.

그림 10.12에서 매질 1에서의 총 전자기장은 입사 및 반사 전자기장을 모두 포함하는 반면에 매질 2에서는 오직 투과 전자기장만을 갖고 있다는 사실에 유의하라. 즉,

$$\mathbf{E}_1 = \mathbf{E}_i + \mathbf{E}_r, \quad \mathbf{H}_1 = \mathbf{H}_i + \mathbf{H}_r$$
$$\mathbf{E}_2 = \mathbf{E}_t, \quad \mathbf{H}_2 = \mathbf{H}_t$$

$z = 0$인 경계면에서 경계조건은 $\mathbf{E}$와 $\mathbf{H}$의 접선성분이 연속적이어야 한다. 횡전자기파이므로 $\mathbf{E}$와 $\mathbf{H}$는 경계면에 대하여 완전히 접선방향이다. 그러므로 $z = 0$에서 $\mathbf{E}_{1\tan} = \mathbf{E}_{2\tan}$, $\mathbf{H}_{1\tan} = \mathbf{H}_{2\tan}$이다. 즉,

$$\mathbf{E}_i(0) + \mathbf{E}_r(0) = \mathbf{E}_t(0) \quad \rightarrow \quad E_{io} + E_{ro} = E_{to} \tag{10.87}$$

$$\mathbf{H}_i(0) + \mathbf{H}_r(0) = \mathbf{H}_t(0) \quad \rightarrow \quad \frac{1}{\eta_1}(E_{io} - E_{ro}) = \frac{E_{to}}{\eta_2} \tag{10.88}$$

식 (10.87)과 (10.88)로부터

$$E_{ro} = \frac{\eta_2 - \eta_1}{\eta_2 + \eta_1} E_{io} \tag{10.89}$$

그리고

$$E_{to} = \frac{2\eta_2}{\eta_2 + \eta_1} E_{io} \tag{10.90}$$

이제 식 (10.89)와 (10.90)으로부터 **반사계수**(reflection coefficient) Γ와 **투과계수**(transmission coefficient) τ를 다음과 같이 정의할 수 있다.

$$\boxed{\Gamma = \frac{E_{ro}}{E_{io}} = \frac{\eta_2 - \eta_1}{\eta_2 + \eta_1}} \tag{10.91a}$$

또는

$$E_{ro} = \Gamma E_{io} \tag{10.91b}$$

그리고

$$\boxed{\tau = \frac{E_{to}}{E_{io}} = \frac{2\eta_2}{\eta_2 + \eta_1}} \tag{10.92a}$$

또는

$$E_{to} = \tau E_{io} \tag{10.92b}$$

다음을 유의하라.

1. $1 + \Gamma = \tau$
2. Γ와 τ는 모두 단위가 없으며, 복소수일 수도 있다.
3. $0 \leq |\Gamma| \leq 1$ (10.93)

위의 경우는 일반적인 경우이다. 매질 1이 완전유전체(무손실, $\sigma_1 = 0$)이고, 매질 2가 완전도체($\sigma_2 \simeq \infty$)인 특별한 경우를 살펴보자. 이 경우 $\eta_2 = 0$이고, 따라서 $\Gamma = -1, \tau = 0$이 되며, 이는 파가 전반사가 된다는 것을 의미한다. 완전도체에서 장은 소멸되기 때문에 투과파는 존재하지 않는다는 것($\mathbf{E}_2 = 0$)을 예상할 수 있다. 전반사된 파는 입사파와 결합하여 **정재파**(standing wave)를 형성한다. 정재파는 '정지'해 있으며, 진행하지 않는다. 즉, 진폭이 같고, 방향이 반대인 두 진행파($\mathbf{E}_i$와 $\mathbf{E}_r$)로 이루어져 있다. 식 (10.81)과 (10.83)을 결합하면 매질 1에서의 정재파는 다음과 같다.

$$\mathbf{E}_{1s} = \mathbf{E}_{is} + \mathbf{E}_{rs} = (E_{io}e^{-\gamma_1 z} + E_{ro}e^{\gamma_1 z})\mathbf{a}_x \tag{10.94}$$

그러나

$$\Gamma = \frac{E_{ro}}{E_{io}} = -1, \sigma_1 = 0, \alpha_1 = 0, \gamma_1 = j\beta_1$$

따라서

$$\mathbf{E}_{1s} = -E_{io}(e^{j\beta_1 z} - e^{-j\beta_1 z})\mathbf{a}_x$$

또는

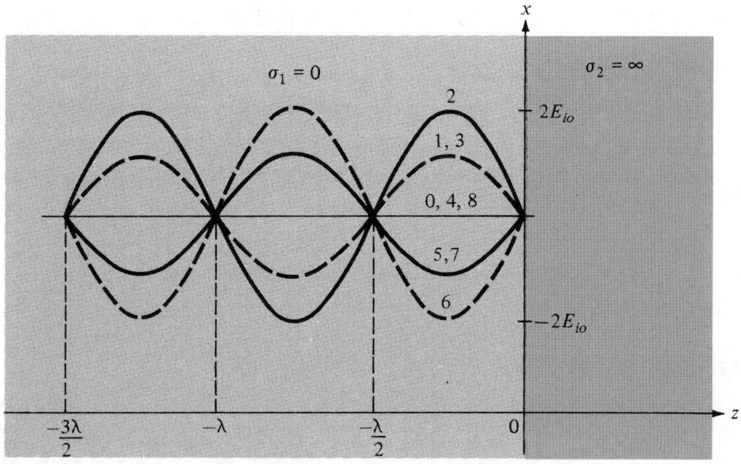

그림 10.13 정재파 $\mathbf{E} = 2E_{io}\sin\beta_1 z\sin\omega t\,\mathbf{a}_x$; 곡선 0, 1, 2, 3, 4, ⋯들은 각각 시간 $t = 0$, $T/8$, $T/4$, $3T/8$, $T/2$, ⋯에 대한 것이다; $\lambda = 2\pi/\beta_1$

$$\mathbf{E}_{1s} = -2jE_{io}\sin\beta_1 z\,\mathbf{a}_x \tag{10.95}$$

이다. 그러므로

$$\mathbf{E}_1 = \mathrm{Re}(\mathbf{E}_{1s}e^{j\omega t})$$

또는

$$\boxed{\mathbf{E}_1 = 2E_{io}\sin\beta_1 z\sin\omega t\,\mathbf{a}_x} \tag{10.96}$$

로 표현할 수 있다. 비슷한 과정을 거치면, 파의 자기장 성분도 다음과 같이 구해진다.

$$\boxed{\mathbf{H}_1 = \frac{2E_{io}}{\eta_1}\cos\beta_1 z\cos\omega t\,\mathbf{a}_y} \tag{10.97}$$

식 (10.96)의 정재파의 모양을 시간 $t = 0$, $T/8$, $T/4$, $3T/8$, $T/2$에 대하여 그림 10.13에 나타내었다. 여기서 $T = 2\pi/\omega$이다. 이 그림으로부터 파가 진행하지 않고 다만 진동한다는 사실을 알 수 있다.

매질 1과 매질 2가 모두 무손실이면 또 다른 특별한 경우가 된다: $\sigma_1 = 0 = \sigma_2$. 이 경우 η_1과 η_2는 실수이며, Γ와 τ도 역시 실수이다. 다음의 경우들을 생각해 보자.

경우 1

만약 $\eta_2 > \eta_1$이면 $\Gamma > 0$이다. 또한 매질 1에는 정재파가 존재하지만 매질 2에는 투과파 역

시 존재한다. 그러나 입사파와 반사파의 진폭은 크기가 같지 않다. $|\mathbf{E}_1|$의 최대값은 다음 조건에서 발생함을 알 수 있다.

$$-\beta_1 z_{\max} = n\pi$$

또는

$$z_{\max} = -\frac{n\pi}{\beta_1} = -\frac{n\lambda_1}{2}, \quad n = 0, 1, 2, \ldots \tag{10.98}$$

그리고 $|\mathbf{E}_1|$의 최소값은 다음 조건에서 발생한다.

$$-\beta_1 z_{\min} = (2n + 1)\frac{\pi}{2}$$

또는

$$z_{\min} = -\frac{(2n + 1)\pi}{2\beta_1} = -\frac{(2n + 1)}{4}\lambda_1, \quad n = 0, 1, 2, \ldots \tag{10.99}$$

경우 2

만약 $\eta_2 < \eta_1$이면 $\Gamma < 0$이다. 이 경우 $|\mathbf{E}_1|$의 최대값의 위치는 식 (10.99)에 의해 정해지고, 최소값의 위치는 식 (10.98)에 의해 정해진다. 그림 10.14에 이 점들을 나타내었다. 다음의 사항들에 유의하자.

1. $|\mathbf{H}_1|$의 최소값은 $|\mathbf{E}_1|$이 최대값이 되는 위치에서 발생하고, 그 역도 성립한다.
2. 매질 2의 투과파(그림 10.14에는 보이지 않는)는 순수한 진행파이므로 매질 2에서 최대값과 최소값은 존재하지 않는다.

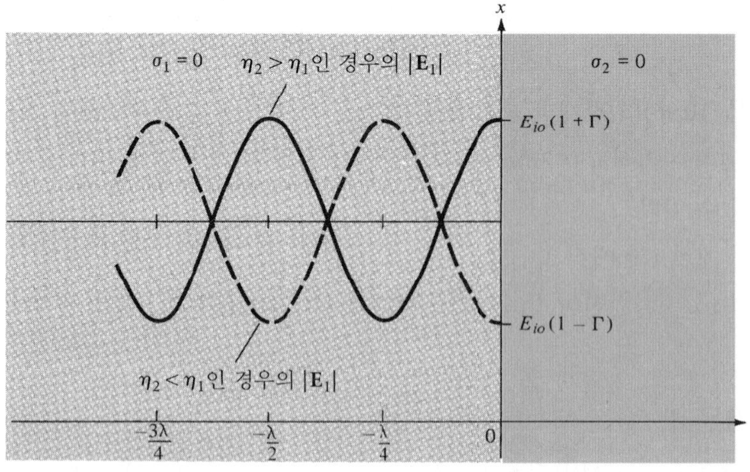

그림 10.14 두 무손실 매질 사이의 경계면에서 반사에 의한 정재파들; $\lambda = 2\pi/\beta_1$

$|\mathbf{E}_1|_{max}$와 $|\mathbf{E}_1|_{min}$(또는 $|\mathbf{H}_1|_{max}$와 $|\mathbf{H}_1|_{min}$)의 비를 **정재파비**(standing wave ratio) s라 한다. 즉,

$$\boxed{s = \frac{|\mathbf{E}_1|_{max}}{|\mathbf{E}_1|_{min}} = \frac{|\mathbf{H}_1|_{max}}{|\mathbf{H}_1|_{min}} = \frac{1 + |\Gamma|}{1 - |\Gamma|}} \tag{10.100}$$

또는

$$|\Gamma| = \frac{s - 1}{s + 1} \tag{10.101}$$

가 된다. $|\Gamma| \leq 1$이기 때문에 $1 \leq s \leq \infty$의 범위를 갖는다. 정재파비는 단위가 없기 때문에 관례적으로 데시벨(dB)로 나타낸다.

$$s\,\text{dB} = 20 \log_{10} s \tag{10.102}$$

예제 10.9

자유공간($z \leq 0$)에서

$$\mathbf{H}_i = 10 \cos(10^8 t - \beta z)\mathbf{a}_x \text{ mA/m}$$

인 평면파가 $z \geq 0$인 영역의 무손실 매질($\varepsilon = 2\varepsilon_o$, $\mu = 8\mu_o$)에 수직으로 입사된다. 반사파 $\mathbf{H}_r$, $\mathbf{E}_r$, 그리고 투과파 $\mathbf{H}_t$, $\mathbf{E}_t$를 구하라.

풀이

이 문제는 2가지의 다른 방법으로 해결할 수 있다.

방법 1: 그림 10.15와 같은 문제를 고려해 보자. 자유공간에서

$$\beta_1 = \frac{\omega}{c} = \frac{10^8}{3 \times 10^8} = \frac{1}{3}$$

$$\eta_1 = \eta_o = 120\pi$$

무손실 유전체 매질에서

$$\beta_2 = \omega\sqrt{\mu\varepsilon} = \omega\sqrt{\mu_o\varepsilon_o}\sqrt{\mu_r\varepsilon_r} = \frac{\omega}{c}\cdot(4) = 4\beta_1 = \frac{4}{3}$$

$$\eta_2 = \sqrt{\frac{\mu}{\varepsilon}} = \sqrt{\frac{\mu_o}{\varepsilon_o}}\sqrt{\frac{\mu_r}{\varepsilon_r}} = 2\,\eta_o$$

$\mathbf{H}_i = 10 \cos(10^8 t - \beta_1 z)\mathbf{a}_x$로 주어졌으므로

$$\mathbf{E}_i = E_{io} \cos(10^8 t - \beta_1 z)\mathbf{a}_{E_i}$$

가 되며, 여기서

$$\mathbf{a}_{E_i} = \mathbf{a}_{H_i} \times \mathbf{a}_{k_i} = \mathbf{a}_x \times \mathbf{a}_z = -\mathbf{a}_y$$

그리고

$$E_{io} = \eta_1 H_{io} = 10\,\eta_o$$

이다. 그러므로

$$\mathbf{E}_i = -10\eta_o \cos(10^8 t - \beta_1 z)\mathbf{a}_y \text{ mV/m}$$

이제

$$\frac{E_{ro}}{E_{io}} = \Gamma = \frac{\eta_2 - \eta_1}{\eta_2 + \eta_1} = \frac{2\eta_o - \eta_o}{2\eta_o + \eta_o} = \frac{1}{3}$$

$$E_{ro} = \frac{1}{3}E_{io}$$

따라서

$$\mathbf{E}_r = -\frac{10}{3}\eta_o \cos\left(10^8 t + \frac{1}{3}z\right)\mathbf{a}_y \text{ mV/m}$$

이 식으로부터 $\mathbf{H}_r$을 쉽게 구할 수 있다.

$$\mathbf{H}_r = -\frac{10}{3}\cos\left(10^8 t + \frac{1}{3}z\right)\mathbf{a}_x \text{ mA/m}$$

비슷하게

$$\frac{E_{to}}{E_{io}} = \tau = 1 + \Gamma = \frac{4}{3} \quad \text{또는} \quad E_{to} = \frac{4}{3}E_{io}$$

따라서

$$\mathbf{E}_t = E_{to}\cos(10^8 t - \beta_2 z)\mathbf{a}_{E_t}$$

여기서 $\mathbf{a}_{Et} = \mathbf{a}_{Ei} = -\mathbf{a}_y$이다. 그러므로

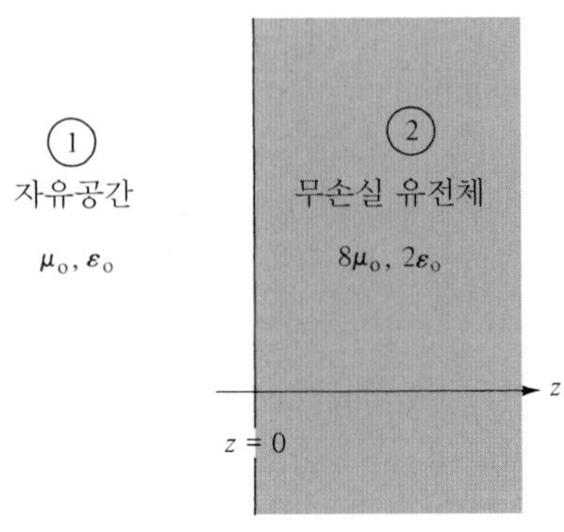

그림 10.15 예제 10.9의 그림

$$\mathbf{E}_t = -\frac{40}{3}\eta_o \cos\left(10^8 t - \frac{4}{3}z\right)\mathbf{a}_y \text{ mV/m}$$

이로부터 다음을 얻을 수 있다.

$$\mathbf{H}_t = \frac{20}{3}\cos\left(10^8 t - \frac{4}{3}z\right)\mathbf{a}_x \text{ mA/m}$$

방법 2: 다른 방법으로는 다음 관계를 이용하여 $\mathbf{H}_i$으로부터 직접 $\mathbf{H}_r$과 $\mathbf{H}_t$를 구할 수 있다.

$$\frac{H_{ro}}{H_{io}} = -\Gamma \quad \text{그리고} \quad \frac{H_{to}}{H_{io}} = \tau\frac{\eta_1}{\eta_2}$$

따라서

$$H_{ro} = -\frac{1}{3}H_{io} = -\frac{10}{3}$$

$$H_{to} = \frac{4}{3}\frac{\eta_o}{2\eta_o}\cdot H_{io} = \frac{2}{3}H_{io} = \frac{20}{3}$$

그리고

$$\mathbf{H}_r = -\frac{10}{3}\cos(10^8 t + \beta_1 z)\mathbf{a}_x \text{ mA/m}$$

$$\mathbf{H}_t = \frac{20}{3}\cos(10^8 t - \beta_2 z)\mathbf{a}_x \text{ mA/m}$$

이며, 방법 1에서 구한 결과와 같다.

$z = 0$에서 다음의 경계조건들이 만족된다는 것을 알 수 있다.

$$\mathbf{E}_i(0) + \mathbf{E}_r(0) = \mathbf{E}_t(0) = -\frac{40}{3}\eta_o \cos(10^8 t)\mathbf{a}_y$$

그리고

$$\mathbf{H}_i(0) + \mathbf{H}_r(0) = \mathbf{H}_t(0) = \frac{20}{3}\cos(10^8 t)\mathbf{a}_x$$

이들 경계조건은 **E**와 **H**를 비교 검토하는 데 항상 사용될 수 있다.

연습문제 10.9

벡자유공간에서 $\mathbf{E}_{is} = 10\, e^{-j\beta z}\, \mathbf{a}_x$ V/m인 5 GHz의 균일한 평면파가 $\varepsilon = 4\varepsilon_o$, $\mu = \mu_o$인 매우 크고, 평탄한 무손실 유전체($z > 0$) 평판 위에 수직으로 입사된다. 이때 반사파 $\mathbf{E}_{rs}$와 투과파 $\mathbf{E}_{ts}$를 구하라.

해답: $-3.333 \exp(j\beta_1 z)\mathbf{a}_x$ V/m, $6.667 \exp(-j\beta_2 z)\mathbf{a}_x$ V/m. 여기서 $\beta_2 = 2\beta_1 = 200\pi/3$이다.

예제 10.10

공기 중에서 균일평면파가 다음과 같이 주어졌다.

$$\mathbf{E}_i = 40\cos(\omega t - \beta z)\mathbf{a}_x + 30\sin(\omega t - \beta z)\mathbf{a}_y \text{ V/m}$$

(a) $\mathbf{H}_i$를 구하라.

(b) 파가 $z = 0$에서 z축에 수직으로 놓인 완전도체판을 만날 때 반사되는 파의 $\mathbf{E}_r$과 $\mathbf{H}_r$을 구하라.

(c) $z \leq 0$에서 총 전자기장 $\mathbf{E}$와 $\mathbf{H}$는 얼마인가?

(d) $z \leq 0$와 $z \geq 0$에서 시평균 Poynting 벡터를 계산하라.

풀이

(a) 이것은 예제 10.3의 문제와 유사하다. 파는 $\mathbf{E}_{i1}$과 $\mathbf{E}_{i2}$로 이루어졌다고 생각할 수 있다. 즉,

$$\mathbf{E}_{i1} = 40\cos(\omega t - \beta z)\mathbf{a}_x, \quad \mathbf{E}_{i2} = 30\sin(\omega t - \beta z)\mathbf{a}_y$$

대기압에서 공기는 $\varepsilon_r = 1.0006 \simeq 1$이다. 따라서 공기는 자유공간으로 간주할 수 있다. $\mathbf{H}_i = \mathbf{H}_{i1} + \mathbf{H}_{i2}$으로 놓자.

$$\mathbf{H}_{i1} = H_{i1o}\cos(\omega t - \beta z)\mathbf{a}_{H_1}$$

여기서

$$H_{i1o} = \frac{E_{i1o}}{\eta_o} = \frac{40}{120\pi} = \frac{1}{3\pi}$$

$$\mathbf{a}_{H_1} = \mathbf{a}_k \times \mathbf{a}_E = \mathbf{a}_z \times \mathbf{a}_x = \mathbf{a}_y$$

그러므로

$$\mathbf{H}_{i1} = \frac{1}{3\pi}\cos(\omega t - \beta z)\mathbf{a}_y$$

유사하게

$$\mathbf{H}_{i2} = H_{i2o}\sin(\omega t - \beta z)\mathbf{a}_{H_2}$$

여기서

$$H_{i2o} = \frac{E_{i2o}}{\eta_o} = \frac{30}{120\pi} = \frac{1}{4\pi}$$

$$\mathbf{a}_{H_2} = \mathbf{a}_k \times \mathbf{a}_E = \mathbf{a}_z \times \mathbf{a}_y = -\mathbf{a}_x$$

그러므로

$$\mathbf{H}_{i2} = -\frac{1}{4\pi}\sin(\omega t - \beta z)\mathbf{a}_x$$

따라서

$$\begin{aligned}\mathbf{H}_i &= \mathbf{H}_{i1} + \mathbf{H}_{i2} \\ &= -\frac{1}{4\pi}\sin(\omega t - \beta z)\mathbf{a}_x + \frac{1}{3\pi}\cos(\omega t - \beta z)\mathbf{a}_y \text{ mA/m}\end{aligned}$$

이 문제는 예제 10.3의 방법 2를 사용하여 풀 수도 있다.

(b) 매질 2가 완전도체이므로

$$\frac{\sigma_2}{\omega\varepsilon_2} \gg 1 \quad \rightarrow \quad \eta_2 \ll \eta_1$$

즉,

$$\Gamma \simeq -1, \quad \tau = 0$$

이므로 입사된 **E**와 **H**가 전반사됨을 알 수 있다.

$$E_{ro} = \Gamma E_{io} = -E_{io}$$

그러므로

$$\mathbf{E}_r = -40\cos(\omega t + \beta z)\mathbf{a}_x - 30\sin(\omega t + \beta z)\mathbf{a}_y \text{ V/m}$$

$\mathbf{H}_r$은 이 예제의 (a)에서 했던 것처럼 $\mathbf{E}_r$로부터 구할 수 있고, 또는 $\mathbf{H}_i$로부터 시작하는 예제 10.9의 방법 2를 이용해서 구할 수도 있다. 어느 방법을 선택하더라도

$$\mathbf{H}_r = \frac{1}{3\pi}\cos(\omega t + \beta z)\mathbf{a}_y - \frac{1}{4\pi}\sin(\omega t + \beta z)\mathbf{a}_x \text{ A/m}$$

을 얻을 수 있다.

(c) 공기 중에서의 총 전자기장

$$\mathbf{E}_1 = \mathbf{E}_i + \mathbf{E}_r \quad \text{그리고} \quad \mathbf{H}_1 = \mathbf{H}_i + \mathbf{H}_r$$

은 정재파임을 알 수 있다. 도체 내에서의 총 전자기장은

$$\mathbf{E}_2 = \mathbf{E}_t = 0, \quad \mathbf{H}_2 = \mathbf{H}_t = 0$$

(d) $z \leq 0$에서

$$\begin{aligned}\mathcal{P}_{1\text{ave}} &= \frac{|\mathbf{E}_{1s}|^2}{2\eta_1}\mathbf{a}_k = \frac{1}{2\eta_o}\left[E_{io}^2\mathbf{a}_z - E_{ro}^2\mathbf{a}_z\right] \\ &= \frac{1}{240\pi}\left[(40^2 + 30^2)\mathbf{a}_z - (40^2 + 30^2)\mathbf{a}_z\right] \\ &= 0\end{aligned}$$

$z \geq 0$에서

$$\mathcal{P}_{2ave} = \frac{|\mathbf{E}_{2S}|^2}{2\eta_2}\mathbf{a}_k = \frac{E_{to}^2}{2\eta_2}\mathbf{a}_z = 0$$

이며, 모든 입사전력이 반사되기 때문이다.

연습문제 10.10

무손실 매질($\mu = 4\mu_o$, $\varepsilon = \varepsilon_o$) 내에서 $\mathbf{E} = 50\sin(\omega t - 5x)\mathbf{a}_y$ V/m인 평면파가 $x = 0$에서 x축에 수직인 손실 매질($\mu = \mu_o$, $\varepsilon = 4\varepsilon_o$, $\sigma = 0.1$ mhos/m)을 만난다. 다음을 구하라.

(a) Γ, τ, s

(b) $\mathbf{E}_r$과 $\mathbf{H}_r$

(c) $\mathbf{E}_t$와 $\mathbf{H}_t$

(d) 양쪽 영역에서의 시평균 Poynting 벡터

해답: (a) $0.8186\,\underline{/171.1°}$, $0.2295\,\underline{/33.56°}$, 10.025,

(b) $40.93\sin(\omega t + 5x + 171.9°)\mathbf{a}_y$ V/m, $-54.3\sin(\omega t + 5x + 171.9°)\mathbf{a}_z$ mA/m

(c) $11.47\,e^{-6.021x}\sin(\omega t - 7.826x + 33.56°)\mathbf{a}_y$ V/m,

$120.2\,e^{-6.021x}\sin(\omega t - 7.826x - 4.01°)\mathbf{a}_z$ mA/m

(d) $0.5469\mathbf{a}_x$ W/m^2, $0.5469\exp(-12.04x)\mathbf{a}_x$ W/m^2

†10.10 경사입사 시 평면파의 반사

이제 10.9절의 경우보다 더 일반적인 상황을 고려해 보자. 해석을 간단히 하기 위해 무손실 매질을 가정할 것이다(단순히 ε을 ε_c로 대체함으로써 손실 매질에 대한 해석으로 확장시킬 수 있다). 균일평면파는 다음과 같은 일반적인 형태로 나타낼 수 있다(문제 10.74 참조).

$$\begin{aligned}\mathbf{E}(\mathbf{r}, t) &= \mathbf{E}_o\cos(\mathbf{k}\cdot\mathbf{r} - \omega t)\\ &= \mathrm{Re}\left[\mathbf{E}_o e^{j(\mathbf{k}\cdot\mathbf{r} - \omega t)}\right]\end{aligned} \tag{10.103}$$

여기서 $\mathbf{r} = x\mathbf{a}_x + y\mathbf{a}_y + z\mathbf{a}_z$는 거리 또는 위치벡터이고, $\mathbf{k} = k_x\mathbf{a}_x + k_y\mathbf{a}_y + k_z\mathbf{a}_z$는 **파수벡터**(wave number vector) 또는 **전파벡터**(propagation vector)이다; $\mathbf{k}$는 항상 파의 전파방향을 나

타낸다. **k**의 크기는 아래와 같은 분산[3] 관계식에 의해 ω와 연관되어 있다.

$$k^2 = k_x^2 + k_y^2 + k_z^2 = \omega^2 \mu \varepsilon \tag{10.104}$$

그러므로 무손실 매질에 대하여 k는 앞 절에서의 β와 본질적으로 같다. 식 (10.103)과 **E**의 일반적인 표현식을 사용하면 Maxwell 방정식은 아래와 같이 쓸 수 있다.

$$\mathbf{k} \times \mathbf{E} = \omega\mu\mathbf{H} \tag{10.105a}$$

$$\mathbf{k} \times \mathbf{H} = -\omega\varepsilon\mathbf{E} \tag{10.105b}$$

$$\mathbf{k} \cdot \mathbf{H} = 0 \tag{10.105c}$$

$$\mathbf{k} \cdot \mathbf{E} = 0 \tag{10.105d}$$

위 식들로부터 (i) **E**, **H** 그리고 **k**가 서로 직교하며, (ii) **E**와 **H**는 다음과 같은 평면 상에 존재한다는 것을 알 수 있다.

$$\mathbf{k} \cdot \mathbf{r} = k_x x + k_y y + k_z z = \text{상수}$$

식 (10.105a)로부터 식 (10.103)의 **E**에 대응하는 **H**는

$$\mathbf{H} = \frac{1}{\omega\mu}\mathbf{k} \times \mathbf{E} = \frac{\mathbf{a}_k \times \mathbf{E}}{\eta} \tag{10.106}$$

E와 **H**를 일반적인 형태로 표현한 후에 그림 10.16(a)에서와 같이 경계면에서의 균일평면파의 경사입사를 고려할 수 있다. 전파벡터 **k**와 경계면에 대한 단위법선벡터 $\mathbf{a}_n$에 의해 정의되는 평면을 **입사평면**(plane of incidence)이라 한다. **k**와 $\mathbf{a}_n$ 사이의 각 θ_i가 입사각이다.

또한 입사파와 반사파 모두 매질 1에 존재하며, 투과파(또는 굴절파)는 매질 2에 존재한다. 다음과 같이 놓자.

$$\mathbf{E}_i = \mathbf{E}_{io}\cos(k_{ix}x + k_{iy}y + k_{iz}z - \omega_i t) \tag{10.107a}$$

$$\mathbf{E}_r = \mathbf{E}_{ro}\cos(k_{rx}x + k_{ry}y + k_{rz}z - \omega_r t) \tag{10.107b}$$

$$\mathbf{E}_t = \mathbf{E}_{to}\cos(k_{tx}x + k_{ty}y + k_{tz}z - \omega_t t) \tag{10.107c}$$

여기서 k_i, k_r, k_t와 이들의 법선 및 접선 성분들은 그림 10.16(b)와 같다. **E**의 접선성분은 $z=0$인 경계면에서 연속이어야 하므로

$$\mathbf{E}_i(z=0) + \mathbf{E}_r(z=0) = \mathbf{E}_t(z=0) \tag{10.108}$$

모든 x와 y에 대하여 식 (10.107)의 파에 의해 이 경계조건이 만족될 수 있는 유일한 방법은 다음 조건을 적용하는 것이다.

---

3) 주파수에 대한 위상속도의 의존성에 기인한 신호왜곡현상을 분산이라고 한다.

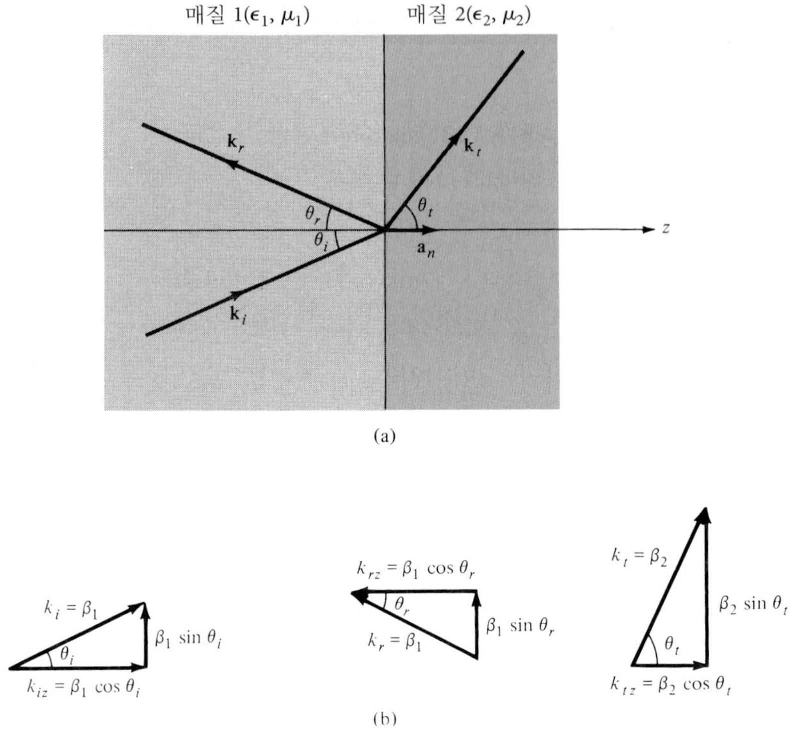

그림 10.16 평면파의 경사입사: (a) θ_i, θ_r, θ_t의 설명; (b) $\mathbf{k}$의 법선 및 접선 성분의 설명

1. $\omega_i = \omega_r = \omega_t = \omega$
2. $k_{ix} = k_{rx} = k_{tx} = k_x$
3. $k_{iy} = k_{ry} = k_{ty} = k_y$

조건 1은 주파수는 변하지 않음을 의미한다. 조건 2와 3은 전파벡터의 접선성분들은 연속적이어야 한다[**위상정합조건**(phase-matching condition)이라고 한다]는 것이 요구된다. 이것은 전파벡터 $\mathbf{k}_i$, $\mathbf{k}_r$, $\mathbf{k}_t$는 모두 입사평면 내에 놓여 있어야 한다는 것을 의미한다. 그러므로 조건 2와 3에 의해

$$k_i \sin \theta_i = k_r \sin \theta_r \tag{10.109}$$

$$k_i \sin \theta_i = k_t \sin \theta_t \tag{10.110}$$

가 되며, 여기서 θ_r은 **반사각**, θ_t는 **투과각**이다. 그러나 무손실 매질에서는

$$k_i = k_r = \beta_1 = \omega\sqrt{\mu_1\varepsilon_1} \tag{10.111a}$$

$$k_t = \beta_2 = \omega\sqrt{\mu_2\varepsilon_2} \tag{10.111b}$$

이다. 식 (10.109)와 (10.111a)로부터

$$\boxed{\theta_r = \theta_i} \tag{10.112}$$

가 분명하다. 즉, 광학에서와 같이 반사각 θ_r은 입사각 θ_i와 같다. 또한 식 (10.110)과 식 (10.111)로부터

$$\frac{\sin\theta_t}{\sin\theta_i} = \frac{k_i}{k_t} = \frac{u_2}{u_1} = \sqrt{\frac{\mu_1\varepsilon_1}{\mu_2\varepsilon_2}} \tag{10.113}$$

가 된다. 여기서 $u = \omega/k$는 위상속도이다. 식 (10.113)은 잘 알려진 **Snell의 법칙**이며, 다음과 같이 쓸 수 있다.

$$\boxed{n_1 \sin\theta_i = n_2 \sin\theta_t} \tag{10.114}$$

여기서 $n_1 = c\sqrt{\mu_1\varepsilon_1} = c/u_1$과 $n_2 = c\sqrt{\mu_2\varepsilon_2} = c/u_2$는 매질의 **굴절률**(refractive indices)이다.

경사입사에 관한 이러한 사전지식을 기초로 하여 2가지의 특별한 경우를 고찰해 보자. 하나는 전기장 **E**가 입사평면에 수직인 경우이고, 다른 하나는 전기장 **E**가 입사평면에 평행인 경우이다. 어떠한 다른 편파들도 이들 두 경우의 선형결합으로 생각할 수 있다.

A. 평행편파

평행편파의 경우를 그림 10.17에 나타내었으며, 여기서 전기장 **E**는 입사평면인 xz-평면에 놓여 있다. 매질 1에는 다음과 같은 입사파와 반사파가 존재한다.

$$\mathbf{E}_{is} = E_{io}(\cos\theta_i\,\mathbf{a}_x - \sin\theta_i\,\mathbf{a}_z)\,e^{-j\beta_1(x\sin\theta_i + z\cos\theta_i)} \tag{10.115a}$$

$$\mathbf{H}_{is} = \frac{E_{io}}{\eta_1} e^{-j\beta_1(x\sin\theta_i + z\cos\theta_i)}\,\mathbf{a}_y \tag{10.115b}$$

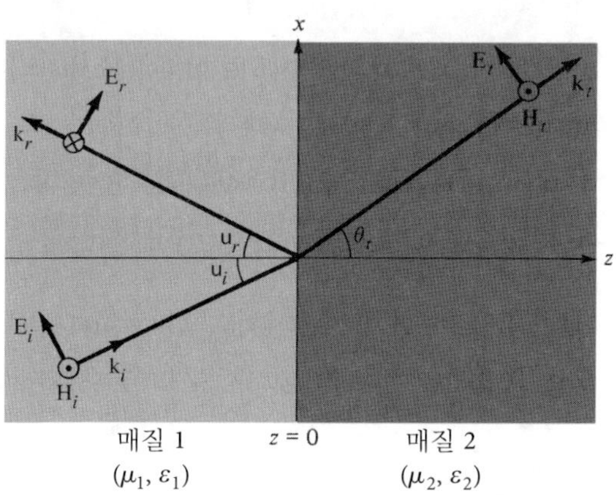

그림 10.17 E가 입사평면에 평행한 경사입사

$$\mathbf{E}_{rs} = E_{ro}(\cos\theta_r\,\mathbf{a}_x + \sin\theta_r\,\mathbf{a}_z)\,e^{-j\beta_1(x\sin\theta_r - z\cos\theta_r)} \tag{10.116a}$$

$$\mathbf{H}_{rs} = -\frac{E_{ro}}{\eta_1}\,e^{-j\beta_1(x\sin\theta_r - z\cos\theta_r)}\,\mathbf{a}_y \tag{10.116b}$$

여기서 $\beta_1 = \omega\sqrt{\mu_1\varepsilon_1}$ 이다. 어떻게 이들 전자기장 성분들이 구해졌는지 주의 깊게 살펴보자. 우선 그림 10.16(b)에서와 같이 입사파, 반사파, 그리고 투과파에 대한 전파벡터 $\mathbf{k}$를 구한다. 일단 $\mathbf{k}$를 알면, $\nabla \cdot \mathbf{E}_s = 0$ 또는 $\mathbf{k} \cdot \mathbf{E}_s = 0$이 되는 $\mathbf{E}_s$를 정의하고, $\mathbf{H}_s = \dfrac{\mathbf{k}}{\omega\mu} \times \mathbf{E}_s = \mathbf{a}_k \times \dfrac{\mathbf{E}}{\eta}$ 로부터 $\mathbf{H}_s$를 얻는다.

투과파는 매질 2에 존재하며, 다음과 같이 주어진다.

$$\mathbf{E}_{ts} = E_{to}(\cos\theta_t\,\mathbf{a}_x - \sin\theta_t\,\mathbf{a}_z)\,e^{-j\beta_2(x\sin\theta_t + z\cos\theta_t)} \tag{10.117a}$$

$$\mathbf{H}_{ts} = \frac{E_{to}}{\eta_2}\,e^{-j\beta_2(x\sin\theta_t + z\cos\theta_t)}\,\mathbf{a}_y \tag{10.117b}$$

여기서 $\beta_2 = \omega\sqrt{\mu_2\varepsilon_2}$ 이다. 식 (10.115)부터 (10.117)까지에서 가정한 상대적인 방향들이 옳지 않다면 마지막 결과에서 이들의 부호에 의해서 알게 될 것이다.

$\theta_r = \theta_i$이어야 하고, $\mathbf{E}$와 $\mathbf{H}$의 접선성분들이 $z = 0$의 경계면에서 연속적이어야 하므로

$$(E_{io} + E_{ro})\cos\theta_i = E_{to}\cos\theta_t \tag{10.118a}$$

$$\frac{1}{\eta_1}(E_{io} - E_{ro}) = \frac{1}{\eta_2}E_{to} \tag{10.118b}$$

E_{ro}와 E_{to}를 E_{io}항으로 나타내면

$$\boxed{\Gamma_{\parallel} = \frac{E_{ro}}{E_{io}} = \frac{\eta_2\cos\theta_t - \eta_1\cos\theta_i}{\eta_2\cos\theta_t + \eta_1\cos\theta_i}} \tag{10.119a}$$

또는

$$E_{ro} = \Gamma_{\parallel}E_{io} \tag{10.119b}$$

가 된다. 그리고

$$\boxed{\tau_{\parallel} = \frac{E_{to}}{E_{io}} = \frac{2\eta_2\cos\theta_i}{\eta_2\cos\theta_t + \eta_1\cos\theta_i}} \tag{10.120a}$$

또는

$$E_{to} = \tau_{\parallel}E_{io} \tag{10.120b}$$

식 (10.119)와 (10.120)을 Fresnel **방정식**이라고 한다. 이 식들은 $\theta_i = \theta_t = 0$일 때 식 (10.91)과 (10.92)로 간단히 된다. θ_i와 θ_t는 식 (10.113)의 Snell의 법칙에 의해 관련되어지므로, 식 (10.119)와 식 (10.120)은 다음의 식을 대입함으로써 θ_i의 항으로 표현할 수 있다.

$$\cos\theta_t = \sqrt{1 - \sin^2\theta_t} = \sqrt{1 - (u_2/u_1)^2\sin^2\theta_i} \tag{10.121}$$

식 (10.119)와 (10.120)으로부터 다음의 관계를 쉽게 알 수 있다.

$$1 + \Gamma_{\parallel} = \tau_{\parallel}\left(\frac{\cos\theta_t}{\cos\theta_i}\right) \tag{10.122}$$

식 (10.119a)로부터 분자가 두 항의 차이므로 $\Gamma_{\parallel} = 0$이 가능하다는 것이 명백하다. 이 조건 하에서는 반사가 없으며($E_{ro} = 0$), 이러한 현상이 일어나는 입사각을 Brewster 각 $\theta_{B_{\parallel}}$라고 한다. 임의로 편파된 입사파는 입사평면에 수직인 **E**의 성분만 가지고 반사되므로 Brewster 각을 **편파각**(polarising angle)이라고 한다. Brewster 효과는 레이저관에 이용되는데, 여기서 수정창은 방출되는 빛의 편파를 조절하기 위하여 Brewster 각으로 설정되어 있다. Brewster 각은 식 (10.119)에서 $\Gamma_{\parallel} = 0$일 때 $\theta_i = \theta_{B_{\parallel}}$로 놓음으로써 구할 수 있다. 즉,

$$\eta_2\cos\theta_t = \eta_1\cos\theta_{B_{\parallel}}$$

또는

$$\eta_2^2(1 - \sin^2\theta_t) = \eta_1^2(1 - \sin^2\theta_{B_{\parallel}})$$

가 된다. 식 (10.113) 또는 (10.114)를 도입하면 다음과 같이 된다.

$$\boxed{\sin^2\theta_{B_{\parallel}} = \frac{1 - \mu_2\varepsilon_1/\mu_1\varepsilon_2}{1 - (\varepsilon_1/\varepsilon_2)^2}} \tag{10.123}$$

유전체 매질이 무손실이며 비자성일 때, 즉 $\mu_1 = \mu_2 = \mu_o$인 경우가 보편적이고 적용성이 높다. 이 경우, 식 (10.123)은

$$\sin^2\theta_{B_{\parallel}} = \frac{1}{1 + \varepsilon_1/\varepsilon_2} \rightarrow \sin\theta_{B_{\parallel}} = \sqrt{\frac{\varepsilon_2}{\varepsilon_1 + \varepsilon_2}}$$

또는

$$\tan\theta_{B_{\parallel}} = \sqrt{\frac{\varepsilon_2}{\varepsilon_1}} = \frac{n_2}{n_1} \tag{10.124}$$

가 되어, ε_1과 ε_2의 어떤 조합에 대해서도 Brewster 각이 존재한다는 것을 알 수 있다.

B. 수직편파

그림 10.18에 보인 것처럼 전기장 **E**의 성분이 입사평면(xz-평면)에 수직인 경우 수직편파가 된다. 이것은 자기장 **H**가 입사평면에 평행한 것으로 볼 수 있다. 매질 1에서의 입사 및 반사 전자기장은 다음과 같다.

$$\mathbf{E}_{is} = E_{io}e^{-j\beta_1(x\sin\theta_i + z\cos\theta_i)}\,\mathbf{a}_y \tag{10.125a}$$

$$\mathbf{H}_{is} = \frac{E_{io}}{\eta_1}(-\cos\theta_i\,\mathbf{a}_x + \sin\theta_i\,\mathbf{a}_z)\,e^{-j\beta_1(x\sin\theta_i + z\cos\theta_i)} \tag{10.125b}$$

$$\mathbf{E}_{rs} = E_{ro}e^{-j\beta_1(x\sin\theta_r - z\cos\theta_r)}\,\mathbf{a}_y \tag{10.126a}$$

$$\mathbf{H}_{rs} = \frac{E_{ro}}{\eta_1}(\cos\theta_r\,\mathbf{a}_x + \sin\theta_r\,\mathbf{a}_z)\,e^{-j\beta_1(x\sin\theta_r - z\cos\theta_r)} \tag{10.126b}$$

한편, 매질 2에서의 투과파는 다음과 같다.

$$\mathbf{E}_{ts} = E_{to}e^{-j\beta_2(x\sin\theta_t + z\cos\theta_t)}\,\mathbf{a}_y \qquad (10.127a)$$

$$\mathbf{H}_{ts} = \frac{E_{to}}{\eta_2}(-\cos\theta_t\,\mathbf{a}_x + \sin\theta_t\,\mathbf{a}_z)\,e^{-j\beta_2(x\sin\theta_t + z\cos\theta_t)} \qquad (10.127a)$$

식 (10.125)에서 식 (10.127)까지의 전자기장 성분들을 정의하는 데 있어서 Maxwell 방정식 (10.105)는 언제나 만족됨을 주목하라. 또한 $z = 0$인 경계면에서 **E**와 **H**의 접선성분들은 연속적이어야 하며, θ_i를 θ_r과 같게 놓으면

$$E_{io} + E_{ro} = E_{to} \tag{10.128a}$$

$$\frac{1}{\eta_1}(E_{io} - E_{ro})\cos\theta_i = \frac{1}{\eta_2}E_{to}\cos\theta_t \tag{10.128b}$$

E_{ro}와 E_{to}를 E_{io}의 항으로 나타내면

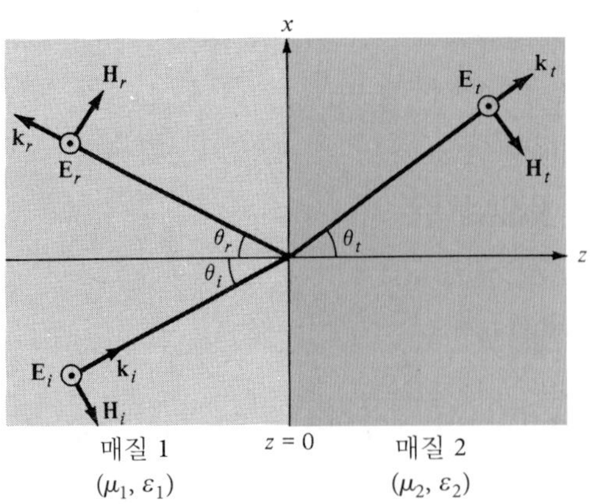

그림 10.18 **E**가 입사평면에 수직인 경사입사

$$\boxed{\Gamma_\perp = \frac{E_{ro}}{E_{io}} = \frac{\eta_2 \cos\theta_i - \eta_1 \cos\theta_t}{\eta_2 \cos\theta_i + \eta_1 \cos\theta_t}} \tag{10.129a}$$

또는

$$E_{ro} = \Gamma_\perp E_{io} \tag{10.129b}$$

가 된다. 그리고

$$\boxed{\tau_\perp = \frac{E_{to}}{E_{io}} = \frac{2\eta_2 \cos\theta_i}{\eta_2 \cos\theta_i + \eta_1 \cos\theta_t}} \tag{10.130a}$$

또는

$$E_{to} = \tau_\perp E_{io} \tag{10.130b}$$

이 식들은 수직편파에 대한 Fresnel **방정식**이다. 식 (10.129)와 (10.130)으로부터 다음의 관계를 쉽게 알 수 있다.

$$1 + \Gamma_\perp = \tau_\perp \tag{10.131}$$

이 식은 수직입사에 대한 식 (10.93)과 유사하다. 또한 $\theta_i = \theta_t = 0$일 때 식 (10.129)와 (10.130)은 식 (10.91)과 (10.92)가 된다.

반사가 일어나지 않으면 $\Gamma_\perp = 0$(또는 $E_r = 0$)이다. 이것은 완전투과($\tau_\perp = 1$)의 경우이다. θ_i를 이에 대응하는 Brewster 각 $\theta_{B_\perp}$로 대체하면

$$\eta_2 \cos\theta_{B_\perp} = \eta_1 \cos\theta_t$$

또는

$$\eta_2^2(1 - \sin^2\theta_{B_\perp}) = \eta_1^2(1 - \sin^2\theta_t)$$

가 된다. 식 (10.114)를 결합하면

$$\sin^2\theta_{B_\perp} = \frac{1 - \mu_1\varepsilon_2/\mu_2\varepsilon_1}{1 - (\mu_1/\mu_2)^2} \tag{10.132}$$

비자성 매질($\mu_1 = \mu_2 = \mu_o$)의 경우 식 (10.132)에서 $\sin^2\theta_{B_\perp} \to \infty$가 되는데 사인항은 절대로 1을 초과하지 않으므로 $\theta_{B_\perp}$는 존재하지 않는다. 또한 만약 $\mu_1 \neq \mu_2$이고 $\varepsilon_1 = \varepsilon_2$이면, 식 (10.132)는 다음과 같이 간단히 된다.

$$\sin\theta_{B_\perp} = \sqrt{\frac{\mu_2}{\mu_1 + \mu_2}}$$

또는

$$\tan \theta_{B_\perp} = \sqrt{\frac{\mu_2}{\mu_1}} \tag{10.133}$$

이러한 상황은 비록 이론적으로는 가능하지만 실제적으로는 거의 일어나지 않는다.

예제 10.11

자유공간에서 진행하는 전자파의 전기장 성분이 아래와 같다.

$$\mathbf{E}_s = 100\, e^{j(0.866y+0.5z)}\,\mathbf{a}_x \text{ V/m}$$

다음을 구하라.

(a) ω와 λ

(b) 자기장 성분

(c) 파의 시평균전력

풀이

(a) 주어진 **E**를

$$\mathbf{E}_s = \mathbf{E}_o\, e^{j\mathbf{k}\cdot\mathbf{r}} = E_o e^{j(k_x x + k_y y + k_z z)}\,\mathbf{a}_x$$

와 비교해보면

$$k_x = 0, \quad k_y = 0.866, \quad k_z = 0.5$$

임이 분명하다. 따라서

$$k = \sqrt{k_x^2 + k_y^2 + k_z^2} = \sqrt{(0.866)^2 + (0.5)^2} = 1$$

이다. 그러나 자유공간에서는

$$k = \beta = \omega\sqrt{\mu_o \varepsilon_o} = \frac{\omega}{c} = \frac{2\pi}{\lambda}$$

따라서

$$\omega = kc = 3 \times 10^8 \text{ rad/s}$$

$$\lambda = \frac{2\pi}{k} = 2\pi = 6.283 \text{ m}$$

(b) 식 (10.106)으로부터 전기장에 대응하는 자기장은

$$\mathbf{H}_s = \frac{1}{\mu\omega}\mathbf{k} \times \mathbf{E}_s$$

$$= \frac{(0.866\mathbf{a}_y + 0.5\mathbf{a}_z)}{4\pi \times 10^{-7} \times 3 \times 10^8} \times 100\, \mathbf{a}_x e^{j\mathbf{k}\cdot\mathbf{r}}$$

또는

$$\mathbf{H}_s = (132.63\mathbf{a}_y - 229.7\mathbf{a}_z)\, e^{j(0.866y+0.5z)} \text{ mA/m}$$

(c) 시평균전력은

$$\begin{aligned}\mathcal{P}_{\text{ave}} &= \frac{1}{2}\text{Re}(\mathbf{E}_s \times \mathbf{H}_s^*) = \frac{E_o^2}{2\eta}\mathbf{a}_k \\ &= \frac{(100)^2}{2(120\pi)}(0.866\mathbf{a}_y + 0.5\mathbf{a}_z) \\ &= 11.49\mathbf{a}_y + 6.631\mathbf{a}_z \text{ W/m}^2\end{aligned}$$

연습문제 10.11

자유공간에서

$$\mathbf{E} = (10\mathbf{a}_y + 5\mathbf{a}_z)\cos(\omega t + 2y - 4z) \text{ V/m}$$

일 때 예제 10.11을 다시 풀어라.

해답: (a) 1.342×10^9 rad/s, 1.405 m
(b) $-29.66 \cos(1.342 \times 10^9 t + 2y - 4z)\mathbf{a}_x$ mA/m
(c) $-0.07415\mathbf{a}_y + 0.489\mathbf{a}_z$ W/m^2

예제 10.12

공기 중에서 전기장이

$$\mathbf{E} = 8\cos(\omega t - 4x - 3z)\mathbf{a}_y \text{ V/m}$$

인 균일평면파가 $\mu_r = 1.0, \varepsilon_r = 2.5, \sigma = 0$인 유전체($z \geq 0$)에 입사된다. 다음을 구하라.

(a) 파의 편파 특성
(b) 입사각
(c) 반사전기장
(d) 투과자기장

풀이

(a) 입사전기장으로부터 전파벡터는

$$\mathbf{k}_i = 4\mathbf{a}_x + 3\mathbf{a}_z \rightarrow k_i = 5 = \omega\sqrt{\mu_o\varepsilon_o} = \frac{\omega}{c}$$

따라서

$$\omega = 5c = 15 \times 10^8 \text{ rad/s}$$

경계면($z = 0$)에 수직인 단위벡터는 $\mathbf{a}_z$이다. $\mathbf{k}$와 $\mathbf{a}_z$를 포함하는 입사평면은 $y =$ 상수인 xz-평면이다. $\mathbf{E}_i$가 이 평면에 수직이기 때문에 수직편파이다(그림 10.18과 유사).

(b) 그림 10.19에 전파벡터를 나타내었으며

$$\tan \theta_i = \frac{k_{ix}}{k_{iz}} = \frac{4}{3} \rightarrow \theta_i = 53.13°$$

임이 명백하다. 다른 방법으로 그림 10.19를 사용하지 않고 θ_i가 $\mathbf{k}$와 $\mathbf{a}_n$ 사이의 각이라는 사실로부터 θ_i를 구할 수 있다. 즉,

$$\cos \theta_i = \mathbf{a}_k \cdot \mathbf{a}_n = \left(\frac{4\mathbf{a}_x + 3\mathbf{a}_z}{5}\right) \cdot \mathbf{a}_z = \frac{3}{5}$$

또는

$$\theta_i = 53.13°$$

(c) 이 문제는 10.10B절에서 다루었던 것과 비슷하다는 것을 알았으므로, $\mathbf{E}_r$을 구하는 쉬운 방법은 식 (10.126a)를 이용하는 것이다. 이러한 사실을 모르고 있다고 가정하자.

$$\mathbf{E}_r = E_{ro} \cos(\omega t - \mathbf{k}_r \cdot \mathbf{r})\mathbf{a}_y$$

으로 놓으면, 이는 주어진 $\mathbf{E}_i$와 유사한 형식이다. 단위벡터 $\mathbf{a}_y$는 $\mathbf{E}$의 접선성분이 경계면에서 연속적이어야만 한다는 사실로부터 선택되었다. 그림 10.19로부터

$$\mathbf{k}_r = k_{rx}\, \mathbf{a}_x - k_{rz}\, \mathbf{a}_z$$

여기서

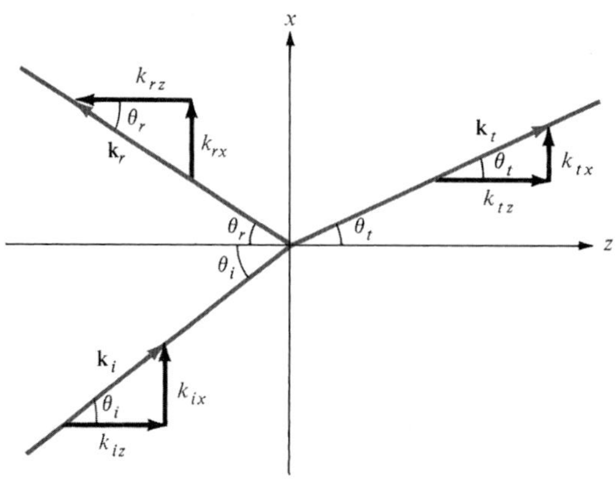

그림 10.19 예제 10.12의 전파벡터

$$k_{rx} = k_r \sin\theta_r, \quad k_{rz} = k_r \cos\theta_r$$

그러나 $\theta_r = \theta_i$이고 $k_r = k_i = 5$이며, 이는 k_r과 k_i 모두가 같은 매질 내에 있기 때문이다. 따라서

$$\mathbf{k}_r = 4\mathbf{a}_x - 3\mathbf{a}_z$$

가 된다. E_{ro}를 구하기 위해서는 θ_t가 필요하다. Snell의 법칙으로부터

$$\sin\theta_t = \frac{n_1}{n_2}\sin\theta_i = \frac{c\sqrt{\mu_1\varepsilon_1}}{c\sqrt{\mu_2\varepsilon_2}}\sin\theta_i$$

$$= \frac{\sin 53.13°}{\sqrt{2.5}}$$

또는

$$\theta_t = 30.39°$$

$$\Gamma_\perp = \frac{E_{ro}}{E_{io}}$$

$$= \frac{\eta_2\cos\theta_i - \eta_1\cos\theta_t}{\eta_2\cos\theta_i + \eta_1\cos\theta_t}$$

여기서 $\eta_1 = \eta_o = 377\ \Omega$, $\eta_2 = \sqrt{\dfrac{\mu_o\mu_{r_2}}{\varepsilon_o\varepsilon_{r_2}}} = \dfrac{377}{\sqrt{2.5}} = 238.4\ \Omega$이다.

$$\Gamma_\perp = \frac{238.4\cos 53.13° - 377\cos 30.39°}{238.4\cos 53.13° + 377\cos 30.39°} = -0.389$$

따라서

$$E_{ro} = \Gamma_\perp E_{io} = -0.389\,(8) = -3.112$$

그리고

$$\mathbf{E}_r = -3.112\cos(15\times10^8 t - 4x + 3z)\mathbf{a}_y\ \text{V/m}$$

(d) 비슷한 방법으로 투과전기장을

$$\mathbf{E}_t = E_{to}\cos(\omega t - \mathbf{k}_t\cdot\mathbf{r})\mathbf{a}_y$$

라고 놓는다. 여기서

$$k_t = \beta_2 = \omega\sqrt{\mu_2\varepsilon_2} = \frac{\omega}{c}\sqrt{\mu_{r_2}\varepsilon_{r_2}}$$

$$= \frac{15\times10^8}{3\times10^8}\sqrt{1\times2.5} = 7.906$$

이다. 그림 10.19로부터

$$k_{tx} = k_t \sin\theta_t = 4$$
$$k_{tz} = k_t \cos\theta_t = 6.819$$

또는

$$\mathbf{k}_t = 4\mathbf{a}_x + 6.819\,\mathbf{a}_z$$

가 된다. 예상한 바와 같이 $k_{ix} = k_{rx} = k_{tx}$임에 주목하라.

$$\tau_\perp = \frac{E_{to}}{E_{io}} = \frac{2\,\eta_2\cos\theta_i}{\eta_2\cos\theta_i + \eta_1\cos\theta_t}$$
$$= \frac{2\times 238.4\cos 53.13^\circ}{238.4\cos 53.13^\circ + 377\cos 30.39^\circ}$$
$$= 0.611$$

$\tau_\perp = = 1 + \Gamma_\perp$의 관계로부터 같은 결과를 얻을 수 있다. 그러므로

$$E_{to} = \tau_\perp\, E_{io} = 0.611\times 8 = 4.888$$

$$\mathbf{E}_t = 4.888\cos(15\times 10^8 t - 4x - 6.819z)\mathbf{a}_y \text{ V/m}$$

가 된다. $\mathbf{E}_t$로부터 $\mathbf{H}_t$는 다음과 같이 쉽게 구할 수 있다.

$$\mathbf{H}_i = \frac{1}{\mu_2\omega}\mathbf{k}_t\times\mathbf{E}_t = \frac{\mathbf{a}_{k_t}\times\mathbf{E}_t}{\eta_2}$$
$$= \frac{4\mathbf{a}_x + 6.819\,\mathbf{a}_z}{7.906\,(238.4)}\times 4.888\,\mathbf{a}_y\cos(\omega t - \mathbf{k}\cdot\mathbf{r})$$
$$\mathbf{H}_t = (-17.69\mathbf{a}_x + 10.37\mathbf{a}_z)\cos(15\times 10^8 t - 4x - 6.819z)\text{ mA/m}$$

연습문제 10.12

연습문제 10.11의 평면파가 $z \geq 0$인 영역에 채워진 $\sigma = 0, \varepsilon = 4\varepsilon_o, \mu = \mu_o$인 유전체에 입사될 때 다음을 계산하라.

(a) 입사각, 반사각, 투과각

(b) 반사계수와 투과계수

(c) 자유공간에서의 전기장 **E**

(d) 유전체에서의 전기장 **E**

(e) Brewster 각

해답: (a) 26.56°, 26.56°, 12.92°, (b) −0.295, 0.647
(c) $(10\mathbf{a}_y + 5\mathbf{a}_z)\cos(\omega t + 2y - 4z) + (-2.946\mathbf{a}_y + 1.473\mathbf{a}_z)\cos(\omega t + 2y + 4z)$ V/m
(d) $(7.055\mathbf{a}_y + 1.618\mathbf{a}_z)\cos(\omega t + 2y - 8.718z)$ V/m, (e) 63.43°

MATLAB 10.1

```
% This script assists with the solution and graphing of Example 10.1
% We use symbolic variables in the creation of the waveform equation
% that describes the expression for the electric field

clear
syms E omega Beta t x          % symbolic variables for fields,
                               % time, and frequency

% Enter the frequency (in rad/s)
w = input('Enter the angular frequency\n >   ');

% The expression for the y-component of the electric field
E = 50*cos(w*t+Beta*x);

% part (b)
% solve for Beta
B = w/3e8;            % B is the numeric variable for Beta,
                      % with value as calculated here
E = subs(E,Beta,B); % substitute the value B in for
                      % variable Beta

% Generate numerical sequence
xfinal=ceil(6*2*pi/B);   % we will compute spatial values
                         % out to 3 wavelengths
dx=xfinal/1000;          % the discrete distance
space=0:dx:xfinal; % create a vector of 1000 discrete space segments
unityvec=ones(1,length(space));    % create a vector of 1s that is
       % the same length as the spatial vector discrete space
       segments

% Plot
figure
f = w/(2*pi);     % determine the frequency

for time=0:1/(20*f):1/f,   % time loop - each interation of this loop
                           % will plot the e-field waveform for
                           % a different increment of time we will loop
                           % through exactly one wavelength
    En = subs(E,{x,t},{space,unityvec*time});   % substitute
                % the time and space vector into the variable
                % to get a vector of the field as a function of
    plot(space, En)
    axis([0 6*2*pi/B min(En)-10 max(En)+10])
                            % add buffer space of 5 units to graph
    xlabel('x-axis (m)')
    ylabel('y-axis (m)')
```

```
    str=strcat('time = ', num2str(time), ' (s)');
            % concatenate string "time = " to the actual time
    text(1.5, max(En)+5, str)  % put annotation on figure
                               % to show time
    pause(0.5)    % pause for half a second then re-draw
    hold off
end
```


요약

1. 파동방정식의 형태는

$$\frac{\partial^2 \Phi}{\partial t^2} - u^2 \frac{\partial^2 \Phi}{\partial z^2} = 0$$

이며, 해는

$$\Phi = A \sin(\omega t - \beta z)$$

이다. 여기서 u는 파의 속도, A는 파의 진폭, ω는 각주파수$(=2\pi f)$, β는 위상상수이다. 그리고 $\beta = \omega/u = 2\pi/\lambda$, $u = f\lambda = \lambda/T$이며, 여기서 λ는 파장, T는 주기이다.

2. 전하가 없는 손실 매질에서 Maxwell 방정식로부터 구한 파동방정식의 형태는

$$\nabla^2 \mathbf{A}_s - \gamma^2 \mathbf{A}_s = 0$$

이다. 여기서 $\mathbf{A}_s$는 $\mathbf{E}_s$이거나 $\mathbf{H}_s$이며, $\gamma = \alpha + j\beta$는 전파상수이다. 만약 $\mathbf{E}_s = E_{xs}(z)\mathbf{a}_x$로 가정하면 전자기파의 형태는

$$\mathbf{E}(z, t) = E_o e^{-\alpha z} \cos(\omega t - \beta z)\mathbf{a}_x$$
$$\mathbf{H}(z, t) = H_o e^{-\alpha z} \cos(\omega t - \beta z - \theta_\eta)\mathbf{a}_y$$

이며, 여기서 α는 감쇠상수, β는 위상상수, $\eta = |\eta| \angle\theta_\eta$는 매질의 고유임피던스 또는 파동임피던스이다. α의 역수는 표피깊이$(\delta = 1/\alpha)$이다. 1항에서 언급한 β, ω, λ 사이의 관계는 전자파에 대해서도 성립한다.

3. 다른 종류의 매질 내에서의 파의 전파는 손실 매질의 특별한 경우로 취급되어 유도될 수 있다. 자유공간에서는 $\sigma = 0$, $\varepsilon = \varepsilon_o$, $\mu = \mu_o$; 무손실 유전체에서는 $\alpha = 0$, $\varepsilon = \varepsilon_o \varepsilon \mu = \mu_o \mu$; 양도체에서는 $\sigma \simeq \infty$, $\varepsilon = \varepsilon_o$, $\mu = \mu_o$ 또는 $\sigma/\omega\varepsilon \to \infty$로 둔다.

4. 매질은 아래에 주어진 손실탄젠트에 의해 손실 유전체, 무손실 유전체, 양도체로 분류된다.

$$\tan\theta = \frac{|\mathbf{J}_s|}{|\mathbf{J}_{d_s}|} = \frac{\sigma}{\omega\varepsilon} = \frac{\varepsilon''}{\varepsilon'}$$

여기서 $\varepsilon_c = \varepsilon' - j\varepsilon''$는 매질의 복소유전율이다. 무손실 유전체에서는 $\tan\theta \ll 1$이며, 양

도체에서는 $\tan\theta \gg 1$이고, 손실 유전체의 $\tan\theta$는 한 자리 수의 값을 가진다.

5. 양도체에서 장은 도체 표면으로부터 깊이 δ 만큼의 영역 내에 집중되는 경향이 있다. 이런 현상을 표피효과라고 부른다. 폭이 w이고, 길이가 ℓ인 도체의 유효저항 혹은 교류저항은

$$R_{\text{ac}} = \frac{\ell}{\sigma w\delta}$$

이며, 여기서 δ는 표피깊이이다.

6. Poynting 벡터 $\mathcal{P}$는 전력흐름벡터로서, 그 방향은 파의 전파방향과 같다. 크기는 전파방향에 수직한 단위면을 통해 흐르는 전력의 양과 같다.

$$\mathcal{P} = \mathbf{E} \times \mathbf{H}, \quad \mathcal{P}_{\text{ave}} = 1/2\,\text{Re}(\mathbf{E}_s \times \mathbf{H}_s^*)$$

7. 평면파가 매질 1에서 매질 2로 수직입사한다. 반사계수 Γ와 투과계수 τ는

$$\Gamma = \frac{E_{ro}}{E_{io}} = \frac{\eta_2 - \eta_1}{\eta_2 + \eta_1}, \quad \tau = \frac{E_{to}}{E_{io}} = 1 + \Gamma$$

로 주어지고, 정재파비 s는 다음과 같이 정의된다.

$$s = \frac{1 + |\Gamma|}{1 - |\Gamma|}$$

8. 무손실 매질 1에서 무손실 매질 2로 경사 입사되면 Fresnel 계수는 평행편파인 경우

$$\Gamma_{\|} = \frac{\eta_2\cos\theta_t - \eta_1\cos\theta_i}{\eta_2\cos\theta_t + \eta_1\cos\theta_i}, \quad \tau_{\|} = \frac{2\eta_2\cos\theta_i}{\eta_2\cos\theta_t + \eta_1\cos\theta_i}$$

이며, 수직편파인 경우

$$\Gamma_{\perp} = \frac{\eta_2\cos\theta_i - \eta_1\cos\theta_t}{\eta_2\cos\theta_i + \eta_1\cos\theta_t} \quad \tau_{\perp} = \frac{2\eta_2\cos\theta_i}{\eta_2\cos\theta_i + \eta_1\cos\theta_t}$$

이다. 광학에서와 같이 다음 관계가 성립된다.

$$\theta_r = \theta_i$$

$$\frac{\sin\theta_t}{\sin\theta_i} = \frac{\beta_1}{\beta_2} = \sqrt{\frac{\mu_1\varepsilon_1}{\mu_2\varepsilon_2}}$$

반사 없이 ($\Gamma = 0$) 모두 투과되는 경우는 입사각 θ_i가 Brewster각일 때 발생한다.

9. 마이크로파는 매우 짧은 파장의 전자파이다. 이것은 빛과 같이 직선으로 전파하고, 안테나에 의해 한 방향으로 쉽게 초점에 모을 수 있다. 이것은 레이더, 도파, 항해 및 가열 등에 사용된다.

복습 문제

10.1 다음 중 전자파 $E_x = \cos(\omega t - \beta z)$의 올바른 형태가 아닌 것은?

(a) $\cos(\beta z - \omega t)$

(b) $\sin(\beta z - \omega t - \pi/2)$

(c) $\cos\left(\frac{2\pi t}{T} - \frac{2\pi z}{\lambda}\right)$

(d) $\mathrm{Re}[e^{j(\omega t - \beta z)}]$

(e) $\cos \beta(z - ut)$

10.2 다음 함수 중 파동방정식을 만족하지 않는 것은?

(a) $50e^{j\omega(t-3z)}$

(b) $\sin \omega(10z + 5t)$

(c) $(x + 2t)^2$

(d) $\cos^2(y + 5t)$

(e) $\sin x \cos t$

(f) $\cos(5y + 2x)$

10.3 일반적인 파에 대한 다음 설명 중 옳지 않은 것은?

(a) 오직 시간 만의 함수가 될 수 있다.

(b) 사인 혹은 코사인함수일 수 있다.

(c) 시간과 공간의 함수이어야 한다.

(d) 실제적인 이유 때문에 크기가 유한해야 한다.

10.4 자유공간에서 파의 전기장 성분이 $\mathbf{E} = 10 \cos(10^7 t + kz)\mathbf{a}_y$ V/m이다 이로부터 추측할 수 있는 것은?

(a) 파는 $\mathbf{a}_y$ 방향으로 전파한다.

(b) 파장 $\lambda = 188.5$ m이다.

(c) 파의 진폭은 10 V/m이다.

(d) 파수 $k = 0.33$ rad/m이다.

(e) 파는 진행하면서 감쇠된다.

10.5 $\mathbf{H} = 0.5\, e^{-0.1x} \sin(10^6 t - 2x)\mathbf{a}_z$ A/m로 주어질 경우, 다음 설명 중 옳지 않은 것은?

(a) $\alpha = 0.1$ Np/m

(b) $\beta = -2$ rad/m

(c) $\omega = 10^6$ rad/s

(d) 파는 $\mathbf{a}_x$방향으로 진행한다.

(e) 파가 z방향으로 편파되어 있다.

(f) 파의 주기는 1 μs이다.

10.6 매질이 자유공간인지, 무손실 유전체인지, 손실 유전체인지 또는 양도체인지를 결정하는 주된 요소는?

(a) 감쇠상수 (b) 구성 파라미터들(σ, ε, μ)

(c) 손실탄젠트 (d) 반사계수

10.7 어떤 매질에서 $\mathbf{E} = 10 \cos(10^8 t - 3y)\mathbf{a}_x$ V/m이다. 이 매질의 형태는?

(a) 자유공간 (b) 손실유전체

(c) 무손실 유전체 (d) 완전 도체

10.8 전자파는 유전체에서 보다 도체 내에서 더 빨리 진행한다.

(a) 맞다. (b) 틀리다.

10.9 양도체 내에서 **E**와 **H**는 동위상이다.

(a) 맞다. (b) 틀리다.

10.10 Poynting 벡터는 물리적으로 시변장에서 어떤 주어진 체적 안으로 들어가거나 또는 밖으로 나가는 전력밀도를 의미한다.

(a) 맞다. (b) 틀리다.

해답: 10.1b, 10.2f, 10.3a, 10.4b, c, 10.5b, e, f, 10.6c, 10.7c, 10.8b, 10.9b, 10.10a

문제

10.2 일반적인 파

10.1 어떤 매질 내에서 진행하고 있는 전자파가 다음과 같다.

$$\mathbf{E} = 25 \sin(2\pi \times 10^6 t - 6x)\mathbf{a}_z \text{ V/m}$$

(a) 파의 진행 방향을 구하라.

(b) 주기 T, 파장 λ 그리고 속도 u를 계산하라.

(c) $t = 0, T/8, T/4, T/2$에서의 파를 그려라.

10.2 주어진 영역에 시변 체적전하밀도 ρ가 있을 때, 아래의 파동방정식이 성립하는지 보여라.

$$\nabla^2\mathbf{E} - \frac{1}{c^2}\frac{\partial^2\mathbf{E}}{\partial t^2} - \frac{1}{\epsilon}\nabla\rho - \mu\frac{\partial\mathbf{J}}{\partial t} = 0$$

$$\nabla^2\mathbf{H} - \frac{1}{c^2}\frac{\partial^2\mathbf{H}}{\partial t^2} + \nabla \times \mathbf{J} = 0$$

10.3 어떤 영역에 유전율이 x의 함수인 균질의 유전체가 채워져 있다고 가정하자. 또한 이 영역에는 체적전하 및 전도전류밀도가 없다고 가정하자. 이 때 맥스웰 방정식으로부터 다음 결과를 얻게 됨을 증명하라.

$$\nabla^2\mathbf{E} - \frac{1}{c^2}\frac{\partial^2\mathbf{E}}{\partial t^2} = -\nabla\left(E_x\frac{\partial}{\partial x}\ln\epsilon\right)$$

10.4 다음 주파수에서 진공 내의 평면파에 대한 파장을 계산하라.

(a) 60 Hz(전력선)

(b) 2 MHz(AM 라디오)

(c) 120 MHz(FM 라디오)

(d) 2.4 GHz(마이크로파 오븐)

10.5 자유공간에서 전자파가 다음과 같다.

$$H = 0.4\cos(10^8 t + \beta y)\ \text{A/m}$$

(a) 각주파수 ω, (b) 파수 β, (c) 파장 λ, (d) 파의 전파 방향, (e) $H(2, 3, 4, 10\ \text{ns})$의 값을 구하라.

10.3 손실 유전체에서의 파의 전파

10.6 각주파수 $\omega = 10^{11}$ rad/s에서 측정된 균일평면파의 전파상수가 $331.333 + j1820.48$이고, 고유임피던스가 $80.1775 + j14.5926\ \Omega$이다. 매질의 재료상수 σ, ε_r, μ_r을 구하라.

10.7 (a) 식 (10.18)과 (10.20)으로부터 식 (10.23)과 (10.24)를 유도하라.

(b) Maxwell 방정식과 함께 식 (10.29)를 사용하여 다음과 같이 됨을 보여라.

$$\eta = \frac{j\omega\mu}{\gamma}$$

(c) (b)로부터 식 (10.32)와 (10.33)을 유도하라.

10.8 $\dfrac{\sigma}{\omega\boldsymbol{\varepsilon}} = 1$이라고 할 때 식 (10.24)의 위상상수가 아래의 식으로 근사화될 수 있음을 보여라.

$$\beta = \omega\sqrt{\mu\boldsymbol{\varepsilon}}\left(1 + \frac{\sigma}{8\omega^2\boldsymbol{\varepsilon}^2}\right)$$

10.9 50 MHz에서 손실 유전체의 특성이 $\varepsilon = 3.6\varepsilon_o$, $\mu = 2.1\mu_o$, $\sigma = 0.08$ S/m이다. $\mathbf{E}_s = 6e^{-\gamma x}\,\mathbf{a}_z$ V/m라고 할 때 다음을 계산하라.

(a) γ (b) λ

(c) u (d) η

(e) $\mathbf{H}_s$

10.10 12 MHz에서의 다음의 비자성체들 각각에 대해 손실탄젠트를 구하라.

(a) 젖은 흙 ($\varepsilon = 10\varepsilon_o$, $\sigma = 10^{-2}$ S/m)

(b) 마른 흙 ($\varepsilon = 4\varepsilon_o$, $\sigma = 10^{-4}$ S/m)

(c) 해수 ($\varepsilon = 81\varepsilon_o$, $\sigma = 4$ S/m)

10.11 알루미나는 인쇄회로기판을 제작하는 데 사용되는 세라믹 매질로 15 GHz에서 $\varepsilon = 9.6\varepsilon_o$, $\mu = \mu_o$, $\tan\theta = 3 \times 10^{-4}$이다. (a) 침투 깊이, (b) 두께 5 mm에 대한 총 감쇠를 계산하라.

10.12 매질의 특성이 $\sigma = \varepsilon\omega$, $\varepsilon = 4\varepsilon_o$, $\mu = \mu_o$이며, 자유공간에서의 파장이 12 cm일 때, (a) 감쇠상수 α, (b) 위상상수 β, (c) 파의 속도 u를 구하라.

10.13 해수는 해저통신의 연구에 중요한 역할을 한다. 해수가 $f = 100$ MHz에서 $\sigma = 4$ S/m, $\varepsilon_r = 80$, $\mu_r = 1$이라 하자. (a) 위상속도, (b) 파장, (c) 표피 깊이, (d) 고유임피던스를 계산하라.

10.14 $\mu = \mu_o$, $\varepsilon = 4\varepsilon_o$인 어떤 매질에서

$$\mathbf{H} = 12e^{-0.1y}\sin(\pi \times 10^8 t - \beta y)\mathbf{a}_x \text{ A/m}$$

일 때, (a) 파의 주기 T, (b) 파장 λ, (c) 전기장 $\mathbf{E}$, (d) $\mathbf{E}$와 $\mathbf{H}$ 사이의 위상차를 구하라.

10.15 주파수 1 GHz에서 어떤 매질의 재료상수가 $\sigma = 1$ S/m, $\varepsilon = 4\varepsilon_o$, $\mu = 9\,\mu_o$이다. (a) 감쇠상수, (b) 위상상수, (c) 고유임피던스, 그리고 (d) 파의 속도를 구하라.

10.4~10.5 무손실 유전체 그리고 자유공간에서의 파

10.16 공기 중에서 TV 방송 신호의 전기장이 다음과 같이 주어졌다.

$$\mathbf{E}(z, t) = 0.2\cos(\omega t - 6.5z)\mathbf{a}_x \text{ V/m}$$

(a) 파의 주파수 ω와 파장 λ를 구하라.

(b) $z = 0$과 $z = \lambda/2$에서 t의 함수로 $\mathbf{E}_x$를 도시하라.

(c) 상응하는 $\mathbf{H}(x, t)$를 구하라.

10.17 균일평면파가 자유공간에서 6.4 cm의 파장을 가지고, $\sigma = 0$, $\varepsilon = \varepsilon_o\varepsilon_r$, $\mu = \mu_o$인 유전체에서 2.8 cm의 파장을 가질 때 유전상수 ε_r을 구하라.

10.18 비자성 매질($\mu = \mu_o$)을 통해 전파하는 전자파의 자기장 성분이 다음과 같다.

$$\mathbf{H} = 25 \sin(2 \times 10^8 t + 6x)\mathbf{a}_y \text{ mA/m}$$

다음을 구하라.

(a) 전파 방향

(b) 매질의 유전율

(c) 전기장의 세기

10.19 10 MHz에서 $\mu = 750\mu_o$, $\varepsilon = 5\varepsilon_o$, $\sigma = 10^{-6}$ S/m인 페라이트 물질을 제조하였다.

(a) 그 물질이 무손실인지, 손실인지, 도전성인지를 판별하라.

(b) β와 λ를 계산하라.

(c) 2 m 만큼 떨어진 두 점 사이의 위상차를 구하라.

(d) 고유임피던스를 구하라.

10.20 공기 중에서 균일평면파의 전기장이 다음과 같이 주어져 있다.

$$\mathbf{E} = 50 \sin(10^8 \pi t - \beta x)\mathbf{a}_z \text{ mV/m}$$

(a) β를 계산하라.

(b) $t = 50$ ns에서 **E**가 소멸되는 위치를 구하라.

(c) **H**를 구하라.

10.21 4 GHz의 균일평면파에 대해 어떤 매질의 고유임피던스와 위상속도가 각각 105 Ω과 7.6×10^7 m/s로 측정되었다. 이 매질의 ε_r과 μ_r을 구하라.

10.22 무손실 매질($\varepsilon_r = 4.5$, $\mu_r = 1$)에서 전파하는 40 MHz인 평면파가 다음과 같다.

$$\mathbf{E} = 8 \cos(\omega t - \beta z)\mathbf{a}_x - 6 \sin(\omega t - \beta z)\mathbf{a}_y \text{ V/m}$$

(a) **H**를 구하라.

(b) β, λ, η 그리고 u를 구하라.

10.23 손실이 있는 비자성 매질 내에서 균일평면파의 전기장과 전파상수가 다음과 같다.

$$\mathbf{E}_s = (5\mathbf{a}_x + 12\mathbf{a}_y)\mathbf{e}^{-\gamma z}, \quad \gamma = (0.2 + j3.4) \text{ /m}$$

(a) $z = 4$ m, $t = T/8$에서 파의 크기를 계산하라.

(b) 구간 $0 < z < 3$ m에서 파의 손실을 dB로 나타내어라.

(c) 고유임피던스를 계산하라.

10.6 양도체에서의 평면파

10.24 양도체($\varepsilon = \varepsilon_o$, $\mu = \mu_o$)에서 균일평면파의 자기장의 세기가 다음과 같다.

$$\mathbf{H} = 20e^{-12z}\cos(2\pi \times 10^6 t + 12z)\mathbf{a}_y \text{ mA/m}$$

도전율과 자기장에 상응하는 **E**를 구하라.

10.25 다음 매질 중 8 MHz에서 도체로 취급할 수 있는 것은?

(a) 습한 늪지 흙 ($\varepsilon = 15\varepsilon_o$, $\mu = \mu_o$, $\sigma = 10^{-2}$ S/m)

(b) 진성 게르마늄 ($\varepsilon = 16\varepsilon_o$, $\mu = \mu_o$, $\sigma = 0.025$ S/m)

(c) 바닷물 ($\varepsilon = 81\varepsilon_o$, $\mu = \mu_o$, $\sigma = 25$ S/m)

10.26 균일평면파가 도체 매질에 수직으로 입사한다. 주파수가 100 MHz이고, 표피 깊이가 0.02 mm일 때 도체 매질에서의 파의 속도를 구하라.

10.27 (a) 반경이 1.2 mm이고, 길이가 600 m인 원통형 구리선($\sigma = 5.8 \times 10^7$ S/m, $\mu_r = 1$, $\varepsilon_r = 1$)의 직류저항을 구하라.

(b) 100 MHz에서 교류저항을 구하라.

(c) 직류와 교류저항이 같아질 때의 주파수 근사값을 계산하라.

10.28 10 GHz의 파가 구리($\varepsilon = \varepsilon_o$, $\mu = \mu_o$, $\sigma = 5.8 \times 10^7$ S/m)를 통과할 때 (a) 감쇠상수, (b) 표피 깊이, (c) 고유임피던스를 구하라.

10.29 $\sigma = 6.1 \times 10^7$ S/m, $\mu_r = 1$, $\varepsilon_r = 1$인 은에 대하여, 침투 깊이가 2 mm일 때의 주파수를 구하라.

10.30 전원의 주파수가 60 Hz일 때 구리의 표피 깊이를 구하라.

10.31 12 MHz에서 측정된 특정 물질의 고유임피던스가 $24.6\angle 45^\circ\,\Omega$이고 $\mu = \mu_o$일 때, (a) α, (b) β, (c) λ, (d) u를 구하라.

10.32 지방 조직은 2.42 GHz에서 $\sigma = 0.12$ S/m, $\varepsilon = 5.5\,\varepsilon_o$, $\mu = \mu_o$의 특성을 갖는다. 지방 조직의 표피 깊이를 구하라.

10.33 황동 도파관은 손실을 줄이기 위해 흔히 은으로 도금된다. 은($\mu = \mu_o$, $\varepsilon = \varepsilon_o$, $\sigma = 6.1 \times 10^7$ S/m)의 두께가 5δ 정도가 되어야 한다면, 12 GHz에서 동작하는 도파관에서 필요한 최소 두께를 구하라.

10.34 2 GHz인 레이더 파가 해수 표면에서의 크기에 비해 상대적 크기가 10^{-5} 정도로 감소될 때까지 해수면 아래로 침투한다고 할 때, 파가 침투한 깊이는 얼마인가? 여기서 해수는 $\mu = \mu_o$, $\varepsilon = 24\varepsilon_o$, $\sigma = 4$ S/m라고 한다.

10.7 파의 편파

10.35 x와 y가 변수인 이차방정식 $ax^2 + bxy + cy^2 = 1$이 전기장 벡터의 자취를 나타

낸다고 하자. 이 자취가 타원을 나타낸다고 할 때, 타원의 방향각(the angle of orientation)과 축비(axial ratio of the ellipse)에 관한 수식을 유도하라. 두 수식을 α와 ρ로 표현되도록 하라.

10.36 균일평면파의 전기장이 $\mathbf{E} = (1.6\mathbf{a}_z + 4.8\mathbf{a}_y)e^{-j10\pi z}$로 주어졌다. 이를 각각 우원편파와 좌원편파인 두 개의 원형편파의 합으로 표현하라.

10.37 다음의 파에 대하여 편파의 종류를 말하라.

(a) $E_o \cos(\omega t + \beta y)\mathbf{a}_x + E_o \sin(\omega t + \beta y)\mathbf{a}_z$ V/m

(b) $E_o \cos(\omega t - \beta y)\mathbf{a}_x - 3E_o \sin(\omega t + \beta y)\mathbf{a}_z$ V/m

10.38 다음의 파에 대하여 편파의 종류를 말하라.

(a) $\mathbf{E}_s = 40e^{j10z}\mathbf{a}_x + 60e^{j10z}\mathbf{a}_y$ V/m

(b) $\mathbf{E}_s = 12e^{j\pi/3}e^{-j10x}\mathbf{a}_y + 5e^{-j\pi/3}e^{-j10x}\mathbf{a}_z$ V/m

10.39 자유공간에서 균일평면파의 전기장이 다음과 같이 주어져 있다.

$$\mathbf{E} = 40\cos(\omega t - \beta z)\mathbf{a}_x + 60\sin(\omega t - \beta z)\mathbf{a}_y \text{ V/m}$$

(a) 편파의 종류는 무엇인가?

(b) 자기장을 구하라.

10.40 $z = 0$인 파면에서 타원 편파된 파의 x 및 y 성분이 아래와 같이 주어졌다.

$$\mathscr{E}_x = 9\cos(\omega t - 4.12)$$
$$\mathscr{E}_y = 4\cos(\omega t - 3.64)$$

타원의 방향 및 주축의 길이를 구하라.

10.41 $\mathbf{E}(y, t) = E_{o1}\cos(\omega t - \beta y)\mathbf{a}_x + E_{o2}\cos(\omega t - \beta y + \phi)\mathbf{a}_z$ V/m라 하자. (a) $\phi = 0$, (b) $\phi = \pi/2$, (c) $\phi = \pi$일 때 편파의 종류를 말하라.

10.8 전력과 Poynting 벡터

10.42 식 (10.77)과 식 (10.78)이 같음을 보여라.

10.43 반경이 a, 간격이 d이고 원형극판으로 만든 공기가 채워진 평행평판 커패시터에 $v(t) = V_m \cos\omega t$인 정현전압에 인가되었다. 단, 가장자리 효과(fringing effect)는 무시한다. 다음을 구하라.

(a) 전기장 및 자기장으로 저장된 에너지의 최대값 $W^e_{\max}$와 $W^m_{\max}$

(b) 두 에너지의 비율 $\dfrac{W^m_{\max}}{W^e_{\max}}$

(c) 커패시터의 커패시턴스

(d) 공진주파수

(e) 공진주파수에서 $W^e_{\max} = W^m_{\max}$임을 보여라.

10.44 375 MHz의 동작 주파수에서 균일평면파가 비자성 유전체 내에서 진행한다. 전기장 벡터가 $\mathbf{E} = 20e^{-j\pi(8x+6y)}\mathbf{a}_z$일 때 다음을 구하라.

(a) 전파방향을 나타내는 단위벡터

(b) 매질의 비유전율

(c) 매질의 고유임피던스

(d) 자기장 벡터

(e) 복소 Poynting 벡터 $\mathbf{S} = \mathbf{E} \times \mathbf{H}^*$

10.45 자유공간에서 미소 다이폴 안테나에 의해 발생된 전기장이 다음과 같다.

$$\mathbf{E}_s = \frac{10}{r}\sin\theta e^{-j3r}\mathbf{a}_\theta \ \text{V/m}$$

(a) $\mathbf{H}_s$, (b) $r = 2$, $0 < \theta < \pi/6$, $0 < \phi < \pi$인 면을 통과하는 평균전력을 구하라.

10.46 바닷물($\sigma = 4$ S/m, $\varepsilon = 81\varepsilon_o$, $\mu = \mu_o$) 속에서 진행하는 균일평면파의 전기장이 다음과 같다.

$$\mathbf{E} = 8e^{-0.1z}\cos(\omega t - 0.3z)\mathbf{a}_x \ \text{V/m}$$

(a) 평균전력밀도를 구하라. (b) 전력밀도가 20 dB 감소되는 해수 깊이를 구하라.

10.47 무손실 유전체($\varepsilon = 4.5\varepsilon_o$, $\mu = \mu_o$)로 채워진 동축 전송선에서 전기장이 다음과 같다.

$$\mathbf{E} = \frac{40}{\rho}\sin(\omega t - 2z)\mathbf{a}_\rho \ \text{V/m}$$

(a) ω와 $\mathbf{H}$, (b) Poynting 벡터, (c) $z = 1$ m, 2 mm $< \rho <$ 3 mm, $0 < \phi < 2\pi$인 면을 통과하는 총 시평균전력을 구하라.

10.48 부분적으로 도전성을 갖는 물질이 $0 \le \rho \le a$, $0 \le z \le \ell$와 같이 원통 형태로 구성되어 있다. 원통의 바닥($z = 0$)과 꼭대기($z = \ell$) 양단에 전압 V가 인가되어 있고, 그 결과로 전류 I가 z방향으로 흐른다고 가정하자. Poynting 벡터를 구하고, 이 벡터를 물질의 겉표면(폐곡면)에 대하여 적분하여 잘 알고있는 결과인 손실전력이 $W = VI$임을 증명하라.

10.49 내부도체의 반경이 a, 외부도체의 반경이 b인 동축 케이블의 $\rho = a$와 $\rho = b$인 면 사이에 전압 V가 인가되었다. 내부도체에 전류 I가 흐르고 외부도체에는 같은 크

기의 전류가 반대로 흐른다. Poynting벡터를 구하고, 고리모양의 단면을 따라 적분하여 잘 알고있는 결과인 손실전력이 $W = VI$임을 증명하라.

10.50 자유공간에서 전파하는 전자파를 고려하자. w가 전기장 및 자기장에 저장된 총 에너지 밀도라고 할 때, 다음 등식이 성립함을 보여라.

$$\nabla \cdot (\mathbf{E} \times \mathbf{H}) + \frac{\partial w}{\partial t} = 0$$

10.51 18×10^9 W의 전력을 갖는 반경이 0.6 cm인 레이저 빔의 전기장 및 자기장 세기의 최대값을 추정하라.

10.52 양도체에서 변위전류밀도와 도전전류밀도의 비율을 Q로 나타낼 때, 전기와 자기 에너지 밀도의 비율이 크기가 대략 $(Q - \frac{1}{2}Q^3)$이 됨을 보여라.

10.53 동축 케이블은 반경이 a와 b인 두 개의 동심 도체 원통으로 이루어져 있다. 케이블 내에서 전기장과 자기장은 다음과 같다.

$$\mathbf{E} = \frac{V_o}{\rho 1\text{n}(b/a)} \sin(\omega t - \beta z)\mathbf{a}_\rho,\ a < \rho < b$$

$$\mathbf{H} = \frac{I_o}{2\pi\rho} \sin(\omega t - \beta z)\mathbf{a}_\phi,\ a < \rho < b$$

여기서 V_o와 I_o는 상수이다. (a) 시평균 Poynting 벡터를 구하라. (b) 케이블을 통하여 흐르는 시평균전력을 구하라.

10.54 전기장 및 자기장 페이저가 $\mathbf{E}_s = 10 \sin \pi y\, \mathbf{a}_z$, $\mathbf{H}_s = \frac{1}{2}(\sqrt{3} + j)\sin \pi y\, \mathbf{a}_y$이다. 한 주기 동안 평균적으로 $0 \leq y \leq 1$, $0 \leq z \leq 1$, $x = 0$인 면을 통과하는 전력을 구하라.

10.55 $\mathscr{E}$와 $\mathscr{H}$가 순시 벡터장이고 $\mathbf{E}$와 $\mathbf{H}$가 페이저라고 할 때, 다음 등식을 증명하라.

$$\frac{1}{2} \Re e\{\mathbf{E} \times \mathbf{H}^* + \mathbf{E} \times \mathbf{H}e^{2j\omega t}\} = \mathscr{E} \times \mathscr{H}$$

여기에서 $\Re e\{\cdot\}$은 실수부를 나타낸다.

10.56 원형편파의 순시전력이 일정함을 증명하라.

10.57 $\mu_r = 3$, $\varepsilon_r = 12$인 매질이 있다. 자기장 페이저의 최대값이 $6\mathbf{a}_x + 8\mathbf{a}_y$ A/m인 타원편파 특성의 파가 이 매질에서 진행한다. 2m^2인 면을 통과하는 평균전력을 구하라.

10.9 수직입사 시 평면 파의 반사

10.58 (a) $\mu_1 = \mu_2 = \mu_o$인 두 개의 유전체의 경계면에 수직입사하는 경우, 평균전력을 사용하여 반사계수 R과 투과계수 T를 정의할 수 있다. 즉, $P_{r,\text{ave}} = RP_{i,\text{ave}}$과

$P_{t,\text{ave}} = TP_{i,\text{ave}}$이다. 다음을 증명하라.

$$R = \left(\frac{n_1 - n_2}{n_1 + n_2}\right)^2 \text{과} \quad T = \frac{4n_1n_2}{(n_1 + n_2)^2}$$

여기서 n_1과 n_2는 매질의 굴절률이다.

(b) 반사파와 투과파의 평균전력이 같아지는 n_1/n_2의 비를 구하라.

10.59 무손실 매질($\sigma = 0$, $\mu = 2\mu_o$, $\varepsilon = 8\varepsilon_o$)에서 평면파가 $\mathbf{E} = 60 \sin(\omega t - 10z)\mathbf{a}_x + 30 \sin(\omega t - 10z + \pi/6)\mathbf{a}_y$ V/m로 주어졌다. 이 파가 또다른 무손실 매질($\sigma = 0$, $\mu = \mu_o$, $\varepsilon = 16\varepsilon_o$)에 수직으로 입사할 때, 반사파와 투과파를 구하라.

10.60 균일평면파가 한 매질($\varepsilon_{r1} = 12$, $\mu_{r1} = 1$, $\sigma_1 = 0.03$ S/m)에서 두번째 매질($\varepsilon_{r2} = 12$, $\mu_{r2} = 1$, $\sigma_2 = 0.1$ S/m)에 수직으로 입사한다. 주파수가 60 MHz 일 때 다음을 구하라.

(a) 반사계수　　(b) 투과계수

(c) 경계면에서 입사 전기장의 크기가 20 V/m라고 가정할 때, 경계면에서 30 cm 떨어진 지점에서 투과 전기장의 페이저

10.61 자유공간에서 진행하는 균일평면파가 비유전율이 $\varepsilon_r = 81$인 비자성 유전체에 수직으로 입사한다. 정재파비를 구하라.

10.62 균일평면파가 $z < 0$ 영역을 채우고 있는 $\varepsilon_{r1} = 25$인 유전체로부터 $z > 0$ 영역을 채우고 있는 $\varepsilon_{r2} = 9$인 또다른 유전체에 수직으로 입사한다. 두 유전체의 투자율은 μ_o이다. 첫번째 유전체가 있는 $z = -0.125\lambda$에서 파의 위상속도를 구하라.

***10.63** 균일평면파가 $z < 0$의 영역을 채우고 있는 $\varepsilon_{r1} = 12$인 유전체로부터 $z > 0$ 영역을 채우고 있는 $\varepsilon_{r2} = 4$인 또다른 유전체에 수직으로 입사한다. 두 유전체의 투자율은 μ_o이다. 입사 전기장의 최대값이 20 V/m일 때, 반사 및 투과전력밀도(W/m^2)를 구하라.

10.64 균일평면파가 $z < 0$ 영역에 위치한 공기중으로부터 $z = 0$인 위치를 따라 놓여 있는 완전도체의 표면에 수직으로 입사한다. $z < 0$인 영역에서 에너지의 속도에 관한 식을 구하라.

10.65 영역 1($\mu = \mu_o$, $\varepsilon = 4\varepsilon_o$)은 $y \geq 0$에 위치하며, $y \leq 0$에 위치한 영역 2는 자유공간이다. 공간 1에서 입사파가 $\mathbf{E}_i = 5 \cos(10^8 t + \beta y)\, \mathbf{a}_z$일 때 다음을 구하라.

(a) 영역 1에서의 총 전기장 성분

(b) 영역 1에서의 시평균 Poynting 벡터

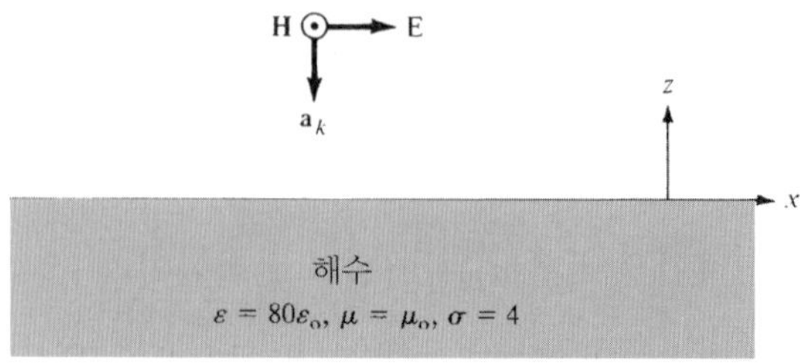

그림 10.20 문제 10.67의 그림

(c) 영역 2에서의 시평균 Poynting 벡터

10.66 공기 중으로부터 균일평면파가 $z \geq 0$에 위치한 $\varepsilon = 3\varepsilon_o$, $\mu = \mu_o$인 무한한 크기의 무손실 유전체에 수직으로 입사된다. 입사파의 전기장이 $\mathbf{E}_i = 10 \cos(\omega t - z)\mathbf{a}_y$ V/m일 때 다음을 구하라.

(a) 공기 중에서의 파와 유전체 내로 투과된 파의 λ, ω

(b) 입사 자기장 $\mathbf{H}_i$

(c) Γ와 τ

(d) 두 영역 각각에서의 총 전기장과 시평균전력

10.67 공기($z \geq 0$) 중에서 전기장이

$$\mathbf{E} = 10 \sin(\omega t + 3z)\mathbf{a}_x \text{ V/m}$$

인 어떤 신호가 그림 10.20과 같이 $z = 0$인 해수면에 수직으로 입사된다. 해수면이 잔잔하다고 가정하고, 바닷물이 $\varepsilon = 80\varepsilon_o$, $\mu = \mu_o$, $\sigma = 4$ S/m라고 할 때 다음을 구하라.

(a) ω

(b) 공기 중에서 신호의 파장

(c) 바닷물의 손실탄젠트와 고유임피던스

(d) 반사 및 투과 전기장 $\mathbf{E}$

10.68 $t = 0$, $T/8$, $T/4$, $3T/8$, $T/2$에서 식 (10.97)의 정재파를 그려라. 여기서 $T = 2\pi/\omega$이다.

***10.69** 다음과 같은 전기장은 전파하는 4개의 평면파를 중첩시킴으로써 나타낼 수 있음을 보여라.

$$\mathbf{E}_s = 20 \sin(k_x x) \cos(k_y y)\mathbf{a}_z$$

여기서 $k_x^2 + k_y^2 = \omega^2 \mu_o \varepsilon_o$의 관계가 있다. 그리고 이에 대응하는 $\mathbf{H}_s$를 구하라.

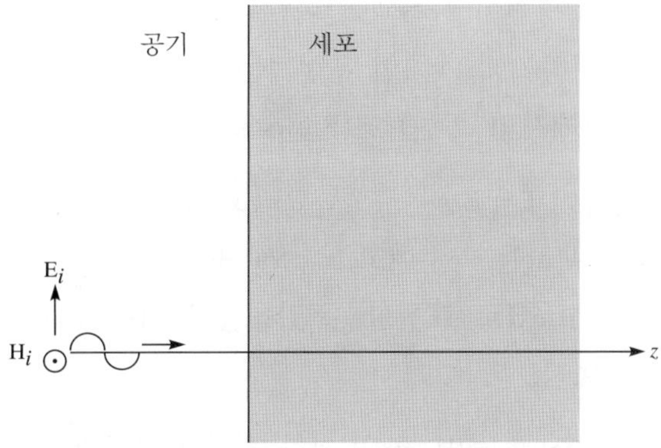

그림 10.21 문제 10.70의 그림

10.70 전자파 복사는 암의 종양을 가열하는 데 사용될 수 있다. 평면파가 그림 10.21처럼 1.2 GHz로 세포 표면을 향해 수직으로 입사한다고 할 때 반사계수를 구하라. 세포의 전기적 특성은 1.2 GHz에서 $\varepsilon_r = 50$, $\mu_r = 1$, $\sigma = 4$ S/m이다.

10.10 경사입사 시 평면파의 반사

10.71 $z = 0$인 평면이 다음과 같이 두 개의 매질을 분리하며, $\varepsilon_{r1} = 1.44$, $\mu = \mu_o$인 유전체는 $z < 0$에 위치하고, $\varepsilon_{r2} = 2.25$, $\mu = \mu_o$인 유전체는 $z > 0$에 위치한다. 수직편파 특성의 평면파가 $z < 0$에서 $z = 0$인 평면으로 경사입사한다. 입사 전기장 벡터가 $\mathbf{E}_i = 12e^{-j(6y+8z)}\,\mathbf{a}_x$일 때 다음을 구하라.

(a) 입사파의 입사방향
(b) 반사파의 반사방향
(c) 각주파수
(d) 입사각
(e) 굴절각
(f) 반사계수
(g) 투과계수
(h) 반사 전기장의 페이저
(i) 입사 자기장의 페이저
(j) 반사 자기장의 페이저
(k) (0, 0.2, 0.13)에서의 투과 전기장 페이저

10.72 $z = 0$인 평면이 다음과 같이 두 개의 매질을 분리하며, $\varepsilon_{r1} = 1.44$, $\mu = \mu_o$인 유전체는 $z < 0$에 위치하고, $\varepsilon_{r2} = 2.25$, $\mu = \mu_o$인 유전체는 $z > 0$에 위치한다. 평행편파 특성의 평면파가 $z < 0$에서 $z = 0$인 평면으로 경사입사한다. 입사 전기장 벡터가 $\mathbf{E}_i = 30\pi(-0.8\mathbf{a}_y + 0.6\mathbf{a}_z)e^{-j(6y+8z)}$일 때 다음을 구하라.

(a) 반사계수
(b) 투과계수
(c) 반사 전기장의 페이저
(d) 입사 자기장의 페이저
(e) 반사 자기장의 페이저
(f) (0, 0.2, 0.13)에서의 투과 전기장 페이저

10.73 $z = 0$인 평면이 다음과 같이 두 개의 매질을 분리하며, $\varepsilon_{r2} = 12$인 유전체는 $z < 0$에 위치하고, $\varepsilon_{r2} = 4$인 유전체는 $z > 0$에 위치한다. 두 유전체의 투자율은 μ_o이다. 경계면에서의 브루스터(Brewster) 각을 구하라.

10.74 시변장이 $\mathbf{E} = \mathbf{E}_o e^{j(\mathbf{k}\cdot\mathbf{r}-\omega t)}$, 그리고 $\mathbf{H} = \mathbf{H}_o e^{j(\mathbf{k}\cdot\mathbf{r}-\omega t)}$로 주어졌다. 여기서 $\mathbf{k} = k_x\mathbf{a}_x + k_y\mathbf{a}_y + k_z\mathbf{a}_z$는 파수이고, $\mathbf{r} = x\mathbf{a}_z + y\mathbf{a}_y + z\mathbf{a}_z$는 거리벡터이다. $\nabla\times\mathbf{E} = -\partial\mathbf{B}/\partial t$는 $\mathbf{k}\times\mathbf{E} = \mu\omega\mathbf{H}$로 표현할 수 있음을 보여라. 그리고 $\mathbf{a}_k\times\mathbf{a}_E = \mathbf{a}_H$로 추론할 수 있음을 보여라.

10.75 자유공간에서 평면파의 전파 벡터가 다음과 같다.

$$\mathbf{k} = 124\mathbf{a}_x + 124\mathbf{a}_y + 263\mathbf{a}_z$$

파장, 주파수 그리고 $\mathbf{k}$가 x, y, z축과 이루는 각도를 구하라.

10.76 자유공간에서

$$\mathbf{E}_s = [E_o\mathbf{a}_x + \mathbf{a}_y + (3 + j4)\mathbf{a}_z]e^{-j(3.4x-4.2y)} \text{ V/m}$$

라고 할 때, E_o, $\mathbf{H}_s$ 그리고 주파수를 구하라.

10.77 비자성 유전체 매질들에 대해 경사입사시 반사계수와 투과계수가 다음과 같음을 보여라.

$$\Gamma_{\parallel} = \frac{\tan(\theta_t - \theta_i)}{\tan(\theta_t + \theta_i)}, \quad \tau_{\parallel} = \frac{2\cos\theta_i \sin\theta_t}{\sin(\theta_t + \theta_i)\cos(\theta_t - \theta_i)}$$

$$\Gamma_{\perp} = \frac{\sin(\theta_t - \theta_i)}{\sin(\theta_t + \theta_i)}, \quad \tau_{\perp} = \frac{2\cos\theta_i \sin\theta_t}{\sin(\theta_t + \theta_i)}$$

10.78 공기 중에서 다음과 같은 평행편파 특성을 갖는 파가 그림 10.22와 같이 유전체로 입사한다.

$$\mathbf{E} = (8\mathbf{a}_y - 6\mathbf{a}_z)\sin(\omega t - 4y - 3z) \text{ V/m}$$

다음을 구하라.

(a) 입사각 θ_i

(b) 공기($\mu = \mu_o$, $\varepsilon = \varepsilon_o$) 중에서의 시평균전력

(c) 반사 및 투과 전기장

10.79 유전체($\varepsilon = 9\varepsilon_o$, $\mu = \mu_o$)에서 다음과 같은 평면파가 $z = 0$에 위치한 공기와의 경계면에 입사한다.

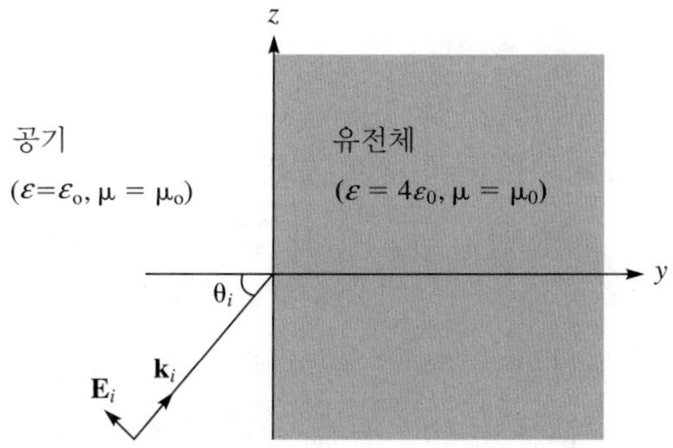

그림 10.22 문제 10.78의 그림

$$\mathbf{H} = 0.2\cos(10^9 t - kx - k\sqrt{8}z)\mathbf{a}_y \text{ A/m}$$

다음을 구하라.

(a) θ_r 그리고 θ_t

(b) k

(c) 유전체와 공기 중에서의 파장

(d) 입사파 **E**

(e) 투과파 그리고 반사파 **E**

(f) 브루스터 각

10.80 자유공간에서 평면파가 아래와 같이 주어져 있다. 다음을 구하라.

$$\mathbf{E}_i = (4\mathbf{a}_x + 5\mathbf{a}_y - 3\mathbf{a}_z)\cos(\omega_t - 0.5\pi x - 0.866\pi z)$$

(a) 파의 평행편파 및 수직편파 성분

(b) 입사각(단, xy평면이 두 매질의 경계면이다.)

10.81 평행편파 특성의 파가 자유공간으로부터 유전체($\sigma = 0$, $\varepsilon = \varepsilon_o\varepsilon_r$, $\mu = \mu_o$)로 입사한다. Brewster 각이 68°일 때, ε_r을 구하라.

생체전자기학(Bioelectromagnetics)

전력선에 가까이 살면 안전한가? 셀룰러폰은 안전한가? 비디오 디스플레이 단말기는 임산부들에게 문제를 야기할 수 있는가? 이러한 의문들은 생체전자기학(BEM)에 의해 설명되는데, BEM은 인공적인 전자기장이 인간과 환경에 미치는 생물학적 영향을 취급하는 전자기학 분야이다. BEM은 유기체와 전자기장이 어떻게 상호 작용하는가를 연구하는 과학으로 부각되고 있으며, 과학자들의 다양한 노력으로 일궈낸 연구 성과들을 결합시킨다.

무선기술이 광범위하게 확장된 결과로써 산업이 직면한 중요 난제는 이 산업이 공공보건에 영향을 주는 매개의 일부로 작용하여 건강에 대한 염려가 증가하고 있다는 것이다. 최근에는 인체에 가장 근접한 위치에서 동작하는 송신기 설계 기준에 초점이 맞추어져 왔다. 사람이 전자기장에 노출되면 그 사람에게 입사되는 에너지는 장의 세기, 주파수, 인체의 크기, 조직의 전기적 성질에 따라 산란, 반사, 투과 및 흡수된다. 복사에 의해 발생하는 열은 살아있는 조직에 영향을 줄 수 있다. 만약 인체가 이 열에너지가 발생하는 속도 만큼 빨리 그 에너지를 소모시키지 않으면 인체의 내부 온도는 상승할 것이다. 이는 조직과 기관을 파괴시키고, 온도가 계속 상승하면 죽음에 이르게 될 것이다.

원자 또는 분자에 충분히 큰 전자기장 에너지가 가해지면 전자가 이탈되어 그들은 이온화될 수 있다. 감마선과 X-선과 같은 고에너지 전자기 복사파는 생물체를 강하게 이온화시키기 때문에, 그러한 복사파에 지속적으로 노출되면 해롭다. 가시광이나 특히 자외선과 같이 중간대의 주파수와 에너지 스펙트럼을 가지는 복사파는 약하게 이온화시킨다. 생물 조직이 강하게 이온화시키는 전자기 복사파에 노출되면 극심한 손상을 받는 것으로 오랫동안 알려져 왔지만, 최근에는 전력선에 의한 복사장과 같은 비이온화 전자기장에 장기 노출되어도 건강에 대한 위험이 증가한다는 증거가 나타나고 있다.

머리핀, 금속 임플란트, 버클, 동전, 금속태 안경과 같이 전자기장을 집중시키는 금속 물질을 착용한 사람은 심층 조직의 열적 파괴를 막기 위해 무선 주파수(RF) 복사에 노출되지 말아야 한다는 연구가 보고되어 왔다. 또한 복사파는 깊이 흡수될 수 있기 때문에 피부에 가까운 뼈나 지방층 보다는 근육이나 뇌와 같은 조직에 실질적으로 더 크게 흡수된다고 지적되어 왔다. 이러한 시점에서 열을 발생시키지 않는 낮은 레벨의 전자기장에 의한 위험은 없을 수 있다고 긍정적으로 말할 과학자는 거의 없을 것이다. 위험이 존재하는가와 만약 존재한다면 어떤 레벨에서 존재하는가에 대한 기준을 정하는 것을 목표로 연구가 진행되고 있다.

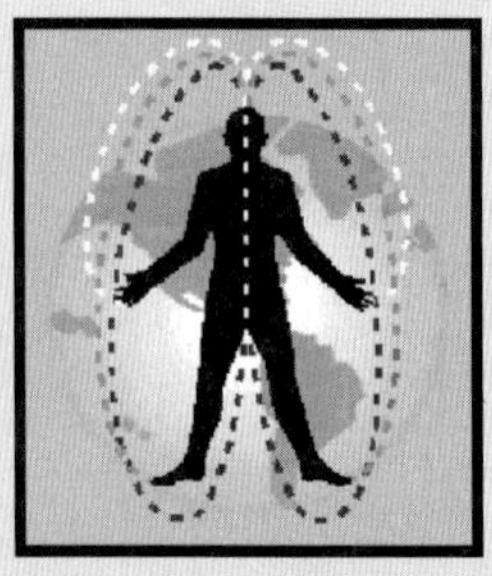

11장

전송선로

친절한 마음씨는 마치 정원과 같다. 친절한 생각의 발상은 그 뿌리이다. 친절한 말은 정원의 꽃이다. 친절한 행동은 그 열매다. 당신의 정원을 보살펴서 잡초들을 제거하라. 친절한 말과 행동의 햇볕을 정원에 쬐라.

– 롱펠로우

11.1 서론

앞의 10장에서는 무한대로 펼쳐져 있는 경계가 없는 매질에서의 전자파의 전파에 관해서 논의했다. 그러한 경우에는 균일한 평면파가 모든 공간에 걸쳐 존재하며, 파와 관련한 전자기 에너지는 넓은 영역에 걸쳐 퍼지는데 이러한 전자파의 전파를 도파되지 않은 전자파라고 말한다. 경계가 없는 매질 내에서의 파의 전파는 관심있는 모든 사람들에게 정보를 전달하는 라디오나 TV 방송에서 사용된다. 이러한 파의 전파 수단은 정보가 오직 한 사람에게만 개인적으로 전달되어야 하는 전화통화와 같은 상황에는 도움이 되지 않는다.

전력이나 정보를 전송하는 또 다른 수단은 도파구조에 의한 것이다. 도파구조는 원천으로부터 부하로 에너지의 전파를 인도하는 역할을 한다. 이러한 도파구조의 대표적인 예가 전송선로와 도파관이다. 도파관은 다음 장에서 논의하고, 이 장에서는 전송선로를 다룬다.

전송선로는 일반적으로 전력분배(낮은 주파수에서)와 통신(높은 주파수에서)에 사용된다. 한 쌍의 꼬인 도선(twisted-pair), 그리고 동축선로와 같은 전송선로가 이더넷(Ethernet)이나 인터넷과 같은 컴퓨터 통신망에서 사용된다.

전송선로는 기본적으로 전원과 부하를 연결하는 두 가닥 또는 그 이상의 평행한 도체로 구성되어 있다. 여기서 전원은 수력발전기, 송신기, 혹은 발진기 등이 될 수 있고, 부하는 공장, 안테나, 혹은 오실로스코프 등이 될 수 있다. 대표적인 전송선로로는 동축선로, 2선식 선로(two-wire line), 평행판 선로, 도체판 상의 선로, 마이크로스트립 선로 등을 들 수 있다. 이 선로들을 그림 11.1에 나타내었다. 이들 각 선로들은 평행한 두 개의 도체로 구성되어 있음을 알 수 있다. 동축선로는 전기 실험실에서, 또는 TV 수상기와 안테나를 연결하는 데 일상적으로 사용된다. 마이크로스트립 선로[그림 11.1(e)와 유사]는 전자소자들을 연결하는 금속 스트립을 유전체 기판 위에 침착시킨 집적회로에서 특히 중요하다.

전송선로 문제는 통상적으로 전기공학의 기초를 이루는 두 가지 주요 이론인 전자장이론과 전기회로이론을 사용하여 풀 수 있다. 본 장에서는 수학적으로 조금 더 다루기 쉬운 회로이론을 사용할 것이다. 앞 장에서 다루었던 파의 전파에 관한 기본 개념들(예를 들면 전파상수, 반사계수, 그리고 정재파비)이 여기에서 적용된다.

전송선로의 해석에는 전송선로 방정식과 특성 파라미터의 유도, Smith 도표의 사용, 전송선로의 다양한 실질적인 응용, 그리고 전송선로 상에서의 과도현상 등이 포함된다.

11.2 전송선로 파라미터

전송선로를 단위길이당 저항 R, 단위길이당 인덕턴스 L, 단위길이당 컨덕턴스 G, 그리고 단위길이당 커패시턴스 C 등의 선로 파라미터로 기술하는 것이 편리하고 관례적이다. 그림 11.1에 보인 각 선로들에는 R, L, G, C를 구하기 위한 특별한 공식들이 있다. 동축선로, 2선식 선로, 평판선로에 대한 R, L, G, C를 계산하기 위한 공식들을 표 11.1에 제시하였다. 각 선로의 물리적 크기는 그림 11.2에 나타내었다. 표 11.1의 공식들[1] 중 일부는 6장과 8장에서 유도되었다. 다음의 사항들에 주목하라.

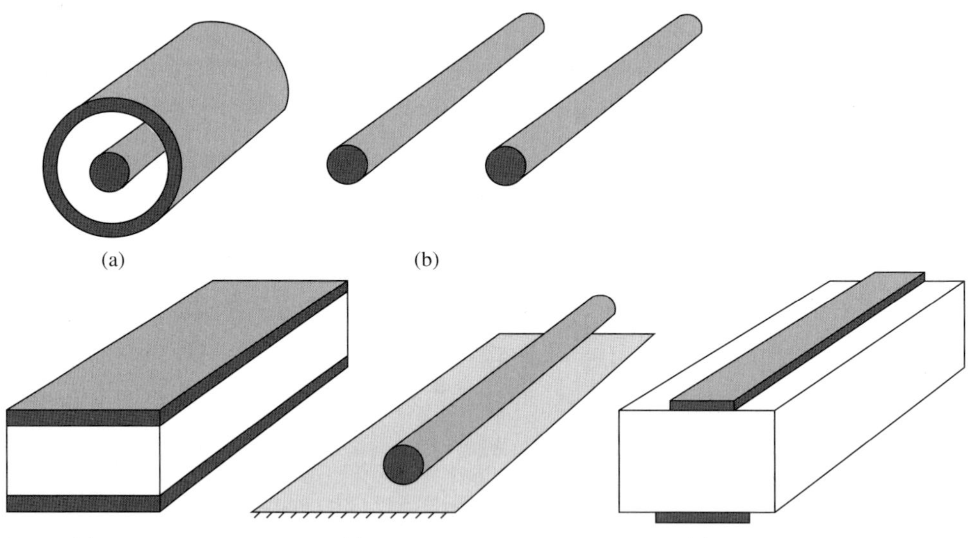

그림 11.1 대표적인 전송선로들의 단면도: (a) 동축선로, (b) 2선식 선로, (c) 평판선로, (d) 도체판 상의 선로, (e) 마이크로스트립 선로

1) 그 밖의 전송선로들에 대한 유사한 공식들은 공학전문서나 자료집들에서 구할 수 있다; 예로서, M. A. R. Gunston, *Microwave Transmission-line Impedance Data*. London: Van Nostrand Reinhold, 1972.

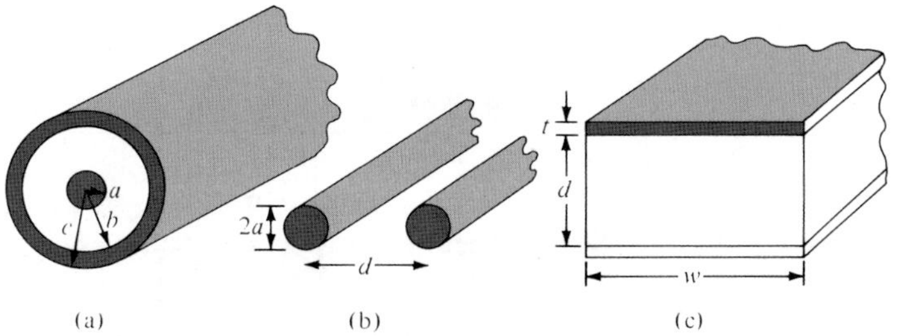

그림 11.2 일반적인 전송선로: (a) 동축선로, (b) 2선식 선로, (c) 평판선로

1. 선로 파라미터 R, L, G, C들은 그림 11.3에서와 같이 개별소자나 집중소자가 아닌 분포소자이다. 이것은 파라미터들이 선로구간 전체에 걸쳐 균일하게 분포하고 있다는 것을 의미한다.
2. 각 선로의 경우 도체들은 $\sigma_c, \mu_c, \varepsilon_c = \varepsilon_o$에 의해 특징지어지며, 도체 사이의 균질 유전체는 σ, μ, ε에 의해 특징지어진다.
3. $G \neq 1/R$; R은 선로를 이루는 도체의 단위길이당 교류저항이고, G는 도체들 사이의 유전체 매질에 의한 단위길이당 컨덕턴스이다.
4. 표 11.1에서 L값은 단위길이당 외부 인덕턴스, 즉 $L = L_{\text{ext}}$이다. 내부 인덕턴스 ($L_{\text{in}} = R/\omega$)의 효과는 대부분의 통신시스템에서 사용되는 높은 주파수에서 무시할 수 있다.
5. 각각의 선로에 대하여,

$$LC = \mu\varepsilon \quad \text{그리고} \quad \frac{G}{C} = \frac{\sigma}{\varepsilon} \tag{11.1}$$

표 11.1 고주파에서의 분포선로 파라미터*

파라미터	동축선로	2선식 선로	평판선로
R (Ω/m)	$\dfrac{1}{2\pi\delta\sigma_c}\left[\dfrac{1}{a}+\dfrac{1}{b}\right]$	$\dfrac{1}{\pi a\delta\sigma_c}$	$\dfrac{2}{w\delta\sigma_c}$
	$(\delta \ll a, c-b)$	$(\delta \ll a)$	$(\delta \ll t)$
L (H/m)	$\dfrac{\mu}{2\pi}\ln\dfrac{b}{a}$	$\dfrac{\mu}{\pi}\cosh^{-1}\dfrac{d}{2a}$	$\dfrac{\mu d}{w}$
G (S/m)	$\dfrac{2\pi\sigma}{\ln\dfrac{b}{a}}$	$\dfrac{\pi\sigma}{\cosh^{-1}\dfrac{d}{2a}}$	$\dfrac{\sigma w}{d}$
C (F/m)	$\dfrac{2\pi\varepsilon}{\ln\dfrac{b}{a}}$	$\dfrac{\pi\varepsilon}{\cosh^{-1}\dfrac{d}{2a}}$	$\dfrac{\varepsilon w}{d}$ $(w \gg d)$

* $\delta = \dfrac{1}{\sqrt{\pi f \mu_c \sigma_c}}$ = 도체의 표피깊이: 만일 $\left[\dfrac{d}{2a}\right]^2 \gg 1$이면 $\cosh^{-1}\dfrac{d}{2a} \simeq \ln\dfrac{d}{a}$

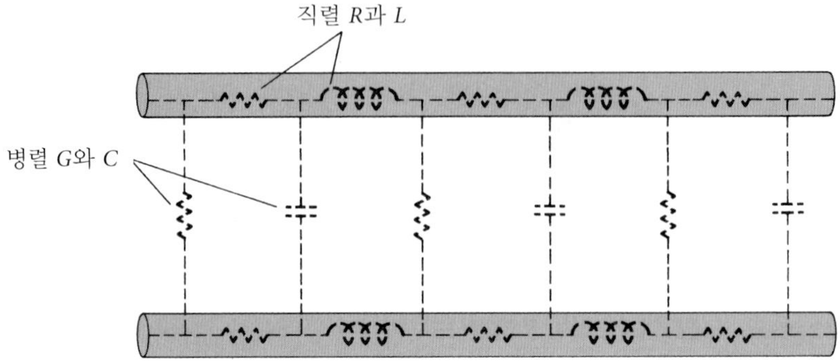

그림 11.3 2선식 전송선로의 분포정수 파라미터

다음 절에 대한 논의에 앞서서 어떻게 전자파가 2선식 전송선로를 통해서 전파해 나가는지 생각해 보자. 예를 들면 그림 11.4(a)와 같이 전원과 부하를 연결하는 동축선로를 고려해 보자. 스위치 S가 닫혀 있을 때, 내부 도체가 외부 도체에 대하여 양(+)이 되므로 그림 11.4(b)와 같이 전기장 **E**는 방사상의 외부 방향으로 향한다. Ampère의 법칙에 의하여 자기장 **H**는 11.4(b)에서와 같이 전류가 흐르는 도체를 둘러싼다. Poynting 벡터 ($\mathbf{E} \times \mathbf{H}$)는 전송선로의 길이 방향으로 향한다. 그러므로 스위치를 닫게 되면 선로를 따라 횡전자기(TEM)파가 전파하는 것처럼 보이게 된다. 이 파는 비균일평면파이고, 전력은 선로를 따라 전송된다.

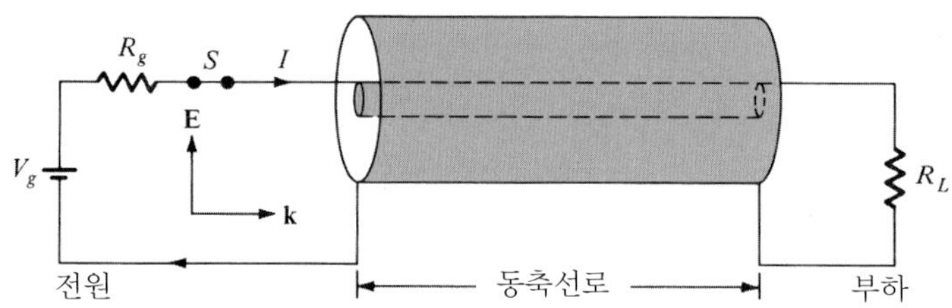

(a)

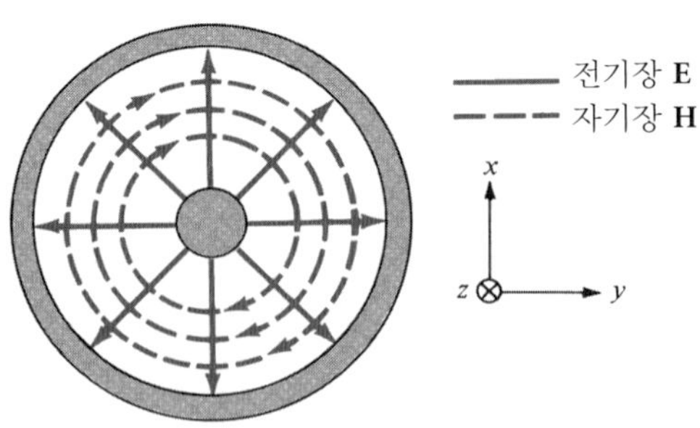

(b)

그림 11.4 (a) 전원과 부하를 연결하는 동축선로, (b) 동축선로 상의 전기장 **E**와 자기장 **H**

11.3 전송선로 방정식

앞 절에서 언급한 바와 같이 2선식 전송선로는 TEM파를 전송한다. 즉, 선로 상에서 전기장과 자기장은 서로 직교하고, 또한 파의 진행방향에 수직인 횡단면에 존재한다. TEM파의 중요한 특성은 전기장 $\mathbf{E}$와 자기장 $\mathbf{H}$가 각각 전압 V 그리고 전류 I와 유일하게 관련되어 있다는 점이다.

$$V = -\int_L \mathbf{E} \cdot d\mathbf{l}, \quad I = \oint_L \mathbf{H} \cdot d\mathbf{l} \tag{11.2}$$

이러한 관점에서, 앞으로 우리는 전송선로 문제를 푸는 데 있어서 전자기장 $\mathbf{E}$와 $\mathbf{H}$(즉, Maxwell 방정식과 경계조건을 푸는 것) 대신에 회로의 파라미터인 V와 I를 사용할 것이다. 이러한 회로 모델이 좀 더 단순할 뿐 아니라 편리하기 때문이다.

2선식 전송선로의 미소길이 Δz를 살펴보자. 이 미소길이의 전송선로에 대하여 등가회로를 구하고 이로부터 선로방정식을 유도한다. 그림 11.3으로부터 미소길이의 전송선로에 대한 등가회로는 그림 11.5와 같이 생각할 수 있다. 그림 11.5의 모델은 선로 파라미터 R, L, G, C의 항으로 되어 있으며, 그 외의 어떤 형태의 2도체 전송선로에도 적용될 수 있다. 이 모델을 L-형의 등가회로라고 부른다. 이 밖에 다른 형태의 등가회로도 가능하다(문제 11.1 참조). 그림 11.5의 모델에서 파는 $+z$방향을 따라 전파한다고 가정한다.

그림 11.5 회로의 바깥쪽 루프에 대하여 Kirchhoff의 전압법칙을 적용하면,

$$V(z, t) = R\,\Delta z\, I(z, t) + L\,\Delta z \frac{\partial I(z, t)}{\partial t} + V(z + \Delta z, t)$$

또는

$$-\frac{V(z + \Delta z, t) - V(z, t)}{\Delta z} = RI(z, t) + L\frac{\partial I(z, t)}{\partial t} \tag{11.3}$$

를 얻을 수 있다. 식 (11.3)에 $\Delta z \rightarrow 0$의 극한을 취하면

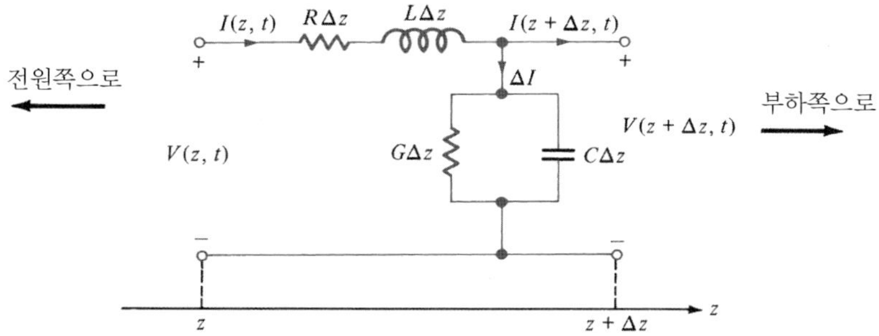

그림 11.5 2도체 전송선로의 미소길이 Δz에 대한 L-형 등가회로 모델

$$-\frac{\partial V(z,t)}{\partial z} = RI(z,t) + L\frac{\partial I(z,t)}{\partial t} \tag{11.4}$$

가 된다. 비슷하게, 그림 11.5의 주 마디에 Kirchhoff의 전류법칙을 적용하면

$$\begin{aligned} I(z,t) &= I(z+\Delta z,t) + \Delta I \\ &= I(z+\Delta z,t) + G\,\Delta z\,V(z+\Delta z,t) + C\,\Delta z\frac{\partial V(z+\Delta z,t)}{\partial t} \end{aligned}$$

또는

$$-\frac{I(z+\Delta z,t) - I(z,t)}{\Delta z} = GV(z+\Delta z,t) + C\frac{\partial V(z+\Delta z,t)}{\partial t} \tag{11.5}$$

를 얻을 수 있다. $\Delta z \to 0$을 취하면 식 (11.5)는

$$-\frac{\partial I(z,t)}{\partial z} = GV(z,t) + C\frac{\partial V(z,t)}{\partial t} \tag{11.6}$$

가 된다. 다음과 같이 시간 조화함수를 가정해 보자.

$$V(z,t) = \mathrm{Re}[V_s(z)\,e^{jwt}] \tag{11.7a}$$

$$I(z,t) = \mathrm{Re}[I_s(z)\,e^{jwt}] \tag{11.7b}$$

여기서 $V_s(z)$와 $I_s(z)$는 각각 $V(z,t)$와 $I(z,t)$의 페이저 표현식으로서, 식 (11.4)와 (11.6)은

$$-\frac{dV_s}{dz} = (R + j\omega L)I_s \tag{11.8}$$

$$-\frac{dI_s}{dz} = (G + j\omega C)V_s \tag{11.9}$$

가 된다. 미분방정식 (11.8)과 (11.9)에서 V_s와 I_s가 서로 결합되어 있다. 이들을 분리하기 위하여 식 (11.8)에서 V_s의 2차 미분을 취하고, 식 (11.9)를 사용하면

$$\frac{d^2V_s}{dz^2} = (R + j\omega L)(G + j\omega C)V_s$$

또는

$$\frac{d^2V_s}{dz^2} - \gamma^2 V_s = 0 \tag{11.10}$$

여기서

$$\boxed{\gamma = \alpha + j\beta = \sqrt{(R + j\omega L)(G + j\omega C)}} \tag{11.11}$$

이다. 마찬가지로 식 (11.9)에서 I_s의 2차 미분을 취하고, 식 (11.8)을 사용하면 다음 식을 얻게 된다.

$$\frac{d^2 I_s}{dz^2} - \gamma^2 I_s = 0 \tag{11.12}$$

식 (11.10)과 (11.12)는 각각 식 (10.17)과 (10.19)의 평면파에 대하여 구했던 파동방정식과 비슷한 형태인 전압과 전류에 관한 파동방정식이다. 그러므로 식 (11.11)의 γ는 전파상수(단위는 /m), α는 감쇠상수(단위는 nepers/m 혹은 dB/m),[2] 그리고 β는 위상상수(단위는 radians/m)이다. 파장 λ와 파의 속도 u는 각각 다음과 같이 주어진다.

$$\lambda = \frac{2\pi}{\beta} \tag{11.13}$$

$$\boxed{u = \frac{\omega}{\beta} = f\lambda} \tag{11.14}$$

선형 동차 미분방정식 (11.10)과 (11.12)의 해는 예제 6.5의 경우 2와 유사하다. 즉,

$$\begin{aligned} V_s(z) = \; & V_o^+ e^{-\gamma z} + V_o^- e^{\gamma z} \\ & \longrightarrow +z \quad -z \longleftarrow \end{aligned} \tag{11.15}$$

그리고

$$\begin{aligned} I_s(z) = \; & I_o^+ e^{-\gamma z} + I_o^- e^{\gamma z} \\ & \longrightarrow +z \quad -z \longleftarrow \end{aligned} \tag{11.16}$$

여기서 V_o^+, V_o^-, I_o^+, I_o^-는 파의 진폭이고, $+$와 $-$부호는 화살표로 표시한 것과 같이 각각 $+z$ 방향과 $-z$ 방향으로 진행하는 파를 나타낸다. 전압에 대한 순시 표현은 다음과 같다.

$$\begin{aligned} V(z, t) &= \text{Re}[V_s(z)\, e^{j\omega t}] \\ &= V_o^+ e^{-\alpha z} \cos(\omega t - \beta z) + V_o^- e^{\alpha z} \cos(\omega t + \beta z) \end{aligned} \tag{11.17}$$

선로의 **특성임피던스** Z_o는 선로의 임의의 점에서 $+z$ 방향으로 진행하는 전압파와 전류파의 비이다.

특성임피던스 Z_o는 파의 전파에서 매질의 고유임피던스 η와 유사하다. 식 (11.8)과 (11.9)에 식 (11.15)와 (11.16)을 대입하고 $e^{\gamma z}$항과 $e^{-\gamma z}$항의 계수를 같게 놓으면

---

2) 식 (10.35)로부터 1 Np = 8.686 dB임을 상기하라.

$$Z_o = \frac{V_o^+}{I_o^+} = -\frac{V_o^-}{I_o^-} = \frac{R + j\omega L}{\gamma} = \frac{\gamma}{G + j\omega C} \tag{11.18}$$

또는

$$\boxed{Z_o = \sqrt{\frac{R + j\omega L}{G + j\omega C}} = R_o + jX_o} \tag{11.19}$$

가 되며, 여기서 R_o와 X_o는 Z_o의 실수부와 허수부이다. R_o를 R과 혼동해서는 안 된다. R은 단위길이당 저항이고, R_o는 단순히 저항이다. 전파상수 γ와 특성임피던스 Z_o는 둘 다 선로 파라미터 R, L, G, C, 그리고 동작주파수에 의존하기 때문에 선로의 중요한 특성 파라미터들이다. Z_o의 역수 Y_o는 특성어드미턴스로서 $Y_o = 1/Z_o$이다.

이 절에서 지금까지 고려한 전송선로는 손실이 있는 선로로서, 선로를 구성하고 있는 도체가 불완전($\sigma_c \neq \infty$)하고, 도체 사이의 유전체가 손실이 있는($\sigma \neq 0$) 경우이다. 이러한 일반적인 경우를 참고로 하여 두 가지의 특별한 전송선로, 즉 무손실 전송선로와 무왜곡 전송선로에 대하여 살펴보기로 하자.

A. 무손실 전송선로($R = 0 = G$)

선로의 도체가 완전도체($\sigma_c \approx \infty$)이고 도체 사이의 유전체 매질이 무손실($\sigma \simeq 0$)이면, **전송선로**는 **무손실**이라고 한다.

이러한 선로에 대해 표 11.1로부터 아래의 사실이 명백하다.

$$\boxed{R = 0 = G} \tag{11.20}$$

윗 식은 선로가 무손실이기 위한 필요조건이다. 그러므로 이러한 선로에서는 식 (11.20)에 의해 식 (11.11), (11.14), (11.19)가 다음과 같이 된다.

$$\alpha = 0, \quad \gamma = j\beta = j\omega\sqrt{LC} \tag{11.21a}$$

$$u = \frac{\omega}{\beta} = \frac{1}{\sqrt{LC}} = f\lambda \tag{11.21b}$$

$$X_o = 0, \quad Z_o = R_o = \sqrt{\frac{L}{C}} \tag{11.21c}$$

B. 무왜곡 전송선로($R/L = G/C$)

신호는 통상적으로 주파수 대역으로 이루어져 있다. 감쇠상수 α가 주파수에 의존하므로 서로 다른 주파수 성분의 진폭들은 손실이 있는 선로에서는 서로 다르게 감쇠할 것이다. 일반적으로 각각의 주파수 성분의 위상속도 역시 주파수에 의존하므로, 이러한 현상이 왜곡을 초래한다.

> **무왜곡 전송선로**는 감쇠상수 α가 주파수에 의존하지 않는 반면에 위상상수 β는 주파수에 선형적으로 의존한다.

식 (11.11)의 α와 β의 일반적 표현식으로부터 선로의 파라미터가 다음의 관계식을 만족할 때 무왜곡 선로가 된다.

$$\boxed{\frac{R}{L} = \frac{G}{C}} \tag{11.22}$$

그러므로 무왜곡 선로의 경우

$$\begin{aligned}\gamma &= \sqrt{RG\left(1 + \frac{j\omega L}{R}\right)\left(1 + \frac{j\omega C}{G}\right)} \\ &= \sqrt{RG}\left(1 + \frac{j\omega C}{G}\right) = \alpha + j\beta\end{aligned}$$

또는

$$\alpha = \sqrt{RG}, \quad \beta = \omega\sqrt{LC} \tag{11.23a}$$

가 되며, 이 식에서 알 수 있듯이 α는 주파수와 무관하며, β는 주파수의 선형함수이다. 또한

$$\sqrt{\frac{R(1 + j\omega L/R)}{G(1 + j\omega C/G)}} = \sqrt{\frac{R}{G}} = \sqrt{\frac{L}{C}} = R_o + jX_o$$

또는

$$R_o = \sqrt{\frac{R}{G}} = \sqrt{\frac{L}{C}}, \quad X_o = 0 \tag{11.23b}$$

그리고

$$u = \frac{\omega}{\beta} = \frac{1}{\sqrt{LC}} = f\lambda \tag{11.23c}$$

가 된다.

표 11.2 전송선로의 특성

경우	전파상수 $\gamma=\alpha+j\beta$	특성임피던스 $Z_o=R_o+jX_o$
일반	$\sqrt{(R+j\omega L)(G+j\omega C)}$	$\sqrt{\dfrac{R+j\omega L}{G+j\omega C}}$
무손실	$0+j\omega\sqrt{LC}$	$\sqrt{\dfrac{L}{C}}+j0$
무왜곡	$\sqrt{RG}+j\omega\sqrt{LC}$	$\sqrt{\dfrac{L}{C}}+j0$

다음과 같은 중요한 특성들을 유의해야 한다.

1. 위상상수 β가 주파수에 선형적으로 의존하기 때문에 위상속도는 주파수와 무관하다. α와 u가 주파수에 따라 변하면 신호의 왜곡이 일어난다.
2. u와 Z_o는 무손실 전송선로의 경우와 같다.
3. 무손실 선로는 무왜곡 선로이지만, 무왜곡 선로가 반드시 무손실 선로인 것은 아니다. 전력전송에서는 무손실 선로가 바람직하지만 전화선의 경우는 무왜곡 선로가 요구된다.

이 절에서 논의된 것들을 표 11.2에 요약하였다. 앞으로 해석의 보다 많은 부분을 무손실 선로로 제한할 것이다.

예제 11.1

공기로 채워진 선로가 100 MHz에서 특성임피던스가 70 Ω이고, 위상상수가 3 rad/m이다. 선로의 단위길이당 인덕턴스와 커패시턴스를 계산하라.

풀이

공기로 채워진 선로는 $\sigma \simeq 0, \sigma_c \to \infty$이기 때문에 무손실 선로로 볼 수 있다. 그러므로

$$R = 0 = G \quad \text{그리고} \quad \alpha = 0$$

$$Z_o = R_o = \sqrt{\frac{L}{C}} \tag{11.1.1}$$

$$\beta = \omega\sqrt{LC} \tag{11.1.2}$$

이다. 식 (11.1.1)을 식 (11.1.2)로 나누면

$$\frac{R_o}{\beta} = \frac{1}{\omega C}$$

또는

$$C = \frac{\beta}{\omega R_o} = \frac{3}{2\pi \times 100 \times 10^6(70)} = 68.2 \text{ pF/m}$$

를 얻을 수 있다. 식 (11.1.1)로부터

$$L = R_o^2 C = (70)^2(68.2 \times 10^{-12}) = 334.2 \text{ nH/m}$$

연습문제 11.1

500 MHz에서 동작하는 전송선로에서 $Z_o = 80\ \Omega$, $\alpha = 0.04$ Np/m, $\beta = 1.5$ rad/m이다. 선로의 파라미터 R, L, G, C를 구하라.

해답: 3.2 Ω/m, 38.2 nH/m, 5×10^{-4} S/m, 5.97 pF/m

예제 11.2

무왜곡 선로에서 $Z_o = 60\ \Omega$, $\alpha = 20$ Np/m, $u = 0.6c$이며, 여기서 c는 진공에서의 빛의 속도이다. 100 MHz에서 R, L, G, C, 그리고 λ를 구하라.

풀이

무왜곡 선로의 경우

$$RC = GL \quad \text{또는} \quad G = \frac{RC}{L}$$

이므로

$$Z_o = \sqrt{\frac{L}{C}} \tag{11.2.1}$$

$$\alpha = \sqrt{RG} = R\sqrt{\frac{C}{L}} = \frac{R}{Z_o} \tag{11.2.2a}$$

또는

$$R = \alpha Z_o \tag{11.2.2b}$$

이다. 그러나

$$u = \frac{\omega}{\beta} = \frac{1}{\sqrt{LC}} \tag{11.2.3}$$

이다. 식 (11.2.2b)로부터

$$R = \alpha Z_o = (20 \times 10^{-3})(60) = 1.2\ \Omega/\text{m}$$

식 (11.2.1)을 식 (11.2.3)으로 나누면

$$L = \frac{Z_o}{u} = \frac{60}{0.6\,(3 \times 10^8)} = 333 \text{ nH/m}$$

가 된다. 식 (11.2.2a)로부터

$$G = \frac{\alpha^2}{R} = \frac{400 \times 10^{-6}}{1.2} = 333\ \mu\text{S/m}$$

가 된다. 식 (11.2.1)과 (11.2.3)을 곱하면

$$uZ_o = \frac{1}{C}$$

또는

$$C = \frac{1}{uZ_o} = \frac{1}{0.6\,(3 \times 10^8)\,60} = 92.59 \text{ pF/m}$$

$$\lambda = \frac{u}{f} = \frac{0.6\,(3 \times 10^8)}{10^8} = 1.8 \text{ m}$$

를 얻을 수 있다.

연습문제 11.2

전화선에서 $R = 30\ \Omega/\text{km}$, $L = 100\ \text{mH/km}$, $G = 0$, $C = 20\ \mu\text{F/km}$이다. $f = 1$ kHz에서 다음을 구하라.

(a) 선로의 특성임피던스

(b) 전파상수

(c) 위상속도

해답: (a) $70.75\underline{/-1.367^\circ}\ \Omega$, (b) $2.121 \times 10^{-4} + j8.888 \times 10^{-3}$/m, (c) 7.069×10^5 m/s

11.4 입력임피던스, 정재파비, 전력

길이가 ℓ이고, γ와 Z_o의 특성을 갖는 전송선로가 그림 11.6(a)와 같이 Z_L인 부하와 연결되어 있는 경우를 생각해 보자. 전원 쪽에서 부하를 향해 들여다 본 임피던스를 입력임피던스 Z_{in}이라 한다. 이 절의 목적은 선로 상에서 입력임피던스, 정재파비, 그리고 전력전송에 대해 알아보는 것이다.

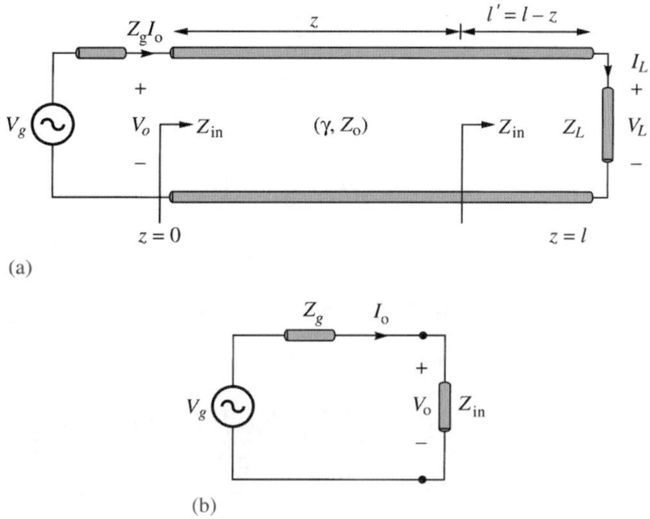

그림 11.6 (a) 부하로 종단된 선로의 입력임피던스;
(b) 입력단에서 Z_{in}의 항으로 V_o와 I_o를 구하기 위한 등가회로

전송선로는 $z = 0$의 전원으로부터 $z = \ell$의 부하까지 연결되어 있다. 우선, 식 (11.15)와 (11.16)의 전압파 및 전류파 표현식이 필요하며, 여기에 식 (11.18)의 관계식을 결합하면

$$V_s(z) = V_o^+ e^{-\gamma z} + V_o^- e^{\gamma z} \tag{11.24}$$

$$I_s(z) = \frac{V_o^+}{Z_o} e^{-\gamma z} - \frac{V_o^-}{Z_o} e^{\gamma z} \tag{11.25}$$

와 같은 식들이 얻어진다. V_o^+와 V_o^-를 구하기 위해서는 선로 종단의 조건이 주어져야 한다. 예를 들어, 입력단에서의 조건이

$$V_o = V(z = 0), \quad I_o = I(z = 0) \tag{11.26}$$

으로 주어지면, 이들을 식 (11.24)와 (11.25)에 대입하여 다음의 결과를 얻는다.

$$V_o^+ = \frac{1}{2}(V_o + Z_o I_o) \tag{11.27a}$$

$$V_o^- = \frac{1}{2}(V_o - Z_o I_o) \tag{11.27b}$$

입력단에서의 입력임피던스를 Z_{in}으로 놓으면, 입력전압 V_o와 입력전류 I_o는 그림 11.6(b)로부터 쉽게 얻어진다. 즉,

$$V_o = \frac{Z_{in}}{Z_{in} + Z_g} V_g, \quad I_o = \frac{V_g}{Z_{in} + Z_g} \tag{11.28}$$

한편, 부하단에서의 조건이

$$V_L = V(z = \ell), \quad I_L = I(z = \ell) \tag{11.29}$$

으로 주어지면 이들을 식 (11.24)와 (11.25)에 대입하여 다음의 결과를 얻는다.

$$V_o^+ = \frac{1}{2}(V_L + Z_o I_L)e^{\gamma\ell} \tag{11.30a}$$

$$V_o^- = \frac{1}{2}(V_L - Z_o I_L)e^{-\gamma\ell} \tag{11.30b}$$

다음으로, 선로 상의 임의의 점에서 입력임피던스 $Z_{in} = V_s(z)/I_s(z)$를 구한다. 예를 들어 전원에서는 식 (11.24)와 (11.25)로부터 다음 식을 얻게 된다.

$$Z_{in} = \frac{V_s(z)}{I_s(z)} = \frac{Z_o(V_o^+ + V_o^-)}{V_o^+ - V_o^-} \tag{11.31}$$

식 (11.30)을 식 (11.31)에 대입하고, 아래의 관계식

$$\frac{e^{\gamma\ell} + e^{-\gamma\ell}}{2} = \cosh \gamma\ell, \quad \frac{e^{\gamma\ell} - e^{-\gamma\ell}}{2} = \sinh \gamma\ell \tag{11.32a}$$

또는

$$\tanh \gamma\ell = \frac{\sinh \gamma\ell}{\cosh \gamma\ell} = \frac{e^{\gamma\ell} - e^{-\gamma\ell}}{e^{\gamma\ell} + e^{-\gamma\ell}} \tag{11.32b}$$

을 이용하면 다음의 결과식을 얻을 수 있다.

$$\boxed{Z_{in} = Z_o\left[\frac{Z_L + Z_o \tanh \gamma\ell}{Z_o + Z_L \tanh \gamma\ell}\right]} \quad \text{(손실이 있는 선로)} \tag{11.33}$$

식 (11.33)은 전원 쪽에서의 입력임피던스에 대하여 유도한 것이지만, 이 식은 선로 상의 임의의 점에서 입력임피던스를 구하기 위한 일반적인 표현식이기도 하다. 그림 11.6(a)에서와 같이 부하로부터 ℓ'만큼 떨어진 지점에서의 Z_{in}을 구하기 위해서는 ℓ 대신에 ℓ'을 대입하면 된다. 식 (11.33)에서 복소수의 하이퍼볼릭(hyperbolic) 탄젠트 값을 계산하기 위한 공식은 부록 A.3에 첨부하였다.

무손실 선로의 경우 $\gamma = j\beta$, $\tanh j\beta\ell = j\tan\beta\ell$, $Z_o = R_o$이므로 식 (11.33)은

$$\boxed{Z_{in} = Z_o\left[\frac{Z_L + jZ_o \tan \beta\ell}{Z_o + jZ_L \tan \beta\ell}\right]} \quad \text{(무손실 선로)} \tag{11.34}$$

가 되며, 이 식은 입력임피던스가 부하로부터의 거리 ℓ을 따라 주기적으로 변한다는 사실을 보여주고 있다. 식 (11.34)의 $\beta\ell$을 선로의 **전기적 길이**라 하며, 단위는 통상적으로 도(degrees) 또는 라디안(radians)을 사용한다.

이제 (부하에서의) **전압반사계수** Γ_L을 정의해 보자. Γ_L은 부하에서의 전압 반사파와 입사파의 비이다. 즉,

$$\Gamma_L = \frac{V_o^- e^{\gamma\ell}}{V_o^+ e^{-\gamma\ell}} \tag{11.35}$$

식 (11.30)의 V_o^-와 V_o^+를 식 (11.35)에 대입하고, $V_L = Z_L I_L$의 관계식을 이용하면

$$\boxed{\Gamma_L = \frac{Z_L - Z_o}{Z_L + Z_o}} \tag{11.36}$$

의 식을 얻는다.

> 선로 상의 임의의 점에서 **전압반사계수**는 전압 반사파와 입사파의 비이다.

즉,

$$\Gamma(z) = \frac{V_o^- e^{\gamma z}}{V_o^+ e^{-\gamma z}} = \frac{V_o^-}{V_o^+} e^{2\gamma z}$$

이고, 여기서 $z = \ell - \ell'$이다. 식 (11.35)를 이용하면 다음 식을 얻을 수 있다.

$$\Gamma(z) = \frac{V_o^-}{V_o^+} e^{2\gamma\ell} e^{-2\gamma\ell'} = \Gamma_L e^{-2\gamma\ell'} \tag{11.37}$$

> 선로 상의 임의의 점에서 **전류반사계수**는 그 점에서의 전압반사계수에 부호만 −로 바뀐 값이다.

그러므로 부하에서의 전류반사계수는 $I_o^- e^{\gamma l}/I_o^+ e^{-\gamma l} = -\Gamma_L$이다.

평면파의 경우와 마찬가지로 **정재파비**(SWR)도 아래와 같이 정의할 수 있다.

$$\boxed{s = \frac{V_{max}}{V_{min}} = \frac{I_{max}}{I_{min}} = \frac{1 + |\Gamma_L|}{1 - |\Gamma_L|}} \tag{11.38a}$$

$$\boxed{|\Gamma_L| = \frac{S - 1}{S + 1}} \tag{11.38b}$$

여기서 $I_{max} = V_{max}/Z_o$이며, $I_{min} = V_{min}/Z_o$임을 쉽게 알 수 있다. 식 (11.34)의 입력임피던스 Z_{in}은 전압 및 전류 정재파가 최대값과 최소값인 곳에서 각각 최대값과 최소값을 갖게 된다. 이를 다음과 같이 나타낼 수 있다.

$$|Z_{in}|_{max} = \frac{V_{max}}{I_{min}} = sZ_o \tag{11.39a}$$

그리고

$$|Z_{in}|_{min} = \frac{V_{min}}{I_{max}} = \frac{Z_o}{s} \tag{11.39b}$$

이다.

이 개념을 설명하기 위해 특성임피던스가 $Z_o = 50\ \Omega$인 무손실 전송선로를 생각해 보자. 해석을 단순하게 하기 위해 선로의 끝단에 $Z_L = 100\ \Omega$인 순 저항성 부하가 연결되어 있으며, 부하에서의 전압이 100 V(rms)라고 가정하자. 선로 상에서의 조건들은 그림 11.7에 나타내었다. 그림으로부터 선로 상의 파형이 매 반파장마다 반복되는 것에 주목하라.

이 장의 서두에서 언급했던 것처럼 전송선로는 전원으로부터 부하로 전력을 전달하는 데 사용된다. 부하로부터 ℓ만큼 떨어진 지점에서의 평균 입력전력은 식 (10.68)과 비슷한 식으로 주어진다. 즉,

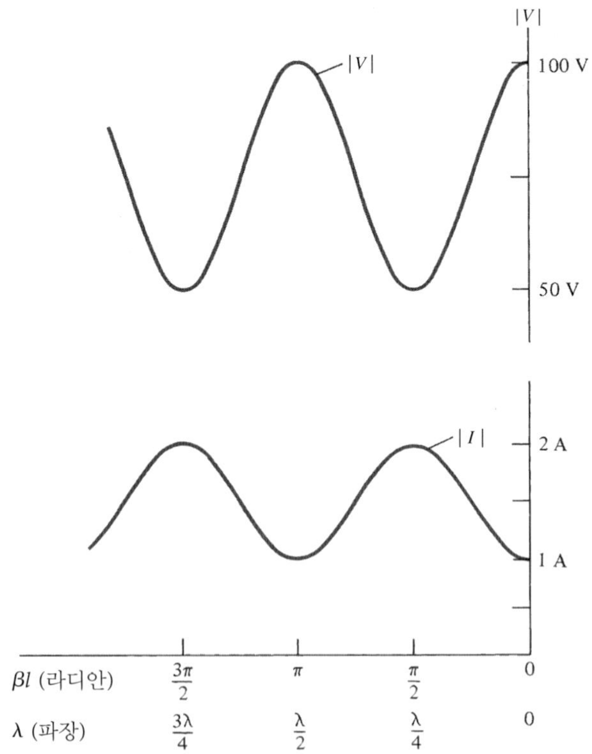

그림 11.7 저항성 부하로 종단된 무손실 선로 상의 전압 및 전류 파형 패턴

$$P_{\text{ave}} = \frac{1}{2}\text{Re}[V_s(\ell)I_s^*(\ell)]$$

여기서 $\frac{1}{2}$은 실효값 대신 첨두값을 다루기 때문에 필요하다. 무손실 선로를 가정하여 식 (11.24)와 (11.25)를 대입하면 다음과 같이 된다.

$$P_{\text{ave}} = \frac{1}{2}\text{Re}\left[V_o^+(e^{j\beta\ell} + \Gamma e^{-j\beta\ell})\frac{V^{+*}}{Z_o}(e^{-j\beta\ell} - \Gamma^* e^{j\beta\ell})\right]$$

$$= \frac{1}{2}\text{Re}\left[\frac{|V_o^+|^2}{Z_o}(1 - |\Gamma|^2 + \Gamma e^{-2j\beta\ell} - \Gamma^* e^{2j\beta\ell})\right]$$

윗식의 마지막 두 항은 허수성분만을 가지므로

$$\boxed{P_{\text{ave}} = \frac{|V_o^+|^2}{2Z_o}(1 - |\Gamma|^2)} \tag{11.40}$$

이 되며, 이 식의 첫째 항은 입력전력 P_i이고, 둘째 항은 반사전력 P_r이다. 그러므로 식 (11.40)은 다음과 같이 쓸 수 있다.

$$P_t = P_i - P_r$$

여기서 P_t는 입력전력 또는 전송전력이며, −부호는 전압/전류파가 오른쪽으로 진행하는 것을 기준방향으로 취했기 때문에 이에 대한 반대방향으로 진행하는 데 따른 것이다. 무손실 선로이기 때문에 식 (11.40)의 전력은 상수이며, 거리 ℓ에 의존하지 않는다는 사실에 유의해야 한다. 또한 $\Gamma = 0$일 때 최대전력이 부하로 전달된다는 것에 주목하라.

이제 선로가 $Z_L = 0$, $Z_L = \infty$, $Z_L = Z_o$와 같은 부하와 연결된 특별한 경우에 대하여 알아보기로 하자. 이들 특별한 경우들은 일반적인 경우로부터 쉽게 유도할 수 있다.

A. 단락선로($Z_L = 0$)

이 경우에 식 (11.34)는 다음과 같이 된다.

$$Z_{\text{sc}} = Z_{\text{in}}\Big|_{Z_L=0} = jZ_o \tan \beta\ell \tag{11.41a}$$

또한 식 (11.36)과 (11.38)로부터

$$\Gamma_L = -1, \quad s = \infty \tag{11.41b}$$

식 (11.41a)로부터 Z_{in}는 순 리액턴스 성분이며, 선로길이 ℓ에 따라 용량성이거나 유도성이 될 수 있음을 주목하라. 선로길이 ℓ에 따른 Z_{in}의 변화를 그림 11.8(a)에 나타내었다.

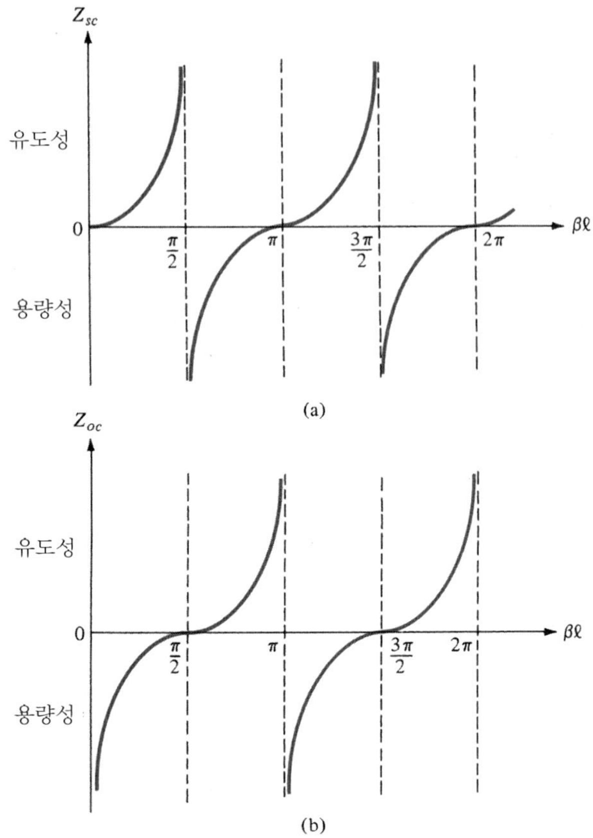

그림 11.8 무손실 선로의 입력임피던스: (a) 부하가 단락되었을 때, (b) 부하가 개방되었을 때

B. 개방선로($Z_L = \infty$)

이 경우에 식 (11.34)는 다음과 같이 된다.

$$Z_{oc} = \lim_{Z_L \to \infty} Z_{in} = \frac{Z_o}{j \tan \beta \ell} = -jZ_o \cot \beta \ell \tag{11.42a}$$

그리고 식 (11.36)과 (11.38)로부터

$$\Gamma_L = 1, \quad s = \infty \tag{11.42b}$$

선로길이 ℓ에 따른 Z_{in}의 변화를 그림 11.8(b)에 나타내었다. 식 (11.41a)와 (11.42a)로부터 아래의 관계식이 성립함을 주목하라.

$$Z_{sc}Z_{oc} = Z_o^2 \tag{11.43}$$

C. 정합선로($Z_L = Z_o$)

실질적 관점에서 가장 바람직한 경우가 바로 이 정합선로이다. 이 경우 식 (11.34)는

$$Z_{in} = Z_o \tag{11.44a}$$

그리고

$$\Gamma_L = 0, \quad s = 1 \tag{11.44b}$$

가 되며, $V_o^- = 0$이다. 즉, 모든 파가 전송되며 반사파는 존재하지 않는다. 입사전력은 모두 부하에서 흡수된다. 그러므로 전송선로가 부하와 정합되면 최대 전력전달이 가능해진다.

예제 11.3

$\omega = 10^6$ rad/s에서 동작하는 길이가 2 m인 전송선로에서 $\alpha = 8$ dB/m, $\beta = 1$ rad/m, 그리고 $Z_o = 60 + j40\ \Omega$이다. 이 선로가 $10\underline{/0°}$ V, $Z_g = 40\ \Omega$의 전원과 연결되어 있고, $20 + j50\ \Omega$의 부하로 종단될 때 다음을 구하라.

(a) 입력임피던스

(b) 송전단에서의 전류

(c) 선로 중앙에서의 전류

풀이

(a) 1 Np = 8.686 dB이므로

$$\alpha = \frac{8}{8.686} = 0.921 \text{ Np/m}$$

$$\gamma = \alpha + j\beta = 0.921 + j1 \text{ /m}$$

$$\gamma\ell = 2(0.921 + j1) = 1.84 + j2$$

부록 A.3의 $\tanh(x + jy)$에 대한 공식을 이용하면

$$\tanh \gamma\ell = 1.033 - j0.03929$$

$$Z_{in} = Z_o\left(\frac{Z_L + Z_o \tanh \gamma\ell}{Z_o + Z_L \tanh \gamma\ell}\right)$$

$$= (60 + j40)\left[\frac{20 + j50 + (60 + j40)(1.033 - j0.03929)}{60 + j40 + (20 + j50)(1.033 - j0.03929)}\right]$$

$$Z_{in} = 60.25 + j38.79\ \Omega$$

(b) 송전단에서의 전류는 $I(z = 0) = I_o$이다. 식 (11.28)로부터

$$I(z = 0) = \frac{V_g}{Z_{in} + Z_g} = \frac{10}{60.25 + j38.79 + 40}$$

$$= 93.03\underline{/-21.15°} \text{ mA}$$

(c) 임의의 점에서의 전류를 구하기 위해서는 V_o^+와 V_o^-가 필요하다.

$$I_o = I(z = 0) = 93.03\underline{/-21.15°} \text{ mA}$$

$$V_o = Z_{in}I_o = (71.66\underline{/32.77°})(0.09303\underline{/-21.15°}) = 6.667\underline{/11.62°} \text{ V}$$

이므로, 식 (11.27)로부터

$$V_o^+ = \frac{1}{2}(V_o + Z_oI_o)$$
$$= \frac{1}{2}[6.667\underline{/11.62°} + (60 + j40)(0.09303\underline{/-21.15°})] = 6.687\underline{/12.08°}$$

$$V_o^- = \frac{1}{2}(V_o - Z_oI_o) = 0.0518\underline{/260°}$$

선로의 중앙에서는 $z = \ell/2$, $\gamma z = 0.921 + j1$이 된다. 그러므로 이 지점에서의 전류는

$$I_s(z = \ell/2) = \frac{V_o^+}{Z_o}e^{-\gamma z} - \frac{V_o^-}{Z_o}e^{\gamma z}$$
$$= \frac{(6.687e^{j12.08°})e^{-0.921-j1}}{60 + j40} - \frac{(0.0518e^{j260°})e^{0.921+j1}}{60 + j40}$$

이 된다. $j1$의 단위가 라디안이라는 것에 주의해야 하며, 이는 $j57.3°$와 같다. 따라서

$$I_s(z = \ell/2) = \frac{6.687e^{j12.08°}e^{-0.921}e^{-j57.3°}}{72.1e^{j33.69°}} - \frac{0.0518e^{j260°}e^{0.921}e^{j57.3°}}{72.1e^{33.69°}}$$
$$= 0.0369e^{-j78.91°} - 0.001805e^{j283.61°}$$
$$= 6.673 - j34.456 \text{ mA}$$
$$= 35.10\underline{/281°} \text{ mA}$$

연습문제 11.3

그림 11.9에서 보인 40 m 길이의 전송선로에서 $V_g = 15\underline{/0°}$ V_{rms}, $Z_o = 30 + j60\ \Omega$, 그리고 $V_L = 5\underline{/-48°}$ V_{rms}이다. 선로가 부하와 정합되었을 때 다음을 계산하라.

(a) 입력임피던스 Z_{in}

(b) 송전단 전류 I_{in}와 전압 V_{in}

(c) 전파상수 γ

해답: (a) $30 + j60\ \Omega$, (b) $0.2236\underline{/-63.43°}$ A, $7.5\underline{/0°}$ V_{rms}, (c) $0.0101 + j0.02094$ /m

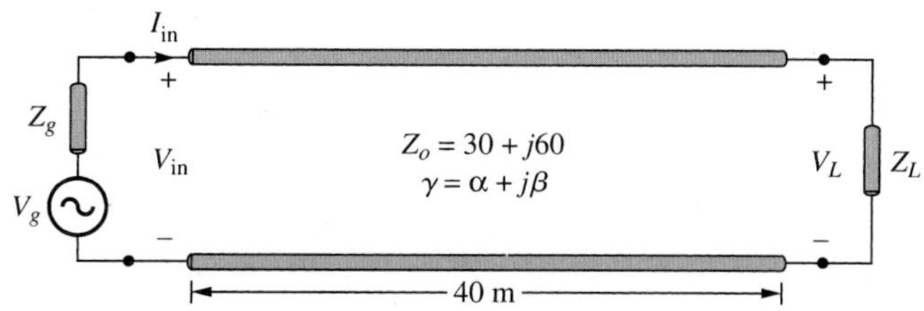

그림 11.9 연습문제 11.3의 그림

11.5 Smith 도표

디지털 컴퓨터나 계산기가 출현하기 이전에 설계 및 해석을 위한 계산을 쉽게 하기 위해 공학도들은 모든 종류의 보조수단(계산자, 표, 도표, 그래프 등)을 개발하였다. 전송선로 특성의 계산에 수반되는 지루한 과정을 줄이기 위하여 그래프를 이용하는 방법이 개발되었다. Smith 도표[3]는 그래프를 이용하는 기법 중 가장 널리 사용되고 있다. 이 도표는 기본적으로 전송선로를 따라 이동할 때 임피던스의 변화와 그에 상응하는 반사계수를 그래프 상에 나타낸 것이다. 이 도표의 사용법은 조금만 연습하면 곧 숙달된다. 우선 Smith 도표가 어떻게 만들어졌는가를 알아본 후 Γ_L, s, Z_{in}와 같은 전송선로의 특성들을 계산하는 데 이 도표를 활용할 것이다. 근본적으로 요구되는 것은 아니지만 Smith 도표를 적용할 전송선로를 무손실($Z_o = R_o$)이라고 가정한다.

Smith 도표는 그림 11.10과 같이 반지름이 1인 원 안에 구성되어 있다($|\Gamma| < 1$). Smith 도표의 구성은 식 (10.36)[4]의 관계에 기초한다. 즉,

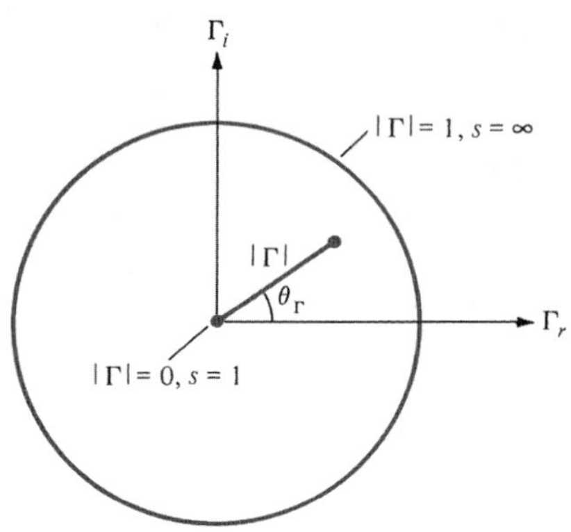

그림 11.10 Smith 도표가 그려지는 반지름이 1인 원

3) 1939년 Phillip H. Smith에 의해 고안되었다. 참고문헌; (1) P. H. Smith, "Transmission Line Calculator," Electronics, vol. 12, pp. 29~31, 1939, (2) P. H. Smith, "An Improved Transmission Line Calculator," Electronics, vol. 17, pp. 130~133, 1944.

4) Γ는 아랫첨자의 첨부여부와 상관없이 부하에서의 전압반사계수를 의미한다($\Gamma_L = \Gamma$).

$$\Gamma = \frac{Z_L - Z_o}{Z_L + Z_o} \tag{11.45}$$

또는

$$\Gamma = |\Gamma| \underline{/\theta_\Gamma} = \Gamma_r + j\Gamma_i \tag{11.46}$$

여기서 Γ_r과 Γ_i는 반사계수 Γ의 실수부와 허수부이다.

$Z_o = 60, 100, 120\ \Omega$ 등과 같이 서로 다른 특성임피던스를 갖는 전송선로에 대해 별도의 Smith 도표를 사용하기보다는 어떤 선로에 대해서도 사용할 수 있는 하나의 도표를 사용하는 것이 선호된다. 이것은 모든 임피던스들을 특정 선로의 특성임피던스 Z_o로 정규화시킨 도표를 사용하여 구현할 수 있다. 예를 들어 부하임피던스 Z_L에 대한 **정규화 부하임피던스** z_L은

$$z_L = \frac{Z_L}{Z_o} = r + jx \tag{11.47}$$

가 된다. 식 (11.47)을 식 (11.45)와 (11.46)에 대입하면

$$\Gamma = \Gamma_r + j\Gamma_i = \frac{z_L - 1}{z_L + 1} \tag{11.48a}$$

또는

$$z_L = r + jx = \frac{(1 + \Gamma_r) + j\Gamma_i}{(1 - \Gamma_r) - j\Gamma_i} \tag{11.48b}$$

가 된다. 윗 식의 양변에서 실수부와 허수부를 각각 같게 놓으면

$$r = \frac{1 - \Gamma_r^2 - \Gamma_i^2}{(1 - \Gamma_r)^2 + \Gamma_i^2} \tag{11.49a}$$

$$x = \frac{2\Gamma_i}{(1 - \Gamma_r)^2 + \Gamma_i^2} \tag{11.49b}$$

가 된다. 식 (11.49)를 다시 정리하면 다음과 같이 된다.

$$\boxed{\left[\Gamma_r - \frac{r}{1 + r}\right]^2 + \Gamma_i^2 = \left[\frac{1}{1 + r}\right]^2} \tag{11.50}$$

그리고

$$\boxed{[\Gamma_r - 1]^2 + \left[\Gamma_i - \frac{1}{x}\right]^2 = \left[\frac{1}{x}\right]^2} \tag{11.51}$$

표 11.3 대표적인 r값에 대한 r-원의 반지름과 중심

정규화 저항(r)	반지름$\left(\dfrac{1}{1+r}\right)$	중심$\left(\dfrac{r}{1+r}, 0\right)$
0	1	(0, 0)
1/2	2/3	(1/3, 0)
1	1/2	(1/2, 0)
2	1/3	(2/3, 0)
5	1/6	(5/6, 0)
∞	0	(1, 0)

식 (11.50)과 (11.51)은 아래와 같이 반지름이 a이고, (h, k)에 중심이 있는 일반적인 원의 방정식이다.

$$(x - h)^2 + (y - k)^2 = a^2 \tag{11.52}$$

따라서 식 (11.50)은 **r-원(저항원)**으로서 중심과 반지름이 다음과 같다.

$$\text{중심 } (\Gamma_r, \Gamma_i) = \left(\frac{r}{1+r}, 0\right) \tag{11.53a}$$

$$\text{반지름} = \frac{1}{1+r} \tag{11.53b}$$

대표적인 정규화 저항값 r에 대하여, 이에 해당하는 r-원의 중심과 반지름들을 표 11.3에 나타내었다. 표 11.3의 값들을 바탕으로 한 r-원들을 그림 11.11에 나타내었다.

마찬가지로 식 (11.51)은 중심과 반지름이 다음과 같은 **x-원(리액턴스 원)**이다.

$$\text{중심 } (\Gamma_r, \Gamma_i) = \left(1, \frac{1}{x}\right) \tag{11.54a}$$

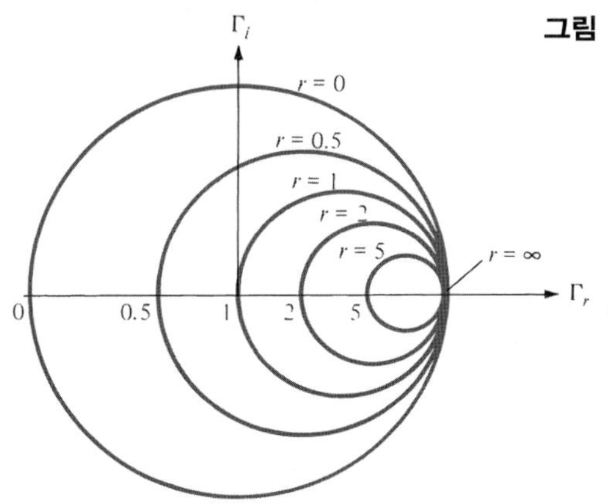

그림 11.11 $r = 0, 0.5, 1, 2, 5, \infty$에 대한 대표적인 r-원

표 11.4 대표적인 x값에 대한 x-원의 반지름과 중심

정규화 저항(r)	반지름$\left(\frac{1}{x}\right)$	중심$\left(1, \frac{1}{x}\right)$
0	∞	$(1, \infty)$
$\pm 1/2$	2	$(1, \pm 2)$
± 1	1	$(1, \pm 1)$
± 2	1/2	$(1, \pm 1/2)$
± 5	1/5	$(1, \pm 1/5)$
$\pm\infty$	0	$(1, 0)$

$$\text{반지름} = \frac{1}{x} \tag{11.54b}$$

x의 대표적인 값들에 대하여 x-원의 중심과 반지름들을 표 11.4에 나타내었으며, 이를 바탕으로 한 x-원들을 그림 11.12에 나타내었다. r은 항상 양의 값을 갖는데 반해 x는 양의 값(유도성 임피던스)을 가질 수도 있고, 음의 값(용량성 임피던스)을 가질 수 있다는 점에 유의하라.

r-원과 x-원을 중첩시키면 그림 11.13에 보인 것과 같은 Smith 도표가 된다. 이 도표 상에, 예를 들어 $r = 2$인 원과 $x = 1$인 원을 교차시켜 정규화 임피던스 $z = 2 + j1$을 표시할 수 있다. 이 점이 그림 11.13의 점 P_1이고, 비슷하게 $z = 1 - j0.5$에 대해서는 $r = 1$인 원과 $x = -0.5$인 원을 교차시킨 점 P_2에 위치한다.

(Smith 도표 상에 나타나는) r-원과 x-원과는 별개로 (Smith도표 상에 항상 나타나지 않는) **s-원** 또는 **일정한 정재파비 원**을 그릴 수 있다. 이 원은 중심점이 도표의 중심에 위치하고, 그 값은 1부터 ∞까지 변한다. 정재파비 s의 값은 s-원이 Γ_r축과 만나는 점에 의해 결정된다. $s = 1, 2, 3$과 ∞에 대한 s-원의 전형적인 예를 그림 11.13에 나타내었다. $|\Gamma|$와 s는 식 (11.38)

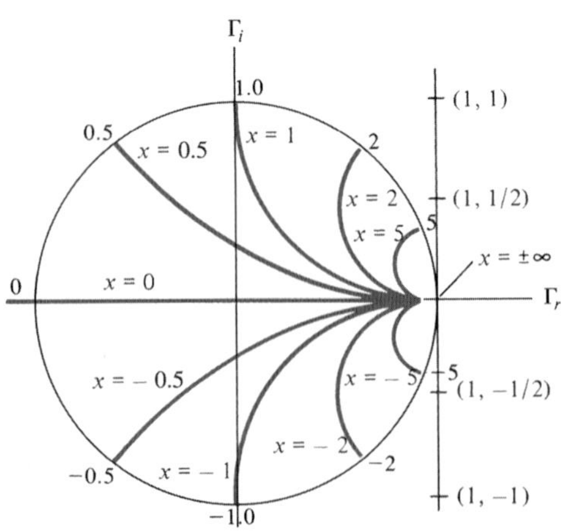

그림 11.12 $x = 0, \pm 1/2, \pm 1, \pm 2, \pm 5, \pm\infty$에 대한 대표적인 x-원

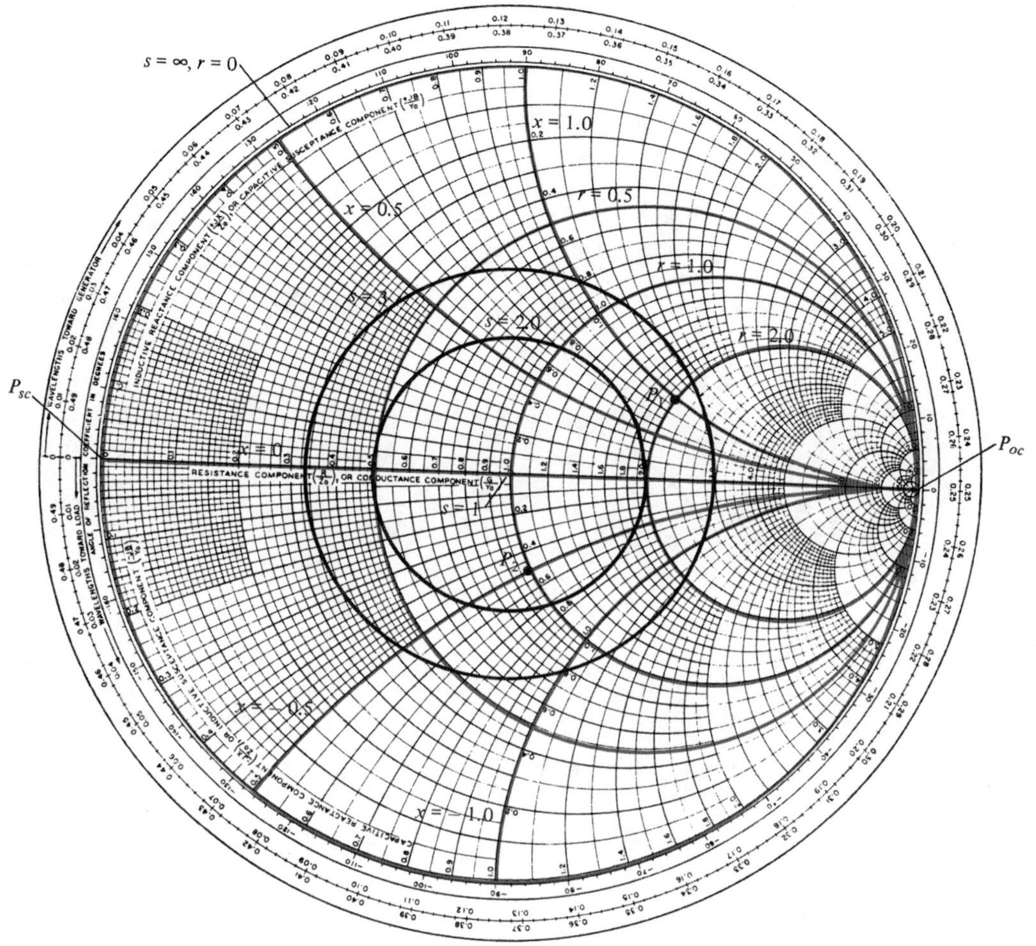

그림 11.13 Smith 도표 상에서 r-원, x-원, 그리고 s-원의 설명

에 따라 관련되므로, s-원은 때때로 $|\Gamma|$-원이라고도 불리우며, 여기서 $|\Gamma|$는 도표의 중심 O로부터 도표의 바깥 원주로 이동하는 동안에 0에서 1로 선형적으로 변하는 반면에 s는 1부터 ∞까지 비선형적으로 변한다.

Smith 도표에 대해서 다음의 사항들에 유의해야 한다.

1. $r = 0, x = 0$인 도표 상의 점 P_{sc}, 즉 $Z_L = 0 + j0$이면 P_{sc}는 전송선로가 단락되었음을 의미한다. 한편 $r = \infty, x = \infty$인 점 P_{oc}, 즉 $Z_L = \infty + j\infty$이면 선로가 개방되었음을 의미한다.
2. Smith 도표 둘레를 360° 회전하면 그것은 선로 상에서 $\lambda/2$만큼 진행한 셈이 된다. 도표 상에서 시계방향으로의 회전은 그림 11.14(a)와 (b)에서 화살표 G로 표시된 것처럼 전원 쪽으로(또는 부하로부터 멀어지는 쪽으로) 이동하는 것으로 간주한다. 마찬가지로, 도표 상에서 반시계방향으로의 회전은 그림 11.14에서 화살표 L로 표시된 것처

럼 부하 방향으로 이동하는 것에 해당된다. 그림 11.14(b)로부터 부하에서는 부하를 향해 이동한다는 것은 이치에 맞지 않는다(이미 부하에 있기 때문이다)는 사실을 알 수 있다. 전원단에서도 마찬가지로 말할 수 있다.

3. Smith 도표의 바깥 둘레에는 그림 11.14(a)에 표시된 것처럼 3개의 눈금이 있다. 사용의 편리를 위해 3개의 눈금이 있지만 같은 목적으로 사용되므로 하나의 눈금만으로도 충분하다. 이 눈금들은 부하 또는 전원으로부터의 거리를 각도나 파장으로 측정하는 데 사용된다. 가장 바깥쪽 눈금은 선로 상에서 전원단으로부터의 거리를 파장의

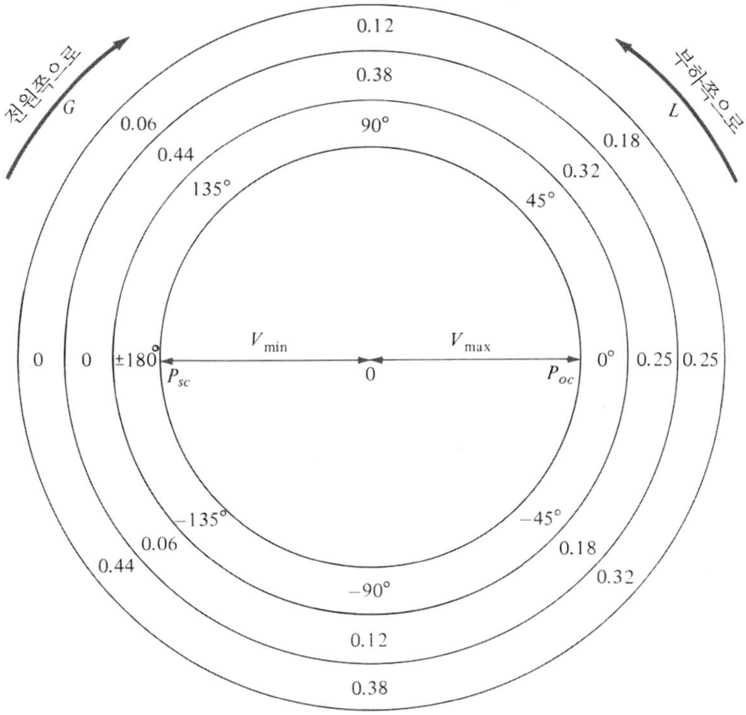

(a)

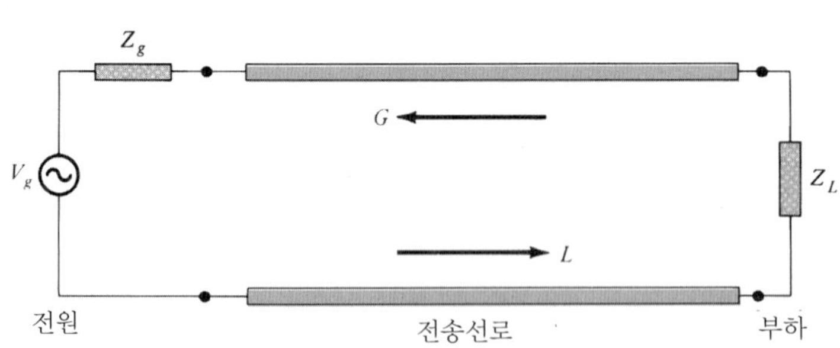

(b)

그림 11.14 (a) Smith 도표의 바깥쪽 둘레에 표시된 눈금과 도표 둘레에서의 이동, (b) 도표 상의 이동에 대응하는 선로 상의 이동

항으로 측정하기 위해 사용하며, 그 다음 눈금은 부하단으로부터의 거리를 파장으로 표시하고 있다. 가장 안쪽의 눈금은 각도기(단위는 도)이고, 주로 θ_Γ를 결정하는 데 사용된다. 이것 역시 부하 또는 전원으로부터의 거리를 측정하는 데 사용될 수 있다. 선로 상에서 $\lambda/2$의 거리는 도표 상에서 360°의 회전에 해당하므로, **거리 λ는 도표 상에서 720°의 회전에 해당한다.** 즉,

$$\boxed{\lambda \rightarrow 720°} \tag{11.55}$$

따라서 모든 θ_Γ와 거리계산에 바깥쪽의 다른 눈금들은 무시하고 각도기(가장 안쪽 눈금)를 사용해도 무방하다.

4. 도표 상의 $Z_{\text{in,max}}$인 곳에서 전압 $V_{\max}$가 나타나며[식 (11.39a) 참조], 이 점은 그림 11.14(a)에서 양의 Γ_r축 또는 선분 OP_{oc} 상에 있다. 마찬가지로, 도표 상의 $Z_{\text{in,min}}$인 곳에서 전압 $V_{\min}$이 위치하며, 이 점은 그림 11.14(a)에서 음의 Γ_r축 또는 선분 OP_{sc} 상에 있다. $V_{\max}$와 $V_{\min}$(또는 $Z_{\text{in,max}}$와 $Z_{\text{in,min}}$)은 $\lambda/4$(또는 180°)만큼 떨어져 있다.
5. Smith 도표는 임피던스 도표뿐만 아니라 어드미턴스 도표($Y = 1/Z$)로도 사용된다. 어드미턴스 도표(정규화 어드미턴스 $y = Y/Y_{\text{o}} = g + jb$)로 사용될 때, g-원과 b-원은 각각 r-원과 x-원에 해당한다.

이들 중요한 특성들을 기초로 하여 Z_{o}, Z_L, λ, 그리고 선로의 길이 등이 주어졌을 때 (a) $\Gamma = |\Gamma|$와 s, (b) Z_{in} 또는 Y_{in}, 그리고 (c) $V_{\max}$와 $V_{\min}$의 위치 등을 결정할 수 있다. 몇 가지 예제들을 통해서 Smith 도표와 컴퍼스, 자를 가지고 어떻게 이러한 값들을 구하는지 확인할 수 있을 것이다. Smith 도표가 부록 D에 실려 있다. 이 도표를 복사해서 사용하기 바란다.

예제 11.4

2 MHz에서 동작하는 $Z_{\text{o}} = 50\ \Omega$인 30 m 길이의 무손실 전송선로가 $Z_L = 60 + j40\ \Omega$의 부하로 종단되어 있다. 선로 상에서 $u = 0.6c$일 때 다음을 구하라.

(a) 반사계수 Γ

(b) 정재파비 s

(c) 입력임피던스

풀이

이 문제는 Smith 도표를 사용하는 방법과 사용하지 않는 방법으로 각각 풀 수 있다.

방법 1(Smith 도표를 사용하지 않는 경우):

$$\text{(a)}\quad \Gamma = \frac{Z_L - Z_{\text{o}}}{Z_L + Z_{\text{o}}} = \frac{60 + j40 - 50}{50 + j40 + 50} = \frac{10 + j40}{110 + j40}$$

$$= 0.3523\,\angle 56°$$

(b) $s = \dfrac{1 + |\Gamma|}{1 - |\Gamma|} = \dfrac{1 + 0.3523}{1 - 0.3523} = 2.088$

(c) $u = \omega/\beta$, 혹은 $\beta = \omega/u$이기 때문에

$$\beta\ell = \frac{\omega\ell}{u} = \frac{2\pi(2 \times 10^6)(30)}{0.6(3 \times 10^8)} = \frac{2\pi}{3} = 120°$$

$\beta\ell$이 선로의 전기적 길이라는 것에 유념하라.

$$\begin{aligned} Z_{in} &= Z_o\left[\frac{Z_L + jZ_o \tan\beta\ell}{Z_o + jZ_L \tan\beta\ell}\right] \\ &= \frac{50(60 + j40 + j50 \tan 120°)}{[50 + j(60 + j40) \tan 120°]} \\ &= \frac{50(6 + j4 - j5\sqrt{3})}{(5 + 4\sqrt{3} - j6\sqrt{3})} = 24.01\angle 3.22° \\ &= 23.97 + j1.35\ \Omega \end{aligned}$$

방법 2(Smith 도표를 사용한 경우):

(a) 정규화된 부하임피던스를 계산하면

$$\begin{aligned} z_L &= \frac{Z_L}{Z_o} = \frac{60 + j40}{50} \\ &= 1.2 + j0.8 \end{aligned}$$

z_L을 그림 11.15의 Smitheh도표 상에서 $r = 1.2$인 원과 $x = 0.8$인 원이 서로 교차하는 점 P에 위치하도록 한다. z_L에서의 Γ를 얻기 위해서 OP를 연장시켜 $r = 0$인 원과 Q에서 만나도록 하고, OP와 OQ의 길이를 측정한다. OQ는 $|\Gamma| = 1$에 해당하므로, P에서는

$$|\Gamma| = \frac{OP}{OQ} = \frac{3.2 \text{ cm}}{9.1 \text{ cm}} = 0.3516$$

이 된다. $OP = 3.2$ cm와 $OQ = 9.1$ cm는 저자에 의해서 Smith 도표로부터 측정된 값이며, 그림 11.15의 Smith 도표는 축소된 것이지만 OP/OQ는 실제의 비를 유지하고 있다는 사실에 유념하라.

각 θ_Γ는 OS와 OP 사이의 각을 도표에서 직접 읽은 값이며, 이는 다음과 같다.

$$\theta_\Gamma = \text{각 } POS = 56°$$

따라서

$$\Gamma = 0.3516\angle 56°$$

(b) 정재파비 s를 얻기 위해서 O를 중심으로 하여 반지름이 OP인 원을 그린다. 이는 일정

한 s-원 또는 $|\Gamma|$-원이다. s-원과 Γ_r-축이 만나는 곳에 점 S가 위치한다[이는 식 (11.49a)에서 $\Gamma_i = 0$으로 놓음으로써 쉽게 알 수 있다]. 바로 이 점에서의 r값이 s이다. 즉,

$$\begin{aligned} s &= r(\text{for } r \geq 1) \\ &= 2.1 \end{aligned}$$

(c) Z_{in}을 얻기 위해서 ℓ을 λ 또는 각도로 나타낸다.

$$\lambda = \frac{u}{f} = \frac{0.6(3 \times 10^8)}{2 \times 10^6} = 90 \text{ m}$$

$$\ell = 30 \text{ m} = \frac{30}{90}\lambda = \frac{\lambda}{3} \rightarrow \frac{720^\circ}{3} = 240^\circ$$

λ는 도표 상에서 720°의 회전에 해당하기 때문에 선로의 길이는 각도로 240°의 이동에 해당된다. 이는 s-원 상에서 전원을 향해(또는 시계방향으로 부하로부터 멀어지는 방향

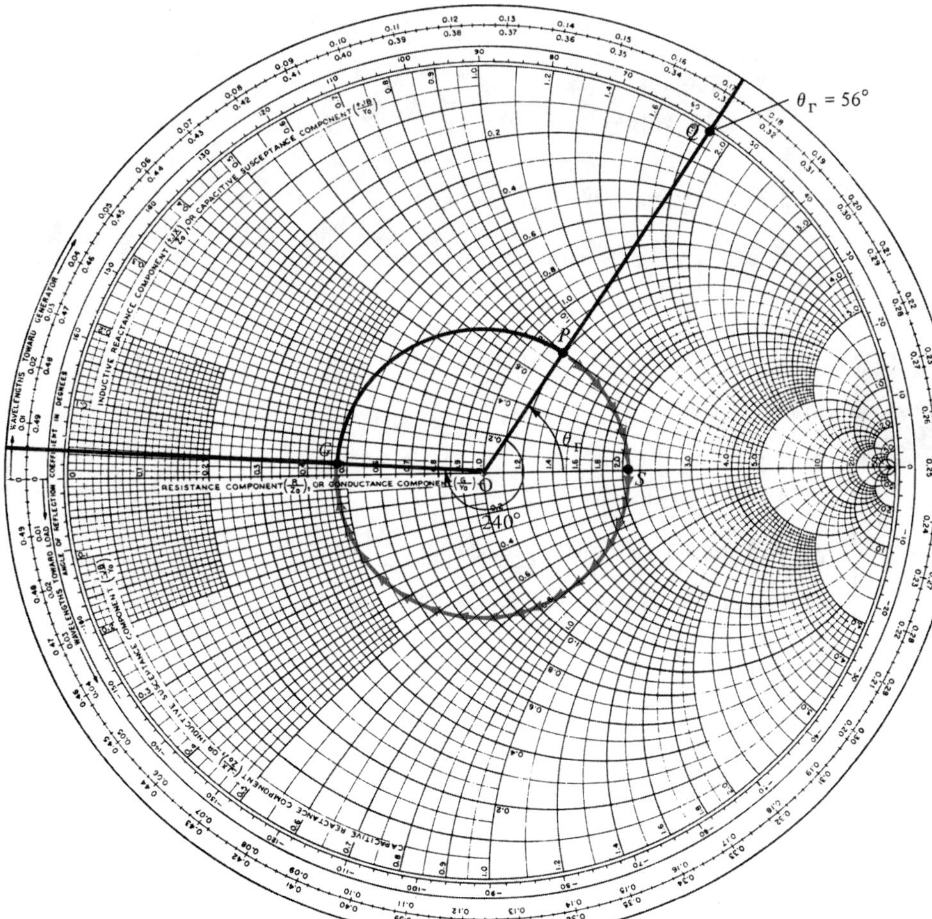

그림 11.15 예제 11.4의 그림

으로) 점 P로부터 점 G까지 240°만큼 이동함을 의미한다. G에서

$$z_{in} = 0.47 + j0.03$$

가 된다. 그러므로

$$Z_{in} = Z_o z_{in} = 50(0.47 + j0.03) = 23.5 + j1.5\ \Omega$$

이다. 비록 Smith 도표를 이용해 얻어진 결과들은 근사값이지만, 공학적인 목적이라는 점에서는 방법 1에서 구한 정확한 결과에 충분히 근접한 값이다. 그러나 오늘날의 비교적 저렴한 전자계산기로 복잡한 대수를 빠르게 계산할 수 있다. 그러므로 Smith 도표의 진정한 가치는 ℓ에 따른 Z_{in}의 변화를 관찰할 수 있다는 것이다.

연습문제 11.4

70 Ω 무손실 선로에서 $s = 1.6$, $\theta_\Gamma = 300°$이다. 선로의 길이가 0.6λ일 때 다음을 구하라.

(a) Γ, Z_L, Z_{in}

(b) 부하로부터 첫 번째 전압 최소점까지의 거리

해답: (a) $0.228\ \underline{/300°}$, $80.5 - j33.6\ \Omega$, $47.6 - j17.5\ \Omega$, (b) λ/6

예제 11.5

$100 + j150\ \Omega$의 부하가 75 Ω의 무손실 선로에 연결되어 있다. 다음을 구하라.

(a) Γ

(b) s

(c) 부하어드미턴스 Y_L

(d) 부하로부터 0.4λ 떨어진 곳에서의 Z_{in}

(e) 선로의 길이가 0.6λ일 때 부하로부터 V_{max}와 V_{min}의 위치

(f) 전원에서의 Z_{in}

풀이

(a) 이 문제를 해결하기 위해 Smith 도표를 사용할 수 있다. 정규화된 부하임피던스는

$$z_L = \frac{Z_L}{Z_o} = \frac{100 + j150}{75} = 1.33 + j2$$

이다. 그림 11.16의 Smith 도표 상에서 이 값은 점 P에 위치한다. 점 P에서

$$|\Gamma| = \frac{OP}{OQ} = \frac{6\text{ cm}}{9.1\text{ cm}} = 0.659$$
$$\theta_\Gamma = \text{angle } POS = 40^\circ$$

를 얻을 수 있다. 그러므로

$$\Gamma = 0.659 \angle 40^\circ$$

확인:

$$\Gamma = \frac{Z_L - Z_o}{Z_L + Z_o} = \frac{100 + j150 - 75}{100 + j150 + 75}$$
$$= 0.6598 \angle 39.94^\circ$$

(b) P점을 지나는 일정한 s-원을 그리면

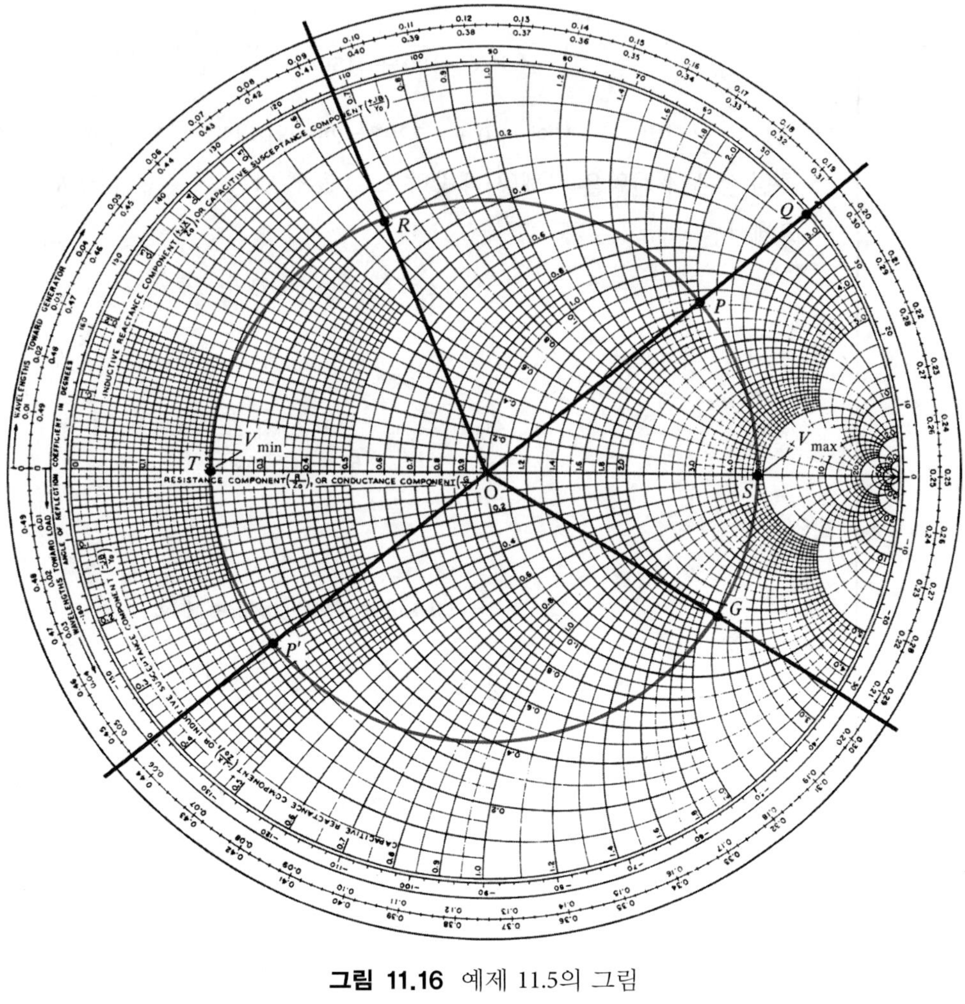

그림 11.16 예제 11.5의 그림

$$s = 4.82$$

확인:

$$s = \frac{1 + |\Gamma|}{1 - |\Gamma|} = \frac{1 + 0.659}{1 - 0.659} = 4.865$$

(c) Y_L을 얻기 위해 PO를 POP'으로 연장하고 일정한 s-원과 POP'이 만나는 점 P'을 표시한다. 점 P'에서

$$y_L = 0.228 - j0.35$$

을 얻을 수 있다. 부하어드미턴스는

$$Y_o y_L = \frac{1}{75}(0.228 - j0.35) = 3.04 - j4.67 \text{ mS}$$

확인:

$$Y_L = \frac{1}{Z_L} = \frac{1}{100 + j150} = 3.07 - j4.62 \text{ mS}$$

(d) 0.4λ는 일정한 s-원 상에서 $0.4 \times 720^\circ = 288^\circ$의 각도만큼 이동한 거리이다. 점 P로부터 s-원 상에서 전원을 향해(시계방향으로) 288° 만큼 이동하면 점 R에 도달하게 된다. 점 R에서

$$z_{\text{in}} = 0.3 + j0.63$$

이다. 그러므로

$$\begin{aligned} Z_{\text{in}} &= Z_o z_{\text{in}} = 75(0.3 + j0.63) \\ &= 22.5 + j47.25\ \Omega \end{aligned}$$

확인:

$$\beta\ell = \frac{2\pi}{\lambda}(0.4\lambda) = 360^\circ\,(0.4) = 144^\circ$$

$$\begin{aligned} Z_{\text{in}} &= Z_o\left[\frac{Z_L + jZ_o \tan\beta\ell}{Z_o + jZ_L \tan\beta\ell}\right] \\ &= \frac{75(100 + j150 + j75\tan 144^\circ)}{[75 + j(100 + j150)\tan 144^\circ]} \\ &= 54.41\underline{/65.25^\circ} \end{aligned}$$

또는

$$Z_{\text{in}} = 21.9 + j47.6\ \Omega$$

(e) 0.6λ는 다음과 같은 각도만큼의 이동에 해당한다.

$$0.6 \times 720^\circ = 432^\circ = 1\text{회전} + 72^\circ$$

따라서 점 P(부하단)에서 시작하여 s-원을 따라 432° 이동하거나, 또는 1회전 후 72°를 더 이동하여 점 G에 있는 전원에 도달한다. 점 P로부터 G까지 도달하기 위해서는 점 T(V_{min}의 위치)를 한 번 지나고 점 S(V_{max}의 위치)를 두 번 지나야 한다는 것에 주목하라. 따라서 부하로부터

$$\frac{40^\circ}{720^\circ}\lambda = 0.055\lambda \text{에 위치한 첫 번째 } V_{\text{max}}$$

$$0.0555\lambda + \frac{\lambda}{2} = 0.555\lambda \text{에 위치한 두 번째 } V_{\text{max}}$$

이고, V_{min}은 오직 $0.055\,\lambda + \lambda/4 = 0.3055\,\lambda$에서만 위치한다.

(f) G(전원단)에서

$$z_{\text{in}} = 1.8 - j2.2$$

$$Z_{\text{in}} = 75(1.8 - j2.2) = 135 - j165\ \Omega$$

이는 식 (11.34)를 이용하여 확인할 수 있으며, 이때 $\beta\ell = \dfrac{2\pi}{\lambda}(0.6\lambda) = 216^\circ$이다.

이로써 우리는 Smith 도표를 이용하면 얼마나 많은 시간과 노력이 절약되는가를 알 수 있다.

연습문제 11.5

60 Ω 무손실 선로가 $60 + j60\ \Omega$의 부하에 의해 종단되어 있다.

(a) Γ와 s를 구하라. 만약 $Z_{\text{in}} = 120 - j60\ \Omega$이라면, 부하가 전원으로부터 얼마나 멀리 떨어져 있는가(파장의 항으로)? 이 문제를 Smith 도표를 이용하지 말고 풀어라.

(b) 문제 (a)를 Smith 도표를 이용하여 구하라. $Z_{\text{in,max}}$와 $Z_{\text{in,min}}$을 계산하라. 최초의 최대 전압점이 부하로부터 얼마나 멀리 떨어져 있는가(파장의 항으로)?

해답: (a) $0.4472\,\underline{/63.43^\circ}$, 2.618, $\dfrac{\lambda}{8}(1 + 4n)$, $n = 0, 1, 2, \ldots$, (b) $0.4457\,\underline{/62^\circ}$, 2.612, $\dfrac{\lambda}{8}(1 + 4n)$, 157.1 Ω, 22.92 Ω, $0.0861\,\lambda$

11.6 전송선로의 응용

전송선로는 여러 다른 용도로 사용된다. 이 절에서는 부하정합과 임피던스 측정을 위하여 전송선로가 어떻게 사용되는가에 대하여 고려해 본다.

A. λ/4 변환기(정합)

$Z_o \neq Z_L$일 때 부하가 정합되지 않았다고 말하며, 이때 선로 상에 반사파가 존재한다. 그러나 최대전력전달을 위해서는 부하가 전송선로와 정합($Z_o = Z_L$)되어 반사가 없도록($|\Gamma| = 0$ 혹은 $s = 1$) 하는 것이 바람직하다. 임피던스정합은 전송선로의 단락된 부분을 사용하여 실현할 수 있다.

$\ell = l/4$ 또는 $\beta\ell = (2\pi/\lambda)(\lambda/4) = \pi/2$이면, 식 (11.34)로부터

$$Z_{\text{in}} = Z_o\left[\frac{Z_L + jZ_o \tan \pi/2}{Z_o + jZ_L \tan \pi/2}\right] = \frac{Z_o^2}{Z_L} \tag{11.56}$$

이 됨을 알 수 있다. 즉,

$$\frac{Z_{\text{in}}}{Z_o} = \frac{Z_o}{Z_L}$$

또는

$$z_{\text{in}} = \frac{1}{z_L} \rightarrow y_{\text{in}} = z_L \tag{11.57}$$

그러므로 Smith 도표 상에서 λ/4 길이 만큼의 선로를 추가하면, 주어진 부하임피던스에 해당하는 입력어드미턴스를 얻게 된다.

또한 그림 11.17에서와 같이 λ/4 길이의 전송선로(특성임피던스가 Z_o')를 부하 앞에 삽입함으로써, 정합되지 않은 부하 Z_L을 선로(특성임피던스가 Z_o)에 적절하게 정합시킬 수 있다. 이 λ/4 길이의 전송선로가 마치 보통의 변압기처럼 임피던스정합에 사용되므로 **λ/4 변환기**(quarter-wave transformer)라고 부른다. 식 (11.56)으로부터 Z_o'은 $Z_{\text{in}} = Z_o$가 되도록 다

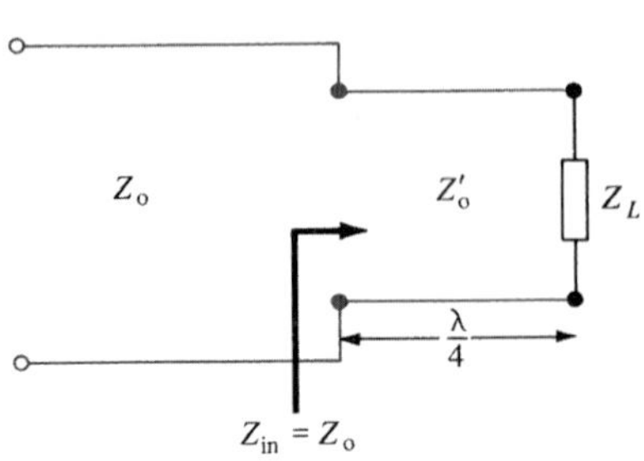

그림 11.17 λ/4 변환기를 사용한 부하의 정합

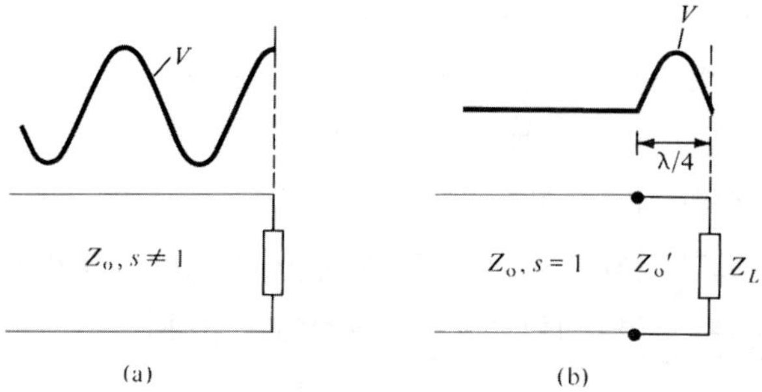

그림 11.18 정합되지 않은 부하의 전압정재파 패턴:
(a) $\lambda/4$ 변환기를 연결하지 않았을 때, (b) $\lambda/4$ 변환기를 연결하였을 때

음과 같이 선택된다.

$$Z'_o = \sqrt{Z_o Z_L} \tag{11.58}$$

여기서, Z'_o, Z_o, Z_L 모두 실수이다. 예를 들어 120 Ω의 부하를 75 Ω의 특성임피던스를 갖는 선로에 정합시킬 경우, $\lambda/4$ 변환기의 특성임피던스는 $\sqrt{(75)(120)} \approx 95$ Ω이 되어야 한다. 물론 이 95 Ω의 $\lambda/4$ 변환기는 75 Ω의 부하를 120 Ω의 선로에 정합시킬 수 있다. 이 변환기를 연결하지 않았을 때와 연결했을 때의 전압정재파 패턴을 그림 11.18(a)와 (b)에 각각 나타내었다. 그림 11.18에서 정재파가 변환기와 부하 사이에서 존재하지만, 변환기의 왼쪽으로는 정합되어 정재파가 존재하지 않는 것을 관찰할 수 있다. 그러나 반사파(또는 정재파)는 원하는 파장(또는 주파수)에서만 제거되며, 파장이 조금만 달라져도 반사파가 존재하게 된다. 따라서 $\lambda/4$ 변환기의 가장 큰 단점은 협대역 또는 주파수에 민감한 장치라는 것이다.

B. 단일 스터브 튜너(정합)

단일 스터브 튜너를 사용하면 $\lambda/4$ 변환기를 사용할 때의 단점을 제거할 수 있다. 이 튜너는 그림 11.19와 같이 부하로부터 ℓ만큼 떨어진 곳에서 주 선로와 병렬로 연결되는 길이가 d인 개방 혹은 단락된 선로로 이루어져 있다. 이 스터브의 특성임피던스는 주 선로의 특성임

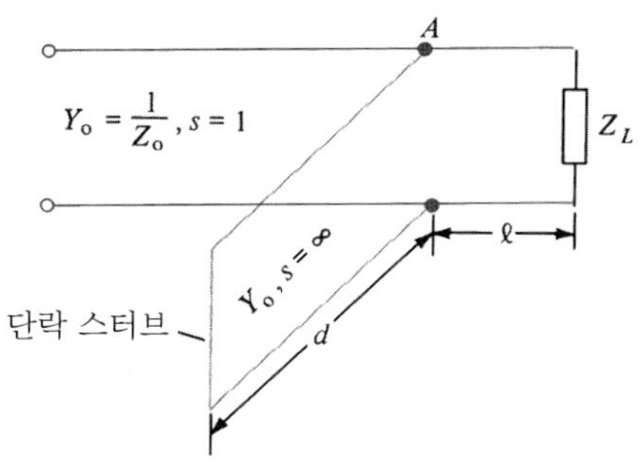

그림 11.19 단일 스터브 튜너에 의한 정합

피던스 Z_o와 같다는 것에 주목하라(Z_o와 다른 특성임피던스의 스터브도 가능하다). 직렬로 스터브를 연결하는 것은 이론적으로는 가능하나 실용적이지 않다. 개방 스터브는 고주파에서 약간의 에너지를 복사한다. 따라서 병렬 단락 스터브를 선호한다.

선로 상의 점 A에서 $Z_{\text{in}} = Z_o$, 즉 $z_{\text{in}} = 1$ 또는 $y_{\text{in}} = 1$이 되도록 하기 위해서 우선 그림 11.20에 보인 것처럼 Smith 도표 상에 $y = 1 + jb$($r = 1$인 원)의 궤적을 그린다. 만약 어드미턴스가 $y_s = -jb$인 병렬 스터브를 A점에 연결하면

$$y_{\text{in}} = 1 + jb + y_s = 1 + jb - jb = 1 + j0 \tag{11.59}$$

이 된다. b는 양 또는 음일 수 있으므로 선로 상에서 두 개의 가능한 $\ell(<\lambda/2)$의 값을 구할 수 있다. 그림 11.20에서와 같이 A점에서 $y_s = -jb$, $\ell = \ell_A$이고, B점에서 $y_s = jb$, $\ell = \ell_B$이다. 스터브가 단락되어 있으므로($y'_L = \infty$), P_{sc}($z'_L = 0 + j0$이 되는 지점)로부터 원하는 스터브 어드미턴스 y_s까지의 거리를 알아내어 스터브의 길이 d를 구한다. A점의 스터브에 대하여는 P_{sc}점에서 A'점까지의 거리가 $d = d_A$로 되며, 여기서 A'점은 그림 11.20에서와 같이 도표의 가장자리에 위치한 $y_s = -jb$에 해당하는 점이다. 마찬가지로, P_{sc}점으로부터 B'점($y_s = jb$)까지의 거리로서 $d = d_B$가 구해진다.

그러므로 그림 11.20과 같이 각각 A와 B에 대응하는 $d = d_A$와 $d = d_B$를 얻게 된다. 항상 $d_A + d_B = \lambda/2$가 성립한다는 사실에 주목해야 한다. 두 개의 가능한 병렬 스터브가 있으므로 보통은 정합을 위해서 보다 더 짧은 스터브나 부하에 더 가깝게 위치한 스터브를 선택한다. 선로 상에 단일 스터브를 병렬로 연결하는 방법 대신에 두 개의 스터브를 사용할 수도 있다. 이것을 이중 스터브 정합이라고 하며, 이 방법은 부하임피던스의 값을 조절할 필요가 있을 때 특히 유효하다.

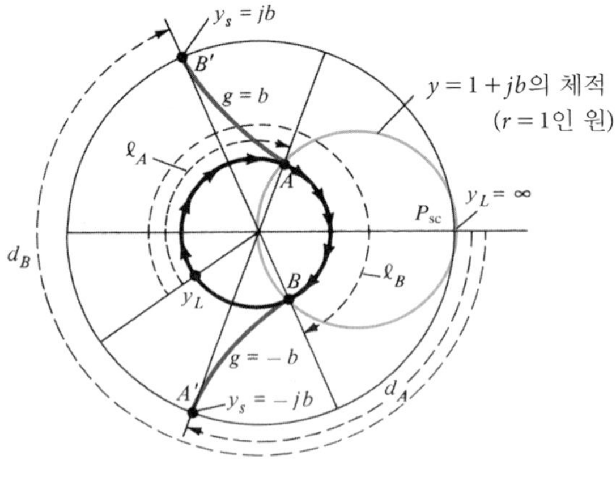

그림 11.20 병렬연결된 단일 단락 스터브 튜너의 ℓ과 d를 구하기 위한 Smith 도표 사용

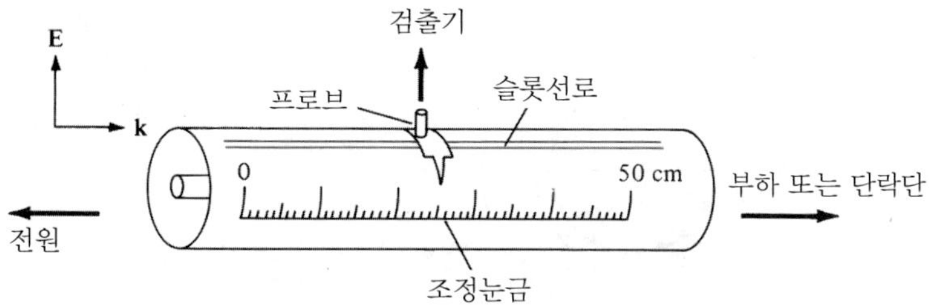

(a)

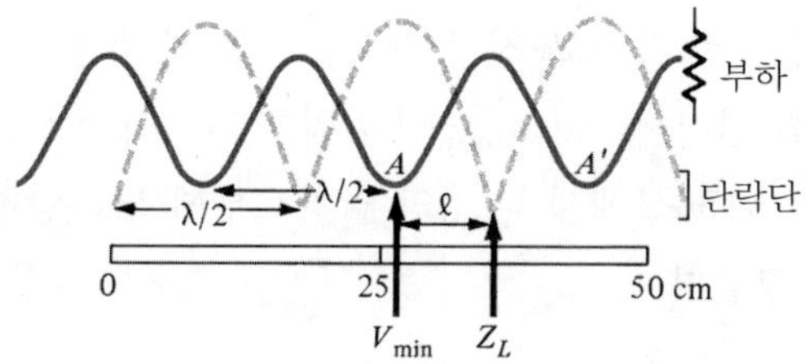

(b)

그림 11.21 (a) 일반적인 슬롯선로; (b) 선로 상에서 부하 Z_L과 V_{min}의 위치 결정

C. 슬롯선로(임피던스 측정)

높은 주파수에서는 측정장치들이 크기가 중요해지고, 모든 회로들이 전송선로가 되기 때문에 전압과 전류를 측정하기가 매우 어렵다. 슬롯선로는 GHz 대의 높은 주파수에서 미지의 부하임피던스 값을 구하는 데 사용되는 간단한 장치이다. 이것은 그림 11.21에 보인 것처럼 외부 도체에 슬롯이 있고, 그 안에 공기(무손실)가 채워진 형태를 갖고 있다. 이 선로는 프로브가 설치되어 있어서 슬롯을 따라서 전기장 **E**값을 측정하며, 결과적으로 프로브와 프로브의 외부 차폐구조 사이의 전위차를 측정하게 된다.

슬롯선로는 Smith 도표와 연계하여 정재파비 s(전압의 최대값과 최소값의 비)와 부하임피던스 Z_L을 결정하는 데 주로 사용된다. s의 값은 부하가 연결되었을 때 검출기로부터 직접 읽혀진다. Z_L을 결정하기 위해서는 우선 부하단을 단락시킨 후 슬롯선로의 눈금 상에서 최소전압(전환점에서의 가파름 때문에 최대값보다 더 정확하게 구할 수 있다)의 위치를 표시한다. 임피던스는 매 반파장마다 반복되므로 최소값 중 어느 것이나 부하 기준점으로 선택될 수 있다. 이제 단락회로를 부하로 바꾸고 전압 최소점을 기록하여 선택한 기준점으로부터 부하까지의 거리를 구한다. 그림 11.22에 보인 것처럼 파장의 항으로 표현된 거리 ℓ (V_{min}에서 부하까지의 거리)이 도표 상에서 s-원의 부하점의 위치를 알아내는 데 사용된다.

슬롯선로를 사용하는 절차를 요약하면 다음과 같다:

1. 부하를 연결하여 검출기 상에서 s의 값을 읽는다. s의 값을 가지고 Smith 도표 상에 s-원을 그린다.

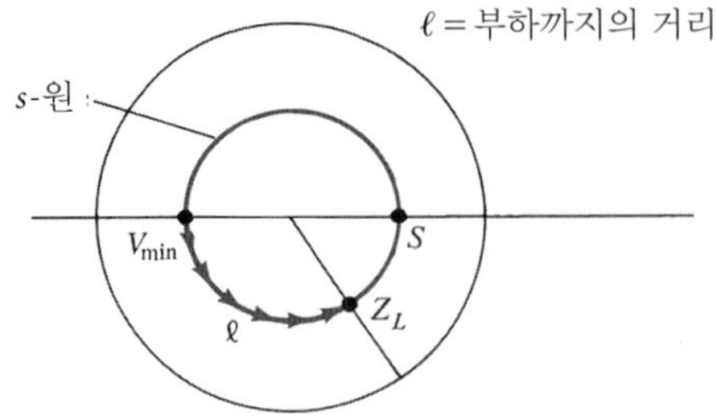

그림 11.22 슬롯선로로부터 얻은 자료를 이용하여 Smith 도표 상에서 부하임피던스를 결정하는 방법

2. 부하를 단락시키고, 전압 최소점을 Z_L에 대한 기준점의 위치로 정한다.
3. 부하를 연결시키고, V_{min}의 위치를 기록하며 ℓ을 결정한다.
4. Smith 도표 상에서 V_{min}의 위치로부터 부하방향으로 ℓ만큼 이동한다. 그 점에서의 Z_L을 구한다.

예제 11.6

미지의 부하가 공기로 채워진 슬롯선로에 연결되어 있을 때, 정재파 지시계에 의해 $s = 2$로 기록되었으며, 최소값들이 눈금 상으로 11 cm, 19 cm, …에서 나타났다. 부하가 단락회로로 교체되었을 때, 최소값들은 16 cm, 24 cm, …에서 나타났다. $Z_o = 50\ \Omega$인 경우에 λ, f, Z_L을 계산하라.

풀이

그림 11.23(a)와 같은 정재파 패턴을 고려해 보자. 이로부터 다음의 결과를 얻을 수 있다.

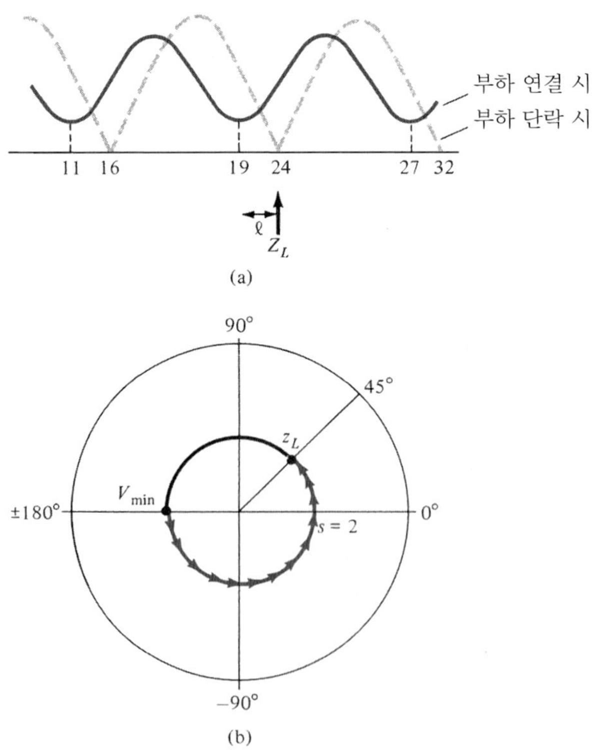

그림 11.23 슬롯선로를 이용한 Z_L의 결정: (a) 파형, (b) 예제 11.6의 Smith 도표

$$\frac{\lambda}{2} = 19 - 11 = 8 \text{ cm} \text{ or } \lambda = 16 \text{ cm}$$

$$f = \frac{u}{\lambda} = \frac{3 \times 10^8}{16 \times 10^{-2}} = 1.875 \text{ GHz}$$

전기적으로 보면 부하가 16 cm 또는 24 cm에 위치할 수 있다. 만약 부하가 24 cm에 있다고 가정하면 부하는 $V_{\min}$으로부터 거리 ℓ만큼 떨어져 있으며, 여기서 ℓ은 다음과 같다.

$$\ell = 24 - 19 = 5 \text{ cm} = \frac{5}{16}\lambda = 0.3125\,\lambda$$

이는 $s = 2$인 원 상에서 $0.3125 \times 720^\circ = 225^\circ$의 각도만큼 이동한 것에 해당된다. $V_{\min}$의 위치에서 시작하여 부하방향(반시계방향)으로 225° 만큼 이동함으로써, 그림 11.23(b)에 나타낸 바와 같이 z_L의 위치에 도달한다. 따라서

$$z_L = 1.4 + j0.75$$

이며

$$Z_L = Z_o z_L = 50(1.4 + j0.75) = 70 + j37.5\ \Omega$$

이 된다.

연습문제 11.6

다음의 측정값은 슬롯선로 기법을 이용하여 구한 것이다. 부하가 연결되었을 때 $s = 1.8$이고, $V_{\max}$가 23 cm, 33.5 cm, …에서 나타나며, 단락되었을 때 $s = \infty$이고 $V_{\max}$가 25 cm, 37.5 cm, …에서 나타난다. $Z_o = 50\ \Omega$이라고 할 때, Z_L을 구하라.

해답: $32.5 - j17.5\ \Omega$

예제 11.7

단락 스터브를 사용하여 $40 + j30\ \Omega$의 안테나를 $100\ \Omega$ 무손실 선로에 정합시키려 한다. 다음을 구하라.

(a) 필요한 스터브 어드미턴스
(b) 스터브와 안테나 사이의 거리
(c) 스터브의 길이
(d) 시스템의 각 부분에서의 정재파비

풀이

(a) $z_L = \dfrac{Z_L}{Z_o} = \dfrac{40 + j30}{100} = 0.4 + j0.3$

그림 11.24와 같이 Smith 도표 상에서 z_L의 위치를 정하고, 이로부터 s-원을 그려서 z_L의 180° 반대편에 y_L의 위치를 정할 수 있다. 따라서 $y_L = 1.6 - j1.2$이다. 다른 해법으로는 다음 식을 사용하여 y_L을 구할 수 있다.

$$y_L = \frac{Z_o}{Z_L} = \frac{100}{40 + j30} = 1.6 - j1.2$$

s-원과 $g = 1$인 원이 교차하는 지점에 점 A와 B의 위치를 정한다. 점 A에서 $y_s = -j1.04$이고, 점 B에서 $y_s = +j1.04$이다. 따라서 필요한 스터브 어드미턴스는

$$Y_s = Y_o y_s = \pm j1.04 \frac{1}{100} = \pm j10.4 \text{ mS}$$

이다. $j10.4$ mS와 $-j10.4$ 모두 가능한 값들이다.

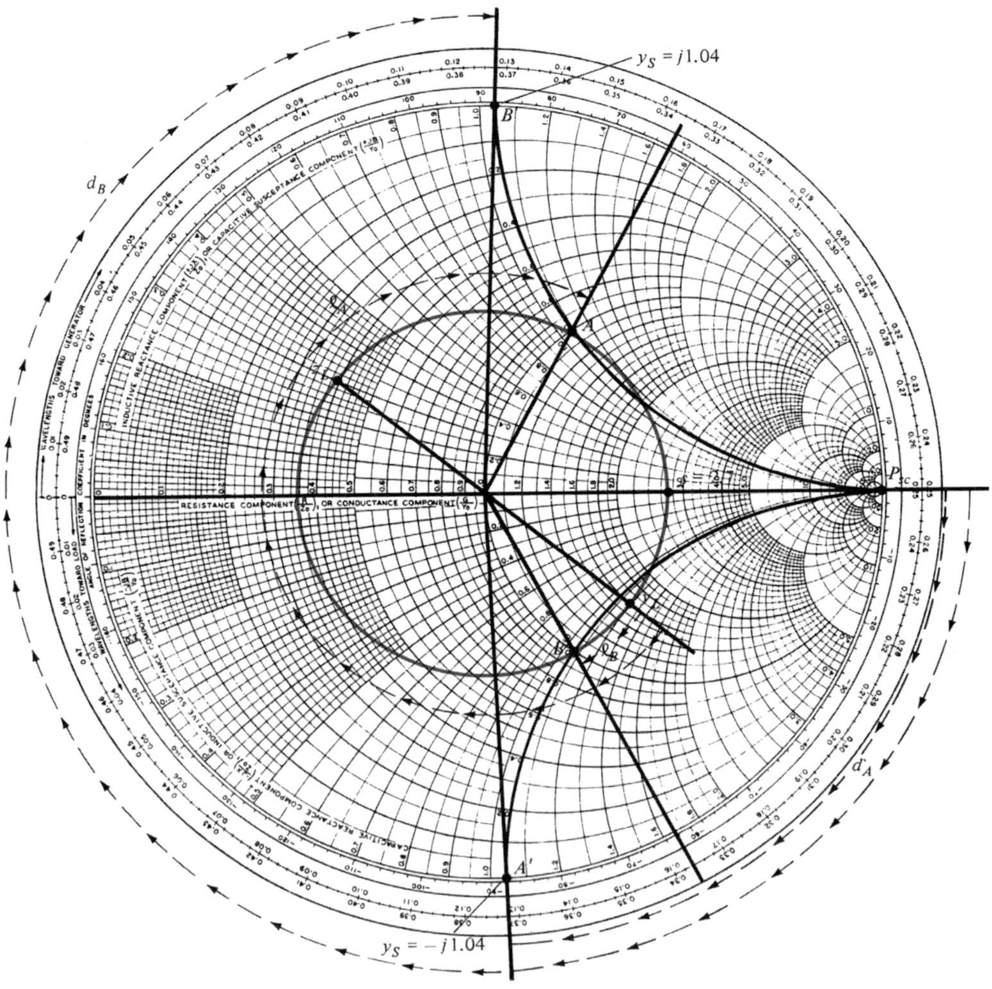

그림 11.24 예제 11.7의 Smith 도표

(b) 그림 11.24로부터 부하(이 경우에는 안테나) y_L과 스터브 사이의 거리를 구한다. 점 A에서

$$\ell_A = \frac{\lambda}{2} - \frac{(62° - -39°)\lambda}{720°} = 0.36\lambda$$

점 B에서

$$\ell_B = \frac{(62° - 39°)\lambda}{720°} = 0.032\lambda$$

(c) 스터브 어드미턴스 $-j1.04$와 $j1.04$에 해당하는 점 A'과 B'의 위치를 각각 정한다. 스터브의 길이(P_{sc}에서 A' 또는 B'까지의 거리)를 결정한다.

$$d_A = \frac{88°}{720°}\lambda = 0.1222\lambda$$

$$\mathrm{d_B} = \frac{272°}{720°}\lambda = 0.3778\lambda$$

예상했던 것처럼 $d_A + d_B = 0.5\,\lambda$임에 주목하라.

(d) 그림 11.24로부터, $s = 2.7$이다. 이는 스터브와 부하 사이의 선로 상에서 정재파비이다(그림 11.18 참조). 스터브의 좌측에서는 선로가 정합되었기 때문에 $s = 1$이고, 스터브를 따라서는 스터브가 단락되었기 때문에 $s = \infty$이다.

연습문제 11.7

단락된 스터브를 사용하여 75 Ω 무손실 선로를 $100 - j80\ \Omega$의 부하에 정합시키려 한다. 스터브의 길이, 부하로부터의 거리, 그리고 필요한 스터브의 어드미턴스를 계산하라.

해답: $\ell_A = 0.093\,\lambda$, $\ell_B = 0.272\,\lambda$, $d_A = 0.126\,\lambda$, $d_B = 0.374\,\lambda$, $\pm j12.67$ mS

†11.7 전송선로의 과도현상

지금까지는 전송선로가 단일 주파수에서 동작하는 것으로 가정해왔다. 그러나 컴퓨터망과 같은 응용에서는 펄스신호가 선로를 통해서 전송된다. Fourier 해석으로부터 펄스신호는 여러 주파수 성분들의 중첩으로 생각할 수 있다. 그러므로 선로 상에서 펄스신호를 보내는 것은 다른 주파수의 여러 신호들을 동시에 보내는 것으로 생각할 수 있다.

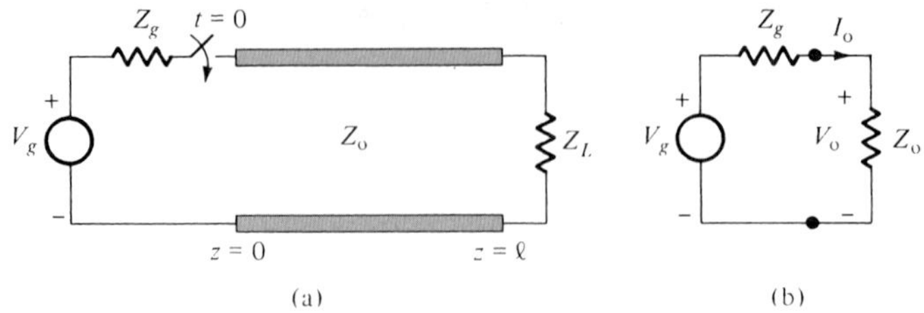

그림 11.25 전송선로 상에서의 과도현상: (a) 펄스발생기에 의해 구동되는 선로, (b) $z = 0$, $t = 0^+$에서의 등가회로

회로이론에서와 마찬가지로 전송선로와 연결된 펄스발생기나 배터리의 스위치가 닫혔을 때 선로 상의 전압이나 전류가 정상상태에 다다르기 위해서는 어느 정도 시간이 소요된다. 이러한 과도적 단계를 **과도현상**이라 한다. 스위치를 연결한 직후의 이러한 과도현상은 통상적으로 Laplace 변환을 사용하여 주파수 영역에서 해석된다. 여기서는 이를 편의상 시간영역에서 다루고자 한다.

길이가 ℓ이고 특성임피던스가 Z_o인 그림 11.25(a)와 같은 전송선로를 생각해 보자. 이 선로가 $z = 0$에서 전압이 V_g이고, 내부임피던스가 Z_g인 펄스발생기에 의해 구동되며, 순 저항성 부하 Z_L로 종단되어 있다고 가정한다. $t = 0$인 순간에 스위치가 닫히면 시작전류는 오직 Z_g와 Z_o만을 '보이게' 되며, 따라서 초기상황은 그림 11.25(b)의 등가회로로 설명할 수 있다. 이 그림으로부터 $z = 0$, $t = 0^+$에서 전류는

$$I(0, 0^+) = I_o = \frac{V_g}{Z_g + Z_o} \tag{11.60}$$

이며, 초기전압은

$$V(0, 0^+) = V_o = I_o Z_o = \frac{Z_o}{Z_g + Z_o} V_g \tag{11.61}$$

이다. 스위치가 닫힌 후 $I^+ = I_o$와 $V^+ = V_o$는 다음의 속도로 부하를 향하여 전송된다.

$$u = \frac{1}{\sqrt{LC}} \tag{11.62}$$

이 속도는 유한하므로 진행파가 부하에 도달하여 부하와 상호작용하기까지에는 어느 정도 시간이 걸린다. 부하의 존재는 아래와 같이 주어지는 통과시간 전까지는 파에 아무런 영향을 미치지 않는다.

$$t_1 = \frac{\ell}{u} \tag{11.63}$$

t_1초 후에 파가 부하에 도달한다. 부하에서의 전압(또는 전류)은 입사 및 반사 전압(또는 전류)의 합이다. 그러므로

$$V(\ell, t_1) = V^+ + V^- = V_o + \Gamma_L V_o = (1 + \Gamma_L)V_o \tag{11.64}$$

그리고

$$I(\ell, t_1) = I^+ + I^- = I_o - \Gamma_L I_o = (1 - \Gamma_L)I_o \tag{11.65}$$

가 된다. 여기서 Γ_L은 식 (11.36)으로 주어진 부하반사계수이다. 즉,

$$\Gamma_L = \frac{Z_L - Z_o}{Z_L + Z_o} \tag{11.66}$$

전원을 향해 되돌아가는 반사파 $V^- = \Gamma_L V_o$와 $I^- = -\Gamma_L I_o$는 이미 선로 상에서 V_o와 I_o에 합해져 있다. 시간 $t = 2t_1$에서 반사파들은 전원에 도달하며, 따라서

$$V(0, 2t_1) = V^+ + V^- = \Gamma_G \Gamma_L V_o + (1 + \Gamma_L)V_o$$

또는

$$V(0, 2t_1) = (1 + \Gamma_L + \Gamma_G \Gamma_L)V_o \tag{11.67}$$

그리고

$$I(0, 2t_1) = I^+ + I^- = -\Gamma_G(-\Gamma_L I_o) + (1 - \Gamma_L)I_o$$

또는

$$I(0, 2t_1) = (1 - \Gamma_L + \Gamma_L \Gamma_G)I_o \tag{11.68}$$

이다. 여기서 Γ_G는 다음과 같이 주어지는 전원에서의 반사계수이다.

$$\Gamma_G = \frac{Z_g - Z_o}{Z_g + Z_o} \tag{11.69}$$

반사파(전원으로부터의) $V^+ = \Gamma_G \Gamma_L V_o$와 $I^+ = \Gamma_G \Gamma_L I_o$는 다시 부하를 향해 전파하며, 이 과정은 펄스파의 에너지가 저항 Z_g와 Z_L에 의해 실질적으로 흡수될 때까지 계속된다.

앞뒤로 반복 진행하는 전압과 전류파들을 추적하는 것보다는 **반사도**(bounce diagram) 또는 **격자도**(lattice diagram)를 사용하여 궤적을 따라가는 것이 더 쉽다. 반사도는 그림 11.26에서와 같이 전원단에 대하여 전압(또는 전류)파의 위치를 나타내는 지그재그 선들로 구성되어 있다. 임의의 시간에서의 전압(또는 전류)은 도표 상에서 그 시간보다 위쪽에 나타나는 값들을 모두 더해줌으로써 구할 수 있다.

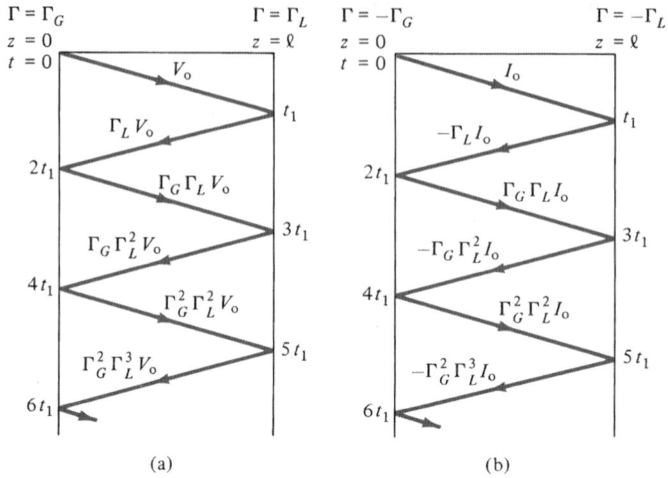

그림 11.26 (a) 전압파, (b) 전류파에 대한 반사도

예제 11.8

그림 11.27의 전송선로에 대하여 다음을 계산하고 그려라.

(a) $0 < t < 6\,\mu\text{s}$에 대한 부하 및 전원단에서의 전압

(b) $0 < t < 6\,\mu\text{s}$에 대한 부하 및 전원단에서의 전류

풀이

(a) 먼저 전원과 부하단에서의 전압반사계수를 계산한다.

$$\Gamma_G = \frac{Z_g - Z_o}{Z_g + Z_o} = \frac{100 - 50}{100 + 50} = \frac{1}{3}$$

$$\Gamma_L = \frac{Z_L - Z_o}{Z_L + Z_o} = \frac{200 - 50}{200 + 50} = \frac{3}{5}$$

통과시간은 $t_1 = \dfrac{\ell}{u} = \dfrac{100}{10^8} = 1\,\mu\text{s}$이다.

전원단의 초기전압은

$$V_o = \frac{Z_o}{Z_o + Z_g} V_g = \frac{50}{150}(12) = 4\text{ V}$$

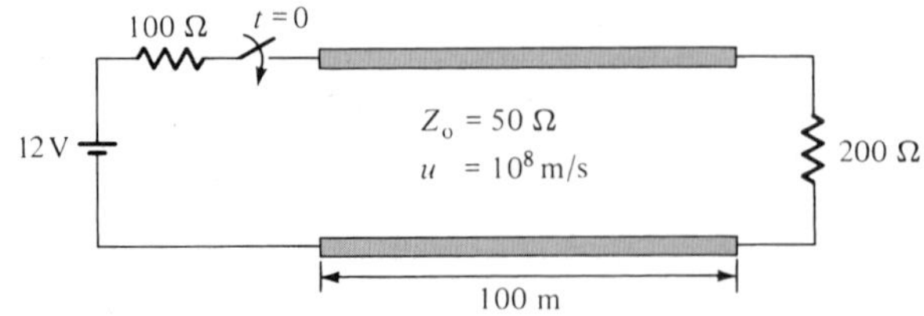

그림 11.27 예제 11.8의 그림

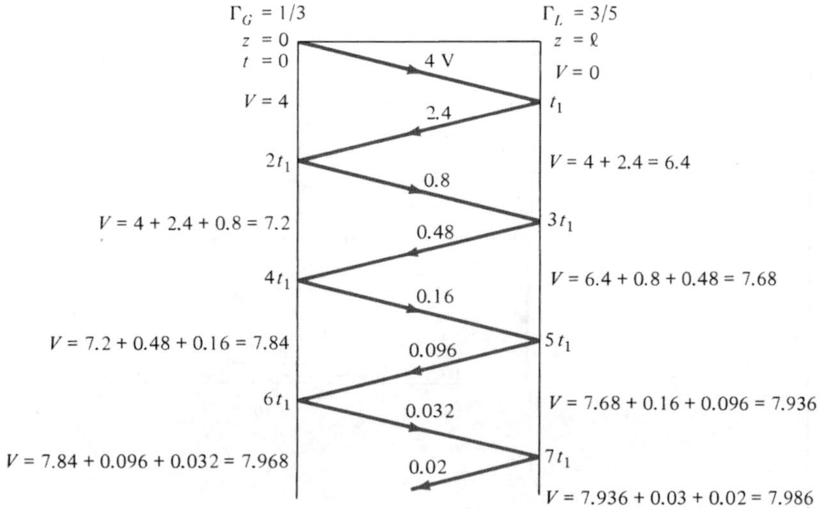

그림 11.28 예제 11.8의 전압반사도

이 된다.

이 4 V가 부하로 보내진다. $t = t_1 = 1$ ms에서 펄스의 앞쪽 가장자리가 부하에 도달한다. 그 중 일부분인 4(3/5) = 2.4 V가 다시 반사되어 $t = 2t_1 = 2\ \mu s$에서 전원에 도달하게 된다. 전원에서는 2.4(1/3) = 0.8이 반사되고 이러한 과정이 계속된다. 전체적인 과정이 그림 11.28의 전압반사도에 잘 묘사되어 있다.

반사도로부터, 그림 11.29에서와 같이 시간의 함수로서 $V(0, t)$와 $V(\ell, t)$를 그릴 수 있다. 그림 11.29로부터 $t \to \infty$로 됨에 따라 전압은 다음과 같은 점근값에 접근함에 주목하라.

$$V_\infty = \frac{Z_L}{Z_L + Z_g} V_g = \frac{200}{300}(12) = 8\ \text{V}$$

$t = 0$, 그리고 $t = \infty$에서의 등가회로는 그림 11.30에 보인 것과 같다는 것을 예상할 수 있다.

(b) 전원과 부하단에서의 전류반사계수는 각각 $-\Gamma_G = -1/3$과 $-\Gamma_L = -3/5$이다. 초기전류는

$$I_\text{o} = \frac{V_\text{o}}{Z_\text{o}} = \frac{4}{50} = 80\ \text{mA}$$

또한 $I(0, t)$와 $I(\ell, t)$는 그림 11.31에 보인 전류반사도로부터 쉽게 얻을 수 있다. 이 전류가 그림 11.32에 그려져 있다. $I(\ell, t) = V(\ell, t)/Z_L$임에 유념하라. 따라서 그림 11.32(b)는 그림 11.31의 전류반사도로부터 구하거나, 그림 11.29(b)를 $1/Z_L = 1/200$의 비율로 조절

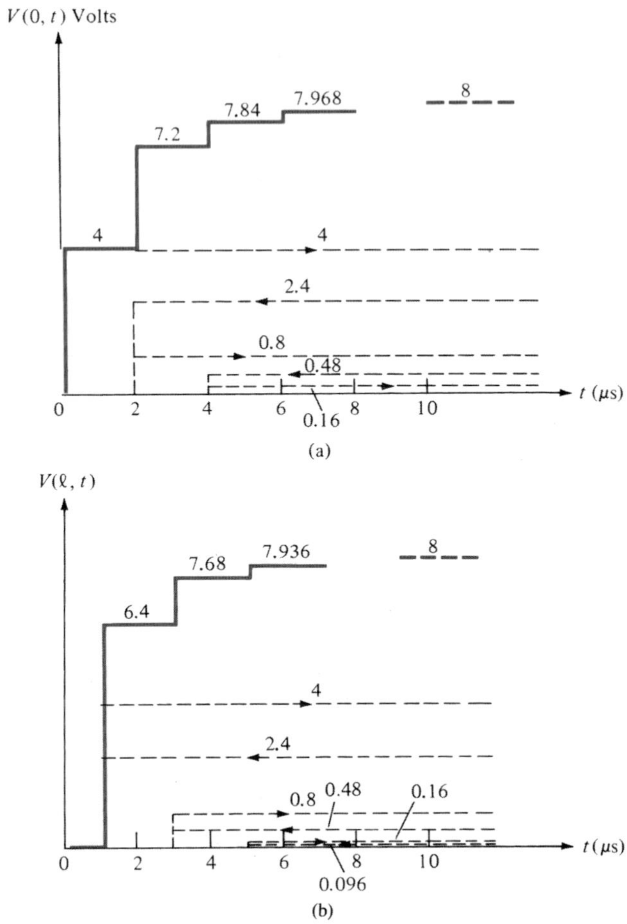

그림 11.29 (a) 전원단, (b) 부하단에서의 전압(비율 무시)

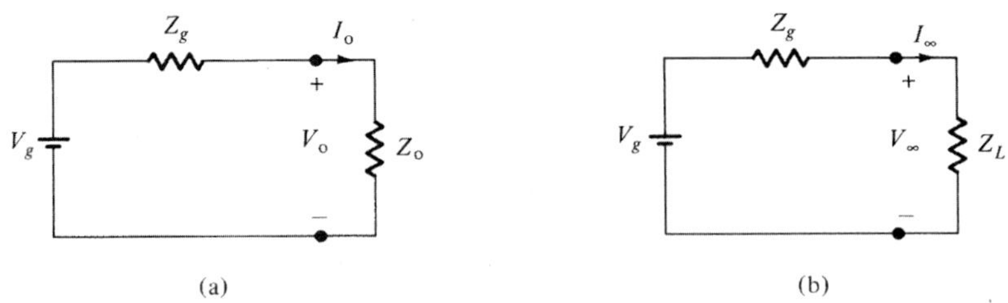

그림 11.30 그림 11.27의 선로에 대한 (a) $t=0$, (b) $t=\infty$에서의 등가회로

하여 얻을 수 있다. 그림 11.30(b)와 11.32로부터 전류는 다음과 같은 점근값에 접근함에 주목하라.

$$I_\infty = \frac{V_g}{Z_g + Z_L} = \frac{12}{300} = 40 \text{ mA}$$

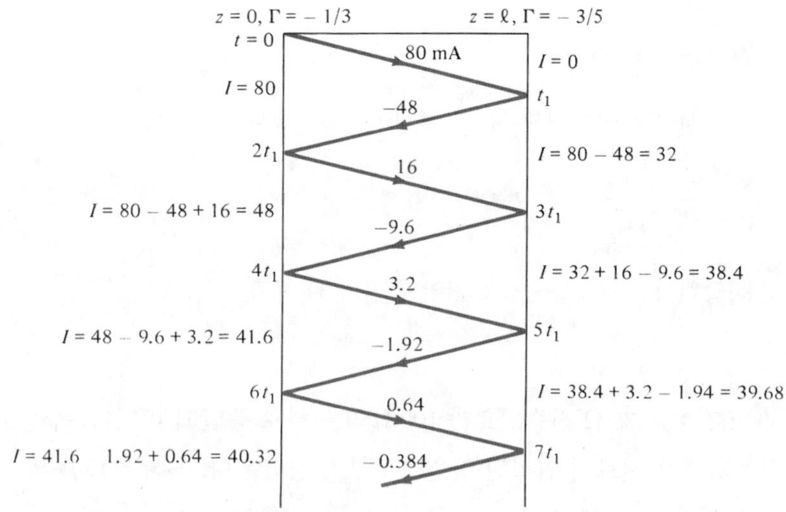

그림 11.31 예제 11.8의 전류반사도

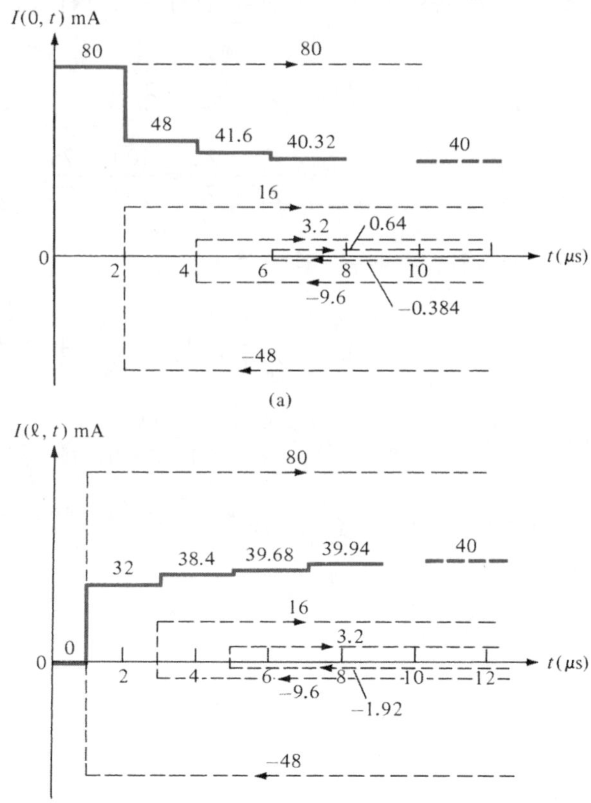

그림 11.32 (a) 전원단, (b) 부하단에서의 전류(비율 무시)

연습문제 11.8

전송선로가 아래와 같을 때 예제 11.8을 반복하라.

(a) 단락회로

(b) 개방회로

해답: (a) 그림 11.33 참조, (b) 그림 11.34 참조

예제 11.9

60 m 길이의 75 Ω 전송선로가 100 Ω의 부하로 종단되어 있다. 폭이 5 μs이고 크기가 4 V인 구형펄스가 선로에 연결된 전원으로부터 공급된다. $0 < t < 15\ \mu$s의 경우에 $I(0, t)$와 $I(\ell, t)$를 그려라. $Z_g = 25\ \Omega$, $u = 0.1c$로 하라.

풀이

앞의 예제에서는 배터리의 스위치가 닫혔을 때 폭이 무한대인 계단함수를 만든다. 이 예제에서 펄스는 5 μs의 유한한 폭을 가진다. 먼저 전압반사계수를 계산하면

$$\Gamma_G = \frac{Z_g - Z_o}{Z_g + Z_o} = \frac{25 - 75}{25 + 75} = \frac{-1}{2}$$

$$\Gamma_L = \frac{Z_L - Z_o}{Z_L + Z_o} = \frac{100 - 75}{100 + 75} = \frac{1}{7}$$

초기전압과 과도시간은 다음과 같이 주어진다.

$$V_o = \frac{Z_o}{Z_o + Z_g} V_g = \frac{75}{100}(4) = 3\text{ V}$$

$$t_1 = \frac{\ell}{u} = \frac{60}{0.1\,(3 \times 10^8)} = 2\ \mu\text{s}$$

V_o가 왕복하는 데 걸리는 시간은 5 μs인 펄스폭보다 작은 $2t_1 = 4\ \mu$s이다. 그러므로 겹쳐지게 될 것이다.

전류반사계수는

$$-\Gamma_L = -\frac{1}{7} \quad \text{and} \quad -\Gamma_G = \frac{1}{2}$$

초기전류는 $I_o = \dfrac{V_g}{Z_g + Z_o} = \dfrac{4}{100} = 40\text{ mA}$이다.

i와 r이 각각 입력 및 반사 펄스를 나타낸다고 하자. 전원단에서

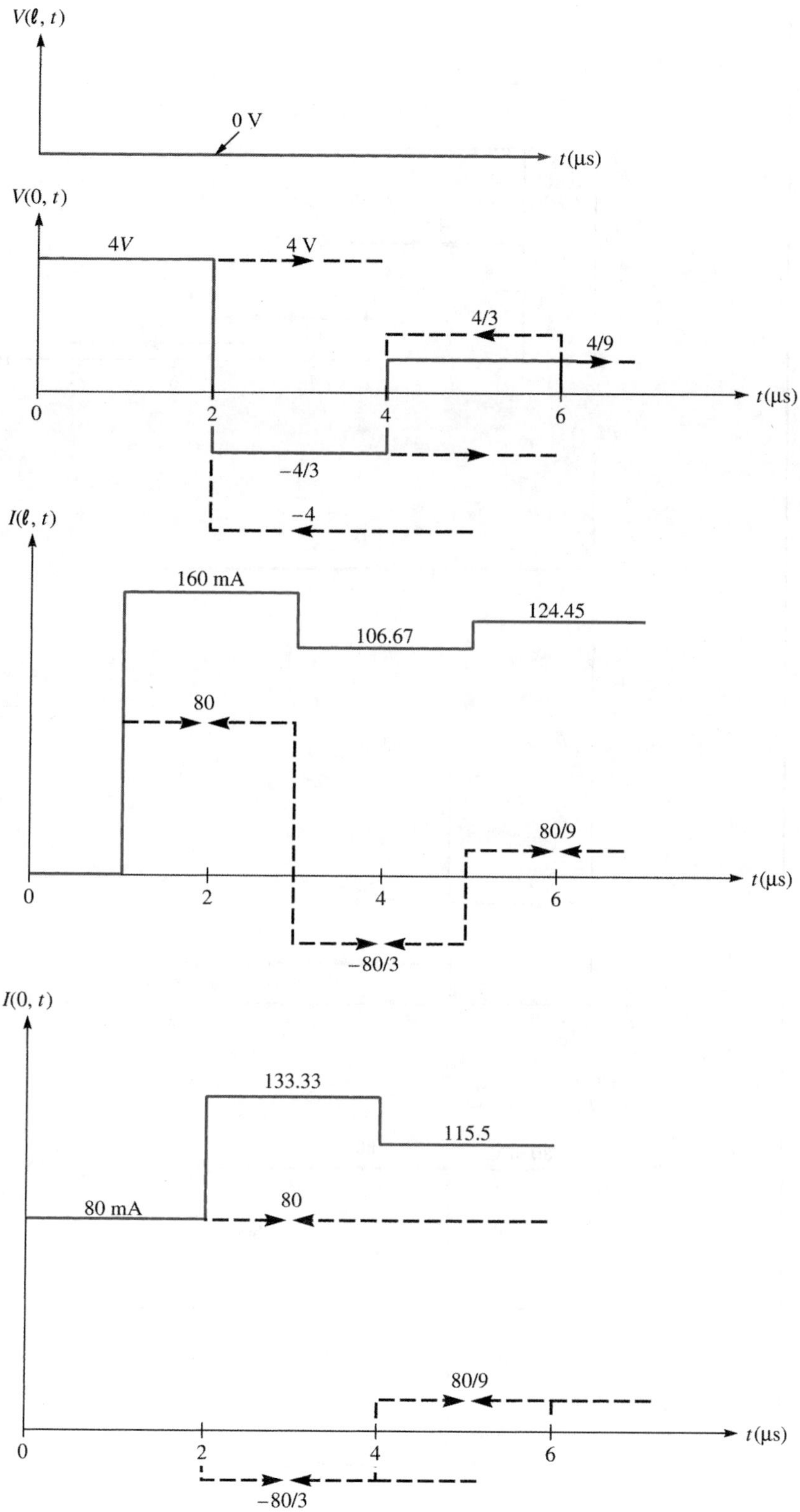

그림 11.33 연습문제 11.8(a)의 그림

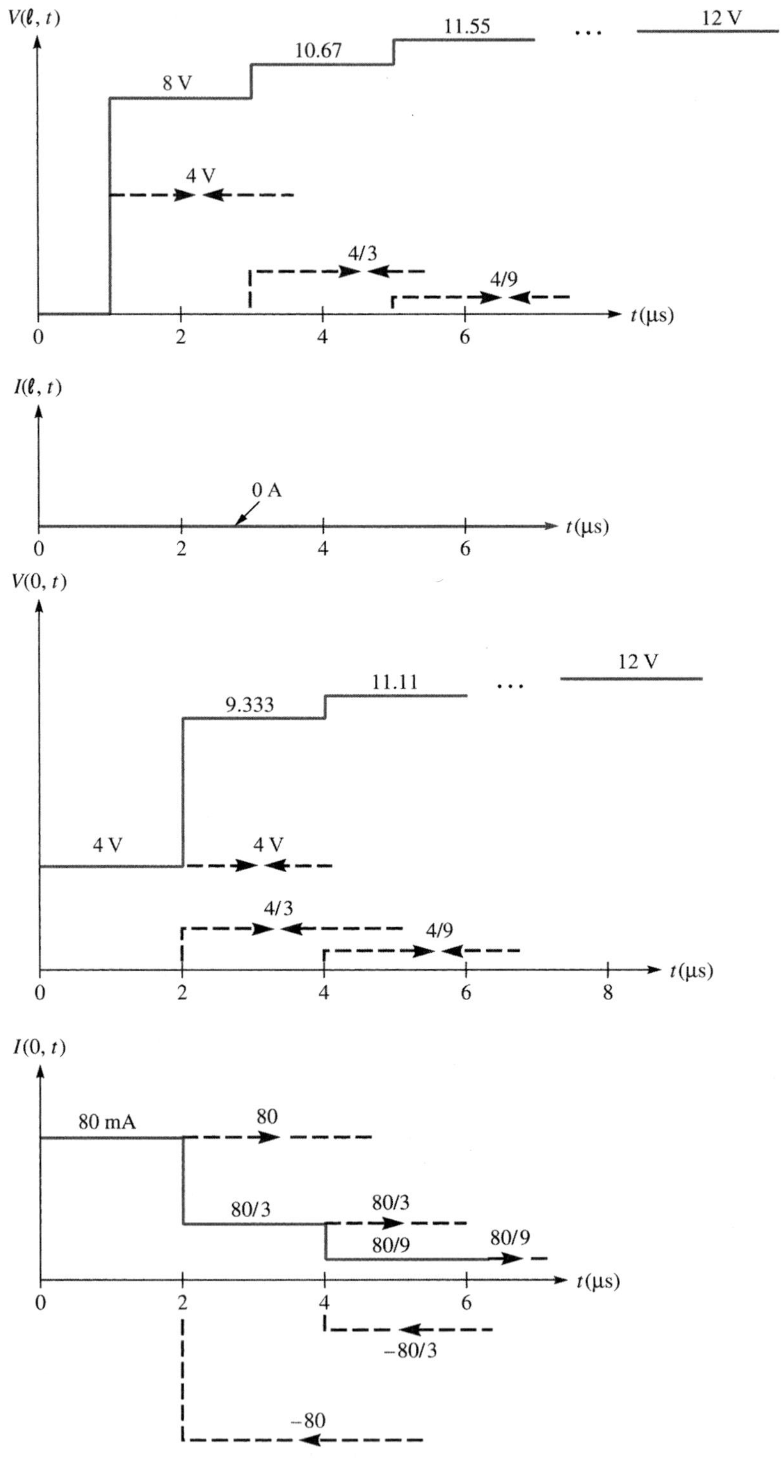

그림 11.34 연습문제 11.8(b)의 그림

$$0 < t < 5\ \mu\text{s}, \qquad I_r = I_o = 40\text{ mA}$$

$$4 < t < 9, \qquad I_i = -\frac{1}{7}(40) = -5.714$$

$$I_r = \frac{1}{2}(-5.714) = -2.857$$

$$8 < t < 13, \qquad I_i = -\frac{1}{7}(-2.857) = 0.4082$$

$$I_r = \frac{1}{2}(0.4082) = 0.2041$$

$$12 < t < 17, \qquad I_i = -\frac{1}{7}(0.2041) = -0.0292$$

$$I_r = \frac{1}{2}(-0.0292) = -0.0146$$

등이 된다. 그러므로 t에 대한 $I(0, t)$의 그래프는 그림 11.35(a)와 같다.

부하단에서

$$0 < t < 2\ \mu\text{s}, \qquad V = 0$$

$$2 < t < 7, \qquad V_i = 3$$

$$V_r = \frac{1}{7}(3) = 0.4296$$

$$6 < t < 11, \qquad V_i = -\frac{1}{2}(0.4296) = -0.2143$$

$$V_r = \frac{1}{7}(-0.2143) = -0.0306$$

$$10 < t < 14, \qquad V_i = -\frac{1}{2}(-0.0306) = 0.0154$$

$$V_r = \frac{1}{7}(0.0154) = 0.0022$$

등이 된다. $V(\ell, t)$로부터 다음과 같이 $I(\ell, t)$를 구할 수 있다.

$$I(\ell, t) = \frac{V(\ell, t)}{Z_L} = \frac{V(\ell, t)}{100}$$

$V(\ell, t)$와 $I(\ell, t)$의 그래프는 그림 11.35(b), (c)와 같다.

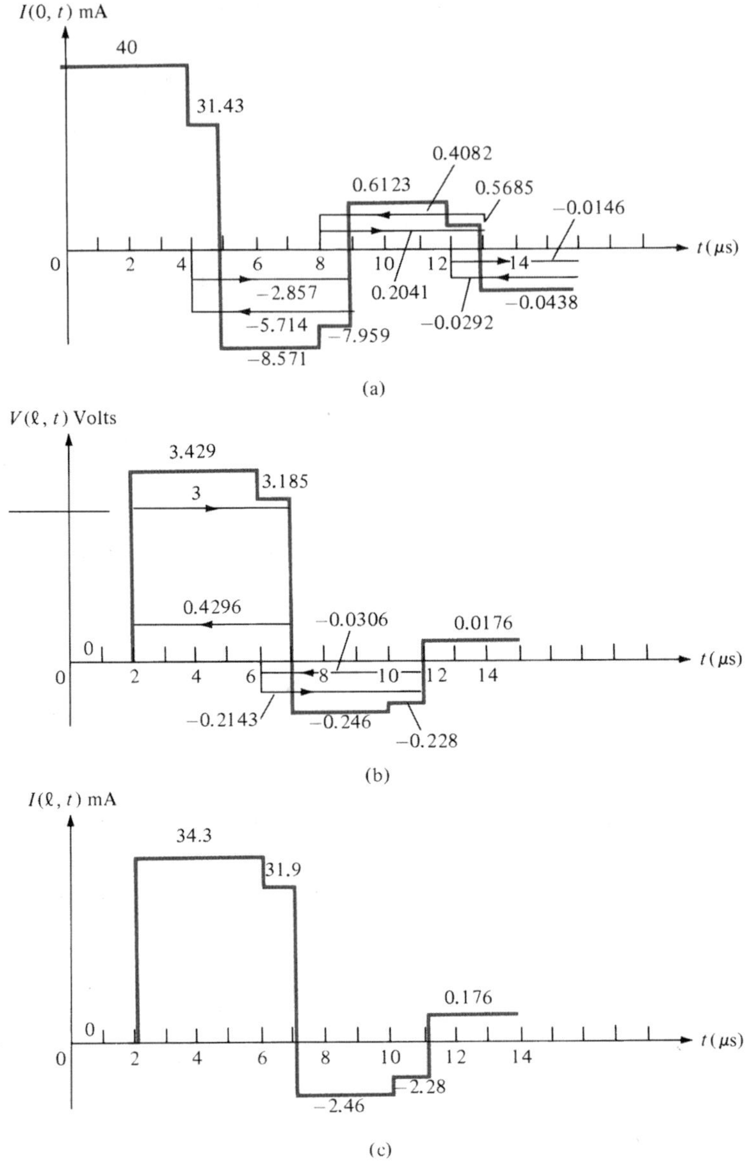

그림 11.35 예제 11.9의 그림(비율 무시)

연습문제 11.9

구형펄스를 그림 11.36의 삼각펄스로 교체하고, 예제 11.9를 반복하라.

해답: $(I_o)_{max} = 100$ mA. 전류파형은 그림 11.37 참조

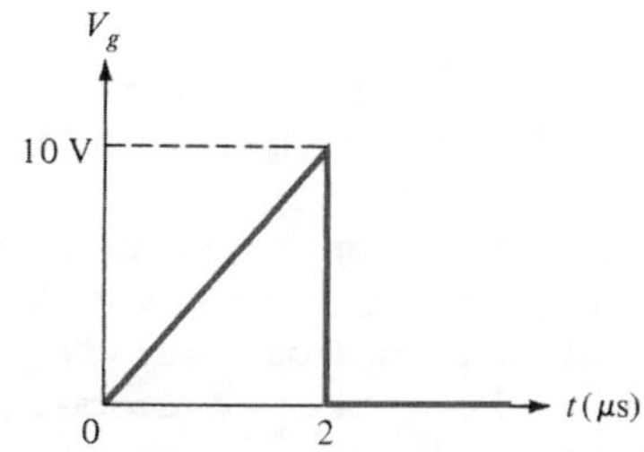

그림 11.36 연습문제 11.9의 삼각펄스

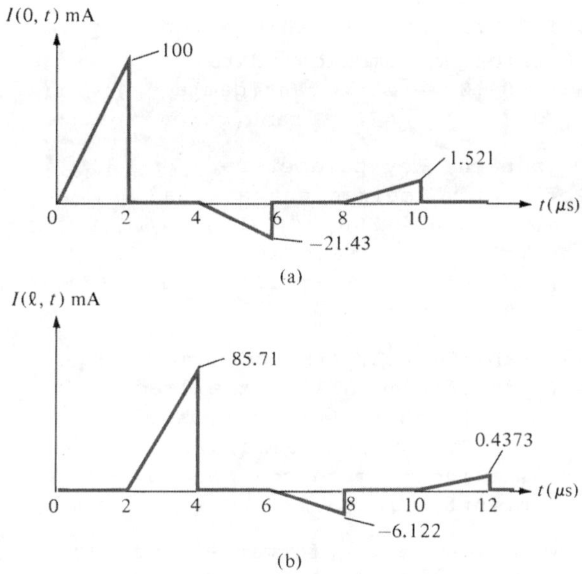

그림 11.37 연습문제 11.9에 대한 전류파

MATLAB 11.1

```
% This script computes the voltage and current waveforms as functions
% of length along
% a transmission line terminated with a complex load

clear
syms w Z0 ZL ZG VG gamma z Zin % symbolic variables for frequency,
                               % characteristic impedance,
% load impedance, source impedance, source voltage, propagation
% constant, distance

% Enter the frequency (in rad/s)
wn = input('Enter the angular frequency\n >  ');
% Enter the propagation constant gamma (in a+j*b format)
gamman = input('Enter the propagation constant\n >  ');
% Enter the length (m)
L = input('Enter the length\n >  ');
% Enter the characteristic impedance
Z0n = input('Enter the characteristic impedance\n >  ');
% Enter the load impedance (in a+j*b format)
```

```
disp('Enter the complex load impedance ');
ZLn = input('(in a+j*b format)\n >  ');
% Enter the source impedance (in a+j*b format)
disp('Enter the complex source impedance ');
ZGn = input('(in a+j*b format)\n >  ');
% Enter the source voltage (in a*exp(j*b) format)
disp('Enter the source voltage ');
VGn = input(' (in a*exp(j*b) format)\n >  ');

% The expression for the input impedance as a function of
% length along the line
% This expression at this point is purely symbolic and
% contains no numerical data, it will be used in line 37
Zin = Z0*(ZL - Z0 * tanh(gamma *z)) / (Z0 - ...
               ZL * tanh(gamma * z));

% Output the key parameters
% Reflection coefficient at load
GammaL = (ZLn - Z0n) / (ZLn + Z0n);
disp('\nThe reflection coefficient at the load is');
disp(sprintf(' %0.2f+j%0.2f\n',real(GammaL), imag(GammaL)))

% SWR
SWR=(1+abs(GammaL))/(1-abs(GammaL));
disp(sprintf('The SWR at the load is %0.2f\n', SWR))
% Input impedance seen at source
ZinG=subs(Zin,{Z0,ZL,gamma,z},{Z0n,ZLn, gamman,L});
disp('The input impedance seen by the generator ')
disp(sprintf(' is %0.2f+j%0.2f\n', real(ZinG), imag(ZinG)))

% now determine the forward-traveling voltage coefficient
% V0plus at the load (z = 0) from the equation
% V(z) = (V0+) e^(-j B z) (1 + GammaL exp (2 j B z))
% by setting z = -L
% First Determine the voltage at the source
V0G = VGn * ZinG / (ZGn + ZinG);
V0plus = V0G * exp(-gamman*L)/(1 + GammaL *exp(-2*gamman*L));

% Generate vector of voltage over length
z=-L:L/1000:0;    % vector of length
Vz = V0plus*exp(gamman*z).*(1 + GammaL*exp(2*gamman*z));

% voltage vector
Iz = V0plus/Z0n*exp(gamman*z).*(1 - GammaL*exp(2*gamman*z));

% voltage vector
%(notice the .* for multiplying two vectors
% together element-by-element)

% Plot
figure
subplot(2,1,1)  % generate a subplot within one figure window
% the two plots will be one on top of the other
% (2,`,1) means there are two rows, one column, and this plot
% goes into the top subplot
plot(z, abs(Vz))  % plot only voltage magnitude
```

```
axis([-L 0 0 abs(2*V0plus)])
title('Voltage on transmission line as a function of length')
xlabel('distance from load (m)')
ylabel('magnitude of voltage (V)')
subplot(2,1,2)
plot(z, abs(Iz))  % plot only current magnitude
axis([-L 0 0 abs(2*V0plus/Z0n)])
title('Current on transmission line as a function of length')
xlabel('distance from load (m)')
ylabel('magnitude of current (A)')
```

요약

1. 전송선로는 통상적으로 분포정수 파라미터 $R(\Omega/\mathrm{m})$, $L(\mathrm{H/m})$, $G(\mathrm{S/m})$, $C(\mathrm{F/m})$에 의해 기술된다. 동축선로, 2선식 선로, 평판선로에 대한 R, L, G, C를 계산하기 위한 공식이 표 11.1에 나타내었다.

2. 분포정수 파라미터들이 미소길이의 전송선로를 나타내는 등가회로 모델에 사용된다. 전송선로 방정식은 이 등가회로에 키르히호프의 법칙을 적용하고 선로의 길이를 0에 접근시킴으로써 구해진다. 선로 상의 전압파와 전류파는 아래와 같이 표현된다.

$$V(z,t) = V_o^+ e^{-\alpha z}\cos(\omega t - \beta z) + V_o^- e^{\alpha z}\cos(\omega t + \beta z)$$

$$I(z,t) = \frac{V_o^+}{Z_o} e^{-\alpha z}\cos(\omega t - \beta z) - \frac{V_o^-}{Z_o} e^{\alpha z}\cos(\omega t + \beta z)$$

이 식들은 선로 상에서 반대방향으로 진행하는 두 개의 파가 존재한다는 사실을 보여주고 있다.

3. 선로의 특성임피던스 Z_o(평면파의 고유임피던스 η와 유사함)는 아래와 같이 주어진다.

$$Z_o = \sqrt{\frac{R + j\omega L}{G + j\omega C}}$$

전파상수 γ(/m)는

$$\gamma = \alpha + j\beta = \sqrt{(R + j\omega L)(G + j\omega C)}$$

이며, 파장과 파의 속도는

$$\lambda = \frac{2\pi}{\beta}, \quad u = \frac{\omega}{\beta} = f\lambda$$

이다.

4. 먼저 일반적인 경우로 손실이 있는 전송선로($G \neq 0 \neq R$)를 고려하였다. 무손실 선로의

경우는 $R = 0 = G$이고, 무왜곡 선로의 경우는 $R/L = G/C$이다. 전력선의 경우는 무손실 선로가, 전화선의 경우에는 무왜곡 선로가 바람직하다.

5. 부하에서의 전압 반사계수는 아래와 같이 정의된다.

$$\Gamma_L = \frac{V_o^-}{V_o^+} = \frac{Z_L - Z_o}{Z_L + Z_o}$$

그리고 정재파비는

$$s = \frac{1 + |\Gamma_L|}{1 - |\Gamma_L|}$$

이다. 여기서 Z_L은 부하임피던스이다.

6. 선로 상의 임의의 점에서 페이저 전압과 페이저 전류의 비는 그 지점에서 부하를 향해 바라본 임피던스가 되며, 선로의 길이가 길 경우 선로의 입력임피던스가 된다. 손실이 있는 선로의 경우

$$Z(z) = \frac{V_s(z)}{I_s(z)} = Z_{in} = Z_o \left[\frac{Z_L + Z_o \tanh \gamma\ell}{Z_o + Z_L \tanh \gamma\ell}\right]$$

이 되며, 여기서 ℓ은 부하로부터 그 지점까지의 거리이다. 무손실 선로($\alpha = 0$)에 대해서는 $\tanh \gamma\ell = j \tan \beta\ell$이 되고, 부하가 단락된 경우는 $Z_L = 0$, 부하가 개방된 경우는 $Z_L = \infty$, 그리고 정합된 선로에 대해서는 $Z_L = Z_o$이다.

7. Smith 도표는 Γ, s, Z_{in}와 같은 선로의 특성을 구하는 도식적 수단이다. 이 도표는 반지름이 1인 원 내부에 그려져 있으며, Γ_L에 대한 공식에 기초하고 있다. r 값과 x 값을 의미하는 두 개의 원(저항원과 리액턴스원)과 정재파비를 의미하는 한 개의 원(일정한 s-원)이 존재한다. 이 도표는 스터브 정합기의 위치와 그 길이를 결정하는데에도 편리하게 사용되며, 또한 슬롯 선로와 함께 부하임피던스 값을 측정하는데에도 사용된다.

8. 선로에 직류전압이 공급될 때 펄스가 선로 상에서 앞뒤로 진행하게 되는데, 이 때의 선로의 과도상태는 반사도(bounce diagram)에 의해서 편리하게 해석된다.

복습 문제

11.1 전송선로 파라미터 R, L, G, C에 대한 다음의 설명 중 틀린 것은?

(a) R과 L은 직렬소자이다.

(b) G와 C는 병렬소자이다.

(c) $G = \dfrac{1}{R}$

(d) $LC = \mu\varepsilon$이고, $RG = \sigma\varepsilon$이다.

(e) R과 G는 둘 다 선로를 구성하는 도체의 도전율에 의존한다.

(f) R만이 주파수에 의존한다.

(g) 이 파라미터들은 집중정수가 아니고 분포정수이다.

11.2 손실이 있는 전송선로에서 특성임피던스와 관계없는 것은?

(a) 동작주파수

(b) 선로의 길이

(c) 선로에 종단된 부하

(d) 도선의 도전율

(e) 도선 사이의 유전체의 도전율

11.3 무왜곡 전송선로에 대한 설명 중 틀린 것은?

(a) $R = 0 = G$

(b) $RC = GL$

(c) 매우 낮은 주파수영역($R \gg \omega L$, $G \gg \omega C$)

(d) 매우 높은 주파수영역($R \ll \omega L$, $G \ll \omega C$)

11.4 무손실 선로에 대한 설명 중 틀린 것은?

(a) $\ell = \lambda/8$인 단락선로의 경우 $Z_{\text{in}} = -jZ_o$이다.

(b) $\ell = \lambda/4$인 단락선로의 경우 $Z_{\text{in}} = j\infty$이다.

(c) $\ell = \lambda/2$인 개방선로의 경우 $Z_{\text{in}} = jZ_o$이다.

(d) 정합선로의 경우 $Z_{\text{in}} = Z_o$이다.

(e) 부하로부터 반파장 떨어진 지점에서는 $Z_{\text{in}} = Z_L$이고, 이후 매 반파장마다 반복된다.

11.5 $L = 10\ \mu$H/m, $C = 40$ pF/m이고, 길이가 50 cm인 무손실 전송선로가 30 MHz에서 동작한다. 이 선로의 전기적 길이는?

(a) 20λ

(b) 0.2λ

(c) 108°

(d) 40π

(e) 위에 답이 없음

11.6 그림 11.38의 Smith 도표 상의 점 A, B, C, D, E와 아래의 정규화 임피던스를 연결하여라.

(i) $0 + j0$

(ii) $1 + j0$

(iii) $0 - j1$

(iv) $0 + j1$

(v) $\infty + j\infty$

(vi) $\left[\dfrac{Z_{\text{in}}}{Z_o}\right]_{\text{min}}$

(vii) $\left[\dfrac{Z_{\text{in}}}{Z_o}\right]_{\text{max}}$

(viii) 정합된 부하 ($\Gamma = 0$)

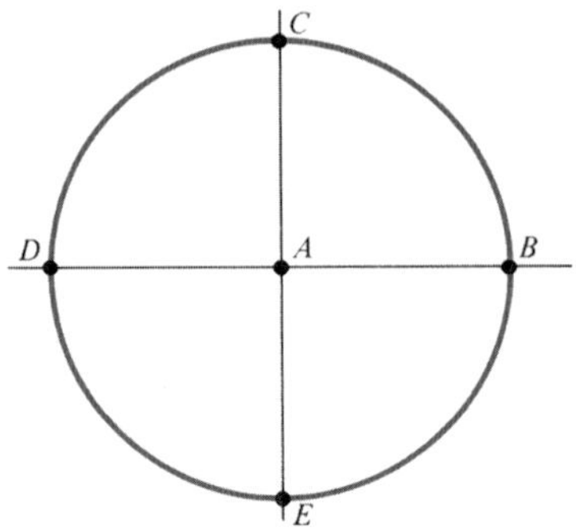

그림 11.38 복습문제 11.6에 대한 Smith 도표

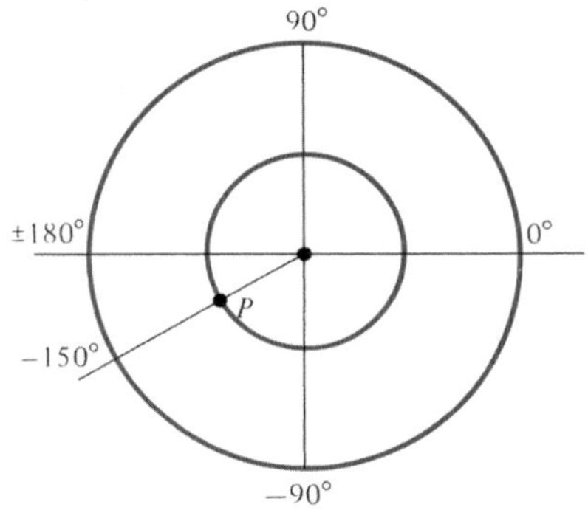

그림 11.39 복습문제 11.7에 대한 Smith 도표

11.7 500 m 길이의 전송선로가 그림 11.39의 Smith 도표 상의 P점에 해당하는 부하로 종단되었다. 파장이 150 m이면 선로 상에 몇 개의 전압 최대값이 존재하는가?

(a) 7 (b) 6
(c) 5 (d) 3
(e) 0

11.8 아래의 설명에 대하여 맞으면 T, 틀리면 F로 표시하라.

(a) 모든 r-원과 x-원들은 $(\Gamma_r, \Gamma_i) = (1, 0)$인 점을 통과한다.
(b) Smith 도표 상의 모든 임피던스들은 매 $\lambda/4$마다 반복된다.
(c) Smith 도표 상에서 $s = 2$인 원은 $|\Gamma| = 0.5$인 원과 같다.
(d) 임피던스정합의 기본원리는 원천과 정합소자 사이의 반사파를 제거하는 것이다.
(e) 슬롯선로는 Z_L만을 결정하기 위해 사용된다.
(f) 전송선로 상의 임의의 점에서 전류반사계수는 같은 지점에서의 전압반사계수의 역이다.

11.9 공기 중에서 인접한 전압 최대값이 12.5 cm와 37.5 cm에서 관찰되었다. 동작주파수는 얼마인가?

(a) 1.5 GHz (b) 600 MHz
(c) 300 MHz (d) 1.2 GHz

11.10 부하로 종단된 400 m 길이의 무손실 전송선로에 크기가 12 V이고, 펄스폭이 2 μs인 두 개의 동일한 펄스가 입력된다. 이 두 펄스가 3 μs만큼 떨어져 있고, $u = 2 \times 10^8$ m/s라고 하면, 두 번째 펄스에 의해서 $V_L(\ell, t)$에 기여하는 것이 첫 번째 펄스가 기여하는 성분과 겹치기 시작하는 것은 언제인가?

(a) $t = 0.5\ \mu s$ (b) $t = 2\ \mu s$

(c) $t = 5\ \mu s$ (d) $t = 5.5\ \mu s$

(e) $t = 6\ \mu s$

해답: 11.1 c,d,e, 11.2 b,c, 11.3 c, 11.4 a,c, 11.5 c, 11.6 (i) D,B, (ii) A, (iii) E, (iv) C, (v) B, (vi) D, (vii) B, (viii) A, 11.7 a, 11.8 (a) T, (b) F, (c) F, (d) T, (e) F, (f) F, 11.9 b, 11.10 e.

문제

11.2 전송선로 파라미터

11.1 평행판 선로의 도체와 유전체의 사양이 $w = 1.4$ cm, $h = 1.2$ mm, $\sigma_c = 5.8 \times 10^7$ Ω/m, $\sigma = 10^{-4}$ Ω/m, $\varepsilon_r = 3.2$, $\mu_r = 1$로 주어졌을 때, 평행판 선로의 주요 파라미터들을 계산하라. 이때 동작주파수는 600 MHz이다. 표 1.1을 참고하라.

11.2 동축선로의 도체와 유전체의 사양이 $a = 0.5$ cm, $b = 0.8$ cm, $\sigma_c = 5.8 \times 10^7$ Ω/m, $\sigma = 10^{-2}$ Ω/m, $\varepsilon_r = 3.2$, $\mu_r = 1$로 주어졌을 때, 동축케이블의 주요 파라미터들을 계산하라. 이때 동작주파수는 600 MHz이다. 표 1.1을 참고하라.

11.3 동축선로의 내부 직경은 a이고, 외부 직경은 b이다. 이 선로의 내부와 외부 도체 사이에 도전율 σ인 물질이 채워져 있을 때, 단위길이당 컨덕턴스가 아래와 같이 됨을 보여라.

$$G = \frac{2\pi\sigma}{\ln\dfrac{b}{a}}$$

11.4 평판 선로에서 폭이 30 mm, 두께가 2 mm인 도체판이 $\sigma = 10^{-3}$ S/m, $\varepsilon = 4\varepsilon_o$, $\mu = \mu_o$인 유전체로 분리되어 있다. 구리의 도전율은 5.8×10^7 S/m이다. 이 선로가 200 MHz에서 동작할 때 다음을 구하라. (a) R, L, G, C (b) γ와 Z_o.

11.5 다이오드의 구리선의 길이가 16 mm이고 반지름이 0.3 mm이다. 이 선들이 그림 11.40에서처럼 2 mm만큼 떨어져 있다. 10 MHz에서 이 선들 사이의 커패시턴스와 교류저항을 구하라.

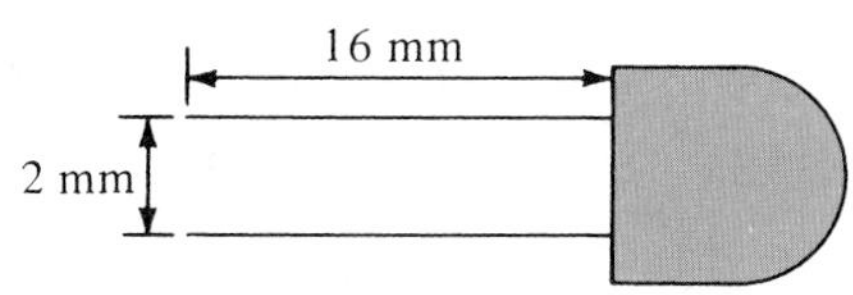

그림 11.40 문제 11.5의 다이오드

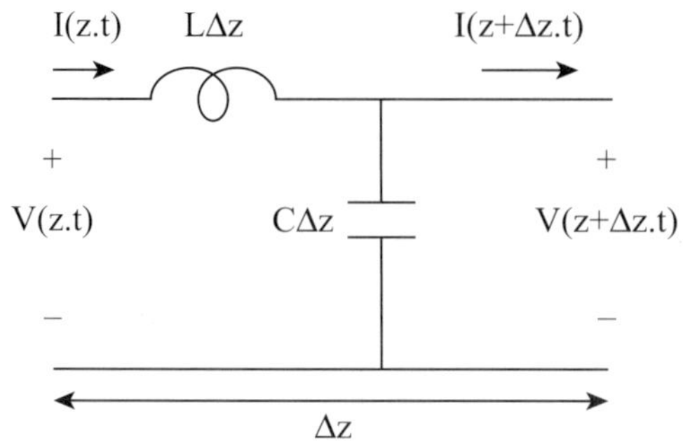

그림 11.41 문제 11.7의 그림

11.3 전송선로 방정식

***11.6** TV 연결선로가 2개의 구리 재질의 평행선로로 구성되어 있다. 각각의 구리선은 반경이 1.2 mm이고, 두 선은 $\varepsilon_r = 4$인 유전체에 의해 1.5 cm만큼 떨어져 있다. L, C, Z_o를 계산하라.

11.7 전송선의 미소길이 Δz에 대한 등가회로를 그림 11.41에 나타내었다. 이 등가회로에서 전압-전류의 관계식을 유도하라.

11.8 (a) 높은 주파수($R \ll \omega L$, $G \ll \omega L$)에서 다음과 같이 됨을 보여라.

$$\gamma \simeq \left(\frac{R}{2}\sqrt{\frac{C}{L}} + \frac{G}{2}\sqrt{\frac{L}{C}}\right) + j\omega\sqrt{LC}$$

(b) 특성임피던스 Z_o에 대한 유사한 공식을 유도하라.

11.9 공기로 채워진 동축케이블에서 내부 도체의 반지름이 a이고, 외부 도체의 반지름이 b이다. 이 도체들의 도전율은 σ_c이고, 동작주파수에서의 표피 두께는 δ이다. 이 동축케이블의 단위길이당 직렬 저항값이 직렬 리액턴스값보다 훨씬 작다고 가정할 때 감쇠상수가 다음과 같음을 보여라.

$$\alpha = \frac{(a+b)}{240\pi\sigma_c\delta ab\ln(b/a)}$$

11.10 손실 전송선로에서 각주파수가 $\omega = 10^5$ rad/s일 때, 이 선로의 특성임피던스는 $Z_o = R_o + jX_o = 9.6105 + j9.2885\ \Omega$, 전파상수는 $\gamma = \alpha + j\beta = 26.7514 + j26.1713$으로 측정되었다. 이 선로의 R, L, G, C를 구하라.

11.11 공기로 둘러싸인 손실 전송선로에서 각주파수가 $\omega = 4000$ rad/s일 때, 이 선로의 특성임피던스는 $Z_o = 632.55 - j304.02\ \Omega$, 위상속도는 $u_p = 6.0804 \times 10^4$ m/s로 측정되었다. 이 선로의 R, L, G, C를 구하라.

11.12 78 Ω의 무손실 평판선로가 설계되었으나 요구되는 사양을 충족하지 못하였다고 가정하자. 75 Ω의 특성임피던스를 얻으려면 스트립 폭을 몇 % 추가하거나 제거해야 하는가?

11.13 동축케이블의 도체와 유전체의 사양이 $a = 0.5$ cm, $b = 0.8$ cm, $\sigma_c = 5.8 \times 10^7$ Ω/m, $\sigma = 10^{-2}$ Ω/m, $\varepsilon_r = 3.2$, $\mu_r = 1$로 주어졌다. 동축케이블의 R, L, G, C를 계산하라. 이때 동작주파수는 600 MHz이다.

11.14 2선식 선로의 도체와 유전체의 사양이 $d = 0.5$ mm, $D = 2$ mm, $\sigma_c = 5.8 \times 10^7$ Ω/m, $\sigma = 10^{-4}$ Ω/m, $\varepsilon_r = 1.1$, $\mu_r = 1$로 주어졌다. 2선식 선로의 R, L, G, C를 계산하라. 이때 동작주파수는 600 MHz이다. 표 1.1을 참고하라.

11.15 동축케이블이 도체는 구리($\sigma_c = 5.8 \times 10^7$ S/m)로, 절연체는 폴리에틸렌($\varepsilon_r = 2.25$, $\mu_r = 1$)으로 만들었으며, 외부 도체의 반지름이 3 mm라고 할 때, 이 선로의 특성임피던스 $Z_o = 75$ Ω이 되기 위한 내부 도체의 반경을 구하라.

11.16 무손실 2선식 전송선로에 대하여 다음이 성립함을 보여라.

(a) 위상속도 $u = c = \dfrac{1}{\sqrt{LC}}$

(b) 특성임피던스 $Z_o = \dfrac{120}{\sqrt{\varepsilon_r}} \cosh^{-1} \dfrac{d}{2a}$

그리고, (a)는 다른 무손실 전송선로에도 적용되는가?

11.17 2선식 선로로 근사되는 꼬인(twisted) 선로는 전화선으로 유용하게 쓰인다. 이 선로가 직경이 0.12 cm인 두 가닥의 도선으로 구성되어 있고, 그 두 도선의 중심점들이 0.32 cm만큼 떨어져 있다고 가정하자. 이 두 가닥의 도선 사이에 $\varepsilon = 3.5\varepsilon_o$인 유전체로 분리되어 있을 때 L, C, Z_o를 구하라.

11.18 무왜곡 케이블의 길이가 4 m이고, 특성임피던스는 60 Ω이다. 수신단에서 0.24 dB의 감쇠가 관측되었다. 그리고 케이블에 인가된 신호가 수신단에서 80 μs만큼 지연되었다. 이 케이블의 R, G, L, C를 구하라.

11.19 120 MHz에서 동작하는 무왜곡 선로의 선로 파라미터가 $R = 20$ Ω/m, $L = 0.3$ μH/m, $C = 63$ pF/m이다. (a) γ, u, Z_o를 구하라. (b) 전압파가 최초 진폭의 20%가 되기까지 얼마나 멀리 진행하는가? (c) 45°의 위상천이가 일어날 때까지 얼마나 멀리 진행하는가?

11.20 무왜곡 선로에서 전압파가 아래와 같이 주어졌다.

$$V(\ell') = 120e^{0.0025\ell'} \cos(10^8 t + 2\ell') + 60e^{-0.0025\ell'} \cos(10^8 t - 2\ell')$$

여기서 ℓ'은 부하로부터의 거리이다. $Z_L = 300\ \Omega$일 때 다음을 구하라.

(a) α, β, u, (b) Z_o, $I(\ell')$

11.21 선로 상에서의 전압이 아래와 같이 주어졌다.

$$V(\ell) = 80e^{10^{-3}\ell}\cos(2\pi \times 10^4 t + 0.01\ell) + 60e^{-10^{-3}\ell}\cos(2\pi \times 10^4 t + 0.01\ell)\,\text{V}$$

여기서 ℓ은 부하로부터의 거리이다. γ와 u를 계산하라.

11.22 $R \ll \omega L$, $G \simeq 0$인 사양을 가지며, 동작주파수 ω에서 선로 파라미터가 R, L, G, C인 균일 전송선로를 고려한다. $Q = \omega L/R$이라고 하자. 전파상수 γ가 아래와 같이 표현될 수 있음을 보여라.

$$\gamma = \alpha + j\beta$$

여기서

$$\alpha \approx \frac{\omega\sqrt{LC}}{\sqrt{2Q}}\left(1 - \frac{1}{2}Q\right)$$

$$\beta \approx \frac{\omega\sqrt{LC}}{\sqrt{2Q}}\left(1 + \frac{1}{2}Q\right)$$

11.23 800 m 길이의 무손실 선로의 특성임피던스가 60 Ω이고, $R_L = 80\ \Omega$인 부하로 종단되어 있다. 전원저항이 $R_g = 40\ \Omega$인 $V_g = 24$ V의 전압원이 선로에 연결되어 있다고 할 때, 시간이 충분히 지난 후 부하에 걸리는 전압과 전류를 구하라. 신호의 군속도(group velocity)는 2.5×10^8 m/s로 가정하라.

11.24 길이 2.1 m의 손실 전송선로의 특성임피던스가 $80 + j60\ \Omega$이다. 이 선로가 단락되었을 때 입력임피던스는 $30 - j12\ \Omega$이다.

(a) α와 β를 결정하라. (b) 단락된 부하를 $Z_L = 40 + j30\ \Omega$으로 대체하였을 때 입력임피던스를 구하라.

11.25 840 m 길이의 무손실 선로의 특성임피던스는 75 Ω이고, $R_L = 120\ \Omega$의 부하로 종단되어 있다. 이 선로에 $t = 0$인 시점에서 전원전압이 $V_g = 16$ V이고, 전원저항이 $R_g = 30\ \Omega$인 전원이 연결되었을 때, 선로 상에서 신호의 군속도는 2.75×10^8 m/s가 된다. 이 경우, 전원으로부터 300 m 떨어진 지점의 전압과 전류를 구하라.

11.4 입력임피던스, 정재파비, 전력

11.26 투과계수가 아래와 같이 정의될 수 있음을 보여라.

$$\tau_L = \frac{V_L}{V_o^+} = 1 + \Gamma_L = \frac{2Z_L}{Z_L + Z_o}$$

(b) 이 선로가 다음의 부하로 종단되었을 때, 투과계수 τ_L을 구하라. (i) $Z_L = nZ_o$, (ii) 개방회로, (iii) 단락회로, (iv) $Z_L = Z_o$(정합선로).

11.27 복소 부하임피던스 $Z_L = R_L + jX_L$ Ω으로 종단된 무손실 선로에서 $Z_L = \sqrt{R_L^2 + X_L^2}$ 일 때 VSWR의 값이 최소가 됨을 보여라.

11.28 길이가 ℓ인 손실 전송선로의 부하가 단락되었을 때 선로의 입력임피던스를 Z_{sc}, 그리고 부하가 개방되었을 때 선로의 입력임피던스를 Z_{oc}로 표시하자. 이 선로의 감쇠상수가 아래와 같이 됨을 보여라.

$$\alpha = \frac{1}{2\ell}\ln\left\{\frac{1+\sqrt{\frac{Z_{sc}}{Z_{oc}}}}{1-\sqrt{\frac{Z_{sc}}{Z_{oc}}}}\right\}$$

11.29 선로의 주요 상수가 $R = 0.3306$ Ω/m, $L = 94$ nH/m, $C = 378.76$ pF/m, $G = 0.1337$ S/m일 때, 600 MHz에서 선로 상에서의 위상속도와 파장을 구하라.

11.30 그림 11.42와 같이 $Z_o = 65 + j38$ Ω, $\gamma = 0.7 + j2.5$/m, $\ell = 0.8$ m이고, 부하가 단락된 동축선로의 입력임피던스를 구하라.

11.31 무손실 선로의 입력임피던스를 측정하였다. 부하가 Z_L인 경우에는 그 값이 23.7591 $+ j39.354$ Ω이었고, 부하가 단락되었을 때는 $-j36.3271$ Ω이었으며, 부하가 개방되었을 때는 $j68.8191$ Ω이었다. 다음을 구하라. (i) Z_L, (ii) Z_0, (iii) Γ_L, (iv) $|\Gamma_L|$, (v) VSWR.

11.32 그림 11.43의 무손실 전송선로에서 다음을 구하라.

(a) Γ와 s

(b) 전원의 위치에서 Z_{in}

그림 11.42 문제 11.30의 그림

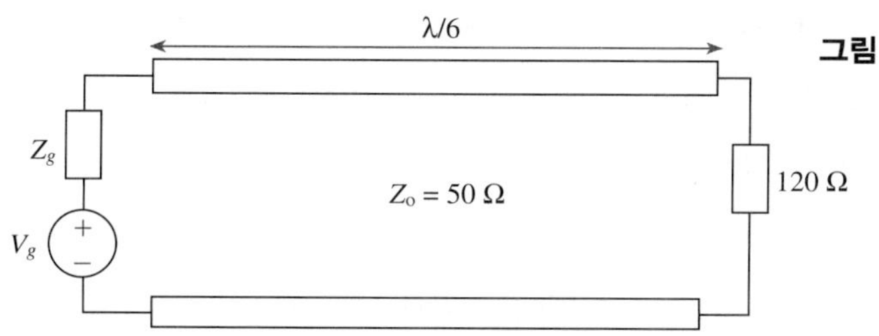

그림 11.43 문제 11.32의 그림

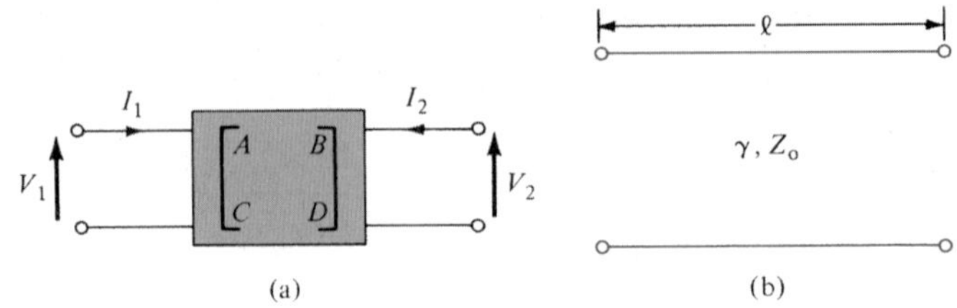

그림 11.44 문제 11.34의 그림: (a) 회로망, (b) 손실이 있는 선로

11.33 특성임피던스가 60 Ω인 무손실 선로가 $V_g = 10\angle 0°$ V_{rms}이고 $Z_g = 50 - j40$ Ω인 전원에 연결되어 있고, $j40$ Ω인 부하로 종단되어 있다. 선로의 길이가 100 m이고 $\beta = 0.25$ rad/m일 때, 아래의 지점에서 입력임피던스 Z_{in}과 전압 V를 구하라.
(a) 송신단, (b) 수신단, (c) 부하로부터 전원쪽으로 4 m 떨어진 지점, (d) 전원으로부터 부하방향으로 3 m 떨어진 지점.

***11.34** 그림 11.44(a)와 같은 2단자 회로망을 생각해 보자. 입력 및 출력 변수들 사이의 관계를 다음과 같이 행렬로 표현할 수 있다.

$$\begin{bmatrix} V_1 \\ I_1 \end{bmatrix} = \begin{bmatrix} A & B \\ C & D \end{bmatrix} \begin{bmatrix} V_2 \\ -I_2 \end{bmatrix}$$

그림 11.44(b)의 손실이 있는 선로에 대하여 $ABCD$ 행렬이 다음과 같이 됨을 보여라.

$$\begin{bmatrix} \cosh \gamma\ell & Z_o \sinh \gamma\ell \\ \dfrac{1}{Z_o} \sinh \gamma\ell & \cosh \gamma\ell \end{bmatrix}$$

11.35 특성임피던스가 75 Ω인 무손실 선로가 $Z_L = 61.5 + j37.5$ Ω인 부하로 종단되어 있다. 입력임피던스의 표현식을 구하고, 실수부와 허수부를 구분하라. 입력임피던스의 실수값, 즉 입력저항이 최대값을 갖게 되는 지점이 부하로부터 얼마만큼 떨어져 있는지를 계산하라. 그리고 입력저항의 최대값을 구하라.

11.5 Smith 도표

11.36 다음의 임피던스들을 50 Ω으로 정규화하고 Smith 도표상에 표시하라.
(a) $Z_a = 80$ Ω　　(b) $Z_b = 60 + j40$ Ω
(c) $Z_c = 30 - j120$ Ω

11.37 특성임피던스가 100 Ω인 λ/4 무손실 선로가 $Z_L = 210$ Ω인 부하로 종단되어 있다. 부하에서의 전압이 80 V라면 입력단에서의 전압은 얼마인가?

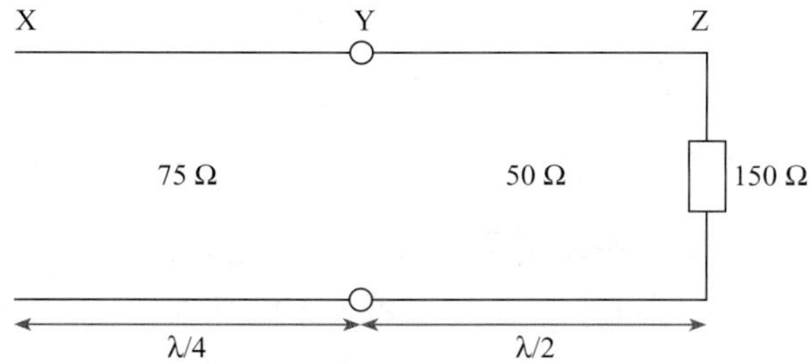

그림 11.45 문제 11.39의 그림

11.38 특성임피던스가 100 Ω인 전송선로가 고정 저항 R_L과 가변 리액턴스 X_L로 이루어진 부하로 종단되어 있다. 반사계수의 위상 $\angle\theta_L$을 구하고자 한다. 부하의 리액턴스가 $-\infty$부터 $+\infty$까지 변화할 때, 반사계수의 위상각 θ_p의 최소값과 최대값을 다음의 조건에 대하여 Smith 도표를 이용하여 구하라. (i) $R_L = 100\sqrt{2}$, (ii) $R_L = \dfrac{200}{\sqrt{3}}$, (iii) $R_L = 300$.

11.39 그림 11.45에서처럼 두 개의 선로가 직렬연결(cascade)되었을 때, 다음을 구하라.

(a) 입력임피던스

(b) XY 구간에서의 정재파비와 YZ 구간에서의 정재파비

(c) Z에서의 반사계수

11.40 특성임피던스가 100 Ω인 전송선로가 고정 리액턴스 X_L과 가변저항 R_L로 이루어진 부하로 종단되어 있다. 반사계수의 크기 $|\Gamma_L|$을 구하고자 한다. 부하 저항 R_L이 0부터 $+\infty$까지 변화할 때, $|\Gamma_L|$의 최소값을 다음의 조건에 대하여 Smith 도표를 이용하여 구하라. (i) $X_L = 282.84$ Ω, (ii) $X_L = 490$ Ω, (iii) $X_L = 591.61$ Ω.

11.41 특성임피던스가 50 Ω인 무손실 선로가 600 MHz에서 동작하고, Z_L인 부하로 종단되어 있다. 선로의 길이가 0.1 m이고, $Z_{\text{in}} = 100 - j120$ Ω일 때, Z_L과 정재파비 s를 구하라. $u = 0.8c$로 가정한다.

11.42 Smith 도표를 이용하여 tan(1.24905)의 값을 최대한 정확하게 구하라. 그리고 이 값을 계산기로 구한 값과 비교하라.

11.43 특성임피던스가 100 Ω인 무손실 전송선로가 미지의 임피던스 Z_L의 부하로 종단되어 있다. 정재파비는 2.4이고, 부하로부터 가장 가까운 전압의 최소점은 부하로부터 0.2λ 떨어진 지점에 존재한다. Z_L과 Γ를 구하라.

11.44 50 Ω 선로에서 부하로부터 첫 번째 최소 전압점까지의 거리가 0.12λ이고 정재파비 $s = 4$이다.

(a) 부하임피던스 Z_L를 구하라.

(b) 부하는 유도성인가? 용량성인가?

(c) 첫 번째 최대 전압점은 부하로부터 얼마나 떨어져 있는가?

11.45 50 Ω 무손실 선로가 $Z_L = 75 + j60$ Ω인 부하로 종단되어 있다. Smith 도표를 이용하여 다음 값을 구하라. (a) 반사계수 Γ, (b) 정재파비 s, (c) 부하로부터 0.2λ 떨어진 지점에서의 입력임피던스, (d) 부하로부터 첫번째 최소 전압점까지의 거리, (e) 입력임피던스가 순저항값이 되는 부하로부터 가장 가까운 지점

11.46 전송선로가 $Y_L = (0.6 + j0.8)/Z_o$인 부하로 종단되었다. 부하로부터 λ/6만큼 떨어진 지점에서의 정규화 입력임피던스를 구하라.

11.47 50 Ω 전송선로가 160 MHz에서 동작하며, 50 + j30 Ω의 부하로 종단되었다. 전압파의 속도가 c/2이고, 입력임피던스가 실수값을 갖기 위한 선로의 최소 길이를 구하고, 그 때의 입력임피던스를 구하라.

11.48 길이가 λ/4이고, 특성임피던스가 50 Ω인 전송선로가 특성임피던스가 100 Ω이고 60 Ω의 저항으로 종단된 λ/2 길이의 전송선로에 연결되어 있다. 특성임피던스가 50 Ω인 전송선로의 입력임피던스를 계산하라.

11.49 12 MHz에서 동작하는 80 Ω 전송선로가 Z_L인 부하로 종단되었다. 부하로부터 22 m 떨어진 지점에서 입력임피던스는 100 − j120 Ω이고, $u = 0.8c$이다.

(a) Γ_L, $Z_{\text{in, max}}$, $Z_{\text{in, min}}$를 계산하라.

(b) Z_L, s 그리고 부하로부터 28 m 떨어진 지점의 입력임피던스를 구하라.

(c) 부하와 입력임피던스가 100 − j120 Ω인 지점 사이에 몇 개의 $Z_{\text{in, max}}$과 $Z_{\text{in, min}}$ 이 존재하는가?

11.50 150 Ω 무손실 선로에 연결된 안테나가 2.6의 정재파비를 발생시킨다. 최대전압이 안테나로부터 120 cm 떨어져 있고, 마지막 최대전압이 안테나로부터 40 cm 떨어진 지점에서 측정되었다. 다음을 계산하라.

(a) 동작주파수

(b) 안테나 임피던스

(c) $u = c$일 때 반사계수

11.51 특성임피던스 80 Ω의 무손실 전송선로가 $Z_L = j60$ Ω의 부하로 종단되어 있고, 이때 입력임피던스가 $Z_{\text{in}} = j40$ Ω이다. 다음을 구하라. (a) 이 조건을 만족할 수 있는 선로의 최소 길이, (b) 정재파비 s와 Γ_L

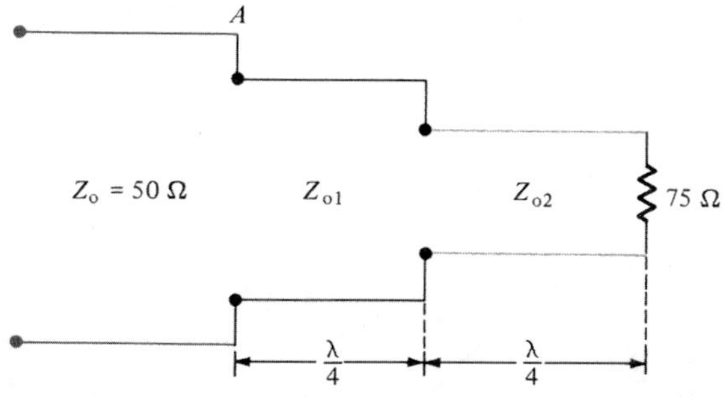

그림 11.46 문제 11.53의 변환기

11.52 공기로 채워진 특성임피던스가 50 Ω인 선로가 $40 + j25\ \Omega$의 부하로 종단되어 정합되어 있지 않다. 이 선로에서 전압이 최소가 되는 부하로부터 가장 가까운 거리를 구하라.

11.53 직렬로 연결된 2개의 $\lambda/4$ 변압기가 그림 11.46에서처럼 50 Ω 선로와 75 Ω인 부하에 연결되었다.

(a) $Z_{o2} = 30\ \Omega$이고, A의 왼쪽으로 반사파가 존재하지 않는다고 할 때 Z_{o1}의 값을 구하라.

(b) 다음의 관계식이 성립할 때, 최상의 결과를 얻게 된다.

$$\left[\frac{Z_o}{Z_{o1}}\right]^2 = \frac{Z_{o1}}{Z_{o2}} = \left[\frac{Z_{o2}}{Z_L}\right]^2$$

이 경우에 대하여 Z_{o1}과 Z_{o2}의 값을 구하라.

11.54 그림 11.47에서와 같이 입력임피던스가 각각 74 Ω인 두 개의 동일한 안테나가 세 개의 동일한 50 Ω인 $\lambda/4$ 전송선로에 의해 연결되어 있다. 전원단에서의 입력임피던스를 계산하라.

11.55 그림 11.47의 전송선로가 진폭이 120 V이고, 내부 저항이 80 Ω인 전압원에 연결되었을 때, 각 안테나에 전달되는 평균전력을 계산하라.

11.56 그림 11.48과 같은 3개의 무손실 전송선로에서 Z_o가 50 Ω일 때

(a) 선로 1에서 들여다 본 Z_{in}

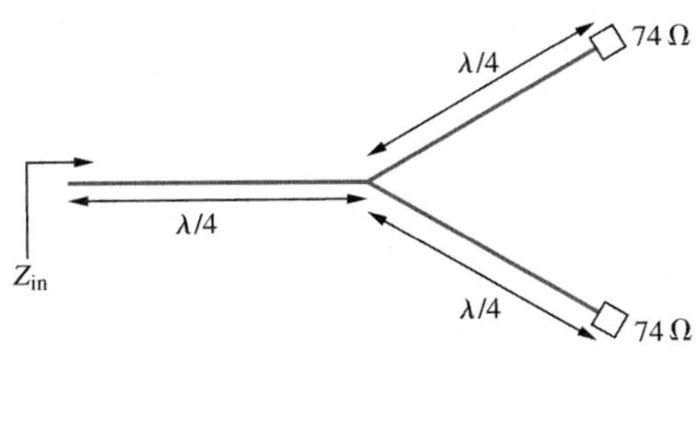

그림 11.47 문제 11.54와 11.55의 그림

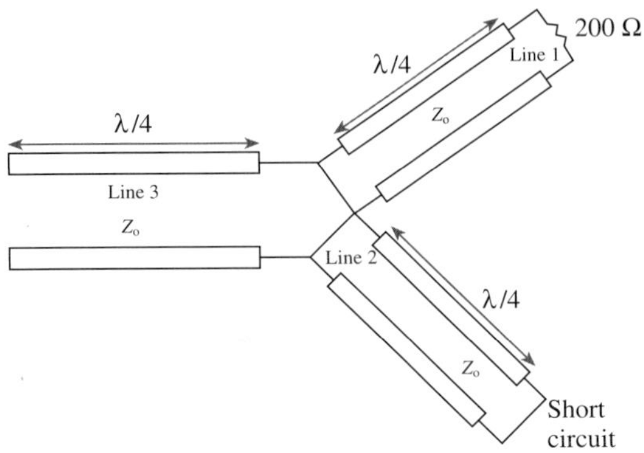

그림 11.48 문제 11.56의 전송선로

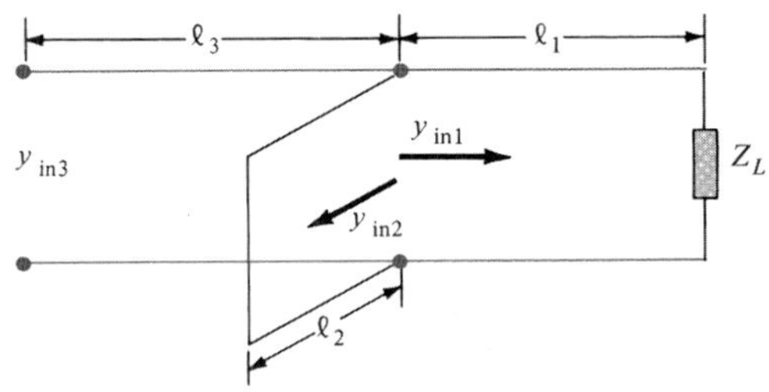

그림 11.49 문제 11.57의 그림

(b) 선로 2에서 들여다 본 Z_{in}

(c) 선로 3에서 들여다 본 Z_{in}

11.57 그림 11.49에서와 같이 무손실 선로가 주 선로에 병렬연결되었다. $Z_o = 100\ \Omega$, $Z_L = 200 + j150\ \Omega$이고, $\ell_1 = \lambda/4$, $\ell_2 = \lambda/8$, $\ell_3 = 7\lambda/8$일 때 y_{in_1}, y_{in_2}, y_{in_3}를 구하라. 병렬연결된 선로의 단락된 부분이 개방되었을 때 같은 계산을 수행하라.

11.6 전송선로의 응용

11.58 특성임피던스가 50 Ω인 선로에 $Z_L = 75 + j100\ \Omega$인 부하를 정합시키려고 한다. 단락 병렬스터브를 사용하고자 한다. 스터브의 길이를 λ로 나타내어라.

11.59 부하 Z_L로 종단된 특성임피던스 60 Ω의 무손실 선로에 0.12λ 길이의 스터브를 연결하여 임피던스 정합을 실현하고자 한다. 스터브는 부하로부터 0.3λ 떨어진 지점에 연결한다고 할 때, 다음을 구하라.

(a) 부하임피던스 Z_L

(b) 다른 스터브를 연결하여 임피던스 정합을 이루고자 할 때, 스터브의 길이와 부하로부터의 위치

(c) 스터브와 부하 사이에서의 정재파비

11.60 길이가 20 m이고 특성임피던스가 50 Ω인 무손실 전송선로가 $120 + j220\ \Omega$의 부하로 종단되었다. 완전한 정합을 위하여 단락 스터브를 사용한다고 할 때, 스터브

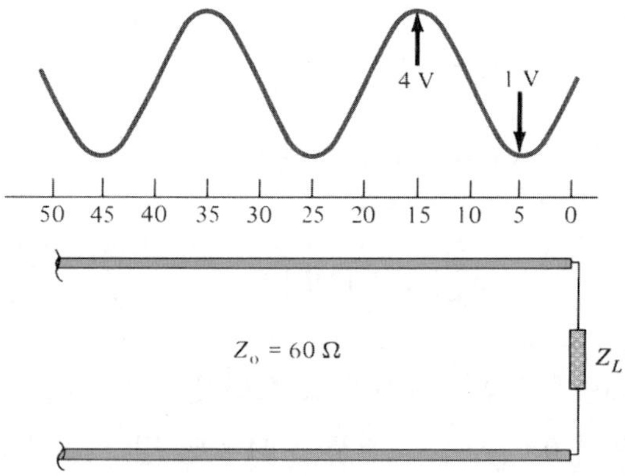

그림 11.50 문제 11.62의 그림

의 길이와 설치 위치를 구하라. 동작주파수는 10 MHz로 가정한다.

11.61 무손실 선로 상에서 정재파비는 $s = 4.2$로 측정되었고, 최초의 전압 최대값이 부하로부터 $\lambda/4$ 떨어진 지점에서 측정되었다. 단락 스터브를 병렬연결한다고 할 때 부하로부터 얼마만큼 떨어진 지점에 설치하여야 하는가? 이때 스터브의 길이는 얼마인가?

11.62 그림 11.50에 Z_L인 부하로 종단된 60 Ω 무손실 선로 상의 전압파를 나타내었다. 정재파비 s, 반사계수 Γ, 그리고 부하임피던스 Z_L을 구하라.

11.63 공기로 채워진 50 Ω 슬롯선로가 부하임피던스를 측정하는 데 사용된다. 미지의 부하가 연결되었을 때 인접한 최소값이 부하로부터 14 cm와 22.5 cm에서 측정되며, $V_{\text{max}} = 0.95$ V, $V_{\text{min}} = 0.45$ V이다. 부하가 단락회로로 교체되었을 때 최소값이 부하쪽으로 3.2 cm 떨어진 지점에서 측정된다. s, f, Γ, Z_L을 구하라.

11.64 길이가 ℓ인 무손실 전송선로에 전원임피던스가 Z_s인 전압원 V_s가 동작하고, 부하임피던스 Z_L로 종단되어 있다. 부하단에서 Thèvenin 등가회로를 구하라.

11.65 $\lambda/4$ 무손실 선로에 전압원을 연결하면, 선로의 단자에서 전류원이 됨을 보여라.

11.66 무손실 선로의 입력임피던스를 측정하였다. 부하가 단락되었을 때 입력임피던스는 $Z_{\text{sc}} = -j153.88\ \Omega$이었으며, 부하가 개방되었을 때 입력임피던스는 $Z_{\text{oc}} = j16.246\ \Omega$이었다. 그런데, 미지의 부하 Z_L을 연결하였더니 입력임피던스가 $Z_{\text{in}} = 8.1586 - j9.9284\ \Omega$로 측정되었다. 위의 측정 결과에 기초해서 미지의 부하 Z_L의 값을 구하라.

11.7 전송선로의 과도현상

***11.67** 길이가 ℓ이고 특성임피던스가 Z_0인 무손실 선로가 저항성 부하 R_L로 종단되어 있다. 이 선로에 $t = 0$에서 펄스전압 $p(t)$를 가했다고 가정한다. 그리고 전원의 내

부저항을 R_g로 가정한다. 선로를 z축상에 놓았을 때, 선로 상의 임의의 점에서 전압 $v(z, t)$가 아래와 같이 표현됨을 보여라.

$$v(z, t) = a\sum_{k=0}^{\infty}(\Gamma_L\Gamma_g)^k p\left(t - \frac{2k\ell + z}{u}\right) + a\sum_{k=0}^{\infty}(\Gamma_L^{k+1}\Gamma_g^k)p\left(t - \frac{2(k+1)\ell - z}{u}\right)$$

11.68 길이가 400 m이고, 특성임피던스가 50 Ω인 무손실 선로의 부하가 단락되었다. 이 선로에 펄스폭이 0.1 μs이고, 진폭이 24 V인 펄스를 발생시키는 펄스 발생기가 연결되었다. 이 펄스 발생기의 내부 임피던스는 $Z_g = 50\ \Omega$이다. 또한, 선로 상에서 신호의 속도는 2×10^8 m/s이다. 펄스 발생기로부터 300 m 떨어진 지점에서 $0 < t < 4\ \mu$s 동안의 전압과 전류의 시간적 변화를 그려라.

11.69 길이가 400 m이고, 특성임피던스가 50 Ω인 무손실 선로의 부하가 단락되었다. 이 선로에 펄스폭이 1 μs이고, 진폭이 40 V인 펄스를 발생시키는 펄스 발생기가 연결되었다. 이 펄스 발생기의 내부 임피던스는 $Z_g = 150\ \Omega$이다. 또한, 선로 상에서 신호의 속도는 2×10^8 m/s이다. 입력단에서 $0 < t < 20\ \mu$s 동안의 전압과 전류의 시간적 변화를 그려라.

11.70 길이가 50 m이고, 특성임피던스가 50 Ω인 무손실 선로의 부하가 단락되었다. 선로 상에서 위상속도는 2.5×10^8 m/s이다. $t = 0$에서 내부 저항이 $R_g = 100\ \Omega$인 펄스 발생기로부터 진폭이 243 V인 펄스가 공급될 때, 입력단에서 $0 < t < 2.8\ \mu$s 동안의 전압의 시간적 변화를 그려라.

11.71 그림 11.51의 스위치가 $t = 0$에서 닫힌다. $0 < t < 6\ \ell/u$의 시간 동안 스위치 오른편 전송선로 상의 전압과 전류파형을 그려라. 여기서 $Z_o = 50\ \Omega$이고, $\ell/u = 2\ \mu$s이며, 무손실 선로라고 가정한다.

11.72 그림 11.52에 보인 바와 같이 전송선로의 $z = 0$인 지점에서 10 mA의 계단(step) 전류가 $t = 0$에서 가해진다. 부하에 걸리는 전압과 전류를 시간의 함수로 그려라.

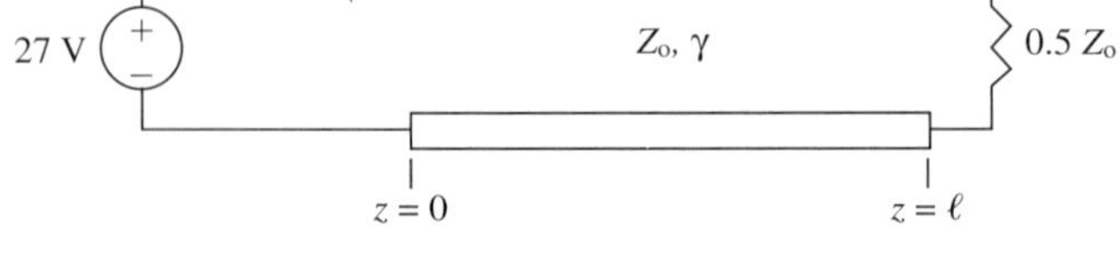

그림 11.51 문제 11.71의 그림

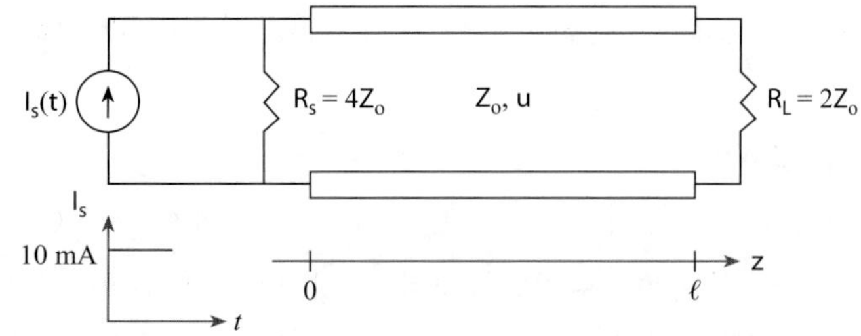

그림 11.52 문제 11.72의 그림

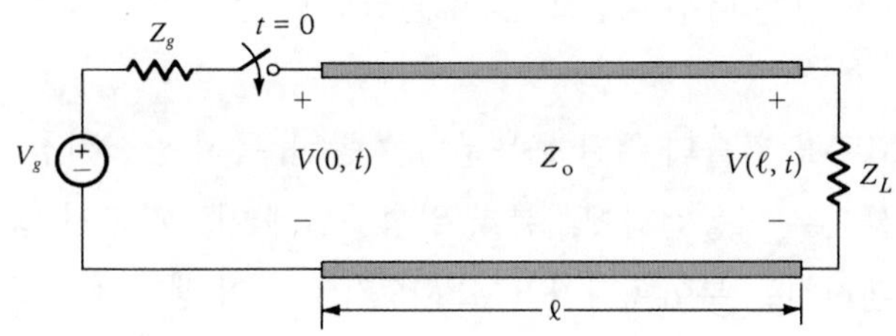

그림 11.53 문제 11.73의 그림

$Z_o = 50\ \Omega$이고, u(속도) $= 2 \times 10^8$ m/s로 가정한다. $z = 0$에서 Thèvenin 등가회로를 사용할 수 있다. 시간영역은 $0 < t < 6\ \ell/u$이다.

11.73 그림 11.53에서 $Z_o = 50\ \Omega$, $Z_g = 40\ \Omega$, $V_g = 12$ V, $Z_L = 100\ \Omega$, $\ell = 40$ cm이다. 파의 속도가 $u = 2.5 \times 10^8$ m/s일 때 $V(0, t)$와 $V(\ell, t)$를 구하라.

11.74 무손실 선로에 펄스전압을 인가했을 때 시간영역 반사계(reflectometer)를 사용하여 송신단에서 그림 11.54와 같은 전압파형이 관측되었다. 펄스발생기의 내부저항이 $Z_g = 60\ \Omega$이고, 선로의 특성임피던스가 $Z_o = 50\ \Omega$일 때, 펄스발생기의 전압과 선로의 길이를 계산하라. 신호의 속도는 $u = c$라고 가정한다.

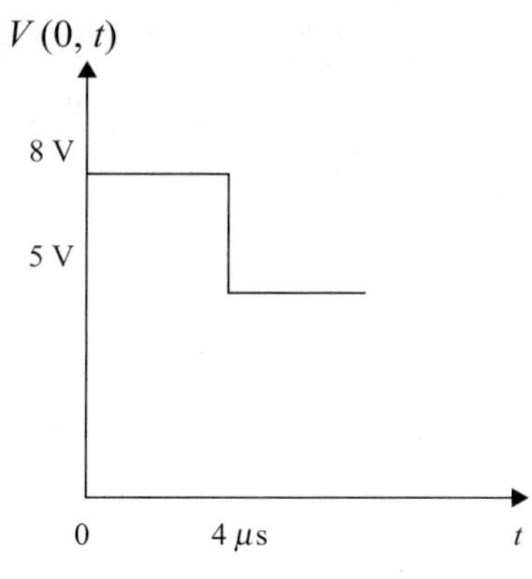

그림 11.54 문제 11.74의 그림

RF MEMS

MEMS는 micro electro mechanical systems의 앞자를 딴 약어이다. 이 소자(혹은 시스템)의 크기는 수 마이크로미터에서 수 밀리미터의 범위를 갖는다. MEMS 기술(혹은 나노기술)은 모든 과학과 기술분야에 적용가능하며, 보다 작은 스케일의 소자 및 시스템 제작에 유용하다. MEMS 기술은 과학자들(혹은 엔지니어들)에게 그 동안 다른 기술로는 불가능했거나 구현하기에는 너무 비용이 많이 들었던 제품들을 만들 수 있는 수단을 제공할 수 있게 되었다.

MEMS 기술의 주된 응용분야는 통신, 특히 광스위칭, 그리고 무선통신 분야이다. 무선통신 분야는 이동전화에서부터 위성통신에 이르기까지 그 응용범위가 놀라울 정도로 가파르게 팽창하는 분야이다. RF MEMS 기술이 이 팽창에 일조를 했다고 볼 수 있다. MEMS 기술을 전통적인 RF회로와 결합함으로써 그 시스템 성능이 대폭 향상되었고, 제조가격이 하락하였다. RF MEMS는 전력소비와 신호손실을 대폭 줄임으로써 배터리 수명을 늘리고 제품의 무게를 줄였다. RF MEMS 소자는 군용 및 민간용 무선통신, 항법시스템, 그리고 센서시스템 등의 폭넓은 잠재적 응용분야를 가지고 있다. RF MEMS 소자가 비록 크기는 작지만 여러 독립된 공학적 개념들을 포괄할 수 있는 복잡한 시스템도 구현가능하다.

RF MEMS 기술은 군사용 혹은 통신 시스템용 위상 어레이, 조절가능한 어퍼처 그리고 위성통신용 스위칭망 등에 응용할 수 있다. 이 기술은 혁신적인 기술로서, 예전에는 전혀 서로 관련이 없어 보이는 분야, 예를 들면 생물학과 반도체 집적회로 사이의 시너지 효과를 창출하였으며, 앞으로도 많은 새로운 MEMS의 응용분야들이 부상할 것이다.

전통적으로 MEMS 기술자들은 몇몇 대학의 MEMS 소자를 설계, 제작 그리고 시험하는 경험있는 교수진이 지도하는 대학원 과정을 통해서만 배출되어 왔다. 대학원에서의 MEMS 기술 교육은 비용이 많이 들 뿐만 아니라 시간도 많이 걸린다. 결과적으로, 현재 대학에서 배출되고 있는 MEMS 기술 요원들의 숫자는 향후 MEMS 기업의 예상되는 성장을 지원할 만큼의 인력을 수급하고 있지 못한 실정이다. 그러므로, 만약 당신이 속한 대학에서 MEMS에 관한 강의를 개설하면 가능한대로 모두 수강하기 바란다. 더 바람직한 것은 만약 당신 대학에 MEMS 실험실이 있다면, 학부 4학년 졸업설계나 대학원 논문을 그 실험실에서 수행할 것을 진지하게 고려하기 바란다. 독자의 미래 취직에 큰 도움이 되리라 믿어 의심치 않는다.

12장

도파관

독서는 사람을 충만하게 만든다; 회의는 준비가 잘 된 사람을 만든다; 작문은 정확한 사람을 만든다.

– 작가 미상

12.1 서론

앞 장에서 언급했듯이 전송선로는 전자기에너지를 한 지점(전원)으로부터 다른 한 지점(부하)까지 보내는데 사용될 수 있다. 도파관은 같은 목적을 이룰 수 있는 또 하나의 방법이다. 도파관은 몇가지 점에 있어서 전송선로와 다르다. 첫째로, 전송선로는 오직 횡전자기(TEM)파 만을 전송하지만 도파관은 여러 다른 형태의 전자파를 전송할 수 있다. 둘째로, 초고주파 대역(대략 3~300 GHz)에서 전송선로는 표피효과와 유전체 손실로 인하여 비효율적인데 반해 도파관은 이 주파수 범위에서 넓은 대역폭과 보다 낮은 신호감쇠특성을 갖는다. 게다가 전송선로는 직류($f = 0$)에서부터 매우 높은 주파수까지 동작하는데 반해 도파관은 **차단주파수**(cutoff frequency)라고 불리우는 어느 특정 주파수 이상에서만 동작하므로 고역통과필터로서 동작한다. 그러므로 도파관은 직류를 전송할 수 없으며, 초고주파 이하의 주파수에서는 그 물리적 크기가 매우 커진다.

도파관은 그 단면이 균일하기만 하면 그 모양은 임의의 형태를 취할 수 있지만, 일반적인 도파관[1]은 그 단면이 직사각형이나 원형이다. 대표적인 도파관을 그림 12.1에 나타내었다. 원형도파관의 해석은 다소 복잡하고 Bessel 함수를 잘 알아야하므로 이 책에서는 다루지 않는다.[2] 여기서는 속이 빈(hollow) 구형도파관만을 다룰 것이다. 무손실 도파관($\sigma_c \simeq \infty, \sigma \approx 0$)을 가정하고, 적절한 경계조건을 적용한 Maxwell 방정식을 사용하여 서로 다른 형태의 전자파 전파모드와 이와 관련된 전기장과 자기장을 구할 수 있다. 도파관의 양단을 막으면 공진기가 형성된다.

---

1) 그 밖의 다른 도파관에 관한 참고문헌; J. A. Seeger, *Microwave Theory, Components and Devices.* Englewood Cliffs, NJ: Prentice Hall, 1986, pp. 128~133.

2) 원형도파관의 해석에 관한 참고문헌; S. Y. Liao, *Microwave Devices and Circuits,* 3rd ed. Englewood Cliffs, NJ: Prentice-Hall, 1990, pp. 119~141.

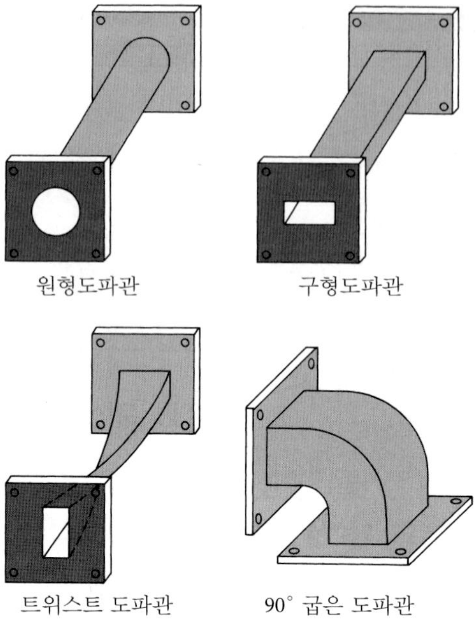

그림 12.1 대표적인 도파관

12.2 구형도파관

도파관의 내부 치수가 a와 b인 그림 12.2와 같은 구형도파관을 생각해 보자. 이 도파관은 원천이 없는($\rho_v = 0$, $\mathbf{J} = 0$) 무손실 유전체($\sigma \simeq 0$)로 채워져 있으며, 관 벽은 완전도체($\sigma_c \simeq \infty$)라고 가정하자. 식 (10.17)과 (10.19)로부터 무손실 매질에 대한 페이저형태의 Maxwell 방정식은 다음과 같이 됨을 알 수 있다.

$$\nabla^2 \mathbf{E}_s + k^2 \mathbf{E}_s = 0 \tag{12.1}$$

$$\nabla^2 \mathbf{H}_s + k^2 \mathbf{H}_s = 0 \tag{12.2}$$

여기서

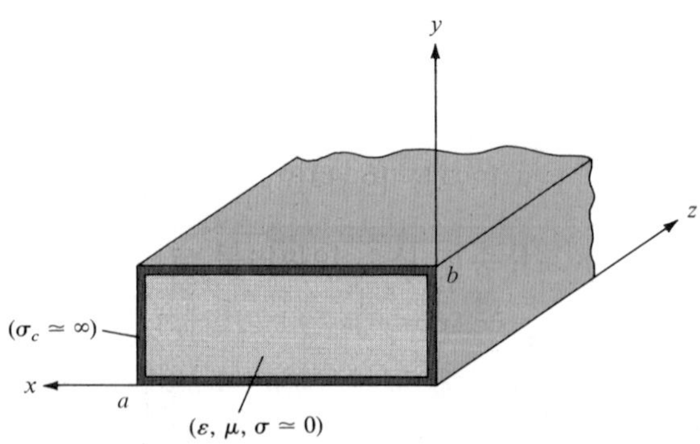

그림 12.2 관 벽이 완전도체이고, 무손실 유전체로 채워진 구형도파관

$$\boxed{k = \omega\sqrt{\mu\varepsilon}} \tag{12.3}$$

이고, 시간항 $e^{j\omega t}$를 가정하였다. 다음과 같이 놓으면

$$\mathbf{E}_s = (E_{xs}, E_{ys}, E_{zs}), \text{ 그리고 } \mathbf{H}_s = (H_{xs}, H_{ys}, H_{zs})$$

식 (12.1)과 (12.2)는 3개의 스칼라 Helmholtz 방정식으로 이루어진다. 다시 말하면, 전기장과 자기장을 구하기 위해서는 6개의 스칼라 방정식을 풀어야 한다. z성분의 경우를 예로 들면 식 (12.1)은

$$\frac{\partial^2 E_{zs}}{\partial x^2} + \frac{\partial^2 E_{zs}}{\partial y^2} + \frac{\partial^2 E_{zs}}{\partial z^2} + k^2 E_{zs} = 0 \tag{12.4}$$

가 되고, 이것은 편미분방정식이다. 예제 6.5로부터 식 (12.4)는 변수분리법으로 풀 수 있다는 것을 알 수 있다. 그러므로

$$E_{zs}(x, y, z) = X(x)\, Y(y)\, Z(z) \tag{12.5}$$

로 놓을 수 있으며, 여기서 $X(x)$, $Y(y)$, $Z(z)$는 각각 x, y, z만의 함수이다. 식 (12.5)를 식 (12.4)에 대입하고 XYZ로 나누면

$$\frac{X''}{X} + \frac{Y''}{Y} + \frac{Z''}{Z} = -k^2 \tag{12.6}$$

이 된다. 각 변수들은 독립적이므로 식 (12.6)의 각 항들은 상수이어야만 하며, 따라서 윗 식은 다음과 같이 쓸 수 있다.

$$-k_x^2 - k_y^2 + \gamma^2 = -k^2 \tag{12.7}$$

여기서 $-k_x^2$, $-k_y^2$, γ^2는 분리상수들이다. 따라서 식 (12.6)은 다음과 같이 분리된다.

$$X'' + k_x^2 X = 0 \tag{12.8a}$$

$$Y'' + k_y^2 Y = 0 \tag{12.8b}$$

$$Z'' - \gamma^2 Z = 0 \tag{12.8c}$$

γ^2을 선택한 것은 도파된 파가 도파관 축 z를 따라서 양 또는 음의 방향으로 진행하는 것을 나타내기 위한 것이며, 전파는 결과적으로 $z \to \pm\infty$에서 0으로 접근하는 E_{zs}와 H_{zs}로 쓸 수 있다.

예제 6.5에서 논의한 것과 같은 방법으로, 식 (12.8)의 해를 다음과 같이 구할 수 있다.

$$X(x) = c_1 \cos k_x x + c_2 \sin k_x x \tag{12.9a}$$

$$Y(y) = c_3 \cos k_y y + c_4 \sin k_y y \tag{12.9b}$$

$$Z(z) = c_5 e^{\gamma z} + c_6 e^{-\gamma z} \tag{12.9c}$$

식 (12.9)를 식 (12.5)에 대입하면 다음과 같이 된다.

$$\begin{aligned} E_{zs}(x, y, z) = (c_1 \cos k_x x + c_2 \sin k_x x)(c_3 \cos k_y y \\ + c_4 \sin k_y y)(c_5 e^{\gamma z} + c_6 e^{-\gamma z}) \end{aligned} \tag{12.10}$$

지금까지 해왔던 것처럼 파가 도파관을 따라서 $+z$방향으로 전파한다고 가정하면, 파는 무한히 먼 지점에서 유한한 크기를 가져야 하므로[즉, $E_{zs}(x, y, z = \infty) = 0$] 상수 $c_5 = 0$이다. 그러므로 식 (12.10)은 다음과 같이 축소된다.

$$E_{zs}(x, y, z) = (A_1 \cos k_x x + A_2 \sin k_x x)(A_3 \cos k_y y + A_4 \sin k_y y) e^{-\gamma z} \tag{12.11}$$

여기서 $A_1 = c_1 c_6$, $A_2 = c_2 c_6$, $A_3 = c_3 c_6$, $A_4 = c_4 c_6$이다. 마찬가지 방법으로, 식 (12.2)의 z성분에 대한 해도 다음과 같이 구할 수 있다.

$$H_{zs}(x, y, z) = (B_1 \cos k_x x + B_2 \sin k_x x)(B_3 \cos k_y y + B_4 \sin k_y y) e^{-\gamma z} \tag{12.12}$$

식 (12.1)과 (12.2)의 다른 전자기장 성분들 E_{xs}, E_{ys}, H_{xs}, H_{ys}를 같은 방법으로 푸는 대신에 이들을 E_{zs}와 H_{zs}로부터 구하기 위해서 Maxwell 방정식을 이용하는 것이 더 편리하다.

$$\nabla \times \mathbf{E}_s = -j\omega\mu \mathbf{H}_s$$

그리고

$$\nabla \times \mathbf{H}_s = j\omega\varepsilon \mathbf{E}_s$$

로부터 다음의 식들을 얻을 수 있다.

$$\frac{\partial E_{zs}}{\partial y} - \frac{\partial E_{ys}}{\partial z} = -j\omega\mu H_{xs} \tag{12.13a}$$

$$\frac{\partial H_{zs}}{\partial y} - \frac{\partial H_{ys}}{\partial z} = j\omega\varepsilon E_{xs} \tag{12.13b}$$

$$\frac{\partial E_{xs}}{\partial z} - \frac{\partial E_{zs}}{\partial x} = -j\omega\mu H_{ys} \tag{12.13c}$$

$$\frac{\partial H_{xs}}{\partial z} - \frac{\partial H_{zs}}{\partial x} = j\omega\varepsilon E_{ys} \tag{12.13d}$$

$$\frac{\partial E_{ys}}{\partial x} - \frac{\partial E_{xs}}{\partial y} = -j\omega\mu H_{zs} \tag{12.13e}$$

$$\frac{\partial H_{ys}}{\partial x} - \frac{\partial H_{xs}}{\partial y} = j\omega\varepsilon E_{zs} \tag{12.13f}$$

이제 E_{xs}, E_{ys}, H_{xs}, H_{ys}들을 E_{zs}와 H_{zs}의 항으로 표현해 보자. 예를 들어, E_{xs}의 경우 식 (12.13b)와 (12.13c)를 결합하면 다음 식을 얻게 된다.

$$j\omega\varepsilon E_{xs} = \frac{\partial H_{zs}}{\partial y} + \frac{1}{j\omega\mu}\left(\frac{\partial^2 E_{xs}}{\partial z^2} - \frac{\partial^2 E_{zs}}{\partial x \partial z}\right) \tag{12.14}$$

식 (12.11)과 (12.12)로부터 모든 전자기장 성분들은 z에 관해서는 $e^{-\gamma z}$로 변한다는 사실이 명백하다. 즉,

$$E_{zs} \sim e^{-\gamma z}, \quad E_{xs} \sim e^{-\gamma z}$$

그러므로

$$\frac{\partial E_{zs}}{\partial z} = -\gamma E_{zs}, \quad \frac{\partial^2 E_{xs}}{\partial z^2} = \gamma^2 E_{xs}$$

이고, 식 (12.14)는

$$j\omega\varepsilon E_{xs} = \frac{\partial H_{zs}}{\partial y} + \frac{1}{j\omega\mu}\left(\gamma^2 E_{xs} + \gamma\frac{\partial E_{zs}}{\partial x}\right)$$

또는

$$-\frac{1}{j\omega\mu}(\gamma^2 + \omega^2\mu\varepsilon)\,E_{xs} = \frac{\gamma}{j\omega\mu}\frac{\partial E_{zs}}{\partial x} + \frac{\partial H_{zs}}{\partial y}$$

가 된다. 따라서 $h^2 = \gamma^2 + \omega^2\mu\varepsilon = \gamma^2 + k^2$으로 놓으면

$$E_{xs} = -\frac{\gamma}{h^2}\frac{\partial E_{zs}}{\partial x} - \frac{j\omega\mu}{h^2}\frac{\partial H_{zs}}{\partial y}$$

식 (12.13)을 비슷한 방법으로 풀면, E_{ys}, H_{xs}, H_{ys}를 E_{zs}와 H_{zs}의 항으로 표현할 수 있다. 따라서

$$E_{xs} = -\frac{\gamma}{h^2}\frac{\partial E_{zs}}{\partial x} - \frac{j\omega\mu}{h^2}\frac{\partial H_{zs}}{\partial y} \tag{12.15a}$$

$$E_{ys} = -\frac{\gamma}{h^2}\frac{\partial E_{zs}}{\partial y} + \frac{j\omega\mu}{h^2}\frac{\partial H_{zs}}{\partial x} \tag{12.15b}$$

$$H_{xs} = \frac{j\omega\varepsilon}{h^2}\frac{\partial E_{zs}}{\partial y} - \frac{\gamma}{h^2}\frac{\partial H_{zs}}{\partial x} \tag{12.15c}$$

$$H_{ys} = -\frac{j\omega\varepsilon}{h^2}\frac{\partial E_{zs}}{\partial x} - \frac{\gamma}{h^2}\frac{\partial H_{zs}}{\partial y} \tag{12.15d}$$

가 되며, 여기서

$$h^2 = \gamma^2 + k^2 = k_x^2 + k_y^2 \tag{12.16}$$

이다. 그러므로 $E_{xs}, E_{ys}, H_{xs}, H_{ys}$들은 식 (12.15)를 식 (12.11) 및 (12.12)와 결합해서 구할 수 있다.

식 (12.11), (12.12), (12.15)로부터 서로 다른 형태의 전자기장 패턴이 존재할 수 있음을 알 수 있다. 이들 별개의 각 전자장 패턴들을 **모드**라 한다. 다음과 같이 4개의 서로 다른 종류의 모드들이 존재한다:

1. $E_{zs} = 0 = H_{zs}$(TEM 모드): 이것은 **횡전자기** 모드이며, 전기장 **E**와 자기장 **H**가 모두 파의 진행방향에 횡방향이다. 식 (12.15)로부터 $E_{zs} = 0 = H_{zs}$인 경우에 모든 전자기장 성분이 소멸된다. 결과적으로, 구형도파관은 TEM 모드를 전송할 수 없다는 결론을 지을 수 있다.
2. $E_{zs} = 0, H_{zs} \neq 0$(TE 모드): 이 경우에는 전기장의 나머지 성분들(E_{xs}와 E_{ys})이 파의 진행방향 $\mathbf{a}_z$에 대하여 횡방향이다. 이러한 조건 하에서의 전자기장을 **횡전기**(transverse electric, TE) 모드라고 한다. 그림 12.3(a)를 참조하라.
3. $E_{zs} \neq 0, H_{zs} = 0$(TM 모드): 이 경우에는 자기장 **H**가 파의 진행방향 $\mathbf{a}_z$에 대하여 횡방향이다. 따라서 이를 **횡자기**(Transverse Magnetic, TM) 모드라고 한다. 그림 12.3(b)을 참조하라.
4. $E_{zs} \neq 0, H_{zs} \neq 0$(HE 모드): 이 경우에는 파의 전파방향에 대하여 횡방향인 전기장 뿐만 아니라 자기장도 존재하지 않는다. 이를 때때로 **혼성**(hybrid) 모드라고 한다.

식 (12.3)의 k와 식 (10.43a)의 β 사이의 관계에 주의할 필요가 있다. 식 (10.43a)의 위상상수 β는 TEM 모드에 대해서 유도되었다. TEM 모드의 경우 $h = 0$이므로, 식 (12.16)으로부터 $\gamma^2 = -k^2 \rightarrow \gamma = \alpha + j\beta = jk$가 된다; 즉, $\beta = k$이다. 그러나 다른 모드에 대해서는 $\beta \neq k$이다. 다음 절들에서 TE 모드와 TM 모드를 분리해서 살펴볼 것이다.

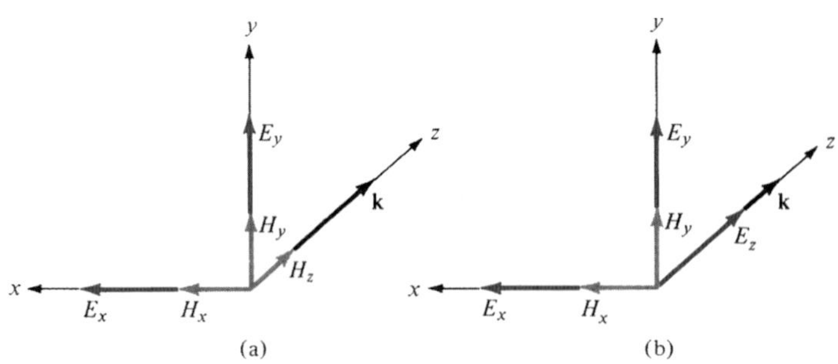

그림 12.3 구형도파관에서 전자장의 성분: (a) TE 모드, $E_z = 0$, (b) TM 모드, $H_z = 0$

12.3 TM(Transverse Magnetic) 모드

이 경우는 자기장이 파의 진행방향에 수직인 성분만 존재한다. 이것은 $H_z = 0$으로 놓고 식 (12.11)과 (12.15), 그리고 경계조건들을 사용해서 E_x, E_y, E_z, H_x H_y를 구한다는 것을 의미한다. 먼저 E_z를 구하고, 이 값으로부터 나머지 전자기장 성분들을 구한다. 그림 12.2에 보인 도파관의 벽(완전도체)에서 전기장의 접선성분들은 연속적이어야 한다. 즉,

$$y = 0\text{에서 } E_{zs} = 0 \ (\text{아래쪽 관벽}) \tag{12.17a}$$

$$y = b\text{에서 } E_{zs} = 0 \ (\text{위쪽 관벽}) \tag{12.17b}$$

$$x = 0\text{에서 } E_{zs} = 0 \ (\text{오른쪽 관벽}) \tag{12.17c}$$

$$x = a\text{에서 } E_{zs} = 0 \ (\text{왼쪽 관벽}) \tag{12.17d}$$

식 (12.17a)와 (12.17c)는 식 (12.11)에서 $A_1 = 0 = A_3$이어야 하므로, 식 (12.11)은

$$E_{zs} = E_o \sin k_x x \sin k_y y \, e^{-\gamma z} \tag{12.18}$$

가 되고, 여기서 $E_o = A_2 A_4$이다. 또한 식 (12.18)에 적용할 때 식 (12.17b)와 (12.17d)를 만족하려면 다음과 같이 되어야 한다.

$$\sin k_x a = 0, \quad \sin k_y b = 0 \tag{12.19}$$

이것은 다음과 같이 됨을 의미한다.

$$k_x a = m\pi, \quad m = 1, 2, 3, \ldots \tag{12.20a}$$

$$k_y b = n\pi, \quad n = 1, 2, 3, \ldots \tag{12.20b}$$

또는

$$\boxed{k_x = \frac{m\pi}{a}, \quad k_y = \frac{n\pi}{b}} \tag{12.21}$$

예제 6.5에서 설명한 이유 때문에 식 (12.20a)에서 m과 n의 경우 음의 정수들은 선택되지 않는다. 식 (12.21)을 식 (12.18)에 대입하면

$$\boxed{E_{zs} = E_o \sin\left(\frac{m\pi x}{a}\right) \sin\left(\frac{n\pi y}{b}\right) e^{-\gamma z}} \tag{12.22}$$

$H_{zs} = 0$임을 고려하면서 식 (12.22)와 (12.15)로부터 다른 전자기장 성분들을 구할 수 있다. 즉,

$$E_{xs} = -\frac{\gamma}{h^2}\left(\frac{m\pi}{a}\right)E_o \cos\left(\frac{m\pi x}{a}\right)\sin\left(\frac{n\pi y}{b}\right)e^{-\gamma z} \tag{12.23a}$$

$$E_{ys} = -\frac{\gamma}{h^2}\left(\frac{n\pi}{b}\right)E_o \sin\left(\frac{m\pi x}{a}\right)\cos\left(\frac{n\pi y}{b}\right)e^{-\gamma z} \tag{12.23b}$$

$$H_{xs} = \frac{j\omega\varepsilon}{h^2}\left(\frac{n\pi}{b}\right)E_o \sin\left(\frac{m\pi x}{a}\right)\cos\left(\frac{n\pi y}{b}\right)e^{-\gamma z} \tag{12.23c}$$

$$H_{ys} = -\frac{j\omega\varepsilon}{h^2}\left(\frac{m\pi}{a}\right)E_o \cos\left(\frac{m\pi x}{a}\right)\sin\left(\frac{n\pi y}{b}\right)e^{-\gamma z} \tag{12.23d}$$

여기서

$$\boxed{h^2 = k_x^2 + k_y^2 = \left[\frac{m\pi}{a}\right]^2 + \left[\frac{n\pi}{b}\right]^2} \tag{12.24}$$

이며, 이 관계식은 식 (12.16)과 (12.21)로부터 얻어진다. 식 (12.22)와 (12.23)으로부터 정수 m과 n의 각각의 조합은 도파관에서 TM_{mn}이라고 부르는 서로 다른 전자기장 패턴 또는 모드를 나타낸다는 것을 유의하라. 정수 m은 x방향에서의 반주기 변화의 수와 같으며, 정수 n은 y방향에서의 반주기 변화의 수이다. 또한 식 (12.22)와 (12.23)으로부터 (m, n)이 $(0, 0)$, $(0, n)$ 또는 $(m, 0)$이면 모든 전자기장 성분들이 소멸한다는 것에 주목하라. 따라서 m과 n 둘 중 하나도 0이 될 수 없다. 결과적으로 TM_{11}이 모든 TM_{mn} 모드 중에서 가장 낮은 차수(order)의 모드가 된다.

식 (12.21)을 식 (12.16)에 대입하여 다음과 같이 전파상수를 얻을 수 있다.

$$\gamma = \sqrt{\left[\frac{m\pi}{a}\right]^2 + \left[\frac{n\pi}{b}\right]^2 - k^2} \tag{12.25}$$

여기서 식 (12.3)에서와 같이 $k = \omega\sqrt{\mu\varepsilon}$ 이다. 일반적으로는 $\gamma = \alpha + j\beta$임을 상기하라. 식 (12.25)의 경우 k(혹은 ω), m, 그리고 n에 따라서 다음과 같은 3가지 경우를 들 수 있다.

경우 1(차단)

만약

$$k^2 = \omega^2\mu\varepsilon = \left[\frac{m\pi}{a}\right]^2 + \left[\frac{n\pi}{b}\right]^2$$

$$\gamma = 0 \qquad \text{또는} \qquad \alpha = 0 = \beta$$

이면, 이 조건을 만족하는 ω값을 차단 각주파수 ω_c라고 한다. 즉

$$\omega_c = \frac{1}{\sqrt{\mu\varepsilon}}\sqrt{\left[\frac{m\pi}{a}\right]^2 + \left[\frac{n\pi}{b}\right]^2} \tag{12.26}$$

이 주파수에서는 파의 전파가 일어나지 않는다.

경우 2(소멸)

만약

$$k^2 = \omega^2\mu\varepsilon < \left[\frac{m\pi}{a}\right]^2 + \left[\frac{n\pi}{b}\right]^2$$
$$\gamma = \alpha, \qquad \beta = 0$$

이면, 이 경우 전자파의 전파는 전혀 일어나지 않는다. 이와 같이 전파하지 않거나 감쇠하는 모드를 **소멸된다**(evanescent)고 한다.

경우 3(전파)

만약

$$k^2 = \omega^2\mu\varepsilon > \left[\frac{m\pi}{a}\right]^2 + \left[\frac{n\pi}{b}\right]^2$$
$$\gamma = j\beta, \qquad \alpha = 0$$

이면, 식 (12.25)로부터 위상상수 β는

$$\beta = \sqrt{k^2 - \left[\frac{m\pi}{a}\right]^2 - \left[\frac{n\pi}{b}\right]^2} \tag{12.27}$$

이 되며, 이는 모든 전자기장 성분들이 $e^{-\gamma z} = e^{-j\beta z}$ 항을 가지기 때문에 파의 전파가 일어나는 유일한 경우이다.

그러므로 정수 m과 n의 조합에 따라 특성이 주어지는 각 모드들은 그에 해당하는 **차단주파수** f_c를 가진다.

> **차단주파수**는 그 주파수보다 낮으면 감쇠가 일어나고, 그 주파수보다 높으면 파의 전파가 일어나는 동작주파수이다.

그러므로 도파관은 고역통과필터로서 동작한다. 차단주파수는 식 (12.26)으로부터 다음과 같이 얻을 수 있다.

$$f_c = \frac{\omega_c}{2\pi} = \frac{1}{2\pi\sqrt{\mu\varepsilon}}\sqrt{\left[\frac{m\pi}{a}\right]^2 + \left[\frac{n\pi}{b}\right]^2}$$

또는

$$f_c = \frac{u'}{2}\sqrt{\left(\frac{m}{a}\right)^2 + \left(\frac{n}{b}\right)^2} \tag{12.28}$$

여기서 $u' = \dfrac{1}{\sqrt{\mu\varepsilon}}$ 은 도파관을 채우고 있는 무손실 유전체 매질($\sigma = 0, \mu, \varepsilon$) 내에서의 균일 평면파의 위상속도이다. **차단파장** λ_c는

$$\lambda_c = \frac{u'}{f_c}$$

또는

$$\lambda_c = \frac{2}{\sqrt{\left(\frac{m}{a}\right)^2 + \left(\frac{n}{b}\right)^2}} \tag{12.29}$$

가 된다. 식 (12.28)과 (12.29)로부터 TM_{11} 모드가 모든 TM_{mn} 모드 중에서 가장 낮은 차단 주파수(또는 가장 긴 차단파장)를 갖는다는 것에 유의하라. 식 (12.27)의 위상상수 β는 f_c의 항으로 쓸 수 있다.

$$\beta = \omega\sqrt{\mu\varepsilon}\sqrt{1 - \left[\frac{f_c}{f}\right]^2}$$

또는

$$\beta = \beta'\sqrt{1 - \left[\frac{f_c}{f}\right]^2} \tag{12.30}$$

여기서 $\beta' = \omega/u' = \omega\sqrt{\mu\varepsilon}$ 은 유전체 매질 내에서의 균일평면파의 위상상수이다. 한편 소멸 모드에 대한 γ는 다음과 같이 f_c의 항으로 나타낼 수 있다.

$$\gamma = \alpha = \beta'\sqrt{\left(\frac{f_c}{f}\right)^2 - 1} \tag{12.30$'$}$$

위상속도 u_p와 도파관 내에서의 파장은 각각 다음과 같이 주어진다.

$$u_p = \frac{\omega}{\beta'}, \quad \lambda = \frac{2\pi}{\beta} = \frac{u_p}{f} \tag{12.31}$$

모드의 고유 파동임피던스는 식 (12.23)으로부터 다음과 같이 구해진다($\gamma = j\beta$).

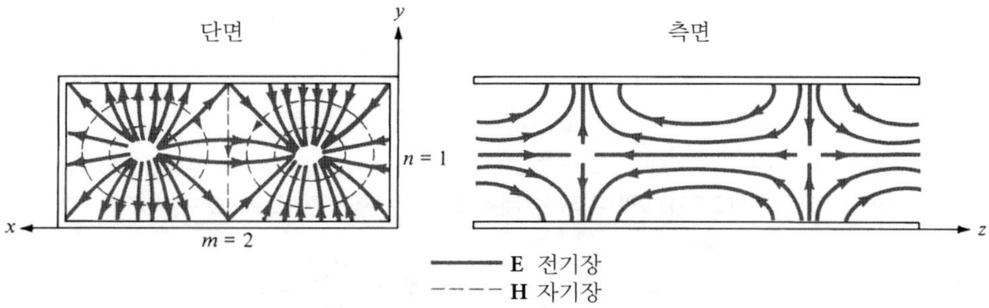

그림 12.4 TM_{21} 모드에 대한 전자기장 분포

$$\eta_{TM} = \frac{E_x}{H_y} = -\frac{E_y}{H_x}$$
$$= \frac{\beta}{\omega\varepsilon} = \sqrt{\frac{\mu}{\varepsilon}}\sqrt{1-\left[\frac{f_c}{f}\right]^2}$$

또는

$$\boxed{\eta_{TM} = \eta'\sqrt{1-\left[\frac{f_c}{f}\right]^2}} \tag{12.32}$$

여기서 $\eta' = \sqrt{\mu/\varepsilon}$ 는 매질 내에서 균일평면파의 고유임피던스이다. u', β', η'과 u, β, η 사이의 차이점에 유의해야 한다. 프라임이 붙은 양들은 10장에서 논의한 바와 같이 도파관에 의해 둘러싸이지 않은 유전체 매질에서의 파의 특성들이다(즉, TEM 모드에 대한). 예를 들어 u'은 도파관이 제거되고 전체 공간이 유전체로 채워졌을 때의 파의 속도이다. 프라임이 붙지 않은 양들은 도파관에 의해 둘러싸인 매질에서의 파의 특성을 나타낸다.

앞에서 언급한 바와 같이 정수 m과 n은 도파관의 x-y 단면에서 반주기 변화의 수를 나타낸다. 예를 들어 고정된 시간에 대한 그림 12.4의 전자기장 분포는 TM_{21} 모드에 해당한다.

12.4 TE(Transverse Electric) 모드

TE 모드에서는 전기장이 파의 진행방향에 횡방향(또는 수직)이다. $E_z = 0$으로 놓고 TM 모드에서 했던 것처럼 식 (12.12)와 (12.15) 그리고 경계조건들을 사용해서 나머지 전자기장 성분들 E_x, E_y, H_x, H_y, 그리고 H_z를 구한다. 경계조건들은 도파관의 벽에서 전기장의 접선 성분들은 연속적이어야 한다는 사실로부터 구해진다. 즉,

$$y = 0\text{에서}\quad E_{xs} = 0 \tag{12.33a}$$

$$y = b\text{에서} \;\; E_{xs} = 0 \tag{12.33b}$$

$$x = 0\text{에서} \;\; E_{ys} = 0 \tag{12.33c}$$

$$x = a\text{에서} \;\; E_{ys} = 0 \tag{12.33d}$$

식 (12.15)와 (12.33)으로부터 경계조건들은 다음과 같이 쓸 수 있다.

$$y = 0\text{에서} \;\; \frac{\partial H_{zs}}{\partial y} = 0 \tag{12.34a}$$

$$y = b\text{에서} \;\; \frac{\partial H_{zs}}{\partial y} = 0 \tag{12.34b}$$

$$x = 0\text{에서} \;\; \frac{\partial H_{zs}}{\partial x} = 0 \tag{12.34c}$$

$$x = a\text{에서} \;\; \frac{\partial H_{zs}}{\partial x} = 0 \tag{12.34d}$$

이 조건들을 식 (12.12)에 적용하면

$$\boxed{H_{zs} = H_o \cos\left(\frac{m\pi x}{a}\right)\cos\left(\frac{n\pi y}{b}\right)e^{-\gamma z}} \tag{12.35}$$

가 되고, 여기서 $H_o = B_1B_3$이다. 다른 전자기장 성분들은 식 (12.35)와 (12.15)로부터 쉽게 구해진다. 즉,

$$E_{xs} = \frac{j\omega\mu}{h^2}\left(\frac{n\pi}{b}\right)H_o \cos\left(\frac{m\pi x}{a}\right)\sin\left(\frac{n\pi y}{b}\right)e^{-\gamma z} \tag{12.36a}$$

$$E_{ys} = -\frac{j\omega\mu}{h^2}\left(\frac{m\pi}{a}\right)H_o \sin\left(\frac{m\pi x}{a}\right)\cos\left(\frac{n\pi y}{b}\right)e^{-\gamma z} \tag{12.36b}$$

$$H_{xs} = \frac{\gamma}{h^2}\left(\frac{m\pi}{a}\right)H_o \sin\left(\frac{m\pi x}{a}\right)\cos\left(\frac{n\pi y}{b}\right)e^{-\gamma z} \tag{12.36c}$$

$$H_{ys} = \frac{\gamma}{h^2}\left(\frac{n\pi}{b}\right)H_o \cos\left(\frac{m\pi x}{a}\right)\sin\left(\frac{n\pi y}{b}\right)e^{-\gamma z} \tag{12.36d}$$

여기서 $m = 0, 1, 2, 3, \cdots$이고, $n = 0, 1, 2, 3, \cdots$이며, h와 γ는 TM 모드에서 정의한 것과 같다. 또한 m과 n은 도파관의 x-y 단면에서 반주기 변화의 수를 나타낸다. TE_{32} 모드에 대한 전자기장 분포를 그림 12.5에 나타내었다. TE 모드에 대한 차단주파수 f_c, 차단파장 λ_c, 위상상수 β, 위상속도 u_p, 파장 λ는 TM 모드의 경우와 같다[식 (12.28)부터 (12.31)까지 참조].

TE 모드의 경우 (m, n)은 (0, 1)이나 (1, 0)은 가능하지만, (0, 0)은 불가능하다. 즉, m과 n 모두가 동시에 0이 될 수 없으며, 이는 식 (12.36)에서 전자기장 성분이 모두 소멸하기 때

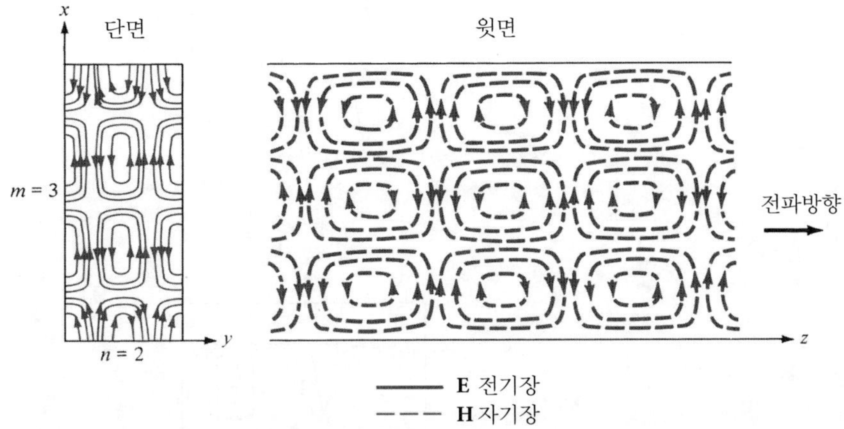

그림 12.5 TE_{32} 모드에 대한 전자기장 분포

문이다. 이것은 가장 낮은 모드가 도파관의 크기를 나타내는 a나 b값에 따라서 TE_{10} 또는 TE_{01} 모드가 된다는 것을 의미한다. $a > b$를 기준으로 하는 것이 일반적이므로 식 (12.28)에서 $1/a^2 < 1/b^2$이 된다.

따라서 $f_{c_{TE_{10}}} = \dfrac{u'}{2a} < f_{c_{TE_{01}}} = \dfrac{u'}{2b}$이므로 TE_{10} 모드가 가장 낮은 모드가 된다. 이 모드를 **기본모드**(dominant mode)라고 하며, 실질적으로 중요하다. TE_{10} 모드의 차단주파수는 식 (12.28)로부터($m = 1, n = 0$)

$$f_{c_{10}} = \frac{u'}{2a} \tag{12.37}$$

이며, 차단파장은 식 (12.29)로부터 다음과 같이 구해진다.

$$\lambda_{c_{10}} = 2a \tag{12.38}$$

식 (12.28)로부터 TM_{11} 모드에 대한 차단주파수는

$$\frac{u'[a^2 + b^2]^{1/2}}{2ab}$$

이 되어 TE_{10} 모드의 차단주파수보다 크다. 그러므로 TM_{11}은 기본모드로 인정할 수 없다.

기본모드는 가장 낮은 차단주파수(또는 가장 긴 차단파장)를 갖는 모드이다.

$f < f_{c_{10}}$(또는 $\lambda > \lambda_{c_{10}}$)인 주파수의 전자파는 도파관 내에서 전파할 수 없다.

TE 모드에 대한 고유 파동임피던스는 TM 모드의 그것과는 다르다. 식 (12.36)으로부터 다음의 사실이 명백하다($\gamma = j\beta$).

$$\eta_{TE} = \frac{E_x}{H_y} = -\frac{E_y}{H_x} = \frac{\omega\mu}{\beta}$$
$$= \sqrt{\frac{\mu}{\varepsilon}} \frac{1}{\sqrt{1 - \left[\frac{f_c}{f}\right]^2}}$$

또는

$$\boxed{\eta_{TE} = \frac{\eta'}{\sqrt{1 - \left[\frac{f_c}{f}\right]^2}}} \tag{12.39}$$

식 (12.32)와 (12.39)로부터, η_{TE}와 η_{TM}은 순 저항이며, 그림 12.6에 보인 것처럼 주파수에 따라 변한다는 것을 알 수 있다. 또한 다음의 관계식이 성립한다.

$$\eta_{TE}\,\eta_{TM} = \eta'^2 \tag{12.40}$$

TE 모드와 TM 모드에 대한 중요한 공식들을 표 12.1에 나열하였다.

식 (12.22), (12.23), (12.35), (12.36)으로부터 TM 모드와 TE 모드에 대한 전자기장 패턴을 구할 수 있다. 기본모드인 TE_{10} 모드의 경우 $m = 1$, $n = 0$이므로 식 (12.35)로부터

$$H_{zs} = H_o \cos\left(\frac{\pi x}{a}\right) e^{-j\beta z} \tag{12.41}$$

가 된다. 시간영역에서는

$$H_z = \text{Re}(H_{zs}e^{j\omega t})$$

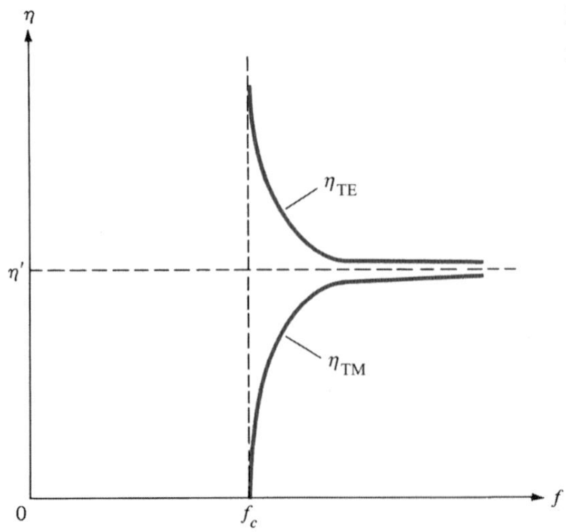

그림 12.6 TE 모드 및 TM 모드에 대한 파동임피던스의 주파수에 따른 변화

표 12.1 TM 및 TE 모드에 대한 중요한 공식들

TM 모드	TE 모드
$E_{xs} = -\dfrac{j\beta}{h^2}\left(\dfrac{m\pi}{a}\right)E_o \cos\left(\dfrac{m\pi x}{a}\right)\sin\left(\dfrac{n\pi y}{b}\right)e^{-\gamma z}$	$E_{xs} = \dfrac{j\omega\mu}{h^2}\left(\dfrac{n\pi}{b}\right)H_o \cos\left(\dfrac{m\pi x}{a}\right)\sin\left(\dfrac{n\pi y}{b}\right)e^{-\gamma z}$
$E_{ys} = -\dfrac{j\beta}{h^2}\left(\dfrac{n\pi}{b}\right)E_o \sin\left(\dfrac{m\pi x}{a}\right)\cos\left(\dfrac{n\pi y}{b}\right)e^{-\gamma z}$	$E_{ys} = -\dfrac{j\omega\mu}{h^2}\left(\dfrac{m\pi}{a}\right)H_o \sin\left(\dfrac{m\pi x}{a}\right)\cos\left(\dfrac{n\pi y}{b}\right)e^{-\gamma z}$
$E_{zs} = E_o \sin\left(\dfrac{m\pi x}{a}\right)\sin\left(\dfrac{n\pi y}{b}\right)e^{-\gamma z}$	$E_{zs} = 0$
$H_{xs} = \dfrac{j\omega\varepsilon}{h^2}\left(\dfrac{n\pi}{b}\right)E_o \sin\left(\dfrac{m\pi x}{a}\right)\cos\left(\dfrac{n\pi y}{b}\right)e^{-\gamma z}$	$H_{xs} = \dfrac{j\beta}{h^2}\left(\dfrac{m\pi}{a}\right)H_o \sin\left(\dfrac{m\pi x}{a}\right)\cos\left(\dfrac{n\pi y}{b}\right)e^{-\gamma z}$
$H_{ys} = -\dfrac{j\omega\varepsilon}{h^2}\left(\dfrac{m\pi}{a}\right)E_o \cos\left(\dfrac{m\pi x}{a}\right)\sin\left(\dfrac{n\pi y}{b}\right)e^{-\gamma z}$	$H_{ys} = \dfrac{j\beta}{h^2}\left(\dfrac{n\pi}{b}\right)H_o \cos\left(\dfrac{m\pi x}{a}\right)\sin\left(\dfrac{n\pi y}{b}\right)e^{-\gamma z}$
$H_{zs} = 0$	$H_{zs} = H_o \cos\left(\dfrac{m\pi x}{a}\right)\cos\left(\dfrac{n\pi y}{b}\right)e^{-\gamma z}$
$\eta = \eta'\sqrt{1-\left(\dfrac{f_c}{f}\right)^2}$	$\eta = \dfrac{\eta'}{\sqrt{1-\left(\dfrac{f_c}{f}\right)^2}}$

$$f_c = \frac{u'}{2}\sqrt{\left(\frac{m}{a}\right)^2 + \left(\frac{n}{b}\right)^2}$$

$$\lambda_c = \frac{u'}{f_c}$$

$$\beta = \beta'\sqrt{1-\left(\frac{f_c}{f}\right)^2}$$

$$u_p = \frac{\omega}{\beta} = f\lambda$$

여기서 $h^2 = \left(\dfrac{m\pi}{a}\right)^2 + \left(\dfrac{n\pi}{b}\right)^2, u' = \dfrac{1}{\sqrt{\mu\varepsilon}}, \beta' = \dfrac{\omega}{u'}, \eta' = \sqrt{\dfrac{\mu}{\varepsilon}}$

또는

$$H_z = H_o \cos\left(\frac{\pi x}{a}\right)\cos(\omega t - \beta z) \tag{12.42}$$

마찬가지로 식 (12.36)으로부터

$$E_y = \frac{\omega\mu a}{\pi}H_o \sin\left(\frac{\pi x}{a}\right)\sin(\omega t - \beta z) \tag{12.43a}$$

$$H_x = -\frac{\beta a}{\pi}H_o \sin\left(\frac{\pi x}{a}\right)\sin(\omega t - \beta z) \tag{12.43b}$$

$$E_z = E_x = H_y = 0 \tag{12.43c}$$

TE_{10} 모드에 대하여 x-y 평면 내에서 x에 대한 전기장 **E**와 자기장 **H**의 변화, 즉 H_z의 경우 $\cos(\omega t - \beta z) = 1$인 면, E_y와 H_x의 경우 $\sin(\omega t - \beta z) = 1$인 면을 그림 12.7에 나타내었다. 이에 해당하는 전자기장의 분포를 그림 12.8에 나타내었다.

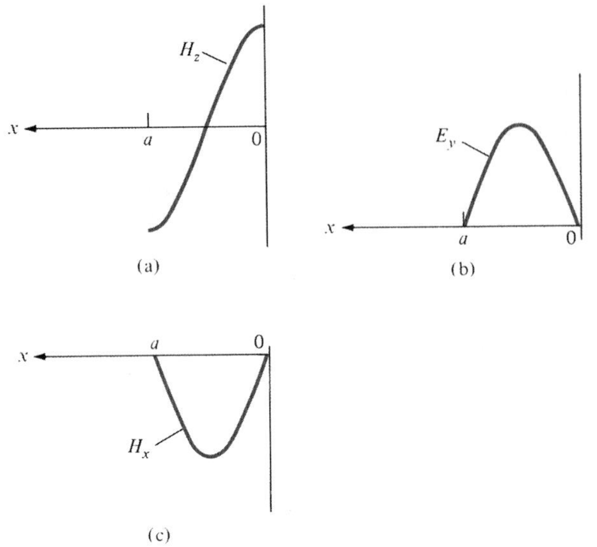

그림 12.7 TE_{10} 모드에서 x에 대한 전자기장 성분의 변화

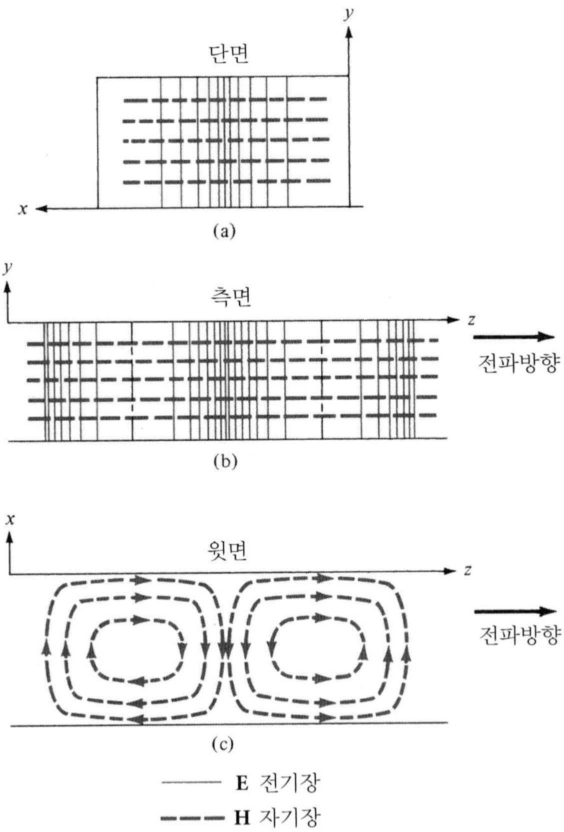

그림 12.8 그림 12.7의 (a), (b), (c) 성분에 대응하는 TE_{10} 모드의 전자기장 분포

예제 12.1

단면의 크기가 $a = 2.5$ cm, $b = 1$ cm인 구형도파관을 15.1 GHz 이하의 주파수에서 동작시키고자 한다. 도파관이 $\sigma = 0, \varepsilon = 4\varepsilon_o, \mu_r = 1$인 매질로 채워졌다면 도파관을 통해 전송할 수 있는 TE 및 TM 모드의 수는 얼마인가? 그 모드들의 차단주파수들을 계산하라.

풀이

차단주파수는

$$f_{c_{mn}} = \frac{u'}{2}\sqrt{\frac{m^2}{a^2} + \frac{n^2}{b^2}}$$

이고, 여기서 $a = 2.5b$ 또는 $a/b = 2.5$이며,

$$u' = \frac{1}{\sqrt{\mu\varepsilon}} = \frac{c}{\sqrt{\mu_r\varepsilon_r}} = \frac{c}{2}$$

그러므로

$$\begin{aligned} f_{c_{mn}} &= \frac{c}{4a}\sqrt{m^2 + \frac{a^2}{b^2}n^2} \\ &= \frac{3 \times 10^8}{4(2.5 \times 10^{-2})}\sqrt{m^2 + 6.25n^2} \end{aligned}$$

또는

$$f_{c_{mn}} = 3\sqrt{m^2 + 6.25n^2}\ \text{GHz} \tag{12.1.1}$$

$f_{c_{mn}} < 15.1$ GHz를 만족하는 m과 n을 찾는다. 이를 위한 방법은 m과 n 중에서 하나를 고정시키고 다른 하나를 $f_{c_{mn}}$이 15.1 GHz보다 커질 때까지 증가시키는 것이다. 식 (12.1.1)로부터 m을 고정시키고 n을 증가시켜서 15.1 GHz보다 큰 $f_{c_{mn}}$을 쉽게 얻을 수 있다.

TE_{01} 모드($m = 0, n = 1$)의 경우 $f_{c_{01}} = 3(2.5) = 7.5$ GHz
TE_{02} 모드($m = 0, n = 2$), $f_{c_{02}} = 3(5) = 15$ GHz
TE_{03} 모드($m = 0, n = 3$), $f_{c_{03}} = 3(7.5) = 22.5$ GHz

그러므로 $f_{c_{mn}} < 15.1$ GHz가 되기 위한 최대값은 $n = 2$이다. 이제 n을 고정시키고, $f_{c_{mn}}$이 15.1 GHz보다 커질 때까지 m을 증가시킨다.

TE_{10} 모드($m = 1, n = 0$)의 경우 $f_{c_{10}} = 3$ GHz
TE_{20} 모드, $f_{c_{20}} = 6$ GHz
TE_{30} 모드, $f_{c_{30}} = 9$ GHz
TE_{40} 모드, $f_{c_{40}} = 12$ GHz

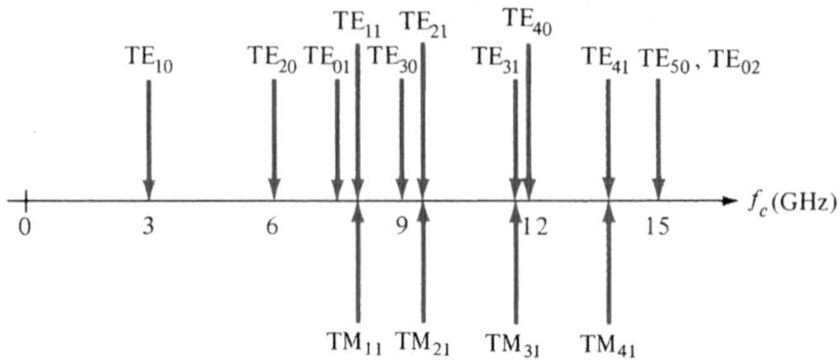

그림 12.9 예제 12.1의 그림: $a = 2.5b$인 구형도파관의 차단주파수들

TE_{50} 모드, $f_{c_{50}} = 15$ GHz(TE_{02}인 경우와 같다)
TE_{60} 모드, $f_{c_{60}} = 18$ GHz

즉, $f_{c_{mn}} < 15.1$ GHz가 되기 위한 최대값은 $m = 5$이다. 이제 최대값 m과 n을 알았으므로 이 최대값들 사이의 다른 가능한 m과 n의 조합을 알아보자.

TE_{11}, TM_{11} 모드(축퇴모드)의 경우 $f_{c_{11}} = 3\sqrt{7.25} = 8.078$ GHz
$TE_{21}, TM_{21}, f_{c_{21}} = 3\sqrt{10.25} = 9.6$ GHz
$TE_{31}, TM_{31}, f_{c_{31}} = 3\sqrt{15.25} = 11.72$ GHz
$TE_{41}, TM_{41}, f_{c_{41}} = 3\sqrt{22.25} = 14.14$ GHz
$TE_{12}, TM_{12}, f_{c_{12}} = 3\sqrt{26} = 15.3$ GHz

차단주파수가 15.1 GHz와 같거나 작은 모드들은 전송된다. 즉, 11개의 TE 모드와 4개의 TM 모드들이 전파된다(위의 모드들 중 TE_{12}, TM_{12}, TE_{60}, TE_{03}을 제외한 모든 모드들). 15개 모드들에 대한 차단주파수들을 그림 12.9에 나타내었다.

연습문제 12.1

예제 12.1의 도파관에서 15 GHz에서 동작하는 TE_{10}, TM_{11} 모드에 대한 위상상수, 위상속도, 파동임피던스를 계산하라.

해답: TE_{10} 모드의 경우 $\beta = 615.6$ rad/m, $u = 1.531 \times 10^8$ m/s, $\eta_{TE} = 192.4\ \Omega$
TM_{11} 모드의 경우 $\beta = 529.4$ rad/m, $u = 1.78 \times 10^8$ m/s, $\eta_{TM} = 158.8\ \Omega$

예제 12.2

TM 및 TE 모드들에 대한 일반적인 전자기장의 순시 표현식을 쓰고, 이로부터 TE_{01}과 TM_{12} 모드의 표현식을 유도하라.

풀이

전자기장의 순시 표현식은 다음과 같은 페이저 형태로부터 얻어진다. 즉,

$$\mathbf{E} = \text{Re}\,(\mathbf{E}_s e^{j\omega t}) \quad \text{그리고} \quad \mathbf{H} = \text{Re}\,(\mathbf{H}_s e^{j\omega t})$$

식 (12.22)와 (12.23)에서 γ를 $j\beta$로 대체하고 윗 식을 적용하면 TM 모드에 대한 다음과 같은 전자기장 성분들이 주어진다.

$$\begin{aligned}
E_x &= \frac{\beta}{h^2}\left[\frac{m\pi}{a}\right] E_o \cos\left(\frac{m\pi x}{a}\right)\sin\left(\frac{n\pi y}{b}\right)\sin\,(\omega t - \beta z) \\
E_y &= \frac{\beta}{h^2}\left[\frac{n\pi}{b}\right] E_o \sin\left(\frac{m\pi x}{a}\right)\cos\left(\frac{n\pi y}{b}\right)\sin\,(\omega t - \beta z) \\
E_z &= E_o \sin\left(\frac{m\pi x}{a}\right)\sin\left(\frac{n\pi y}{b}\right)\cos\,(\omega t - \beta z) \\
H_x &= -\frac{\omega\varepsilon}{h^2}\left[\frac{n\pi}{b}\right] E_o \sin\left(\frac{m\pi x}{a}\right)\cos\left(\frac{n\pi y}{b}\right)\sin\,(\omega t - \beta z) \\
H_y &= \frac{\omega\varepsilon}{h^2}\left[\frac{m\pi}{a}\right] E_o \cos\left(\frac{m\pi x}{a}\right)\sin\left(\frac{n\pi y}{b}\right)\sin\,(\omega t - \beta z) \\
H_z &= 0
\end{aligned}$$

마찬가지로, TE 모드의 경우 식 (12.35)와 (12.36)은 다음과 같이 된다.

$$\begin{aligned}
E_x &= -\frac{\omega\mu}{h^2}\left[\frac{n\pi}{b}\right] H_o \cos\left(\frac{m\pi x}{a}\right)\sin\left(\frac{n\pi y}{b}\right)\sin\,(\omega t - \beta z) \\
E_y &= \frac{\omega\mu}{h^2}\left[\frac{m\pi}{a}\right] H_o \sin\left(\frac{m\pi x}{a}\right)\cos\left(\frac{n\pi y}{b}\right)\sin\,(\omega t - \beta z) \\
E_z &= 0 \\
H_x &= -\frac{\beta}{h^2}\left[\frac{m\pi}{a}\right] H_o \sin\left(\frac{m\pi x}{a}\right)\cos\left(\frac{n\pi y}{b}\right)\sin\,(\omega t - \beta z) \\
H_y &= -\frac{\beta}{h^2}\left[\frac{n\pi}{b}\right] H_o \cos\left(\frac{m\pi x}{a}\right)\sin\left(\frac{n\pi y}{b}\right)\sin\,(\omega t - \beta z) \\
H_z &= H_o \cos\left(\frac{m\pi x}{a}\right)\cos\left(\frac{n\pi y}{b}\right)\cos\,(\omega t - \beta z)
\end{aligned}$$

TE_{01} 모드의 경우 $m = 0, n = 1$이므로

$$h^2 = \left[\frac{\pi}{b}\right]^2$$

$$E_x = -\frac{\omega\mu b}{\pi} H_o \sin\left(\frac{\pi y}{b}\right) \sin(\omega t - \beta z)$$

$$E_y = 0 = E_z = H_x$$

$$H_y = -\frac{\beta b}{\pi} H_o \sin\left(\frac{\pi y}{b}\right) \sin(\omega t - \beta z)$$

$$H_z = H_o \cos\left(\frac{\pi y}{b}\right) \cos(\omega t - \beta z)$$

TM_{12} 모드의 경우 $m = 1, n = 2$이므로

$$E_x = \frac{\beta}{h^2}\left(\frac{\pi}{a}\right) E_o \cos\left(\frac{\pi x}{a}\right) \sin\left(\frac{2\pi y}{b}\right) \sin(\omega t - \beta z)$$

$$E_y = \frac{\beta}{h^2}\left(\frac{2\pi}{b}\right) E_o \sin\left(\frac{\pi x}{a}\right) \cos\left(\frac{2\pi y}{b}\right) \sin(\omega t - \beta z)$$

$$E_z = E_o \sin\left(\frac{\pi x}{a}\right) \sin\left(\frac{2\pi y}{b}\right) \cos(\omega t - \beta z)$$

$$H_x = -\frac{\omega\varepsilon}{h^2}\left(\frac{2\pi}{b}\right) E_o \sin\left(\frac{\pi x}{a}\right) \cos\left(\frac{2\pi y}{b}\right) \sin(\omega t - \beta z)$$

$$H_y = \frac{\omega\varepsilon}{h^2}\left(\frac{\pi}{a}\right) E_o \cos\left(\frac{\pi x}{a}\right) \sin\left(\frac{2\pi y}{b}\right) \sin(\omega t - \beta z)$$

$$H_z = 0$$

여기서

$$h^2 = \left[\frac{\pi}{a}\right]^2 + \left[\frac{2\pi}{b}\right]^2$$

연습문제 12.2

공기로 채워진 5 cm × 2 cm의 구형도파관이 15 GHz에서 다음 값을 갖는다.

$$E_{zs} = 20 \sin 40\pi x \sin 50\pi y \, e^{-j\beta z} \text{ V/m}$$

(a) 어떤 모드가 전파되는가?

(b) β를 구하라.

(c) E_y/E_x를 구하라.

해답: (a) TM_{21}, (b) 241.3 rad/m, (c) 1.25 tan $40\pi x$ cot $50\pi y$

예제 12.3

$a = 1.5$ cm, $b = 0.8$ cm, $\sigma = 0$, $\mu = \mu_o$, $\varepsilon = 4\varepsilon_o$인 구형도파관에서

$$H_x = 2\sin\left(\frac{\pi x}{a}\right)\cos\left(\frac{3\pi y}{b}\right)\sin(\pi \times 10^{11}t - \beta z)\ \text{A/m}$$

이다. 다음을 구하라.

(a) 동작모드

(b) 차단주파수

(c) 위상상수 β

(d) 전파상수 γ

(e) 고유 파동임피던스 η

풀이

(a) 주어진 H_x와 예제 12.2로부터 $m = 1$, $n = 3$임을 알 수 있으며, 이 도파관은 TM_{13} 또는 TE_{13} 모드에서 동작한다. 이 예제에서는 TM_{13} 모드를 선택하기로 한다(TE_{13} 모드에 대해서는 연습문제 12.3에서 다루기로 한다).

(b)

$$f_{c_{mn}} = \frac{u'}{2}\sqrt{\frac{m^2}{a^2} + \frac{n^2}{b^2}}$$

$$u' = \frac{1}{\sqrt{\mu\varepsilon}} = \frac{c}{\sqrt{\mu_r\varepsilon_r}} = \frac{c}{2}$$

그러므로

$$f_{c_{13}} = \frac{c}{4}\sqrt{\frac{1}{[1.5 \times 10^{-2}]^2} + \frac{9}{[0.8 \times 10^{-2}]^2}}$$

$$= \frac{3 \times 10^8}{4}(\sqrt{0.444 + 14.06}) \times 10^2 = 28.57\ \text{GHz}$$

(c)

$$\beta = \omega\sqrt{\mu\varepsilon}\sqrt{1 - \left[\frac{f_c}{f}\right]^2} = \frac{\omega\sqrt{\varepsilon_r}}{c}\sqrt{1 - \left[\frac{f_c}{f}\right]^2}$$

$$\omega = 2\pi f = \pi \times 10^{11} \quad \text{or} \quad f = \frac{10^{11}}{2} = 50\ \text{GHz}$$

$$\beta = \frac{\pi \times 10^{11}(2)}{3 \times 10^8}\sqrt{1 - \left[\frac{28.57}{50}\right]^2} = 1718.81\ \text{rad/m}$$

(d)

$$\gamma = j\beta = j1718.81\ /\text{m}$$

(e)

$$\eta_{TM_{13}} = \eta'\sqrt{1 - \left[\frac{f_c}{f}\right]^2} = \frac{377}{\sqrt{\varepsilon_r}}\sqrt{1 - \left[\frac{28.57}{50}\right]^2}$$

$$= 154.7\ \Omega$$

연습문제 12.3

TE_{13} 모드에 대해서 예제 12.3을 반복하라. 이 모드의 나머지 전자기장 성분들도 구하라.

해답: $f_c = 28.57$ GHz, $\beta = 1718.81$ rad/m, $\gamma = j\beta$, $\eta_{TE_{13}} = 229.69\ \Omega$

$$E_x = 2584.1 \cos\left(\frac{\pi x}{a}\right) \sin\left(\frac{3\pi y}{b}\right) \sin(\omega t - \beta z)\ \text{V/m}$$

$$E_y = -459.4 \sin\left(\frac{\pi x}{a}\right) \cos\left(\frac{3\pi y}{b}\right) \sin(\omega t - \beta z)\ \text{V/m}, \quad E_z = 0$$

$$H_y = 11.25 \cos\left(\frac{\pi x}{a}\right) \sin\left(\frac{3\pi y}{b}\right) \sin(\omega t - \beta z)\ \text{A/m}$$

$$H_z = -7.96 \cos\left(\frac{\pi x}{a}\right) \cos\left(\frac{3\pi y}{b}\right) \cos(\omega t - \beta z)\ \text{A/m}$$

12.5 도파관 내에서의 파의 전파

식 (12.23)이나 식 (12.36)을 살펴보면 전자기장 성분들이 모두 $(m\pi/a)x$나 $(n\pi/b)y$의 사인이나 코사인 항에 $e^{-\gamma z}$를 곱한 형태임을 알 수 있다.

$$\sin\theta = \frac{1}{2j}(e^{j\theta} - e^{-j\theta}) \tag{12.44a}$$

$$\cos\theta = \frac{1}{2}(e^{j\theta} + e^{-j\theta}) \tag{12.44b}$$

이므로, 도파관 내에서의 파는 도파관 벽으로부터 반사된 평면파들의 조합으로 설명될 수 있다. 예를 들어 TE_{10} 모드에 대해서는 다음과 같이 쓸 수 있다.

$$\begin{aligned} E_{ys} &= -\frac{j\omega\mu a}{\pi} \sin\left(\frac{\pi x}{a}\right) e^{-j\beta z} \\ &= -\frac{\omega\mu a}{2\pi}\left(e^{j\pi x/a} - e^{-j\pi x/a}\right) e^{-j\beta z} \\ &= \frac{\omega\mu a}{2\pi}\left[e^{-j\beta(z+\pi x/\beta a)} - e^{-j\beta(z-\pi x/\beta a)}\right] \end{aligned} \tag{12.45}$$

여기서 $H_o = 1$이다. 식 (12.45)의 첫째 항은 z축과 다음의 각도로 양의 z방향으로 진행하는 파를 나타낸다.

$$\theta = \tan^{-1}\left(\frac{\pi}{\beta a}\right) \tag{12.46}$$

식 (12.45)의 둘째 항은 $-\theta$의 각도로 양의 z방향으로 진행하는 파를 나타낸다. 그러므로 그림 12.10(a)에 보인 것과 같이 $x = 0$과 $x = a$에 위치한 도파관 벽들 사이에서 지그재그로 진행하는 두 개의 평면 TEM파의 합으로 그릴 수 있다. TE_{10} 모드의 두 평면파로의 분해는 모든 TE, TM 모드로 확장시킬 수 있다. 정수 n과 m이 둘 다 0이 아니면 4개의 평면파로 분해된다.

z방향에서 파의 성분은 평면파와는 다른 파장을 갖는다. 도파관의 축을 따르는 이 파장을 **관내파장**이라 하고, 아래와 같이 주어진다(문제 12.4 참조).

$$\lambda = \frac{\lambda'}{\sqrt{1 - \left[\frac{f_c}{f}\right]^2}} \tag{12.47}$$

여기서 $\lambda' = u'/f$이다.

지그재그 경로 때문에 세 가지 종류의 속도가 존재한다. 즉, 매질속도 u', 위상속도 u_p, 그리고 군속도 u_g이다. 그림 12.10(b)에 세 가지 다른 속도들 사이의 관계를 설명하였다. 매질속도 $u' = 1/\sqrt{\mu\varepsilon}$ 은 앞 절에서 설명한 바와 같다. 위상속도 u_p는 일정 위상의 궤적이 도파관을 따라 진행하는 속도이며, 식 (12.31)로 주어진다. 즉,

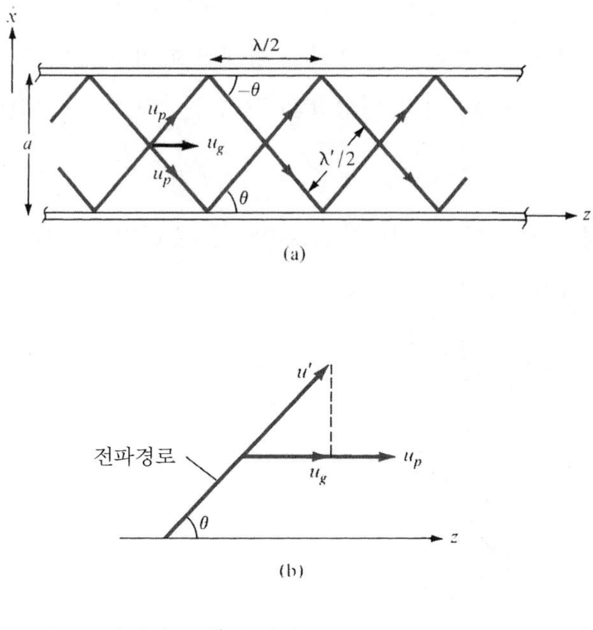

그림 12.10 (a) 두 평면파로의 분해한 TE_{10} 모드, (b) u', u_p, u_g 사이의 관계

$$u_p = \frac{\omega}{\beta} \tag{12.48a}$$

또는

$$u_p = \frac{u'}{\cos\theta} = \frac{u'}{\sqrt{1 - \left[\frac{f_c}{f}\right]^2}} \tag{12.48b}$$

$\cos\theta \leq 1$이므로 $u_p \geq u'$임을 알 수 있다. 만약 $u' = c$이면, u_p는 진공 중의 빛의 속도보다 빠르다. 이것은 메시지가 빛의 속도보다 빨리 이동할 수 없다는 Einstein의 상대성 이론에 위배되는 것인가? 실제로 그렇지는 않다. 왜냐하면 도파관 내에서 정보(또는 에너지)는 위상속도로 진행하는 것이 아니기 때문이다. 정보는 군속도로 진행하며, 군속도는 빛의 속도보다 느리다. 군속도 u_g는 거듭되는 반사의 결과로서 생기는 파들이 도파관을 따라 진행하는 속도로서, 다음과 같이 주어진다.

$$\boxed{u_g = \frac{1}{\partial\beta/\partial\omega}} \tag{12.49a}$$

또는

$$u_g = u'\cos\theta = u'\sqrt{1 - \left[\frac{f_c}{f}\right]^2} \tag{12.49b}$$

군속도의 개념은 상당히 복잡하여 이 장의 범위를 벗어나지만, 군속도는 본질적으로 여러 주파수 성분들로 이루어진 포락선 형태인 파의 패킷의 전파속도이다. 이는 도파관 내에서의 에너지 전파속도이며, 항상 u'과 같거나 작다. 식 (12.48)과 (12.49)로부터

$$u_p u_g = u'^2 \tag{12.50}$$

임이 명백하다. 이 관계는 식 (12.40)과 비슷하다. u_p와 u_g의 주파수에 따른 변화는 η_{TE}와 η_{TM}에 대한 그림 12.6과 비슷하다.

예제 12.4

$a = 8.636$ cm, $b = 4.318$ cm의 크기를 갖는 공기로 채워진 표준 구형도파관에 동축케이블을 통해 4 GHz의 반송파가 공급된다. TE_{10} 모드가 전파될 수 있는지를 결정하라. 만약 전파된다면, 위상속도와 군속도를 계산하라.

풀이

TE_{10} 모드의 경우 $f_c = u'/2a$이다. 도파관이 공기로 채워졌으므로 $u' = c = 3 \times 10^8$ m/s이다. 그러므로

$$f_c = \frac{3 \times 10^8}{2 \times 8.636 \times 10^{-2}} = 1.737 \text{ GHz}$$

$f = 4$ GHz $> f_c$이므로, TE_{10} 모드가 전파될 것이다.

$$u_p = \frac{u'}{\sqrt{1 - (f_c/f)^2}} = \frac{3 \times 10^8}{\sqrt{1 - (1.737/4)^2}}$$
$$= 3.33 \times 10^8 \text{ m/s}$$
$$u_g = \frac{u'^2}{u_p} = \frac{9 \times 10^{16}}{3.33 \times 10^8} = 2.702 \times 10^8 \text{ m/s}$$

연습문제 12.4

TM11 모드에 대해서 예제 12.4를 반복하라.

해답: 12.5×10^8 m/s, 7.203×10^7 m/s

12.6 전력전송과 감쇠

도파관 내에서의 전력의 흐름을 계산하기 위하여 우선 평균 Poynting 벡터[식 (10.68)로부터]를 구한다.

$$\mathcal{P}_{\text{ave}} = \frac{1}{2} \text{Re}(\mathbf{E}_s \times \mathbf{H}_s^*) \tag{12.51}$$

이 경우 Poynting 벡터는 z방향이고, 다음과 같다.

$$\mathcal{P}_{\text{ave}} = \frac{1}{2} \text{Re}(E_{xs}H_{ys}^* - E_{ys}H_{xs}^*)\, \mathbf{a}_z$$
$$= \frac{|E_{xs}|^2 + |E_{ys}|^2}{2\eta}\, \mathbf{a}_z \tag{12.52}$$

여기서 TE 모드의 경우 $\eta = \eta_{TE}$이며, TM 모드에 대해서는 $\eta = \eta_{TM}$이다. 도파관의 단면을 통해 전송되는 총 평균전력은

$$P_{\text{ave}} = \int \mathcal{P}_{\text{ave}} \cdot d\mathbf{S}$$
$$= \int_{x=0}^{a} \int_{y=0}^{b} \frac{|E_{xs}|^2 + |E_{ys}|^2}{2\eta}\, dy\, dx \tag{12.53}$$

실제로 중요한 것은 손실이 있는 도파관에서의 감쇠이다. 지금까지의 해석에서는 $\alpha = 0$, $\gamma = j\beta$인 무손실 도파관($\sigma = 0$, $\sigma_c \simeq \infty$)을 가정하였다. 유전체 매질이 손실이 있고($\sigma \neq 0$) 도파관 벽이 완전도체가 아니면($\sigma_c \neq \infty$) 도파관을 따라 파가 전파되는 동안에 전력의 손실이 발생한다. 식 (10.69)에 따르면, 관 내에서의 전력 흐름은 다음과 같은 형태이다.

$$P_{\text{ave}} = P_{\text{o}}e^{-2\alpha z} \tag{12.54}$$

일반적으로

$$\alpha = \alpha_c + \alpha_d \tag{12.55}$$

이고, 여기서 α_c와 α_d는 각각 저항성 또는 도전성 손실($\sigma_c \neq \infty$)과 유전체 손실($\sigma \neq 0$)에 의한 감쇠상수들이다.

α_d를 구하기 위해서 무손실 유전체 매질($\sigma = 0$)을 가정하여 식 (12.1)로부터 시작하였음을 상기하라. 손실이 있는 유전체에 대해서는 $\sigma \neq 0$인 사실을 이용할 필요가 있다. $\gamma = j\beta$가 수정될 필요가 있다는 것을 제외하고는 다른 모든 식들은 여전히 성립한다. 이는 식 (12.25)의 ε을 식 (10.40)의 복소유전율로 대체하여 얻게 된다. 따라서

$$\gamma = \alpha_d + j\beta_d = \sqrt{\left(\frac{m\pi}{a}\right)^2 + \left(\frac{n\pi}{b}\right)^2 - \omega^2\mu\varepsilon_c} \tag{12.56}$$

여기서

$$\varepsilon_c = \varepsilon' - j\varepsilon'' = \varepsilon - j\frac{\sigma}{\omega} \tag{12.57}$$

식 (12.57)을 식 (12.56)에 대입하고, 양변을 제곱하면

$$\gamma^2 = \alpha_d^2 - \beta_d^2 + 2j\alpha_d\beta_d = \left(\frac{m\pi}{a}\right)^2 + \left(\frac{n\pi}{b}\right)^2 - \omega^2\mu\varepsilon + j\omega\mu\sigma$$

양변의 실수부와 허수부를 같게 놓으면

$$\alpha_d^2 - \beta_d^2 = \left(\frac{m\pi}{a}\right)^2 + \left(\frac{n\pi}{b}\right)^2 - \omega^2\mu\varepsilon \tag{12.58a}$$

$$2\alpha_d\beta_d = \omega\mu\sigma \quad \text{또는} \quad \alpha_d = \frac{\omega\mu\sigma}{2\beta_d} \tag{12.58b}$$

$\alpha_d^2 \ll \beta_d^2$이라고 가정하면 $\alpha_d^2 - \beta_d^2 \simeq -\beta_d^2$이 되고, 따라서 식 (12.58a)는

$$\begin{aligned}\beta_d &= \sqrt{\omega^2\mu\varepsilon - \left(\frac{m\pi}{a}\right)^2 - \left(\frac{n\pi}{b}\right)^2} \\ &= \omega\sqrt{\mu\varepsilon}\sqrt{1 - \left(\frac{f_c}{f}\right)^2}\end{aligned} \tag{12.59}$$

이 되며, 이 식은 식 (12.30)의 β와 같다. 식 (12.59)를 식 (12.58b)에 대입하면

$$\boxed{\alpha_d = \frac{\sigma\eta'}{2\sqrt{1-\left(\frac{f_c}{f}\right)^2}}} \tag{12.60}$$

이 되며, 여기서 $\eta' = \sqrt{\mu\varepsilon}$ 이다.

TM_{mn} 모드와 TE_{mn} 모드들의 감쇠상수 α_c를 구하는 것은 시간이 걸리고 지루한 일이다. 여기에서는 TE10 모드의 α_c를 구하는 과정을 설명할 것이다. 이 모드의 경우 E_y, H_x, H_z 성분만 존재한다. 식 (12.43a)를 식 (12.53)에 대입하면 다음 식을 얻게 된다.

$$\begin{aligned} P_{\text{ave}} &= \int_{x=0}^{a}\int_{y=0}^{b} \frac{|E_{ys}|^2}{2\eta}\,dx\,dy = \frac{\omega^2\mu^2a^2H_o^2}{2\pi^2\eta}\int_0^b dy\int_0^a \sin^2\frac{\pi x}{a}\,dx \\ &= \frac{\omega^2\mu^2a^3H_o^2b}{4\pi^2\eta} \end{aligned} \tag{12.61}$$

관 벽에서 단위길이당 총 전력손실은

$$\begin{aligned} P_L &= P_L\,|_{y=0} + P_L\,|_{y=b} + P_L\,|_{x=0} + P_L\,|_{x=a} \\ &= 2(P_L\,|_{y=0} + P_L\,|_{x=0}) \end{aligned} \tag{12.62}$$

이며, 같은 양의 전력이 $y=0$과 $y=b$의 벽에서, 또는 $x=0$과 $x=a$의 벽에서 소모되기 때문이다. $y=0$에 위치한 벽에서는

$$\begin{aligned} P_L\,|_{y=0} &= \frac{1}{2}\text{Re}\left[\eta_c\int(|H_{xs}|^2 + |H_{zs}|^2)\,dx\right]\Bigg|_{y=0} \\ &= \frac{1}{2}R_s\left[\int_0^a \frac{\beta^2a^2}{\pi^2}H_o^2\sin^2\frac{\pi x}{a}\,dx + \int_0^a H_o^2\cos^2\frac{\pi x}{a}\,dx\right] \\ &= \frac{R_saH_o^2}{4}\left(1+\frac{\beta^2a^2}{\pi^2}\right) \end{aligned} \tag{12.63}$$

이 되며, 여기서 R_s는 도체 벽의 고유임피던스 η_c의 실수부이다. 식 (10.55)로부터

$$R_s = \frac{1}{\sigma_c\delta} = \sqrt{\frac{\pi f\mu}{\sigma_c}} \tag{12.64}$$

여기서 δ는 표피깊이이다. 도체 벽의 표피저항 R_s는 $1\text{ m}\times\delta\times 1\text{ m}$의 도체재료의 저항으로 생각할 수 있다. $x=0$에 위치한 벽에서는

$$P_L|_{x=0} = \frac{1}{2}\mathrm{Re}\left[\eta_c \int (|H_{zs}|^2)\, dy\right]|_{x=0} = \frac{1}{2}R_s\int_0^b H_o^2\, dy \\ = \frac{R_s b H_o^2}{2} \tag{12.65}$$

이 된다. 식 (12.63)과 (12.65)를 식 (12.62)에 대입하면

$$P_L = R_s H_o^2\left[b + \frac{a}{2}\left(1 + \frac{\beta^2 a^2}{\pi^2}\right)\right] \tag{12.66}$$

에너지가 보존되기 위해서는 P_{ave}의 감소율은 단위길이당의 시평균 전력손실 P_L과 반드시 같아야 한다. 즉

$$P_L = -\frac{dP_{\text{ave}}}{dz} = 2\alpha P_{\text{ave}}$$

또는

$$\alpha = \frac{P_L}{2P_{\text{ave}}} \tag{12.67}$$

마지막으로 식 (12.61)과 (12.66)을 식 (12.67)에 대입하면

$$\alpha_c = \frac{R_s H_o^2\left[b + \frac{a}{2}\left(1 + \frac{\beta^2 a^2}{\pi^2}\right)\right]2\pi^2\eta}{\omega^2\mu^2 a^3 H_o^2 b} \tag{12.68a}$$

α_c를 f와 f_c의 항으로 표현하면 편리하다. 윗 식을 정리하면 TE_{10} 모드에 대하여 다음의 식을 얻을 수 있다.

$$\boxed{\alpha_c = \frac{2R_s}{b\eta'\sqrt{1 - \left[\frac{f_c}{f}\right]^2}}\left(0.5 + \frac{b}{a}\left[\frac{f_c}{f}\right]^2\right)} \tag{12.68b}$$

같은 과정을 거치면 TE_{mn} 모드($n \neq 0$)에 대한 감쇠상수를 다음과 같이 구할 수 있다.

$$\boxed{\alpha_c|_{\mathrm{TE}} = \frac{2R_s}{b\eta'\sqrt{1 - \left[\frac{f_c}{f}\right]^2}}\left[\left(1 + \frac{b}{a}\right)\left[\frac{f_c}{f}\right]^2 + \frac{\frac{b}{a}\left(\frac{b}{a}m^2 + n^2\right)}{\frac{b^2}{a^2}m^2 + n^2}\left(1 - \left[\frac{f_c}{f}\right]^2\right)\right]} \tag{12.69}$$

TM_{mn} 모드에 대해서는

$$\alpha_c\,|_{TM} = \frac{2R_s}{b\eta'\sqrt{1-\left[\dfrac{f_c}{f}\right]^2}}\left[\frac{(b/a)^3\,m^2 + n^2}{(b/a)^2\,m^2 + n^2}\right] \tag{12.70}$$

총 감쇠상수 α는 식 (12.60)과 (12.69) 또는 (12.70)을 식 (12.55)에 대입하여 구할 수 있다.

†12.7 도파관 전류와 모드 여기

TM, TE 모드 어느 쪽이든지 도파관 벽에서의 표면전류밀도 **K**는 다음 식을 사용하여 구할 수 있다.

$$\mathbf{K} = \mathbf{a}_n \times \mathbf{H} \tag{12.71}$$

여기서 $\mathbf{a}_n$은 벽면에서 바깥쪽으로 수직인 단위법선벡터이고, **H**는 벽면에서 구해지는 자기장의 세기이다. TE_{10} 모드의 경우 도파관벽 상에 흐르는 전류는 식 (12.71)에 식 (12.42)와 (12.43)을 이용하여 구할 수 있다. 그 결과를 그림 12.11에 나타내었다.

관벽에서 표면전하밀도는

$$\rho_S = \mathbf{a}_n \cdot \mathbf{D} = \mathbf{a}_n \cdot \varepsilon\mathbf{E} \tag{12.72}$$

이고, 여기서 **E**는 관 벽에서의 전기장의 세기이다.

도파관은 통상적으로 동축선로나 다른 도파관에 의해 급전 또는 여기된다. 원하는 모드의 전자기장을 형성시키고, 최대전력전달을 이루기 위해서 대부분의 경우 프로브(동축선로의 중심도체)가 사용된다. 원하는 모드의 전기력선에 대략적으로 평행하게 전기장과 자기장 이 생성되도록 프로브의 위치를 정한다. 예를 들어 TE_{10} 모드를 여기시키기 위해서는 식 (12.43a)로부터 E_y가 $x = a/2$에서 최대값을 갖는다는 것을 알 수 있으므로, 그림 12.12(a)

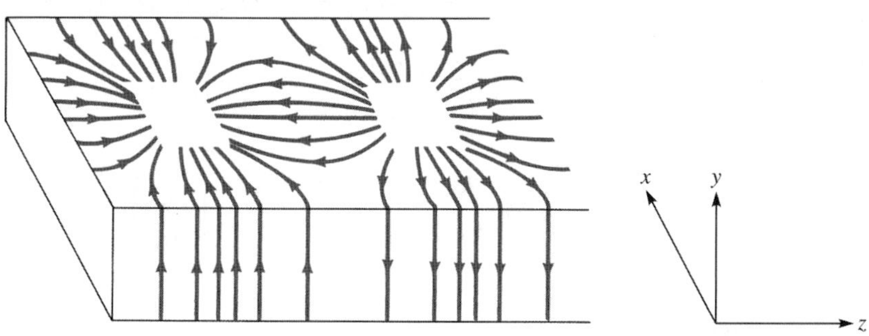

그림 12.11 TE_{10} 모드에 대한 관 벽에서의 표면전류

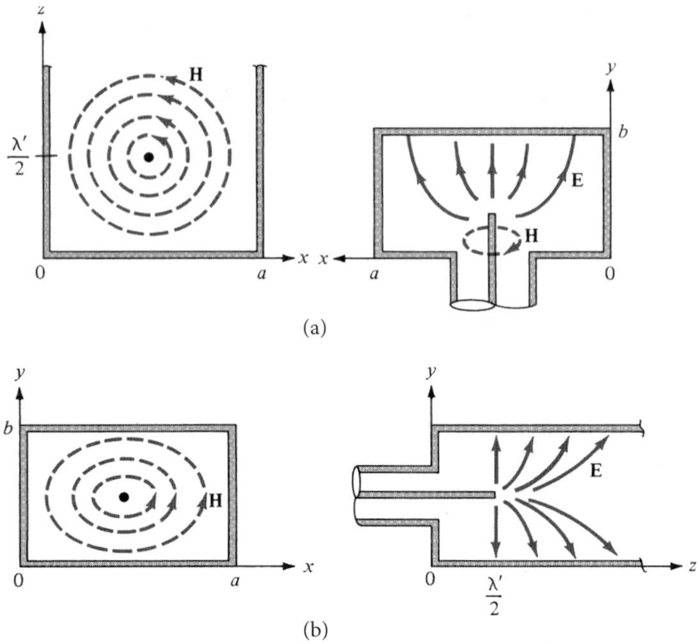

그림 12.12 구형도파관의 모드 여기: (a) TE_{10} 모드, (b) TM_{11} 모드

에서와 같이 $x = a/2$인 지점에 프로브를 위치시킨다. 이와 비슷하게 TM_{11} 모드는 그림 12.12(b)와 같이 프로브를 z방향을 따라서 놓아 여기시킨다.

예제 12.5

$a = 4$ cm, $b = 2$ cm인 구형도파관이 기본모드로 2 mW의 에너지를 전달한다. 동작주파수가 10 GHz일 때, 도파관 내에서 전기장의 첨두값을 구하라.

풀이

$a > b$인 도파관의 기본모드는 TE_{10}이다. 이 모드($m = 1$, $n = 0$)의 전자기장 표현식은 식 (12.36) 또는 (12.43)에 있다. 즉,

$$E_{xs} = 0, \quad E_{ys} = -jE_o \sin\left(\frac{\pi x}{a}\right) e^{-j\beta z}, \quad \text{여기서 } E_o = \frac{\omega\mu a}{\pi} H_o$$

$$f_c = \frac{u'}{2a} = \frac{3 \times 10^8}{2(4 \times 10^{-2})} = 3.75 \text{ GHz}$$

$$\eta = \eta_{TE} = \frac{\eta'}{\sqrt{1 - \left[\dfrac{f_c}{f}\right]^2}} = \frac{377}{\sqrt{1 - \left[\dfrac{3.75}{10}\right]^2}} = 406.7\ \Omega$$

식 (12.53)으로부터 전송되는 평균전력은

$$P_{ave} = \int_{y=0}^{b}\int_{x=0}^{a} \frac{|E_{ys}|^2}{2\eta}\,dx\,dy = \frac{E_o^2}{2\eta}\int_0^b dy \int_0^a \sin^2\left(\frac{\pi x}{a}\right) dz$$
$$= \frac{E_o^2\,ab}{4\eta}$$

이다. 그러므로

$$E_o^2 = \frac{4\eta P_{ave}}{ab} = \frac{4(406.7) \times 2 \times 10^{-3}}{8 \times 10^{-4}} = 4067$$
$$E_o = 63.77\ \text{V/m}$$

연습문제 12.5

예제 12.5에서 다른 것은 다 같고, $a = 2$ cm, $b = 4$ cm일 때 도파관 내에서 자기장의 첨두값 H_o를 계산하라.

해답: 63.34 mA/m

예제 12.6

4.8 GHz에서 동작하는 구리($\sigma_c = 5.8 \times 10^7$ S/m)로 만들어진 구형도파관이 1.2 kW의 최소전력을 안테나에 전달한다고 가정한다. 만약 도파관이 폴리스틸렌($\sigma = 10^{-17}$ S/m, $\varepsilon = 2.55\varepsilon_o$)으로 채워져 있고, 크기가 $a = 4.2$ cm, $b = 2.6$ cm일 때, TE_{10} 모드에서 60 cm 길이의 도파관 내에서 소비되는 전력을 계산하라.

풀이

P_d = 전력손실

P_a = 안테나에 전달되는 전력

P_o = 도파관의 입력전력

따라서 $P_o = P_d + P_a$가 된다.

식 (12.54)로부터

$$P_a = P_o e^{-2\alpha z}$$

따라서

$$P_a = (P_d + P_a)e^{-2\alpha z}$$

또는

$$P_d = P_a(e^{2\alpha z} - 1)$$

다음 식을 이용하여 α를 구한다.

$$\alpha = \alpha_d + \alpha_c$$

식 (12.60)으로부터

$$\alpha_d = \frac{\sigma\eta'}{2\sqrt{1 - \left[\dfrac{f_c}{f}\right]^2}}$$

손실탄젠트는

$$\begin{aligned}\frac{\sigma}{\omega\varepsilon} &= \frac{10^{-17}}{2\pi \times 4.8 \times 10^9 \times \dfrac{10^{-9}}{36\pi} \times 2.55} \\ &= 1.47 \times 10^{-17} \ll 1 \quad (\text{무손실 유전체 매질})\end{aligned}$$

이므로

$$\eta' \simeq \sqrt{\frac{\mu}{\varepsilon}} = \frac{377}{\sqrt{\varepsilon_r}} = 236.1$$

$$u' = \frac{1}{\sqrt{\mu\varepsilon}} = \frac{c}{\sqrt{\varepsilon_r}} = 1.879 \times 10^8 \text{ m/s}$$

$$f_c = \frac{u'}{2a} = \frac{1.879 \times 10^8}{2 \times 4.2 \times 10^{-2}} = 2.234 \text{ GHz}$$

$$\alpha_d = \frac{10^{-17} \times 236.1}{2\sqrt{1 - \left[\dfrac{2.234}{4.8}\right]^2}}$$

$$\alpha_d = 1.334 \times 10^{-15} \text{ Np/m}$$

가 된다. TE_{10} 모드의 경우, 식 (12.68b)로부터

$$\alpha_c = \frac{2R_s}{b\eta'\sqrt{1 - \left[\dfrac{f_c}{f}\right]^2}}\left(0.5 + \frac{b}{a}\left[\frac{f_c}{f}\right]^2\right)$$

이 된다. 여기서

$$\begin{aligned}R_s &= \frac{1}{\sigma_c\delta} = \sqrt{\frac{\pi f\mu}{\sigma_c}} = \sqrt{\frac{\pi \times 4.8 \times 10^9 \times 4\pi \times 10^{-7}}{5.8 \times 10^7}} \\ &= 1.808 \times 10^{-2}\ \Omega\end{aligned}$$

그러므로

$$\alpha_c = \frac{2 \times 1.808 \times 10^{-2}\left(0.5 + \frac{2.6}{4.2}\left[\frac{2.234}{4.8}\right]^2\right)}{2.6 \times 10^{-2} \times 236.1\sqrt{1 - \left[\frac{2.234}{4.8}\right]^2}}$$
$$= 4.218 \times 10^{-3} \text{ Np/m}$$

$a_d \ll a_c$이며, 따라서 관 벽의 유한한 도전율에 의한 손실이 유전체 매질에 의한 손실보다 훨씬 중요하다. 그러므로

$$\alpha = \alpha_d + \alpha_c \simeq \alpha_c = 4.218 \times 10^{-3} \text{ Np/m}$$

이고, 소비되는 전력은

$$P_d = P_a\,(e^{2\alpha z} - 1) = 1.2 \times 10^3(e^{2\times 4.218\times 10^{-3}\times 0.6} - 1)$$
$$= 6.089 \text{ W}$$

연습문제 12.6

크기가 $a = 4.2$ cm, $b = 1.5$ cm인 황동($\sigma_c = 1.1 \times 10^7$ mhos/m)으로 만들어진 구형도파관이 테프론($\varepsilon_r = 2.6$, $\sigma = 10^{-15}$ S/m)으로 채워져 있다. 동작주파수는 9 GHz이다. TE_{10} 모드에 대해서

(a) α_d와 α_c를 계산하라.

(b) 이 도파관의 길이가 40 cm일 때 손실은 몇 dB인가?

해답: (a) 1.205×10^{-13} Np/m, 2×10^{-2} Np/m, (b) 0.06945 dB

예제 12.7

TM_{11} 모드에 대한 전기력선을 그려라. 이 모드의 표면전류밀도의 순시 표현식을 유도하라.

풀이

표 12.1로부터 TM_{11} 모드($m = 1, n = 1$)의 전자기장 성분들을 다음과 같이 구할 수 있다.

$$E_x = \frac{\beta}{h^2}\left(\frac{\pi}{a}\right)E_o \cos\left(\frac{\pi x}{a}\right)\sin\left(\frac{\pi y}{b}\right)\sin(\omega t - \beta z)$$
$$E_y = \frac{\beta}{h^2}\left(\frac{\pi}{b}\right)E_o \sin\left(\frac{\pi x}{a}\right)\cos\left(\frac{\pi y}{b}\right)\sin(\omega t - \beta z)$$
$$E_z = E_o \sin\left(\frac{\pi x}{a}\right)\sin\left(\frac{\pi y}{b}\right)\cos(\omega t - \beta z)$$

$$H_x = -\frac{\omega\varepsilon}{h^2}\left(\frac{\pi}{b}\right)E_o \sin\left(\frac{\pi x}{a}\right)\cos\left(\frac{\pi y}{b}\right)\sin(\omega t - \beta z)$$
$$H_y = \frac{\omega\varepsilon}{h^2}\left(\frac{\pi}{a}\right)E_o \cos\left(\frac{\pi x}{a}\right)\sin\left(\frac{\pi y}{b}\right)\sin(\omega t - \beta z)$$
$$H_z = 0$$

전기력선의 경우

$$\frac{dy}{dx} = \frac{E_y}{E_x} = \frac{a}{b}\tan\left(\frac{\pi x}{a}\right)\cot\left(\frac{\pi y}{b}\right)$$

자기력선의 경우

$$\frac{dy}{dx} = \frac{H_y}{H_x} = -\frac{b}{a}\cot\left(\frac{\pi x}{a}\right)\tan\left(\frac{\pi y}{b}\right)$$

$(E_y/E_x)(H_y/H_x) = -1$임에 유의하라. 즉, 전기력선과 자기력선은 서로 직교한다는 것을 알 수 있다. 전자기력선이 그려진 그림 12.13에서 이를 관찰할 수 있다.

관 벽에서의 표면전류밀도는 다음과 같다.

$$\mathbf{K} = \mathbf{a}_n \times \mathbf{H} = \mathbf{a}_n \times (H_x, H_y, 0)$$

$x = 0$에서는 $\mathbf{a}_n = \mathbf{a}_x$, $\mathbf{K} = H_y(0, y, z, t)\,\mathbf{a}_z$, 즉

$$\mathbf{K} = \frac{\omega\varepsilon}{h^2}\left(\frac{\pi}{a}\right)E_o \sin\left(\frac{\pi y}{b}\right)\sin(\omega t - \beta z)\,\mathbf{a}_z$$

$x = a$에서는 $\mathbf{a}_n = -\mathbf{a}_x$, $\mathbf{K} = -H_y(0, y, z, t)\,\mathbf{a}_z$, 또는

$$\mathbf{K} = \frac{\omega\varepsilon}{h^2}\left(\frac{\pi}{a}\right)E_o \sin\left(\frac{\pi y}{b}\right)\sin(\omega t - \beta z)\,\mathbf{a}_z$$

$y = 0$에서는 $\mathbf{a}_n = \mathbf{a}_y$, $\mathbf{K} = -H_x(x, 0, z, t)\,\mathbf{a}_z$, 또는

$$\mathbf{K} = \frac{\omega\varepsilon}{h^2}\left(\frac{\pi}{b}\right)E_o \sin\left(\frac{\pi x}{a}\right)\sin(\omega t - \beta z)\,\mathbf{a}_z$$

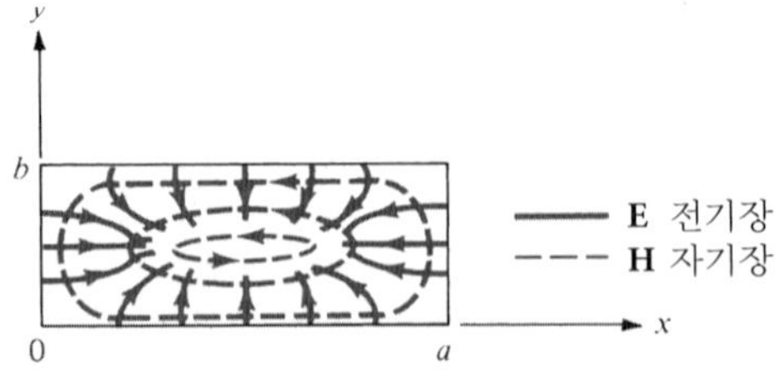

그림 12.13 예제 12.7의 그림: TM_{11} 모드에 대한 전자기력선

$y = b$에서는 $\mathbf{a}_n = -\mathbf{a}_y$, $\mathbf{K} = H_x(x, b, z, t)\,\mathbf{a}_z$, 또는

$$\mathbf{K} = \frac{\omega\varepsilon}{h^2}\left(\frac{\pi}{b}\right)E_o \sin\left(\frac{\pi x}{a}\right)\sin(\omega t - \beta z)\,\mathbf{a}_z$$

연습문제 12.7

TE_{11} 모드에 대한 전자기력선을 그려라.

해답: 그림 12.14를 참조하라. 임의의 점에서 전자장의 세기는 선들의 밀도로 표시된다; 선들이 가장 가깝게 접근되어(가장 멀리 떨어져) 있는 곳이 전자기장의 세기가 가장 강(약)하다.

12.8 도파관 공진기

공진기는 주로 에너지 저장을 위해 사용된다. 높은 주파수(100 MHz 이상)에서 *RLC* 회로소자들을 공진기로 사용하는 것은 비효율적이다. 왜냐하면 회로의 크기가 동작주파수의 파장과 거의 비슷하고, 따라서 원치 않는 복사가 발생하기 때문이다. 그러므로 높은 주파수에서 *RLC* 공진회로는 전자기 공동공진기로 대체된다. 공동공진기는 클라이스트론 관, 대역통과필터, 그리고 파장계 등에 사용된다. 마이크로웨이브 오븐은 근복적으로 전원장치, 도파관, 그리고 오븐 공동 등으로 구성되어 있다.

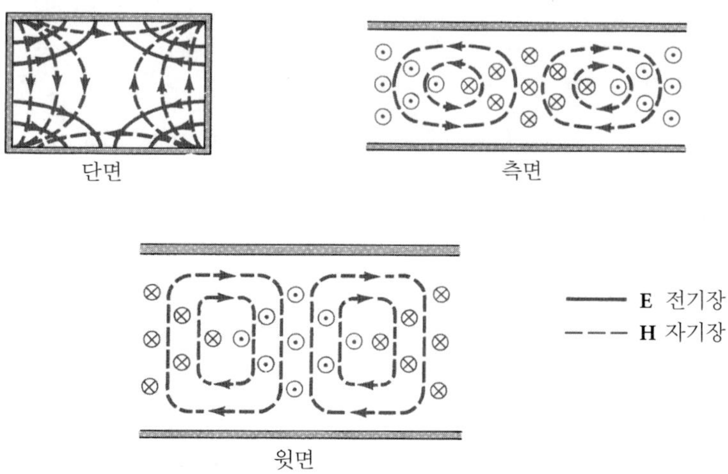

그림 12.14 연습문제 12.7의 그림: TE_{11} 모드

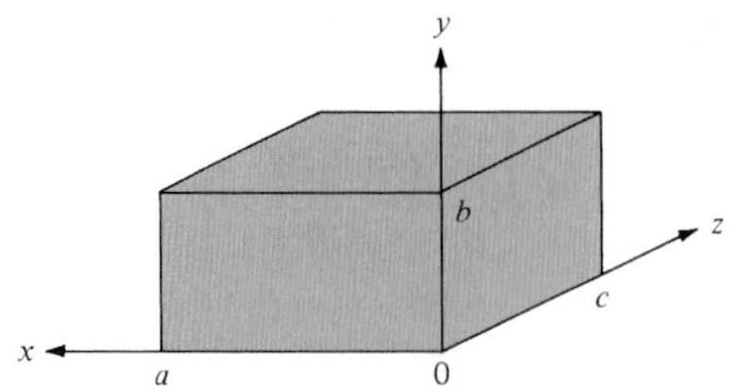

그림 12.15 구형 공동공진기

그림 12.15와 같은 구형(도체로 둘러싸인) 공동공진기를 생각해 보자. 이 공동공진기는 구형도파관의 앞, 뒷면을 단순히 단락시킨 것이다. 그러므로 정재파와 TE 및 TM 모드의 전파를 예상할 수 있다. 공진기를 어떻게 여기시키느냐에 따라서 x, y, z방향으로 파를 전파시킬 수 있다. '파의 진행방향'으로 $+z$방향을 선택하자. 실제로 파의 전파는 일어나지 않는다. 오히려 정재파만 존재할 뿐이다. 10.8절로부터 정재파는 서로 반대방향으로 진행하는 두 파의 조합이라는 것을 상기하라.

A. z방향에 대한 TM 모드

이 경우는 $H_z = 0$이고, 다음의 식

$$E_{zs}(x, y, z) = X(x)\, Y(y)\, Z(z) \tag{12.73}$$

는 식 (12.1)의 시험해이다. 12.2절에서와 같은 과정을 거쳐서 다음과 같은 결과를 얻을 수 있다.

$$X(x) = c_1 \cos k_x x + c_2 \sin k_x x \tag{12.74a}$$

$$Y(y) = c_3 \cos k_y y + c_4 \sin k_y y \tag{12.74b}$$

$$Z(z) = c_5 \cos k_z z + c_6 \sin k_z z \tag{12.74c}$$

여기서

$$k^2 = k_x^2 + k_y^2 + k_z^2 = \omega^2 \mu \varepsilon \tag{12.75}$$

경계조건들은

$$x = 0,\ a\text{에서} \qquad E_z = 0 \tag{12.76a}$$

$$y = 0,\ b\text{에서} \qquad E_z = 0 \tag{12.76b}$$

$$z = 0,\ c\text{에서} \qquad E_y = 0,\ E_x = 0 \tag{12.76c}$$

12.3절에서 보인 것처럼 식 (12.76a, b)의 조건들은 $c_1 = 0 = c_3$와 다음 식이 성립될 때 만족한다.

$$k_x = \frac{m\pi}{a}, \quad k_y = \frac{n\pi}{b} \tag{12.77}$$

여기서 $m = 1, 2, 3, \cdots$, $n = 1, 2, 3, \cdots$이다. 식 (12.14)는 $H_{zs} = 0$이므로

$$j\omega\varepsilon E_{xs} = \frac{1}{j\omega\mu}\left(\frac{\partial^2 E_{xs}}{\partial z^2} - \frac{\partial^2 E_{zs}}{\partial z\,\partial x}\right) \tag{12.78}$$

마찬가지로 식 (12.13a)와 (12.13d)를 조합하면($H_{zs} = 0$이므로)

$$j\omega\varepsilon E_{ys} = \frac{1}{-j\omega\mu}\left(\frac{\partial^2 E_{zs}}{\partial y\,\partial z} - \frac{\partial^2 E_{ys}}{\partial z^2}\right) \tag{12.79}$$

식 (12.78)과 (12.79)로부터

$$z = 0, c \text{ 에서} \qquad \frac{\partial E_{zs}}{\partial z} = 0 \tag{12.80}$$

일 때 식 (12.76c)의 조건이 만족됨을 알 수 있다. 이것은 $c_6 = 0$이며, $\sin k_z c = 0 = \sin p\pi$임을 의미한다. 그러므로

$$k_z = \frac{p\pi}{c} \tag{12.81}$$

이고, 여기서 $p = 0, 1, 2, 3, \cdots$이다. 식 (12.77)과 (12.81)을 식 (12.74)에 대입하면

$$\boxed{E_{zs} = E_{\text{o}} \sin\left(\frac{m\pi x}{a}\right) \sin\left(\frac{n\pi y}{b}\right) \cos\left(\frac{p\pi z}{c}\right)} \tag{12.82}$$

가 되며, 여기서 $E_{\text{o}} = c_2 c_4 c_5$이다. 나머지 다른 전자기장 성분들은 식 (12.82)와 (12.13)으로부터 구할 수 있다. 위상상수 β는 식 (12.75), (12.77), (12.81)로부터 다음과 같이 구할 수 있다.

$$\beta^2 = k^2 = \left[\frac{m\pi}{a}\right]^2 + \left[\frac{n\pi}{b}\right]^2 + \left[\frac{p\pi}{c}\right]^2 \tag{12.83}$$

$\beta^2 = \omega^2\mu\varepsilon$이므로, 식 (12.83)으로부터 **공진주파수** f_r을 아래와 같이 구할 수 있다.

$$2\pi f_r = \omega_r = \frac{\beta}{\sqrt{\mu\varepsilon}} = \beta u'$$

또는

$$\boxed{f_r = \frac{u'}{2}\sqrt{\left[\frac{m}{a}\right]^2 + \left[\frac{n}{b}\right]^2 + \left[\frac{p}{c}\right]^2}} \tag{12.84}$$

공진파장은 다음과 같다.

$$\lambda_r = \frac{u'}{f_r} = \frac{2}{\sqrt{\left[\frac{m}{a}\right]^2 + \left[\frac{n}{b}\right]^2 + \left[\frac{p}{c}\right]^2}} \tag{12.85}$$

식 (12.84)로부터 가장 낮은 차수의 TM 모드는 TM_{110}임을 알 수 있다.

B. *z*방향에 대한 TE 모드

*z*방향으로 TE 모드가 전파할 때 $E_z = 0$이고,

$$\begin{aligned} H_{zs} = &(b_1 \cos k_x x + b_2 \sin k_x x)(b_3 \cos k_y y + b_4 \sin k_y y) \\ &(b_5 \cos k_z z + b_6 \sin k_z z) \end{aligned} \tag{12.86}$$

가 된다. 식 (12.76c)의 경계조건들을 식 (12.13)과 조합하면

$$z = 0,\ c\text{에서} \qquad H_{zs} = 0 \tag{12.87a}$$

$$x = 0,\ a\text{에서} \qquad \frac{\partial H_{zs}}{\partial x} = 0 \tag{12.87b}$$

$$y = 0,\ b\text{에서} \qquad \frac{\partial H_{zs}}{\partial y} = 0 \tag{12.87c}$$

을 얻는다. *z*방향에 대한 TM 모드의 경우에서와 같은 방법으로 식 (12.86)에 식 (12.87)을 적용하면

$$H_{zs} = H_o \cos\left(\frac{m\pi x}{a}\right) \cos\left(\frac{n\pi y}{b}\right) \sin\left(\frac{p\pi z}{c}\right) \tag{12.88}$$

가 되며, 여기서 $m = 0, 1, 2, 3, \cdots$, $n = 0, 1, 2, 3, \cdots$, $p = 1, 2, 3, \cdots$이다. 나머지 다른 전자기장 성분들은 식 (12.13)과 (12.88)로부터 구할 수 있다. TE 모드의 경우 공진주파수가 m과 n 둘 중의 하나가 0(동시에 둘 모두는 아니다)이 될 수 있다는 점을 제외하고는 식 (12.84)와 같다. m과 n 둘 모두가 동시에 0이 될 수 없는 이유는 동시에 0이 되면 모든 전자기장 성분들이 0이 되기 때문이다. 공진기의 크기(a, b, c)가 주어졌을 때, 가장 낮은 공진주파수를 갖는 모드가 **기본모드**이다. 만약 $a > b < c$이면 $1/a < 1/b > 1/c$을 의미하며, 따라서 기본모드는 TE_{101}이 된다. $a > b < c$의 경우 TM_{110} 모드의 공진주파수는 TE_{101} 모드의 공진주파수보다 높다. 따라서 TE_{101}이 기본모드이다. 서로 다른 모드가 같은 공진주파수를 가지면 그러한 모드들을 **축퇴모드**라고 한다. 공진기가 어떻게 여기되는가에 따라 한 모드가 다른 모드

를 지배할 것이다.

실제의 공동공진기는 유한한 도전율 σ_c의 관 벽을 가지므로 저장된 에너지를 잃을 수 있다. **선택도인자**(quality factor) Q는 손실을 측정하는 방법이다.

선택도인자는 또한 공동공진기의 대역폭의 척도이다.

Q는 다음과 같이 정의된다.

$$Q = 2\pi \cdot \frac{\text{시평균 저장에너지}}{\text{진동의 한 사이클당 에너지 손실}}$$

$$= 2\pi \cdot \frac{W}{P_L T} = \omega \frac{W}{P_L} \tag{12.89}$$

여기서 $T = 1/f =$ 진동의 주기, P_L은 공동 내의 시평균 손실전력, W는 공동 내의 전기장과 자기장 내에 저장된 총 시평균 에너지이다. 공동공진기의 Q는 일반적으로 RLC 공진회로의 Q보다 매우 높다. 12.6절에서 α_c를 유도할 때와 비슷한 과정을 따르면 기본모드 TE_{101}에 대한 선택도인자 Q가 다음과 같이 주어진다.[3)]

$$\boxed{Q_{TE_{101}} = \frac{(a^2 + c^2)abc}{\delta[2b(a^3 + c^3) + ac(a^2 + c^2)]}} \tag{12.90}$$

여기서 $\delta = \dfrac{1}{\sqrt{\pi f_{101} \mu_o \sigma_c}}$는 공동의 관 벽의 표피깊이이다.

예제 12.8

크기가 $a = 5$ cm, $b = 4$ cm, $c = 10$ cm인 공기로 채워진 공동공진기가 구리($\sigma_c = 5.8 \times 10^7$ S/m)로 만들어졌다. 다음을 구하라.

(a) 가장 낮은 차수의 모드 5개

(b) TE_{101} 모드의 선택도인자

풀이

(a) 공진주파수는 다음과 같이 주어진다.

$$f_r = \frac{u'}{2}\sqrt{\left[\frac{m}{a}\right]^2 + \left[\frac{n}{b}\right]^2 + \left[\frac{p}{c}\right]^2}$$

---

3) 증명을 위해 다음 문헌을 참고할 것; S. V. Marshall and G. G. Skitek, *Electromagnetic Concepts and Applications*. 3rd ed. Englewood Cliffs, NJ: Prentice-Hall, 1990, pp. 440~442.

여기서

$$u' = \frac{1}{\sqrt{\mu\varepsilon}} = c$$

그러므로

$$f_r = \frac{3 \times 10^8}{2}\sqrt{\left[\frac{m}{5 \times 10^{-2}}\right]^2 + \left[\frac{n}{4 \times 10^{-2}}\right]^2 + \left[\frac{p}{10 \times 10^{-2}}\right]^2}$$
$$= 15\sqrt{0.04m^2 + 0.0625n^2 + 0.01p^2}\ \text{GHz}$$

$c > a > b$ 또는 $1/c < 1/a < 1/b$이므로, 가장 낮은 모드는 TE_{101} 모드이다. TM_{101}과 TE_{100} 모드는 존재하지 않는다. 왜냐하면 TM 모드의 경우 $m = 1, 2, 3, \cdots$, $n = 1, 2, 3, \cdots$, $p = 0, 1, 2, 3, \cdots$이고, TE 모드의 경우 $m = 0, 1, 2, 3, \cdots$, $n = 0, 1, 2, 3, \cdots$, $p = 1, 2, 3, \cdots$이기 때문이다. TE_{101} 모드의 공진주파수는

$$f_{r_{101}} = 15\sqrt{0.04 + 0 + 0.01} = 3.354\ \text{GHz}$$

다음으로 높은 모드는 TE_{011} 모드(TM_{011}은 존재하지 않는다)이며, 공진주파수는

$$f_{r_{011}} = 15\sqrt{0 + 0.0625 + 0.01} = 4.04\ \text{GHz}$$

그 다음 모드는 TE_{102}(TM_{102}는 존재하지 않는다)이며, 공진주파수는

$$f_{r_{102}} = 15\sqrt{0.04 + 0 + 0.04} = 4.243\ \text{GHz}$$

그 다음 모드는 TM_{110}(TE_{110}는 존재하지 않는다)이며, 공진주파수는

$$f_{r_{110}} = 15\sqrt{0.04 + 0.0625 + 0} = 4.8\ \text{GHz}$$

그 다음 2개의 모드는 TE_{111}과 TM_{111}(축퇴 모드)이며, 공진주파수는

$$f_{r_{111}} = 15\sqrt{0.04 + 0.0625 + 0.01} = 5.031\ \text{GHz}$$

그 다음 모드는 TM_{103}이며, 공진주파수는

$$f_{r_{103}} = 15\sqrt{0.04 + 0 + 0.09} = 5.408\ \text{GHz}$$

따라서 가장 낮은 차수의 모드 5개를 순서대로 나열하면

TE_{101}	(3.354 GHz)
TE_{011}	(4.04 GHz)

TE_{102}	(4.243 GHz)
TE_{110}	(4.8 GHz)
TE_{111} 또는 TM_{111}	(5.031 GHz)

(b) TE_{101} 모드의 선택도인자는 다음과 같이 주어진다.

$$
\begin{aligned}
Q_{TE_{101}} &= \frac{(a^2 + c^2)\,abc}{\delta[2b(a^3 + c^3) + ac(a^2 + c^2)]} \\
&= \frac{(25 + 100)\,200 \times 10^{-2}}{\delta[8(125 + 1000) + 50(25 + 100)]} \\
&= \frac{1}{61\delta} = \frac{\sqrt{\pi f_{101}\,\mu_o \sigma_c}}{61} \\
&= \frac{\sqrt{\pi(3.35 \times 10^9)\,4\pi \times 10^{-7}\,(5.8 \times 10^7)}}{61} \\
&= 14{,}358
\end{aligned}
$$

연습문제 12.8

예제 12.8의 공동공진기가 무손실 매질($\mu_r = 1, \varepsilon_r = 3$)로 채워졌다고 할 때, TE_{101} 모드에 대한 공진주파수 f_r과 선택도인자를 구하라.

해답: 1.936 GHz, 1.093×10^4

MATLAB 12.1

```
% This script computes the cutoff frequencies of the first
% 10 waveguide modes, allowing the user to enter the
% dimensions (assuming a > b) and relative material properties.
% The script first finds the lowest 100 modes by cutoff frequency
% for both TE and TM, creating a list of 200 total modes, from
% which the lowest 10 of all (TE and TM) are found

clear

% Enter the frequency (in rad/s)
a = input('Enter the waveguide width\n >   ');
% Enter the propagation constant gamma (in a+j*b format)
b = input('Enter the waveguide height\n >   ');
% Enter the relative permittivity
er = input('Enter the relative permittivity \n >   ');
% Enter the propagation constant gamma (in a+j*b format)
ur = input('Enter the relative permeability\n >   ');

% Determine the first 100 TM modes
index=1; % start a count
```

```
for m=1:10,
     for n=1:10,
          modes(index,1)=1; % store a 1 in row <index>, and
                            % column 1 for TM modes
          modes(index,2)=m; % store m in row <index>, and column 2
          modes(index,3)=n; % store n in row <index>, and column 3
          modes(index,4)=3e8/sqrt(er*ur)*sqrt((m*pi/a)^2+(n*pi/b)^2);
                    % store cutoff in row <index>, and column 4
          index=index+1; % increment counter
     end
end

% Determine the first 100 TE modes
for m=0:9,
     for n=0:9,
          if m | n   % check if either m or n is nonzero and
                       % compute mode
               modes(index,1)=2;
               modes(index,2)=m;
               modes(index,3)=n;
               modes(index,4)=3e8/sqrt(er*ur)*sqrt((m*pi/
               a)^2+(n*pi/b)^2);
               index=index+1;
          else
               % do nothing, because m = n = 0
          end
     end
end

% Sort these 100 modes by lowest cutoff
% this command sorts the matrix by grouping the fourth

% column (the frequencies) in ascending order)
modes=sortrows(modes,4);

% Print out the lowest 10 modes of the lowest 100 modes
mode_string='ME';  % ‘M‘ is the first character, ‘E‘ is the second
disp(sprintf(‘\n’));  % format extra line
for k = 1:10
     disp(sprintf(‘Mode: T%c%d%d, ’,...
          mode_string(modes(k,1)),modes(k,2), modes(k,3)))
   disp(sprintf(‘Cutoff frequency = %0.3f GHz\n’,...
                modes(k,4)/(2*pi*1e9)))
end
```

요약

1. 도파관은 높은 주파수에서 전자파를 도파하기 위한 구조이다. 무손실 구형도파관($\sigma_c = \infty$, $\sigma \simeq 0$)을 가정하면, 그 도파관을 따라 전파하는 전자파를 해석하기 위해서 Maxwell 방정식을 적용한다. 결과적인 편미분방정식은 변수분리법으로 풀린다. 도파관의 벽에 경계조건을 적용하면 서로 다른 동작모드들에 대한 도파관의 기본 공식들이 얻어진다.

2. 두 전파모드들은 TM_{mn}과 TE_{mn} 모드로서 m과 n은 양의 정수이다. TM_{mn} 모드에 대해서는 $m = 1, 2, 3, \cdots, n = 1, 2, 3$이고, TE_{mn} 모드에 대해서는 $m = 0, 1, 2, \cdots, n = 0, 1, 2, \cdots, n = m \neq 0$이다.
3. 각각의 전파모드는 그에 해당하는 전파상수와 차단주파수를 가지고 있다. 전파상수 $\gamma = \alpha + j\beta$는 경계가 없는 공간에서의 평면파의 경우에서처럼 매질의 구성 파라미터(ε, μ, σ)들에만 의존하는 것이 아니고, 도파관의 단면의 크기(a, b)에도 의존한다. 차단주파수는 γ가 순 실수(감쇠)에서 순 허수(전파)로 변하는 주파수이다. 기본모드는 차단 주파수가 가장 낮은 모드이다. $a > b$이면 기본모드는 TE_{10}이다.
4. 차단주파수 f_c, 위상상수 β, 위상속도 u_p를 계산하는 기본 공식은 표 12.1에 요약되어 있다. 손실이 있는 유전체 매질과 불완전한 도체벽에 의한 감쇠상수를 계산하기 위한 공식 역시 제시되었다.
5. 군속도 u_g(또는 에너지의 전달속도)는 위상속도 u_p와 다음 식과 같은 관계를 갖는다.

$$u_p u_g = u'^2$$

여기서 $u' = 1/\sqrt{\mu\varepsilon}$ 는 매질속도, 즉 도파관에 의해 둘러싸이지 않은 유전체 내에서의 파의 속도이다.
6. 주어진 도파관의 동작모드는 모드 여기의 방법에 의해 결정된다.
7. 도파관 공동공진기는 높은 주파수에서 에너지 저장을 위해서 사용된다. 이것은 구형 도파관의 양단을 막은 형태이므로, 그 해석은 도파관의 경우와 흡사하다. z방향에 대한 TE, TM 모드 두 가지 모두에 대한 공진주파수는 다음과 같다.

$$f_r = \frac{u'}{2}\sqrt{\left[\frac{m}{a}\right]^2 + \left[\frac{n}{b}\right]^2 + \left[\frac{p}{c}\right]}$$

TM 모드의 경우 $m = 1, 2, 3, \cdots, n = 1, 2, 3, \cdots, p = 0, 1, 2, 3, \cdots$이고, TE 모드의 경우 $m = 0, 1, 2, 3, \cdots, n = 0, 1, 2, 3, \cdots, p = 1, 2, 3, \cdots, m = n \neq 0$이다. $a > b < c$이면 기본모드는 TE_{101}이다.
8. 공동 내의 에너지 손실의 척도인 선택도인자는 다음과 같이 정의된다.

$$Q = \omega \frac{W}{P_L}$$

복습문제

12.1 마이크로파 주파수에서는 전자파 에너지의 전송에 전송선로보다는 도파관이 선호된다. 다음 중 그 이유에 해당되지 않는 것은?

(a) 전송선로의 손실이 매우 크므로

(b) 도파관은 대역폭이 넓고 신호 감쇠가 적으므로

(c) 전송선로의 크기가 도파관보다 크므로

(d) 전송선로는 오직 모드만을 전송하므로

12.2 다음 중 소멸(evanescent)모드에 대해 옳게 설명한 것은?

(a) 파가 전송되지 않고 감쇠한다.

(b) 전파상수가 순허수성분이다.

(c) $m = 0 = n$이어서 모든 전자장 성분들이 소멸된다.

(d) 파의 주파수가 차단주파수와 같다.

12.3 다음 중 구형도파관의 기본모드는?

(a) TH_{11} (b) TM_{11}

(c) TE_{101} (d) TE_{10}

12.4 구형도파관에 TM_{10} 모드가 존재한다.

(a) 맞다. (b) 틀리다.

12.5 TE_{30} 모드에 대하여 아래의 성분 중 존재하는 것은?

(a) E_x (b) E_y

(c) E_z (d) H_x

(e) H_y

12.6 $a = 2b$인 구형도파관에서 TE_{02} 모드의 차단주파수가 12 GHz이면, TE_{11} 모드의 차단주파수는?

(a) 3 GHz (b) $3\sqrt{5}$ GHz

(c) 12 GHz (d) $6\sqrt{5}$ GHz

(e) 위에 답 없음

12.7 터널의 단면이 4×7 m일 때, 터널 안의 자동차는 AM 라디오 신호를 수신하지 못한다($f = 10$ MHz라고 가정하자).

(a) 맞다. (b) 틀리다.

12.8 전기장이 최대값을 가질 때, 공동공진기 내의 자기에너지는?

(a) 최대값 (b) 최대값의 $\sqrt{2}$ 배

(c) 최대값의 $\frac{1}{\sqrt{2}}$ 배 (d) 최대값의 1/2배

(e) 0

12.9 다음 중 구형 공동공진기에 존재하지 않는 모드는?

(a) TE_{110} (b) TE_{011}
(c) TM_{110} (d) TM_{111}

12.10 $a = b = c$인 구형 공동공진기에는 몇 개의 축퇴 기본모드가 존재하는가?
(a) 0 (b) 2
(c) 3 (d) 5
(e) ∞

해답: 12.1 c, 12.2 a, 12.3 d, 12.4 b, 12.5 b, d, 12.6 b, 12.7 a, 12.8 e, 12.9 a, 12.10 c.

문제

12.3~12.4 TM 모드와 TE 모드

12.1 공기로 채워진 구형도파관(10.16 cm × 5.08 cm)이 TM_{11} 모드를 전송한다. 이 모드의 차단주파수 f_{c11}를 구하라. 동작주파수가 $1.28 f_{c11}$일 때, 이 모드의 위상상수와 파동임피던스를 구하라.

12.2 단면이 정사각형인 구형도파관(a cm × a cm)이 TE_{10} 모드만을 전송하고, TE_{11} 모드와 고차모드들은 전송하지 않는다. 이렇게 되기 위해서 a는 얼마이어야 하는가?

12.3 공기로 채워진 구형도파관(5 cm × 2.55 cm)에서 $0 \le m \le 3$과 $0 \le n \le 3$에 해당하는 여러 모드들의 차단주파수들을 오름차순으로 계산하라. 그리고, 이 구형도파관이 $\varepsilon_r = 4$인 유전체로 채워졌을 때 위의 과정을 반복하라.

12.4 공기로 채워진 구형도파관(4.8 cm × 4.8 cm)에서, $0 \le m \le 3$과 $0 \le n \le 3$에 해당하는 여러 모드들의 차단주파수들을 오름차순으로 계산하라.

12.5 K-밴드(18~26.5 GHz)에서 동작하는 가로세로비가 3:1인 구형도파관을 설계하라. 이 도파관은 공기로 채워져 있다고 가정한다.

12.6 공기로 채워진 구형도파관(5.068 cm × 2.514 cm)이 5 GHz의 주파수에서 동작한다. 어떤 모드들이 전송될 수 있는지, 그리고 이들 모드 각각의 차단주파수는 얼마인지 계산하라. 또한 이 구형도파관이 $\varepsilon_r = 3.79$인 유전체로 채워졌을 때 앞의 질문에 답하라.

12.7 공기로 채워진 구형도파관에서 TE_{10} 모드의 차단주파수가 5 GHz이고, TE_{01} 모드의 차단주파수가 12 GHz이다. 아래의 질문에 답하라.
(a) 도파관의 가로, 세로 길이

(b) 다음 3개의 TE 고차 모드의 차단주파수

(c) 도파관이 $\varepsilon_r = 2.25$, $\mu_r = 1$인 무손실 매질로 채워져 있는 경우 TE_{11} 모드의 차단주파수

12.8 차단주파수가 각각 $f_{c,TE10} = 3.6$ GHz, $f_{c,TE01} = 5.4$ GHz가 되는 공기로 채워진 구형도파관을 설계하라.

12.9 공기로 채워진 구형도파관(5 cm × 3 cm)이 12.5 GHz의 주파수에서 TE_{10} 모드로 동작한다. 위상상수, 위상속도, 파동임피던스를 구하라.

12.10 공기로 채워진 구형도파관(2.32 cm × 1.1 cm)에서 전기장의 x성분이 $E_x = 600 \cos\left(\frac{\pi x}{a}\right)\cos\left(\frac{\pi x}{a}\right)\sin(6\pi \times 10^{10}t - \beta z)$라고 가정한다. TE 모드가 전송된다고 할 때 다음을 구하라. (a) 모드 차수 m과 n, (b) 동작주파수 f, (c) 위상상수 β, (d) 이 모드의 차단주파수, (e) 파동임피던스.

12.11 공기로 채워진 구형도파관의 길이가 150 m이고, 끝단을 금속판으로 막았다. 이 도파관의 입력단에 7.2 GHz의 펄스를 인가했을 때, 이 펄스가 입력단으로 되돌아오는 데 걸리는 시간은? 이 도파관의 차단주파수는 6.5 GHz로 가정한다.

12.12 공기로 채워진 구형도파관의 차단주파수가 $f_{c24} = 26.165$ GHz, 그리고 $f_{c35} = 33.106$ GHz일 때 도파관 단면의 칫수를 구하라.

12.13 K-밴드 도파관(1.067 cm × 0.533 cm)이 $\varepsilon_r = 6.8$인 유전체로 채워져 있다. 6 GHz에서 기본모드(TE_{10})로 동작할 때 아래의 질문에 답하라.

(a) 차단주파수

(b) 위상속도

(c) (도파) 관내파장

12.14 공기로 채워진 구형도파관(a cm × b cm)이 9.4 GHz의 주파수에서 동작한다. 이 도파관의 종단이 단락되었을 때, 도파관 내에서 전기장의 두 최소점 사이의 거리가 2 cm인 것으로 측정되었다. 이 도파관 단면의 넓은 쪽 변의 칫수를 구하라.

12.15 공기로 채워진 구형도파관의 단면의 크기가 $a = 6$ cm, $b = 3$ cm이다. 전기장이 다음과 같이 주어졌다.

$$E_z = 5\sin\left(\frac{2\pi x}{a}\right)\sin\left(\frac{3\pi y}{b}\right)\cos(10^{12}t - \beta z)\ \text{V/m}$$

이 모드의 고유임피던스와 도파관 내에서 전파되는 평균전력을 계산하라.

12.16 차단주파수 이하에서 동작하는 도파관의 감쇠상수가 아래와 같이 됨을 보여라.

$$\alpha = 2\pi\sqrt{\mu\varepsilon}\, f_c\sqrt{1 - \left(\frac{f}{f_c}\right)^2}$$

12.17 공기로 채워진 구형도파관(12 cm × 5.8 cm)이 TM_{21} 모드를 전송하며, 동작주파수는 $1.25f_{c21}$이다. 다음의 질문에 답하라. (a) 이 모드의 차단주파수와 실제 동작주파수, (b) 위상상수, (c) 파동임피던스, (d) 전기장과 자기장의 시간영역 표현식. 여기서, 도파관의 축방향 전기장 성분의 최대값은 $A = 500$ V/m이다.

12.18 공기로 채워진 구형도파관에서 6 GHz에서 동작하는 TE 모드의 전기장이 다음과 같다.

$$E_y = 5\sin\left(\frac{2\pi x}{a}\right)\cos\left(\frac{\pi y}{b}\right)\sin(\omega t - 12z)\ \text{V/m}$$

(a) 동작모드, (b) 차단주파수, (c) 고유임피던스, (d) H_x를 구하라.

12.19 $a = 2.286$ cm, $b = 1.016$ cm인 공기로 채워진 구형도파관에서 TE 모드의 y성분이 다음과 같이 주어졌다.

$$E_y = \sin\left(\frac{2\pi x}{a}\right)\cos\left(\frac{3\pi y}{b}\right)\sin(10\pi \times 10^{10}t - \beta z)\ \text{V/m}$$

(a) 동작모드, (b) 전파상수 γ, (c) 고유임피던스 η를 구하라.

12.20 원형도파관의 해석을 위해서는 원통좌표계에서 아래와 같은 스칼라 헬름홀츠 방정식을 풀어야 한다. 즉,

$$\nabla^2 E_{zs} + k^2 E_{zs} = 0$$

또는

$$\frac{1}{\rho}\frac{\partial}{\partial\rho}\left(\rho\frac{\partial E_{zs}}{\partial\rho}\right) + \frac{1}{\rho^2}\frac{\partial^2 E_{zs}}{\partial\phi^2} + \frac{\partial^2 E_{zs}}{\partial z^2} + k^2 E_{zs} = 0$$

파동방정식의 해를

$$E_{zs}(\rho, \phi, z) = R(\rho)\,\Phi(\phi)\,Z(z)$$

라고 가정하면, 변수분리된 방정식들이 다음과 같이 됨을 보여라.

$$Z'' - k_z^2 Z = 0$$
$$\Phi'' + k_\phi^2 \Phi = 0$$
$$\rho^2 R'' + \rho R' + (k_\rho^2 \rho^2 - k_\phi^2) R = 0$$

여기서

$$k_\rho^2 = k^2 + k_z^2$$

이다.

12.5 도파관 내에서의 파의 전파

12.21 6.2 GHz에서 동작하는 단면이 7.2 cm × 3.4 cm인 구형도파관에서 아래의 각 경우에 대하여 β, μ_p, μ_g, η_{TE10}의 값을 구하라.

(a) 도파관이 공기로 채워졌을 때, (b) 도파관이 $\varepsilon = 2.25\varepsilon_o$, $\mu = \mu_o$, $\sigma = 0$인 물질로 채워졌을 때.

12.22 공기로 채워진 구형도파관(6.8 cm × 3.18 cm)이 3 GHz에서 동작한다. 이 도파관이 기본모드를 전송할 때 위상속도와 군속도를 계산하라.

12.23 어떤 매질로 채워진 구형도파관에서 위상속도가 다음과 같다.

$$u_p = c\left[\frac{\lambda_o}{\lambda}\right]^2$$

여기서, $c = 3 \times 10^8$ m/s이다. 군속도의 표현식을 구하라.

12.24 유전체로 채워져 있으며, 12 GHz에서 동작하는 구형도파관의 군속도가 $c/4$이다. 같은 모드에 대해서 동작주파수가 15 GHz가 되면 군속도는 $c/3$가 된다. f_c와 ε_r를 결정하라.

12.25 단면적이 정사각형인 구형도파관이 기본모드에서 4.5 GHz로 동작한다. 군속도가 1.8×10^8 m/s라면, 도파관의 최대 크기, 즉 한 변의 최대 길이는 얼마인가? 도파관은 오일($\varepsilon = 2.2\varepsilon_o$)로 채워져 있다고 가정한다.

12.26 구형도파관이 폴리에틸렌($\varepsilon = 2.25\varepsilon_o$)으로 채워져 있고, 24 GHz에서 동작한다. 어떤 TE 모드의 차단주파수가 16 GHz라고 할 때, 이 모드의 군속도와 고유임피던스를 구하라.

12.6 전력전송과 감쇠

12.27 구리로 만든 구형도파관(5.08 cm × 0.508 cm)이 공기로 채워져 있다. 기본모드로 전송될 때, 전력의 감쇠를 도시하라.

12.28 5 m 길이의 동축선로에서 내부 도체의 반지름은 0.5 cm, 외부 도체의 반지름은 2 cm이다. 이 두 도체는 거의 완전도체이며, 내외 도체 사이에는 $\varepsilon = \varepsilon' - j\varepsilon'' = \varepsilon_o(4 - j0.005)$인 저손실 유전체가 채워져 있다. 이 동축선로는 4 cm의 파장으로 동작하는 TEM 파를 주로 전송한다. 감쇠상수 α를 구하라. 동축선로 내부에서 $\mu = \mu_o$로 가정한다.

12.29 동축선로에서 내부 도체의 반지름은 a cm, 외부 도체의 반지름은 b cm이다. 이 두 도체의 도전율은 $\sigma_c = 20\ \Omega/\text{m}$이고, 내외 도체 사이에는 $\varepsilon = \varepsilon' - j\varepsilon'' = \varepsilon_o(4 - j0.005)$인 손실 유전체로 채워져 있다. 감쇠상수 α를 구하라. 동축선로 내부에서 $\mu = \mu_o$로 가정한다.

12.30 2 cm × 2 cm의 도파관이 복소유전율이 $\varepsilon_c = 16\varepsilon_o(1 - j10^{-4})$인 유전체로 채워졌으며 TM_{21} 모드로 여기되었다. 이 도파관이 차단주파수보다 10% 높은 주파수에서 동작할 때 감쇠상수 α_d를 계산하라. 크기가 20% 감소하기까지 이 파가 진행할 수 있는 거리는 얼마인가?

12.31 공기로 채워진 동축선로의 도체들은 도전율이 $\sigma = 200$ S/m이며, 동작주파수는 100 MHz이다. 바깥 도체의 반지름은 $b = 5$ cm이다. 이 도전율에 의해서 최소의 감쇠가 일어나는 동축선로의 내부 도체의 반지름 a를 구하라.

12.32 공기로 채워진 동축선로에서 도체 표면의 표면저항값은 0이 아니지만 무시할 수 있을 정도로 작다. 정해진 동작주파수에서 손실이 최소가 되는 특성임피던스는 얼마인가?

12.33 공기로 채워진 구형도파관(6.54 cm × 3.16 cm)에서 도파관의 종단을 단락시켰을 때 슬롯선로 도파관 장치를 이용해서 두 최소점 사이의 거리가 8 cm로 측정되었다. 한편, 부하를 정합시켰을 때 전기장의 최대 크기는 800 V/m로 측정되었다. 다음의 질문에 답하라. (a) 관내파장, (b) 차단파장, (c) 차단주파수, (d) 실제 동작주파수, (e) 파동임피던스, (f) 포인팅벡터의 크기, (g) 도파관 내의 총 전송전력. 여기서, 도파관 내에서 기본모드가 전송된다고 가정한다.

12.34 1 cm × 2 cm의 도파관이 구리($\sigma_c = 5.8 \times 10^7$ S/m)로 만들어졌으며, $\varepsilon = 2.6\varepsilon_o$, $\mu = \mu_o$, $\sigma_d = 10^{-4}$ S/m인 유전체로 채워졌다. 이 도파관이 12 GHz에서 동작할 때 (a) TE_{10} 모드와 (b) TM_{11} 모드에 대해서 α_c와 α_d를 계산하라.

12.35 TE_{01} 모드에서 전기장성분이 다음과 같다.

$$E_{xs} = \frac{j\omega\mu\pi}{bh^2} H_o \sin(\pi y/b)e^{-\gamma z}, \quad E_{ys} = 0$$

$\mathcal{P}_{ave}$와 P_{ave}를 구하라.

12.36 문제 12.30의 정사각형 도파관의 관벽이 동(brass, $\sigma_c = 1.5 \times 10^7$ S/m)으로 만들어졌다. α_c를 구하고, 파가 30% 감쇠하게 되는 거리를 구하라.

12.37 공기로 채워진 구형도파관(6 cm × 2.85 cm) 내에서 최대 전기장의 세기는 5 V/m

로 측정되었다. TM_{11} 모드가 z방향으로 전파하며, 동작주파수는 6.2 GHz이다. (4, 0, 2) cm 지점에서의 표면전류밀도를 구하라.

12.38 $a = 2b = 4.8$ cm인 구형도파관 내부가 $\varepsilon_r = 2.11$, 손실탄젠트가 3×10^{-4}인 테프론으로 채워져 있다. 도파관벽이 금($\sigma_c = 4.1 \times 10^7$ S/m)으로 코팅되었으며, 4 GHz의 TE_{10} 모드가 전파한다고 가정하였을 때 (a) α_d, (b) α_c를 구하라.

12.39 MATLAB을 이용해서 관벽이 구리로 만들어진 도파관에서 TE_{10} 모드의 감쇠상수를 주파수의 함수로 도시하라. 차단주파수보다 높은 주파수에서 이를 실행하라. R_s가 주파수에 따라 변화하는 것에 유의하라. $a = 2b = 1$ cm, $f_c = 10$ GHz로 하고, 도파관은 $\varepsilon_r = 2.25$인 유전체로 채워져 있다고 가정하라.

12.8 도파관 공진기

12.40 공기로 채워진 X-밴드에서 동작하는 구형도파관의 단면의 크기는 $a = 2.286$ cm, $b = 1.016$ cm이다. 도파관벽이 구리($\varepsilon = \varepsilon_o$, $\mu = \mu_o$, $\sigma = 5.8 \times 10^7$ S/m)로 만들어졌다고 한다면 기본모드가 8.4 GHz의 동작주파수로 전파될 때 도파관 내벽의 손실에 의한 감쇠(dB/m)는 얼마인가?

12.41 구형도파관($a = 2.5$ cm $\times$ $b = 1.5$ cm)이 7.5 GHz의 주파수에서 기본모드로 동작한다. 이 도파관은 손실이 있는 유전체($\varepsilon_r = 2.26$, $\mu_r = 1$, $\sigma = 10^{-4}$ S/m)로 채워졌으며, 관벽은 동($\sigma_o = 1.1 \times 10^7$ S/m)으로 만들어졌다. β, α_d, α_c, u_p, u_g, λ_c를 계산하라.

12.42 동($\sigma_c = 1.37 \times 10^7$ S/m)으로 만들어진 구형도파관($a = 2.25$ cm $\times$ $b = 1.5$ cm)이 5 GHz의 주파수에서 기본모드로 동작한다. 도파관이 테프론($\mu_r = 1$, $\varepsilon_r = 2.11$, $\sigma \simeq 0$)으로 채워져 있다고 할 때 다음을 구하라. (a) 기본모드에 대한 차단주파수, (b) 관벽에서의 손실에 의한 감쇠상수.

12.43 단면이 정사각형인 구형도파관에서, TE_{10} 모드의 감쇠상수 α_c가 $f = 2.962 f_c$일 때 최소가 됨을 보여라.

12.44 직육면체 공동공진기에서 z축 방향으로의 TE 모드에 대해서 다음 식이 성립함을 보여라.

$$E_{ys} = -\frac{j\omega\mu}{h^2}\left(\frac{m\pi}{a}\right)H_o \sin\left(\frac{m\pi x}{a}\right)\cos\left(\frac{n\pi y}{b}\right)\sin\left(\frac{p\pi z}{c}\right)$$

그리고 H_{xs}를 구하라.

12.45 구형 공동공진기에서 다음 각 경우에 대한 기본모드를 찾아라?

(a) $a < b < c$

(b) $a > b > c$

(c) $a = c > b$

12.46 구형 공동공진기의 크기가 $a = 3$ cm, $b = 4$ cm, $c = 6$ cm이며, 무손실 유전체 ($\varepsilon_r = 4.6$)로 채워져 있다. 다음을 계산하라. (a) 기본모드의 공진주파수, (b) 선택도인자.

12.47 구형 공동공진기의 크기가 $a = 1$ cm, $b = 2$ cm, $c = 3$ cm이다. 이 공진기가 폴리에틸렌($\varepsilon = 2.5\varepsilon_o$)으로 채워져 있을 때, 최초 5개의 공진주파수를 구하라.

12.48 TE_{101} 모드로 동작하는 정육면체 공동공진기($a = b = c$)에 다음 식이 성립함을 보여라.

$$Q = \frac{a}{3\delta}$$

여기서, δ는 표피두께이다.

12.49 기본모드의 공진주파수가 3 GHz인 공기로 채워진 정육면체 공동공진기를 설계하라.

12.50 한 변이 10 cm인 공기로 채워진 정육면체 공동공진기의 전기장벡터가 다음과 같이 주어졌다.

$$\mathbf{E} = 200 \sin(30\pi x) \sin(30\pi y) \cos(6 \times 10^9 t)\mathbf{a}_z \text{ V/m}$$

(a) 자기장 **H**를 구하라.

(b) $\mathbf{E} \cdot \mathbf{H} = \mathbf{0}$임을 증명하라.

12.51 구형 공동공진기 C_1은 완전도체로 만들어졌으며 손실이 있는 유전체로 채워져 있고, 선택도인자는 $Q_d = 8{,}000$이다. 또 다른 공진기 C_2는 C_1과 크기는 같으나 공기로 채워져 있고 도전율이 유한한 금속도체로 만들어졌으며, 선택도인자는 $Q_c = 12{,}000$이다. 만약, 공진기 C_2에 공진기 C_1에 채워졌던 손실이 있는 유전체를 채워넣는다면, 공진기 C_2의 새로운 선택도인자 Q_{dc}는 얼마가 되겠는가?

12.52 공기로 채워진 구형공진기의 크기가 4 cm × 3 cm × 5 cm이다. 기본모드에서 공진기 내부에서 전기장의 세기가 600 V/m의 최대값을 갖는다고 가정한다. 이때 자기장에 저장되는 평균 에너지를 계산하라.

스마트 안테나(SMART ANTENNAS)

한 귀보다 두 귀로 듣는 것이 더 잘 들리듯, 통신시스템에서도 두 개 이상의 안테나를 사용하면 하나의 안테나를 사용할 때보다 성능이 우수해진다. 스마트 안테나[또한 적응안테나(adaptive antenna)로 알려진]는 기본적으로 시간과 공간영역에서의 신호처리 기술과 결합된 안테나 배열로 구성되어 있다. 이 안테나 배열은 적응(고정되지 않은) 로브 패턴(adaptive lobe pattern)을 가지고 있어서 통상적인 안테나와는 다르다. 이는 통신을 하는 당사자와 그 외의 사람들(interferers)이 좀처럼 같은 위치에 존재하지 않는다는 사실을 이용하고 있다.

스마트 안테나에는 두 종류가 있다. 첫째는 switched beam 안테나(유한한 개수의 고정된, 미리 약속된 패턴을 이용하는)이고, 둘째는 적응배열 안테나(실시간으로 조정되는 무한개의 패턴들을 이용하는)이다. switched beam 타입은 제어 가능한 RF 스위치가 많은 고정된 안테나들에 연결된 단순한 구조이다. 이는 빔 그리드(grid)를 채용하여 신호대 잡음비가 가장 좋은 빔을 선택한다. 이 타입은 쉽게 구현가능하지만 빔들 간의 이득이 낮다.

무선통신 시장, 특히 셀룰러폰 시장은 수년 간 기하급수적으로 팽창되어 왔고 앞으로도 지속적으로 성장할 전망이다. 그러나 서비스 품질, 통신용량, 서비스 비용 등 아직 해결해야 할 난제들이 남아 있다. 스마트 안테나 기술은 통신용량의 증대, 통신거리의 확대, 통화품질의 개선, 단말기의 배터리 수명 연장 등을 이룰 수 있으므로 이러한 문제들을 극복할 수 있는 유망한 기술이다. 스마트 안테나 시스템은 PC, 셀룰러폰, 무선랜 등의 사용자로 하여금 채널 용량, 신호품질, 그리고 스펙트럼 이용 효율 및 사용범위의 대폭적인 증대를 실현할 수 있게 한다.

스마트 안테나가 무선통신 시스템을 좀더 복잡하게 만드는 것은 사실이지만, 여러 면에서 실제적 개선을 가져올 뿐만 아니라 좀 더 광역적으로(universal), 그리고 좀더 신뢰성 있게 무선통신 서비스를 하기 위해서는 필수적이다. 스마트 안테나를 채용하지 않고서는 미래 무선통신 시스템에서 요구되는 성능을 충족시킬 수 없다는 사실을 두고 그 동안 많은 논쟁들이 있어왔다. 스마트 안테나를 이해하기 위해서는 우선 안테나에 관한 일반적인 배경지식을 습득하기 위한 안테나 과목을 수강해야 한다. 그러나 불행하게도 대부분의 전자공학과 학부과정에서는 안테나 과목을 개설하지 않고 있다.

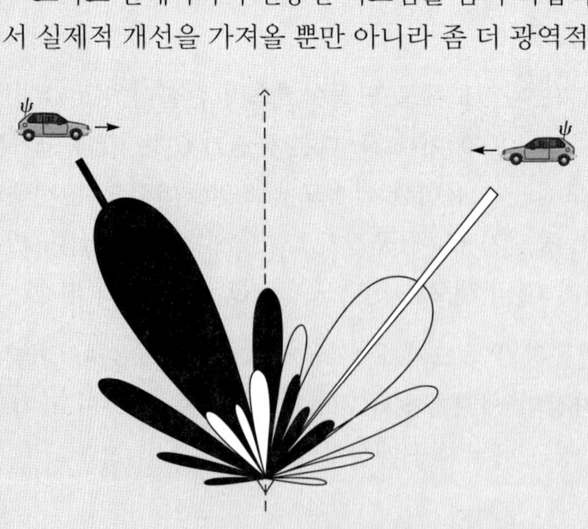

출처: M. Chryssomallis의 허락하에 게재함("Smart Antennas" IEEE Antennas and Propagation Magazine, vol. 42, no. 3, June 2000, pp. 129-136).

13장

안테나

위원회라고 하는 것은 부적합한 사람들로부터 선택받아, 본의 아니게 불필요한 것을 어쩔 수 없이 하는 사람들의 모임이다.

– 익명

13.1 서론

지금까지는 전자파가 어떻게 발생되는지에 대해서 의문을 갖지 않았다. 전하가 전자기장의 원천임을 상기하라. 그 원천전하가 시간에 따라 변한다면 전자파는 그 원천으로부터 멀리 전파하게 되며, 복사가 이루어진다고 말할 수 있다. 복사는 전기에너지를 전송하는 과정으로 생각할 수 있다. 복사, 즉 파동을 공간으로 보내는 작업은 **안테나**(antenna)라고 부르는 도체 또는 유전체 구조의 도움으로 효과적으로 이룰 수 있다. 이론적으로는 어떤 구조라도 전자파를 복사할 수 있으나 모든 구조가 다 효과적인 수단을 제공하는 것은 아니다.

안테나는 전송선로 또는 도파관(복사시키기 위해 전자파를 유도하는 데 사용)과 이들 주변을 둘러싼 매질을 정합시키기 위한, 또는 역으로 주변매질과 전송선로를 정합시키기 위하여 사용하는 일종의 변환기로 볼 수 있다. 그림 13.1은 전송선로나 도파관과 주변매질 사이의 정합을 이루는 데 안테나가 어떻게 사용되는가를 보여주고 있다. 다음의 두 가지 중요한 이유 때문에 안테나가 필요하다. 즉, 효과적인 복사와 함께 반사를 최소화하기 위한 임피던스 정합이다. 안테나는 주변의 매질로 전자파를 내보내기 위해서 전송선로의 전압과 전류(또는 도파관의 경우는 전자기장)를 이용한다. 안테나는 전자기 에너지를 송신하거나 수신하는데 사용될 수 있다.

대표적인 안테나의 형태를 그림 13.2에 나타내었다. 그림 13.2(a)의 다이폴 안테나는 동일 축을 따라 놓여 있는 두 개의 직선 도선으로 구성된다. 그림 13.2(b)에 예시된 루프 안테나는 한 번 또는 여러 번 감겨진 도선으로 구성된다. 그림 13.2(c)의 헬리컬 안테나는 접지면이 위치한 나선(helix) 형태의 도선으로 구성된다. 그림 13.2(a)~(c)의 안테나들은 **와이어 안테나**(wire antenna)라고 하며, 자동차, 건물, 항공기, 선박 등에서 사용된다. 그림 13.2(d)의 혼 안테나는 **개구 안테나**(aperture antenna)의 일종으로서 도파관과 주변 매질 사이의 천이가 가능하도록 도파관의 단면이 점차적으로 넓어지는 구조이다. 이 구조는 손쉽고 정확히 설치할 수 있기 때문에 항공통신과 같은 다양한 응용에 유용하다. 그림 13.2(e)의 파라볼라 안테나

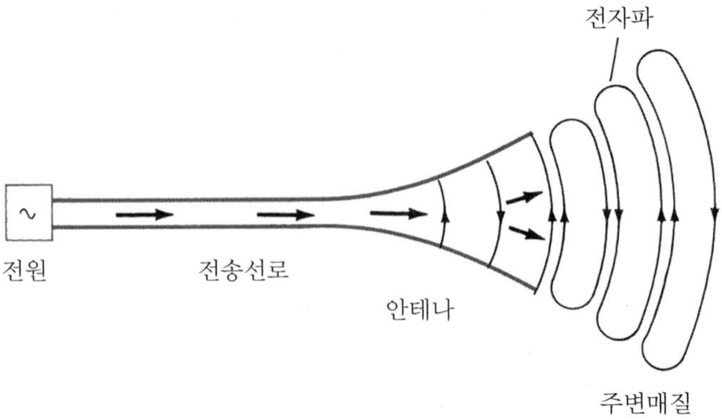

그림 13.1 도파구조와 주변매질 사이의 정합장치로서의 안테나

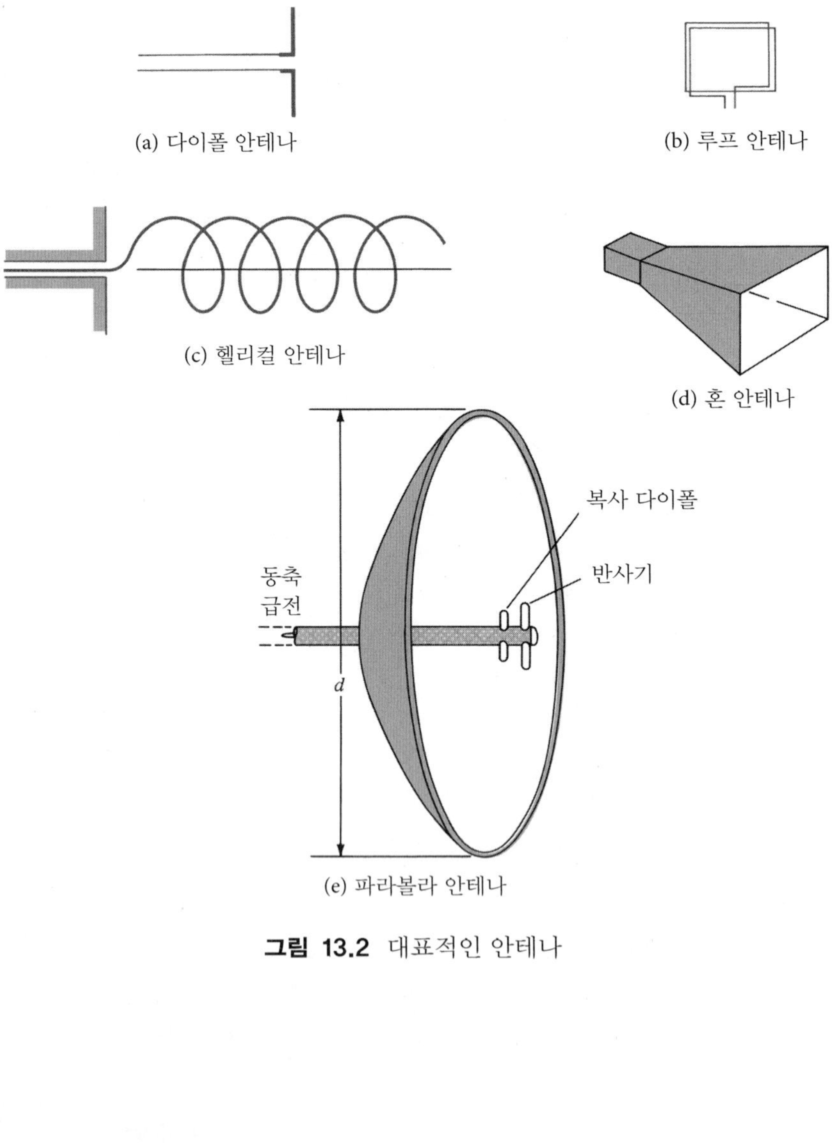

그림 13.2 대표적인 안테나

는 전자파가 도체면에서 반사되는 현상을 이용한다. 송신 안테나로 사용할 경우 다이폴이나 혼과 같은 급전 안테나가 초점에 놓인다. 전원으로부터 전송된 복사에너지는 접시모양의 반사판(거울과 같은 역할)에 의해 반사되어 결과적으로 평행한 빔을 만든다. 파라볼라 안테나는 통신, 레이더, 천문관측 분야에서 사용된다.

복사현상은 다소 복잡하기 때문에 이 장에 이르기까지 이에 대한 논의를 미루어왔다. 안테나 이론에 대한 광범위한 논의는 피할 것이며, 헤르츠 다이폴, 반파장 다이폴, 1/4파장 모노폴, 소형 루프 안테나와 같은 기본적인 형태의 안테나에 국한하여 검토할 것이다. 이들 안테나 각각에 대하여 다음과 같은 단계를 거쳐 복사장을 결정할 것이다.

1. 적절한 좌표계를 선택하고, 자기벡터 포텐셜 **A**를 결정한다.

2. $\mathbf{B} = \mu\mathbf{H} = \nabla \times \mathbf{A}$로부터 **H**를 구한다.

3. 무손실 매질($\sigma = 0$)을 가정하여 $\nabla \times \mathbf{H} = \varepsilon \dfrac{\partial \mathbf{E}}{\partial t}$, 또는 $\mathbf{E} = \eta\mathbf{H} \times \mathbf{a}_k$로부터 **E**를 결정한다.

4. 원거리 장을 구하고, 다음 식을 사용하여 복사되는 시평균 전력을 결정한다.

$$P_{\text{rad}} = \int \mathcal{P}_{\text{ave}} \cdot d\mathbf{S}$$

여기서

$$\mathcal{P}_{\text{ave}} = \frac{1}{2} \text{Re}\,(\mathbf{E}_s \times \mathbf{H}_s^*)$$

이 장 전체에 걸쳐서 P_{rad}는 식 (10.80)의 P_{ave}와 같은 것으로 간주한다.

복사장의 특정 방향으로 지향 특성을 생성하는 안테나 배열(antenna arrays) 문제를 고려할 것이다. 그 다음으로 우리는 두 개의 안테나 사이의 결합을 해석하기 위한 Friis 전송 방정식을 유도할 것이며, 마지막으로 전자파 간섭(EMI) 문제를 고려할 것이다.

13.2 헤르츠 다이폴(Hertzian Dipole)

'헤르츠 다이폴'이란 미소전류소 Idl(여기서 $dl \leq \lambda/10$)을 의미한다. 이러한 전류소가 실생활 속에서 존재하지는 않지만 실제 안테나의 장을 적분을 통해서 계산하는 과정에서 중요한 역할을 한다.

그림 13.3과 같은 헤르츠 다이폴을 생각해 보자. 다이폴이 좌표계의 원점에 놓여 있으며, 일정한 전류 $I = I_o \cos \omega t$(다이폴 전체에 걸쳐 일정)가 흐른다고 가정하자. 식 (9.54)로부터 다이폴에 의한 장점(field point) P점에서의 지연 자기 벡터포텐셜은 다음과 같다.

$$\mathbf{A} = \frac{\mu[I]\,dl}{4\pi\, r}\,\mathbf{a}_z \tag{13.1}$$

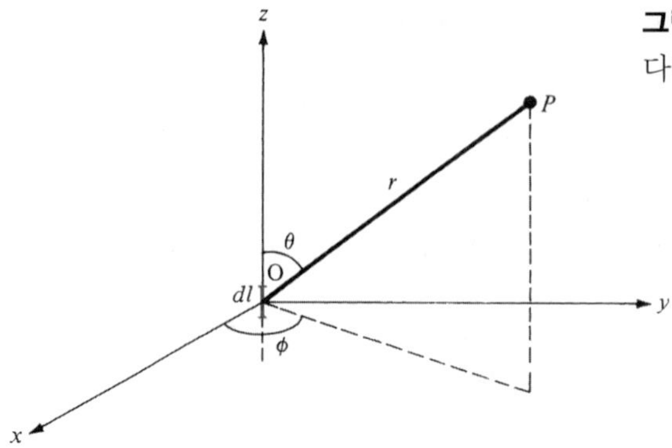

그림 13.3 전류 $I = I_o \cos \omega t$가 흐르는 헤르츠 다이폴

여기서 $[I]$는 지연전류로서 다음과 같다.

$$[I] = I_o \cos \omega \left(t - \frac{r}{u}\right) = I_o \cos (\omega t - \beta r)$$
$$= \text{Re}\left[I_o e^{j(\omega t - \beta r)}\right] \tag{13.2}$$

여기서 $\beta = \omega/u = 2\ \pi/\lambda$, $u = 1/\sqrt{\mu\varepsilon}$ 이다. 전류는 점 P에서 **지연되었다**(retarded)고 하는데, 이것은 O에서 P까지의 전송에 따른 시간지연 r/u 또는 위상지연 βr 때문이다. 식 (13.2)를 식 (13.1)에 대입하면 $\mathbf{A}$를 다음과 같은 페이저(phasor) 형식으로 쓸 수 있다.

$$A_{zs} = \frac{\mu I_o dl}{4\pi r} e^{-j\beta r} \tag{13.3}$$

이 벡터를 직각좌표계에서 구좌표계로 변환하면

$$\mathbf{A}_s = (A_{rs}, A_{\theta s}, A_{\phi s})$$

가 되고, 여기서

$$A_{rs} = A_{zs} \cos \theta, \quad A_{\theta s} = -A_{zs} \sin \theta, \quad A_{\phi s} = 0 \tag{13.4}$$

이다. $\mathbf{B}_s = \mu \mathbf{H}_s = \nabla \times \mathbf{A}_s$이므로 $\mathbf{H}$는 다음과 같이 구해진다.

$$H_{\phi s} = \frac{I_o dl}{4\pi} \sin \theta \left[\frac{j\beta}{r} + \frac{1}{r^2}\right] e^{-j\beta r} \tag{13.5a}$$

$$H_{rs} = 0 = H_{\theta s} \tag{13.5b}$$

$\mathbf{E}$는 $\nabla \times \mathbf{H} = \varepsilon\ \partial \mathbf{E}/\partial t$ 또는 $\nabla \times \mathbf{H}_s = j\omega\varepsilon \mathbf{E}_s$를 사용하여 다음과 같이 구할 수 있다.

$$E_{rs} = \frac{\eta I_o dl}{2\pi} \cos \theta \left[\frac{1}{r^2} - \frac{j}{\beta r^3}\right] e^{-j\beta r} \tag{13.6a}$$

$$E_{\theta s} = \frac{\eta I_o dl}{4\pi} \sin \theta \left[\frac{j\beta}{r} + \frac{1}{r^2} - \frac{j}{\beta r^3}\right] e^{-j\beta r} \tag{13.6b}$$

$$E_{\phi s} = 0 \tag{13.6c}$$

여기서

$$\eta = \frac{\beta}{\omega\varepsilon} = \sqrt{\frac{\mu}{\varepsilon}}$$

식 (13.5)와 (13.6)의 장 방정식을 주의 깊게 살펴보면, $1/r^3$, $1/r^2$, $1/r$에 따라 변화하는 항들을 볼 수 있다. $1/r^3$ 항은 전기 다이폴(electric dipole)에 의한 장과 일치하므로 **정전기장**(electrostatic field)이라고 한다. 이 항은 헤르츠 다이폴에 매우 근접한 영역에서는 다른 항보다 우세하다. $1/r^2$ 항은 **유도성 장**(inductive field)이라고 부르며, Biot-Savart의 법칙으로부터 예상할 수 있다[식 (7.3) 참조]. 이 항은 전류요소와 비교적 가까운 거리, 즉 근접장에서만 중요하다. $1/r$ 항은 전류요소로부터 멀리 떨어진 지점, 즉 원거리 영역에서도 남아 있는 유일한 항이기 때문에 **원거리 장**(far field) 또는 **복사장**(radiation field)이라고 한다. 여기서는 $1/r$ 항에 비해 $1/r^3$ 항과 $1/r^2$ 항을 무시할 수 있는 원거리 장 또는 복사영역($\beta \gg 1$ 또는 $2\pi r \gg \lambda$)에 대해서만 관심을 갖는다. 근거리 영역과 원거리 영역의 전자기장은 각각 부등식 $\beta r \ll 1$과 $\beta r \gg 1$에 의해 구분된다. 보다 명확하게 설명하면, 근거리 및 원거리 영역의 경계는 다음 식에 의해 주어지는 r값에 의해 정의한다.

$$r = \frac{2d^2}{\lambda} \tag{13.7}$$

여기서 d는 안테나의 가장 큰 치수이다. 그러므로 원거리 장에서는 다음과 같다.

$$\boxed{H_{\phi s} = \frac{jI_o\beta dl}{4\pi r}\sin\theta\, e^{-j\beta r}, \quad E_{\theta s} = \eta\, H_{\phi s}} \tag{13.8a}$$

$$H_{rs} = H_{\theta s} = E_{rs} = E_{\phi s} = 0 \tag{13.8b}$$

식 (13.8a)로부터 $H_{\phi s}$와 $E_{\theta s}$의 복사항은 균일평면파의 전자기장처럼 동위상이고, 서로 직교함에 유의하라.

시평균 전력밀도는 다음과 같이 구할 수 있다.

$$\begin{aligned}\mathcal{P}_{\text{ave}} &= \frac{1}{2}\text{Re}(\mathbf{E}_s \times \mathbf{H}_s^*) = \frac{1}{2}\text{Re}(E_{\theta s} H_{\phi s}^* \mathbf{a}_r) \\ &= \frac{1}{2}\eta |H_{\phi s}|^2\, \mathbf{a}_r\end{aligned} \tag{13.9}$$

식 (13.8)을 식 (13.9)에 대입하면 시평균 복사전력을 구할 수 있다.

$$\begin{aligned}P_{\text{rad}} &= \int \mathbf{P}_{\text{ave}} \cdot d\mathbf{S} \\ &= \int_{\phi=0}^{2\pi}\left[\int_{\theta=0}^{\pi} \frac{I_o^2 \eta \beta^2\, dl^2}{32\pi^2 r^2}\sin^2\theta\, r^2 \sin\theta\, d\theta\right] d\phi \\ &= \frac{I_o^2\eta\beta^2\, dl^2}{32\pi^2}\, 2\pi \int_0^{\pi} \sin^3\theta\, d\theta\end{aligned} \tag{13.10}$$

그러나

$$\int_0^\pi \sin^3\theta\, d\theta = \int_0^\pi (1 - \cos^2\theta)\, d(-\cos\theta)$$
$$= \frac{\cos^3\theta}{3} - \cos\theta \Big|_0^\pi = \frac{4}{3}$$

이고, $\beta^2 = 4\pi^2/\lambda^2$이다. 따라서 식 (13.10)은 다음과 같이 된다.

$$P_{\text{rad}} = \frac{I_o^2 \pi\eta}{3}\left[\frac{dl}{\lambda}\right]^2 \tag{13.11a}$$

만일 전파공간의 매질이 자유공간이면 $\eta = 120\pi$이고,

$$P_{\text{rad}} = 40\pi^2 \left[\frac{dl}{\lambda}\right]^2 I_o^2 \tag{13.11b}$$

이다. 이 전력은 전류 $I = I_o \cos\omega t$에 의해 가상의 저항 R_{rad}에서 소비되는 전력과 같다. 즉,

$$P_{\text{rad}} = I_{\text{rms}}^2 R_{\text{rad}}$$

또는

$$\boxed{P_{\text{rad}} = \frac{1}{2} I_o^2 R_{\text{rad}}} \tag{13.12}$$

여기서 I_{rms}는 I의 실효값(root-mean-square value)이다. 식 (13.11)과 (13.12)로부터

$$R_{\text{rad}} = \frac{2P_{\text{rad}}}{I_o^2} \tag{13.13a}$$

또는

$$\boxed{R_{\text{rad}} = 80\pi^2 \left[\frac{dl}{\lambda}\right]^2} \tag{13.13b}$$

가 된다. 저항 R_{rad}은 헤르츠 다이폴 안테나의 특성을 나타내며, **복사저항**이라고 한다. 식 (13.12)와 (13.13)으로부터 많은 양의 전력을 공간으로 전달하기 위해서는 큰 복사저항을 갖는 안테나가 필요하다는 것을 알 수 있다. 예를 들어 $dl = \lambda/20$이면 $R_{\text{rad}} \simeq 2\ \Omega$인데, 복사저항이 작으므로 비교적 적은 양의 전력을 복사한다. 식 (13.13b)의 R_{rad}는 자유공간에서의 헤르츠 다이폴에 대한 것임을 반드시 주목해야 한다. 만약 다이폴이 다른 종류의 무손실 매질 내에 존재할 경우에는 새로운 파동임피던스 $\eta = \sqrt{\mu/\varepsilon}$를 식 (13.11a)에 대입하고, 식 (13.13a)로 R_{rad}를 결정한다.

헤르츠 다이폴은 매우 작다고 가정하였음에 유의하라($\beta dl \ll 1$ 또는 $dl \leq \lambda/10$). 결과적으로 복사저항이 매우 작아서 실제의 전송선로와 정합시키기는 실질적으로 매우 어렵다. 또한 다이폴이 균일한 전류분포를 갖는다고 가정하였는데, 이것은 다이폴의 양쪽 끝에서 전류가 0이 아니어야 한다는 것을 의미한다. 이는 주변 매질이 도전체가 아니므로 실질적으로 불가능한 전류분포이다. 그러나, 다이폴의 길이가 $dl \leq \lambda/10$인 안테나의 경우 이와 같은 균일 전류의 근사 해석은 유용하고 타당한 결과를 제공한다. 보다 실질적이고, 그리고 아마도 가장 중요한 안테나는 다음 절에서 다루게 될 반파장 다이폴 안테나이다.

13.3 반파장 다이폴 안테나

반파장 다이폴이라는 명칭은 안테나의 길이가 파장의 반($\ell = \lambda/2$)이라는 사실로부터 유래되었다. 그림 13.4(a)에 보인 것처럼 반파장 다이플 아테나는 전송선로(예를 들면 2선식 선로)를 통해 안테나에 연결된 전압원에 의해 안테나의 중간지점에서 급전되거나 여기되는 가느다란 도선으로 구성된다. 반파장 다이폴에 의한 전자기장은 안테나를 일련의 연결된 헤르츠 다이폴의 구성으로 간주하여 쉽게 구할 수 있다. 페이저 전류 $I_s = I_o \cos \beta z$가 흐

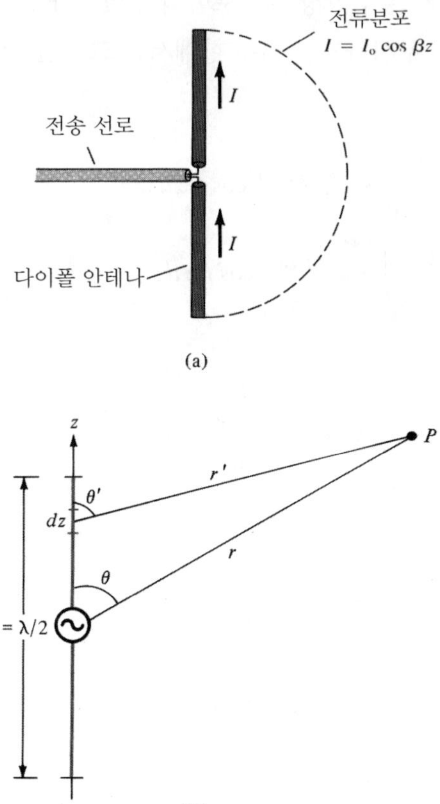

그림 13.4 (a) 반파장 다이폴, (b) 장을 계산하기 위한 도형

르는 다이폴의 미소길이 $dl(=dz)$에 의한 P점에서의 자기벡터 포텐셜은 다음과 같다[그림 13.4(b) 참조].

$$dA_{zs} = \frac{\mu I_o \cos \beta z \, dz}{4\pi r'} e^{-j\beta r'} \tag{13.14}$$

식 (13.14)를 얻는 과정에서 다음과 같은 두 가지의 이유로 정현파의 전류분포를 가정하였다. 첫째, 다이폴을 전송선 모델에 근거하여 정현 전류로 가정하였기 때문이다. 둘째는, 전류가 다이폴의 끝지점에서 소멸되어야 하기 때문이다. 삼각파 전류분포도 가능(문제 13.5 참조)하나 정확도가 떨어진다. 안테나의 실제 전류분포는 정확하게 알지 못한다. 실제 전류분포는 안테나에 경계조건을 고려하려 Maxwell 방정식을 풀어서 구할 수 있으나 이 과정은 수학적으로 복잡하다. 하지만 정현 전류분포의 가정은 경계값 문제를 풀어서 얻는 전류분포에 근접하며, 안테나 이론에서 일반적으로 사용된다.

$r \gg \ell$ 이면

$$r - r' = z \cos \theta \quad \text{또는} \quad r' = r - z \cos \theta$$

이 된다. 그러므로 거리를 필요로 하는 식 (13.14)의 분모에서 $r' \simeq r$로 대신 넣을 수 있다. 식 (13.14)의 분자의 위상 항에서 βr과 $\beta r'$의 차이는 중요하므로 r'을 r이 아닌 $r - z \cos \theta$로 대체해야 한다. 다시 말하면, 지수 항에서는 위상상수가 포함되어 있으나 분모에서는 그렇지 않기 때문에 분모에서는 코사인 항을 무시하지만 지수 항에서는 코사인 항을 유지한다. 따라서 다음과 같이 쓸 수 있다.

$$\begin{aligned} A_{zs} &= \frac{\mu I_o}{4\pi r} \int_{-\lambda/4}^{\lambda/4} e^{-j\beta(r - z\cos\theta)} \cos \beta z \, dz \\ &= \frac{\mu I_o}{4\pi r} e^{-j\beta r} \int_{-\lambda/4}^{\lambda/4} e^{j\beta z \cos\theta} \cos \beta z \, dz \end{aligned} \tag{13.15}$$

부록 A.8의 적분표에 의해서

$$\int e^{az} \cos bz \, dz = \frac{e^{az}(a \cos bz + b \sin bz)}{a^2 + b^2} + c$$

가 되고, 이 식을 식 (13.15)에 적용하면

$$A_{zs} = \frac{\mu I_o e^{-j\beta r} e^{j\beta z \cos\theta}}{4\pi r} \frac{(j\beta \cos\theta \cos \beta z + \beta \sin \beta z)}{-\beta^2 \cos^2 \theta + \beta^2} \Bigg|_{-\lambda/4}^{\lambda/4} \tag{13.16}$$

가 된다. $\beta = 2\pi/\lambda$ 또는 $\beta\lambda/4 = \pi/2$이고 $-\cos^2 \theta + 1 = \sin^2 \theta$이므로, 식 (13.16)은

$$A_{zs} = \frac{\mu I_o e^{-j\beta r}}{4\pi r \beta^2 \sin^2 \theta} \left[e^{j(\pi/2)\cos\theta}(0 + \beta) - e^{-j(\pi/2)\cos\theta}(0 - \beta) \right] \tag{13.17}$$

이 된다. 항등식 $e^{jx}+e^{-jx}=2\cos x$를 사용하면 다음 식을 얻는다.

$$A_{zs}=\frac{\mu I_o e^{-j\beta r}\cos\left(\frac{\pi}{2}\cos\theta\right)}{2\pi r\beta\sin^2\theta} \tag{13.18}$$

원거리 영역($1/r^3$과 $1/r^2$ 항은 무시)에서의 자기장과 전기장을 구하기 위해서 식 (13.4)를 $\mathbf{B}_s=\mu\mathbf{H}_s=\nabla\times\mathbf{A}_s$, 그리고 $\nabla\times\mathbf{H}_s=j\omega\varepsilon\mathbf{E}_s$와 함께 사용하면

$$\boxed{H_{\phi s}=\frac{jI_o e^{-j\beta r}\cos\left(\frac{\pi}{2}\cos\theta\right)}{2\pi r\sin\theta},\quad E_{\theta s}=\eta H_{\phi s}} \tag{13.19}$$

을 얻게 된다. 복사항 $H_{\phi s}$와 $E_{\theta s}$가 동위상이며, 서로 직교함을 다시 한번 주목하라.

식 (13.9)와 (13.19)를 사용하면 시평균 전력밀도를 다음과 같이 얻을 수 있다.

$$\begin{aligned}\mathcal{P}_{\text{ave}}&=\frac{1}{2}\eta\,|H_{\phi s}|^2\,\mathbf{a}_r\\&=\frac{\eta I_o^2\cos^2\left(\frac{\pi}{2}\cos\theta\right)}{8\pi^2r^2\sin^2\theta}\,\mathbf{a}_r\end{aligned} \tag{13.20}$$

시평균 복사전력은 다음과 같이 얻어진다.

$$\begin{aligned}P_{\text{rad}}&=\int_S\mathcal{P}_{\text{ave}}\cdot d\mathbf{S}\\&=\int_{\phi=0}^{2\pi}\left[\int_{\theta=0}^{\pi}\frac{\eta I_o^2\cos^2\left(\frac{\pi}{2}\cos\theta\right)}{8\pi^2r^2\sin^2\theta}r^2\sin\theta\,d\theta\right]d\phi\\&=\frac{\eta I_o^2}{8\pi^2}2\pi\int_0^{\pi}\frac{\cos^2\left(\frac{\pi}{2}\cos\theta\right)}{\sin\theta}d\theta\\&=30\,I_o^2\int_0^{\pi}\frac{\cos^2\left(\frac{\pi}{2}\cos\theta\right)}{\sin\theta}d\theta\end{aligned} \tag{13.21}$$

여기서 전파공간의 매질이 자유공간이라고 가정하여 $\eta=120\pi$를 대입하였다. 식 (13.21)의 피적분함수의 특성에 따라

$$\int_0^{\pi/2}\frac{\cos^2\left(\frac{\pi}{2}\cos\theta\right)}{\sin\theta}d\theta=\int_{\pi/2}^{\pi}\frac{\cos^2\left(\frac{\pi}{2}\cos\theta\right)}{\sin\theta}d\theta$$

가 되며, θ에 따른 피적분함수의 변화의 개략적인 스케치를 통해 그림으로써 쉽게 설명할 수 있다. 그러므로

$$P_{\text{rad}} = 60I_o^2 \int_0^{\pi/2} \frac{\cos^2\left(\dfrac{\pi}{2}\cos\theta\right) d\theta}{\sin\theta} \tag{13.22}$$

가 된다. 변수를 $u = \cos\theta$로 바꾸고 부분적분을 수행하면, 식 (13.22)는 다음과 같이 변환된다.

$$\begin{aligned} P_{\text{rad}} &= 60I_o^2 \int_0^1 \frac{\cos^2 \frac{1}{2}\pi u}{1-u^2} du \\ &= 30I_o^2 \left[\int_0^1 \frac{\cos^2 \frac{1}{2}\pi u}{1+u} du + \int_0^1 \frac{\cos^2 \frac{1}{2}\pi u}{1-u} du \right] \end{aligned} \tag{13.23}$$

첫 번째 피적분함수에서 $1 + u$를 v로 바꾸고, 두 번째 피적분함수에서 $1 - u$를 v로 바꾸면 다음과 같이 된다.

$$\begin{aligned} P_{\text{rad}} &= 30I_o^2 \left[\int_0^1 \frac{\sin^2 \frac{1}{2}\pi v}{v} dv + \int_1^2 \frac{\sin^2 \frac{1}{2}\pi v}{v} dv \right] \\ &= 30I_o^2 \int_0^2 \frac{\sin^2 \frac{1}{2}\pi v}{v} dv \end{aligned} \tag{13.24}$$

변수를 $w = \pi v$로 바꾸면

$$\begin{aligned} P_{\text{rad}} &= 30I_o^2 \int_0^{2\pi} \frac{\sin^2 \frac{1}{2} w}{w} dw \\ &= 15I_o^2 \int_0^{2\pi} \frac{(1-\cos w)}{w} dw \\ &= 15I_o^2 \int_0^{2\pi} \left[\frac{w}{2!} - \frac{w^3}{4!} + \frac{w^5}{6!} - \frac{w^7}{8!} + \cdots \right] dw \end{aligned} \tag{13.25}$$

가 된다. 여기서 $\cos w = 1 - \dfrac{w^2}{2!} + \dfrac{w^4}{4!} - \dfrac{w^6}{6!} + \dfrac{w^8}{8!} - \cdots$를 이용하였다. 식 (13.25)의 각 항들을 적분하고 극한을 취하면 다음과 같이 된다.

$$\begin{aligned} P_{\text{rad}} &= 15I_o^2 \left[\frac{(2\pi)^2}{2(2!)} - \frac{(2\pi)^4}{4(4!)} + \frac{(2\pi)^6}{6(6!)} - \frac{(2\pi)^8}{8(8!)} + \cdots \right] \\ &\simeq 36.56\, I_o^2 \end{aligned} \tag{13.26}$$

반파장 다이폴 안테나의 복사저항 R_{rad}은 식 (13.12)와 (13.26)으로부터 바로 다음과 같이 쉽게 구할 수 있다.

$$\boxed{R_{rad} = \frac{2P_{rad}}{I_o^2} \simeq 73\ \Omega} \tag{13.27}$$

반파장 다이폴 안테나의 복사저항이 헤르츠 다이폴 안테나의 복사저항보다 훨씬 크다는 것에 주목하라. 그러므로 반파장 다이폴 안테나가 헤르츠 다이폴 안테나보다 더 많은 양의 전력을 공간으로 전달할 수 있는 능력을 가지고 있다.

안테나의 총 입력임피던스 Z_{in}은 안테나의 단자에서 들여다본 임피던스이며, 다음과 같이 주어진다.

$$Z_{in} = R_{in} + jX_{in} \tag{13.28}$$

여기서 무손실 안테나의 경우 $R_{in} = R_{rad}$이다. 리액턴스 X_{in}의 값을 유도하는 것은 매우 복잡한 과정을 포함하므로 이 책에서 다루는 범주를 넘어선다. 결과만 나타내면 $X_{in} = 42.5\ \Omega$이며, 따라서 다이폴 길이가 $\ell = \lambda/2$인 안테나에서 $Z_{in} = 73 + j42.5\ \Omega$이다. 이와 같은 유도성 리액턴스는 다이폴의 길이가 약간만 줄어도 영으로 급격하게 떨어진다. $\ell = 0.485\,\lambda$에서 $X_{in} = 0$이 되어 공진이 일어난다. 따라서 실제로 $\lambda/2$ 다이폴은 이와 같이 X_{in}이 영에 접근하여 $Z_{in} \simeq 73\ \Omega$이 되도록 설계한다. $\lambda/2$ 다이폴 안테나의 이 복사저항 값 때문에 표준 $75\ \Omega$ 동축케이블이 사용된다. 또한 이 값은 전송선로와의 정합이 쉬워진다. 공진 특성과 더불어 이들 요인 때문에 반파장 다이폴 안테나가 보편적으로 널리 사용되고 있다.

13.4 1/4파장 모노폴 안테나

기본적으로 1/4파장 모노폴 안테나는 그림 13.5에서와 같이 반파장 다이폴 안테나의 절반 크기의 안테나가 도전성을 갖는 접지면 위에 위치하는 형태로 이루어져 있다. 모노폴 안테나는 접지면에 수직이며, 이 접지면은 무한히 넓은 완전도체라고 가정한다. 안테나는 바닥에 연결된 동축케이블에 의해 급전된다.

6.6절의 영상이론을 이용하여 무한한 넓이의 완전도체로 된 접지면을 모노폴 안테나의

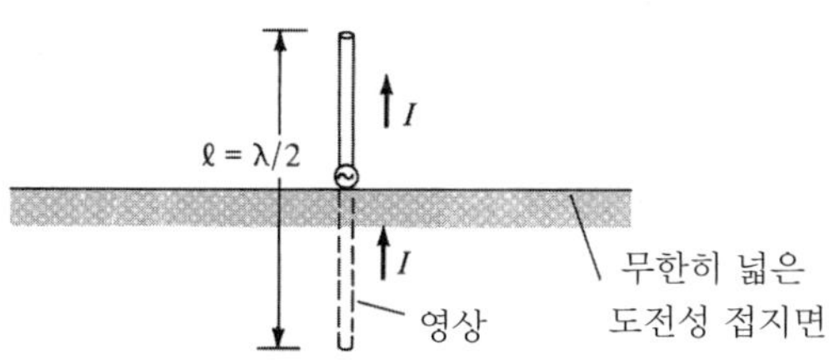

그림 13.5 모노폴 안테나

영상으로 대체할 수 있다. 이 경우 $\lambda/4$ 모노폴과 그 영상에 의해서 접지면 위쪽 영역에서 발생하는 장은 $\lambda/2$ 다이폴에 의한 장과 같다. 그러므로 식 (13.19)는 $\lambda/4$ 모노폴 안테나에 대해서도 적용할 수 있다. 그러나 모노폴 안테나는 그 반구면 위쪽의 표면으로만 복사하기 때문에 식 (13.21)의 적분은 접지면 위쪽의 반구면(즉, $0 \leq \theta \leq \pi/2$)에 대해서만 행해져야 한다. 따라서 모노폴의 복사전력은 같은 전류를 가지는 다이폴의 복사전력의 1/2이 된다. 그러므로 $\lambda/4$ 모노폴에 대해서는

$$P_{\text{rad}} \simeq 18.28\, I_o^2 \tag{13.29}$$

이고

$$R_{\text{rad}} = \frac{2P_{\text{rad}}}{I_o^2}$$

또는

$$\boxed{R_{\text{rad}} \simeq 36.5\ \Omega} \tag{13.30}$$

이 된다. 마찬가지로 $\lambda/4$ 모노폴의 총 입력임피던스는 $Z_{\text{in}} = 36.5 + j21.25\ \Omega$이다.

13.5 소형 루프 안테나

루프 안테나는 실질적으로 중요하다. 이 안테나는 복사탐지를 위해 방향탐지기(또는 탐색루프)로 사용되며, UHF용 TV 안테나로도 사용된다. 여기서 '소형'의 의미는 루프의 크기(ro와 같은)가 파장 λ에 비해서 매우 작다는 것을 의미한다.

그림 13.6에서 보인 바와 같이 균일한 전류 $I_o \cos \omega t$가 흐르는 반경이 ρ_o인 작고 가느다란 원형루프를 생각해 보자. 루프는 기본적인 자기다이폴로 간주할 수 있다. 이 루프에 의한 장점 P에서의 자기벡터 포텐셜은

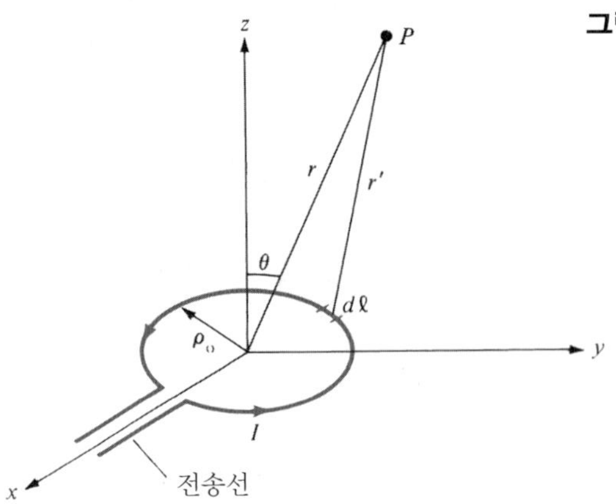

그림 13.6 소형 루프 안테나

$$\mathbf{A} = \oint_L \frac{\mu[I]\,d\mathbf{l}}{4\pi r'} \tag{13.31}$$

이고, 여기서 $[I] = I_o \cos(\omega t - \beta r') = \text{Re}\,[I_o e^{j(\omega t - \beta r')}]$이다. $[I]$를 식 (13.31)에 대입하면 페이저 형태의 **A**를 다음과 같이 얻을 수 있다.

$$\mathbf{A}_s = \frac{\mu I_o}{4\pi} \oint_L \frac{e^{-j\beta r'}}{r'}\,d\mathbf{l} \tag{13.32}$$

이 적분의 계산은 긴 과정이 요구된다. 소형 루프($\rho_o \ll \lambda$)에서는 식 (13.32)의 분모에 있는 r'대신 r을 쓸 수 있고, $\mathbf{A}_s$는 오직 ϕ 성분만 가지며, 다음과 같이 주어진다.

$$A_{\phi s} = \frac{\mu I_o S}{4\pi r^2}(1 + j\beta r)e^{-j\beta r}\sin\theta \tag{13.33}$$

여기서 $S = \pi\rho_o^2$으로 루프의 면적이다. N회 감긴 루프의 경우 $S = N\pi\rho_o^2$이다. $\mathbf{B}_s = \mu\mathbf{H}_s = \nabla \times \mathbf{A}_s$와 $\nabla \times \mathbf{H}_s = j\omega\varepsilon\mathbf{E}_s$를 사용하여 식 (13.33)으로부터 다음과 같이 전기장과 자기장 성분들을 구할 수 있다.

$$E_{\phi s} = \frac{-j\omega\mu I_o S}{4\pi}\sin\theta\left[\frac{j\beta}{r} + \frac{1}{r^2}\right]e^{-j\beta r} \tag{13.34a}$$

$$H_{rs} = \frac{j\omega\mu I_o S}{2\pi\eta}\cos\theta\left[\frac{1}{r^2} - \frac{j}{\beta r^3}\right]e^{-j\beta r} \tag{13.34b}$$

$$H_{\theta s} = \frac{j\omega\mu I_o S}{4\pi\eta}\sin\theta\left[\frac{j\beta}{r} + \frac{1}{r^2} - \frac{j}{\beta r^3}\right]e^{-j\beta r} \tag{13.34c}$$

$$E_{rs} = E_{\theta s} = H_{\phi s} = 0 \tag{13.34d}$$

식 (13.5)와 (13.6)을 식 (13.34)와 비교해 보면 그림 13.3의 전기다이폴에 의한 전자기장과 그림 13.6의 자기다이폴에 의한 전자기장이 쌍대성을 가짐을 알 수 있다(또한 표 8.2를 참조). 원거리에서는 식 (13.34)에서 오직 $1/r$ 항(복사항)만 남으므로

$$\begin{aligned} E_{\phi s} &= \frac{\omega\mu I_o S}{4\pi r}\beta\sin\theta\, e^{-j\beta r} \\ &= \frac{\eta\pi I_o S}{r\lambda^2}\sin\theta\, e^{-j\beta r} \end{aligned}$$

또는

$$\boxed{E_{\phi s} = \frac{120\pi^2 I_o}{r}\frac{S}{\lambda^2}\sin\theta\, e^{-j\beta r}, \quad H_{\theta s} = -\frac{E_{\phi s}}{\eta}} \tag{13.35a}$$

$$E_{rs} = E_{\theta s} = H_{rs} = H_{\phi s} = 0 \tag{13.35b}$$

가 된다. 여기서 자유공간을 가정하면 $\eta = 120\pi$이다. 비록 식 (13.35)의 원거리 장 표현식들은 소형 원형 루프에 대하여 구한 것이지만, 1회 감은 정사각형 루프($S = a^2$) 또는 N회 감은 정사각형 루프($S = Na^2$)에 적용될 수 있을 뿐 아니라, 루프의 크기가 작기만 하면($d \leq \lambda/10$, 여기서 d는 루프에서 가장 큰 치수) 어떤 형태의 루프에도 사용될 수 있다. 식 (13.13a)와 (13.35)를 사용하여 소형 루프 안테나의 복사저항을 구하는 과정은 연습문제로 남겨둔다. 복사저항의 결과식은 다음과 같다.

$$\boxed{R_{\text{rad}} = \frac{320\,\pi^4 S^2}{\lambda^4}} \tag{13.36}$$

예제 13.1

공기 중의 안테나로부터 2 km 떨어진 $\theta = \pi/2$인 지점에서 5 μA/m의 자기장의 세기가 요구된다. 저항성 손실을 무시했을 때, 다음과 같이 주어진 안테나들이 얼마의 전력을 복사해야 하는가?

(a) 길이가 $\lambda/25$인 헤르츠 다이폴

(b) 반파장 다이폴

(c) $\lambda/4$ 모노폴

(d) 반경 $\rho_o = \lambda/20$인 10회 감은 루프 안테나

풀이

(a) 헤르츠 다이폴의 경우

$$|H_{\phi s}| = \frac{I_o \beta\, dl \sin\theta}{4\pi r}$$

여기서 $dl = \lambda/25$, 또는 $\beta\, dl = \dfrac{2\pi}{\lambda} \cdot \dfrac{\lambda}{25} = \dfrac{2\pi}{25}$ 이다. 그러므로

$$5 \times 10^{-6} = \frac{I_o \cdot \frac{2\pi}{25}(1)}{4\pi\,(2 \times 10^3)} = \frac{I_o}{10^5}$$

또는

$$I_o = 0.5 \text{ A}$$

$$P_{\text{rad}} = 40\pi^2 \left[\frac{dl}{\lambda}\right]^2 I_o^2 = \frac{40\pi^2 (0.5)^2}{(25)^2}$$

$$= 158 \text{ mW}$$

(b) $\lambda/2$ 다이폴의 경우

$$|H_{\phi s}| = \frac{I_o \cos\left(\dfrac{\pi}{2}\cos\theta\right)}{2\pi r \sin\theta}$$

$$5 \times 10^{-6} = \frac{I_o \cdot 1}{2\pi\,(2 \times 10^3)\cdot(1)}$$

또는

$$I_o = 20\pi \text{ mA}$$

$$P_{\text{rad}} = \frac{1}{2} I_o^2 R_{\text{rad}} = \frac{1}{2}(20\pi)^2 \times 10^{-6}(73)$$

$$= 144 \text{ mW}$$

(c) λ/4 모노폴의 경우, 문제 (b)에서와 같이

$$I_o = 20\pi \text{ mA}$$

이다.

$$P_{\text{rad}} = \frac{1}{2} I_o^2 R_{\text{rad}} = \frac{1}{2}(20\pi)^2 \times 10^{-6}(36.56)$$

$$= 72 \text{ mW}$$

(d) 루프 안테나의 경우

$$|H_{\theta s}| = \frac{\pi I_o}{r}\frac{S}{\lambda^2}\sin\theta$$

1회 감은 경우 $S = \pi\rho_o^2$, N회 감은 경우 $S = N\pi\rho_o^2$이므로

$$5 \times 10^{-6} = \frac{\pi I_o 10\pi}{2 \times 10^3}\left[\frac{\rho_o}{\lambda}\right]^2$$

또는

$$I_o = \frac{10}{10\pi^2}\left[\frac{\lambda}{\rho_o}\right]^2 \times 10^{-3} = \frac{20^2}{\pi^2} \times 10^{-3}$$

$$= 40.53 \text{ mA}$$

$$R_{\text{rad}} = \frac{320\,\pi^4 S^2}{\lambda^4} = 320\,\pi^6 N^2\left[\frac{\rho_o}{\lambda}\right]^4$$

$$= 320\,\pi^6 \times 100\left[\frac{1}{20}\right]^4 = 192.3\ \Omega$$

$$P_{\text{rad}} = \frac{1}{2} I_o^2 R_{\text{rad}} = \frac{1}{2}(40.53)^2 \times 10^{-6}\,(192.3)$$

$$= 158 \text{ mW}$$

연습문제 13.1

자유공간에서 길이가 $\lambda/100$인 헤르츠 다이폴이 원점에 위치해 있으며, $0.25 \sin 10^8 t$ A의 전류가 공급된다. 다음 위치에서 자기장을 구하라.

(a) $r = \lambda/5, \theta = 30°$

(b) $r = 200\lambda, \theta = 60°$

해답: (a) $0.2119 \sin (10^8 t - 20.5°)\ \mathbf{a}_\phi$ mA/m

(b) $0.2871 \sin (10^8 t + 90°)\ \mathbf{a}_\phi\ \mu$A/m

예제 13.2

공기 중에서 50 MHz로 동작하는 반파장(공진) 다이폴 안테나로부터 500 km 떨어진 $\theta = \pi/2$인 관측점에서 전기장의 세기가 10 μV/m로 측정되었다.

(a) 다이폴의 길이는 얼마인가?

(b) 안테나에 공급해야 할 전류를 계산하라.

(c) 안테나로부터 복사되는 평균전력을 구하라.

(d) $Z_o = 75\ \Omega$인 전송선로가 안테나에 연결된 경우, 정재파비를 결정하라.

풀이

(a) 파장은 $\lambda = \dfrac{c}{f} = \dfrac{3 \times 10^8}{50 \times 10^6} = 6$ m이다.

그러므로 반파장 다이폴의 길이는 $\ell = \dfrac{\lambda}{2} = 3$ m이다.

(b) 식 (13.19)로부터

$$|E_{\theta s}| = \frac{\eta_o I_o \cos\left(\dfrac{\pi}{2}\cos\theta\right)}{2\pi r \sin\theta}$$

또는

$$I_o = \frac{|E_{\theta s}|\, 2\pi r \sin\theta}{\eta_o \cos\left(\dfrac{\pi}{2}\cos\theta\right)}$$

$$= \frac{10 \times 10^{-6}\, 2\pi\, (500 \times 10^3) \cdot (1)}{120\pi\, (1)}$$

$$= 83.33 \text{ mA}$$

(c)

$$R_{rad} \simeq 73\ \Omega$$

$$P_{rad} = \frac{1}{2} I_o^2 R_{rad} = \frac{1}{2}(83.33)^2 \times 10^{-6} \times 73$$

$$= 253.5\ \text{mW}$$

(d)

$$\Gamma = \frac{Z_L - Z_o}{Z_L + Z_o} \quad (\text{이 경우 } Z_L = Z_{in})$$

$$= \frac{73 + j42.5 - 75}{73 + j42.5 + 75} = \frac{-2 + j42.5}{148 + j42.5}$$

$$= \frac{42.55\underline{/92.69°}}{153.98\underline{/16.02°}} = 0.2763\underline{/76.67°}$$

$$s = \frac{1 + |\Gamma|}{1 - |\Gamma|} = \frac{1 + 0.2763}{1 - 0.2763} = 1.763$$

연습문제 13.2

다이폴 안테나를 $\lambda/4$ 모노폴로 바꾼 후, 예제 13.2를 반복하라.

해답: (a) 1.5 m

(b) 83.33 mA

(c) 126.8 mW

(d) 2.265

13.6 안테나 특성

이제까지는 기본적인 안테나 형태를 다루었다면, 지금부터는 전자파 에너지의 복사체로서 안테나의 중요한 특성들에 대하여 검토할 것이다. 여기에는 다음과 같은 특성들이 포함된다. 즉, (a) 안테나 패턴, (b) 복사강도, (c) 지향성 이득, (d) 전력이득.

A. 안테나 패턴(Antenna Patterns)

전기장 **E**의 특정 성분의 진폭이 그려진 경우, 이를 **장 패턴**(field pattern) 또는 **전압 패턴**(voltage pattern)이라고 부른다. 전기장 **E**의 크기의 제곱이 그려진 경우, 이를 **전력 패턴**(power pattern)이라 한다. 안테나 패턴의 3차원 그림을 ϕ를 일정하게 두고 그린 정규화된 $|E_s|$ 대 θ의 그림(*E*-**면 패턴** 또는 **수직 패턴**)과 $\theta = \pi/2$로 두고 그린 정규화된 $|E_s|$ 대 ϕ의 그

림(H-**면 패턴** 또는 **수평 패턴**)으로 바꿀 수 있다. $|E_s|$의 정규화는 $|E_s|$를 $|E_s|$의 최대값으로 나누는 것으로서, 정규화된 $|E_s|$의 최대값은 1이다.

예를 들면, 헤르츠 다이폴에 대하여 정규화된 $|E_s|$는 식 (13.8a)로부터 다음과 같이 구할 수 있다.

$$f(\theta) = |\sin\theta| \tag{13.37}$$

이 결과는 ϕ와 무관하다. 식 (13.37)로부터 $0°$에서 $180°$까지 변화하는 θ에 대한 $f(\theta)$의 극좌표 형식의 그림으로 E-면 패턴을 구할 수 있다. 그 결과를 그림 13.7(a)에 나타내었다. 이 그림은 z축($\theta = 0$)에 대하여 대칭이 됨을 주목하라. H-면 패턴의 경우 $\theta = \pi/2$로 두면 $f(\theta) = 1$이 되며, 그림 13.7(b)에서와 같이 반경이 1인 원이 된다. 그림 13.7(a)와 13.7(b)의 두 그림을 결합시키면 그림 13.7(c)와 같은 도넛모양의 3차원 장 패턴을 얻을 수 있다.

고정된 거리 r에 대한 시평균 전력 $|\mathbf{P}_{\text{ave}}| = \mathcal{P}_{\text{ave}}$의 그림이 안테나의 전력 패턴이다. 전력 패턴은 ϕ를 일정하게 두고 그린 $\mathcal{P}_{\text{ave}}$ 대 θ의 그림과 θ를 일정하게 두고 그린 $\mathcal{P}_{\text{ave}}$ 대 ϕ의 그림으로 분리해서 구할 수 있다.

헤르츠 다이폴에서 정규화된 전력 패턴은 식 (13.37)이나 (13.9)로부터 쉽게 구할 수 있다. 즉,

$$f^2(\theta) = \sin^2\theta \tag{13.38}$$

전력 패턴을 그림 13.8에 나타내었다. 그림 13.7(b)와 13.8(b)는 $f(\theta)$가 ϕ와 무관하기 때문

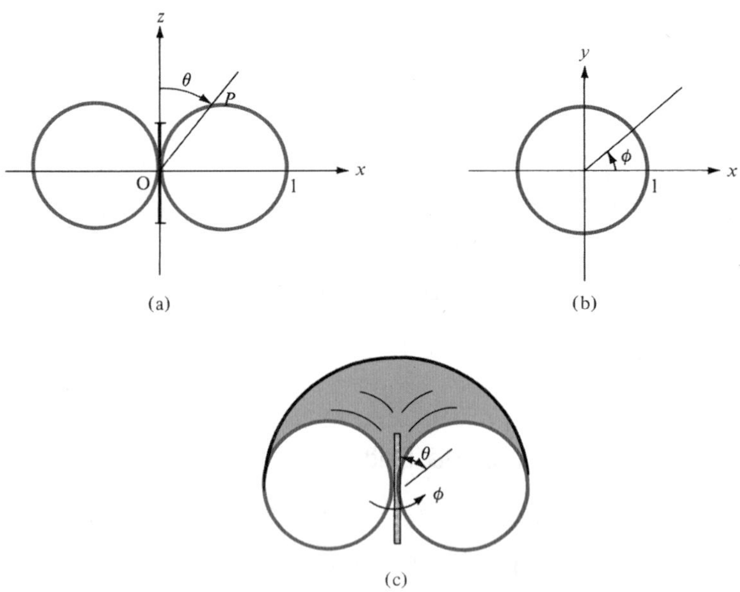

그림 13.7 헤르츠 다이폴 안테나의 장 패턴: (a) 정규화된 E-면 또는 수직 패턴 (ϕ = 일정 = 0), (b) 정규화된 H-면 또는 수평 패턴($\theta = \pi/2$), (c) 3차원 패턴

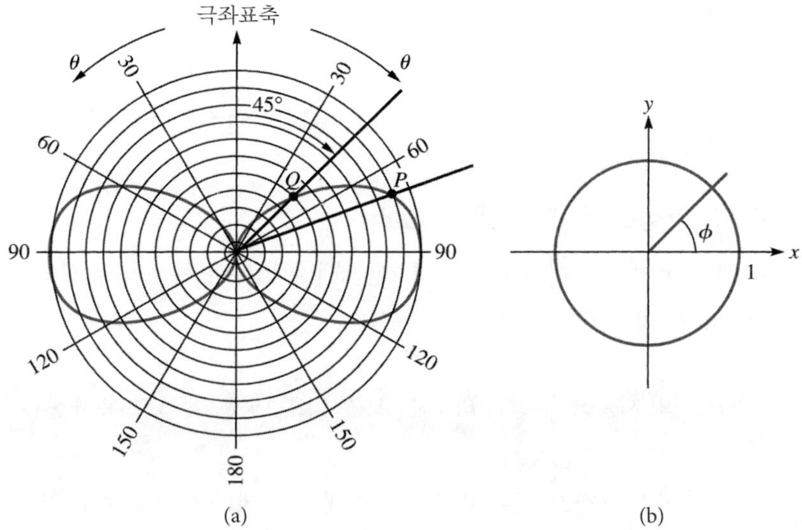

그림 13.8 헤르츠 다이폴의 전력 패턴: (a) ϕ = 일정 = 0, (b) θ = 일정 = $\pi/2$

에 원의 모양을 나타내고 있으며, 그림 13.8(a)에서 OP의 값은 특정 방향의 각 θ에 대한 상대적인 평균전력임에 유의하라. 그러므로 Q점($\theta = 45°$)에서의 평균전력은 최대 평균전력($\theta = \pi/2$일 때의 값)의 절반 값이다.

> **안테나 패턴**(또는 **복사 패턴**)은 원거리에서의 복사에 대한 3차원 그림이다.

B. 복사강도(Radiation Intensity)

안테나의 복사강도는 다음과 같이 정의된다.

$$\boxed{U(\theta, \phi) = r^2 \mathcal{P}_{\text{ave}}} \tag{13.39}$$

식 (13.39)로부터, 복사되는 총 평균전력은 다음과 같이 표현할 수 있다.

$$\begin{aligned} P_{\text{rad}} &= \oint_S \mathcal{P}_{\text{ave}}\, dS = \oint_S \mathcal{P}_{\text{ave}}\, r^2 \sin\theta\, d\theta\, d\phi \\ &= \int_S U(\theta, \phi) \sin\theta\, d\theta\, d\phi \\ &= \int_{\phi=0}^{2\pi} \int_{\theta=0}^{\pi} U(\theta, \phi)\, d\Omega \end{aligned} \tag{13.40}$$

여기서 $d\Omega = \sin\theta\, d\theta\, d\phi$는 **미분입체각**이며, 단위는 steradian(sr)이다. 그러므로 복사강도 $U(\theta, \phi)$는 watts/steradian(W/sr)의 단위로 측정된다. $U(\theta, \phi)$의 평균값은 총 복사전력을 4π

sr로 나눈 값이다. 즉,

$$\boxed{U_{ave} = \frac{P_{rad}}{4\pi}} \tag{13.41}$$

C. 지향성 이득(Directive Gain)

위에서 설명한 안테나 패턴과 함께 안테나의 복사 특성을 결정하는 이득과 지향성 같은 측정가능한 양들에 주목할 필요가 있다.

> 안테나의 **지향성이득** $G_d(\theta, \phi)$는 특정 방향 (θ, ϕ)에서의 복사전력의 집중도를 나타낸다.

이는 주어진 방향으로 복사전력을 보내는 안테나의 능력으로 간주할 수 있다. 일반적으로, 주어진 방향 (θ, ϕ)로의 복사강도와 평균복사강도의 비로서 구해지며, 다음과 같다.

$$\boxed{G_d(\theta, \phi) = \frac{U(\theta, \phi)}{U_{ave}} = \frac{4\pi\, U(\theta, \phi)}{P_{rad}}} \tag{13.42}$$

식 (13.39)를 식 (13.42)에 대입하여 $\mathcal{P}_{ave}$를 다음과 같이 지향성이득의 항으로 나타낼 수 있다.

$$\mathcal{P}_{ave} = \frac{G_d}{4\pi r^2} P_{rad} \tag{13.43}$$

지향성이득 $G_d(\theta, \phi)$는 안테나 패턴에 의존한다. 헤르츠 다이폴($\lambda/2$ 다이폴과 $\lambda/4$ 모노폴과 마찬가지로)의 경우 그림 13.8에서와 같이 $\mathcal{P}_{ave}$가 $\theta = \pi/2$에서 최대이고, $\theta = 0, \pi$에서 최소(0)가 됨에 주목하라. 그러므로 헤르츠 다이폴은 안테나의 길이방향의 측면으로 전력을 복사한다. 등방성 안테나(모든 방향으로 균일하게 전력을 복사)의 경우 $G_d = 1$이다. 그러나 이러한 안테나는 이상적인 것으로서 실제로는 존재하지 않는다.

> 안테나의 **지향성**(directivity) D는 평균복사강도에 대한 최대복사강도의 비이다.

분명히 D는 최대 지향성이득 $G_{d,\, max}$이다. 그러므로

$$\boxed{D = \frac{U_{max}}{U_{ave}} = G_{d\, max}} \tag{13.44a}$$

또는 식 (13.41)로부터

$$D = \frac{4\pi\, U_{\max}}{P_{\text{rad}}} \tag{13.44b}$$

이다. 등방성 안테나에서는 $D = 1$이며, 이것은 D가 가질 수 있는 최소값이다. 헤르츠 다이폴에서는

$$G_d(\theta, \phi) = 1.5 \sin^2 \theta, \quad D = 1.5 \tag{13.45}$$

$\lambda/2$ 다이폴에서는

$$G_d(\theta, \phi) = \frac{\eta}{\pi R_{\text{rad}}} f^2(\theta), \quad D = 1.64 \tag{13.46}$$

가 된다. 여기서 $\eta = 120\pi$, $R_{\text{rad}} = 73\ \Omega$이며,

$$f(\theta) = \frac{\cos\left(\dfrac{\pi}{2}\cos\theta\right)}{\sin\theta} \tag{13.47}$$

이다.

D. 전력이득(Power Gain)

식 (13.42)의 지향성이득에 대한 정의에서는 안테나의 저항성 전력손실 P_ℓ은 고려하지 않았다. 이 전력손실 P_ℓ은 안테나가 유한한 도전율을 갖는 도체로 만들어진다는 사실에 기인한다. 그림 13.9에 나타낸 바와 같이 P_{in}을 안테나로의 총 입력전력이라고 하면

$$\begin{aligned} P_{\text{in}} &= P_\ell + P_{\text{rad}} \\ &= \frac{1}{2}|I_{\text{in}}|^2 (R_\ell + R_{\text{rad}}) \end{aligned} \tag{13.48}$$

이 되며, 여기서 I_{in}은 입력단자에 흐르는 전류이고, R_ℓ은 안테나의 **손실** 또는 **옴**(ohmic) **저항**이다. 다시 말하면, P_{in}은 복사과정 동안 안테나의 입력단을 통해 받는 전력이고, P_{rad}은 안테나에 의해 복사되는 전력이다. 두 전력 사이의 차이가 안테나 내부에서 소비되는 전력 P_ℓ이다.

안테나의 **전력이득** $G_p(\theta, \phi)$는 다음과 같이 정의된다.

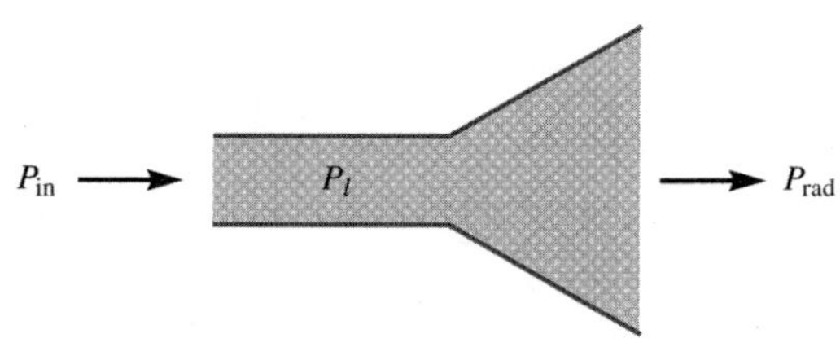

그림 13.9 P_{in}, P_ℓ P_{rad}의 관계

$$G_p(\theta, \phi) = \frac{4\pi\, U(\theta, \phi)}{P_{\text{in}}} \tag{13.49}$$

어느 특정 방향 (θ, ϕ)에서의 지향성이득에 대한 그 방향에서의 전력이득의 비를 안테나의 **복사효율**(radiation efficiency) η_r이라 한다. 즉,

$$\eta_r = \frac{G_P}{G_d} = \frac{P_{\text{rad}}}{P_{\text{in}}}$$

식 (13.48)을 도입하면 η_r은 다음과 같다.

$$\eta_r = \frac{P_{\text{rad}}}{P_{\text{in}}} = \frac{R_{\text{rad}}}{R_{\text{rad}} + R_\ell} \tag{13.50}$$

대부분의 안테나에서 η_r은 100%에 가깝기 때문에 $G_P \simeq G_d$가 된다. 지향성과 이득은 데시벨(decibel, dB)로 표현하는 것이 관례이다. 즉,

$$D\,(\text{dB}) = 10 \log_{10} D \tag{13.51a}$$

$$G\,(\text{dB}) = 10 \log_{10} G \tag{13.51b}$$

안테나의 복사 패턴은 원거리영역에서 측정된다는 사실을 다시 한 번 언급할 필요가 있다. 안테나의 원거리영역은 통상적으로 $r \geq r_{\text{min}}$이라고 두며, 여기서

$$r_{\text{min}} = \frac{2d^2}{\lambda} \tag{13.52}$$

이고, d는 안테나의 가장 큰 치수이다. 예를 들면 다이폴 안테나에서는 $d = \ell$이고 소형 루프 안테나에서는 $d = 2\rho_o$이다.

예제 13.3

헤르츠 다이폴의 지향성이득은

$$G_d(\theta, \phi) = 1.5 \sin^2 \theta$$

이고, 반파장 다이폴의 경우 지향성 이득이 다음과 같음을 보여라.

$$G_d(\theta, \phi) = 1.64 \frac{\cos^2\left(\dfrac{\pi}{2}\cos\theta\right)}{\sin^2\theta}$$

풀이

식 (13.42)로부터 시작하여 $U(\theta, \phi)$와 P_{rad}의 표현식을 도입하면 다음 식을 얻을 수 있다.

$$G_d(\theta, \phi) = \frac{4\pi f^2(\theta)}{\int f^2(\theta)\, d\Omega}$$

(a) 헤르츠 다이폴의 경우

$$G_d(\theta, \phi) = \frac{4\pi \sin^2\theta}{\displaystyle\int_{\phi=0}^{2\pi}\int_{\theta=0}^{\pi} \sin^3\theta \, d\theta \, d\phi} = \frac{4\pi \sin^2\theta}{2\pi\,(4/3)}$$

$$= 1.5 \sin^2\theta$$

이 된다.

(b) 반파장 다이폴의 경우

$$G_d(\theta, \phi) = \frac{\dfrac{4\pi \cos^2\left(\dfrac{\pi}{2}\cos\theta\right)}{\sin^2\theta}}{\displaystyle\int_{\phi=0}^{2\pi}\int_{\theta=0}^{\pi} \frac{\cos^2\left(\dfrac{\pi}{2}\cos\theta\right) d\theta \, d\phi}{\sin\theta}}$$

식 (13.26)으로부터 분모의 적분 결과는 $2\pi(1.2188)$이 된다. 그러므로

$$G_d(\theta, \phi) = \frac{4\pi \cos^2\left(\dfrac{\pi}{2}\cos\theta\right)}{\sin^2\theta} \cdot \frac{1}{2\pi\,(1.2188)}$$

$$= 1.64 \frac{\cos^2\left(\dfrac{\pi}{2}\cos\theta\right)}{\sin^2\theta}$$

이 된다.

연습문제 13.3

다음 안테나의 지향성을 계산하라.

(a) 헤르츠 다이폴

(b) $\lambda/4$ 모노폴

해답: (a) 3, (b) 3.28

예제 13.4

지향성이득이 5 dB이고, 20 kW의 총 전력을 복사하는 안테나로부터 10 km 떨어진 지점에서의 전기장의 세기를 구하라.

풀이

$$5 = G_d\,(\text{dB}) = 10 \log_{10} G_d$$

또는

$$0.5 = \log_{10} G_d \rightarrow G_d = 10^{0.5} = 3.162$$

식 (13.43)으로부터

$$\mathcal{P}_{\text{ave}} = \frac{G_d P_{\text{rad}}}{4\pi r^2}$$

그러나

$$\mathcal{P}_{\text{ave}} = \frac{|E_s|^2}{2\eta}$$

그러므로

$$|E_s|^2 = \frac{\eta G_d P_{\text{rad}}}{2\pi r^2} = \frac{120\pi(3.162)(20 \times 10^3)}{2\pi\,[10 \times 10^3]^2}$$

$$|E_s| = 0.1948 \text{ V/m}$$

연습문제 13.4

최대복사강도가 0.5 W/sr이고, 효율이 95%인 안테나가 있다. 다음에 대하여 지향성을 구하라.

(a) 입력전력이 0.4 W인 경우, (b) 복사전력이 0.3 W인 경우

해답: (a) 16.53, (b) 20.94

예제 13.5

어떤 안테나의 복사강도가 다음과 같다.

$$U(\theta, \phi) = \begin{cases} 2 \sin\theta \sin^3\phi, & 0 \le \theta \le \pi, 0 \le \phi \le \pi \\ 0, & \text{위의 영역 밖에서} \end{cases}$$

이 안테나의 지향성을 구하라.

풀이

지향성은 다음과 같이 정의된다.

$$D = \frac{U_{\max}}{U_{\text{ave}}}$$

주어진 U로부터

$$U_{\max} = 2$$

식 (13.40)과 (13.41)로부터 평균복사강도에 관한 표현식을 얻을 수 있다. 즉,

$$\begin{aligned} U_{\text{ave}} &= \frac{1}{4\pi}\int U(\theta, \phi)\, d\Omega \\ &= \frac{1}{4\pi}\int_{\phi=0}^{\pi}\int_{\theta=0}^{\pi} 2\sin\theta \sin^3\phi \sin\theta\, d\theta\, d\phi \\ &= \frac{1}{2\pi}\int_0^{\pi}\sin^2\theta\, d\theta \int_0^{\pi}\sin^3\phi\, d\phi \\ &= \frac{1}{2\pi}\int_0^{\pi}\frac{1}{2}(1 - \cos 2\theta)\, d\theta \int_0^{\pi}(1 - \cos^2\phi)\, d(-\cos\phi) \\ &= \frac{1}{2\pi}\frac{1}{2}\left(\theta - \frac{\sin 2\theta}{2}\right)\Bigg|_0^{\pi}\left(\frac{\cos^3\phi}{3} - \cos\phi\right)\Bigg|_0^{\pi} \\ &= \frac{1}{2\pi}\left(\frac{\pi}{2}\right)\left(\frac{4}{3}\right) = \frac{1}{3} \end{aligned}$$

그러므로

$$D = \frac{2}{(1/3)} = 6$$

연습문제 13.5

안테나의 정규화된 복사강도가 아래와 같을 때 지향성을 계산하라.

$$U(\theta, \phi) = \begin{cases} \sin\theta, & 0 \le \theta \le \pi/2, 0 \le \phi \le 2\pi \\ 0, & \text{위의 영역 밖에서} \end{cases}$$

해답: 2.546

13.7 안테나 배열

많은 실제의 응용(예를 들면 AM 방송국)에서 특정 방향으로 보다 많은 에너지를 복사하고, 그 외의 다른 방향으로는 덜 복사하도록 안테나를 설계할 필요가 있다. 이것은 안테나의 복

사 패턴이 필요한 방향으로 집중되도록 하는 것과 같다. 이는 단일 안테나 소자를 가지고 실현하기는 어렵다. 단일 안테나 소자로 얻을 수 있는 것보다 더 큰 지향성을 얻기 위하여 안테나 배열이 이용된다.

안테나 배열(antenna array)은 특정 복사 특성을 만들 수 있도록 배열된 복사소자의 그룹이다.

배열은 동일한 안테나 소자로 구성하는 것이 실용적이고 편리하지만 근본적으로 요구되는 것은 아니다. 먼저 가장 간단한 2소자 배열의 경우를 고려하고, 이 결과를 보다 복잡한 구조, 즉 N소자 배열의 일반적인 경우로 확장할 것이다.

그림 13.10에 나타낸 것처럼 자유공간 내에서 z축을 따라 x축에 평행하게 향하도록 놓여 있는 두 개의 헤르츠 다이폴로 구성된 안테나 배열을 고려해 보자. $(0, 0, d/2)$에 있는 다이폴에는 $I_{1s} = I_o \angle \alpha$의 전류가 흐르고, $(0, 0, -d/2)$에 있는 다이폴에는 $I_{2s} = I_o \angle 0$의 전류가 흐른다고 가정하자. 여기서 α는 두 전류 사이의 위상차다. 두 다이폴 사이의 간격 d와 위상차 α를 변화시킴으로써 배열에 의한 전자기장이 필요한 방향으로는 더해지고, 그 밖의 방향에서는 서로 상쇄되도록 간섭시킬 수 있다. P점에서의 총 전기장은 개별 소자들에 의한 전기장의 벡터합이 된다. 만약 P점이 원거리영역에 위치하면 P점에서의 총 전기장은 식 (13.8a)으로부터 다음과 같이 표현된다.

$$\begin{aligned} \mathbf{E}_s &= \mathbf{E}_{1s} + \mathbf{E}_{2s} \\ &= \frac{j\eta\beta I_o dl}{4\pi}\left[\cos\theta_1 \frac{e^{-j\beta r_1}}{r_1} e^{j\alpha}\,\mathbf{a}_{\theta_1} + \cos\theta_2 \frac{e^{-j\beta r_2}}{r_2}\,\mathbf{a}_{\theta_2}\right] \end{aligned} \tag{13.53}$$

그림 13.3의 소자가 z방향인 반면에 그림 13.10의 소자는 x방향이므로 식 (13.8a)의 $\sin\theta$가 $\cos\theta$로 바뀌었음을 주목하라. P점이 안테나 배열로부터 멀리 떨어져 있기 때문에 $\theta_1 \simeq \theta \simeq \theta_2$이고, $\mathbf{a}_{\theta_1} \simeq \mathbf{a}_\theta \simeq \mathbf{a}_{\theta_2}$가 된다. 거리는 $r_1 \simeq r \simeq r_2$로 둘 수 있으나 위상은 그렇지 못하므로 다음과 같은 근사식을 사용해야 한다.

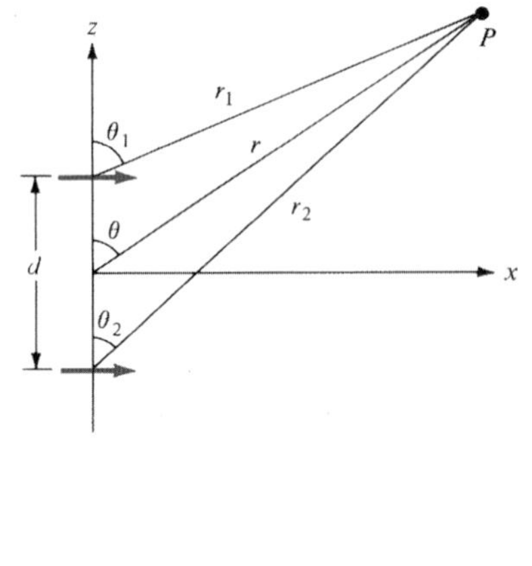

그림 13.10 2소자 배열

$$r_1 \simeq r - \frac{d}{2}\cos\theta \tag{13.54a}$$

$$r_2 \simeq r + \frac{d}{2}\cos\theta \tag{13.54b}$$

따라서 식 (13.53)은 다음과 같이 된다.

$$\mathbf{E}_s = \frac{j\eta\beta I_o\, dl}{4\pi\, r}\cos\theta\, e^{-j\beta r}e^{j\alpha/2}\left[e^{j(\beta d\cos\theta)/2}e^{j\alpha/2} + e^{-j(\beta d\cos\theta)/2}e^{-j\alpha/2}\right]\mathbf{a}_\theta$$

$$= \frac{j\eta\beta I_o\, dl}{4\pi\, r}\cos\theta\, e^{-j\beta r}e^{j\alpha/2}2\cos\left[\frac{1}{2}(\beta d\cos\theta + \alpha)\right]\mathbf{a}_\theta \tag{13.55}$$

이 식을 식 (13.8a)와 비교해 보면 이러한 배열의 총 전기장은 좌표계의 원점에 위치한 단일 소자의 전기장에 아래의 식으로 주어지는 **배열인자**(array factor)를 곱한 것과 같음을 알 수 있다.

$$\boxed{AF = 2\cos\left[\frac{1}{2}(\beta d\cos\theta + \alpha)\right]e^{j\alpha/2}} \tag{13.56}$$

그러므로 2소자 배열에 의한 원거리 장은 일반적으로 다음과 같이 주어진다.

$$\text{총 전기장} = (\text{원점에 위치한 단일 소자에 의한 전기장}) \times (\text{배열인자}) \tag{13.57}$$

또한 식 (13.55)로부터 소자들이 등방성이라면 $|\cos\theta|$는 단일 소자의 복사 패턴인 반면에, 정규화된 배열인자 $|\cos[1/2(\beta d\cos\theta + \alpha)]|$는 안테나 배열의 복사 패턴이 됨을 알 수 있다. 이들을 각각 '단위 패턴', '그룹 패턴'이라고 한다. 따라서 '결과 패턴'은 단위 패턴과 그룹 패턴의 곱이 된다. 즉,

$$\boxed{\text{결과 패턴} = \text{단위 패턴} \times \text{그룹 패턴}} \tag{13.58}$$

이 식은 **패턴 곱**(pattern multiplication)의 원리로 알려져 있으며, 이 원리는 안테나 배열의 패턴을 거의 직관적으로 그리는 데 이용할 수 있다. 그러므로 패턴 곱은 안테나 배열의 설계에 유용한 도구가 된다. 여기서 단위 패턴은 안테나 배열을 구성하고 있는 개별 소자의 형태에 의존하는 반면에 그룹패턴은 안테나 간격 d, 위상차 α, 그리고 각 안테나의 방향이 일정하면 개별 안테나의 형태와는 무관하다는 사실에 유의할 필요가 있다.

이제 2소자 배열의 결과를 그림 3.11에 나타낸 일반적인 N소자 배열로 확장해 보기로 하자. 소자들이 일직선을 따라 같은 간격을 가지며, z축을 따라 놓여있는 **선형**(linear) 배열을 가정하자. 또한 배열의 각 소자가 점차적으로 위상차 α를 갖지만 같은 크기의 전류, 즉 $I_{1s} = I_o\underline{/0}$, $I_{2s} = I_o\underline{/\alpha}$, $I_{3s} = I_o\underline{/2\alpha}$ 등의 전류가 공급되는 **균일**(uniform) 배열로 가정한다. 우리의 주된 관심사는 안테나 배열인자를 구하는 것이다. 배열인자를 알면 식 (13.57)로부

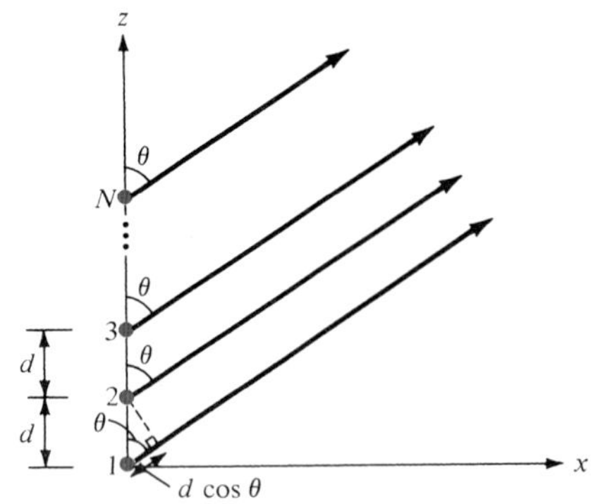

그림 13.11 N소자 균일 선형 배열

터 원거리 장을 쉽게 구할 수 있다. 균일한 선형 배열의 경우 배열인자는 모든 개별 소자들에 의한 성분들의 합이다. 그러므로

$$AF = 1 + e^{j\psi} + e^{j2\psi} + e^{j3\psi} + \cdots + e^{j(N-1)\psi} \tag{13.59}$$

여기서

$$\psi = \beta d \cos\theta + \alpha \tag{13.60}$$

식 (13.60)에서 $\beta = 2\pi/\lambda$이며, d와 α는 각각 소자들 사이의 간격과 위상차이다. 식 (13.59)의 우변은 아래와 같은 등비(또는 기하)급수의 형식이다.

$$1 + x + x^2 + x^3 + \cdots + x^{N-1} = \frac{1 - x^N}{1 - x} \tag{13.61}$$

그러므로 식 (13.59)는 다음과 같이 된다.

$$AF = \frac{1 - e^{jN\psi}}{1 - e^{j\psi}} \tag{13.62}$$

이 식은 다음과 같이 쓸 수 있다.

$$\begin{aligned} AF &= \frac{e^{jN\psi} - 1}{e^{j\psi} - 1} = \frac{e^{jN\psi/2}}{e^{j\psi/2}} \frac{e^{jN\psi/2} - e^{-jN\psi/2}}{e^{j\psi/2} - e^{-j\psi/2}} \\ &= e^{j(N-1)\psi/2} \frac{\sin(N\psi/2)}{\sin(\psi/2)} \end{aligned} \tag{13.63}$$

배열의 중심을 좌표계의 원점에 두었을 경우에는 위상인자 $e^{j(N-1)\psi/2}$는 존재하지 않는다. 따라서 이와 같이 불필요한 항을 무시하면

$$\boxed{|AF| = \left| \frac{\sin \dfrac{N\psi}{2}}{\sin \dfrac{\psi}{2}} \right|, \quad \psi = \beta d \cos\theta + \alpha} \tag{13.64}$$

가 된다. $N = 2$인 경우 이 식은 식 (13.56)으로 됨을 주목하라. 또한 아래 사항들에 유의하라.

1. $|AF|$는 최대값 N을 가지므로, 정규화된 $|AF|$는 $|AF|$를 N으로 나눔으로써 구할 수 있다. 최초의 최대값은 $\psi = 0$일 때 나타난다. 즉,

$$0 = \beta d \cos\theta + \alpha \quad \text{또는} \quad \cos\theta = -\frac{\alpha}{\beta d} \tag{13.65}$$

2. $|AF| = 0$일 때, $|AF|$는 **영점**(nulls 또는 zeros)을 갖는다. 즉,

$$\frac{N\psi}{2} = \pm k\pi, \quad k = 1, 2, 3, \ldots \tag{13.66}$$

여기서 k는 N의 배수가 아니다.

3. **브로드사이드 배열**(broadside array)은 배열축에 수직인 방향으로 최대 복사를 한다. 즉, $\psi = 0$, $\theta = 90°$이고, 따라서 $\alpha = 0$이다.
4. **엔드-파이어 배열**(end-fire array)은 배열축과 같은 방향으로 최대 복사를 한다. 즉,

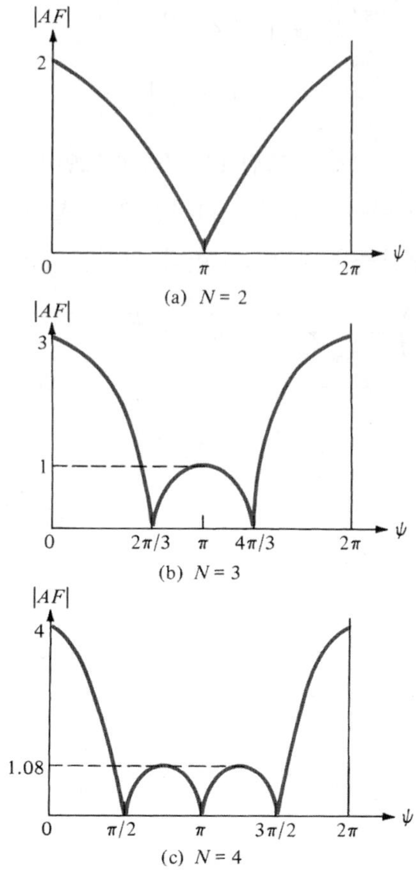

그림 13.12 균일 선형 배열에 대한 배열인자

$$\psi = 0, \theta = \left[\begin{matrix}0\\ \\ \pi\end{matrix}\right. \text{ 이고 따라서 } \alpha = \left[\begin{matrix}-\beta d\\ \\ \beta d\end{matrix}\right. \text{ 이다.}$$

위에 기술한 사항들은 $|AF|$를 그리는 데 도움이 된다. $N = 2, 3, 4$인 경우에 대한 $|AF|$를 그림 13.12에 나타내었다.

예제 13.6

그림 13.10의 2소자 안테나 배열에 대해 전류가 다음과 같을 때, 정규화 장 패턴을 그려라.

(a) 동위상($\alpha = 0$)으로 급전되며, $d = \lambda/2$일 때

(b) $90°$의 위상차($\alpha = \pi/2$)로 급전되며, $d = \lambda/4$일 때

풀이

배열의 정규화 패턴의 전기장은 식 (13.55)로부터 (13.57)까지에서 다음과 같이 구해진다.

$$f(\theta) = \left|\cos\theta \cos\left[\frac{1}{2}(\beta d \cos\theta + \alpha)\right]\right|$$

(a) $\alpha = 0, d = \lambda/2$이면 $\beta d = \dfrac{2\pi}{\lambda}\dfrac{\lambda}{2} = \pi$이다. 그러므로

$$\begin{matrix} f(\theta) & = & |\cos\theta| & \times & \left|\cos\dfrac{\pi}{2}(\cos\theta)\right| \\ \downarrow & & \downarrow & & \downarrow \\ \text{결과 패턴} & = & \text{단위 패턴} & \times & \text{그룹 패턴} \end{matrix}$$

단위 패턴은 간단하게 그릴 수 있다. 이것은 그림 13.13(a)에 보인 바와 같이 헤르츠 다이폴에 대한 그림 13.7(a)의 단위패턴을 단순하게 회전한 것에 불과하다. 그룹 패턴을 그리기 위해서는 먼저 영점과 최대점들을 결정해야 한다. 영점들의 경우

$$\cos\left(\frac{\pi}{2}\cos\theta\right) = 0 \rightarrow \frac{\pi}{2}\cos\theta = \pm\frac{\pi}{2}$$

또는

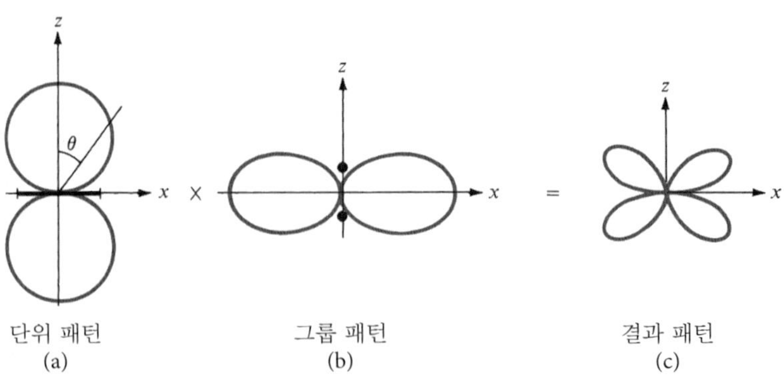

그림 13.13 예제 13.6(a)의 결과 그림: 소자들의 축을 포함하는 평면에서의 장 패턴

$$\theta = 0°, 180°$$

가 되며, 최대점들의 경우

$$\cos\left(\frac{\pi}{2}\cos\theta\right) = 1 \rightarrow \cos\theta = 0$$

또는

$$\theta = 90°$$

가 된다. 그룹 패턴을 그림 13.13(b)에 나타내었다. 이 그림은 $\theta = 0°, 5°, 10°, 15°, \cdots,$ $180°$에 대한 $\left|\cos\left(\frac{\pi}{2}\cos\theta\right)\right|$를 그린 그림과 $\theta = 0°, 180°$에서의 영점, 그리고 $\theta = 90°$에서의 최대점이 나타나는 그림을 결합하여 얻은 극좌표도이다. 그림 13.13(a)와 그림 13.13(b)를 곱하여 그림 13.13(c)의 결과 패턴을 얻을 수 있다. 그림 13.13의 장 패턴들이 개별 안테나 소자들의 축을 포함하는 평면 내에 있음을 반드시 주의해야 한다. 다음에 주목하라. (1) 소자들의 축에 수직인 yz평면에서 단위패턴($=1$)은 원[그림 13.7(b) 참조]인 반면에 그룹패턴은 그림 13.13(b)와 같다. 그러므로 이 경우 결과 패턴은 그룹 패턴과 같다. (2) $\theta = \pi/2$인 xy평면에서 단위 패턴은 보이지 않는 반면에 그룹 패턴($=1$)은 원이 된다.

(b) $\alpha = \pi/2, d = \lambda/4$이면 $\beta d = \frac{2\pi}{\lambda}\frac{\lambda}{4} = \frac{\pi}{2}$이다. 그러므로

$$\begin{array}{ccccc} f(\theta) & = & |\cos\theta| & \times & \left|\cos\frac{\pi}{4}(\cos\theta + 1)\right| \\ \downarrow & & \downarrow & & \downarrow \\ \text{결과 패턴} & = & \text{단위 패턴} & \times & \text{그룹 패턴} \end{array}$$

단위 패턴은 그림 13.14(a)와 같다. 그룹 패턴의 경우 영점은 다음의 경우에 발생한다.

$$\cos\frac{\pi}{4}(1 + \cos\theta) = 0 \rightarrow \frac{\pi}{4}(1 + \cos\theta) = \frac{\pi}{2}$$

또는

$$\cos\theta = 1 \rightarrow \theta = 0$$

최대값과 최소값은 다음의 경우에 발생한다. 즉,

$$\frac{d}{d\theta}\left[\cos\frac{\pi}{4}(1 + \cos\theta)\right] = 0 \rightarrow \sin\theta\sin\frac{\pi}{4}(1 + \cos\theta) = 0$$

$$\sin\theta = 0 \rightarrow \theta = 0°, 180°$$

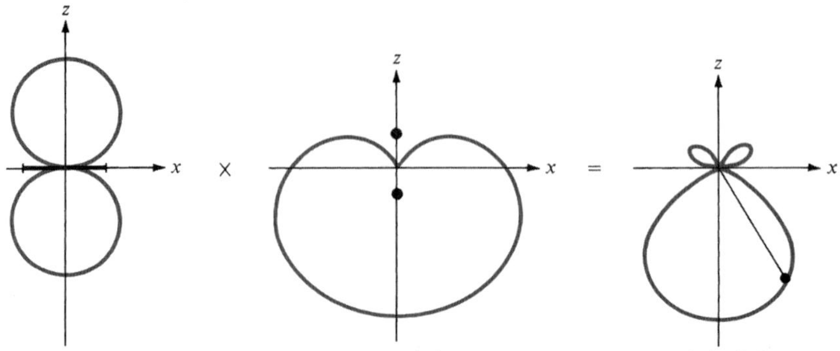

그림 13.14 예제 13.6(b)의 결과: 소자들의 축을 포함하는 평면에서의 장 패턴

그리고

$$\sin\frac{\pi}{4}(1 + \cos\theta) = 0 \rightarrow \cos\theta = -1 \text{ or } \theta = 180°$$

각 장 패턴은 $\theta = 0°, 5°, 10°, 15°, \cdots, 180°$로 변화시켜서 얻을 수 있다. $\theta = 180°$는 $|AF|$의 최대값에 해당하는 반면에, $\theta = 0°$는 영점에 해당함을 주목하라. 개별 소자들의 축을 포함하는 평면에서의 단위, 그룹, 그리고 결과 패턴을 그림 13.14에 나타내었다. 그룹 패턴으로부터 그림 13.13의 브로드사이드 배열($\alpha = 0$)은 양방향성인 반면에, 그림 13.14의 엔드-파이어 배열($\alpha = \beta d$)은 단방향성임을 알 수 있다.

연습문제 13.6

아래의 경우에 대하여 예제 13.6을 반복하라.

(a) $a = \pi, d = \lambda/2$

(b) $a = -\pi/2, d = \lambda/4$

해답: 그림 13.15 참조

예제 13.7

그림 13.16(a)와 같이 안테나에 공급되는 전류의 비가 1 : 2 : 1인 3소자 배열을 고려해 보자. 소자의 축을 포함하는 평면에서의 그룹 패턴을 그려라.

풀이

$2I\angle 0°$의 전류가 흐르는 그림 13.16(a)의 가운데에 위치한 소자를 해석을 위해 각각 $I\angle 0°$

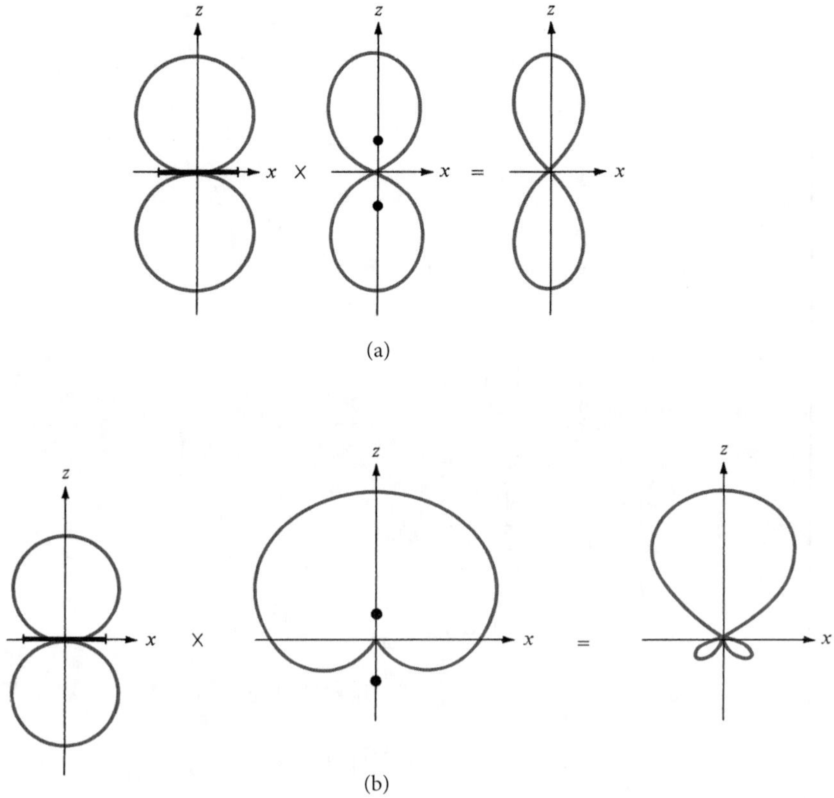

그림 13.15 연습문제 13.6의 그림

의 전류가 흐르는 두 소자를 분리해서 생각해 보자. 이는 결과적으로 그림 13.16(b)에서와 같이 3개 대신 4개의 소자로 된다. 편의상 소자 1과 2를 하나의 그룹으로, 소자 3과 4를 또 다른 하나의 그룹으로 간주하면, 그림 13.16(c)에서와 같이 2소자 배열이 된다. 각 그룹은 $d = \lambda/2$, $\alpha = 0$인 2소자 배열이며, 2소자 배열의 그룹 패턴(또는 3소자 배열의 단위 패턴)은 그림 13.13(b)에 나타내었다. 또한 두 개의 그룹은 $d = \lambda/2$, $\alpha = 0$인 예제 13.6(a)와 유사한 2소자 배열을 이루고 있으므로 그룹 패턴은 그림 13.13(b)의 패턴과 같다. 그러므로 이 경우 단위 패턴과 그룹 패턴 모두 그림 13.13(b)의 패턴과 같다. 결과적인 그룹 패턴은 그림 13.17(c)와 같이 구해진다. 그림 13.17(c)는 3소자 배열의 결과 패턴이 아니고 그룹 패턴이라는 점에 유의하라. 배열의 결과적인 그룹 패턴은 그림 13.17(c)에 단일 소자의 장 패턴을 곱해야 한다.

그림 13.16의 3소자 배열의 결과적인 그룹 패턴을 구하는 다른 방법은 식 (13.59)를 얻을 때와 비슷한 과정을 따르는 것이다. 정규화 배열인자(또는 그룹 패턴)를 다음과 같이 얻을 수 있다.

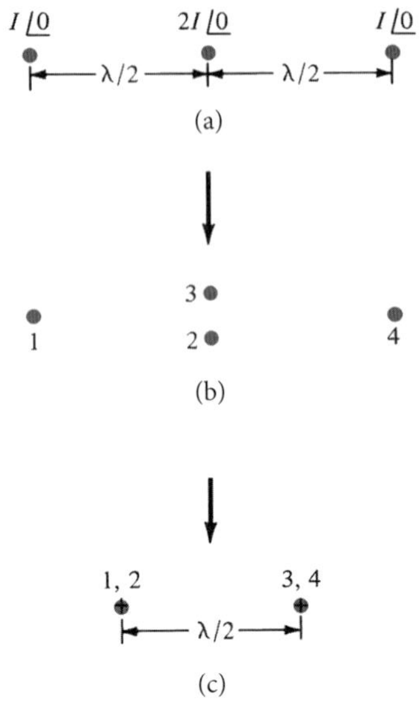

그림 13.16 예제 13.7의 그림: (a) 전류비가 1 : 2 : 1인 3소자 배열, (b)와 (c) 등가 2소자 배열

$$
\begin{aligned}
(AF)_n &= \frac{1}{4}|1 + 2e^{j\psi} + e^{j2\psi}| \\
&= \frac{1}{4}|e^{j\psi}||2 + e^{-j\psi} + e^{j\psi}| \\
&= \frac{1}{2}|1 + \cos\psi| = \left|\cos\frac{\psi}{2}\right|^2
\end{aligned}
$$

여기서 소자들이 x축과 평행한 방향으로 z축을 따라 놓여 있다면 $\psi = \beta d\cos\theta + \alpha$이다.

$\alpha = 0,\ d = \lambda/2,\ \beta d = \dfrac{2\pi}{\lambda}\cdot\dfrac{\lambda}{2} = \pi$이므로

$$
(AF)_n = \left|\cos\left(\frac{\pi}{2}\cos\theta\right)\right|^2
$$

$$
\begin{array}{ccccc}
(AF)_n & = & \left|\cos\left(\dfrac{\pi}{2}\cos\theta\right)\right| & \times & \left|\cos\left(\dfrac{\pi}{2}\cos\theta\right)\right| \\
\downarrow & & \downarrow & & \downarrow \\
\text{결과 패턴} & = & \text{단위 패턴} & \times & \text{그룹 패턴}
\end{array}
$$

이다. 이 패턴의 그림은 그림 13.17의 패턴과 정확히 같다.

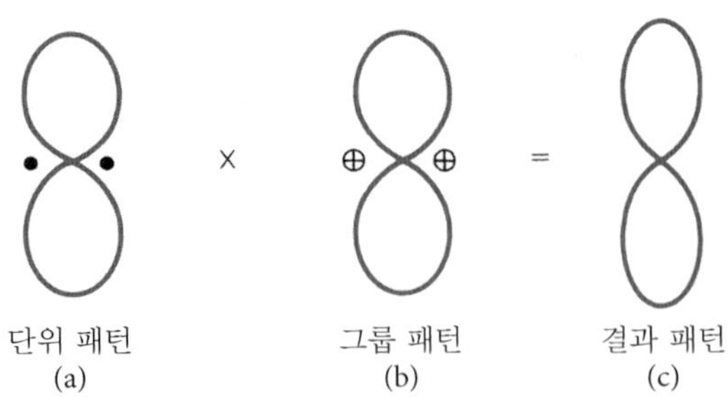

그림 13.17 예제 13.7의 그림: 그림 13.16(a)의 3소자 배열의 결과적인 그룹 패턴

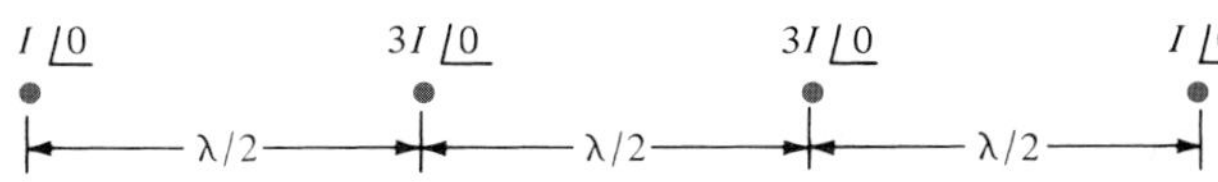

그림 13.18 예제 13.7과 연습문제 13.7의 그림: 전류비가 1 : 3 : 3 : 1인 4소자 배열

만일 3소자 배열 2개가 λ/2 떨어져 있다면 그림 13.18과 같이 전류비가 1 : 3 : 3 : 1인 4소자 배열을 얻게 된다. 이러한 4소자 배열 두 개가 λ/2만큼 떨어져 있다면 전류비가 1 : 4 : 6 : 4 : 1인 5소자 배열을 얻게 된다. 이 과정을 계속하면, 그 결과 λ/2만큼 떨어져 있고 길이가 $(N-1)\,\lambda/2$이고 전류비가 이항계수가 되는 N소자 배열이 얻어지게 된다. 이러한 배열을 선형 **이항 배열**(binomial array)이라 한다.

연습문제 13.7

(a) 그림 13.18에 보인 전류비가 1 : 3 : 3 : 1인 4소자 배열에 대한 결과적인 그룹 패턴을 그려라.

(b) N소자의 선형 2항 배열의 그룹 패턴에 대한 표현식을 유도하라. 소자들은 x축에 평행하게 향하고, z축을 따라 놓여 있으며, 소자 간격은 d, 소자들 사이의 위상차는 α라고 가정한다.

해답: (a) 그림 13.19 참조, (b) $\left|\cos\dfrac{\psi}{2}\right|^{N-1}$, 여기서 $\psi = \beta d\cos\theta + \alpha$

†13.8 유효면적과 Friis 방정식

입사하는 전자파가 수신 안테나의 전체 표면에 수직인 경우, 수신되는 전력은

$$P_r = \int_S \mathbf{P}_{\text{ave}} \cdot d\mathbf{S} = \mathcal{P}_{\text{ave}} S \tag{13.67}$$

가 된다. 그러나 대부분의 경우 입사하는 전자파가 안테나 전체 표면에 수직은 아니다. 이 때문에 수신 안테나의 유효면적 개념이 필요하다.

그림 13.19 연습문제 13.7(a)의 그림

수신 안테나의 해석에 있어서 유효면적(effective area) 또는 유효개구부(effective aperture, 안테나의 수신 단면적)라는 개념이 일반적으로 사용된다.

> 수신 안테나의 **유효면적** A_e는 안테나에 입사되는 파의 시평균 전력밀도 $\mathcal{P}_{\text{ave}}$에 대한 수신된 시평균 전력(또는 정확하게는 부하에 전달되는 전력) P_r의 비로서 정의된다.

즉,

$$A_e = \frac{P_r}{\mathcal{P}_{\text{ave}}} \tag{13.68}$$

이다. 식 (13.68)로부터 유효면적은 진행하는 전자파로부터 에너지를 추출하는 안테나 성능의 척도임을 알 수 있다.

수신 안테나로 동작하는 헤르츠 다이폴 안테나의 유효면적 계산을 위한 식을 유도해 보자. 수신 안테나에 대한 Thèvenin 등가회로를 그림 13.20에 보였으며, 여기서 V_{oc}는 원격 송신기에 의해 안테나 단자에 유도되는 개방회로전압이고, $Z_{\text{in}} = R_{\text{rad}} + jX_{\text{in}}$는 안테나 임피던스, $Z_L = R_L + jX_L$는 외부 부하임피던스로서 안테나에 급전되는 전송선로로 들여다본 입력임피던스라고 볼 수 있다. 최대 전력전달을 위해서는 $Z_L = Z_{\text{in}}^*$ 그리고 $X_L = -X_{\text{in}}$이어야 한다. 그러므로 정합된 부하에 전달되는 시평균 전력은

$$\begin{aligned} P_r &= \frac{1}{2}\left[\frac{|V_{\text{oc}}|}{2R_{\text{rad}}}\right]^2 R_{\text{rad}} \\ &= \frac{|V_{\text{oc}}|^2}{8\,R_{\text{rad}}} \end{aligned} \tag{13.69}$$

이 된다. 헤르츠 다이폴에서는 식 (13.13b)로부터 $R_{\text{rad}} = 80\pi^2(dl/\lambda)^2$, $V_{\text{oc}} = E\,dl$이며, 여기서 E는 다이폴 축에 평행한 실효전기장의 세기이다. 그러므로 식 (13.69)는

$$P_r = \frac{E^2\lambda^2}{640\pi^2} \tag{13.70}$$

이 된다. 안테나에서 시평균 전력은

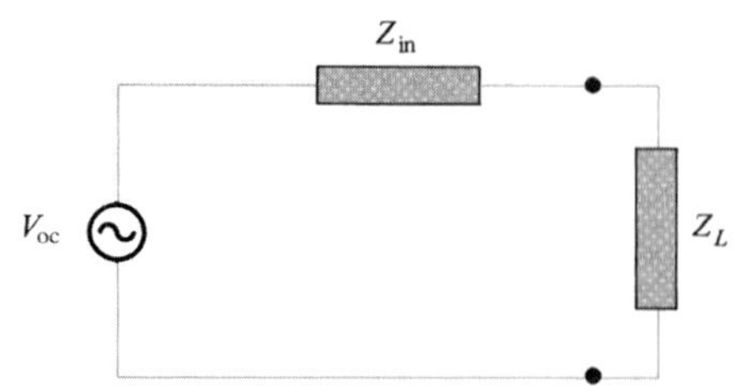

그림 13.20 수신 안테나의 Thèvenin 등가회로

$$\mathscr{P}_{\text{ave}} = \frac{E^2}{2\eta} = \frac{E^2}{240\pi} \tag{13.71}$$

이 된다. 식 (13.70)과 (13.71)을 식 (13.68)에 대입하면

$$A_e = \frac{3\lambda^2}{8\pi} = 1.5\frac{\lambda^2}{4\pi}$$

또는

$$A_e = \frac{\lambda^2}{4\pi}D \tag{13.72}$$

가 된다. 여기서 $D = 1.5$는 헤르츠 다이폴의 지향성이다. 식 (13.72)가 헤르츠 다이폴에 대해 유도한 것이지만 D를 $G_d(\theta, \phi)$로 바꾸면 어떤 안테나에도 적용할 수 있다. 그러므로 일반적으로

$$\boxed{A_e = \frac{\lambda^2}{4\pi}G_d(\theta, \phi)} \tag{13.73}$$

이다.

이제 그림 13.21에서와 같이 자유공간에서 거리 r만큼 떨어져 있는 두 개의 안테나를 가정하자. 송신 안테나는 유효면적이 A_{et}, 지향성이득이 G_{dt}이며, 총 전력 $P_t(=P_{\text{rad}})$를 전송한다. 수신 안테나는 유효면적이 A_{er}, 지향성이득이 G_{dr}이며, 총 전력 P_r을 수신한다. 송신기에서는

$$G_{dt} = \frac{4\pi U}{P_t} = \frac{4\pi r^2 \mathscr{P}_{\text{ave}}}{P_t}$$

또는

$$\mathscr{P}_{\text{ave}} = \frac{P_t}{4\pi r^2}G_{dt} \tag{13.74}$$

이다. 식 (13.68)과 (13.73)을 적용하면 시평균 수신전력이 다음과 같이 구해진다.

$$P_r = \mathscr{P}_{\text{ave}}A_{er} = \frac{\lambda^2}{4\pi}G_{dr}\mathscr{P}_{\text{ave}} \tag{13.75}$$

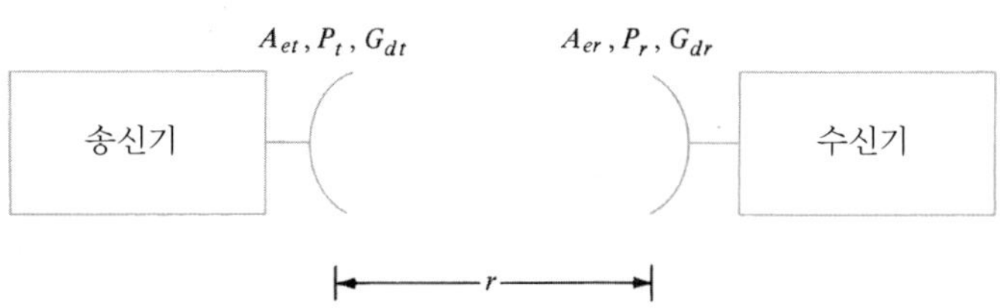

그림 13.21 자유공간에서의 송신 및 수신 안테나

식 (13.74)를 식 (13.75)에 대입하면

$$P_r = G_{dr}G_{dt}\left[\frac{\lambda}{4\pi r}\right]^2 P_t \tag{13.76}$$

가 된다. 이 식을 **Friis 전송공식**(Friis transmission formal)이라고 한다. 이 식은 두 안테나가 $r \geq 2d^2/\lambda$만큼 떨어져 있을 때, 한쪽 안테나에서 수신된 전력과 다른 쪽 안테나에서 전송된 전력 사이의 관계를 설명하고 있으며, 여기서 d는 양쪽 안테나에서 가장 큰 치수이다[식 (13.52) 참조]. 그러므로 Friis 공식을 적용하기 위해서는 두 안테나가 서로 멀리 떨어져 있도록 하여야 한다.

예제 13.8

30 MHz에서 동작하는 반파장 다이폴 안테나의 최대 유효면적을 구하라. 입사평면파의 전기장의 세기가 2 mV/m라면 얼마의 전력이 수신되는가?

풀이

$$A_e = \frac{\lambda^2}{4\pi} G_d(\theta, \phi)$$

$$\lambda = \frac{c}{f} = \frac{3 \times 10^8}{30 \times 10^6} = 10 \text{ m}$$

$$G_d(\theta, \phi) = \frac{\eta}{\pi R_{\text{rad}}} f^2(\theta) = \frac{120\pi}{73\pi} f^2(\theta) = 1.64 f^2(\theta)$$

$$G_{d\max} = 1.64$$

$$A_{e\max} = \frac{10^2}{4\pi}(1.64) = 13.05 \text{ m}^2$$

$$P_r = \mathcal{P}_{\text{ave}} A_e = \frac{E_0^2}{2\eta} A_e$$

$$= \frac{(2 \times 10^{-3})^2}{240\pi} 13.05 = 69.23 \text{ nW}$$

연습문제 13.8

100 MHz에서 동작하는 10 cm 길이의 헤르츠 다이폴 안테나의 최대 유효면적을 구하라. 안테나가 3 μW의 전력을 수신하였다면, 입사파의 전력밀도는 얼마인가?

해답: 1.074 m^2, 2.793 μW/m^2

예제 13.9

송신 안테나와 수신 안테나가 200 λ 정도 떨어져 있고, 각각 25 dB과 18 dB의 지향성이득을 갖고 있다. 5 mW의 전력을 수신하려면 최소 전송전력은 얼마가 되어야 하는가?

풀이

$G_{dt}(\text{dB}) = 25\text{ dB} = 10\log_{10} G_{dt}$이므로

$$G_{dt} = 10^{2.5} = 316.23$$

비슷하게

$$G_{dr}(\text{dB}) = 18\text{ dB} \quad \text{또는} \quad G_{dr} = 10^{1.8} = 63.1$$

Friis 공식을 사용하면

$$P_r = G_{dr}G_{dt}\left[\frac{\lambda}{4\pi r}\right]^2 P_t$$

또는

$$\begin{aligned} P_t &= P_r\left[\frac{4\pi r}{\lambda}\right]^2 \frac{1}{G_{dr}G_{dt}} \\ &= 5\times 10^{-3}\left[\frac{4\pi \times 200\,\lambda}{\lambda}\right]^2 \frac{1}{(63.1)(316.23)} \\ &= 1.583\text{ W} \end{aligned}$$

연습문제 13.9

공기 중으로 100 kW의 총 전력을 복사하는 안테나로부터 20 km 떨어진 지점에서 12 mV/m의 최대 전기장의 세기가 측정되었다. 다음을 구하라. (a) 지향성(dB), (b) $\eta_r = 98\%$일 때 최대 전력이득.

해답: (a) −20.18 dB, (b) 9.408×10^{-3}

†13.9 레이더 방정식

레이더는 물체를 탐지하고 위치를 찾아내는 데 사용하는 전자기 장치이다. **레이더**(radar)라는 용어는 **ra**dio **d**etection **a**nd **r**anging에서 유래되었다. 그림 13.22(a)에 나타낸 대표적인 레이더 시스템에서 전자파 에너지의 펄스가 멀리 떨어져 있는 물체로 보내어진다. 송신과

수신에 같은 안테나를 사용하므로 전송된 펄스와 반사된 펄스 사이의 시간차를 이용하여 목표물까지의 거리를 결정한다. 레이더와 목표물 사이의 거리가 r이고, 전자파의 속도가 광속 c라고 하면, 전송된 펄스와 수신된 펄스 사이의 경과시간은 $2r/c$가 된다. 이 경과시간을 측정하여 거리 r을 결정한다.

목표물이 전자파 에너지를 산란(또는 반사)시키는 능력은 목표물의 **산란단면적**(scattering cross section) 또는 **레이더 단면적**(radar cross section) σ로 특징지어진다. 산란단면적은 면적의 단위를 가지며, 실험적으로 측정할 수 있다.

> **산란단면적**은 목표물의 위치에서 등방성으로 산란할 때 레이더에서 산출되는 전력과 실제 목표물에 의해 산란(또는 반사)되어 레이더에 도달하는 전력이 같아지도록 하기 위하여 필요한 양의 전력을 목표물이 받기 위한 등가면적으로 정의된다.

즉,

$$\mathcal{P}_s = \lim_{r \to \infty} \left[\frac{\sigma \mathcal{P}_i}{4\pi r^2} \right]$$

또는

$$\sigma = \lim_{r \to \infty} 4\pi r^2 \frac{\mathcal{P}_s}{\mathcal{P}_i} \tag{13.77}$$

여기서 $\mathcal{P}_i$는 그림 13.22(b)에서와 같이 목표물 T에서의 입사전력밀도인 반면에, $\mathcal{P}_s$는 송수신기 O에서의 산란전력밀도이다.

식 (13.43)으로부터 목표물 T에서의 입사전력밀도 $\mathcal{P}_i$는

$$\mathcal{P}_i = \mathcal{P}_{\text{ave}} = \frac{G_d}{4\pi r^2} P_{\text{rad}} \tag{13.78}$$

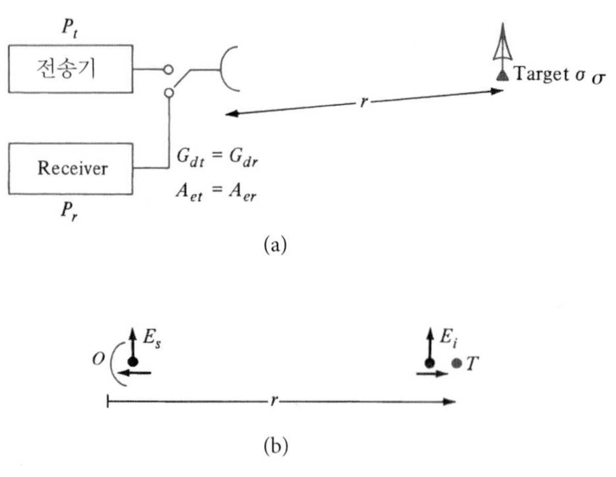

그림 13.22 (a) 대표적인 레이더 시스템, (b) 목표물 단면적 σ를 계산하기 위해 그림 (a)의 시스템을 단순화시킨 그림

이고, 송수신기 O에서의 수신전력은

$$P_r = A_{er}\,\mathcal{P}_s$$

또는

$$\mathcal{P}_s = \frac{P_r}{A_{er}} \tag{13.79}$$

이다. $\mathcal{P}_i$와 $\mathcal{P}_s$는 단위가 $\mathrm{W/m^2}$인 시평균 전력밀도이고, P_{rad}와 P_r은 단위가 W인 총 시평균 전력이다. $G_{dr} = G_{dt} = G_d$, $A_{er} = A_{et} = A_e$이므로 식 (13.78)과 (13.79)를 식 (13.77)에 대입하면

$$\sigma = (4\pi r^2)^2 \frac{P_r}{P_{\text{rad}}} \frac{1}{A_e\,G_d} \tag{13.80a}$$

또는

$$P_r = \frac{A_e \sigma G_d P_{\text{rad}}}{(4\pi r^2)^2} \tag{13.80b}$$

가 된다. 식 (13.73)으로부터 $A_e = \lambda^2 G_d / 4\pi$이다. 그러므로

$$\boxed{P_r = \frac{(\lambda G_d)^2 \sigma P_{\text{rad}}}{(4\pi)^3 r^4}} \tag{13.81}$$

이 된다. 이 식은 자유공간에서의 **레이더 전송방정식**(radar transmission equation)이고, 목표물의 산란단면적 측정의 기초가 된다. 식 (13.81)을 r에 대해서 풀면 다음과 같다.

$$\boxed{r = \left[\frac{\lambda^2\,G_d^2 \sigma}{(4\pi)^3} \cdot \frac{P_{\text{rad}}}{P_r}\right]^{1/4}} \tag{13.82}$$

식 (13.82)를 **레이더 탐지거리 방정식**(radar range equation)이라고 한다. 수신기의 최소 탐지 가능 전력이 주어지면 이 식은 레이더의 최대 탐지거리를 결정한다. 이 식은 또한 레이더 시스템의 성능에 미치는 다양한 변수들의 영향에 관한 기술적 정보를 얻는 데 유용하다.

지금까지 논의한 레이더는 실제 응용에서 가장 널리 사용되는 **단방향**(monostatic) 레이더이다. 반면에 **양방향**(bistatic) 레이더는 송신기와 수신기가 분리되어 있다. 송신과 수신 안테나가 목표물로부터 각각 r_1, r_2만큼 떨어져 있고 $G_{dr} \neq G_{dt}$라고 하면 양방향 레이더에 대한 식 (13.81)은 다음과 같이 된다.

$$P_r = \frac{G_{dt} G_{dr}}{4\pi} \left[\frac{\lambda}{4\pi r_1 r_2}\right]^2 \sigma P_{\text{rad}} \tag{13.83}$$

표 13.1 레이더 주파수의 명칭

명칭	주파수
UHF	300–1000 MHz
L	1000–2000 MHz
S	2000–4000 MHz
C	4000–8000 MHz
X	8000–12,500 MHz
Ku	12.5–18 GHz
K	18–26.5 GHz
밀리미터	>35 GHz

레이더의 전송주파수는 25 MHz부터 70,000 MHz에 이른다. 표 13.1은 통상적으로 사용되는 레이더 주파수와 명칭을 보인 것이다.

예제 13.10

3 GHz에서 동작하는 S-밴드 레이더가 200 kW의 전력을 복사한다. 레이더 안테나의 유효면적이 9 m^2일 때, 100해리(nautical mile)와 400해리의 거리에서 신호의 전력밀도를 구하라. 또한 300해리 떨어진 곳에 20 m^2 크기의 목표물이 있을 때 레이더에서 반사신호의 전력을 계산하라.

풀이

해리는 레이더통신에서 공통적으로 사용하는 단위이다.

1해리(nautical mile, nm) = 1852 m이다.

$$\lambda = \frac{c}{f} = \frac{3 \times 10^8}{3 \times 10^9} = 0.1 \text{ m}$$

$$G_{dt} = \frac{4\pi}{\lambda^2} A_{et} = \frac{4\pi}{(0.1)^2} 9 = 3600\pi$$

$r = 100 \text{ nm} = 1.852 \times 10^5$ m이므로

$$\mathcal{P} = \frac{G_{dt} P_{\text{rad}}}{4\pi r^2} = \frac{3600\pi \times 200 \times 10^3}{4\pi\,(1.852)^2 \times 10^{10}}$$
$$= 5.248 \text{ mW/m}^2$$

$r = 400 \text{ nm} = 4(1.852 \times 10^5)$ m이므로

$$\mathcal{P} = \frac{5.248}{(4)^2} = 0.328 \text{ mW/m}^2$$

식 (13.80b)를 사용하면

$$P_r = \frac{A_e \sigma\, G_d\, P_{\text{rad}}}{[4\pi r^2]^2}$$

여기서 $r = 300$ nm $= 5.556 \times 10^5$ m이므로

$$P_r = \frac{9 \times 20 \times 3600\pi \times 200 \times 10^3}{[4\pi \times 5.556^2]^2 \times 10^{20}} = 2.706 \times 10^{-14}\text{ W}$$

식 (13.81)을 사용해도 같은 결과를 얻을 수 있다.

연습문제 13.10

1.8 m 반경의 안테나를 가진 C-밴드 레이더가 6000 MHz의 주파수에서 60 kW의 전력을 전송한다. 목표물의 단면적이 5 m^2이고, 최소 탐지가능전력이 0.26 mW일 때, 최대 탐지거리를 해리 단위로 계산하라. 그리고 최대 탐지거리의 반이 되는 위치에서 신호의 전력밀도를 계산하라. 안테나 효율은 1로 하고, 안테나의 유효면적은 실제 면적의 70%로 가정한다.

해답: 0.333해리, 42.4 W/m^2

MATLAB 13.1

```
% This script allows the user to calculate and plot the far-field
% radiation pattern for an array of isotropic point sources,
% placed anywhere around the 'origin'.
% The main assumption is that the array elements are clustered
% together relative to the far-field, so that the origin is roughly
% in the centre of the cluster. The user can still enter [x y]
% coordinates and magnitude/phase for each point source. Also the
% calculation assumes free space.

% Prompt user for number of antennas and frequency
n=input('Enter number of point sources \n> ');
f=input('Enter frequency \n> ');

% Begin loop prompting the user to enter each coefficient and each
% coordinate
for i=1:n
    disp('Enter source coefficient for point ')
    disp(sprintf(' %d source coefficient (a*exp(j*b) format)',i))
    A(i)=input('> ');  % store complex coefficients in A
    disp('Enter the (x,y) coordinate for point ')
    disp(sprintf(' %d source coefficient (in format [x y])',i))
    P(i,:)=input('> '); % store coordinates in P, where i is
                                                 % the ith element (row)
    % and column 1 contains the x values, column 2 the y values
end
```

```
Beta = 2*pi*f/3e8;   % solve for free space

phi = 0:2*pi/1000:2*pi;     % create a vector of 1001 points around
                                                  % a circle
Etotal=zeros(1,length(phi));    % the total electric field is also
                                % a vector of 1001 points

% loop through the antennas
for i=1:n
    % first determine how much the point source is offset from the
    % phi = 0
    % axis (x-axis)
    phi_offset(i) = atan2(P(i,2), P(i,1));
    % now find the distance from the ith point source to the origin
    rho(i) = sqrt(P(i,1)^2+P(i,2)^2);
end

% loop through the phi array and calculate the far field as a
% function of phi
for phi_index = 1:length(phi)
    for i=1:n   % need to add
        % The apparent angle between a point in the far field is the
        % difference between phi and the offset of the antenna
          from the
        % x-axis
        phi_apparent = phi(phi_index) - phi_offset(i);
        Etotal(phi_index)=Etotal(phi_index) + A(i)*...
        exp(j*Beta*rho(i)*cos(phi_apparent));
    end
end

% Polar plot of far-field field pattern
polar(phi, abs(Etotal))
```

요약

1. 지금까지 안테나 이론의 기본적인 개념과 정의들에 관해 논의하였다. 안테나의 기초적인 유형으로 헤르츠(또는 미분 길이의) 다이폴, 반파장 다이폴, $\lambda/4$ 모노폴 및 소형 루프 안테나에 관해 고찰하였다.
2. 이론적으로 전류분포를 알고 있다면 먼저 지연 자기벡터 포텐셜 **A**를 구할 수 있고, 이로부터 다음 수식을 사용하여 지연 전자기장 **E** 및 **H**를 구할 수 있다.

$$\mathbf{H} = \nabla \times \frac{\mathbf{A}}{\mu}, \quad \mathbf{E} = \eta \mathbf{H} \times \mathbf{a}_k$$

   원거리 장은 $1/r$ 항으로만 구해진다.
3. 헤르츠 다이폴 안테나의 해석은 다른 안테나 해석의 발판이 된다. 헤르츠 다이폴 안테나의 복사저항이 매우 작아서 실질적인 사용에는 제한을 받는다.

4. 반파장 다이폴의 길이는 $\lambda/2$이다. 헤르츠 다이폴에 비해 보다 보편적이며 실질적으로 많이 사용된다. 안테나의 입력 임피던스는 $73 + j42.5\ \Omega$이다.
5. 1/4 파장 모노폴은 본질적으로 반파장 다이폴의 반이 되는 길이의 안테나가 도체면 위에 위치한 구조이다.
6. 일반적으로 사용되는 복사 패턴에는 전기장 강도, 전력강도 및 복사강도 패턴이 있다. 전기장 패턴은 $|E_s|$ 또는 $|E_s|$의 정규화된 형태 $f(\theta)$를 그린 것이다. 전력 패턴은 $\mathcal{P}_{\text{ave}}$ 또는 $\mathcal{P}_{\text{ave}}$의 정규화된 형태 $f^2(\theta)$를 그린 것이다.
7. 지향성 이득은 복사강도 $U(\theta, \phi)$와 평균 복사강도의 비로써 구해진다. 지향성은 지향성 이득의 최대값이다.
8. 안테나 배열은 특정 복사 특성을 만들 수 있도록 배열된 복사 소자들의 그룹이다. 안테나 배열의 복사 패턴은(그룹 내의 단일 소자에 의한) 단위 패턴에 정규화 배열 인자의 그림인 그룹 패턴을 곱하여 구할 수 있다. N-소자 선형 균일 배열의 경우

$$|AF| = \left| \frac{\sin\left(\dfrac{N\psi}{2}\right)}{\sin\left(\dfrac{\psi}{2}\right)} \right|$$

여기서 $\psi = \beta d \cos\theta + \alpha$, $\beta = 2\pi/\lambda$, d는 소자들 사이의 간격이며, α는 소자들 사이의 위상차이다.

9. Friis 전송공식은 두 안테나 사이의 결합을 두 안테나의 방향성 이득, 두 안테나 사이의 거리 및 동작 주파수의 항들로 특징지은 것이다.
10. 송신 안테나와 수신 안테나가 분리된 양방향 레이더의 경우 수신전력은 다음 식과 같다.

$$P_r = \frac{G_{dt}G_{dr}}{4\pi}\left[\frac{\lambda}{4\pi r_1 r_2}\right]^2 \sigma\, P_{\text{rad}}$$

단방향 레이더의 경우 $r_1 = r_2 = r$, 그리고 $G_{dt} = G_{dr}$이다.

복습문제

13.1 도시에 위치하고 있는 안테나는 무선 전자파의 원천이다. 이 파가 12,000 km 떨어진 한 마을에 도달하는 데 걸리는 시간은 얼마인가?

(a) 36 s
(b) 20 μs
(c) 20 ms
(d) 40 ms
(e) 정답 없음

13.2 식 (13.34a~c)에서 복사항은 어느 것인가?

(a) $1/r$ 항 (b) $1/r^2$ 항

(c) $1/r^3$ 항 (d) 모든 항

13.3 길이가 $\lambda/100$인 매우 작고 가는 도선의 복사저항은?

(a) $\simeq 0\ \Omega$ (b) $0.08\ \Omega$

(c) $7.9\ \Omega$ (d) $790\ \Omega$

13.4 공기 중에서 1 MHz의 주파수로 동작하는 1/4 파장 모노폴 안테나의 총 길이는?

(a) $\ell \gg \lambda$ (b) 300 m

(c) 150 m (d) 75 m

(e) $\ell \ll \lambda$

13.5 만약 단일 권선의 소형 루프 안테나의 복사저항이 $0.04\ \Omega$이라면, $1\ \Omega$의 복사저항을 생성하기 위해서는 몇 회의 권선이 필요한가?

(a) 150 (b) 125

(c) 50 (d) 25

(e) 5

13.6 미소 안테나로부터 8 km 거리에서 전기장의 세기가 12 μV/m였다. 이 안테나로부터 20 km 떨어진 지점에서의 장의 세기는?

(a) 75 μV/m (b) 30 μV/m

(c) 4.8 μV/m (d) 1.92 μV/m

13.7 $U_{\text{max}} = 10$ W/sr, $U_{\text{ave}} = 4.5$ W/sr, 그리고 $\eta_r = 95$ %인 안테나가 있다. 이 안테나에 입력되는 전력은?

(a) 2.222 W (b) 12.11 W

(c) 55.55 W (d) 59.52 W

13.8 공항의 수신 안테나가 최대 3 m의 크기를 가지고, 100 MHz에서 동작하고 있다. 공항으로 접근하고 있는 항공기가 안테나로부터 0.5 km 거리에 있다. 이 항공기는 안테나의 원거리 장 영역에 있다.

(a) 참 (b) 거짓

13.9 송신 안테나로부터 100 m 떨어진 곳에 수신 안테나가 위치하고 있다. 수신 안테나의 유효면적이 500 cm^{2}이고, 수신 위치에서 전력밀도가 2 mW/m^{2}라고 할 때 총 수신 전력은?

(a) 10 nW (b) 100 nW

(c) 1 μW (d) 10 μW

(e) 100 μW

13.10 R을 단방향 레이더의 최대 수신거리라고 하자. 레이더 단면적이 5 m^2인 목표물이 $R/2$ 거리에 있다면, $3R/2$ 거리에서 레이더에서의 신호 세기와 같아지기 위해서는 목표물의 단면적이 얼마가 되어야 하는가?

(a) 0.0617 m^2 (b) 0.555 m^2

(c) 15 m^2 (d) 45 m^2

(e) 405 m^2

해답: 13.1d, 13.2a, 13.3b, 13.4d, 13.5e, 13.6c, 13.7d, 13.8a, 13.9e, 13.10e.

문제

13.2 헤르츠 다이폴

13.1 원점에 위치한 소형 안테나에 의한 점 $P(r, \theta, \phi)$에서의 자기 벡터포텐셜이 다음 식과 같이 주어졌다.

$$\mathbf{A}_s = \frac{50\, e^{-j\beta r}}{r}\mathbf{a}_x$$

여기서 $r^2 = x^2 + y^2 + z^2$이다. 원거리 장에서 $\mathbf{E}(r, \theta, \phi, t)$ 및 $\mathbf{H}(r, \theta, \phi, t)$를 구하라.

13.2 이상적인 다이폴 $Id\ell\mathbf{a}_z$에 의한 자기 벡터포텐셜을 $\mathbf{A} = A_z\mathbf{a}_z$로 가정할 때, 자기장이 다음과 같이 쓰여질 수 있음을 보여라.

$$H_\phi = \frac{-\sin\theta}{\mu}\frac{\partial A_z}{\partial r}$$

13.3 자유공간에서 헤르츠 안테나의 길이가 10 cm이다. 주파수가 50 MHz인 20 A의 전류가 안테나에 공급된다. 원거리에서 전기장과 자기장을 구하라.

13.4 헤르츠 벡터포텐셜 $\mathbf{Z}$는 $\mu\varepsilon\dot{\mathbf{Z}} = \mathbf{A}$를 만족시키는 함수로 정의할 수 있으며, 여기서 점은 시간에 대한 미분을 나타낸다. 다음 식들을 증명해 보여라.

$$\mathbf{H} = \varepsilon\nabla \times \dot{\mathbf{Z}}$$
$$\mathbf{E} = -\mu\varepsilon\ddot{\mathbf{Z}} + \nabla(\nabla \cdot \mathbf{Z})$$
$$\nabla^2\mathbf{Z} = \mu\varepsilon\ddot{\mathbf{Z}}$$

13.5 (a) 13.2절에서의 단형(짧은) 다이폴에서 가정한 일정한 전류분포를 가정하는 대신에 그림 13.23과 같은 삼각 전류분포 $I_s = I_o\left(1 - \frac{2|z|}{\ell}\right)$를 가정한다. 복사저

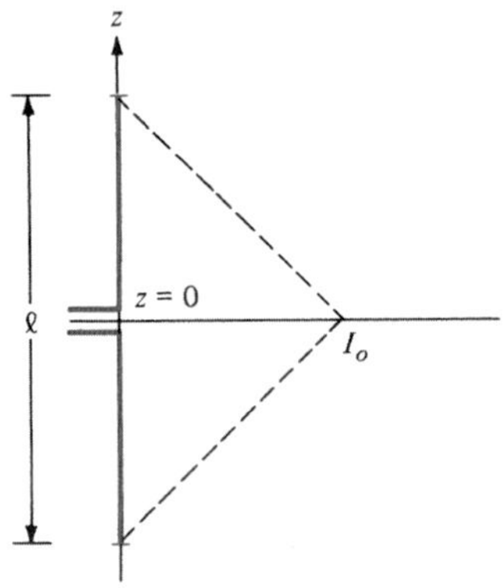

그림 13.23 문제 13.5에 관한 삼각형 전류 분포를 가진 단형 다이폴 안테나

항 R_{rad}이 아래 식과 같이 구해짐을 보여라.

$$R_{rad} = 20\,\pi^2 \left[\frac{\ell}{\lambda}\right]^2$$

이는 식 (13.13b)의 1/4이다. 그러므로 복사저항은 전류 분포에 의존한다.

(b) 0.5 Ω의 복사저항을 가지는 다이폴의 길이를 계산하라.

13.6 단형 다이폴 안테나가 1.2 MHz의 AM 방송 대역에서 동작한다. 0.5 Ω의 복사저항을 얻으려면 안테나 길이가 얼마나 되어야 하는가?

13.3 반파장 다이폴 안테나

13.7 좌표의 원점에 위치한 이상적인 다이폴 $Id\ell\mathbf{a}_z$의 전자기장을 고려한다. βr의 함수로 전기장과 자기장의 크기의 비 $|E_\theta/H_\phi|$를 구하라. 13.2절에서 $\beta r \gg 1$인 영역을 원거리 장 영역으로 간주한다. $\beta r = 10$에 대한 $|E_\theta/H_\phi|$를 구하여 자유공간의 특성임피던스 η와 비교하라.

13.8 좌표의 원점에 위치한 이상적인 다이폴 $Id\ell\mathbf{a}_z$의 전자기장을 고려한다. (i) 복수 Poynting 벡터의 방사상(radial) 성분을 구하라. (ii) 실수부 전력밀도와 허수부(reactive) 전력밀도의 비를 구하라. (iii) 쌍극자로부터 어느 정도의 거리에서 이 비가 1이 되는가?

***13.9** 자유공간에서 xy-평면을 따라 흐르는 표면전류 $\mathbf{K}(x, y, 0, t) = K_0 \cos \omega t\mathbf{a}_x$가 전자파를 복사한다고 하자. (0, 0, z)에서 페이저형 전기장 $\mathbf{E}_s$를 구하라.

13.10 원점에 위치한 이상적인 다이폴 $Id\ell\mathbf{a}_z$에 의하여 복사되는 전자기장을 고려한다. 정확한 표현식으로부터 구한 E_θ와 $1/r$항만으로부터 구한 E_θ의 크기의 비는 얼마가 되는가? 6파장 떨어진 거리에서의 절대값을 계산하라.

13.11 반파장 다이폴 안테나가 내부 임피던스 40 Ω인 24 V, 200 MHz 전원에 의해 구동되고 있다. 안테나의 입력 임피던스가 $Z_{in} = 73 + j42\ \Omega$인 경우 이 안테나에 의해 복사되는 전력을 구하라.

13.12 길이 1 m의 차량 무선 안테나가 1.5 MHz AM 주파수 대역에서 동작하고 있다. 4 W의 전력을 전송하기 위해서 필요한 전류는 얼마인가?

13.13 (a) 정현전류 $I_o \cos \beta z$가 흐르고 있는 길이가 ℓ인 가느다란 다이폴에 의해 발생되는 원거리 장 표현식이 다음과 같음을 보여라.

$$H_{\phi s} = \frac{jI_o e^{-\beta r}}{2\pi r} \frac{\cos\left(\dfrac{\beta\ell}{2}\cos\theta\right) - \cos\dfrac{\beta\ell}{2}}{\sin\theta}, \quad E_{\theta s} = \eta H_{\phi s}$$

[힌트: 그림 13.4를 사용하고, 식 (13.14)부터 시작하라.]

(b) $\ell = \lambda$, $3\lambda/2$, 2λ에 대하여 (a) 문제의 $f(\theta)$를 극좌표 용지에 그려라.

13.14 z축을 따라 $-h$에서 h까지 놓여진 얇은 도선을 따라 $i(t) = I_o \cos \omega t$의 일정한 전류가 흐른다. 원거리 장 E_θ에 대한 표현식을 구하라.

13.4 1/4파장 모노폴 안테나

13.15 아래와 같은 신호들을 전송하기 위해 1/4파장 안테나가 사용되고 있다.

(a) 1150 kHz AM 신호

(b) 90 MHz FM 신호

(c) 80 MHz VHF-TV 신호

(d) 600 MHz UHF-TV 신호

각각의 신호에 대한 안테나 길이를 계산하라.

13.16 400 MHz에서 동작하고 있는 다이폴 안테나($\ell = \lambda/8$)가 인공위성으로 메시지를 보내기 위해서 사용되고 있다. 이 안테나의 복사저항을 구하라.

13.17 1 MHz로 작동하는 차량의 차체에 장착된 안테나는 길이가 0.8 m인 단형(짧은) 모노폴로 모델링할 수 있다. 옴(ohmic) 저항값이 약 0.04 Ω이라고 할 때 복사효율을 구하라.

13.18 1/4 파장 모노폴이 완전한 접지표면에서 1.225 kW의 총 전력을 방출한다고 가정한다. 무손실 전파(propagation)를 가정할 때, 지구표면 근처의 안테나에서 2 km 떨어진 곳에서 전기장 세기는 얼마인가?

13.5 소형 루프 안테나

13.19 공기 중에서 10 MHz로 동작하며, 반경 20 cm로 100회 감은 루프 안테나가 안테나로부터 3 m 떨어진 곳에서 50 mV/m의 전기장을 공급한다. 다음 값들을 결정하라.

(a) 안테나에 급전되어야 할 전류

(b) 안테나에 의해 복사되는 평균 전력

13.20 평균 반경이 1.2 cm이고, N회 감은 원형 루프 안테나가 있다. 이 안테나가 80 MHz에서 동작한다고 할 때 8 Ω의 복사저항을 발생시키기 위하여 감은 횟수 N을 구하라.

***13.21** 반경이 4 mm인 구리선을 사용하여 반경이 0.4 m인 루프 안테나를 만들었다. 만약 이 루프 안테나가 6 MHz로 복사되고, 이 안테나에 50 A의 전류가 흐르고 있다고 할 때

(a) 루프의 복사저항을 구하라.

(b) 복사전력을 구하라.

(c) 복사효율을 구하라.

13.6 안테나 특성

13.22 복사효율은 아래와 같이 식 (13.50)에서 주어졌다.

$$\eta_r = \frac{P_{\text{rad}}}{P_{\text{rad}} + P_{\text{ohm}}}$$

여기서 P_{rad}는 복사전력, P_{ohm}은 안테나의 옴 저항에 의한 손실 전력이다. 길이가 Δz인 원통형 도선에 I A의 전류가 흐르는 경우

$$P_{\text{ohm}} = \frac{1}{2} I^2 R_s \Delta z$$

이고, 여기서 $R_s = \dfrac{1}{\sigma\delta 2\pi a}$이며, δ는 표피깊이(skin depth)이다. 길이가 Δz인 짧은 안테나의 경우 효율이 20%이다. 전류는 동일하게 유지하면서 효율을 개선시키기 위해 안테나 길이를 $2\Delta z$로 증가시켰다고 가정한다면 이 경우 효율은 얼마가 되는가?

13.23 6 MHz에서 동작하는 반파장 다이폴의 복사효율을 구하라. 단 안테나 도선은 구리($\sigma = 58$ MS/m)로 만들어졌으며, 반지름은 1.2 mm이다.

13.24 원점에 위치한 안테나의 원거리 전기장이 다음과 같이 주어졌다.

$$\mathbf{E}_s = \frac{\cos 2\theta}{r} e^{-j\beta r} \mathbf{a}_\theta \text{ V/m}$$

(a) $\mathbf{H}_s$를 구하라.

(b) 복사전력을 구하라.

(c) 총 복사전력 대비 $60^\circ < \theta < 120^\circ$의 공간으로 복사되는 전력의 비율은 얼마인가?

13.25 원점에 위치한 특정 안테나의 원거리 장에서 자기장의 세기가 다음과 같다.

$$\mathbf{H}_s = \frac{j\beta I_o}{4\pi r}(\sin\phi\, \mathbf{a}_\theta + \cos\theta \cos\phi\, \mathbf{a}_\phi)$$

여기서 I_o는 입력 전류의 첨두값이다. 복사저항이 $R_{rad} = 20\,\beta^2$로 주어짐을 증명하라.

13.26 평탄한 지면 위에 위치하고 있는 안테나가 평균 200 kW의 전력을 전송하고 있다. 이 안테나를 중심으로 한 반구(hemisphere)의 표면을 통해 모든 전력이 균일하게 복사되고 있다고 가정하였을 때, 다음 값들을 계산하라.

(a) 50 km에서 시 평균 포인팅벡터

(b) 50 km에서 최대 전기장

13.27 길이가 $\lambda/16$인 얇은 다이폴에 대하여, 아래 각 문항의 값들을 구하라.

(a) 지향성 이득 (b) 지향성

(c) 유효 면적 (d) 복사저항

13.28 소형 루프 안테나의 지향성 및 지향성 이득을 구하라.

13.29 특정 안테나의 정규화된 장 패턴이 다음과 같이 주어졌다.

$$f(\theta) = \begin{cases} \cos^2\theta & 0 \le \theta \le \pi/2 \\ 0 & \pi/2 \le \theta \le \pi \end{cases}$$

다음을 구하라.

(i) 반전력 빔 폭

(ii) 빔 입체각

13.30 어떤 가상적인 안테나가 다음과 같은 정규화된 장 패턴을 가진다.

$$f(\theta, \phi) = \frac{\sin\theta \sin\phi}{\theta\phi}$$

여기서 $0 \le \theta \le \pi$, $0 \le \phi \le 2\pi$로 정의된다. 수치계산법을 사용하여 빔 입체각과 지향성을 구하라.

13.31 특정 안테나의 정규화된 장 패턴이 아래 식과 같이 주어진 경우

$$f(\theta) = \begin{cases} \cos\theta\cos 2\theta & 0 \le \theta \le \pi/2 \\ 0 & \pi/2 \le \theta \le \pi \end{cases}$$

(i) 극좌표 형식의 장 패턴을 그려라.

(ii) 첫 번째 영점(null) 사이의 빔 폭을 구하라.

(iii) 부엽(side lobe) 레벨을 dB로 구하라.

13.32 부엽이 없는 복사패턴의 빔 입체각이 라디안으로 측정된 E-면에서의 반전력 빔 폭 θ_{HP}와 H-면에서의 반전력 빔 폭 ϕ_{HP}의 곱과 거의 같다는 점을 고려하여, 만약 이러한 각도가 도(degree) 단위로 주어질 경우에 대한 지향성 D의 표현식을 제시하라. 무시할 수 있는 정도의 부엽을 가진 혼(horn) 안테나가 E-면 및 H-면 상에서 각각 25°의 반전력 빔 폭을 가진다고 가정을 하고, D를 구하라.

13.33 다음 각 문항들의 복사강도들에 대하여 지향성이득 및 지향성을 구하라.

(a) $U(\theta, \phi) = 10\sin\theta\sin^2\phi$, $\quad 0 < \theta < \pi, 0 < \phi < 2\pi$

(b) $U(\theta, \phi) = 2\sin^2\theta\sin^3\phi$, $\quad 0 < \theta < \pi, 0 < \phi < \pi$

(c) $U(\theta, \phi) = 5\,(1+\sin^2\theta\sin^2\phi)$, $\quad 0 < \theta < \pi, 0 < \phi < 2\pi$

13.34 다음 식으로 주어진 원거리 전기장을 가진 안테나가 있다.

$$\mathbf{E}_s = \frac{I_o}{r}e^{-j\beta r}\sin\theta\,\mathbf{a}_\theta$$

여기서 I_o는 최대 입력전류이다. 50 mW 전력을 복사하기 위한 I_o의 값을 구하라.

13.35 소형 루프 안테나의 복사 강도를 구하라.

13.7 안테나 배열

13.36 그림 13.24에 보인 2소자 배열에 의한 원거리 장에서의 $\mathbf{E}_s$를 구하라. 헤르츠 다이폴 소자는 균일한 전류 $I_o\cos\omega t$로서 동위상으로 공급된다고 가정한다.

13.37 그림 13.10의 2소자 배열의 값이 아래 문항과 같은 경우, 각 문항에 대하여 xz-평면에서의 그룹 패턴을 그려라.

(a) $d = \lambda, \alpha = \pi/2$

(b) $d = \lambda/4, \alpha = 3\pi/4$

(c) $d = 3\lambda/4, \alpha = 0$

13.38 z축 방향으로 분극된 N개의 동일한 헤르츠 다이폴이 z축을 따라서 균일하게 위치하고 있는 안테나 배열이 있다. 다이폴 사이의 간격이 $\lambda/4$라고 할 때, (a) $N = 2$,

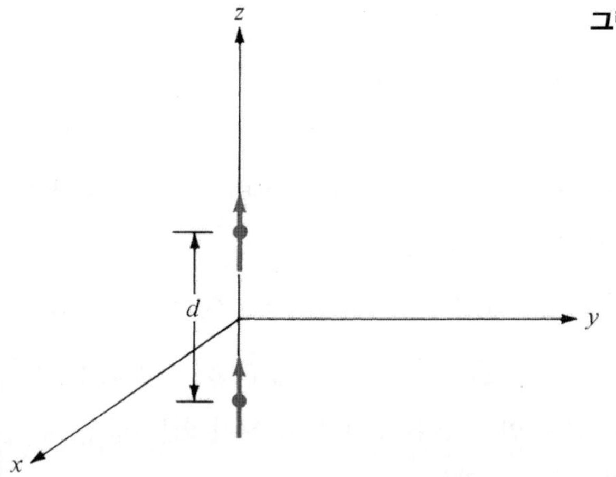

그림 13.24 문제 13.36의 그림

(b) $N = 4$에 대한 그룹 패턴을 그려라.

13.39 등방성 소자 배열이 아래 식과 같은 그룹 패턴을 가지고 있다.

$$F(\psi) = \left| \frac{\sin(2\pi \cos\psi)}{\sin\left(\dfrac{\pi}{2}\cos\psi\right)} \cos^2\left(\frac{\pi}{2}\cos\psi\right) \right|$$

Matlab을 사용하여 $0° < \psi < 180°$에 대한 $F(\psi)$를 그려라.

13.40 그림 13.25에 제시된 4소자 배열에 대한 결과 그룹 패턴을 그려라.

13.8 유효 면적 및 프리스(Friss) 방정식

13.41 크기와 위상이 같은 전류가 흐르는 두 개의 등방성 점원이 거리 d만큼 떨어져 있다고 가정하자. 최대 지향성을 제공하는 d를 구하라.

13.42 15개의 등방성 점원의 선형 브로드사이드 배열에서 소자들 사이의 간격이 $d = 0.65\ \lambda$이다. (i) 지향성에 대한 근사값을 계산하라. (ii) $d = 0.5\ \lambda$에 대하여 문

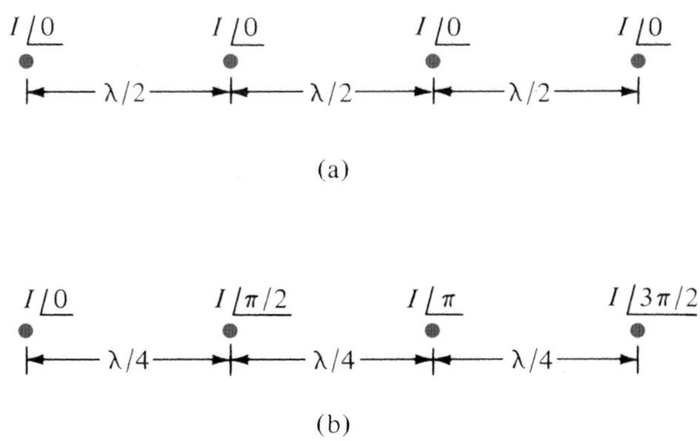

그림 13.25 문제 13.40의 그림

제를 반복하라.

13.43 1 MHz에서 동작하는 등방성 복사기의 유효면적은 얼마인가? 이것을 헤르츠 다이폴의 유효면적과 비교해 보라.

13.44 어떤 형식으로 장 결합이 되어 있는 두 안테나의 단자 특성이 아래 식과 같은 임피던스 파라미터로 특징지어진다.

$$Z_{11} = 72\angle 0°, Z_{12} = 55\angle -20°, Z_{22} = 65\angle -15°$$

두 번째 안테나가 단락되었다고 할 때, 첫 번째 안테나 단자의 입력 임피던스를 구하라. 또한 첫 번째 안테나가 $2\angle 0°$ V로 여기 되는 경우, 두 번째 안테나 단자의 Thévenin 전압은 얼마인가?

13.45 850 MHz에서 동작하는 송신기 회로로부터 이득이 12인 안테나쪽으로 25 W의 전력이 공급되고 있다. 24 km 떨어진 거리에서 이 신호는 이득이 3.4인 다른 안테나에 의해 수신된다. 자유공간이라고 가정하고 수신된 전력을 계산하라.

13.46 10 GHz에서 20 dB 전력이득을 가지는 초고주파 안테나의 유효면적을 구하라.

13.47 달에 위치하고 있는 원격 측정 송신기가 200 MHz로 120 mW의 전력을 전송하고 있다. 송신 안테나의 이득은 15 dB이다. 4 nW의 전력을 수신하기 위한 지구에 위치하고 있는 수신 안테나의 이득을 계산하라. 달은 지구로부터 238,857마일 떨어져 있다. 1 마일은 1.609 km이다.

13.48 통신시스템의 송신 및 수신 안테나의 이득이 각각 25 dB 및 20 dB이고, 거리는 42 km 떨어져 있다. 최소 3 μW의 전력을 전달하기 위하여 전송해야 할 최소 전력을 구하라. 채널 주파수는 3 GHz이다.

13.49 동기 궤도위성 안테나로부터 전송되는 전력이 320 W이다. 이 안테나의 이득이 15 GHz에서 40 dB라고 할 때, 24,567 km 떨어진 곳에서 32 dB의 이득을 가진 다른 안테나에 의해 수신되는 전력을 계산하라.

13.50 통신링크에서는 전송에 반파장 다이폴 안테나를, 그리고 수신에 또 다른 반파장 다이폴 안테나가 사용된다. 이 링크는 20 MHz에서 작동하며, 두 안테나는 80 km 떨어져 있다. 수신 안테나가 0.5 μW의 평균 전력을 반드시 받아야 한다고 할 때, 송신 안테나에서 필요한 최소 전류를 구하라.

13.51 무반사실에서 2개의 동일한 안테나가 12 m 떨어져 있고, 최대 지향성 이득 방향으로 서로 향해 있다. 5 GHz 주파수에서 한 안테나에 수신된 전력이 다른 안테나로부터 송신한 전력의 30 dB로 떨어졌다. 이 안테나의 이득을 dB로 계산하라.

13.9 레이더 방정식

13.52 방향성 이득이 3500인 공통의 송·수신 안테나를 가지고 있는 L-밴드 펄스 레이더가 1500 MHz에서 동작하면서 200 kW를 전송하고 있다. 만약 한 목표물이 레이더로부터 120 km 떨어져 있고, 목표물의 레이더 단면적이 8 m^2라고 할 때 다음의 값들을 구하라.

(a) 목표물의 입사 전기장의 크기

(b) 레이더에서 산란되어온 전기장의 크기

(c) 목표물에 의해서 수집되는 전력

(d) 산란된 파로부터 안테나에 의해서 흡수되는 전력

13.53 단방향 레이더가 4 GHz에서 동작하고, 30 dB의 지향성 이득을 가지고 있다. 이 레이더는 10 km 떨어진 목표물을 추적하기 위해 사용되고 목표물의 레이더 단면적은 12 m^2이다. 만약 레이더의 안테나가 80 kW를 송신하고 있다면, 이 목표물에게 빼앗기게 될 전력을 계산하라.

***13.54** 유효면적이 2 m^2인 4 GHz 레이더 안테나가 60 kW를 전송한다. 단면이 5 m^2인 목표물이 160 km 떨어진 곳에 위치해 있다. 다음 문항들을 계산하라. (a) 왕복이동하는 데 걸리는 시간, (b) 수신 전력, (c) 최소 탐지가능 전력이 8 pW라고 가정했을 때의 최대 탐지가능 거리

13.55 레이더의 거리 측정 능력을 2배로 늘려야 한다. 이를 이루기 위해 송신기의 전력을 몇 퍼센트 증가시켜야 하는가?

13.56 그림 13.26의 양방향 레이더 시스템에서 보는 바와 같이 지상에 위치하고 있는 송신안테나와 수신안테나는 4 km 떨어져 있고, 2.4 m^2의 목표물은 3 km 높이에

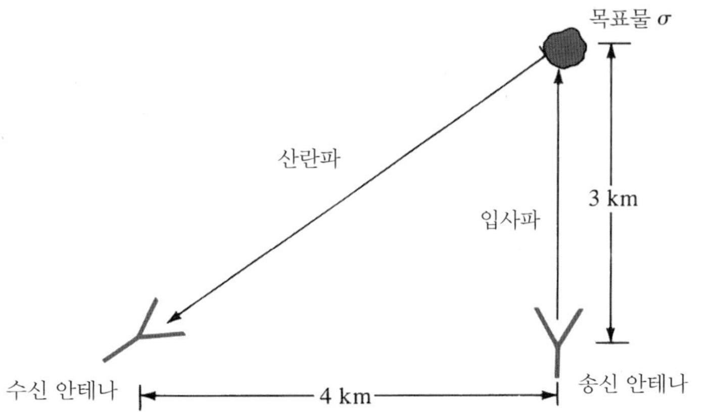

그림 13.26 문제 13.56의 그림

위치하고 있다. 이 시스템은 5 GHz에서 동작하고, G_{dt} 및 G_{dr}이 각각 36 dB 및 20 dB이다. 8×10^{-12} W의 되돌아오는 전력을 얻기 위해 필요한 최소 복사전력을 구하라.

전자기장 수치해석

1940년 대까지는 대부분의 전자기 문제를 변수분리법 및 적분방정식과 같은 고전적인 방법을 사용하여 풀어왔다. 그러나 이와 같은 방법들의 응용은 높은 수준의 재능, 경험 및 노력을 요구하였고, 문제들을 정의하는 기하학적 구조의 복잡성으로 인해서 단지 좁은 범위의 실질적인 문제들만 연구되었다. 이론 및 실험이 과학 및 공학의 두 개의 전통적인 기둥으로 존속하고 있기는 하지만, 모델링 및 시뮬레이션은 이들을 보충해주는 세 번째 기둥으로 대표되고 있다.

전자기장 수치해석(computational electromagnetics, CEM)은 디지털 컴퓨터로 전자기장 문제를 푸는 이론 및 실천으로, Maxwell 방정식의 종합적인 해법을 위한 열쇠를 제공한다. 이 장에서는 전자기장 수치해석에 사용되는 일반적인 방법들이 제공될 것이다. 전자기장 수치해석 기법들은 회로, 소자 및 시스템 내에서의 전자기적인 상호작용 현상을 모델링 하기 위해서도 사용될 수 있다.

수치적인 모델링 및 시뮬레이션은 공학설계의 모든 방면에서 설계하는 것과 모델링 하는 것에 도움을 주기 위해서 다양한 소프트웨어 패키지가 개발되어 왔을 정도로 혁명을 일으키고 있다. 전자기장 수치해석을 위하여 폭넓게 사용되고 있는 소프트웨어 패키지로는 모멘트법(method of moments)에 근거를 두고 Lawrence Livermore National Labovotory에서 개발한 Numerical Electromagnetic Code(NEC), 유한요소법(finite element method)에 근거를 두고 Ansoft에서 개발한 High Frequency Structure Simulator(HFSS), 모멘트법에 근거를 두고 Applied Wave Research에서 개발한 Microwave Office, Sonnet에서 개발한 Sonnet과 유한요소법에 근거를 둔 COMSOL이 있다. 이러한 소프트웨어 패키지들은 이전에 전문적인 이론가들 만이 사용할 수 있었던 강력한 도구 및 기법을 전자기장 수치해석에 대해 정식으로 교육받지 않은 공학자들의 손으로 넘겨주게 되었다. 사용할 최선의 방법 또는 소프트웨어 패키지는 풀이를 시도할 특정한 문제에 의해 결정된다.

14장

수치해석법

젊은이는 늙은이를 바보로 생각하지만, 늙은이는 젊은이를 바보로 알고 있다.

– 조지 채프만

14.1 서론

앞 장들에서는 전자기장 문제들을 풀고, 닫힌(해석적인) 형태(closed-form) 해를 구하기 위하여 다양한 해석기법들을 고려하였다. 닫힌 형태의 해는 문제의 파라미터 값들이 대체될 수 있는 명확한 대수방정식 형식의 하나이다. 이들 해석적 해 중의 일부는 어떤 상황을 가정하여 구해졌으며, 이것에 의하여 이상적인 상황에 적용할 수 있는 해가 만들어진다. 예를 들어 평행평판 커패시터의 정전용량을 계산하기 위한 공식을 유도할 때 가장자리효과는 무시되었으며, 두 평판 사이의 거리는 평판의 폭과 길이에 비해 매우 작다고 가정하였다. 또한 6장의 Laplace 방정식의 응용에서는 경계면이 좌표계의 평면과 일치하는 문제로 제한하였다. 해석적 해들은 정확성이라는 고유의 장점을 갖고 있다. 또한 문제의 파라미터들의 변화에 대한 해의 반응을 쉽게 관찰할 수 있다. 그러나 해석적 해들은 단지 간단한 구성의 문제들에 대해서만 유효하다.

이론적인 공식들의 복잡성이 해석적 해법을 어렵게 만드는 경우, (1) 도해법(graphical methods), (2) 실험적 방법(experimental methods), (3) 상사법(analog methods), (4) 수치해석법(numerical methods)과 같은 비 해석법들에 의지한다. 도해법, 실험적 방법, 상사법은 비교적 소수의 문제들의 풀이에만 적용이 가능하다. 반면에 수치해석법은 탁월할 뿐 아니라 빠른 디지털 컴퓨터들의 출현으로 더욱 매력적이 되어가고 있다. 전자기장에서 가장 일반적으로 사용하는 간단한 수치해석 3가지 기법은 (1) 모멘트법(moment method), (2) 유한차분법(finite difference method), 그리고 (3) 유한요소법(finite element method)이 있다. 대부분의 전자기장 문제들은 편미분방정식이나 적분방정식을 포함하고 있다. 편미분방정식은 일반적으로 유한차분법이나 유한요소법을 사용하여 풀며, 적분방정식은 모멘트법을 사용하여 편리하게 풀 수 있다. 비록 수치해석법은 근사적 해를 제공하지만 이 해법은 공학적 목적이라는 점에서는 충분히 정확하다. 해석적 기법이 수치해석법 때문에 시대에 뒤진다는 생각을 갖지 말아야 한다. 오히려 상호 보완적이다. 나중에 알게 되겠지만 모든 수치해석법은 방법을 쉽게 적용할 수 있다는 점에서 해석적 간단함을 포함하고 있다.

이 장에서 전개한 개념의 컴퓨터 실행을 위해서 개발된 Matlab 코드들은 교육의 목적을 위해서 단순화하고 설명이 없어도 명백하게 하였다(부록 C에 Matlab에 관한 간단한 사용 예를 첨부). 프로그램에 사용된 표기법들은 본문 안에서 사용한 것들과 될 수 있는 대로 가깝게 하였다. 어떤 것들은 필요한 경우에 정의하였다. 이들 프로그램들은 결코 유일한 것은 아니다. 컴퓨터 프로그램의 작성방법에는 여러 가지가 있다. 그러므로 사용자는 그들의 목적에 적합한 프로그램으로 수정하기 위해 결정할 수 있다.

†14.2 장 그리기

4.9절에서 정전기장을 눈으로 볼 수 있도록 하기 위하여 전속선과 등전위면을 사용하였다. 그러나 정전기장에 대한 그림 4.21과 정자기장에 대한 그림 7.8(b)와 7.16 등의 도식적 표현은 매우 간단하고, 평범하며, 정성적이다. 보다 복잡한 전하분포의 정확한 그림들이 더 도움이 될 것이다. 이 절에서는 대화식 컴퓨터 프로그램으로 발전될 수 있는 수치해석기법이 소개된다. 이것은 임의로 구성된 점전하들에 대한 전기력선과 등전위선에 필요한 데이터 위치를 산출한다.

간단한 프로그램을 가지고서 동일평면 상의 점전하들에 대한 전기력선과 등전위선을 그릴 수 있다. 위치벡터 $\mathbf{r}_1, \mathbf{r}_2, \cdots, \mathbf{r}_N$에 놓여 있는 N개의 점전하를 가정하면, 주어진 위치벡터 $\mathbf{r}$에서 전기장의 세기 $\mathbf{E}$와 전위 V는 다음과 같이 나타낼 수 있다.

$$\mathbf{E} = \sum_{k=1}^{N} \frac{Q_k(\mathbf{r} - \mathbf{r}_k)}{4\pi\varepsilon|\mathbf{r} - \mathbf{r}_k|^3} \tag{14.1}$$

그리고

$$V = \sum_{k=1}^{N} \frac{Q_k}{4\pi\varepsilon|\mathbf{r} - \mathbf{r}_k|} \tag{14.2}$$

전하들이 동일평면 상에 놓여 있다면(z = 일정), 식 (14.1)과 (14.2)는 다음과 같이 된다.

$$\mathbf{E} = \sum_{k=1}^{N} \frac{Q_k[(x - x_k)\mathbf{a}_x + (y - y_k)\mathbf{a}_y]}{4\pi\varepsilon[(x - x_k)^2 + (y - y_k)^2]^{3/2}} \tag{14.3}$$

$$V = \sum_{k=1}^{N} \frac{Q_k}{4\pi\varepsilon[(x - x_k)^2 + (y - y_k)^2]^{1/2}} \tag{14.4}$$

전기력선을 그리기 위하여 아래와 같은 단계들을 따른다.

1. 전기력선의 출발지점을 선택한다.

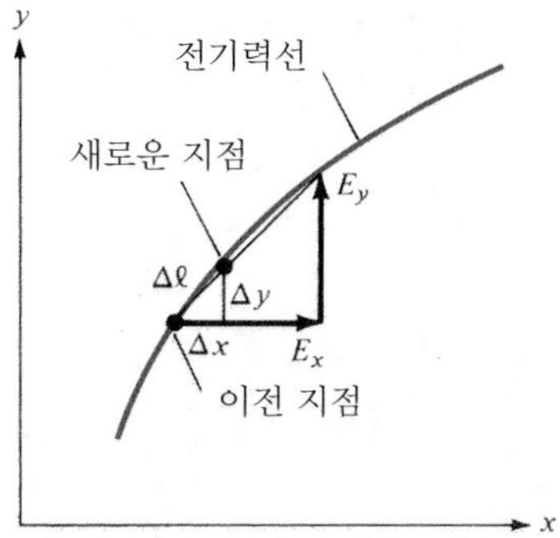

그림 14.1 전기력선 상에서의 작은 변위

2. 식 (14.3)을 사용하여 이 지점에서의 E_x와 E_y를 계산한다.
3. 평면에서 새로운 점을 향해 전기력선을 따라 작은 단계를 취하라. 그림 14.1에 보인 바와 같이 전기력선을 따른 $\Delta\ell$의 움직임은 각각 x축과 y축을 따라 Δx와 Δy만큼 움직인 것과 일치한다. 그림으로부터

$$\frac{\Delta x}{\Delta\ell} = \frac{E_x}{E} = \frac{E_x}{[E_x^2 + E_y^2]^{1/2}}$$

또는

$$\Delta x = \frac{\Delta\ell \cdot E_x}{[E_x^2 + E_y^2]^{1/2}} \tag{14.5}$$

비슷하게

$$\Delta y = \frac{\Delta\ell \cdot E_y}{[E_x^2 + E_y^2]^{1/2}} \tag{14.6}$$

전기력선을 따라 이전 지점 (x, y)로부터 새로운 지점 $x' = x + \Delta x$, $y' = y + \Delta y$로 이동한다.

4. 단계 2와 3으로 돌아가서 계산을 반복한다. 주어진 좌표의 범위 내에서 선이 완성될 때까지 새로운 지점들을 계속 생성한다. 선이 완성되면 단계 1로 돌아가서 또 하나의 출발지점을 선택한다. 무한히 많은 수의 전기력선이 있으므로 어떤 출발지점도 전기력선 상에 있을 수 있음에 유의하라. 그림 14.2에 나타낸 것처럼 산출된 지점들은 손으로 또는 플로터로 그릴 수 있다.

등전위선을 그리기 위하여 아래와 같은 단계들을 따른다.

1. 출발지점을 선택한다.
2. 식 (14.3)을 사용하여 이 지점에서의 전기장 (E_x, E_y)를 계산한다.

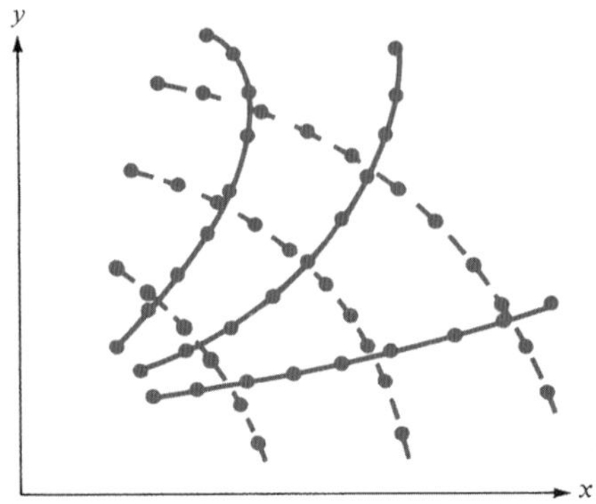

그림 14.2 전기력선(실선)과 등전위선(점선) 상에 생성된 점

3. 이 지점에서 전기력선에 수직이 되는 선을 따라 소규모 단계로 이동한다. 선의 기울기가 m이라면 이 선과 수직인 선의 기울기는 $-1/m$이라는 사실을 이용하라. 주어진 지점에서 전기력선과 등전위선은 서로 직교하므로

$$\Delta x = \frac{-\Delta \ell \cdot E_y}{[E_x^2 + E_y^2]^{1/2}} \tag{14.7}$$

$$\Delta y = \frac{\Delta \ell \cdot E_x}{[E_x^2 + E_y^2]^{1/2}} \tag{14.8}$$

등전위선을 따라 이전 지점 (x, y)로부터 새로운 지점 $(x + \Delta x, y + \Delta y)$로 이동한다. 새로운 지점을 확인하는 방법처럼 식 (14.4)를 이용하여 새로운 지점과 이전 지점에서의 전위를 계산한다. 이 지점들은 동일 등전위선 상에 있으므로 전위는 같아야 한다.

4. 단계 2와 3으로 돌아가서 계산을 반복한다. 주어진 x와 y의 범위 내에서 선이 완성될 때까지 새로운 지점들을 계속 생성한다. 선이 완성되면 단계 1로 돌아가서 또 하나의 출발지점을 선택한다. 그림 14.2에 나타낸 것처럼 산출된 지점들을 손으로 또는 플로터로 연결한다.

같은 이유로 다양한 전류분포에 기인하는 자기력선을 Biot-Savart의 법칙을 이용하여 그릴 수 있다. 선전류, 루프전류, Helmholtz 쌍, 그리고 솔레노이드에 기인하는 자기력선을 결정하기 위한 프로그램들이 개발될 수 있다. 또한 구형도파관 내부에서의 전기력선과 자기력선, 그리고 수직 선형 배열 반파장 다이폴 안테나에 의해 만들어지는 전력복사 패턴을 그리기 위한 프로그램을 작성할 수 있다.

예제 14.1

다음과 같은 점전하들에 의한 전기력선과 등전위선들을 그리기 위한 프로그램을 작성하라.

(a) 두 개의 점전하 Q와 $-4Q$가 각각 $(x, y) = (-1, 0)$과 $(1, 0)$에 놓여 있다.

(b) 네 개의 점전하 $Q, -Q, Q, -Q$가 각각 $(x, y) = (-1, 1), (1, -1), (1, 1)$, 그리고 $(-1, 1)$에 놓여 있다. $Q/4\pi\varepsilon = 1$, $\ell = 0.1$로 하라. $-5 < x < 5$, $-5 < y < 5$의 범위에서 고찰하라.

풀이

14.2절에서 제시한 단계들을 바탕으로 그림 14.3의 프로그램이 전개되었다. 가능한 한 프로그램에 대한 설명이 없어도 분명하도록 충분한 설명을 삽입하였다. 예를 들면 그림 14.4(a)의 그림을 얻을 수 있는 프로그램을 사용하기 위하여 Matlab 파일목록에 프로그램 **plotit**을 설치하라. Matlab의 명령 프롬프트에서 다음을 타이프한다.

plotit ([1 −4], [−1 0; 1 0], 1, 1, 0.1, 0.01, 8, 2, 5)

여기서 숫자는 프로그램에서 규정된 의미를 갖는다. 추가적인 설명은 다음 단락에서 제공된다.

전기력선은 양전하에서 시작되어 음전하에서 끝나므로 전하가 위치한 지점 (x_Q, y_Q)에 중심을 둔 작은 원 상에서 전기력선에 대한 시작점 (x_s, y_s)이 만들어지는 것은 타당하게 여겨진다. 즉,

$$x_s = x_Q + r\cos\theta \tag{14.1.1a}$$

$$y_s = y_Q + r\sin\theta \tag{14.1.1b}$$

```
function plotit(charges,location,ckEField,ckEq,DLE,DLV,NLE,NLV,PTS)
figure;
hold on;
% Program for plotting the electric field lines
% and equipotential lines due to coplanar point charges
% the plot is to be within the range -5<x,y<5
%
% This is the correct usage:
% function plotit(charges,location,ckEField,ckEq,DLE,DLV,NLE,NLV,PTS)
%
% where,
%     charges = a vector containing the charges
%    location = a matrix where each row is a charge location
%    ckEField = Flag set to 1 plots the Efield lines
%        ckEq = Flag set to 1 plots the Equipotential lines
% DLE or DLV = the increment along E & V lines
%         NLE = No. of E-Field lines per charge
%         NLV = No. of Equipotential lines per charge
%         PTS => Plots every PTS point (i.e. if PTS = 5 then plot
every 5th point)
% note that constant Q/4*Pie*ErR is set equal to 1.0

% Determine the E-Field LInes
% For convenience, the starting points (XS,YS) are radially
distributed about charge locations
Q=charges;
XQ = location(:,1);
YQ = location(:,2);
```

그림 14.3 예제 14.1에 대한 컴퓨터 프로그램(계속)

```
JJ=1;
NQ = length(charges);
if (ckEField)
for K=1:NQ
    for I =1:NLE
        THETA = 2*pi*(I-1)/(NLE);
        XS=XQ(K) + 0.1*cos(THETA);
        YS=YQ(K) + 0.1*sin(THETA);
        XE=XS;
        YE=YS;
        JJ=JJ+1;
        if (~mod(JJ,PTS))
            plot (XE,YE);
        end
        while(1)
        % FIND INCREMENT AND NEW POINT (X,Y)
            EX=0;
            EY=0;
            for J=1:NQ
                R =sqrt((XE-XQ(J))^2 + (YE - YQ(J))^2);
                EX = EX +Q(J)*(XE-XQ(J))/(R^3);
                EY = EY +Q(J)*(YE-YQ(J))/(R^3);
            end
            E = sqrt(EX^2 + EY^2);

            % CHECK FOR A SINGULAR POINT
            if (E <=.00005)
                break;
            end
            DX = DLE*EX/E;
            DY = DLE*EY/E;
            % FOR NEGATIVE CHARGE, NEGATE DX & DY SO THAT INCREMENT
            % IS AWAY FROM THE CHARGE
            if (Q(K) < 0)
                DX = -DX;
                DY = -DY;
            end
            XE = XE + DX;
            YE = YE + DY;
            % CHECK WHETHER NEW POINT IS WITHIN THE GIVEN RANGE OR
            TOO
            % CLOSE TO ANY OF THE POINT CHARGES - TO AVOID SINGULAR
            POINT
            if ((abs(XE) >= 5) | (abs(YE) >= 5))
                break;
            end

            if (sum(abs(XE-XQ) < .05 & abs(YE-YQ) < .05) >0)
                break;
            end
            JJ=JJ+1;
            if (~mod(JJ,PTS))
                plot (XE,YE);
```

그림 14.3 예제 14.1에 대한 컴퓨터 프로그램(계속)

```
          end
       end % while loop
    end % I =1:NLE
end    % K = 1:NQ
end % if
% NEXT, DETERMINE THE EQUIPOTENTIAL LINES
% FOR CONVENIENCE, THE STARTING POINTS (XS,YS) ARE
% CHOSEN LIKE THOSE FOR THE E-FIELD LINES
if (ckEq)
JJ=1;
DELTA = .2;
ANGLE = 45*pi/180;
for K =1:NQ
    FACTOR = .5;
    for KK = 1:NLV
      XS = XQ(K) + FACTOR*cos(ANGLE);
      YS = YQ(K) + FACTOR*sin(ANGLE);
      if ( abs(XS) >= 5 | abs(YS) >=5)
         break;
      end
      DIR = 1;
      XV = XS;
      YV = YS;
      JJ=JJ+1;
      if (~mod(JJ,PTS))
         plot(XV,YV);
      end
% FIND INCREMENT AND NEW POINT (XV,YV)
      N=1;
      while (1)
           EX = 0;
           EY = 0;
           for J = 1:NQ
              R = sqrt((XV-XQ(J))^2 + (YV-YQ(J))^2);
              EX = EX + Q(J)*(XV-XQ(J))/(R^3);
              EY = EY + Q(J)*(YV-YQ(J))/(R^3);
           end
           E=sqrt(EX^2 + EY^2);
           if (E <= .00005)
              FACTOR = 2*FACTOR;
              break;
           end
           DX = -DLV*EY/E;
           DY = DLV*EX/E;
           XV = XV + DIR*DX;
           YV = YV + DIR*DY;
           % CHECK IF THE EQUIPOTENTIAL LINE LOOPS BACK TO (X,YS)
           R0 = sqrt((XV - XS)^2 + (YV - YS)^2);
           if (R0 < DELTA & N < 50)
              FACTOR = 2*FACTOR;
              break;
           end
           % CHECK WHETHER NEW POINT IS WITHIN THE GIVEN RANGE
```

그림 14.3 예제 14.1에 대한 컴퓨터 프로그램(계속)

```
            % IF FOUND OUT OF RANGE, GO BACK TO THE STARTING POINT
            % (XS,YS)BUT INCREMENT IN THE OPPOSITE DIRECTION
            if (abs(XV) > 5 | abs(YV) > 5)
               DIR = DIR -2;
               XV = XS;
               YV = YS;
               if (abs(DIR) > 1)
                  FACTOR = 2*FACTOR;
                  break;
               end
           else
               if (sum(abs(XV-XQ) < .005 & abs(YV-YQ) < .005) >0)
                     break;
               end
            end
            JJ=JJ+1;
            if (~mod(JJ,PTS))
               N=N+1;
               plot(XV,YV);
            end
         end % WHILE loop
      end  % KK
   end    % K

   end % if
```

그림 14.3 예제 14.1에 대한 컴퓨터 프로그램

여기서 r은 작은 원의 반경(예를 들면 $r = 0.1$ 또는 0.05), 그리고 θ는 전기력선에 대해 규정된 각이다. 등전위선에 대한 시작점들은 다른 방법으로 만들어질 수 있다. 즉, x축과 y축을 따라 또는 $y = x$인 선을 따라 등등이다. 그러나 가능한 한 프로그램을 일반적으로 만들기 위하여 시작점은 전기력선에 대한 것처럼 전하들의 위치에 의존하도록 한다. 식 (14.1.1)을 이용하여 선택할 수 있지만 고정값 θ(예를 들면 45°)와 변수 r(예를 들면 0.5, 1.0, 2.0, ⋯)로 선택할 수 있다.

길이의 증가값 $\Delta\ell$은 정확한 그림을 위해 중요하다. $\Delta\ell$의 값이 작아질수록 그림은 더 정확해지지만 $\Delta\ell$값이 더 작아질수록 많은 점들을 만들게 되어, 메모리 용량이 문제가 될 수 있음을 명심해야 한다. 예를 들면 하나의 선은 1000개 이상의 생성된 점들로 구성된다. 그리기 위한 많은 점들을 고려하여, 점들은 일반적으로 데이터 파일에 저장되고, 그래픽 작업은 그 데이터를 이용하여 이루어진다.

전기장과 등전위선 모두에 대하여 그림 14.3의 프로그램에서 각기 다른 점검항목들이 삽입된다.

(a) 특이(singular) 점에 대하여 확인하라($\mathbf{E} = 0$?).

(b) 생성된 점들이 전하의 위치에 너무 접근했는지의 여부를 확인하라.

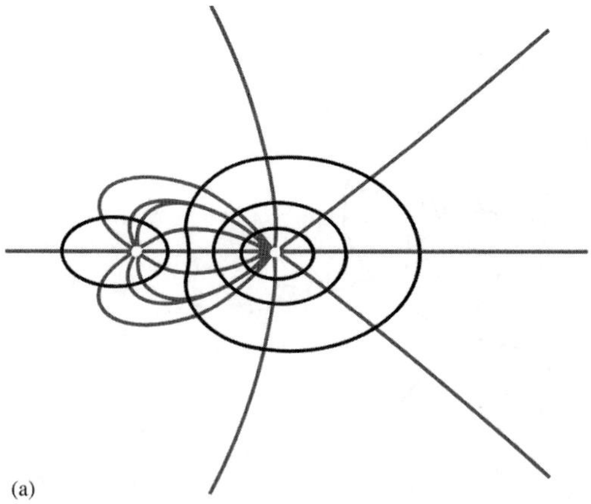

(a)

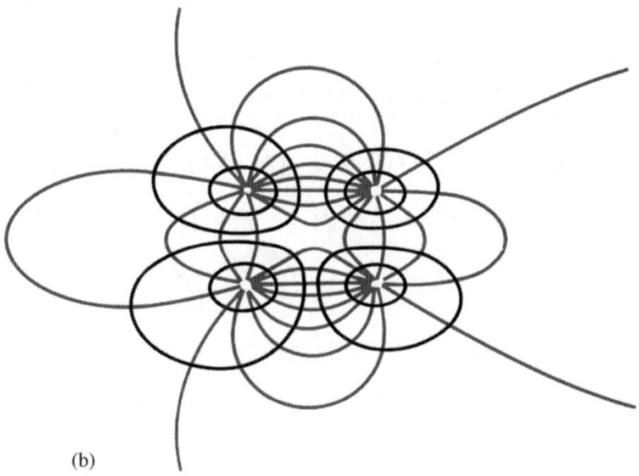

(b)

그림 14.4 예제 14.1에 대한 그림: (a) 두 개의 점전하, (b) 네 개의 점전하(2차원 4극자)에 기인하는 전기력선과 등전위선의 그림

(c) 점이 $-5 < x, y < 5$의 주어진 범위 내인지의 여부를 확인하라.

(d) (등전위)선 루프가 출발점으로 되돌아오는지의 여부를 확인하라.

두 개의 점전하와 네 개의 점전하의 경우들에 대해 생성된 점들의 그림을 각각 그림 14.4(a)와 (b)에 나타내었다.

연습문제 14.1

동일평면 상의 점전하들에 의한 전기력선과 등전위선을 그리기 위한 프로그램을 완성하라. $N = 3$에 대하여 프로그램을 돌려라. 즉, $-Q$, $+Q$, $-Q$의 점전하가 각각 $(x, y) = (-1, 0), (0, 1), (1, 0)$에 놓여 있다. $Q/4\pi\varepsilon = 1$, $\Delta\ell = 0.1$, 또는 더 높은 정확도를 위하여 0.01로 하여 택하라. 그림의 범위는 $-5 < x < 5$, $-5 < y < 5$로 제한하라.

해답: 그림 14.5 참조

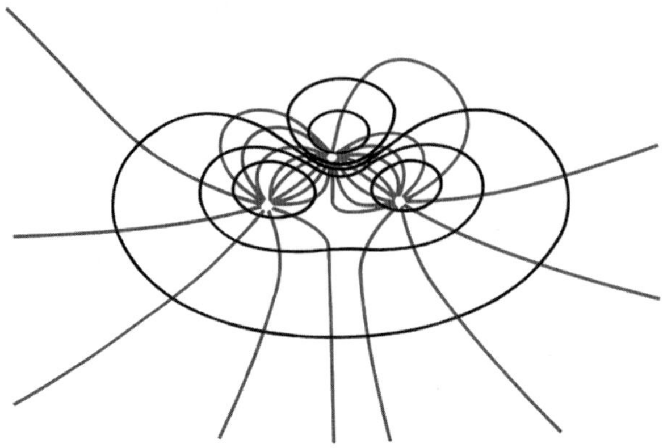

그림 14.5 연습문제 14.1의 그림

14.3 유한차분법

유한차분법[1](Finite Difference Method, FDM)은 6장에서 해석적으로 풀었던 것처럼 문제를 풀 때 사용하는 간단한 수치해석 기법이다. 문제는 다음과 같은 세 가지의 항목에 의해서 유일하게 정의된다.

1. Laplace 또는 Poisson 방정식과 같은 편미분방정식
2. 풀이영역
3. 경계조건 또는 초기조건

예를 들면 Poisson 또는 Laplace 방정식에 대한 유한차분법은 세 단계로 진행된다. 즉, (1) 노드(node)의 격자(grid)로 풀이영역을 나누며, (2) 풀이영역 안의 격자점 상에서 선형대수방정식(차분방정식이라고 부른다)의 세트에 의해서 미분방정식과 경계조건을 근사화하며, (3) 이러한 대수방정식의 세트를 푼다.

단계 1: 그림 14.6(a)에 보인 영역에서 전위를 구하기 위해 유한차분법을 적용하려고 한다고 가정한다. 풀이영역은 그림 14.6(a)와 같이 **격자점** 혹은 **노드**를 갖는 직각사각형의 메시(mesh)로 나눈다. 전위가 규정된 영역의 경계 상에서 노드는 **고정된(fixed) 노드**(문제에 의해서 고정)라 부르며, 그 영역의 내부 점들은 **고정되지 않은(free) 노드**(전위를 모르는 점)이라고 부른다.

단계 2: 우리의 목적은 Poisson 방정식에 대한 유한차분 근사값을 얻고, 이를 모든 고정되지 않은 점에서의 전위를 구하는데 사용하는 것이다. Poisson 방정식을 다시 쓰면 다음과 같다.

1) 유한차분법에 대한 자세한 설명은 다음 문헌을 참고하라; G. D. Smith, *Numerical Solution of Partial Differential Equation: Finite Difference Methods*, 3rd ed. Oxford: Oxford University Press, 1985.

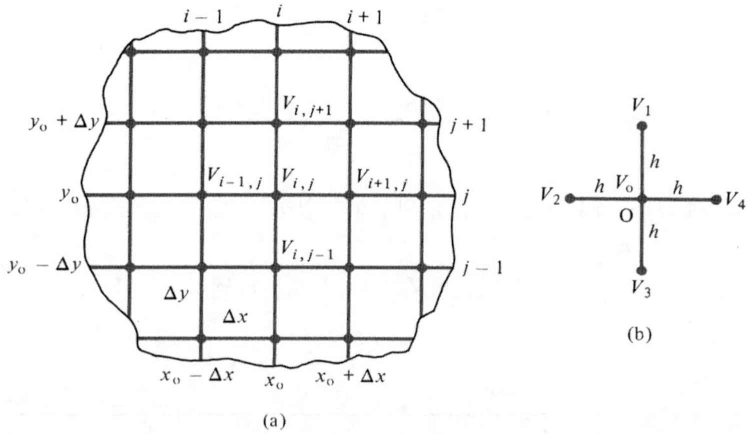

그림 14.6 유한차분 해의 패턴: (a) 격자점으로 풀이영역을 나눈다, (b) 유한차분 5-노드 분자

$$\nabla^2 V = -\frac{\rho_v}{\varepsilon} \tag{14.9a}$$

그림 14.6(a)에서와 같이 2차원 풀이영역에 대해서는 $\dfrac{\partial^2 V}{\partial z^2} = 0$이므로

$$\frac{\partial^2 V}{\partial x^2} + \frac{\partial^2 V}{\partial y^2} = -\frac{\rho_v}{\varepsilon} \tag{14.9b}$$

점 (x_o, y_o)에서 $V(x, y)$의 도함수의 정의로부터

$$\begin{aligned} V' = \left.\frac{\partial V}{\partial x}\right|_{x=x_o} &\simeq \frac{V(x_o + \Delta x, y_o) - V(x_o - \Delta x, y_o)}{2\Delta x} \\ &= \frac{V_{i+1,j} - V_{i-1,j}}{2\,\Delta x} \end{aligned} \tag{14.10}$$

여기서 Δx는 x방향을 따른 충분히 작은 증가량이다. 1차 도함수 V에 대한 미분인 2차 도함수는

$$\begin{aligned} V'' = \left.\frac{\partial^2 V}{\partial x^2}\right|_{x=x_o} &= \frac{\partial V'}{\partial x} \simeq \frac{V'(x_o + \Delta x/2, y_o) - V'(x_o - \Delta x/2, y_o)}{\Delta x} \\ &= \frac{V(x_o + \Delta x, y_o) - 2V(x_o, y_o) + V(x_o - \Delta x, y_o)}{(\Delta x)^2} \\ &= \frac{V_{i+1,j} - 2V_{i,j} + V_{i-1,j}}{(\Delta x)^2} \end{aligned} \tag{14.11}$$

식 (14.10)과 (14.11)은 $x = x_o$에서 구한 x에 관한 V의 1차 및 2차 도함수의 유한차분 근사값이다. 식 (14.10)의 근사값은 Δx의 차수(order)의 오차와 관련되는 반면에, 식 (14.11)은 $(\Delta x)^2$의 차수의 오차와 관련된다. 비슷하게

$$\left.\frac{\partial^2 V}{\partial y^2}\right|_{y=y_o} \simeq \frac{V(x_o, y_o + \Delta y) - 2V(x_o, y_o) + V(x_o, y_o - \Delta y)}{(\Delta y)^2}$$
$$= \frac{V_{i,j+1} - 2V_{i,j} + V_{i,j-1}}{(\Delta y)^2} \tag{14.12}$$

식 (14.11)과 (14.12)를 식 (14.19b)에 대입하고 $\Delta x = \Delta y = h$로 놓으면

$$V_{i+1,j} + V_{i-1,j} + V_{i,j+1} + V_{i,j-1} - 4V_{i,j} = -\frac{h^2 \rho_v}{\varepsilon}$$

또는

$$\boxed{V_{i,j} = \frac{1}{4}\left(V_{i+1,j} + V_{i-1,j} + V_{i,j+1} + V_{i,j-1} + \frac{h^2 \rho_v}{\varepsilon}\right)} \tag{14.13}$$

h는 **메시 크기**(mesh size)라고 부른다. 식 (14.13)은 Poisson 방정식에 대한 유한차분 근사값이다. 만약 풀이영역에 전하가 없다면($\rho_v = 0$), 식 (14.9)는 Laplace 방정식이 된다.

$$\nabla^2 V = \frac{\partial^2 V}{\partial x^2} + \frac{\partial^2 V}{\partial y^2} = 0 \tag{14.14}$$

이 방정식에 대한 유한차분 근사값은 $\rho_v = 0$으로 하여 식 (14.13)으로부터 구할 수 있다. 즉,

$$V_{i,j} = \frac{1}{4}(V_{i+1,j} + V_{i-1,j} + V_{i,j+1} + V_{i,j-1}) \tag{14.15}$$

이 식은 본질적으로 정사각형 망의 중심점에서 전위에 대한 5-노드 유한차분 근사값이다.

그림 14.6(b)는 유한차분 **5-노드 분자**를 나타낸 것이다. 그림 14.6(b)의 분자는 그림 14.6(a)에서 취한 것이다. 그러므로 식 (14.15)는 분자에 적용되어

$$\boxed{V_o = \frac{1}{4}(V_1 + V_2 + V_3 + V_4)} \tag{14.16}$$

이 된다. 이 식은 Laplace 방정식의 평균값 특성을 분명하게 보여준다. 다시 말해서 Laplace 방정식은 특정 점에서의 전위는 인접 점의 전위의 평균이라는 사실을 나타내는 미분방법으로 설명될 수 있다.

단계 3: 식 (14.16)[또는 식 (14.13)]을 주어진 문제에 적용하기 위해서 다음의 두 가지 방법 중 하나가 보통 사용된다.

A. 반복법

고정되지 않은(free) 노드에서 전위의 초기값을 0으로 놓거나 합당한 추정값을 설정하여 시작한다. 어떤 시간에서도 변하지 않는 고정된 노드에서의 전위를 유지하면서 고정되지 않은(free) 모든 노드에서의 전위가 계산될 때까지 고정되지 않은 노드 모든 곳에서 차례로 식 (14.16)을 적용한다. 이 첫 번째 반복과정의 결과로 얻어진 전위는 정확한 값이 아니고 근사값이다. 전위의 정확도를 높이기 위해서는 새로운 값을 구하기 위해 이전 값을 이용해 모든 고정되지 않은 노드에서 계산을 반복한다. 각각의 고정되지 않은 노드에서 전위의 반복적인 수정은 미리 정해진 정확도를 얻을 때까지 또는 각 노드에서 이전 값과 새로운 값들이 충분히 접근할 때까지 계속된다.

B. 밴드행렬법

노드가 아닌 모든 곳에 식 (14.16)을 적용하면 다음과 같은 한 세트의 연립방정식의 형태로 된다.

$$[A][V] = [B] \tag{14.17}$$

여기서 $[A]$는 **산재행렬**(sparse matrix)(즉, 많은 영의 항을 가지는 행렬), $[V]$는 고정되지 않은(free) 노드에서의 알려지지 않은 전위로 구성되며, $[B]$는 고정된 노드들에서의 알려진 전위로 이루어진 또 하나의 세로행열이다. 각 노드에서 가장 가깝게 인접한 노드만 전위에 영향을 미치기 때문에 행렬 $[A]$는 0이 아닌 항들이 주대각선 근처에 밀집한 형태의 **밴드**(band)를 이루고 있다. 산재행렬, 밴드행렬은 $[V]$를 구하기 위해서 쉽게 역행렬을 구할 수 있다. 그러므로 $[V]$행렬로부터 다음과 같이 고정되지 않은(free) 노드에서의 전위를 구할 수 있다.

$$[V] = [A]^{-1}[B] \tag{14.18}$$

유한차분법은 시변 문제들의 풀이에 적용할 수 있다. 예를 들어 식 (10.1)의 1차원 파동방정식을 고려해 보면

$$u^2 \frac{\partial^2 \Phi}{\partial x^2} = \frac{\partial^2 \Phi}{\partial t^2} \tag{14.19}$$

여기서 u는 파의 속도이고, Φ는 전자파의 전기장 또는 자기장 성분이다. 그림 14.7에서 보여준 (x_o, t_o) 또는 (i, j)번째 노드에서 도함수의 차분 근사값은 다음과 같다.

$$\left.\frac{\partial^2 \Phi}{\partial x^2}\right|_{x=x_o} \simeq \frac{\Phi_{i-1,j} - 2\Phi_{i,j} + \Phi_{i+1,j}}{(\Delta x)^2} \tag{14.20}$$

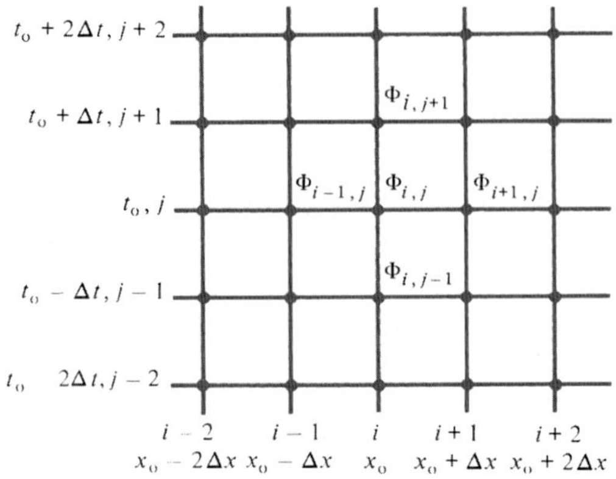

그림 14.7 식 (14.19)의 파동방정식에 대한 유한차분 해의 패턴

$$\left.\frac{\partial^2 \Phi}{\partial t^2}\right|_{t=t_o} \simeq \frac{\Phi_{i,j-1} - 2\Phi_{i,j} + \Phi_{i,j+1}}{(\Delta t)^2} \tag{14.21}$$

식 (14.20)과 (14.21)을 식 (14.19)에 대입하고 $\Phi_{i,\,j+1}$에 대해서 풀면

$$\boxed{\Phi_{i,j+1} \simeq \alpha(\Phi_{i-1,j} + \Phi_{i+1,j}) + 2(1-\alpha)\,\Phi_{i,j} - \Phi_{i,j-1}} \tag{14.22}$$

이 되며, 여기서

$$\alpha = \left[\frac{u\,\Delta t}{\Delta x}\right]^2 \tag{14.23}$$

$\alpha \le 1$이면 식 (14.22)의 해를 안정화시킬 것으로 볼 수 있다. 식 (14.22)의 유한차분 알고리즘을 시작하기 위해서 초기조건을 사용한다. $t = 0$에서 $\partial\Phi_{i,0}/\partial t = 0$이라고 가정하고, (중앙) 차분 근사값을 사용(복습문제 14.2 참조)하여 다음과 같이 구할 수 있다.

$$\frac{\partial \Phi_{i,0}}{\partial t} \simeq \frac{\Phi_{i,1} - \Phi_{i,-1}}{2\Delta t} = 0$$

또는

$$\Phi_{i,1} = \Phi_{i,-1} \tag{14.24}$$

식 (14.24)를 식 (14.22)에 대입하고 $j = 0(t = 0)$으로 하면 다음을 얻는다.

$$\Phi_{i,1} \simeq \alpha(\Phi_{i-1,0} + \Phi_{i+1,0}) + 2(1-\alpha)\Phi_{i,0} - \Phi_{i,1}$$

또는

$$\Phi_{i,1} \simeq \frac{1}{2}\left[\alpha(\Phi_{i-1,0} + \Phi_{i+1,0}) + 2(1-\alpha)\Phi_{i,0}\right] \tag{14.25}$$

'시작' **공식**으로 식 (14.25)를 가지고 격자 상의 어느 지점에서도 식 (14.22)로부터 Φ의 값을 직접 얻을 수 있다. 식 (14.22)는 시작공식으로써 식 (14.25)와 함께 직접 사용될 수 있기 때문에 식 (14.16)을 풀기 위하여 논의된 세 가지 방법들은 식 (14.22)에 적용하지 않는다는 것에 유의하라. 다시 말해서 한 세트의 연립방정식을 가지지 않는다는 것이다. 즉, 식 (14.22)는 명백한 공식이다.

유한차분법의 개념은 다른 좌표계의 Poisson 방정식, Laplace 방정식 또는 파동방정식으로 확장시킬 수 있다. 이 방법의 정확성은 격자의 정교함과 전위를 세밀하게 구별하는 데 소요되는 시간에 의존한다. 축차가속완화법에 의해, 초기 값에서 적절한 예측에 의해, 가능하다면 대칭성의 이점을 취하여, 가능하면 망의 크기를 작게 함으로써, 그리고 보다 복잡한 유한미분 분자를 사용함으로써 컴퓨터의 사용시간을 줄일 수 있고, 정확도와 수렴률을 증대시킬 수 있다. 유한차분법의 한 가지 제한은 몇 가지 종류의 보간법(interpolation)들이 격자 상이 아닌 점들에서 해를 구하는데 사용되어야 한다는 것이다. 이를 극복하는 한 가지 분명한 방법은 더욱 정교한 격자를 사용하는 것인데, 그러나 이것은 더 많은 양의 계산과정과 더 큰 컴퓨터 저장용량을 필요로 하게 된다.

예제 14.2

$\Phi(0) = 0 = \Phi(1)$의 조건에서 일차원 경계값 문제 $-\Phi'' = x^2$, $0 \leq x \leq 1$을 풀어라. 유한차분법을 사용하라.

풀이

먼저, 일차원에서의 Poisson 방정식인 $-\Phi'' = -x^2$의 유한차분 근사값을 얻는다. 다음에, 전체 영역 $0 \leq x \leq 1$을 그림 14.8(a)에서 보는 바와 같이 길이 $h(=1/N)$인 N개의 똑같은 구간으로 나누어서 $(N+1)$개의 노드를 만든다.

$$-x_o^2 = \left.\frac{d^2\Phi}{dx^2}\right|_{x=x_o} \simeq \frac{\Phi(x_o + h) - 2\Phi(x_o) + \Phi(x_o - h)}{h^2}$$

또는

$$-x_j^2 = \frac{\Phi_{j+1} - 2\Phi_j + \Phi_{\xi-1}}{h^2}$$

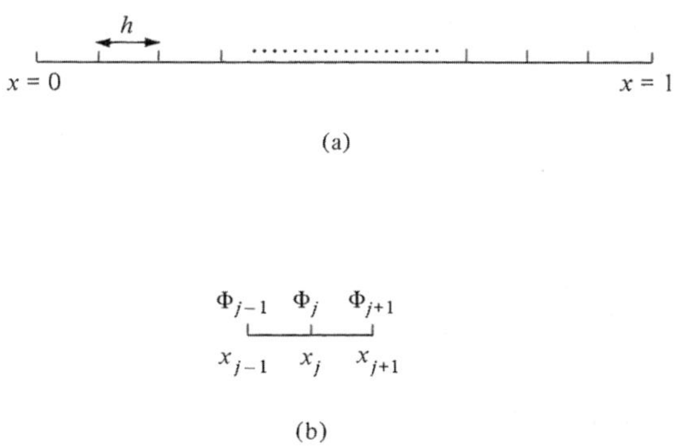

그림 14.8 예제 14.2의 그림

```
% ONE-DIMENSIONAL PROBLEM OF EXAMPLE 14.2
% SOLVED USING FINITE DIFFERENCE METHOD
%
% h = MESH SIZE
% ni = NO. OF ITERATIONS DESIRED

      P = [ ];
      n=20;
      ni=500;
      l=1.0;
      h = l/n;
      phi=zeros(n+1,1);
      x=h*[0:n]';
      x1=x(2:n);
      for k=1:ni
         phi([2:n])=[phi(3:n+1)+phi(1:n-1)+x1.^2*h^2]/2;
      end
      %  CALCULATE THE EXACT VALUE ALSO
      phiex=x.*(1.0-x.^3)/12.0;
      diary a:test.out
      [[1:n+1]' phi phiex]
      diary off
```

그림 14.9 예제 14.2에 대한 컴퓨터 프로그램

그러므로

$$-2\Phi_j = -\chi_j^2 h^2 - \Phi_{j+1} - \Phi_{j-1}$$

또는

$$\Phi_j = \frac{1}{2}(\Phi_{j+1} + \Phi_{j-1} + x_j^2 h^2)$$

이 유한차분방식을 사용함으로써 N의 다양한 값에 대한 근사해를 얻는다. 그림 14.9에 이 Matlab 코드를 나타내었다. 반복 횟수 NI는 원하는 정확도의 정도에 따라 달라진다. 이와 같은 일차원의 문제에서는 $NI = 50$ 정도면 만족스러울 것이다. 2차원 또는 3차원의 문제에 대해서는 더 큰 값의 NI가 요구될 것이다(이 절의 끝부분에 있는 표 14.1 참조). 마지막 점(고정된 노드)에서의 Φ가 고정된 값으로 유지된다는 점에 유의하여야 한다. $N = 4$와 10인 경우에 대한 해를 그림 14.10에 나타내었다.

이것을 아래에서 구한 정확한 해와 비교할 수 있다. 주어진 식 $d^2\Phi/dx^2 = -x^2$을 두 번 적분하면

$$\Phi = -\frac{x^4}{12} + Ax + B$$

여기서 A와 B는 적분상수이다. 경계조건으로부터

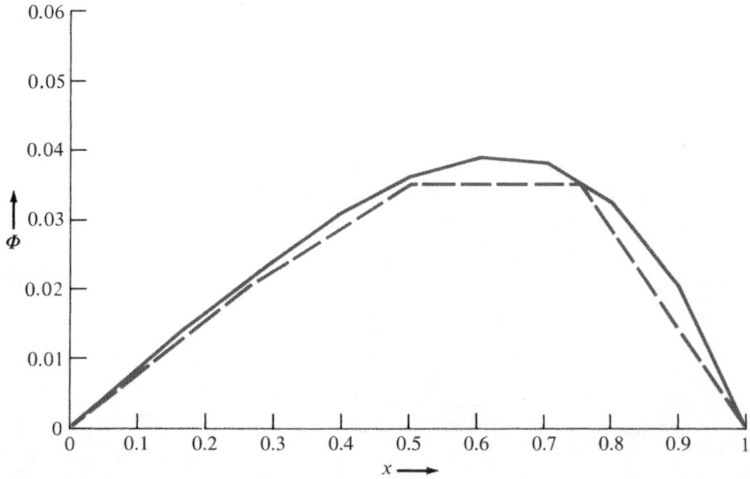

그림 14.10 예제 14.2의 그림: $\Phi(x)$의 그림. 실선은 $N=10$, 점선은 $N=4$

$$\Phi(0) = 0 \rightarrow B = 0$$

$$\Phi(1) = 0 \rightarrow 0 = -\frac{1}{12} + A \quad \text{또는} \quad A = \frac{1}{12}$$

따라서 정확한 해는 $\Phi = x(1-x^3)/12$이며, 그림 14.9에서 계산되었고, $N=10$의 경우에 매우 접근함을 알 수 있었다.

연습문제 14.2

유한차분법을 사용하여 경계조건이 $y(0)=0$, $y(1)=1$인 미분방정식 $d^2y/dx^2+y=0$을 풀어라. $\Delta x = 1/4$이다.

해답: (a) 이 결과를 정확한 해 $y(x) = \dfrac{\sin(x)}{\sin(1)}$와 비교하라.

예제 14.3

유한차분법을 사용하여 그림 14.11의 전위계에서 고정되지 않은(free) 노드에서의 전위를 구하라.

풀이

이 문제는 먼저 반복법을 사용하고, 그 다음으로 밴드행렬법을 사용하여 풀 것이다.

방법 1(반복법): 먼저, 고정되지 않은 노드에서 전위의 초기값을 0으로 설정한다. 매번 이 노드에서 계산된 가장 새로운 주변 전위차를 사용하여 고정되지 않은 노드에 대하여 식

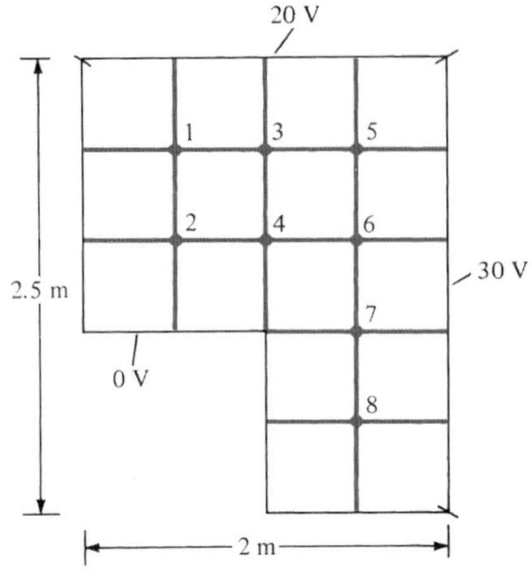

그림 14.11 예제 14.3의 그림

(14.16)을 적용한다. 첫 번째 반복과정에서:

$$V_1 = 1/4(0 + 20 + 0 + 0) = 5$$
$$V_2 = 1/4(5 + 0 + 0 + 0) = 1.25$$
$$V_3 = 1/4(5 + 20 + 0 + 0) = 6.25$$
$$V_4 = 1/4(1.25 + 6.25 + 0 + 0) = 1.875$$

혼란을 피하기 위해서 매번 고정되지 않은 노드에서 새로운 값들이 계산되면 그림 14.12에서 보인 것처럼 이전 값들은 지워버린다. V_8이 계산된 후 노드 1에서 두 번째 반복과정을 시작한다.

$$V_1 = 1/4(0 + 20 + 1.25 + 6.25) = 6.875$$
$$V_2 = 1/4(6.875 + 0 + 0 + 1.875) = 2.187$$

이 과정을 계속하면 5번의 반복과정 후에 그림 14.12에서 보인 것처럼 지우지 않은 값들을 얻게 된다. 10번의 반복과정 후(그림 14.12에서는 나타내지 않았음) 다음을 얻는다.

$$V_1 = 10.04, \quad V_2 = 4.956, \quad V_3 = 15.22, \quad V_4 = 9.786$$
$$V_5 = 21.05, \quad V_6 = 18.97, \quad V_7 = 15.06, \quad V_8 = 11.26$$

방법 2(밴드행렬법): 이 방법은 문제의 산재된 구조를 밝히는 것이다. 식 (14.16)을 각각의 고정되지 않은 노드에 적용하고, 알려진 항들(고정된 노드들에서의 미리 정해진 전위들)을 오른쪽에, 반면에 알려지지 않은 항들(고정되지 않은 노드에서의 전위들)은 왼쪽에 두면 $[A]\,[V] = [B]$와 같은 행렬식으로 표현될 것이다.

노드 1에서

$$-4V_1 + V_2 + V_3 = -20 - 0$$

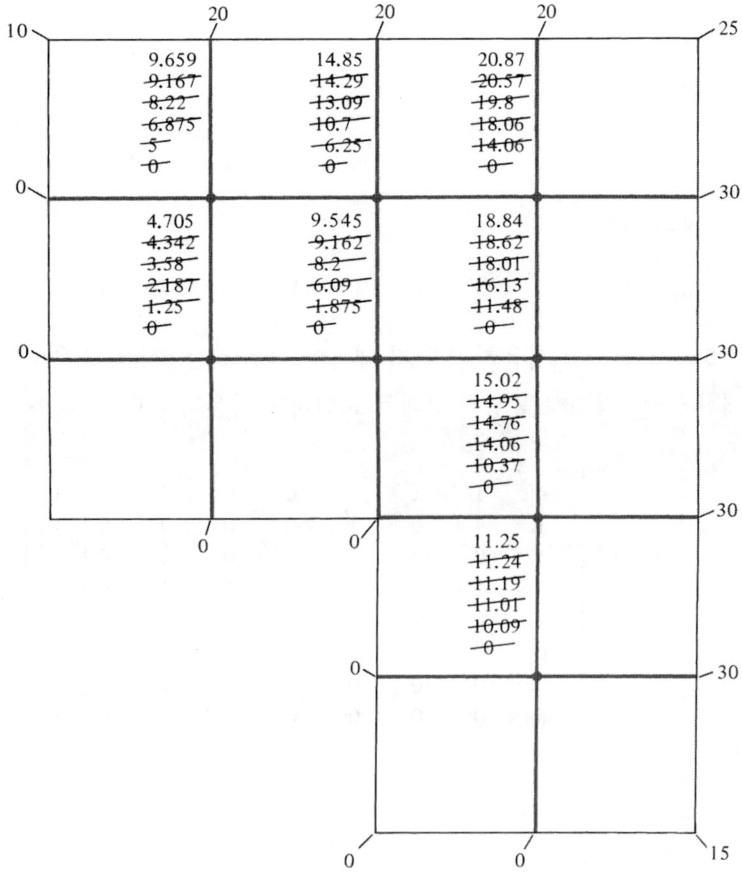

그림 14.12 예제 14.3의 그림: 지워지지 않은 값들은 5번의 반복과정 후의 해이다.

노드 2에서

$$V_1 + 4V_2 + V_4 = -0 - 0$$

노드 3에서

$$V_1 - 4V_3 + V_4 + V_5 = -20$$

노드 4에서

$$V_2 + V_3 - 4V_4 + V_6 = -0$$

노드 5에서

$$V_3 - 4V_5 + V_6 = -20 - 30$$

노드 6에서

$$V_4 + V_5 - 4V_6 + V_7 = -30$$

노드 7에서

$$V_6 - 4V_7 + V_8 = -30 - 0$$

노드 8에서

$$V_7 - 4V_8 = -0 - 0 - 30$$

5-노드 분자를 사용하고 있기 때문에 각 노드는 5개의 항을 가지고 있음을 주목하라. 구해진 8개의 방정식을 행렬 형태로 표현하면 다음과 같다.

$$\begin{bmatrix} -4 & 1 & 1 & 0 & 0 & 0 & 0 & 0 \\ 1 & -4 & 0 & 1 & 0 & 0 & 0 & 0 \\ 1 & 0 & -4 & 1 & 1 & 0 & 0 & 0 \\ 0 & 1 & 1 & -4 & 0 & 1 & 0 & 0 \\ 0 & 0 & 1 & 0 & -4 & 1 & 0 & 0 \\ 0 & 0 & 0 & 1 & 1 & -4 & 1 & 0 \\ 0 & 0 & 0 & 0 & 0 & 1 & -4 & 1 \\ 0 & 0 & 0 & 0 & 0 & 0 & 1 & -4 \end{bmatrix} \begin{bmatrix} V_1 \\ V_2 \\ V_3 \\ V_4 \\ V_5 \\ V_6 \\ V_7 \\ V_8 \end{bmatrix} = \begin{bmatrix} -20 \\ 0 \\ -20 \\ 0 \\ -50 \\ -30 \\ -30 \\ -30 \end{bmatrix}$$

또는

$$[A][V] = [B]$$

여기서 $[A]$는 밴드, 산재행렬, $[V]$는 고정되지 않은 노드에서의 모르는 전위들로 구성된 세로행렬, 그리고 $[B]$는 고정된 노드들에서의 전위로 이루어진 세로행렬이다. $[A]$의 밴드 특성은 점선으로 그려진 루프에 의해서 보여진다.

행렬 $[A]$는 각각의 고정되지 않은 노드에서 식 (14.16)을 기록하지 않고도 그림 14.11로부터 직접 얻을 수 있음을 주목하라. 이렇게 하기 위해서 간단히 대각선 항 $A_{ij} = -4$로 설정하고, 만약 i와 j번째 노드가 연결되어 있으면 $A_{ij} = 1$로, 만약 i와 j번째 노드가 직접 연결되어 있지 않다면 $A_{ij} = 0$으로 설정하라. 예를 들면, 노드 2와 노드 3은 연결되어 있지 않기 때문에 $A_{23} = A_{32} = 0$인 반면에 노드 4와 노드 6은 연결되어 있기 때문에 $A_{46} = A_{64} = 1$이 된다. 비슷하게 행렬 $[B]$는 B_i를 노드 i에 연결된 고정된 노드에서의 전위의 합의 음수와 같게 놓음으로써 그림 14.11로부터 직접 얻게 된다. 예를 들면 노드 5는 전위가 20 V와 30 V인 두 개의 고정된 노드와 연결되어 있기 때문에 $B_5 = -(20 + 30)$이 된다. 만약 노드 i가 어떤 고정된 노드와 연결되어 있지 않다면 $B_i = 0$이 된다.

Matlab을 사용하여 행렬 $[A]$의 역행렬을 취하면 다음과 같다.

$$[V] = [A]^{-1}[B]$$

또는

$$V_1 = 10.04,\quad V_2 = 4.958,\quad V_3 = 15.22,\quad V_4 = 9.788$$
$$V_5 = 21.05,\quad V_6 = 18.97,\quad V_7 = 15.06,\quad V_8 = 11.26$$

이 결과는 반복법을 사용하여 얻은 결과와 잘 비교가 된다.

연습문제 14.3

그림 14.13의 구조에서 반복법을 사용하여 a와 b에서 전위에 대한 유한차분 근사값을 구하라.

해답: (a) $V_a = 10.01$ V, $V_b = 28.3$ V

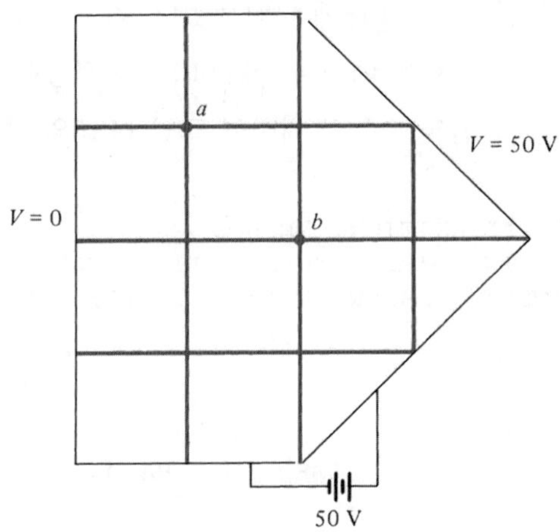

그림 14.13 연습문제 14.3의 그림

예제 14.4

그림 14.14에서 보인 직사각형 단면을 갖는 길이가 무한히 긴 도체관에 대한 Laplace 방정식의 해를 구하라. $V_1 = 10$ V, $V_2 = 100$ V, $V_3 = 40$ V, $V_4 = 0$ V로 놓아라.

풀이

이 문제는 반복법을 사용하여 풀 것이다. 이 경우 풀이영역은 규칙적인 경계를 가진다.

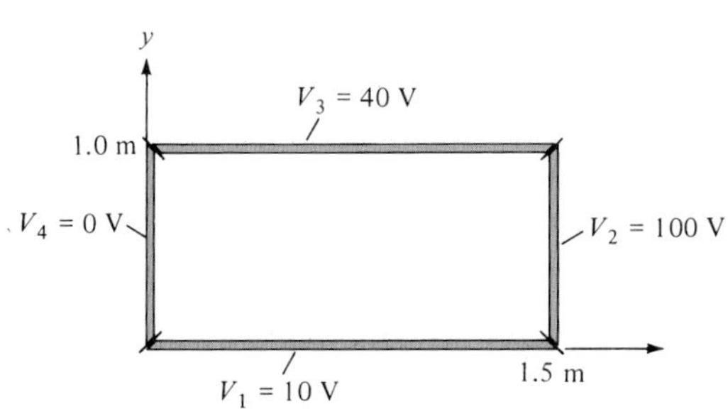

그림 14.14 예제 14.4의 그림

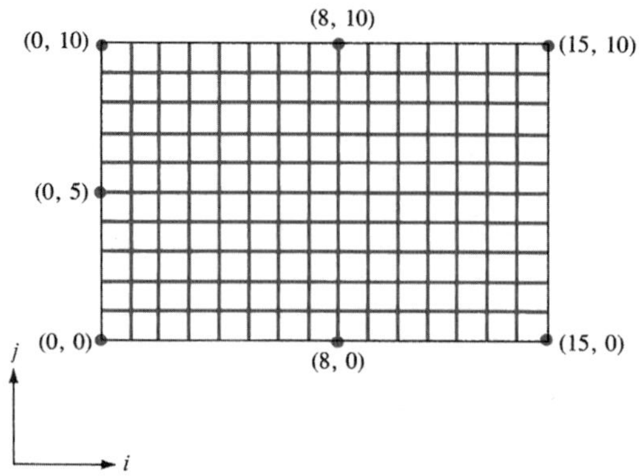

그림 14.15 예제 14.4의 그림; 15×10 격자

관 내부의 격자점에서 전위를 구하기 위한 프로그램을 쉽게 작성할 수 있다. 영역을 정사각형 메시로 나눈다. 만일 15×10 격자를 사용하기로 하였다면 x축을 따른 격자점의 수는 $15+1=16$이고, y축을 따른 격자점의 수는 $10+1=11$이다. 메시의 크기는 $h=1.5/15=0.1$ m가 된다. 15×10 격자구조를 그림 14.15에 나타내었다. 격자점들은 관의 아래쪽 좌측 모서리에서부터 시작하여 (i, j)로 번호를 매긴다. 식 (14.15)를 적용하고 반복법을 사용하여 고정되지 않은 노드들에서의 전위를 구하기 위하여 그림 14.16의 컴퓨터 프로그램

```
%    USING FINITE DIFFERENCE (ITERATION) METHOD
%    THIS PROGRAM SOLVES THE TWO-DIMENSIONAL BOUNDARY-VALUE
%    PROBLEM (LAPLACE'S EQUATION) SHOWN IN FIG. 14.14.
%    ni = NO. OF ITERATIONS
%    nx = NO. OF X GRID POINTS
%    ny = NO. OF Y GRID POINTS
%    v(i,j) = POTENTIAL AT GRID POINT (i,j) OR (x,y) WITH
%    NODE NUMBERING STARTING FROM THE LOWER LEFT-HAND
%    CORNER OF THE TROUGH

v1 = 10.0;
v2 = 100.0;
v3 = 40.0;
v4 = 0.0;
ni = 200;
nx = 16;
ny = 11;
% SET INITIAL VALUES EQUAL TO ZEROES
v = zeros(nx,ny);
% FIX POTENTIALS ARE FIXED NODES
for i=2:nx-1
   v(i,1) = v1;
   v(i,ny) = v3;
end
for j=2:ny-1
   v(1,j) = v4;
   v(nx,j) = v2;
```

그림 14.16 예제 14.4에 대한 컴퓨터 프로그램(계속)

```
end
v(1,1) = 0.5*(v1 + v4);
v(nx,1) = 0.5*(v1 + v2);
v(1,ny) = 0.5*(v3 + v4);
v(nx,ny) = 0.5*(v2 + v3);
% NOW FIND v(i,j) USING EQ. (14.15) AFTER ni ITERATIONS
for k=1:ni
   for i=2:nx-1
      for j=2:ny-1
         v(i,j) = 0.25*( v(i+1,j) + v(i-1,j) + v(i,j+1) + v(i,j-1) );
      end
   end
end
diary a:test1.out
[v(6,6), v(9,9), v(11,6), v(9,3)]
[ [1:nx, 1:ny] v(i,j) ]
diary off
```

그림 14.16 예제 14.4에 대한 컴퓨터 프로그램

이 만들어졌다. $(i, j) = (5, 5), (8, 8), (10, 5), (8, 2)$에 각각 대응하는 점 $(x, y) = (0.5, 0.5), (0.8, 0.8), (1.0, 0.5), (0.8, 0.2)$에서 50, 100, 200회 반복해 구한 전위를 표 14.1에 나타내었다. 변수분리법을 사용하여 구한 정확한 값과 그림 6.11과 비슷한 프로그램에 의해 얻어진 값들이 유사함을 볼 수 있다. 정확도의 정도는 격자점의 길이 h에 의존하다는 것에 유의해야 한다. h는 가능한 한 작게 만드는 것이 바람직하다. 또한 고정된 노드들에서의 전위는 계산을 하는 과정 중에 일정하게 유지되어야 함에 유의하라.

표 14.1 선택된 점에서의 예제 14.4(반복법)의 해

좌표	반복횟수			
(x, y)	50	100	200	정확한 해
(0.5, 0.5)	20.91	22.44	22.49	22.44
(0.8, 0.8)	37.7	38.56	38.59	38.55
(1.0, 0.5)	41.83	43.18	43.2	43.22
(0.8, 0.2)	19.87	20.94	20.97	20.89

연습문제 14.4

그림 14.17의 관을 고려한다. 5-노드 유한차분법을 사용하여 (a) 4×8 격자와 (b) 12×24 격자를 사용하여 관의 중심에서의 전위를 구하라.

해답: (a) 31.08 V, (b) 42.86 V

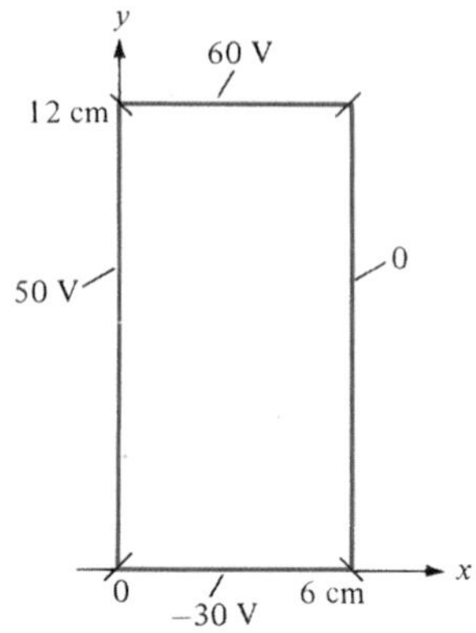

그림 14.17 연습문제 14.4의 그림

14.4 모멘트법

유한차분법과 같이 모멘트법(method of moments, MOM)[2)]은 개념적으로 간단하다는 장점이 있다. 유한차분법이 미분방정식을 푸는데 사용되는 반면에 모멘트법은 일반적으로 적분방정식을 푸는데 사용된다.

예를 들어 식 (14.9a)의 Poisson 방정식을 풀기 위하여 모멘트법을 적용하기를 원한다고 가정하자. Poisson 방정식의 적분해는 다음과 같이 쓸 수 있다.

$$V = \int_v \frac{\rho_v \, dv}{4\pi\varepsilon r} \tag{14.26}$$

식 (14.26)은 Coulomb의 법칙으로부터 유도될 수 있다는 것을 4장으로부터 상기하자. 또한 전하분포 $\rho_v(x, y, z)$가 주어졌을 때 전위 $V(x, y, z)$, 전기장 $\mathbf{E}(x, y, z)$, 그리고 총 전하량 Q를 항상 구할 수 있다는 것을 상기하라. 반면에 전위 V를 알고, 전하분포를 모른다고 할 때 식 (14.26)으로부터 전하밀도 ρ_v를 어떻게 구하는가? 이러한 상황에서 식 (14.26)을 **적분방정식**이라고 부르게 된다.

적분방정식은 적분기호 안에 미지의 함수가 포함된 것이다.

이 식은 다음과 같은 일반적인 형태를 갖는다.

$$V(x) = \int_a^b K(x, t)\, \rho(t)\, dt \tag{14.27}$$

2) '모멘트법'이라는 용어는 Harrington의 논문에서 처음 사용되었다. 이에 대한 자세한 내용은 다음 문헌을 참고할 것; R. F. *Harrington, Field Computation by Moment Methods.* New York: IEEE Press, 1993.

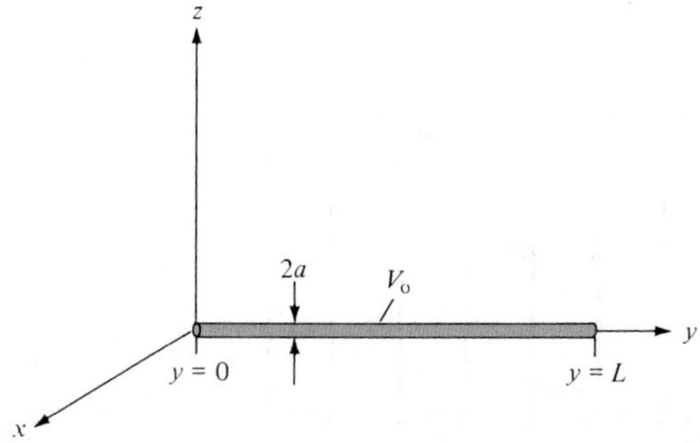

그림 14.18 일정한 전위를 유지하고 있는 가느다란 도선

여기서 함수 $K(x, t)$와 $V(t)$, 그리고 적분구간 a, b는 알고 있다. $\rho(t)$가 구해야 할 미지의 함수이며, 함수 $K(x, t)$는 방정식의 **핵심**이라고 부른다. 모멘트법은 식 (14.27)과 같은 적분방정식을 푸는 데 사용하는 일반적인 계산기법이다. 이 방법은 예제를 통해 아마도 가장 잘 설명되어질 수 있을 것이다.

그림 14.18에서와 같이 자유공간에 위치한 반경이 a이고, 길이가 $L(L \gg a)$인 가느다란 도선을 고려하자. 도선의 전위는 V_0를 유지한다. 우리의 목적은 모멘트법을 사용하여 도선의 전하밀도 ρ_L을 구하는 것이다. 일단 ρ_L을 구하면 이와 관련된 장의 크기를 구할 수 있다. 도선 상의 임의의 점에서 식 (14.26)은 다음과 같은 형태의 적분식으로 바뀐다.

$$V_o = \int_0^L \frac{\rho_L \, dl}{4\pi\varepsilon_o r} \tag{14.28}$$

식 (14.28)은 도선 상의 어디에나 취할 수 있는 관측점에 적용하기 때문에 **정합점**(match point)으로 알려진 고정된 지점 y_k에서는

$$V_o = \frac{1}{4\pi\varepsilon_o} \int_0^L \frac{\rho_L(y) \, dy}{|y_k - y|} \tag{14.29}$$

적분은 원래 곡선에서의 구간을 구하는 것임을 미적분학으로부터 상기하자. Δy가 작다면 $0 < y < L$에서 $f(y)$의 적분은 다음과 같이 주어진다.

$$\begin{aligned}\int_0^L f(y) \, dy &\simeq f(y_1) \, \Delta y + f(y_2) \, \Delta y + \cdots + f(y_N)\Delta y \\ &= \sum_{k=1}^{N} f(y_k)\Delta y \end{aligned} \tag{14.30}$$

여기서 적분구간 L은 각각의 길이가 Δy인 N단위로 나누어졌다. 그림 14.19와 같이 동일한 길이 Δ인 N개의 구간으로 나누어진 도선에서 식 (14.29)는 다음과 같이 된다.

$$4\pi\varepsilon_o V_o \simeq \frac{\rho_1 \Delta}{|y_k - y_1|} + \frac{\rho_2 \Delta}{|y_k - y_2|} + \cdots + \frac{\rho_N \Delta}{|y_k - y_N|} \tag{14.31}$$

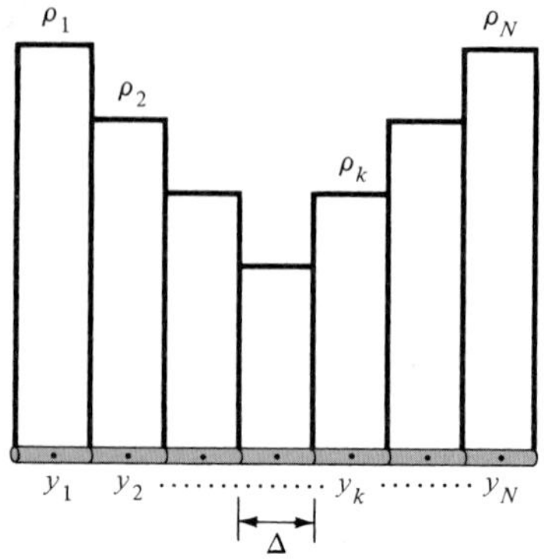

그림 14.19 N개의 구간으로 나누어진 도선

여기서 $\Delta = L/N = \Delta y$이다. 식 (14.31)에서의 가정은 k번째 구간에서 미지의 전하밀도 ρ_k가 일정하다는 것이다. 식 (14.31)에서 k번째 항은 분모의 수식이 $|y_k - y_k|$이어서 수치 계산에 문제가 생길 수 있다. 이러한 문제는 원통 면전하에 의한 도선구간 나누기 모델링으로 바로 해결할 수 있을 것이다. 따라서 식 (14.31)에는 미지의 상수 $\rho_1, \rho_2, \cdots, \rho_N$이 존재한다. 도선 상의 모든 점에서 식 (14.31)을 적용할 수 있어야 하므로, 도선 상의 $y_1, y_2, \cdots, y_N$에서 N개의 정합점을 선택함으로써 N개의 비슷한 방정식을 얻을 수 있다.

$$4\pi\varepsilon_o V_o = \frac{\rho_1 \Delta}{|y_1 - y_1|} + \frac{\rho_2 \Delta}{|y_1 - y_2|} + \cdots + \frac{\rho_N \Delta}{|y_1 - y_N|} \tag{14.32a}$$

$$4\pi\varepsilon_o V_o = \frac{\rho_1 \Delta}{|y_2 - y_1|} + \frac{\rho_2 \Delta}{|y_2 - y_2|} + \cdots + \frac{\rho_N \Delta}{|y_2 - y_N|} \tag{14.32b}$$

$$\vdots$$

$$4\pi\varepsilon_o V_o = \frac{\rho_1 \Delta}{|y_N - y_1|} + \frac{\rho_2 \Delta}{|y_N - y_2|} + \cdots + \frac{\rho_N \Delta}{|y_N - y_N|} \tag{14.32c}$$

정합점에서 식 (14.29)의 좌변을 식의 우변과 정합(matching)시킨다는 개념은 역학에서 모멘트를 취한다는 개념과 유사하다. 이 기법을 모멘트법이라고 부르는 이유가 여기에 있다. 그림 14.19로부터 정합점 $y_1, y_2, \cdots, y_N$이 각 구간의 중심에 놓여 있음을 주목하라. 식 (14.32)는 다음과 같이 행렬의 형태로 놓을 수 있다.

$$[B] = [A][\rho] \tag{14.33}$$

여기서

$$[B] = 4\pi\varepsilon_o V_o \begin{bmatrix} 1 \\ 1 \\ \cdot \\ \cdot \\ \cdot \\ 1 \end{bmatrix} \tag{14.34}$$

$$[A] = \begin{bmatrix} A_{11} & A_{12} & \dots & A_{1N} \\ A_{21} & A_{22} & \dots & A_{2N} \\ \cdot & & & \cdot \\ \cdot & & & \cdot \\ \cdot & & & \cdot \\ A_{N1} & A_{N2} & \dots & A_{NN} \end{bmatrix} \tag{14.35a}$$

$$A_{mn} = \frac{\Delta}{|y_m - y_n|}, \quad m \neq n \tag{14.35b}$$

$$[\rho] = \begin{bmatrix} \rho_1 \\ \rho_2 \\ \cdot \\ \cdot \\ \cdot \\ \rho_N \end{bmatrix} \tag{14.36}$$

식 (14.33)에서 $[\rho]$는 요소가 미지수인 행렬이다. Cramer 정리, 역행렬, 또는 Gauss 소거법을 이용하여 식 (14.33)으로부터 $[\rho]$를 구할 수 있다. 역행렬을 이용하면

$$\boxed{[\rho] = [A]^{-1}[B]} \tag{14.37}$$

가 되며, 여기서 $[A]^{-1}$은 행렬 $[A]$의 역행렬이다. 식 (14.33) 또는 (14.35)에서 행렬 $[A]$의 대각선 요소[또는 자체(self)항]의 값을 계산할 때 반드시 조심스럽게 수행해야 한다. 도선은 도체이므로 표면 전체에 걸쳐 표면전하밀도 ρ_S가 예상된다. 따라서 각 조각의 중심에서 전위는

$$\begin{aligned} V(\text{중심}) &= \frac{1}{4\pi\varepsilon_o}\int_0^{2\pi}\int_{-\Delta/2}^{\Delta/2} \frac{\rho_S a\, d\phi\, dy}{[a^2 + y^2]^{1/2}} \\ &= \frac{2\pi a\rho_S}{4\pi\varepsilon_o} \ln\left\{\frac{\Delta/2 + [(\Delta/2)^2 + a^2]^{1/2}}{-\Delta/2 + [(\Delta/2)^2 + a^2]^{1/2}}\right\} \end{aligned}$$

$\Delta \gg a$라고 가정하면

$$V(\text{중심}) = \frac{2\pi a\rho_S}{4\pi\varepsilon_o} 2\ln\left(\frac{\Delta}{a}\right)$$

$$= \frac{2\rho_L}{4\pi\varepsilon_o}\ln\left(\frac{\Delta}{a}\right) \tag{14.38}$$

이며, 여기서 $\rho_L = 2\pi\ a\rho_S$이다. 따라서 대각선 요소($m = n$)는

$$A_{nn} = 2\ln\left(\frac{\Delta}{a}\right) \tag{14.39}$$

식 (14.33)은 이제 다음과 같이 된다.

$$\begin{bmatrix} 2\ln\left(\frac{\Delta}{a}\right) & \frac{\Delta}{|y_1 - y_2|} & \cdots & \frac{\Delta}{|y_1 - y_N|} \\ \frac{\Delta}{|y_2 - y_1|} & 2\ln\left(\frac{\Delta}{a}\right) & \cdots & \frac{\Delta}{|y_2 - y_N|} \\ \vdots & & & \vdots \\ \frac{\Delta}{|y_N - y_1|} & \frac{\Delta}{|y_N - y_2|} & \cdots & 2\ln\left(\frac{\Delta}{a}\right) \end{bmatrix} \begin{bmatrix} \rho_1 \\ \rho_2 \\ \vdots \\ \rho_N \end{bmatrix} = 4\pi\varepsilon_o V_o \begin{bmatrix} 1 \\ 1 \\ \vdots \\ 1 \end{bmatrix} \tag{14.40}$$

식 (14.40)과 함께 식 (14.37)을 이용하고, $V_o = 1$ V, $L = 1$ m, $a = 1$ mm, $N = 10(\Delta = L/N)$으로 놓으면 그림 14.20과 같이 Matlab 코드를 작성할 수 있다. 그림 14.20의 프로그램은 자명하다. $[A]$의 역변환을 하고 y에 대한 ρ_L의 그림을 그린다. 이를 그림 14.21에 나타내었다. 또한 프로그램은 다음 식을 사용하여 도선 상에서의 총 전하량을 구할 수 있다.

$$Q = \int \rho_L\, dl \tag{14.41}$$

이 총 전하량은 이산된(discrete) 형태로 다음과 같이 표현될 수 있다.

$$Q = \sum_{k=1}^{N} \rho_k \Delta \tag{14.42}$$

선택된 파라미터들로 계산을 하면 총 전하량이 $Q = 8.536$ pC으로 구해진다. 원한다면 다음 식을 사용하여 임의의 점에서의 전기장을 계산할 수 있다.

$$\mathbf{E} = \int \frac{\rho_L\, dl}{4\pi\varepsilon_o R^2}\mathbf{a}_R \tag{14.43}$$

이 식은 다음과 같이 쓸 수 있다.

$$\mathbf{E} = \sum_{k=1}^{N} \frac{\rho_k \Delta\, \mathbf{R}}{4\pi\varepsilon_o R^3} \tag{14.44}$$

```
%  THIS PROGRAM DETERMINES THE CHARGE DISTRIBUTION
%  ON A CONDUCTING THIN WIRE, OF RADIUS AA AND
%  LENGTH L, MAINTAINED AT VO VOLT
%  THE WIRE IS LOCATED AT 0 < Y < L
%  ALL DIMENSIONS ARE IN S.I. UNITS

%  MOMENT METHOD IS USED
%  N IS THE NO. OF SEGMENTS INTO WHICH THE WIRE IS DIVIDED
%  RHO IS THE LINE CHARGE DENSITY, RHO = INV(A)*B

%  FIRST, SPECIFY PROBLEM PARAMETERS
ER = 1.0;
EO = 8.8541e-12;
VO = 1.0;
AA = 0.001;
L = 1.0;
N = 20;
DELTA = L/N;
%  SECOND, CALCULATE THE ELEMENTS OF THE COEFFICIENT
%  MATRIX A
I=1:N;
Y=DELTA*(I-0.5);
for i=1:N
   for j=1:N
      if(i ~=j)
         A(i,j)=DELTA/abs(Y(i)-Y(j));
      else
         A(i,j)=2.0*log(DELTA/AA);
      end
   end
end
%  NOW DETERMINE THE MATRIX OF CONSTANT VECTOR B
%  AND FIND Q
B = 4.0*pi*EO*ER*VO*ones(N,1);
C = inv(A);
RHO = C*B;
SUM = 0.0;
for I=1:N
   SUM = SUM + RHO(I);
end
Q=SUM*DELTA;
diary  a:exam145a.out
[EO,Q]
[ [1:N]' Y' RHO ]
diary off
%  FINALLY PLOT RHO AGAINST Y
plot(Y,RHO)
xlabel('y (m)'), ylabel('rho_L (pC/m)')
```

그림 14.20 그림 14.18의 도선 상에서 전하분포를 계산하기 위한 Matlab 코드

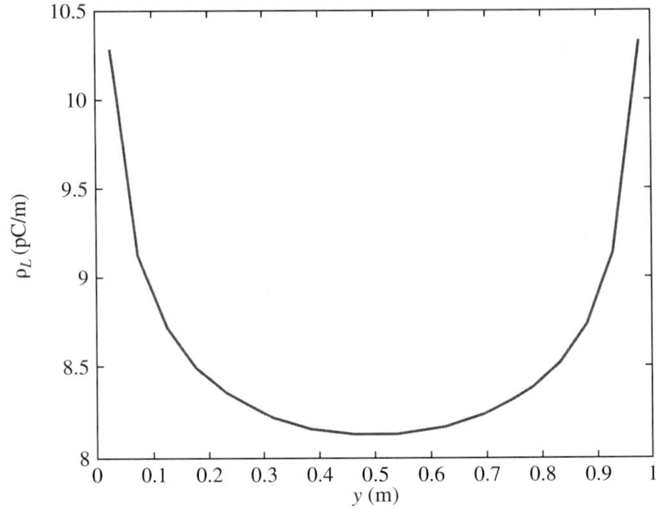

그림 14.21 y에 대한 ρ_L의 그림

여기서 $R = |\mathbf{R}|$이며,

$$\mathbf{R} = \mathbf{r} - \mathbf{r}_k = (x - x_k)\mathbf{a}_x + (y - y_k)\mathbf{a}_y + (z - z_k)\mathbf{a}_z$$

$\mathbf{r} = (x, y, z)$는 관측점의 위치벡터이고, $\mathbf{r}_k = (x_k, y_k, z_k)$는 원천점의 위치벡터이다.

그림 14.21에서 전하분포를 얻기 위하여 $N = 10$을 취했다. N의 값이 작을수록 정확도는 더 떨어지며, N의 값이 클수록 더 정확한 결과를 얻을 수 있다. 그러나 N이 너무 크면 정방행렬 $[A]$의 역변환을 계산하는 데 문제가 생길 수 있다. 이러한 문제를 처리하는 데 있어서 컴퓨터 설비의 용량이 수치적 실험의 정확도를 제한할 수 있다.

예제 14.5

모멘트법을 사용하여 그림 14.22의 평행평판 커패시터의 커패시턴스를 구하라. $a = 1$ m, $b = 1$ m, $d = 1$ m, $\varepsilon_r = 1.0$으로 한다.

풀이

위쪽 평판 P_1이 $+1$ V를 유지하는 반면에 아래쪽 평판 P_2는 -1 V가 되도록 하여 두 평판 사이의 전위차를 2 V로 놓는다. 아래의 식을 이용하여 평판 상의 총 전하량을 구하기 위하여 표면전하밀도 ρ_S를 결정하도록 한다.

$$Q = \int \rho_S \, dS$$

일단 총 전하량 Q를 알면 다음 식과 같이 커패시턴스를 계산할 수 있다.

$$C = \frac{Q}{V_o} = \frac{Q}{2}$$

모멘트법을 사용하여 ρ_S를 구하기 위하여 P_1을 n개의 세부 영역, 즉 $\Delta S_1, \Delta S_2, \cdots, \Delta S_n$으로 나누고, P_2를 n개의 세부 영역, 즉 $\Delta S_{n+1}, \Delta S_{n+2}, \cdots, \Delta S_{2n}$으로 나눈다. ΔS_i의 중심에서의

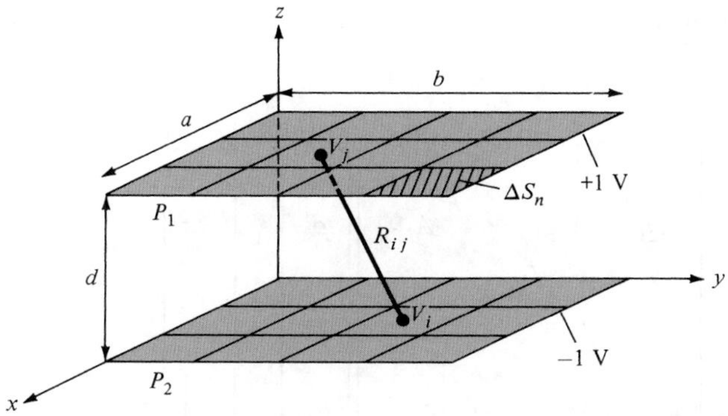

그림 14.22 예제 14.5의 평행평판 커패시터

전위 V_i 는

$$V_i = \int_S \frac{\rho_S \, dS}{4\pi\varepsilon_o R} \simeq \sum_{j=1}^{2n} \frac{1}{4\pi\varepsilon_o} \int_{\Delta S_i} \frac{\rho_j \, dS}{R_{ij}}$$
$$= \sum_{j=1}^{2n} \rho_j \frac{1}{4\pi\varepsilon_o} \int_{\Delta S_j} \frac{dS}{R_{ij}}$$

각각의 세부 영역들이 균일한 전하분포를 가지고 있다고 가정하자. 마지막 식은 다음과 같이 쓸 수 있다.

$$V_i = \sum_{j=1}^{2n} \rho_j A_{ij}$$

여기서

$$A_{ij} = \frac{1}{4\pi\varepsilon_o} \int_{\Delta S_i} \frac{dS}{R_{ij}}$$

따라서

$$V_1 = \sum_{j=1}^{2n} \rho_j A_{1j} = 1$$

$$V_2 = \sum_{j=1}^{2n} \rho_j A_{2j} = 1$$

$$\vdots$$

$$V_n = \sum_{j=1}^{2n} \rho_j A_{nj} = 1$$

$$V_{n+1} = \sum_{j=1}^{2n} \rho_j A_{n+1,j} = -1$$

$$\vdots$$

$$V_{2n} = \sum_{j=1}^{2n} \rho_j A_{2n,j} = -1$$

과 같이 $2n$개의 미지의 전하밀도 ρ_j를 갖는 $2n$개의 연립방정식의 세트를 얻게 된다. 행렬형식으로는

$$\begin{bmatrix} A_{11} & A_{12} & \dots & A_{1,2n} \\ A_{21} & A_{22} & \cdots & A_{2,2n} \\ \cdot & & & \cdot \\ \cdot & & & \cdot \\ \cdot & & & \cdot \\ A_{2n,1} & A_{2n,2} & \cdots & A_{2n,2n} \end{bmatrix} \begin{bmatrix} \rho_1 \\ \rho_2 \\ \cdot \\ \cdot \\ \cdot \\ \rho_{2n} \end{bmatrix} = \begin{bmatrix} 1 \\ 1 \\ \cdot \\ \cdot \\ \cdot \\ -1 \\ -1 \end{bmatrix}$$

또는

$$[A][\rho] = [B]$$

따라서

$$[\rho] = [A]^{-1}[B]$$

가 된다. 여기서 $[B]$는 전위를 정의하는 세로행렬이고, $[A]$는 요소 A_{ij}를 포함하는 정방행렬이다. A_{ij}를 구하기 위하여 그림 14.23에 보인 두 개의 세부 영역 i와 j를 고려해 보기로 하자. 여기서 세부 영역들은 다른 금속판 상에 또는 같은 금속판 상에 있을 수 있다.

$$A_{ij} = \frac{1}{4\pi\varepsilon_o}\int_{y=y_1}^{y_2}\int_{x=x_1}^{x_2}\frac{dx\,dy}{R_{ij}}$$

여기서

$$R_{ij} = [(x_j - x_i)^2 + (y_j - y_i)^2 + (z_j - z_i)^2]^{1/2}$$

편의상 세부 영역이 정사각형이라고 가정하면

$$x_2 - x_1 = \Delta\ell = y_2 - y_1$$

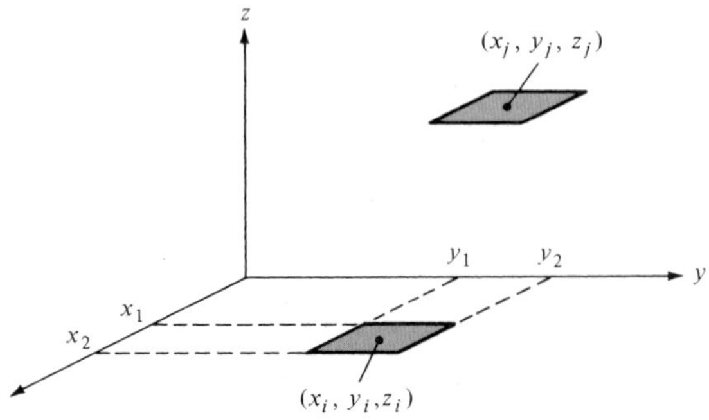

그림 14.23 예제 14.5의 그림; i와 j번째 세부 영역

으로 놓아 다음과 같이 쓸 수 있다.

$$A_{ij} = \frac{\Delta S_i}{4\pi\varepsilon_o R_{ij}} = \frac{(\Delta \ell)^2}{4\pi\varepsilon_o R_{ij}} \qquad i \neq j$$

그리고

$$A_{ii} = \frac{\Delta \ell}{\pi\varepsilon_o}\ln(1 + \sqrt{2}) = \frac{\Delta \ell}{\pi\varepsilon_o}(0.8814)$$

이 식들을 가지고 그림 14.24의 Matlab 프로그램이 작성되었다. $n = 9$이면 $C = 26.51$ pF, $n = 16$이면 $C = 27.27$ pF, $n = 25$이면 $C = 27.74$ pF이 된다.

```
%    USING THE METHOD OF MOMENT,
%    THIS PROGRAM DETERMINES THE CAPACITANCE OF A
%    PARALLEL-PLATE CAPACITOR CONSISTING OF TWO CONDUCTING
%    PLATES, EACH OF DIMENSION AA x BB, SEPARATED BY A
%    DISTANCE D, AND MAINTAINED AT 1 VOLT AND -1 VOLT

%    ONE PLATE IS LOCATED ON THE Z=0 PLANE WHILE THE OTHER
%    IS LOCATED ON THE Z=D PLANE

%    ALL DIMENSIONS ARE IN S.I. UNITS
%    N IS THE NUMBER IS SUBSECTIONS INTO WHICH EACH PLATE IS
DIVIDED
%    FIRST, SPECIFY THE PARAMETERS

ER = 1.0;
EO = 8.8541e-12;
AA = 1.0;
BB = 1.0;
D = 1.0;
N = 9;
NT = 2*N;
M = sqrt(N);
DX = AA/M;
DY = BB/M;
DL = DX;
%    SECOND, CALCULATE THE ELEMENTS OF THE COEFFICIENT
%    MATRIX A
K = 0;
for K1=1:2
    for K2=1:M
        for K3=1:M
            K = K + 1;
            X(K) = DX*(K2 - 0.5);
            Y(K) = DY*(K3 - 0.5);
        end
    end
end
```

그림 14.24 예제 14.5에 대한 Matlab 프로그램(계속)

```
for K1=1:N
   Z(K1) = 0.0;
   Z(K1+N) = D;
end
for I=1:NT
   for J=1:NT
      if(I==J)
         A(I,J) = DL*0.8814/(pi*EO);
      else
      R = sqrt( (X(I)-X(J))^2 + (Y(I)-Y(J))^2 + (Z(I)-Z(J))^2 );
         A(I,J) = DL^2/(4.*pi*EO*R);
      end
   end
end
%  NOW DETERMINE THE MATRIX OF CONSTANT VECTOR B
for K=1:N
   B(K) = 1.0;
   B(K+N) = -1.0;
end
%  INVERT A AND CALCULATE RHO CONSISTING OF
%  THE UNKNOWN ELEMENTS
%  ALSO CALCULATE THE TOTAL CHARGE Q AND CAPACITANCE C
F = inv(A);
RHO = F*B';
SUM = 0.0;
for I=1:N
   SUM = SUM + RHO(I);
end
Q = SUM*(DL^2);
VO = 2.0;
C = abs(Q)/VO;
diary
[C]
[ [1:NT]'  X   Y'  Z'  RHO ]
diary off
```

그림 14.24 예제 14.5에 대한 Matlab 프로그램

연습문제 14.5

모멘트법을 사용하여 그림 14.25에서와 같이 y_o만큼 떨어져 있고, 하나의 도체가 x_o만큼 옮겨진 두 개의 동일한 평행도선의 커패시턴스를 구하기 위한 프로그램을 작성하라. 각 도선의 길이가 L이고 반지름이 a라고 할 때, $x_o = 0, 0.2, 0.4, \cdots, 1.0$ m의 경우에 대한 커패시턴스를 구하라. $y_o = 0.5$ m, $L = 1$ m, $a = 1$ mm, $\varepsilon_r = 1$로 한다.

해답: $N = 10$[도선 당 구간(segment)의 수]일 때 표 14.2 참조

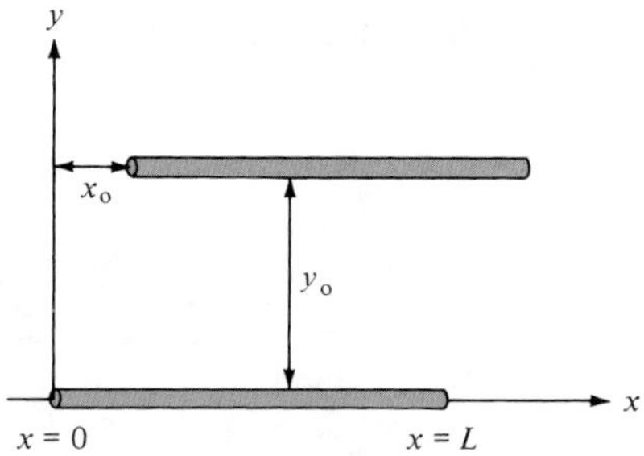

그림 14.25 연습문제 14.5의 평행도선

표 14.2 연습문제 14.5에 대한 커패시턴스

x_o (m)	C (pF)
0.0	4.91
0.2	4.891
0.4	4.853
0.6	4.789
0.8	4.71
1.0	4.643

14.5 유한요소법

유한요소법(finite element method, FEM)은 구조적 해석의 장으로부터 유래하였다. 이 방법은 1968년까지는 전자기장 문제에는 적용되지 않았다.[3] 유한차분법과 같이 유한요소법은 미분방정식을 푸는 데 유용하다. 14.3절에서 언급하였듯이 유한차분법은 격자점의 배열에 의해 풀이영역을 나타낸다. 즉, 이의 응용은 불규칙적인 모양의 경계를 가지는 문제에서는 어려워진다. 이런 문제들은 유한요소법을 사용하여 더 쉽게 다룰 수 있다.

어떤 문제이든 유한요소법은 기본적으로 네 단계를 필요로 한다: (a) 풀이영역을 유한한 수의 작은 영역 또는 요소(element)들로 분리시킨다. (b) 대표적인 요소에 제어하는 방정식을 유도한다. (c) 풀이영역에서 모든 요소들을 수집한다. (d) 얻어낸 방정식의 계를 푼다.

A. 유한요소의 이산화(Discretization)

그림 14.26과 같이 풀이영역을 **유한요소**로 나눈다. 여기서 영역은 겹치지 않은 네 개의 요소

3) 참고문헌; P. P. Silvester and R. L. Ferrari, *Finite Elements for Electrical Engineers*, 3rd ed. Cambridge, U. K.: Cambridge Univ. Press, 1996.

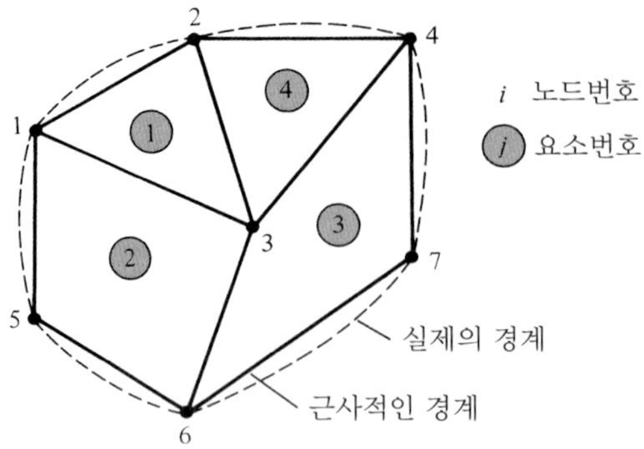

그림 14.26 불규칙한 영역의 대표적인 유한요소 분할

(두 개의 삼각형과 두 개의 사각형)와 일곱 개의 노드로 세분화된다. 이 절에서는 삼각형 요소만을 가정할 것이다. 요소 e 내부의 전위 V_e의 근사값을 구한 다음 다양한 요소들 안에서 전위분포들과 상호관계를 갖게 되며, 이러한 전위는 요소들 사이의 경계를 가로질러 연속적이다. 전체 영역에 대한 근사해는

$$V(x, y) \simeq \sum_{e=1}^{N} V_e(x, y) \tag{14.45}$$

이며, 여기서 N은 풀이영역 내에서 분할된 삼각형 요소의 수이다.

어떤 요소 안에서 V_e의 가장 일반적인 형태의 근사값은 다항식의 근사값이다. 즉, 삼각형 요소의 경우

$$V_e(x, y) = a + bx + cy \tag{14.46}$$

이고, 사각형 요소의 경우

$$V_e(x, y) = a + bx + cy + dxy \tag{14.47}$$

이다. 일반적으로 전위 V_e는 요소 e의 내부에서는 0이 아니지만 외부에서는 0이다. 사각형 요소를 가진 풀이영역의 경계를 근사화하는 것은 어렵다. 이러한 요소들은 경계가 충분히 규칙적인 문제들의 경우 유용하다. 이러한 관점에서 이 절에서의 해석 전반에 걸쳐 삼각형 요소들을 사용하는 것이 더 낫다. 식 (14.46)과 같이 삼각형 요소의 내부에서 전위가 선형적으로 변화한다고 가정하는 것은 요소 내부에서 전기장이 균일하다고 가정하는 것과 같다는 것에 주목하라. 즉,

$$\mathbf{E}_e = -\nabla V_e = -(b\,\mathbf{a}_x + c\,\mathbf{a}_y) \tag{14.48}$$

B. 요소제어 방정식(Element-Governing Equations)

그림 14.27에서 제시된 대표적인 삼각형 요소를 생각해 보자. 노드 1, 2, 3에서의 각각의 전

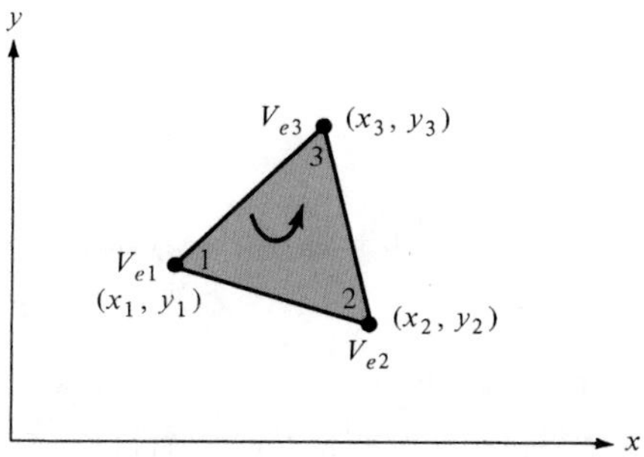

그림 14.27 대표적인 삼각형 요소; 노드에 매긴 번호 1-2-3은 화살표로 표시한 것처럼 반시계방향이어야 한다.

위 V_{e1}, V_{e2}, V_{e3}는 식 (14.46)을 이용하여 구할 수 있다. 즉,

$$\begin{bmatrix} V_{e1} \\ V_{e2} \\ V_{e3} \end{bmatrix} = \begin{bmatrix} 1 & x_1 & y_1 \\ 1 & x_2 & y_2 \\ 1 & x_3 & y_3 \end{bmatrix} \begin{bmatrix} a \\ b \\ c \end{bmatrix} \tag{14.49}$$

계수 a, b, c는 식 (14.49)로부터 다음과 같이 정해진다.

$$\begin{bmatrix} a \\ b \\ c \end{bmatrix} = \begin{bmatrix} 1 & x_1 & y_1 \\ 1 & x_2 & y_2 \\ 1 & x_3 & y_3 \end{bmatrix}^{-1} \begin{bmatrix} V_{e1} \\ V_{e2} \\ V_{e3} \end{bmatrix} \tag{14.50}$$

이것을 식 (14.46)에 대입하면

$$V_e = [1 \ \ x \ \ y] \frac{1}{2A} \begin{bmatrix} (x_2 y_3 - x_3 y_2) & (x_3 y_1 - x_1 y_3) & (x_1 y_2 - x_2 y_1) \\ (y_2 - y_3) & (y_3 - y_1) & (y_1 - y_2) \\ (x_3 - x_2) & (x_1 - x_3) & (x_2 - x_1) \end{bmatrix} \begin{bmatrix} V_{e1} \\ V_{e2} \\ V_{e3} \end{bmatrix}$$

또는

$$\boxed{V_e = \sum_{i=1}^{3} \alpha_i(x, y)\, V_{ei}} \tag{14.51}$$

가 된다. 여기서

$$\alpha_1 = \frac{1}{2A}[(x_2 y_3 - x_3 y_2) + (y_2 - y_3)\,x + (x_3 - x_2)\,y] \tag{14.52a}$$

$$\alpha_2 = \frac{1}{2A}[(x_3 y_1 - x_1 y_3) + (y_3 - y_1)\,x + (x_1 - x_3)\,y] \tag{14.52b}$$

$$\alpha_3 = \frac{1}{2A}[(x_1 y_2 - x_2 y_1) + (y_1 - y_2)\,x + (x_2 - x_1)\,y] \tag{14.52c}$$

그리고 A는 요소 e의 면적이다. 즉,

$$2A = \begin{vmatrix} 1 & x_1 & y_1 \\ 1 & x_2 & y_2 \\ 1 & x_3 & y_3 \end{vmatrix}$$

$$= (x_1y_2 - x_2y_1) + (x_3y_1 - x_1y_3) + (x_2y_3 - x_3y_2)$$

또는

$$A = 1/2\,[(x_2 - x_1)(y_3 - y_1) - (x_3 - x_1)(y_2 - y_1)] \tag{14.53}$$

그림 14.27에서 화살표로 나타낸 것처럼 반시계방향(어떤 노드에서 시작하여도)으로 노드의 번호가 매겨졌다면 A는 양이다. 식 (14.51)은 꼭짓점에서의 전위가 알려져 있는 요소 내부에 있는 임의의 점 (x, y)의 전위를 제공한다는 것에 주목하라. 이것은 단지 격자점에서의 전위만 알고 있는 유한차분 해석에서의 경우와는 다르다. 또한 α_i는 선형적인 보간법 함수임에 유의하라. 이들을 **요소형태함수**(element shape function)라고 부르며, 다음과 같은 특성을 갖는다.

$$\alpha_i(x_j, y_j) = \begin{cases} 1, & i = j \\ 0, & i \neq j \end{cases} \tag{14.54a}$$

$$\sum_{i=1}^{3} \alpha_i(x, y) = 1 \tag{14.54b}$$

형태함수 α_1과 α_2의 예를 그림 14.28에 나타내었다.

요소 e와 관련된 단위길이당 에너지는 식 (4.96)으로 주어졌다. 즉,

$$W_e = \frac{1}{2}\int_S \varepsilon\,|\mathbf{E}|^2\,dS = \frac{1}{2}\int_S \varepsilon\,|\nabla V_e|^2\,dS \tag{14.55}$$

여기에서 전하가 없는($\rho_s = 0$) 2차원 풀이영역을 가정하였다. 그러나 식 (14.51)로부터

$$\nabla V_e = \sum_{i=1}^{3} V_{ei}\,\nabla\alpha_i \tag{14.56}$$

식 (14.56)을 식 (14.55)에 대입하면 다음과 같이 된다.

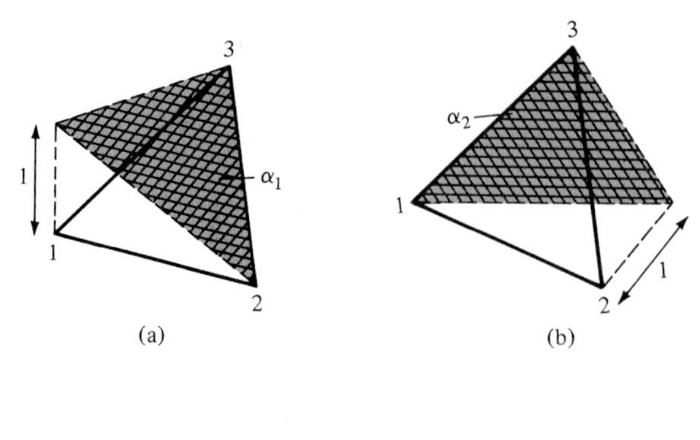

그림 14.28 삼각형 요소에 대한 형태함수 α_1과 α_2

$$W_e = \frac{1}{2}\sum_{i=1}^{3}\sum_{j=1}^{3}\varepsilon V_{ei}\left[\int_S \nabla\alpha_i \cdot \nabla\alpha_j \, dS\right] V_{ej} \tag{14.57}$$

만약 괄호 안의 항을

$$C_{ij}^{(e)} = \int_S \nabla\alpha_i \cdot \nabla\alpha_j \, dS \tag{14.58}$$

로 정의하면, 식 (14.57)을 다음과 같이 행렬형태로 쓸 수 있다.

$$W_e = \frac{1}{2}\varepsilon\,[V_e]^T\,[C^{(e)}]\,[V_e] \tag{14.59}$$

여기서 윗첨자 T는 전치행렬을 의미한다.

$$[V_e] = \begin{bmatrix} V_{e1} \\ V_{e2} \\ V_{e3} \end{bmatrix} \tag{14.60a}$$

그리고

$$[C^{(e)}] = \begin{bmatrix} C_{11}^{(e)} & C_{12}^{(e)} & C_{13}^{(e)} \\ C_{21}^{(e)} & C_{22}^{(e)} & C_{23}^{(e)} \\ C_{31}^{(e)} & C_{32}^{(e)} & C_{33}^{(e)} \end{bmatrix} \tag{14.60b}$$

행렬 $[C^{(e)}]$는 일반적으로 **요소계수행렬**이라고 부른다. 계수행렬의 행렬요소 $C_{ij}^{(e)}$는 i와 j의 결합으로 생각할 수 있다. 이 값은 식 (14.52)와 (14.58)로부터 구해진다. 예를 들면

$$\begin{aligned} C_{12}^{(e)} &= \int \nabla\alpha_1 \cdot \nabla\alpha_2 \, dS \\ &= \frac{1}{4A^2}[(y_2 - y_3)(y_3 - y_1) + (x_3 - x_2)(x_1 - x_3)]\int_S dS \\ &= \frac{1}{4A}[(y_2 - y_3)(y_3 - y_1) + (x_3 - x_2)(x_1 - x_3) \end{aligned} \tag{14.61a}$$

이고, 비슷하게

$$C_{11}^{(e)} = \frac{1}{4A}[(y_2 - y_3)^2 + (x_3 - x_2)^2] \tag{14.61b}$$

$$C_{13}^{(e)} = \frac{1}{4A}[(y_2 - y_3)(y_1 - y_2) + (x_3 - x_2)(x_2 - x_1)] \tag{14.61c}$$

$$C_{22}^{(e)} = \frac{1}{4A}[(y_3 - y_1)^2 + (x_1 - x_3)^2] \tag{14.61d}$$

$$C_{23}^{(e)} = \frac{1}{4A}[(y_3 - y_1)(y_1 - y_2) + (x_1 - x_3)(x_2 - x_1)] \tag{14.61e}$$

$$C_{33}^{(e)} = \frac{1}{4A}[(y_1 - y_2)^2 + (x_2 - x_1)^2] \tag{14.61f}$$

이 되며, 또한

$$C_{21}^{(e)} = C_{12}^{(e)}, \quad C_{31}^{(e)} = C_{13}^{(e)}, \quad C_{32}^{(e)} = C_{23}^{(e)} \tag{14.61g}$$

가 된다. 그러나 다음과 같이 정의하면 계산이 더 쉬워진다.

$$\begin{aligned} P_1 &= (y_2 - y_3), \quad P_2 = (y_3 - y_1), \quad P_3 = (y_1 - y_2) \\ Q_1 &= (x_3 - x_2), \quad Q_2 = (x_1 - x_3), \quad Q_3 = (x_2 - x_1) \end{aligned} \tag{14.62a}$$

P_i와 Q_i($i = 1, 2, 3$은 국부적인 노드의 번호)를 사용하면 요소행렬의 각 항은 다음과 같이 구해진다.

$$\boxed{C_{ij}^{(e)} = \frac{1}{4A}[P_iP_j + Q_iQ_j]} \tag{14.62b}$$

여기서

$$\boxed{A = \frac{1}{2}(P_2Q_3 - P_3Q_2)} \tag{14.62c}$$

$P_1 + P_2 + P_3 = 0 = Q_1 + Q_2 + Q_3$이며, 따라서 $\sum_{i=1}^{3} C_{ij}^{(e)} = 0 = \sum_{j=1}^{3} C_{ij}^{(e)}$ 이다. 이는 계산을 확인하는데 이용할 수 있다.

C. 모든 요소의 수집

대표적인 요소를 고려하였다면, 다음 단계는 풀이영역 안에서 이러한 모든 요소들을 모으는 것이다. 메시(mesh) 안에서 모든 요소들의 수집과 관련된 에너지는

$$W = \sum_{e=1}^{N} W_e = \frac{1}{2}\varepsilon [V]^T [C][V] \tag{14.63}$$

여기서

$$[V] = \begin{bmatrix} V_1 \\ V_2 \\ \cdot \\ \cdot \\ \cdot \\ V_n \end{bmatrix} \tag{14.64}$$

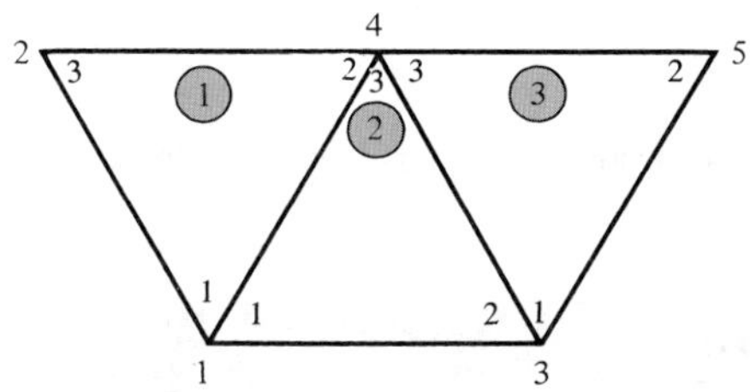

그림 14.29 세 요소의 수집; 그림 14.27의 요소의 국부적인 번호 매김 1-2-3에 해당하는 *i-j-k*

이며, n은 노드의 수, N은 요소의 수, $[C]$는 **종합적인** 또는 **포괄적인 계수행렬**이라고 부르며, 이는 개별적인 요소계수행렬들의 수집이다. 주된 문제는 지금 $[C^{(e)}]$로부터 $[C]$를 구하는 것이다.

포괄적인 계수행렬을 구하기 위한 개별적인 요소계수행렬들의 수집과정은 예제로부터 잘 설명될 수 있다. 그림 14.29에서와 같이 세 개의 유한요소로 이루어진 유한요소 메시를 고려해 보자. 노드의 번호 매김를 관찰하라. 1, 2, 3, 4, 5로 노드의 번호를 매기는 것을 **포괄적인** 번호 매김이라고 한다. *i-j-k*로 번호를 매기는 것을 **국부적인** 번호 매김이라고 하고, 이것은 그림 14.27에서의 요소 1-2-3에 해당한다. 예를 들어 그림 14.29의 요소 3에 대한 포괄적인 번호 매김 3-5-4는 그림 14.27에서 요소의 국부적인 번호 매김 1-2-3에 해당한다. 국부적인 번호 매김은 요소의 임의의 노드로부터 시작하여 반시계방향으로 차례로 행해져야만 한다. 예를 들어 요소 3의 경우 그림 14.27의 요소의 1-2-3에 해당하는 3-5-4 대신에 4-3-5 또는 5-4-3을 선택할 수 있다. 따라서 그림 14.29에서의 번호 매김이 유일한 것은 아니다. 어떻게 번호 매김을 하더라도 $[C]$를 구할 수 있다. 그림 14.29에서 특정한 번호 매김을 가정한다면, 포괄적인 계수행렬은 다음의 형태를 갖는다고 예상할 수 있다.

$$[C] = \begin{bmatrix} C_{11} & C_{12} & C_{13} & C_{14} & C_{15} \\ C_{21} & C_{22} & C_{23} & C_{24} & C_{25} \\ C_{31} & C_{32} & C_{33} & C_{34} & C_{35} \\ C_{41} & C_{42} & C_{43} & C_{44} & C_{45} \\ C_{51} & C_{52} & C_{53} & C_{54} & C_{55} \end{bmatrix} \tag{14.65}$$

이 식은 5개의 노드($n = 5$)를 포함하므로 5×5 행렬이다. 또한 C_{ij}는 i와 j의 결합이다. 전위분포가 요소들 사이의 경계를 가로질러 연속적이어야 한다는 사실을 이용하여 C_{ij}를 얻는다. $[C]$에서 i, j 위치의 기여는 노드 i와 j를 포함하는 모든 요소들로부터 온다. 예를 들어 C_{11}을 구하기 위해서는 그림 14.29로부터 포괄적인 노드 1이 요소 1과 2에 속하고, 그것은 두 요소 모두에서 국부적인 노드 1이라는 것을 볼 수 있다. 따라서

$$C_{11} = C_{11}^{(1)} + C_{11}^{(2)} \tag{14.66a}$$

C_{22}의 경우 포괄적인 노드 2는 오직 요소 1에 속하고, 국부적인 노드 3과 같다. 따라서

$$C_{22} = C_{33}^{(1)} \tag{14.66b}$$

C_{44}의 경우 포괄적인 노드 4는 각각 요소 1, 2, 3에서의 국부적인 노드 2, 3, 그리고 3과 같다. 따라서

$$C_{44} = C_{22}^{(1)} + C_{33}^{(2)} + C_{33}^{(3)} \tag{14.66c}$$

C_{14}의 경우 포괄적인 링크 14는 각각 요소 1과 2에서의 국부적인 링크 12 및 13과 같다. 따라서

$$C_{14} = C_{12}^{(1)} + C_{13}^{(2)} \tag{14.66d}$$

노드 2와 3 사이에 결합(또는 직접적인 링크)이 되어 있지 않으므로

$$C_{23} = C_{32} = 0 \tag{14.66e}$$

이러한 방법으로 계속하여 그림 14.29의 점검을 통하여 포괄적인 계수행렬의 모든 항을 다음과 같이 구하게 된다.

$$[C] = \begin{bmatrix} C_{11}^{(1)} + C_{11}^{(2)} & C_{13}^{(1)} & C_{12}^{(2)} & C_{12}^{(1)} + C_{13}^{(2)} & 0 \\ C_{31}^{(1)} & C_{33}^{(1)} & 0 & C_{32}^{(1)} & 0 \\ C_{21}^{(2)} & 0 & C_{22}^{(2)} + C_{11}^{(3)} & C_{23}^{(2)} + C_{13}^{(3)} & C_{12}^{(3)} \\ C_{21}^{(1)} + C_{31}^{(2)} & C_{23}^{(1)} & C_{32}^{(2)} + C_{31}^{(3)} & C_{22}^{(1)} + C_{33}^{(2)} + C_{33}^{(3)} & C_{32}^{(3)} \\ 0 & 0 & C_{21}^{(3)} & C_{23}^{(3)} & C_{22}^{(3)} \end{bmatrix} \tag{14.67}$$

요소계수행렬들이 요소들에 의해 공유된 노드들에서 겹치며, 포괄적인 계수행렬 [C]에 27개의 항들(3개의 요소 각각에 9개)이 있음을 유념하라. 또한 다음과 같은 행렬 [C]의 특성에 유념하라.

1. 요소계수행렬과 마찬가지로 대칭($C_{ij} = C_{ji}$)이다.
2. 만약 노드 i와 j 사이에 결합이 없다면 $C_{ij} = 0$이므로 많은 수의 요소 [C]의 경우 산재하거나 밴드를 이루게 된다.
3. 이 행렬은 특이하다. 비록 분명하지는 않더라도 식 (14.60b)의 요소계수행렬을 이용하여 나타낼 수 있다.

D. 결과로 생긴 방정식 풀이

변분 미적분법(variational calculus)으로부터 풀이영역 안에서 총 에너지가 최소일 때 Laplace(또는 Poisson) 방정식이 만족된다는 것을 알고 있다. 따라서 각 노드의 전위에 대하여 W의 편도함수가 0이 될 필요가 있다. 즉,

$$\frac{\partial W}{\partial V_1} = \frac{\partial W}{\partial V_2} = \cdots = \frac{\partial W}{\partial V_n} = 0$$

또는

$$\frac{\partial W}{\partial V_k} = 0, \quad k = 1, 2, \ldots, n \tag{14.68}$$

예를 들어 그림 14.29의 유한요소 메시에 대하여 $\partial W/\partial_1 = 0$을 얻기 위하여 식 (14.65)를 식 (14.63)에 대입하고, V_1에 대하여 W의 편도함수를 취하여 다음을 얻는다.

$$0 = \frac{\partial W}{\partial V_1} = 2V_1C_{11} + V_2C_{12} + V_3C_{13} + V_4C_{14} + V_5C_{15}$$
$$+ V_2C_{21} + V_3C_{31} + V_4C_{41} + V_5C_{51}$$

또는

$$0 = V_1C_{11} + V_2C_{12} + V_3C_{13} + V_4C_{14} + V_5C_{15} \tag{14.69}$$

일반적으로 $\partial W/\partial V_k = 0$은 다음과 같이 된다.

$$0 = \sum_{i=1}^{n} V_i C_{ik} \tag{14.70}$$

여기서 n은 메시 내에서 노드의 수이다. $k = 1, 2, \cdots, n$의 모든 노드들에 대하여 식 (14.70)을 작성함으로써 $[V]^T = [V_1, V_2, \cdots, V_n]$의 해를 구할 수 있는 연립방정식의 세트를 얻게 된다. 이것은 Laplace(또는 Poisson) 방정식으로부터 얻은 유한차분방정식의 풀이에서 사용된 것과 비슷하게 두 가지 방법으로 할 수 있다.

반복법

이러한 접근법은 유한차분법에서 사용한 것과 비슷하다. 예를 들어 그림 14.29의 노드 1이 고정되지 않은 노드라고 가정하자. 노드 1의 전위는 식 (14.69)로부터 다음과 같이 구할 수 있다.

$$V_1 = -\frac{1}{C_{11}} \sum_{i=2}^{5} V_i C_{1i} \tag{14.71}$$

일반적으로 고정되지 않은 노드 k에서의 전위는 식 (14.70)으로부터 다음과 같이 구할 수 있다.

$$\boxed{V_k = -\frac{1}{C_{kk}} \sum_{i=1, i\neq k}^{n} V_i C_{ik}} \tag{14.72}$$

이것은 n개의 노드를 갖는 메시 내의 모든 고정되지 않은 노드에 반복적으로 적용된다. 노드 k가 노드 i에 직접적으로 연결되어 있지 않다면 $C_{ki}=0$이므로, 오직 노드 k에 직접 연결된 노드들만이 식 (14.72)에서 V_k에 기여한다.

따라서 노드 k에 연결된 노드에서의 전위를 알고 있다면 식 (14.72)를 사용하여 V_k를 구할 수 있다. 고정되지 않은 노드에서의 전위를 0 또는 평균전위와 같게 놓음으로써 반복과정이 시작된다.

$$V_{\text{ave}} = \frac{1}{2}(V_{\min} + V_{\max}) \tag{14.73}$$

여기서 $V_{\min}$과 $V_{\max}$는 고정된 노드에서 규정된 전위의 최소값과 최대값이다. 이들 초기값을 가지고 식 (14.72)를 사용하여 고정되지 않은 노드에서의 전위를 계산한다. 모든 고정되지 않은 노드에서 새로운 값이 계산되어졌을 때 첫 번째 반복의 끝에서의 값들이 두 번째 반복을 위한 기존값이 된다. 진행은 이어지는 반복과정들 사이에서 변화가 무시될 수 있을 때까지 반복된다.

밴드행렬법

만약 모든 고정되지 않은 노드들이 먼저 그리고 고정된 노드들이 나중에 번호가 매겨진다면, 식 (14.63)은 다음과 같이 쓸 수 있다.

$$W = \frac{1}{2}\varepsilon\,[V_f \;\; V_p]\begin{bmatrix} C_{ff} & C_{fp} \\ C_{pf} & C_{pp} \end{bmatrix}\begin{bmatrix} V_f \\ V_p \end{bmatrix} \tag{14.74}$$

여기서 윗첨자 f와 p는 각각 고정되지 않은 노드와 고정된(규정된) 노드의 전위를 나타낸다. V_p는 일정하므로(알고 있는 고정된 값으로 이루어져 있다), 식 (14.68)을 식 (14.74)에 적용하여 V_f에 대해서만 미분하여

$$C_{ff}V_f + C_{fp}V_p = 0$$

또는

$$[C_{ff}][V_f] = -[C_{fp}][V_p] \tag{14.75}$$

를 얻게 된다. 이 식은 다음과 같이 쓸 수 있다.

$$[A][V] = [B] \tag{14.76a}$$

또는

$$\boxed{[V] = [A]^{-1}[B]} \tag{14.76b}$$

여기서 $[V]=[V_f]$, $[A]=[C_{ff}]$, $[B]=-[C_{fp}]\,[V_p]$이다. 일반적으로 $[A]$는 특이하지 않으므

로 고정되지 않은 노드에서의 전위는 식 (14.75)를 사용하여 구할 수 있다. Gauss 소거법을 사용하여 식 (14.76a)의 $[V]$를 풀 수 있다. 또한 행렬의 크기가 역변환을 하기에 크지 않다면 행렬의 역변환을 이용하여 식 (14.76b)의 $[V]$를 풀 수 있다.

식 (14.55) 이후부터 해석은 Laplace 방정식 $\nabla^2 V = 0$을 포함하는 이차원 문제로 제한됨에 주목하라. 이 절에서 전개한 기본개념은 Poisson 방정식($\nabla^2 V = -\rho_v/\varepsilon$, $\nabla^2 \mathbf{A} = -\mu \mathbf{J}$) 또는 파동방정식($\nabla^2 \phi - \gamma^2 \phi = 0$)을 포함하는 문제의 유한요소해석으로 확장될 수 있다. 유한요소해석에 관한 주요한 문제는 관련된 연산시간뿐만 아니라 행렬요소들을 저장하기 위한 비교적 큰 용량의 컴퓨터 메모리를 필요로 한다는 것이다. 그러나 몇몇 알고리즘들이 어느 정도 이러한 문제를 완화시키기 위하여 개발되어 왔다.

유한요소법은 유한차분법과 모멘트법보다 얼마간의 장점을 가지고 있다. 첫 번째로 유한요소법은 복잡한 풀이영역을 쉽게 다룰 수 있다. 두 번째로 유한요소법의 보편성은 광범위한 영역의 문제들을 풀기 위한 다용도의 프로그램 구성을 가능하게 한다. 단일 프로그램이 다른 풀이영역과 다른 경계조건을 갖는 다른 문제들(같은 편미분방정식으로 기술되는)을 풀기 위하여 사용될 수 있다. 단지 문제에 필요한 입력 데이터만 변한다. 그러나 유한요소법은 그 자체로 결점을 가지고 있다. 유한차분법 또는 모멘트법보다 이해를 하거나 프로그램을 작성하기가 더 어렵다. 또한 입력 데이터의 준비가 필요한데 일련의 과정이 장황해질 수 있다.

예제 14.6

그림 14.30(a)와 같은 2-요소 메시를 고려한다. 유한요소법을 사용하여 망 내부의 전위를 결정하라.

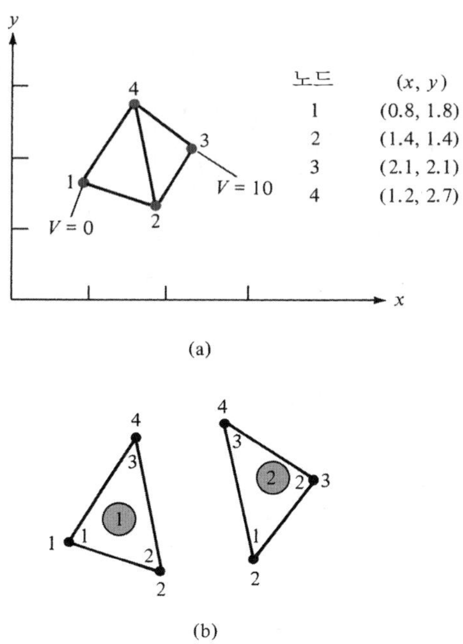

그림 14.30 예제 14.6의 그림: (a) 2-요소 메시, (b) 요소의 국부적인 그리고 포괄적인 번호 매김

풀이

요소계수행렬은 식 (14.62)를 사용하여 계산할 수 있다. 마디 1-2-4로 구성된 요소 1의 경우 그림 14.30(b)에서와 같이 국부적인 번호 매김 1-2-3에 해당한다.

$$P_1 = -1.3, \quad P_2 = 0.9, \quad P_3 = 0.4$$
$$Q_1 = -0.2, \quad Q_2 = -0.4, \quad Q_3 = 0.6$$
$$A = 1/2\,(0.54 + 0.16) = 0.35$$

이들 모두를 식 (14.62b)에 대입하면

$$[C^{(1)}] = \begin{bmatrix} 1.236 & -0.7786 & -0.4571 \\ -0.7786 & 0.6929 & 0.0857 \\ -0.4571 & 0.0857 & 0.3714 \end{bmatrix} \tag{14.6.1}$$

비슷하게 노드 2-3-4로 구성된 요소 2의 경우 그림 14.30(b)에서와 같이 국부적인 번호 매김 1-2-3에 해당한다.

$$P_1 = -0.6, \quad P_2 = 1.3, \quad P_3 = -0.7$$
$$Q_1 = -0.9, \quad Q_2 = 0.2, \quad Q_3 = 0.7$$
$$A = 1/2\,(0.91 + 0.14) = 0.525$$

따라서

$$[C^{(2)}] = \begin{bmatrix} 0.5571 & -0.4571 & -0.1 \\ -0.4571 & 0.8238 & -0.3667 \\ -0.1 & -0.3667 & 0.4667 \end{bmatrix} \tag{14.6.2}$$

식 (14.75)를 적용하면

$$\begin{bmatrix} C_{22} & C_{24} \\ C_{42} & C_{44} \end{bmatrix} \begin{bmatrix} V_2 \\ V_4 \end{bmatrix} = -\begin{bmatrix} C_{21} & C_{23} \\ C_{41} & C_{43} \end{bmatrix} \begin{bmatrix} V_1 \\ V_3 \end{bmatrix} \tag{14.6.3}$$

이 식은 보다 편리한 형태로 쓸 수 있다.

$$\begin{bmatrix} 1 & 0 & 0 & 0 \\ 0 & C_{22} & 0 & C_{24} \\ 0 & 0 & 1 & 0 \\ 0 & C_{42} & 0 & C_{44} \end{bmatrix} \begin{bmatrix} V_1 \\ V_2 \\ V_3 \\ V_4 \end{bmatrix} = \begin{bmatrix} 1 & 0 \\ -C_{21} & -C_{23} \\ 0 & 1 \\ -C_{41} & -C_{43} \end{bmatrix} \begin{bmatrix} V_1 \\ V_3 \end{bmatrix} \tag{14.6.4a}$$

또는

$$[C][V] = [B] \tag{14.6.4b}$$

포괄적인 계수행렬의 식은 다음과 같이 구해진다.

$$C_{22} = C_{22}^{(1)} + C_{11}^{(2)} = 0.6929 + 0.5571 = 1.25$$

$$C_{42} = C_{24} = C_{23}^{(1)} + C_{13}^{(2)} = 0.0857 - 0.1 = -0.0143$$

$$C_{44} = C_{33}^{(1)} + C_{33}^{(2)} = 0.3714 + 0.4667 = 0.8381$$

$$C_{21} = C_{21}^{(1)} = -0.7786$$

$$C_{23} = C_{12}^{(2)} = -0.4571$$

$$C_{41} = C_{31}^{(1)} = -0.4571$$

$$C_{43} = C_{32}^{(2)} = -0.3667$$

요소계수행렬에 대한 국부적인 번호 매김과 포괄적인 계수행렬에 대한 포괄적인 번호 매김이 이어짐에 주목하라. 그러므로 정방행렬 $[C]$는 다음과 같이 구해진다.

$$[C] = \begin{bmatrix} 1 & 0 & 0 & 0 \\ 0 & 1.25 & 0 & -0.0143 \\ 0 & 0 & 1 & 0 \\ 0 & -0.0143 & 0 & 0.8381 \end{bmatrix} \tag{14.6.5}$$

그리고 식 (14.6.4a)의 오른쪽에서 행렬 $[B]$는 다음과 같이 구해진다.

$$[B] = \begin{bmatrix} 0 \\ 4.571 \\ 10.0 \\ 3.667 \end{bmatrix} \tag{14.6.6}$$

식 (14.6.5)에서 행렬 $[C]$를 역변환하면

$$[V] = [C]^{-1}[B] = \begin{bmatrix} 0 \\ 3.708 \\ 10.0 \\ 4.438 \end{bmatrix}$$

따라서 $V_1 = 0$, $V_2 = 3.708$, $V_3 = 10$, $V_4 = 4.438$이 된다. 일단 노드에서의 전위의 값을 알게 되면 망 내부에 있는 임의의 점에서의 전위는 식 (14.51)을 사용하여 구할 수 있다.

연습문제 14.6

아래의 문항들에 대하여 그림 14.31에 보인 2-요소 메시에 대한 포괄적인 계수행렬을 계산하라.

(a) 노드 1은 노드 3에 연결되어 있으며, 국부적으로 매긴 번호$(i-j-k)$가 그림 14.31(a)에 나타낸 것과 같을 때

(b) 노드 2는 그림 14.31(b)에서와 같이 국부적으로 매긴 번호로 노드 4와 연결되어 있을 때

해답: (a) $\begin{bmatrix} 0.9964 & 0.05 & -0.2464 & -0.8 \\ 0.05 & 0.7 & -0.75 & 0.0 \\ -0.2464 & -0.75 & 1.5964 & -0.75 \\ -0.8 & 0.0 & -0.75 & 1.4 \end{bmatrix}$

(b) $\begin{bmatrix} 1.333 & -0.7777 & 0.0 & -1.056 \\ -0.0777 & 0.8192 & -0.98 & 0.2386 \\ 0.0 & -0.98 & 2.04 & -1.06 \\ -1.056 & 0.2386 & -1.06 & 1.877 \end{bmatrix}$

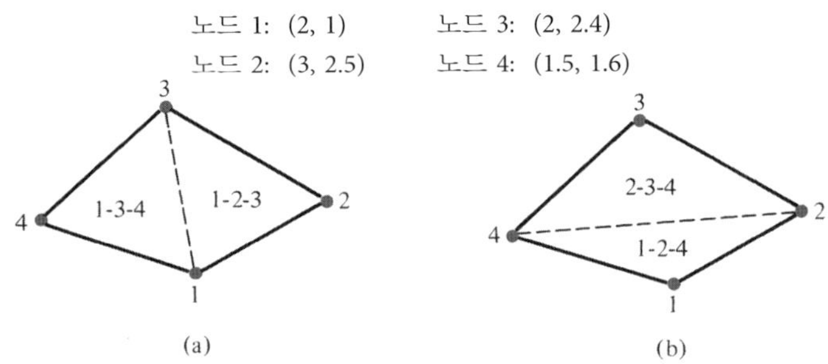

그림 14.31 연습문제 14.6의 그림

예제 14.7

유한요소법을 사용하여 Laplace 방정식을 풀기 위한 프로그램을 작성하라. 그림 14.32(a)와 같은 2차원의 문제에 프로그램을 적용하라.

풀이

풀이영역은 그림 14.32(b)에서와 같이 총 노드의 수가 21개인 25개의 3-노드 삼각형 요소들로 나누어져 있다. 문제의 기하학적 구조를 정의하는 입력 데이터를 갖기 위한 단계가 필요하다. 지금까지의 논의에 기초하여 3-노드 삼각형 요소에 사용되는 Laplace 방정식을 포함하는 문제를 풀기 위한 일반적인 Matlab 프로그램을 그림 14.33과 같이 전개하였다. 프로그램의 전개는 기본적으로 프로그램에서 나타낸 4개의 단계를 포함하고 있으며, 다음과 같이 설명된다.

단계 1: 이 단계는 문제를 정의하는 데 필요한 데이터를 입력하는 것이 포함된다. 이는 진

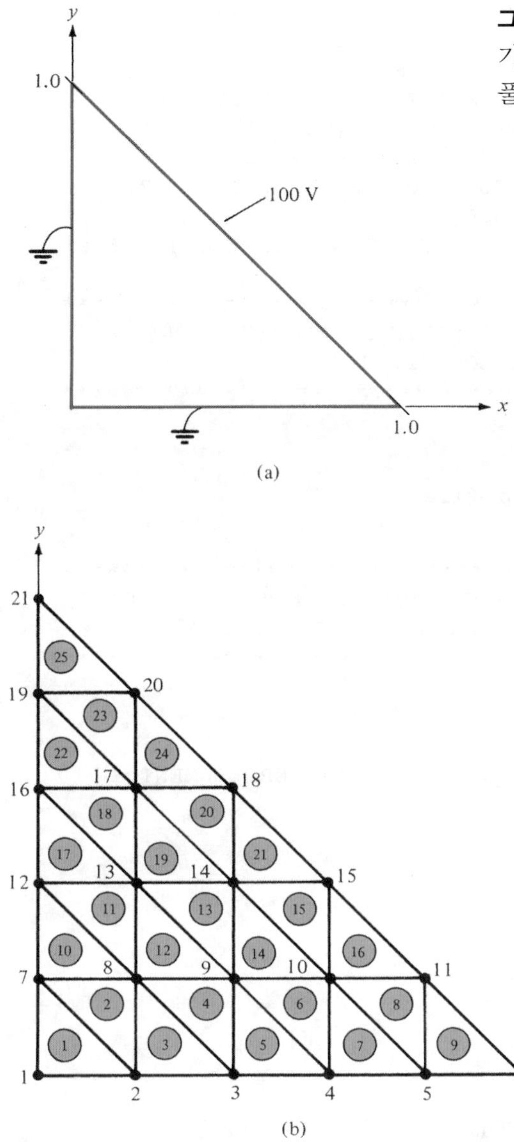

그림 14.32 예제 14.7의 그림: (a) 2차원 정전기 문제, (b) 25개의 삼각형 요소들로 나누어진 풀이영역

```
%   FINITE ELEMENT SOLUTION OF LAPLACE'S EQUATION FOR
%   TWO-DIMENSIONAL PROBLEMS
%   TRIANGULAR ELEMENTS ARE USED
%   ND = NO. OF NODES
%   NE = NO. OF ELEMENTS
%   NP = NO. OF FIXED NODES (WHERE POTENTIAL IS PRESCRIBED)
%   NDP(I) = NODE NO. OF PRESCRIBED POTENTIAL, I=1,2,...,NP
%   VAL(I) = VALUE OF PRESCRIBED POTENTIAL AT NODE NDP(I)
%   NL(I,J) = LIST OF NODES FOR EACH ELEMENT I, WHERE
```

그림 14.33 예제 14.7에 대한 Matlab 프로그램(계속)

```
%            J=1,2,3 REFERS TO THE LOCAL NODE NUMBER
%   CE(I,J) = ELEMENT COEFFICIENT MATRIX
%   C(I,J) = GLOBAL COEFFICIENT MATRIX
%   B(I) = RIGHT-HAND SIDE MATRIX IN THE SYSTEM OF
%   SIMULTANEOUS EQUATIONS; SEE EQ. (14.6.4)
%   X(I), Y(I) = GLOBAL COORDINATES OF NODE I
%   XL(J), YL(J) = LOCAL COORDINATES OF NODE J=1,2,3
%   V(I) = POTENTIAL AT NODE I
%   MATRICES P(I) AND Q (I) ARE DEFINED IN EQ. (14.62a)

%   ****************************************************
%   FIRST STEP - INPUT DATA DEFINING GEOMETRY AND
                 BOUNDARY CONDITIONS
%   ****************************************************


clear
input('Name of input data file = ')


% *****************************************************
%   SECOND STEP - EVALUATE COEFFICIENT MATRIX FOR EACH
                  ELEMENT AND ASSEMBLE GLOBALLY
% *****************************************************
B = zeros(ND,1);
C = zeros(ND,ND);
for I=1:NE
% FIND LOCAL COORDINATES XL(J), YL(J) FOR ELEMENT I
   K = NL(I,[1:3]);
   XL = X(K);
   YL = Y(K);
P=zeros(3,1);
Q=zeros(3,1);
   P(1) = YL(2) - YL(3);
   P(2) = YL(3) - YL(1);
   P(3) = YL(1) - YL(2);
   Q(1) = XL(3) - XL(2);
   Q(2) = XL(1) - XL(3);
   Q(3) = XL(2) - XL(1);
   AREA = 0.5*abs( P(2)*Q(3) - Q(2)*P(3) );
%  DETERMINE COEFFICIENT MATRIX FOR ELEMENT I
   CE=(P*P'+Q*Q')/(4.0*AREA);
%  ASSEMBLE GLOBALLY - FIND C(I,J) AND B(I)
   for J=1:3
      IR = NL(I,J);
      IFLAG1=0;
%  CHECK IF ROW CORRESPONDS TO A FIXED NODE
   for K = 1:NP
      if (IR == NDP(K))
         C(IR,IR) = 1.0;
         B(IR) = VAL(K);
         IFLAG1=1;
      end
   end % end for K = 1:NP
```

그림 14.33 예제 14.7에 대한 Matlab 프로그램(계속)

```
    if(IFLAG1 == 0)
    for L = 1:3
      IC = NL(I,L);
      IFLAG2=0;
%   CHECK IF COLUMN CORRESPONDS TO A FIXED NODE
      for K=1:NP
         if ( IC == NDP(K) ),
           B(IR) = B(IR) - CE(J,L)*VAL(K);
           IFLAG2=1;
         end
       end % end for K=1:NP
     if(IFLAG2 == 0)
       C(IR,IC) = C(IR,IC) + CE(J,L);
       end
     end  % end for L=1:3
  end   %end if(iflag1 == 0)
end  % end for J=1:3
end % end for I=1:NE
% ************************************************
%   THIRD STEP - SOLVE THE SYSTEM OF EQUATIONS
% ************************************************

V = inv(C)*B;
V=V';
% ************************************************
%   FOURTH STEP - OUTPUT THE RESULTS
% ************************************************
diary exam147.out
[ND, NE, NP]
[ [1:ND]' X' Y' V']
diary off
```

그림 14.33 예제 14.7에 대한 Matlab 프로그램

행과정 중에 문제의 기하학적 구조에 의존하는 유일한 단계이다. 데이터 파일을 통해 요소의 수, 노드의 수, 고정된 노드의 수, 고정되지 않은 노드에서의 전위의 규정값, 모든 노드의 x와 y 좌표, 국부적으로 매긴 번호 1-2-3의 순서대로 각 요소에 속하는 노드들을 식별하는 목록을 입력한다. 그림 14.32의 문제에 대하여 좌표, 요소-노드의 관계, 고정된 노드에서의 규정된 전위에 대한 데이터의 세 가지 세트를 표 14.3, 표 14.4, 표 14.5에 각각 나타내었다.

단계 2: 이 단계는 각 요소에 대한 요소계수행렬 $[C^{(e)}]$와 포괄적인 계수행렬 $[C]$를 구하는 것을 필요로 한다. 예제 14.6에서 설명되었던 과정이 적용된다. 식 (14.6.4)는 다음과 같이 일반적인 형태로 쓸 수 있다.

$$\begin{bmatrix} 1 & 0 \\ 0 & C_{ff} \end{bmatrix} \begin{bmatrix} V_P \\ V_f \end{bmatrix} = \begin{bmatrix} 1 \\ -C_{fp} \end{bmatrix} [V_p]$$

또는

표 14.3 그림 14.33의 유한요소망의 노드 좌표

노드	*x*	*y*	노드	*x*	*y*
1	0.0	0.0	12	0.0	0.4
2	0.2	0.0	13	0.2	0.4
3	0.4	0.0	14	0.4	0.4
4	0.6	0.0	15	0.6	0.4
5	0.8	0.0	16	0.0	0.6
6	1.0	0.0	17	0.2	0.6
7	0.0	0.2	18	0.4	0.6
8	0.2	0.2	19	0.0	0.8
9	0.4	0.2	20	0.2	0.8
10	0.6	0.2	21	0.0	1.0
11	0.8	0.2			

표 14.4 요소-노드 식별

	국부적인 노드 번호				국부적인 노드 번호		
요소의 수	**1**	**2**	**3**	**요소의 수**	**1**	**2**	**3**
1	1	2	7	14	9	10	14
2	2	8	7	15	10	15	14
3	2	3	8	16	10	11	15
4	3	9	8	17	12	13	16
5	3	4	9	18	13	17	16
6	4	10	9	19	13	14	17
7	4	5	10	20	14	18	17
8	5	11	10	21	14	15	18
9	5	6	11	22	16	17	19
10	7	8	12	23	17	20	19
11	8	13	12	24	17	18	20
12	8	9	13	25	19	20	21
13	9	14	13				

표 14.5 고정된 노드에서의 규정된 전위

노드의 수	규정된 전위	노드의 수	규정된 전위
1	0.0	18	100.0
2	0.0	20	100.0
3	0.0	21	50.0
4	0.0	19	0.0
5	0.0	16	0.0
6	50.0	12	0.0
11	100.0	7	0.0
15	100.0		

$$[C][V] = [B]$$

이 단계에서 '포괄적인' 행렬 $[C]$와 행렬 $[B]$가 모두 계산된다.

단계 3: 이전 단계에서 얻은 포괄적인 행렬을 역변환한다. 모든 노드에서의 전위값들은 식 (14.76b)에서와 같이 행렬 곱에 의해 얻어진다. 포괄적인 행렬을 역변환하는 대신에 Gauss 소거법을 사용하여 노드에서의 전위를 구하는 것도 가능하다.

단계 4: 이 단계는 계산의 결과를 출력하는 것을 포함한다. 입력과 출력 데이터는 표 14.6과 14.7에 각각 나타내었다.

표 14.6 그림 14.33의 유한요소 프로그램에 대한 입력 데이터

```
NE = 25;
ND = 21;
NP = 15;
NL = [ 1 2 7
   2 8 7
   2 3 8
       3 9 8
       3 4 9
       4 10 9
       4 5 10
       5 11 10
       5 6 11
       7 8 12
      8 13 12
       8 9 13
       9 14 13
       9 10 14
       10 15 14
       10 11 15
       12 13 16
       13 17 16
       13 14 17
       14 18 17
       14 15 18
       16 17 19
       17 20 19
       17 18 20
       19 20 21];
    X = [0.0   0.2   0.4   0.6   0.8   1.0   0.0 ...
         0.2   0.4   0.6   0.8   0.0   0.2   0.4 ...
         0.6   0.0   0.2   0.4   0.0   0.2   0.0];
    Y = [0.0   0.0   0.0   0.0   0.0   0.0   0.2 ...
         0.2   0.2   0.2   0.2   0.4   0.4   0.4 ...
         0.4   0.6   0.6   0.6   0.8   0.8   1.0];
    NDP = [  1  2  3  4  5  6  11  15  18  20  21  19  16  12  7];
    VAL = [  0.0   0.0   0.0   0.0 0.0  ...
           50.0  100.0  100.0  100.0  100.0
           50.0  0.0    0.0    0.0    0.0];
```

표 14.7 그림 14.33의 프로그램의 출력 데이터

노드	*X*	*Y*	전위
1	0.00	0.00	0.000
2	0.20	0.00	0.000
3	0.40	0.00	0.000
4	0.60	0.00	0.000
5	0.80	0.00	0.000
6	1.00	0.00	50.000
7	0.00	0.20	0.000
8	0.20	0.20	18.182
9	0.40	0.20	36.364
10	0.60	0.20	59.091
11	0.80	0.20	100.000
12	0.00	0.40	0.000
13	0.20	0.40	36.364
14	0.40	0.40	68.182
15	0.60	0.40	100.000
16	0.00	0.60	0.000
17	0.20	0.60	59.091
18	0.40	0.60	100.000
19	0.00	0.80	0.000
20	0.20	0.80	100.000
21	0.00	1.00	50.000

연습문제 14.7

유한요소법을 사용하여 예제 14.3을 다시 풀어라. 풀이영역은 그림 14.34에서와 같이 삼각형 요소들로 나눈다. 유한차분법을 사용하여 예제 14.3에서 얻은 해와 비교하라.

해답: 예제 14.3 참조

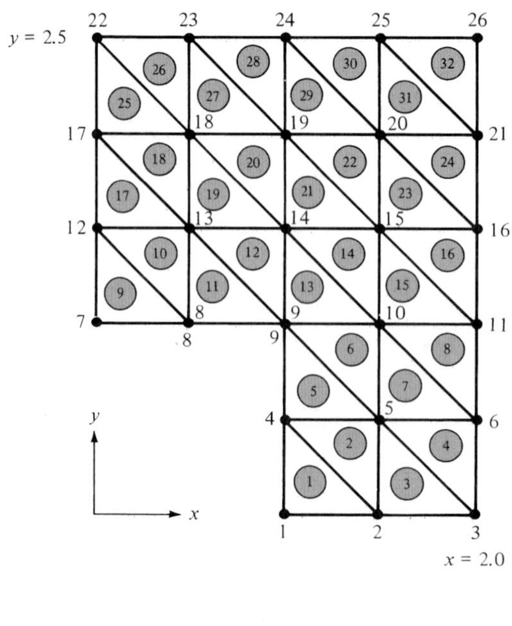

그림 14.34 연습문제 14.7의 그림

MATLAB 14.1

```
% This script allows the user to enter the dimensions and
% dielectric properties of a microstrip line and then use
% the finite-difference algorithm to solve Laplace's
% equation iteratively and obtain the potential as a
% function of space
% The microstrip problem is normally open-aired, meaning
% the upper and side boundaries exist at infinity, but due
% to the limitations of solution space in the numerical
% problem, we have added shielding walls (where E = 0) of
% perfect electric conductor, which should be sufficiently
% far from the microstrip structure a,b >> w,d for accurate
% simulation of free-space and boundaries at infinity.

% The script creates a coarse rectangular grid and then solves

% Prompt user for basic parameters
Vstrip=input('Enter the voltage on the microstrip \n> ');
a=input('Enter the horizontal span of space \n> ');
b=input('Enter the vertical span of space \n> ');
w=input('Enter the microstrip width \n> ');
d=input('Enter the dielectric thickness \n> ');

% the dielectric boundary
disp('Enter the relative dielectric constant ');
epstop=input(' above the microstrip \n> ');
disp('Enter the relative dielectric constant ');
epsbottom=input(' below the microstrip \n> ');
epsave=(epstop+epsbottom)/2; % the average relative dielectric
                                   % along the boundary

% Fill the potential solution space with zeros
P=zeros(b,a);

% set voltage on strip
% the floor rounds odd numbers divided by 2 down to the
% nearest integer
for i=floor(b/2)-(floor(w/2)-1):1:floor(b/2)+floor(w/2),
    P(i,d)=Vstrip;
end

% Begin iterations to solve potential
% ---------------------------------
for i=1:600,    % i is the iteration step
    % the larger this number is the more accurate the potential
    % solution
    for j=2:1:a-1,  % sweep each column of y-values
        % if j is not a unit on the microstrip conductor
        if j ~= d
            for i=2:b-1, % sweep each row of x-values
                % this equation solves for the potential by
                % discretising Laplace's equation on the
                % rectangular grid
                P(i,j)=0.25*(P(i+1,j)+P(i-1,j)+P(i,j+1)+P(i,j-1));
            end
        % else we are at y = d, in the axis of the strip
```

```
        else
            for i=2:b-1, % sweep each row of x-values
                if (i < (floor(b/2)-(w/2-1))) | (i >
                (floor(b/2)+w/2))
                 % this equation solves for the potential by
                 % discretising Laplace's equation on the
                 rectangular
                 % grid
                    P(i,j)=(1/(4*epsave))*(epsave*(P(i+1,j)+...
                    P(i-1,j))+epstop*P(i,j+1)+epsbottom*P(i,j-1));
                end
            end
        % end the if conditional
        end
    end
end
% -------------------------------------
% Plot potential distribution
% Create the vector of voltage contours
v=[0.005,0.01,0.05,0.1,0.2,0.3,0.4,0.5,0.6,0.7,0.8,0.9,1]*...
  Vstrip;
figure
contour(P',v); % P' is the transposed matrix to meet the
requirements
colourbar   % add the colourbar as a legend for the colours which
                % define the equipotential lines
xlabel('Horizontal position')
ylabel('Vertical position')
title('Equipotential Curves For Microstrip Line')
```

요약

1. 이 장에서 제시된 수치해석 기법을 사용하여 동일 평면상의 점전하들에 의한 전기력선 및 등전위선을 그릴 수 있다. 이러한 기본 개념은 자기력선을 그리는 것으로 확장할 수도 있다.
2. 편미분방정식의 형태로 표현되는 전자기 문제는 유한차분법(FDM)을 사용하여 풀 수 있다. 미분방정식을 근사화한 유한차분방정식이 전체 해의 영역에서 순번을 부여할 수 있도록 간격을 둔 격자점들에 적용된다. 적합한 방법을 사용하여 고정되지 않은 점들에서의 장의 양이 결정된다.
3. 적분방정식의 형태로 표현되는 전자기문제는 모멘트법(MOM)을 사용하여 편리하게 풀 수 있다. 적분기호 안에 있는 미지의 양은 영역 내의 유한개의 점에서 적분방정식의 양변을 정합시킴으로써 결정되어진다.
4. 유한차분법은 규칙적인 형태의 풀이영역을 가진 문제에 제한되어지는 반면에, 유한요

소법은 복잡한 해석구조를 가진 문제를 풀 수 있다. 유한요소법은 풀이 영역을 유한개의 요소들로 나누는 것, 전형적인 요소에 대한 방정식을 유도하는 것, 풀이 영역의 모든 요소들을 수집하는것, 그리고 결과로 생긴 방정식을 푸는 것을 포함한다.

복습문제

14.1 동일 편면상의 전하들에 의한 전기장 내 점 (1, 2, 0)에서 $\mathbf{E} = 0.3\ \mathbf{a}_x - 0.4\ \mathbf{a}_y$ V/m이다. 이 점에서 등전위선상 0.05 m의 미분변위는 어느 점이 될 것인가?

(a) (1.04, 2.03, 0)
(b) (0.96, 1.97, 0)
(c) (1.04, 1.97, 0)
(d) (0.96, 2.03, 0)

14.2 만약 $h = \Delta x$인 경우, x_o에서 dV/dx에 대한 올바른 유한차분 근사값이 아닌 것은 다음 중 어느 것인가?[4]

(a) $\dfrac{V(x_o + h) - V(x_o)}{h}$
(b) $\dfrac{V(x_o) - V(x_o - h)}{h}$
(c) $\dfrac{V(x_o + h) - V(x_o - h)}{h}$
(d) $\dfrac{V(x_o + h) - V(x_o - h)}{2h}$
(e) $\dfrac{V(x_o + h) - V(x_o - h)}{h}$

14.3 자유공간에 그림 14.35의 삼각형 요소가 있다. 이 삼각형의 중심에서 전위의 근사값은?

(a) 10 V
(b) 7.5 V
(c) 5 V
(d) 0 V

14.4 유한차분해석을 위하여 10×20 cm로 측정된 직사각형 금속판이 금속판의 가장

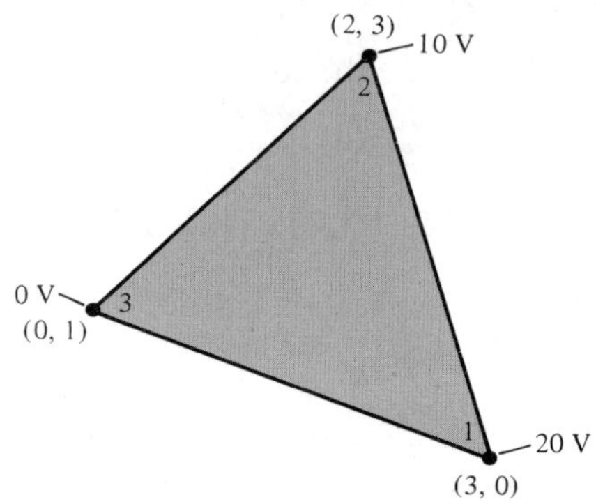

그림 14.35 복습문제 14.3 및 14.10의 그림

4) 공식 (a)는 전방 차분공식(forward-difference formula), 공식 (b)는 후방 차분공식(back-difference formula), 공식 (d) 및 (e)는 중앙 차분공식(central-difference formula)으로 알려져 있다.

자리와 나란하게 5 cm 떨어진 선들로 8개의 소구역으로 나누어진다. 만약 가장자리들이 어떤 원천과 연결되었다면, 고정되지 않은 노드의 개수는 몇 개인가?

(a) 15 (b) 12
(c) 9 (d) 6
(e) 3

14.5 $V_o = V_5 = 1$인 $V_n = V_{n-1} + V_{n+1}$의 차분방정식을 사용하고, $1 \leq n \leq 4$에 대하여 초기값 $V_n = 0$을 가지고 시작하여 3번째 반복과정 이후의 V_2의 값은?

(a) 1 (b) 3
(c) 9 (d) 15
(e) 25

14.6 모멘트법에서 얻어진 계수행렬의 성질이 아닌 것은?

(a) 이 행렬은 조밀하다. (즉, 영이 아닌 항을 많이 가지고 있다.)
(b) 이 행렬은 밴드를 이룬다.
(c) 이 행렬은 정방 및 대칭행렬이다.
(d) 이 행렬은 주어진 문제의 구조에 의존한다.

14.7 유한차분법과 유한요소법 사이의 주된 차이점은?

(a) 한 방법을 사용하면, 산재(sparse)행렬이 결과적으로 해가 된다.
(b) 한 방법에 있어서는 영역 내의 모든 점에서 해를 알 수 있게 된다.
(c) 한 방법은 편미분방정식을 푸는 데 적용된다.
(d) 한 방법은 시불변 문제로 제한되어진다.

14.8 복습문제 14.4의 금속판이 같은 수의 격자점을 가지는 유한요소해석을 위해서 이산시킨다면, 몇 개의 삼각형 요소가 있어야 하는가?

(a) 32 (b) 16
(c) 12 (d) 9

14.9 형태함수(shape function)에 관한 다음 설명 중 틀린 것은?

(a) 사실상 보간법 함수이다.
(b) 요소들을 가로질러 연속이어야 한다.
(c) 형태함수들의 합은 요소 내의 모든 점에서 동일하게 1이다.
(d) 주어진 노드와 관련된 형태함수는 다른 노드에서는 소멸된다.
(e) 한 노드와 관련된 형태함수는 그 노드에서 0이 된다.

14.10 그림 14.35에서 요소의 면적은?

(a) 14 (b) 8

(c) 7 (d) 4

해답: 14.1a, 14.2c, 14.3a, 14.4e, 14.5c, 14.6b, 14.7a, 14.8b, 14.9e, 14.10d.

문제

14.2 장 그리기

14.1 아래 문항의 경우에 대하여 전기력선 및 등전위면을 그리기 위하여 예제 14.1에서 개발된 프로그램을 사용하거나 자신의 등가 코드를 사용하라.

(a) 전하량이 -1 C, 2 C 및 1 C인 3개의 점전하가 각각 $(-1, 0)$, $(0, 2)$ 및 $(1, 0)$에 위치하는 경우

(b) 전하량이 1 C로 동일한 5개의 점전하가 각각 $(-1, -1)$, $(-1, 1)$, $(1, -1)$, $(1, 1)$ 및 $(0, 0)$에 위치하는 경우

14.3 유한차분법

14.2 능률이 $\mathbf{p} = p\mathbf{a}_z$인 전기쌍극자의 원거리 장을 고려하고, 그 전기력선이 구 좌표계에서 $r = K \sin^2 \theta$의 모임으로 주어짐을 보여라. 선택한 K값에 대하여 전기력선의 그림을 그려라.

14.3 쌍극자 능률이 $\mathbf{p} = p\mathbf{a}_z$인 전기쌍극자의 원거리 장을 고려한다. 등전위선에 대한 방정식을 구하고, 같은 그림에 전기력선과 등전위선을 동시에 그리도록 하라. 전기력선에 대해서는 파란색 실선을 사용하고 등전위선에 대하여서는 빨간색 점선을 사용하라.

14.4 경계값 문제가 아래 식으로 정의되고

$$\frac{d^2V}{dx^2} = x + 1, \quad 0 < x < 1$$

$V(0) = 0$ 및 $V(1) = 1$을 경계조건으로 한다. $V(0.5)$를 구하기 위해 유한차분법을 사용하라. $\Delta = 0.25$로 하여 5회 반복을 한다. 그 결과를 정확한 솔루션과 비교하라.

14.5 (a) 다음 표로부터 $x = 0.15$에서 $\frac{dV}{dx}$ 및 $\frac{d^2V}{dx^2}$를 구하라.

x	0.1	0.15	0.2	0.25	0.3
V	1.0017	1.5056	2.0134	2.5261	3.0452

(b) 이 표에서의 값들은 $V = 10 \sinh x$로부터 구해진 것이다. 이 정확한 값들과 (a)에서 구한 결과를 비교해 보라.

14.6 원통좌표계에서 Laplace 방정식에 대한 유한차분방정식 $V = V(\rho, z)$가 다음과 같음을 보여라.

$$V(\rho_o, z_o) = \frac{1}{4}\left[V(\rho_o, z_o + h) + V(\rho_o, z_o - h) + \left(1 + \frac{h}{2\rho_o}\right) V(\rho_o + h, z_o) + \left(1 - \frac{h}{2\rho_o}\right) V(\rho_o - h, z_o)\right]$$

여기서 $h = \Delta z = \Delta\rho$이다.

14.7 그림 14.36에 제시된 격자점 P에서 유한차분의 원통좌표계(ρ, ϕ) 표현을 사용하여 $V(\rho, \phi)|_P = V(m\,\Delta\rho, n\,\Delta\phi) = V_m^n$이 되도록 $\rho = m\,\Delta\rho$ 및 $\phi = n\,\Delta\phi$로 두고, $\nabla^2 V$가 다음과 같음을 보여라.

$$\nabla^2 V|_{m,n} = \frac{1}{\Delta\rho^2}\left[\left(1 - \frac{1}{2m}\right)V_{m-1}^n - 2V_m^n + \left(1 + \frac{1}{2m}\right)V_{m+1}^n + \frac{1}{(m\,\Delta\phi)^2}\left(V_m^{n-1} - 2\,V_m^n + V_m^{n+1}\right)\right]$$

14.8 스칼라 장 V가 점 $P(4, 2, 5)$ 주변 6개의 대칭 지점에서 프로브로 $V(4.05, 2, 5) = 165.4150$, $V(3.95, 2, 5) = 160.6150$, $V(4, 2.05, 5) = 166.40$, $V(4, 1.95, 5) = 159.60$, $V(4, 2, 5.05) = 163.9025$, $V(4, 2, 4.95) = 162.1025$로 각각 측정되었다. 직각좌표계 상의 점 $P(4, 2, 5)$에서 ∇V의 수치계산 값을 구하라.

14.9 벡터장 $\mathbf{H}$가 점 $P(4, 2, 5)$ 주변 6개의 대칭 지점에서 장 측정계로 $\mathbf{H}(4.05, 2, 5) = 78\mathbf{a}_x - 20\mathbf{a}_y + 16.2\mathbf{a}_z$, $\mathbf{H}(3.95, 2, 5) = 76\mathbf{a}_x - 20\mathbf{a}_y + 15.8\mathbf{a}_z$, $\mathbf{H}(4, 2.05, 5) = 79\mathbf{a}_x -$

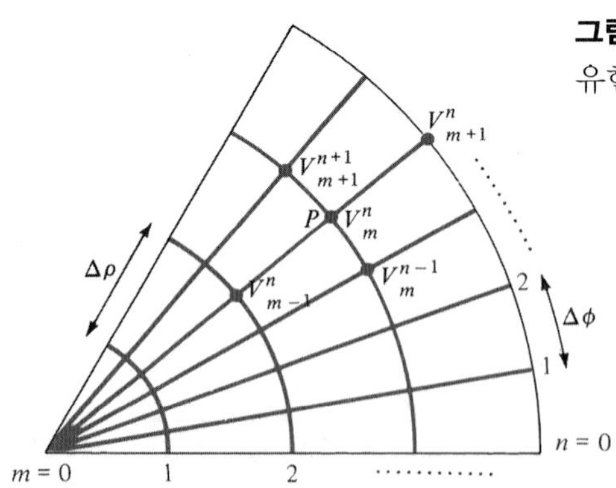

그림 14.36 문제 14.7에 대한 원통좌표에서의 유한차분격자

$21.0125\mathbf{a}_y + 16\mathbf{a}_z$, $\mathbf{H}(4, 1.95, 5) = 75\mathbf{a}_x - 19.0125\mathbf{a}_y + 16\mathbf{a}_z$, $\mathbf{H}(4, 2, 5.05) = 77.8\mathbf{a}_x - 20.2\mathbf{a}_y + 16\mathbf{a}_z$, $\mathbf{H}(4, 2, 4.95) = 77.19\mathbf{a}_x - 19.8\mathbf{a}_y + 16.2\mathbf{a}_z$로 각각 측정되었다. 직각좌표계 상의 점 $P(4, 2, 5)$에서 $\nabla \times \mathbf{H}$의 수치계산 값을 구하라.

14.10 스칼라 전위함수 $V(r)$이 경계값 $V(0) = 4$를 가지고 아래 식의 1계 미분방정식을 만족한다.

$$\frac{dV}{dr} - V + 2r - 5 = 0$$

구간 $0 < r < 3$에서 $V(r) \approx \sum_{k=0}^{4} c_k r^k$의 형태로 $V(r)$에 대한 근사해를 구하자고 한다. c_k의 값들을 구하라. 구간 $0 < r < 3$에서 $V(r)$의 해석적 해 및 수치계산 해의 그림을 그려라.

14.11 스칼라 전위함수 $V(r)$이 경계값 $V(0) = 1$, $V'(0) = 0$를 가지고 아래 식의 2계 미분방정식을 만족한다.

$$\frac{d^2V}{dr^2} - V + r^2 = 0$$

구간 $0 < r < 3$에서 $V(r) \approx \sum_{k=0}^{6} c_k r^k$의 형태로 $V(r)$에 대한 근사해를 구하자고 한다. c_k의 값들을 구하라. 구간 $0 < r < 3$에서 $V(r)$의 해석적 해 및 수치계산 해의 그림을 그려라.

14.12 유한차분법을 사용하여 영역 $0 < x < 4$에서 경계조건 $y(0) = y(4) = 0$를 만족하는 아래 식과 같은 2계 상미분방정식의 해를 구하라. 10개의 부분 구간을 선택하라.

$$\frac{d^2y}{dx^2} = y - \sin\left(\frac{\pi x}{4}\right)$$

이 미분방정식의 해석적인 해는 아래 식과 같다.

$$y = \frac{16}{\pi^2 + 16}\sin\left(\frac{\pi x}{4}\right)$$

해석적인 해와 수치계산 해를 같이 그려서 시각적으로 비교하라.

14.13 아래 식과 같은 파동방정식의 해를 구하기 위하여 유한차분법을 사용하라.

$$\frac{\partial^2 u}{\partial t^2} = \frac{\partial^2 u}{\partial x^2}$$

$0 \le x \le L$, $0 \le t \le T$의 범위에서 다음 식들로 주어지는 경계조건을 만족하며,

$$
\begin{aligned}
u(x,0) &= \sin 5\pi x + 2\sin 7\pi x && 0 \le x \le L \\
u(0,t) &= 0 && 0 \le t \\
u(L,t) &= 0 && 0 \le t \\
\frac{\partial u}{\partial t}(x,0) &= 0 && 0 \le x \le L
\end{aligned}
$$

여기에서 $L = 1$, $T = 0.6$이다. 해석적인 해는

$$u(x,t) = \sin 5\pi x \cos 5\pi t + 2\sin 7\pi x \cos 7\pi t$$

인 것으로 알려져 있다. 수치계산 해와 해석적인 해를 시각적으로 비교할 수 있도록 두 해의 그림을 제시하라.

14.14 아래 식과 같은 파동방정식의 해를 구하기 위하여 유한차분법을 사용하라.

$$\frac{\partial^2 u}{\partial t^2} = \frac{\partial^2 u}{\partial x^2}$$

$0 \le x \le L$, $0 \le t \le T$의 범위에서 아래 식들로 주어지는 경계조건을 만족하며,

$$
\begin{aligned}
u(x,0) &= x(L - x) && 0 \le x \le L \\
u(0,t) &= 0 && 0 \le t \\
u(L,t) &= 0 && 0 \le t \\
\frac{\partial u}{\partial t}(x,0) &= 0 && 0 \le x \le L
\end{aligned}
$$

여기에서 $L = 1$, $T = 0.6$이다. 해석적인 해는

$$u(x,t) = \sum_{k=1,3,5\ldots} \frac{8}{k^3\pi^3} \sin k\pi x \cos k\pi t$$

인 것으로 알려져 있다. 수치계산 해와 해석적인 해를 시각적으로 비교할 수 있도록 두 해의 그림을 제시하라.

14.15 경계값 문제가 경계조건이 $y(0) = 0$인 아래 식과 같은 1계 미분방정식의 지배를 받고 있다.

$$\cos x \frac{dy}{dx} - \sin xy = 2x$$

단순 전진 차분법을 사용하여 $0 < x < 1$인 영역에서의 해를 구하라. 스텝 크기는 $h = 0.05$로 하라.

14.16 경계값 문제가 경계조건이 $y(0) = 0$인 다음 식과 같은 1계 미분방정식의 지배를 받고 있다.

$$\frac{dy}{dx} = y \tan x + \sec^3 x$$

단순 전진 차분법을 사용하여 $0 < x < 1$인 영역에서의 해를 구하라. 스텝 크기는 $h = 0.05$로 하라.

14.17 경계값 문제가 경계조건이 $V(0) = 3$인 아래 식과 같은 1계 미분방정식의 지배를 받고 있다.

$$\frac{dV}{dr} = V - 4r + 3$$

구간 $0 \le r \le 2$에서 $V(r)$에 대한 근사해를 $V(r) \approx \sum_{k=0}^{4} c_k r^k$의 형태로 구하자고 한다. c_k의 값들을 구하라. 구간 $0 \le r \le 3$에서 $V(r)$의 해석적 해 및 수치계산 해의 그림을 그려라.

14.18 서로 다른 두 유전체의 경계면에 전하가 없으며, 그림과 같이 전압 $V_0, V_1, \cdots, V_4$에서의 노드 세트를 고려하라(그림 14.37 참조). 유한차분법을 사용하여 노드 전압의 항들로 Gauss의 법칙을 공식화(표현)하라.

14.19 그림 14.38의 전위 문제에서 V_1~V_4를 구하기 위해 유한차분법을 사용하라. 다섯 번의 반복으로도 충분하다.

14.20 그림 14.39의 a, b, c 지점에서 전위를 구하기 위해 유한차분법을 사용하라. 다섯 번의 반복으로도 충분하다.

14.21 긴 도체관의 단면을 그림 14.40에 나타내었다. 그림에 제시된 경계조건에 대하여,

(a) Laplace 방정식의 해로부터 전위분포 $V(x, y)$를 구하라.

(b) 유한차분법을 사용하여 영역 중심에서의 전위를 구하라. $a = 1$ m, $V_0 = 50$ V로 하라.

14.22 그림 14.41과 같은 직사각형 영역에서 경계선상에서의 전위는 영이고 전하분포 ρ_v는 50 nC/m^{3}이다. 비록 여기에서는 6개의 고정되지 않은 노드들이 있지만 대

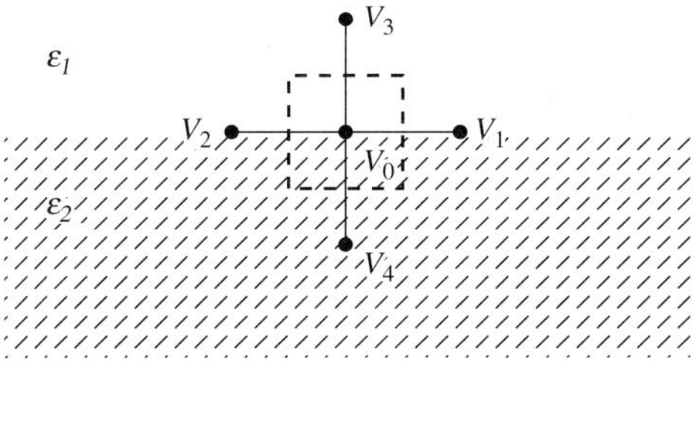

그림 14.37 문제 14.18의 그림

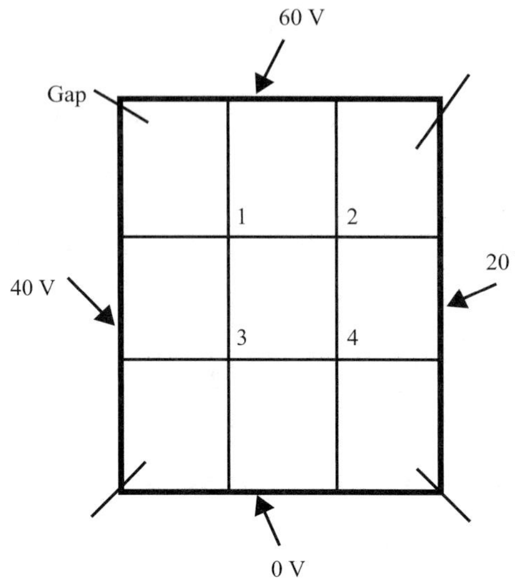

그림 14.38 문제 14.19의 그림

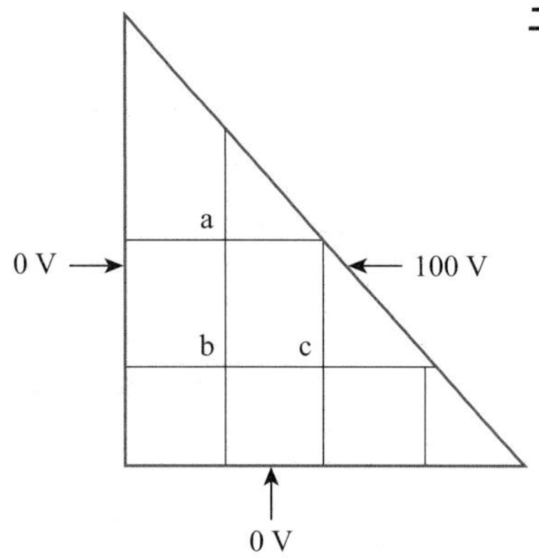

그림 14.39 문제 14.20의 그림

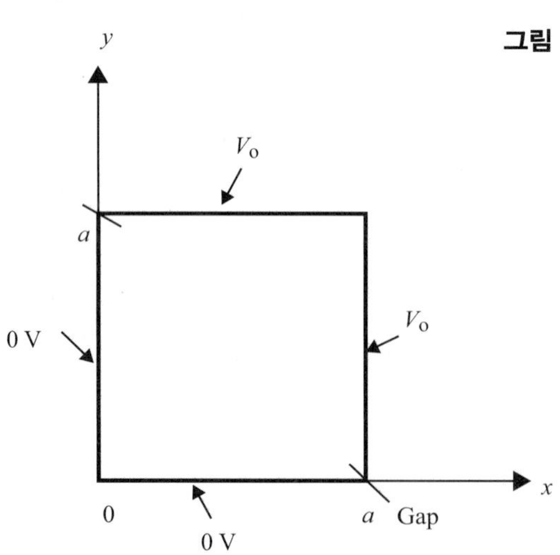

그림 14.40 문제 14.21의 그림

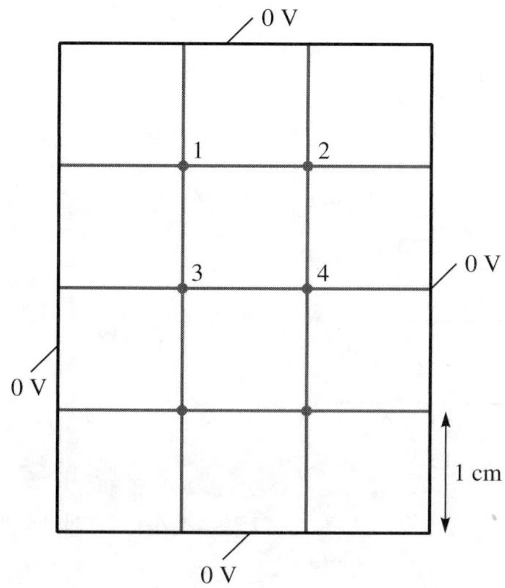

그림 14.41 문제 14.22의 그림

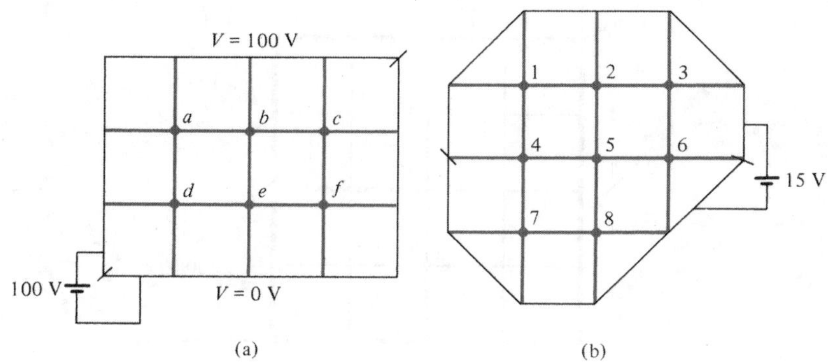

그림 14.42 문제 14.23의 그림

칭성으로 인하여 미지의 전위는 단지 4개(V_1에서 V_4까지)뿐이다. 미지의 전위들을 구하라.

14.23 그림 14.42에 제시된 각각의 문제들에 대하여 연립차분방정식을 세우기 위해 밴드 행렬법을 사용하여 행렬 $[A]$ 및 $[B]$를 구하라.

14.24 (a) 만약 해의 영역이 전하밀도 ρ_v를 가지고 있다면, 예제 14.3의 행렬 $[A]$ 및 $[B]$를 어떻게 수정해야 하는가?

(b) 전하밀도를 $\rho_v = x(y-1)$ nC/m^{3}으로 가정을 하고, 그림 14.43에 제시된 격자점들에서의 전위를 구하기 위한 프로그램을 작성하라. $\varepsilon_r = 1.0$으로 하고, 반복 유한차분법을 사용하라.

14.25 유한차분법을 사용하여 그림 14.44에 제시된 그리드 내에서 노드 1에서부터 7까

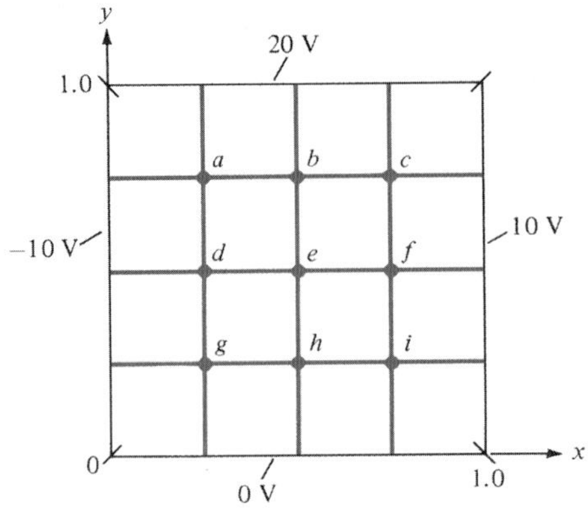

그림 14.43 문제 14.24의 그림

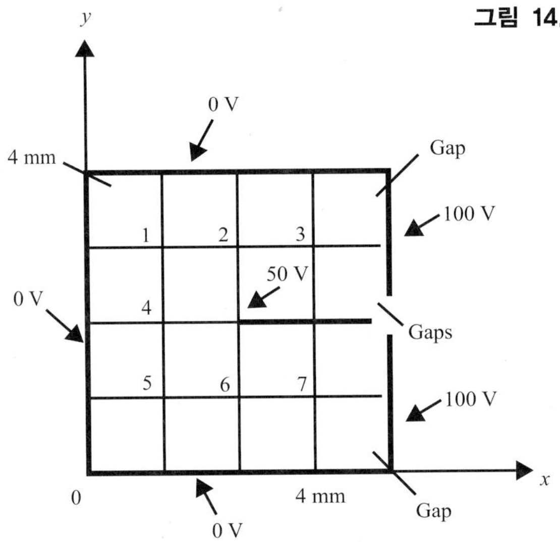

그림 14.44 문제 14.25의 그림

지에서의 전위를 구하라.

14.4 모멘트법

14.26 그림 14.45에서와 같이 반경이 a이고, 두 도선 사이의 거리가 d인 두 개의 동일한 도선으로 구성된 전송선이 있다. 한 도선은 1 V, 다른 도선은 −1 V의 전위를 유지하면서 모멘트법을 사용하여 단위길이당 커패시턴스를 구하라. 구해진 결과를

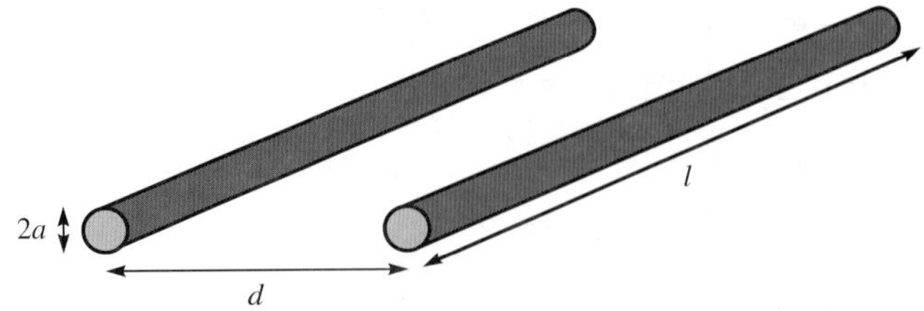

그림 14.45 문제 14.26의 그림

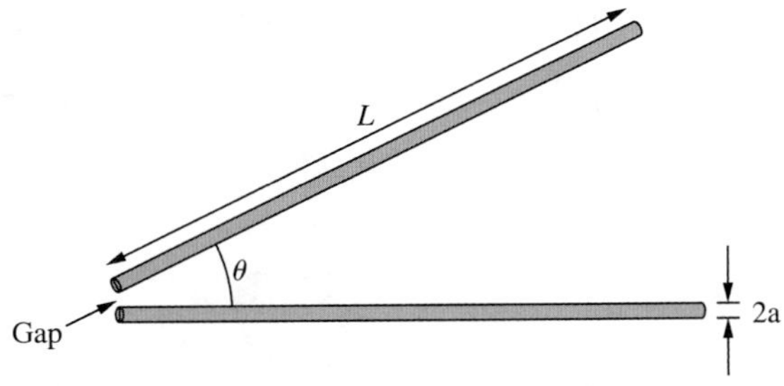

그림 14.46 문제 14.27의 그림

표 11.1의 C에 대한 정확한 식과 비교해 보라. $a = 5$ mm, $d = 5$ cm, $\ell = 5$ m 그리고 $\varepsilon = \varepsilon_o$로 한다.

14.27 그림 14.46에서와 같이 동일한 길이 L 및 반경이 a인 두 개의 도선이 작은 간극을 가지며, 각도 θ로 경사지게 분리되어 있다. 모멘트법을 사용하여 $\theta = 10°, 20°, \cdots, 180°$인 경우에 대하여 두 도선 사이의 커패시턴스를 구하라. 간극은 2 mm, $a = 1$ mm, $L = 2$ m 그리고 $\varepsilon_r = 1$로 한다.

14.28 그림 14.47(a)에서와 같이 가늘고 무한히 긴 스트립 전송선의 특성임피던스를 구하기 위하여 모멘트법을 사용하라. 그림 14.47(b)에서와 같이 스트립 1 및 2를 N개의 세부영역으로 나누게 되면, 세부영역 i에서

$$V_i = \sum_{j=1}^{2N} A_{ij}\rho_j$$

이 된다. 여기에서

$$A_{ij} = \begin{cases} \dfrac{-\Delta\ell}{2\pi\varepsilon_o}\ln R_{ij}, & i \neq j \\ \dfrac{-\Delta\ell}{2\pi\varepsilon_o}[\ln\Delta\ell - 1.5], & i = j \end{cases}$$

R_{ij}는 i번째와 j번째 세부영역 사이의 거리이고, i번째 세부영역이 스트립 1 또는

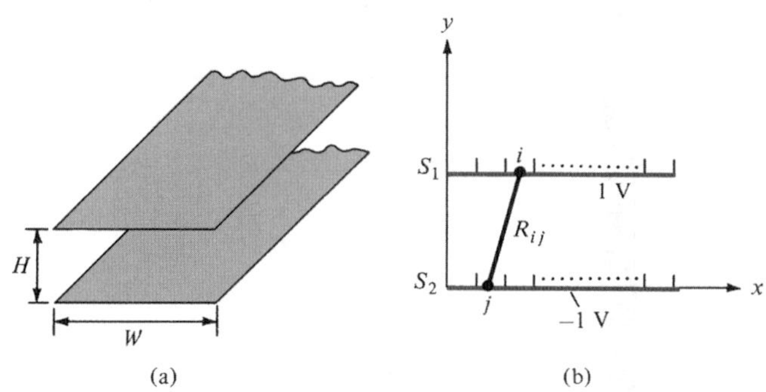

그림 14.47 문제 14.28에 대하여 모멘트법을 사용한 스트립 전송선의 해석

2 중에서 어느 면 상에 있는지에 따라서 $V_\ell = 1$ 또는 -1이 된다. 특성임피던스가 다음 식과 같음을 사용하여 이 전송선의 특성임피던스를 구하기 위한 프로그램을 작성하라.

$$Z_o = \frac{\sqrt{\mu_o \varepsilon_o}}{C}$$

여기서 C는 단위길이당 커패시턴스이다. 그리고

$$C = \frac{Q}{V_d} = \frac{\sum_{i=1}^{N} \rho_i \, \Delta\ell}{V_d}$$

이며, $V_d = 2$ V로서 두 스트립 사이의 전위차이다. $H = 2$ m, $W = 5$ m 그리고 $N = 20$으로 한다.

14.29 그림 14.48에 제시된 것처럼 반경이 1 mm인 L-자 형태의 가는 도선을 고려해 보자. 도선의 전위가 $V = 10$ V라고 할 때, 모멘트법을 사용하여 도선 위에서의 전하분포를 구하라. $\Delta = 0.1$로 하라.

14.30 그림 14.49(a)에서와 같은 임의의 단면 형태의 동축선을 고려해 보자. 단위길이당 커패시턴스 C를 구하기 위한 모멘트법을 사용하기 위해서 내외 각각의 도체를 N개의 스트립으로 나누게 되면, j번째 스트립 상에서 전위는 다음과 같은 식으로 주어진다.

$$V_j = \sum_{i=1}^{2N} \rho_i A_{ij}$$

여기서

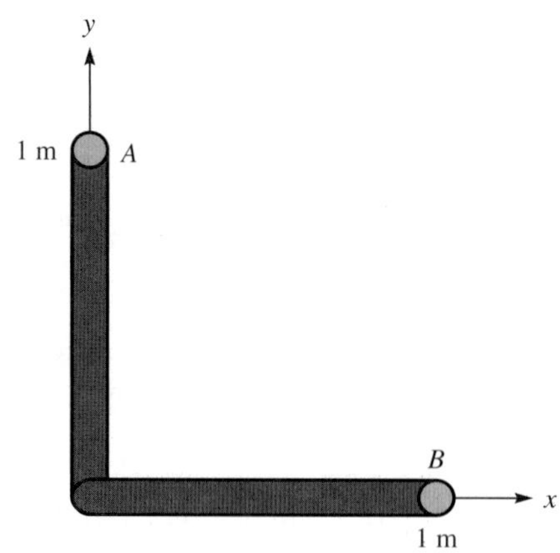

그림 14.48 문제 14.29의 그림

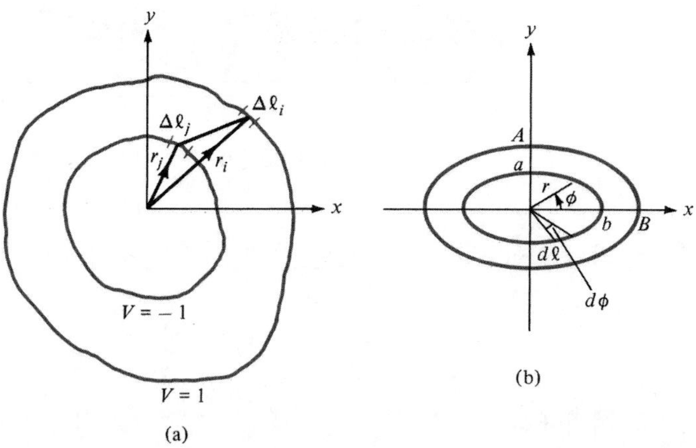

그림 14.49 문제 14.30의 그림; (a) 임의의 단면의 동축선 (b) 타원 원통 단면의 동축선

$$A_{ij} = \begin{cases} \dfrac{-\Delta\ell}{2\pi\varepsilon} \ln \dfrac{R_{ij}}{r_o}, & i \neq j \\ \dfrac{-\Delta\ell}{2\pi\varepsilon} \left[\ln \dfrac{\Delta\ell_i}{r_o} - 1.5 \right], & i = j \end{cases}$$

그리고 $\Delta\ell_i$가 내부 도체 또는 외부 도체 어디에 위치하는지에 따라서 V_j는 각각 $V_j = -1$ 또는 1이다. 다음 식을 사용하여 그림 14.49(b)에서와 같이 타원 형태의 원통 단면을 가진 동축케이블상에서의 단위길이당 총 전하량을 구하기 위한 Matlab 프로그램을 작성하라.

$$Q = \sum_{i=1}^{N} \rho_i$$

그리고 단위길이당 커패시턴스는 $C = Q/2$이다.

(a) 작성된 프로그램을 확인하기 위한 하나의 방법으로 $A = B = 2$ cm, 그리고 $a = b = 1$ cm(원형 단면을 가진 동축선)의 결과를 구하고, 그 결과를 $C = 2\pi\varepsilon/\ln(A/a)$의 정확한 결과와 비교해 보라.

(b) $A = 2$ cm, $B = 4$ cm, $a = 1$ cm, $b = 2$ cm로 하고 결과를 구하라.

힌트: 예를 들어 그림 14.49(b)의 안쪽의 타원에 대하여,

$$r = \frac{a}{\sqrt{\sin^2 \phi + v^2 \cos^2 \phi}}$$

이며, 여기에서 $v = a/b$, $d\ell = r d\phi$이다. $r_o = 1$ cm로 하라.

14.31 직사각형의 단면을 가진 도체 막대를 그림 14.50에 제시하였다. 이 막대를 N개

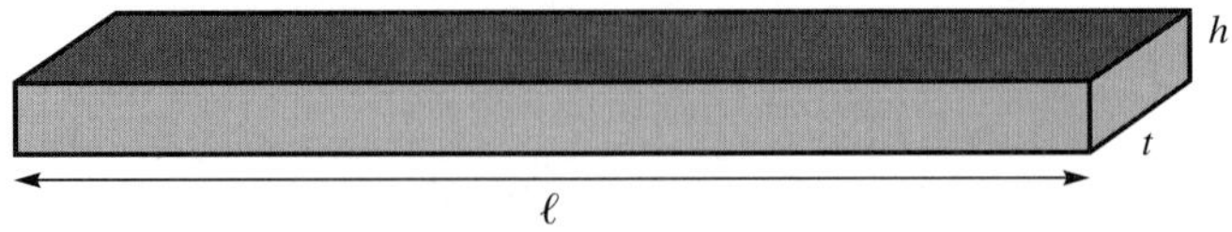

그림 14.50 문제 14.31의 그림

의 동일한 조각으로 나누었을 때, j번째 조각에서의 전위는 다음과 같다.

$$V_j = \sum_{i=1}^{N} q_i A_{ij}$$

여기에서

$$A_{ij} = \begin{cases} \dfrac{1}{4\pi\varepsilon_o R_{ij}}, & i \neq j \\ \dfrac{1}{2\varepsilon_o \sqrt{\pi h \Delta}}, & i = j \end{cases}$$

그리고 Δ는 조각의 길이이다. 만약에 막대의 전위가 10 V라고 하면, 다음과 같은 행렬 형태의 식을 얻게 된다.

$$[A][q] = 10[I]$$

여기서 $[I] = [1\ 1\ 1 \cdots 1]^T$ 그리고 $q_i = p_v th\Delta$이다.

(a) 막대에서의 전하분포 ρ_v를 구하기 위한 프로그램을 작성하라. $\ell = 2$ m, $h = 2$ cm, $t = 1$ cm, 그리고 $N = 20$으로 하라.

(b) 다음 식을 사용하여 분리된 이 도체 막대의 커패시턴스를 계산하라.

$$C = \frac{Q}{V} = (q_1 + q_2 + \cdots + q_N)/10$$

14.32 경계조건이 $V(0) = 0$, $V_0'(0) = 0$인 아래와 같은 2계 미분방정식을 고려한다.

$$\frac{d^2V}{dr^2} + V(r) + 2r(1 - r) = 0$$

구간 $0 < r < 1$에서 $V(r) \approx \sum_{k=0}^{3} c_k f^k(r)$의 형태로 $V(r)$에 대한 근사해를 구하자고 한다. 여기에서

$$f_k(r) = r^k(r - 1)^k$$

은 함수 $V(r)$을 급수 형태로 전개하기 위해 사용하는 기저함수이다. 만약 무게함수로 동일한 집합의 기저함수가 사용된다면, 이 방법을 'Galerkin 방법'이라고 한

다. Galerkin 방법을 사용하여 c_k값을 구하라. 구간 $0 < r < 1$에서의 해석적인 해와 수치계산의 해를 그려라.

14.33 특정 스칼라 함수 $V(x)$가 적분을 포함하는 아래 식을 따르는 것으로 알려져 있다.

$$V(x) + \int_0^x V(x')dx' = \frac{1}{3}x^3 - 2x$$

모멘트법을 사용하여 $V(x)$를 수치적으로 계산하고, $0 \leq x \leq 3$의 구간에서 그 값의 그림을 제시하라.

14.34 특정 스칼라 함수 $V(x)$가 적분을 포함하는 아래 식을 따르는 것으로 알려져 있다.

$$V(x) + \int_0^x (x - x')V(x')dx' = x$$

모멘트법을 사용하여 $V(x)$를 수치적으로 계산하고, $0 \leq x \leq 2\pi$의 구간에서 그 값의 그림을 제시하라.

14.35 특정 스칼라 함수 $V(x)$가 적분을 포함하는 아래 식을 따르는 것으로 알려져 있다.

$$\int_0^x (2 + x^2 - x'^2)V(x')dx' = x^2$$

모멘트법을 사용하여 $V(x)$를 수치적으로 계산하고, $0 \leq x \leq 4$의 구간에서 그 값의 그림을 제시하라.

14.36 특정 스칼라 함수 $V(\rho)$가 적분을 포함하는 아래 식을 따르는 것으로 알려져 있다.

$$\int_0^\rho J_0(\rho - \rho')V(\rho')d\rho' = \sin\rho$$

모멘트법을 사용하여 $V(\rho)$를 수치적으로 계산하고, $0 \leq x \leq 10$인 구간에서 그 값의 그림을 제시하라.

14.37 특정 스칼라 함수 $V(x)$가 적분을 포함하는 아래 식을 따르는 것으로 알려져 있다.

$$\int_0^\rho e^{x-x'}V(x')dx' = \sin x$$

모멘트법을 사용하여 $V(x)$를 수치적으로 계산하고, $0 \leq x \leq 10$인 구간에서 그 값의 그림을 제시하라.

14.38 모멘트법을 사용하여 아래 식의 해를 구하라.

$$\frac{d\rho L}{dx} + 2\rho L = e^{-x}$$

주어진 경계조건은 $\rho_L(0) = 5$ C/m이다. $0 \le x \le 5$인 영역에서 해석적인 해와 수치계산 결과 해의 그림을 제시하라. 전체 영역을 $N = 20$의 세부영역으로 나누어라.

14.39 특정 스칼라 함수 $\psi(x)$가 아래의 미분방정식을 만족하고 있다.

$$\frac{d\psi}{dx} + 2x\psi = e^{-x^2}$$

위의 미분방정식을 행렬방정식으로 변환하기 위하여 모멘트법을 사용하라. 그리고 스칼라 함수 $\psi(x)$를 수치계산으로 구하고, $0 \le x \le 4$인 영역에서 해의 결과를 그림으로 나타내어라.

14.5 유한요소법

14.40 유한요소법에서 임의의 점 (x, y)에서 형태함수를 정의하는 다른 방법은 그림 14.51과 같이 면적 A_1, A_2 및 A_3를 사용하는 것이다. 요소형태 함수가 다음과 같음을 보여라.

$$\alpha_k = \frac{A_k}{A}, \quad k = 1, 2, 3$$

여기에서 $A = A_1 + A_2 + A_3$인 삼각형 요소의 총 면적이다.

14.41 그림 14.52의 삼각형 요소들의 요소 계수행렬을 구하라.

14.42 그림 14.53의 삼각형 요소에 대한 노드 전위값이 $V_1 = 100$ V, $V_2 = 50$ V 및 $V_3 = 30$ V이다. (a) 80 V 등전위선이 요소의 경계선과 교차하는 지점을 구하라. (b) 점 (2, 1)에서 전위를 계산하라.

14.43 그림 14.54에 제시된 삼각형 요소는 유한요소 메시의 한 부분이다. $V_1 = 8$ V, $V_2 = 12$ V, $V_3 = 10$ V라고 할 때, (a) 점 (1, 2)에서의 전위, (b) 요소의 중심에서의 전위를 구하라.

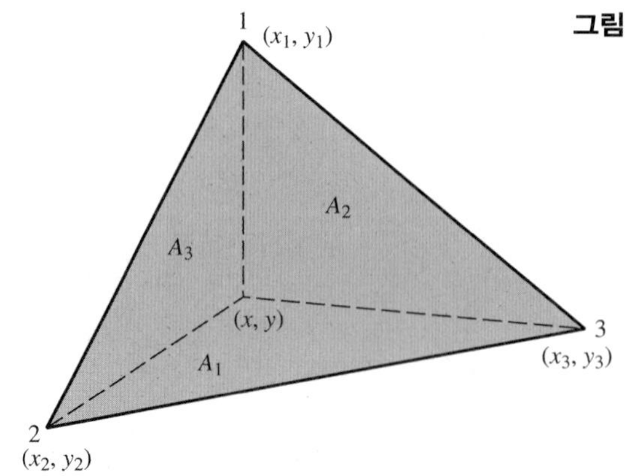

그림 14.51 문제 14.40의 그림

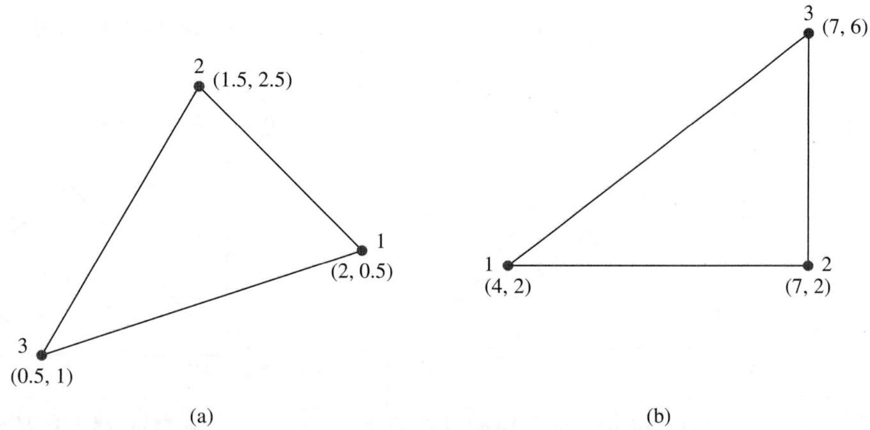

그림 14.52 문제 14.41의 그림

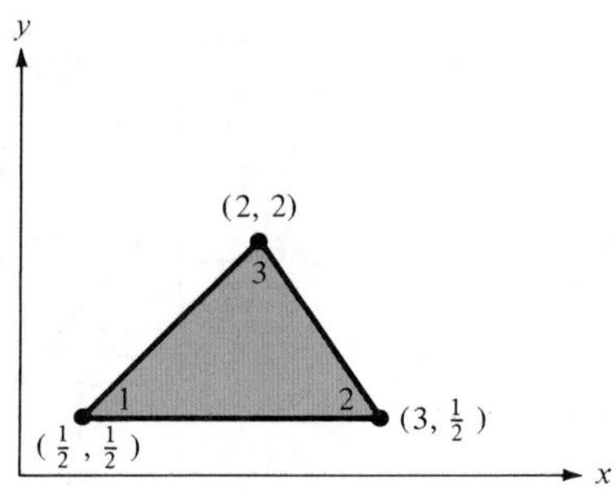

그림 14.53 문제 14.42의 그림

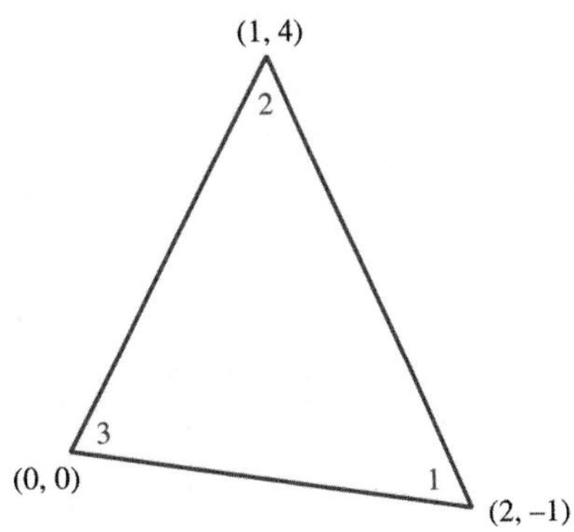

그림 14.54 문제 14.43의 그림

14.44 그림 14.55에 제시된 2-요소 영역에 대하여 포괄적인 계수행렬을 구하라.

14.45 그림 14.56에 제시된 2-요소 영역에 대하여 포괄적인 계수행렬을 구하라.

14.46 그림 14.57의 2-요소 메시의 포괄적인 계수행렬을 구하라.

14.47 그림 14.57의 2-요소 메시에 대하여 $V_1 = 10$ V, $V_3 = 30$ V로 두고, V_2 및 V_4를 구하라.

14.48 그림 14.58에 제시된 시스템의 노드 5에서 전위를 결정하기 위하여 그림 14.33에서의 Matlab 코드를 사용하라.

14.49 그림 14.59에 제시된 문제의 Laplace 방정식을 풀기 위하여 그림 14.33에 작성된 프로그램을 사용하라. 여기에서 $V_o = 100$ V이다. 유한요소법에 의한 해를 예제

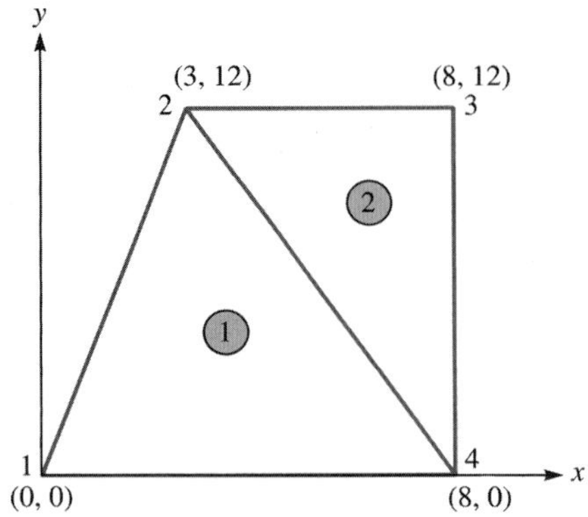

그림 14.55 문제 14.44의 그림

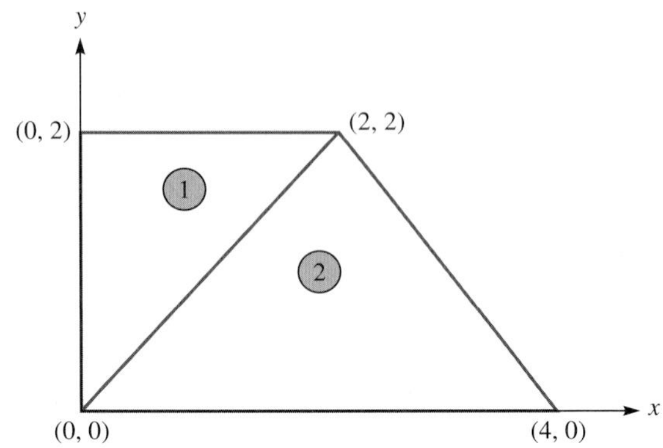

그림 14.56 문제 14.45의 그림

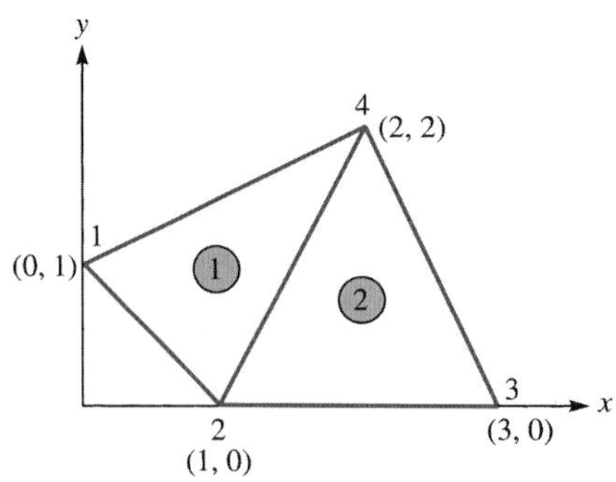

그림 14.57 문제 14.46 및 14.47의 그림

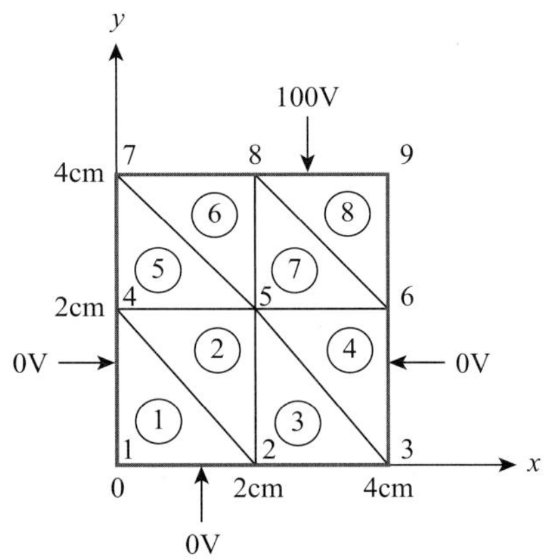

그림 14.58 문제 14.48의 그림

6.5에서의 정확한 해인 다음 식과 비교해 보라.

$$V(x, y) = \frac{4V_o}{\pi} \sum_{k=0}^{\infty} \frac{\sin n\pi x \sinh n\pi y}{n \sinh n\pi}, \quad n = 2k + 1$$

14.50 유한요소법을 사용하여 그림 14.60에서 제시된 고정되지 않은 노드에서 전위를 구하라.

14.51 유한요소법을 사용하여 그림 14.61에서 제시된 고정되지 않은 노드에서 전위를 구하라.

14.52 그림 14.62와 같이 동축케이블의 내부 도체와 외부 도체의 반지름이 각각 $a = 2$ cm와 $b = 4$ cm이며, 각각 12 V와 0 V로 유지되고 있다. 내·외 도체 사이의 모든 고정되지 않은 노드에서 전위를 구하기 위해 유한요소법을 사용하고, 그 결과를

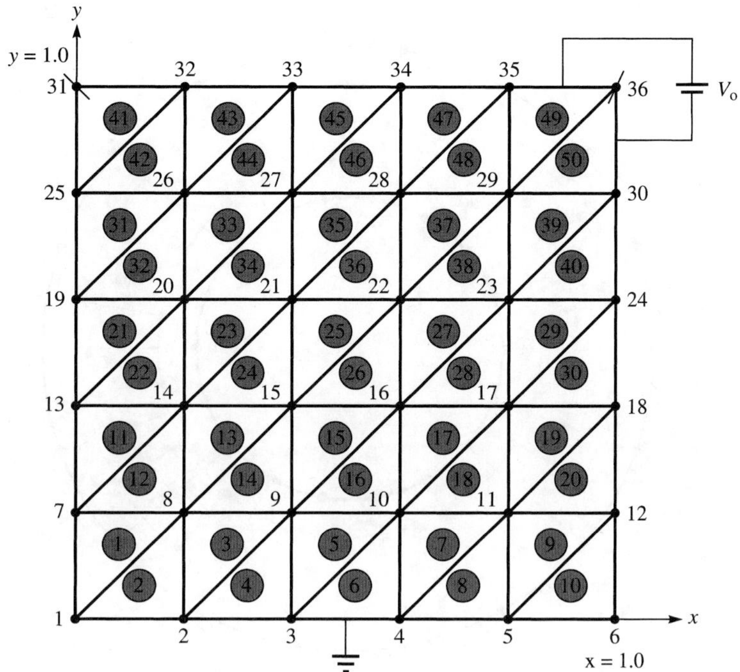

그림 14.59 문제 14.49의 그림

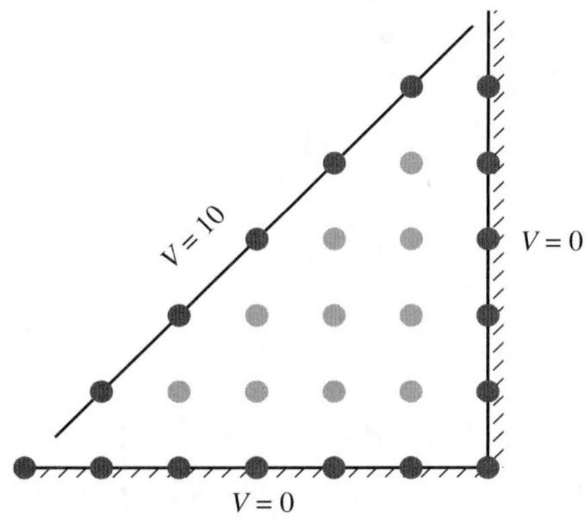

그림 14.60 문제 14.50의 그림

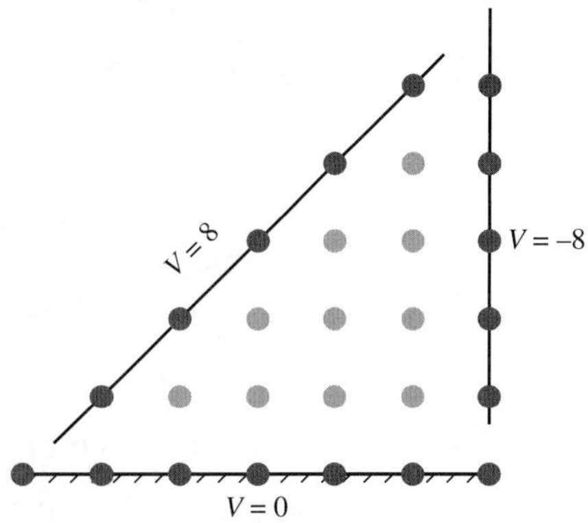

그림 14.61 문제 14.51의 그림

Laplace 방정식을 실제로 푼 결과와 비교하라.

14.53 공초점(confocal) 타원 케이블의 내부 및 외부 도체의 단면이 다음과 같이 묘사되었다.

$$\frac{x^2}{a^2} + \frac{y^2}{b^2} = 1$$

$$\frac{x^2}{c^2} + \frac{y^2}{d^2} = 1$$

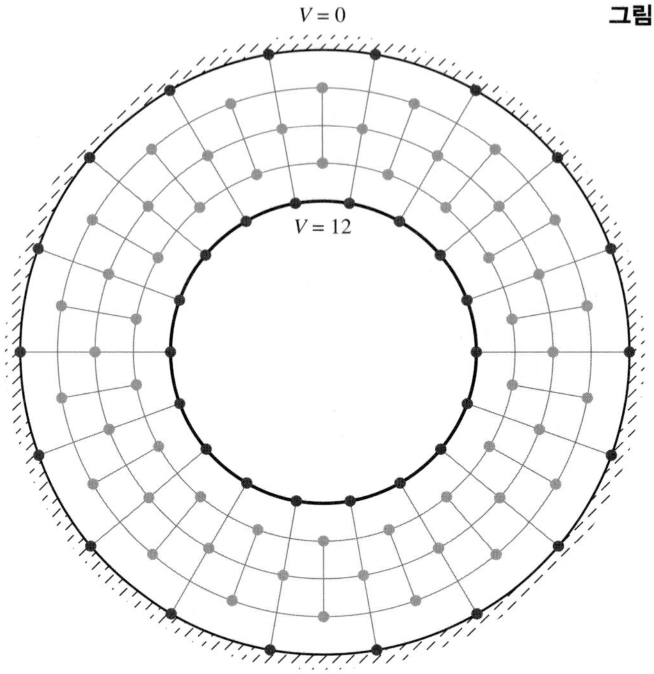

그림 14.62 문제 14.52의 그림

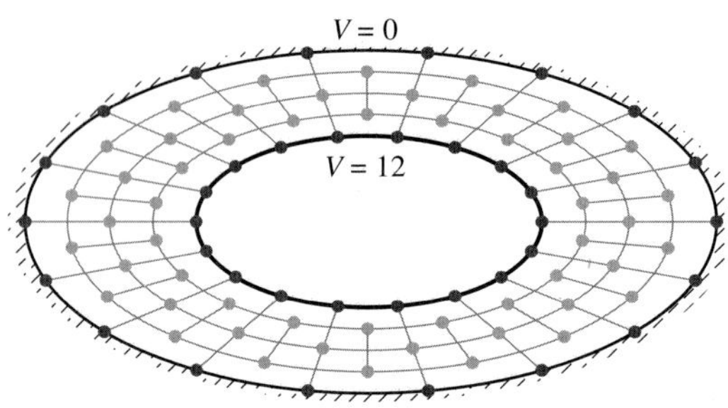

그림 14.63 문제 14.53의 그림

여기서 $a = 2$ cm, $b = 1$ cm, $c = 4$ cm, $d = 2$ cm이다. 이 케이블은 그림 14.63과 같이 각각 12 V와 0 V로 전위를 유지한다. 유한요소법을 사용하여 도체 사이의 모든 고정되지 않은 노드에서 전위를 구하고, 그 결과를 주어진 경계조건을 만족하는 해석적 결과와 비교하라.

부록 A

수학 공식

A.1 삼각함수 공식

$$\tan A = \frac{\sin A}{\cos A}, \quad \cot A = \frac{1}{\tan A}$$

$$\sec A = \frac{1}{\cos A}, \quad \csc A = \frac{1}{\sin A}$$

$$\sin^2 A + \cos^2 A = 1, \quad 1 + \tan^2 A = \sec^2 A$$

$$1 + \cot^2 A = \csc^2 A$$

$$\sin(A \pm B) = \sin A \cos B \pm \cos A \sin B$$

$$\cos(A \pm B) = \cos A \cos B \mp \sin A \sin B$$

$$2 \sin A \sin B = \cos(A - B) - \cos(A + B)$$

$$2 \sin A \cos B = \sin(A + B) + \sin(A - B)$$

$$2 \cos A \cos B = \cos(A + B) + \cos(A - B)$$

$$\sin A + \sin B = 2 \sin \frac{A + B}{2} \cos \frac{A - B}{2}$$

$$\sin A - \sin B = 2 \cos \frac{A + B}{2} \sin \frac{A - B}{2}$$

$$\cos A + \cos B = 2 \cos \frac{A + B}{2} \cos \frac{A - B}{2}$$

$$\cos A - \cos B = -2 \sin \frac{A + B}{2} \sin \frac{A - B}{2}$$

$$\cos(A \pm 90^\circ) = \mp \sin A$$

$$\sin(A \pm 90^\circ) = \pm \cos A$$

$$\tan(A \pm 90^\circ) = -\cot A$$

$$\cos(A \pm 180^\circ) = -\cos A$$

$$\sin(A \pm 180^\circ) = -\sin A$$

$$\tan(A \pm 180°) = \tan A$$

$$\sin 2A = 2 \sin A \cos A$$

$$\cos 2A = \cos^2 A - \sin^2 A = 2\cos^2 A - 1 = 1 - 2\sin^2 A$$

$$\tan(A \pm B) = \frac{\tan A \pm B}{1 \mp \tan A \tan B}$$

$$\tan 2A = \frac{2\tan A}{1 - \tan^2 A}$$

$$\sin A = \frac{e^{jA} - e^{-jA}}{2j}, \quad \cos A = \frac{e^{jA} + e^{-jA}}{2}$$

$$e^{jA} = \cos A + j\sin A \quad \text{(Euler 공식)}$$

$$\pi \approx 3.1416$$

$$1\text{ rad} \approx 57.296°$$

A.2 복소변수

복소수는 다음과 같이 표현할 수 있다.

$$z = x + jy = r\angle\theta = re^{j\theta} = r(\cos\theta + j\sin\theta)$$

$$\text{여기서 } x = \text{Re}\, z = r\cos\theta, \quad y = \text{Im}\, z = r\sin\theta$$

$$r = |z| = \sqrt{x^2 + y^2}, \quad \theta = \tan^{-1}\frac{y}{x}$$

$$j = \sqrt{-1}, \quad \frac{1}{j} = -j, \quad j^2 = -1$$

$$z\text{의 공액복소수 } z = z^* = x - jy = r\angle{-\theta} = re^{-j\theta}$$

$$= r(\cos\theta - j\sin\theta)$$

$$(e^{j\theta})^n = e^{jn\theta} = \cos n\theta + j\sin n\theta \quad \text{(de Moivre의 정리)}$$

만약 $z_1 = x_1 + jy_1$이고 $z_2 = x_2 + jy_2$이면, $x_1 = x_2$, $y_1 = y_2$일 때 $z_1 = z_2$이다.

$$z_1 \pm z_2 = (x_1 + x_2) \pm j(y_1 + y_2)$$

$$z_1 z_2 = (x_1 x_2 - y_1 y_2) + j(x_1 y_2 + x_2 y_1)$$

$$z_1 z_2 = r_1 r_2\, e^{j(\theta_1 + \theta_2)} = r_1 r_2 \angle \theta_1 + \theta_2$$

$$\frac{z_1}{z_2} = \frac{(x_1 + jy_1)}{(x_2 + jy_2)} \cdot \frac{(x_2 - jy_2)}{(x_2 - jy_2)} = \frac{x_1x_2 + y_1y_2}{x_2^2 + y_2^2} + j\frac{x_2y_1 - x_1y_2}{x_2^2 + y_2^2}$$

또는

$$\frac{z_1}{z_2} = \frac{r_1}{r_2} e^{j(\theta_1 - \theta_2)} = \frac{r_1}{r_2} \underline{/\theta_1 - \theta_2}$$

$$\sqrt{z} = \sqrt{x + jy} = \sqrt{r}\, e^{j\theta/2} = \sqrt{r}\, \underline{/\theta/2}$$

$$z^n = (x + jy)^n = r^n e^{jn\theta} = r^n \underline{/n\theta} \qquad (n = \text{정수})$$

$$z^{1/n} = (x + jy)^{1/n} = r^{1/n} e^{j\theta/n} = r^{1/n} \underline{/\theta/n + 2\pi k/n} \; (k = 0, 1, 2, \ldots, n - 1)$$

$$\ln(re^{j\theta}) = \ln r + \ln e^{j\theta} = \ln r + j\theta + j2k\pi \quad (k = \text{정수})$$

A.3 쌍곡선 함수

$$\sinh x = \frac{e^x - e^{-x}}{2}, \quad \cosh x = \frac{e^x + e^{-x}}{2}$$

$$\tanh x = \frac{\sinh x}{\cosh x}, \quad \coth x = \frac{1}{\tanh x}$$

$$\text{csch}\, x = \frac{1}{\sinh x}, \quad \text{sech}\, x = \frac{1}{\cosh x}$$

$$\sin jx = j \sinh x, \quad \cos jx = \cosh x$$

$$\sinh jx = j \sin x, \quad \cosh jx = \cos x$$

$$\sinh (x \pm y) = \sinh x \cosh y \pm \cosh x \sinh y$$

$$\cosh (x \pm y) = \cosh x \cosh y \pm \sinh x \sinh y$$

$$\sinh (x \pm jy) = \sinh x \cos y \pm j \cosh x \sin y$$

$$\cosh (x \pm jy) = \cosh x \cos y \pm j \sinh x \sin y$$

$$\tanh (x \pm jy) = \frac{\sinh 2x}{\cosh 2x + \cos 2y} \pm j\frac{\sin 2y}{\cosh 2x + \cos 2y}$$

$$\cosh^2 x - \sinh^2 x = 1$$

$$\text{sech}^2 x + \tanh^2 x = 1$$

$$\sin (x \pm jy) = \sin x \cosh y \pm j \cos x \sinh y$$

$$\cos (x \pm jy) = \cos x \cosh y \mp j \sin x \sinh y$$

A.4 대수함수 공식

$$\log xy = \log x + \log y$$

$$\log \frac{x}{y} = \log x - \log y$$

$$\log x^n = n \log \mathrm{x}$$

$$\log_{10} x = \log x \text{ (상용대수)}$$

$$\log_e x = \ln x \text{ (자연대수)}$$

만약 $|x| \ll 1, \ln(1 + x) \simeq x$

A.5 지수함수 공식

$$e^x = 1 + x + \frac{x^2}{2!} + \frac{x^3}{3!} + \frac{x^4}{4!} + \cdots$$

여기서 $e \approx 2.7183$

$$e^x e^y = e^{x+y}$$

$$[e^x]^n = e^{nx}$$

$$\ln e^x = x$$

A.6 작은 양에 대한 근사

만약 $|x| \ll 1$이라면,

$$(1 \pm x)^n \simeq 1 \pm nx$$

$$e^x \simeq 1 + x$$

$$\ln(1 + x) \simeq x$$

$$\sin x \simeq x \text{ 또는 } \lim_{x \to 0} \frac{\sin x}{x} = 1$$

$$\cos x \simeq 1$$

$$\tan x \simeq x$$

만약 $a \gg b$,

$$(a + b)^n \simeq a^n + na^{n-1}b$$

A.7 미분공식

만약 $U = U(x)$, $V = V(x)$, 그리고 $a =$ 상수이면,

$$\frac{d}{dx}(aU) = a\frac{dU}{dx}$$

$$\frac{d}{dx}(UV) = U\frac{dV}{dx} + V\frac{dU}{dx}$$

$$\frac{d}{dx}\left[\frac{U}{V}\right] = \frac{V\dfrac{dU}{dx} - U\dfrac{dV}{dx}}{V^2}$$

$$\frac{d}{dx}(aU^n) = naU^{n-1}$$

$$\frac{d}{dx}\log_a U = \frac{\log_a e}{U}\frac{dU}{dx}$$

$$\frac{d}{dx}\ln U = \frac{1}{U}\frac{dU}{dx}$$

$$\frac{d}{dx}a^U = a^U \ln a\frac{dU}{dx}$$

$$\frac{d}{dx}e^U = e^U\frac{dU}{dx}$$

$$\frac{d}{dx}U^V = VU^{v-1}\frac{dU}{dx} + U^V \ln U\frac{dV}{dx}$$

$$\frac{d}{dx}\sin U = \cos U\frac{dU}{dx}$$

$$\frac{d}{dx}\cos U = -\sin U\frac{dU}{dx}$$

$$\frac{d}{dx}\tan U = \sec^2 U\frac{dU}{dx}$$

$$\frac{d}{dx}\sinh U = \cosh U\frac{dU}{dx}$$

$$\frac{d}{dx}\cosh U = \sinh U\frac{dU}{dx}$$

$$\frac{d}{dx}\tanh U = \text{sech}^2 U\frac{dU}{dx}$$

A.8 부정적분

만약 $U = U(x)$, $V = V(x)$, 그리고 $a =$ 상수이면,

$$\int a\,dx = ax + C$$

$$\int U\,dV = UV - \int V\,dU \quad \text{(integration by parts)}$$

$$\int U^n\,dU = \frac{U^{n+1}}{n+1} + C, \quad n \neq -1$$

$$\int \frac{dU}{U} = \ln U + C$$

$$\int a^U\,dU = \frac{a^U}{\ln a} + C, \quad a > 0, a \neq 1$$

$$\int e^U\,dU = e^U + C$$

$$\int e^{ax}\,dx = \frac{1}{a}e^{ax} + C$$

$$\int xe^{ax}\,dx = \frac{e^{ax}}{a^2}(ax - 1) + C$$

$$\int x^2e^{ax}dx = \frac{e^{ax}}{a^3}(a^2x^2 - 2ax + 2) + C$$

$$\int \ln x\,dx = x\ln x - x + C$$

$$\int \sin ax\,dx = -\frac{1}{a}\cos ax + C$$

$$\int \cos ax\,dx = \frac{1}{a}\sin ax + C$$

$$\int \tan ax\,dx = \frac{1}{a}\ln \sec ax + C = -\frac{1}{a}\ln \cos ax + C$$

$$\int \sec ax\,dx = \frac{1}{a}\ln(\sec ax + \tan ax) + C$$

$$\int \sin^2 ax\,dx = \frac{x}{2} - \frac{\sin 2ax}{4a} + C$$

$$\int \cos^2 ax\,dx = \frac{x}{2} + \frac{\sin 2ax}{4a} + C$$

$$\int x\sin ax\,dx = \frac{1}{a^2}(\sin ax - ax\cos ax) + C$$

$$\int x \cos ax \, dx = \frac{1}{a^2}(\cos ax + ax \sin ax) + C$$

$$\int e^{ax} \sin bx \, dx = \frac{e^{ax}}{a^2 + b^2}(a \sin bx - b \cos bx) + C$$

$$\int e^{ax} \cos bx \, dx = \frac{e^{ax}}{a^2 + b^2}(a \cos bx + b \sin bx) + C$$

$$\int \sin ax \sin bx \, dx = \frac{\sin (a - b)x}{2(a - b)} - \frac{\sin (a + b)x}{2(a + b)} + C, \quad a^2 \neq b^2$$

$$\int \sin ax \cos bx \, dx = -\frac{\cos (a - b)x}{2(a - b)} - \frac{\cos (a + b)x}{2(a + b)} + C, \quad a^2 \neq b^2$$

$$\int \cos ax \cos bx \, dx = \frac{\sin (a - b)x}{2(a - b)} + \frac{\sin (a + b)x}{2(a + b)} + C, \quad a^2 \neq b^2$$

$$\int \sinh ax \, dx = \frac{1}{a} \cosh ax + C$$

$$\int \cosh ax \, dx = \frac{1}{a} \sinh ax + C$$

$$\int \tanh ax \, dx = \frac{1}{a} \ln \cosh ax + C$$

$$\int \frac{dx}{ax + b} = \frac{1}{a} \ln |ax + b|$$

$$\int \frac{dx}{x^2 + a^2} = \frac{1}{a} \tan^{-1} \frac{x}{a} + C$$

$$\int \frac{xdx}{x^2 + a^2} = \frac{1}{2} \ln (x^2 + a^2) + C$$

$$\int \frac{x^2 \, dx}{x^2 + a^2} = x - a \tan^{-1} \frac{x}{a} + C$$

$$\int \frac{dx}{x^2 - a^2} = \begin{cases} \dfrac{1}{2a} \ln \dfrac{x - a}{x + a} + C, & x^2 > a^2 \\ \dfrac{1}{2a} \ln \dfrac{a - x}{a + x} + C, & x^2 < a^2 \end{cases}$$

$$\int \frac{dx}{\sqrt{a^2 - x^2}} = \sin^{-1} \frac{x}{a} + C$$

$$\int \frac{dx}{\sqrt{x^2 \pm a^2}} = \ln (x + \sqrt{x^2 \pm a^2}) + C$$

$$\int \frac{xdx}{\sqrt{x^2 + a^2}} = \sqrt{x^2 + a^2} + C$$

$$\int \frac{dx}{(x^2+a^2)^{3/2}} = \frac{x/a^2}{\sqrt{x^2+a^2}} + C$$

$$\int \frac{xdx}{(x^2+a^2)^{3/2}} = -\frac{1}{\sqrt{x^2+a^2}} + C$$

$$\int \frac{x^2dx}{(x^2+a^2)^{3/2}} = \ln\left(\frac{\sqrt{x^2+a^2}}{a} + \frac{x}{a}\right) - \frac{x}{\sqrt{x^2+a^2}} + C$$

$$\int \frac{dx}{(x^2+a^2)^2} = \frac{1}{2a^2}\left(\frac{x}{x^2+a^2} + \frac{1}{a}\tan^{-1}\frac{x}{a}\right) + C$$

A.9 정적분

If m and n are integers, a, b, and c are constants,

$$\int_0^{\pi} \sin mx \sin nx\, dx = \int_0^{\pi} \cos mx \cos nx\, dx = \begin{cases} 0, & m \neq n \\ \pi/2, & m = n \end{cases}$$

$$\int_0^{\pi} \sin mx \cos nx\, dx = \begin{cases} 0, & m+n = \text{짝수} \\ \dfrac{2m}{m^2-n^2}, & m+n = \text{홀수} \end{cases}$$

$$\int_0^{2\pi} \sin mx \sin nx\, dx = \int_{-\pi}^{\pi} \sin mx \sin nx\, dx = \begin{cases} 0, & m \neq n \\ \pi, & m = n \end{cases}$$

$$\int_0^{\infty} \frac{\sin ax}{x} dx = \begin{cases} \pi/2, & a > 0 \\ 0, & a = 0 \\ -\pi/2, & a < 0 \end{cases}$$

$$\int_0^{\infty} \frac{\sin^2 x}{x^2} dx = \frac{\pi}{2}$$

$$\int_0^{\infty} \frac{\sin^2 ax}{x^2} dx = |a|\frac{\pi}{2}, \quad a > 0$$

In the following, $a > 0$ for the integrals to converge.

$$\int_0^{\infty} x^n e^{-ax} dx = \frac{n!}{a^{n+1}}$$

$$\int_0^{\infty} e^{-ax^2} dx = \frac{1}{2}\sqrt{\frac{\pi}{a}}$$

$$\int_{-\infty}^{\infty} e^{-ax^2} dx = \sqrt{\frac{\pi}{a}}$$

$$\int_{-\infty}^{\infty} e^{-(ax^2+bx+c)} dx = \sqrt{\frac{\pi}{a}}\, e^{(b^2-4ac)/4a}$$

$$\int_0^\infty e^{-ax}\cos bx\,dx = \frac{a}{a^2+b^2}$$

$$\int_0^\infty e^{-ax}\sin bx\,dx = \frac{b}{a^2+b^2}$$

A.10 벡터공식

A와 **B**가 벡터장인 반면에 U와 V가 스칼라장이면

$$\nabla(U+V) = \nabla U + \nabla V$$

$$\nabla(UV) = U\nabla V + V\nabla U$$

$$\nabla\left[\frac{U}{V}\right] = \frac{V(\nabla U) - U(\nabla V)}{V^2}$$

$$\nabla V^n = nV^{n-1}\nabla V \quad (n = \text{integer})$$

$$\nabla(\mathbf{A}\cdot\mathbf{B}) = (\mathbf{A}\cdot\nabla)\mathbf{B} + (\mathbf{B}\cdot\nabla)\mathbf{A} + \mathbf{A}\times(\nabla\times\mathbf{B}) + \mathbf{B}\times(\nabla\times\mathbf{A})$$

$$\nabla\cdot(\mathbf{A}+\mathbf{B}) = \nabla\cdot\mathbf{A} + \nabla\cdot\mathbf{B}$$

$$\nabla\cdot(\mathbf{A}\times\mathbf{B}) = \mathbf{B}\cdot(\nabla\times\mathbf{A}) - \mathbf{A}\cdot(\nabla\times\mathbf{B})$$

$$\nabla\cdot(V\mathbf{A}) = V\nabla\cdot\mathbf{A} + \mathbf{A}\cdot\nabla V$$

$$\nabla\cdot(\nabla V) = \nabla^2 V$$

$$\nabla\cdot(\nabla\times\mathbf{A}) = 0$$

$$\nabla\times(\mathbf{A}+\mathbf{B}) = \nabla\times\mathbf{A} + \nabla\times\mathbf{B}$$

$$\nabla\times(\mathbf{A}\times\mathbf{B}) = \mathbf{A}(\nabla\cdot\mathbf{B}) - \mathbf{B}(\nabla\cdot\mathbf{A}) + (\mathbf{B}\cdot\nabla)\mathbf{A} - (\mathbf{A}\cdot\nabla)\mathbf{B}$$

$$\nabla\times(V\mathbf{A}) = \nabla V\times\mathbf{A} + V(\nabla\times\mathbf{A})$$

$$\nabla\times(\nabla V) = \mathbf{0}$$

$$\nabla\times(\nabla\times\mathbf{A}) = \nabla(\nabla\cdot\mathbf{A}) - \nabla^2\mathbf{A}$$

$$\oint_L \mathbf{A}\cdot d\mathbf{l} = \int_S \nabla\times\mathbf{A}\cdot d\mathbf{S}$$

$$\oint_L V d\mathbf{l} = -\int_S \nabla V\times d\mathbf{S}$$

$$\oint_S \mathbf{A}\cdot d\mathbf{S} = \int_v \nabla\cdot\mathbf{A}\,dv$$

$$\oint_S V d\mathbf{S} = \int_v \nabla V\,dv$$

$$\oint_S \mathbf{A}\times d\mathbf{S} = -\int_v \nabla\times\mathbf{A}\,dv$$

재료상수

표 B.1 여러 재료들의 근사적인 도전율*(20°C)

재료	도전율(S/m)
도체	
Silver	6.1×10^7
Copper (standard annealed)	5.8×10^7
Gold	4.1×10^7
Aluminum	3.5×10^7
Tungsten	1.8×10^7
Zinc	1.7×10^7
Brass	1.1×10^7
Iron (pure)	10^7
Lead	5×10^6
Mercury	10^6
Carbon	3×10^4
Water (sea)	4
반도체	
Germanium (pure)	2.2
Silicon (pure)	4.4×10^{-4}
절연체	
Water (distilled)	10^{-4}
Earth (dry)	10^{-5}
Bakelite	10^{-10}
Paper	10^{-11}
Glass	10^{-12}
Porcelain	10^{-12}
Mica	10^{-15}
Paraffin	10^{-15}
Rubber (hard)	10^{-15}
Quartz (fused)	10^{-17}
Wax	10^{-17}

* 이 값들은 대부분의 재료들에서의 많은 다양성들에 기인하여 발표된 자료들에 따라 변하며, 도전율은 온도, 수분함유량 등에 민감하다.

표 B.2 여러 재료들의 유전상수 또는 비유전율(er)과 유전강도*

재료	유전상수 ε_r (단위 없음)	유전강도 E (V/m)
Barium titanate	1200	7.5×10^6
Water (sea)	80	
Water (distilled)	81	
Nylon	8	
Paper	7	12×10^6
Glass	5–10	35×10^6
Mica	6	70×10^6
Porcelain	6	
Bakelite	5	20×10^6
Quartz (fused)	5	30×10^6
Rubber (hard)	3.1	25×10^6
Wood	2.5–8.0	
Polystyrene	2.55	
Polypropylene	2.25	
Paraffin	2.2	30×10^6
Petroleum oil	2.1	12×10^6
Air (1 atm)	1	3×10^6

* 여기서 주어진 값들은 단지 대표적인 것이다; 이 값들은 대부분의 재료들에서의 독특한 다양성에 기인하여 발표된 자료들에 따라 변하며, ε_r은 온도, 습도 등에 의존한다.

표 B.3 여러 재료들의 비투자율*

재료	유전상수 μ_r
역자성체	
Bismuth	0.999833
Mercury	0.999968
Silver	0.9999736
Lead	0.9999831
Copper	0.9999906
Water	0.9999912
Hydrogen (STP)	$\simeq$ 1.0
상자성체	
Oxygen (STP)	0.999998
Air	1.00000037
Aluminum	1.000021
Tungsten	1.00008
Platinum	1.0003
Manganese	1.001
강자성체	
Cobalt	250
Nickel	600
Soft iron	5000
Silicon–iron	7000

* 여기서 주어진 값들은 단지 대표적인 것이다; 이 값들은 대부분의 재료들에서의 독특한 다양성에 기인하여 발표된 자료들에 따라 변한다.

Matlab

MATLAB has become a powerful tool of technical professionals worldwide. The term MATLAB is an abbreviation for **Mat**rix **Lab**oratory, implying that MATLAB is a computational tool that employs matrices and vectors/arrays to carry out numerical analysis, signal processing, and scientific visualisation tasks. Because MATLAB uses matrices as its fundamental building blocks, one can write mathematical expressions involving matrices just as easily as one would on paper. MATLAB is available for Macintosh, Unix, and Windows operating systems. A student version of MATLAB is available for PCs. A copy of MATLAB can be obtained from

The Mathworks, Inc.
3 Apple Hill Drive
Natick, MA 01760-2098
Phone: (508) 647-7000
Website: http://www.mathworks.com

The brief introduction on MATLAB presented in this appendix is sufficient for solving problems in this book. Additional information about MATLAB can be found in MATLAB books and from online help. The best way to learn MATLAB is to learn the basics and start working with the program right away.

C.1 Matlab FUNDAMENTALS

The Command window is the primary area in which the user interacts with MATLAB. A little later, we will learn how to use the text editor to create M-files, which allow executing sequences of commands. For now, we focus on how to work in the Command window. We will first learn how to use MATLAB as a calculator. We do so by using the algebraic operators in Table C.1.

TABLE C.1 Basic Operations

Operation	MATLAB Formula	
Addition	`a+b`	
Division (right)	`a/b`	(means $a \div b$)
Division (left)	`a\b`	(means $b \div a$)
Multiplication	`a*b`	
Power	`a^b`	
Subtraction	`a–b`	

To begin to use MATLAB, we use these operators. Type commands to the MATLAB prompt '>>' in the Command window (correct any mistakes by backspacing) and press the <Enter> key. For example,

```
» a=2; b=4; c=-6;
» dat = b^2 - 4*a*c
dat =
    64
» e=sqrt(dat)/10
e =
   0.8000
```

The first command assigns the values 2, 4, and –6 to the variables *a*, *b*, and *c*, respectively. MATLAB does not respond because this line ends with a semicolon. The second command sets *dat* to $b^2 - 4ac$, and MATLAB returns the answer as 64. Finally, the third line sets *e* equal to the square root of *dat* and divides by 10. MATLAB prints the answer as 0.8. As function *sqrt* is used here, other mathematical functions listed in Table C.2 can be used. Table C.2 provides just a small sample of MATLAB functions. Others can be obtained from the online help. To get help, type

```
>> help
```

[a long list of topics comes up]

TABLE C.2 Typical Elementary Math Functions

Function	Remark
`abs(x)`	Absolute value or complex magnitude of *x*
`acos, acosh(x)`	Inverse cosine and inverse hyperbolic cosine of *x* in radians
`acot, acoth(x)`	Inverse cotangent and inverse hyperbolic cotangent of *x* in radians
`angle(x)`	Phase angle (in radians) of a complex number *x*
`asin, asinh(x)`	Inverse sine and inverse hyperbolic sine of *x* in radians
`atan, atanh(x)`	Inverse tangent and inverse hyperbolic tangent of *x* in radians
`conj(x)`	Complex conjugate of *x*
`cos, cosh(x)`	Cosine and hyperbolic cosine of *x* in radians
`cot, coth(x)`	Cotangent and hyperbolic cotangent of *x* in radians
`exp(x)`	Exponential of *x*
fix	Round toward zero
`imag(x)`	Imaginary part of a complex number *x*
`log(x)`	Natural logarithm of *x*
`log2(x)`	Logarithm of *x* to base 2
`log10(x)`	Common logarithms (base 10) of *x*
`real(x)`	Real part of a complex number *x*
`sin, sinh(x)`	Sine and hyperbolic sine of *x* in radians
`sqrt(x)`	Square root of *x*
`tan, tanh(x)`	Tangent and hyperbolic tangent of *x* in radians

and for a specific topic, type the command name. For example, to get help on *log to base 2*, type

```
>> help log2
```

[a help message on the log function follows]

Note that MATLAB is case sensitive, so that sin(a) is not the same as sin(A).

Try the following examples:

```
>> 3^(log10(25.6))
>> y=2* sin(pi/3)
>>exp(y+4-1)
```

In addition to operating on mathematical functions, MATLAB easily allows one to work with vectors and matrices. A vector (or array) is a special matrix with one row or one column. For example,

```
>> a = [1 -3 6 10 -8 11 14];
```

is a row vector. Defining a matrix is similar to defining a vector. For example, a 3×3 matrix can be entered as

```
>> A = [1 2 3; 4 5 6; 7 8 9]
```

or as

```
>> A = [1 2 3
        4 5 6
        7 8 9]
```

In addition to the arithmetic operations that can be performed on a matrix, the operations in Table C.3 can be implemented.

We can use the operations in Table C.3 to manipulate matrices as follows.

```
» B = A'
B =
    1    4    7
    2    5    8
    3    6    9
» C = A + B
```

TABLE C.3 Matrix Operations

Operation	Remark
`A'`	Finds the transpose of matrix *A*
`det(A)`	Evaluates the determinant of matrix *A*
`inv(A)`	Calculates the inverse of matrix *A*
`eig(A)`	Determines the eigenvalues of matrix *A*
`diag(A)`	Finds the diagonal elements of matrix *A*
`exp(A)`	Exponential of matrix *A*

```
C =
   2    6   10
   6   10   14
  10   14   18
» D = A^3 - B*C
D =
      372    432    492
      948   1131   1314
     1524   1830   2136
» e= [1 2; 3 4]
e =
   1    2
   3    4
» f=det(e)
f =
  -2
» g = inv(e)
g =
  -2.0000    1.0000
   1.5000   -0.5000
» H = eig(g)
H =
  -2.6861
   0.1861
```

Note that not all matrices can be inverted. A matrix can be inverted if and only if its determinant is nonzero. Special matrices, variables, and constants are listed in Table C.4. For example, type

```
>> eye(3)
ans=
     1   0   0
     0   1   0
     0   0   1
```

to get a 3 × 3 identity matrix.

TABLE C.4 Special Matrices, Variables, and Constants

Matrix/Variable/Constant	Remark
`eye`	Identity matrix
`ones`	An array of ones
`zeros`	An array of zeros
`i or j`	Imaginary unit or sqrt(−1)
`pi`	3.1416
`NaN`	Not a number
`inf`	Infinity
`eps`	A very small number, $2.2e^{-16}$
`rand`	Random element

C.2 USING Matlab TO PLOT

To plot using MATLAB is easy. For a two-dimensional plot, use the **plot** command with two arguments as

```
>> plot(xdata,ydata)
```

where *xdata* and *ydata* are vectors of the same length containing the data to be plotted.

For example, suppose we want to plot `y=10*sin(2*pi*x)` from `0 to 5*pi`, we will proceed with the following commands:

```
>> x = 0:pi/100:5*pi;        % x is a vector, 0 <= x <= 5*pi,
                               increments of pi/100
>> y = 10*sin(2*pi*x);       % create a vector y
>> plot(x,y);                % create the plot
```

With this, MATLAB responds with the plot in Figure C.1.

MATLAB will let you graph multiple plots together and distinguish them with different colours. This capability is obtained with the command **plot**(*x*data, *y*data, 'colour'), where the colour is indicated by using a character string from the options listed in Table C.5.

For example,

```
>> plot(x1, y1, 'r', x2,y2, 'b', x3,y3, '--');
```

will graph data ($x1$, $y1$) in red, data ($x2$, $y2$) in blue, and data ($x3$, $y3$) in dashed lines, all on the same plot.

MATLAB also allows for logarithm scaling. Rather than the **plot** command, we use:

`loglog`	log(y) versus log(x)
`semilogx`	y versus log(x)
`semilogy`	log(y) versus x

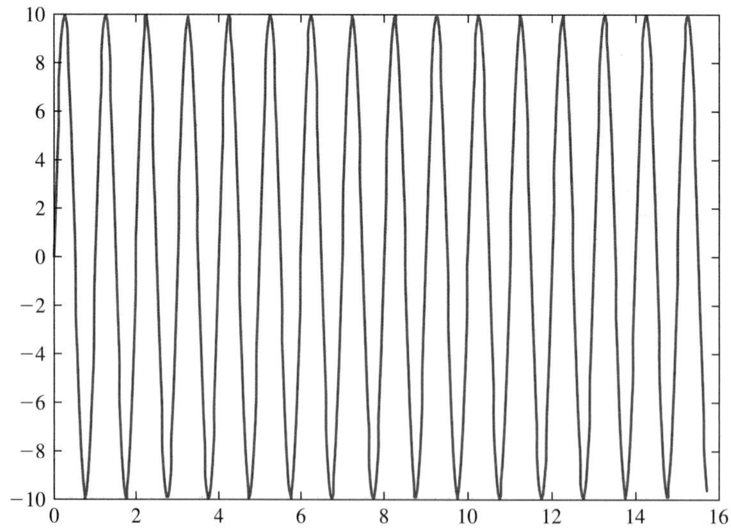

FIGURE C.1 MATLAB plot of `y=10*sin(2*pi*x)`.

TABLE C.5 Various Colour and Line Types

y	Yellow	.	Point
m	Magenta	o	Circle
c	Cyan	x	X-mark
r	Red	+	Plus
g	Green	-	Solid
b	Blue	*	Star
w	White	:	Dotted
k	Black	-.	Dashdot
		--	Dashed

Three-dimensional plots are drawn by using the functions *mesh* and *meshgrid* (mesh domain). For example, to draw the graph of `z = x*exp(-x^2–y^2)` over the domain `-1 <x, y<1`, we type the following commands:

```
>> xx = -1:.1:1;
» yy = xx;
» [x,y] = meshgrid(xx,yy);
» z=x.*exp(-x.^2 -y.^2);
» mesh(z);
```

(The dot symbol used in `x.` and `y.` allows element-by-element multiplication.) The result is shown in Figure C.2.

Other plotting commands in MATLAB are listed in Table C.6. The **help** command can be used to find out how each of these is used.

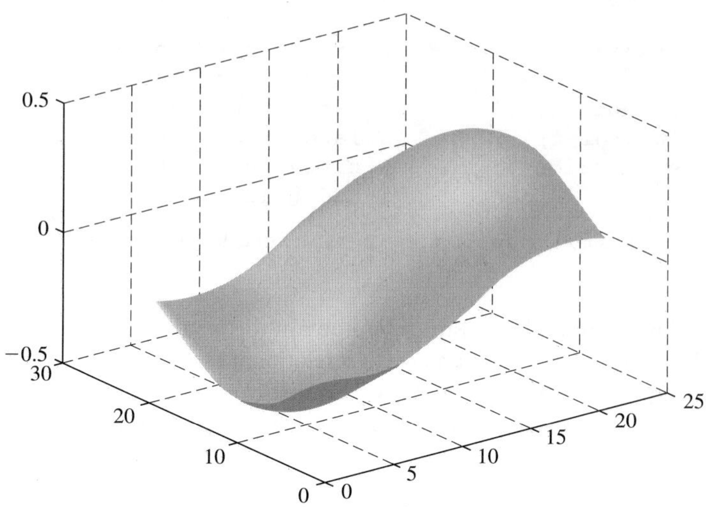

FIGURE C.2 A three-dimensional plot.

TABLE C.6 Other Plotting Commands

Command	Comments
`bar(x,y)`	A bar graph
`contour(z)`	A contour plot
`errorbar (x,y,l,u)`	A plot with error bars
`hist(x)`	A histogram of the data
`plot3(x,y,z)`	A three-dimensional version of plot (· · ·)
`polar(r, angle)`	A polar coordinate plot
`stairs(x,y)`	A stairstep plot
`stem(x)`	Plots the data sequence as stems
`subplot(m,n,p)`	Multiple ($m \times n$) plots per window
`surf(x,y,x,c)`	A plot of three-dimensional coloured surface

C.3 PROGRAMMING WITH Matlab

So far MATLAB has been used as a calculator. You can also use MATLAB to create your own program. The command line editing in MATLAB can be inconvenient if one has several lines to execute. To avoid this problem, one creates a program that is a sequence of statements to be executed. If you are in the Command window, click **File/New/M-files** to open a new file in the MATLAB Editor/Debugger or simple text editor. Type the program and save the program in a file with an extension `.m`, say `filename.m` (it is for this reason such files are called M-files). Once a program has been saved as an M-file, exit the Debugger window. You are now back in the Command window. Type the file without the extension `.m` to get results. For example, the plot that was made earlier in Figure C.1 can be improved by adding a title and labels and typing as an M-file called `example1.m` as follows:

```
x = 0:pi/100:5*pi;               % x is a vector, 0 <= x <= 5*pi,
                                   increments of pi/100
y = 10*sin(2*pi*x);              % create a vector y
plot(x,y);                       % create the plot
xlabel('x (in radians)');        % label the x-axis
ylabel('10*sin(2*pi*x)');        % label the y-axis
title('A sine function');        % title the plot
grid                             % add grid
```

Once the file is saved as `example1.m` and we exit text editor, we type

```
>> example1
```

in the Command window, and hit `<Enter>` to obtain the result shown in Figure C.3.

To allow flow control in a program, certain relational and logical operators are necessary. These are shown in Table C.7. Perhaps the most commonly used flow control statements are *for* and *if*. The *for* statement is used to create a loop or a repetitive procedure and has the general form

for x = array
  [commands]
end

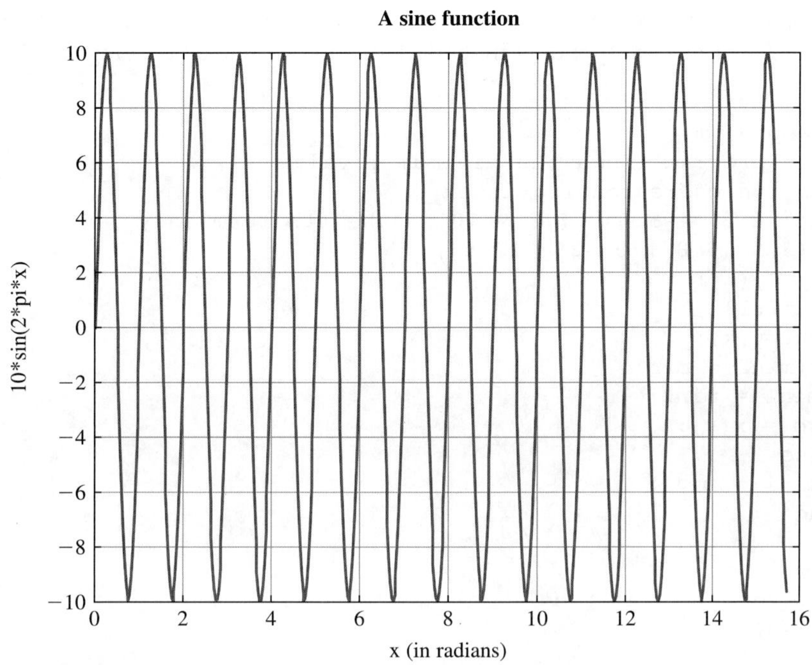

FIGURE C.3 MATLAB plot of `y=10*sin(2*pi*x)` with title and labels.

The *if* statement is used when certain conditions must be met before an expression is executed. It has the general form

if expression
  [commands if expression is True]
else
  [commands if expression is False]
end

TABLE C.7 Relational and Logical Operators

Operator	Remark
<	less than
<=	less than or equal
>	greater than
>=	greater than or equal
==	equal
~=	not equal
&	and
|	or
~	not

For example, suppose we have an array $y(x)$ and we want to determine the minimum value of y and its corresponding index x. This can be done by creating an M-file as follows.

```
% example2.m
% This program finds the minimum y value
% and its corresponding index
x = [1 2 3  4 5 6   7 8 9 10]; %the nth term in y
y = [3 9 15 8 1 0 -2 4 12 5];
min1 = y(1);
for k=1:10
  min2=y(k);
  if(min2 < min1)
   min1 = min2;
   xo = x(k);
  else
   min1 = min1;
  end
end
diary
min1, xo
diary off
```

Note the use of *for* and *if* statements. When this program is saved as `example2.m`, we execute it in the Command window and obtain the minimum value of y as –2 and the corresponding value of x as 7, as expected:

```
» example2
min1 =
  -2
xo =
   7
```

If we are not interested in the corresponding index, we could do the same thing using the command

```
>> min(y)
```

The following tips are helpful in working effectively with MATLAB:

- Comment your M-file by adding lines beginning with a `%` character.
- To suppress output, end each command with a semicolon (;). You may remove the semicolon when debugging the file.
- Press up and down arrow keys to retrieve previously executed commands.
- If your expression does not fit on one line, use an ellipse (. . .) at the end of the line and continue on the next line. For example, MATLAB considers
  ```
  y = sin(x + log10(2x + 3)) + cos(x + ...
  log10(2x+3));
  ```
  as one line of expression.
- Keep in mind that variable and function names are case sensitive.

C.4 SOLVING EQUATIONS

Consider the general system of n simultaneous equations as

$$\begin{aligned} a_{11}x_1 + a_{12}x_2 + \cdots + a_{1n}x_n &= b_1 \\ a_{21}x_1 + a_{22}x_2 + \cdots + a_{2n}x_n &= b_2 \\ &\vdots \\ a_{n1}x_1 + a_{n2}x_2 + \cdots + a_{nn}x_n &= b_n \end{aligned}$$

or in matrix form

$$AX = B$$

where

$$A = \begin{bmatrix} a_{11} & a_{12} & \cdots & a_{1n} \\ a_{21} & a_{22} & \cdots & a_{2n} \\ \cdots & \cdots & \cdots & \cdots \\ a_{n1} & a_{n2} & a_{n3} & a_{nn} \end{bmatrix}, \quad X = \begin{bmatrix} x_1 \\ x_2 \\ \cdots \\ x_n \end{bmatrix}, \quad B = \begin{bmatrix} b_1 \\ b_2 \\ \cdots \\ b_n \end{bmatrix}$$

The square matrix A is known as the coefficient matrix, while X and B are vectors. We are seeking X, the solution vector. There are two ways to solve for X in MATLAB. First, we can use the backslash operator (\) so that

$$X = A \backslash B$$

Second, we can solve for X as

$$X = A^{-1}B$$

which in MATLAB is the same as

$$X = \text{inv}(A)^{*}B$$

We can also solve equations by using the command **solve.** For example, given the quadratic equation $x^2 + 2x - 3 = 0$, we obtain the solution by using the MATLAB command

```
>> [x]=solve('x^2 + 2*x - 3 =0')
x =
[-3]
[ 1]
```

indicating that the solutions are $x = -3$ and $x = 1$. Of course, we can use the command **solve** for a case involving two or more variables. We will see that in the following example.

EXAMPLE C.1

Use MATLAB to solve the following simultaneous equations:

$$\begin{aligned} 25x_1 - 5x_2 - 20x_3 &= 50 \\ -5x_1 + 10x_2 - 4x_3 &= 0 \\ -5x_1 - 4x_2 + 9x_3 &= 0 \end{aligned}$$

Solution:

We can use MATLAB to solve this in two ways:

Method 1:

The given set of simultaneous equations could be written as

$$\begin{bmatrix} 25 & -5 & -20 \\ -5 & 10 & -4 \\ -5 & -4 & 9 \end{bmatrix} \begin{bmatrix} x_1 \\ x_2 \\ x_3 \end{bmatrix} = \begin{bmatrix} 50 \\ 0 \\ 0 \end{bmatrix} \quad \text{or} \quad AX = B$$

We obtain matrix A and vector B and enter them in MATLAB as follows:

```
» A = [25 -5 -20; -5 10 -4; -5 -4 9]
A =
  25   -5   -20
  -5   10   -4
  -5   -4    9
» B = [50 0 0]'
B =
  50
   0
   0
» X = inv(A)*B
X =
  29.6000
  26.0000
  28.0000
» X=A\B
X =
  29.6000
  26.0000
  28.0000
```

Thus, $x_1 = 29.6$, $x_2 = 26$, and $x_3 = 28$.

Method 2:

Since the equations are not many in this case, we can use the command **solve** to obtain the solution of the simultaneous equations as follows:

```
[x1,x2,x3]=solve('25*x1 - 5*x2 - 20*x3=50', '-5*x1 + 10*x2 - 4*x3
=0', '-5*x1 - 4*x2 + 9*x3=0')
x1 =
```

```
148/5
x2 =
26
x3 =
28
```

The same result obtained by Method 1 appears again.

PRACTICE PROBLEM C.1

Use MATLAB to solve the problem in the following simultaneous equations.

$$\begin{aligned} 3x_1 - x_2 - 2x_3 &= 1 \\ -x_1 + 6x_2 - 3x_3 &= 0 \\ -2x_1 - 3x_2 + 6x_3 &= 6 \end{aligned}$$

Answer: $x_1 = 3 = x_3$, $x_2 = 2$.

C.5 PROGRAMMING HINTS

A good program should be well documented, of reasonable size, and capable of performing computations with reasonable accuracy within a reasonable amount of time. The following hints may make writing and running MATLAB programs easier.

- Use the fewest commands possible and avoid execution of extra commands. This is particularly applicable for loops.
- Use matrix operations directly as much as possible and avoid *for*, *do*, and/or *while* loops if possible.
- Make effective use of functions for executing a series of commands over several times in a program.
- When unsure about a command, take advantage of the help capabilities of the software.
- Start each file with comments to help you remember what it is all about.
- When writing a long program, save frequently. If possible, avoid a long program; break it down into smaller subroutines.

C.6 OTHER USEFUL Matlab COMMANDS

Table C.8 lists some common useful MATLAB commands that may be used in this book.

TABLE C.8 Other Useful MATLAB Commands

Command	Explanation
diary	Saves screen display output in text format
mean	Mean value of a vector
min (max)	Minimum (maximum) of a vector
grid	Adds a grid mark to the graphic window
poly	Converts a collection of roots into a polynomial
roots	Finds the roots of a polynomial
sort	Sorts the elements of a vector
sound	Plays vector as sound
std	Standard deviation of a data collection
sum	Sum of elements of a vector

Smith 도표

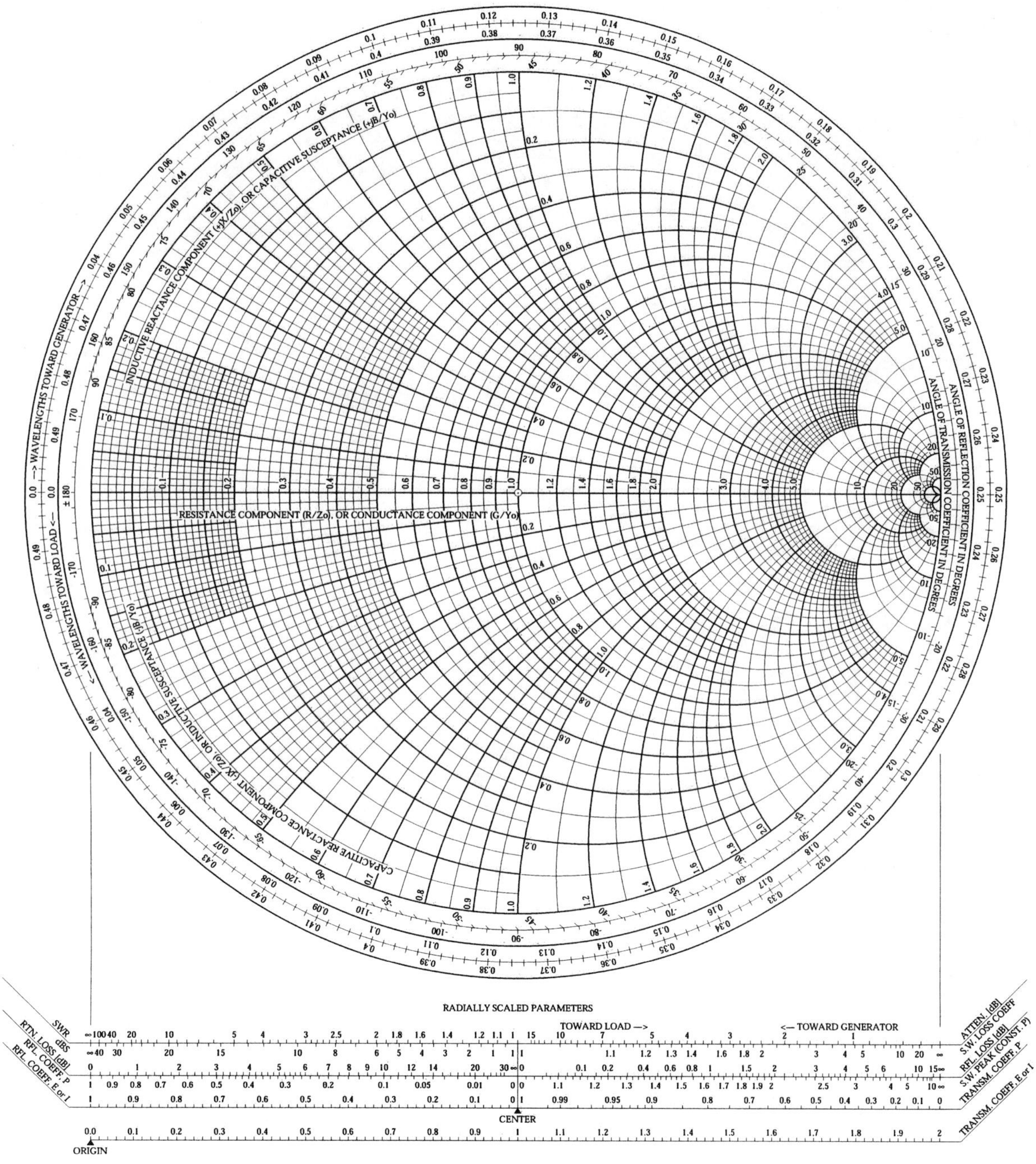

WAVELENGTHS TOWARD GENERATOR
WAVELENGTHS TOWARD LOAD
INDUCTIVE REACTANCE COMPONENT (+jX/Zo), OR CAPACITIVE SUSCEPTANCE (+jB/Yo)
CAPACITIVE REACTANCE COMPONENT (-jX/Zo) OR INDUCTIVE SUSCEPTANCE (-jB/Yo)
RESISTANCE COMPONENT (R/Zo), OR CONDUCTANCE COMPONENT (G/Yo)
ANGLE OF REFLECTION COEFFICIENT IN DEGREES
ANGLE OF TRANSMISSION COEFFICIENT IN DEGREES
RADIALLY SCALED PARAMETERS
TOWARD LOAD —>
<— TOWARD GENERATOR
SWR
dBS
RTN. LOSS [dB]
RFL. COEFF, P
RFL. COEFF, E or I
ATTEN. [dB]
S.W. LOSS COEFF
RFL. LOSS [dB]
S.W. PEAK (CONST. P)
TRANSM. COEFF, P
TRANSM. COEFF, E or I
CENTER
ORIGIN

찾아보기

ㄱ

ㄴ

ㄷ

ㅅ

ㅇ

ㅈ

ㅊ

ㅋ

ㅌ

ㅍ

ㅎ

기타

POWERS OF TEN

Power	Prefix	Symbol
10^{24}	yotta	Y
10^{21}	zetta	Z
10^{18}	exa	E
10^{15}	peta	P
10^{12}	tera	T
10^{9}	giga	G
10^{6}	mega	M
10^{3}	kilo	k
10^{2}	hecto	h
10^{1}	deka	da
10^{-1}	deci	d
10^{-2}	centi	c
10^{-3}	milli	m
10^{-6}	micro	μ
10^{-9}	nano	n
10^{-12}	pico	p
10^{-15}	femto	f
10^{-18}	atto	a
10^{-21}	zepto	z
10^{-24}	yocto	y

THE GREEK ALPHABET

Uppercase	Lowercase	Name	Uppercase	Lowercase	Name
A	α	Alpha	N	ν	Nu
B	β	Beta	Ξ	ξ	Xi
Γ	γ	Gamma	O	o	Omicron
Δ	δ	Delta	Π	π	Pi
E	ε	Epsilon	P	ρ	Rho
Z	ζ	Zeta	Σ	σ, ς	Sigma
H	η	Eta	T	τ	Tau
Θ	θ	Theta	Y	υ	Upsilon
I	ι	Iota	Φ	ϕ	Phi
K	κ	Kappa	X	χ	Chi
Λ	λ	Lambda	Ψ	ψ	Psi
M	μ	Mu	Ω	ω	Omega

VECTOR DERIVATIVES

Cartesian Coordinates (x, y, z)

$$\mathbf{A} = A_x \mathbf{a}_x + A_y \mathbf{a}_y + A_z \mathbf{a}_z$$

$$\nabla V = \frac{\partial V}{\partial x}\mathbf{a}_x + \frac{\partial V}{\partial y}\mathbf{a}_y + \frac{\partial V}{\partial z}\mathbf{a}_z$$

$$\nabla \cdot \mathbf{A} = \frac{\partial A_x}{\partial x} + \frac{\partial A_y}{\partial y} + \frac{\partial A_z}{\partial z}$$

$$\nabla \times \mathbf{A} = \begin{vmatrix} \mathbf{a}_x & \mathbf{a}_y & \mathbf{a}_z \\ \dfrac{\partial}{\partial x} & \dfrac{\partial}{\partial y} & \dfrac{\partial}{\partial z} \\ A_x & A_y & A_z \end{vmatrix}$$

$$= \left[\frac{\partial A_z}{\partial y} - \frac{\partial A_y}{\partial z}\right]\mathbf{a}_x + \left[\frac{\partial A_x}{\partial z} - \frac{\partial A_z}{\partial x}\right]\mathbf{a}_y + \left[\frac{\partial A_y}{\partial x} - \frac{\partial A_x}{\partial y}\right]\mathbf{a}_z$$

$$\nabla^2 V = \frac{\partial^2 V}{\partial x^2} + \frac{\partial^2 V}{\partial y^2} + \frac{\partial^2 V}{\partial z^2}$$

Cylindrical Coordinates (ρ, ϕ, z)

$$\mathbf{A} = A_\rho \mathbf{a}_\rho + A_\phi \mathbf{a}_\phi + A_z \mathbf{a}_z$$

$$\nabla V = \frac{\partial V}{\partial \rho}\mathbf{a}_\rho + \frac{1}{\rho}\frac{\partial V}{\partial \phi}\mathbf{a}_\phi + \frac{\partial V}{\partial z}\mathbf{a}_z$$

$$\nabla \cdot \mathbf{A} = \frac{1}{\rho}\frac{\partial}{\partial \rho}(\rho A_\rho) + \frac{1}{\rho}\frac{\partial A_\phi}{\partial \phi} + \frac{\partial A_z}{\partial z}$$

$$\nabla \times \mathbf{A} = \frac{1}{\rho}\begin{vmatrix} \mathbf{a}_\rho & \rho\mathbf{a}_\phi & \mathbf{a}_z \\ \dfrac{\partial}{\partial \rho} & \dfrac{\partial}{\partial \phi} & \dfrac{\partial}{\partial z} \\ A_\rho & \rho A_\phi & A_z \end{vmatrix}$$

$$= \left[\frac{1}{\rho}\frac{\partial A_z}{\partial \phi} - \frac{\partial A_\phi}{\partial z}\right]\mathbf{a}_\rho + \left[\frac{\partial A_\rho}{\partial z} - \frac{\partial A_z}{\partial \rho}\right]\mathbf{a}_\phi + \frac{1}{\rho}\left[\frac{\partial}{\partial \rho}(\rho A_\phi) - \frac{\partial A_\rho}{\partial \phi}\right]\mathbf{a}_z$$

$$\nabla^2 V = \frac{1}{\rho}\frac{\partial}{\partial \rho}\left(\rho\frac{\partial V}{\partial \rho}\right) + \frac{1}{\rho^2}\frac{\partial^2 V}{\partial \phi^2} + \frac{\partial^2 V}{\partial z^2}$$

Spherical Coordinates (r, θ, ϕ)

$$\mathbf{A} = A_r\mathbf{a}_r + A_\theta\mathbf{a}_\theta + A_\phi\mathbf{a}_\phi$$

$$\nabla V = \frac{\partial V}{\partial r}\mathbf{a}_r + \frac{1}{r}\frac{\partial V}{\partial \theta}\mathbf{a}_\theta + \frac{1}{r\sin\theta}\frac{\partial V}{\partial \phi}\mathbf{a}_\phi$$

$$\nabla \cdot \mathbf{A} = \frac{1}{r^2}\frac{\partial}{\partial r}(r^2 A_r) + \frac{1}{r\sin\theta}\frac{\partial}{\partial \theta}(A_\theta \sin\theta) + \frac{1}{r\sin\theta}\frac{\partial A_\phi}{\partial \phi}$$

$$\nabla \times \mathbf{A} = \frac{1}{r^2\sin\theta}\begin{vmatrix} \mathbf{a}_r & r\mathbf{a}_\theta & (r\sin\theta)\,\mathbf{a}_\phi \\ \dfrac{\partial}{\partial r} & \dfrac{\partial}{\partial \theta} & \dfrac{\partial}{\partial \phi} \\ A_r & rA_\theta & (r\sin\theta)\,A_\phi \end{vmatrix}$$

$$= \frac{1}{r\sin\theta}\left[\frac{\partial}{\partial\theta}(A_\phi\sin\theta) - \frac{\partial A_\theta}{\partial\phi}\right]\mathbf{a}_r + \frac{1}{r}\left[\frac{1}{\sin\theta}\frac{\partial A_r}{\partial\phi} - \frac{\partial}{\partial r}(rA_\phi)\right]\mathbf{a}_\theta$$

$$+ \frac{1}{r}\left[\frac{\partial}{\partial r}(rA_\theta) - \frac{\partial A_r}{\partial\theta}\right]\mathbf{a}_\phi$$

$$\nabla^2 V = \frac{1}{r^2}\frac{\partial}{\partial r}\left(r^2\frac{\partial V}{\partial r}\right) + \frac{1}{r^2\sin\theta}\frac{\partial}{\partial\theta}\left(\sin\theta\frac{\partial V}{\partial\theta}\right) + \frac{1}{r^2\sin^2\theta}\frac{\partial^2 V}{\partial\phi^2}$$